산업안전지도사 2차대비

최신 기계안전공학

출제예상문제 종합편 합격 비서!

안전무재해 전문 지도위원
공학박사 · 기술사 · 지도사

권오운 편저

✓ 기계안전공학 전 분야 예상문제 해설

✓ 과년도 기출문제 전체 수록 핵심 해설

✓ 최근 법령 및 이론에 따른 고득점 해설

✓ 25여년간 안전 무재해 지도 경험 반영

■ 산업안전지도사 수험서 구성 안내

제1차 시험 대비	공통필수 I	최신	**산업안전보건법령**
	공통필수 II	최신	**산업안전일반**
	공통필수 III	최신	**기업진단 · 지도**
	기출문제해설	최신	**기출문제풀이집**
제2차 시험 대비	전공필수(선택)	최신	**기계안전공학**
제3차 시험 대비	면접(기계안전)	최신	**면접실전연습**

시험에 나올 문제만을 엄선 해설한 고득점 예상문제 종합편입니다!

재해제로, 고장제로, 불량제로는 필수입니다!

편저자 : 제조혁신 교육 · 컨설팅 대한민국 인물大賞 수상

안전무재해 성공사례 실적보유 전문 지도위원

공학박사 · 기술사 · 지도사 권오운

편저자 이메일 kwonohw@naver.com

"산업안전지도사 2차대비 최신 기계안전공학" 을 펴내면서

이 책을 쓰게 된 동기는 대한민국의 산업경쟁력 향상을 위한 원동력은 바로 그 근간이 되는 무재해 사업장을 확보하는 것이 중요하므로, 필자가 25여년간 산업현장에서 제조업 경쟁력 향상을 위한 컨설팅(교육 및 지도)을 수행해 오면서 경험한 우수한 무재해 달성의 실무 이론 및 기법, 사례들을 바탕으로 산업안전지도사 자격증의 단기 취득에 도움을 주기 위해 집필하게 되었습니다.

산업안전지도사 자격증 취득에는 1차시험(3과목-산업안전보건법령, 산업안전일반, 기업진단·지도), 2차시험(전공 1과목), 3차시험(면접, 구술형)의 3단계를 거치며, 학습범위가 매우 **광범위**하므로 어렵고 수준 높은 시험으로 알려져 있습니다. 본 교재의 수록 예상문제 수준으로 출제되므로 기초이론 학습 후의 **종합적** 학습에 추천되며, 상세히 해설된 풀이가 어려운 경우에는 기초보강 관련 기본서 등 확보로 병행학습을 추천합니다.

산업안전지도사의 **단기합격**을 위해서는 광범위한 시험범위이므로 기출문제 분석하에 시험에 나올 영역의 **예상문제**에 집중하는 것이 효과적이고 **합격비결**이라고 봅니다.

본 교재에서는 산업안전지도사 자격증을 단기간에 취득하기 위한 기계안전공학 기출문제 출제유형에 대비하고, 문제해결력이 생길 수 있도록 예상문제를 중심으로 **기계안전공학 전 분야**를 대상으로 예상문제를 엄선한 후 실제 시험의 답안작성 방법에 맞도록 상세 해설함으로써 **고득점**할 수 있도록 했습니다.

기계안전공학 분야는 공개되어 있는 산업안전지도사의 기출문제 검토, 관련 자격증의 기출문제를 검토하고 학습에 활용하여 시험에 대비하는 것이 합격을 위해 매우 효과적입니다. **기계안전공학**과 관련된 국가기술자격시험인 **산업안전지도사, 기계안전기술사, 기계기술사, 기술(고등)고시, 변리사** 등의 **공개된 기출문제**를 검토완료 후에 시험출제 예상문제로 엄선하여 상세 해설을 제시했습니다.

본 교재의 해설에서 산업안전보건법령 관련은 명칭을 간략화 표기하고, 기타 법령·출처는 원문으로 표기했습니다(**산업안**전보건**법** → 산안법, **산업안**전보건법 시행**령** → 산안령, **산**업안전보건법 **시행규**칙 → 산시규, **산업**안전보건**기**준에 관한 **규**칙 → 산기규).

이 책을 통한 효과적 학습으로 시험에 대비중이신 모든 분들에게 **조기에 시험 합격**이라는 목적달성과 대성공을 기원드립니다. 아울러 본 교재가 출판될 수 있도록 많은 도움을 주시고, 좋은 출판 도서로 거듭나게 할 수 있도록 항상 지원해 주시는 전통있는 "도서출판 정일"의 이병덕 사장님과 여러 직원분들께도 감사의 인사말씀을 전해 드립니다.

편저자 공학박사 · 기술사 · 지도사 권오운 배상

☆ 편저자 약력 : 공학박사·기술사·지도사 권오운

○ 소속 : ㈜ATPM컨설팅(www.atpm.co.kr) 대표컨설턴트/사장

　국가기술자격취득 e-학원 CP에듀(www.cpedua.com) 원장

　☆전문: 기술사(품질/공장)/지도사(안전/경영/기술)/기사(QM)

○ 경력 : 대우조선해양 QA/QC과장, 한국표준협회 수석전문위원/팀장

○ 학력 : 공학박사(산업공학; 고려대), 공학석사(산업경영공학; 연세대)

　공학사(기관공학; 한국해양대학), 학군 ROTC 해군장교(기관)

○ 자격 : 기술사(품질관리), 기술지도사(생산관리/기술혁신관리), 선박기관사(갑종1등)

　에너지관리기사(취득시: 열관리기사1급), 품질경영기사

　산업안전지도사 1차합격(01070559)/2차합격(기계;01220256)(제13회)/단기고득점

○ 저서 : [최신]산업안전지도사 도서 총 6권 저술(1차&2차 2024년 R1판, 3차 2024 초판)

　☆기출문제풀이집/산안법령/산안일반/기업진단지도/기계안전공학/면접실전연습

　[최신]품질관리기술사 도서 총 3권 저술(품질경영 등 3권, ATPM, 2024 14판)

　[최신]공장관리기술사 도서 총 3권 저술(생산시스템 등 4권, ATPM, 2024 14판)

　[최신]경영지도사(생관) 도서 총 3권 저술(경영과학 등 3권, ATPM, 2024년 7판)

　[최신]기술지도사(생관) 도서 총 3권 저술(생산관리 등 3권, ATPM, 2021년 6판)

　기술지도사(기술혁신) 도서 총 3권 저술(재료역학 등 3권, 2024년, 3판)

　[최신]품질경영기사 도서 총 6권 저술(신뢰성관리 등 6권, 정일출판, 2021 6판)

　[종합]품질경영기사 필기(증보5판), 실기(증보2판)(성안당→ATPM,2024)

　[최신]품경산업기사 도서 총 5권 저술(통계적품질 등 6권, 정일출판, 2021 6판)

　[종합]품경산업기사 필기(증보5판), 실기(증보2판)(성안당→ATPM,2024)

　혁신활동 단행본 저서 총 6권 공동저술(품질경영추진론, 차별화경영, e-Biz 등)

　TPM혁신활동 저서 총 19권 저술(최신 TPM종합실무, 영문판 상·하 TPM실무 등)

○ 논문 : 이익이 나는 TPM의 효율적 추진방안 연구 등 10여편 (1996년~현재)

○ 기고 : TPM 도입 기업의 6시그마, TPS의 통합추진 방안 등 27건(KSA, 1996~현재)

○ 실적 : 삼성계열사(7개사), 두산계열사(7개사), LG/현대 계열사 등 대기업 60여개사 및

　중소기업 220개사 무재해, TPM, 품질혁신, 원가혁신 등 기업혁신 교육 및 지도

○ 진흥 : 산업자원부 주관 국가품질경영상(품질·생산·TPM분야) 대통령상 심사위원 역임

　국가품질망 웹구성설계 단독 수주 및 설계(www.q-korea.net) (KSA, 2005) 등

○ 수상 : 대한민국 인물 大賞(권오운)(한경BUSINESS), 대한민국 우수브랜드 大賞(CP에듀)

　한국소비자만족도 평가1위(공장관리기술사 교육)(한국브랜드진흥협회) 권오운

　대한민국 우수기업 브랜드 大賞(국가자격 총6종 교육)(주최: 한국브랜드진흥협회)

　한국경제신문사장賞(공로상), 한국표준협회장賞(공로상), 대우조선 사장賞(공로상)

◆ 산업안전지도사 정보 및 시험 출제기준 ◆

□ 자격증 기본정보

○ 자격개요 :

외부전문가인 지도사의 객관적이고도 전문적인 지도·조언을 통하여 사업장 내에서의 기존의 안전상의 문제점을 규명하여 개선하고 생산라인 관계자에게 생산현장의 생산 방식이나 공법도입에 따른 안전대책수립에 도움을 주기 위함

○ 수행직무 :
 - 유해위험방지계획서, 안전보건개선계획서, 공정안전보고서, 물질안전보건자료 작성지도
 - 산업안전분야에 대한 안전성 평가 및 기술지도

○ 소관부처 : 고용노동부(산업보건과)

□ 시험과목 및 방법

구분	시험과목	문항수	시험시간	시험방법
제1차 시험	1. 공통필수 I (산업안전보건법령) 2. 공통필수 II (산업안전일반) 3. 공통필수 III (기업진단·지도)	과목 당 25문항 (총 75문항)	90분	객관식 5지 택일형
제2차 시험 (전공필수 - 택1)	1. **기계안선분야** 2. 전기안전분야 3. 화공안전분야 4. 건설안전분야	논술형 4문항 (3문항 작성, 필수 2/택1) 및 단답형 5문항(전항 작성)	100분	논술형
제3차 시험	면접시험 : 전문지식과 응용능력, 산업안전·보건제도에 대한 이해 및 인식 정도, 지도·상담 능력 등		1인당 20분 내외	면접

□ 합격기준

구분	합격결정 기준
제1,2차 시험	매 과목 100점을 만점으로 하여 매 과목 40점 이상, 전 과목 평균 60점 이상 득점한 자
제3차 시험	10점 만점에 6점 이상 득점한 자

■ 출제 영역

□ 자격명 : 산업안전지도사 제1차 시험 세부내용

과목명	주요항목	세부항목
산업안전보건 법령	1. 산업안전보건법 2. 산업안전보건법 　시행령 3. 산업안전보건법 　시행규칙 4. 산업안전보건기준 　에 관한 규칙 5. 산업안전보건법령 　관련 고시	1. 총칙 등에 관한 사항 2. 안전·보건관리체제 등에 관한 사항 3. 안전보건관리규정에 관한 사항 4. 유해·위험 예방조치에 관한 사항 　(산업안전보건기준에 관한 규칙 포함) 5. 근로자의 보건관리에 관한 사항 6. 감독과 명령에 관한 사항 7. 산업안전지도사 및 산업보건지도사에 관한 　사항 8. 보칙 및 벌칙에 관한 사항
산업안전일반	1. 산업안전교육론	1. 교육의 필요성과 목적 2. 안전·보건교육의 개념 3. 학습이론 4. 근로자 정기안전교육 등의 교육내용 5. 안전교육방법(OJT, O$_{ff}$JT 등) 및 교육 평가 6. 교육실시방법 　(강의법, 토의법, 실연법, 시청각교육법 등)
	2. 안전관리 및 손실 　방지론	1. 안전과 위험의 개념 2. 안전관리 제이론 3. 안전관리의 조직 4. 안전관리 수립 및 운용 5. 위험성평가 활동 등 안전활동 기법
	3. 신뢰성공학	1. 신뢰성의 개념 2. 신뢰성 척도와 계산 3. 보전성과 유용성 4. 신뢰성 시험과 추정 5. 시스템의 신뢰도
	4. 시스템안전공학	1. 시스템 위험분석 및 관리 2. 시스템 위험분석기법 　(PHA, FHA, FMEA, ETA, CA 등) 3. 결함수분석 및 정성적·정량적 분석 4. 안전성평가의 개요 5. 신뢰도 계산 6. 유해·위험 방지계획

산업안전일반	5. 인간공학	1. 인간공학의 정의 2. 인간-기계체계 3. 체계설계와 인간요소 4. 정보입력표시(시각·청각·촉각·후각 등의 표시장치) 5. 인간요소와 휴먼에러 6. 인간계측 및 작업공간 7. 작업환경의 조건 및 작업환경과 인간공학 8. 근골격계 부담 작업의 평가
	6. 산업재해조사 및 원인분석	1. 재해조사의 목적 2. 재해의 원인분석 및 조사기법 3. 재해사례 분석절차 4. 산재분류 및 통계분석 5. 안전점검 및 진단
기업진단·지도	1. 경영학(인적자원관리, 조직관리, 생산관리)	1. 인적자원관리의 개념 및 관리방안에 관한 사항 2. 노사관계관리에 관한 사항 3. 조직관리의 개념에 관한 사항 4. 조직행동론에 관한 사항 5. 생산관리의 개념에 관한 사항 6. 생산시스템의 설계, 운영에 관한 사항 7. 생산관리 최신이론에 관한 사항
	2. 산업심리학	1. 산업심리 개념 및 요소 2. 직무수행과 평가 3. 직무태도 및 동기 4. 작업집단의 특성 5. 산업재해와 행동 특성 6. 인간의 특성과 직무환경 7. 직무환경과 건강 8. 인간의 특성과 인간관계
	3. 산업위생개론	1. 산업위생의 개념 2. 작업환경노출기준 개념 3. 작업환경 측정 및 평가 4. 산업환기 5. 건강검진과 근로자건강관리 6. 유해인자의 인체영향
자료출처	담당부서 : 한국산업인력공단 인문교육출제부, 자료실 등록 : 2023.03.09	

□ 지도사 자격시험 중 제1차 및 제2차 시험의 업무 영역별 과목 및 범위

(산업안전보건법 시행령 별표 32) (1차 : 공통필수 3과목, 2차 : 전공필수 1과목)

구분		산업안전지도사			
		기계안전 분야	전기안전 분야	화공안전 분야	건설안전 분야
전공 필수	과목	기계안전공학	전기안전공학	화공안전공학	건설안전공학
	시험 범위	- 기계·기구·설비의 안전 등(위험기계·양중기·운반기계·압력용기 포함) - 공장자동화 설비의 안전기술 등 - 기계·기구·설비의 설계·배치·보수·유지기술 등	- 전기기계·기구 등으로 인한 위험방지 등(전기방폭설비포함) - 정전기 및 전자파로 인한 재해예방 등 - 감전사고 방지기술 등 - 컴퓨터·계측제어 설비의 설계 및 관리기술 등	- 가스·방화 및 방폭설비 등, 화학장치·설비안전 및 방식기술 등 - 정성·정량적 위험성 평가, 위험물누출·확산 및 피해 예측 등 - 유해위험물질 화재폭발 방지론, 화학공정 안전관리 등	- 건설공사용 가설구조물·기계·기구 등의 안전기술 등 - 건설공법 및 시공방법에 대한 위험성평가 등 - 추락·낙하·붕괴·폭발 등 재해 요인별 안전대책 등 - 건설현장의 유해·위험요인에 대한 안전기술 등
공통필수 I		산업안전보건법령			
	시험범위	산업안전보건법」,「산업안전보건법 시행령」,「산업안전보건법 시행규칙」,「산업안전보건기준에 관한 규칙」			
공통필수 II		산업안전 일반			
	시험범위	산업안전교육론, 안전관리 및 손실방지론, 신뢰성공학, 시스템안전공학, 인간공학, 위험성평가, 산업재해 조사 및 원인분석 등			
공통필수 III		기업진단·지도			
	시험범위	경영학(인적자원관리, 조직관리, 생산관리), 산업심리학, 산업위생개론			

□ 자격명 : 산업안전지도사 제3차 시험 세부내용

과목명	평정내용	시험방법
면접시험	1. 전문지식과 응용능력 2. 산업안전·보건제도 관련 이해 및 인식 정도 3. 상담·지도능력	평정내용에 대한 질의·응답

■ 지도사의 업무 영역별 업무 범위

(산업안전보건법 시행령 제102조 제2항 관련 별표 31)

1. 법 제145조 제1항에 따라 등록한 산업안전지도사(기계안전·전기안전·화공안전분야)

　가. 유해위험방지계획서, 안전보건개선계획서, 공정안전보고서, 기계·기구·설비의 작업계획서 및 물질안전보건자료 작성 지도

　나. 다음의 사항에 대한 설계·시공·배치·보수·유지에 관한 안전성 평가 및 기술 지도

　　1) 전기　2) 기계·기구·설비　3) 화학설비 및 공정

　다. 정전기·전자파로 인한 재해의 예방, 자동화설비, 자동제어, 방폭전기설비 및 전력시스템 등에 대한 기술 지도

　라. 인화성 가스, 인화성 액체, 폭발성 물질, 급성독성 물질 및 방폭설비 등에 관한 안전성 평가 및 기술 지도

　마. 크레인 등 기계·기구, 전기작업의 안전성 평가

　바. 그 밖에 기계, 전기, 화공 등에 관한 교육 또는 기술 지도

2. 법 제145조 제1항에 따라 등록한 산업안전지도사(건설안전 분야)

　가. 유해위험방지계획서, 안전보건개선계획서, 건축·토목 작업계획서 작성 지도

　나. 가설구조물, 시공 중인 구축물, 해체공사, 건설공사 현장의 붕괴우려 장소 등의 안전성 평가

　다. 가설시설, 가설도로 등의 안전성 평가

　라. 굴착공사의 안전시설, 지반붕괴, 매설물 파손 예방의 기술 지도

　마. 그 밖에 토목, 건축 등에 관한 교육 또는 기술 지도

산업안전지도사 2차대비 최신 기계안전공학

차례

제 4 장　　　기계공작　　447

제 5 장　　　재료역학　　555

제1장

기계안전기술

1.1 기계안전의 개념

기계안전의 기초

01 기계나 구조물 설계 관련한 용어로서 안전설계에 대하여 설명하시오.

[해설]

○ **안전설계**

* 안전설계란 기계설비 또는 장치에 고장, 결함이나 미스가 발생하더라도 고장의 검출, 기능회복, 기능대책, 안전장치 작동 등 안전성이 확보되도록 고려하는 설계 개념이다.

02 설비 안전점검 체크리스트 작성 시 포함하여야 하는 사항에 대하여 설명하시오.

[해설]

○ **안전점검표(Check List) 작성 시 유의사항**

  1. 안전점검표에 포함되어야 할 사항

  ① 점검항목, ② 점검사항, ③ 점검방법, ④ 판정기준, ⑤ 판정, ⑥ 조치사항

  2. 점검표 작성 시 유의사항

  ① 사업장에 적합한 독자적인 내용일 것
  ② 중점도가 높은 것부터 순서대로 작성할 것(위험도가 높은 것이나 긴급을 요하는 것부터 작성)
  ③ 정기적으로 검토하여 재해방지에 실효성이 있는 내용일 것
  ④ 일정한 양식을 정하여 점검대상을 정할 것
  ⑤ 점검표의 내용은 이해가 쉽도록 표현하고 구체적일 것

기계의 위험성

01 다음에서 제시하는 각각의 위험요소를 Hazard 6 points로 구분하시오.

1) 프레스의 금형조립 부위 2) 연삭숫돌과 작업대 사이 3) 회전대팻날
4) 롤러의 회전부위   5) 체인의 스프로킷   6) 나사회전부

[해설]

1. 프레스의 금형조립 부위

* 기계의 왕복운동을 하는 운동부와 고정부 사이에 형성되는 위험점이며, 협착점이라고 한다.

2. 연삭숫돌과 작업대 사이

* 기계의 회전운동을 하는 부분과 고정부 사이에 형성되는 위험점이며, 끼임점이라고 한다.

3. 회전대패날

* 회전하는 운동부 자체의 위험이나 운동하는 기계부분 자체의 위험에서 초래되는 위험점이며, 절단점이라고 한다.

4. 로울러의 회전부위

* 롤, 기어, 압연기와 같이 두 개의 회전체 사이에 신체가 물리는 위험점이며, 물림점이라고 한다.

5. 체인의 스프로켓

* 회전하는 부분이 접선방향으로 물려 들어갈 위험이 만들어지는 위험점이며, 접선물림점이라 한다.

6. 나사회전부

* 회전하는 물체의 길이, 굵기, 속도 등이 불규칙한 부위와 돌기 회전부위에 장갑 및 작업복 등이 말려드는 위험점이며, 회전말림점이라고 한다.

기계의 방호

01 기계의 방호장치를 위험장소에 대한 방호와 위험원에 대한 방호로 분류하여 쓰고 간략히 설명하시오.

[해설]

1. 방호장치와 방호조치의 의미

(1) 방호장치

* "방호장치"란 작업 시 기계와 기구를 사용하여 작업할 때 발생하는 위험이나 기타 작업에서 생길 수 있는 위험한 상황에서 작업자를 보호하기 위해 부착하는 장치이다.

(2) 방호조치

* "방호조치"라 함은 위험기계·기구의 위험장소 또는 부위에 근로자가 통상적인 방법으로는 접근하지 못하도록 하는 제한조치를 말하며, 방호망, 방책, 덮개 또는 각종 방호장치 등을 설치하는 것을 포함한다.

2. 방호원리

(1) 위험제거

* 위험한 잠재요인이 원칙적으로 발생될 수 없게 하는 것을 위험제거라 한다.
* 예를 들면 신호표시장치 등에서 쓰는 전압을 낮추어 저전압으로 대체한다든지 건설작업에 접착물질이나 나사 등을 사용해서 끝이 뾰족한 못의 사용을 피하는 방법 등이 있다.

(2) 차단(위험해지는 상태의 제거)

* 이는 위험성은 존재하고 있지만 재해의 발생은 불가능하다.
* 왜냐하면 위험으로부터 작업자가 격리되어 있기 때문이다. 다시 말하면 작업을 수행하는 사람과 재해를 유발시키는 기인물이 서로 마주치지 않고 떨어져 있음을 뜻한다.

(3) 덮어 씌움(위험해지는 상태의 삭감)

* 위험은 여전히 존재하지만 재해발생 가능성은 희박해진다. 위험해지는 상태를 제거하는 차단방법과 같이 사람과 기인물이 겹쳐지는 재해가능영역의 한쪽을 안전하게 덮어 씌운다.
* 예를 들면 위험한 작업점에 대한 방호덮개, 전기설비를 차폐가 가능한 문을 사용하여 외부 접근자와 격리하는 등 위험요소를 덮어씌우는 방법이 있다.

(4) 위험에 적응

* 예를 들면 제어시스템 글자판을 쉽게 읽을 수 있도록 개선한다든지 위험에 대한 정보제공, 안전한 행위를 위한 동기부여, 교육훈련 등이 이에 해당된다.

3. 방호장치

* 기계설비의 방호는 위험장소에 대한 방호와 위험원에 대한 방호로 분류할 수 있다.

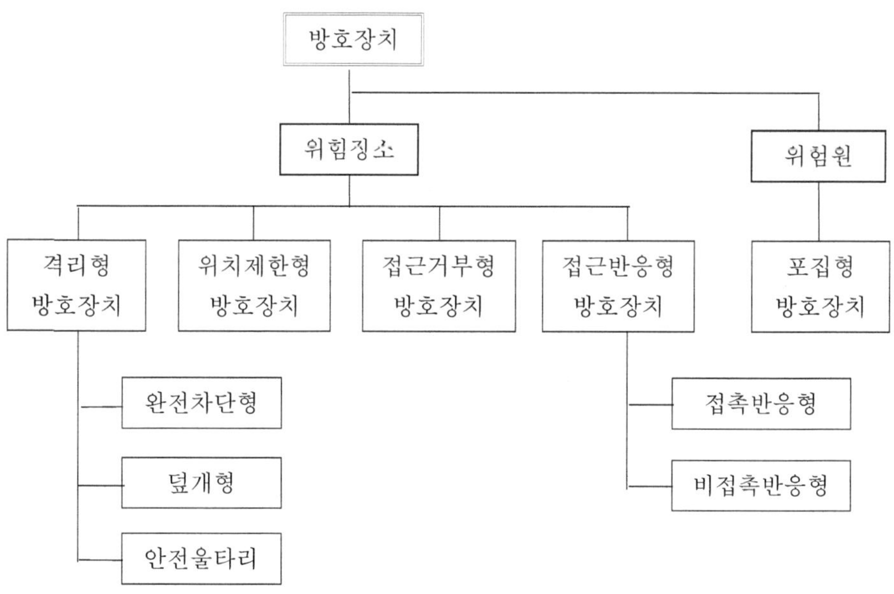

[그림 1] 방호장치의 분류

(1) 격리형 방호장치

* 위험한 작업점과 작업자 사이에 서로 접근되어 일어날 수 있는 재해를 방지하기 위해 차단벽이나 망을 설치하는 원리이며, 사업장에서 가장 흔히 볼 수 있는 방호형태이다.

* 위험점을 완전히 격리시키는 완전격리형, 일부분만을 덮는 덮개형, 울타리로 위험점과 격리시키는 안전방책형으로 나뉜다.

(2) 위치제한형 방호장치

* 위험점에 접근하지 못하도록 기계·기구의 구동부분과 작동스위치, 비상스위치 등을 작업자의 초당 이동거리를 감안해서 안전거리를 확보함으로써 작업자를 방호하는 방법이다.
* 가장 대표적인 방호장치는 프레스에서 사용하고 있는 양수조작식 안전장치이다.

(3) 접근거부형 방호장치

* 작업자가 기계·기구가 만드는 위험점에 의식적이든 무의식적이든 접근하려고 하면 기계·기구의 구동시스템과 연동시켜 놓아 작업자의 신체나 신체의 일부분을 작업이 이루어지기 전에 위험부위로부터 강제로 밀어내거나 끌어내어 위험을 예방한 후 작업을 실시하는 방호방법이다.
* 대표적인 방호장치는 프레스에서 사용하고 있는 손쳐내기식 안전장치이다.

(4) 접근반응형 방호장치

* 작업자의 신체 또는 그 일부가 위험점 내에 있거나 위험점에 접근했을 때 위험부위 주변에 설치하여 놓은 적외선, 원적외선, 정전기 등의 센서가 작동하여 기계·기구와 연동되어 있는 브레이크를 작동시키고 모터 전원을 차단시켜 위험을 예방하는 방법이다.
* 대표적인 방법은 프레스에서 사용하고 있는 광전자식 안전장치이다.

(5) 포집형 방호장치

* 위험장소에 대한 방호장치가 아니라 위험원에 대한 방호장치이다.
* 예를 들어, 회전하는 연삭숫돌이 파괴되어 비산될 때 회전방향으로 튀어 나오는 비산물질이 덮개를 치면서 회전방향으로 밀려나게 된다. 이때 덮개를 따라 움직이면서 작업자의 신체부위로 비산하게 될 때 파괴된 연삭숫돌의 파석들을 포집하는 장치이다.

02 "접근방호형" 안전장치란 무엇인가?

[해설]

1. 프레스 방호장치

① 광전자식 : 접근반응형　② 양수조작식, 양수기동식 : 위치제한형

③ 가드식 : 격리형　④ 손쳐내기식 : 접근거부형　⑤ 수인식 : 접근거부형

2. 접근방호형 안전장치

(1) 접근반응형 방호장치 : 광전자식

(2) 접근거부형 방호장치

* 작업자가 기계·기구가 만드는 위험점에 의식적이든 무의식적이든 접근하려고 하면 기계·기구의 구동시스템과 연동시켜 놓아 작업자의 신체나 신체외 일부분을 작업이 이루어지기 전에 위험부위로부터 강제로 밀어내거나 끌어내어 위험을 예방한 후 작업을 실시하는 방호방법이다. 대표적인 방호장치는 프레스에서 사용하고 있는 손쳐내기식·수인식 안전장치이다.

1) 손쳐내기식(Sweep Guard) 방호장치

* 기계의 작동에 연동시켜 위험상태로 되기 전에 손을 위험 영역에서 밀어내거나 쳐냄으로써 위험을 배제하는 장치

2) 수인식(Pull-out Guard) 방호장치

* 슬라이드와 작업자 손을 끈으로 연결하여 슬라이드 하강시 작업자 손을 당겨 위험영역에서 빼낼 수 있도록 한 장치

03 방호장치에 대한 종류별 실제 적용 예를 설명하시오.

[해설]

1. 방호장치의 정의

* 방호장치란 기계, 기구 및 설비를 사용할 경우에 작업자에게 상해를 입힐 우려가 있는 부분으로부터 작업자를 보호하기 위하여 일시적 또는 영구적으로 설치하는 안전장치이다.

* 방호장치는 제거, 설치, 조정 및 정비가 가능해야 하고, 그 성능이 정확해야 한다.

2. 방호장치의 종류

(1) 격리형 방호장치

* 위험한 작업점과 작업자 사이에 서로 접근되어 일어날 수 있는 재해를 방지하기 위해 차단벽이나 망(울 등)을 설치하는 방호장치이다.
① 완전차단형 방호장치 : 위험장소까지 접근하지 못하도록 완전히 차단하는 장치로 체인이나 벨트 등의 동력전달장치에서 많이 이용하고 있다.
② 덮개형 방호장치 : 작업점 외에 직접 사람이 접촉하여 말려들거나 다칠 위험이 있는 위험장소를 덮어 씌우는 방법으로 동력전달 장치뿐만 아니라 기계·기구의 동작 부분이나 위험점까지 사용되고 있다.
③ 안전방책(울) : 위험한 기계·기구의 근처에 접근하지 못하도록 방호울타리를 설치하는 것으로 큰 HP(마력)의 원동기, 발전소의 터빈, 산업용로봇 작업장, 전기설비 등의 주위에 설치한다.

(2) 접근반응형 방호장치

* 작업자의 신체부위가 위험한계나 그 인접한 거리내로 들어오면 이를 감지하여 즉시 동작하던 기계를 정지시키거나 스위치가 꺼지도록 하는 안전장치
* 예) 프레스, 전단기 등 광전자식 방호장치 등

(3) 위치제한형 방호장치

* 위험기계·기구에서 작업자의 신체부위가 위험한계 밖에 있도록 의도적으로 기계의 조작장치를 기계에서 일정거리 이상 떨어지게 설치해 놓은 장치
* 예 : 프레스 등 양수조작식 방호장치 등

(4) 접근거부형 방호장치

* 작업자나 그 신체부위가 위험한계 내로 접근하면 기계의 동작위치에 설치해 놓은 기계적 장치가 접근하는 손이나 팔 등의 신체부위를 안전한 위치로 밀거나 당겨내는 안전장치
* 예 : 프레스의 손쳐내기식 방호장치 등

(5) 포집형 방호장치

* 위험장소에 대한 방호장치가 아닌 위험원에 대한 방호장치로 연삭기의 덮개, 목재가공기계의 톱밥재료가 튀는 것을 방지하는 반발예방장치가 포집형 방호장치의 대표적인 예이다.
* 예 : 연삭기의 덮개, 목재가공기계의 반발예방장치 등

04 방호장치는 기계, 기구의 발전과 그 시대의 사용자나 작업자의 의식 및 사회의 발전과 더불어서 조금씩 바뀌어져 왔는데 방호장치의 발전단계에 대하여 5단계로 구분하여 설명하시오.

해설

1. 개요

* 방호장치의 발전은 기계, 기구의 발전과 그 시대의 사용자나 작업자의 의식 및 사회의 발전과 더불어 조금씩 바뀌어 왔다. 여기에서는 독일의 예를 들어 방호장치의 발전 단계에 대해서 알아 본다.

2. 방호장치의 발전단계

(1) 방호장치 발전 제1단계

* 방호장치 발전의 제1단계는 단순히 위험원에 대해 작업자가 접근하지 못하도록 덮개와 같은 방호장치를 씌우고 작업자가 커버를 열 경우에는 위험에 노출되는 구조의 단계를 말한다.

(2) 방호장치 발전 제2단계

* 1단계에 덮개를 제거하거나 열 경우 회전체를 돌리는 모터와 리미트 스위치를 연동시켜 놓은 상태를 말한다. 의식적 또는 무의식적으로 리미트 스위치를 눌러 놓는 경우에는 덮개가 벗겨져 있어도 닫혀 있는 상태로 인식되어 작업자가 위험에 노출되는 상황이 존재한다.

(3) 방호장치 발전 제3단계

* 제3단계에서 덮개의 반대편인 돌쩌귀에 설치된 리미트 스위치가 눌러지면서 이

와 연동되어 모터가 멈추도록 하는 구조이다. 이 구조는 만약 방호장치를 의도적으로 제거하려고 하는 경우 구조, 회로 등의 지식이 있어야 하므로 비의도적으로 방호장치를 제거하기는 어려우며 이를 의도적으로 제거하면 처벌대상이 된다. 제1단계나 제2단계의 경우는 처벌대상에서 제외된다.

(4) 방호장치 발전 제4단계

* 제2단계와 제3단계에서 사용한 리미트 스위치를 입구 및 장석 등에 부착하여 보다 안전한 방호조치를 강구하는 구조이다.

(5) 방호장치 발전 제5단계

* 특별한 경우 고속회전체의 경우 모터를 정지시켜도 관성력 때문에 서서히 정지하므로 키인터록(key interlock)을 달아 고속회전체가 정지하였을 경우에만 키가 빠져서 커버가 열릴 수 있도록 하는 구조이다.

[출처] KOSHA 기계안전 교육 교재(2009-23-57)

기계안전 기술

01 기계설비의 본질적 안전화라 할 수 있는 개념을 간략히 기술하시오.

[해설]

1. 본질안전의 개념

* 본질안전(Intrinsic Safety)이란 본질안전 방폭전기기기(Intrinsic Safety Explosion Protected Electrical Equipment)에서 나온 용어로 가연성 가스나 분진과 같은 폭발성 분위기 속에서 사용되는 계측용, 통신용 등의 전기기기가 그 내부 또는 외부의 분위기에 착화하는 일이 없는 구조를 말한다.

2. 기계장치설비의 안전화 3가지 원칙

* 본질안전 기계라 함은 위의 전기기기와는 다소 다른 의미가 있다. 꼭 꼬집어 "이것이다"라고 단정할 수는 없지만 일단 아래의 기능이 확보된 것이라고 본다.

① 안전기능이 기계 내에 내장되어 있을 것 : 안전 기능이 기계의 설계단계에서 이미 반영되어 제작된 것을 말한다.

② 풀 프루프(Fool Proof)의 기능을 가질 것 : 인간이 실수를 범하여도 안전장치가 설치되어 있어 사고나 재해로 연결되지 않는 것을 말한다.

③ 페일 세이프(Fail Safe)의 기능을 가질 것

    ㉠ 시스템에 고장이 생겨도 어느 기간 동안은 정상 기능이 유지되어 사고나 재해까지 발생되지 않는 기구를 말한다.

    ㉡ 병렬계통이나 대기여분으로 항상 안전한 방향으로 유지되는 기능을 말한다.

3. 기계장치설비의 안전화 구체적 적용사례

(1) 안전기능이 기계 내에 내장되어 있을 것

① 안전프레스 : 안전장치기능이 내장됨

② 교류아크용접기 : 자동전격방지기가 내장됨(내장되어 있지 않는 것도 있다)

(2) 풀 프루프의 기능을 가질 것

* 이 기능에는 격리(보호덮개), 안전장치, 시건장치의 방법 등이 주로 이용된다.

① 세탁기의 덮개(뚜껑, Cover)를 벗기면 운전이 정지된다.

② 프레스의 경우 손이 금형 사이로 들어가면 안전장치(광전자식)로 인해 하강하던 슬라이드가 자동적으로 정지된다. 다른 형식의 안전장치는 사람의 손을 접근하지 못하도록 제지를 하거나 조작을 해야만 운전이 가능토록 한 것도 있다.

③ 승강기의 경우 과부하가 걸리면 경보가 울리고 승강기가 정지된다.

④ 크레인의 경우 와이어로프가 무한정 감기지 않도록 권과방지장치를 설치하여 일정 길이가 되면 크레인이 정지된다.

⑤ 로봇이 설치된 작업장의 방책문을 닫지 않으면 로봇이 작동되지 않는다.

⑥ 배전반의 문에 설치된 자물쇠를 열면 전기회로가 자동적으로 차단이 되고, 자물쇠를 채우면 활선회로가 된다.

(3) 페일 세이프의 기능을 가질 것

1) 페일 세이프의 기능면 분류

* 기계나 그 부품이 고장이나 기능불량이 생겨도 항상 안전하게 유지하는 구조와 그 기능을 말한다.

* 기능면에서는 다음의 3단계로 분류한다. 이들 중에서 Fail Operational이 운전 상 가장 선호되는 방법이고, 산업기계에서는 일반적으로 Fail Passive를 많이 채택되고 있다.

  ① Fail Passive : 부품이 고장나면 통상 기계는 정지하는 방향으로 이동한다.

  ② Fail Active : 부품이 고장나면 기계는 경보를 울리는 가운데 짧은 시간 동안의 운전이 가능하다.

  ③ Fail Operational : 부품이 고장이 있어도 기계는 추후의 보수가 될 때까지 안전한 기능을 유지한다. 이것은 병렬계통 또는 대기여분계통으로 해결한다.

2) Fail Safe 기구의 종류

가) 구조적 Fail Safe

* 대표적인 예는 항공기로, 하나의 엔진이 고장이 나도 다른 하나의 엔진으로 운행이 되도록 한 것이다. 이와 같은 구조적 Fail Safe에는 다음의 4가지 구조가 있다.

  ① 다경로 하중구조 : 하중을 전달하는 부재가 여러 개 있어서 일부가 파손되어도 나머지 부재가 지탱해 주는 구조

  ② 분할구조 : 한 개의 큰 부재가 통상 점유하는 장소를 2개 이상의 부재를 조합시켜 하중을 분산 전달하는 구조

  ③ 교대구조 : 어떤 부재가 파손되면 그 부재가 받던 하중을 다른 부재가 떠맡아 파손된 부재의 하중이 경감되어 끝까지 파괴되지 않는 구조

  ④ 하중 경감구조 : 구조물의 일부가 파손되면 파손부의 하중이 다른 부분으로 옮겨가게 되어 하중이 경감되므로 파괴가 되지 않는 구조

나) 기능적 Fail Safe

* 대표적인 예로는 철도신호이다. 철도신호는 고장이 발생했을 때 청색신호가 반드시 적색신호가 되어 열차가 정지하는 것으로 끝나지만 만일 적색신호이어야 할 신호가 청색으로 된다면 사고가 발생하게 된다. 이처럼 철도신호가 고장이 났을 때는 반드시 적색신호로 바뀌는 것이 Fail Safe이다.

* 기능적 Fail Safe는 산업안전의 목적으로 여러 곳에 사용되고 있으며, 이는 다시 기계적 Fail Safe와 전기적 Fail Safe의 2가지로 구분된다.

제
1
장

　* 기계적 Fail Safe는 대기여분의 개념이 전제되어야 하고, 전기적 Fail Safe는 개폐 시의 예비회로가 그에 해당된다.

　* 가장 많이 채택되는 기계적 Fail Safe의 적용사례를 들면 아래와 같다.

　　① 증기보일러의 안전변(안전밸브)을 복수로 설치하는 것

　　② 프레스의 경우 복식 전자밸브 중 한쪽의 밸브가 고장이 나면 클러치 및 브레이크의 압축공기를 배출시켜 프레스를 급정지시키도록 한 것

　　③ 화학설비에 안전변, 파열판 또는 긴급차단장치를 설치하여 이상시에 이들이 작동하여 설비를 보호하는 것

　　④ 석유난로가 일정 각도 이상으로 기울어지면 자동적으로 불이 꺼지도록 하여 화재발생 방지 소화기능을 내장시킨 것

　　⑤ 승강기 정전 시 마그네틱 브레이크가 작동하여 운전을 정지시키는 경우, 정격속도 이상의 주행 시 조속기가 작동하여 긴급 정지시키는 것

02 다음 그림에서 게이트가드(Gate Guard)식 안전장치에 인터로크 장치가 잘못 설치되어 있다. (단, 왼쪽은 도어열림, 오른쪽은 도어닫힘 그림이다)

1) 잘못 설치된 이유를 설명하시오.

2) 올바른 구조의 인터로크 장치를 그림으로 나타내고 설명하시오.

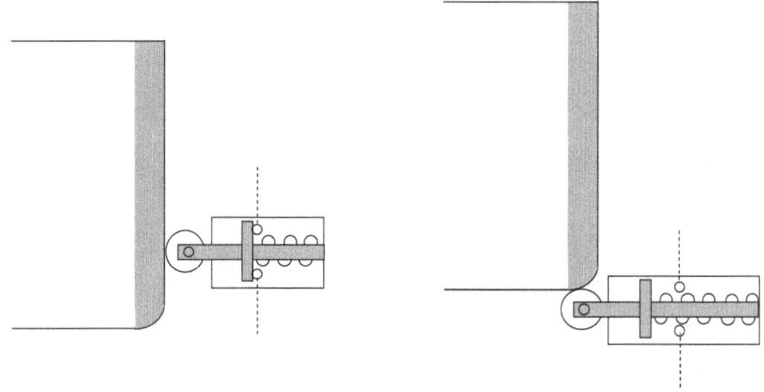

해설

1. 잘못 설치된 이유 설명

　* 전기식 인터록은 캠구동 제한 스위치 인터록이며, 가드의 축 지지대 같은 곳에 회전하는 캠을 설치하여 리미트스위치와 연동으로 작동시키면서 전원을 개폐하는 방식이 사용된다.

* 캠과 리미트스위치와의 관계는 리미트스위치의 접점용착과 용수철 파손을 고려하여 포지티브(Positive) 방식으로 한다. 즉 가드(도어)가 열려 스프링이 압축될 때에만 전원차단으로 모터가 정지하는 방식이어야 한다.
* 즉, 포지티브(Positive) 방식은 가드가 닫히면 리미트스위치 내의 스프링 힘으로 접점이 닫혀(On) 전원이 들어오고, 반대로 가드가 열리면 리미트스위치의 접점이 열려(Off)되어 전원이 차단되어 기계를 정지를 시키는 방식이다.

2. 올바른 구조의 인터로크 장치를 그림으로 나타내고 설명

* 인터록 스위치는 포지티브 모드(Positive Mode)에서 작동해야 하며, 네거티브 모드(Negative Mode)작동은 허용되지 않는다.
* 포지티브 모드는 "도어열림 → 스프링압축 →회로 개(Off) → 전원차단 → 모터정지"가 되는 방식이다.

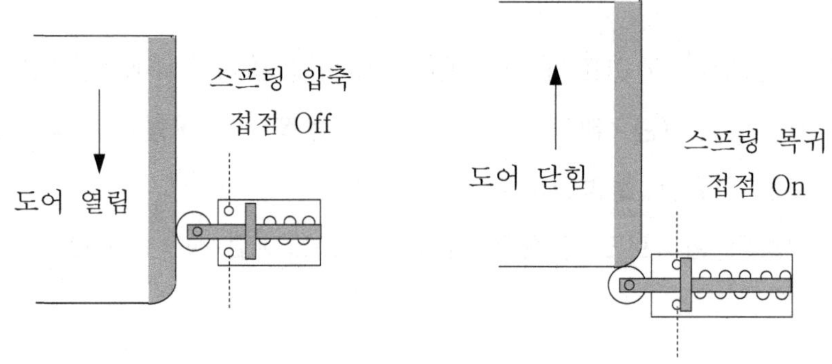

* 한편 어떤 위험한 영역에서는 포지티브 모드와 네거티브모드의 조합이 사용된다. 인터록 스위치에서의 부착방식은 포지티브식과 네거티브식이 있는데 포지티브방식이 보다 효율적인 방호효과를 얻을 수 있다.

03 캠 구동 제한스위치(Cam Operated Limit Switch)는 인터록 시스템에 매우 효과적이다. 인터록 스위치는 포지티브 모드(Positive Mode)에서 작동하게 되어 있으며, 네거티브 모드(Negative Mode)에서의 작동은 허용되지 않는 이유에 대해 작동원리를 도식하여 설명하시오.

해설

1. 포지티브 모드

* 도어가 열려 캠이 리미트 스위치의 스프링을 압축시킬 때에만 접점 개방되고 전원
  차단(모터 정지)시킨다.

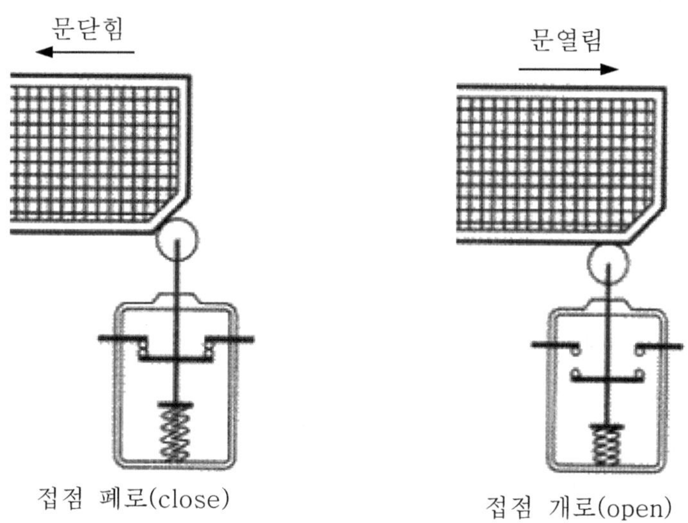

[그림 1] 인터록 스위치의 포지티브 모드(Positive Mode)

04 본질적 안전화 중 Fail-safe의 개념에 대해서 실드빔 센서(Shield Beam Sensor)를 대상으로 다음에 대해 설명하시오.
1) 구조 2) 안전검출 및 위험검출방법 3) Fail-safe가 가능한 이유

해설

1. 구조

* 인간이 사물을 보고 그 상황을 판단하듯이 FA(공장자동화)에 있어서 불가결한 자
  동제어장치에는 인간의 눈, 두뇌, 손발에 해당하는 검출부, 제어부, 조작부가 있다.
  검출용 스위치는 이 자동제어장치에 있어 검출부를 구성하는 중요한 요소가 되며
  여기에 쓰이는 매체로는 빛(주로 적외선)이 이용되고 있다. 이것은 빔센서(일명 광
  전스위치)라고 한다.

* 투광부에서 나오는 신호광이 검출물체에 의해서 반사, 투과, 흡수, 차광 등의 변화
  를 일으켜 이것을 수광부에서 감지하여 신호를 내거나 또는 검출물체에서 나오는
  빛을 감지하기도 한다.

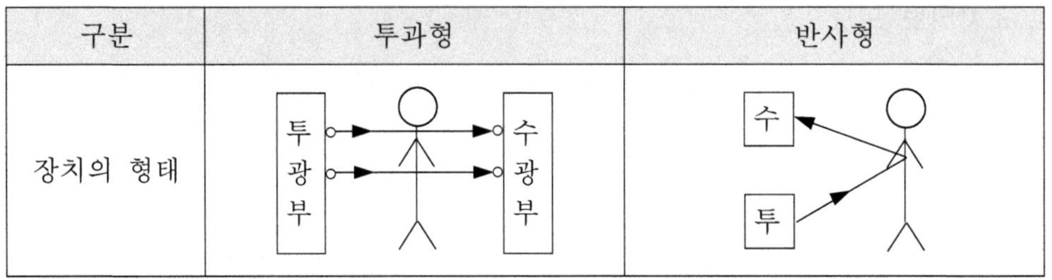

구분	투과형	반사형
장치의 형태		

2. 안전검출 및 위험검출방법

(1) 안전확인형

* 안전확인형 센서는 고장나서 기능이 정지한 상태가 되면 기계를 운전하지 못하는 상태로 변환한다. 위험한 영역에 사람이 없는 것을 확인하기 위하여 이용하는 투과식의 광전자 센서, 초음파 센서, 화재나 가스가 없는 것을 통보하는 안전통보기 등이 대표적인 안전확인형 센서이다.

구분	투과형	반사형
위험검출방식	* 안전확인형 * On = 인간이 없다 =안전 * Off = 인간이 있다 =위험	* 위험검출형 * On = 인간이 있다 = 위험 * Off = 인간이 없다 = 안전

(2) 위험검출형

* 어떤 종류의 센서는 위험이 발생하는 것을 검출해서 기계를 정지시키는 것이 있지만 이런 형태의 센서는 센서가 고장나서 위험을 검출하는 데 실패했을 경우(안전한가 위험한가를 알 수 없는 불안한 상태) 기계를 안전하게 정지시키는 것이 가능하지 않을 경우에 재해가 발생하게 되는 것이다. 이런 형태의 센서를 위험검출형 센서라고 부른다. 즉, 위험한 상태를 검출하면 그 기계장치나 시스템의 운전을 정지하는 구성을 말한다.
* 반사식 광전자식 센서, 초음파 센서, 적외선 센서, 화재감지기 센서 등이 대표적인 위험검출형 센서이다.

3. Fail-safe가 가능한 이유

* 페일 세이프란 시스템에 고장이 생겨도 어느 기간 동안은 정상 기능이 유지되어 사고나 재해까지 발전되지 않는 기구를 말한다. 페일 세이프가 가능한 이유는 다음과 같다.

구분	투과형	반사형
시스템 고장시	* 수광기 출력이 Off 1. 인간이 있다 = 위험에 고정 2. 안전한 경우에도 잘못된 위험과 통보를 받는다 3. 안전측의 에러	* 수광기의 출력이 Off 1. 인간이 없다 = 안전에 고정 2. 위험한 경우에도 잘못된 안전과 통보를 받는다 3. 위험측의 에러

(05) 접촉 스위치의 일종인 누름버튼 스위치의 기계적 Bouncing에 의한 접촉불량(또는 스위치불량)을 해소하기 위한 Debouncing 기능을 간략하게 설명하시오.

[해설]

1. 바운싱(bouncing)

* 스위치들이 접점에서 떨어지거나 붙는 시점에 물리적으로 미세하게 여러 번 On/Off가 되는 현상.

2. 디바운싱(Debouncing)

* 여러 이벤트가 발생할 때 일정 그룹으로 묶어서 하나로 처리하는 방식.
* 사용자가 이벤트를 몇 번이나 발생시키든지 간에 이벤트 발생을 멈추고 지정된 시간까지 지난 후에 이벤트가 한 번만 실행되도록 하는 기법.

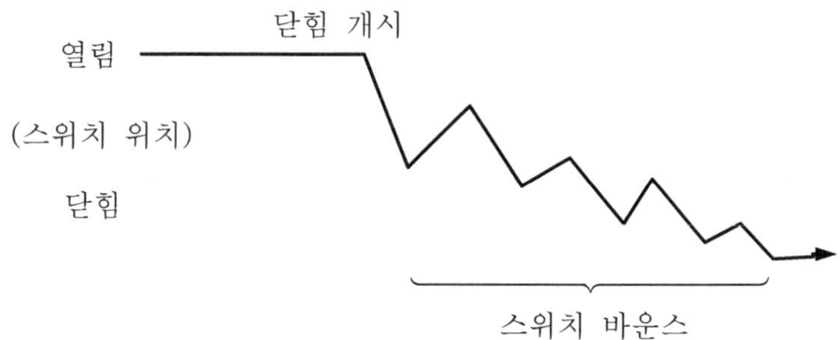

(06) 공작기계에서 안전확보를 위한 제어기능 중 Fail-safe 또는 Fool-proof 대상이 되는 기능을 5가지 이상 간단히 설명하시오.

[해설]

1. 개요

* 페일 세이프(fail safe)는 고장이 생겨도 어느 기간 동안은 정상기능이 유지되는 구조를 말한다. 병렬 계통이나 대기 여분을 갖춰 항상 안전하게 유지되는 기능이다.
* 풀 프루프(fool proof)는 인간의 실수가 있어도 안전장치가 설치되어 사고나 재해로 연결되지 않는 구조를 말한다. 바보가 작동을 시켜도 안전하다는 뜻으로 볼 수 있다.

2. 공작기계의 페일 세이프

(1) Fail safe의 기능면에서의 분류 (3단계)

① Fail-passive : 부품이 고장났을 경우 통상기계는 정지하는 방향으로 이동(일반적인 산업기계)

② Fail-active : 부품이 고장났을 경우 기계는 경보를 울리는 가운데 짧은 시간 동안 운전가능

③ Fail-operational : 부품의 고장이 있더라도 기계는 추후 보수가 이루어질 때까지 안전한 기능 유지(병렬구조 등으로 되어 있으며 운전상 가장 선호하는 방법)

(2) 페일 세이프 확보의 일반적 방법

1) 오프 확인

* 버튼을 눌러서 접점을 닫는(On) 동작에 이어 버튼에서 손을 떼고 접점을 여는(Off) 동작을 했을 때 비로소 기동신호 또는 시동신호를 발생시키는 방법

2) 재기동방지

* 기동조작에 의해 자기유지회로가 작동하여 자기유지를 개시하고, 작업자가 정지 조작을 했을 때 또는 안전장치가 작동했을 때 등에는 자기유지를 해제하여 기계의 재기동을 방지하는 방법

3) 노말클로즈형 밸브의 이용

* 노말클로즈형 밸브에 의하여 고장 시에는 산업재해를 발생시키지 않는 형태로 Open되어 기계를 정지시키는 방법

4) 강제분리

* 강제적인 외력을 직접 이용하여 노말클로즈형 스위치의 접점을 강제적으로 분리시켜 재해를 발생시키지 않는 형태로 기계를 정지시키는 방법

5) 상반모드에 의한 감시의 이용

* 상반되는 모드스위치를 두 개 설치하여 가드 개폐의 정상성을 감시하고, 정상이 아닐 때에는 산업재해를 발생시키지 않는 형태로 기계를 정지시키는 방법

6) 발진회로의 이용

* 입력에 의하여 발진하도록 회로를 구성하고, 고장 시에는 발진이 정지하는 것을 이용하여 고장을 검출함과 동시에 회로의 출력을 오프하는 방법

7) 교류신호의 이용

* 안전정보를 교류신호 형태로 전달하고, 고장 시에는 직류출력이 발생하는 것을 이용하여 고장을 검출하는 동시에 회로의 출력을 오프하는 방법

(3) 페일 세이프화의 구체적인 방법(사례)

① 증기보일러의 안전변을 복수로 설치하는 것
② 프레스의 경우 복식 전자밸브 중 한쪽의 밸브가 고장이 나면 클러치 및 브레이크의 압축공기를 배출시켜 프레스를 급정지시키도록 한 것
③ 화학설비에 안전변, 파열판 또는 긴급차단장치를 설치하여 이상시에 이들이 작동하여 설비를 보호하는 것
④ 석유난로가 일정 각도 이상으로 기울어지면 자동적으로 불이 꺼지도록 하여 화재발생 방지 소화기능을 내장시킨 것
⑤ 승강기 정전 시 마그네틱 브레이크가 작동하여 운전을 정지시키는 경우
⑥ 승강기의 정격속도 이상의 주행시 조속기가 작동하여 긴급정지
⑦ 항공기 비행중 엔진 고장시 다른 엔진으로 운행가능하도록 설계
⑧ 철도신호 고장시 청색신호가 반드시 적색으로 변경되어야 함

3. 공작기계의 풀 프루프

(1) 풀 프루프의 원리

① 배제 ② 대체 ③ 용이화

(2) 풀 프루프화의 구체적인 방법(사례)

① 세탁기의 덮개(뚜껑, Cover)를 벗기면 운전이 정지된다.

② 프레스의 경우 손이 금형 사이로 들어가면 안전장치(광전자식)로 인해 하강하던 슬라이드가 자동적으로 정지된다. 다른 형식의 안전장치는 사람의 손을 접근하지 못하도록 제지를 하거나 조작을 하여야만 운전이 가능토록 한 것도 있다.

③ 승강기의 경우 과부하가 걸리면 경보가 울리고 승강기가 정지된다.

④ 크레인의 경우 와이어로프가 무한정 감기지 않도록 권과방지장치를 설치하여 일정 길이가 되면 크레인이 정지된다.

⑤ 로봇이 설치된 작업장의 방책문을 닫지 않으면 로봇이 작동되지 않는다.

⑥ 동력전달장치의 덮개를 벗기면 운전이 자동적으로 정지

⑦ 배전반의 문에 설치된 자물쇠를 열면 전기회로가 자동적으로 차단이 되고, 자물쇠를 채우면 활선회로가 된다.

⑧ 약병의 안전마개를 열기 위해 힘을 아래 방향으로 가해 돌리는 것

[참고]

1. 공작기계의 탬퍼 프루프(Tamper proof)

(1) 탬퍼 프루프의 정의

* 안전장치를 제거하면 안되도록 2중, 3중으로 안전장치를 설치하는 것 또는 그 체계

* 방호장치의 임의해제 금지를 위한 안전설계 기법

* 부정하게 조작할 수 없도록 하는 것

(2) 탬퍼 프루프의 특징

* 우리나라에서는 산업안전보건기준에 관한 규칙 제93조(방호장치의 해체금지)에 방호장치의 해체를 금지하고 있음

(3) 탬퍼 프루프화의 구체적인 방법(사례)

   ① 별나사(Torx screw) 등으로 방호장치를 조립해 전용공구로만 해체할 수 있게 만듦

   ② 방호장치를 경보시스템과 연결해 방호장치 해체시도시 경보가 울림

   ③ 안전장치를 제거하면 기계가 작동하지 않음

   ④ 스마트 키를 물리적으로 복제하거나 해킹하는 것을 원천적으로 차단하는 것

2. 공작기계의 페일 소프트(Fail soft)

  * 기계설비 또는 일부가 고장났을 때 기능의 저하가 되더라도 전체로서는 기능을 정지시키지 않는 방법

---

07 공작기계의 안전확보를 위한 비대칭 고장설계의 의미를 제시하시오.

[해설]

  * 비대칭 고장설계는 시스템 또는 이를 구성하는 요소가 고장이 나더라도 안전확보 쪽으로 오류를 일으키는 고장의 빈도가 위험증가 쪽으로 오류를 일으키는 고장의 빈도보다도 현저히 높은 특성 또는 안전확보 쪽으로만 고장이 나도록 하는 특성을 말한다.

---

08 실드빔센서(Shield Beam Sensor or Tube Sensor)의 1) 구조와 2) 기능의 특징 및 장점 3) 적용 예에 대하여 설명하시오.

[해설]

1. 개요

  * 광전 센서는 빛을 매체로 대상물을 검지하는 센서를 총칭하며, 주로 빛을 내는 투광부와 빛을 받는 수광부로 구성되어 있다.

  * 광전 센서 원리는 투광부에서 발사된 빛이 검출 물체에 의해 반사·투과·흡수되는 정도에 따라 수광부에 도달하고, 수광부는 이를 검지하여 출력 신호를 얻는다. 또는 검출 물체 자체에서 발광하는 빛을 검지하는 타입도 있다.

  * 광전 센서는 보통 투과형, 미러반사형, 확산반사형 3타입으로 구분되며, 화이버 센서나 레이저 센서도 광전 센서(빔 센서)의 일종이다.

2. 광전 센서(빔 센서)의 타입

(1) 투과형

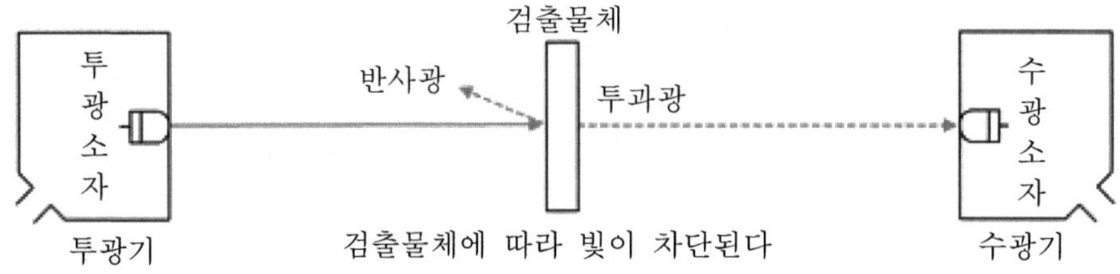

(2) 미러 반사형

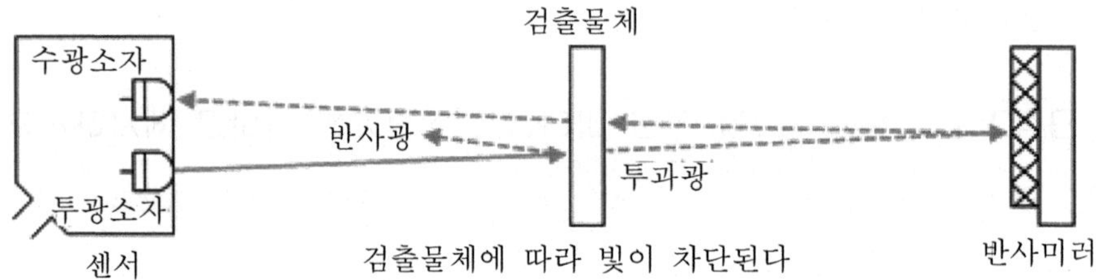

(3) 반사형

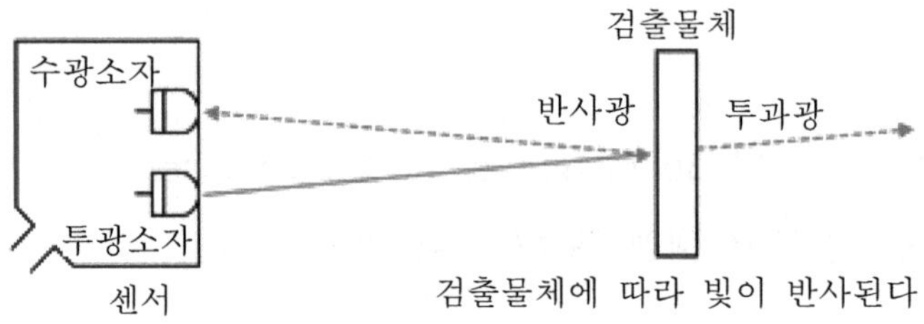

3. 광전 센서(빔 센서)의 구조

(1) 전원내장형

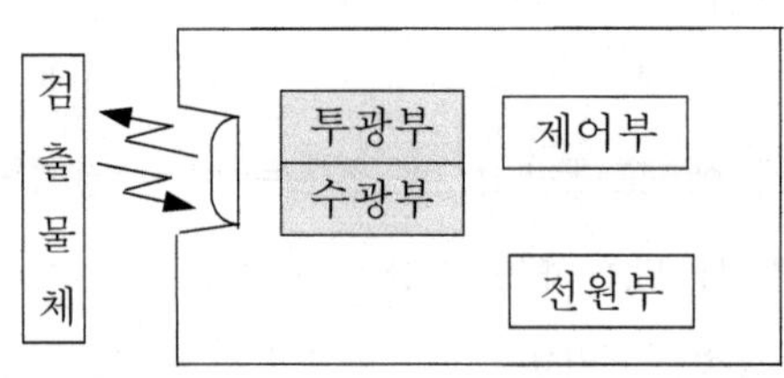

① 투광부, 수광부, 제어부 및 전원부를 한 케이스 안에 내장한 것이다. 투과형에서는 투광부와 전원부로 된 투광기와 수광부, 제어부, 전원부로 된 수광기로 나뉜다.

② 형상으로는 비교적 커지나 사용이 편리하고 정밀성을 요하지 않는 경우에 적합하다

③ 입력전원은 주로 AC가 이용된다.

(2) 앰프내장형

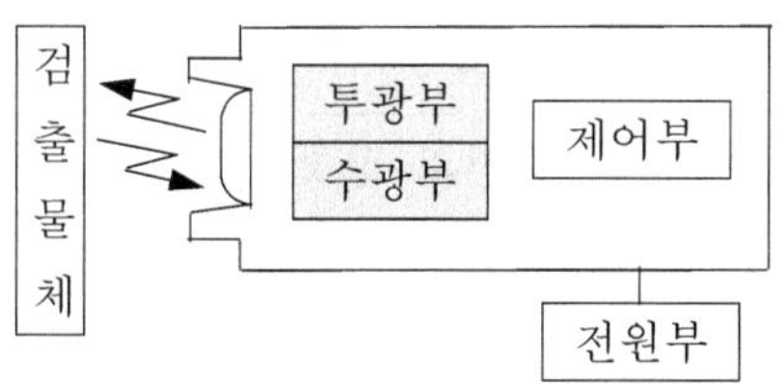

① 제어부와 투·수광부가 한 케이스에 내장된 것이다.

② DC전원을 직접 사용함으로써 직접 출력이 얻어지고, 성능이나 종류가 다양하여 여러 가지 용도에 쓰인다.

③ 일반적으로 전원 내장형보다 소형이고 앰프 분리형보다는 대형이다.

(3) 앰프분리형

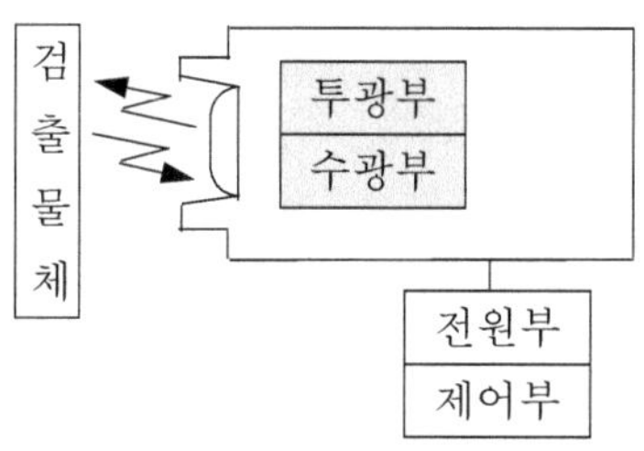

① 투광부와 수광부만을 한 개의 케이스에 넣고 전원부나 AMP를 별도로 분리시킨 것이다.

② 투광부와 수광부는 공원·수광소자 그리고 광학계(렌즈·화이버)만으로 구성되어 있으므르 매우 소형으로 부착 공간에 문제가 있을 경우나 각종 기기내장용으로 적합하다.

4. 광전 센서(빔 센서)의 특징 및 장점

① 비접촉 검출이다. ② 검출거리가 길다. ③ 대상 물체의 종류가 다양하다.

④ 응답이 빠르다. ⑤ 고정도의 검출이 가능하다. ⑥ 색채의 판별이 가능하다.

5. 광전 센서(빔 센서)의 적용 예

분류	사용 예
통과검출 계수	* 자동개찰기의 통과 검출 * 입장자, 출입자수의 계수 * 포장제품의 계수
정칫수·위치결정	* 합판, 종이의 정칫수 전단 * 라인상에 제품 정위치
안전경보	* 프레스기의 안전 * 엘리베이터 과하중, 버스자동문
결함·결점검출	* 실 끊어짐 검출 * 안의 물체 검출
레벨검출	* 물탱크 내의 수위 검출 * 철판, 합판의 높이 제한 검출
식별·분류	* 콘베이어 라인상의 마크검출, 크기 판별
마크검출	* 포장기의 상표 마크의 검출 * 콘베이어 라인상의 물체 마크의 검출

09 다음에 주어진 인터록용 센서의 특징 및 적용방법(대상)을 간략히 설명하시오.

1) 근접센서 2) 광센서 3) 리미트 스위치

[해설]

1. 근접센서(근접스위치)

(1) 특징

① 물리적 접촉이 없이 주변 물체의 존재를 감지할 수 있는 센서

② 근접거리가 주요 요소임

(2) 종류

* 일반적으로 사용되고 있는 것은 검출 원리상 고주파 발진형과 정전용량형의 두 종류가 있다.

1) 고주파 발진형(인덕턴스형)

* 고주파 발진형 검출부에 검출코일이 있어 검출 대상물의 금속체에 접근하면 검출코일의 인덕턴스가 변화하는 것을 이용하고 있다. 또한 발진회로의 발진 정지 등의 변화를 검출해서 출력신호를 내는 것이다. 아래 그림에 그 원리도를 나타낸다.

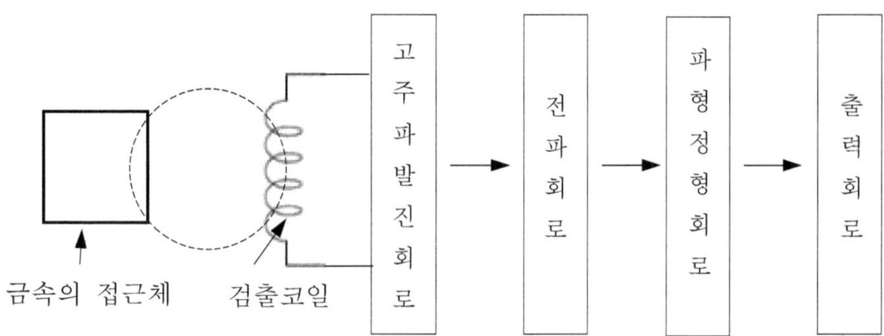

[그림 1] 고주파 발진형(인덕턴스형) 개요도

2) 정전용량형

* 전계 중에 검출대상물이 접근하면 검출부의 도체 전극판과 검출 대상물과의 사이에서 정전용량이 크게 변화하는데 그 변화를 검출하여 출력신호를 발생한다. 따라서 검출 대상물이 금속, 플라스틱 등 대부분의 유전체를 검출할 수 있다.

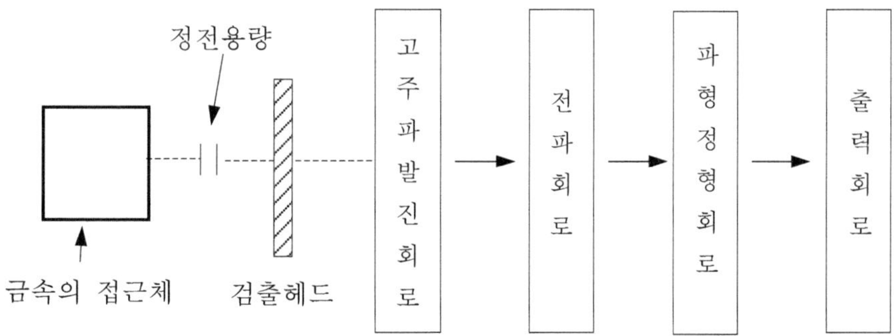

[그림 2] 정전용량형 개요도

2. 광전센서(광전스위치)

(1) 광전센서 원리

* 광전센서는 빛을 매체로 대상물을 검지하는 센서를 총칭하며, 주로 빛을 내는 투광부와 빛을 받는 수광부로 구성되어 있다.
* 광전센서 원리는 투광부에서 발사된 빛이 검출 물체에 의해 반사·투과·흡수되는 정도에 따라 수광부에 도달하고, 수광부는 이를 검지하여 출력신호를 얻는다. 또는 검출 물체 자체에서 발광하는 빛을 검지하는 타입도 있다.

(2) 광전센서 특징

① 투광부에서 발사된 신호광이 검출물체에 의해 투과, 반사 등의 변화를 수광부에서 감지하여 출력신호를 얻는 것
② 검출물체에서 발해지는 빛을 감지하는 타입 등을 포함한 빛을 매체로 하여 대상물을 정지시키는 것을 총칭한다.
③ 근거리가 주요 요소이다.   ④ 투과형, 반사형이 대표적이다.
⑤ 광센서 특징 : 무접촉 검출이다. 설정거리가 길다. 응답속도가 빠르다.

(3) 광전센서 타입

1) 투과형

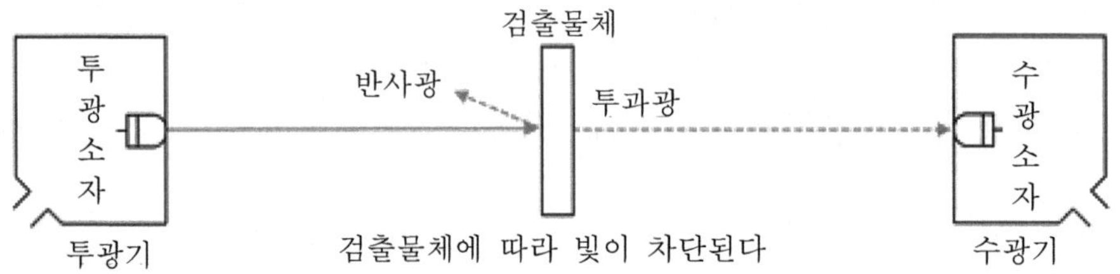

2) 미러 반사형

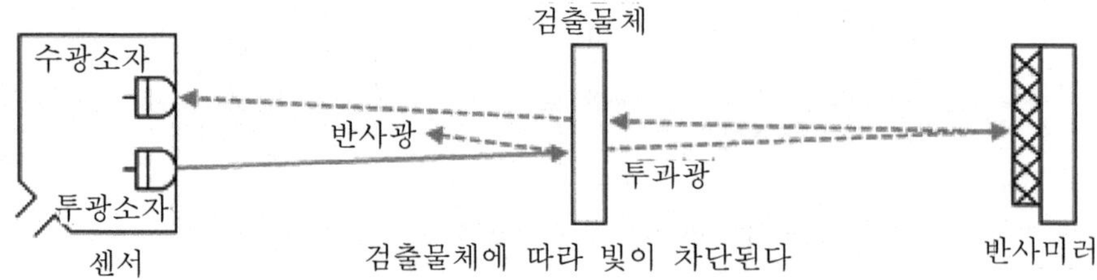

3) 반사형

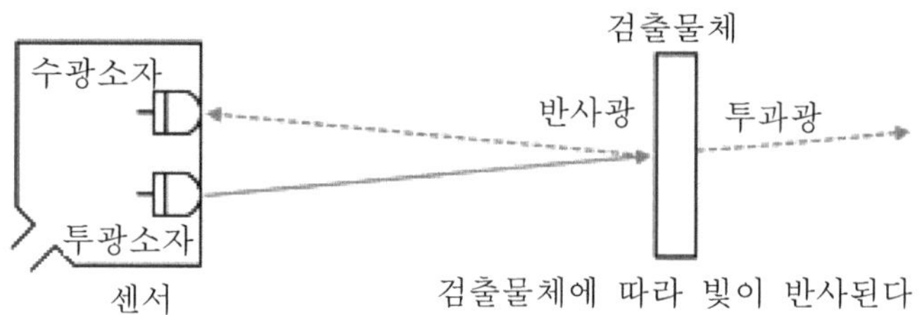

3. 접촉센서 (리미트 스위치)

① 기기 가동부의 움직임에 의해 기계적 운동을 전기적 신호로 변환하는 스위치이다.

② 물체가 소정의 위치에 있는가, 힘이 가해져 있는가를 검출하는 한계 스위치이다.

③ 접촉에 기반하는 제어용 기기이다.

④ 리미트 스위치는 동작헤드부, 스위치케이스, 내장케이스로 구성되어 있다.

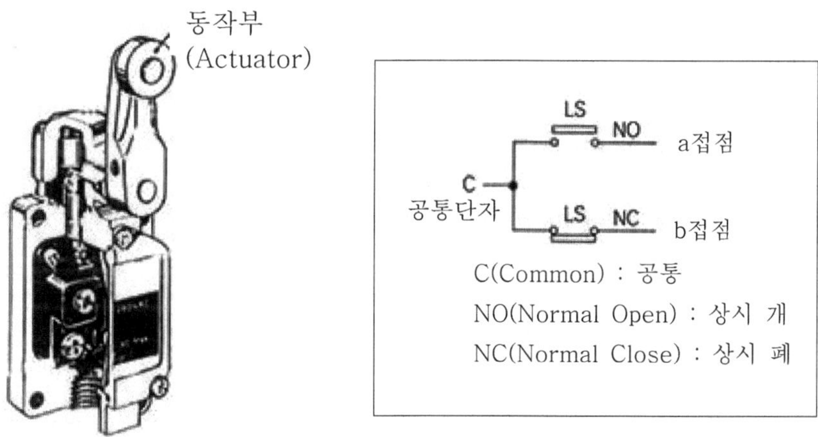

[그림] 리미트 스위치 외관도 및 접점

⑩ 인터록 가드(interlock Guard)에 대하여 응용사례를 들어 기술하시오.

[해설]

1. 인터록 가드의 조건

* 인터록 가드는 다음과 같을 2가지 요건을 갖추어야 한다.

  ① 가드가 닫혀지기 전까지 기계의 작동이 시작되면 안 된다.

② 가드가 열리는 순간 기계의 작동이 멈추어야 한다. 만약 완전정지까지 시간이 걸리는 경우는 지연릴레이 장치를 설치할 필요가 있으며, 예기치 않은 운동을 막기 위해서는 시동제어와 결합되어 있어야 한다. 이 메커니즘은 신뢰성이 있어 어떤 충돌이나 사고 등에 견딜 수 있어야 하며, 특히 그 시스템은 페일 세이프 개념으로 설계되어야 한다.

2. 인터록 가드의 종류

(1) 수동스위치 인터록

* 가드가 닫혀 질 때까지 동력원과 연동되어 있는 스위치나 밸브가 작동될 수 없게 만들어 놓고, 가드가 닫혀지면 스위치나 밸브가 작동되도록 연동시켜 놓았다.

(2) 기계적 인터록

* 가드로부터 동력이나 동력전달조절까지 기구학적 원리에 의거하여 직접적으로 연동되는 것으로 가장 일반적인 적용 예는 동력프레스의 손쳐내기식, 몸쳐내기식 방호장치이다.

(3) 캠구동 제한스위치 인터록

* 가드의 기둥같은 곳에 회전하는 캠을 설치하여 리미트 스위치와 연동시켜 전원을 개폐하는 인터록이다. 이는 다양하게 사용되고 있으며 매우 효과적이고 잘 파손되지 않는다.
* 회전식 또는 왕복식 등이 사용되며, 스위치 플런저는 눌러져 있지 않는 상태에서 안전스위치로부터 가드가 움직이게 되면 스위치 플런저가 눌러지며 제어기능을 작동시켜 기계를 멈추게 한다.

(4) 캡티브 키 인터록

* 캡티브 순차키 연동 인터록이라고도 하며, 순차적으로 작동되는 키에 의해 기기를 원하는 위치에 잠그는 능력에 의거, 순차적으로 관련 장비를 잠그거나 잠금해제를 할 수 있는 순차 키에 의한 인터록이다.

(5) 열쇠교환시스템

* 마스터 키가 On이 되려면 개별 키가 닫혀(On) 있어야 하는 인터록이다.
* 마스터 스위치가 On이 되면 개개의 열쇠는 연동되어 On이 되고 각각에 해당하는 방호문을 열 수 있으며, 작업자가 기계안에 들어 갈 때 각각의 열쇠로 해당 방호문을 열 수 있게 된다.

(6) 자동가드

* 자동가드는 고정가드나 인터록 가드가 실용적이지 못할 때 사용된다. 그런 가드는 작업자가 작업 중인 기계의 위험부분에 접촉하는 것을 방지해 주어야 하고 위험한 경우 기계를 중단시킬 수 있어야 한다.
* 자동가드는 작업자와 무관하게 기능하여야 하며, 그것의 작동은 기계가 작동하는 한 반복되어져야 한다.

---

(11) 기계설비의 근원적 안전화를 위한 안전조건 5가지만 나열하고, 이에 대한 예를 하나씩 들어 설명하시오.

[해설]

○ 기계설비의 근원적 안전화를 위한 안전조건

(1) 외형의 안전화

　1) 묻힘형이나 덮개의 설치 (산기규 제87조)

　　① 사업주는 기계의 원동기·회전축·기어·풀리·플라이휠·벨트 및 체인 등 근로자가 위험에 처할 우려가 있는 부위에 덮개·울·슬리브 및 건널다리 등을 설치하여야 한다.

　　② 사업주는 회전축·기어·풀리 및 플라이휠 등에 부속되는 키·핀 등의 기계요소는 묻힘형으로 하거나 해당 부위에 덮개를 설치하여야 한다.

　　③ 사업주는 벨트의 이음 부분에 돌출된 고정구를 사용해서는 아니 된다.

　　④ 사업주는 제1항의 건널다리에는 안전난간 및 미끄러지지 아니하는 구조의 발판을 설치하여야 한다.

2) 별실 또는 구획된 장소에의 격리

3) 안전색채를 사용

* 기계설비의 위험 요소를 쉽게 인지할 수 있도록 주의를 요하는 안전색채를 사용하여 확실한 구분

① 시동단추식 스위치 : 녹색   ② 정지단추식 스위치 : 적색

③ 가스배관 : 황색   ④ 물배관 : 청색

(2) 구조부분의 안전화(강도적 안전화)

① 재료의 결함 방지 ② 설계 시의 오류 방지 ③ 가공의 불량 방지

④ 안전율 확보 : $S_f = \dfrac{\sigma_u}{\sigma_a} = \dfrac{\sigma_y}{\sigma_a}$

여기서, σ_u : 극한강도, σ_y : 항복응력, σ_a : 허용응력

(3) 기능상의 안전화

* 최근 기계는 반자동 또는 자동 제어장치를 갖추고 있어서 에너지 변동에 따라 오동작이 발생하여 주요 문제로 대두되므로 이에 따른 기능의 안전화가 요구되고 있다.
* 전압 강하 시 기계의 자동정지, 안전장치의 일정 방식 채택 등이 그 일례이다.

(4) 작업의 안전화

* 작업 중의 안전은 그 기계설비가 자동, 반자동, 수동인가에 따라서 다르며, 기계 또는 설비의 작업환경과 작업방법을 검토하고 작업위험분석을 하여 작업을 표준작업화할 수 있도록 한다.

(5) 보전작업의 안전화

① 고장 예방을 위한 정기점검   ② 보전용 통로나 작업장의 확보

③ 부품교환의 철저화   ④ 분해 시 차트화   ⑤ 주유방법의 개선

⑥ 보전작업 절차 매뉴얼 작성 및 운용

(6) 작업점의 안전화

* 일이 물체에 행해지는 점 혹은 일감이 직접 가공되는 부분을 작업점(Point of Operation)이라 하며, 이와 같은 작업점은 특히 위험하므로 방호장치나 자동제어 및 원격 장치를 설치할 필요가 있다.

기계안전 관련

01 제품설계 업무의 진전(흐름절차) 5단계를 기술하시오.

해설

○ 제품설계업무의 진전(흐름절차) 5단계

(1) 제품설계의 과정

* 제품 원가의 70~80%가 설계에 의해 좌우될 만큼 제품설계는 중요한 기능이다.

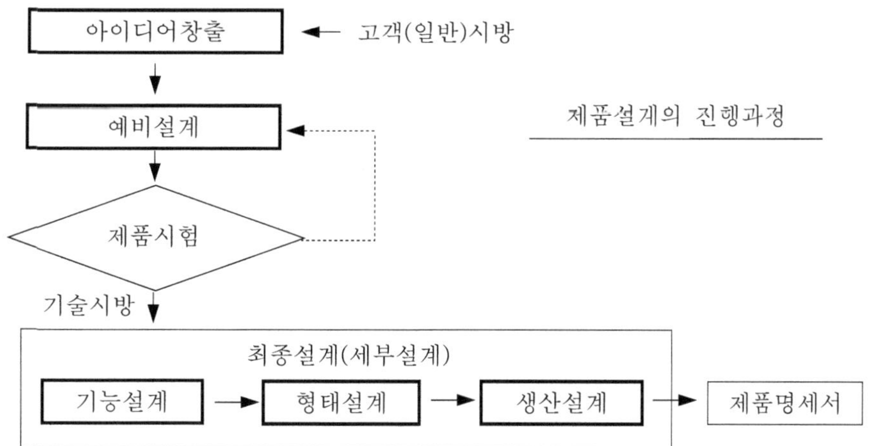

(2) 제품설계의 형태

* 제품설계의 형태는 다음의 설계 활동들을 포함하는 개념이다.
① 아이디어 창출
* 신상품개발을 위한 정보수집을 바탕으로 아이디어를 창출하여 상품개발기획서로 정리한다.
② 예비설계

* 상품개발기획서에 의거하여 상품의 예비설계를 하여 제품시험을 실시한 후 기술시방서를 작성한다.

③ 기능설계(functional design)

* 제품의 기능·성능을 구체화시키는 과정이다.

* 시장조사(고객, 경쟁자), 신뢰성공학, 품질관리, 가치공학의 적용 등을 한다.

④ 형태설계(form design) 또는 스타일 설계(style design)

* 판매촉진 효과를 높이는 제품의 외관과 기능의 유기적 결합을 한다.

* 시각적으로도 판매촉진 효과를 가져올 수 있는 디자인 구상이 관건이 된다.

(Ex) 코카콜라 병 → 여성의 날씬한 허리, 폭스바겐 → 딱정벌레 형태

⑤ 생산설계(production design)

* 기능·형태 설계를 토대로 주어진 범위 내에서 가장 경제성이 높은 생산방식 결정이다.

* 제품의 재료, 구조, 형상 등의 설계와 생산방법, 설비 등을 결정한다.

⑥ 제품명세서(product specification)

* 최종설계의 결과로서 제시되는 것이다.

* 제품의 구성·기능·형태, 제조과정에 대한 기술적인 시방(제작설계도, 청사진 등)이다.

(3) 제품설계에 의해 좌우되는 주요 생산의사결정 사항

① 투입될 자재의 종류와 수량, ② 생산설비 및 생산공정의 유형 및 배치, 작업수행 방법, ③ 제품의 품질수준, 생산원가와 가격, ④ 제품의 단순화(표준화), 다양화의 정도 등

(02) 기계·설비 유지 작업 시 행하는 LOTO(Lock-out & Tag-out)와 관련된 내용을 쓰고 설명하시오.

[해설]

1. LOTO의 정의

* "Lock-Out, Tag-Out"의 줄임말로, 정비·청소·수리 등의 작업을 수행하기 위하여 해당 기계의 운전을 정지한 후, 다른 사람이 그 기계를 운전하는 것을 방지하기 위하여 기동장치에 잠금장치를 하거나 표지판을 설치하는 등의 조치를 의미한다.

2. LOTO 시스템의 필요성

* 사업장에서 기계·설비의 정비·청소·수리 등의 작업 시 불시 가동 등으로 인해 사상자가 빈발하고 있어 작업자의 안전을 확보하기 위해 LOTO 작업절차 준수가 필요하다.

3. LOTO 실시절차

순서	내용
전원 차단 준비	작업 전 관련 작업자에게 작업 내용 공지
기계·설비 운전 정지	정해진 순서에 따라 해당 기계·설비 운전 정지
전원차단 및 잔류 에너지 확인	기계·설비의 주전원을 확실하게 차단하고 잔류에너지 여부 확인
LOTO 설치	전원부 등에 잠금장치 및 표지판 설치 후 담당 작업자가 개별 열쇠 보관
작업 실시	기계·설비의 정지 확인 후 정비, 청소, 수리 등 작업 실시
점검 및 확인	기계·설비 주변의 상태 및 관련 작업자 안전 확인
LOTO 해제	담당 작업자가 직접 잠금장치 및 표지판 해제
기계 설비 재가동	종료 후 관련 작업자에게 해당 내용 공지

4. LOTO 종류

* LOTO의 종류는 크게 3가지로 나눌 수 있다.
  ① 전기 에너지 통제에는 전기 잠금장치와 기동스위치 잠금장치

전기 잠금장치

기동스위치 잠금장치

② 유공압·증기 등의 에너지 통제에는 게이트밸브 잠금장치와 볼밸브 잠금장치

게이트밸브 잠금장치　　　　　볼밸브 잠금장치

③ 자물쇠와 걸쇠(하스프), 표지판을 통해 청소·정비 작업 진행 중임을 표시

자물쇠　　　　　걸쇠(하스프)　　　　　표지판

1.2 공작기계의 안전

공작기계 일반

(01) 공작기계에 요구되는 특성과 안전성에 대하여 설명하시오.

[해설]

1. 개요

* 대표적으로 공장에서 많이 쓰이는 선반과 밀링머신, 드릴링머신을 중심으로 공작기계에서 요구되는 특성과 안전성을 알아보도록 한다.

2. 공작기계에 요구되는 특성과 안전성

(1) 선반

1) 용도

* 절삭운동으로 공작물을 회전시키고 절삭공구(바이트)에 이송운동을 시켜 가공하는 공자기계이다. 즉, 공자물에 회전을 주어 외주 단면 등을 가공한다.

2) 안전상 요구되는 특성

① 실드(Shield) : 공작물의 칩이 비산되어 발생하는 위험을 방지하기 위해 사용하는 덮개이다.

② 척 커버(Chuck Cover) : 척에 고정한 가공물의 돌출부에 작업자가 접촉하여 발생하는 위험을 방지하기 위하여 설치하는 것이다.

③ 칩 브레이커 : 길게 형성되는 절삭 칩을 바이트를 사용하여 절단해 주는 장치이다.

④ 브레이크 : 작업 중인 선반에 위험발생 시 급정지시키는 장치이다.

3) 안전성(안전대책과 유의사항)

① 긴 물건을 가공할 때에는 주축대 쪽으로 돌출된 회전 가공물에는 덮개를 설치해야 한다.

② 바이트는 짧게 장착하고, 일감의 길이가 직경의 12배 이상일 때 방진구를 사용한다.

③ 절삭 중에는 일감에 손을 대서는 안 되며, 면장갑 착용을 금지해야 한다.

④ 바이트에는 칩 브레이커를 설치하고 보안경을 착용해야 한다.

⑤ 기계 운전 중에 백기어는 사용을 금지해야 하며, 절삭 칩 제거는 반드시 브러시를 사용해야 한다.

(2) 밀링머신

1) 용도

* 밀링커터를 회전시키고, 공작물의 상하 또는 좌우, 전후의 선형이송 운동을 준 상태에서 공작물을 절삭하는 공작기계이다. 수평과 수직의 평면 절삭, T형 절삭을 빠르고 정밀하게 가공할 수 있다.

2) 안전상 요구되는 특성

* 밀링커터의 회전으로 작업자의 소매가 감겨 들어가거나 칩이 비산하여 작업자의 눈에 들어갈 수 있으므로 상부의 아암(arm)에 적합한 덮개를 설치해야 한다.

3) 안전성(안전대책과 유의사항)

① 상하이송 장치의 핸들은 사용 후 반드시 빼야 한다.

② 가공물 측정 및 설치 시에는 반드시 기계 정지 후 실시해야 한다.

③ 가공 중 손으로 가공면 점검을 하면 안 되며, 장갑 착용을 금지해야 한다.

④ 밀링작업의 칩은 가장 가늘고 예리하므로 보안경 착용 및 기계 정지 후 브러시로 제거해야 한다.

⑤ 급속이송은 백래시 제거 장치가 작동하지 않음을 확인한 후 실시하도록 한다.

(3) 드릴링머신

1) 용도 : 천공(구멍뚫기) 작업에 사용

2) 안전상 요구되는 특성

① 방호 울(가드)　② 재료의 회전방지 장치　③ 투명 플라스틱 방호판

④ 안전덮개

3) 안전성(안전대책과 유의사항)

① 일감은 견고히 고정하고, 손으로 작업하는 것을 금지한다.

② 드릴 끼운 후 척 렌치는 반드시 빼 두어야 한다.

③ 장갑 착용을 하면 안 되며, 칩은 반드시 브러시로 제거해야 한다.

④ 구멍이 관통된 후에는 기계 정지 후 손으로 돌려서 드릴을 빼야 한다.

⑤ 얇은 재료는 흔들리기 쉬우므로 나무판을 받치고 작업을 해야 한다.

⑥ 일감설치 및 테이블 고정과 조정은 기계 정지 후 실시해야 한다.

02 일반적으로 공작기계는 사용하는 사이에 진동으로 인한 나사의 이완(Looseness), 회전부분이나 습동부분이 마모 및 열화된다. 따라서 공작기계 각 부분의 조정이 필요하다. 위의 공작기계의 일반적인 조정부분을 열거하고, 각각의 판정기준과 조정방법에 대하여 설명하시오.

해설

1. 개요

* 일반적으로 공작기계에서는 설비의 구성 6계통에 의거하며 검토하면 효과적이다. 즉, 6계통은 기계요소, 구동·운동·전달계통, 윤활계통, 유공압, 전기기기, 계장설비를 의미한다.

2. 공작기계의 조정부분과 조정방법

(1) 공작기계의 계통별 조정부분과 조정방법

1) 기계요소

조정부분	판정의 기준	조정방법
체결부품	풀림, 고착, 마모	더죄기, 노후부품 교환
키, 핀	빠짐, 헐거움	설치 조정, 신품교체
축, 베어링	소음, 과열	윤활, 센터링 조정
관(Pipe), 관이음	누설	더죄기, 시일재 교환
밸브	시일부 누설	시일재 교환
열교환기	열교환 불량	관 내부 정비 및 청소
시일부품	누설, 고착	더죄기, 교환

2) 구동·운동·전달계통

조정부분	판정의 기준	조정방법
구동모터	소음, 과열	윤활, 센터링 작업
벨트	떨림, 늘어남	벨트 교체, 거리 조정
체인	소음, 늘어남	윤활, 체인 교체
기어	과열, 소음	윤활유 교체, 설비정도 조정
클러치	작동불량	마모부 및 헐거움 등 조정
브레이크	브레이크면 마모	브레이크편 교환
캠	과대마모, 접촉불량	과대마모시 교체, 조정
안내면	작동불균일	청소, 윤활

3) 윤활계통

조정부분	판정의 기준	조정방법
오일펌프	소음, 과열, 압력불안정	윤활, 설비 점검 및 조절
흡입필터	막힘	이물청소, 필터교환
압력제어밸브	압력불안정	막힘·내부부품 이상시 교환
배관 및 커플링부	누설	더죄기, 시일재 교환
윤활부	과열	윤활, 설비정도 검토 및 조정
오일탱크	이물	탱크 이물청소 및 계통 청소

4) 유압장치

조정부분	판정의 기준	조정방법
작동유탱크	오염 및 과열	청소 및 윤활유 교환
흡입필터	막힘	필터 및 계통 청소
유압펌프	과열 및 진동, 토출압력 불량	윤활, 센터링, 마모부품 교환
압력제어밸브	막힘 및 헌팅	청소 및 부품 불량시 교환
방향제어밸브	막힘, 작동불량	내부이물 청소 및 신품교체
유량제어밸브	막힘, 작동불량	내부이물 청소 및 신품교체
배관 및 커플링	누설	누설부 조치, 시일재 교환
액튜에이터	작동불량	이물청소, 과도마모시 교체

5) 공압장치

조정부분	판정의 기준	조정방법
에어실린더	누설 및 출력부족	시일재 교환, 분해 수리
에어3점세트	고장 및 작동불량	고장수리 및 점검 조정
[참고] 에어3점세트 : 흡기필터, 압력조정기, 오일러		

6) 계장설비

조정부분	판정의 기준	조정방법
압력계	지침 불량	탄성불량 및 마모시 교환
온도계	지시치 불량	온도센서 주변 이물청소
유량계	헌팅	막힘이나 누설시 대책실시

선반

01 선반작업 시 발생할 수 있는 재해유형과 위험방지대책(안전수칙), 그리고 방호장치에 대하여 설명하시오.

해설

1. 선반 재해유형

① 말림 재해 : 고속으로 회전하는 일감에 잘못 접촉하여 작업복이나 끼고 있던 장갑이 말려 들어가는 경우

② 피부 손상 : 칩이 끊어지지 않고 꼬불꼬불 나오게 되어 작업자의 팔이나 신체의 일부에 심한 부상을 입는 경우

③ 칩에 의한 눈 부상 : 칩이나 이물이 튀어 눈에 손상을 입히는 재해

2. 선반작업 안전수칙

① 가동전에 기계의 각 부위를 점검한다.

② 가공물이나 랙에 말리지 않도록 옷소매를 단정히 한다.

③ 공구나 일감은 확실하게 고정한다.

   * 선반의 바이트는 끝을 짧게 장착한다.

   * 일감의 길이가 직경의 12배 이상일 때는 방진구를 사용한다.

④ 절삭중인 일감에는 손을 대지 않는다(말릴 위험이 있어 면장갑 착용 금지).

⑤ 작업 중 절삭칩이 눈에 들어가지 않도록 반드시 보안경을 착용한다.

⑥ 작업 중 일감의 치수측정 시에는 기계의 운전을 정지한 후 측정한다.

⑦ 절삭칩의 제거는 반드시 전용의 브러시를 사용한다.

⑧ 리이드 스크류에는 몸의 하부가 걸리기 쉬우므로 조심해야 한다.

⑨ 선반의 베드 위에는 공구를 놓아서는 안 된다.

⑩ 기계운전 중 백 기어의 사용을 금한다.

⑪ 센터작업을 할 때에는 심압 센터에 자주 절삭유를 주유하여 열발생을 막는다.

⑫ 기계에 주유 및 청소를 할 때에는 반드시 기계를 정지시키고 한다.

3. 방호장치

(1) 범용 선반인 경우

① 칩 비산방지 조치 및 칩브레이커 설치

② 방진구 및 돌리개 등의 설치 : 긴 공작물 가공시

③ 비상용 급브레이크 설치

④ 보호가드(방책) 설치

⑤ 칩 제거시 수공구(브러시) 사용

⑥ 비상정지버튼 설치

(2) CNC 선반인 경우

① 전면 안전문 및 인터록

② 안전유리 : 전면 안전문에 설치

③ 안전밸브 내장 척 실린더 및 공작물 밀착 확인장치 : 유압작동의 경우

④ 공압분사장치 : 칩 또는 절삭유 제거용

⑤ 비상정지버튼 : 수동복귀후 운전준비 버튼을 눌러야 작동하도록 설치

⑥ 집진기 설치 : 오일미스트, 분진 등 흡수로 작업환경 개선용

목재가공기계

01 둥근톱 기계에서 발생될 수 있는 재해의 종류 및 방호조치의 종류에 대해 기술하시오.

해설

1. 둥근톱 기계란?

* 둥근톱 기계란 공작물을 데이블면에 가볍게 밀면서 고속으로 회전하는 톱날 사이로 이동시킴으로써 공작물을 절삭, 홈절삭 등의 작업을 수행하는 기계이다.

2. 위험요소

(1) 톱날에 의한 가공재의 반발

① 톱자체에 의해 가공재가 반발되어 작업자가 가공재에 맞아 재해 발생

② 톱의 뒷날에 의한 반발로 재해 발생

  ㉠ 절삭된 가공재의 홈부분이 조이는 성질, 뒤틀림 등에 의해서 날의 뒷부분에서 톱날을 꽉 조이는 현상 발생

  ㉡ 이 현상은 톱의 뒷날 부분의 운동방향은 작업자측으로 향하고 있어서 가공물이 부상하여 작업자측으로 비래하여 재해 발생

(2) 근로자의 손 등이 톱날에 접촉

* 가공재가 송급 중 또는 톱날 바로 근처에서 절삭찌꺼기의 청소 및 기타작업 중에 근로자의 손이 톱날에 접촉되어 재해 발생

3. 방호장치의 종류별 설치기준

* 둥근톱 기계의 안전장치에는 반발예방장치와 날접촉예방장치가 있으며 반발예방장치의 종류에는 분할날, 반발방지조, 반발방지롤 등이 있고, 날접촉예방장치는 가동식, 고정식 등이 있다.

(1) 반발예방장치

1) 분할날

* 절삭된 가공재의 홈 사이로 들어가면서 가공재의 모든 두께에 걸쳐 쐐기작용을 하여 가공재가 톱자체를 조이지 않게 하는 장치이다.

① 톱의 뒷날 바로 가까이 설치할 것(12mm 이내)

② 톱의 뒷날의 2/3 이상을 덮는 구조일 것

③ 분할날의 재료는 탄성이 큰 탄소공구강에 상당하는 재료일 것

④ 분할날의 설치부는 조절 가능한 구조일 것

⑤ 분할날의 두께(t_2)는 톱날두께(t_1)의 1.1배 이상이고 톱의 치진폭(b) 미만일

   것 : $1.1t_1 \leq t_2 < b$

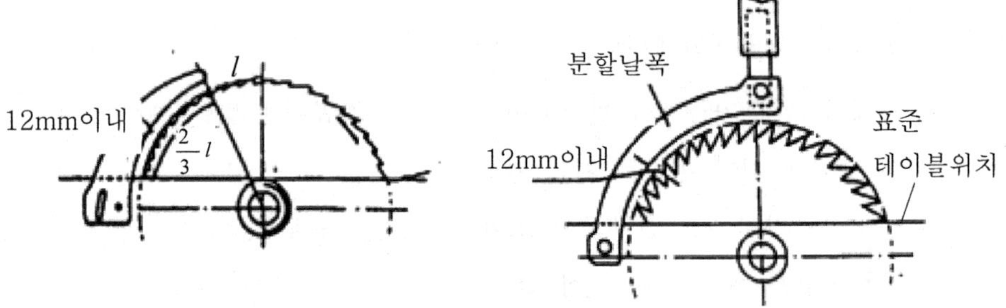

[그림 1] 겸형식 분할날　　　　[그림 2] 현수식 분할날

2) 반발방지기구(반발방지조)

* 가공재가 뒷날 측에 대하여 조금 들뜨고 역행하려고 할 때 조(jaw)가 가공재에 물려 들어가 반발을 방지하며, 설치기준은 다음과 같다.

① 사용재료는 일반구조용 압연강재 2종 이상으로 할 것

② 조의 형상은 가공재가 반발 시 물려 들어가기 쉬운 구조일 것

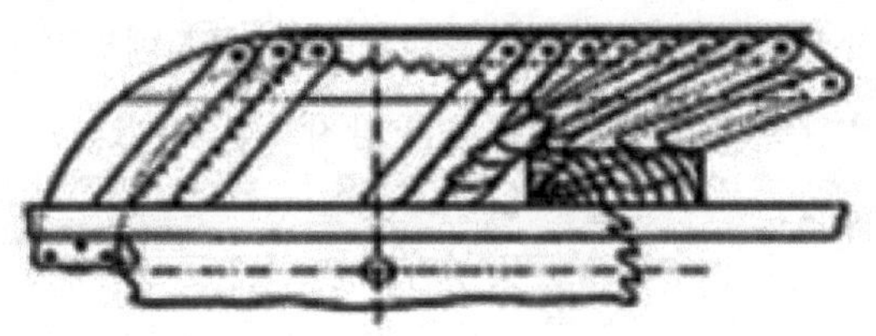

[그림 3] 반발방지기구

3) 반발방지롤

* 가공재가 톱 후면에서 들뜨는 것을 누르고 반발을 방지하며 설치기준은 다음과 같다.

① 가공재의 상면을 항상 일정한 힘으로 누를 수 있을 것

② 가공재를 충분히 누르는 강도를 보유할 것

③ 톱의 직경이 405mm를 넘는 둥근톱기계에서는 사용을 금함

(2) 날접촉예방장치

* 가공재를 송급할 때 가공재 끝부분의 절단 시 톱날에 접촉되거나 톱날 근처에서 청소 등을 할 때 톱날에 닿아서 생기는 재해를 예방하는 장치이다.

1) 가동식 날접촉예방장치

* 덮개의 하단이 송급되는 가공재의 상면에 항상 접하는 방식이고, 절삭하고 있지 않을 때는 덮개가 테이블면까지 내려가는 구조로서 설치기준은 다음과 같다.

① 절단에 필요한 날부분 이외의 날은 항상 자동적으로 덮이는 구조일 것

② 앞부분의 보조덮개에 톱날을 볼 수 있는 홈이 있을 것

2) 고정식 날접촉예방장치

* 비교적 얇은 가공재의 절단용으로 사용되면 가동식에서는 송재 저항이 크게 되어 재료의 상면이 보조덮개에 접촉되어 상처를 입거나 그 사용이 어려울 수 있는 단점의 해소가 가능하며, 설치기준은 다음과 같다.

① 덮개하단이 테이블 면위 25mm 이상 높일 수 없는 구조일 것

② 가공재 상면과 덮개와의 간격이 8mm 이내일 것

③ 덮개의 전면부에 홈을 설치하여 톱날의 절단을 볼 수 있을 것

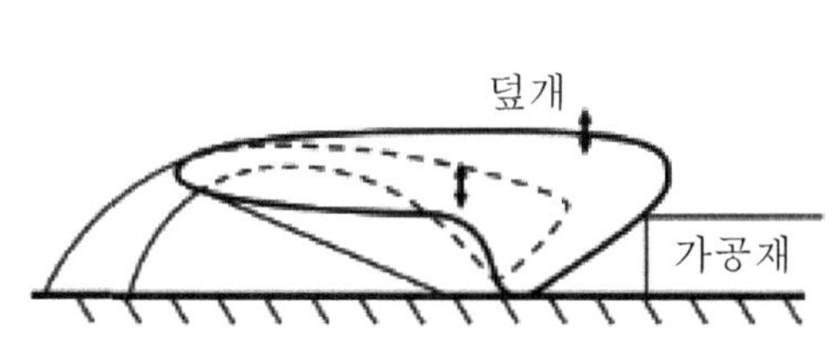

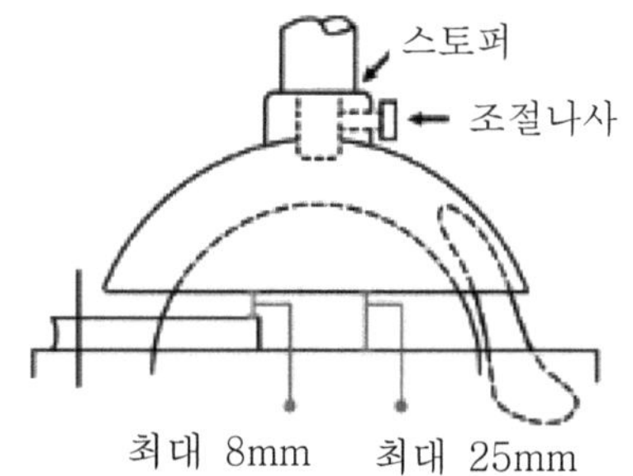

[그림 4] 가동식 날접촉예방장치   [그림 5] 고정식 날접촉예방장치

02 목재 가공용 기계 중 둥근톱 기계는 통상 주속도 2,000(mm/min) 전후에서 사용된다. 재해는 가공재의 송급니, 비탈니(후면날)에서 반발된 가공재가 작업자를 가격하여 재해가 발생된다. 반발을 일으키는 원인은 가공재가 톱의 비탈니를 통과할 때 회전하는 톱니에 걸려서 발생된다. 이러한 원인 제거의 목적으로 적용한 방호장치를 (①)라 한다. 두께는 사용하는 톱니의 (②)배 이상으로 되어 있다. 부착위치는 (③)를 덮어야 한다. 톱니와의 간격은 (④)(mm) 이내가 되어야 한다. 빈칸에 적합한 내용을 기입하시오.

해설

① 반발예방장치　② 1.1배　③ 톱니 뒷날(비탈니)의 2/3 이상　④ 12

1.3 프레스 및 전단기의 안전

프레스

01 프레스작업의 위험성과 그 대책을 기술하시오.

[해설]

1. 프레스 작업의 위험성

(1) 프레스 작업의 특징

* 프레스를 이용한 작업은 통상적으로 많은 위험성을 내포하고 있다. 이들 위험성 특성은 다음과 같다.

① 단시간에 많은 힘을 가해 가공하므로 신체 장해를 입기 쉽다.

② 위험 부위에 근접해 작업하는 경우가 많아 다른 작업에 비해 위험성이 크다.

③ 금형의 설계제작시 안전에 대한 고려가 미흡하다.

④ 고장발생 빈도가 높고 예지가 어렵다.

③ 대부분 소규모 기업에서 이뤄지며 다품종소량 생산 위주여서 대체로 안전대책이 미흡하다.

④ 기계 자체가 반복적인 진동과 충격을 지속적으로 받는 것에 대한 적정한 방호장치가 미흡한 실정이다.

⑤ 금형교환 등의 부수적인 작업이 많아 다른 가공기계보다 안전사고가 자주 발생할 뿐 아니라 사망 등 중대재해 발생률이 높다.

⑤ 프레스기계의 범용성에 안전조치가 따라가지 못한다.

(2) 프레스 작업에서의 재해

1) 끼임

① 프레스 안전장치를 부착하지 않고 작업 중 금형 사이에 끼임

② 풋스위치를 사용해 작업 중에 양손으로 소재를 투입하고 꺼내는 작업 중 금형 사이에 끼임

③ 금형 설치 및 해체작업 중 금형에 끼임

2) 파편에 맞음

① 소재가 금형에 제대로 투입되지 않은 상태에서 프레스 가공 중 파손된 금형 파편에 맞음

② 금형 조정작업 중 금형 파손으로 파편에 맞음

3) 넘어짐

① 소재, 금형 등 중량물 운반작업 중 장해물에 걸려 넘어짐

4) 부딪힘

① 2인이 공동작업 중 신호 불일치로 하강하는 슬라이드에 부딪힘

② 금형 등 중량물 운반용 지게차 또는 대차에 부딪힘

2. 프레스 작업의 위험성에 대한 대책

(1) 올바른 방호장치의 선택

* 프레스 또는 전단기 방호장치의 종류 및 분류는 다음과 같다. 특징을 고려하여 적절한 방호장치가 설치 운용되도록 한다.

종류	분류	기능
광전자식	A-1	프레스 또는 전단기에서 일반적으로 많이 활용하고 있는 형태로서 투광부, 수광부, 컨트롤 부분으로 구성된 것으로서 신체의 일부가 광선을 차단하면 기계를 급정지시키는 방호장치
	A-2	급정지 기능이 없는 프레스의 클러치 개조를 통해 광선 차단 시 급정지시킬 수 있도록 한 방호장치
양수 조작식	B-1 (유·공압 밸브식)	1행정 1정지식 프레스에 사용되는 것으로서, 양손으로 동시에 조작하지 않으면 기계가 동작하지 않으며, 한 손이라도 떼어 내면 기계를 정지시키는 방호장치
	B-2 (전기버튼식)	
가드식	C	가드가 열려 있는 상태에서는 기계의 위험부분이 동작되지 않고, 기계가 위험한 상태일 때에는 가드를 열 수 없도록 한 방호장치

종류	분류	기능
손처내기식	D	슬라이드의 작동에 연동시켜 위험상태로 되기 전에 손을 위험 영역에서 밀어내거나 쳐내는 방호장치로서, 프레스용으로 확동식 클러치형 프레스에 한해서 사용됨(다만, 광전자식 또는 양수조작식과 이중으로 설치 시에는 급정지 가능 프레스에 사용 가능)
수인식	E	슬라이드와 작업자 손을 끈으로 연결하여 슬라이드 하강 시 작업자 손을 당겨 위험영역에서 빼낼 수 있도록 한 방호장치로서, 프레스용으로 확동식 클러치형 프레스에 한해서 사용됨(다만, 광전자식 또는 양수조작식과 이중으로 설치 시에는 급정지가능 프레스에 사용 가능)

(2) 수공구류의 활용

* 프레스 금형내의 재료의 송급, 취출 및 위치 교정 등에 적절한 수공구를 사용함으로써 안전을 확보할 수 있으며, 특히 작은 제품의 취급에서 더욱 효과적이다.

(3) 금형의 안전화

* 프레스의 안전화의 근본적인 대책으로 기계동작부위나 금형에 손 등 신체가 접근하지 못하도록 구조적으로 안전화하는 것이 중요하다.

(4) 송급·배출의 자동화

* 제품을 손으로 이송하고 가공 후 제품을 꺼낼 때 작업점에 접근하다가 재해를 입는 경우가 많으므로 송급·배출을 자동화하는 것은 안전상 대단히 중요하다.
* 송급·배출의 자동화 방법에는 여러 가지가 있다.
  ① 자동송급장치 : 롤 피더, 그리퍼 피더, 호퍼 피더 등
  ② 자동배출장치 : 이젝터 등   ③ 산업용 로봇

(5) 근로자의 교육 (산시규 별표 5)

* 동력에 의해 작동되는 프레스기계를 5대 이상 보유한 사업장에서는 근로자에게 다음의 사항에 대하여 프레스의 특별안전교육을 16시간 이상 실시하여야 한다.
  ① 프레스의 특성과 위험성에 관한 사항
  ② 방호장치의 종류와 취급에 관한 사항

③ 안전작업 방법에 관한 사항　　④ 프레스 안전기준에 관한 사항

⑤ 기타 안전보건관리에 필요한 사항

(6) 작업시작 전 점검 실시 (산시규 별표 3)

* 프레스를 사용하는 작업시작 전에는 다음 내용에 대한 점검을 실시하여야 한다.

① 클러치 및 브레이크의 기능

② 크랭크축·플라이휠·슬라이드·연결봉 및 연결 나사의 풀림 여부

③ 1행정 1정지기구·급정지장치 및 비상정지장치의 기능

④ 슬라이드 또는 칼날에 의한 위험방지 기구의 기능

⑤ 프레스의 금형 및 고정볼트 상태

⑥ 방호장치의 기능

⑦ 전단기(剪斷機)의 칼날 및 테이블의 상태

(02) 프레스의 방호장치 5가지 중 확동식 클러치가 부착된 프레스에 부적합한 방호장치의 종류를 쓰고, 부적합한 이유를 설명하시오.

[해설]

1. 프레스의 클러치 형식에 의한 분류

(1) 확동식 클러치 프레스

* 확동식 클러치는 클러치의 동력전달이 기계적인 맞물림에 의해 이루어지는 구조이다.

* 확동식 클러치는 키 타입, 핀 타입 및 맞물림 타입(Jaw)으로 구분되는데, 이와 같은 확동식 클러치 프레스는 1행정 1정지가 되지 않고 급정지장치가 없어 안전적 측면에서 위험이 발생할 수 있기 때문에 산업안전보건법에서는 사용할 수 없도록 하고 있다.

* 따라서 기존의 확동식 클러치 프레스를 계속 사용하고자 할 경우에는 클러치를 개조하여 1행 1정지 기능을 갖추고 2차 스토퍼 등을 설치하여 급정지가 될 수 있도록 개조하여야만 사용이 가능하다.

① 손쳐내기식, 수인식에 사용

② 급정지기구를 갖춘 양수기동식에 사용 : 양수기동식은 누름버튼에서 손이 떠나 위험한계에 도달하기 전에 슬라이드가 하사점에 먼저 도달하여 안전 확보

(2) 마찰식 클러치 프레스

* 마찰식 클러치는 클러치의 동력전달이 마찰판에 의해 이루어지는 구조이다.

① 급정지기구를 갖춘 양수조작식에 사용

② 양수조작식은 누름버튼에서 손을 떼는 경우 급정지기구가 작동하며, 손이 형틀의 위험한계에 도달하기 전에 슬라이드 정지

2. 확동식 클러치와 마찰식 클러치의 비교

항목	확동식 클러치	마찰식 클러치
급정지 비상정지	안됨	가능
임의 크랭크 각에서의 정지	안됨	가능
고속성	나쁨	좋음
미동운전	안됨	가능
최고 토크용량	대용량 곤란	제한 없음
신뢰성	낮음	높음
작업의 안전성	나쁨	좋음

[참고] 방호장치 종류별 장단점 비교

구분	장점	단점
광전자식	* 시계를 차단하지 않아 작업이 용이 * 연속 운전작업에 사용 가능	* 급정지가 불가능한 클러치의 프레스에는 부적합 * 기계적 고장에 의한 슬라이드 낙하에는 효과가 없음
양수조작식	* 정상적인 사용에서는 완전한 방호 가능 * 행정수가 빠른 기계에도 사용이 가능	* 행정수가 느린 프레스에는 사용이 부적합 * 기계적 고장에 의한 슬라이드 낙하에는 효과가 없음
가드식	* 완전한 방호 가능 * 금형파손에 의한 파편의 비산 방지 가능	* 금형의 크기에 따라 가드를 변경해야 함 * 금형교환 빈도가 높은 프레스에는 사용 불편

구분	장점	단점
손쳐내기식	* 기계적 고장에 의한 슬라이드 낙하에 효과 * 가격저렴으로 설치·수리 용이	* 행정수가 빠른 기계에 사용이 곤란 * 작업자의 집중을 방해하며, 손에 타격 시 충격 발생
수인식	* 기계적 고장에 의한 슬라이드 낙하에 효과 * 가격저렴으로 설치·수리 용이	* 작업반경의 제한으로 작업자의 행동이 제약됨 * 작업의 변경시 마다 조정이 필요

03 금형의 안전화에 대해 간략하게 설명하고, 또한 사고방지 방안을 사례를 들어 쓰시오.

[해설]

1. 개요

* 프레스 안전화의 근본적인 대책으로 기계 동작부위나 금형에 손 등 신체가 접근하지 못하도록 구조적으로 안전화하는 것이 중요하다.

2. 금형의 안전화

(1) 금형에 의한 위험의 방지

① 금형 사이에 신체 일부가 들어가지 않도록 한다.

울 금형틈새가 8mm 이하가 되도록 한다.

② 금형 사이에 손을 집어넣을 필요가 없게 한다.

재료나 부품의 자동송급·배출장치를 사용한다.

③ 금형 사이에 손을 집어 넣는 것을 예상하는 경우 방호장치를 설치한다.

프레스의 형식과 상태에 알맞은 방호장치를 설치한다.

(2) 금형파손에 의한 위험방지

① 맞춤핀 등은 낙하방지대책을 세우고 인서트 부품은 이탈방지대책을 세운다.

② 볼트 및 너트는 작업 중 진동, 충격 등에 의해 풀리지 않도록 스프링, 와셔, 로크 너트 등의 방법으로 조치한다.

(3) 금형의 운반에 따른 위험방지

① 금형은 중량물이므로 금형 자체운반 대책이 세워져야 한다.

② 금형의 부착용 홈은 부착하는 프레스기계의 홈에 적합한 형상이어야 하며, 부착용 홈의 깊이는 부착볼트 직경의 2배 이상으로 하여야 한다.

③ 금형의 보기 쉬운 개소에 다음 내용을 표시하여야 한다.

    ㉠ 사용되는 프레스의 압력능력(단위 : 톤)

    ㉡ 치수(가로×세로×높이)

    ㉢ 총중량(단위 : kg)

04 프레스에는 급정지기구와 비상정지기구가 있다. 간략히 설명하시오.

해설

1. 정의

(1) 급정지장치

* 프레스는 급정지 기구를 가진 것이어야 한다. 다만 자동송급장치, 가드식, 손쳐내기식, 수인식 방호장치를 부착한 프레스에는 필요하지 않다.

* 급정지기구를 가진 동력프레스는 당해 급정지기구가 한 번 작동했을 경우 재작동 조작을 하지 않으면 슬라이드가 작동하지 않는 구조의 것이어야 한다.

* 급정지기구란 광전자식 방호장치와 같은 검출장치 등으로써 이상검출을 하여 작업자, 프레스, 금형 등을 보호하기 위해 검출장치의 전기신호에 의해 자동적으로 클러치를 차단, 프레스를 급정지하는 장치이다. 따라서 이 장치는 핀클러치에는 있을 수 없고 마찰클러치에만 해당되는 장치이다. 급정지의 성능은 검출장치가 작동해서 슬라이드가 완전히 정지할 때까지의 시간 또는 슬라이드의 이동한 거리 또는 그것에 대응한 크랭크 각도의 크기로 평가한다.

(2) 비상정지장치

* 급정지 기구를 가진 프레스는 비상정지장치를 비치하고, 당해 비상정지장치가 작동한 경우에는 슬라이드를 시동상태로 되돌려 보낸 후가 아니면 슬라이드가 작동하지 않는 구조의 것이어야 한다. 즉, 작업자가 위험상태를 확인한 후 비상정지버튼을 눌러 정지시키는 것을 비상정지라고 한다.

2. 차이점

① 광전자식 방호장치와 같은 검출장치로 검출되어 정지시키는 것을 급정지라 하고, 작업자가 비상정지 버튼을 눌러 정지시키는 것을 비상정지라고 한다.

② 급정정지장치는 급정지가 된 후에 재작동 조작을 하지 않으면 슬라이드가 작동하지 않으며, 비상정지장치는 비상정지 버튼을 누른 후 슬라이드를 시동상태로 되돌려 보내지 않으면 슬라이드가 작동하지 않는 구조이다.

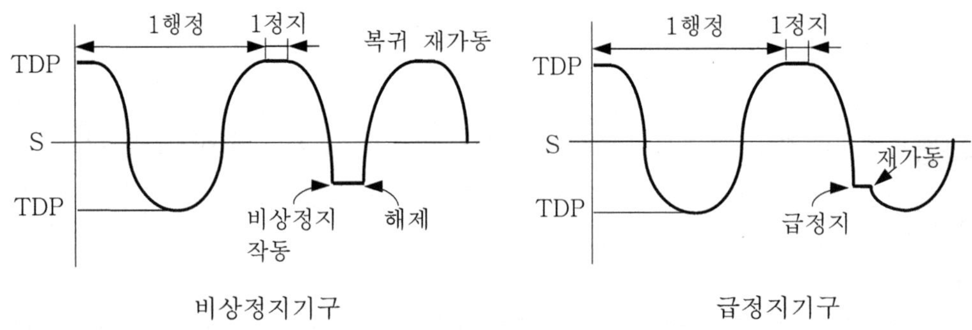

05 프레스 재해를 방지하기 위하여 실시하는 1) 금형 부착 시의 안전점검, 2) 작업 시작 전 안전점검, 3) 운전 가공 중의 안전수칙, 4) 정지 시 안전수칙, 5) 기타 사항으로 나누어 설명하시오.

[해설]

1. 금형 부착 시의 안전점검

① 금형의 취급법 : 금형은 하금형부터 취급하고, 25kg 이상 무거운 금형은 동력운반기를 사용한다.

② 하사점의 확인 : 금형을 프레스에 설치하기 전에 프레스의 하사점을 확인한다.

③ 동력의 사용금지 : 상·하금형을 프레스에 설치완료하기 전까지는 동력을 사용하지 말아야 한다.

④ 금형의 체결 : 금형의 체결은 올바른 치공구를 사용하고 좌·우·전·후의 체결력이 균등하도록 한다.

2. 작업시작 전 안전점검 (산기규 제35조 관련 별표 3)

① 클러치 및 브레이크의 기능

② 크랭크축·플라이휠·슬라이드·연결봉 및 연결 나사의 풀림 여부

③ 1행정 1정지기구·급정지장치 및 비상정지장치의 기능

④ 슬라이드 또는 칼날에 의한 위험방지 기구의 기능

⑤ 프레스의 금형 및 고정볼트 상태

⑥ 방호장치의 기능

⑦ 전단기의 칼날 및 테이블의 상태

3. 운전가공 중 안전조치

① 상·하금형 사이로 작업자 손의 삽입을 금지한다.

② 작업특성에 따라 설정된 작업표준을 준수한다.

③ 재료 송급이나 가공품의 추출에는 수공구를 활용한다.

④ 2인 1조 작업 시 책임자를 정하여 신호에 따라 작업한다.

⑤ 가공 중 이상음 발생 시 즉시 정지 후 점검한다.

⑥ 발 스위치 사용 시 1회마다 스위치에서 발을 뗀다.

4. 작업 정지 시 안전수칙

① 플라이 휠의 정지를 위하여 손으로 잡지 말아야 한다.

② 프레스 및 전단기의 클러치가 연결된 상태로 정지해 두지 말아야 한다.

③ 정지 중인 프레스의 발 스위치는 절대로 밟지 말아야 한다.

④ 정전으로 인한 정지시 즉시 스위치를 Off하여 주 전원을 차단한다.

⑤ 작업종료 후에만 청소·주유 등을 실시한다.

5. 기타 안전조치

① 프레스 빚 전단기와 안선·방호장치는 월 1회 이상 정기점검을 실시한다.

② 금형교환 작업은 관리감독자가 지정한 자가 수행하여야 한다.

③ 안전장치 등은 안전담당자 또는 관리감독자의 허가없이 해체하거나 기능을 저하
시키지 말아야 한다.

④ 안전장치 등은 기능해제 사유 종료 후 즉시 정상적인 기능이 유지되도록 원상복
귀시켜야 한다.

06 프레스의 자동화가 진행됨에 따라 위험요인의 관리기법도 변화하고 있다. 프레스 작업을 예를 들어 설명하시오.

[해설]

1. 개요

* 프레스는 금형을 이용하여 금속·비금속 재료를 굽힘, 전단, 드로잉 등 소성가공을 하는 기계이다.
* 주로 크랭크 기구를 이용하여 슬라이드를 왕복운동시키고, 금형 등을 슬라이드 부위에 장착하여 강한 압축력으로 제품을 가공한다. 프레스기를 이용한 프레스 가공은 작업속도가 매우 빠르며, 큰 에너지를 충격적으로 이용하고, 안전과 밀접한 연관을 갖고 있는 금형을 이용한다는 등의 특징을 갖고 있다.

2. 프레스의 근원적 안전대책화

* 프레스 작업의 일련의 공정 속에 재료나 부품을 손으로 공급하고, 가공 후 제품이나 부품을 꺼낼 때 작업점에 접근하여 재해를 입는 경우가 많다.
* 따라서 No-hand-in-die를 원칙으로 한 안전대책으로서 금형내의 물품의 송급 및 배출을 기계적으로 처리하는 송·출급의 자동화도 근원적 안전대책으로 최선의 방법으로 볼 수 있다.

(1) 자동송급장치 채택

* 1970년대에 들어 산업계에 프레스가공은 자동화기기인 Roll Feeder, Gripper Feeder 등의 1차 가공을 하는 것, Dial Feeder, Magazine Feeder, Hopper Feeder 등의 2차 가공을 하는 것 등이 생산되면서 동시에 고속 프레스, Transfer 프레스 등 전용의 자동화 프레스가 도입되어 사용하게 되었다.

1) 롤 피더(Roll Feeder)

* 상하 2개의 회전하는 롤 사이에 재료를 물려 롤과의 마찰력에 의해 재료를 작업점으로 송급하는 방식이다. 이 방식은 작업자가 롤러 물림점에 끼여 말려 들어갈 위험이 있으므로 자동송급에 방호가 필요하다.

2) 그리퍼 피더(Gripper Feeder)

* 판재를 아래 위 돌출날로 집어서 이동하고 가공시에는 판재를 다른 돌출날로 고정한다.
* 이동 돌출날의 송급과 이동 돌출날과 고정 돌출날의 연계 작동은 링크기구 또는 유공압 실린더를 사용한다.

3) 다이얼 피더(Dial Feeder)

* 다이얼 피더는 크지 않은 소재나 반제품 등을 회전원판에 얹어서 가공점으로 송급하는 장치이며, 피어싱 등에 사용되고 있다.
* 재료나 부품을 회전 원판 위로 송급하는 것은 사람의 손을 사용하는 반자동 송급이지만, 부품 피드와 혼합시키면 완전 자동화로 진전시킬 수 있다.

4) 매거진 피더(Magazine Feeder)

* 매거진 피더에서는 풋셔 슬라이더가 매거진 밑의 출구에서부터 블랭크된 부품 1매를 정확히 보내도록 만든 것이 중요하다. 부품은 물론 휘거나 구부러지지 않은 평탄한 것이어야 하지만 되돌아오거나 기름 때문에 부착하기도 하고, 출구에 쌓이기도 쉬우므로 바른 설치와 정밀한 가공을 할 필요가 있다.

(2) 자동배출장치 채택

* 재료를 가공한 후 가공물을 중력이나 압축공기를 이용하여 밀어내거나, 링크 운동을 이용하여 움직이는 암의 이동에 의해 작업점에서 제품을 배출해 내는 장치를 말한다.

3. 안전대책 향후 경향

* 최근 프레스가공의 다품종중소량 생산화 경향은 자동화 및 성력화를 진행한 상태에서는 대응하기에는 큰 장해로 되어 있고 한편으로는 프레스작업의 안전화에 대한 법규의 강화에 따라 다품종중소량 생산에서도 작업자의 수작업에 의한 것은 곤란 또는 불가능하게 되어 가는 추세에 있다.
* 한편 프레스가공 제품의 비용절감, 노력절감, 생산속도의 증대 등의 투자에 의한 이점은 있으므로 프레스 작업을 안전화하고, 산업재해를 방지할 목적을 위해서 자동화나 성력화를 채용하지 않으면 안 되는 시대에 접어들게 되었다.

본질안전대책

01 프레스 안전대책 중 No-hand in Die 방식을 설명하고 예를 쓰시오.

[해설]

1. 개요

* 프레스란 동력에 의하여 금형을 사이에 두고 금속 또는 비금속 물질을 압축·절단·조형하는 기계를 말하며, 프레스 재해 방지의 기본은 금형 사이에 손을 넣지 않고, 손이 들어가지 않는 No-hand in Die에 있다.

2. No-hand in Die 방식

* 노 핸드 인 다이 방식은 크게 다음과 같이 두 가지로 구분할 수 있다.
  ① 위험한계에 손을 넣으려고 해도 들어가지 않는 방식
  ② 위험한계에 손을 넣을 수는 있으나 넣을 필요가 없는 방식

(1) 위험한계에 손을 넣으려고 해도 들어가지 않는 방식

① 안전방책(울타리)을 설치한 프레스

② 안전울(안전망)을 부착한 프레스

③ 안전금형을 부착한 프레스

④ 전용프레스 : 특정 용도에 한하여 사용할 수 있으며, 동시에 신체의 일부가 위험한계에 들어가지 못하는 구조의 동력프레스를 말하며, 위험한계에서의 금형 사이가 8mm 이하이거나 스트로크가 8mm 이하로 매우 제한된 구조의 것으로, 일반적으로 특수한 용도에만 사용할 수 있다.

(2) 위험한계에 손을 넣을 수는 있으나 넣을 필요가 없는 방식 : 자동프레스

* 자동적으로 재료의 송급, 가공 및 제품 등의 배출을 행하는 구조의 동력프레스를 말한다.
* 일반적으로 자동프레스는 손을 넣을 필요가 없는 것으로 구분되기 때문에, 손을 넣으려고 할 경우에는 충분히 들어갈 위험성도 있으며, 실제로 자동프레스로 분류되는 프레스에 의한 재해도 보고되어 있다. 그러므로 당연히, 이러한 자동프레

스에는 슬라이드의 작동 중에 손 등이 들어가지 않도록 방호울 등으로 인터록을 할 필요가 있다.

① 자동송급배출기구가 있는 것

② 자동송급배출장치를 부착한 것(슬라이드의 작동, 전원 등 인터록이 되어 있을 것)

(3) 위의 두 가지 방식에 한 가지를 추가하여 수공구를 사용하는 방식

① 전용 수공구를 양손으로 사용한다.

② 전용 수공구를 한손으로 사용하는 경우에는 다른 손에 방책(울타리)을 마련한다.

02 프레스의 양수조작식 방호장치에서 1) 양 버튼의 누름시간 차이가 몇 초(Sec) 이내에서 작동해야 하는가? 2) 교류아크(Arc)용접기의 자동전격방지기는 몇 초(Sec) 이내에 220V가 안전전압인 25V로 떨어져야 하는가?

[해설]

① 양수조작버튼의 NC(Normal Close)접점과 NO(Normal Open)접점을 이용하여 두 조직징치의 입력신호가 0.5초 이내에 입력된 상대에서만 출력 릴레이를 통해서 출력신호가 발생한다.

② 교류아크용접기의 자동전격방지기는 아크를 끊은 후 최장 1초 이내에 용접봉과 피용접물 사이의 전압을 자동적으로 25V 이하의 안전한 전압으로 낮추어 주며, 아크 기동시에도 소정의 전압을 얻을 수 있도록 제어하는 것이다.

03 광전자식 방호장치의 프레스에서 급정지 무효 안전거리의 정의 및 안전거리 계산방식에 대해 기술하시오.

[해설]

1. 급정지 무효 안전거리의 정의 및 안전거리 계산

* 작업의 능률을 위하여 슬라이드가 하사점에 근접해 있을 때 조작버튼에서 손을 떼어도 행정이 정지(급정지)되지 않도록 하는 급정지 무효범위를 설정한다.

＊ 즉 슬라이드가 하사점 전 θ^0 시작점에서 급정지 무효가 개시되어 하사점으로 하강할 때 이후에 손이 기준속도로 위험범위로 이동해 가더라도 슬라이드가 먼저 하사점을 지나거나 위험이 해소될 수 있도록 하는 것이다.

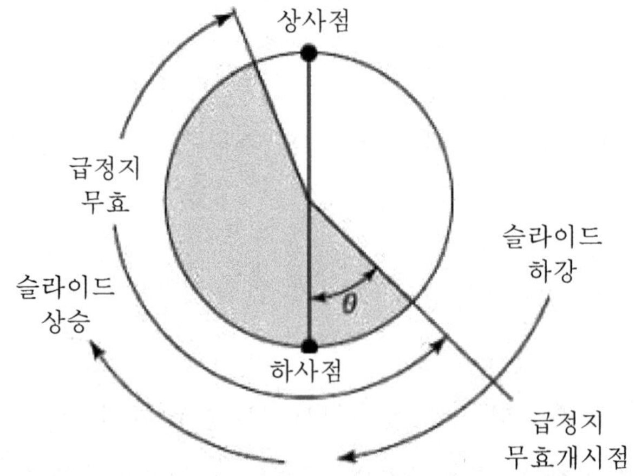

＊ 따라서 급정지 무효안전거리 D_θ 는 다음 조건을 만족시켜야 한다.

$$D_\theta > D$$

$$D_\theta = \frac{800\theta}{3N} \, [mm]$$

여기서, θ : 급정지무효 개시점과 하사점과의 크랭크 각도

D_θ : θ 에 의해 계산되는 급정지 무효 안전거리

D : 안전거리 N : 매분당 스트로크(SPM)

＊ 급정지 무효 안전거리의 계산은 다음과 같은 이론적 배경을 근거로 한다.

급정지 무효안전거리 $D_\theta = 1.6 \times T_m = 1.6 \times \dfrac{500\theta}{3N} = \dfrac{800\theta}{3N}$

여기서, 급정지 무효시간 $T_m = \dfrac{\theta}{360} \times \dfrac{60,000}{N} = \dfrac{500\theta}{3N} \, [ms]$

단, 1행정 시간 $= \dfrac{60,000}{N} \, [ms]$

04 프레스에 양수조작식 방호장치를 설치하고자 한다. 이때 안전거리(다이의 위험한계에서 누름버튼까지의 거리)는 얼마로 하여야 하는가? (단, 스위치조작 후 급정지장치가 작동개시까지 시간은 50ms, 급정지장치가 작동을 개시한 때부터 슬라이드가 정지할 때까지의 시간은 100ms이다.)

해설

1. 양수조작식 방호장치의 안전거리

$$D \geq 1.6(T_l + T_s)$$

여기서, D : 안전거리(mm)

T_l : 지동시간(ms)

① 누름버튼에서 손을 떼는 순간부터 급정지기구가 작동개시하기까지 시간(ms). 첨자 l 은 leave의 두문자.

② 손이 광선을 차단한 순간부터 급정지 기구가 작동 개시하기까지 시간(ms)

T_s : 급정지 기구가 작동을 개시할 때부터 슬라이드가 정지할 때까지의 시간. 첨자 s 는 stop의 두문자.

$T_l + T_s$: 최대정지시간

2. 안전거리 계산

* 스위치조작 후 급정지장치가 작동개시까지 시간은 50ms, 급정지장치가 작동을 개시한 때부터 슬라이드가 정지할 때까지의 시간은 100ms이다.

* 따라서 안전거리 $D \geq 1.6(50+100)=240mm$이다.

05 위험기계·기구 안전인증 고시에 따른 기계식 프레스의 "안전블록" 설치기준에 대하여 설명하시오.

해설

○ 기계식 프레스의 "안전블록" 설치기준

(프레스 및 전단기 제작기준, 안전기준 및 검사기준 제36조)

① 안전블록은 다음과 같이 설치한다.

　　㉠ 상부금형 및 슬라이드 등의 무게를 지탱할 수 있는 강도를 가진 것일 것

　　㉡ 안전블록 하강 중 슬라이드 등이 작동될 수 없도록 인터로크 기구를 가진 것일
　　　것

② ①의 규정에도 불구하고 볼스터 각 변의 길이가 1,500mm 미만이거나 다이 높이
　(Die Height)가 700mm 미만인 경우에는 안전플러그 또는 키로크로 대체 사용할
　수 있다.

③ ②의 안전플러그는 각 조작위치마다 비치해야 한다.

④ ②의 키로크는 주전동기의 통전을 차단할 수 있어야 한다.

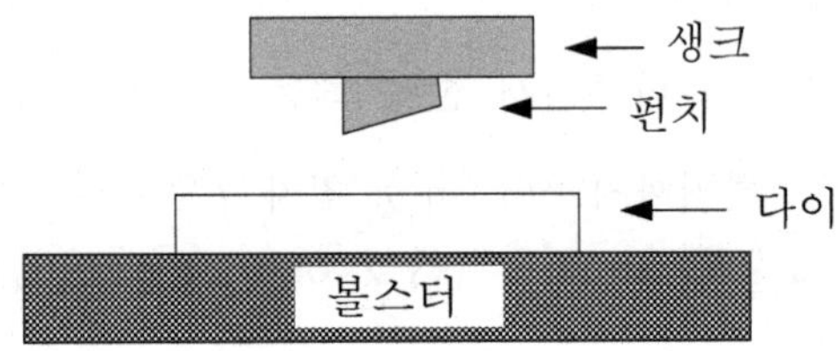

1.4 산업용 기계의 안전

산업용 로봇

01 산업용 로봇의 안전방호방법 중 3가지 이상을 기술하시오.

해설

1. 정의

① 산업용 로봇이란 여러 가지 다양한 직무를 수행하는 다기능 매니플레이터(Manipu
-ator) 및 기억장치를 가지고 그 정보에 따라 매니플레이터의 신축, 굴신, 상하좌
우의 이동, 선회동작 또는 이들의 복합동작을 자동으로 시행하는 기계를 말한다.

② 매니플레이터란 2개 이상의 링크가 회전 또는 직선운동을 할 수 있는 관절에 의
해 연결되어 있는 관절연쇄체(Articulated Chain)로서 연쇄체의 끈은 지지기반
(Supporting Base)에 부착되어 있고, 다른 끝에는 물체를 파지할 수 있는 파지부
(Gripper) 또는 조립, 용접, 도장 등의 작업을 수행할 수 있는 공구가 부착되어 있
다.

2. 방호장치 종류 및 설치기준

(1) 안전매트

* 위험지역 입구바닥에 설치하여 임의로 접근하여 이를 밟을 경우 압력을 감지하
여 비상정지장치를 작동시키도록 되어 있는 매트이다.

① 이상 시 즉시 운전을 정지하는 것이 가능할 것

② 운전을 정지한 경우 재가동 조작을 하지 않으면 운전이 재개시되지 않을 것

(2) 안전방호 울타리(방책)

① 안전방호 울타리 등은 작업 중에 발생하는 진동, 충격, 그 밖의 환경조건에 충
분히 견딜 수 있는 강도를 가질 것

② 안전방호 울타리 등은 예리한 가장자리, 돌출부분 등의 위험부분이 없을 것

③ 매니플레이터와 울타리 사이에서 협착되는 위험이 없도록 최소 40cm 이상 격
리시킬 것

④ 안전울타리의 출입구에는 안전플러그 등의 연동장치를 설치하여 문을 열면 로봇이 정지하도록 할 것

(3) 광선식 안전장치

① 확산반사형 : 발광기로부터 발하는 빛을 사람에게 반사시켜 그 반사광을 수광하여 감지

② 투과형 : 마주하고 있는 발광기, 수광기 사이에 빛이 통하고 있어 그 광선을 사람이 차단하면 수광기 출력이 Off로 됨

(4) 비상정지기능

① 비상정지 누름 버튼은 조작하였을 경우 로봇을 빠르고 확실하게 정지시킬 것

② 비상정지 누름버튼은 작업자가 쉽게 확인 조작 가능토록 빨간색으로 할 것

③ 작업자가 작업위치를 떠나지 않고 쉽게 조작할 수 있는 위치에 설치할 것

④ 비상정지기능을 작동한 후 자동적으로 복귀하지 않고, 또 작업자가 부주의로 복귀시킬 수 없을 것

(5) 페일세이프(Fail-Safe) 기능

① 오작동에 의한 위험을 방지하기 위해 제어장치의 이상을 검출해 로봇을 자동적으로 정지시킬 것

② 유압, 공압 또는 전압의 변동에 의한 오조작이나 정전 등에 의해 구동원이 차단될 때 로봇을 자동적으로 정지시킬 것

③ 로봇 및 관련 기기에 고장 발생시 로봇을 자동적으로 정지시키고 이를 외부에 알릴 수 있을 것

④ 작업자가 가동범위 내로 침입할 경우 감지해서 자동으로 정지시킬 것

(6) 동력차단장치

① 동력차단장치(스위치, 클러치, 유공압 제어밸브 등)는 다른 기기와 독립되어 있을 것

② 접촉이나 진동 때문에 갑자기 작동 또는 복귀하지 않을 것

③ 동력차단장치는 자동적으로 복귀하지 않고 또 작업장의 부주의로 복귀시킬 수 없을 것

02 산업용 로봇의 재해유형에 대해 기술하시오.

[해설]

1. 정의

* 산업용 로봇이란 여러 가지 다양한 직무를 수행하는 다기능 매니퓰레터(Manipula -tor) 및 기억장치를 가지고 그 정보에 따라 매니퓰레터의 신축, 굴신, 상하좌우의 이동, 선회동작, 또는 이들의 복합동작을 자동으로 시행하는 기계를 말한다.

* 여기서, 매니퓰레이터란 2개 이상의 링크가 회진 또는 직선운동을 할 수 있는 관절에 의해 연결되어 있는 관절연쇄체(Articulated chain)이다. 연쇄체의 끝은 지지기반(Supporting Base)에 부착되어 있고, 다른 끝에는 물체를 파지할 수 있는 파지부(Gripper) 또는 조립, 용접, 도장 등의 작업을 수행할 수 있는 공구가 부착되어 있다.

2. 위험요인 및 재해유형

* 산업용 로봇은 자체 중량이 무겁고, 고속으로 움직이며, 큰 힘을 내고, 운동범위가 넓고, 그 구조가 복잡하기 때문에 많은 위험요인을 지니고 있다.

(1) 불안전한 행동 측면

① 로봇이 작동 중임을 인식하지 못하거나 방호장치에 익숙하지 못하여 무심코 로봇의 작업영역 내로 진입하는 행동

② 로봇의 프로그램화된 움직임에 미숙한 작업자가 로봇작업 영역 내로 진입하는 행동

③ 프로그램 중 주변장치와의 연결 중에서 입출력센서 연결 중의 실수

④ 동작버튼 또는 다른 스위치의 부주의한 접촉

⑤ 안전장치에 대한 의도적 손상 또는 철거 상태로 작동

⑥ 무자격자의 로봇 오작동 점검

(2) 불안전한 상태 측면

① 로봇 제어시스템의 소프트웨어 결함 등의 내재적인 결함

② 전자기파 또는 라디오파에 의한 신호 교란

③ 공압, 유압 및 모터 등 동력장치의 제어장치 기능상 결함

④ 전기의 과부하나 유압계통의 인화성 오일의 화재

⑤ 전격재해 또는 축적된 에너지의 방출로 인한 위험성

⑥ 예상 밖의 로봇의 정지와 출발 등의 운동

⑦ 로봇 암의 정지실패   ⑧ 작업장 디자인 불량

03 산업용 로봇에 의한 재해예방을 위하여 사업주가 취해야 할 조치(작업지침)의 예를 5가지 이상 열거하시오.

[해설]

1. 산업용 로봇의 정의

* 산업용 로봇이란 다양한 직무를 수행하는 다기능 매니퓰레이터(Manipulator) 및 기억장치를 가지고, 그 정보에 따라 매니퓰레이터의 신축, 굴신, 상하좌우의 이동, 선회동작 또는 이들의 복합동작을 자동으로 시행하는 기계를 말한다.

* 여기서, 매니퓰레이터는 2개 이상의 링크가 회전 또는 직선운동을 할 수 있는 관절에 의해 연결되어 있는 관절연쇄체(Articulated chain)로서 연쇄체의 끈은 지지기반에 부착되어 있고, 다른 끝에는 물체를 파지할 수 있는 파지부(Gripper) 또는 조립, 용접, 도장 등의 작업을 수행할 수 있는 공구가 부착되어 있다.

2. 재해예방을 위한 사업주의 조치

(1) 방호장치 설치

* 복합동작을 할 수 있는 산업용 로봇은 유해위험기계·기구로서 유해위험방지를 위해 안전매트 또는 방호울타리 등의 방호장치를 설치하여야 한다.

(2) 로봇작업에 대한 특별교육 실시

① 로봇의 기본원리, 구조 및 작업방법에 관한 사항

② 이상시 응급조치에 관한 사항   ③ 안전시설 및 안전기준에 관한 사항

④ 조작방법 및 작업순서에 관한 사항

(3) 작업 시작 전 점검 실시

① 외부전선의 피복 또는 외장의 손상유무

② 매니퓰레이터 작동의 이상유무   ③ 제동장치 및 비상정지장치의 기능

(4) 교시 등 작업 시 확인사항

① 로봇의 조작방법 및 순서

② 작업 중의 매니퓰레이터의 속도

③ 2인 이상의 근로자에게 작업을 시킬 때의 신호방법

④ 이상을 발견한 때의 조치

⑤ 이상을 발견하여 로봇의 운전을 정지시킨 후 이를 재가동시킬 때의 조치

(5) 수리 등 작업시의 조치

* 로봇의 수리, 검사, 조정, 청소, 급유 또는 결과에 대한 확인작업을 할 때에는 로봇의 운전을 정지함과 동시에 로봇의 기동스위치를 열쇠로 잠근 후 그 열쇠를 별도 관리하거나 로봇의 기동스위치에 "작업 중"이란 취지의 표지판을 부착하는 등의 조치를 취해야 한다.

(04) 로봇작업 시 작동영역과 작업자의 이동영역이 겹치면 안전상 문제가 발생할 수 있다. 작업환경의 무질서한 정도(안전사고 발생 가능한 정도로 통상 엔트로피로 불린다)를 아래 그림에 정의된 로봇의 작동영역과 안전영역과의 중첩영역을 기준으로 정량적으로 표현하면 아래의 식과 같다.

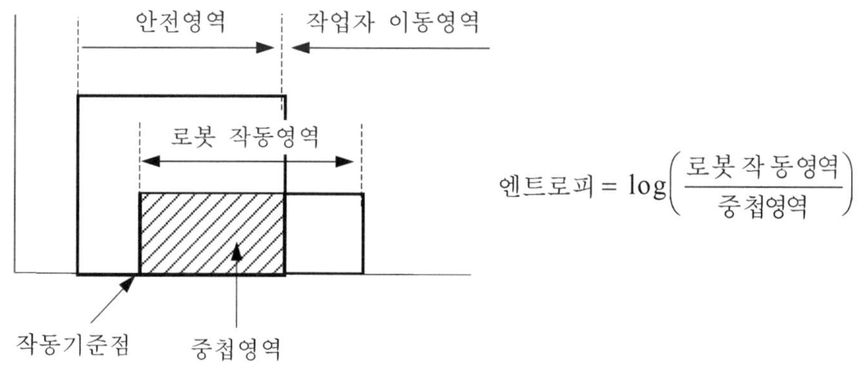

위 사실로부터 로봇 작동영역의 작업자 이동영역 안으로의 확장과 작업자 이동영역의 로봇 작동영역 침범 중 어느 것이 안전상 더 불리한지 설명하시오. (단, 1. 이는 이론적 평가이며, 실제 상황에서는 다양한 요인에 의해 상이한 결과를 나타낼 수 있음 2. 그림 중 로봇의 작동기준점은 변하지 않는다고 가정)

해설

1. 개요

* 엔트로피(Entropy)는 열역학에서 고온물질이 저온물질로 열전달이 일어날 때 그 열전달량을 그때 절대온도를 나눈 값을 말한다. $\Delta S = \dfrac{\Delta Q}{T} [kJ / K]$

* 엔트로피 법칙은 자연현상의 법칙이고, 이 법칙은 "물질과 에너지는 오직 유용한 것에서 무용한 것으로, 쓸 수 있는 것에서 쓸 수 없는 것으로, 그리고 질서에서 무질서로 변화될 수 있다"고 말한다.

* 안전공학에서 이를 응용하여 작업환경의 무질서한 정도(안전사고 발생 가능한 정도로 통상 엔트로피라 불린다)를 나타내며, 엔트로피가 증가하면 재해가 발생하고 엔트로피가 감소하면 안전한 상태이므로 안전적인 측면에서는 엔트로피가 감소하는 쪽을 요구한다.

2. 안전상 검토

(1) 로봇 작동영역의 작업자 이동영역 안으로의 확장

* 로봇의 작동기준점은 변하지 않는다고 가정하였으므로 로봇 작동영역이 작업자의 이동영역으로 확장되면 중첩 영역은 변화가 없지만 로봇의 작동영역은 증가하게 된다.

* 즉, 엔트로피 정의식에 대입하면 로봇의 작동영역이 중첩영역보다 커지는 것이므로 (로봇 작동영역/중첩영역)(x라고 가정)은 1보다 큰 값을 가지며, 엔트로피가 점점 증가하는 형상이다. 즉, 안전하지 않은 쪽(재해발생)에 해당된다.

(2) 작업자 이동영역의 로봇 작동영역 침범

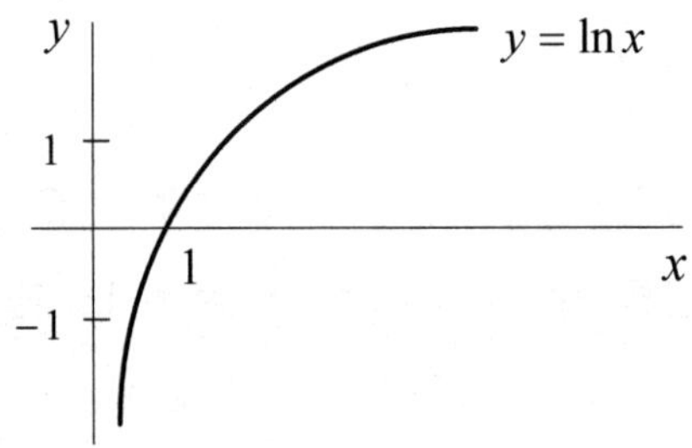

[그림] 엔트로피 곡선

* 작업자의 이동영역이 로봇의 작동영역으로의 침범은 로봇의 작동영역은 변화가 없지만 중첩영역이 감소하는 형상이므로 x는 1보다 큰 값을 가진다. 작업자의 이동영역의 로봇 작동영역으로의 침범이 계속되면 중첩영역이 0으로 되고, x는 무한대(∞) 값을 가지게 된다.

(3) 검토 결과

* 위의 그래프로부터 (1), (2) 모두 x 값이 1보다 큰 값을 가지므로 엔트로피는 점점 증가하는 형상을 보인다. 즉 (1), (2) 모두 안전하지 않은(재해발생) 상태로 된다.
* 그러나 (1)과 (2) 중 안전상 더 불리한 것을 선택한다면 (2)가 안전상 더 불리하다. 그 이유는 (2)는 중첩영역이 0이 되는 순간 x가 무한대가 되므로 엔트로피 역시 많이 증가하는 형상이기 때문이다.

05 각종 메카트로닉스(자동화) 기기의 도입에 따른 안전관리상의 장단점을 논하시오.

해설

1. 메카트로닉스 및 자동화의 정의

* 메카트로닉스 및 자동화는 전자 및 컴퓨터 제어를 통해 지능적이고 자율적인 산업 프로세스를 구현하는 기계를 연구하고 개발하는 엔지니어링 분야이다.
* 메카트로닉스(자동화) 기기는 인간의 작업을 용이하게 하는 것 외에도 산업 공정의 제어 및 생산성을 높이도록 설계되었다.
* 메카트로닉스 및 자동화에는 다음과 같은 것들이 포함된다고 할 수 있다.
  ① 부품을 가공하기 위한 자동 기계·공구
  ② 자동 조립 기계
  ③ 산업용 로봇
  ④ 자동 물류 처리와 보관 시스템
  ⑤ 품질관리를 위한 자동검사 시스템
  ⑥ 피드백 제어와 컴퓨터 프로세스 제어
  ⑦ 생산활동 지원의 계획, 데이터 수집 및 결정을 위한 컴퓨터 시스템

2. 안전상의 장단점

(1) 장점

* 자동화는 본래 인간의 육체노동을 감소시키는 것이며, 작업자의 위험 영역에의 접근 기회를 감소시키고, 유해 환경의 노동으로부터 작업자를 해방하기 때문에 안전상으로 또 노동복지상으로도 효과적이다.

(2) 단점

* 복잡한 기능을 내장하는 자동기계는 인간의 예상에 반대로 움직이는 경우가 있다. 자동기계의 운전중에 가동구역 내에 들어갔을 때, 점검이나 보전작업중에 별안간 자동기계가 작동을 시작했을 때 등에서 많은 재해가 발생하고 있다.
* 최근의 자동기계 및 자동기계 라인에는 안전상의 문제점으로서 다음 여러 점이 지적되고 있다.
  ① 제어가 소프트웨어화되었기 때문에 자동기계나 라인이 인간에게 무관하게 가동하는 등 그 움직임이 외관적으로 파악하기 어렵게 되었다.
  ② 자동기계나 라인의 복잡화, 고도화에 의해 작업자의 이상 처리의 적응이 곤란하게 되었다.
  ③ 자동기계나 라인은 전문 메이커에 의한 제품이 혼재하기 때문에 트러블이 생기기 쉽고, 안전대책이나 보전성이 확보되기 어렵다.
  ④ 생산라인의 대형화화에 따라 정지에 의한 손실이 크기 때문에 작업자가 비상시에 라인정지를 걸기 어렵게 되었다.
  ⑤ 이상 처리에 있어서 과정상 인간의 안전이 충분히 고려되어 있지 않다. 그것은 자동기계는 안전하다는 잘못된 생각 때문이기도 하다.

06 로봇의 재해를 방지하기 위해 교시작업 중 조작미스에 의한 동작의 이상 발견 시 작동되는 매니퓰레이터(Manipulator)의 속도를 규정함으로써 재해를 미연에 방지할 수 있다. 위험 시(매니퓰레이터 이상 작동에 의한 불의동작 발생 시) 안전거리(매니퓰레이터와 인간과의 거리)를 200mm로 유지시키도록 교시속도(mm/s)를 규정하시오. [단, 매니퓰레이터의 오버런(Over Run) 거리(정지스위치를 눌러 완전히 매니퓰레이터가 정지하기까지 발생되는 거리)는 실험 결과 다음의 값을 얻었다.

매니퓰레이터 속도(mm/s)	오버런(Over Run) 거리(mm)
10	2
20	3
30	4

단, 교시작업 중 오동작 발생 시 데드맨 스위치로 정지조작까지의 10회의 시간 측정 결과 스위치 조작의 딜레이 시간(Delay Time)은 다음 값을 얻었다.

스위치 딜레이 시간(sec) : 1.0. 1.0. 1.1, 1.0. 0.9. 0.95. 1.0. 0.95. 1.0. 1.05

(해설)

1. 교시작업의 관련 정의

(1) 데드맨 스위치(Deadman Switch)

* 데드맨 스위치는 작업자의 안전을 위한 장치로 로봇의 교시 또는 프로그램의 스텝 실행 도중 작업자가 위험하다고 판단되거나, 사고가 난 경우 이 스위치를 때면 로봇은 즉시 실행을 멈추도록 하는 스위치이다.

(2) 오버런 거리

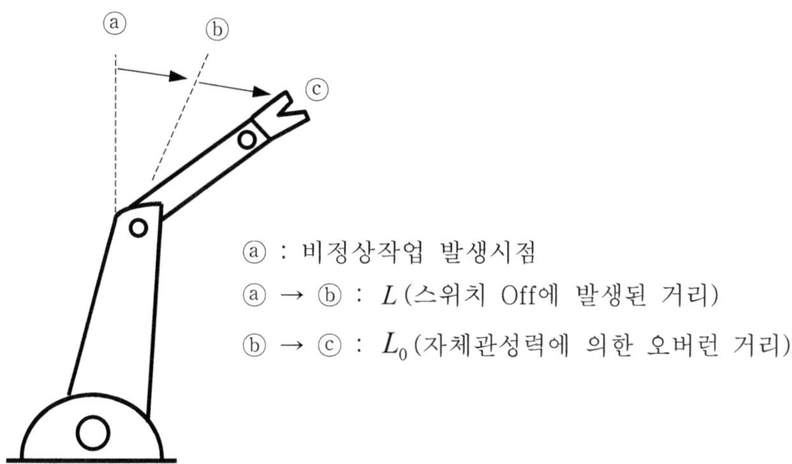

* Switch off로 이동된 total over run distance L_T 는

$$L_T = L + L_0 = v_T \times \Delta t + L_0 \quad \cdots\cdots\cdots\cdots (1)$$

여기서, v_T : 교시(teaching)속도, Δt : 지연시간(delay time)

(3) 교시속도

* 교시동작속도에 따른 로봇 암의 over run distance 측정 결과는 다음과 같다.

매니퓰레이터 속도(v_T) (mm/s)	오버런(Over Run) 거리(L_0) (mm)
10	2
20	3
30	4

* 아래 그림에 의거하여 over run 거리 공식을 구하면

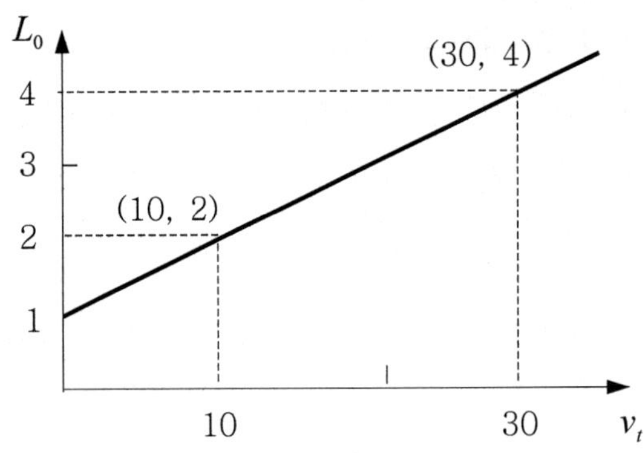

$$L_0 = cv_t + d \quad \ldots\ldots\ldots\ldots\ldots\ldots (2)$$

여기서, c : 기울기, d : 절편

* 위 그래프를 통해서 over run 거리 공식을 구하면

$$L_0 = 0.1v_t + 1 \quad \ldots\ldots\ldots\ldots\ldots\ldots (3)$$

* 따라서, Total over run distance : L_T

$$L_T = L + L_0 = v_t \Delta t + (cv_t + d)$$

$$= (\Delta t + c)v_t + d \quad \ldots\ldots\ldots\ldots\ldots\ldots (4)$$

$$= (\Delta t + 0.1)v_t + 1$$

2. 문제의 교시속도 계산

* 식 (4)를 변형하면

$$v_t = \frac{L_T - d}{\Delta t + c} = \frac{200 - 1}{0.995 + 0.1} = 181.7 \ (\text{mm/s})$$

여기서, 1. 문제에서 200mm 전방(안전거리)를 설정하고자 할 때 교시속도 v_t 를 구하는 것이므로, Δt(딜레이 시간의 평균)=0.995(sec)(이 값은 문제에서 제시된 자료로부터 구함)

2. 식 (3)에서 c =0.1, d =1, 확보거리=200mm이므로 L_T =200mm

롤러기

01 위험점으로부터 20cm 떨어진 위치에 방호울을 설치하고자 한다. 이때 방호울의 최대 구멍 크기가 얼마인지 계산하시오.

[해설]

* 개구부 크기는 $Y = 6 + 0.15X$ (단, $X < 160\,[mm]$)를 이용해서 계산한다.
* $Y = 6 + 0.15X = 6 + 0.15 \times 200 = 36\,[mm]$ 가 되지만, $X \geq 160\,[mm]$ 인 경우에는 $Y = 30\,[mm]$ 로 한다.

교류 아크용접기

01 교류 아크용접기에 부착하는 자동전격방지장치의 설치효과(목적)를 기술하시오.

[해설]

○ 자동전격 방지장치의 설치 조건과 목적

1. 설치 조건

① 용접기 아크발생 중단시 전격방지기의 무부하전압 25V로 되기까지 1초이내라
야 한다.

② 2차 무부하전압은 25V 이하이어야 한다.

2. 설치 목적

① 용접봉에 접촉되어 일어나는 감전의 방지

② 용접기의 2차측 배선(홀더측 배선)이나 홀더의 절연이 불량하였을 경우 이들에
접촉되어 일어나는 감전재해 방지

02 교류아크 용접기에 설치하는 자동전격방지장치의 조건과 설치목적 2가지
를 기술하시오.

해설

1. 교류아크 용접기의 위험요인

(1) 감전사고 발생 환경

* 교류아크 용접기에 의한 감전재해는 용접봉 홀더를 사용하여 수동용접을 행하는
경우에 주로 발생한다.

(2) 감전사고 발생요소

① 용접기의 불완전한 접지　② 닳거나 손상된 전선과 용접홀더

③ 용접기 단자의 절연처리 불량 및 충전부 노출

④ 안전장갑의 절연상태 불량 또는 습윤상태

2. 자동전격방지기

(1) 설치조건

① 아크발생 중단으로 용접기 접점이 개(開, Open)로 되어 용접기의 2차측 무부하
전압이 전격방지기의 무부하전압(25V 이하)으로 될 때까지의 시간, 즉 지동시
간(동작중지시간)은 1초 이내이어야 한다.

② 2차 무부하전압은 25V 이하이어야 한다.

(2) 설치목적

① 용접봉에 접촉되어 일어나는 감전의 방지

② 용접기의 2차측 배선(홀더측 배선)이나 홀더의 절연이 불량하였을 경우 이들에 접촉되어 일어나는 감전재해 방지

03 아크용접기의 재해유형과 방호대책을 쓰시오.

해설

1. 개요

* 보통 사용하는 교류아크용접기는 일종의 변압기이며, 용접을 행할 때 자동적으로 2차 전압이 강하하는 특성을 가지도록 설계되어 있다.

* 교류아크용접기의 종류에는 용접전류의 조정 방법에 따라 탭전환형, 가동철심형, 가동코일형, 과포화리액터형이 있으며, 가동철심형이 구조가 간단하고 가격이 저렴해 현재 가장 널리 이용되고 있다. 교류용접기는 직류용접기에 비하여 안정성이 떨어지나, 가격은 1/3~1/4이 되므로 직류용접기보다 널리 사용되고 있다.

2. 재해유형과 방호대책

(1) 감전 재해 방지

* 용접기 사용 시 발생할 수 있는 가장 위험한 재해는 감전이다.

* 감전은 홀더의 통전부분이 노출되어 용접봉에 신체의 일부가 접촉했을 때, 전선 케이블 일부가 노출되어 신체에 접촉했을 때, 전원스위치 개폐 시 접촉 불량으로 인한 아크 등에 의하여 발생될 수 있다.

* 감전방지대책 중 중요한 것은 다음과 같다.

① 2차측 무부하 전압이 낮은 용접기의 사용

* 용접기는 안정된 아크를 얻기 위하여 어느 정도 높은 2차측 무부하 전압을 필요로 한다. 현재 2차측 무부하 전압은 85V 이하(500A의 경우는 95V)로 규정하고 있지만, 이 정도의 전압에서도 사망의 위험은 충분하다. 따라서 무부하 전압은 될 수 있는 한 낮은 것을 선택하는 것이 바람직하다.

② 자동전격방지장치의 사용

* 근본적인 감전대책은 용접기의 2차측 무부하 전압을 위험이 없을 때까지 저하시키는 자동전격방지장치의 사용이다.

* 자동전격방지장치란 교류아크용접기의 아크 발생을 중단시킬 때 1초 이내에 당해 교류아크용접기의 2차측 무부하 전압을 자동적으로 25V 이하로 바꿀 수 있는 방호장치이다.

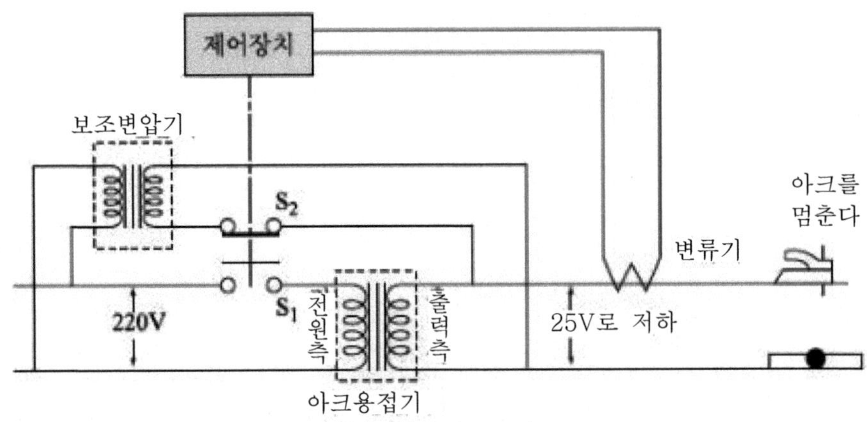

[그림 1] 전격방지장치의 회로도

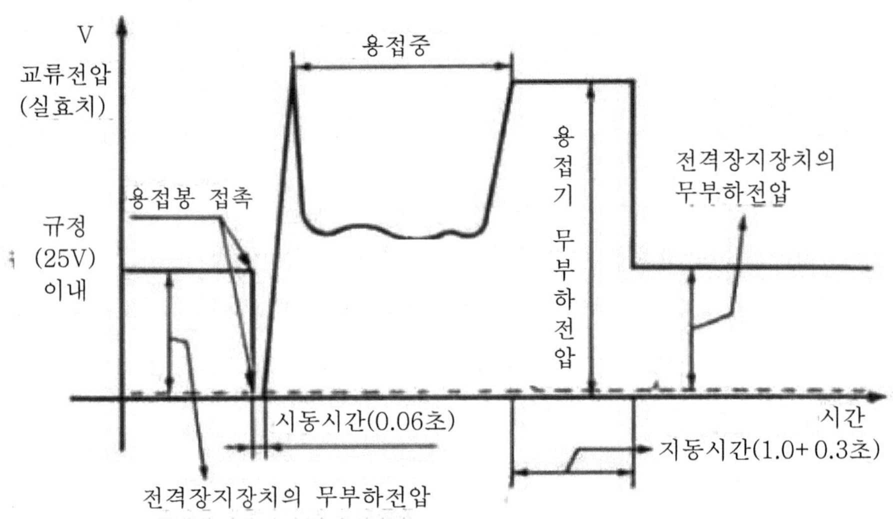

[그림 2] 전격방지장치의 동작특성

* 제시된 그림은 자동전격방지장치의 작동원리를 나타낸 것으로, 아크발생을 멈추었을 때 아크 용접기 1차측 즉, 회로에 설치된 스위치 S_1이 떨어지고, 대신 보조 변압기의 2차측 회로에 설치된 스위치 S_2가 연결되어 홀더에 가해지는 전압은 25V로 저하되는 것이다.

＊ 용접봉을 피용접물에 접촉시키면 보조 변압기의 2차측 회로에 얼마간의 전류가 흐르나 제어장치에 의하여 스위치 S_2 는 끊어지면서 동시에 스위치 S_1 이 연결되어 용접기에 소정의 전압이 가해져 아크가 발생한다.

③ 이 밖에도 절연 용접봉 홀더의 사용, 적당한 케이블의 사용, 절연장갑의 사용이 요구되며, 케이블 커넥터의 절연상태, 용접기 단자와 케이블의 접속, 용접기 외함의 접지 등에도 수시 점검으로 감전 재해에 대비해야 한다.

(2) 눈 재해 방지

＊ 아크 용접 중 아크는 고온으로 강렬한 광선을 발산한다. 이 광선 중에는 눈으로 느낄 수 있는 가시광선 외에 눈에 보이지 않는 자외선과 적외선이 포함되어 있는데, 두 가지 모두 눈에 매우 해롭다.

＊ 유해한 광선을 차단하기 위하여 차광보호구를 사용하여야 한다. 차광보호구에는 보안경과 보안면의 두 종류가 있다.

(3) 피부 재해 방지

1) 화상

＊ 아크광선이 피부에 직접 닿으면 자외선에 타게 된다. 아크와의 거리가 가까울수록 그 영향은 크다. 스패터나 슬래그가 날아와 화상을 초래할 위험이 있으므로 용접작업자는 피부를 노출시키지 말아야 한다.

2) 보호구

① 장갑 : 보통 소가죽제로 2손가락, 3손가락, 5손가락형이 있다. 땀이 나는 장소에는 속에 또 다른 장갑을 착용하는 것이 감전방지를 위해 좋다. 장갑 틈 사이로 스패터 등이 날아드는 것을 막기 위해 팔덮개를 병용할 필요가 있다.

② 앞치마, 발덮개 : 앞치마는 작업자의 가슴부터 무릎까지 보호하는 역할을 하므로 가죽제가 좋다. 발덮개는 가죽으로 하는 것이 좋으며, 이것을 하지 않을 때에는 작업화의 상부로부터 뜨거운 스패터 등이 들어갈 위험성이 있다.

③ 안전화 : 안전화는 발의 화상방지를 하는 보호구의 역할을 하며, 공구·재료 등의 낙하에 의해 발을 다치는 것을 방지해 주므로 반드시 착용하여야 한다.

제 1 장

(4) 추락 재해 방지

1) 추락재해 방지대책

* 용접작업에서는 추락에 의한 재해가 대단히 많으며, 대부분이 중상이나 사망이
므로 고소작업 시 다음과 같은 주의를 해야 한다.

① 주위의 상황을 파악하고 위험한 행동이나 무리한 자세의 작업을 하지 말 것

② 복장을 단정히 하고 철골빔이나 비계에서는 안전대를 사용할 것

③ 아크용접기에는 자동전격방지기를 부착할 것

④ 미끄러지기 쉬운 물건은 피하고, 눈, 비 올 때는 특별히 주의할 것

⑤ 불안전한 발판은 사용하지 말고, 비계 등은 안전도를 확인 후 사용할 것

⑥ 2m 이상의 곳에서의 작업 시는 확실한 작업발판을 마련하고 그 가장자리에
는 난간 손잡이, 울타리, 방호망 등을 설치할 것

⑦ 물건이 낙하하는 아래 쪽에서의 작업은 필히 피하고, 도저히 피할 수 없는
경우에는 지붕을 가설하거나 방호망을 설치할 것

⑧ 캡타이어 케이블은 손앞에 정리해 놓고 확실히 고정시킬 것

⑨ 수공구 등은 낙하되지 않을 장소에 놓고, 낙하의 위험이 있는 것은 작업발
판 등에 고정시킬 것

⑩ 높은 곳을 오를 경우 전용계단, 트랩 등을 이용하고, 통로가 아닌 곳으로 기
어 오르거나 지름길로 위험하게 다니지 말 것

2) 보호구

① 안전대는 용도에 따라 벨트식과 안전그네식이 있으며, 통상적인 고소작업에는
벨트식 안전대를 사용한다.

② 안전모는 고소작업시 머리를 보호하기 위해 반드시 착용하고 안전모가 벗겨지
지 않도록 턱끈을 확실히 조여야 한다.

(5) 폭발·화재의 방지

1) 가연물에 대한 주의

* 용접작업 시에는 주위의 가연물(기름, 나무조각, 도료 걸레, 내장재, 전선 등),
폭발성 물질 또는 가연성 가스가 과열된 피용접물, 불꽃, 아크 등에 의해 인화,
폭발, 화재를 일으킬 염려가 있으므로 작업 전에 이들 가연물을 멀리 치울 필
요가 있다.

* 만약 이러한 조치가 안 될 경우에는 불꽃 비산방지장치, 기타 폭발·화재 등이 일어나지 않도록 조치하고 근처에 소화기를 준비하도록 한다.

2) 인화성 액체·가스애 대한 주의

* 드럼통, 탱크 배관 등의 용접수리작업에서 내부에 인화성의 액체나 가연성 가스 증기가 존재하면 대단히 위험하므로 이들 내용물을 충분히 청소하고 위해한 물질을 완전히 제거한 것을 확인한 후 작업에 착수하여야 한다.

(04) 교류Arc용접 시 발생할 수 있는 재해의 유형을 5가지 들고, 용접작업을 Robot로 대체했을 경우 개선되는 점을 설명하시오.

[해설]

1. 교류Arc용접 시 발생할 수 있는 재해의 유형

(1) 교류Arc용접의 개념

* 보통 사용하는 교류아크용접기는 일종의 변압기이며, 용접을 행할 때 자동적으로 2차 전압이 강하하는 특성을 가지도록 설계되어 있다.
* 교류아크용접기의 종류에는 용접전류의 조정 방법에 따라 탭전환형, 가동철심형, 가동코일형, 과포화리액터형이 있으며 가동철심형이 구조가 간단하고 가격이 싸기 때문에 현재 가장 널리 이용되고 있다.
* 교류용접기는 직류용접기에 비하여 안정성이 떨어지나, 가격은 1/3~1/4이 되므로 직류용접기보다 널리 사용되고 있다.

(2) 재해의 유형

1) 감전 재해

* 용접기 사용 시 발생할 수 있는 가장 위험한 재해는 감전이다. 이는 홀더의 통전부분이 노출되어 용접봉에 신체의 일부가 접촉했을 때, 전선케이블 일부가 노출되어 신체에 접촉했을 때, 전원스위치 개폐 시 접촉 불량으로 인한 아크 등에 의하여 발생될 수 있다.

2) 눈의 재해

* 아크 용접 중 아크는 고온으로 강렬한 광선을 발산한다. 이 광선 중에는 눈으

로 느낄 수 있는 가시광선 외에 눈에 보이지 않는 자외선과 적외선이 포함되어 있는데 두 가지 모두 눈에 대단히 해롭다.

3) 화상

* 아크광선이 피부에 직접 닿으면 자외선에 타게 된다. 아크와의 거리가 가까울수록 그 영향은 크다. 스패터나 슬래그가 날아와 화상을 초래할 위험이 있으므로 용접작업자는 피부를 노출시키지 말아야 한다.

4) 추락재해

* 용접작업에서는 추락에 의한 재해가 대단히 많으며 그 대부분이 중상이나 사망이므로 고소작업 시 주의를 해야 한다.

5) 폭발, 화재

가) 가연물에 대한 주의

* 용접작업시에는 주위의 가연물(기름, 나무조각, 도료, 걸레, 내장재, 전선 등) 폭발성 물질 또는 가연성 가스가 과열된 피용접물, 불꽃, 아크 등에 의해 인화, 폭발, 화재를 일으킬 염려가 있으므로 작업전에 이들 가연물을 멀리 치울 필요가 있다. 만약 이러한 조치가 안 될 경우에는 불꽃 비산방지장치, 기타 폭발·화재 등이 일어나지 않도록 조치하고 근처에 소화기를 준비하도록 한다.

나) 인화성 액체·가스에 대한 주의

* 드럼통, 탱크 배관 등의 용접수리 작업에서 내부에 인화성의 액체나 가연성 가스 증기가 존재하면 대단히 위험하므로 이들 내용물을 충분히 청소하고 위험한 물질을 완전히 제거한 것을 확인한 후 작업에 착수하여야 한다.

2. 로봇으로 대체 시 개선점

* 자동화는 본래 인간의 육체노동을 감소시키는 것이며, 작업자의 위험 영역에의 접근 기회를 감소시키고, 유해 환경의 노동으로부터 작업자를 해방하기 때문에 안전상으로 그리고 노동위생상으로도 효과적이다.

05 [보기]의 교류아크용접기 자동전격방지기 표시에서 각 항목에 대하여 의미를 설명하시오.

> [보기] SP-3A-H

해설

○ **자동전격방지기 표시 설명**

① SP : 용접기 외함에 부착하여 사용하는 외장형 자동전격방지기를 의미한다. 반대로 내장형은 SPB로 표시한다.

② 3 : 출력 측(2차측)의 정격전류의 100단위의 수치를 의미한다. 예를 들어, 2차측 정격전류가 300A일 경우 표시는 3으로 한다.

③ A는 용접기에 내장되어 있는 콘덴서의 유무에 관계없이 모두(All) 사용할 수 있는 것을 의미하며, B는 콘덴서를 내장하지 않은 용접기에, C는 콘덴서 내장형 용접기에, E는 엔진구동 용접기에 사용하는 전격방지기를 의미한다.

④ H는 H종(고저항 시동형) 절연기기를 의미하며, 허용최고온도에 충분히 견디는 재료로 구성된 절연을 말한다.

보일러

01 보일러(Boiler)폭발 사고의 방지장치를 설명하고, 자체검사 항목을 3가지 이상 서술하시오.

해설

1. 보일러의 폭발사고 방지 방호장치 설치 및 관리

(1) 압력방출장치 (산기규 제116조)

① 사업주는 보일러의 안전한 가동을 위하여 보일러 규격에 맞는 압력방출장치를 1개 또는 2개 이상 설치하고 최고사용압력(설계압력 또는 최고허용압력을 말한다) 이하에서 작동되도록 하여야 한다. 다만, 압력방출장치가 2개 이상 설치된 경우에는 최고사용압력 이하에서 1개가 작동되고, 다른 압력방출장치는 최고사용압력 1.05배 이하에서 작동되도록 부착하여야 한다.

② 제1항의 압력방출장치는 매년 1회 이상 「국가표준기본법」에 따라 산업통상자원부장관의 지정을 받은 국가교정업무 전담기관에서 교정을 받은 압력계를 이용하여 설정압력에서 압력방출장치가 적정하게 작동하는지를 검사한 후 납으로 봉인하여 사용하여야 한다. 다만, 공정안전보고서 제출 대상으로서 고용노동부장관이 실시하는 공정안전보고서 이행상태 평가결과가 우수한 사업장은 압력방출장치에 대하여 4년마다 1회 이상 설정압력에서 압력방출장치가 적정하게 작동하는지를 검사할 수 있다.

(2) 압력제한스위치 (산기규 제117조)

* 사업주는 보일러의 과열을 방지하기 위하여 최고사용압력과 상용압력 사이에서 보일러의 버너 연소를 차단할 수 있도록 압력제한스위치를 부착하여 사용하여야 한다.

(3) 고저수위 조절장치 (산기규 제118조)

* 사업주는 고저수위 조절장치의 동작 상태를 작업자가 쉽게 감시하도록 하기 위하여 고저수위지점을 알리는 경보등·경보음장치 등을 설치하여야 하며, 자동으로 급수되거나 단수되도록 설치하여야 한다.

(4) 폭발위험의 방지 (산기규 제119조)

* 사업주는 보일러의 폭발 사고를 예방하기 위하여 압력방출장치, 압력제한스위치, 고저수위 조절장치, 화염 검출기 등의 기능이 정상적으로 작동될 수 있도록 유지·관리하여야 한다.

(5) 최고사용압력의 표시 등 (산기규 제120조)

* 사업주는 압력용기 등을 식별할 수 있도록 하기 위하여 그 압력용기 등의 최고사용압력, 제조연월일, 제조회사명 등이 지워지지 않도록 각인(刻印) 표시된 것을 사용하여야 한다.

2. 보일러의 자체검사 항목 (기계기구 등의 자체검사 규정 별표 8)

* 보일러의 자체검사 항목은 보일러 시스템의 계통별 점검으로 구분하여 세부적으로 검사항목을 고려하면 효과적이다.

① 보일러 본체 : 동체, 수관, 부식부위, 스케일부착

② 급수계통 : 급수탱크, 급수펌프, 수면계

③ 연료계통 : 연료탱크, 연료유가열장치, 연료펌프, 연료스트레이너, 버너, 연소실, 통풍장치, 연료차단장치, 연료량 제어장치

④ 급기계통 : 구동모타, 강제통풍팬(FD Fan), 공기량제어장치

⑤ 제어계통 : 제어반, 조작반, 기동장치, 정지장치, 주안전제어기, 각종제어스위치, 전기기기

⑥ 안전시설 : 압력방출장치, 압력제한스위치, 고저수위조절장지, 화염검출기, 안전밸브, 폭발구

⑦ 부속기기・장치 : 과열기, 절탄기(에코노마이저), 공기예열기, 연도, 연돌, 보톰블로(bottom blow)밸브, 서피스블로(surface blow)밸브

(02) 화학설비공장의 공정용 스팀을 생산하는 보일러를 신규로 설치할 경우 가동 전 점검사항에 대하여 설명하시오.

[해설]

○ 보일러를 신규로 설치할 경우 가동 전 점검사항

① 보일러 본체

   ㉠ 안전장치 정상작동 : 압력방출장치, 압력제한스위치, 고저수위조절장치, 화염방지기 등　㉡ 압력계　㉢ 수면계　㉣ 밸브

② 연소계통 : 버너, 송풍기, 연도

③ 급수계통 : 급수탱크, 급수펌프, 압력계

④ 연료공급계통 : 펌프, 스트레이너, 압력계

⑤ 통풍계통 : 강제통풍 팬(FD Fan), 구동모터 등

⑥ 점화계통 : 버너, 제어기

⑦ 제어계통

⑧ 작업시 안전수칙 준수여부

(03) 바나듐 어택(Vanadium Attack)에서 응력집중을 완화시키기 위해서 일반적으로 사용되는 방법을 5가지만 설명하시오.

[해설]

1. 정의

* 바나듐 어택(Vanadium Attack)은 중유를 원료로 하는 보일러의 고온과열기, 재열기 등에서 볼 수 있고, 연료 속에 들어 있는 바나듐(V)의 용융점(650°C)에서 V_2O_5의 산화물이 생기고, 관벽에 부착하여 산화가 가속되는 현상이다.

2. 방지책

① 내식재 사용(Al, Si 함유)　② 합금강 사용(Cr, Ni, Co, Si 등 포함)
③ V의 융점(650°C) 아래인 온도 유지　④ 설계온도 이하 유지
⑤ 사전에 V성분 제거

공기압축기

01 공기압축기에 대해서 간단히 설명하고, 설치장소 선정 시 고려사항을 3가지 이상 쓰시오.

[해설]

1. 정의

* 압축기 중 공기를 압축하는 것이 공기압축기이고, 산업안전보건법상의 정의는 공기의 사용을 위해 피스톤, 임펠러, 스크류 등에 의하여 공기를 필요한 압력으로 압축시켜 탱크에 저장하는 공기기계를 말하며, 산업안전보건법의 적용을 받는 공기압축기는 중기관리법의 적용을 받는 것을 제외하고 게이지압력 2kgf/cm^2 이상인 것으로, 공기(압력)탱크의 내경이 200mm 이상 또는 길이가 1,000mm 이상으로서, 동력에 의하여 구동되는 공기압축기에 한한다.
* 한편, 압축기의 정의로 제시되어 있는 KOSHA 기준도 있다. 압축기(Compressor)는 기체를 압축하고 압축 후의 압력이 압축전의 기체 압력의 2배 이상(압력비 2이상), 또는 압축 후의 토출압력이 약 1×105Pa 이상되는 유체기계이다(KOSHA Guide G-52-2017).

제
1
장

2. 설치장소 선정 시 고려사항

① 가능한 한 온도 및 습도가 낮은 곳에 설치하여 드레인 발생량을 적게 한다. 흡입 공기의 온도가 10℃ 상승하면 압축기 효율은 통상 3~4% 저하된다.

② 유해가스, 유해물질이 적은 장소를 선정하여 설치하여야 한다. 만일 압축기의 흡입구에 신너, 알코올 등의 유해물질이 흡입되면 공압 기기 등의 실과 패킹류를 손상시켜 수명을 단축시키게 된다.

③ 빗물, 직사광선을 받지 않도록 하고, 소음을 차단하기 위한 방음벽도 고려한다.

④ 공랭식 압축기는 압축기실에 팬을 설치하여 통풍시키고, 수냉식 압축기의 경우에는 펌프로 냉각수를 공급, 순환시켜 압축기 본체 및 후부냉각기(After Cooler) 등을 냉각시켜야 하며, 냉각수 입구와 출구의 온도차는 10℃ 이하가 되도록 한다.

(02) 공기압축기의 작업 시작 전 점검사항과 운전 개시 및 운전 중 주의사항에 대하여 설명하시오.

〔해설〕

1. 작업시작 전 점검사항 (산기규 제35조 관련 별표 3)

① 공기저장 압력용기의 외관 상태

② 드레인밸브(drain valve)의 조작 및 배수

③ 압력방출장치의 기능

④ 언로드밸브(unloading valve)의 기능

⑤ 윤활유의 상태

⑥ 회전부의 덮개 또는 울

⑦ 그 밖의 연결 부위의 이상 유무

2. 운전 개시 시 주의사항

① 설치장소 위치, ② 벽과 60cm 간격, ③ 전압, ④ 윤활유 상태, ⑤ 회전방향 등에 유의하도록 한다.

3. 운전 중 주의사항

* 압력, 온도, 소음, 드레인, 누설, 주변기기, 윤활, 전압, 전류, 탱크압력, 필터 차압, 진동, 체결상태 등을 점검하고 이상이 발견시 적시에 조치되도록 한다.

03 공기압축기에서 공기탱크의 과압(Overpressure)시 안전하게 조치할 수 있는 방안 3가지를 설명하시오.

해설

1. 개요

* 압축기 중 공기를 압축하는 것이 공기압축기이고, 산업안전보건법상의 정의는 공기의 사용을 위해 피스톤, 임펠러, 스크류 등에 의하여 공기를 필요한 압력으로 압축시켜 탱크에 저장하는 공기기계를 말하며, 산업안전보건법의 적용을 받는 공기압축기는 중기관리법의 적용을 받는 것을 제외하고 게이지압력 2kgf/cm² 이상인 것으로, 공기(압력)탱크의 내경이 200mm 이상 또는 길이가 1,000mm 이상으로서, 동력에 의하여 구동되는 공기압축기에 한한다.

* 한편, 압축기의 정의로 제시되어 있는 KOSHA 기준도 있다. 압축기(Compressor)는 기체를 압축하고 압축 후의 압력이 압축전의 기체 압력의 2배 이상(압력비 2이상), 또는 압축 후의 토출압력이 약 $1 \times 105Pa$ 이상되는 유체기계이다(KOSHA Guide G-52-2017).

2. 안전조치

* 공기탱크의 과압 시 안전하게 조치할 수 있는 방안은 다음과 같다.

(1) 안전밸브(Safety Valve)

* 안전밸브를 설정압력에서 작동하게 함으로써 공기탱크의 파손이나 전동기의 과부하를 방지하기 위한 장치이다.

(2) 압력스위치

* 압력스위치의 작동에 의해 최대 압력이 되면 모터가 정지하고 최소 압력이 되면 다시 작동하게 되는 것으로, 스위치의 작동횟수를 적게 하기 위해 가급적 대용량의 탱크가 필수적으로 요구된다.

(3) 자동언로더 장치

* 공기탱크 내의 압력이 일정압력으로 상승하면 자동적으로 언로더 파이럿 밸브가 작동하여 공기탱크 내로 압송을 정지하는 무부하운전이 되어 압력이 상승하지 않는다.

* 압력이 일정압력 이하로 내려가면 다시 부하운전으로 된다.
* 자동언로더 장치의 특징은 무부하운전으로 되기 때문에 축동력이 감소하고, 대기가 실린더 내에 출입하여 실린더를 냉각시켜 공기압축기의 수명을 연장시킨다.

압력용기

01 압력용기(Vessel)에서 강도계산서 작성에 필요한 구조부분을 기술하시오.

해설

1. 개요

* 압력용기란 내외부에서 일정한 유체(액체 또는 기체)압을 받는 용기를 말하며, 내압뿐만 아니라 외압(진공압)을 받는 용기도 압력용기로 정의할 수 있다.

2. 압력용기의 구조

(1) 구성

* 압력용기는 압력을 직접 받는 동체(Shell), 경판(Head), 전열관(Tube), 노즐(Nozzle), 관판(Tube Sheet) 등으로 구성된 압력부위(Pressure Parts)와 받침대(Support), Lifting Lug, 방해판(Baffle) 등 압력을 받지 않는 비압력부위(Non-Pressure Parts)로 구성된다.

(2) 압력부위(Pressure Parts)

① 동체(Shell) : 내용물을 담고 압력을 받는 주요 부분으로서 형상은 응력집중을 최소화하기 위해 원통형이 주로 사용된다.

② 경판(Head) : 용기를 밀폐된 형상으로 만들기 위해 동체 끝 부분을 막는 부분

③ 관판(Tube Sheet) : 열교환기에서 열교환이 이루어지는 관속(Tube Bundle)을 지지하는 원형판으로 일반적으로 단조품 재질을 사용한다.

④ 노즐(Nozzle) 및 플랜지(Flange) : 압력용기 내부에 유체를 공급하거나 내부 유체를 외부로 빼내는 목적으로 사용되고, 동체나 경판에 구멍을 내고 그 주위를 파이프로 용접하여 설치하며, 노즐 끝단부는 플랜지로 연결한다.

⑤ 전열관(Tube) : 열전달이 이루어지는 관으로서 여러 개의 관이 다발로 묶여 관속이 된다.

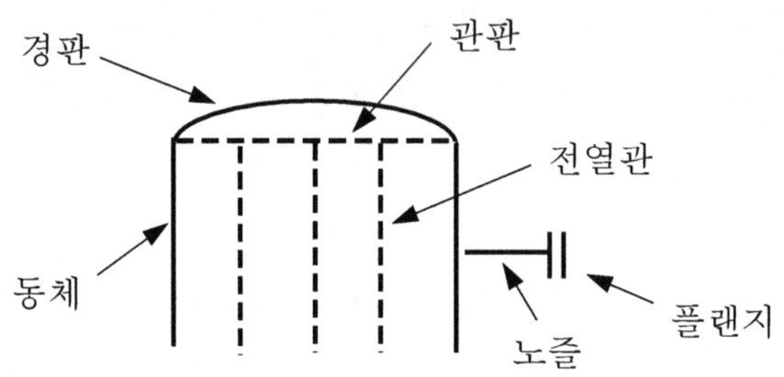

[그림 1] 압력용기의 압력부 구조

(3) 비압력부위(Non-Pressure Parts)

① 받침대(Support) : 압력용기를 지지하는 구성품으로 수직형 압력용기에는 레그 (Leg) 또는 스커트(Skirt)가 있고, 수평형 압력용기에는 새들(Saddle)이 있다.

 ㉠ 새들(Saddle) : 수평형 압력용기를 지지하는 데 사용되며 콘크리트 블록 위에 설치된다.

 ㉡ 스커트(Skirt) : 지상 위에 설치되는 중대형 수직 압력용기를 지지하는 데 적합하며 경판의 노즐은 스커트 바깥으로 돌출시켜야 하고, 가능한 한 스커트 내부에 플랜지를 설치하지 않아야 한다.

 ㉢ 레그(Leg) : 소중형 수직 압력용기를 지지하는 데 사용되며, 재료로서는 파이프, 각형 강류 등이 있다.

② Lifting Lug

 ㉠ 러그(Lug) : 구조물 위에 설치되는 수직형 압력용기에 사용되며, 동체 주위에 링 모양의 링모양의 등간격으로 설치된다.

 ㉡ 압력용기를 운반 시 들어 올리기 위한 부재로서 구멍이 있는 강재를 동체나 경판에 용접하여 사용한다.

02 압력용기에 부착된 압력조정기(Regulator)에 관하여 구체적으로 설명하고 취급상 주의사항을 쓰시오.

해설

1. 개요

① 압력조정기는 고압가스 용기 또는 배관을 통하여 고압가스를 사용목적에 맞추어 사용압력으로 감압시켜 공급하는 압력조정용 기기로서, 가스압력에 반응하는 일종의 자동제어용 관련 기기이다.

② 압력제어기는 감압방식에 따라 1단감압식, 2단감압식이 있고, 조작방법에 따라 자력식, 파이롯트식이 있다.

③ 압력제어기의 사용개소로는 유압·공압·일반유체압의 제어용 등이다.

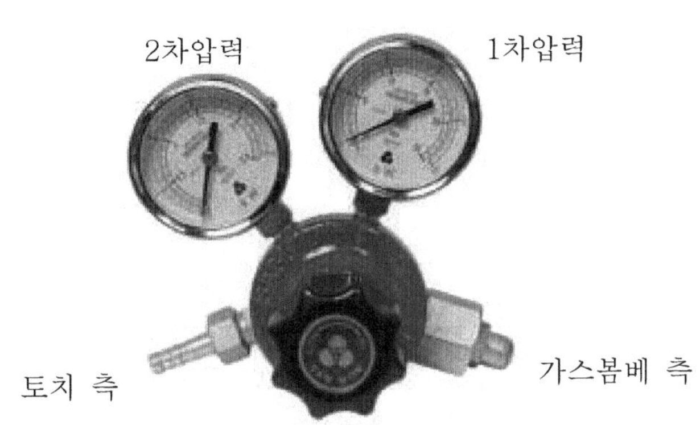

[사진 1] 압력조정기(Regulator)

2. 취급상 주의사항

① 배관 또는 용기에 설치 전 이물질 제거

② 봄베에 설치시에는 봄베의 고정상태 확인 후 나사·패킹 상태의 확인

③ 상지용으로 거치대에 확실한 설치

④ 배관접속의 경우 압력조절 니플 선단부가 접속부에 닿을 때까지 조심하여 체결

⑤ 빗물에 노출금지

⑥ 압력조정기기의 입구 및 출구의 구별을 확실히 한 후에 설치

⑦ 봄베 밸브, 배관의 입구 밸브 개방시에 천천히 열고, 압력조정기의 전면에 서 있지 않도록 한다.

⑧ 시트손상이 없도록 무리하게 죄지 말 것

⑨ 내부 슬라이딩면 작동상태

⑩ 스프링 녹 제거

⑪ 용도명, 흐름방향의 표시

⑫ 배관과의 연결부 누설없을 것

⑬ 외부 부식, 변형, 손상

⑭ 감압되는 상태 확인으로 기능점검

(03) 압력용기에서의 내압시험을 설명하시오.

[해설]

○ **내압시험** (고압가스안전관리법 – 내압시험)

시험방법	압력	지연시간(유지시간)
내압시험	수압시험 → 상용압력(설계압력)×1.5배 기압시험 → 상용압력(설계압력)×1.25배	5~20분
기밀시험	기압시험 → 상용압력 또는 0.7MPa 이상	최소 48분 이상 ~ 48분×Volume
참고 : 상용압력=최고사용압력=설계압력 $1kgf/m^2 = 9.8N/m^2 = 9.8Pa$, $1MPa = 10^6 Pa$, $1kgf = 9.8N$ $0.7MPa = 7kgf/cm^2 G$ $\therefore\ 0.7 \times 10^6 Pa = 0.7 \times 10^6 N/m^2 = 0.7 \times 10^2 N/cm^2$ $\qquad = \dfrac{0.7}{9.8} \times 10^2 kgf/cm^2 ≒ 7kgf/cm^2$		

(04) 용량이 $3m^3$, 설계압력이 $10kgf/cm^2$인 압력용기를 제작한 후 수압시험을 하고자 한다. 수압시험 시 가압과정을 그림으로 그려 설명하시오.

[해설]

1. 수압시험 절차

① 용기 전체를 물로 채운 다음 잔류공기를 제거하고 서서히 가압하여 시험압력까지 압력을 상승시킨 다음 압력을 유지하면서 용접부분을 포함하여 각 부분을 점검해서 국부적인 평창 또는 누설되는 부분이 없는가를 확인한다.

② 압력유지시간은 시험압력(설계압력의 1.5배)에 도달한 다음 최소한 30분 이상 유지해야 한다.

③ 압력계는 최대눈금이 시험압력의 1.5배 이상 3배 이하의 것으로 2개를 사용한다.

④ 시험압력의 50%까지 서서히 가압하여 10분간 유지한 후 각 부분에 이상이 없음을 확인한 다음 10%씩 가압하여 각 단계별로 5분 이상 유지하면서 시험압력까지 상승시킨다.

2. 가압과정

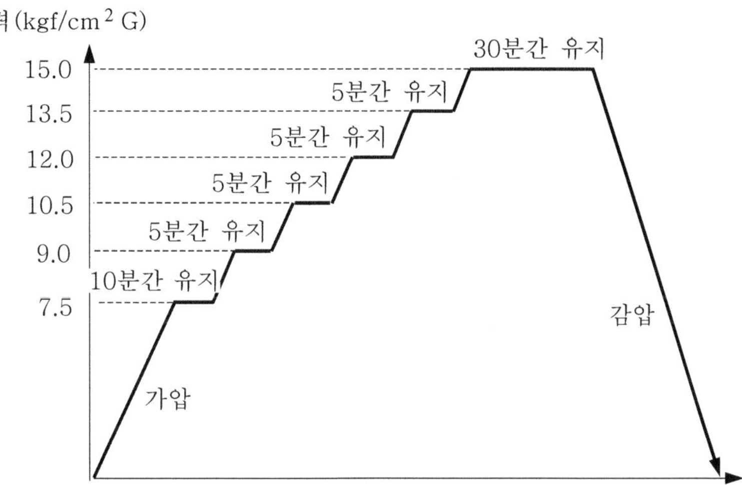

① 시험압력(설계압력×1.5=10×1.5=15kgf/cm² G)의 50%(7.5kgf/cm² G)까지 서서히 가압한 후 10분 정도 압력을 유지한 후 각 부분에 이상이 없는지 확인한다.

② 10%씩(1.5kgf/cm² G) 가압한 후 5분 이상 압력을 유지한다.

③ 시험압력까지 가압하고 최소 30분 이상 압력을 유지한 후 각 부분에 이상이 없는지 확인한다.

05 압력용기 설계 시 설계압력과 최고사용압력을 비교·설명하시오.

해설

1. 압력용기의 정의 (안전검사 고시, 고용노동부고시 제2020-43호, 제9조)

① "압력용기(pressure vessel)"란 용기의 내면 또는 외면에서 일정한 유체의 압력을 받는 밀폐된 용기를 말한다.

② "갑종 압력용기"란 설계압력이 게이지 압력으로 0.2MPa(2kgf/cm² G)을 초과하는 화학공정 유체취급 용기와 설계압력이 게이지압력으로 1메가파스칼(MPa)을 초과하는 공기 또는 질소 취급용기를 말하며, "을종 압력용기"란 그 밖의 용기를 말한다.

③ 압력용기의 "주요 구조부분"이란 동체, 경판 및 받침대(새들 및 스커트 등) 등을 말한다.

2. 설계압력과 최고사용압력의 비교

(1) 설계압력(Design Pressure)

* 설계압력이란 제조자가 가스의 사용압력, 사용온도 등을 고려하여 정한 압력이다.

(2) 최고사용압력(Maximum Operating Pressure)

* 최고사용압력이란 사용상태에서의 최고의 압력을 말하며, 그 압력의 상한은 구조상 사용가능한 압력(설계압력)이다. 즉, 최고사용압력=상용압력=설계압력

감속기

01 중요하거나 대형인 기어 감속기는 여러 가지 상태감시 및 기록을 유지하여 경향관리를 한다. 감시 및 기록유지 항목에 대하여 설명하시오.

[해설]

1. 개요

* 고마력 또는 중요도가 높은 감속기는 윤활유의 온도 흐름 등의 상태감시 및 기록을 유지하여 경향관리를 실시한다.

2. 감시 및 기록유지 사항

(1) 윤활유 공급압력

① 윤활유 공급압력은 온도, 하중, 필터의 청결 상태 등에 따라 적정한 수준을 유지하여야 한다.

② 베어링의 마멸 또는 손상, 윤활 스프레이 노즐의 파손, 윤활 배관의 누출 등이 발생되면 윤활유 공급압력이 변화될 수 있다.

(2) 윤활유 온도와 레벨, 유분석

① 윤활유의 온도가 10℃ 이상 증가되면 심각한 고장의 징후를 나타내는 신호이므로 즉시 정밀검사를 실시한다.

② 윤활유 레벨이 낮아지면 누유 등을 검사하고 보충한다.

(3) 베어링 온도

① 운전조건이 일정함에도 베어링의 온도가 증가되면 전체적인 열부하가 증가된 것이므로 정밀검사를 실시한다.

② 과부하, 변형, 축의 정렬 불량 등이 베어링의 열부하를 증가시키는 원인이 된다.

(4) 오일필터의 압력차

① 오일필터 전·후에 압력차가 큰 경우에는 오일필터를 점검하여 교체 등의 조치를 취하여야 한다.

② 필터의 고장원인은 필터 부품이 변형되었거나 윤활유가 오염되어 필터를 막은 경우 등이다.

③ 유분석으로 윤활유의 상태를 파악 및 조치한다.

(5) 진동

① 진동이 기준치를 초과하거나 심하게 변하는 경우에는 주파수 분석을 시행한다.

② 기어는 기어 간의 접촉으로 인하여 각 축의 운전속도에 대응하는 진동보다 높은 주파수의 진동이 발생된다.

③ 주파수 분석을 통하여 진동의 원인이 된 기어를 찾아 정밀검사를 실시한다.

(6) 소음

① 베어링이나 각 접동부의 마모로 인한 소음에 대한 조치를 실시한다.

② 설비정도 불량으로 인한 이상마모에 의한 운전 소음에 대한 조치를 실시한다.

사출성형기

01 수평사출성형기를 형체부, 성형부, 사출부로 나누어 각각에 대한 위험성과 필요한 방호장치에 대해 설명하시오.

해설

1. 정의

* 사출성형기는 플라스틱, FRP, 고무 등의 재료를 투입하고 열을 가해 용융시킨 수지용융물을 금형에 주입하여 원하는 형상의 제품을 만들어 내는 기계이다.

* 사출성형기는 원료투입, 수지용융, 노즐, 성형의 과정을 거친다.

2. 사출성형기의 구조

* 사출성형기는 크게 4개로 구성된다,
① 형체기구 : 금형을 여닫는 기구, 금형체결 기구
② 성형기구 : 금형을 이용하여 제품을 만드는 기구
③ 사출기구 : 재료를 용융하여 일정량을 금형에 유입하는 기구(노즐 포함)
④ 관련 기구 : 구동장치, 제어장치, 주변 부속장치

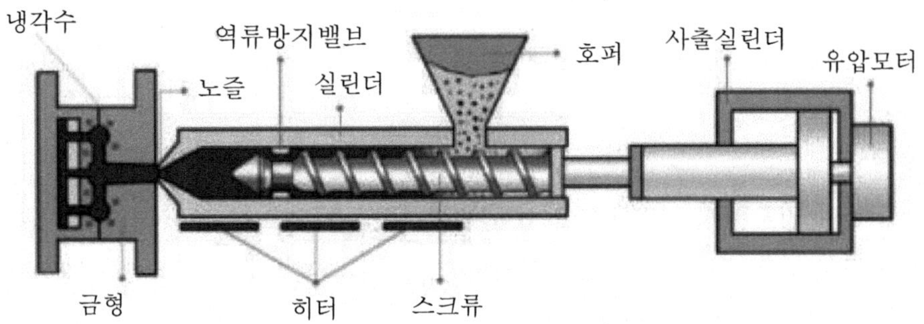

3. 사출성형기의 위험요인

① 협착위험 : 왕복과 고정 부분의 조합에서 형성
② 화상위험 : 실린더 히터부, 노즐 분사 부위
③ 추락위험 : 호퍼가 상부에 위치하므로 투입중 위험
④ 끼임 및 감김 위험 : 금형작업 중
⑤ 넘어짐 재해 : 통로 불량
⑥ 중량물 낙하 : 금형 운반중
⑦ 충돌 재해 : 자동취출 로봇
⑧ 감전재해 : 가열용 배선 누전

4. 방호장치

① 추락방지장치 : 자동투입장치화, 통로, 작업발판, 안전난간
② 접촉방지장치 : 고열부 고정가드, 노즐부는 이동식 접촉방지 가드
③ 끼임방지장치 : 방호가드　④ 감전방지 : 접지

펌프

01 펌프의 순정흡입헤드(NPSH : Net Positive Suction Head)를 간략히 설명하시오.

[해설]

1. 개요

* 펌프운전시 캐비테이션(공동현상)이 없이 펌프를 안전하게 운전하고 있는가의 척도로 $NPSH_a$와 $NPSH_r$ 값으로 분류할 수 있다. $NPSH_a$는 유효흡입수두, $NPSH_r$은 필요흡입수두이다.

* 캐비테이션을 방지하기 위해서는 '$NPSH_a > (NPSH_r \times 1.3)$'이 되어야 한다.

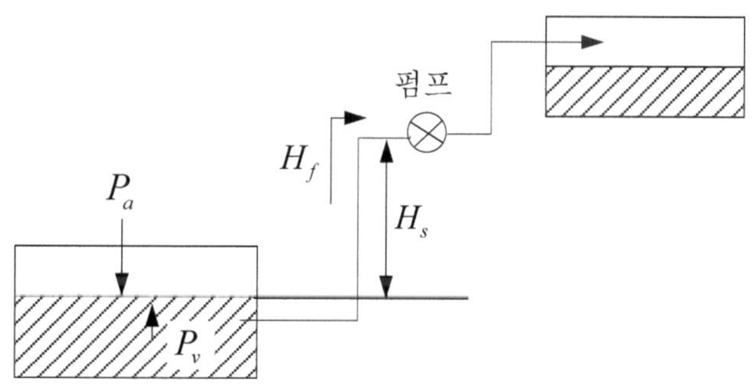

2. $NPSH_a$값 산출

(1) 흡입측이 대기압을 받는 경우(대기압=760mmHg=1.0332kgf/cm^2=10.332mAq)

* 펌프수두가 흡수면보다 높은 경우 : $NPSH_a = P_a - H_s - H_f - P_v$

* 펌프수두가 흡수면보다 낮은 경우 : $NPSH_a = P_a + H_s - H_f - P_v$

여기서, P_a : 대기압(10.332mAq)

H_s : 흡수면에세 임펠러 중심까지의 흡입양정

(흡입이면 -, 가압이면 +)

H_f : 흡입배관의 총손실수두

$$P_v$$: 사용액체의 포화증기압(사용액체의 온도 및 종류에 따라 결정)

예, 20°C 물의 포화증기압은 수두로 0.23mAq, 0.023kgf/cm^2

(2) 흡입측이 밀폐된 수조인 경우

* P_a(대기압) 대신에 수조 및 탱크의 내압을 적용

3. $NPSH_r$ 값 산출

* $NPSH_r$ 값은 제작사 제시값, 실험법, 계산값 등이 쓰이나 실험법이 보다 정확한 방법이다.
* $NPSH_r$ 값이 7m인 경우의 의미 : 10-7=3m, 즉 지하 3m에 있는 물을 흡입할 수 있는 펌프를 의미

(02) 펌프(Pump)의 설계 순서를 설명하시오.

[해설]

○ 펌프의 설계 순서

① 사용처 및 설비 능력 등 확인   ② 펌프 시방 결정(형식, 토출량)
③ 펌프의 크기 결정(흡입구 안지름, 송출구 안지름)
③ 펌프 전양정 계산   ④ 펌프 소요동력의 결정   ⑤ 회전수의 선정
⑥ 임펠러 설계   ⑦ 임펠러의 축경 결정   ⑧ 베어링 선정

(03) 펌프 진동 원인을 1) 수력적, 2) 기계적 원인으로 5가지씩 분류하고, 저감 대책을 각각 설명하시오.

[해설]

1. 펌프 진동의 일반적 원인과 대책

① 설치불량 → 펌프의 위치 수정과 재 Alignment
② 커플링의 불량 → 커플링의 고무 교체, 핀구멍의 조립 변경, V벨트 장력, 평행의 재조정

③ 펌프 → 손으로 회전 조정, 분해수리

④ 캐비테이션 → 운전점 체크, 토출밸브 교체, 흡입양정 체크

⑤ 공기흡입 → 수심 체크

⑥ 워터 햄머 → 유체에 의한 진동발생 점검

2. 수력적 진동 원인

① 펌프 내의 압력변동

   * 임펠러 출구와 볼류트 혀끝부분의 간섭 → 임펠러 외경과 볼류트 간 적절한 간
격 유지

② 와류현상(소용돌이)

   * 공기흡입 소용돌이, 수중 소용돌이 → 사용 토출량 조정

③ 캐비테이션

   ㉠ 유효 NPSH의 부족 → 유효 NPSH(Net Positive Suction Head)의 조정

   ㉡ 회전수의 과대 → 회전수 조정

   ㉢ 펌프 흡입구의 편류 → 흡입구 변경 및 수중에 위치시킴

④ 서어징 → 흡입관내 공기 배제

⑤ 워터 햄머 → 급격한 밸브조작 방지

3. 기계적 진동 원인

① 언밸런스 진동

   ㉠ 회전체의 밸런스 불량 → 축심 정렬(얼라인먼트) 조정

   ㉡ 회전체의 마모 및 부식 → 진동방지 및 시일류 등에서의 누설 대책

② 회전체의 위험속도 → 위험속도 회피 운전 검토

③ 공진 → 공진발생 회피 운전속도 등 변경 검토

④ 설치기초의 불량 → 설치기초 불량시 보강을 실시

⑤ 베어링의 마모 → 베어링 마모방지 윤활 대책 및 소음, 마모시 대책

⑥ 주변 기기의 진동 전파 → 전파원인 파악 및 전파방지 조치

⑦ 체결부품의 풀림 → 풀림방지 대책

04 원심 급수펌프의 축추력 방지대책 중 5가지를 설명하시오.

[해설]

○ 원심펌프 축추력 방지법

① 평형원판, 평형공을 설치　② 스러스트(thrust) 베어링을 사용

③ 양흡입형 회전차를 사용　④ 자기평형 방식으로 회전차를 반대 방향으로 배열

⑤ 후면측벽에 방사상의 리브(rib)를 설치　⑥ 웨어링 링을 설치

05 원심펌프(Centrifugal Pump)의 캐비테이션(Cavitation) 방지대책을 5가지 이상 설명하시오.

[해설]

1. 캐비테이션 현상

* 캐비테이션 현상은 공동현상(空洞)이라고도 하며, 유체의 속도변화에 의해 유체 내에서 공동(증기기포)이 생기고, 유속이 변할 때 공동이 파괴되는 현상이다. 공동현상은 빠른 속도로 유체가 운동할 때 액체의 압력이 증기압 이하로 낮아져서 증기기포가 발생한 후 파괴되는 현상이다.

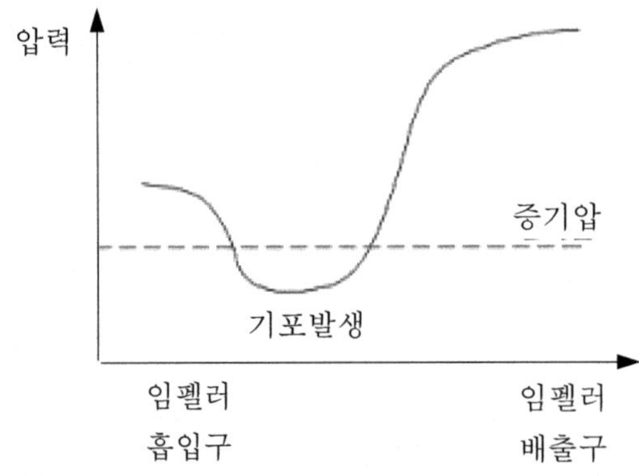

2. 캐비테이션의 영향

* 침식, 충격, 진동, 소음, 추진성능(효율) 저하

3. 캐비테이션 방지법

① 펌프의 설치위치를 낮추어 흡입수두를 줄인다.

② 유속을 낮게 한다.　③ 펌프의 회전수를 줄인다.

④ 흡입관경을 크게 한다.　⑤ 수중펌프를 이용한다.

06 펌프의 서징현상(Surging) 현상의 설명과 그 원인 및 방지대책을 2가지 이상 기술하시오.

[해설]

○ 서징현상(Surging)의 현상, 원인, 방지대책

(1) 서징(Surging) 현상

* 펌프의 운전 중에 압력계기의 눈금이 어떤 주기를 가지고 큰 진폭으로 흔들림과 동시에, 토출량은 어떤 범위에서 주기적으로 변동이 발생하고, 흡입 및 토출배관의 주기적인 진동과 소음을 수반한다. 이를 맥동(Surging)현상이라 한다.

① 압력·유량 변동으로 진동, 소음 등이 발생하며, 장시간 계속되면 유체관로를 연결하는 기계나 장치 등에 손상을 입힌다.

② 펌프의 경우 입구 및 출구의 진공계 또는 압력계의 침이 흔들리고 동시에 송출 유량이 변동하는데 이것을 외관적 현상이라고 한다. 즉, 송출 유량과 송출 압력사이에 주기적인 변동이 생기는 것을 말한다.

③ 관로계가 복잡한 펌프의 장치들에서 주로 발생하며, 송출유량을 조절하는 설치 개소의 유무에 따라 관련이 있다.

(2) 원인

① 토출배관이 길고, 배관도중 물탱크나 기체상태의 공기탱크가 있을 때 발생한다.

② 유량조절밸브가 탱크 뒤쪽에 있을 때 발생한다.

(3) 대책

① 회전차나 안내깃 등의 치수나 형상을 바꾸어 펌프의 운전특성을 변화시킨다.

② 유량조절밸브는 토출측 직후에 설치한다.

③ 바이패스관을 설치하여 운전점이 곡선의 우측에 오도록 한다.

④ 배관 중간에 수조 또는 기체상태인 부분이 존재하지 않도록 배관한다.

⑤ 불필요한 공기탱크나 잔류공기를 제어하고, 관로의 단면적, 유속, 관로저항 등을 바꾼다.

07 Pump에서 발생하는 이상현상 중 수격작용(Water Hammering)의 현상과 그 원인 및 방지대책을 3가지 이상 쓰시오.

해설

1. 수격작용의 정의

* 물이 가득 찬 상태로 흐르는 관의 통로를 갑자기 막을 때 수압의 빠른 상승으로 인하여 압력파가 빠르게 관내를 왕복하면서 수충격을 발생시키는 현상이다.

* 한편 반대로 막았던 통로를 갑자기 열 때도 수압이 급속히 내려가서 압력파가 관내를 왕복하게 되면서 수충격이 일어난다.

2. 수격작용의 발생원인

① 밸브 급개폐   ② 펌프의 시동   ③ 펌프의 급정지

3. 수격작용의 악영향

① 파손 원인이 됨   ② 진동 유발   ③ 소음 유발

4. 수격작용의 방지법

① 밸브조작을 천천히 함

② 관지름을 크게 하여 관내 유속을 낮게 함

③ 펌프에 플라이휠 부착으로 회전관성모멘트를 증가시킴으로써 급시작을 방지함

④ 수격방지기로서 surge tank, air tank 설치

08 유체의 저장, 반응 혹은 분리 등의 목적을 위하여 사용하는 압력용기의 위험요인과 방호장치의 종류를 쓰고 간단히 설명하시오.

해설

1. 압력용기의 정의

* 압력용기란 용기의 내면 또는 외면에서 일정한 유체의 압력을 받는 밀폐된 용기를 말한다(고용노동부고시 압력용기 제작기준·안전기준 및 검사기준 제3조).

* 압력용기란 화학공정 유체취급용기 또는 그 밖의 공정에 사용하는 용기(공기 또는 질소취급 용기)로서 설계압력이 0.2MPa(2kgf/cm^{2}G)을 초과하는 경우(고용노동부고시 안전인증·자율안전확인신고의 절차에 관한 고시 제2조 관련 별표 1)

2. 압력용기의 위험요인

(1) 화학물질의 위험성

① 반응, 연소, 부식 등의 물질변화를 수반하는 화학적 위험

② 열, 압력, 충격과 같은 물리변화에 기인한 물리적 위험

③ 중독, 외상과 같은 내외로부터의 충격이 생체기능에 나쁜 영향을 주는 생리적 위험

(2) 누출의 위험

① 가스켓, 패킹 등 시일(seal)류의 재질 부적합, 열화 또는 마모

② 기기의 구조불량 또는 강도부족

③ 기기의 제작불량 또는 재료결함

④ 운전 중의 진동에 의한 풀림, 외력에 의한 굽힘, 파손 또는 가열 및 냉각조작의 반복으로 인한 열팽창 및 수축으로 열응력에 의한 접촉부의 풀림

⑤ 재료의 부식, 마모, 피로 및 열화 등의 경시변화

⑥ 용접선 및 용접 시 열영향 부위의 결함

⑦ 라이닝부의 핀홀

⑧ 오조작, 이상온도 상승 및 이상압력 상승에 의한 것

(3) 화재 및 폭발의 위험

① 유류, 수분, 금속조각, 녹, 걸레 등의 원인에 의한 화재

② 압력용기 사용 중의 이상반응, 막힘, 불꽃의 발생에 의한 폭발

(4) 압력용기의 기계적 파괴위험

① 응력집중 또는 플랜지의 불균형한 연결에 의한 과대한 응력

② 각주, 지주 및 지지대 등 부속물에 가해지는 하중에 의한 외부로부터의 부하

③ 안전밸브가 그 기능을 발휘하지 못하여 발생되는 과압

④ 재료의 허용온도 범위를 훨씬 넘는 온도에 의한 과열

⑤ 압력의 변동, 유량의 변동, 팽창영향, 진동 등에 의한 기계적 피로와 충격

⑥ 저온의 유체를 취급하는 압력용기의 취성파괴

⑦ 전면부식, 국부부식, 에로젼(erosion) 등의 부식

⑧ 수소취화 등과 같은 수소손상

⑨ 온도차 및 온도의 변화율에 의한 열피로와 열충격

(5) 계장류 고장

① 계장기기의 고장으로 위험 유발

② 계측기기의 고장으로 위험 유발

(6) 인간의 작업수칙 미준수에 기인한 위험

① 산소결핍 : 적정공기 기준인 최소 18% 이상 23.5% 미만이 되게 함

② 가연성가스 : 폭발하한 농도의 25% 이하가 되게 함

③ 유독가스 : 인체에 무독한 정도의 충분한 농도 유지

3. 방호장치

(1) 안전밸브(Safety Valve)

* 운전압력이 안전밸브의 설정압력을 초과하는 압력증가시에 자동으로 빠르게 외부로 압력을 방출시키는 장치이다.

(2) 긴급차단밸브

* 반응기 등에 이상상태가 발생함으로 생길 수 있는 폭발이나 화재 방지를 위해 설비로 원료의 공급을 긴급히 차단할 때 사용한다.

(3) 파열판

* 반응폭주로 급격한 압력상승의 우려가 있는 경우, 독성물질의 누출로 인하여 주위 작업환경을 오염시킬 우려가 있는 경우, 운전 중 안전밸브에 이상물질이 누적되어 안전밸브의 작동이 안 될 우려가 있는 경우 등에 사용된다.
* 파열판의 설치는 설비가 다음 각 호의 어느 하나에 해당하는 경우에는 파열판을 설치하여야 한다(산기규 제262조).
  ① 반응폭주 등 급격한 압력상승 우려가 있는 경우
  ② 급성독성물질의 누출로 인하여 주위의 작업환경을 오염시킬 우려가 있는 경우
  ③ 운전 중 안전밸브에 이상 물질이 누적되어 안전밸브가 작동되지 아니할 우려가 있는 경우

[사진] 파열판

(4) 통기밸브(Breather Valve)

* 대기압이나 대기압 근처에서 운전되는 저장탱크 내의 액체를 저장 또는 출하, 외부기온의 변동, 증발 또는 응축으로 탱크 상부공간의 공기나 증기 등의 체적변화를 통해 탱크 내의 과압이나 부압을 방지하는 데 사용한다.

(5) 후레임 어레스터(Flame Arrestor)

* 화염방지기라고도 하며, 비교적 저압내지 상압(常壓) 상태에서 가연성 증기압을 갖는 오일 및 용매를 저장하는 탱크의 통기관을 통하여 외부로부터 화염이 탱크 내부로 들어오는 것을 막기 위하여 설치되는 안전장치이다.

09 유량 1m³/min, 전양정 25m인 원심펌프를 설계하고자 한다. 펌프의 축동력과 구동 전동기(Motor)의 동력을 구하시오. (단, 펌프의 전효율은 0.78, 유도 전동기의 여유율 a 는 0.15, 전달효율은 0.95이다)

[해설]

○ (전동기 ↔ 펌프축 ↔ 펌프) 동력전달 계통

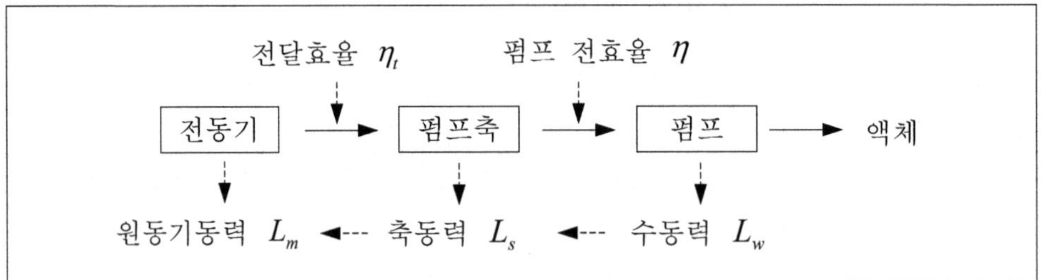

1. 수동력(L_w)

* 펌프에 의하여 액체에 공급되는 동력으로 유량을 Q [m³/min], 전양정을 H [m], 액체의 비중량을 γ [kg/m³]라 할 때 수동력은 다음과 같다.

$$L_w = \frac{\gamma QH}{75 \times 60}\,[PS] = \frac{\gamma QH}{102 \times 60}\,[kW] \text{ 이므로}$$

[참고] 1kW=102kgf·m/s, 1PS=75kgf·m/s

$$L_w = \frac{\gamma QH}{102 \times 60} = \frac{1{,}000 \times 1 \times 25}{102 \times 60} = 4.08\,[kW] \quad \text{................ (1)}$$

2. 축동력(L_s)

* 펌프를 운전하는 데 필요한 펌프축의 동력을 말하며, 펌프 전효율을 η 라 할 때 축동력은 $L_w = L_s \times \eta$ 이므로 L_s 는 다음과 같다.

$$L_s = \frac{L_w}{\eta} = \frac{4.08}{0.8} = 5.23\,[kW] \quad \text{.................. (2)}$$

3. 원동기 동력(L_m)

* 펌프축을 구동시키는 데 필요한 원동기 동력을 말하며, 축동력을 L_s, 여유율을

  a, 전달효율을 η_t라 하면 $L_s = L_m \times \dfrac{\eta_t}{1+a}$ 이므로, 원동기 동력은 다음과 같다.

$$L_m = \frac{L_s(1+a)}{\eta_t} = \frac{5.2(1+0.15)}{0.95} = 6.33\,[\text{kW}]$$

(10) 양정 220m, 회전수 2,900rpm, 비속도(Specific Speed)가 176인 4단 원심펌프의 유량(m³/min)을 구하고, 에어바인딩(Air Binding)현상에 대하여 설명하시오.

〔해설〕

1. 비속도(Specific Speed)

* 펌프의 비속도 N_s는 임펠러의 상사성으로부터 유도된 것이며, 펌프의 특성 및 형식을 결정하는 데 이용된다.

$$N_s = \frac{N\sqrt{Q}}{\left(\dfrac{H}{n}\right)^{\frac{3}{4}}}$$

  여기서, Q : 유량(m³/min), H : 전양정(m), N : 회전수(rpm), n : 단수

2. 펌프의 유량 계산

$$N_s = \frac{N\sqrt{Q}}{\left(\dfrac{H}{n}\right)^{\frac{3}{4}}} \text{ 로부터}$$

$$Q = \frac{N_s^2}{N^2}\left(\frac{H}{n}\right)^{\frac{3}{2}} = \frac{176^2}{2,900^2}\left(\frac{220}{4}\right)^{\frac{3}{2}} = 1.5\,[m^3/\text{min}]$$

제 1 장

3. 에어바인딩 현상

* 원심펌프에서 일어나는 현상으로, 펌프 내에 공기가 차 있으면 공기의 밀도는 물의 밀도보다 작으므로 수두를 감소시켜 송액이 되지 않는다.
* 따라서 펌프 작동 전 공기제거 또는 자동공기제거펌프를 사용해야 하는데, 자동공기제거펌프로는 자동유출펌프가 있다.

(11) 현장에서 기존에 사용하던 펌프의 임펠러(Impeller)의 바깥지름을 Cutting하여 사용하는 것과 관련하여 아래 사항에 대하여 설명하시오.
1) 임펠러의 바깥지름을 cutting하여 사용하는 이유
2) 임펠러의 바깥지름을 cutting하여 임펠러의 지름이 달라진 경우 유량, 양정, 동력의 관계식
3) 과도하게 임펠러의 바깥지름을 Cutting할 경우 발생될 수 있는 악영향

[해설]

1. 임펠러의 바깥지름을 cutting하여 사용하는 이유

① 펌프성능이 현장 요구상황에 맞지 않고 수량 변동이 잦아 최적 양정 조건을 모색할 필요성 대두가 원인임
② 펌프 토출량 변동이 잦은 경우 펌프 회전수 변경이 가장 좋으나 변경화에 비용(추가설비로서, 인버터, 유체 커플링 등)의 발생이 되므로 임펠러 외경 가공을 통한 필요 양정에 맞도록 성능을 변경하고자 하는 것

2. 임펠러의 바깥지름을 cutting하여 임펠러의 지름이 달라진 경우 유량, 양정, 동력의 관계식

유량 $Q' = Q \times \left(\dfrac{D'}{D}\right)^{m}$

양정 $H' = H \times \left(\dfrac{D'}{D}\right)^{n}$

동력 $L' = L \times \left(\dfrac{D'}{D}\right)^{m+n}$

여기서, N_s(비속도)가 작으면 $m = 2, n = 2$에 근접함

N_s(비속도)가 크면 $m < 2, n > 2$의 경향이 있음

$$단, \quad N_s(비속도) = \frac{N\sqrt{Q}}{(H/n)^{3/4}}$$

여기서, n : 펌프 단수, N : 회전수(rpm)

Q : 양수량($m^3/\min$), H : 전양정(m)

3. 과도하게 임펠러의 바깥지름을 Cutting할 경우 발생될 수 있는 악영향

① 5% 이상 컷팅시 : 수력손실 증가, 캐비케이션(공동현상)에 의한 침식 발생

② 5% 이내 컷팅시 : 볼류트 케이스(와류실) 형상과 크기에 따라 제약점 검토 필요

전동기

01 전동기에서 이상진동 및 소음발생 시 점검항목을 기술하시오.

해설

1. 전동기의 이상진동 원인 및 점검항목

진동 원인	점검 항목
냉각팬 이상	이물 확인, 조립부 체결상태
커플링 불평형	커플링체결 부품 이상 여부
벨트 장력 부적절	늘어남 여부, 노후화
기초볼트 이완	이완 여부, 과도한 부식 여부
베어링 이상마모	윤활상태, 과열, 진동
축 손상	떨림, 전달계통 이완 여부, 베어링 상태
베어링 카버 조립불량	체결부품 상태
과부하운전	공정이상 유무, 설비이상 유무
회전기계(예, 감속기 등) 이상 진동의 전파	체결부 풀림, 마찰부 이상마모, 윤활상태
설치다이(기초) 불량	체결부품 이완, 고착, 부식 등

2. 전동기의 소음발생 원인 및 점검항목

소음 원인	점검 항목
베어링 융착, 과마모	윤활상태, 설치상태, 체결상태
축정렬 불량(센터링 불량)	조립부 이상마모, 윤활상태
커플링 단차·불평형	커플링 조립부품 이상마모, 노후화, 이완
베어링 커버 조립불량	체결부 이완
그리스량 부족	그리스 윤활상태, 그리스 상태
과부하 운전	공정 트러블 유무, 설비 이상
냉각팬 손상	이물유무, 부품 손상, 체결상태
브러시 손상	이상마모, 설비상태
기초볼트 이완	체결부 이완, 고착, 부식
회전기계 이상 여파(감속기, 펌프 등)	과열, 소음, 진동, 윤활상태
습동부 이상마모	과하중, 윤활상태, 진동, 소음, 설치상태

1.5 양중기의 안전

양중기의 안전

01 양중기의 종류에 대해 기술하고 공통적으로 설치되는 방호장치는 무엇인지 기술하시오.

해설

1. 양중기의 종류 (산기규 제132조)

① 양중기란 다음 각 호의 기계를 말한다.

　㉠ 크레인[호이스트(hoist)를 포함한다]　㉡ 이동식 크레인

　㉢ 리프트(이삿짐운반용 리프트의 경우에는 적재하중이 0.1톤 이상인 것으로 한정한다)

　㉣ 곤돌라　㉤ 승강기

② 제1항 각 호의 기계의 뜻은 다음 각 호와 같다.

　㉠ "크레인"이란 동력을 사용하여 중량물을 매달아 상하 및 좌우(수평 또는 선회를 말한다)로 운반하는 것을 목적으로 하는 기계 또는 기계장치를 말하며, "호이스트"란 혹이나 그 밖의 달기구 등을 사용하여 화물을 권상 및 횡행 또는 권상동작만을 하여 양중하는 것을 말한다.

　㉡ "이동식 크레인"이란 원동기를 내장하고 있는 것으로서 불특정 장소에 스스로 이동할 수 있는 크레인으로 동력을 사용하여 중량물을 매달아 상하 및 좌우(수평 또는 선회를 말한다)로 운반하는 설비로서 「건설기계관리법」을 적용 받는 기중기 또는 「자동차관리법」에 따른 화물·특수자동차의 작업부에 탑재하여 화물운반 등에 사용하는 기계 또는 기계장치를 말한다.

　㉢ "리프트"란 동력을 사용하여 사람이나 화물을 운반하는 것을 목적으로 하는 기계설비로서 다음 각 목의 것을 말한다.

　　㉮ 건설용 리프트 : 동력을 사용하여 가이드레일(운반구를 지지하여 상승 및 하강 동작을 안내하는 레일)을 따라 상하로 움직이는 운반구를 매달아 사람이나 화물을 운반할 수 있는 설비 또는 이와 유사한 구조 및 성능을 가진 것으로 건설현장에서 사용하는 것

㉯ 산업용 리프트 : 동력을 사용하여 가이드레일을 따라 상하로 움직이는 운반구를 매달아 화물을 운반할 수 있는 설비 또는 이와 유사한 구조 및 성능을 가진 것으로 건설현장 외의 장소에서 사용하는 것

㉰ 자동차정비용 리프트 : 동력을 사용하여 가이드레일을 따라 움직이는 지지대로 자동차 등을 일정한 높이로 올리거나 내리는 구조의 리프트로서 자동차 정비에 사용하는 것

㉱ 이삿짐운반용 리프트 : 연장 및 축소가 가능하고 끝단을 건축물 등에 지지하는 구조의 사다리형 붐에 따라 동력을 사용하여 움직이는 운반구를 매달아 화물을 운반하는 설비로서 화물자동차 등 차량 위에 탑재하여 이삿짐 운반 등에 사용하는 것

㉣ "곤돌라"란 달기발판 또는 운반구, 승강장치, 그 밖의 장치 및 이들에 부속된 기계부품에 의하여 구성되고, 와이어로프 또는 달기강선에 의하여 달기발판 또는 운반구가 전용 승강장치에 의하여 오르내리는 설비를 말한다.

㉤ "승강기"란 건축물이나 고정된 시설물에 설치되어 일정한 경로에 따라 사람이나 화물을 승강장으로 옮기는 데에 사용되는 설비로서 다음의 것을 말한다.

㉮ 승객용 엘리베이터 : 사람의 운송에 적합하게 제조·설치된 엘리베이터

㉯ 승객화물용 엘리베이터 : 사람의 운송과 화물 운반을 겸용하는데 적합하게 제조·설치된 엘리베이터

㉰ 화물용 엘리베이터 : 화물 운반에 적합하게 제조·설치된 엘리베이터로서 조작자 또는 화물취급자 1명은 탑승할 수 있는 것(적재용량이 300kg 미만인 것은 제외한다)

㉱ 소형화물용 엘리베이터 : 음식물이나 서적 등 소형 화물의 운반에 적합하게 제조·설치된 엘리베이터로서 사람의 탑승이 금지된 것

㉲ 에스컬레이터 : 일정한 경사로 또는 수평로를 따라 위·아래 또는 옆으로 움직이는 디딤판을 통해 사람이나 화물을 승강장으로 운송시키는 설비

2. 양중기 방호장치의 조정 (산기규 제134조)

① 사업주는 다음 각 호의 양중기에 과부하방지장치, 권과방지장치, 비상정지장치 및 제동장치, 그 밖의 방호장치[(승강기의 파이널 리미트 스위치(final limit switch), 속도조절기, 출입문 인터 록(inter lock) 등을 말한다]가 정상적으로 작동될 수 있도록 미리 조정해 두어야 한다.

㉠ 크레인　　㉡ 이동식 크레인　　㉢ 리프트　　㉣ 곤돌라　　㉤ 승강기

② 양중기에 대한 권과방지장치는 혹·버킷 등 달기구의 윗면(그 달기구에 권상용 도르래가 설치된 경우에는 권상용 도르래의 윗면)이 드럼, 상부 도르래, 트롤리프레임 등 권상장치의 아랫면과 접촉할 우려가 있는 경우에 그 간격이 0.25m 이상(직동식 권과방지장치는 0.05m 이상으로 한다)이 되도록 조정하여야 한다.

③ 권과방지장치를 설치하지 않은 크레인에 대해서는 권상용 와이어로프에 위험표시를 하고 경보장치를 설치하는 등 권상용 와이어로프가 지나치게 감겨서 근로자가 위험해실 상황을 방지하기 위한 조치를 하여야 한나.

⟮02⟯ 크레인 등의 양중기에 사용하는 정지용 브레이크 3종류와 속도제어용 브레이크 2종류를 쓰고 구조 및 장단점을 표로 만들어 작성하시오.

⟮해설⟯

1. 개요

* 브레이크는 전동기의 감속이나 기계의 구속 등 제어에 있어서 없어서는 안 될 보조기로서 전동기 자체의 제동작용과 병용하여 사용된다.
* 크레인의 정지용 브레이크로서는 전자브레이크, 전동유압 압상기 브레이크, 밴드브레이크 등이 있으며, 속도제어용으로는 기계브레이크, 전동유압 압상기 브레이크, 와류브레이크 등이 있다.

2. 양중기용 브레이크 종류

(1) 정지용 브레이크

1) 전자브레이크(Magnet Brake)

* 전자석과 링크기구 및 스프링으로 구성되어 있으며, 브레이크 휠의 양측을 브레이크 라이닝으로 조여 붙여서 제동한다.
* 전자석의 전원을 교류로 사용하는 것을 교류 전자브레이크, 직류로 사용하는 것을 직류 전자브레이크라 한다.
* 전동기에 전류가 통함과 동시에 전자석에도 급전되어 제동력이 해제된다. 한편 정전 등으로 전류가 모터와 전자석에 공급되던 전류가 차단되는 즉시 스프링의 제동력에 의해 제동을 시켜 하중을 그 위치에서 안전하게 지지하는 브레이크로서 주로 권상용으로 사용한다.

[참고] 전자브레이크는 무여자 작동형 전자브레이크가 사용되며, 전류가 흐르지 않을 때 제동력을 작동시키는 전자력을 이용한 브레이크로서, 전자브레이크는 정전이나 갑작스런 모터의 전원이 꺼져 동력을 잃었을 때 수직기구가 중력에 의해 밑으로 추락하는 것을 방지하고자 하는, 안전대책용으로 사용되기 때문에 무여자 작동형으로 동작하게 된다. 여기서, 무여자란 전기가 통하지 않는 것을 의미한다.

2) 전동유압 브레이크

* 소형 전동기, 원심펌프 실린더, 피스톤 등으로 구성되어 있으며, 유압을 발생시켜 압상력을 얻어 제동력을 걸어주는 것으로 전자브레이크애 비해 운전음이 조용하고 충격은 적으나 제동까지의 시간이 길다.
* 또한 전동유압 압상기 브레이크는 정지의 목적으로만 사용하는 것은 아니며 권선형 유도전동기와 병용하여 속도제어용으로도 사용되고 있다.

3) 밴드브레이크

* 전자석, 밴드, 추 등으로 구성되어 있으며, 전류를 차단시키면 추에 의해 밴드가 브레이크 휠을 조이게 되어 제동을 하게 된다. 밴드는 연강제이며, 그 내부에는 아스베스토스 라이닝이 부착 조립되어 있다.

(2) 속도제어용 브레이크

* 크레인에 있어서 권하를 하는 경우에 하중에 의해 전동기가 회전하는 경우가 있는데 특히 저속도로 권하하는 경우에는 이를 방지하기 위하여 속도제어용 브레이크가 필요하게 된다.

1) 기계브레이크

* 기계브레이크에는 여러 가지 형식이 있다. 나사식, 클러치식 등이 있지만 거의 나사식이 사용되고 있다. 천장크레인에 사용되고 있는 브레이크의 중요한 역할은 매달림 인칭(Inching, 촌동)을 실시해서 조립용으로 사용되는 것이다.
* 기계브레이크에 의해 풀어 내릴 때 풀리는 속도의 가속을 막고 전동기의 회전에서 하중이 있을 때 회전이 빨라지지 않도록 방지하는 기구이다. 감아 올릴 때는 동력 전달기구가 되고 기계브레이크는 작동되지 않는다.

2) 와류브레이크

* 와전류를 이용한 브레이크로서 직류여자전류의 제어로 제동토크를 광범위하게 조정할 수 있다.
* 코일에 외부로부터 직류전원으로 여자하면 자속이 생겨 드럼이 부하 측으로 회전되고 있으면 드럼 속의 각 부분은 교번자계를 일으켜 드럼에 와전류가 발생하면 그 전자력으로 제동토크가 생긴다.

3. 양중기용 브레이크의 장단점

구분		장점	단점
제동용	전자 브레이크	* 높은 사용빈도 및 고내력이 요구되는 경우에 적합하며, 충격이 적어 동작이 안전하다. * 강력한 직류전자석을 채용하고, 작동 스트로크가 짧아 소음이 적다.	* 전압불량 및 발열에 의하여 전자력이 부족해질 수 있다. * 접점의 아크가 발생하거나 접점의 용량이 부족할 경우 접점의 수명이 짧아진다.
	전동유압 브레이크	* 제동작동이 유연하다. * 충격이 없어 완충 제동이 요구되는 용도외 각종 기중기외 주행, 횡행, 선회용에 가장 적합하다.	* 유압기기 트러블 진단이 난해하다.
	밴드 브레이크	* 블록브레이크보다 마찰면이 넓기 때문에 큰 제동력을 갖는다. * 가격에 비해서 높은 제동력을 갖는다.	* 제동시에 소음이 발생한다. * 제동시 마찰열이 발생한다.
속도 제어용	기계 브레이크	감속뿐만 아니라 완전한 제동용으로도 사용된다.	열방출이 불완전하면 마찰편의 마찰계수가 낮아진다.
	와류 브레이크	* 기계적인 접촉부분이 없기 때문에 마모가 생기지 않는다. * 브레이크력을 자동적으로 제어하기가 용이하다.	* 회전질량이 커서 관성이 크다. * 열의 발생에 주의해야 한다. * 상대속도가 0이면 제동력이 생기지 않는다.

03 양중기의 재해유형과 자체검사 사항에 대하여 기술하시오.

[해설]

1. 양중기의 정의

* 양중기란 다음 각 호의 기계를 말한다(산기규 제132조).
  ① 크레인[호이스트(hoist)를 포함한다]
  ② 이동식 크레인
  ③ 리프트(이삿짐운반용 리프트의 경우에는 적재하중이 0.1톤 이상인 것으로 한정한다)
  ④ 곤돌라
  ⑤ 승강기

2. 양중기의 재해유형

* 양중기는 화물을 싣고 상하, 좌우 회전 등으로 이동하는 기계이기 때문에 항상 위험요인이 잠재되어 있고, 작업자 또는 주변 사람들에게 아래와 같은 형태의 재해를 일으킨다(KOSHA Guide M-162).
  ① 양중기 이동부(Moving part)와의 부딪힘
  ② 화물 낙하에 의한 부딪힘
  ③ 신체 일부가 기계 구동부(롤러, 벨트체인 등)에 끼이는 끼임
  ④ 날카로운 모서리로부터 찢김, 긁힘, 절단
  ⑤ 양중기 이동부와 벽 등 고정설비 사이에 끼이는 끼임
  ⑥ 양중기로부터 전기적 감전
  ⑦ 양중기 또는 부품의 작동불량으로 화물에 맞음
  ⑧ 부식 및 재료의 열화에 의한 양중기의 무너짐
  ⑨ 운전자의 교육훈련 부족 또는 부적격자의 운전에 의한 사고
  ⑩ 정비 불량에 의한 설비 및 부품의 신뢰도 저하로 잦은 고장에 의한 사고

3. 양중기의 자체검사

(1) 자체검사 주기

* 3개월마다 1회 이상 정기적으로 실시

(2) 자체검사 대상

① 과부하방지장치, 권과방지장치, 비상정지장치의 이상유무

② 브레이크, 클러치의 이상유무

③ 와이어로프 및 달기체인의 이상유무

④ 혹 등 달기구의 이상유무

⑤ 배선, 집전장치, 배전반, 개폐기, 콘트롤러 등 전기기기의 이상유무

(3) 자체검사 제외 양중기

* 승강기는 제외

(4) 자체검사시 확인사항

① 내외면의 변형 유무   ② 부식의 유무와 정도   ③ 마모상태   ④ 손상유무

⑤ 기능의 정상적 작동상태

(5) 자체검사시 유의사항

① 반드시 검사순서 및 원칙에 의거하여 검사실시

② 안전장치를 의무화하여 검사실시

③ 운전정지후 검사할 경우 동력원 차단후 실시

④ 운전하면서 검사할 경우 안전장치에 특히 유의하도록 함

04 양중기에 사용되는 과부하방지장치 중 "전기식 과부하방지장치"와 "기계식 과부하방지장치"의 작동원리를 설명하고, 건설용 리프트에 전기식 과부하방지장치를 설치하지 못하게 하는 이유를 설명하시오.

[해설]

1. 과부하방지장치 작동원리

(1) 전기식 과부하방지장치

* 전기식 과부하방지장치는 권상모터 전류변화를 변류기(CT : Current Transform
  -er)로 감지하여 크레인을 정지시키는 방법으로 일반 작업현장에서 많이 활용되
  고 있는 방호장치이다.

* 이것은 크레인에 과부하방지장치가 부착되지 않는 곳에 설치가 용이하며, 가격은 다른 종류에 비하여 저렴하기 때문에 많은 사업장에서 선호하고 있는 것이다.

(2) 기계식 과부하방지장치

* 기계식 과부하방지장치는 3상 또는 단상 유도전동기 등을 사용하는 기계를 과부하에서 보호하기 위하여 스프링의 탄력성을 이용한 정지형 안전장치로서 부하의 하중을 스프링에 작용하는 하중으로 환산했을 때 스프링의 정격 탄성력 이상으로 작용하면 내부의 마이크로 스위치를 동작시켜 운전상태를 정지하는 안전장치이다.

(3) 전자식 과부하방지장치

* 스트레인 게이지를 이용한 전자감응방식으로 과부하상태를 감지한다.
* 모든 종류의 양중기에 적용이 가능하다.

2. 전기식 과부하방지장치 사용 시 주의사항

* 전기식 과부하방지장치는 권상모터가 동작할 때만 CT가 감지를 하여 동작함으로써 정지상태에서는 과부하를 감지하지 못하는 단점이 있다. 따라서 건설용 리프트와 같이 상층에서 하층으로 또는 하층에서 상층으로 원하는 층에서 정지가 가능한 화물 또는 사람을 운반하는 기계·기구에는 사용할 수 없다.
* 즉, 층간정지가 가능한 승강기, 리프트, 곤돌라 등에는 사용이 불가하고, 층간정지 개념이 없는 크레인(호이스트 포함)에는 사용이 가능하다.

줄걸이 용구

01 레버풀러(Lever Puller) 또는 체인블록(Chain Block)을 사용하는 경우의 준수사항에 대하여 설명하시오.

[해설]

1. 레버풀러

① 정격하중 초과하여 사용금지

② 레버풀러 작업 중 혹이 빠져 튕길 우려가 있는 경우 혹을 대상물에 직접 걸지 말고 피벗 클램프나 러그를 연결하여 사용할 것

③ 레버풀러의 레버에 파이프 등을 끼워서 사용하지 말 것

2. 체인블록

① 체인블록의 상부 혹은 인양하중에 견디는 충분한 강도를 가지고, 정확히 지탱할 수 있는 곳에 걸어서 사용

② 혹의 입구 간격이 제조사 제공 기준으로 10% 이상 벌어진 것은 폐기

③ 체인블록은 체인이 꼬임과 헝클어짐이 없을 것

③ 체인과 혹은 변형, 파손, 부식, 마모, 균열이 있는 것은 사용 금지

레버풀러

체인블록

02 체인슬링과 체인호이스트에 조립된 체인의 신장과 지름 감소에 대한 폐기기준을 설명하시오.

[해설]

○ **달기 체인의 사용금지 기준** (산기규 제63조)

* 다음 각 목의 어느 하나에 해당하는 달기 체인을 달비계에 사용해서는 아니 된다.

① 달기 체인의 길이가 달기 체인이 제조된 때의 길이의 5%를 초과한 것

② 링의 단면지름이 달기 체인이 제조된 때의 해당 링의 지름의 10%를 초과하여 감소한 것

③ 균열이 있거나 심하게 변형된 것

03 다음 그림과 같이 중량물을 달아 올릴 때 줄걸이용 와이어로프 한 줄에 걸리는 장력(W_1)을 구하고, 줄걸이용 와이어로프의 보관방법에 대하여 설명하시오.

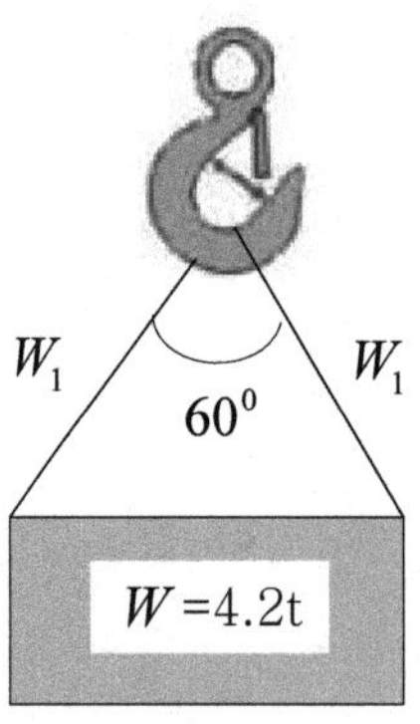

해설

1. 줄걸이용 와이어로프에 걸리는 장력(W_1)

$$W_1 \times \cos 30^0 \times 2 = 4.2 \quad \rightarrow \quad W_1 = 4.43 \, [t]$$

2. 줄걸이용 와이어로프 보관방법

① 코일로 포장된 제품을 콘크리트 바닥에 직접 닿도록 보관하면 안 되며, 필히 건조한 팔레트 위에 적재 보관한다.

② 사용한 로프를 보관할 때는 먼지 및 토사를 털어 낸 후 그리스를 도포하여 보관한다.

③ 화학물질, 화학 연기, 증기 또는 기타 부식제의 영향을 받을 수 있는 곳에 보관해서는 안 된다.

④ 로프는 직사광선이나 열기, 습기 등에 주의해야 하고, 특히 산기나 황산가스에 로프 그리스가 심하게 변질하므로 주의해서 보관하여야 한다.

⑤ 한 번 사용한 로프를 보관 시에는 로프 표면에 묻은 모래, 먼지, 오물 등을 제거한 후에 로프 그리스를 바르고 보관해야 한다.

04 아래의 와이어로프 기호를 각기 설명하시오.

1) 6×7+FC   2) 6×Fi(7)+IWRC

[해설]

1. 6×7+FC

① 6 : 스트랜드 수가 6개라는 의미이다.

② 7 : 각각의 스트랜드를 구성하고 있는 소선의 수가 7개라는 의미이다.

③ FC : 섬유심(Fiber Cor)이라는 의미로 섬유심에는 연질섬유, 경질섬유, 합성섬유가 사용되고 있다.

2. 6×Fi(7)+IWRC

① 6 : 스트랜드 수가 6개라는 의미이다.

② Fi(7) : 스트랜드의 형태가 필러형이라는 의미이고, 스트랜드를 구성하는 소선의 개수가 7개라는 의미이다.

③ IWRC(Independent Wre Rope Core) : 심강 대신에 와이어로프를 심으로 하여 꼰 것으로서 각종 건설기계, 기중기 등 파단력이 높은 로프가 요구되는 곳에 사용된다.

05 줄걸이용 와이어로프의 연결고정방법 4가지만 설명하시오.

[해설]

○ 와이어로프 연결고정방법

① 소켓 : 와이어로프의 스트랜드를 풀고, 그 스트랜드의 소선을 모두 푼 다음 소켓에 넣어 용융금속을 주입시켜 가공하는 방법으로 이음효율이 가장 좋다.

② 팀블 : 와이어의 형상 붕괴는 물론 킹크, 마모 등을 막아주는 줄걸이 작업의 한 요소로서 와이어로프의 아이 스플라이스에 필수품이다.

③ 아이 스플라이스(eye splice) : 로프의 단말을 링 형태로 가공하는 방법으로 주로
슬링 로프에 이용한다.

④ 웨지 : 쐐기의 일종으로 쐐기에 로프를 감아 케이스에 밀어 넣어 결속하는 방법이
다.

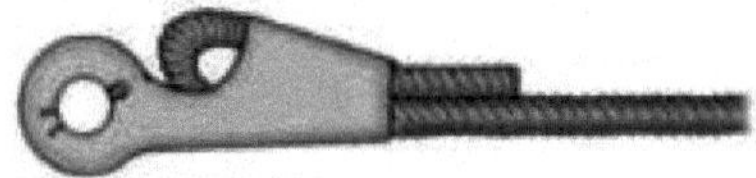

⑤ 클립 : 가장 많이 사용되는 방법이다. 클립 결속이 정확하지 않으면 극단적으로
효율이 저하된다. 클립 간격은 로프 직경의 6배 이상, 클립 수량은 최소 4개 이상
이어야 한다.

06 다음 각 번호에 대한 와이어로프 기호를 설명하시오.

6 × Fi(24) × IWRC B종 20mm

[해설]

① 6 : 스트랜드의 수가 6개라는 의미이다.

② Fi(24) : 스트랜드의 형태가 필러형이고, 스트렌드를 구성하는 소선의 개수가 24
개라는 의미이다.

③ IWRC : Independent Wire Rope Core의 두문자이고 심강이 와이어로프로 된 것
을 의미한다. 각종 건설기계, 기중기 등 파단력이 높은 로프가 요구되는 곳에 사
용된다.

④ B종 : 와이어로프의 인장강도가 $150kgf/mm^2$ 인 종을 의미한다.

⑤ 20mm : 와이어로프 직경을 의미한다.

07 와이어로프의 보통꼬임과 랭꼬임을 설명하고, 그 특성을 설명하시오.

해설

1. 와이어로프 개요

* 와이어로프(wire rope) 또는 쇠밧줄은 강철 철사(소선)를 여러 겹 합쳐 꼬아 만든 밧줄이다. 심재[心材, 코어(core)] 둘레로 스트랜드(strand)를 꼬아 만든 구조로 되어 있고, 스트랜드는 수많은 철선(wire)을 꼬아 만든다.

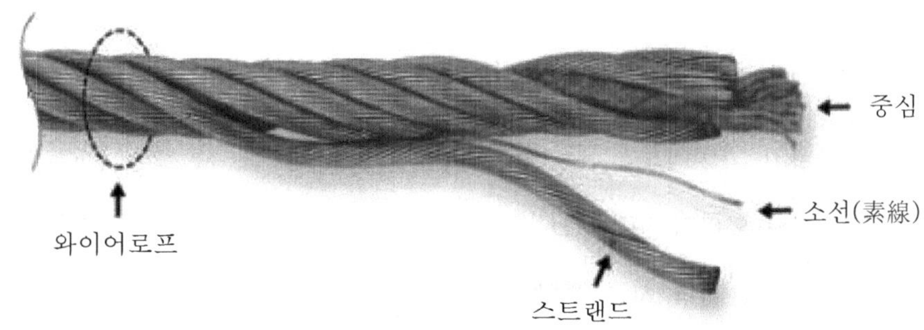

2. 와이어로프 꼬임

구분	보통꼬임	랭꼬임
개념	스트랜드의 꼬임 방향과 로프의 꼬임 방향이 반대	스트랜드의 꼬임 방향과 로프의 꼬임방향이 동일
특징	1. 로프 자체 변형이 적음 2. 킹크가 잘 생기지 않음 3. 하중에 대한 큰 저항성 4. 선박, 육상 등에 많이 사용 5. 전반에 걸쳐 광범위하게 많이 사용	1. 꼬임이 풀리기 쉽고, 킹크가 생기기 쉽다. 2. 내마모성, 내피로성 우수 3. 유연성 높음 4. 삭도용, 광업용 등에 한정적 사용
형상	보통Z꼬임 보통S꼬임	랭Z꼬임 랭S꼬임

08 양중작업을 위한 Wire Rope의 안전계수 기준과 사용금지 기준을 쓰시오.

해설

1. 양중기 와이어로프 등 달기구의 안전계수 (산기규 제163조)

① 근로자가 탑승하는 운반구를 지지하는 달기와이어로프 또는 달기체인의 경우 : 10 이상

② 화물의 하중을 직접 지지하는 달기와이어로프 또는 달기체인의 경우 : 5 이상

③ 혹, 샤클, 클램프, 리프팅 빔의 경우 : 3 이상

④ 그 밖의 경우 : 4 이상

2. 사용금지 양중기 와이어로프 등 (산기규 제7관)

(1) 이음매가 있는 와이어로프 등의 사용 금지 (산기규 제166조)

(2) 늘어난 달기체인 등의 사용 금지 (산기규 제167조)

(3) 변형되어 있는 혹·샤클 등의 사용금지 등 (산기규 제168조)

① 사업주는 혹·샤클·클램프 및 링 등의 철구로서 변형되어 있는 것 또는 균열이 있는 것을 크레인 또는 이동식 크레인의 고리걸이용구로 사용해서는 아니 된다.

② 사업주는 중량물을 운반하기 위해 제작하는 지그, 혹의 구조를 운반 중 주변 구조물과의 충돌로 슬링이 이탈되지 않도록 하여야 한다.

③ 사업주는 안전성 시험을 거쳐 안전율이 3 이상 확보된 중량물 취급용구를 구매하여 사용하거나 자체 제작한 중량물 취급용구에 대하여 비파괴시험을 하여야 한다.

(4) 꼬임이 끊어진 섬유로프 등의 사용금지 (산기규 제169조)

(5) 링 등의 구비 (산기규 제170조)

① 사업주는 엔드리스(endless)가 아닌 와이어로프 또는 달기 체인에 대하여 그 양단에 혹·샤클·링 또는 고리를 구비한 것이 아니면 크레인 또는 이동식 크레인의 고리걸이용구로 사용해서는 아니 된다.

② 제1항에 따른 고리는 꼬아넣기[(아이 스플라이스(eye splice)를 말한다)], 압축멈춤 또는 이러한 것과 같은 정도 이상의 힘을 유지하는 방법으로 제작된 것이어야 한다. 이 경우 꼬아넣기는 와이어로프의 모든 꼬임을 3회 이상 끼워 짠 후

제
1
장

각각의 꼬임의 소선 절반을 잘라내고 남은 소선을 다시 2회 이상(모든 꼬임을
4회 이상 끼워 짠 경우에는 1회 이상) 끼워 짜야 한다.

(09) 운반하역작업 시 사용하는 아래의 줄걸이 용구의 폐기기준을 설명하시오.

1) 체인(Chain)   2) 링(Ring)   3) 훅(Hook)   4) 샤클(Shackle)

5) 와이어로프(Wire Rope)

해설

1. 체인(Chain) (산기규 제63조)

① 달기체인의 길이가 달기체인이 제조된 때의 길이의 5%를 초과한 것

② 링의 단면 지름이 달기체인이 제조된 때의 해당 링의 지름의 10%를 초과하여 감
소한 것

③ 균열이 있거나 심하게 변형된 것

2. 링(Ring)

* 변형되어 있는 것 또는 균열이 있는 것

3. 훅(Hook)

* 입구가 10% 이상 벌어진 것, 변형되어 있는 것 또는 균열이 있는 것

4. 샤클(Shackle)

* 변형되어 있는 것 또는 균열이 있는 것

5. 와이어로프(Wire Rope) (산기규 제63조)

① 이음매가 있는 것

② 와이어로프의 한 꼬임[(스트랜드(strand)를 말한다)]에서 끊어진 소선[필러(pillar)
선은 제외한다)]의 수가 10% 이상(비자전로프의 경우에는 끊어진 소선의 수가 와
이어로프 호칭지름의 6배 길이 이내에서 4개 이상이거나 호칭지름 30배 길이 이
내에서 8개 이상)인 것

③ 지름의 감소가 공칭지름의 7%를 초과하는 것

④ 꼬인 것

⑤ 심하게 변형되거나 부식된 것

⑥ 열과 전기충격에 의해 손상된 것

(10) 양중기용 줄걸이 작업용구로 많이 사용하고 있는 섬유벨트(Belt sling)의 단점 5가지를 설명하시오.

[해설]

○ 섬유벨트(Belt sling)의 단점

① 모서리가 날카롭거나 돌출부, 거친 표면에서는 쉽게 손상된다.

② 절단이 되기 쉽고, 내마모성이 약하다.

③ 알칼리에는 강하나, 산에는 약하다.

④ 직사광선에 약하다.　⑤ 습기에 약하다.　⑥ 고온에 약하다.

(11) 안전작업하중(SWL)이 3톤(ton)인 줄걸이용 와이어로프를 그림과 같이 연결하였을 때 최대사용하중(W)은 얼마인가?

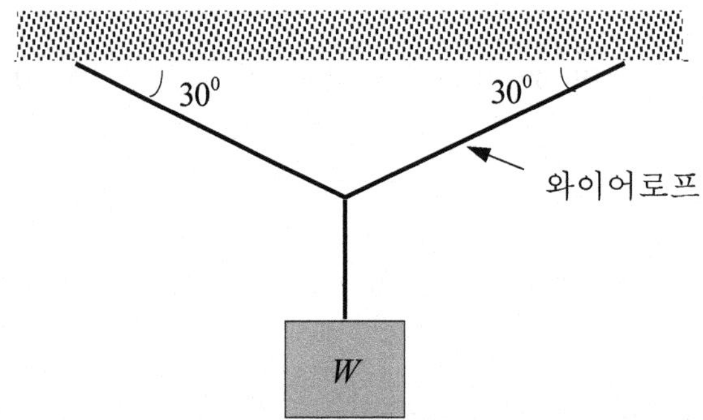

[해설]

$$W = T\cos 60^0 \times 2 = 3 \times \frac{1}{2} \times 2 = 3\,[ton]$$

참고로, 이 경우에는 최대사용하중을 구하는 것이므로 극한강도(인장강도)를 구하는 것이 아니다.

(12) 천장크레인(O/H crane)으로 8ton의 부품을 2중걸이를 이용하여 옮기던 중 와이어로프가 차단되어 사망자가 발생하였다. 사용된 와이어로프는 6×10, 20mm, 차단하중이 18.7ton이었다. 슬링와이어의 매단 각도는 60°로 이때의 장력계수를 1.16으로 볼 때 안전하중을 계산하시오(단, 안전계수는 5이다).

해설

* 2중걸이로 달아 올릴 때의 안전하중을 구하는 공식은 안전계수 식에 의거 구한다.

$$\text{안전계수} = \frac{\text{걸이줄수} \times \text{절단하중} \times \text{단말고정이음효율}}{\text{안전하중} \times \text{장력계수}} = \frac{2 \times \text{절단하중}}{\text{안전하중} \times \text{장력계수}} \text{이므로}$$

$$\therefore \text{안전하중} = \frac{2 \times \text{절단하중}}{\text{안전계수} \times \text{장력계수}} = \frac{2 \times 18.7}{5 \times 1.16} = 6.45 \text{톤 (단, 단말고정이음효율=1.0)}$$

(13) Crane의 Wire Rope에 3,000kg의 중량을 걸어 20m/sec^2의 가속도로 감아올릴 때 걸리는 총 하중은?

해설

$$F = mg + ma = m(g + a) = 3,000(9.8 + 20) = 89,400\,[N]$$

(14) 안전작업하중(SWL)이 5톤(ton)인 줄걸이용 와이어로프를 2줄로 줄걸이 각도 60도로 하여 사용할 때 최대 사용하중은 얼마인가?

해설

* 최대 사용하중 $= \text{SWL} \times \cos 30^0 \times 2 = 5 \times 0.866 \times 2 = 8.66\,[ton]$

(15) 승강기는 아래 방향으로 4,500kgf의 부하(Load)이고, 상향 가속도는 1.8m/sec^2이다. 이때의 와이어로프의 허용응력은 60kgf/mm^2, 안전계수는 10이다. 위의 조건하에서 와이어로프의 단면적을 구하시오.

해설

* 권상시 작용장력 $F = ma + mg = 826.5 + 4,500 = 5,326.5\,[kgf]$

$$\text{여기서, 동하중에 의한 장력} = ma = \frac{W}{g} \times a = \frac{4{,}500}{9.8} \times 1.8 = 826.5\,[kgf]$$

$$\text{정하중에 의한 장력} = mg = 4{,}500\,[kgf]$$

$$* \ \sigma_u = \frac{F_u}{A} \ \rightarrow \ A = \frac{F_u}{\sigma_u} = \frac{F \times S}{\sigma_a \times S} = \frac{5{,}326.5 \times 10}{60 \times 10} = 88.775\,[mm^2]$$

$$[\text{참고}] \ \text{총하중} = \text{정하중} + \text{동하중} = m + \frac{m}{g}a \quad (\text{단위} : \text{kg})$$

$$\text{장력} \ F = \text{총하중} \times g = (m + \frac{m}{g} \times a) \times g = mg + ma \quad (\text{단위} : \text{kgf 혹은 N})$$

16 다음과 같이 4본의 와이어로프를 이용하여 정사각형의 화물 상단 모서리에 연결하여 들어 올리고 있다. 각각의 슬링로프에 최대로 작용시킬 수 있는 하중이 2ton일 경우 최대로 들어 올릴 수 있는 화물의 하중을 구하시오.

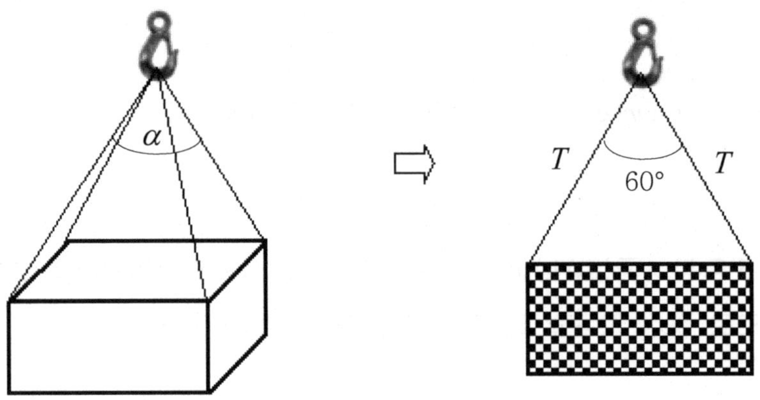

(a) 4본의 와이어로프 연결   (b) 2본의 와이어로프 연결

해설

* 그림 (a)에서 4본의 와이어로프 연결을 그림 (b) 2본의 와이어로프 연결로 단순화시키고 각도 $\alpha = 60°$라 가정할 때, 이로부터 4본일 때의 하중을 계산할 수 있다.

* 화물하중 $W = T\cos 30^0 \times 4 = 2 \times 0.866 \times 4 = 6.93\,[\text{ton}]$

(17) 다음과 같이 후크로 경사진 화물을 들어 올리고 있다. 슬링로프 2본과 화물과 이루는 각은 그림과 같다. 다음의 각 물음에 답하시오.

1) 각각의 슬링로프에 작용하는 인장하중 F_1, F_2 를 구하시오.

2) 후크로 들어 올리는 작업의 안전성을 평가하시오. (단, 후크 단면 A의 허용 응력은 0.2ton/cm^2, A의 단면의 직경 d =100mm, R =100mm, A 단면의 단면계수는 $Z = \dfrac{\pi d^3}{32}$ 이다.)

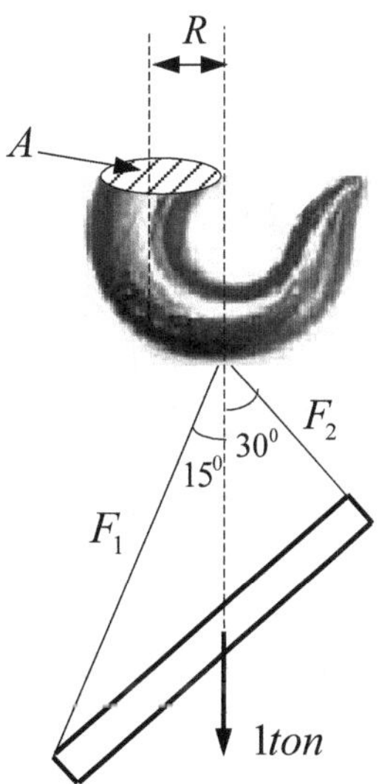

해설

1. 각각의 슬링로프에 작용하는 인장하중 F_1, F_2 를 구하시오

* 슬링로프에 작용하는 인장하중을 구하기 위해 자유물체도(FBD)로 정리후 라미의 정리(또는 사인법칙)에 의거 구한다.

$$\frac{F}{\sin(15^0 + 30^0)} = \frac{F_1}{\sin 150^0} = \frac{F_2}{\sin 165^0}$$

여기에서, $\sin 150^0$ 은 $\sin[360^0 - (45^0 + 165^0)] = \sin 150^0$

$\sin 165^0$ 는 $\sin(180 - 15) = \sin 165^0$ 로 얻어진 것임

$$F_1 = \frac{F \times \sin 150^0}{\sin 45^0} = 0.714 \,[\text{ton}] \qquad F_2 = \frac{F \times \sin 165^0}{\sin 45^0} = 0.366 \,[\text{ton}]$$

2. 후크로 들어 올리는 작업의 안전성을 평가하시오.

 * 후크에 작용하는 굽힘모멘트를 구하면

$$M = \sigma_b Z \;\rightarrow\; \sigma_b = \frac{M}{Z} = \frac{F \times R}{Z} = \frac{1 \times 10}{\pi \times 10^3 / 32} = 0.102 \,[\text{ton/cm}^2]$$

 * 후크 단면 A의 허용응력이 $0.2\text{ton/cm}^2 > 0.102\text{ton/cm}^2$ 이므로 안전하다.

⑱ 양중기의 와이어로프의 절단방법에서 주의할 점은? (산업안전보건기준에 관한 규칙을 중심으로)

[해설]

○ 와이어로프의 절단방법(산기규 제165조)에서 주의할 점

 ① 사업주는 와이어로프를 절단하여 양중작업 용구를 제작하는 때에는 반드시 기계적인 방법에 의하여 절단하여야 하며, 가스용단 등 열에 의한 방법으로 절단하여서는 안 된다.

 ② 사업주는 아크·화염·고온부 접촉 등으로 인하여 열영향을 받은 와이어로프를 사용해서는 안 된다.

⑲ 두 개의 Wire(혹은 환봉)로 지탱되는 하중이 25ton이다(자중무시). Wire 의 극한강도(인장강도)를 16kgf/mm^2 이라 할 때, 안전계수를 5로 고려한다면 다음 그림에 필요한 Wire의 최소직경은 몇 mm인가?

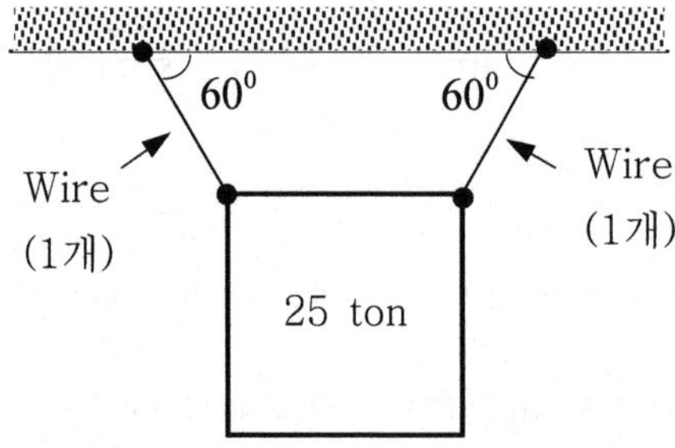

해설

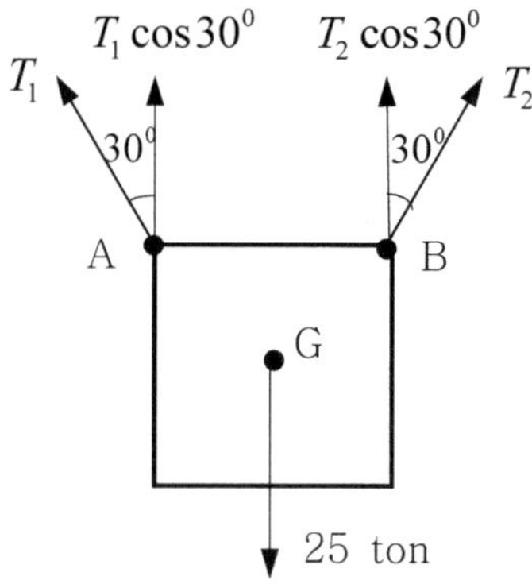

$$T_1\cos 30^0 + T_2\cos 30^0 = T\cos 30^0 \times 2 = 25 \;\;\rightarrow\;\; T = 14.43\,[ton] = 14,430\,[kg]$$

여기서, $T_1 = T_2 = T$ 로 보고 계산이 가능

$$\sigma_a = \frac{\sigma_u}{S} = \frac{16}{5} = \frac{14,430}{\dfrac{\pi d^2}{4}} \;\;\rightarrow\;\; d^2 = \frac{14,430}{\dfrac{\pi}{4}\times\left(\dfrac{16}{5}\right)} = 5,744.43 \;\;\rightarrow\;\; d = 75.79\,[mm]$$

크레인

01 크레인에 적용될 수 있는 안전장치의 예를 5가지 이상 들고 간략하게 설명하시오.

해설

1. 크레인의 정의

① "크레인"이란 동력을 사용하여 중량물을 매달아 상하 및 좌우(수평 또는 선회를 말한다)로 운반하는 것을 목적으로 하는 기계 또는 기계장치를 말하며, "호이스트"란 훅이나 그 밖의 달기구 등을 사용하여 화물을 권상 및 횡행 또는 권상동작만을 하여 양중하는 것을 말한다.

② "이동식 크레인"이란 원동기를 내장하고 있는 것으로서 불특정 장소에 스스로 이동할 수 있는 크레인으로 동력을 사용하여 중량물을 매달아 상하 및 좌우(수평 또

는 선회를 말한다)로 운반하는 설비로서 「건설기계관리법」을 적용 받는 기중기 또는 「자동차관리법」 제3조에 따른 화물·특수자동차의 작업부에 탑재하여 화물 운반 등에 사용하는 기계 또는 기계장치를 말한다.

2. 양중기의 방호장치 법령 기준 : 방호장치의 조정 (산기규 제134조)

① 사업주는 다음 각 호의 양중기에 과부하방지장치, 권과방지장치, 비상정지장치 및 제동장치, 그 밖의 방호장치[승강기의 파이널 리미트 스위치(final limit switch), 속도조절기, 출입문 인터 록(inter lock) 등을 말한다]가 정상적으로 작동될 수 있도록 미리 조정해 두어야 한다.

  ㉠ 크레인   ㉡ 이동식 크레인   ㉢ 리프트   ㉣ 곤돌라   ㉤ 승강기

② 양중기에 대한 권과방지장치는 훅·버킷 등 달기구의 윗면(그 달기구에 권상용 도르래가 설치된 경우에는 권상용 도르래의 윗면)이 드럼, 상부 도르래, 트롤리프레임 등 권상장치의 아랫면과 접촉할 우려가 있는 경우에 그 간격이 0.25m 이상(직동식 권과방지장치는 0.05m 이상으로 한다)이 되도록 조정하여야 한다.

③ 권과방지장치를 설치하지 않은 크레인에 대해서는 권상용 와이어로프에 위험표시를 하고 경보장치를 설치하는 등 권상용 와이어로프가 지나치게 감겨서 근로자가 위험해질 상황을 방지하기 위한 조치를 하여야 한다.

3. 크레인의 안전장치

(1) 과부하 방지장치(Over load limiter)

1) 정의

  * 크레인으로 하물을 권상 시 최대 허용하중(정격하중의 110%) 이상이 되면 과적재를 알리면서 자동으로 운반작업을 중단시켜 과적에 의한 사고 예방장치

2) 과부하 방지장치 설치 장소

  * 크레인 또는 호이스트(Hoist) 제어반 내부에 설치 금지

  * 잘 보이고 쉽게 점검할 수 있는 위치, 즉 통로 또는 제어반 외부에 설치하며 운전실이 있는 경우 운전실 내에 설치하거나 경보설비를 추가로 운전실 내에 설치

3) 종류

가) 기계식 과부하 방지장치

* 3상 또는 유도 전동기를 사용하는 크레인을 보호
* 스프링의 탄성력을 이용한 정지형 안전장치
* 부하의 하중을 스프링에 작용하는 하중으로 환산
* 스프링의 정격 탄성력 이상으로 작동 시 내부의 마이크로 스위치 동작

나) 전기식 과부하 방지장치

* 권상 모터의 과전류를 감지하여 제어하는 방식
* 권상 모터가 동작할 때만 전류변환기(CT)가 감지하여 동작
* 정지상태에서는 과부하 감지 불가능(리프트, 곤돌라, 승강기에는 사용불가)

다) 전자식 과부하 방지장치

* 스트레인 게이지(로드 셀)부 및 컨트롤부로 구성
* 로드 셀에 부착된 스트레인 게이지의 전기식 저항값의 변화에 따라 동작 감지
* 로드 셀의 제조 능력에 따라 감지 능력의 성능 결정

4) 과부하방지장치의 특성

종류	원리	적용기계	비고
전자식 (J-1)	스트레인 게이지를 이용한 전자 감응방식	크레인, 곤돌라, 리프트, 승강기	모멘트 리미터(Moment Limiter) 포함
전기식 (J-2)	권상 모터 부하 변동에 의한 전류 변화 감지	크레인	정지상태는 감지가 안 되므로 곤돌라, 리프트, 승강기에는 사용 불가
기계식 (J-3)	과적재 시 하중의 압력에 의해 기계·기구학적으로 스프링을 눌러 마이크로 스위치 작동	크레인, 곤돌라, 리프트, 승강기	전기장치가 없어 방폭구조 및 구조물 자체감지 가능

(2) 권과방지장치(Over winding limiter)

1) 정의

* 크레인으로 권상작업 시 훅이 과도하게 올라가 트롤리 프레임 또는 호이스트 드럼에 부딪쳐 와이어로프 파단으로 인한 하물의 추락 방지
* 크레인의 파손으로 인한 낙하재해 예방 안전장치

2) 권과방지장치 성능

* 권과방지를 위하여 자동적으로 동력을 차단하고 작동을 제동할 것
* 훅 등 달기구의 상부와 드럼, 시브 등 권상장치의 하부가 접촉할 우려가 있는 것 : 달기구 상부와 권상장치 하부와의 간격 0.25m 이상
* 직동식 권과방지장치 : 달기구 상부와 권상장치 하부와의 간격 0.05m 이상
* 용이하게 점검할 수 있는 구조일 것

3) 종류

가) 나사형 권과방지장치

* 와이어로프 드럼과 연동하여 나사봉이 회전하면 엑튜에이터(Actuator)가 권상 또는 권하 거리에 비례하여 이동
* 엑튜에이터(Actuator)가 좌우 극한점에 도달하면 스위치 레버에 의해 회로를 개방하여 전원 차단

나) 캠형 권과방지장치

* 와이어로프 드럼과 연동하여 원판 모양의 캠이 회전하면 볼록 및 오목한 캠에 의해 스위치 레버 작동
* 전 양정에 대하여 1회전 이내의 회전각에 따라 스위치 작동

다) 중추형 권과방지장치

(3) 비상정지장치(Emergency Stop Switch)

* 근로자가 크레인을 이용하여 화물을 권상시킬 때 위험한 상태에서 작업안전을 위해 급정지시킬 수 있도록 설치되어 있는 일종의 방호장치이다.

* 탑승용 크레인의 경우는 운전실에 부착되어 운전자가 쉽게 조작할 수 있는 구조로 되어 있으며, 지상 컨트롤용 크레인, 호이스트 등은 권상버튼의 상부에 부착되어 있다. 비상정지용 누름버튼은 적색으로 머리부분이 돌출되고 수동복귀되는 형식이어야 한다.

(4) 제동장치

1) 권상장치 등의 브레이크 (위험기계기구 안전인증 고시 별표 2 크레인 제작 및 안전기준)

① 권상장치 및 기복장치는 하물 또는 지브의 강하를 제동하기 위한 브레이크를 설치하여야 한다. 단, 수압실린더, 유압실린더, 공기압실린더 또는 증기압실린더를 사용하는 권상장치 또는 기복장치에 대해서는 그러하지 않다.

② 제1항의 브레이크는 다음 각 호에 정하는 바에 의한다.

   ㉠ 제동토오크(Torque)값(권상 또는 기복장치에 2개 이상의 브레이크가 설치되어 있을 때는 각각의 브레이크 제동토오크 값을 합한 값)은 크레인에 정격하중에 상당하는 하중을 걸고 권상시 당해 크레인의 권상 또는 기복장치의 토오크 값(당해 토오크 값이 2 이상 있을 때는 그 값 중 최대의 값)의 1.5배 이상일 것

   ㉡ 인력에 의한 것일 때는 다음 각목에 의할 것.

     * 페달식의 스트로크 값은 30cm 이하, 수동식은 60cm 이하
     * 페달식은 30kg 이하, 수동식은 20kg 이하의 힘으로 작동할 수 있을 것
     * 라체트 폴식을 구비할 것

   ㉢ 인력에 의한 것 이외에는 크레인의 동력이 차단되었을 때 자동적으로 작동하는 것일 것

③ 권상 또는 기복장치의 토오크 값은 저항이 없는 것으로 계산한다.

   다만, 당해 권상 또는 기복장치에 75% 이하 효율의 웜, 웜기어 기구가 채용되고 있는 경우에는 당해 기어 기구의 저항으로 발생하는 토오크 값의 1/2에 상당하는 저항이 있는 것으로 계산한다.

2) 브레이크 (위험기계기구 안전인증 고시 별표 2 크레인 제작 및 안전기준)

① 크레인은 주행을 제동하기 위한 브레이크를 설치하여야 한다. 다만, 인력으로 주행되는 크레인에는 적용하지 아니한다.

② 주행을 제동하기 위한 제동토오크 값은 전동기 정격토오크의 50% 이상이어야 한다.

③ 크레인은 횡행을 제동하기 위한 브레이크를 설치하여야 한다. 다만, 횡행속도가 매분 20m 이하로서 옥내에 설치되거나 인력으로 횡행되는 크레인에는 적용하지 아니한다.

④ 동력에 의하여 작동되는 선회부를 갖는 크레인은 브레이크를 설치하여야 한다.

(5) 충돌방지장치(Anti collision)

* 동일한 주행레일에 2대 이상의 크레인이 설치되어 있는 경우, 크레인 상호간의 충돌을 방지하기 위한 장치로서 간단한 것으로는 레버형 리미트 스위치를 크레인 본체에 설치하고 상대측 크레인 본체에는 길게 튀어나온 브라켓을 설치하여 충돌 직전에 서로 스위치를 교차시켜 주행을 정지시킬 수 있게 한 것이다.

* 한편, 이 방식은 구조적으로 브라켓의 길이에 제한이 있어 고속의 것에는 적합하지 않으므로 빛 또는 초음파에 의한 충돌방지장치를 설치하여야 한다.

(6) 후크해지장치(Safety Latch)

* 하물의 운반을 용이하게 하기 위하여 하물과 크레인 본체 간을 와이어로프 혹은 체인 등으로 연결하여 권상작업을 하게 되는데, 이때 크레인 등의 후크에 걸린 와이어 로프 등의 이탈을 방지하기 위하여 설치 사용한다.

(7) 레일의 정지기구(Stopper)

가) 기계식

* 크레인의 주행 및 횡행 레일에는 양끝 부분 또는 이에 준하는 장소에 완충장치(버퍼)를 설치하여야 한다. 주행인 경우에는 주행 차륜 직경의 1/2 이상 높이의 정지기구를, 횡행인 경우는 횡행 차륜 직경의 1/4 이상 높이의 정지기구를 설치하여야 한다.

나) 전기식

* 크레인의 주행레일에는 차륜정지기구에 도달하기 전의 위치에 크레인을 정지시키는 안전장치로서 리미트 스위치를 설치하는 것이 있다.

(8) 미끄럼방지 고정장치

1) 개요

* 작업 중지 또는 종료 시 폭풍 등에 의한 미끄러짐 방지 및 미끄러짐에 의한 이탈을 방지하기 위해 설치하는 고정장치

* 적용 : 옥외형 주행크레인

2) 종류

가) 앵커타입(Anchor Type)

* 기초 bracket를 설치하여 고정 시 핀 등 사용

* 고정장치가 설치되어 있는 장소에서만 고정 가능(수동식)

나) 레일 클램프 타입(Rail Clamp Type)

* Rail clamp로 주행레일을 조여서 고정

* 주행로 임의의 위치에 고정가능

※ storm anchor 병행사용 권장

[참고] 추가 방호장치 (크레인 방호장치 KOSHA 자료)

(1) 레일 정지기구

1) 개요

① 주행 또는 횡행 레일로부터 이탈을 막아 주는 장치

② 종류

㉠ 전기식 : Limit switch형으로 stopper에 충돌하기 전에 동작하여 서서히 정지시켜 주는 정지기구

㉡ 기계식 : 최후로 이탈을 방지해 주는 기계적인 정지기구

2) 설치기준

① 주행 및 횡행 레일에는 양끝부분 또는 이에 준하는 장소에 완충장치, 완충재 또는 당해 크레인 횡행차륜 지름의 1/4 이상, 주행차륜 지름의 1/2 이상 높이의 차륜정지기구 설치

② 주행레일에는 차륜정지기구에 도달 하기전의 위치에 limit switch 등 전기적 정지기구 설치(횡행레일은 속도가 48m/min 이상시 적용)

(2) 정전 시 보호장치

1) 개요

* 리프팅 마그넷(Lifting magnet)를 이용하여 하물을 권상·권하 시 정전으로 하물이 Lifting magnet로부터 이탈하는 것을 방지해 주는 전원공급 장치

2) 성능

① 정전 등 비상시에 최소 10분 이상의 흡착력 유지
 * 충전기, 전지 등의 정전보상장치 구비
② 달기 기구 구조부분의 내구력은 흡착력의 2배 이상(항복강도 기준)
③ Lifting magnet의 흡착력 시험은 정격하중의 2배 이상

3) 설치기준

① Lifting magnet 등에 부착된 명판에는 정격하중 표시
② 조작 스위치나 핸들에는 운전형식 및 방법 표시
③ 조작 전기회로의 대지전압은 교류 150V, 직류 300V 초과금지
④ 정전 시 battery에서 전원이 공급 될 경우 음향신호 구비

(3) 회전부분 방호장치

* Gear, Wheel, 축 및 Coupling 등의 회전부분으로서 회전 중 근로자에게 위험을 미칠 수 있는 부분에는 덮개나 울 등의 보호덮개 설치

(4) 선회제한 스위치

* 선회장치를 갖는 타워크레인 등에는 과선회에 의한 구조부 및 회전부와 고정부 사이의 전기배선 등을 보호, 인접 구조물 등과의 충돌을 방지하기 위해 부착하는 장치

(5) 경사각 지시장치

* Jib가 기복 장치를 갖는 크레인 등은 전도를 방지하기 위하여 Jib의 작업반경에 따라 경사각을 나타내 주는 지시장치로서, 운전자가 보기 쉬운 위치에 설치

(6) Jib 길이 별 하중제한표시

① 회전반경을 갖는 크레인은 운전실에 Jib 길이 별 정격하중 표시판(load chart)을 부착

② Jib에는 운전자와 작업자가 잘 보이는 곳에 구간별 정격하중 및 거리표시판 부착

02 타워크레인 관련된 내용을 설명하시오.

1) 개정된(2019. 12. 26) 타워크레인 설치·해체자격 취득 신규 및 보수 교육시간

2) 산업안전보건법 시행규칙 제101조(기계 등을 대여받는 자의 조치)에 따른 타워크레인 대여받은 자의 조치내역

3) 타워크레인 특별안전보건교육 내용 5가지   4) 타워크레인 설치작업 순서

해설

1. 개정된(2019. 12. 26) 타워크레인 설치·해체자격 취득 신규 및 보수 교육시간

① 신규교육 : 144시간

② 보수교육 : 36시간

2. 타워크레인 대여받은 자의 조치 (산시규 제101조)

① 기계 등을 대여받는 자는 그가 사용하는 근로자가 아닌 사람에게 해당 기계 등을 조작하도록 하는 경우에는 다음 각 호의 조치를 해야 한다. 다만, 해당 기계 등을 구입할 목적으로 기종의 선정 등을 위하여 일시적으로 대여받는 경우에는 그렇지 않다.

　1. 해당 기계 등을 조작하는 사람이 관계 법령에서 정하는 자격이나 기능을 가진 사람인지 확인할 것

　2. 해당 기계 등을 조작하는 사람에게 다음 각 목의 사항을 주지시킬 것

　　가. 작업의 내용　　나. 지휘계통　　다. 연락·신호 등의 방법

　　라. 운행경로, 제한속도, 그 밖에 해당 기계 등의 운행에 관한 사항

　　마. 그 밖에 해당 기계 등의 조작에 따른 산업재해를 방지하기 위하여 필요한 사항

② 타워크레인을 대여받은 자는 다음 각 호의 조치를 해야 한다.

　　1. 타워크레인을 사용하는 작업 중에 타워크레인 장비 간 또는 타워크레인과 인접 구조물 간 충돌위험이 있으면 충돌방지장치를 설치하는 등 충돌방지를 위하여 필요한 조치를 할 것

　　2. 타워크레인 설치·해체 작업이 이루어지는 동안 작업과정 전반을 영상으로 기록하여 대여기간 동안 보관할 것

3. 타워크레인 특별안전보건교육 내용 5가지 (산시규 별표 5)

① 붕괴·추락 및 재해 방지에 관한 사항

② 설치·해체 순서 및 안전작업방법에 관한 사항

③ 부재의 구조·재질 및 특성에 관한 사항

④ 신호방법 및 요령에 관한 사항

⑤ 이상 발생 시 응급조치에 관한 사항

⑥ 그 밖에 안전·보건관리에 필요한 사항

4. 타워크레인 설치작업 순서 (KOSHA 자료)

순서	내용
설치작업 순서를 정함	* 기종별 매뉴얼에 의한 작업 순서검토
설치작업 중 위험 요인 파악 및 작업자 교육	* 고소작업시의 주의사항 숙지 * 이동식 유압크레인 안전작업방법 숙지 * 고장력 볼트 체결 방법 숙지
기초 앵커 설치	* 기초 하중표 참조 * 필요시 기초보강 실시
베이직 마스트 설치	* 베이직 마스트와 기초 앵커를 정확히 일렬로 맞춘 후 고정 실시
텔레스코핑 케이지 설치	* 텔레스코핑(Telescoping) 사이드 쪽에 설치 [텔레스코핑] 새로운 마스트를 추가시키는 상승작업
운전실 설치	* 운전실 설치 후 메인 전원은 전기판넬 안의 터미널 박스에 접속 * 텔레스코핑 장치의 유압 시스템에 전원공급

켓트 헤드 설치	* 과부하방지장치 작동상태 확인 * 필요시 항공등, 풍속계 등을 설치
카운터 지브 설치	* 슬링 위치 확인 후 유압 크레인으로 지브 설치 * 타이바의 연결 상태를 반드시 확인
권상 장치 설치	
메인 지브 설치	* 트롤리 장치 및 타이바 등의 조립 설치 * 슬링 위치 확인(무게 중심 고려)
카운트 웨이트 설치	* 카운트 웨이트 중량 확인 * 카운트 웨이트는 웨이트 블록을 뒤쪽에서 앞쪽으로 향해서 배치(반드시 도면 확인후 작업)
트롤리 주행용 와이어로프 설치	* 와이어로프 설치 후에는 로프 이탈방지장치 설치
권상용 와이어로프 설치	* 와이어로프 설치 후에는 로프 이탈방지장치 설치
텔레스코핑 작업	* 타워크레인 설치해체 관련재해의 약 50%가 텔레스코핑 작업시의 사고임

03 천장크레인에는 1) 운전실 조작식, 2) 지상 조작식(펜던트 스위치 조작식, 3) 무선 조작식이 있다. 이들 각각에 대한 운전자 중심에서 안전작업방법에 대하여 논하시오.

해설

1. 서론

* 크레인의 안전작업을 위해서는 운전자, 신호자, 작업자 각자가 안전작업방법을 숙지하고 실천해야 한다.
* 크레인이 충분하게 그 기능을 발휘하여 안전하고 확실하게 작업을 하기 위해서는 크레인을 정확하게 운전하는 것과 함께 보수관리도 중요하다.
* 크레인 운전자는 실제 작업면에서 기본적으로 알아야 할 사항 및 점검 작업시의 주의사항에 대하여 숙지하도록 한다. 또 운전자는 각각의 작업실태나 크레인의 종류에 맞게 다시 적절한 세부사항을 결정하여 취급 및 보수, 관리하도록 하고 항상 안전작업을 하기 위해 노력해야 한다.

2. 크레인 운전의 기본적인 유의사항

① 정격하중을 초과하는 물체를 들어 올리지 말 것

② 크레인의 성능 및 기능을 충분히 파악하고 무리한 운전은 절대로 하지 말 것

③ 크레인으로 사람을 운반하거나 매달리는 작업을 하는 것을 원칙적으로 금함

④ 안전장치의 기능이 유효한 상태로 사용할 것

⑤ 줄걸이 신호의 지식을 충분히 익혀서 신호수의 신호에 따를 것

⑥ 운전 중에 이상진동, 이상음 및 발열 등에 주의할 것

⑦ 안전하고 능률이 좋은 운전상태를 기억하고 작업현장의 상황을 확인할 것

⑧ 지브 크레인에 대해서는 운전 중에 가능한 한 지브의 경사각을 바꾸지 말고 지정
된 지브의 경사각의 범위를 초월하여 사용하지 말 것

⑨ 하물을 걸어 놓은 상태에서 운전위치를 이탈하지 말 것

⑩ 규정된 복장을 하도록 할 것   ⑪ 정리정돈을 철저히 할 것

3. 크레인 운전방법 및 취급

(1) 운전실 조작식 운전

① 정격하중, 성능 및 안전장치 기능을 이해하고, 자격자가 운전

② 운전시작 전 확인

　　㉠ 주행로 및 크레인에 접촉우려 장해물이 없을 것

　　㉡ 급유 및 체결요소 상태　　㉢ 각종 제어기가 정지상태일 것

③ 출입문 열쇠는 운전자 본인이 휴대 및 관리

④ 승강용 계단, 출입문 상태 및 관계자 외 출입금지

⑤ 안전장치 동작 테스트 후 운전 개시할 것

⑥ 신호수와의 신호체계 확실히 할 것

⑦ 운전중 경보음을 울릴 시 원인 대처후 운전실시

⑧ 운전중 진행방향으로 사람이 갈 때 경보를 울릴 것

⑨ 운전중 정전시 메인 스위치를 끈 후 조치를 대기

⑩ 운전종료시 트롤리는 운전실 가까이에, 혹은 상한 위치 근처로 감아 올릴 것

(2) 지상 조작식 운전방법 및 취급

① 운전전 크레인 본체, 주행레일 확인

② 운전은 유자격자가 하며, 사전교육이 될 것(지정된 자가 할 것)

③ 펜던트스위치 케이블 스위치 등 정상 작동

④ 매단 물체와 함께 이동해야 하므로 보행구역을 정하고, 이동범위의 여유공간 확보

⑤ 운전 중 일시정지 후 줄걸이 작업시 스위치를 끄고 작업

⑥ 크레인 운전방향과 스위치의 조작이 일치되게 함

⑦ 매단 물체와 벽과의 사이, 넘어질 우려가 있는 곳에 주의

⑧ 기타 소작은 운전실 소작식에 준함

(3) 무선 조작식 운전방법 및 취급

① 운전전 크레인 본체, 주행레일 확인

② 운전은 유자격자가 하며, 사전교육이 될 것(지정된 자가 할 것)

③ 스위치의 작동상태 확인

④ 걸으면서 운전하지 않는 것이 원칙이나, 부득이한 경우는 안전통로 사용

⑤ 단독작업으로 운전자가 줄걸이 작업시 스위치 꺼진 상태에서 실시

⑥ 운전중 낙하, 충돌재해 예방의 피신거리를 확보할 것

⑦ 제어장치는 항상 운전자가 소지하며, 휴식중에는 지정된 장소에 보관

⑧ 기타 조작은 운전실 조작식에 준함

(04) 천장크레인 무부하 시험 시 검사 항목과 항목별 검사내용을 쓰시오.

해설

1. 안전장치의 점검

항목	점검 내용 및 방법
과부하방지장치	* 안전인증 제품인 것을 확인 * 사용 용도에 적합한지 확인 * 경보상태 확인
권과방지장치	* 정해진 위치에서의 정지 여부 및 전원차단 여부 확인 (중추식과 캠 또는 나사식을 병용해서 사용하는 크래브식의 경우는 중추식을 1차로 확인 후 캠 또는 나사식도 점검)

비상정지장치	* 수동복귀형이며 돌출형, 적색인 것을 확인 (On, Off 스위치는 불가)
제동장치	* 제동이 설계대로 작동되는지 확인
충돌방지장치	* 크레인과 크레인의 설정거리 유지 확인
리미트 스위치	* 옥외형 크레인은 방우형 리미트스위치 적용 상태 확인
미끄럼 방지 고정장치	* 옥외형 크레인은 휴지시 쉽게 장탈착을 할 수 있도록 고정 장치 설치
안전밸브 등	* 안전밸브, 역지밸브 등 작동상태 확인

2. 안전검사

* 크레인은 2년마다 1회 이상 정기적으로 아래의 항목에 대하여 안전검사를 실시하
  여야 한다(산시규 제126조 제1항).
  ① 과부하방지장치, 권과방지장치, 그 밖의 방호장치의 이상 유무
  ② 브레이크 및 클러치의 이상 유무
  ③ 와이어로프 및 달기체인의 손상 유무
  ④ 훅 등 달기기구의 손상 유무
  ⑤ 배선, 집전장치(변전실), 배전반, 개폐기 및 제어반의 이상 유무

05 크레인의 충돌방지장치(Anti Collision Device)에 대하여 설명하시오.

해설

1. 충돌방지장치 설치대상 크레인

* 동일한 주행레일에 2대 이상의 크레인이 설치되어 있는 것(작업장 바닥면에서 펜던
  트 스위치 등을 조작하며 화물과 운전자가 함께 이동하는 것을 제외)은 크레인의
  대면하는 끝부분에 두 크레인의 충돌을 방지할 수 있는 장치를 설치하여야 한다.
* 타워크레인 충돌방지장치 및 설치·해체·상승 작업 과정의 영상기록을 의무화하
  고 있다(산시규 제101조).

2. 충돌방지장치의 작동기준

* 두 크레인의 접근시 설정된 거리에서 자동으로 정지하고 경보가 울려야 한다.

3, 충돌방지장치의 종류

(1) 투과형 : 하나의 크레인에 투광기와 수광기를 따로 설치해서 작동

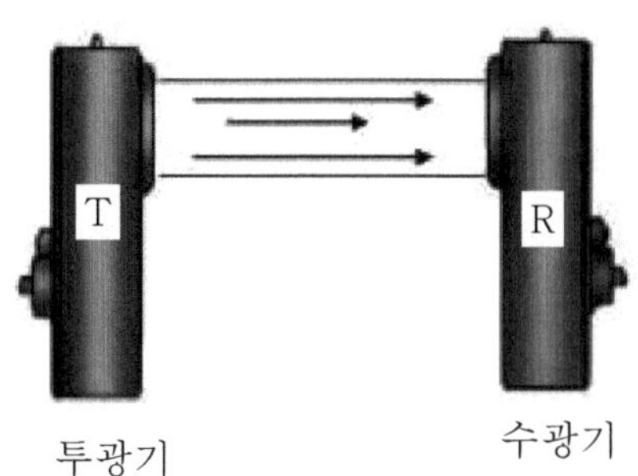

(2) 반사형 : 하나의 기기에서 투광 및 수광 모두 가능하게 한 것

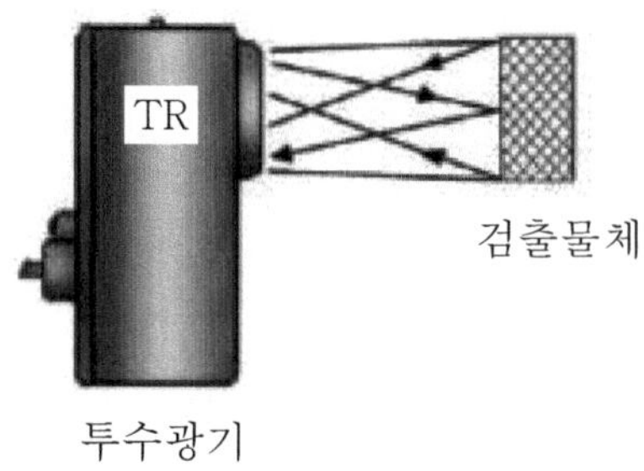

(3) 광선식 : 크레인 간에 투광기와 수광기를 각각 하나만 설치해서 운영.

  (예 : A 크레인 : 투광기 설치, B 크레인 : 수광기 설치)

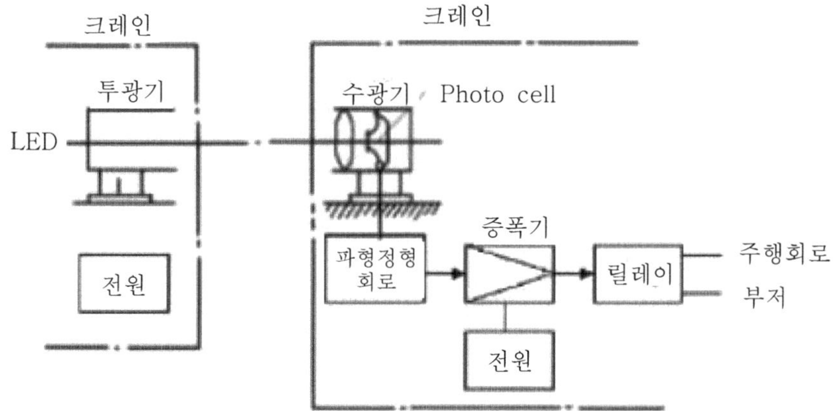

06 타워크레인 운전자와 신호수 간의 의사전달 시 준수사항에 관하여 기술하시오.

해설

1. 개요

* 크레인 운전 및 작업에는 작업 관련한 운전자, 작업자, 신호자의 상호연계의 연락체계가 매우 중요하다.

2. 신호수의 역할

(1) 작업전 준수사항

① 당일 작업상황 파악 ② 정상적인 보호구 점검

③ 콘트롤러 및 배터리 충전 확인

④ 줄걸이 작업자와 유도로프 준비상태의 교차확인

⑤ 줄걸이 작업자와 혹, 와이어로프, 샤클 등 줄걸이 도구 상태의 교차확인

(2) 시운전시 준수사항

① 예비시험, 무부하작동시험에 참여

② 무전기 송수신 교신상태 확인

3. 작업시 준수사항

① 혹, 블록이 지면에 닿지 않도록 신호할 것

② 권상, 권하되는 주변에 위험요인 확인 및 접근금지 조치

③ 순간풍속이 15m/s 초과시 운전작업 중지

④ 사각지대에서 운전원이 임의조작하지 않도록 정확히 산호할 것

⑤ 작업반경 5m 이내에서의 모든 작업환경과 위험요인은 통제하여 신호할 것

4. 정비이상시 조치

① 즉각적인 모든 동작 중지 요청(운전원에게)

② 이상상태 해소후 시운전단계를 거친 후 재작동

③ 교대시 관련 내용 인수인계 철저

5. 운전자와 신호수간 의사전달

① 지정된 신호방법 표준에 의거 신호할 것

② 운전자가 식별하기 쉬운 위치에서 신호

③ 사각지대에서 운전자와 교신에 특히 유의할 것

리프트

01 산업안전보건법령에 의거, 실시하고 있는 안전검사 대상 리프트의 종류와 주요 구조부를 설명하시오.

해설

1. 안전검사 대상 리프트의 종류 (산기규 제132조)

* "리프트"란 동력을 사용하여 사람이나 화물을 운반하는 것을 목적으로 하는 기계설비로서 다음 각 목의 것을 말한다.

① 건설용 리프트 : 동력을 사용하여 가이드레일(운반구를 지지하여 상승 및 하강 동작을 안내하는 레일)을 따라 상하로 움직이는 운반구를 매달아 사람이나 화물을 운반할 수 있는 설비 또는 이와 유사한 구조 및 성능을 가진 것으로 건설현장에서 사용하는 것

② 산업용 리프트 : 동력을 사용하여 가이드레일을 따라 상하로 움직이는 운반구를 매달아 화물을 운반할 수 있는 설비 또는 이와 유사한 구조 및 성능을 가진 것으로 건설현장 외의 장소에서 사용하는 것

③ 자동차정비용 리프트 : 동력을 사용하여 가이드레일을 따라 움직이는 지지대로 자동차 등을 일정한 높이로 올리거나 내리는 구조의 리프트로서 자동차 정비에 사용하는 것

② 이삿짐운반용 리프트 : 연장 및 축소가 가능하고 끝단을 건축물 등에 지지하는 구조의 사다리형 붐에 따라 동력을 사용하여 움직이는 운반구를 매달아 화물을 운반하는 설비로서 화물자동차 등 차량 위에 탑재하여 이삿짐 운반 등에 사용하는 것

2. 안전검사 대상 리프트의 주요 구조부

(1) 와이어로프식 건설작업용 리프트

* 가이드레일, 운반구, 설치 기초, 전동기, 감속기, 와이어로프, 제어반, 방호장치

(2) 산업용 리프트

* 권상장치, 가이드레일 또는 마스트, 운반구, 설치 기초, 전동기, 감속기, 와이어로프 또는 체인, 랙 및 피니언, 제어반, 유압장치 및 설비, 방호장치

(3) 자동차정비용 리프트

* 지지 기둥, 하중인양장치, 동력공급장치, 낙하방지장치, 조작장치, 구동장치, 안전 잠금장치

(4) 이삿짐운반용 리프트

* 상·하부 프레임 등의 구조부분, 턴 테이블, 아웃트리거, 기복장치, 사다리 붐 조립체(사다리 붐, 헤드 가이드, 연장 베드), 윈치, 운반구 조립체, 동력 인출장치, 전기장치, 유압장치, 조작장치, 와이어로프, 안전장치

---

02 랙 및 피니언(Rack & Pinion)식 건설용 리프트의 운반구 추락에 대비한 낙하장치(Governor)에 대한 작동원리 및 작동기준을 설명하시오.

[해설]

1. 작동원리

* 회전하는 피니언 기어가 맞물린 랙 기어를 수평방향으로 움직이게 함으로써 이와 연동된 전원차단장치를 작동시켜 리프트 작동을 정지시키게 한다.

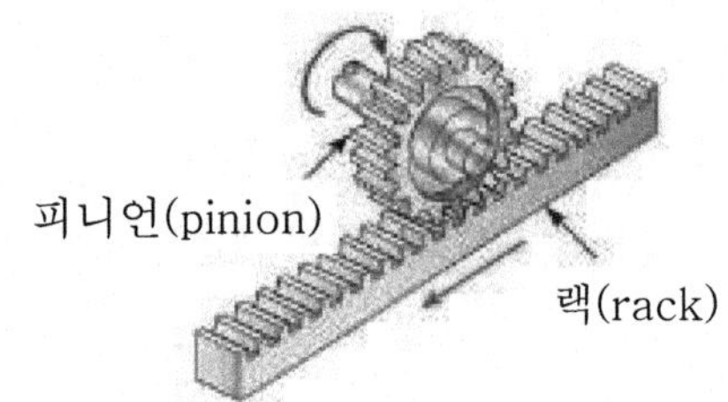

제
1
장

2. 작동기준

① 리프트가 정격속도의 30% 초과 하강 시 자동적으로 전원차단

② 리프트가 정격속도의 40%를 초과하기 전에 리프트의 작동 정지

(03) 랙 & 피니언식 건설용 리프트의 방호장치 5가지(경보장치와 리미트스위치는 제외)와 가설식 곤돌라의 방호장치 5가지를 기술하고, 3상 전원차단장치와 작업대 수평조절장치의 역할에 대해 설명하시오.

[해설]

1. 건설용 리프트 방호장치

(1) 과부하방지장치

* 적재하중보다 1.1배 초과시 경고음 후 작동 자동정지

(2) 권과방지장치

① 전기식 : 운반구가 승강로의 최상단 혹은 최하단에 도달시 승강로에 부착된 캠에 의해 리미트스위치가 자동하여 정지

② 기계식 : 상부 리미트스위치가 작동하지 않을 경우 운반구의 강제적 상승을 막는 추가적인 스토퍼

(3) 비상정지스위치

* 작동 중 비상사태 발생시 운전자가 리미트스위치 조작으로 비상정지시키는 장치
* 작동스위치보다 2~3배 크고 적색 돌출형임

(4) 낙하방지장치

* 운반구의 기계적, 전기적 이상으로 자유낙하시 정격속도의 1.3배에서 자동적으로 전원차단, 1.4배 이내에서 기계장치의 작동으로 운반구를 정지시켜 주는 장치

(5) 운반구 출입문 인터록 장치

* 운반구의 출입문 개방시 리미트스위치가 작동하여 리프트 동작을 정지시키는 장치

(6) 안전고리

* 랙 및 피니언식 리프트에서 운반구가 마스트에서 이탈을 방지시키는 안전장치로 4개가 설치됨

(7) 충격완충장치(완충스프링)

* 기계적, 전기적 안전장치 모두 작동이 되지 않을 경우 운반구 충격완화 최후의 수단이 되는 안전장치

(8) 3상전원차단장치

* 전기식 권과방지장치가 작동되지 않을 경우 추가적으로 3상전원을 차단시키도록 운반구 내부에 설치됨

2. 곤돌라 방호장치

(1) 레일 정지기구(레일이탈방지기구)

* 곤돌라 레일 끝단에 위치하여 주행 중 레일을 벗어나지 못하도록 차단하는 장치

(2) 권과방지장치

* 곤돌라가 상승작동 시 암(Arm) 등과의 충돌을 방지하기 위해 상승작업을 정지시키는 장치

(3) 과부하방지장치

* 작업대에 적재하중이 초과하였을 경우 곤돌라의 작동을 정지시켜 주는 장치
* 적재하중의 1.1배를 초과하여 적재 시 주와이어로프에 걸리는 과부하를 감지하여 경보와 함께 승강되지 않는 구조일 것

(4) 낙하방지장치

* 구동모터의 브레이크 고장 등으로 인해 작업대의 급격한 하강이 있을 경우 작업대를 정지시킬 수 있는 장치
* 작업대의 하강속도가 허용하강속도(정격속도)의 1.4배에 달할 경우 작업대의 하강을 자동적으로 제지하는 장치

(5) 작업대 수평조절장치 (자동수평조절장치)

* 곤돌라 운행시 운반구의 기울어짐을 센서가 감지하여 경사진 쪽의 구동모터를 일시 정시시키고 수평이 자동 회복된 이후 좌우 구동모터가 동시에 작동되어 항시 수평상태로 운행하도록 하는 장치

04 이삿짐 운반용 리프트의 전도 및 화물의 낙하 방지를 위해 사업주가 취해야 할 조치를 설명하시오.

해설

1. 이삿짐 운반용 리프트 전도의 방지 (산기규 제158조)

* 사업주는 이삿짐 운반용 리프트를 사용하는 작업을 하는 경우 이삿짐 운반용 리프트의 전도를 방지하기 위하여 다음 각 호를 준수하여야 한다.
  ① 아웃트리거가 정해진 작동위치 또는 최대전개위치에 있지 않은 경우(아웃트리거 발이 닿지 않는 경우를 포함한다)에는 사다리 붐 조립체를 펼친 상태에서 화물 운반작업을 하지 않을 것
  ② 사다리 붐 조립체를 펼친 상태에서 이삿짐 운반용 리프트를 이동시키지 않을 것
  ③ 지반의 부동침하 방지 조치를 할 것

2. 화물의 낙하 방지 (산기규 제159조)

* 사업주는 이삿짐 운반용 리프트 운반구로부터 화물이 빠지거나 떨어지지 않도록 다음 각 호의 낙하 방지 조치를 하여야 한다.
  ① 화물을 적재시 하중이 한쪽으로 치우치지 않도록 할 것
  ② 적재화물이 떨어질 우려가 있는 경우에는 화물에 로프를 거는 등 낙하 방지 조치를 할 것

곤돌라

01 아래 그림은 곤돌라 제작 및 안전기준에 의한 누름버튼 표시의 기능이다. 누름버튼 표시가 의미하는 내용에 대해 각각 설명하시오.

(1)	(2)	(3)	(4)
I	O	◐	⊕

[해설]

(1) 기동, (2) 정지, (3) 기동과 정지를 교대로 작동하는 누름버튼, (4) 누르는 동안만 작동하고, 놓았을 때 정지되는 버튼

승강기

01 승강기의 정격속도가 아래일 때 조속기와 비상정지장치가 각기 작동하는 범위는 얼마의 속도인가?

1) 30m/min인 경우   2) 60m/min인 경우

[해설]

1. 조속기(Governor)의 정의

* 승강기가 정상 속도 이상으로 주행하여 안전상 위험한 속도에 도달할 경우 모터의 전원을 차단시키고 로프를 잡아 강제로 정지시키는 장치이다.
* 즉, 카의 속도가 정격속도의 1.3배를 넘지 않는 범위에서 조속기에 의해 과속스위치를 작동시켜 동력을 끊음으로써 엘리베이터를 정지시키며, 카의 속도가 계속 증대하여 정격속도의 1.4배를 넘지 않는 범위에서 조속기 로프를 잡아 비상정지장치를 작동시킨다.

2. 작동속도 범위 기준

구분	정격속도 45m/min 이하	정격속도 45m/min 초과
조속기	매분의 속도가 63m/min를 넘지 않는 범위 내에서 동력을 자동적으로 차단한다.	매분의 속도가 정격속도의 1.3배를 넘지 않는 범위 내에서 동력을 자동으로 차단한다.
비상정지 장치	매분의 속도가 63m/min에 도달하거나 넘었을 때 68m/min를 넘지 않는 범위 내에서 카의 하강을 자동적으로 제지한다.	카의 하강속도가 정격속도의 1.3이거나 넘었을 때에는 매분의 속도가 정격속도의 1.4배를 넘지 않는 범위 내에서 카의 하강을 자동적으로 제지한다.

[참고] 45×1.4=63

3. 문제 풀이

구분	정격속도 30m/min	정격속도 60m/min
조속기	매분의 속도가 63m/min를 넘지 않는 범위 내에서 동력을 자동적으로 차단한다.	매분의 속도가 정격속도의 1.3배(78m/min)를 넘지 않는 범위 내에서 동력을 자동으로 차단한다.
비상정지 장치	매분의 속도가 68m/min를 넘지 않는 범위 내에서 카의 하강을 자동적으로 제지한다.	정격속도의 1.4배(84m/min)를 넘지 않는 범위 내에서 카의 하강을 자동적으로 제지한다.

02 승객용 엘리베이터에서 카용 레일의 사용목적을 설명하시오.

해설

① 승강로 평면 내에 카의 위치를 규제한다.

② 카의 기울어짐을 방지한다.

③ 카가 레일을 따라 지정된 경로로 이동되게 한다.

④ 지진 발생 시 카의 이탈을 방지한다.

03 이용자 및 관리자가 승강로에 추락하는 것을 방지하기 위한 엘리베이터 용 안전장치인 도어 인터록의 구성, 기능 및 동작순서에 대하여 설명하시오.

[해설]

1. 인터록의 구성 및 기능

* 카가 정지하지 않는 층의 탑승장 도어는 전용열쇠를 사용하지 않으면 열리지 않도록 하는 도어록과, 도어가 닫혀 있지 않으면 운전이 불가능하도록 하는 도어스위치로 구성되어 있다.

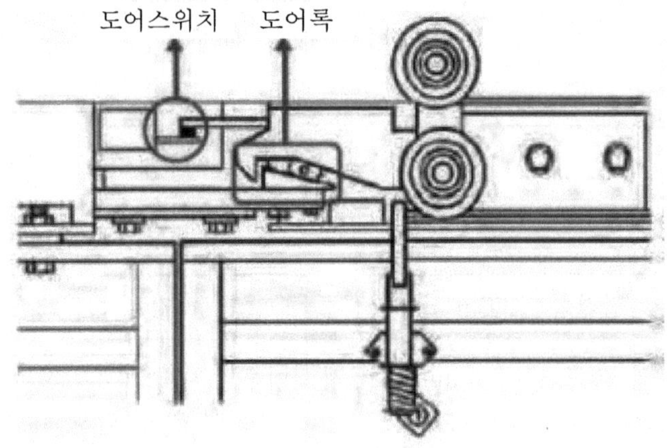

2. 동작순서

* 도어가 닫히면서 도어록이 확실히 걸린 후 도어스위치가 접촉하여 카가 운행되며, 카가 탑승장에 도착하면 도어스위치의 접점이 떨어지면서 도어록이 개방되어 도어가 열린다.

04 승강기의 구동방식을 로프식과 유압식으로 분류하여 설명하시오.

[해설]

1. 승강기의 정의 (산기규 제132조)

* 승강기란 건축물이나 고정된 시설물에 설치되어 일정한 경로에 따라 사람이나 화물을 승강장으로 옮기는 데에 사용되는 설비로서 다음 각 목의 것을 말한다.
  ① 승객용 엘리베이터 : 사람의 운송에 적합하게 제조·설치된 엘리베이터
  ② 승객화물용 엘리베이터 : 사람의 운송과 화물 운반을 겸용하는데 적합하게 제조·설치된 엘리베이터

③ 화물용 엘리베이터 : 화물 운반에 적합하게 제조·설치된 엘리베이터로서 조작
  자 또는 화물취급자 1명은 탑승할 수 있는 것(적재용량이 300kg 미만인 것은
  제외한다)

④ 소형화물용 엘리베이터 : 음식물이나 서적 등 소형 화물의 운반에 적합하게 제
  조·설치된 엘리베이터로서 사람의 탑승이 금지된 것

⑤ 에스컬레이터 : 일정한 경사로 또는 수평로를 따라 위·아래 또는 옆으로 움직
  이는 디딤판을 통해 사람이나 화물을 승강장으로 운송시키는 설비

2. 승강기의 구동방식

(1) 로프식 : 전기제어 방식

① 견인식(트랙션식) : 승강기 전용의 로프에 의해 연결되어 있는 카와 균형추를
  전동기에 의한 권상기의 회전으로 승강시키는 구조

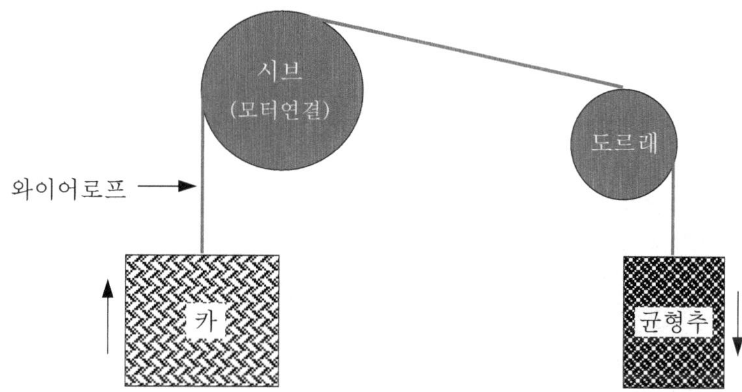

② 권동식 : 승강기 전용의 로프에 의해 연결되어 있는 카를 전동기 동력으로 권상
  드럼에 감거나 풀어 주는 구조

(2) 유압식 : 유압제어 방식

① 직접식 : 유압에 의해 승강하는 카를 플런저에 직결하여 승강시키는 구조

② 간접식 : 유압에 의해 승강하는 카와 플런저 사이에 로프를 연결시켜 승강시키
  는 구조

05 유압식 승강기에서 사용되고 있는 안전밸브 종류 4가지와 그 기능에 대하여 설명하시오.

[해설]

1. 개요

* 유압식 엘리베이터 안전장치에 럽쳐밸브, 안전밸브, 로프늘어짐 안전스위치, 체크밸브, 바닥맞춤 보정장치, 실린더 이탈방지 장치, 공전방지장치, 수동하강밸브 등이 있다.

2. 유압식 승강기에 사용되는 안전밸브 종류

(1) 럽쳐밸브

* 럽쳐(rupture)란 파열을 의미한다. 럽쳐밸브는 압력배관이 파손되었을 때 기름누설에 의한 카가 하강되는 것을 방지하는 안전장치이다.
* 압력배관이 파손되었을 때 조속기가 설치되어 있지 않은 경우 실린더의 자유낙하로 카 내 탑승자의 부상을 초래할 수 있다.

럽쳐밸브

(2) 안전밸브

* 카의 상승 시 유압이 이상하게 증대한 경우에 작동압력(펌프로부터의 토출압력)이 상용압력(적재하중을 적용시켜서 정격속도로 상승중의 작동압력)의 1.25배 직전에서 자동적으로 안전밸브의 작동을 개시하고, 작동압력이 상용압력의 1.5배를 초과하지 않도록 하는 장치이다.

(3) 체크밸브

* 역류를 방지하는 밸브로서 역지밸브라고도 하며, 동력이 차단되었을 때 유압잭 내의 유압유의 역류방지가 목적인 안전장치이다.

(4) 수동하강밸브

* 고장이나 정전으로 층간에서 정지가 된 경우 이 밸브를 동작시켜 승객을 구출시키기 위한 안전장치이다.

06 엘리베이터에 사용되는 비상정지장치(Safety gear)와 완충기(Buffer)의 기능 및 종류에 대하여 설명하시오.

[해설]

1. 비상정지장치

* 조속기의 정격속도 45m/min 이하에서 하강속도 68m/min 도달 시 또는 정격속도 45m/min 초과에서 정격속도 1.4배 도달 시 조속기의 로프 캐치가 작동하며, 이와 연동하여 운반구에 설치된 비상정지장치가 작동한다.
  ① 순간식 비상정지장치(정격속도 45m/min 이하) → 롤러형 사용
  ② 점진식 비상정지장치(정격속도 45m/min 초과) → 웨지형 사용

2. 완충기

* 완충기는 엘리베이터의 기계적 안전장치의 최종단계에서 충격을 완화시키는 장치이다.
  ① 스프링 완충기 : 정격속도 60m/min 이하에서 사용
  ② 유입 완충기 : 정격속도 60m/min 초과에 사용

07 엘리베이터의 안전부품 중 하나인 카의 문열림출발방지장치에 대해 설명하고 승강기 안전부품 안전기준 및 승강기 안전기준상에서의 문열림출발방지장치와 관련한 정지부품의 종류 5가지와 안전요건(성능)에 대하여 설명하시오.

[해설]

1. 문열림출발방지장치(Unintended Car Movement Protector)

* 문열림출발방지장치(UCMP)는 엘리베이터가 층 레벨에 정지해 도어가 열린 상태에서 엘리베이터 로프와 메인 시브의 마찰력 저하 또는 제동장치의 불량이나 고장 등의 원인으로 서서히 미끄러져 이동되는 현상을 방지하기 위한 장치이다.

* 엘리베이터에는 카의 안전한 운행을 좌우하는 구동기 또는 제어시스템의 어떤 하나의 결함으로 인해 승강장문이 잠기지 않고 카문이 닫히지 않은 상태로 카가 승강장으로부터 벗어나는 문열림출발을 방지하거나 카를 정지시킬 수 있는 장치가 설치되어야 한다.

2. 문열림출발방지장치의 정지부품의 종류

부품명	기능	비고
로프 제동형 브레이크	유압원(fluid source) 및 기계적 수단(mechanical means)을 이용하여 문열림출발 발생 시 주 로프 또는 보상로프를 제동시킴으로써 카를 정지시키는 구조	로프 브레이크 등
주행안내 레일 제동형 브레이크	카 또는 균형추에 추락방지안전장치를 설치하여 문열림출발 발생 시 카를 정지시키는 구조	양방향 추락방지 안전장치(카 브레이크) 등
이중 브레이크	권상도르래(도르래에 직접 또는 도르래의 바로 인접한 동일 축)에 설치된 브레이크로 모든 기계적 요소(솔레노이드 플런저 및 코일을 포함한다)가 2세트로 설치된 구조이며, 하나의 부품이 제동력을 발휘하지 못하면 나머지 하나의 부품으로 제동력이 확보되는 구조	디스크식, 드럼식
권상기 도르래 제동형	권상도르래를 직접 제동하여 카를 정지시키는 구조	Sheave Jammer 등
유압 밸브	직렬로 연결된 2개의 전기적으로 작동되는 유압 밸브를 이용하여 문열림출발 발생 시 유체 흐름을 통제하여 카를 정지시키는 구조	Lock밸브 등

[출처] 행정안전부 고시 승강기안전부품 안전기준 및 승강기 안전기준(2022. 3)

08 승강기 안전부품 중의 하나인 상승과속방지장치용 브레이크의 대표적 종류 4가지와 성능기준에 대하여 설명하시오.

해설

1. 승강기 상승과속방지장치용 브레이크 종류

부품명	기능	비고
로프 제동형 브레이크	유압원 및 기계적 수단을 이용하여 승강기의 상승과속 발생시 주로프 또는 보상로프를 제동시킴으로써 카를 정지시키는 구조	로프 브레이크 등
가이드레일 제동형 브레이크	카 또는 균형추에 비상정지장치를 적용시켜 승강기의 상승 과속 발생시 레일의 마찰력을 극대화시켜 카를 정지시키는 구조	양방향 비상 정지 장치 등
이중 브레이크	권상기 도르래(도르래에 직접적으로 또는 그 도르래에 바로 인접한 동일 축)에 설치된 브레이크로 모든 기계적 요소(솔레노이드 플런저는 포함하고 솔레노이드 코일은 제외한다)가 2세트로 설치된 구조이며, 하나가 고장이 나더라도 나머지 하나로 제동능력이 확보되는 구조	디스크식, 드럼 식
권상기 도르래 제동형	권상기 도르래를 직접 제동하여 카를 제동하는 구조	Sheave Jammer 등

2. 승강기 상승과속방지장치용 브레이크 성능

① 이 장치는 최소한 카가 미리 설정한 속도에 도달하였을 때 또는 그 이전에 제어 불능운행을 하는 것을 감지하여야 하며, 균형추가 완충기에 충돌하기 전에 카를 정지시키도록 하거나 또는 최소한 카 속도를 완충기 충돌의 설계속도 이하로 낮추어야 한다.

② 이 장치는 정상 운행하는 동안 속도제어, 감속, 정지에 전용으로 사용하는 부품을 사용하지 않고 상승방향 과속방지에서 요구하는 성능을 구비하여야 한다.

③ 이 장치가 작동하여 제동하는 동안 자체 또는 다른 승강기 부품의 최대강도의 30% 초과하는 스트레스를 부과하지 않거나 또는 가해지는 힘에 대하여 자체 또는 는 승강기 부품의 안전율은 3.5 이상이어야 한다(승강기 안전부품 안전기준 부속서).

(09) 에스컬레이터(수평보행기 포함)의 구조와 갖추어야 할 방호장치를 설명하시오.

[해설]

1. 에스컬레이터의 구조 및 특징

① 구성 : 구동장치, 전자브레이크, 디딤판, 가이드레일 등으로 구성

② 경사도 : 수평에 대해 30° 이하

③ 속도 : 30m/mn 이하

④ 계단폭 : 60~120cm 정도

⑤ 전동기 : 10~25HP 정도의 3상농형유도전동기

⑥ 수송능력 : 엘리베이터의 약 10배

⑦ 용도 : 백화점, 지하철 등

⑧ 설치시 주의사항

    ㉠ 승객의 시야가 넓게 되도록 한다.

    ㉡ 주행거리를 짧게 한다.

    ㉢ 바닥면적을 적게 차지하도록 한다.

    ㉣ 건물내 교통의 중심에 위치하되, 승강기와 현장위치를 고려한다.

    ㉤ 이용객 흐름의 중심으로 배치한다.

    ㉥ 지지하는 보나 기둥에 하중이 균등하게 분포되도록 한다.

2. 에스컬레이터의 방호장치

① 비상정지푸시버튼, ② 과속도제한기, ③ 손스침안전장치, ④ 역행안전장치, ⑤ 운전개시 및 정지 신호장치

(10) 에스컬레이터 또는 무빙워크의 출입구 근처에 부착하여야 할 주의표시 내용 4가지를 쓰시오.

[해설]

○ 에스컬레이터 또는 무빙워크의 출입구 근처의 주의표시

* 주의표시를 위한 표시판 또는 표지는 견고한 재질로 만들어야 하며, 승강장에서 잘 보이는 곳에 확실히 부착되어야 한다.
* 주의표시는 80×100mm 이상의 크기로 다음 그림과 같이 표시되어야 한다.

① 손잡이를 꼭 잡으세요

② 걷거나 뛰지 마세요. 넘어질 위험이 있습니다.

③ 어린이나 노약자는 보호자와 함께 이용하세요. 사고 위험이 있습니다.

④ 안전선 안에 서 주세요. 발가락 등이 끼일 염려가 있습니다.

11 에스컬레이터에 이용되는 래칫Ratchet)기구에 대하여 설명하시오.

[해설]

1. 개요

* 래칫Ratchet)기구란 운동방향을 한쪽으로만 제한하기 위한 역전방지기구이다. 래칫기구는 래칫과 폴(pawl)로 구성된다.
* 래칫은 한쪽으로만 회전하고 반대방향으로는 회전하지 못하는 톱니바퀴이다.

2. 체인안전장치

(1) 래칫Ratchet)기구

* 체인안전장치에 역전방지용 래칫기구가 쓰인다. 에스컬레이터에서 사용되는 래칫기구의 대표적인 사례는 구동체인안전장치에 설치된 래칫 기구이다.
* 구동체인안전장치는 구동기와 주구동장치 사이에 구동 체인을 걸어서 운전하므로 만약 체인이 절단되면 상승 중에도 승객의 자중에 의해 하강 운전이 되고 사고를 일으킬 위험이 있으므로 이를 예방하기 위하여 안전장치이다.

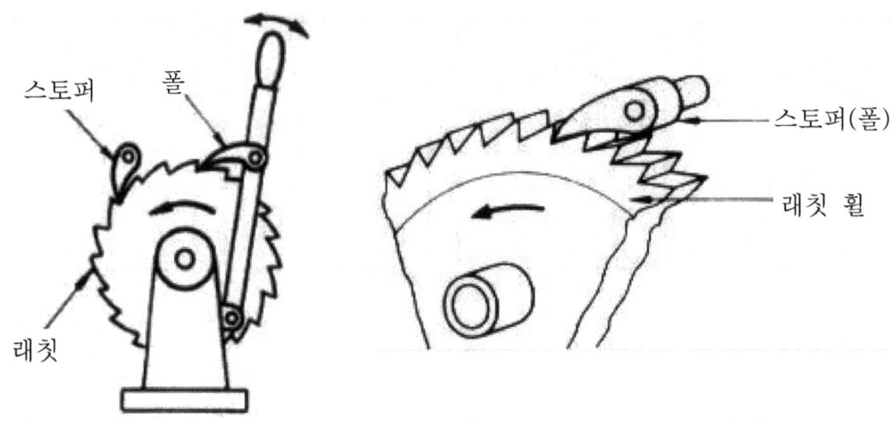

[그림 1] 래칫Ratchet)기구

(2) 폴 브레이크

* 역전방지용 래칫기구인 폴 브레이크가 쓰인다. 폴 브레이크는 그림과 같이 폴 (Pawl)과 래칫 휠(Ratchet Wheel)로 구성되어 큰 레버의 작동에 의하여 폴을 한 방향으로 간헐적으로 회전시키는 것으로 역전방지장치에 사용된다.
* 즉, 래칫 휠이 반시계방향으로 회전하고자 하면 회전이 가능하지만, 시계방향으로 회전하고자 할 때는 폴이 래칫 휠의 홈에 걸려 회전이 불가능하다.

12 에스컬레이터 또는 무빙워크에는 건축물의 장애물로 인해 부상이 발생할 수 있는 장소, 특히 계단 교차점 및 십자형으로 교차하는 지점에서의 적절한 예방조치가 취해져야 할 안전보호판의 설치기준과 예외기준을 설명하시오. (단, 아래 그림의 A와 B에 들어갈 수치를 제시할 것)

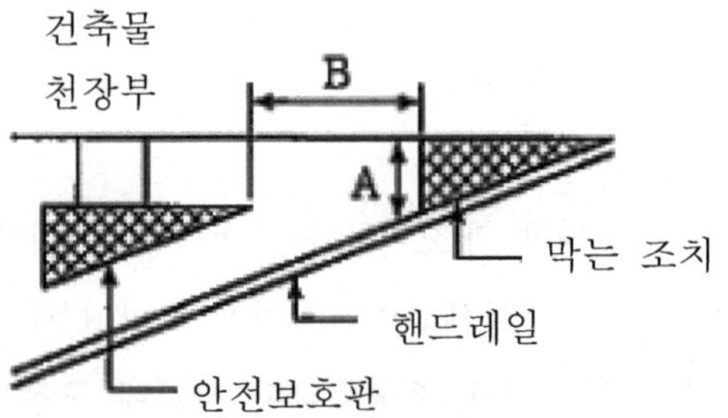

해설

A : 30cm 초과, B : 25~35cm

1. 설치 규정

① 삼각부의 수직거리가 30cm 되는 곳까지 막을 것

② 탄력성이 있는 재료로 마감처리를 할 것

③ 막은 부위에 충돌을 경고하기 위한 25~35cm 전방에 신체에 손상이 없는 재질(아크릴 등)로 비고장식 안전보호판을 설치할 것

2. 예외 규정

* 건축물의 천장부 또는 측면이 핸드레일로부터 50cm 이상 떨어져 있는 경우 또는 교차각이 45°를 초과하는 경우에는 막는 조치를 하지 않아도 된다.

[출처] 에스컬레이터 및 무빙워크의 구조 제7조 관련 별표 3

1.6 운반기계의 안전

지게차

01 지게차(Fork Lift)의 위험성과 그 원인을 열거하고 재해예방대책을 기술하시오.

〔해설〕

1. 개요

* 지게차는 차체의 앞에 화물적재용 포크와 포크 승강용 마스트를 갖추고 포크 위에 화물을 적재하여 운반함과 더불어 포크의 승강작용을 이용하여 적재 또는 하역작업에 사용하는 운반기계이다.
* 상·하로 이동시키는 승강작업 등의 운반작업이 포크에 의해 이루어지므르 일명 포크리프트라고도 한다.

2. 위험성과 그 원인

* 지게차는 비교적 좁은 통로를 이용하여 하역 및 운반을 할 수 있는 편리한 기계이다. 저속이지만 차량중량, 구동력은 크므로 중대재해를 유발시키기 쉽다.
* 따라서 운반자와 유도자는 범위의 상황, 보행자, 높이 쌓은 물체에 대하여 주의를 해야 한다. 또 다른 운반기계와 편승하는 등 다양다종의 작업에 사용되는 것이므로 사전에 작업계획을 세우고 그 계획에 따라서 작업하는 것이 필요하다.
* 지게차 작업에 따른 위험요인은 다음과 같다.

위험성	원인
보행자와 접촉	* 구조상 피할 수 없는 시야의 악조건 * 후륜주행에 따른 후부의 선회 반경
화물의 낙하	* 불안전한 화물의 적재 * 부적당한 밀착 * 미숙한 운반조작 * 급출발, 급정지
차량의 전도	* 미정비의 요철 바닥면 * 취급하는 화물에 비해 소형의 차량 * 화물의 과적재 * 고속 급선회

3. 산업안전보건법령상 지게차 안전기준

(1) 전조등 등의 설치 (산기규 제179조)

① 전조등과 후미등을 갖추지 아니한 지게차를 사용해서는 아니 된다. 다만, 작업을 안전하게 수행하기 위하여 필요한 조명이 확보되어 있는 장소에서 사용하는 경우에는 그러하지 아니하다.

② 지게차 작업 중 근로자와 충돌할 위험이 있는 경우에는 지게차에 후진경보기와 경광등을 설치하거나 후방감지기를 설치하는 등 후방을 확인할 수 있는 조치를 해야 한다.

(2) 헤드가드 (산기규 제180조)

* 다음 각 호에 따른 적합한 헤드가드(head guard)를 갖추지 아니한 지게차를 사용해서는 안 된다. 다만, 화물의 낙하에 의하여 지게차의 운전자에게 위험을 미칠 우려가 없는 경우에는 그렇지 않다.

① 강도는 지게차의 최대하중의 2배 값(4톤을 넘는 값에 대해서는 4톤으로 한다)의 등분포정하중에 견딜 수 있을 것

② 상부틀의 각 개구의 폭 또는 길이가 16cm 미만일 것

③ 운전자가 앉아서 조작하거나 서서 조작하는 지게차의 헤드가드는 한국산업표준에서 정하는 높이 기준 이상일 것

(3) 백레스트 (산기규 제181조)

* 백레스트(backrest)를 갖추지 아니한 지게차를 사용해서는 아니 된다. 다만, 마스트의 후방에서 화물이 낙하함으로써 근로자가 위험해질 우려가 없는 경우에는 그러하지 아니하다.

(4) 팔레트 등 (산기규 제182조)

* 지게차에 의한 하역운반작업에 사용하는 팔레트(pallet) 또는 스키드(skid)는 다음 각 호에 해당하는 것을 사용하여야 한다.

① 적재하는 화물의 중량에 따른 충분한 강도를 가질 것

② 심한 손상·변형 또는 부식이 없을 것

(5) 좌석 안전띠의 착용 등 (산기규 제183조)

* 앉아서 조작하는 방식의 지게차를 운전하는 근로자에게 좌석 안전띠를 착용하도록 하여야 한다.

4. 안전수칙

(1) 기본자세

① 지정된 운전원 이외에는 운행하지 말 것

② 사람이 포크나 팔레트에 타는 일이 없도록 할 것

③ 엔진을 끄지 않은 채 주유하지 말 것

④ 지게차에 어떤 고장이 발견되면 우선 감독자에게 보고하고 조치를 받을 것

⑤ 외관도색을 완전히 하고, 벗겨질 경우에는 점검일지에 사유를 기록한 후 즉시 채색할 것

⑥ 운전원은 장비를 떠날 때 엔진을 끄고 제동할 것

⑦ 운반물을 운반 후 보관 시는 정돈을 철저히 할 것

(2) 주행수칙

① 무리하게 핸들을 돌리거나 짐을 들어서는 안 되고, 짐을 들고 이동 시 급정차를 하지 말 것

② 주행속도는 10km/h 이하로 할 것

③ 운전원은 지게차 운행 시 사람이 타거나 매달리는 행위를 근절할 것

④ 통행자, 보행자가 있으면 진로를 양보할 것

⑤ 횡단통로나 시계에 장해를 주는 곳에서는 서행하고, 건물이나 창고를 출입할 때는 출입문에 이르러 완전 정차한 다음 앞에 위험이 없음을 확인한 후 전진할 것

⑥ 마스트를 충분하게 뒤로 기울이고 주행할 것

⑦) 후진 시는 뒤를 잘 살피고 서행할 것

⑧ 경사진 곳을 오를 때는 전진, 내려올 때는 후진할 것

⑨ 지게차의 포크를 지상에서 20cm 이상 올려서 운전하지 말고, 주차할 때는 바닥에 내려놓을 것

(3) 하역수칙

① 운전원은 운반하여야 할 짐을 점검하고, 기준 중량을 초과하지 말 것

② 포크의 팔이 화물 부피에 비해 작은 것은 길게 연장하여 작업할 것

③ 짐을 바로잡기 위하여 포크 등으로 부딪치거나 떠밀지 말 것

④ 짐의 폭에 따라 포크의 간격을 조절해야 하며, 무게 중심을 중앙에 오도록 안전
하게 취한 후 들 것

02 지게차 운전 시 운전자에게 주지시켜야 할 금지사항 5항목을 기술하시오.

해설

1. 지게차 관련 법적 기준 숙지 및 시행

(1) 전조등 등의 설치 (산기규 제179조)

① 사업주는 전조등과 후미등을 갖추지 아니한 지게차를 사용해서는 아니 된다.
다만, 작업을 안전하게 수행하기 위하여 필요한 조명이 확보되어 있는 장소에서
사용하는 경우에는 그러하지 아니하다.

② 사업주는 지게차 작업 중 근로자와 충돌할 위험이 있는 경우에는 지게차에 후
진경보기와 경광등을 설치하거나 후방감지기를 설치하는 등 후방을 확인할 수
있는 조치를 해야 한다.

(2) 헤드가드 (산기규 제180조)

① 강도는 지게차의 최대하중의 2배 값(4톤을 넘는 값에 대해서는 4톤으로 한다)
의 등분포정하중에 견딜 수 있을 것

② 상부틀의 각 개구의 폭 또는 길이가 16cm 미만일 것

③ 운전자가 앉아서 조작하거나 서서 조작하는 지게차의 헤드가드는 KS에서 정하
는 높이 기준 이상일 것

(3) 백레스트 (산기규 제181조)

* 사업주는 백레스트(backrest)를 갖추지 아니한 지게차를 사용해서는 아니 된다.
다만, 마스트의 후방에서 화물이 낙하함으로써 근로자가 위험해질 우려가 없는
경우에는 그러하지 아니하다.

(4) 팔레트 등 (산기규 제182조)

① 적재하는 화물의 중량에 따른 충분한 강도를 가질 것

② 심한 손상·변형 또는 부식이 없을 것

(5) 좌석 안전띠의 착용 등 (산기규 제183조)

* 사업주는 앉아서 조작하는 방식의 지게차를 운전하는 근로자에게 좌석 안전띠를 착용하도록 하여야 한다.

2. 지게차 운전자 준수사항

① 자격 및 면허를 갖춘 지정된 근로자가 운전한다.

② 좌석안전띠를 착용한다.　③ 사내 제한속도를 준수한다.

④ 시간을 재촉하거나 무리한 작업을 하지 않는다.

⑤ 작업 중에는 타 근로자의 접근을 금지한다.

⑥ 운전 중 급선회 등 급작스러운 조작을 피한다.

⑦ 물체를 높이 올린 상태로 주행하거나 선회하지 않는다.

⑧ 이동 중 고장 발견 시 즉시 운전을 중단하고, 관리감독자 등에게 보고한다.

⑨ 운전자 외 근로자를 탑승시키지 않는다.

⑩ 반드시 정해진 점검항목에 따라 점검한다.

⑪ 연료 보급은 엔진을 정지한 후에 실시한다.

⑫ 연료가 새어 나오는 경우 운전을 중지하고, 관리감독자 등에게 보고한다.

⑬ 작업계획서를 숙지하고 내용에 따라 작업 실시한다.

⑭ 작업시작 전 지게차의 외관 및 각종 방호장치의 이상유무를 사전에 확인한다.

03 지게차 작업에서 검토하여야 하는 다음 사항에 대하여 설명하시오.

1) 최소 선회반경 2) 최소 회전반경 3) 최소 직각 통로 폭 4) 최소 적재 통로 폭

해설

1. 최소 선회반경

* 무부하 상태에서 최소 회전반경과 같이 최소의 회전을 할 때 후륜(뒤 타이어)이 그리는 원의 반경

2. 최소 회전반경

 * 무부하 상태에서 지게차의 최저속도로 최소의 회전을 할 때 지게차의 가장 바깥부분(CWT)이 그리는 원의 반경

3. 최소 직각 통로 폭

 * 지게차가 직각통로에서 직각회전을 할 수 있는 통로의 최소폭을 말하며, 지게차의 전폭이 작을수록 통로폭도 작아진다.

4. 최소 적재 통로 폭

 * 하물을 적재한 지게차가 일정 각도로 회전하여 작업할 수 있는 직선 통로의 최소폭을 말하며, 그 각도가 90도일 때를 "직각적재통로폭"이라 한다.

컨베이어

01 생산제품이 컨베이어(Conveyer)를 통해 일정한 높이에서 수집상자(철제박스)에 떨어질 때 큰 소음 발생과 제품 손상 우려가 있다. 이의 방지대책을 기술하라.

해설

○ 소음 발생 및 제품 손상 방지대책

1. 컨베이어 개선에 의한 소음감소

 (1) 낙하거리가 감소되도록 높낮이 조절이 가능한 컨베이어 사용

 ① 낙하물이 바닥에 충돌할 때 발생되는 소음은 질량과 속도에 비례
 ② 질량이 크고 낙하거리가 길면 큰 소음을 발생
 ③ 질량과 낙하거리를 1/10로 줄이면 약 10dB의 소음이 감소
 ④ 생산제품이 컨베이어를 통해 일정한 높이에서 수집상자에 떨어짐
 ⑤ 상자가 비어 있을 때는 낙하거리가 길기 때문에 큰 소음이 발생할 뿐만 아니라 제품에 손상을 주기도 함

(2) 높이조절이 가능한 컨베이어 끝단에 고무판이 달린 완충장치를 설치

① 컨베이어는 수집상자가 채워짐에 따라 자동적으로 올라감

② 이렇게 함으로써 낙하거리와 속도를 줄일 수 있음

2. 제품 수집깔때기 개선에 의한 소음감소

① 컨베이어 이용으로 재료를 수집깔때기의 중앙부로 공급하면 낙하거리가 길어짐

② 수집깔때기는 구조상 공진이 잘 일어남

③ 컨베이어를 수집깔때기의 가장자리에 설치하여 낙하거리를 최소화함

④ 깔때기 안쪽에는 내마멸성의 충격흡수재로, 바깥에는 감쇠가 큰 재질을 부착하여 공진을 억제시킴

02 컨베이어의 종류별 안전장치와 벨트 컨베이어 퇴적 및 침적물 청소작업 시 안전조치에 대하여 설명하시오.

[해설]

1. 컨베이어의 안전장치

(1) 컨베이어의 안전장치 일반

① 비상정지장치 ② 화물이탈방지장치 ③ 건널다리 ④ 덮개 또는 울 ⑤ 경보장치 ⑥ 연동장치

(2) 벨트 컨베이어 안전장치

① 역주행방지장치 ② 벨트 클리너, 풀리 스크레이퍼

③ 점검구 : 대형의 호퍼, 슈트에 설치 ④ 장력유지장치

(3) 트롤리 컨베이어 안전장치

① 과부하방지장치 ② 역주행방지장치

③ 푸셔 도그(pusher dog) : 화물이동용으로 체인에 부착

④ 스토퍼

(4) 롤러 컨베이어 안전장치

* 화물감지장치 : 센서 등

(5) 나사 컨베이어 안전장치

* 방호울

(6) 버킷 컨베이어 안전장치

① 점검문 ② 밀폐구조의 케이싱 ③ 역주행방지장치

2. 벨트 컨베이어 퇴적 및 침적물 청소작업시 안전조치

① 퇴적 및 침적물 청소시에는 벨트 컨베이어를 정지

② 중앙운전실과 연락하고 현장 스위치 키는 작업자가 휴대하며, "작업 중", "청소 중"의 꼬리표를 부착

③ 청소작업 시는 안전모, 안전화, 방진마스크 등 개인보호구 착용

④ 벨트의 손상, 마모, 사행유무, 롤러의 파손 및 비회전, 테이크업의 작동상태, 비상 정지장치, 운반물의 적재 적정성 등을 점검하고 항상 정상을 유지하도록 관리

⑤ 퇴적 및 침적물이 최소화되도록 스크레이퍼의 상태를 점검하고 간격 조정

⑥ 슈트 내의 침적물을 제거, 청소시에는 일시에 쏟아지는 퇴적물에 의거 압착, 질식 등에 의한 재해가 발생하지 않도록 침적물의 1차 제거작업 등은 지렛대나 파이프 등 수공구를 이용하도록 함

⑦ 청소 완료 후 시멘트 벨트 컨베이어 가동 시는 사전점검 및 경보 후 가동

(03) 컨베이어, 이송용 롤러의 안전을 위한 조치사항을 간략히 쓰시오.

[해설]

1. 컨베이어의 법령상의 안전조치

(1) 이탈 등의 방지 (산기규 제191조)

* 사업주는 컨베이어, 이송용 롤러 등을 사용하는 경우에는 정전·전압강하 등에 따른 화물 또는 운반구의 이탈 및 역주행을 방지하는 장치를 갖추어야 한다.

* 다만, 무동력상태 또는 수평상태로만 사용하여 근로자가 위험해질 우려가 없는 경우에는 그러하지 아니하다.

(2) 비상정지장치 (산기규 제192조)

* 사업주는 컨베이어 등에 해당 근로자의 신체의 일부가 말려드는 등 근로자가 위험해질 우려가 있는 경우 및 비상시에는 즉시 컨베이어 등의 운전을 정지시킬 수 있는 장치를 설치하여야 한다.

* 다만, 무동력상태로만 사용하여 근로자가 위험해질 우려가 없는 경우에는 그러하지 아니하다.

(3) 낙하물에 의한 위험 방지 (산기규 제193조)

* 사업주는 컨베이어 등으로부터 화물이 떨어져 근로자가 위험해질 우려가 있는 경우에는 해당 컨베이어 등에 덮개 또는 울을 설치하는 등 낙하 방지를 위한 조치를 하여야 한다.

(4) 트롤리 컨베이어 (산기규 제194조)

* 사업주는 트롤리 컨베이어(trolley conveyor)를 사용하는 경우에는 트롤리와 체인·행거(hanger)가 쉽게 벗겨지지 않도록 서로 확실하게 연결하여 사용하도록 하여야 한다.

(5) 통행의 제한 등 (산기규 제195조)

① 사업주는 운전 중인 컨베이어 등의 위로 근로자를 넘어가도록 하는 경우에는 위험을 방지하기 위하여 건널다리를 설치하는 등 필요한 조치를 하여야 한다.
② 사업주는 동일선상에 구간별 설치된 컨베이어에 중량물을 운반하는 경우에는 중량물 충돌에 대비한 스토퍼를 설치하거나 작업자 출입을 금지하여야 한다.

2. 컨베이어 종류별 안전 조치사항

(1) 벨트 컨베이어 안전 조치사항

① 경사부 역주행 방지방치(화물전체 500kg 이하, 단위당 30kg 이하는 제외)
② 벨트, 풀리에 점착되기 쉬운 화물인 경우 벨트 클리너, 풀리 클리너 설치
③ 중력식 장력유지 장치에 울 및 추락·낙하방지장치 설치

(2) 트롤리 컨베이어 안전 조치사항

① 견인식 트롤리의 경우 구동장치에 과부하방지장치 설치

② 체인, 행거, 트롤리의 벗겨짐 방지

③ 경사부 역주행 방지장치

④ 분기장치, 합류장치 등 레일 단락부에 낙하방지장치(스토퍼 등) 설치

(3) 롤러 컨베이어 안전 조치사항

① 분기 또는 상승 직전에 화물이송의 정지여부 확인

(4) 스크류 컨베이어 안전 조치사항

① 화물공급구 및 배출구는 스크류가 접촉될 우려가 없는 구조 여부 및 방호울 상
태 확인

(5) 버킷 컨베이어 안전 조치사항

① 버킷 이동용 케이스 확인

② 유해화물 운반시 밀폐구조 케이싱 확인

③ 역주행 방지장치 설치 및 작동 확인

무인운반차

01 자동반송장치 중에서 재해의 위험이 큰 1) 무인반송차와 2) 자동창고(스
태커 크레인)의 안전대책에 대하여 설명하시오.

해설

1. 개요

* 무인반송차는 운반물을 자동으로 운반하는 장비로서, 사람 또는 수동대차와 함께
운영된다는 점, 배터리를 이용한다는 점이 특징이다.

* 무인반송차는 AGV(Automatic Guided Vehicle)로서 무인자동운반장치를 뜻한다.
그리고 무인반송차는 산업안전보건법령상의 구내운반차와 의미가 거의 같다고 볼
수 있다.

2. 구내운반차의 법령상의 안전기준

(1) 제동장치 등 (산기규 제184조)

① 주행을 제동하거나 정지상태를 유지하기 위하여 유효한 제동장치를 갖출 것

② 경음기를 갖출 것

③ 운전석이 차 실내에 있는 것은 좌우에 한 개씩 방향지시기를 갖출 것

④ 전조등과 후미등을 갖출 것. 다만, 작업을 안전하게 하기 위하여 필요한 조명이 있는 장소에서 사용하는 구내운반차에 대해서는 그러하지 아니하다.

(2) 연결장치 (산기규 제185조)

* 사업주는 구내운반차에 피견인차를 연결하는 경우에는 적합한 연결장치를 사용하여야 한다.

3. 무인운반차량의 설계 및 계획단계에서의 안전대책

(1) 무인운반차의 겉모양

① 무인운반차의 몸체 바깥면은 작업상 필요한 부분을 제외하고 날카로운 귀퉁이, 돌기 등의 위험부분이 없을 것

② 장애물 접촉 범퍼는 보행자와의 접촉에 대해 위해를 주지 않는 안전한 구조일 것

(2) 운반물의 확인

* 운반물은 화물의 변형, 무너짐이 없을 뿐만 아니라 적재되고 운반되는 모든 동작 중에서 오버행(Over Hang)하거나 치우침 하중이 되지 않는 시스템 만들기가 가능한지를 확인할 것

(3) 경보장치

* 무인운반차의 작동을 알리고 주의를 환기시키기 위하여 다음의 경보 장치를 몸체에 설치하여야 한다.
① 자동운전 표시등 : 무인운반차가 자동운전 표시등을 점등 또는 점멸시킬 것
② 발진 경보기 : 무인운반차가 정지상태에서 주행상태로 들어간 경우 발진하기 전에 경보를 할 것

③ 주행 경보기 : 무인운반차는 주행 및 자동 진행 중에 사용 환경에 맞는 경보 장치를 연속 또는 단속해서 작동할 것

④ 이상 경보기 : 무인운반차에 이상이 생긴 경우는 경보등의 점등, 경보음의 울림 등을 통해 작업자에게 이상을 알릴 것

⑤ 좌회전, 우회전 표시등 : 무인운반차의 좌회전 또는 우회전 방향을 식별할 필요가 있는 경우는 표시등을 점등할 것

(4) 비상시의 조종 장치

* 무인운반차의 몸체를 쉽게 조작할 수 있는 위치에 밀고 당기기 등의 조작으로 비상 정지시키는 장치를 갖출 것

4. 스태커 크레인(자동창고)의 안전대책(안전 운전을 위한 조건)

(1) 사업주와 운전자

1) 사업주

① 사업주는 기계 운전에 책임있는 기술자(운전자)에게 기계와 장비의 특수품목에 대한 운영 지시서와 검사, 보전 및 수리 지시서 등에 관한 문서를 활용하도록 지시한다.

② 인가받지 않은 사람들이 기계 위에서 이동하거나 랙의 통로 지역에 들어가는 것을 금지해야 한다.

2) 운전자

① 기계는 잘 훈련받고 사업주 또는 권한 대행자에 의해 특별히 위임받은 책임있는 사람만이 운전하여야 한다.

② 스태커 크레인은 원래 의도된 목적 이외의 다른 목적으로 사용하여서는 안된다.

③ 랙의 통로를 내려오기 전에 운전자는 통로에 어떤 사람이나 어떤 장애물도 없다는 것을 확인해야 하며, 추락된 물체는 지체없이 제거되어야 한다.

④ 매일 운전자는 브레이크, 운전 제한스위치, 경보 장치의 기능이 적절한지를 체크한다.

⑤ 브레이크 운전제한 스위치와 인터로크가 적절히 가동하지 않거나 분명한 어떤 위험스러운 결함이 있는 경우에는 운전을 즉각 중단한다.

⑥ 운전 중 발생하는 고장과 기록된 고장의 내용은 설비이력서 등에 기록하고 즉각 책임있는 스태프에게 보고한다.

⑦ 기계 또는 랙 지역의 안전 장치를 무용지물로 만들거나 또는 오용하지 말아야 한다.

⑧ 기계를 떠날 때 운전자는 키 작동 스위치로부터 키를 제거하여 임의로 사용하지 않도록 해야 한다.

⑨ 정기적으로 운전자는 랙 통로를 떠날 때와 소화기를 취급할 때 운전자의 위치로부터 긴급 하강하는 연습을 해야 한다.

(2) 화물

① 기계의 화물 적재 시 최대 허용량을 초과해서는 안 된다. 또한 화물이 움직이거나 떨어지지 않도록 고정시켜야 한다.

② 화물을 랙에 저장시킬 때는 기계의 이동 지역에 떨어지지 않도록 해야 한다.

③ 결함있는 화물 취급용 부착물과 부적절하게 형성된 화물 단위는 저장되지 않아야 한다.

(3) 유지 보수 및 안전조치

1) 유지 보수

① 설치의 유지 보수는 정기적으로 수행하여야 하며, 기계와 창고 장치를 다루는 데 숙련된 기술자가 수행하여야 한다.

② 유지 보수 작업은 제조자의 지시 문서에 따라 수행하여야 하며, 날짜와 서명으로 확인해야 한다. 이때 문서는 언제든지 참고할 수 있도록 비치해야 한다.

③ 유지 보수 작업 전에는 기계의 스위치를 내려 기계가 임의로 시동하지 않도록 해야 한다.

2) 안전조치

① 유지 보수 작업이 보호되지 않은 위치에서 수행된다면 기술자는 자신 스스로를 추락으로부터 보호해야 한다.

② 보전작업 동안 발견된 결함 또는 위험은 즉시 교정되거나 수리를 요청해야 한다. 또한 운전자나 기계에 분명한 위험이 있는 경우 장비를 즉각 정지해야 한다.

③ 두 기계가 한 레일에서 달리는 경우에는 서비스 받는 기계에 다른 기계가 충돌할 수 없다는 것을 보증해야 한다.

차량계 건설기계

01 차량계 건설기계의 로프스(ROPS)에 대하여 기술하시오.

해설

1. 개요

* 로프스(ROPS : Rollover Protective Structure)는 차량계 건설기계가 전도되었을 때 안전벨트를 착용한 운전원과 건설기계 자체의 손상이 가능한 한 적도록 보호하는 장치를 말한다(건설기계 안전기준에 관한 규칙, 필요사양은 KS F ISO 347(ISO 3471).

2. 로프스(ROPS)의 성능

(1) 로프스(ROPS)의 요구되는 성능

① 전도시 충격에 견뎌 낼 수 있는 충분한 강도가 요구된다.

② 충격을 ROPS 부재에 흡수할 수 있도록 적당한 탄성 또는 소성 변형할 수 있는 성능

③ 사용부재는 저온(-30℃)에서의 충격시험에 합격한 철강

④ 조립용 볼트는 높은 강도를 견뎌 낼 수 있는 것

(2) 로프스(ROPS)의 일반적인 성능

① 연약지반에서 건설기계 전도시 엔진, 유압장치 등의 제동제어 작용을 할 것

② 콘크리트, 암반 등 변형이 크게 일어나지 않는 토질인 경우 ROPS가 변형하면서 차량의 전도에너지를 흡수하여 잇달아 일어나는 충격에 대해서 적절히 대처할 것

③ 차량이 전도상태에 이르렀을 때 이미 변형된 ROPS가 차량 중량을 떠받칠 수 있을 것

1.7 설비진단기술

설비진단기술 개요

01 회전기계의 이상진단 방법을 2가지 이상 쓰고 각각에 대하여 설명하시오.

[해설]

○ 회전기계의 이상검출기술

1. 기계 진동측정기술 → 진동의 실효치(진폭, 속도, 가속도), 주파수분석, 스펙트럼분석 : 회전기계, 유체수송기계 등
2. 음향측정기술 → 발생소음레벨, AE신호주파수분석 : 회전기계, 베어링, 접동부 등
3. 온도측정기술 → 표면온도, 유체온도, 온도상승률
4. 성분분석기술 → 화학분석법, 원자흡광분석법
5. 유분석법 → 마모성분분석 진단. SOAP법 등
6. 모터전류분석 → 과전류 유무
7. 초음파분석(UT) → 반사파도달시간 등
8. 회전토오크분석 → 비틀림응력 등
9. NDT → RT, UT, MT, PT, ET, VT 등
10. 절연저항측정 → $M\Omega$

02 설비진단 기술을 간이진단 기술과 정밀진단 기술의 2단계로 나눌 때 각각에 대하여 설명하시오.

[해설]

1. 예지보전(CBM) 방식과 설비진단기술

* 예지보전(PM ; Predictive Maintenance)은 설비의 상태에 의거한 보전, 즉 설비상태보전(CBM ; Condition Based Maintenance)이라고도 한다.
* 설비상태보전이란 "모니터된 파라미터의 변화로써 검출된 기계내부의 주요한 열화에 대응하여 실시되는 예방보전"이 된다. 여기서, "열화에 대하여(in response

to)"라고 하는 것이 중요하여, "파라미터의 변화로써 검출된 열화에 대응하여" 예방보전이 행해지게 되므로, 역으로 "파라미터의 변화(열화)가 없다면 예방보전은 실시하면 안 된다"는 것을 의미한다.

* 이 의미는 CBM 기본철학의 하나로서 CBM에서는 이것을 "No touch while the machine is smoothly running(양호하게 가동 중인 기계에는 절대로 손대지 마라)"라고 말한다. 즉, 이 의미는 "CBM에서는 설비진단기술(CDT)인 진동법, 유분석법, 절연저항법, 소음법, 부식진단법, 열화상진단법, 비파괴검사법 등에 의해 설비의 상태(Machine Condition)를 관측하여, 그 진단결과에 따라 모는 보전액션을 정한다."를 의미한다.

* 이는 CBM은 "과학적인 관측결과(사실)에 근거하여 보전을 하라"라고 주장을 하는 의미이다.

2. 간이진단 및 정밀진단

(1) 정의

* 간이진단법은 설비의 상태에 대한 진단을 인간의 5감이나 진단기기를 이용하여 진단하는 일반적이고 기초적인 진단을 말한다.
* 정밀진단은 간이진단 결과 정밀한 진단을 추가로 실시할 때나 혹은 상시 모니터링 등을 통한 정밀하고도 연속적인 진단을 하는 설비진단법이다.

(2) 간이진단 및 정밀진단의 비교

	간이진단	정밀진단
목적	설비의 상태를 신속하고 효율적으로 파악	간이진단에서 이상으로 검출된 설비의 상태를 해석하고, 취해야 할 정비활동을 결정
주활동	* 점검과 감시가 주활동임 * 열화경향관리에 의한 이상의 조기 발견 * 경향관리 데이터에 의한 추세분석으로 고장도달 시점의 예측 * 돌발정지 등에 의한 설비의 보호 * 정밀진단 대상 설비의 선정	* 진단과 예측, 대책이 주활동임 * 이상의 종류 및 발생위치 동정 파악 * 이상상태의 위험도 파악 및 진행의 예측 * 최적 복구방법 및 복구시기 결정

	간이진단	정밀진단
기기	* 초급·중급 CMS, 진단기기 이용 데이터 취득 * 온도법, 유분석법, 누설검지법, 균열검지법, 진동법, 음향법, 부식진단법, 압력법, 치수측정법, 전기저항법, 절연저항법, 전도도측정법, pH측정법, 회전속도측정법, 열화상진단법, 기타 분석법 등 활용	* 상시 CMS(컨디션 모니터링 시스템) * PDA활용 CMS * 정밀진단 SW

03 실시간(Real-Time) 상태기준보전(Condition-Based Maintenance : CBM)에서는 진동, 초음파, 온도, 압력 등 센서 측정기술을 보편적으로 적용한다. 이 방식의 문제점을 안전의 관점에서 설명하시오.

[해설]

○ **상태기준보전 적용상의 문제점**

① 센서의 온도변화에 기인한 오작동 문제 : 적외선 센서의 경우 온도변화가 큰 환경에서는 오류 발생 확률이 높다. 주로 여름철, 겨울철과 같은 온도변화가 심할 때 오류발생확률이 높다.

② 센서의 오염으로 인한 오류발생 문제

③ 방해물이나 환경조건 변화로 감지불량 발생

④ 설비위치가 외력에 의해 변경될 경우 센싱오류 발생

⑤ 센서의 감지부가 파손이나 노후화로 감지불량 발생

⑥ 일정 환경조건에서 작동이 되나 한계를 벗어나면 감지가 안 되는 문제

⑦ 센서의 충격이나 충돌로 센서고장이 가장 많은 오류 원인이 됨

⑧ 센서오류의 사전검토 시스템과의 조화가 잘 안 될 경우 오류가 남

04 기계설비 진단에 사용하는 요인과 결함의 상호검사가 가능한 것을 기술하시오.

[해설]

* 기계설비 진단에 사용되는 요인과 결함의 상호관계는 다음과 같다.

제 1 장

구분	온도법	절연 저항법	유분석 법	진동법	NDT법	열화상 진단법	음향법 (AE)	부식 진단법	5감 진단
벨트불량									○
모터불량	○	○		○		○			
배관누설					○			○	○
불평형				○					
기어손상	○		○						○
소음					○		○		
축파손				○					
진동				○					○
제어기불량						○			

05 비파괴시험 중 표면시험과 체적시험 방법의 종류를 기술하시오.

해설

* 비파괴시험은 물리적 현상의 원리를 이용하고 있으므로 비파괴시험을 이러한 관점
  으로 분류하는 것이 가능하다. 즉,
  ① 광학, 색채학의 원리를 이용한 시험방법 : 육안시험(VT), 침투탐상시험(PT)
  ② 방사선의 원리를 이용한 시험방법 : 방사선투과시험법(RT), 컴퓨터단층촬영
     (CT)시험
  ③ 전자기의 원리를 이용한 시험방법 : 자분탐상시험(MT), 와류탐상시험(ET)
  ④ 음향의 원리를 이용한 시험방법 : 초음파탐상시험(UT), 음향방출시험(AE)
  ⑤ 열의 원리를 이용한 시험방법 : 열화상해석법
  ⑥ 누설의 원리를 이용한 시험방법 : 누설시험
* 한편, 시험대상 부위, 예를 들면 시험체의 내부나 표면 또는 표층부에 관한 정보를
  얻는가 하는 점에 따라 표면시험과 체적시험으로 분류하는 것도 가능하다. 각각에
  속하는 시험법의 예를 나타내면 다음과 같다.
  ① 표면시험(표면 또는 표층부에 관한 정보를 얻기 위한 비파괴시험) : 외관시험,
     침투탐상시험, 자분탐상시험 및 와류탐상시험, 누설시험 등
  ② 체적시험(내부에 관한 정보를 얻기 위한 비파괴시험) : 방사선투과시험, 초음파
     탐상시험 등

06 계측기를 사용해 측정 시 미치는 영향에 대해서 4가지 이상 설명하시오.

[해설]

1. 측정오차 관련 정의

① 정도(精度) : 측정에 있어서의 정확성과 정밀도의 합친 용어.

측정에 있어서는 측정값의 오차가 작을수록 정확성이 높고, 측정대상의 모표준편차가 작을수록 정밀도가 높으며, 이 두 경우를 합쳐서 정도가 높다고 한다.

② 정확도(accuracy) : 계통적 오차의 작은 정도. 즉, 참값에 대한 '치우침'의 작은 정도. 참값과 측정치의 평균값의 차(bias, 편의, 편기)가 된다.

③ 정밀도(precision) : 우연오차, 즉 측정값의 '흩어짐'의 작은 정도.

모표준편차로 나타낸다. 계측기의 정밀도는 제품의 품질기준에 대응할 수 있는 정밀도이어야 한다. 정밀도는 범위(R), 표준편차(s), 불편분산(V) 등으로 표시한다.

④ 감도(sensitivity) : 계측기의 민감한 정도

감도(E)는 측정량의 변화(ΔM)에 대한 지시량의 변화(ΔA)의 비이다.

즉, $E = \Delta A / \Delta M$

2. 오차의 개념

* 측정시스템과 관련된 오차를 측정오차, 계측오차라고 한다. 측정오차는 작을수록 좋다.

① 오차=측정값-모집단의 참값

② 오차율=오차÷참값 또는 오차백분율(%)=오차율×100(%)

* 여기서, 참값은 기준값과 같은 의미이다.

3. 오차의 발생원인

① 측정기 자체의 오차에 의한 것(계기오차)

② 측정하는 사람의 차이에 의한 것(개인오차)

③ 측정방법의 차이로 인한 측정오차

④ 외부적인 영향(간접요인)에 의한 측정오차 : ㉠ 되돌림 영향, ㉡ 접촉 영향, ㉢ 시차(視差), ㉣ 온도, ㉤ 측정력이 부적당, ㉥ 긴 물체의 휨, ㉦ 진동, ㉧ 측정기의 잘못 선택

4. 측정오차의 종류

(1) 우연오차와 계통오차

① 우연오차 : 측정기, 측정물 및 환경 등 원인을 파악할 수 없어 측정자가 보정할 수 없는 오차로서 측정값에 산포로 나타난다.

    ㉠ 확률오차 : 기온의 미세한 변동, 계측기의 미세한 탄력적 진동, 계측기 접촉부의 전기저항의 변화 등으로 생기는 오차. 공산(公算)오차라고도 한다.

    ㉡ 과실오차(mistake error) : 측정절차의 잘못 적용, 측정값의 잘못 읽음, 측정결과의 기록 잘못, 계측기의 취급부주의 등으로 생기는 오차

② 계통(적인)오차(교정오차, calibration error) : 동일 측정조건 하에서 같은 크기와 부호를 갖는 오차. 측정기를 미리 검사·보정하여 측정값을 수정할 수 있다.

    ㉠ 계기오차 : 계측기의 구조상의 불완전, 마모 등의 차이에 의한 오차

          교정검사 결과에 의하여 보정한다.

    ㉡ 이론오차 : 복잡한 이론식 대신 간이식의 사용으로 인한 오차

          이론적으로 보정값을 구해서 수정한다.

    ㉢ 개인오차 : 측정자의 고유한 능력, 습관 등의 차이로 인한 오차

          두 사람 이상의 측정을 비교하여 어느 정도 보정할 수 있다.

(2) 절대오차와 상대오차

① 절대오차 : 오차의 절대값, 즉 | 측정값-참값 |

② 상대오차 : 오차와 참값의 비율의 절대값. 상대오차= | (측정값-참값)/참값 |

07 스트레인 게이지(Strain Gauge)를 사용하여 구조물의 응력을 측정하는 방법을 설명하시오.

해설

1. 개요

* 스트레인 게이지에 외부로부터 힘 또는 열을 가하면 전기 저항이 변화한다. 스트레인 게이지 소자로는 저항 변화가 매우 큰 금속 또는 반도체(Semiconductor)를 주로 사용하고 있다.

* 저항선 스트레인 게이지는 절연체 베이스 위에 와이어(Wire) 또는 포일(Foil) 형태
로 저항선이 있고 정확한 측정을 할 때 사용한다. 이에 비해 감도가 뛰어난 반도체
의 스트레인 게이지는 실리콘의 단결정으로 만들어져 있다.

2. 게이지 감도

* 변형이 발생하는 물체의 표면에 스트레인 게이지를 부착시켜 놓으면 스트레인 게
이지는 이 물체와 같은 변형을 받게 되고 이에 따라 스트레인 게이지의 저항도 변
한다. 이 저항 변화를 측정하면 게이지가 부착된 점의 변형을 측정할 수 있다.
* 일반적으로 스트레인 게이지는 어느 한 방향의 길이 변화에만 영향을 받도록 설계
되어 있다. 이 방향의 변형률을 $\Delta L / L$ 이라 할 때

$$GF = \frac{\Delta R / R}{\Delta L / L}$$

을 Gauge Factor라고 한다. 여기서 R 은 게이지의 원래 저항, ΔR 은 길이 변화
ΔL 에 의한 저항의 변화량이다. 즉 Gauge Factor란 게이지의 감도(Sensitivity)이
다.

3. 브릿지 회로의 원리

* 그림과 같이 4개의 저항 $R_1 \sim R_4$ 로 구성된 회로를 휘스톤 브릿지(Wheatstone
Bridge)라고 한다.

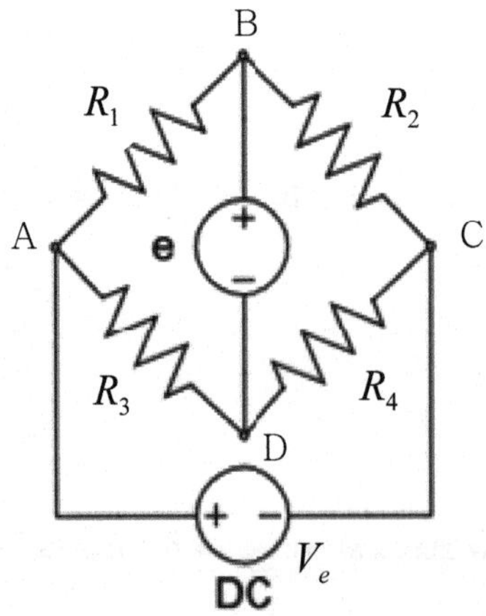

[그림] 휘스톤 브릿지

* B와 D를 연결한 전압계의 내부저항이 아주 크다면 BD 사이에는 전류가 흐르지 않는다. 따라서

$$V_{BC} = \frac{R_1}{R_1 + R_2} V_e = \frac{R_1 / R_2}{R_1 / R_2 + 1} V_e \fallingdotseq \frac{(R_1 + \Delta R_1) / R_2}{(R_1 + \Delta R_1) / R_2 + 1} V_e$$

$$V_{DC} = \frac{R_3}{R_3 + R_4} V_e = \frac{R_3 / R_4}{R_3 / R_4 + 1} V_e$$

* 만약 $R_1 / R_2 = R_3 / R_4$ 인 조건이 만족된다면 $V_{BC} = V_{DC}$ 가 되어 전압계에 나타나는 전압은 영(0)이다.

* 이 조건이 만족된 상태에서 R_1 값이 ΔR_1 만큼 증가하였다면 V_{BC} 는 감소하고 전압계에는 V_{BC} 가 감소한 만큼의 전압이 검출된다. 또 $\Delta R_1 / R \ll 1$ 이면 이 전압 V_{BC} 는 ΔR_1 에 비례한다. 같은 이유로 R_1 값이 감소하면 전압계에는 위와는 반대 부호의 전압이 검출된다. $R_2 \sim R_4$ 를 보통 전기저항, R_1 을 스트레인 게이지로 휘스튼 브릿지를 구성하면 스트레인 게이지의 변형률을 전기전압으로 변환하여 이를 측정할 수 있다.

비파괴검사(NDT) : RT

01 방사선 투과시험 원리와 시험에서 사용되는 투과도계에 대해 설명하시오.

해설

1. 방사선투과시험의 원리

① 방사선 투과검사의 적절성을 판단하기 위해 이용되는 투과도계는 방사선원, 시험체, 필름 3가지가 필요하다.

② 투과사진의 감도는 방사선원의 종류, 필름의 종류, 선원-필름간 거리, 노출조건, 현상 등에 따라 영향을 받는다.

③ 방사선 투과사진의 감도는 선명도와 명암도가 조화되어 나타나는 결과이다.

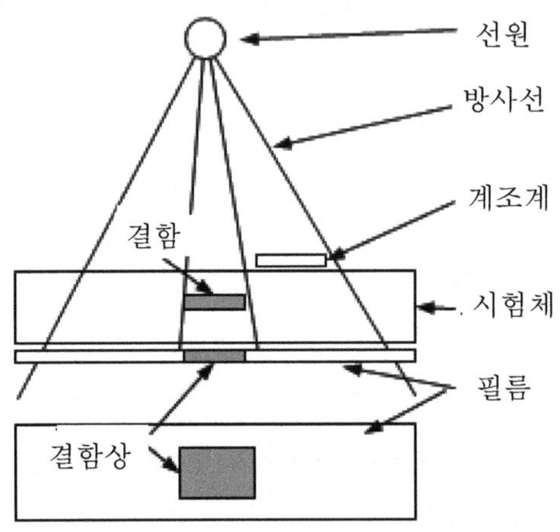

2. 투과도계

① 투과도계는 방사선 투과사진의 상질을 평가하기 위한 계측기이다.

② 형식은 침금(선 또는 바늘)형, 유공(판)형이 있다.

③ 특징

　　㉠ 시험대상물과 동일재질 사용이 원칙

　　㉡ 시험 대상 표면에 필름을 부착하여 촬영한다.

　　㉢ KS규격에는 침금형 투과도계를 채택하고 있으며, 침금의 지름은 등비급수 또는 등차급수로 변화, 침금을 플라스틱 틀에 넣은 구조

(02) 방사선투과검사 시 투과사진에 나타나는 결함이 필름상에서 건전(정상)부위보다 어둡게 나타나는 이유에 대하여 설명하시오.

[해설]

○ 방사선 투과사진의 감도

① 방사선 투과사진의 감도란 투과사진 상에서 구별할 수 있는 불연속(결함)의 크기가 어느 정도인가를 나타내는 용어로서, 투과사진 상에서 구별할 불연속분의 크기가 작을수록 투과사진의 감도가 높다고 표현한다.

② 방사선 투과사진에서의 감도는 선명도, 명암도가 조화되어 나타나는 결과이다.

③ 결함부위는 투과광이 약해서 어둡게 현상된다.

비파괴검사(NDT) : MT

01 비파괴시험(NDT) 방법 중 자분탐상검사(MT)의 자화방법 5가지를 쓰고 설명하시오.

해설

1. 개요

* 시험체에 적정한 자계 또는 자속을 걸어주는 조작을 자화라 한다.
* 이때 시험체의 성질(형상, 치수, 재질)과 예상되는 결함의 성질(종류, 위치, 방향) 및 시험 장치의 특성에 따라 자화방법(시험체에 자속을 발생시키는 방법), 자화전류(시험체에 자속을 발생시키는 데 필요한 전류)의 종류와 전류치 및 통전시간을 선택하여야 한다.

2. 자분탐상검사(MT)의 자화방법

(1) 원형자화법(Circular Magnetization)

* 철선이나 환봉과 같은 직선도체에 전류가 흐르면 도체 주위에 원형자장을 형성한다. 또한 전도체가 강자성체인 경우에는 도체 내외부에 자장이 형성된다.
* 이러한 원형자장을 형성시키는 방법에 의해 자화되는 것을 원형자화라 한다.

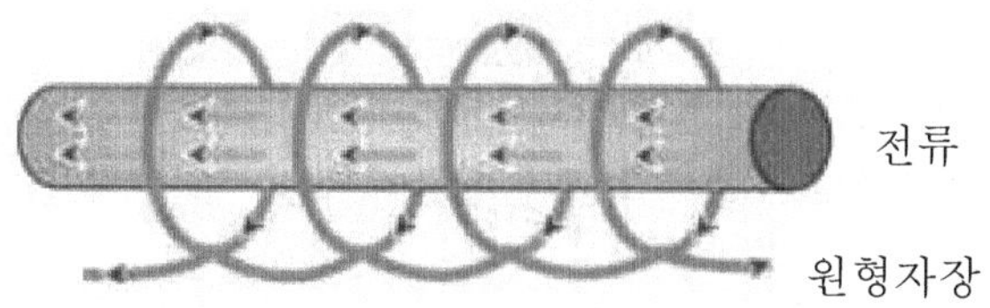

(2) 선형자화법(Longitudinal Magnetization)

* 코일 또는 솔레노이드(Solenoid)에 전류를 통과시키면 그 주위에 자장이 발생한다. 이때의 자장이 종 방향이며 강도는 코일의 회수 및 직경, 전류의 강도에 의해 좌우된다. 또한 코일이나 솔레노이드 속에 시험편을 넣어 코일에 전류를 통과시키면 시험편 내부에 선형자장을 형성한다.
* 이러한 선형자장을 형성시키는 방법에 의해 자화되는 것을 선화자화라 한다.

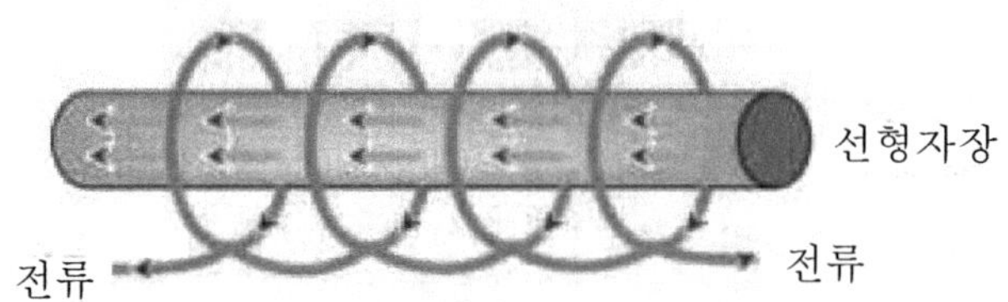

(3) 프로드(Prod)를 사용한 자화

* 전력봉인 프로드를 사용하여 시험편에 접촉시켜 직접전류를 통과시키면 자장이 발생된다. 즉, 프로드를 철판의 표면에 접촉 후 전류를 통과시켜 자화시키면 프로드를 중심으로 원형자장을 발생하며, 흐르는 전류와 직각방향을 이룬다.

(4) 요크(Yoke)에 의한 자화

* 요크는 U자형 바탕에 코일을 감은 연철의 코어로 되었거나 영구자석을 이용하거나 하며, 이 코일에 전류를 통과시키면 선형자장을 얻을 수 있다.

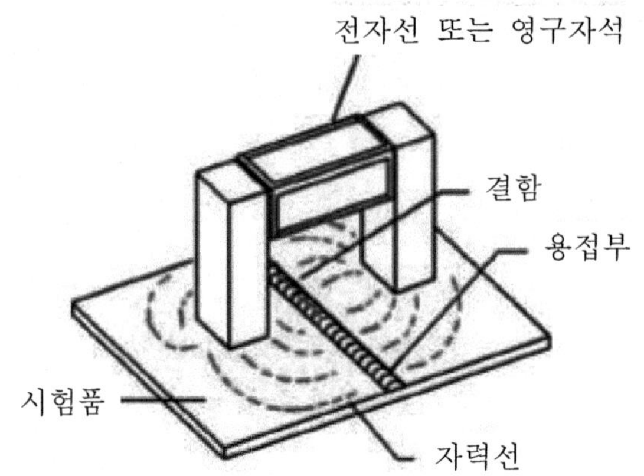

(5) 전류관통봉에 의한 자화

* 대부분의 링, 튜브형태의 부품의 경우 부품 자체에 전류를 통하는 것보다 봉형상의 분리된 전도체를 내부에 위치시켜 전류를 통하게 하면 부품 자체에 직접 접촉함이 없이 부품에 원형으로 자화시킬 수 있다.

비파괴검사(NDT) : UT

01 초음파 검사법의 종류를 쓰시오.

[해설]

1. 초음파 탐상검사의 원리

* 초음파탐상검사는 초음파를 시험체내로 보내어 시험체내에 존재하는 불연속을 검출하는 방법으로서 시험체내의 불연속부로부터 반사되는 에너지량, 손상된 초음파가 시험체를 투과하여 불연속부로부터 반사되어 되돌아 올 때까지의 진행시간, 초음파가 시험체를 투과할 때 감쇠되는 양의 차이를 적절한 표준자료와 비교하여 결함의 위치와 크기 등을 측정하는 방법이다.

2. 초음파의 발생

* 탐상검사에 사용되는 초음파를 발생시키는 방법에는 진동자를 이용하는 방식이 널리 사용되는데, 진동자의 양면에 도금을 하여 전극으로 하고 양전극사이에 전압을 가하여 전압의 크기와 전하 등에 따라 진동자가 신축하여 진동으로 바뀌어 초음파가 발생하게 된다.
* 진동자의 재질, 두께 및 진동자에 가하는 전압 또는 전류의 발생방법 등에 따라 발생되는 초음파의 성질이 다르게 나타난다.
* 초음파를 발생시키기 위해서는 결국 그 매질의 일부분을 원하는 초음파와 동일한 주파수로 진동시키면 되는데 그 매질의 종류 및 주파수대에 따라서도 여러 가지 발생방법이 있다.

3. 초음파탐상검사 방법

* 초음파가 시험체내에서 진행할 때 불연속부와 같은 경계면에서는 투과, 굴절 또는 반사를 한다.

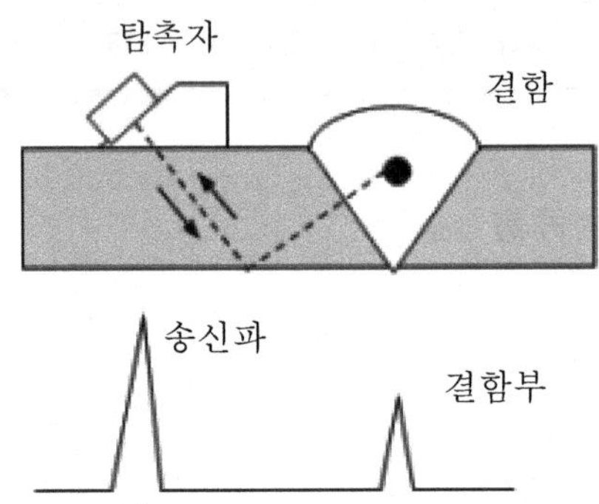

* 이때 불연속부에서 반사하는 초음파를 분석하여 검사하는 방법을 펄스반사법, 투과한 초음파를 분석하여 검사하는 방법을 투과법, 펄스반사법과 유사하지만 공진 현상을 이용한 공진법이 있다.

(1) 초음파의 진행원리에 의한 분류

펄스반사법   투과법   공진법

(2) 탐촉자 접촉방법에 의한 분류

* 탐촉자에서 발생시킨 초음파를 시험체에 전달하는 방식에 따라 분류하는 방법으로서, 탐촉자를 시험체에 직접 접촉시켜 초음파를 전달하는 방법을 직접 접촉법이라 하고, 시험체를 물과 같은 액체 접촉 매질속에 넣고 초음파의 진동을 액체를 통해 시험체에 전달하는 방법을 수침법이라 한다.

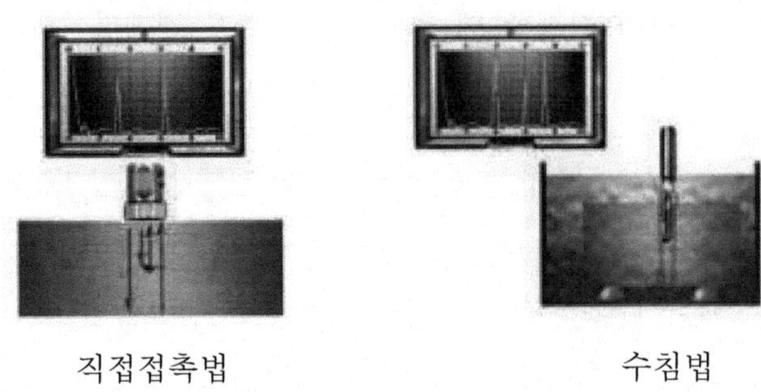

직접접촉법   수침법

02 초음파를 이용하여 기계부품의 내부결함을 검출하는 원리를 설명하고 맞대기 용접에서의 초음파 탐상방법을 쓰시오.

[해설]

1. 초음파탐상법의 의미

* 초음파탐상법은 Ultrasonic Test, UT라고 부른다. 고주파수인 음파의 빔을 검사할 재질 내로 보내어 표면 및 내부결함을 검출해 내는 비파괴검사법이다.

2. 초음파탐상법의 원리

(1) 초음파탐상법의 개요

* 초음파는 탐촉자를 통하여 시험체 내부로 전달되며, 동일 매질(시험체)에서는 직진하지만 다른 매질(결함)과 접하는 계면에서는 각 매질의 물리적 상태 및 성질 차이로 반사 또는 굴절된다. 이 중에서 반사되는 초음파를 탐촉자가 수신하여 탐상기 CRT상에 펄스신호 형태로 결함지시를 나타내며, 이 신호를 분석하여 결함의 위치, 종류, 크기를 측정한다.
* 초음파탐상법에는 수직탐상법, 사각탐상법이 이용된다.

(2) 수직탐상법의 원리

* 수직탐상은 음파를 입사표면에 수직으로 보내고 물체 내부의 반사원에 의해 반사되어 온 음파를 수신함으로써 이루어진다.

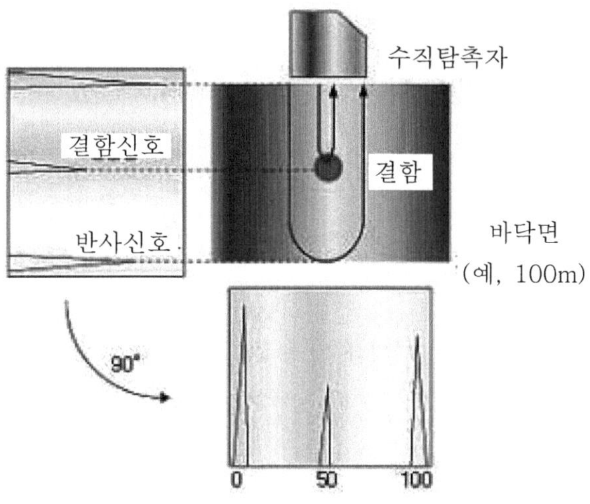

[그림 1] 수직탐상의 원리

(3) 사각탐상의 원리

* 사각탐상이란 시험체의 탐상면에 대해 음파를 경사지게 입사시켜 탐상하는 방식이다.

* 아래 [그림 2]는 사각탐상의 원리와 탐상도형을 나타낸다. 사각탐촉자 내의 진동자는 종파를 발생시킨다. 이 종파는 입사점을 통해 물체 내로 입사되면서 굴절과 함께 파형 변환이 일어난다. 이 굴절된 파는 결함에서 반사하여 다시 탐촉자로 돌아오는데 이때 나타나는 결함에코의 시간축 위치는 입사점에서 결함까지의 음파 진행방향에서의 거리를 나타낸다.

* 수직탐상과 마찬가지로 결함을 평가하게 되는 것은 결함에코가 최고가 되었을 때가 된다. 즉, 중심파가 결함에코에 부딪혔을 때 결함의 위치, 크기, 길이 등을 측정하게 된다.

* 일반적으로 사각탐상은 수직탐상이 어려운 용접부나 관재 등의 탐상에 많이 사용된다.

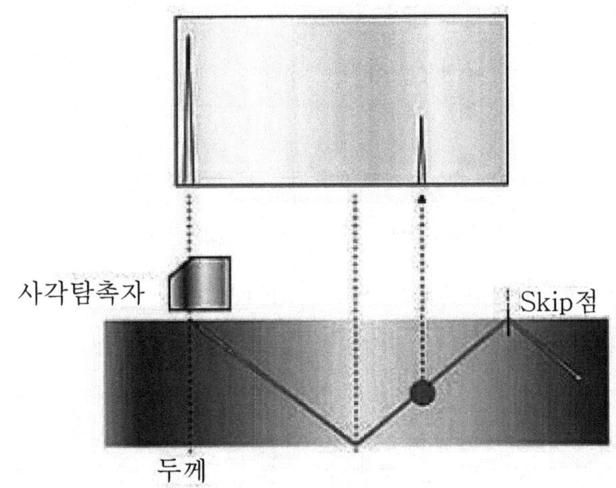

[그림 2] 사각탐상의 원리

3. 초음파탐상법의 적용 강재

* 주로 부재 두께 6mm 이상의 맞대기 용접부에 적용

4. 대상 결함

* 용접부 내부 결함(기공, 슬래그, 용입부족, 균열 등)

제1장

비파괴검사(NDT) : 기타

01 대형 LNG 탱크의 일부에 누출이 생기고 있다. 누출지점을 검출하는 시스템과 방법에 대하여 설명하시오.

해설

1. 개요

* 액화천연가스(Liquefied Natural Gas : LNG)는 메탄가스를 주성분으로 하는 청정연료로 천연가스의 액화기술, 저장과 운반 및 공급기술이 급속도로 개발되고 안전하게 이용할 수 있는 가스기술이 확보되면서 각광받게 되었다.
* 각국의 공업화정책은 심각한 환경문제를 유발하게 되었고, 석유나 원자력 에너지 의존도를 줄일 수 있는 현실적 대안으로 제시된 천연가스 사용량이 급증하고 있다.

2. 누출지점 검출 시스템

(1) LNG 저장탱크의 특징

* 액화천연가스는 -162°C의 초저온 상태에서 저장해야 하므로 저장 탱크 구조물에 대한 설계와 운영방식은 유류저장탱크나 LPG 저장탱크와는 크게 다르다.
* -162°C의 초저온 액체와 직접 접촉해야 하는 저장탱크 구조물은 열변형거동 문제가 액체 자중량이나 외부 하중보다도 더욱 중요한 문제이기 때문에 특별히 주름이 있는 멤브레인식 내조설계가 도입되거나 또는 열수축률이 극미한 특별한 소재를 사용하고 있다.

(2) 측정 및 안전장치 기술

* LNG 저장탱크는 1차적으로 탱크 구조물의 안전성을 안전설계로 확보하고, 링크의 정상적인 가동과 효율적 설비관리 등을 안정적으로 확보하기 위해 필요한 각종 측정장치와 안전장치, 그리고 이들을 연계한 DCS시스템의 운영으로 2차적으로 안전성을 보장한다.
* 만약, 저장탱크에서 강도상의 문제나 누설이 발생하게 되면 탱크 구조물은 위험하중을 우선적으로 담당하고, 동시에 센서와 연결된 측정장치는 이상신호를 즉시 감지하게 된다.

* 측정라인에서 온도나 압력과 같은 이상신호가 지속적으로 검출되는 상황이 발생되면 저장탱크에서 현재 위험한 상황이 진행되고 있다는 것으로 각종 안전장치, 제어장치, 구동장치 등이 신속하게 작동하면서 제기된 문제를 해결하여 정상을 되찾게 된다.

1) 온도측정

* 저장탱크에서 LNG의 온도는 가장 중요한 설계 및 운전요소로 다양한 형태의 물리적 의미를 갖는다. 즉, 탱크의 온도 측정에서 가장 중요한 센서는 저장탱크의 쿨다운(cool-down) 공정을 관리하기 위한 쿨다운 온도센서와 LNG의 누설을 감지하기 위한 누설 감지기가 설치되어 저장탱크의 온도 안전성을 감시한다.
* 탱크의 내부와 외부에 설치된 다수의 온도센서에 의해 측정한 모든 온도 데이터는 DCS(분산제어시스템)로 전송되어 저장탱크 시스템의 안전성을 관리한다.

2) 압력측정

* 저장탱크에 걸리는 압력을 측정하기 위해 설치된 압력계는 내부탱크를 중심으로 절대압력, 계기압력, 차압 등을 측정한다. 저장탱크에 걸리는 압력은 압력계 로컬 트랜스미터, DCS로 압력신호가 전송되어 측정한다.

3) 진동측정

* 내부탱크에 저장된 LNG를 외부로 송출하기 위해 설치된 주펌프의 작동상태를 진동으로 감시하기 위해 가속도 센서를 설치한다.
* 펌프에 설치한 진동센서는 특히 내부탱크 바닥면의 변형거동 상태를 간접적으로 감시하는 기능도 갖는다.

3. 누출지점 검출 방법

(1) 암모니아 누설검사(Ammonia Leak Testing)

* 이 검사는 암모니아와 혼합된 불활성 가스를 검사대상의 내부 공간에 가압 주입하고 일정한 압력을 유지하면서 시험체 외측의 검사할 용접부위에 반응 페인트를 도포한다. 누설 부위의 위치와 크기는 변색된 반응페인트의 위치와 직경에 의해 검출된다.
* 이 검사방법은 특히 용접부위 검사에 적용된다.

(2) 헬륨 누설검사(Helium Leak Testing)

* 이 검사는 헬륨가스를 검사 대상의 내부 공간에 주입하고 일정한 압력을 유지함
  으로써 행해진다. 이 헬륨가스는 용접 부분의 결함, 균열, 핀홀을 따라 이동한다.
  헬륨가스 누설량은 헬륨질량분석계에 의해 측정된다. 그 후, 이 가스는 필라멘트
  에 의해 발생된 전자광선에 의해 전리상자에서 이온화된다. 헬륨이온 콜렉터는
  헬륨이온만을 모으고, 증폭된 신호를 인디케이터에 보낸다. 누설은 신호의 강도
  에 의해 측정된다.
* 이 방법은 특히 용접부위 검사에 적용된다.

(3) 압력변화 측정검사(Pressure Change Measurement Testing)

* 전체의 누설은 감압되거나 가압된 검사 물체의 시간 경과에 따른 내부의 압력변
  화 평가로 측정된다.
* 이 검사는 초기에 수리될 수 있는 누설을 쉽게 검출할 수 있고, 추가적인 다른
  기술로 누설부위를 신속히 찾을 수 있다.

02 설비진단기법 중 오일분석법에 대하여 설명하시오.

해설

○ 오일분석법에 의한 설비진단기술

1. 개요

* 사용 윤활유 속에 혼입되는 마모분에는 윤활부의 상태를 나타내는 정보가 들어
  있는데, 이것을 이용한 윤활과 유압계통의 진단법으로서 SOAP(Spectrometric
  Oil Analysis Program)법과 페로그래피(Ferrography)법이 실용화되어 있다.
* 이 방법들은 윤활계통과 유압계통, 대형 전력용 급유기기의 진단 등에 유효하다.

2. 오일분석법

(1) SOAP법

* SOAP법은 윤활유 속에 함유된 정량 금속성분을 분석하여 윤활부의 마모를 초기
  에 검출하여 진단하는 방법이다.
* 윤활유 중에 함유되어 있는 마모금속 성분의 크기, 형태, 수를 조사하면 윤활유의
  상태진단이 가능하다.

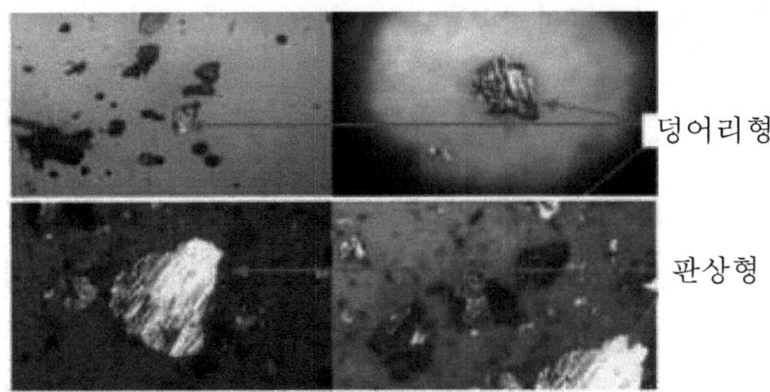

(2) 페로그래피법

* 페로그래피의 원리는 강한 자력으로 윤활유 속에 소모분(마모분)을 분리하여 마모 입자를 분석하는 것이다. 그 방법에는 정량 페로그래피와 분석 페로그래피의 두 종류가 있다.

* 정량 페로그래피의 원리는 시료가 흐르는 방향에 자석의 강도를 세게 하여 마모 입자를 큰 순으로 튜브 내에 배열시킨다. 이 큰 마모입자의 양과 작은 마모입자의 양을 정량적으로 측정하여, 양자를 비교해서 큰 마모입자가 많은 경우에 이상으로 판단하는 방법이다.

* 분석 페로그래피는 자력구배를 갖는 자석 위에 유리판을 기울여 놓고 여기에 시료를 흐르게 하여 마모분이 큰 순으로 분석시료의 결과를 배열시켜 비교하는 방법이다.

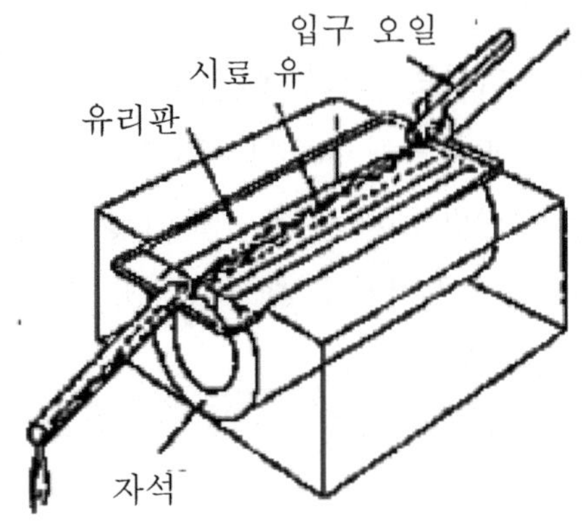

분석 페로그래피 원리도

제
1
장

진동방지기술

01 베어링 간 거리가 500[mm], 지름이 50[mm]인 축 중앙에 중량 500kgf 인 회전체가 장착되어 있다. 축의 자중을 무시할 때 가로 진동에 의한 위험회 전속도를 구하라. 단, 영계수(Young's Modulus)는 $E=2.1×10^4$ [kgf/mm^2]이다.

해설

1. 위험속도 계산 원리

* 회전축에는 풀리, 기어, 관성차 등의 회전체가 여러 개 부착되어 있는 경우가 많다. 여러 개의 회전체로 구성되어 있는 회전축은 각 회전체의 특성을 고려하여 고유진 동수를 추정하여야 한다.

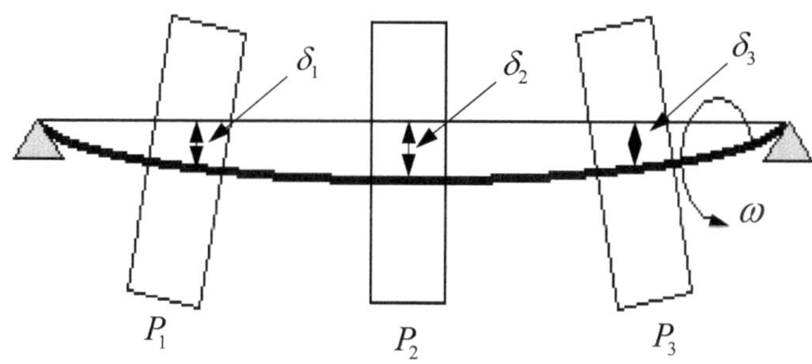

* 던커레이 식은 여러 개의 회전체를 갖는 축에서 각 회전체들을 갖는 축에서 각 회 전체들을 각각 축에 부착하였을 때의 고유진동수로부터 계 전체의 1차 고유진동수 를 근사적으로 계산하는 식이다.

* 축의 자중에 의한 위험속도를 고려하는 경우 일반적으로 던커레이 식은 다음의 형 태로 변형되어 쓰인다.

$$\frac{1}{N_{cr}^2} = \frac{1}{N_0^2} + \frac{1}{N_1^2} + \frac{1}{N_2^2} + \cdots + \frac{1}{N_n^2}$$

여기서, N_{cr}은 축에 모든 회전체를 부착한 상태에서의 축의 위험속도[rpm]

N_0는 회전체를 부착하지 않은 축의 위험속도[rpm]로서 축의 자중을 무시한 경우에는 N_0 값에 무한대의 값을 넣는다.

N_i($i = 1, 2, \cdots, n$, n은 회전체 수)는 각 회전체를 단독으로 축에 설치했을 경우(축의 자중무시)의 위험속도[rpm]. 중앙에 한 개만 있는 경우 중앙이 $i = 1$

2. 회전체의 위험속도 계산

$$\frac{1}{N_{cr}^2} = \frac{1}{N_0^2} + \frac{1}{N_1^2} = 0 + \frac{1}{2,103.89^2} \ \rightarrow \ N_{cr} = 2103.89\,[rpm]$$

여기서, 중앙의 회전체에 의한 위험속도 N_1은

$$N_1 = \frac{30}{\pi}\sqrt{\frac{g}{\delta_1}} = \frac{30}{\pi}\sqrt{\frac{9.81m/s^2 \times (1,000mm/m)}{0.2021mm}} = 2,103.89\,[rpm]$$

단, 중앙에 위치한 회전체에 의한 처짐 δ_1은

$$\delta_1 = \frac{Pl^3}{48EI}$$

$$= \frac{Pl^3}{48 \times E \times \dfrac{\pi d^4}{64}} = \frac{500 \times 500^3}{48 \times (2.1 \times 10^4) \times \dfrac{\pi}{64} \times 50^4} = 0.2021\,[mm]$$

여기서, 단면2차모멘트 $I = \dfrac{\pi d^4}{64}$

02 기계설비의 고유진동수의 전(저주파) 후(고주파)로 구분하고, 질량의 크기, 감쇠(Damping) 및 강성(Stiffness)의 상호 관련성(효과적인 대책)을 요약·설명하라.

[해설]

1. 정의

* 회전기계의 진동평가 및 규격의 정의에 따르면 고유진동수는 계의 진동진폭이 최대로 되는 고유모드에 대응하는 자유 진동의 고유한 진동수를 말한다.

* 감쇠가 없는 경우는 비감쇠 고유진동수(Undamped Natural Frequency) ω_n, 감쇠가 있는 경우는 감쇠 고유진동수(Damped Natural Frequency) ω_d 로 부르며, 이들 사이에는

$$\omega_n = \sqrt{\frac{k}{m}}$$

$$\omega_d = \omega_n \sqrt{1 - \zeta^2}$$

여기서, ζ : 감쇠비(Damping Ratio), k : 스프링상수, m : 질량

2. 고유진동수

* 고유진동수란 각 물체가 가지는 고유한 진동특성을 말하는 것으로, 만일 진동계가 고유진동수와 동일한 진동수를 가진 외력을 주기적으로 받으면 그 진폭이 무한대로(이론적으로) 증가하게 될 것이다.
* 고유진동수는 기계 또는 부품의 설계 구조에 의해 결정된다. 고유진동수는 계의 고유 특성인 질량과 강성의 분포에 의해서 결정되고 진동계를 자유진동시켰을 때의 진동수로서 공진주파수(Resonant Frequency)로도 불린다. 모든 진동계는 여러 개의 고유진동수가 존재한다. 그러나 아주 단순한 기계요소들과 같은 드문 경우를 제외하면 대부분의 고유진동수는 1차 고유진동수의 배수 성분이 아니다.
* 고유진동수는 일례로 아래 그림에 나타내듯이 주파수분석에서 얻어진 각 피크의 주파수가 고유진동수에 대응한다. 고주파수일수록 감쇠량이 커짐을 보이고 있다.

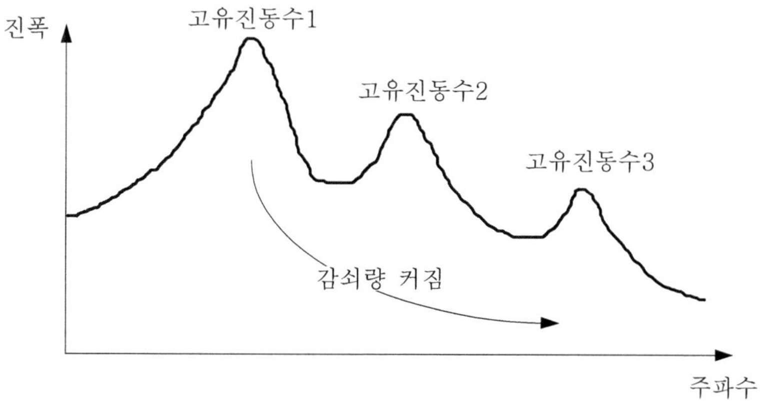

3. 질량, 강성 및 감쇠

* 질량, 강성 및 감쇠는 주파수와 공진의 증폭에 영향을 미치는 3가지 매개변수이다. 질량은 진동력을 일으키게 하는 특성이고, 강성은 질량에 가해진 힘에 의하여 발생하는 관성에 반작용하는 특성이다.

* 감쇠는 역학적인 에너지가 열에너지로 변화되는 특성, 즉 진동을 흡수하는 작용으로 변환되는 특성이다.

  ① 구조의 질량증가는 공진주파수를 감소시킬 것이다.

  ② 구조의 강성증가는 공진주파수를 증가시킬 것이다.

  ③ 구조의 감쇠량을 증가시키면 공진의 진폭이 감소할 것이고, 공진주파수를 증가시킬 것이다. 공진점에서 감쇠는 진동의 진폭을 통제할 수 있는 유일한 특성이다.

03 회전기계의 진동 중 공진현상(Resonance)을 설명하시오.

[해설]

1. 정의

* 특정의 고유진동수를 가지는 회전기계가 그와 같은 진동수를 가진 힘을 주기적으로 받을 경우 진폭과 에너지가 크게 증가하는 현상이다.

* 즉, 외부에서 유입되는 진동 주파수가 물체나 구조물의 고유진동수와 일치할 경우 단순히 전달되는 진동만큼만 진동하는 것이 아니라 시간에 따라서 물체나 구조물의 진동이 무한히 증폭되는 현상을 보인다. 이와 같이 비정상적으로 발생하는 현상을 공진(Resonance)이라고 한다.

2. 발생원인

* 기계장치에서도 위에서 언급한 현상이 자주 발생된다. 기계에서 발생하는 진동 주파수 중에 부품 또는 구조물의 고유진동수와 일치하는 진동이 있다면 그 부품이나 구조물의 진동은 비정상적으로 커지게 되고, 높은 진동과 함께 과도한 소음이 발생하게 된다. 이와 같이 공진현상은 구조물의 파손유발과 나아가 기계에 치명적인 고장을 유발하여 작업 시 위험을 초래할 수 있다.

3. 공진을 이용한 제품

① 음식물을 데우는 전자레인지 : 전자 레인지는 내부에 마이크로파를 방출해 음식물 속의 물 분자가 공진 현상에 의해 강하게 진동하면서 마찰에 의한 열에너지를 만들어 내도록 함으로써 음식물의 온도를 높인다.

② 조립라인에서 진동에 의해 부품을 이송하는 장치

③ 주물사를 털어 내기 위해 사용되는 등의 Vibration Screen 설비

4. 설계시 대책

* 제품설계 전 반드시 설비에서 발생 가능한 모든 진동 주파수를 열거하고 위험발생 여부를 분석해야 한다.

---

(04) 기계설비의 공진현상의 정의, 발생원인, 특성, 대책을 설명하시오.

[해설]

1. 공진현상의 정의

* 특정의 고유진동수를 가진 물체가 그와 같은 진동수를 가진 외력을 주기적으로 받을 경우 진폭과 에너지가 크게 증가하는 현상이며, 공진(Resonance)현상이라고도 한다.

2. 공진현상의 발생원인

* 공진은 계의 가진력 주파수 또는 외부에서 전달되는 외력의 진동수가 구조물 또는 회전축계의 고유진동수(Natural Frequency)와 같거나 유사할 경우, 구조물의 진동이 증폭되어 과대한 진동이 발생한다.

* 회전기계에는 기계적, 유체적 및 전기적인 힘에 의한 다양한 가진력 주파수가 존재하고 있고, 이들 진동수가 기계의 회전축계 또는 케이싱이나 프레임 구조물의 고유진동수와 일치하여 공진을 일으킬 수 있다.

* 공진상태에서 장기간 운전을 하게 되면 과도한 진동에 의한 피로에 의해 취약부분의 파손을 일으키게 된다.

3. 공진현상의 특성

① 원심력에 의한 진동으로 1X 성분만이 나타난다.

② 약간의 속도 변화에도 진동 특성이 급격히 감소한다. 이는 공진 속도만 회피하게
되면 공진현상이 사라지기 때문이다.

③ 수평과 수직방향의 강성 차이로 인해 두 방향의 공진속도가 서로 다르다.

④ 진동의 크기에 관계없이 공진에 의한 진동은 시간이 지남에 따라 점점 성장한다.

4. 공진현상의 대책

① 설계 단계에서 정밀한 진동 해석을 통하여 예상 가능한 진동특성을 파악하고 이
를 설계에 반영할 수 있는 능력을 갖추어야 한다.

② 운전속도가 고유진동수 이하 또는 이상이 되도록 운전속도를 변경하여 공진을 회
피하도록 운전속도를 변경하는 방법이다.

③ 비틀림 공진 문제인 경우에는 플렉시블 커플링을 교체하여 감쇠를 변경하거나, 커
플링 강성을 변경하여 비틀림 고유진동수를 이동하도록 한다.

④ 일반적으로 모든 굽힘 고유진동수는 적어도 운전속도 범위의 20% 이상, 비틀림
고유진동수는 10% 이상이 되도록 변경하는 것이 바람직하다.

⑤ 교량에서의 공진현상 대책으로는 교량에 댐퍼설치로 교량의 진동을 억제시키거나,
교량의 질량 또는 강성을 변화시켜 교량의 고유진동수가 차량의 주행으로 인한
"차량의 가진 진동수"와 일치되지 않게 하는 방법이 있다.

05 산업현장의 회전기계(Rotating Machinery)에 발생되는 진동(Vibration)의
형태 3가지를 들고 이에 해당하는 사례를 들어 설명하시오.

[해설]

○ 회전기계의 진동

(1) 회전기계

* 증기터빈, 가스터빈, 감속기, 펌프, 원심분리기, 발전기, 모터 등 회전동력부를 가
진 기계

(2) 회전기계의 진동형태 3가지

* 회전속도에 따라 가진력, 감쇠력, 진동 모드가 변하며, 진동방향에 따라 횡진동 (굽힘진동), 종진동, 비틀림진동으로 구분된다.

① 횡진동 : 봉의 축선 또는 단면에 수직방향으로 흔들리는 진동

* 기체 및 액체에서는 파동의 진행방향에 대하여 수직으로 흔들리는 진동이다.

② 종진동 : 기둥모양의 물체에서 그 길이 방향으로 일어나는 탄성진동

③ 비틀림진동 : 하나의 강체가 특정한 축에 관해서 진동할 때 결과적인 진동이다. 이 경우 강체의 변위는 각 좌표의 합으로 측정된다.

(3) 회전기계 진동의 원인

① 불평형과 오정렬로 발생하는 진동 : 대표적임

② 편심으로 발생하는 진동

③ 왕복으로 발생하는 진동

④ 마찰로 발생하는 진동

④ 공진으로 발생하는 진동

⑥ 점성의 기동저항으로 발생하는 진동

⑦ 열팽창으로 발생하는 진동

⑧ 발진기(Oscillator)에 의한 진동

⑨ 열역학적 진동

비파괴검사의 안전대책

01 비파괴검사의 주요 위험요인 및 안전대책에 대해 설명하시오.

해설

○ 비파괴검사의 주요 위험요인 및 안전대책

구분	작업전 안전사항	위험요인	NDT					
			RT	UT	PT	ET	MT	VT
안전 대책	작업수행 구역 설정, 구획표시, 통행 및 출입 제한	피폭, 충격, 낙하	○					
	작업 전·중·후 수시로 방사선 측정	피폭	○					
	방사선 위험 조치방안 교육	피폭	○					
	방사선원의 도난, 분실에 대비 조치 실시	피폭	○					
	안전관리 장비 휴대 적절한 사용	피폭, 감전, 추락 등	○			○	○	
	추락위험시 안전대 착용	추락	○	○	○			○
	비계 설치시 설치 매뉴얼 준수하여 설치	추락	○	○	○			○
	비계 발판의 최대적재하중 초과 금지	추락	○	○	○			○
	추락 위험장소에 안전난간, 안전망 설치	추락	○	○	○			○
안전 수칙	방사선작업자의 위험대책 지식 보유	피폭	○					
	작업시작전 방사선 장비 이상유무 사전 점검	피폭	○					
	작업시 방사선 방의 3대 원칙(차폐, 거리, 시간) 준수	피폭	○					
	방사선 장비 고장시 방사선 위험 구역 설정·보호	피폭	○					
	작업장 하부에는 동시에 작업하지 않음	낙하, 비래	○	○	○	○	○	○
	개인 방호기구는 항상 착용하고 수시로 점검	낙하, 피폭, 충격 등	○	○	○	○	○	○
	기타 안전관리 규정 철저 준수	피폭, 누락, 감전 등	○	○	○	○	○	○
	감전사고 방지를 위한 접지 실시	감전	○				○	○
	화재·폭발 사고 방지를 위한 화기에 유의	폭발					○	○
	유해광선에 의한 시력(눈) 손상 방지	눈손상	○	○				

1.8 공장자동화 안전기술

자동화 기초

01 자동화기계의 안전성 평가지표에 대해 설명하고, 기존의 평가방법과의 차이점에 대해 설명하시오.

[해설]

1. 자동화기계의 안전성 평가지표

① 생산관리 관련 : 자동화율(=자동화요소작업수/현요소작업수)

② 신뢰성 관련 : 고장도수율, 고장강도율, MTBF, MTTF, 설비고장건수, 프로세스고장건수, 잠깐정지횟수(5분 미만), 설비가동성(A), Shift간 무인운전시간, BM건수

③ 보전성 관련 : MTTR

④ 보전작업효율 관련 : 예방보전달성률, 예방보전율, 개량보전율, CM건수, SDM단축일수, 교시횟수, 교시작업오류건수 (여기서, SDM : 셧 다운 메인티넌스)

⑤ 안전 관련 : 천인율, 도수율, 강도율, 만인율, 무재해연일수 등

2. 기존의 평가방법과의 차이점

* 트러블 관련 건수, 교시작업 오류 관련 등이 추가 혹은 강조된다는 점이 특징

공장자동화

01 인터넷을 이용한 웹기반 감시 및 제어시스템을 활용하여 생산설비를 원격관리 및 제어하려 한다.

1) 웹기반 감시 및 제어시스템이 적용된 가상생산시스템(Virtual Manufacturing System)의 개념을 설명하시오.

2) 이 경우 발생할 수 있는 안전상의 문제점을 3가지 이상 들고 간략히 설명하시오.

[해설]

1. 가상생산시스템(Virtual Manufacturing System)의 개념

(1) VMS의 정의

① VMS(Virtual Manufacturing System)란 가상제조시스템 또는 가상생산시스템 이라고 하며, 컴퓨터 상에서 가상으로 제품을 제조하는 시스템을 의미한다.

② 공장, 생산라인을 설치하기 이전에 Digital Factory 상에서 가능한 시뮬레이션을 통해 양산시 문제점을 최소화하고, 양산까지의 소요시간을 단축하고자 하는 시스템

(2) VMS가 지원하는 의사결정 영역

① 제조용이성 제품설계(DFM : Design For Manufacturability))
② 신제품 생산 제조시스템 설계 및 구축
③ 기존 제조 시스템의 효율적 운영

(3) VMS 기술의 사용범위

* 가상생산(Virtual Manufacturing) 기술은 그 사용 범위에 따라 설계중심(Design-centered), 제어중심(Control-centered), 생산중심(Production-centered)의 3가지로 나눌 수 있다.

1) 설계중심의 가상생산

* 설계중심의 가상생산은 제품이나 장비 등의 설계단계에서 설계자에게 제품설계 정보를 제공하여 설계상에서 발생할 수 있는 각종 문제점들을 사전에 점검하여 고품질의 제품을 설계하는 것으로서, 3D CAD 관련 기술이 대표적인 설계중심의 가상생산 기술이다.

2) 제어중심의 가상생산

* 제어중심의 가상생산은 실제 생산에서의 공정의 프로세스를 검증하여 최적화된 운영을 목표로 하여 가상 모형에서 단위기계에서의 공정(가공, 프레스, 용접, 도장 등)에 대한 검증을 하기 위한 것이다.
* 또한 제어중심의 가상생산은 이러한 특정한 공정상에서 작업을 하는 작업자의 작업공정도 포함하며, 이를 위하여 최근에는 인간공학을 가상생산기술을 이용하여 분석하기 위한 소프트웨어들이 많이 개발되고 있다.

3) 생산중심의 가상생산

* 생산중심의 가상생산은 배치계획, 생산능력평가, 버퍼분석, 물류시스템 설계, 라인밸런싱 등을 주요 분석 대상으로 한다. 제품계획기간 동안 가상모형을 활용하여 여러 가지 생산 대안들을 빠르고 쉽게 평가하여 자재의 흐름과 생산현장을 최적화시키기 위하여 생산과정을 시뮬레이션하는 것이다.

2. 이 경우 발생할 수 있는 안전상의 문제점 및 설명

(1) Fail-safe, Fail-soft 적용 필요

* 생산현장의 무선기술에는 이중화와 성능저하 발생에 대한 안전조치가 중요하다.
* 고장이 발생하면 절대적으로 안전모드로 전환이 가능하게 설계되고(Fail-safe), 부품고장이나 전원에 문제가 발생하면 안전속도가 감소하는 등(Fail soft) 효율 운영이 필수적이다.

(2) 상호간섭 배제

* 무선통신 노드에 문제가 발생할 경우 복수경로로 통신을 수행할 수 있는 능력이 필요하고, 주변의 유사 무선시스템과 모터신호로 인한 상호간섭 방해가 방지되도록 한디.

(3) 산업용 부품의 신뢰성 확보

* 열악한 생산 현장은 로봇, 컨베이어 등과 같은 자동화된 시스템과 연결되어 있으므로 무선기술의 정보수집에 의한 무고장(Zero Down-time)대책의 시스템 설계가 중요하다.
* 그러므로 이 곳에 적용되는 부품은 신뢰성을 중시한 산업용 부품 적용이 필수적이다.

(4) Battery 가용성 확보

* Packet Collision, Idle Listening, Packet Overhead 제어 및 고속 Sampling에 의한 정보수집 등과 같이 시스템 정보처리 업무에 전력을 소모하는 것은 무선기술 적용에 부정적 영향을 미치게 되므로 Battery 가용성 확보가 중요하다.

02 공장 자동화의 추진과정에서 고려해야 할 안전상 방호대책을 설명하시오.

[해설]

1. 자동화 설비의 안전대책

(1) 설계시 안전대책

① 제어장치는 fail safe, fail soft, tamper proof로 할 것

② 위험구역에 신체의 일부가 들어가지 않게 할 것

③ 위험구역에 신체의 일부가 들어가면 기계가 정지하도록 설계할 것

④ 불의의 충격에는 설비가 가동되지 않게 설계

⑤ 관성이 커서 급정지가 곤란한 것은 시간지연 장치로 설계

⑥ 인터록 가드 도입 설계

    ㉠ 직접수동스위치 인터록, ㉡ 기계적 인터록, ㉢ 시퀀스 인터록,

    ㉣ 캠구동 인터록 → passive 모드[abnormal시 접점 close(ON)]

    ㉤ 캡티브 인터록 → 기계적 잠금+전기적 잠금

⑦ 키교환 시스템 → 마스터 키가 ON이 되려면 개별 키들이 닫혀 있어야 됨

(2) 제조시의 안전대책

① 신뢰도가 높은 부품 사용

② 동력전달점, 작업점의 방호

③ 표면이 날카롭지 않게 제작

④ 급정지 장치는 조작이 쉬운 곳에 설치

⑤ 고장·오동작으로 튀어나올 물체가 있는 곳은 덮개, 울, 울타리를 설치

(3) 운용시 안전대책

① 조작시 급격한 시동 금지

② 정전후 통전시 자동가동 금지

③ 비상시의 경보는 효과적인 방식으로 작동

④ 원칙적으로 자동운전 구역에 출입을 금함

⑤ 입출입을 막을 수 있는 출입문, 방책 설치 및 준수

⑥ 안전매트, 울타리, 펜스 설치 및 준수

(4) 정비시 안전대책

① 빈번한 주유가 필요하지 않도록 자동급유 방식으로 함

② 대형기계에는 작업용 안전정거장, 승강로 설치 및 사용

③ 정비시에는 LOTO(Lock-out, Tag-out) 실시하여 작업자의 안전 확보

(5) 작업방법에 대한 안전대책

① 안전을 고려한 작업 순서 및 방법 결정

② 사고시 대응 가능한 체크리스트, 매뉴얼 준비

③ 사고 발생시 신속·정확하게 보고 실시

④ 작업지휘자의 지휘아래 작업

⑤ 사고발생시 대응대책 및 조치대책 명확화

⑥ 이상발생시 기계의 정지권한 부여

⑦ 로봇의 교시작업 등에 안전작업매뉴얼 작성

⑧ 작업자의 오판단, 착각 방지용 작업순서 게시

(03) 스마트팩토리 수준과 스마트팩토리 안전시스템 수준을 비교하여 설명하시오.

해설

1. 스마트팩토리 구축 수준별 기능

구분	정의
고도화수준	사물과 서비스를 IoT/IoS화 하여 사물, 서비스, 비즈니스 모듈간의 실시간소통 체계를 구축하고 사이버공간에서 비즈니스를 실현하는 수준
중간수준 2	모기업과 공급사슬 및 엔지니어링 정보를 공유하며, 글로벌 계획 최적화와 제어 자동화를 기반으로 실시간 의사결정 및 제어형 공장을 달성하는 수준
중간수준 1	설비정보를 최대한 자동으로 수집하고, 모기업과 고신뢰성의 정보를 공유함으로써 기업운영의 자동화를 지향하는 수준
기초수준	기초적인 ICT(정보통신기술)를 활용하여 생산 일부 분야의 정보를 수집하고, 모기업 인프라 활용 등을 통하여 최소비용으로 자사의 정보시스템을 구축하는 수준

2. 스마트팩토리 안전시스템 수준

단계	조건 (구축 수준)
Safety Ⅳ	빅데이터와 AI 기술을 통해 부품고장, 교환주기 및 예지적 방호장치, CPS(사이버물리시스템) 상에서 자율안전확인(자기적합성 선언)
Safety Ⅲ	이상상태 모니터링을 통한 설비 자동제어, 이력관리, 설비수명 예측 등
Safety Ⅱ	기계·설비류(모듈설비 포함) 및 작업자 안전 모니터링
Safety Ⅰ	기계·설비류(모듈설비 포함) 안전기준 및 국내·외 관련 규격

[출처] 스마트팩토리 안전시스템 평가에 관한 기술지침(KOSHA 가이드 G-135)

자동화기술

01 기계설비의 자동화를 위한 제어방법 중 개회로제어(open-loop control)와 폐회로제어(closed-loop control)의 장단점을 비교·설명하시오.

〔해설〕

1. 개요

(1) 개회로제어(open-loop control)

* 출력이 제어 자체에 영향이 미치지 않는 것으로, 입력과 출력의 오차에 대한 수정 과정이 없다.

[그림 1] 개회로 시스템

(2) 폐회로제어(closed-loop control)

* 출력신호를 감지하고 목표치와 비교하여 입력과 출력의 오차를 제어장치에 입력되어 이 오차를 줄이는 제어로, 목표값과 결과값이 일치하게 된다.

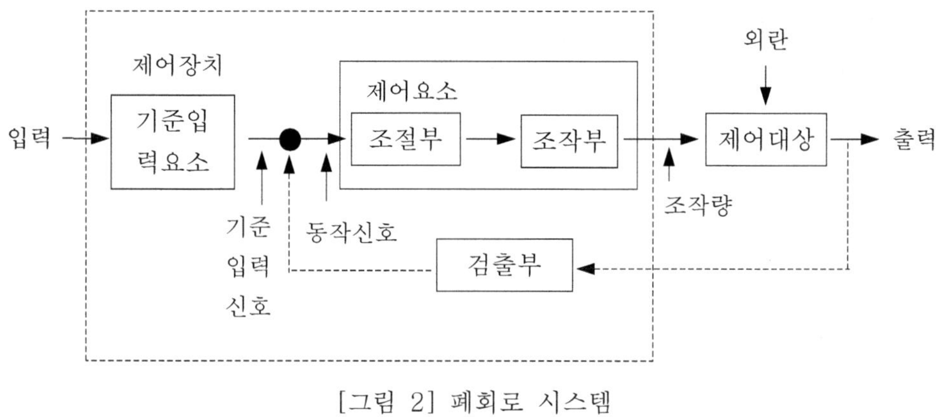

[그림 2] 폐회로 시스템

2. 제어방식별 장단점 비교

구분	장점	단점
개회로제어	* 제어구조가 간단하다(단순 제어). * 가격이 저렴하다.	* 출력 정도를 보장할 수 없다.
세미폐회로 제어	* 폐회회로에 비하여 구조가 간단하다. * 비교적 저렴한 가격으로 위치정도를 확보할 수 있다. (로봇제어에 주로 사용된다.)	* 출력 정도를 확실히 보장할 수는 없다.
폐회로제어	고정도의 위치제어가 보장된다. (고정도 가공기에 주로 사용된다.)	* 출력 검출기의 추가설치에 따른 기계적인 복잡성을 가지고 있다. * 고가이다.

02 기계설비의 안전장치 중 개회로(Open-loop)제어와 폐회로(Closed-loop) 제어 방식의 예를 각각 3가지씩 쓰시오.

[해설]

1. 개요

(1) 제어 시스템의 종류

* 제어 시스템은 자동제어의 개념과 밀접한 관계를 가진다. 제어 시스템은 2가지 기본 형태인 개루프 제어 시스템(Open Loop System)와 폐루프 제어 시스템 (Closed Loop System)이 있다.

(2) 개루프 제어 시스템(Open Loop System)의 정의

* 시스템의 출력을 입력에 피드백하지 않고 기준입력만으로 제어신호를 만들어서 출력을 제어하는 방식이다. 개루프 제어 시스템은 궤환(loop)을 사용하지 않고 구동기로 공정을 직접 제어한다.

(3) 폐루프 제어 시스템(Closed Loop System)의 정의

* 폐루프 제어 시스템(Closed Loop System)을 피드백 제어 또는 궤환 제어 시스템이라고도 말한다. 피드백 제어 시스템은 출력신호가 제어동작에 직접적인 영향을 받는 시스템을 말한다.

2. 폐루프 제어 시스템 사용 예

(1) 아날로그형 전자계산기

* 아날로그형 전자계산기는 되먹임(feedback)회로에 함수관계를 갖게 하여 입력전압과 출력전압 사이에 덧셈·적분 등의 기능을 갖게 한 것이다.

(2) 건조설비의 자동온도조절기

* 자동조절기에서 발생된 오차신호는 증폭되고, 조절기의 증폭된 출력은 제어밸브에 전달되어 밸브를 개폐시켜 증가량을 조정하여 실제온도가 요구하는 온도에 도달하도록 한다.
* 만일 실제온도와 요구온도가 일치되어 오차가 없으면 신호는 0이 되어 제어밸브는 작동하지 않는다.

(3) 공작기계나 수치제어 공작기계에 사용되는 서보기구

* 서보기구는 물체의 위치 방위, 자세 등을 제어하여 목표치의 임의의 변화에 따를 수 있도록 구성된 제어계이다.
* 즉, 제어대상이 되는 장치의 입력이 임의로 변화할 때 출력을 미리 설정한 목적 치에 이르도록 자동적으로 추종시키는 기구를 말한다.

(4) 공정제어 시스템(Process Control System)

* 시스템의 출력이 온도, 압력, 유량, pH 등의 변수를 갖는 자동조절시스템을 특히 공정제어시스템이라 한다.
* 공정제어는 화학공장뿐만 아니라 일반산업체에도 널리 이용되고 있다. 용광로의 온도제어는 용광로의 온도가 미리 짜놓은 프로그램에 의하여 제어되는 시스템이 다. 이러한 시스템도 공정제어시스템을 이용한 것이다. 예를 들면 미리 프로그램 을 짜서 어느 시간 동안은 온도가 상승하도록 하고, 다음 어느 시간 동안은 온도 가 내려가도록 할 수 있다. 이러한 프로그램 제어에서 설정값은 미리 설정된 시 간표에 따라 변하게 된다. 그러면 조절기는 변경된 설정값에 가깝도록 용광로의 온도를 유지하도록 기능을 발휘한다.

3. 개루프 제어 시스템 사용 예

(1) 커피 자판기

* 순차적인 제어 시스템으로 외란과 관계없이 돈을 넣고 자판기의 원하는 음료수 를 선택하면 순차적으로 음료수를 뽑아 준다.

(2) 세탁기

* 세탁과정에서 물을 빨아들이고 흔들어 주고 물을 빼내는 작동은 모든 시간에 의 하여 순차적으로 작동하는 것이다. 세탁기는 출력신호로서 세탁물의 청결도를 측 정하여 입력으로 피드백하지 않는다.

(3) 교통제어 시스템

* 어떤 시스템이든 시간에 의하여 순차적으로 작동하는 시스템은 개루프 제어 시 스템이고, 이것을 시퀀스제어 시스템이라고도 한다. 예를 들면 교통신호에 의하 여 교통정리가 되는 교통제어시스템도 개루프 제어 시스템의 한 예이다.

(4) 엘리베이터

* 한 동작이 끝나면 그 결과에 따라 다음 동작이 개시되는 순서제어이며, 엘리베이터에서는 한 동작이 끝나야 그 다음 동작으로 넘어가는 시퀀스제어이다.

4. 개·폐루프 시스템의 차이점

(1) 개·폐루프 시스템의 차이점

* 폐루프 시스템(Closed Loop System)이란 출력을 측정하여 제어에 활용하지만, 개루프 시스템(Open Loop System)은 출력을 제어에 활용하지 않는다.

(2) 폐루프 시스템(Closed Loop System)의 장·단점

1) 장점

① 외부조건의 변화에 대처할 수 있다.
② 제어계의 특성을 향상시킬 수 있다.
③ 목표값에 정확히 도달할 수 있다.

2) 단점

① 복잡해지고 값이 비싸진다.
② 제어계 전체가 불안정해 질 수 있다.

(3) 개루프 시스템(Open Loop System)의 장·단점

1) 장점

① 시스템을 설계하는데 있어 복잡하지 않다.
② 시스템이 복잡하지 않아 제어계가 안정하다.
③ 제품의 단가를 낮출 수 있다.

2) 단점

① 외부조건(외란)의 변화에 대처할 수 없다.
② 목표값과 오차가 많이 발생할 수 있다.

제 1 장

1.9 기계 연관 안전기술

철골공사

01 초고층 철골 구조물 공사에 사용되는 철구조재(강재)가공의 효율적인 공정배치와 기계장치에 대하여 기술하시오.

해설

1. 개요

* 철골구조(Steel Structures)는 건축물의 뼈대인 기둥, 보, 지붕틀 등을 철강재를 써서 리벳(Rivet)이음이나 용접이음으로 조립한 다음, 벽이나 지붕에 금속판, 슬레이트판, 스테인리스(Stainless)강판 또는 철망 모르타르를 씌운 것으로, 주요 구조부가 철골재에 의해서 구성된 것이다.

* 철골구조물은 공장작업과 현장작업으로 구분되며, 철골 제작 공장에서 가공 제작한 부재를 공사현장에 운반하여 세우기 작업이 시작된다. 철골재의 가공 및 제작을 하는 제작공장은 설계도에 요구된 철골재를 이용하여 제품을 생산하게 된다.

2. 제작공정

* 철골 공장 작업은 공작도 작성, 형판 제작, 금매김, 절단, 구부리기, 구멍뚫기의 순서에 의해서 가공 제작되며, 적절한 크기로 조립한 다음 녹방지 도장을 하여 현장으로 운반한다.

> 설계도 → 원재료입고 → 분사연마 → 마킹 → 절단 → 천공 → 조립(리벳, 용접) → 검사 → 도장 → 발송

① 원재료 입고 : 철골구조물 제작을 위한 강판과 강재는 강판은 길이 10~30m, 폭 3~5m 정도이고, H빔은 폭이 0.5~1.0m, 길이 6~10m 내외로 대부분 크기가 매우 커서 작업장 내 제품생산 과정 중 운반을 위하여 이동대차, 크레인, 지게차 등 동력운반기계를 사용하고 있다.

② 분사연마 : 철판 및 H빔 등 각종 철강재 표면의 이물질을 제거하는 공정이다. 분사 연마는 교각이나 건물의 이물제거, 선박건조 및 수리, 주조, 금속의 표면처리 등에 널리 사용된다. 이 공정은 수압이나 공기압 또는 원심력을 이용하여 강철구슬이나 알갱이 및 모래 연마재를 철강재의 표면에 강하게 분사시켜 표면의 녹이나 이물질 등을 제거하고 금속의 강도를 증가시키고 표면의 부식성을 적게 하여 부착력을 강화시키기 위한 목적으로 사용된다.

③ 마킹 및 절단 : 강재의 마킹 후에 절단 및 개선가공 방법은 일반적으로 기계절단, 가스절단, 프라즈마 절단이 이용되나 최근 레이저 절단도 도입되었다.

④ 천공 : 천공(구멍뚫기)은 모재와 구멍의 종류에 따라 드릴, 전단 구멍뚫기, 가스절단 등의 방법을 사용한다.

⑤ 조립 및 검사 : 절단된 철판 및 H빔 등을 설계사양에 맞게 조립하는 방법에는 리벳이음, 볼트이음, 핀이음, 용접이음 등이 이용되고, 이어 검사를 한다.

⑥ 도장 : 강재는 수분과 공기에 노출되면 녹이 발생하여 사용할 수 없게 되고, 강재는 부식하기 쉽기 때문에 부식을 방지하기 위해 철골 부재에 도장이나 도금 등의 방청 조치를 실시한다.

3. 주요 설비기기

* 철골 제작 또는 가공을 위한 주요 설비기기의 사용구분과 명칭은 다음과 같다.

사용 구분	기계 명칭
공작도	컴퓨터, 그래픽 컴퓨터, 자동제도기, Auto CAD 등
실제치수	광학식 문자해독기, NC기기 등
철골가공	철공가공기 - H빔, 앵글, 찬넬(channel), C형강, 파이프 드릴, 펀칭, 절단, 플라즈마 절단 등
소부재가공	소부재가공기 - 철판드릴, 탭핑, 밀링, 펀칭, 가스·프라즈마 컷팅, 개선공작기계 등
운반	천장크레인, 지브크레인 등
용접	서브머지아크자동용접기, 교류아크용접기, 가우징용 직류기, CO_2 반자동용접기, 용접봉건조실 등
시험검사	만능재료시험기, 샤르피충격시험기, 브리넬경도시험기, 비커스경도시험기, 초음파탐상기, 표면온도계, 비파괴시험기 등

제 2 장

산업안전공학

2.1 산업안전관리론

안전관리 개요

01 Hazard, Risk, Peril, Danger의 차이점을 설명하시오.

[해설]

* 모두 위험으로 번역되고 비슷한 점이 있으나, 차이점을 확실하게 할 필요가 있다.
  ① risk : 경제적인 손실이 발생할 수 있는 불확실성
  ② peril : 손해를 발생하게 하는 사고
  ③ hazard : 손해발생 가능성의 조건을 만드는 상태
  ④ danger : 손해나 부상을 당하기 쉬운 상태

02 위험도를 구하는 공식을 쓰시오.

[해설]

○ 위험도를 구하는 공식

① 위험도=사건이 일어날 확률(가능성)×사건으로 인한 결과(손실의 크기)

② 위험도 $H = \dfrac{U-L}{L}$ (여기서, U : 폭발상한, L : 폭발하한)

03 산업재해 발생의 메커니즘(모델)을 그림으로 표시하여 설명하시오.

[해설]

○ 산업재해 발생형태

(1) 단순 자극형 (집중형)

* 상호자극에 의해 순간적으로 재해가 발생하는 유형으로, 재해가 일어난 장소와 시기에 일시적으로 요인이 집중

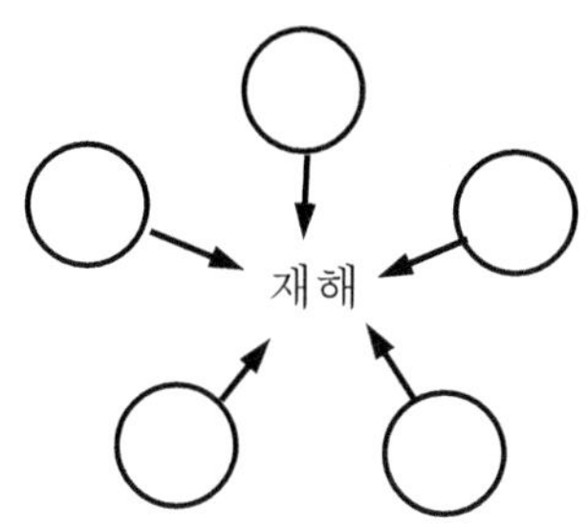

(2) 연쇄형

1) 단순연쇄형

* 하나의 사고 요인이 또 다른 사고 요인을 일으키면서 재해를 발생시키는 유형

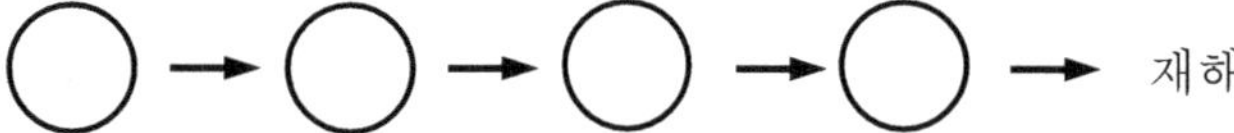

2) 집중연쇄형

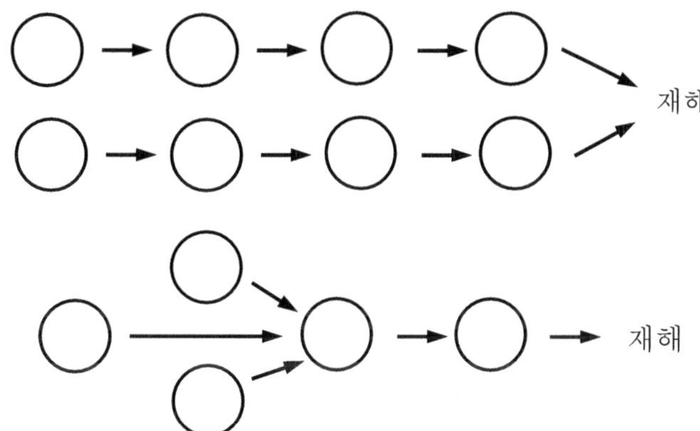

(3) 복합형

* 단순 자극형과 연쇄형의 복합적인 발생유형

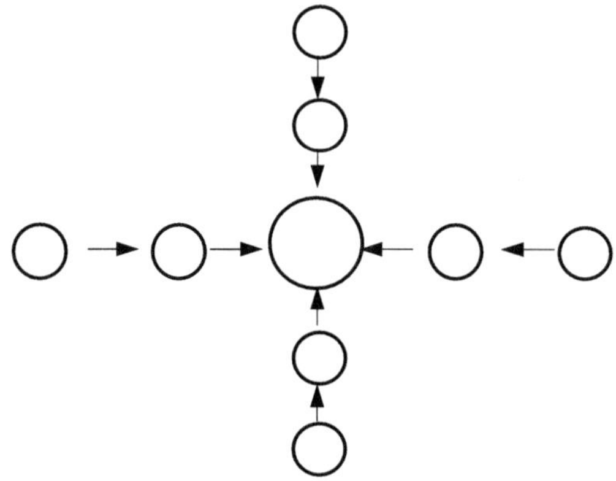

04 아차사고가 일어 날 경우 이를 중시하고 대책을 마련하고 있다. 그렇게 하는 안전원리상의 이유는 무엇인가?

[해설]

1. 아차사고의 정의

* 아차사고(Near Miss)란 사고 발생 또는 발생할 뻔 했지만 직접적으로 인적, 물적 피해가 발생하지 않거나 매우 경미한 사고를 뜻한다.

2. 안전원리상의 이유

* 재해와 사고의 사이에는 중요한 관계가 있다. 즉, 안전사고 원리 중에서 손실우연의 원리는 "사고의 결과로서 생긴 재해의 경중은 우연에 의해서 결정된다"라고 하는 것이다.
* 사고가 일어나더라도 피해가 전혀 없는 경우도 있다. 이와 같은 아차사고라도 재발되면 중대재해가 될지도 모른다. 이 때문에 재해예방이라는 목적을 위해서는 "사고의 발생을 사전에 방지하자"고 하는 것이다.

05 한 기업의 생산성을 간단하게 정의하고 안전관리활동이 이에 미치는 영향을 설명하시오.

[해설]

1. 생산성의 정의

① 물적생산성 $= \dfrac{산출량}{투입량}$　　② 인당생산성 $= \dfrac{산출물}{투입인원}$

③ 부가가치생산성 $= \dfrac{부가가치}{노동투입량}$

④ 종합생산성 $= \dfrac{총산출}{총투입} = \dfrac{매출액(혹은 생산액)}{노동 + 자본 + 자재 + 에너지 + 서비스}$

2. 안전과 생산의 관계

* 생산설비나 작업방법의 이상 여부를 사전에 검토하는 것은 인간존중의 신념이 굳혀지는 안전조건이다. 또한 현장의 안전확보는 바로 생산을 원활하게 유지시키는 중요한 전제조건이 된다.

* 안전확보는 경영정상화에 기여를 하게 되고, 나아가 생산성향상, 품질확보, 원가절감, 납기준수, 환경오염방지, 모럴향상 등에 기여하게 된다.

① 안전은 생산성향상의 밑거름이다.

* 안전한 작업표준은 무리하거나 무모한 동작을 제거시키게 되며, 직장의 정리정돈은 쾌적한 작업환경을 유지시키므로 명랑한 직장분위기를 조성하여 근로의욕을 향상시키게 된다.

* 위험기계설비의 안전화 추진은 작업에 전념할 수 있는 안정감을 부여하므로 작업태도가 안전하게 습관화되고, 작업능률과 생산성도 향상되며, 생산현장도 활성화되어 양질의 생산제품을 만들어 부가가치창출에 효과를 얻게 된다.

② 안전은 불필요한 경비를 절감시키는 근원이 된다.

* 안전우선은 사고를 미연에 방지하므로 사고로 인한 과다한 경비지출을 제거시키며, 생산의 지연이나 납기의 지연으로 인한 품질의 저하나 신용도 저하, 원가상승 제 요인을 제거시켜 주며, 기업의 이윤을 증가시킬 수 있다.

③ 안전은 직장의 질서유지를 증가시킨다.

* 직장의 제반 규정을 스스로 준수함으로써 상하 간에 준법정신이 앙양될 수 있다. 따라서 직장의 규율이 유지되어 명랑한 직장이 형성된다.

④ 안전은 좋은 인간관계를 향상시킨다.

* 경영자가 생산현장의 안전에 관심을 갖고 전사적으로 일치단결하여 전원이 재해방지에 참여하게 하려면 경영자 자신이 솔선수범하여 적극적으로 참여하는 자세가 필요하다. 또한 근로자와 관리감독자 사이의 상호 신뢰와 이해 속에 서로 위하는 협력체제가 이루어지면 노사갈등문제도 해소되고 상하 동료 간의 인간관계도 좋아져 개인과 회사발전에 기여하게 된다.

⑤ 안전은 장래 생산목표의 조건이 된다.

* 생산활동의 목표달성은 안정된 근로능력과 각종 설비·시설들이 배치된 주변환경이 조화성 있게 안전이 구비되었을 때 이루어질 수 있다.

안전관리 이론

01 하인리히(Heinrich)는 안전관리에 대한 이론(주장)을 5가지 측면에서 거론하고 있다. 이를 나열하고 이에 대해 버드(Bird)의 주장을 비교하시오.

해설

1. 하인리히의 재해발생 연쇄이론

* 1단계 : 사회적 환경 및 유전적 요소(선천적 결함) (기초원인)

* 2단계 : 개인적 결함 (간접원인)

* 3단계 : 불안전 행동(인적) 및 불안전한 상태(물적) (직접원인)

* 4단계 : 사고

* 5단계 : 재해(산업재해)

2. 하인리히의 재해발생 이론

* 재해발생=물적 불안전상태+인적 불안정상태+잠재된 위험의 상태

  =설비적 결함+관리적 결함+잠재된 위험의 결함

3. 버드의 도미노 현상

* 1단계 : 통제부족 (관리)　　　 * 2단계 : 기본원인 (기원)

* 3단계 : 직접원인 (징후)　　　 * 4단계 : 사고 (접촉)

* 5단계 : 상해 (재해)

(02) 사고체인(Accident Chain)의 5요소에 대하여 설명하시오.

[해설]

○ 사고체인의 5요소

* 사고 분석에 있어 중요한 점은 사고에 관련된 많은 구성요소들의 규명과 평가이다.
* 사고방지를 위해서 사고를 분석하고 사고의 결과, 직접원인 그리고 간접원인들을 깊이 연구해야 한다. 이러한 5가지 구성요소들은 다음과 같다.
  ① 1요소(함정) : 기계의 운동에 의해서 트랩점이 발생할 가능성이 있는가?
  ② 2요소(충격) : 운동하는 어떤 기계요소들과 사람이 부딪쳐 그 요소의 운동에너지에 의해 사고가 일어날 가능성이 있는가?
  ③ 3요소(접촉) : 날카롭거나, 차갑거나 또는 전류가 흐름으로써 접촉 시 상해가 일어날 요소들이 있는가?
  ④ 4요소(얽힘, 말림) : 작업자가 기계설비에 말려 들어갈 염려가 있는가?
  ⑤ 5요소(튀어나옴) : 기계부품, 피가공재가 기계로부터 튀어나올 염려가 있는가?

(03) Bird의 1 : 10 : 30 : 600 법칙의 의미를 간략히 기술하시오.

[해설]

1. 버드의 법칙이란?

* 버드의 법칙은 1 : 10 : 30 : 600의 비율로, 1건의 중상 또는 폐질(인적 상해)이 발생하기 전에 10건의 경상(물적·인적 상해), 30건의 무상해 사고(물적 손실), 600건의 무상해, 무사고 고장(위험 순간)이 발생한다는 연구 결과를 나타낸다.

2. 버드의 법칙(1 : 10 : 30 : 600의 법칙) 요약

* 1 : 중상 또는 폐질(인적 상해)
* 10 : 경상(물적·인적 상해)
* 30 : 무상해 사고(물적 손실 수반) – 물적 손해
* 600 : 무상해, 무사고 고장(위험 순간) – 아차사고

(04) 재해손실비 평가(계산)방식 4가지만 분류하고 설명하시오.

[해설]

○ 재해 손실비의 종류 및 계산

(1) 하인리히 방식 (1:4 원칙)

 1) 직접비와 간접비

  가) 직접비(법적으로 지급되는 산재보상비)

   ① 휴업급여 : 1일당 지급금액은 평균임금의 100분의 70에 상당하는 금액

   ② 장해급여 : 장해등급에 따라 장해보상 연금 도는 장해보상 일시금으로 지급

   ③ 요양급여 : 요양비 전액(진찰, 약제, 수술·기타치료, 의료시설수용, 간병, 이송 등)

   ④ 유족급여 : 근로자가 업무상 사유로 사망한 경우 유족에게 지급(유족보상 연금 또는 유족보상 일시금)

   ⑤ 장의비 : 평균임금의 120일분에 상당하는 금액

   ⑥ 간병급여 : 요양급여 받은 자가 치유 후 간병이 필요하여 실제로 간병을 받는 자에게 지급

⑦ 상병보상 연금 : 요양 개시 후 2년 경과된 날 이후에 다음의 상태가 계속되는 경우 지급

㉠ 부상 또는 질병이 치유되지 아니한 상태

㉡ 부상 또는 질병에 의한 폐질의 정도가 폐질등급기준에 해당

나) 간접비(직접비 제외한 모든 비용)

① 인적손실 : 본임 및 제3자에 관한 것을 포함한 시간손실

② 물적손실 : 기계, 공구, 재료, 시설의 복구에 소비된 시간손실 및 재산손실

③ 생산손실 : 생산감소, 생산중단, 판매감소 등에 의한 손실

④ 기타손실 :

2) 재해손실비용

* 재해손실비용=직접비+ 간접비=직접비×5

* 직접비 대비 간접비의 비율=1 : 4 (1 대 4의 경험법칙)

여기서, '직접비 : 간접비 비율=1 : 4"의 경험법칙에 의거함

(2) 버드의 방식 (간접비의 빙산원리)

직접비	간접비 (보험 미가입)	
보험비	비보험 재산손실비용	비보험 기타손실비용
상해사고와 관련되는 의료비 또는 보상비	(측정이 쉬움) 1. 건물손실 2. 기구 및 장비손실 3. 제품 및 재료손실 4. 조업중단 및 지연	(측정이 곤란) 1. 시간조사 2. 교육 3. 임대 등
1	5~50	1~3

(3) 시몬즈 방식

1) 총재해비용 산출방식

총재해코스트

=보험 코스트+ 비보험 코스트

$$=보험료+A×(휴업상해건수)+B×(통원상해건수)+C×(응급처치건수)$$
$$+D×(무상해사고건수)$$

여기서, A, B, C, D(상수)는 상해정도별 재해에 대한 비보험 코스트의 평균액 (보험금을 제외한 비용)

2) 비보험 코스트 항목 내역

① 휴업상해 : 영구부분노동불능, 일시전노동불능
② 통원상해 : 일시부분노동불능, 의사의 조치를 요하는 통원상해
③ 응급처치 : 20달러 미만의 손실 또는 8시간 미만의 휴업손실
④ 무상해사고 : 의료조치를 필요로 하지 않는 경미한 상해, 사고 및 무상해 사고 (20달러 이상의 재산손실 또는 8시간 이상의 손실사고)

3) 사망과 영구전노동불능상해는 재해범주에서 제외됨 : 단점에 해당

(4) 콤패스 방식

총재해비용=공동비용비+개별비용비

여기서, 공동비용비 : 보험비, 안전조직 유지비용

개별비용비 : 작업손실비용, 수리비용, 치료비 등

안전관리 기법

01 위험예지활동의 4단계를 설명하시오.

[해설]

○ 위험예지활동의 4단계

위험예지활동 4단계		멤버 의견교환	진행방법
1단계	현상파악 * 문제제기 * 현상파악	어떤 위험이 잠재하고 있는가?	전원이 토의에 참가하여 위험요인 발견, 위험현상을 파악한다.
2단계	본질추구 * 문제점 발견 * 중요문제 결정	이것이 위험 요점이다!	중요 위험임을 결정하여 ◎ 표시하고 밑줄을 그어 지적 확인한다.
3단계	대책수립 * 해결책 구성 * 구체방안 수립	당신이라면 어떻게 하겠는가?	◎ 표시를 붙인 중요위험을 해결하는 대책을 강구한다.
4단계	목표설정 * 중점사항 결정 * 실시계획 책정	우리들은 이렇게 한다!	대책 중 중점 실시항목을 One Point로 정해 지적확인한다.

02 작업장 안전보건활동 중 TBM(Tool Box Meeting)에 대하여 다음 사항을 설명하시오.

1) TBM 3단계   2) 추진 시 유의사항

[해설]

○ TBM(Tool Box Meeting)

1. TBM 위험예지훈련의 정의

* 현장에서 그때 그 장소의 상황에서 즉응 실시하는 위험예지활동으로 즉시즉응법 이라고도 함

2. TBM 시간

① 아침 작업개시전 : 5~15분(통상 이용하는 방법)

② 중식후 작업개시전 : 5~15분

③ 작업종료시 : 3~5분(짧은 시간 동안)

3. TBM의 추진단계

* TBM은 Tool Box Meeting의 약어이며, 통상 5단계로 진행된다.

① 1단계 : 도입(직장체조, 부재해기원, 상호인사, 안전연설, 목표제창)

② 2단계 : 점검・정비(건강, 복장, 보호구, 사용기기 등)

③ 3단계 : 작업지시(금일 혹은 명일에 있을 작업사항 간단하게 전달)

④ 4단계 : 위험예측(작업관련 위험에 관한 것을 예측)

⑤ 5단계 : 확인(위험에 대한 팀원의 확인, touch and call)

4. 추진 시 유의사항

① 작업계획을 추진할 때 관계 작업자가 이해하기 쉽도록 흑판, 패도, 도면 등을 사용해 설명

② 지시사항의 철저한 실시에 대한 배려

㉠ 작업자 능력에 맞는 작업을 할당

㉡ 지시내용은 상대가 이해하기 쉽도록 5W1H에 입각하여 구체적으로 전달

㉢ 감독자 자신이 할 수 있는 것은 지시하지 않는다.

㉣ 계획에 기반하여 지시한다.

③ 위험예지를 실시할 때

㉠ 안전작업순서에 대신하는 작업안전의 진행방법을 지도하는데 있으므로, 작업자가 생각하도록 해서 발언하게 한다,

㉡ 위험예지에서는 무엇을 테마로 할 것인지 생각해 자료를 미리 준비해 둔다.

④ 감독자와 관계 작업자와의 의사 소통할 때

㉠ 위험예지를 하는 그 자리에서 하도록 유의한다.

㉡ 감독자는 전원으로부터 의견을 내놓도록 지도한다.

안전관리 조직

01 안전관리 조직의 형태 3가지를 열거하고, 각 조직의 장단점을 쓰시오.

해설

1. 안전관리조직의 형태

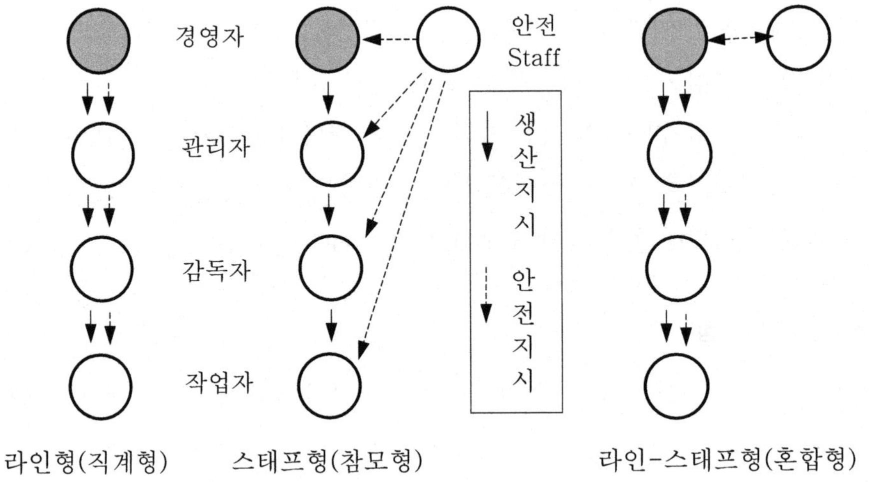

2. 안전관리조직의 특징 및 장단점

(1) 라인형(직계형)

1) 특징

① 안전관리에 관한 모든 것을 생산조직을 통해 행하는 관리 방식

③ 생산과 안전을 동시에 지시하는 형태

2) 라인형(직계형) 장단점

가) 장점

① 명령 및 지시가 신속 정확하다.　② 안전대책의 실시가 신속하다.

나) 단점

① 안전정보가 불충분하다.　② 라인에 과도한 책임 부여

(2) 스태프형(참모형)

1) 특징

① 안전관리 전담 스태프를 두고 계획, 조사, 검토 등을 행하는 방식

② 스태프가 방안을 모색하고 경영자에게 조언, 자문역할을 한다.

2) 스태프형의 장단점

가) 장점

① 안전정보 수집이 빠르고 용이

② 안전지식 및 기술축적 용이

나) 단점

① 안전과 생산을 별개로 취급

② 생산부문은 안전에 대한 책임 및 권한이 없다

(3) 라인-스태프형(혼합형)

1) 특징

① 라인형과 스태프형의 장점을 취한 형태

② 스태프는 안전을 입안, 계획, 평가, 조사하고 라인을 통해 안전대책 및 기술 전달

2) 라인 스태프형의 장단점

가) 장점

① 스태프에 의해 입안된 것을 경영자가 명령하여 신속 정확

② 안전정보 수집 신속 및 용이

③ 안전지식 및 기술축적 용이

나) 단점

① 명령계통과 조언, 권고적 참여의 혼돈 우려

② 스태프의 월권행위 우려

③ 라인이 스태프에 의존 또는 활용하지 않을 수 있다.

무재해운동 방법

01 무재해 추진기법의 일종인 5C운동을 간략하게 기술하시오.

[해설]

1. 5C 운동의 정의

* 5C 운동이란 Correctness(복장단정), Clearance(정리정돈), Cleaning(청소청결), Checking(점검확인), Concentration(전심전력)을 활동 요소로 하는 무재해운동 기법의 하나이다.

* 정리, 정돈, 청소, 청결, 습관화를 의미하는 5S활동에서 조금 더 나아가 위험을 예방하자는 운동이다. 5S 운동은 공장이나 생산관리를 중심으로 하는 반면 5C운동은 안전관리가 중심이다.

* 5C활동은 사업장에서 중요하면서 기본적으로 지켜져야 할 사항이지만, 너무 쉽고 당연하다고 생각해 잘 지켜지고 있지 않아 적극적으로 참여해야 한다.

2. 5C 운동의 내용

(1) Correctness : 복장단정

* 복장단정이란 안전모, 작업복, 안전화 등을 흐트러짐 없이 바르게 착용하고 즐거운 마음으로 작업하는 것으로 스스로 습관화가 되도록 하는 것이다. 누군가의 지시를 받고 하는 것보다 자발적으로 하면 올바른 생각과 행동을 하게 된다.

* 면접을 볼 때는 정장을 입듯이 작업을 할 때도 작업에 필요한 복장과 마음가짐을 가져야 한다.

(2) Clearance : 정리정돈

* 먼저 불필요한 물건과 필요하지 않은 물건을 구분한 다음 정리, 정돈을 한다.

* 정리란 불필요품 및 불용품은 일정한 장소에 이동시켜 모아서 폐기 등 처리하는 것을 말하고, 정돈이란 필요한 것을 일목요연하게 구분하여 사용하기 편리한 장소에 가지런하게 안전한 상태로 정렬시켜 두는 것을 말한다.

* 정돈은 예를 들어 작거나 자주 사용하는 물건은 앞쪽에 두고, 크거나 덜 사용하는 것은 뒤쪽으로 정돈한다.

＊ 정리정돈으로 인해 작업공간이 넓어지고 물건을 찾는 시간이 절약되어 작업의 능률이 향상된다. 또한 작업자가 걸려 넘어지거나 쌓아 놓은 물건이 무너져 다치는 일이 없어진다.

(3) Cleaning : 청소청결

＊ 청소란 통로, 바닥, 설비, 작업도구 등에 먼지나 기름, 쓰레기로 더러워진 것을 치우고 깨끗한 상태로 만드는 것을 말한다. 정리정돈이 안된 상태에서는 효과가 없으므로 정리정돈이 된 후에 실시해야 한다.
＊ 청결이란 정리, 정돈, 청소의 일상적인 유지관리를 의미한다. 청결한 작업장은 작업자에게 여유와 심리적 안정을 가져와 작업을 하는데 도움이 된다. 기계 및 장치의 더러운 곳을 닦고 청소하고 보수하는 활동은 기계의 마모와 부식을 방지해 사고를 예방하는데 도움이 된다.

(4) Checking : 점검확인

＊ 점검확인이란 작업장의 설비, 기계기구 및 작업방법에 있어 불안전한 상태와 행동을 찾아내는 전반적인 활동을 말한다. 모든 기계설비는 시간이 지남에 따라 기능이 떨어지거나 고장이 발생해 사고로 이어지게 된다. 사람 또한 주의력 부족이나 교육을 받지 못해 사고가 일어난다.
＊ 따라서 점검과 확인을 통해 작업장의 위험성을 파악하고 대책을 세워 재해를 예방해야 한다. 반복되는 안전점검이 정착됨으로써 작업장의 안전수준이 향상되고 어떤 포인트에 맞춰 안전계획을 추진할 것인가 하는 목적의식이 뚜렷해 진다.
＊ 점검자별로 점검결과에 대한 판단이 다르면 성과가 오르지 않으므로 점검대상별로 점검방법과 판단기준을 정해 객관적인 평가가 이루어져야 한다.

(5) Concentration : 전심전력

＊ 5C 운동에 있어서 전심전력은 작업장의 전체 근로자가 무재해를 달성해야 겠다는 생각으로 산업재해 예방활동에 총력을 기울이는 것이다.
＊ 이를 위해서는 각종매체와 안전제안제도를 활용하고 안전조례, 안전당번제도, 안전관련 행사를 적극적으로 실시해 안전의식을 향상시켜야 한다.

안전선진화 경영

01 산업안전보건법상 정부의 책무와 관련하여 추진하고 있는 안전문화를 정의하고, 국내의 안전문화를 저해하는 요소 2가지와 선진화 활동에 대하여 3가지를 설명하시오.

[해설]

1. 안전문화의 정의

① 안전문화란 안전제일의 가치관이 개인 또는 조직구성원 각자에 충만되어 개인의 생활이나 조직의 활동 속에서 의식, 관행이 안전으로 체질화된 상태로서 인간의 존엄과 가치의 구체적 실현을 위한 모든 행동양식이나 사고방식, 태도 등 총체적인 의미를 지칭함

② 국내의 안전문화를 저해하는 요소 2가지
   ㉠ 사업주는 안전보건관리를 투자보다는 비용의 개념으로 인식
   ㉡ 법적·제도적 강제의 타율적이 아닌 사업장내 자율적 안전보건활동 저조

2. 안전문화의 선진화

① 안전제도(법규·기술), 안전의식(교육·홍보·자료), 안전인프라(시설·네트워크)가 함께 발전해 나가는 산업안전보건문화 선진화 활동이 필요

② 사업장의 자율적 안전문화 형성과 정착을 위한 기반 확충, 사업장 구성원의 안전보건의식 향상을 위한 노사 자율참여형 안전보건문화활동 유도

③ 노사단체, 시민단체 등의 전문성, 인프라, 네트워크를 활용한 안전문화 확산을 지원하고 산업안전보건분야 안전문화 인프라 확대

④ 사회적 안전보건문화 선진화 정착에 기여할 수 있도록 관계부처의 범국민 안전문화조성활동과 연계 추진

02 선진화된 자율안전에 대하여 실천방안을 기술하시오.

[해설]

1. 경영과 안전보건의 관계

* 안전보건은 기업경영의 선택사항이 아닌 필수사항이다.
   ① 안전은 생명존중의 시발점이 된다.

② 기업가치 브랜드시대에 대비하기 위해 필요하다.

③ 기업의 사회적책임 완수를 위해 필수적이다.

④ 노사관계 개선과 기업문화정착에 기여한다.

2. 선진화된 자율안전실천을 위한 경영자의 역할

① 기업내 안전보건경영체제 구축 방침 운영

② 안전문화 정착에 주도적인 역할

③ 노사가 함께 하는 산재예방활동 강화의 체제 운영

④ 효율적인 안전보건 투자 실행

⑤ 협력업체 안전관리지원 강화 운영

3. 안전문화와 자율적인 안전경영체계 구축 및 운영

* 조직 내에서 안전문화와 효율적인 안전보건 경영체계가 구축과 실천방안이 되기 위해서는 다음과 같은 다섯 가지 요소가 설계되고 운영되어야 한다고 본다. 이를 그림으로 요약 제시하면 다음과 같다.

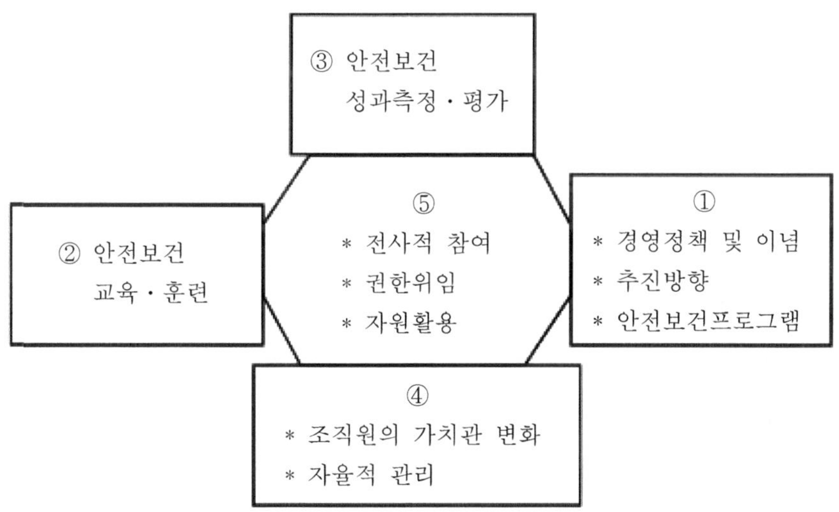

[그림 1] 안전보건경영시스템 구성요소

* 각 구성요소에 대한 설명을 간단하게 하면 다음과 같다.

① 경영정책 및 이념, 추진방향 및 안전보건 프로그램

* 조직 내에서 안전보건 경영시스템의 Tool이다.

* 안전보건에 관한 경영자의 경영이념과 정책 그리고 안전보건 프로그램이 있어야 한다.

② 안전보건 교육·훈련

* 어떤 Tool을 선택하고 사용하게 되면 그에 대한 교육훈련 실시프로그램이 필요하다.

* 안전보건에 관한 정책이나 경영이념, 안전보건 프로그램에 대한 전체적인 교육과 훈련이 수반되어야 한다.

③ 안전보건 성과측정·평가

* 선택된 Tool이 잘 운영되고 있는지 확인하고 평가하는 것이다.

* 정기적으로 안전보건 프로그램의 운영상태를 포함하여 그 결과를 Feed Back함으로써 지속적인 발전을 꾀할 수 있다.

④ 조직원의 가치관 변화 및 자율적 관리

* 조직내 담당 부서마다 안전보건 개념이 통합되고 구체화 되도록 도와준다.

* 조직구성원들에게 안전보건문제에 대한 가치관이 변화하고 자율적으로 관리될 수 있도록 추진해야 한다.

⑤ 전사적 참여, 권한위임 및 자원활용

* 조직 내에서 다른 구성요소들은 함께 묶어 주는 것이다.

* 안전보건경영시스템이 제대로 운영되고 있다고 보는 것은 조직 구성원 전체가 참여하고 있는가와, 인적 물적자원이 효율적으로 활용되고 있는가와, 권한을 위임해서 근로자에게로 안전보건에 대한 책임의식을 갖도록 하는 것이다.

03 일반적으로 생산성과 안전확보는 상충 또는 절충(Trade-off)관계라고 말한다. 그러나 오늘날 많은 경우에 있어서 안전의 확보가 생산성의 향상을 가져오거나 반대로 생산성을 저해하는 요인이 안전에 심대한 영향을 미치는 예를 볼 수 있다. 이와 같은 예를 3가지 이상 제시하시오.

해설

1. 안전확보는 생산성 증대화에 필수적

(1) 생산효율화 저해 16대 손실 저감에 의한 생산성향상

1) 생산효율화를 저해하는 16대 손실

* 생산효율화를 저해하는 손실(loss)로는 16대 손실(또는 Loss)이 있다.

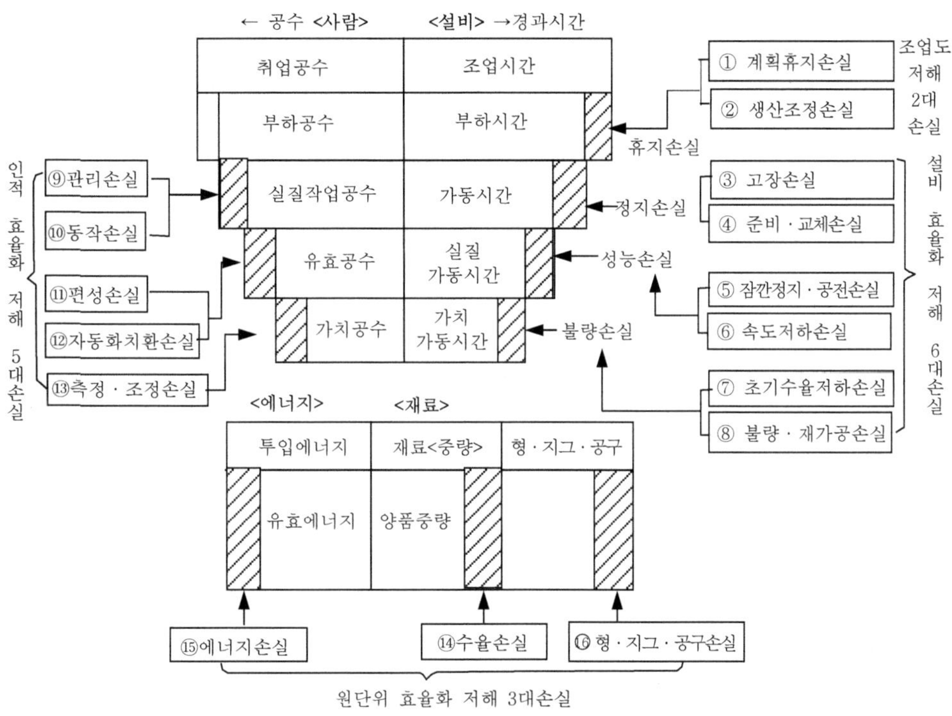

2) 생산효율화 저해 16대 손실(Loss)에 대한 기업의 대책

* 생산효율화 저해 16대 손실에 대한 기업의 대책으로는 다음 표의 내용과 같다.

구분	손실(loss)명	기업의 중점대책 방향
조업도저해 2대 손실	① 계획휴지손실 ② 생산조정손실	연간보전스케쥴의 합리적 운영 및 영업활성화
설비효율화 저해 6대 손실	① 고장손실 ② 준비·교체·조정손실 ③ 잠깐정지(일시정지)손실 ④ 속도저하손실 ⑤ 초기수율저하손실 ⑥ 불량·재가공손실	생산부문의 6대 손실 개선
인적효율화 저해 5대 손실	① 관리손실 ② 동작손실 ③ 편성손실 ④ 자동화변환(치환)손실 ⑤ 측정·조정손실	사무간접부문효율화, IE 및 TPS(철저한 낭비배제)
원단위(原單位) 효율저해 3대 손실	① 수율저하손실 ② 에너지손실 ③ 형·지그·공구손실	MP(보전예방)설계 및 초기 유동관리, 개량보전

[참조] 불량은 부적합이란 용어로 변경 사용중임(ISO 9000:2018)

(2) 무계획성 다운타임 지양

* 보수후 초기가동시 불량 다발문제를 유발하므로 무계획성 다은타임이 없도록 함

(3) 부상과 질병 예방

* 부상과 질병은 재해 손실과 연계되므로 무재해운동 추진 필요

(4) 과로 지양

* 과로는 실수를 유발하고, 실수는 재해, 생산성과 연계되므로 과로 지양

(5) 약물남용 지양

* 약물남용은 실수유발, 비정상건강체질을 유발하므로 약물남용을 지양함

(6) 자재결함 방지

* 자재결함은 설비고장과 제품불량을 유발하므로 양품 자재 확보 및 투입

(7) 물류문제 방지

* 물류는 기업의 제3의 이익원이 되므로 물류손실이 생기지 않게 함

(8) 관리부실 제거

* 관리부실은 기업경영이 어렵게 되므로 체계에 따라 조직적으로 활동이 되게 함

2. 생산성과 안전무재해의 종합 혁신활동 추진

① 생산성과 안전무재해의 종합 혁신활동 추진의 사례는 국내외적으로 다양하게 성공사례가 소개되고 이를 확인할 수 있다.

② 기업의 존속과 발전을 위해서는 생산성, 품질, 원가, 납기, 안전, 환경 등이 상호 연계되므로 종합적으로 관리하고 개선하도록 해야 업계의 우수한 선도기업으로 거듭날 수가 있다.

③ 생산성과 안전의 밀접한 관계는 필자가 직접 수행했던 국내 대기업을 대상으로 30여년간 재해제로, 고장제로, 불량제로화의 무재해 및 제조혁신 컨설팅 사례에서도 지도기간중의 실적으로서 확인할 수 있었기에 여기에 일례로 소개하면 다음과 같다.

ㄱ CJ제일제당(영등포) : 지도기간 중 6년간 무재해, 생산성 2배

ㄴ 두산음료(코카콜라 서울) : 지도기간 중 9년간 무재해, 생산성 1.5배

ㄷ 이수화학(울산, 온산) : 지도기간 중 13년간 무재해

ㄹ 두산주류(군산) : 지도기간 중 13년간 무재해, 생산성 1.5배

2.2 산업안전심리

산업심리 이론

01 산업안전심리의 5대 요소에 대하여 설명하시오.

해설

① 동기(Motive) : 능동적 감각의 결과로서 적극적인 사고, 사람의 마음을 움직이는 원동력

② 기질(Temper) : 인간의 성격, 능력 등 개인적인 특성을 말하는 것으로 생활환경에서 영향을 받는다.

③ 감정(Emotion) : 희노애락의 의식, 사고를 일으키는 정신적인 동기유발

④ 습성(Habit) : 동기, 기질, 감정 등이 밀접한 관계를 형성하여 인간의 행동에 영향을 미칠 수 있도록 하는 것

⑤ 습관(Custom) : 자신도 모르게 습관화된 현상을 말하며, 습관에 영향을 미치는 요소는 동기, 기질, 감정, 습성이다.

02 매슬로우(Maslow)가 주장하는 인간욕구의 5단계설에 대해 설명하시오.

해설

1. 초기 : 인간욕구의 5단계설

* 매슬로우가 1954년 발표한 논문 "동기부여와 인간성 Motive and Personality)"에서 인간욕구의 5단계설을 제시하면서 동기부여와 욕구의 변화단계를 말하였다.
  ① 제1단계 : 생리적 욕구
  ② 제2단계 : 안전의 욕구
  ③ 제3단계 : 사회적 욕구(애정·소속 욕구)
  ④ 제4단계 : 존경의 욕구
  ⑤ 제5단계 : 자아실현 욕구

2. 후기 : 인간욕구의 6단계설

* 그 뒤 1970년에 자아초월의 욕구를 추가하여 인간욕구 6단계설을 제안하였다.
  ① 제1단계 : 생리적 욕구

② 제2단계 : 안전의 욕구

③ 제3단계 : 사회적 욕구

④ 제4단계 : 자아의 욕구

⑤ 제5단계 : 자아실현의 욕구

⑥ 제6단계 : 자아초월의 욕구(자아초월=이타정신=남을 배려하는 마음)

휴먼에러 유형 및 원인

01 착시(Optical Illusion)현상의 종류 2가지만 설명하시오.

[해설]

○ **착시 현상**

1. 포겐도르프(Poggendorf) 착시현상 : (a)-(c)가 일직선인 것처럼 보이는 현상

2. 밀러-라이어(Müller-Lyer) 착시현상 : a-b가 c-d보다 길어 보이는 현상

3. 폰조(Ponzo) 착시현상 : 중간의 두 수평선부의 길이가 서로 달라 보이는 현상

4. 티체너(Titchener) 착시현상 : 같은 크기의 원이지만 서로 달라 보이는 현상

5. 쵤너(Zöllner) 착시현상 : 짧은 선들의 영향으로 긴 선이 굽어 보이는 현상

포겐도르프 착시	밀러-라이어 착시	폰조 착시	티체너 착시	쵤너 착시

02 휴먼에러(Human Error)의 심리적·물리적 요인을 각각 설명하시오.

[해설]

1. 휴먼에러의 분류

(1) 심리적 측면의 휴먼에러(Swain의 독립행동에 의한 분류) ← 명칭에 주의요

① 생략에러[누락(부작위)에러]　　② 실행에러(작위에러)

③ 과잉행동에러(불필요한 행동에러)　④ 순서에러　⑤ 시간에러

(2) 행동과정에 의한 휴먼에러의 분류

① 입력에러　② 정보처리에러　③ 의사결정에러　④ 출력에러　⑤ 피드백에러

(3) 정보처리과정에 의한 분류

① 인지확인오류　② 판단 및 기억오류　③ 동작 및 조작오류

2. 착오요인의 3유형

종류	내용
인지과정 착오	① 생리적, 심리적 능력의 한계 : 정보수용능력의 한계 ② 정보량 저장의 한계 : 처리 가능한 정보량 한계 ③ 감각차단 현상 : 감성 차단 ④ 심리적 요인 : 정서불안정, 불안, 공포 등
판단과정 착오	① 능력부족, ② 합리화, ③ 정보부족, ④ 환경조건불비
조작과정 착오	① 작업자의 기술능력 미숙이, ② 작업자의 경험 부족

3. 휴먼에러의 요인

(1) 심리적 요인

① 일을 할 의욕이나 모럴이 결여되어 있을 때

② 그 일애 대한 지식이 부족할 때

③ 서두르거나 절박한 상황에 놓여 있을 때

④ 무엇인가의 체험으로 습관화되어 있을 때

⑤ 선입관으로 괜찮다고 느끼고 있을 메

⑥ 주의를 끄는 것이 있어 그것에 치우쳐 주의를 빼앗기고 있을 때

⑦ 매우 피로하거나 과로해 있을 때

⑧ 많은 자극이 있어 어떤 것에 반응해야 좋을지 알 수 없을 때

⑨ 공포, 불안을 느끼는 상황일 때

⑩ 수면부족 상태일 때

(2) 물리적 요인

    ① 일이 단조로울 때

    ② 일이 너무 복잡할 때

    ③ 일의 생산성이 너무 강조될 때

    ④ 자극이 너무 많을 때

    ⑤ 재촉을 느끼게 하는 조직이 있을 때

    ⑥ 공간적 배치에 맞지 않는 기기

    ⑦ 작업환경조건 불량

03 사고를 발생시키는 불안전한 상태와 근로자의 불안전한 행동에 대한 각각의 사례를 7가지 쓰고 설명하시오.

해설

○ **재해발생의 원인**

유형		세부 내용	
직접적	불안진한 행동 (인적 요인)	1. 위험 장소 접근 3. 복장·보호구의 잘못 사용 5. 운전 중인 기계장치 손질 7. 위험물 취급 부주의 9. 불안전한 자세 및 동작	2. 안정장치의 기능 제거 4. 기계·기구 잘못 사용 6. 불안전한 속도 조작 8. 불안전한 상태 방치
	불안전한 상태 (물적 요인)	1. 물체 자체의 결함 3. 복장·보호구의 결함 5. 작업환경의 결함 7. 경계표시·설비의 결함	2. 안전방호장치 결함 4. 물체의 배치 및 작업 　　장소 결함 6. 생산공정의 결함
간접적	기술적 원인	1. 건물·기계장치 설계 불량 3. 생산공정 부적절한 설계	2. 구조·재료의 부적합 4. 점검·정비보전 불량
	교육적 원인	1. 안전의식의 부족 3. 경험·훈련의 미숙 5. 유해위험작업 교육 불충분	2. 안전수칙의 오해 4. 작업방법 교육 불충분
	직업관리상 원인	1. 안전관리조직체계 미흡 3. 불충분한 작업준비 5. 부적절한 작업지시	2. 안전수칙 미제정 4. 부적절한 인원배치

(04) 사업장의 안전·보건경영체계 운영과정에서 작업자의 실수를 유발하는 사고유발요인(Accident Causation Model) 11가지를 쓰고 항목별로 간단히 설명하시오.

[해설]

1. 사고유발요인 파악 모델의 개요

* 사고유발요인 모델은 회사에서 발생 가능성이 있는 사고유발요인을 설문조사하여 파악하고 그 결과를 사고유발요인별·항목별·사업장 및 부서별로 비교 검토하여 취약요인을 발굴함으로써 효과적인 자체 재해예방대책을 수립하는데 적용한다.

2. 사고유발요인 파악 모델의 구성

* 사고유발요인은 11개의 위험요인 유형으로 구분하여 파악할 수 있도록 구성되어 있다.

No.	세부 사고유발요인	내용
1	설계 분야	장비·플랜트의 잘못된 설계에 의한 요인
2	설비 분야	설비상의 문제에 따른 사고유발요인
3	작업절차 분야	실제 활용하기가 어렵거나 이해하기가 어려운 작업절차에 의한 사고유발요인
4	실수유발조건 분야	불량한 작업환경, 설비조건 등 실수유발요인
5	정리·정돈 분야	부적절한 정리정돈에 따른 사고유발요인
6	훈련경험 분야	부적절한 교육·훈련에 의한 사고유발요인
7	양립불가능 목표 분야	예산부족, 촉박한 시간 등 실질적으로 달성이 어렵거나 불가능한 목표부여에 따른 사고유발요인
8	의사전달체계 분야	근로자간, 부서간 의사소통 결여에 의한 요인
9	조직 관련 분야	회사의 조직운영, 프로젝트 관리방법의 오류로 인한 사고유발요인
10	근로자 보호 분야	근로자 보호 조치 결함으로 인한 사고유발요인
11	설비보전 분야	불안전한 설비정비에 따른 사고유발요인

05 설계착오의 원인을 5가지만 예시하고 안전관리 측면에서 간단히 설명하시오,

[해설]

1. 설계착오의 직접적 원인

(1) 설비의 6계통 특성파악 부족

① 기계요소, ② 구동·운동·전달계통, ③ 윤활시스템, ④ 유압, 공압, ⑤ 전기제어, ⑥계장설비

(2) 설비의 원리 및 체계 파악 미흡

① 구조·명칭·기능·사양

② 작동원리

③ 운전 및 취급 요령

④ 트러블슈팅(공정, 설비)

⑤ 점검(일상, 정기)

⑥ 정비(7단계 : 분해, 청소, 검사, 수리·교환, 조립, 설치정도검사, 시운전)

(3) 신뢰성설계기술 파악 미흡

① 리던던시설계(용장설계, 병렬설계), ② 고신뢰성 부품 선정, ③ 디레이팅, ④ 내환경성설계, ⑤ 인간공학 고려, ⑥ 보전성설계, ⑦ 스트레스·강도모델 반영, ⑧ 신뢰성시험, ⑨ 설계심사 등

(4) 설비의 성질 파악 미흡

① 신뢰성, ② 보전성, ③ 안전성, ④ 내환경성, ⑤ 작업성, ⑥ 경제성, ⑦ 융통성, ⑧ 자주보전성, ⑨ 조작성 등

(5) 설계 관점의 종합시스템 미흡

① 지식 부족, ② 설계기준 부재, ③ 설계심사체계 미비, ④ 계산 착오, ⑤ 규칙 미준수, ⑥ 법규파악 미흡, ⑦ 설계원리 파악 미흡 등

제2장

2. 설계착오의 휴먼에러 측면 원인

(1) 휴먼에러

1) 불안전한 행동에 따른 분류

불안전한 행동	의도되지 않은 행동	* 실수(slip) - 부주의에 의한 실수 * 망각(lapse) - 기억실패에 의한 망각
	의도된 행동	* 착오(mistake) - 지식기반 착오, 규칙기반 착오 * 위반(violation) - 일상위반, 상황위반, 고의위반

2) 독립행동에 따른 오류

생략에러	* 필요한 직무나 단계를 수행하지 않은(생략, 누락) 에러 (예 : 자동차 주차시 전조등 끄는 것을 잊고 내려 방전)
실행에러 (착각수행에러)	* 직무나 순서 등을 착각하여 잘못 수행(불확실한 수행)한 에러 (예 : 주차금지구역 주차로 스티커 발급받음)
과잉행동에러	* 불필요한 직무 또는 절차를 수행하여 발생한 에러 (예 : 자동차 운전중 팔을 창문밖으로 내어 다침)
순서에러	* 직무 수행과정에서 순서를 잘못 지켜(순서착오) 발생한 에러 (예: 자동차 출발시 사이드브레이크 내리지 않고 가속기 밟음)
시간적에러	* 정해진 시간 내 직무 수행을 못하여(수행지연) 발생한 에러 (예 : 자동차로 학교에 도착은 했으나 늦어서 지각 처리됨)

3) 원인의 레벨적 분류

1차 에러	* 작업자 자신으로부터 발생한 에러(안전교육으로 예방)
2차 에러	* 작업형태, 작업조건 중에서 다른 문제가 발생하여 필요한 직무나 절차를 수해할 수 없는 에러
지시 에러	* 작업자가 움직이려 해도 필요한 물건, 정보, 에너지 등이 공급되지 않아서 작업자가 움직일 수 없는 상황에서 발생한 에러

(2) 재해발생 원인

유형		세부 내용	
직접적	불안전한 행동 (인적 요인)	1. 위험 장소 접근 3. 복장·보호구의 잘못 사용 5. 운전 중인 기계장치 손질 7. 위험물 취급 부주의 9. 불안전한 자세 및 동작	2. 안정장치의 기능 제거 4. 기계·기구 잘못 사용 6. 불안전한 속도 조작 8. 불안전한 상태 방치
	불안전한 상태 (물적 요인)	1. 물체 자체의 결함 3. 복장·보호구의 결함 5. 작업환경의 결함 7. 경계표시·설비의 결함	2. 안전방호장치 결함 4. 물체의 배치 및 작업 장소 결함 6. 생산공정의 결함
간접적	기술적 원인	1. 건물·기계장치 설계 불량 3. 생산공정 부적절한 설계	2. 구조·재료의 부적합 4. 점검·정비보전 불량
	교육적 원인	1. 안전의식의 부족 3. 경험·훈련의 미숙 5. 유해위험작업 교육 불충분	2. 안전수칙의 오해 4. 작업방법 교육 불충분
	직업관리상 원인	1. 안전관리조직체계 미흡 3. 불충분한 작업준비 5. 부적절한 작업지시	2. 안전수칙 미제정 4. 부적절한 인원배치

(3) 부주의에 대한 사고방지대책

1) 정신적 측면의 대책

① 주의력의 집중 훈련 ② 안전의식의 제고 ③ 스트레스의 해소 대책

④ 작업의욕 고취

2) 기능 및 작업측면의 대책

① 표준 작업의 습관화 ② 안전작업 방법의 습득

③ 작업조건의 개선과 적응력 향상 ④ 적성배치

3) 설비 및 환경적 측면의 대책

① 표준 작업 제도의 도입 ② 설비 및 작업환경의 안전화

③ 긴급시 안전작업 대책 수립

리더십과 인간행동

01 네덜란드의 Human Factor학 전문가인 라스무센(Jens Rasmussen)과 리즌(James Reason)이 분류한 내용 중 다음을 설명하시오.

1) 라스무센의 인간 행동 3가지 2) 리즌의 불안전행동 유형 4가지

[해설]

1. 라스무센(Jens Rasmussen)의 인간의 행동 3가지

* 원자력 안전분야의 인간공학자인 Rasmussen은 인지 프로세스의 종류에 따라 산업현장에서 이루어지는 작업을 SBB(Skill Based Behavior), RBB(Rule Based Behavior), KBB (Knowledge Based Behavior) 3가지로 구분했다.

* SBB는 몸이 기억하고 있는 행동, RBB는 규칙에 따라 행하는 행동, KBB는 지식에 따라 행하는 행동이다.

* 인간의 정보처리는 초보자와 숙련자의 처리절차가 다음과 같이 다르다고 보았다.

① 초보자는 어떤 일을 수행할 때 작업에 대한 경험과 정보가 없기 때문에 지식을 기반으로 하여 "감각 → 지각 → 인지 → 추론 → 계획 → 실행"이라는 단계적 절차를 밟아 가며 작업을 수행한다.

② 하지만 좀 더 작업이 몸에 익숙해진 중급자는 이 모든 과정을 거칠 필요가 없다. 이는 상황이나 외부 자극에 대해 형성된 자신만의 규칙을 이미 알고 있기 때문이다. 그래서 초보자의 작업단계에서 필요한 인지와 추론이 필요없어지고 "감각 → 지각 → 계획 → 실행"으로 간략화된다.

③ 숙련자의 경우는 이러한 절차가 더욱 간단해진다. 중급자의 지각과 계획의 단계가 생략되고 바로 감각에서 실행으로 이어진다. 이것을 라스무센의 '3단계 사다리 모형'이라 한다.

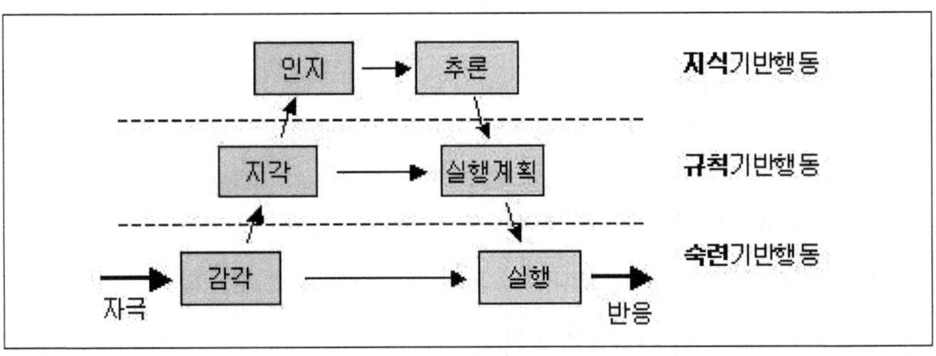

2. 리즌(James Reason)의 불안전행동 유형 4가지

* 리즌은 불안전 행동(Unsafe act)을 의도의 유무와 원인을 토대로 4가지로 분류하고 있다.

① 의도하지 않은(계획대로 되지 않은) 불안전 행동으로 실수(Slip)와 망각(Lapse)을 그 예로 들고, 의도한(계획과 부합하는) 불안전 행동으로 착오(Mistake)과 위반(Violation)을 그 예로 들고 있다.

② 그는 이 불안전 행동 중 실수와 망각, 착오만을 에러로 분류하고, 위반은 에러로 보지 않으면서 휴먼에러와 구별하고 있다. 즉, 리즌의 분류방식에 의하면, 위반은 불안전 행동에는 해당하지만 휴먼에러에는 해당하지 않는다.

	의도되지 않은 행동	실수(Slip)	부주의에 의한 실수
		망각(Lapse)	기억실패에 의한 망각
불안전행동	의도된 행동	착오(Mistake)	규칙기반 착오
			지식기반 착오
		위반(Violation)	일상적 위반
			상황적 위반
			예외적 위반

2.3 산업안전교육

산업안전교육 일반

01 안전교육의 원칙에 대하여 논하시오.

해설

1. 안전교육의 원칙

(1) 피교육자 위주의 교육(상대방 입장에서) 실시

* 아무리 지도자가 좋은 교재로 좋은 교육을 시켰다 해도 피교육자가 이해해 주지 않고 받아 주지 않는다면 그 교육은 안 한 것과 같은 것이며, 상대방이 이해해 주지 않은 지식은 교육의 가치를 상실한 것이다. 그러므로 가르치기 전에 배우려고 하는 의욕을 불러 일으키는 것이 중요하다.

(2) 동기부여(Motivation)

* 동기부여에는 여러 가지 방법이 이용되며, 목적과 대상에 따라 그 방법이 선택되어야 한다. 부여된 동기에 대하여 거부반응이나 부정적 반응이 일어나면 안 된다. 따라서 동기를 거부하는 장해요소를 제거하거나 참고하여야 한다.

(3) 쉬운 데서 어려운 데로

* 처음 등산하는 사람은 처음부터 험준한 어려운 길을 택하지 않는다. 어렵다고 하는 사실은 의욕을 좌절시키고 기억력을 흐리게 한다. 쉬운 공부는 배우는 즐거움과 용기를 주고 자신감과 만족감을 충족시켜 주므로 모든 공부는 쉬운 것부터 시작되고 쉽게 가르쳐 나가야 한다.

(4) 한 가지씩 가르쳐라

* 일석이조는 교육에서는 금물이다. 한꺼번에 많을 지식을 주입한다는 것은 피교육자로 하여금 당황하게 만들 뿐만 아니라 형식적인 교육이 되고 만다. 시간과 내용의 균형이 맞지 않을 경우에는 역할별 교육계획을 수립하여 교육의 효과를 충족시켜야 한다.

(5) 시청각 교육의 실시(인상을 강화시켜라)

* 사업장의 특성에 따라 강조하고 싶은 사항은 그 중요성을 인상 깊이 심어 주는 방법을 강구하여야 한다.

(6) 5관의 활용

* 교육의 대상은 어디까지나 인간이다. 따라서 인간의 5관의 감각기관을 최대한으로 활용한다는 것은 교육의 효과를 높이는 지름길이라 하겠다.

(7) 반복(Repeat)

* 지식은 반복에 의해서 대뇌에 기억되고 기억된 것은 어떤 자극에 의해 협력적 반응을 일으킨다. 일정수준의 반복학습에 의해서 지식이나 기술, 기능 혹은 태도를 체득하여 하나의 자기 룰을 형성하고 향상수준에 이르러 기대효과를 나타나게 된다.
* 반복에 의한 학습은 기억해야 한다는 동기가 없더라도 감각 기능에 의한 반복작용에 의해서 기억되기도 한다.

(8) 기능적인 이해

* 기술교육과정에서 가장 중요한 것이 근거있게 기능적으로 이해시켜야만 한다.
* 무조건 암기식 교육이나 주입식 교육은 기억이 오래 가지 않으며 기억량이 적을 뿐만 아니라 행동상에도 무리가 오는 법이다.

산업안전교육 방법

01 신규(신입, 경력)채용자에 대한 안전교육의 필요성과 구체적인 교육방안을 기술하시오.

해설

1. 안전교육의 필요성

① 재해는 불안전한 행동으로 일어나는 측면과 불안전한 상태에 의해 일어나므로, 안전교육은 재해방지를 위해 인적 측면의 유발 요인인 불안전한 행동에 대해 인식할 수 있게 함

② 잠재위험을 사전에 발견하여 적절한 판단과 침착한 행동으로 그 위험을 제거하고 회피하는 개개인의 안전능력을 향상시키기 위함

③ 지식, 기능, 태도 교육의 단계별 교육으로 습관화시켜 안전문제 발생을 예방

2. 교육방법

(1) 강의법

1) 강의식의 장·단점

가) 장점

① 가장 오래된 정통 교수방법이며, 안전지식의 전달방법으로 유용하다.

② 집단적 지도법으로 많은 인원(최적인원 30~50명)을 단시간에 교육할 수 있으며, 교육내용이 많을 경우에 효율적인 방법이다.

③ 교육 준비가 간단하며 언제 어디서나 가능하다

④ 적절한 학습기자재의 활용은 동기유발 및 교과과정의 이해력을 높일 수 있다.

⑤ 수업의 도입이나 초기 단계에 적용하는 것이 효과적이다.

⑥ 새로운 지식에 대한 체계적인 교육과 개념 정리에 유리하다.

나) 단점

① 교육 대상자가 어느 정도 지식을 갖고 있는 경우 효과를 기대하기 힘들다.

② 교사 중심으로 진행되어 수강자는 완전히 수동적인 입장이며 참여가 제약된다.

③ 수강자의 학습 진척 상황이나 성취 정도를 점검하기 곤란하다.

④ 교재 위주의 교육으로 현실과 무관한 지식의 암기에 그치기 쉽다.

(2) 토의법

1) 특징

① 쌍방적 의사전달 방식으로 최적 인원은 10~20명 수준

② 기본적인 지식과 경험을 가진 자에 대한 교육이다. (관리감독자 등)

③ 실제적인 활동과 직접경험의 기회를 제공하고, 자발적 학습의욕을 높이는 방식이다.

④ 태도와 행동의 변화가 쉽고 용이하다.

2) 장단점

가) 장점

① 수강자의 학습 참여도가 높고, 적극성과 협조성을 부여하는데 효과적이다.

② 타인의 의견을 존중하는 태도를 가지고 자신의 의견을 변화시킬 수 있다.

③ 스스로 사고하는 능력과 표현력 및 자발적인 학습의욕을 향상시킬 수 있다.

④ 결정된 사항은 받아들이거나 실행시키기 쉽다.

나 단점

① 토의에 임하기 전 토의 내용에 대한 충분한 사전 준비가 필요하다.

② 결정의 과정이 신속하지 않아 진행 시간이 길어지고 인원이 제한적이다.

③ 구성원들의 관심이 부족한 경우 형식적인 토의가 되기 쉽다.

3) 토의법의 유형

가) 자유토의법

* 정해진 기준이 있는 것이 아니라 참가자가 주어진 주제에 대하여 자유로운 발표와 토의를 통하여 서로의 의견을 교환하고 상호 이해력을 높이며 의견을 절충해 나가는 방식

나) Panel Discussion(Workshop)

* 패널 디스커션(panel discussion)은 패널멤버(교육과제에 정통한 전문가 4~5명)가 피교육자 앞에서 자유로이 토의하고 뒤에 피교육자 전원이 참가하여 사회자의 사회에 따라 토의하는 방법이다.

다) Symposium

* 심포지엄(symposium)은 강단식 토의법이라 하여 학회 등에서 많이 쓰이며 사회자와 강사와 청중으로 구성된다. 테마에 관해 여러 가지 각도에서 강사(2~3명)가 의견이나 문제제기를 하고 이것을 받아서 참가자 전체가 토론을 하는 형태이다.

라) Forum(공개 토론회)

* 포럼(Forum)은 '포럼 디스커션'의 준말이다, 로마 시대 도시에 있던 광장을 의미하는 말로서 이곳에서의 연설 토론 방식에서 '포럼디스커션'이 생겨났다.

* 새로운 자료나 교재를 제시하고, 문제점을 피교육자로 하여금 발표하고 토의하는 방법이다.

마) Buzz Session

* 버즈 세션(Buzz Session)은 분임 토의(Group Discussion) 기법이며, 참가자를 최대 50명까지 할 수 있으며, 먼저 여섯 사람씩 짝지어 분단을 만들고, 6분간 자유롭게 의견을 나눈 뒤에 그 결과를 가지고 전체가 토의하는 방식으로서, '6-6토의'라고도 한다.

4) 회의방식 응용

가) Role Playing(역할연기법)

a) 특징

* 참석자가 정해진 역학을 직접 연기해 본 후 함께 토론해 보는 방법(흥미유발, 태도변화에 도움)

b) 장점

① 통찰능력과 감수성이 향상
② 각자의 단점과 장점을 쉽게 파악
③ 사고력 및 표현력이 향상
④ 흥미를 갖고 적극적으로 참가

c) 단점

① 다른 방법과 병행하지 않으면 효율성 저하
② 높은 수준의 의사결정에는 효과 부족
③ 목적이 불명확하고 철저한 계획이 없으면 학습에 연계 불가능

나) Case Method(사례연구법)

a) 특징

* 사례연구법(Case Study) : 먼저 사례를 제시한 후 문제적 사실들과 그의 상호관계에 대해서 검토하고 대책을 토의하는 학습법

b) 장점

① 흥미가 있어 학습동기 유발

② 사물에 대한 관찰력 및 분석력 향상

③ 판단력과 응용력 향상

④ 현실적인 문제 학습

c) 단점

① 발표를 할 때나 발표하지 않을 때 원칙과 규칙의 체계적인 습득 필요

② 적극적인 참여와 의견의 교환을 위한 리더의 역할 필요

③ 적절한 사례의 확보곤란 및 진행방법에 대한 철저한 연구 필요

(3) 실연법

1) 정의

* 이미 설명을 듣고 시범을 보아서 습득하게 된 지식이나 기능을 교사의 지도아래 직접 연습을 통해 적용해 보는 방법이다.

* 알고 있는 지식을 심화시키거나 어떠한 자료에 대해 보다 명료한 생각을 갖도록 하는 경우 실시하는 교육방법이다.

2) 주의해야 할 점

① 충분한 시설이나 철저한 자료의 준비

② 교육 전 현장에 대한 확실한 안전 확보

③ 단순 상황에서 복잡한 상황으로 진행할 수 있도록 수업계획 수립

④ 교사대 수강자의 비율이 높아지는 것에 대한 대비

(4) 프로그램 학습법

1) 정의

* 프로그램 학습법은 여러 가지 수업 매체를 동시에 다양하게 활용할 수는 없고, 교육 내용이 프로그램으로 고정되어 진행되는 교육이다.

2) 적용단계

① 수업의 전(全) 단계에서 적용 가능

② 수강자의 개인차가 최대한 조절되어야 할 경우

③ 기본개념학이나 논리적인 학습이 필요할 때 효과적

3) 주의해야 할 점

① 프로그램 학습은 자신의 조건에 맞추어 스스로 하는 학습임을 주지

② 학습과정의 철저한 점검이 필요

③ 수강자의 사회성이 결여되기 쉬운 점에 대한 대책 강구

④ 새로운 프로그램의 개발에 노력

(5) 모의법

1) 정의

* 실제의 장면이나 상황을 인위적으로 구성하여 학습하게 하는 방법

(6) 시청각 교육법

1) 정의

* 시청각 교재(TV, VTR, 슬라이드, 사진, 그림, 모형 등)를 최대한 활용하여 교육효과를 향상시키기 위한 방법

2) 학습방법의 종류

가) 집중법과 분산법

구분	집중 연습법	분산 연습법
개념	학습 내용을 쉬지 않고 계속해서 반복하는 학습(초보자에게 유리)	충분한 휴식시간을 사이에 두어 몇 회로 나누어서 학습하는 방법

나) 전습법과 분습법

구분	전습법	분습법
개념	학습해야 할 과제를 하나로 묶어 반복하여 일괄 학습하는 방법	학습과제를 여러 부분으로 분할하여 따로 학습한 후 종합하는 방법

02 안전·보건교육용 교안 작성 시 유의사항 5가지를 쓰시오.

[해설]

○ 교안 작성 시 유의사항

① 구체적 : 교안은 구체적으로 작성되어야 한다. 아무리 암기력이 뛰어난 사람이라 할지라도 교수할 내용이라면 교안 속에 모두 기록되어야 한다.

② 명확성 : 교안은 명확하게 볼 수 있도록 깨끗하여야 한다. 강사 자신이 교수활동 중 교안은 쉽게 보고 식별할 수 있도록 글씨는 또박또박 크게 기록 작성하여야 한다.

③ 실용성 : 교안은 수강자가 실제활동에 실질적으로 사용될 수 있도록 작성되어야 한다.

④ 평이성 : 교안은 쉽게 작성되어야 한다. 교육생의 수준을 고려하여 애매한 언어는 사용을 피해야 하며, 자신도 이해하기 어려운 용어나 내용을 기재함으로써 강사 자신이 학습진행 중 당황하거나 강사의 위신 및 신뢰성을 상실하는 일이 없어야 한다.

⑤ 논리성 : 교안은 논리적이고 체계적으로 작성되어야 한다. 교안의 내용 서술은 곧 강의와 마찬가지다. 그러므로 객관적으로 보편타당성이 있어야 하며 체계적이어야 한다.

2.4 신뢰성공학

신뢰성 기초개념

01 기계설비의 신뢰도를 정의하고 수식으로 표시하시오.

[해설]

1. 신뢰도의 정의

* 신뢰도 의미는 "시스템·기기·부품 등이 정해진 사용조건 하에서 의도하는 기간 동안, 정해진 기능을 발휘할 확률"로 정의된다. 즉, 신뢰도는 고장나지 않을 확률, 잔존확률(또는 생존확률)을 말한다.

2. 신뢰도함수 $R(t)$

* 신뢰도함수 유도 과정 중 $\int_0^t \lambda(t)dt = -\ln R(t)$ 로부터 신뢰도 함수가 구해진다.

$$R(t) = e^{-\int_0^t \lambda(t)dt}$$

* 윗 식은 다음 식과 같이 표현되기도 한다.

$$R(t) = \exp\left[-\int_0^t \lambda(t)dt\right]$$

여기서 "$\lambda(t) = \lambda = $ 일정"이라면 신뢰도함수 $R(t)$ 는 다음 식으로 된다.

$$R(t) = e^{-\lambda t}[= \exp(-\lambda t)]$$

* 윗 식에서 t 는 제품의 사용시간을 나타내고, λ 는 일정한 고장률(평균고장률)을 나타낸다

3. 고장률의 형태별 대응 분포

(1) CFR과 지수분포

$$R(t) = e^{-\lambda t}$$

$$\lambda(t) = \frac{f(t)}{R(t)} = \frac{\lambda \cdot e^{-\lambda t}}{e^{-\lambda t}} = \lambda = \frac{1}{MTBF} = \frac{1}{\theta}$$

(2) IFR과 정규분포

$$F(t) = \frac{1}{\sqrt{2\pi} \cdot \sigma} \int_{-\infty}^{t} \exp\left[-\frac{1}{2}(\frac{t-\mu}{\sigma})^2 \right] dt$$

$$R(t) = 1 - F(t)$$

(3) 와이블분포

* 고장확률밀도함수 $f(t)$ 가 지수분포를 따르는 경우 고장률함수 "$\lambda(t) = \lambda =$ 일정" 이 되고, 고장확률밀도함수가 정규분포를 따르는 경우 고장률함수 $\lambda(t)$ 는 증가형이 된다. 즉, 고장확률밀도함수 $f(t)$ 에 따라 고장률함수 $\lambda(t)$ 의 분포가 달라진다.

* 고장률함수 $\lambda(t)$ 의 분포에는 ① 감소형 고장률(DFR-decreasing failure rate), ② 일정형 고장률(CFR ; constant failure rate), ③ 증가형 고장률(IFR ; increa -sing failure rate)의 3가지가 있다.

* 따라서 고장률함수의 분포상태에 따라 적절하게 고장확률밀도함수를 표현할 수 있도록 하는 확률분포가 필요한데 이것이 스웨덴의 Waloddi Weibull이 고안한 와이블분포이다.

* 와이블분포는 다음 식들과 같이 표현되며, m 은 형상모수(shape parameter), η 는 척도모수(scale parameter), γ 는 위치모수(position parameter)라 부른다.

$$R(t) = e^{-\left(\frac{t-\gamma}{\eta}\right)^m}$$

$$\lambda(t) = \frac{f(t)}{R(t)} = \frac{m}{\eta}\left(\frac{t-\gamma}{\eta}\right)^{m-1}$$

* 형상모수 m 은 분포의 형을 결정하는 모수로서

① $m < 1$이면 고장률함수 $\lambda(t)$ 는 감소형 고장률(DFR)에 대응된다.

② $m = 1$이면 고장률함수 $\lambda(t)$ 는 일정형 고장률(CFR)이 되고, 고장확률밀도함수 $f(t)$ 는 지수분포에 대응된다.

③ $m > 1$이면 고장률함수 $\lambda(t)$ 는 증가형 고장률(IFR)이 되고, 고장확률밀도함수 $f(t)$ 는 정규분포($m = 3.5$일 때)에 대응된다.

02 순간 고장률(Failure Rate)이 λ 로 일정한 기계설비의 시간 t 에서의 신뢰도 $R(t)$ 와 고장확률밀도함수 $f(t)$ 는 어떻게 표시되는지 쓰시오.

[해설]

* 순간고장률은 우발고장기간의 고장률 일정형인 지수분포를 따르는 경우인 $\lambda(t) = \lambda$ 라고 하면,

① 신뢰도 함수는 $R(t) = e^{-\int_0^t \lambda(x)dx} = e^{-\lambda t}$ 이다.

② 고장확률밀도 함수는 $f(t) = \lambda \cdot e^{-\lambda t}$ 이다.

[참고]

1. 신뢰도함수 $R(t)$

* 신뢰도함수 식은 다음과 같은 식으로부터 구해진다.

$$\int_0^t \lambda(t)dt = -\ln R(t)$$

* 윗 식에서 역대수(Anti-log)를 취하면 다음과 같이 $R(t)$ 를 구할 수 있다.

$$R(t) = e^{-\int_0^t \lambda(t)dt}$$

* 윗 식은 다음 식과 같이 표현되기도 한다.

$$R(t) = \exp\left[-\int_0^t \lambda(t)dt\right]$$

* 윗 식이 바로 고장률로 나타낸 신뢰도함수이며, 시점 t 에 있어서의 제품의 생존확률이 된다. 여기서 "$\lambda(t) = \lambda =$ 일정"이라면 신뢰도함수 $R(t)$ 는 다음 식으로 된다.

$$R(t) = e^{-\lambda t}[= \exp(-\lambda t)]$$

* 윗 식에서 t 는 제품의 사용시간을 나타내고, λ 는 일정한 고장률(평균고장률)을 나타낸다.

2. CFR과 지수분포

* 개개의 부품에 대한 고장시간의 분포(수명분포)는 지수분포에 따른다고 알려져 있다. Drenick의 정리에 따르면 "개개 부품의 수명분포가 지수분포가 아니더라도 시스템의 수명분포는 비교적 넓은 조건 하에서 근사적으로 지수분포가 된다"로 된다.

* 그리고 고장확률밀도함수 $f(t)$ 가 지수분포에 따르면 고장률함수 $\lambda(t)$ 는 일정형, 즉 CFR이 된다. 고장까지의 시간 분포가 지수분포인 경우의 고장확률밀도함수 $f(t)$ 는 다음 식과 같다.

$$f(t) = \lambda \cdot e^{-\lambda t}$$

* 여기서 λ 는 평균고장률로서 다음 식과 같은 관계가 있다.

$$\lambda = \frac{1}{MTBF}$$

* MTBF는 평균고장간격시간(Mean Time Between Failure)으로서, 평균수명이 된다.

* 지수분포인 경우의 신뢰도함수 $R(t)$, 누적분포함수 $F(t)$, 고장률함수 $\lambda(t)$ 는 다음과 같은 식으로 된다.

$$R(t) = e^{-\lambda t} \ , \ F(t) = 1 - R(t) = 1 - e^{-\lambda t}$$

$$\lambda(t) = \frac{f(t)}{R(t)} = \frac{\lambda \cdot e^{-\lambda t}}{e^{-\lambda t}} = \lambda = \frac{1}{MTBF} = \frac{1}{\theta}$$

03 이떤 기계의 신뢰도(Reliability)가 시간에 따라 $R(t) = \exp(-\lambda t)$ 로 변한다고 한다. 여기서 λ 는 상수, t 는 시간이다. 불신뢰도(Unreliability) $F(t)$, 고장밀도함수(고장확률밀도함수) $f(t)$, 순간고장률 $\lambda(t)$ 를 구하시오.

해설

1. 신뢰도 함수 : $R(t) = e^{-\lambda t}$　　2. 고장밀도함수 : $f(t) = \lambda \cdot e^{-\lambda t}$

3. 순간고장률 : $\lambda(t) = \lambda$　　4. 불신뢰도함수 : $F(t) = 1 - R(t) = 1 - e^{-\lambda t}$

04 어떤 기계설비 부품의 고장특성은 지수분포를 따른다고 한다. 이때 고장확률밀도함수는 $f(t) = \lambda \cdot \exp(-\lambda t)$ 로 표시된다. 이 부품의 경우 $\lambda = 0.02$(fail-ures/year)라고 할 때 다음 각 물음에 답하시오. (여기서 t 는 시간(단위 : years), λ 는 상수이다)

1) 이 부품의 평균 수명은 몇 년인가?

2) 이 부품의 고장확률이 20%가 될 때 이 부품을 교환하려고 할 경우 몇 년
   사용후 교환하여야 하는가?

[해설]

1. 이 부품의 평균 수명

$$MTBF = \frac{1}{\lambda} = \frac{1}{0.02} = 50\,[년]$$

2. 이 부품의 고장확률이 20%가 될 때 이 부품 교환 시기

$$F(t) = 0.2 = 1 - R(t) \;\rightarrow\; R(t) = 1 - 0.2 = 0.8 = e^{-\lambda t} \;\rightarrow\; t = 11.16\,[년]$$

고장률 및 고장확률밀도함수

01 기계고장률의 기본모형을 그림으로 그리고 각 단계별로 간략히 설명한
후 보전작업의 안전화와 관계를 기술하시오.

[해설]

1. 고장률곡선인 욕조곡선

* 여러 가지 부품으로 구성된 제품이나 시스템의 가장 전형적인 고장률 패턴은
  [그림 1]과 같은 욕조곡선(bath-tub curve)을 따른다.

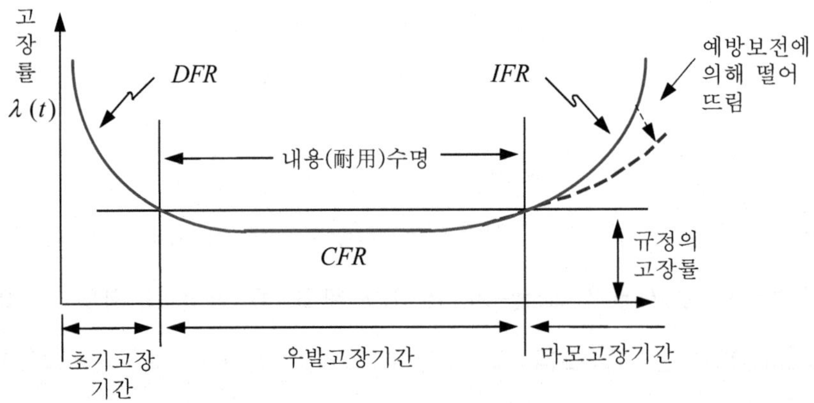

[그림 1] 제품의 전형적 고장률 패턴 (욕조곡선)

* 이 욕조곡선은 고장률의 3가지 기본형인 DFR, CFR, IFR이 혼합되어 그려진다.
① 초기고장기간(debugging기간, burn-in기간)은 제품에서 최초의 고장률이 시간 적으로 감소하는 DFR의 부분이다.
② 우발고장기간에는 고장률은 시간적으로 거의 일정하며 안정되는 CFR의 부분이 다. 이 기간의 길이를 내용수명(longevity)이라 한다.

  * 내용수명은 $\lambda(t)$ 가 미리 규정된 고장률의 값보다 낮은 기간에서 정해지는 길 이로서, 실제로는 경제적인 면에서 정해진다.

  * 우발고장기간의 신뢰도 $R(t)$ 는 지수분포에 따른다. 즉, $R(t) = e^{-\lambda t}$ 가 된다. 여기서 λ 는 평균고장률인 상수이다.

③ 우측의 고장률이 증가되는 IFR의 부분을 마모고장기간(노화고장기간)이라 한다.

2. 고장률의 패턴별 고장대책

* 욕조곡선상의 연관된 고장 유형 및 대책은 다음과 같다.

구분	고장 원인(유형)	고장 대책
초기고장 (DFR)	설계 오류, DR(설계검토) 오류, 설 치 오류, 초기유동관리 오류, 시운 전 오류, 초기운전 미숙, 악점개선 미흡	디버깅, 번인, DR, MP(보전예 방)설계, 초기유동관리, 시운전
우발고장 (CFR)	설계한계 초과, 진동, 충격, 운전미숙, 보전 미숙	설비한계 변경, 정상운전, 계획 사후보전, 예지보전, 개량보전
마모고장 (IFR)	마모, 피로열화, 절연열화	예방보전

보전성 및 가동성

01 어떤 기계의 평균고장간격(MTBF)은 12,000시간이고, 이 기계의 평균수 리간격(MTTR)은 3,000시간이다. 이 기계의 가동성(Availability)을 구하라.

[해설]

가동성 $A = \dfrac{MTBF}{MTBF + MTTR} = \dfrac{12,000}{12,000 + 3,000} = 0.8$

시스템 신뢰도

01 다음의 블록다이어그램과 같이 구성된 각각의 계에 대한 신뢰도 값을 계산하시오. (단, 각 요소의 신뢰도는 $R_1 = R_2 = R_3 = 0.9$의 값을 갖는다.)

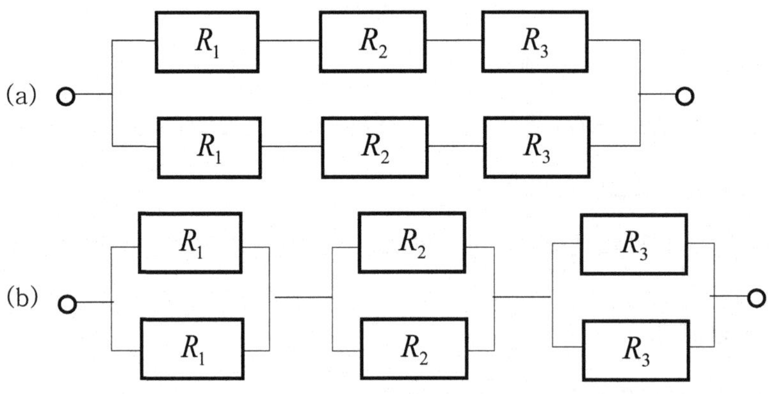

[해설]

(a) 신뢰도 $R_S = 1 - (1 - R_{S_1})(1 - R_{S_2}) = 1 - (1 - R_1 R_2 R_3)(1 - R_1 R_2 R_3) = 0.927$

(b) $R_S = R_{S_1} R_{S_2} R_{S_3}$

$$= [1 - (1 - R_1)(1 - R_1)] \times [1 - (1 - R_2)(1 - R_2)] \times [1 - (1 - R_3)(1 - R_3)] = 0.970$$

02 제어시스템의 정상 작동을 관찰해야 하는 운전자(Operator)가 있다. 작업이 완료될 때까지의 제어시스템의 정상작동 신뢰도는 0.9이며, 운전자의 시스템 관찰(Monitoring) 신뢰도는 0.8이다(현재, 제어시스템의 전체 신뢰도는 0.72이다). 회사에서는 제어시스템의 정상 작동의 신뢰도를 높이기 위해서 제어시스템 추가(병렬) 설치 또는 동일한 작업을 수행하는 운전자를 한 명 더 배치(병렬)에 대하여 검토 중이다. 제어시스템 추가 설치비용과 운전자의 추가 배치비용이 동일하다면

1) 위 두 가지 검토사항에 대하여 인간·기계 시스템의 전체 신뢰도 블록도를 각각 그려서 더 높은 신뢰도를 결정하시오.

2) 결정된 더 높은 시스템에 대하여 인간-기계 시스템의 실패를 정상사상으로 하는 Fault Tree를 작성하고 정상 사건이 발생할 확률을 구하시오.

해설

1. 인간·기계 시스템의 전체 신뢰도를 높이는 신뢰도 결정

① 원래 시스템의 전체 신뢰성 블록도

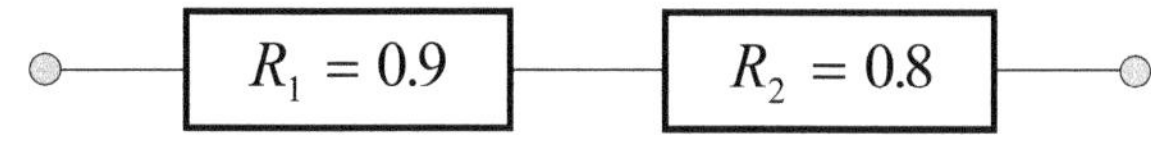

$$R_S = R_1 \times R_2 = 0.9 \times 0.8 = 0.72$$

② 제어시스템 추가(병렬) 설치시 신뢰성 블록도

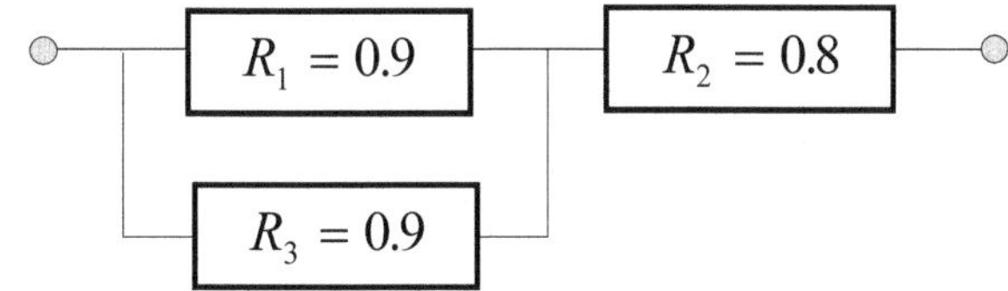

$$R_{S_1} = [1 - (1 - R_1)(1 - R_3)] \times R_2 = [1 - (1 - 0.9)(1 - 0.9)] \times 0.8 = 0.792$$

③ 운전자를 한 명 더 배치(병렬)시 신뢰성 블록도

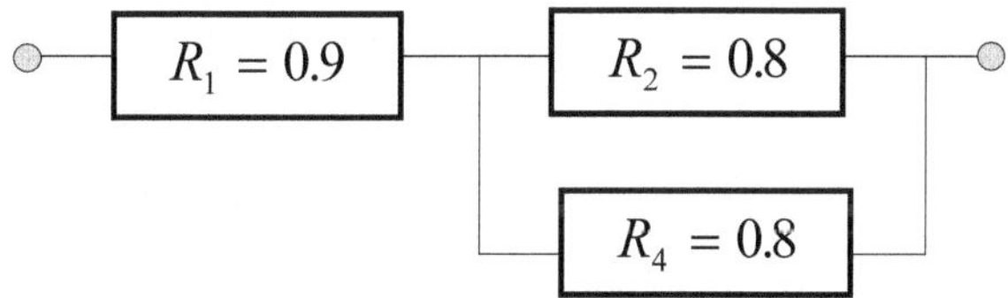

$$R_{S_2} = R_1 \times [1 - (1 - R_2)(1 - R_4)] = 0.9 \times [1 - (1 - 0.8)(1 - 0.8)] = 0.864$$

④ 전체 신뢰도를 높이는 신뢰도 결정 : 운전자를 한 명 더 배치시 $R_{S_2} = 0.864$

2. 결정된 시스템의 Fault Tree 작성, 정상사건 발생 확률(F_T)

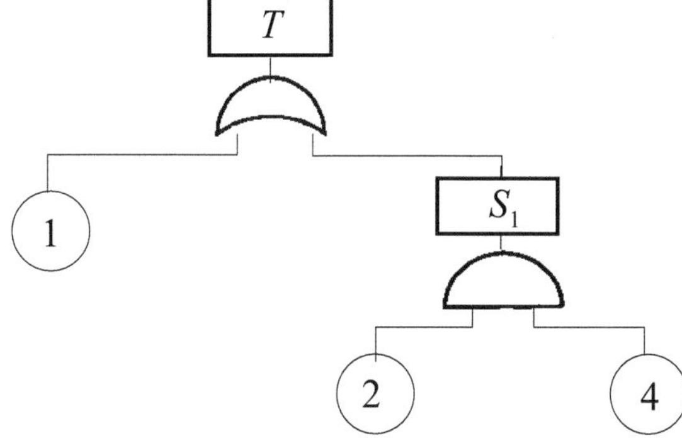

$$F_T = 1 - (1 - F_1)(1 - F_{S_1}) = 1 - (1 - F_1)(1 - F_2 \times F_4)$$

$$= 1 - (1 - 0.1)(1 - 0.2 \times 0.2) = 0.136$$

FMEA 및 FTA

01 FMEA에 대한 다음 물음에 답하시오(FMEA : Failure Mode and Effect Analysis).

1) FMEA란 무엇인지 설명하시오.

2) 설비명칭, 설비번호 외에 FMEA양식에 포함되는 항목을 5가지만 들고 설명하시오.

해설

1. FMEA의 발전과 의의

* FMEA(Failure Mode & Effect Analysis : 고장유형 및 영향분석)는 1950년대 초 미국 구라망항공社가 개발한 것이 시초로서, Bottom-up에 의한 분석을 하는 것이 특징이 되며, FMEA 양식은 MIL-STD-1629-101에 따라 실시되도록 규정되어 있다. FMEA는 "(기능, 품질)실패유형 및 영향분석"으로도 불리고 있다.

* FMEA의 목적은 설계의 약점을 미리 발견하여 대책을 마련하고, 나아가 개발비의 절감과 개발기간의 단축 등을 실현하는데 있다.

* FMEA의 종류로는 ① 개념 FMEA, ② 설계 FMEA, ③ 공정 FMEA 등이 있다.

* FMEA의 효과는 시스템의 신뢰성 향상, 고장감소, 불량감소, 비용절감 등에 기여된다.

2. FMEA 실시절차

* FMEA 실시절차는 다음과 같다.

    ① (순서 1) 시스템·서브시스템의 구성과 임무의 확인

    ② (순서 2) 시스템·서브시스템의 분석레벨 결정

    ③ (순서 3) 기능별 블록의 결정

    ④ (순서 4) 신뢰성블록도 작성

    ⑤ (순서 5) 블록별 고장모드의 열거 및 검토

⑥ (순서 6) FMEA에 효과적인 고장모드의 선정

⑦ (순서 7) 선정된 고장모드에 대한 추정원인 열거

⑧ (순서 8) FMEA 용지에 요약 기입

⑨ (순서 9) 고장등급 평가 및 결과 정리(C_S, 등급)

⑩ (순서 10) 고장등급이 높은 것에 대한 대책 및 개선제안 (설계변경, 고신뢰성 부품 채용, 신뢰성관리절차의 변경, 시험 및 검사절차의 변경 등)

* 상기 (순서 1)에서 시스템 구성은 "시스템→서브시스템→컴포넌트(단위설비)→조립품→부품"의 5단계로 된다.

3. FMEA 양식상의 기재항목

* (순서 8)에서의 FMEA표는 ① 번호, ② 대상품목, ③ 기능, ④ 고장모드, ⑤ 추정원인, ⑥ 영향(서브시스템, 시스템), ⑦ 고장검지법, ⑧ 고장등급평가(C_S, 등급), ⑨ 대책 등으로 구성되며, FMEA표 실시사례는 <표 1>에 제시하였다.

<표 1> 브레이크 시스템의 FMEA (일부)

시스템 : ○○수송시스템　　서브시스템 : 브레이크시스템　　**F M E A**　　날짜: ○○년 ○월 ○일　작성자: ○○○　승인자: ○○○

번호	대상품목	기능	고장모드	추정원인	영향 서브시스템	영향 시스템	고장검지법	기능 C_1	빈도 C_3	고장등급	대책
1	페달	유압장치 (마스타 실린더) 작동시킴	페달을 밟아 누를 수 없음	1. 페달 그랭크 절손 2. 페달 아래에 이물질 축적 3. 마스터 실린더 로드 절손	제동 불능	정지 불능		10	1 2 5	III II I	로드재 변경
			페달복귀 불능	스프링 절손	제동해 제불가	브레이 크기능		8	5	II	
2	유압 파이 프	유압전달	파이프연 결부파손	1. 과대응력 2. 용접불량 3. 부식	제동력 감소	정지 지연	오일 누설	7	2 3 2	III II III	
			파이프의 크랙발생	1. 피로 2. 과대응력	제동력 의 점차 감소	정지 불충분	오일 스밈	4	1 2	IV III	
3	브레 이크 슈우	차륜의 제동	슈우의 미끄러짐	1. 표면재 불량 2. 표면재 피로	제동 불량	정지거 리가 크 게됨		3	7 7	II II	
			슈우의 소음	1. 재질불량 　　조립불량	소음 발생	불쾌감		1	7 5	III III	

02 다음은 FTA 해석의 일부이다. 사상 A가 발생될 확률이 0.3, 사상 B가 발생될 확률이 0.4인 경우, 사상 T가 발생될 확률은 얼마인가?

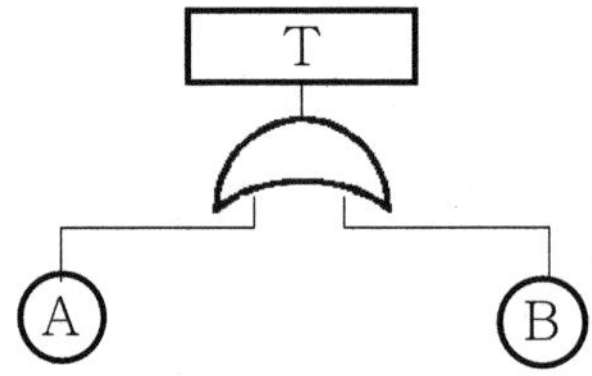

[해설]

$$F_T = 1 - (1 - F_A)(1 - F_B) = 1 - (1 - 0.3)(1 - 0.4) = 0.58$$

03 시스템안전 해석방법 중 FMEA(Failure Modes and Effects Analysis)의 장단점을 설명하시오.

[해설]

○ FMEA(고장유형 및 영향 분석)

 (1) FMEA의 특징

 ① CA(치명도분석)와 병행하는 일이 많다.

 ② FTA보다 서식이 간단하고 적은 노력으로 특별한 훈련 없이 분석이 가능하다,

 ③ 논리성은 부족하고 각 요소 간의 영향 분석이 어려워 동시에 두 가지 이상의 요소가 고장날 경우 분석이 곤란하다.

 ④ 요소가 통상 물체로 한정되어 있어 인적원인의 규명이 어렵다.

 ⑤ 시스템 안전해석 시에는 시스템에서 단계나 평가의 필요성 등에 의해 FTA 등을 병용해 가는 것이 실제적인 방법이다.

 (2) 장단점

 1) 장점

 ① 적은 노력과 특별한 훈련 없이 쉽게 평가가 가능하다.

 ② 중대사고에 충분히 영향을 미치거나 직접적인 원인이 되는 단일 고장형태를 확인할 수 있다.

 ③ 부품의 결함과 공정에 영향을 미치는 원인 등을 정확히 평가할 수 있다.

2) 단점

① 동시에 두 가지 이상의 요소가 고장인 경우에는 해석이 곤란하다.

② 일반적으로 운전자의 실수가 확인되지 않는다.

③ 사고를 야기하는 장치 이상들의 조합을 알아내는 데는 효율적이지 못하다.

④ 평가에 영향을 주는 요인이 많다.

(3) FMEA의 FTA 대비 차이점 비교

FMEA	FTA
① Bottom-up 방식 ② 정성적 해석 방법 ③ 표를 사용한 해석 ④ 총합(또는 전체)적 해석 ⑤ 하드웨어의 고장해석	① Top-down 방식 ② 정량적 해석 방법 ③ 논리기호를 사용한 해석 ④ 특정사상에 대한 해석 ⑤ 소프트웨어나 인간의 과오까지도 　포함한 고장해석이 가능

04 다음 그림은 결함수(Fault Tree)에서 같은 사건이 나타나지 않는 경우의 Top Event 발생경로를 나다낸 것이다. 사상 A, B, C, D, E의 발생확률이 각각 0.1인 경우 Top Event의 발생확률을 구하시오.

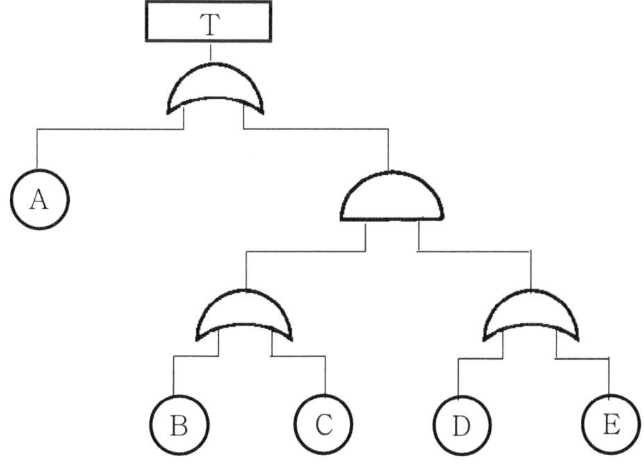

해설

$$F_T = 1 - (1 - F_A)[1 - (1 - (F_B)(1 - F_C)][1 - (1 - (F_D)(1 - F_E)]$$
$$= 1 - (1 - 0.1)[1 - (1 - 0.1)(1 - 0.1)][1 - (1 - 0.1)(1 - 0.1)] = 0.13249$$

05 FTA와 ETA의 차이점을 설명하시오.

[해설]

1. FTA

(1) FTA의 정의

① Fault Tree Analysis의 약자로서 결함수법, 결함관련 수법, 고장의 나무 해석법 등으로 번역

② 1962년 미국 벨 전화국 연구소의 H. A. Watson에 의해 개발되었으며, 연역적인 방법으로 추론

③ 미사일의 발사 제어시스템의 연구에 관하여 처음 고안되었으며, 미사일의 우발사고를 예측하는 문제 해결에 공헌

(2) FTA의 특징

① 연역적 방법이다.

② 하향식 방법(top-down)을 사용한다.

③ 복잡하고 대형화된 시스템을 논리기호를 사용하여 해석한다.

④ 짧은 시간에 특정 사상에 대한 해석이 가능하다.

⑤ 재해의 정량적 예측이 가능한 분석법이다.

⑥ 비전문가도 잠재위험을 효율적으로 분석할 수 있다.

(3) 결함수 분석법의 활용 및 기대효과

① 사고원인 규명의 간편화　② 사고원인 분석의 일반화

③ 사고원인 분석의 정량화　④ 노력, 시간의 절감

⑤ 시스템의 결함 진단　⑥ 안전점검표 작성

(4) 논리기호 및 사상기호

1) 게이트 기호

① AND게이트와 OR게이트가 기본기호이다.

② 억제게이트 : 수정기호를 병용해서 게이트 역할

③ 부정게이트 : 입력사상의 반대사상이 출력

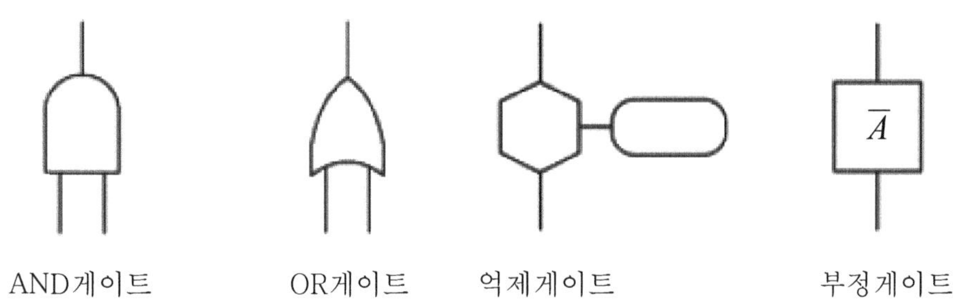

2) 수정 기호

① 억제게이트는 수정기호를 병용해서 게이트 역할을 하는 것이다. 입력이 있을 때 주어진 조건을 만족시키는 경우 출력이 생기는 것을 의미한다. 다음 기호는 억제게이트를 나타낸다.

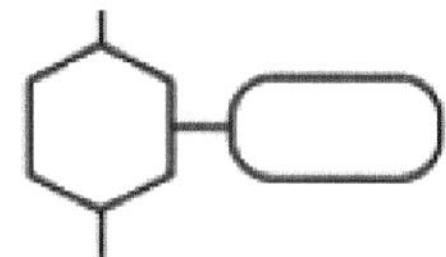

② 배타적 OR 게이트 : OR 게이트 2개 이상의 입력이 동시에 존재할 때에는 출력사상이 생기지 않는다.

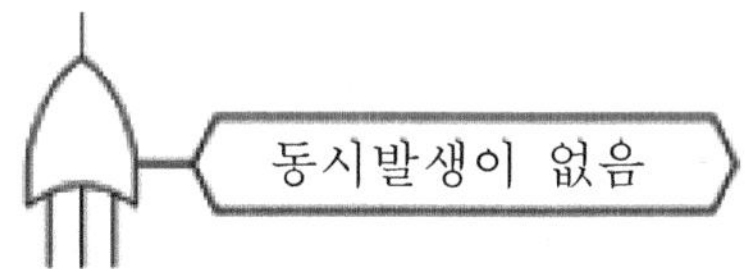

③ 우선적 AND 게이트 : 입력사상 중에 어떤 현상이 다른 현상보다 먼저 일어날 때에 출력사항이 생긴다.

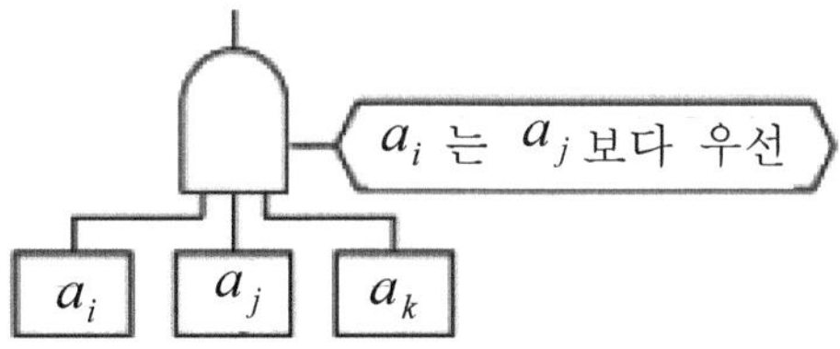

④ 조합 AND 게이트 : 예를 들어 3개 중 어느 것이나 2개가 입력이 되는 출력이 나가는 경우이다.

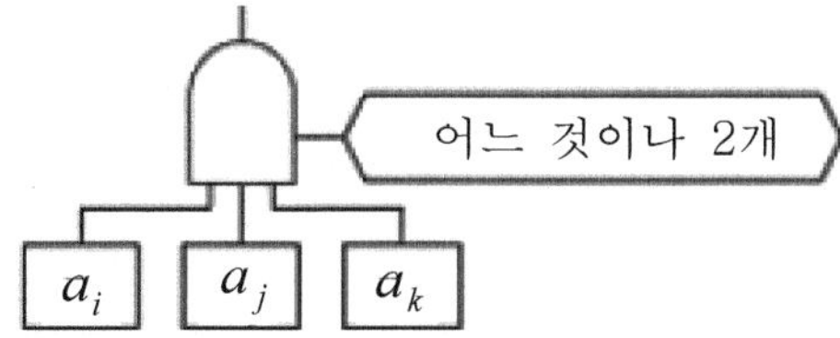

(5) FTA의 순서 및 작성방법

1) 일반적 작성순서

① 해석하려는 시스템의 공정과 작업내용 파악 및 예상되는 재해의 조사

② 재해의 위험도를 검토하여 해석할 재해 결정(필요하면 PHA실시)

③ 재해의 위험도를 고려하여 발생확률의 목표값 결정

④ 재해에 관련된 기계의 불량이나 작업자에러에 대한 원인과 영향조사

⑤ FT를 작성하고 수식화하여 불대수를 이용 간소화

⑥ 기계불량상태 또는 작업자에러의 발생확률 FT에 표시

⑦ 해석하는 재해의 발생확률을 계산하고 과거자료와 비교

⑧ 코스트나 기술 등의 조건을 고려하여 유효한 재해방지대책 수립

[참고] Boole 대수(Boolean Algebra)의 기본 정리

① 항등법칙 : $A+0=A$,　$A+1=1$,　$A \cdot 1=A$,　$A \cdot 0=0$

② 동일법칙 : $A+A=A$,　$A \cdot A=A$

③ 보원법칙 : $A+A'=1$,　$A \cdot A'=0$

④ 교환법칙 : $A+B=B+A$,　$A \cdot B=B \cdot A$

⑤ 결합법칙 : $A+(B+C)=(A+B)+C$,　$A \cdot (B \cdot C)=(A \cdot B) \cdot C$

⑥ 분배법칙 : $A+(B \cdot C)=(A+B) \cdot (A+C)$,　$A \cdot (B+C)=A \cdot B + A \cdot C$

⑦ 흡수법칙 : $A+A \cdot B=A$,　$A \cdot (A+B)=A$

⑧ DeMorgan's law : $(A+B)'=A' \cdot B'$,　$(A \cdot B)' =A' + B'$

⑨ 다중부정 : $(A')'=A$

　　[참고] ③ $A+A'=1$는 $A+\overline{A}=1$, $A \cdot A'=0$은 $A \times \overline{A}=0$으로도 표기 가능

　　　　　⑨ $(A')'=A$은 $\overline{\overline{A}}=A$로도 표기 가능

2) 결함수분석의 정량화 절차

① 구성된 결함수로부터 정상사상을 유발하는 사상들의 조합을 불대수로 표현한다.

② 불대수를 풀어 정상사상을 유발하는 기본사상들의 조합인 최소 컷셋 도출

③ 최소 컷셋에 포함된 기본사상의 확률 값을 대입하여 최소 컷셋에 대한 확률값

④ 정상사상을 유발하는 모든 최소 컷셋에 대한 발생확률을 계산하여 정상사상에 대한 확률을 산출한다.

⑤ 기본사상이 정상사상에 미치는 중요도 분석을 하여 기본사상의 중요도를 계산한다.

[참고] 컷셋 및 패스셋

1. 컷셋 : 정상사상을 발생시키는 기본사상의 집합으로, 그 안에 포함되는 모든 기본사상이 발생할 때 정상사상을 발생시킬 수 있는 기본사상의 집합

2. 패스셋 : 그 안에 포함되는 모든 기본사상이 일어나지 않을 때 처음으로 정상사상이 일어나지 않는 기본사상의 집합

3. 미니멀 컷셋 : 컷셋의 집합 중에서 정상사상을 일으키기 위하여 필요한 최소한의 컷셋을 미니멀 컷셋이라 한다(시스템의 위험성 또는 안전성을 나타냄).

4. 미니멀 패스셋 : 그 안에 포함되는 모든 기본사상이 일어나지 않을 때 처음으로 정상사상이 일어나지 않는 기본사상의 집합인 패스셋에서 필요 최소한의 것을 미니멀 패스셋이라 한다(시스템의 신뢰성을 나타냄).

(6) FTA에 의한 재해사례 연구순서

1) 제1단계 : 톱사상의 선정

① 시스템의 안전보건 문제점 파악　② 사고, 재해의 모델화

③ 문제점의 중요도 우선순위의 결정　④ 해설할 톱 사상의 결정

2) 제2단계 : 사상마다 재해원인·요인의 규명

① 톱사상의 재해원인의 결정　② 중간사상의 재해 원인의 결정

③ 말단사상까지의 전개

3) 제3단계 : FT도의 작성

① 부분적 FT도를 다시 검토　② 중간사상의 발생 조건의 재검토

③ 전체의 FT도의 완성

4) 제4단계 : 개선계획의 작성

① 안전성이 있는 개선안의 검토　② 제약의 검토와 타협　③ 개선안의 결정

④ 개선안의 실시 계획

2. ETA

(1) 정의

① 사상의 안전도를 사용한 시스템의 안전도를 나타내는 시스템 모델의 하나로 귀납적이기는 하나 정략적인 해석 기법

(2) 이벤트 트리의 작성법

① 시스템 다이어그램에 의해 좌에서 우로 진행
② 각 요소를 나타내는 시점에 있어서 통상 성공사상은 상방에, 실패사상은 하방에 분기
③ 분기마다 그 발생 확률을 표시
④ 최후에 각각의 곱의 합으로 해서 시스템의 신뢰도 계산
⑤ 분기된 각 사상의 확률의 합은 항상 1이다.

06 FTA(결함수 분석법)의 특징 3가지를 열거하고, 프레스 금형 사이에 손이 끼이는 경우의 FTA를 예시하시오. (단, OR gate를 1회씩만 써서 말단사상에서 끝내시오)

〔해설〕

1. 결함수 분석법의 특징

① 재해현상으로부터 기본사상인 재해원인을 향해 연역적인 분석을 행하므로 재해현상과 재해원인의의 상호 관련을 정확하게 해석하여 안전대책을 검토할 수 있다.
② 정량적 해석이 가능하므로 정량적 예측을 행할 수 있다.
③ 결함수 분석법에 의해 재해요인을 분석하면 요인을 간과하는 것이 적고, 정확하게 알 수 있다.

2. 프레스 금형 사이에 손이 끼는 경우의 FT도

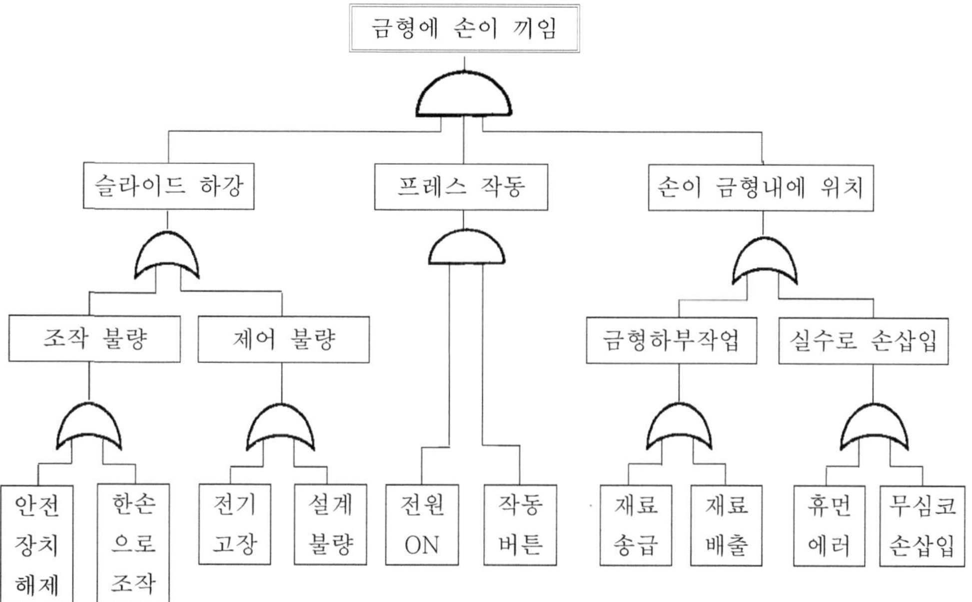

2.5 시스템안전공학

시스템안전 개요

01 요소안전과 시스템안전의 차이점을 간략하게 설명하시오.

[해설]

* 종래의 개개의 기계 설비나 작업 등의 각 요소에 대한 안전을 요소안전이라고 한
  다면, 시스템 전체에 대하여 종합적으로 균형이 잡힌 안전성을 확보하는 것이 시스
  템안전이다.
* 시스템안전을 확보하기 위해서는 그 바탕을 이루는 요소안전 확보가 우선되고 기
  반이 되어야 한다.
* 요소안전은 각각의 요소에 관계가 있는 개개의 재해의 원인을 규명하여 결함을 찾
  아 그 대책을 강구하는 것으로서 개개의 재해예방에는 유효하지만 이것만으로는
  시스템의 재해를 빠짐없이 찾아내는 것은 곤란하다.
* 개개의 문제로부터 이것을 추상적 일반화된 기본원리를 발견하고 그것을 바탕으로
  하여 시스템안전을 위한 이론이나 방법을 개발하고 그 결과를 변경하여 실제의 시
  스템에 적용할 때 비로소 시스템 재해의 예방이 가능할 것이다.

02 인간-기계 통합 시스템의 기능을 쓰시오.

[해설]

1. 기본기능의 의미

* 주어진 입력으로부터 원하는 출력을 성취하기 위해 상호작용하는 한 명 이상의 사
  람과 하나 이상의 물리적 구성 요소들이 결합된 것을 인간-기계 시스템이라 한다.
* 체계가 그 목적을 달성하기 위해서는 특정한 임무들이 수행되어야 하는데, 전형적
  으로 감지, 정보 보관, 정보처리 및 의사결정, 행동기능과 같은 네 가지 기본 기능
  이 필요하다.

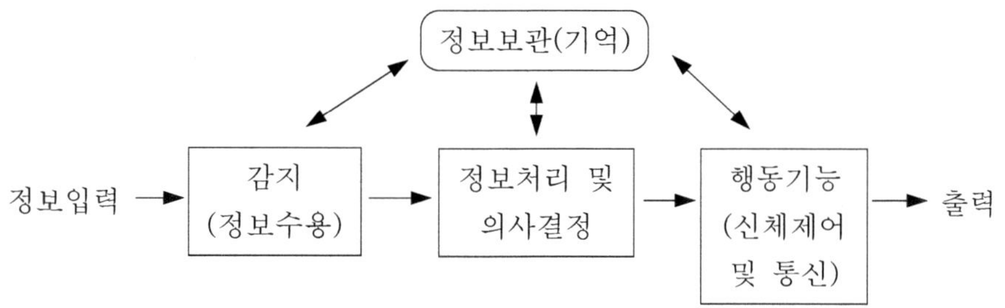

[그림 1] 인간-기계 통합 시스템의 기능

2. 기본기능의 내용

(1) 정보입력

① 원하는 결과를 얻기 위한 정보 입력(물질 및 물체, 정보, 에너지 등)

(2) 감지

① 정보입수의 과정   ② 인간의 감지기는 5관(감각기관)

③ 기계의 감지기는 전자기기, 사진장치, 자동개폐장치, 음파탐지기

(3 정보보관

① 인간 : 기억

② 기계 : 펀치카드, 자기테이프, 기록, 자료표, 녹음테이프

③ 저장방법 : 부호화, 암호화

(4) 정보처리 및 의사결정

① 정보처리란 감지한 정보를 수행하는 여러 종류의 조작을 말한다.

② 인간의 심리적 정보처리 단계 : ㉠ 회상, ㉡ 인식, ㉢ 정리(집적)

③ 프로그램 방법 : ㉠ 치차, ㉡ 전기전자회로, ㉢ 레버, ㉣ 컴퓨터

④ 인간의 정보처리 능력의 한계 : 0.5초

(5) 행동기능

① 결심, 결정된 결과에 따라 인간은 행동, 기계는 작동함

② 물리적 행위 : 조정장치 작동, 물체·물건 취급, 이동, 변경, 개조 행위

③ 통신 행위 : 음성, 신호, 기록, 기호 등의 통신 행위

(6) 출력

① 제품의 변화, 제공된 용역, 전달된 통신과 같은 체계의 성과나 결과

② 문제가 되는 체계가 많은 부품을 포함한다면 부품 하나의 출력은 다른 부품의 입력으로 작용

시스템안전 설계 및 평가

01 공정안전도면 중 PFD(Process Flow Diagram), P&ID(Process & Instru -ment Diagram)의 용도와 표시사항 중심으로 설명하시오.

해설

1. PFD와 P&ID의 의의

(1) PFD(제조공정흐름도)

* 공정흐름도(PFD : Process Flow Diagram)는 공정 계통과 장치설계기준을 나타 내 주는 도면으로 장치와 장치 간의 공정 연관성, 주요 운전조건, 연동장치, 물질 수지, 열수지 등을 파악할 수 있다.

* 이는 공정배관계장도, 유틸리티계통도, 유틸리티배관계장도 등 후속 기본설계와 상세설계, 운전절차서 등을 작성하는데 기본이 되는 도면이다.

(2) P&ID

* 공정의 정상운전, 비상운전, 시운전 및 운전정지 시 필요한 모든 공정 장치, 동력 기계, 배관, 공정제어 및 계기 등을 표시하고, 상호간의 연관관계를 알 수 있도록 작성한 도면이다.

2. PFD와 P&ID의 특징 비교

PFD	P&ID
주요 기기 사이의 주요 프로세스 흐름을 간략히 표현	주요 프로세스와 다양한 정보를 표현
밸브, 콘트롤(계측), 보조라인은 미기입	모든 밸브, 콘트롤(계측), 보조라인을 표기
기본적인 정보만 제공(메인 구성, 흐름)	구체적 정보 제공(배관 사양, 기기 사양 등)

3. 표시사항

(1) PFD 표시사항

① 주요 동력기계 및 설비의 표시, 명칭

② 단위 공정 및 설비에 대한 물질·에너지 수지

③ 주요 설비의 정상 운전 온도 및 압력

④ 주요 계장설비, 제어설비, 기타 단위공정

(2) P&ID 표시사항

① 모든 동력기계, 장치, 설비의 명칭, 기기번호, 주요 명세

② 모든 배관의 공칭직경, 배관의 분류기호, 재질, 플랜지의 공칭압력

③ 설치되는 모든 밸브류 및 모든 배관의 부속품

④ 배관 및 기기의 열수지와 보온·보냉

⑤ 모든 계기류의 번호, 종류, 기능

⑥ 제어밸브의 작동중지시 상태

⑦ 안전밸브 등의 크기 및 설정압력

⑧ 인터록 및 조업중지 시스템

02 기계설비의 배치에 관한 안전조건을 기술하시오.

해설

○ **설비 배치시 고려하여야 할 사항** (KOSHA Guide P-134)

1. 일반사항

① 설비배치를 계획할 때에는 먼저 법규에 명시되어 있는 사항을 준수하여야 한다.

② 그 밖의 법규에 명시되지 않은 사항에 대하여는 보험회사의 권고사항이나 설계
회사의 자문을 받아서 안전거리 등을 결정하여야 한다.

③ 안전거리를 줄여야 하는 것이 불가피한 경우에는 안전거리를 줄이는 대신에 이
를 보완하기 위한 안전설비나 소화설비들을 강화하여야 한다.

④ 설비배치에 중요한 요소들은 다음과 같다.

　㉠ 사고의 억제　㉡ 높은 잠재위험이 있는 운전　㉢ 서로 다른 위험들의 격리

　㉣ 폭발압력에 노출　㉤ 화재 복사열에 노출　㉥ 손상을 받는 배관의 최소화

　㉦ 배수 및 지반의 경사도　㉧ 주풍향　㉨ 향후 확장 계획

2. 주풍향의 고려

① 공장을 신설할 때에는 그 지역의 주풍향을 결정하고, 이를 고려하여야 한다.

② 인화성 유체가 누출될 우려가 있는 모든 설비나 기기들은 풍하측에 배치하여 누출이 되는 경우에도 나화(Open flame)나 고온의 표면(Hot surface)에 있는 지역에 인화성 유체가 체류하지 않도록 한다.

③ 인화성 유체가 누출될 우려가 있는 모든 설비나 기기들은 풍하측에 배치하여 누출이 되는 경우에도 전기실(Power house), 보일러 용수펌프 및 공기 공급설비는 다른 설비들로부터 75m 이상 떨어지게 배치한다.

④ 보일러나 가열로의 폭발로 유틸리티가 손상을 받지 않도록 충분한 거리를 유지하여야 한다.

⑤ 이웃한 다른 공장의 설비들로부터 받을 수 있는 영향을 고려하여야 한다.

3. 공정지역의 배치 일반사항

① 배치방법에는 그룹 배치(Grouped layout) 방법과 공정흐름 배치(Flow line layout) 방법이 있다.

    ㉠ 그룹배치는 회분식 반응기 10개를 같은 장소에 배치하는 등 비슷한 설비들을 이웃에 배치하는 방법으로, 이 방법은 조작이 쉽고, 어떤 단위공정시설(Unit)에서 다른 단위공정시설로 전환이 용이한 장점이 있으며, 조작원의 수를 최소화할 수 있다.

    ㉡ 공정흐름배치 방법은 공정흐름도(Process flow diagram)의 순서에 따라 배치하는 방법으로, 물질의 이송거리가 작아서 물질이송에 필요한 에너지가 적다는 장점이 있다.

② 제어실, 전기실, 압축기 및 가열로 등의 위치는 부지내의 조건들뿐만 아니라 다른 단위공정시설에 접근성, 주 접근 도로 및 풍향 등을 고려하여야 한다.

③ 소화설비들의 접근로는 공장내 모든 단위공정시설과 단위공정시설 사이에 있어야 하며, 접근로의 폭은 최소 6m 이상으로 한다.

④ 공장의 정기보수를 위하여 크레인, 화물차 및 지게차 등 이동식 장비들의 통제와 화기작업과 같은 위험작업이 잘 통제되는 경우 15m 이상의 안전거리를 둔다.

⑤ 크레인, 화물차 및 지게차 등 이동식 장비들의 통제와 화기작업과 같은 위험작업이 잘 통제되지 않는 경우에는 25m 이상의 안전거리를 유지한다.

03 안전성 평가 시 정성적 평가와 정량적 평가의 차이를 설명하시오.

[해설]

1. 공정위험성 평가기법 선택 관련 법규

* 고용노동부고시, 공정안전보고서의 제출·심사·확인 및 이행상태평가 등에 관한 규정 제29조에 규정

① 위험성평가기법은 해당 공정의 특성에 맞게 사업장 스스로 선정하되, 다음 각 호의 기준에 따라 선정하여야 한다.

1. 제조공정 중 반응, 분리(증류, 추출 등), 이송시스템 및 전기·계장시스템 등의 단위공정

가. 위험과 운전분석기법　　나. 공정위험분석기법　　다. 이상위험도분석기법

라. 원인결과분석기법　　　마. 결함수분석기법　　　바. 사건수분석기법

사. 공정안전성분석기법　　아. 방호계층분석기법

2. 저장탱크설비, 유틸리티설비 및 제조공정 중 고체 건조·분쇄설비 등 간단한 단위공정

가. 체크리스트기법　　　　나. 작업자실수분석기법

다. 사고예상질문분석기법　라. 위험과 운전분석기법

마. 상대 위험순위결정기법　바. 공정위험분석기법　　사. 공정안정성분석기법

② 하나의 공장이 반응공정, 증류·분리공정 등과 같이 여러 개의 단위공정으로 구성되어 있을 경우 각 단위 공정특성별로 별도의 위험성 평가기법을 선정할 수 있다.

2. 정성적 평가 및 정량적 평가 기법

(1) 정성적 평가기법

① 체크리스트기법　　　② 작업자실수분석기법　　③ 사고예상질문분석기법

④ 위험과 운전분석기법　⑤ 상대 위험순위결정기법　⑥ 공정위험분석기법

⑦ 공정안정성분석기법　⑧ 방호계층분석기법

(2) 정량적 평가기법

① 이상위험도분석기법　② 원인결과분석기법　　③ 결함수분석기법

④ 사건수분석기법

04 산업안전보건법령에 명시된 위험성평가의 목적에 대하여 간단히 쓰시오.

해설

1. 사업장 위험성평가의 목적

* 사업장의 위험성평가의 목적은 사업주가 스스로 사업장의 유해·위험요인에 대한 실태를 파악하고 이를 평가하여 관리·개선하는 등 필요한 조치를 통해 산업재해를 예방할 수 있도록 지원하기 위하여 위험성평가 방법, 절차, 시기 등에 대한 기준을 제시하고, 위험성평가 활성화를 위한 시책의 운영 및 지원사업 등 그 밖에 필요한 사항을 규정함을 목적으로 한다.(고용노동부고시 사업장 위험성평가에 관한 지침 제1조).

2. 위험성평가의 절차

* 사업주는 위험성평가를 다음의 절차에 따라 실시하여야 한다. 다만, 상시근로자 5인 미만 사업장(건설공사의 경우 1억원 미만)의 경우 제1호 절차를 생략할 수 있다.
  ① 사전준비　　　② 유해·위험요인 파악
  ③ 위험성 결정　　④ 위험성 감소대책 수립 및 실행
  ⑤ 위험성평가 실시내용 및 결과에 관한 기록 및 보존

[참조] 3단계 위험성 추정은 법 개정으로 최근에 삭제되었다(2023년 개정).

시스템 위험성 평가 및 기법

01 '사업장 위험성평가에 관한 지침'과 관련된 내용 중 다음을 설명하시오.
1) 위험성평가의 정의　2) 위험성평가 법적 근거　3) 위험성평가 실시 주체
4) 위험성평가의 추진절차　5) 위험성평가의 방법 및 시기

해설

1. 위험성평가의 정의 (사업장 위험성평가에 관한 지침 제3조)

* "위험성평가"란 사업주가 스스로 유해·위험요인을 파악하고 해당 유해·위험요인의 위험성 수준을 결정하여, 위험성을 낮추기 위한 적절한 조치를 마련하고 실행하는 과정을 말한다.

2. 위험성평가의 법적 근거 (산안법 제36조)

* 산안법 제36조(위험성평가 실시), 고용노동부고시 사업장 위험성평가에 관한 지침)

① 사업주는 건설물, 기계·기구·설비, 원재료, 가스, 증기, 분진, 근로자의 작업행동 또는 그 밖의 업무로 인한 유해·위험 요인을 찾아내어 부상 및 질병으로 이어질 수 있는 위험성의 크기가 허용 가능한 범위인지를 평가하여야 하고, 그 결과에 따라 이 법과 이 법에 따른 명령에 따른 조치를 하여야 하며, 근로자에 대한 위험 또는 건강장해를 방지하기 위하여 필요한 경우에는 추가적인 조치를 하여야 한다.

② 사업주는 제1항에 따른 평가 시 고용노동부장관이 정하여 고시하는 바에 따라 해당 작업장의 근로자를 참여시켜야 한다.

③ 사업주는 제1항에 따른 평가의 결과와 조치사항을 고용노동부령으로 정하는 바에 따라 기록하여 보존하여야 한다.

④ 제1항에 따른 평가의 방법, 절차 및 시기, 그 밖에 필요한 사항은 고용노동부장관이 정하여 고시한다.

3. 위험성평가의 실시 주체 : 사업주 (사업장 위험성평가에 관한 지침 제5조)

① 사업주는 스스로 사업장의 유해·위험요인을 파악하기 위해 근로자를 참여시켜 실태를 파악하고 이를 평가하여 관리 개선하는 등 위험성평가를 실시하여야 한다.

② 작업의 일부 또는 전부를 도급에 의하여 행하는 사업의 경우는 도급을 준 도급인(이하 "도급사업주"라 한다)과 도급을 받은 수급인(이하 "수급사업주"라 한다)은 각각 제1항에 따른 위험성평가를 실시하여야 한다.

③ 제2항에 따른 도급사업주는 수급사업주가 실시한 위험성평가 결과를 검토하여 도급사업주가 개선할 사항이 있는 경우 이를 개선하여야 한다.

4. 위험성평가의 추진절차 (사업장 위험성평가에 관한 지침 제8조)

* 사업주는 위험성평가를 다음의 절차에 따라 실시하여야 한다. 다만, 상시근로자 5인 미만 사업장(건설공사의 경우 1억원 미만)의 경우 제1호의 절차를 생략할 수 있다. <개정 2023. 5. 22>

① 사전준비   ② 유해·위험요인 파악   ③ 삭제 (위험성의 추정이 삭제됨)

④ 위험성 결정   ⑤ 위험성 감소대책 수립 및 실행

⑥ 위험성평가 실시내용 및 결과에 관한 기록 및 보존

5. 위험성평가의 방법 (사업장 위험성평가에 관한 지침 제7조)

① 사업주는 다음과 같은 방법으로 위험성평가를 실시하여야 한다.

    ㉠ 안전보건관리책임자 등 해당 사업장에서 사업의 실시를 총괄 관리하는 사람에게 위험성평가의 실시를 총괄 관리하게 할 것

    ㉡ 사업장의 안전관리자, 보건관리자 등이 위험성평가의 실시에 관하여 안전보건관리책임자를 보좌하고 지도·조언하게 할 것

    ㉢ 관리감독자가 유해·위험요인을 파악하고 그 결과에 따라 개선조치를 시행하게 할 것

    ㉣ 기계·기구, 설비 등과 관련된 위험성평가에는 해당 기계·기구, 설비 등에 전문지식을 갖춘 사람을 참여하게 할 것

    ㉤ 안전·보건관리자의 선임의무가 없는 경우에는 제2호에 따른 업무를 수행할 사람을 지정하는 등 그 밖에 위험성평가를 위한 체제를 구축할 것

② 사업주는 제1항에서 정하고 있는 자에 대해 위험성평가를 실시하기 위한 필요한 교육을 실시하여야 한다. 이 경우 위험성평가에 대해 외부에서 교육을 받았거나, 관련학문을 전공하여 관련 지식이 풍부한 경우에는 필요한 부분만 교육을 실시하거나 교육을 생략할 수 있다.

③ 사업주가 위험성평가를 실시하는 경우에는 산업안전·보건 전문가 또는 전문기관의 컨설팅을 받을 수 있다.

④ 사업주가 다음 각 호의 어느 하나에 해당하는 제도를 이행한 경우에는 그 부분에 대하여 이 고시에 따른 위험성평가를 실시한 것으로 본다.

    ㉠ 위험성평가 방법을 적용한 안전·보건진단

    ㉡ 공정안전보고서. 다만, 공정안전보고서의 내용 중 공정위험성 평가서가 최대 4년 범위 이내에서 정기적으로 작성된 경우에 한한다.

    ㉢ 근골격계부담작업 유해요인조사

    ㉣ 그 밖에 법과 이 법에 따른 명령에서 정하는 위험성평가 관련 제도

⑤ 사업주는 사업장의 규모와 특성 등을 고려하여 다음 각 호의 위험성평가 방법 중 한 가지 이상을 선정하여 위험성평가를 실시할 수 있다.

    ㉠ 위험 가능성과 중대성을 조합한 빈도·강도법

    ㉡ 체크리스트(Checklist)법　　㉢ 위험성 수준 3단계(저·중·고) 판단법

    ㉣ 핵심요인 기술(One Point Sheet)법

    ㉤ 그 외 규칙 제50조제1항제2호 각 목의 방법

6. 위험성평가의 시기 (사업장 위험성평가에 관한 지침 제15조)

① 위험성평가는 최초평가 및 수시평가, 정기평가로 구분하여 실시하여야 한다. 이 경우 최초평가 및 정기평가는 전체 작업을 대상으로 한다.

② 수시평가는 다음 각 호의 어느 하나에 해당하는 계획이 있는 경우에는 해당 계획의 실행을 착수하기 전에 실시하여야 한다. 다만, 제5호에 해당하는 경우에는 재해발생 작업을 대상으로 작업을 재개하기 전에 실시하여야 한다.

　㉠ 사업장 건설물의 설치·이전·변경 또는 해체

　㉡ 기계·기구, 설비, 원재료 등의 신규 도입 또는 변경

　㉢ 건설물, 기계·기구, 설비 등의 정비 또는 보수(주기적·반복적 작업으로서 정기평가를 실시한 경우에는 제외)

　㉣ 작업방법 또는 작업절차의 신규 도입 또는 변경

　㉤ 중대산업사고 또는 산업재해(휴업 이상의 요양을 요하는 경우에 한정) 발생

　㉥ 그 밖에 사업주가 필요하다고 판단한 경우

③ 정기평가는 최초평가 후 매년 정기적으로 실시한다. 이 경우 다음의 사항을 고려하여야 한다.

　㉠ 기계·기구, 설비 등의 기간 경과에 의한 성능 저하

　㉡ 근로자의 교체 등에 수반하는 안전·보건과 관련되는 지식 또는 경험의 변화

　㉢ 안전·보건과 관련되는 새로운 지식의 습득

　㉣ 현재 수립되어 있는 위험성 감소대책의 유효성 등

(02) 위험성평가에 관련하여 다음 사항을 설명하시오.

1) 위험성평가 실시규정에 포함시켜야 할 사항   2) 수시평가 대상

3) 유해위험요인 파악 방법

[해설]

1. 위험성평가 실시규정에 포함 사항 (사업장 위험성평가에 관한 지침 제9조)

① 평가의 목적 및 방법   ② 평가담당자 및 책임자의 역할
③ 평가 시기 및 절차   ④ 주지방법 및 유의사항   ⑤ 결과의 기록·보존

2. 수시평가 대상 (사업장 위험성평가에 관한 지침 제15조)

＊ 다음 어느 하나에 해당하는 계획이 있는 경우

① 사업장 건설물의 설치·이전·변경 또는 해체

② 기계·기구. 설비. 원재료 등의 신규도입 또는 변경

③ 건설물, 기계·기구, 설비 등의 정비 또는 보수(주기적·반복적 작업으로서 정기평가를 실시한 경우에는 제외)

④ 작업방법 또는 작업절차의 신규도입 또는 변경

⑤ 중대산업사고 또는 산업재해(휴업 이상의 요양을 요하는 경우에 한정한다) 발생

⑥ 그 밖에 사업주가 필요하다고 판단한 경우

3. 유해위험요인 파악 방법 (사업장 위험성평가에 관한 지침 제10조)

* 사업주는 사업장 내의 제5조의2에 따른 유해·위험요인을 파악하여야 한다. 이때 업종, 규모 등 사업장 실정에 따라 다음 각 호의 방법 중 어느 하나 이상의 방법을 사용하되, 특별한 사정이 없으면 제1호에 의한 방법을 포함하여야 한다.

① 사업장 순회점검에 의한 방법

② 근로자들의 상시적 제안에 의한 방법

③ 설문조사·인터뷰 등 청취조사에 의한 방법

④ 물질안전보건자료, 작업환경측정결과, 특수건강진단결과 등 안전보건 자료에 의한 방법

⑤ 안전보건 체크리스트에 의한 방법

⑥ 그 밖에 사업장의 특성에 적합한 방법

(03) 정부에서 "중대재해 감축 로드맵" (22.11.30)을 발표하였다. 그 중 특히 노사가 함께 사업장 특성에 맞는 자체 규범 마련과 유해·위험요인을 스스로 발굴·제거하는 것이 핵심 사항이다. 이와 관련하여 위험성평가에 대한 다음 사항에 대하여 설명하시오.

1) 위험성평가 시 각 사항에 대한 사전준비 사항

2) 위험성 감소 대책 수립·실행 시 고려사항

[해설]

○ 중대재해 감축 로드맵 관련 위험성 평가

1. **위험성평가의 절차** (사업장 위험성평가에 관한 지침 제8조)

* 사업주는 위험성평가를 다음의 절차에 따라 실시하여야 한다. 다만, 상시근로자 5인 미만 사업장(건설공사의 경우 1억원 미만)의 경우 제1호의 절차를 생략할 수 있다. <개정 2023. 5. 22>

① 사전준비　　② 유해·위험요인 파악　　③ 삭제 (위험성의 추정이 삭제)

④ 위험성 결정　　⑤ 위험성 감소대책 수립 및 실행

⑥ 위험성평가 실시내용 및 결과에 관한 기록 및 보존

2. 위험성평가 사전준비 사항 (사업장 위험성평가에 관한 지침 제9조)

① 사업주는 위험성평가를 효과적으로 실시하기 위하여 최초 위험성평가시 다음 각 호의 사항이 포함된 위험성평가 실시규정을 작성하고, 지속적으로 관리하여야 한다.

㉠ 평가의 목적 및 방법　　㉡ 평가담당자 및 책임자의 역할

㉢ 평가시기 및 절차　　㉣ 근로자에 대한 참여·공유방법 및 유의사항

㉤ 결과의 기록·보존

② 사업주는 위험성평가를 실시하기 전에 다음 각 호의 사항을 확정하여야 한다.

㉠ 위험성의 수준과 그 수준을 판단하는 기준

㉡ 허용 가능한 위험성의 수준(이 경우 법에서 정한 기준 이상으로 위험성의 수준을 정하여야 한다)

③ 사업주는 다음 각 호의 사업장 안전보건정보를 사전에 조사하여 위험성평가에 활용할 수 있다.

㉠ 작업표준, 작업절차 등에 관한 정보

㉡ 기계·기구, 설비 등의 사양서, 물질안전보건자료(MSDS) 등의 유해·위험요인에 관한 정보

㉢ 기계·기구, 설비 등의 공정 흐름과 작업 주변의 환경에 관한 정보

㉣ 산안법 제63조(도급인의 안전조치 및 보건조치)에 따른 작업을 하는 경우로서 같은 장소에서 사업의 일부 또는 전부를 도급을 주어 행하는 작업이 있는 경우 혼재 작업의 위험성 및 작업 상황 등에 관한 정보

㉤ 재해사례, 재해통계 등에 관한 정보

㉥ 작업환경측정결과, 근로자 건강진단결과에 관한 정보

㉦ 그 밖에 위험성평가에 참고가 되는 자료 등

제2장

3. 위험성 감소 대책 수립·실행 시 고려사항 (사업장 위험성평가 관련 지침 제12조)

<개정 2024. 12.18>

① 사업주는 제11조 제2항에 따라 허용 가능한 위험성이 아니라고 판단한 경우에는 위험성의 수준, 영향을 받는 근로자 수 및 다음 각 호의 순서를 고려하여 위험성 감소를 위한 대책을 수립하여 실행하여야 한다. 이 경우 법령에서 정하는 사항과 그 밖에 근로자의 위험 또는 건강장해를 방지하기 위하여 필요한 조치를 반영하여야 한다.

  1. 위험한 작업의 폐지·변경, 유해·위험물질 대체 등의 조치 또는 설계나 계획 단계에서 위험성을 제거 또는 저감하는 조치

  2. 연동장치, 환기장치 설치 등의 공학적 대책

  3. 사업장 작업절차서 정비 등의 관리적 대책

  4. 개인용 보호구의 사용

② 사업주는 위험성 감소대책을 실행한 후 해당 공정 또는 작업의 위험성의 수준이 사전에 자체 설정한 허용 가능한 위험성의 수준인지를 확인하여야 한다.

③ 제2항에 따른 확인 결과, 위험성이 자체 설정한 허용 가능한 위험성 수준으로 내려오지 않는 경우에는 허용 가능한 위험성 수준이 될 때까지 추가의 감소대책을 수립·실행하여야 한다.

④ 사업주는 중대재해, 중대산업사고 또는 심각한 질병이 발생할 우려가 있는 위험성으로서 제1항에 따라 수립한 위험성 감소대책의 실행에 많은 시간이 필요한 경우에는 즉시 잠정적인 조치를 강구하여야 한다.

04 위험성 평가(Risk Assessment)의 평가순서 5가지를 쓰시오.

[해설]

1. 사업장 위험성평가에 관한 지침의 목적 (사업장 위험성평가 관련 지침 제1조)

  ＊ 사업장 위험성평가에 관한 지침에 대한 고시 목적은 사업주가 스스로 사업장의 유해·위험요인에 대한 실태를 파악하고 이를 평가하여 관리·개선하는 등 필요한 조치를 할 수 있도록 지원하기 위하여 위험성평가 방법, 절차, 시기 등에 대한 기준을 제시하고, 위험성평가 활성화를 위한 시책의 운영 및 지원사업 등 그 밖에 필요한 사항을 규정함을 목적으로 한다.

2. 위험성 평가의 기본 절차 (사업장 위험성평가 관련 지침 제8조)

* 사업주는 위험성평가를 다음의 절차에 따라 실시하여야 한다. 다만, 상시근로자 5인 미만 사업장(건설공사의 경우 1억원 미만)의 경우 제1호의 절차를 생략할 수 있다. <개정 2023. 5. 22>

① 사전준비　　② 유해・위험요인 파악　　③ 삭제 (위험성 추정 → 삭제)

④ 위험성 결정　　⑤ 위험성 감소대책 수립 및 실행

⑥ 위험성평가 실시내용 및 결과에 관한 기록 및 보존

3. 위험성 평가의 단계별 추진내용

(1) 제1단계 : 사전준비 (사업장 위험성평가 관련 지침 제9조)

① 사업주는 위험성평가를 효과적으로 실시하기 위하여 최초 위험성평가시 다음 각 호의 사항이 포함된 위험성평가 실시규정을 작성하고, 지속적으로 관리하여야 한다.

1. 평가의 목적 및 방법　　2. 평가담당자 및 책임자의 역할

3. 평가시기 및 절차　　4. 근로자에 대한 참여・공유방법 및 유의사항

5. 결과의 기록・보존

② 사업주는 위험성평가를 실시하기 전에 다음 가 호의 사항을 확정하여야 한다.

1. 위험성의 수준과 그 수준을 판단하는 기준

2. 허용 가능한 위험성의 수준(이 경우 법에서 정한 기준 이상으로 위험성의 수준을 정하여야 한다)

③ 사업주는 다음 각 호의 사업장 안전보건정보를 사전에 조사하여 위험성평가에 활용할 수 있다.

1. 작업표준, 작업절차 등에 관한 정보

2. 기계・기구, 설비 등의 사양서, 물질안전보건자료(MSDS) 등의 유해・위험요인에 관한 정보

3. 기계・기구, 설비 등의 공정 흐름과 작업 주변의 환경에 관한 정보

4. 법 제63조에 따른 작업을 하는 경우로서 같은 장소에서 사업의 일부 또는 전부를 도급을 주어 행하는 작업이 있는 경우 혼재 작업의 위험성 및 작업 상황 등에 관한 정보

5. 재해사례, 재해통계 등에 관한 정보

6. 작업환경측정결과, 근로자 건강진단결과에 관한 정보

7. 그 밖에 위험성평가에 참고가 되는 자료 등

(2) 제2단계 : 유해위험요인 파악 (사업장 위험성평가 관련 지침 제10조)

* 사업주는 사업장 내의 제5조의2에 따른 유해·위험요인을 파악하여야 한다. 이 때 업종, 규모 등 사업장 실정에 따라 다음 각 호의 방법 중 어느 하나 이상의 방법을 사용하되, 특별한 사정이 없으면 제1호에 의한 방법을 포함하여야 한다.

1. 사업장 순회점검에 의한 방법

2. 근로자들의 상시적 제안에 의한 방법

3. 설문조사·인터뷰 등 청취조사에 의한 방법

4. 물질안전보건자료, 작업환경측정결과, 특수건강진단결과 등 안전보건 자료에 의한 방법

5. 안전보건 체크리스트에 의한 방법

6. 그 밖에 사업장의 특성에 적합한 방법

(3) 제3단계 : 제3단계 : 위험성 결정 (사업장 위험성평가 관련 지침 제11조)

① 사업주는 제10조에 따라 파악된 유해·위험요인이 근로자에게 노출되었을 때의 위험성을 제9조제2항제1호에 따른 기준에 의해 판단하여야 한다.

② 사업주는 제1항에 따라 판단한 위험성의 수준이 제9조 제2항 제2호에 의한 허용 가능한 위험성의 수준인지 결정하여야 한다.

(4) 제4단계 : 위험성 감소대책 수립 및 실행 (사업장 위험성평가 관련 지침 제12조)

① 사업주는 제11조제2항에 따라 허용 가능한 위험성이 아니라고 판단한 경우에는 위험성의 수준, 영향을 받는 근로자 수 및 다음 각 호의 순서를 고려하여 위험성 감소를 위한 대책을 수립하여 실행하여야 한다. 이 경우 법령에서 정하는 사항과 그 밖에 근로자의 위험 또는 건강장해를 방지하기 위하여 필요한 조치를 반영하여야 한다.

1. 위험한 작업의 폐지·변경, 유해·위험물질 대체 등의 조치 또는 설계나 계획 단계에서 위험성을 제거 또는 저감하는 조치

2. 연동장치, 환기장치 설치 등의 공학적 대책

3. 사업장 작업절차서 정비 등의 관리적 대책

4. 개인용 보호구의 사용

② 사업주는 위험성 감소대책을 실행한 후 해당 공정 또는 작업의 위험성의 수준이 사전에 자체 설정한 허용 가능한 위험성의 수준인지를 확인하여야 한다.

③ 제2항에 따른 확인 결과, 위험성이 자체 설정한 허용 가능한 위험성 수준으로 내려오지 않는 경우에는 허용 가능한 위험성 수준이 될 때까지 추가의 감소대책을 수립·실행하여야 한다.

④ 사업주는 중대재해, 중대산업사고 또는 심각한 질병이 발생할 우려가 있는 위험성으로서 제1항에 따라 수립한 위험성 감소대책의 실행에 많은 시간이 필요한 경우에는 즉시 잠정적인 조치를 강구하여야 한다.

(5) 제5단계 : 위험성평가 실시내용 및 결과에 대한 기록 및 보존

(사업장 위험성평가 관련 지침 제14조)

① 규칙 제37조제1항제4호에 따른 "그 밖에 위험성평가의 실시내용을 확인하기 위하여 필요한 사항으로서 고용노동부장관이 정하여 고시하는 사항"이란 다음 각 호에 관한 사항을 말한다.

  1. 위험성평가를 위해 사전조사 한 안전보건정보

  2. 그 밖에 사업장에서 필요하다고 정한 사항

② 시행규칙 제37조제2항의 기록의 최소 보존기한은 제15조에 따른 실시 시기별 위험성평가를 완료한 날부터 기산한다

(05) 위험성평가(분석) 기법의 선정원칙을 5가지 이상 제시하시오.

해설

1. 사업장 위험성평가 기법

* 사업주는 사업장의 규모와 특성 등을 고려하여 다음 각 호의 위험성평가 방법 중 한 가지 이상을 선정하여 위험성평가를 실시할 수 있다(사업장 위험성평가에 관한 지침 제7조).

  ① 위험 가능성과 중대성을 조합한 빈도·강도법 ② 체크리스트(Checklist)법

  ③ 위험성 수준 3단계(저·중·고) 판단법

  ④ 핵심요인 기술(One Point Sheet)법

  ⑤ 그 외 규칙에서의 각 목의 방법 (산시규 제50조)

    ㉠ 체크리스트(Check List)   ㉡ 상대위험순위 결정(Dow & Mond Indices)

ⓒ 작업자 실수 분석(HEA)　　ⓔ 사고 예상 질문 분석(What-if)

ⓜ 위험과 운전 분석(HAZOP)　　ⓗ 이상위험도 분석(FMECA)

ⓢ 결함 수 분석(FTA)　　ⓞ 사건 수 분석(ETA)

ⓩ 원인결과 분석(CCA)

ⓧ ㉠부터 ㉢까지의 규정과 같은 수준 이상의 기술적 평가기법

2. 사업장 위험성평가 기법의 일반적 선정원칙

* 특정한 화학공정에 대하여 어떤 위험성평가방법을 적용할 것인가는 그리 쉬운 일이 아니지만 위험성평가방법 선정 시 고려하여야 할 일반적인 사항을 제시하면 다음과 같다.

① 위험성평가의 목적　　② 공정진행 단계

③ 예상사고의 파급효과와 근로자에게 미치는 위험수준

④ 공성의 복삽성 성노　　⑤ 분석팀의 능력 및 경험

⑥ 필요한 자료의 확보가능성　　⑦ 소요시간 및 경비

06 RBI(Risk Based Inspection)란 무엇인가?

[해설]

1. 개요

* RBI 기법은 장치류에 대해 언제, 어느 부위에, 무엇을 검사해야 이 장치의 위험도를 최소화할 수 있는가의 방향을 제시하는 기법이다. 상용SW가 개발되어 활용되고 있다.

2. RBI 위험성평가

* Risk=LOF×COF

　여기서, LOF(Likelyhood of Failure : 사고가능성) 결정요소

① 장치·배관 수량　② 열화기구　③ 검사의 적절성

④ 현재 장치물 상태　⑤ 공정특성　⑥ 장치설계 기준

COF(Consequence of Failure : 사고중대성) 결정요소

① 유해물질 예상 배출량

② 사고유형(화재, 폭발, 독성물질 배출, 환경오염)

③ 회사 경영에 미치는 영향(환경오염 보상비용, 배출물질 제거비용 등)

3. RBI 적용절차

① 고위험지역 구분   ② 적용 우선순위 결정   ③ 위험도 평가
④ 검사체계 설계   ⑤ 장치사고 위험도의 체계적 관리

07 위험기반검사(Risk Based inspection)에서 위험도순위표(Risk Ranking Matrix) 작성방법과 위험도에 따른 관리방법을 설명하시오.

[해설]

1. 개요

* 위험기반검사(RBI : Risk Based Inspection)는 유해위험기계 등에서 설비의 안전성을 평가하고, 위험도에 근거하여 설비의 종합적인 검사계획을 수립하는 방법이다.

2. RBI 수행절차 4단계 (KOSHA Guide P-15-2012)

(1) 1단계 : RBI 수행준비 : 팀구성, 시스템화, 기초자료 수집 및 분석

(2) 2단계 : 위험성 평가

 1) 자료입력

 2) 위험평가

  ① 발생가능성 평가 : 1~5   ② 피해크기 평가 : A~E
  ③ 위험등급 결정 : 고, 중상, 중, 저   ④ 검사이력 반영

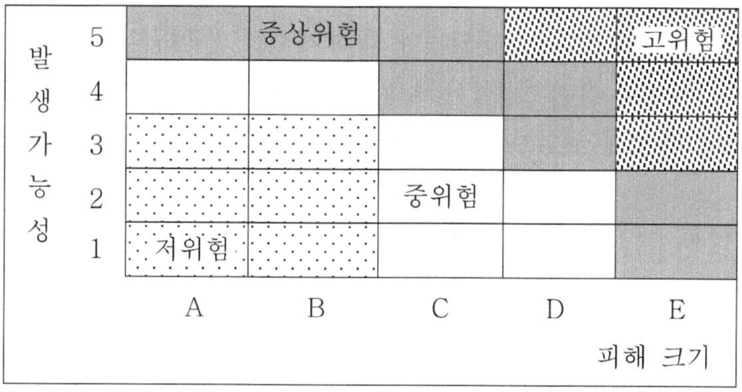

발생가능성 \ 피해크기	A	B	C	D	E
5	중상위험	중상위험			고위험
4					
3					
2			중위험		
1	저위험				

피해 크기

(3) 3단계 : 상세평가

 1) 상세평가 대상 선정 및 평가

  ① 고위험 : 상세검토   ② 중위험 : 고려대상   ③ 저위험 : 무시가능

2) 위험경감 방안

① 발생가능성 측면 ② 피해크기 측면

(4) 4단계 : 검사계획

① 육안검사 판단기준 수립 ② 손상 메카니즘 확인 : API 571, 581 등 참조
③ 검사부위 선정   ④ 검사 효율 및 검사기법 검토
⑤ 검사주기 설정 : 고위험 : 1~2년, 중위험 : 3~5년, 저위험 : 6~8년
⑥ 검사실시

3. 위험관리방안

① 위험도 감소화 ② 설비관리, 검사이력 전산화 ③ 부식지도 작성 등

08 FFS(Fitness For Service)에 관하여 기술하시오.

[해설]

1. 정의

* FFS(사용적합성평가 : Fitness For Service)는 결함이나 손상을 가지고 있는 사용 중인 설비(In-Service Component)가 현재 운전상태에서 연속적인 또는 다음 T/A (Turn Around)까지 사용가능한지를 여러 분야의 공학적 분석을 통해 정량적(Quan -titative)으로 평가하는 것이다.

* 어떠한 장치가 결함을 가지고 있거나, 설계기준을 만족하지 못하거나 또는 현재 설 계기준보다 가혹한 운전조건에서 사용되어야 할 경우에 적용된다. 사용적합성평가 는 의료기기의 GMP 관련한 사용적합성평가에서 매우 중시된다.

2. FFS 추진단계

① 제1단계 : 결함 및 손상 메커니즘 규명
　㉠ 사용적합성평가의 첫 번째 단계는 결함유형과 손상의 원인을 규명
　㉡ 최초의 설계 및 제조관행, 제조 재료, 사용이력 및 환경조건을 통해 손상의 개 략적 원인을 파악
② 제2단계 : FFS 평가절차의 적용과 한계
　* 손상 메커니즘이나 결함 유형별로 각 장 참조하여 파악

③ 제3단계 : 데이터 요구사항(Data Requirement) 검토

　　* 데이터 요구사항으로는 최초 장치설계 데이터, 유지보수 및 운전이력에 관한 정보, 사용용도 및 FFS 평가 관련 데이터(예를 들면 결함치수, 결함이 있는 곳에 위치한 부속품의 응력상태 및 재료의 특성) 등이 있음

④ 4단계 : 평가기법과 허용기준 검토

　　* 손상 매커니즘이나 결함 유형별로 각 장 참조하여 파악

⑤ 제5단계 : 잔존수명 검토(Remaining Life Evaluation)

　　㉠ 검사주기 결정을 위해서는 잔존수명 또는 한계결함치수에 대한 평가를 실시

　　㉡ 잔존수명은 향후손상에 대한 검토와 함께 FFS 평가절차를 이용하여 결정

⑥ 제6단계 : 교정(Remediation)

　　* 손상 메커니즘이나 결함 유형별로 각 장 참조하여 파악

⑦ 제7단계 : 사용중 감시(In-Service Monitoring)

　　* 손상 메카니즘이나 결함유형별로 각 장 참조하여 파악

⑧ 제8단계 : 문서화(Documentation)

　　* 부재를 지속적으로 가동할 수 있는지 확인할 수 있도록 각각의 이전 단계에서 이루어진 결정과 정보를 모두 기록

3. FFS 효과 및 잇점

① 안전운전에 기반을 둔 운전기간 증가 및 보수기간 감소
② 운전가혹도 증가(용량증대운전)에 대한 가능성 확인
③ 최초 건설시에 비해 강화된 운전 중 검사를 통한 결함의 합리적 평가
④ 손상을 입은 설비에 대한 재평가(Rerating)
⑤ 검사계획과 검사주기의 재설정　　⑥ 불필요한 보수·교체작업 제거
⑦ 검사방법 및 검사주기의 기술적 배경 제공
⑧ 적절한 시기에 보수를 할 수 있도록 보수시기 조정
⑨ 보수필요성에 대한 기술적 배경 제공

시스템 안전확보 설비보전

01 기계설비의 열화의 종류 및 현상에 관하여 기술하시오.

해설

1. 설비열화의 종류

① 기술적 열화 → 성능열화　② 경제적 열화 → 가치감소
③ 절대적 열화 → 노후화　④ 상대적 열화 → 구식화

2. 열화에 따른 고장유형

* 열화에는 자연열화와 강제열화의 두 종류가 있다. 자연열화란 올바로 사용해도 물리적으로 진행되는 열화를 말하며, 강제열화란 인위적으로 열화를 촉진시키는 것으로 자연열화보다 시간이 짧다.
* 파국고장은 기능정지형 고장이고, 열화(劣化)고장은 기능저하형 고장을 말한다.
* 기능저하형 고장은 설비가 정지하지 않는 고장이며, 성능가동률에 영향을 미친다.

3, 설비열화의 대책

(1) 설비열화의 대책 3가지

① 열화방지 → 급유, 교환, 조정, 청소　② 열화측정 → 양부(良否)검사, 경향검사
③ 열화회복 → 예방수리, 사후수리

(2) 양부검사 및 경향검사

① 양부검사 → 경제적 수리주기에 도달했는가를 확인하는 검사
* 설비의 고장발견이 다소 늦더라도 손실이 그리 크지 않는 경우에 적용
* 설비의 성능이 서서히 감소하는 경우에 적용
② 경향검사 → 경제적 수리주기에 도달하는 시기를 예측하는 검사
* 수리주기 한계를 조금이라도 벗어나면 생산정지가 발생하여 손실이 큰 경우

02 보전작업의 안전화에 대하여 기술하시오.

[해설]

1. 보전활동 분류

(1) 예방보전

* 계획을 수립하여 시간, 상태, 적응 상태로 구분하여 주기적으로 하는 보전활동을 말한다.
① 시간기준보전(TBM : Time Based Maintenance) : 보전주기를 설비별로 정하여 실시하는 보전활동

③ 상태기준보전(CBM : Condition Based Maintenance) : 설비의 상태에 의거
하여 보전주기나 보전방법을 결정하는 보전활동

③ 적응보전(AM : Adaptive Maintenance) : 생산상황이나 설비의 노후 정도 등
의 주변 환경을 고려하여 설비상태를 파악하여 실행하는 보전활동

(2) 사후보전

* 보전주기를 기다리지 않고 고장이 발생한 경우에 즉시 보전활동을 수행하는 것
을 말한다. 사후보전에는 계획사후보전(Planncd BM)과 돌발사후보전(Emergen
-cy BM)이 있다.

* 계획사후보전은 설비 중요도가 낮아(예, D등급) 고장이 나면 복구보전을 하겠다
는 것이고, 돌발사후보전은 응급사후보전이라고도 하며, 고장이 나면 안 되는데
도 관리부재나 기술상의 문제로 원치 않는 고장이 나서 보전하는 것이다.

2. 보전작업에서 안전화

① 제작시 보전을 전제로 설계(보전용이성 설계)해야 하며, 주유, 청소, 점검, 부품교
환, 수리 등이 용이해야 함

② 고장예방을 위한 정기점검, 주유방법 개선, 구성품 신뢰도 향상, 보전용 통로 및
직업징 확보, 분해 및 교환 등이 철지해야 함

③ 욕조곡선을 고려하여 보전정책을 운영해야 함

---

03 설비보전 조직의 형태를 4가지로 분류하여 설명하시오.

[해설]

○ 설비보전의 조직

(1) 설비보전 조직의 기능

① 직접기능 : 설비의 열화로 인한 고장, 정지, 기능저하, 상태 등을 제거하여 설비
의 성능을 경제적으로 유지하려는 활동을 수행하는 기능으로서, 설비검사, 일상
보전, 예방보전, 사후보전, 개량보전 및 검수 등의 업무가 포함된다.

② 관리기능 : 보전표준을 설정하고, 표준에 따라서 보전계획을 수립하여, 보다 적
은 비용으로 큰 수익을 올리려는 활동을 수행하는 기능으로서, 기술적인 측면과
경제적인 측면이 있다.

(2) 보전조직의 종류

① 집중보전 → 공장의 모든 보전요원을 한 사람의 관리자 밑에 배치

② 지역보전 → 공장의 특정지역에 보전요원이 배치

③ 부문보전 → 공장의 보전요원을 각 제조부문의 감독자 밑에 배치

④ 절충보전 → 지역보전 내지는 부문보전의 조합

04 기계·설비 정비 시 잠금장치 및 표지판 부착에 대하여 사업주와 근로자의 역할을 각각 4가지 이상 쓰시오.

해설

1. LOTO의 의미

(1) 잠금장치 (Lock-out)

* 기기설비를 타인이 불시에 조작하지 못하도록 사용하는 장치

(2) 꼬리표(표지판) (Tag-out)

* 잠금장치를 제거하지 못하도록 표시하는 위험, 조작금지, 주의 등의 경고표지

2. 역할

(1) 사업주의 역할

① 잠금장치 및 표지판 부착대상 기계설비 및 작업 선정

② 정비시 안전작업요령 작성 및 근로자 교육

③ 기계설비의 정비·청소·급유·검사·수리시 운전정지 조치

④ 정비시 잠금장치 적용, 열쇠 별도 관리 및 표지판 부착 등 방호조치

(2) 근로자의 역할

① 잠금장치 및 표지판 부착 후 기계 등의 정비 또는 청소

② 정비시 책임자의 지휘감독 사항 준수

③ 잠금한 경우 정비 등 작업책임자가 열쇠를 별도 보관

④ 기계설비 등 재가동전 다른 근로자의 작업여부 확인

05 회전하는 기계설비로부터 얻어진 진동신호를 기초로 상태기준보전(CBM)을 실시하려 한다.

1. 시간보전기준과 비교하여 장점을 설명하시오.

2. 자려진동의 예를 들고 나타나는 진동신호의 특징을 설명하시오.

[해설]

1. 시간보전기준과 비교한 장점 설명

(1) 보전 방식의 종류와 특징

구분		특징 및 적용대상
예방보전 (PM, Preventive Maintenance)	정기보전 (PM, Periodical Maintenance)	* 정해진 보전주기에 따라서 수리·교환 등을 하는 보전으로서, 다음 사항들에 적용 ① 주기를 설정하기 쉽고, 산포가 적은 것 ② 점검하지 않고 정기 교환하는 편이 장점이 큰 것 * 정기보전은 TBM(Time Based Maintenance, 시간기준보전), IR(Inspection & Repair, 분해점검형 보전)으로 구성됨
	예지보전 (PM, Predictive Maintenance)	* 설비열화상태 조사를 위한 점검이나 점검에 따른 보전으로서, 다음 사항들에 적용 ① 열화상태에 따라 보전시기를 결정하는 편이 장점인 것 ② 열화경향이 일정하지 않고 주기가 정해지지 않은 것 ③ 실적이 적고, 주기가 결정되지 않은 것
	적응보전 (AM, Adaptve M.)	* 생산 상황이나 설비 노후 정도 등 주변 환경 등도 고려하여 실시하는 보전
사후보전(BM, Breakdown Maintenance)		* 고장난 다음에 수리를 하는 보전 ① 계획사후보전(Planned BM)과 돌발사후보전 (Emergency BM) 2가지 형태가 있음 ② 열화경향의 산포가 크고 점검·검사할 수 없는 것
개량보전(CM, Corrective Maintenance)		* 수명연장이나 수리시간 단축 등의 대책이나 비용을 절감하기 위한 대책을 취하는 보전으로서, 다음 사항들에 적용 ① 수명이 짧고, 고장빈도가 높으며, 고장의 수리비가 큰 것 ② 수리시간이 길고, 다른 데 미치는 영향이 크며, 유지관리 비용이 큰 것 ③ 열화경향의 산포가 크거나 점검·검사하기 어려운 것

(2) 예지보전(CBM) 방식

* 예지보전(PM : Predictive Maintenance)은 설비의 상태에 의거한 보전, 즉 설비 상태보전(CBM : Condition Based Maintenance)이라고도 한다.
* 설비상태보전이란 "모니터된 파라미터의 변화로써 검출된 기계내부의 주요한 열화에 대응하여 실시되는 예방보전"이다.
* CBM에서는 설비진단기술(CDT)인 진동법, 유분석법, 절연저항법, 소음법, 부식진단법, 비파괴검사법(RT, UT, PT, MT, ET 등), 열화상진단법 등에 의해 설비의 상태(Machine Condition)를 관측하여, 그 진단 결과에 따라 모든 보전액션을 정한다.

(3) 예지보전(CBM) 방식의 장단점

① 장점 : 시간기준보전의 단점인 과보전을 방지할 수 있다.
② 단점 : 설비진단이나 모니터링 시스템을 위한 비용이 발생한다.

2. 자려진동의 예를 들고 나타나는 진동신호의 특징 설명

(1) 자려진동의 의미

* 자려진동(Self-excited vibration)현상은 외부의 직접적인 가진이 없어도, 또는 가진 원인이 불분명한 상태에서 스스로 발생하여 지속되는 진동이다.

(2) 자려진동의 예

* 자려진동 현상은 기계 시스템뿐만 아니라 실생활에도 볼 수 있는 현상이다.
예를 들어 바이올린의 현과 활의 진동, 디스크 브레이크의 Squeal현상, 문을 여닫을 때 등 마찰로 인한 소음과 진동, 비행기 날개의 플러터 등이 이에 해당된다.

(3) 자려진동의 신호 특징

* 자려진동의 신호 특징은 진폭이 시간과 함께 지수함수적으로 증가하는 진동으로 된다. 따라서, 점성감쇠가 진동의 진폭을 감소시키는 것에 반해서 부감쇠(negative damping)는 진폭을 증가시킨다.
* 진동은 속도에 비례하기 때문에 어떤 경우라도 운동이 정지하면 자려진동은 소멸한다.

제
2
장

산업안전 확보 위험관리

01 안전관리는 위험관리로 볼 수 있다. 위험관리의 목적을 손실발생 전과 손실발생 후로 나누어 설명하시오.

해설

1. 위험관리의 목적

* 위험관리의 목적을 크게 둘로 위험발생전 목적과 위험발생후 목적으로 구분할 수 있다. 전자의 경우에는 발생할지의 여부를 알 수 없는 순수위험에 대한 효율적인 사전관리방법을 말하고, 후자의 경우에는 이미 발생한 순수위험에 대한 신속하고 효율적인 사후관리방법을 말한다.

2. 위험발생 전 목적

(1) 예방적인 위험관리

* 해당 기관이나 경제주체인 가계, 기업 그 밖의 공공기관 등이 후술하는 위험발생후 목적을 달성하기 위해서 필요한 위험관리 대책을 경제적으로 가장 저렴한 비용으로 강구하는 데 있다.
* 발생할지의 여부를 알 수 없는 위험에 대비하기 위한 비용으로서 각종 위험발생예방 안전대책비용, 보험관리에 소요되는 보험료지출, 과학적이며 합리적인 위험관리대책 강구를 위한 전문요원확보비용 등을 그 예로 들 수 있다.

(2) 위험발생에 대한 불안의 감소

* 합리적인 방법으로 순수위험을 발견함에 따라 해당 기관 경영자에게 항시 이들 위험발생에 대한 우려와 불안을 안겨 주게 되는 바 이런 위험에 대한 효율적인 대비책으로서의 위험관리로 경영인의 우려와 불안을 감소시키는 데 있다.

(3) 외부로부터의 불가피한 요구조건으로서의 위험관리대책 강구

* 가계, 기업, 공공기관 등이 법적으로나 사업상이나 그 밖의 이유로 강제적으로 불가피하게 요구되는 위험발생예방 안전대책의 강구나 보험가입이나 보증금 제공과 같은 행위를 조직적이고 합리적이며 종합적으로 위험관리의 형태로 대신하는 데 있다.

(4) 사회적 책임 완수를 위한 위험관리

* 위험의 발생이나 위험발생 가능성에 대한 불안으로 악영향을 받는 가계, 기업, 공공기관 등에서 위험관리를 통해 이들 좋지 않은 영향을 제거하거나 감소시킴으로써 이들 기관들이 사회책임을 완수하도록 기여하는 데 있다.

3. 위험발생 후 목적

(1) 기업의 존속지속화

* 불행하게 순수위험이 발생했을 경우 가계, 기업, 공공기관 등을 계속적으로 존속시키는 데 있다.
* 순수위험이 발생하는 날에는 가계, 기업, 공공기관 등은 종전과 같이 그들의 활동을 계속하는 데 지장을 받게 되며, 경우에 따라서는 그들의 존속이 매우 위태롭게 된다.
* 이 같은 경우에 대비해서 위험관리를 통해 위험발생 시 위험발생전 활동을 최소한 계속하게 해서 이들이 명맥을 유지하도록 사전대책을 수립한다.

(2) 위험발생 전 상태의 영업 계속

* 가계, 기업, 공공기관 등이 그들의 활동을 위험발생 후라 할지라도 적극적으로 그 일부나 전부를 계속하게 해서 그들의 사명을 다하는데 있다.

(3) 계속적인 성장

* 위험관리를 통해 위험발생 전에 계획했던 성장을 계속하는 데 있는 바 위험발생 후라 할지라도 위험발생 이전에 계획했던 연구개발비의 계속 투입이나 판매추진비의 계속 투입 등을 통해 가능하다.

(4) 사회적 책임의 수행

* 위험관리를 통해서 사회적 책임을 다하는 데 있는 바 이것은 위험발생 이후라 할지라도 위험발생 전 활동을 계속함으로써 가장인 그의 가족, 친척 등에 대한 책임, 고용주의 피고용인에 대한 책임, 기업의 주주나 고객에 대한 책임, 납세자로서의 책임, 일반사회에 대한 책임 등을 다함으로써 가능하다.

안전보건경영시스템

01 안전보건경영체제 구성요소 5단계를 쓰시오.

해설

1. 정의

* 안전보건경영시스템이란 사업주가 기업경영방침에 안전보건정책을 반영하고 이에 대한 세부 실행지침과 기준을 규정화함으로써 모든 근로자가 이를 실천하도록 하며, 경영자가 주기적으로 안전보건경영 계획에 대한 실행결과를 자체평가하여 지속적으로 개선해 나가도록 하는 등 산업재해예방 및 기업손실 감소활동을 체계적으로 추진해 나가기 위한 경영체제를 말한다.

2. 구성요소 5단계

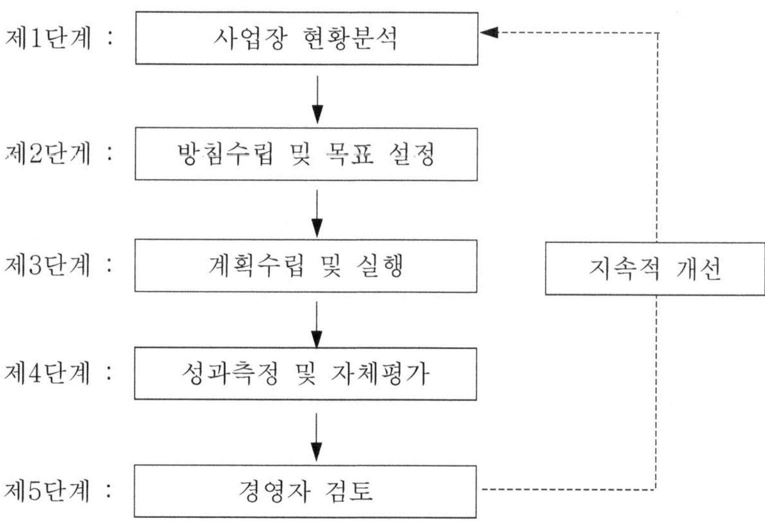

(1) 제1단계 : 사업장 현황 분석

① 사업주는 안전보건경영시스템을 도입·운영하기에 앞서 당해 사업장의 안전보건 수준을 사전에 파악한다.

② 안전보건 수준 파악은 적용범위, 활동의 적정성, 현 시스템의 이행 정도뿐만 아니라 성과측정 시점을 결정할 때 영향을 미치는 정보 등을 제공할 수 있도록 한다.

③ 안전보건 수준 파악은 "현재 우리 사업장의 안전보건수준이 어느 정도인가"의 질문에 답할 수 있는 정도이어야 한다.

④ 사업장에서 안전보건 수준파악 시 현재의 상태와 다음 사항을 비교한다.

    ㉠ 안전보건경영과 관련된 법규에서 요구하는 사항

    ㉡ 현재 운용되고 있는 안전보건경영에 관한 각종 지침

    ㉢ 사업장의 안전보건 우수 실천사례

    ㉣ 안전보건경영시스템 운영을 위한 보유자원 활용과 효율성

(2) 제2단계 : 방침수립 및 목표설정

① 사업주는 안전보건경영에 대한 정책을 수립하고 목표를 설정하여, 문서화하고 승인한다.

② 방침수립 및 목표설정에 있어 다음 내용을 포함시킨다.

    ㉠ 안전보건경영이 사업목적 달성을 위한 통합 경영시스템의 한 요소임을 인식시킬 수 있는 내용

    ㉡ 안전보건경영을 위한 법적 요건 이행방법과 자원투자의 효율성을 지속적으로 개선하기 위한 방법

    ㉢ 안전보건경영 정칙을 수행하기 위한 합리적이고 적절한 자원의 제공방법

    ㉣ 안전보건경영 목표의 설정과 공표

    ㉤ 최고 경영자에서 현장관리자에 이르기까지 안전보건경영에 대한 명확한 책임 한계의 설정과 관리절차

    ㉥ 사업장 내 모든 계층의 관리자 및 근로자가 안전보전경영의 중요성을 인식하고 이행하도록 하며, 안전보건경영 성과를 유지시킬 수 있는 방법

    ㉦ 안전보건경영 정책 및 목표를 달성하기 위한 모든 근로자의 참여와 협의 권한부여에 대한 내용

    ㉧ 수립된 안전보건경영정책 달성과 체제유지를 위한 주기적 감사 실시의 내용

    ㉨ 모든 계층의 근로자가 안전보건경영관련 업무를 수행하는 데 필요한 능력을 갖출 수 있는 여건의 조성 및 교육훈련의 실시에 대한 내용

(3) 제3단계 : 계획수립 및 실행

  * 안전보건 프로그램을 계획하고 이행하기 위해서는 다음 사항을 포함하여 작성하며, 효율적인 이행을 위하여 안전보건, 환경, 품질을 통합 운영한다.

① 조직의 목표를 명확하게 정의

② 유해위험성을 정량적으로 파악하고 개선하기 위한 우선순위 결정

③ 목표달성 여부의 확인을 위한 측정기준 설정

④ 계획은 목표 달성이 가능토록 처음에는 광범위하게, 다음에는 상세하고 구체적일 것

⑤ 충분한 재정 또는 기타 자원을 활용할 수 있는 권한 부여

⑥ 계획의 이행과 목표달성 정도의 측정 및 효율성의 검토

(4) 제4단계 : 성과 측정 및 자체감사

① 성과 측정은 안전보건경영시스템의 효과를 파악할 수 있는 중요한 자료를 제공하므로 조직의 특성에 따라 정성적 측정방법 또는 정량적 측정방법으로 적절하게 적용한다.

② 성과 측정은 정책과 목표가 충족된 정도를 감시하는 수단으로서 다음 사항을 포함한다.

   ㉠ 감시 및 측정을 통한 안전보건대책의 적합성 모니터링

   ㉡ 재해, 아차사고, 질병에 관한 내용 등의 모니터링

(5) 제5단계 : 경영자 검토

① 사업주는 필요에 따라 안전보건경영시스템의 검토주기와 검토범위를 규정하고 검토 시 다음 사항을 포함하도록 한다.

   ㉠ 안전보건경영시스템의 전반적인 성과

   ㉡ 시스템의 각 개별요소에 대한 성과

   ㉢ 감사 시 지적사항 및 조치결과

   ㉣ 조직의 구조변화, 계류 중인 법령, 신기술의 도입 등 내·외적인 요소 및 불안전한 사항을 개선하기 위한 계획

② 안전보건경영시스템은 대내외적 요소를 채택하고 수용하도록 구성한다.

③ 경영자 검토결과에 향후 정책 및 목표설정을 위한 내용을 포함하도록 한다.

④ 경영자 검토는 조직의 위험을 최소화하기 위한 사전예방 또는 작업성과의 향상에 활용한다.

02 안전보건경영체제의 구성요소 중 계획수립, 실행단계에서 수립하여야 할 항목을 쓰시오.

[해설]

1. 안전보건경영체제

* 안전보건경영시스템이란 사업주가 기업경영방침에 안전보건정책을 반영하고 이에 대한 세부 실행지침과 기준을 규정화함으로써 모든 근로자가 이를 실천하도록 하며, 경영자가 주기적으로 안전보건경영계획에 대한 실행결과를 자체평가하여 지속적으로 개선해 나가도록 하는 등 산업재해예방 및 기업손실 감소활동을 체계적으로 추진해 나가기 위한 경영체제를 말한다.

2. 계획수립 및 실행단계에서 수립해야 할 항목

* 안전보건 프로그램을 계획하고 이행하기 위해서는 다음 사항을 포함하여 작성하며, 효율적인 이행을 위하여 안전보건, 환경, 품질을 통합하여 운영한다.
  ① 조직의 목표를 명확하게 정의
  ② 위험성평가를 실시하고 개선하기 위한 우선순위 결정
  ③ 목표달성 여부의 확인을 위한 측정기준 설정
  ④ 계획은 목표 달성이 가능토록 처음에는 광범위하게, 다음에는 상세하고 구체적일 것
  ⑤ 충분한 재정 또는 기타 자원을 활용할 수 있는 권한 부여
  ⑥ 계획의 이행과 목표달성 정도의 측정 및 효율성의 검토

03 안전보건경영시스템(ISO 45001)을 P(Plan), D(Do), C(Check), A(Action) 관점에서 그림을 그려 설명하시오.

[해설]

○ ISO 45001 안전보건경영시스템 – 요구사항 및 사용 지침

1. 개요

* ISO 45001은 작업자 안전을 위한 실용적인 솔루션을 제공하는 산업 안전 및 보건 관리 경영시스템의 국제 표준으로서, 인증이 시행되고 있는 국제표준이다.

2. 구성

* 총 10개 항으로 구성 : ① 적용 범위, ② 인용 표준, ③ 용어와 정의, ④ 조직의 상황, ⑤ 리더십과 근로자 참여, ⑥ 기획, ⑦ 지원, ⑧ 운영, ⑨ 성과평가, ⑩ 개선

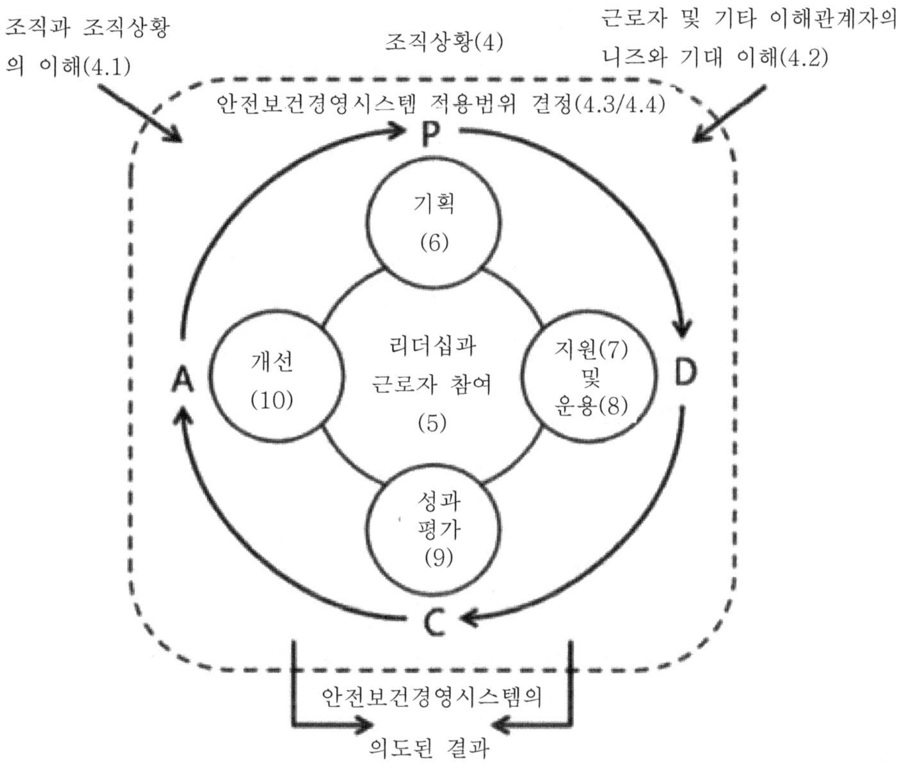

3. ISO 45001의 PDCA 사이클

① 계획(Plan) : 리스크의 기회를 결정 및 평가하고, 안전보건 방침에 따라 안전보건 목표 및 프로세스 수립

② 실행(Do) : 계획대로 프로세스 실행

③ 검토(Check) : 안전보건 방침 및 목표에 따라 프로세스를 모니터링 및 측정하고, 그 결과를 보고

④ 조치(Action) : 의도된 결과를 달성하기 위해 안전보건 성과 개선

04 안전보건경영시스템(KS Q ISO 45001)에 의하면 최고경영자가 리더십과 의지표현을 실증하여야 하는 사항과 안전보건방침을 수립 실행 및 유지하여야 하는 사항에 대하여 설명하시오.

해설

1. 최고경영자가 리더십과 의지표현을 실증하여야 하는 사항

① 작업과 관련된 상해 및 질병 예방과 안전하고 건강한 작업 장소와 활동을 제공하는데 전반적인 책임과 의무
② 안전보건방침과 목표를 수립하고 이것들이 조직의 전략적 방향과 일치되게 보장
③ 조직의 사업 프로세스에 안전보건경영시스템이 통합된다는 보장
④ 안전보건경영시스템을 수립, 유지, 개선하는데 필요한 자원이 가용되도록 보장
⑤ 효과적인 안전보건관리와 안전보건경영시스템 요구사항 준수의 중요성에 대한 의사소통
⑥ 안전보건경영시스템이 의도한 결과를 달성하는 것에 대한 보장
⑦ 안전보건경영시스템의 효과성에 직원들이 기여하도록 인적자원을 지휘하고 지원
⑧ 지속적 개선 증대와 보장
⑨ 관련 경영자 역할이 그들의 책임 범위 안에서 그들의 리더십을 입증할 수 있도록 지원
⑩ 안전보건경영시스템의 의도된 결과를 지원하는 조직의 문화 개발, 지휘 및 증대
⑪ 사건, 위험, 리스크 그리고 기회를 보고할 때 위협으로부터 노동자를 보호
⑫ 노동자의 협의와 참여를 위한 조직의 프로세스 수립 및 이행을 보장
⑬ 안전보건위원회 수립 및 그들의 기능을 지원

2. 안전보건방침을 수립 실행 및 유지하여야 하는 사항

① 작업과 관련된 상해 및 질병 예방을 위해 안전하고 건강한 작업 조건 제공과 조직의 목적, 규모, 상황과 안전보건리스크와 기회의 구체적 특성에 적절한 의지를 포함
② 안전보건 목표수립을 위한 기초 틀을 제공
③ 법적 요구사항과 그 밖의 요구사항 이행의 의지 포함
④ 위험 제거와 안전보건 리스크 축소에 대한 의지 포함
⑤ 안전보건경영시스템의 지속적 개선에 대한 의지 포함
⑥ 노동자 또는 노동자 대표(있는 경우)의 협의 및 참여에 대한 의지 포함

2.6 인간공학

인간공학 개론

01 인간공학적 최적설계란 무엇인가?

[해설]

1. 인간공학

* 인간공학이란 인간의 신체적, 인지적, 감성적, 사회문화적 특성을 고려하여 제품, 작업, 환경을 인간에 맞게 설계함으로써 편리함, 효율성, 안전성, 만족도를 향상시키고자 하는 응용학문이다.
* 기계 등을 인간의 사용특성에 맞게 설계하여 응용 설계됨이 특징이다.

2. 인간공학 설계 원칙

① 기본 설계요소 : 기능의 배분, 이용편의성, 내구성, 실제환경에서 시험
② 단순성 : 인간-기계 시스템 측면 가능한 한 단순해야 함
③ 일관성 : 시스템과 장비는 일관성이 있게 설계되어야 함
④ 표준화 : 하드웨어와 소프트웨어는 시스템의 기능과 목적에 맞게 표준화되어야 함
⑤ 안전 : 풀 프루프, 페일 세이프 등이 가미되어야 함
⑥ 사용중심의 관점 : 연구·개발, 설계 과정에서 최종사용자의 요구사항에 중점을 두어야 함
⑦ 지원 : 시스템 SW, 시스템 및 장비의 유지, 보수시에 도움 필요시 「help」 기능이 되어야 함
⑧ 유지·보수 : 최소시간, 최소비용, 최소자원으로 유지보수가 가능해야 함

02 산업기계류에 대하여 제조물책임법(PL)에 대비한 인간공학적 평가항목에 관하여 기술하시오.

[해설]

1. 제조물책임법상의 용어 정의 (제조물책임법 제2조)

① "제조물"이란 제조되거나 가공된 동산(다른 동산이나 부동산의 일부를 구성하는 경우를 포함한다)을 말한다.

② "결함"이란 해당 제조물에 다음 각 목의 어느 하나에 해당하는 제조상·설계상 또는 표시상의 결함이 있거나 그 밖에 통상적으로 기대할 수 있는 안전성이 결여되어 있는 것을 말한다.

  ㉠ "제조상의 결함"이란 제조업자가 제조물에 대하여 제조상·가공상의 주의의무를 이행하였는지에 관계없이 제조물이 원래 의도한 설계와 다르게 제조·가공됨으로써 안전하지 못하게 된 경우를 말한다.

  ㉡ "설계상의 결함"이란 제조업자가 합리적인 대체설계를 채용하였더라면 피해나 위험을 줄이거나 피할 수 있었음에도 대체설계를 채용하지 아니하여 해당 제조물이 안전하지 못하게 된 경우를 말한다.

  ㉢ "표시상의 결함"이란 제조업자가 합리적인 설명·지시·경고 또는 그 밖의 표시를 하였더라면 해당 제조물에 의하여 발생할 수 있는 피해나 위험을 줄이거나 피할 수 있었음에도 이를 하지 아니한 경우를 말한다.

③ "제조업자"란 다음 각 목의 자를 말한다.

  ㉠ 제조물의 제조·가공 또는 수입을 업(業)으로 하는 자

  ㉡ 제조물에 성명·상호·상표 또는 그 밖에 식별 가능한 기호 등을 사용하여 자신을 ㉠의 자로 표시한 자 또는 ㉠의 자로 오인하게 할 수 있는 표시를 한 자

2. 제조물 책임 (제조물책임법 제3조)

① 제조업자는 제조물의 결함으로 생명·신체 또는 재산에 손해(그 제조물에 대하여만 발생한 손해는 제외한다)를 입은 자에게 그 손해를 배상하여야 한다.

② 제1항에도 불구하고 제조업자가 제조물의 결함을 알면서도 그 결함에 대하여 필요한 조치를 취하지 아니한 결과로 생명 또는 신체에 중대한 손해를 입은 자가 있는 경우에는 그 자에게 발생한 손해의 3배를 넘지 아니하는 범위에서 배상책임을 진다. 이 경우 법원은 배상액을 정할 때 다음 각 호의 사항을 고려하여야 한다.

  ㉠ 고의성의 정도

  ㉡ 해당 제조물의 결함으로 인하여 발생한 손해의 정도

  ㉢ 해당 제조물의 공급으로 인하여 제조업자가 취득한 경제적 이익

㉣ 해당 제조물의 결함으로 인하여 제조업자가 형사처벌 또는 행정처분을 받은 경우 그 형사처벌 또는 행정처분의 정도

㉤ 해당 제조물의 공급이 지속된 기간 및 공급 규모

㉥ 제조업자의 재산상태

㉦ 제조업자가 피해구제를 위하여 노력한 정도

3. 결함 등의 추정 (제조물책임법 제3조)

* 피해자가 다음 각 호의 사실을 증명한 경우에는 제조물을 공급할 당시 해당 제조물에 결함이 있었고, 그 제조물의 결함으로 인하여 손해가 발생한 것으로 추정한다. 다만, 제조업자가 제조물의 결함이 아닌 다른 원인으로 인하여 그 손해가 발생한 사실을 증명한 경우에는 그러하지 아니하다.

① 해당 제조물이 정상적으로 사용되는 상태에서 피해자의 손해가 발생하였다는 사실

② 제1호의 손해가 제조업자의 실질적인 지배영역에 속한 원인으로부터 초래되었다는 사실

③ 제1호의 손해가 해당 제조물의 결함 없이는 통상적으로 발생하지 아니한다는 사실

4. 면책사유 (제조물책임법 제4조)

① 손해배상책임을 지는 자가 다음 각 호의 어느 하나에 해당하는 사실을 입증한 경우에는 이 법에 따른 손해배상책임을 면(免)한다.

㉠ 제조업자가 해당 제조물을 공급하지 아니하였다는 사실

㉡ 제조업자가 해당 제조물을 공급한 당시의 과학·기술 수준으로는 결함의 존재를 발견할 수 없었다는 사실

㉢ 제조물의 결함이 제조업자가 해당 제조물을 공급한 당시의 법령에서 정하는 기준을 준수함으로써 발생하였다는 사실

㉣ 원재료나 부품의 경우에는 그 원재료나 부품을 사용한 제조물 제조업자의 설계 또는 제작에 관한 지시로 인하여 결함이 발생하였다는 사실

② 손해배상책임을 지는 자가 제조물을 공급한 후에 그 제조물에 결함이 존재한다는 사실을 알거나 알 수 있었음에도 그 결함으로 인한 손해의 발생을 방지하기 위한 적절한 조치를 하지 아니한 경우에는 면책을 주장할 수 없다.

5. 제조물책임법에 대비한 인간공학적 평가항목

(1) 설계오류 관련

* 설계미스건수, 신기술개발건수, 설계방법개선건수, 특허출원건수, 산업디자인등록건수, 상표등록건수, 부품국산화율, 제품혁신율(=3년이내개발제품매출액/전체제품매출액)

(2) 제조상의 오류 관련

1) 신뢰성지표

* 고장도수율, 고장강도율, 고장건수, 고장시간, 프로세스고장건수, 잠깐정지횟수(5분 미만), MTBF, MTTF, MTTFF(Mean Time To First Failure), 설비가동성(A), Shift간 무인운전시간, BM건수

2) 보전작업효율 관련

* 예방보전달성률, 예방보전율, 개량보전율, CM건수, SDM단축일수, 교시횟수, 교시작업오류건수

(3) 표시·경고상의 오류

* FP(Fool Proof)·FS(Fail Safe)·SL(Safe Life) 관련 개선건수

들기 및 단순반복 작업

01 RWL(Recommended Weight Limit)이란 무엇인가?

[해설]

1. NLE(NIOSH Lifting Equation)

① NLE는 미국 산업안전보건연구원(NIOSH)에서 중량물을 취급하는 작업에 대한 요통예방을 목적으로 작업 평가와 작업 설계를 지원하기 위해서 개발되었다.

② 중량물 취급과 취급 횟수뿐만 아니라 중량물 취급 위치, 인양거리, 신체의 비틀기, 중량물 들기 쉬움 정도 등 여러 요인을 고려하고 있으며, 보다 정밀한 작업평가·작업설계에 이용할 수 있게 되어 있다.

③ 이 기법은 들기작업에만 적절하게 쓰일 수 있기 때문에, 반복적인 작업자세, 밀기, 당기기 등과 같은 작업들에 대한 평가는 제외된다.

④ 들기지수(Lifting Index)가 1 보다 크게 되면 요통의 발생 위험이 높은 것으로 간주하여 들기지수가 1 이하가 되도록 작업을 설계·개선할 필요가 있음을 의미한다.

2. RWL(Recommended Weight Limit)

$$RWL = 23 \times HM \times VM \times DM \times AM \times FM \times CM \ [kg]$$

$$= 23 \times 수평계수 \times 수직계수 \times 거리계수 \times 비대칭계수 \times 빈도계수 \times 결합계수$$

여기서, 결합계수는 커플링계수인 원어로 사용되기도 한다.

RWL 계산에 필요한 계수

계수	계수 설명	계수 구하는 방법
HM	수평계수 (Horizontal Multiplier)	25/H
VM	수직계수 (Vertical Multiplier)	$1-(0.003 \times | V-75 |)$
DM	거리계수 (Distance Multiplier)	0.82+ (4.5/D)
AM	비대칭계수 (Asymmetric Multiplier)	1-(0.0032A)
FM	빈도계수 (Frequency Multiplier)	표 참조 선택적용
CM	결합계수 (Coupling Multiplier)	표 참조 선택적용

여기서, H : 몸의 수직선상의 중심에서 물체를 잡는 손의 중앙까지의 수평거리
　　　　V : 바닥에서 손까지의 수직거리
　　　　D : 최초 위치에서 최종 운반위치까지의 수직이동거리
　　　　A : 물건을 들어 올릴 때 허리의 비틀림 각도

3. LI(LI : Lifting Index)

LI=실제 작업 무게/권장 무게 한계(RWL)

* 들기 지수(LI : Lifting Index)는 실제 작업물의 무게와 RWL의 비(ratio)로서, 특정 작업에서의 육체적 스트레스의 상대적인 양이다. LI가 1.0보다 크면 작업 부하가 권장치보다 크다고 판단한다.

정보표시장치

01 인간-기계 시스템에 사용되는 표시장치를 나타내는 정보의 유형에 따라 분류하고 설명하시오.

[해설]

1. 표시장치로 나타내는 정보의 유형

① 정량적 정보 : 변수의 정량적인 값

② 정성적 정보 : 가변 변수의 대략적인 값. 경향, 변화율, 변화 방향 등

③ 상태 정보 : 체계의 상황 혹은 상태

④ 경계신호 정보 : 비상 혹은 위험 상황, 또는 어떤 물체나 상황의 존재 유무

⑤ 묘사적 정보 : 사물, 지역, 구성 등을 사진, 그림 혹은 그래프로 묘사

⑥ 식별 정보 : 어떤 정적 상태, 상황, 또는 사물의 식별용

⑦ 문자, 숫자의 부호 정보 : 구두, 문자, 숫자 및 관련된 어떤 형태의 암호화 정보

⑧ 시차적 정보 : 펄스화되었거나 혹은 시차적인 신호, 즉 신호의 지속 시간, 간격

2. 표시장치의 유형

① 정적 표시장치 : 시간에 따라 변화지 않는 것(간판, 도표, 그래프, 인쇄물 등)

② 동적 표시장치 : 시간에 따라 계속 변하는 것(온도계, 온도조절기, 기압계 등)

02 안전관리를 위한 시각표시장치의 목적을 열거하고 시각표시장치의 식별에 영향을 미치는 조건을 설명하시오.

[해설]

1. 시각표시장치의 정보전달을 위한 사용 목적

① 전언이 복잡할 때

② 전언이 길 때

③ 전언이 후에 재참조될 때

④ 전언이 즉각적 행동이 요구되지 않을 때

⑤ 전언이 공간적인 위치를 다룰 때

⑥ 수신장소가 너무 시끄러울 때

⑦ 직무상 수신자가 한 곳에 머물 때

⑧ 수신자의 청각 계통이 과부하 상태일 때

2. 시식별에 영향을 주는 인자

① 광도 : 광원에서 특정방향으로 나오는 가시광의 강도. 단위는 cd[cd는 candle(양초)의 두문자]

② 조도 : 면에 도달하는 광속의 밀도. 단위는 lx(룩스). 조도=광도/거리^2

③ 휘도 : 발광체의 단위면적당 밝기. 대상면에서 반사되는 빛의 양. 단위는 cd/m^2

④ 대비 : 과녁과 배경 사이의 휘도 대비 혹은 명도 대비란 보통 과녁의 휘도와 배경의 휘도차를 나타내는 척도이다. 대비=$\dfrac{L_b - L_t}{L_b}$ (첨자 b는 background, t는 target 의미)

⑤ 노출시간 : 일반적으로 조도가 큰 조건에서는 노출 시간이 클수록 식별력이 커지지만 그 이상에서는 식별력에 차이가 없다.

⑥ 이동 : 과녁이나 관측자가 움직일 경우에는 시력이 감소한다. 이런 상황에서의 시식별 능력을 동적시력이라 한다.

⑦ 연령 : 나이가 들면 시력과 대비감도가 나빠진다. 일반적으로 40세 이상이 되면 이러한 기능의 저하는 계속된다. 따라서 고령자가 사용하는 표시장치는 이를 고려하여 과녁이 크고 조도가 적절한 설계가 이루어져야 한다.

⑧ 훈련 : 초점을 조절하는 훈련이나 실습으로 시력을 개선할 수 있다. 완전해지지는 않지만 어느 정도 시력개선에 도움을 줄 것이다.

(03) 기계장치에 사용하는 정량적인 동적 표시장치의 3가지 기본형과 각각의 종류에 대하여 설명하시오.

[해설]

○ **정량적 동적 표시장치의 기본형**

(1) 동침형(Moving Pointer)

* 고정된 눈금상에서 지침이 움직이면서 값을 나타내는 방법으로, 이동방향과 동작방향의 인식이 가능한 장점이 있다.

* 동침형에는 ① 원형 눈금, ② 반원형 눈금, ③ 수직 눈금, ④ 수평 눈금이 사용된다.

(2) 동목형(Moving Scale)

* 값의 범위가 클 경우 작은 계기판에 모두 나타낼 수 없는 동침형의 단점을 보완한 것으로, 표시장치의 공간을 적게 차지하는 이점이 있다.

* 하지만 동목형의 경우에는 이동부분의 원칙(Principle of Moving Part)과 동작방향의 양립성(Compatibility of Orientation Operate)을 동시에 만족시킬 수가 없으므로 공간상의 이점에도 불구하고 빠른 인식을 요구하는 작업장에서는 사용을 피하는 것이 좋다.

* 동목형에는 ① 원형 눈금, ② 개창형, ③ 수직 눈금, ④ 수평 눈금이 사용된다.

(3) 계수형(Digital Display)

* 수치를 정확히 읽어야 할 경우 인접 눈금에 대한 지침의 위치를 추정할 필요가 없기 때문에 Analog Type(동침형, 동목형)보다 더욱 적합하다.

* 계수형의 경우 값이 빨리 변하는 경우 읽기가 곤란할 뿐만 아니라 시각 피로를 많이 유발하므로 피해야 한다.

동침형

동목형

계수형

작업생리학 및 산업피로

01 바이오리듬(Biorhythm)의 종류와 개요를 설명하시오.

[해설]

○ 바이오리듬(Biorhythm)

(1) 바이오리듬의 정의

① 바이오리듬(biorhythm : 생체리듬)이란 리듬곡선이 양에서 음, 음에서 양으로 넘어가는 날을 위험일이라 하는데, 이때 각종 질환이 높아서 작업자 안전에 문제가 발생할 수 있다. 바이오리듬은 운동, 학업, 건강 관리와 더불어 각종 안전관리 분야에서 활발한 연구와 활용이 이루어지고 있다.

② 인간의 23일, 28일, 33일의 3가지 생체주기가 인간관리에 응용되고 있으며, 최근에는 안전관리에도 이를 활용하여 재해예방에 기여하고 있다.

(2) 종류

1) 육체적 리듬 (P : Physical Cycle)

① 23일 주기로 반복, 청색 표기, 실선(-)으로 표기

② 11.5일 : 활동기, 11.5일 : 휴식기

③ 활동력, 지구력, 스테미너 건강관리에 응용

2) 감성적 리듬 (S : Sensitivity Cycle)

① 28일 주기로 반복, 적색 표기, 점선(…)으로 표기

② 14일 둔한 기간, 14일 예민한 기간

③ 정서적 희노애락, 주의심, 창조력, 통찰력 등의 안전관리에 응용

3) 지성적 리듬 (I : Intellectual Cycle)

① 33일 주기로 반복, 녹색 표기, 실선과 점선(-··-··)으로 표기

② 16.5일 : 지적사고 활동기, 16.5일 : 지적사고 저하기

③ 상상력, 사고력, 기억력, 의지, 판단력, 비판력 등 학습관리에 응용

(3) 특성

구분	활동기	안정기	위험기
P(P : Physical Cycle)	체력상승	체력감소	신체 불안정
S(S : Sensitivity Cycle)	지력활발	지력감퇴	지력 불안정
I(I : Intellectual Cycle)	기억력 충실	기억력 침체	정서 불안정

(4) 바이오리듬의 적용

1) 바이오리듬 곡선

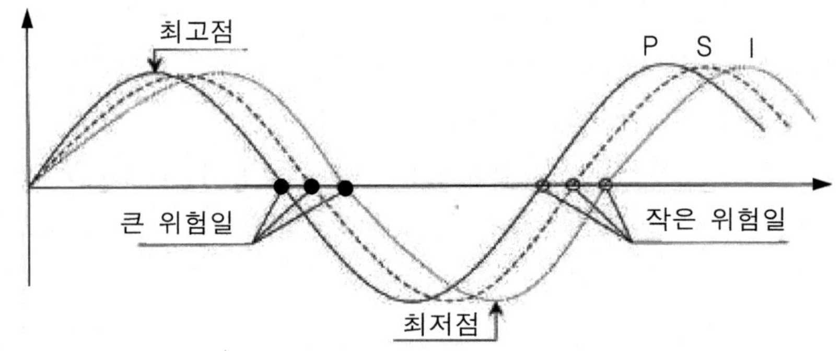

2) 위험일

* 안정기(+)와 불안정기(−)를 교대로 Sine 곡선을 그려 나가는데 (+)에서 (−)로, (−)에서 (+)로 변하는 점이 위험일이다.

3) 적용

① 위험일 : 정밀작업 회피로 조정

② 각종 사업장에 적용

③ 휴가, 월차 등에 Critical day 적용

(5) 바이오리듬이 안전관리에 미치는 효과

① 사고발생과 어느 정도 밀접한 관련성이 있다.

② Top Management의 Biorhythm에 대한 관심 표시가 근로자의 안전의식을 높일 수 있는 동기부여가 될 수 있다.

③ 전 근로자와 관리자의 혼연일체 활용 속에 안전문화 정착에 기여

(6) 급성피로와 재해와의 상관관계

① 작업시간별 재해건수 : 오전11시, 오후3시에 최대 발생

② 피로하게 되면 심리적으로 주의력이 저하되고 육체적으로 동작상의 착오, 즉 오동작이 발생되어 결국 재해가 발생하는 것이다.

(7) 피로와 바이오리듬의 인체공학상 상관관계

① 혈액의 수분, 염분량 : 주간은 감소하고, 야간은 증가한다. ← 증발이 원인

② 체온, 혈압, 맥박수 : 주간은 상승하고, 야간에는 저하한다.

③ 야간에는 소화 분비액이 소량이고, 체중이 감소한다.

④ 야간에는 말초운동기능 저하, 피로의 자각증상이 증대된다.

에너지소비 및 RMR

01 작업강도는 피로발생의 원인이 된다. 이러한 작업강도에 영향을 주는 조건 5가지 이상을 기술하시오.

[해설]

○ 작업강도에 영향을 주는 요인

(1) 에너지대사율(RMR : Relative Metabolic Rate)

* 작업강도 단위로서 산소호흡량을 측정하여 에너지 소모량을 결정하는 방식이다.

1) 에너지대사율 산출방법

$$\text{에너지대사율 RMR} = \frac{\text{작업대사량}}{\text{기초대사량}} = \frac{\text{작업시 소비에너지} - \text{안정시 소비에너지}}{\text{기초대사량}}$$

* 작업 및 안정 시의 소비에너지는 더글러스 백법이 주로 사용된다.

* 기초소비량 산출은 해리스 베네딕트 방정식, 미핀 세인트 젤 방정식 등이 알려져 있다.

2) 기초소비량 산출 해리스 베네딕트 방정식

남자 : 66.47+13.75×체중+5×키-6.75×나이 (단위 : kcal)

여자 : 655.1+9.56×체중+1.85×키-4.68×나이 (단위 : kcal)

여기서, 체중은 kg, 키는 cm의 값을 대입

(2) 작업대상의 종류

(3) 작업대상의 변화 및 복합성

(4) 기초대사량(Basal Metabolism)

① 기초대사량은 활동하지 않는 상태에서 신체기능을 유지하는 데 필요한 대사량이다.

② 성인의 기초대사량은 보통 1,500~1,600kcal/day 정도이다.

③ 기초대사량과 여가에 필요한 대사량을 합친 것은 약 2,300kcal/day이다.

(5) 작업강도 구분

① 0~2 RMR [경(輕)작업]

② 2~4 RMR [중(中)작업]

③ 4~7 RMR [중(重)작업]

④ 7 RMR 이상 [초중(超重)작업]

* 작업강도가 커짐에 따라 작업시간은 짧아야 하며, RMR이 7인 경우 작업을 약 10분이상 지속 불가능하다.

동작경제원칙

01 인간공학적인 측면에서 동작경제의 3원칙에 대해 설명하시오.

[해설]

○ 동작경제 원칙 (동작경제와 피로경감의 제 원칙)

(1) 인체사용에 관한 원칙

① 양손은 동시에 동작해서 동시에 끝을 맺는다.

② 양손은 휴식 이외에는 동시에 쉬어서는 안 된다.

③ 양팔은 서로 반대방향으로 대칭적으로, 그리고 동시에 움직여야 한다.

④ 주동작은 가급적 빨리 동작할 수 있게 간단하게 한다.

⑤ 중력과 물체의 관성을 유효하게 이용하여 작업을 쉽게 한다.

⑥ 급방향 변경 동작보다는 서서히 곡선방향 동작을 취한다.

⑦ 구속되거나 제한된 동작보다는 유연한 동작을 이용한다.

⑧ 눈의 동작은 될 수 있는 대로 적게 한다.

⑨ 동작은 리듬을 타고 수행되도록 한다.

(2) 작업역배치에 관한 원칙

① 모는 재료나 공구는 정상작업역내에 놓도록 한다.

② 공구, 재료, 사용기기는 사용하는 위치 가까이에 배치한다.

③ 재료가 사용위치 근처로 공급될 수 있도록 중력을 이용한 이송, 홉파, 용기를 사용한다.

④ 중력 슈우트(chute)를 될 수 있는 대로 활용한다.

⑤ 공구, 재료는 동작이 가능한 편리하도록 순서있게 배치해야 한다.

⑥ 채광 및 조명 장치는 효율적으로 설치한다.

⑦ 의자와 작업대의 높이와 모양은 각 작업에 알맞도록 한다.

(3) 공구 및 설비에 관한 원칙

① 치구, 발누름장치를 사용하는 것이 효과적인 것은 이에 의해 손동작을 보조하고, 손은 다른 동작을 담당한다.

② 공구는 2개 이상을 합한 기능이 되도록 한다.

③ 공구류 및 재료는 다음 작업이 쉽도록 배치해야 한다.

④ 손가락 사용의 작업에는 손가락 고유에 알맞은 부하가 걸리도록 해야 한다.

⑤ 손잡이는 손에 가장 알맞게 고안하며 피로를 감소시키도록 한다.

⑥ 각종 레버나 핸들은 작업자가 최소의 움직임으로 사용할 수 있도록 배치해야 한다.

2.7 작업환경 안전

조명 및 산소결핍

01 조명이 작업에 미치는 영향과 조명의 적절성을 결정하는 요인 및 조명장치 설계 시 고려사항을 설명하시오.

해설

1. 조명이 작업에 미치는 **영향** : 건강, 실수, 품질, 안전, 생산성

2. 조명의 적절성을 결정하는 요인

　① 환경에 맞는 조명설계　② 적절한 조명기구 선택

　③ 작업의 피로도 감소　④ 적절한 조도 수준 결정　⑤ 적절한 유지·보수

3. 조명장치 설계 시 고려사항

　① 조도 : 충분한 밝음 상태일 것　② 휘도분포 : 밝음의 분포가 일정

　③ 눈부심 : 눈부심을 제거　④ 그림자 : 적당한 그림자가 생김

　⑤ 분광분포 : 광색이 좋고 방사열이 적음. 적외선 및 자외선은 제거

　⑥ 기분 : 기분이 좋아지는 조명

　⑦ 조명 기구의 위치와 배열 : 미적인 효과가 있음

　⑧ 경제 : 효율적인 설비와 보수비의 고려

02 근로자가 관리대상 유해물질이 들어 있던 탱크 등을 개조·수리 또는 청소를 하거나 내부에 들어가서 작업하는 경우의 조치사항에 대하여 설명하시오.

해설

1. 재해 개요

　* 혼합기 탱크 내부에서 재해자가 이물질 청소를 실시하던 중 산소결핍에 의해 의식을 잃고 쓰러지자 동료 작업자 2명이 재해자를 구출하기 위해 탱크 내부에 들어가던 중 연쇄적으로 의식불명상태로 쓰러져 재해자는 질식 사망하고 동료작업자는 의식을 회복한 사례이다.

2. 재해 원인

(1) 작업시작 전 산소농도 미측정

* 산소결핍 위험장소에서 작업 시 작업시작 전에 당해 장소의 공기 중 산소 농도를 측정하여야 하나 미측정하였다.

(2) 작업시작 전 환기 미실시

* 산소결핍장소에서 작업을 할 때에는 당해 장소의 공기 중 산소농도가 18% 이상이 되도록 송풍 및 환기를 시켜야 하나 미실시하였다.

(3) 공기호흡기 등 보호구 미지급

* 유기용제 등을 취급하던 탱크 내부 작업 시에는 근로자에게 공기호흡기 등 호흡용 보호구를 지급하여 착용토록 하여야 하나 미지급하였다.

3. 재해예방대책

(1) 작업시작 전 산소농도 측정

* 산소결핍 우려가 있는 작업장소에 근로자를 종사시킬 때는 작업시작 전 산소농도를 측정하여야 하며, 산소농도 측정 시 공기호흡기 등을 착용토록 하고 감시인을 배치하여 비상시에 즉시 근로자를 구출할 수 있도록 하여야 한다.

(2) 작업시작 전 환기 실시

* 산소결핍 위험작업에 근로자를 종사시킬 때에는 작업시작 전 공기 중의 산소농도가 18% 이상 유지될 수 있도록 환기를 실시하여야 하며, 환기가 불가능할 경우에는 공기호흡기 등 호흡용 보호구를 착용 후 작업하도록 한다.

(3) 호흡용 보호구 지급 및 구출용 기구 비치

* 탱크 내부 등 통풍이 불충분한 장소에서 작업을 할 때에는 당해 근로자에게 공기호흡기 등 호흡용 보호구를 지급하여 착용토록 하여야 하며, 또한 비상에 사용할 수 있는 사다리 및 섬유로프 등 구출에 필요한 기구를 비치하여야 한다.

4. 법규 관련 준수사항

* 밀폐공간 작업 프로그램의 수립·시행(산기규 제619조) : 사업주는 근로자가 밀폐
  공간에서 작업을 시작하기 전에 다음 각 호의 사항을 확인하여 근로자가 안전한
  상태에서 작업하도록 하여야 한다.
  ① 작업 일시, 기간, 장소 및 내용 등 작업 정보
  ② 관리감독자, 근로자, 감시인 등 작업자 정보
  ③ 산소 및 유해가스 농도의 측정결과 및 후속조치 사항
  ④ 작업 중 불활성가스 또는 유해가스의 누출·유입·발생 가능성 검토 및 후속조
    치 사항
  ⑤ 작업 시 착용하여야 할 보호구의 종류
  ⑥ 비상연락체계

소음 및 진동

01 소음 레벨(Level)이 80dB인 기계가 10대 있다. 이때의 합성소음은 얼마
인가? (단, 점원으로 가정함)

[해설]

$$* \text{합성소음(dB)} = 10\log_{10}(10^{\frac{dB_1}{10}} + \cdots + 10^{\frac{dB_{10}}{10}}) = 10\log(10 \times 10^{\frac{80}{10}})$$

$$= 10 \times 9 = 90\,[dB]$$

02 소음이 80dB(Decibel)인 기계 2대의 합성소음은 몇 dB인가?

[해설]

* 소음이 80dB인 기계가 2대이므로

$$\text{SIL} = 10\log_{10}(10^{\frac{80}{10}} + 10^{\frac{80}{10}}) = 10\log_{10}(10^8 + 10^8) = 83.01\,(\text{dB})$$

여기서, SIL : Sound Intensity Level (음의 세기 레벨)

[참고] SPL : Sound Pressure Level (음의 압력 레벨, 음압수준)

(03) 철판과 같은 판재에 충격이 가해질 때 발생하는 소음을 댐핑(Damping) 처리로 감소시킬 때 주의사항을 열거하고 설명하시오.

[해설]

○ 소음을 댐핑(Damping)처리로 감소시 주의사항

(1) 일반적인 다공질 재료의 **흡음특성 이용 감쇠화**

① 댐핑처리가 되는 다공질형 판재 사용

② 재료의 흡음률은 두께가 두꺼울수록 흡음률이 커짐

③ 재료의 비중이 크게 될수록 흡음률도 커짐

④ 배후 공기층을 만들면 중저음대역의 흡음률을 높임

⑤ 다공질 재료의 흡음 특성이 그대로 유지되도록 시공상 주의 필요

(2) **흡음재료의 시공상 주의사항**

① 천장에는 가벼운 내장재료 배치

② 벽의 내장재는 다소의 충격 등에 견디는 강도가 필요

③ 바닥재는 내마모성 등의 재료 사용

④ 흡음률 데이터의 시공조건 확인

⑤ 다공질 흡음재료는 배후 공기층의 유무가 큰 영향

⑥ 표면에 유성페인트 등으로 처리하면 흡음특성이 크게 저하

⑦ 다공질 흡음재료는 표면의 다공성 때문에 먼지 등의 흡착에 의한 오염, 고속의 기류가 있는 곳에서는 섬유 등의 비산 우려

⑧ 고온 등에 접촉하면 접착제 등이 녹거나 변질 우려

(04) 사업장에서의 소음(Noise) 방지대책을 분류하고 설명하시오.

[해설]

1. 소음성 난청 예방대책

(1) 주요 소음원의 정밀조사

* 소음원에 대한 상세한 정보를 확보하기 위한 정밀조사 내용

① 공정(구역)별 소음분포 지도 작성

② 공정(구역)별 주요 소음원의 저감 순위 결정

③ 주요 소음원에 대한 기본적인 방음대책 제시

④ 주요 소음원의 방지대책 후 예상되는 소음 지도 작성

(2) 소음방지 대책

1) 소음감소 및 노출 최소화를 위한 대책

① 구조적 대책 : 디자인 및 배치

② 소음원에 대한 대책

<표 1> 소음원에 대한 대책

방법	구체 예
발생원의 저소음화	저소음형 기계의 사용
발생원인의 제거	급유, 부조합 조정, 부품교환
차음	방음커버
음 제거	소음기(消音器, Suppressor), 흡음 덕트
방진	방진고무 사용
제진	제진재 장착
능동제어	소음기, 덕트, 차음벽에 활용
운전방법의 개선	자동화, 변경배치

2) 자재, 장비 및 작업공정과 관련된 대책

* 작업장비 및 도구와 관련된 조치는 다음과 같이 할 수 있다.

① 저소음 도구(원형톱 등)의 사용

② 속도, 이송률, 절단깊이에 따른 도구 종류 선택, 윤활유 등의 적용 검토

③ 요소의 최적 선택 및 조정

④ 소음이 큰 작업장비 또는 공정을 분리된 공간에서 수행

⑤ 최소한의 근로자가 소음구역에 존재하도록 하는 관리적 대책

⑥ 튜빙, 파이프 시스템 및 기타 구성요소와 관련된 진동감쇠대책

3) 기술적, 관리적 대책

가) 기술적 대책

① 차폐, 밀폐, 흡음용 덮개 등을 이용한 기체전달음의 감소대책

② 감쇠나 격리를 통한 소음의 전파음 경감

나) 관리적 대책

① 소음이 큰 기계와 이 기계로 작업하지 않는 근로자 간의 거리 등 소음원으로부터 거리 증가
② 저소음 공정 및 작업장비 취급
③ 타당한 휴식시간 등을 통한 개인별 노출시간의 제한
④ 소음환경과 위험성의 표시

4) 전파경로 대책

* 전파경로를 차단하여 수음자를 보호함

<표 2> 전파경로 차단

방법	구체 예
거리감쇠	변경배치
차폐효과	차폐물, 방음층, 방음실
흡음	건물 내부 흡음 처리
지향성	음원의 지향 상태
능동제어	소음기, 덕트, 차음벽에 이용

5) 개인보호구

가) 귀마개

① 귀마개는 공기가 통하지 않도록 귓구멍에 꼭 맞게 착용해야 한다.
② 귀마개를 삽입하기 전에 손을 깨끗이 씻는다.
③ 귀마개를 삽입 시 반대 손을 머리 뒤로 돌려 귀를 바깥쪽으로 잡아 당기고 귀마개를 끼운다.
④ 귀마개를 삽입 후 30초 정도 누르고 있는다.
⑤ 귀마개가 하루 종일 귓구멍에서 잘 부풀어지는가를 확인하고, 필요시 교정하도록 한다.
⑥ 작업 중에 귀마개가 느슨해지면 그 때마다 다시 착용하도록 한다.

제
2
장

나) 귀덮개

① 귀 전체를 완전히 밀봉할 수 있는 형태이어야 한다.

② 귀 전체를 잘 밀봉되게 하기 위해 머리나 귀걸이 등이 걸리지 않게 가지런 히 하거나 제거한다.

2. 청력보존프로그램

(1) 조직의 주요업무

담당 및 업무부서	주요 업무
사업주	* 청력보존프로그램 총괄
안전보건관리책임자	* 청력보존 실무책임
보건관리자	* 소음측정 및 소음 특수건강진단 계획수립 * 청력보호구 적격품 선정 및 소요량 파악 * 보건교육 및 건강증진지도 * 보호구 지급 및 대장정리
관리감독자	* 당해 근로자에게 보호구 지급 및 착용관리 * 작업관리 대책수립
근로자	* 지급된 보호구의 착용 및 청결하게 보관
지원부서장	* 보호구의 구매 및 대책에 따른 업무지원
보전부서장	* 공학적 대책수립 및 설비의 개선

(2) 청력보존프로그램의 수립·시행 지침

1) 청력보존 프로그램의 기본 내용

① 소음성 난청의 예방과 청력보호를 위한 교육의 제공

② 작업장 소음 수준의 정기적인 측정과 평가

③ 소음을 제어하기 위한 공학적인 관리와 소음노출을 줄이기 위한 작업관리

④ 청력보호구의 제공과 착용지도

⑤ 소음작업 근로자에 대한 배치 시 및 정기적 청력검사·평가와 사후관리

⑥ 청력보존프로그램의 수립·시행의 문서 기록·관리

⑦ 청력보존프로그램의 수립·시행 결과에 대한 정기적 평가와 보완으로 구성됨

2) 소음의 유해성 등에 관한 근로자 교육내용

① 소음의 유해성과 인체에 미치는 영향

② 소음 측정과 평가, 소음의 초과 정도 및 소음 노출 저감방법

③ 청력보호구의 착용목적, 장단점, 형태별 차음효과, 보호구 선정·착용방법 및 주의사항

④ 청력검사의 목적, 방법, 결과의 이해와 사후관리

⑤ 현재 시행되고 있는 당해 사업장의 청력보존프로그램의 내용 및 향후 대책

⑥ 소음성 난청의 예방과 청력보호를 위하여 근로자가 취하여야 할 조치 등

---

(05) 무지향성 점음·소음원이 3차원 공간상에 위치하고 있다. 음원으로부터 20m 떨어진 곳의 SPL=76dB(A)이다. 이 음원의 PWL 및 음향파워는 각각 얼마인가?

[해설]

1. 음향파워(Acoustic Power)

* 음원으로부터 단위시간당 방출되는 총 음에너지를 말하며, 그 표기기호는 W, 단위는 W(watt)이다. 음향파워 W의 무지향성 음원으로부터 r (m)떨어진 점에서의 음의 세기를 I 라 하면 음향파워(W)는

$$W = I \times S \, [W] \quad \text{............................} \quad (1)$$

여기서, S 는 표면적이다.

2. 음향파워레벨(PWL)

* 기준음의 파워에 대비하여 임의의 소리의 파워가 몇 배인가를 대수로 표현한 것이다.

$$PWL = 10 \log_{10} \frac{W}{W_0} \quad \text{...............................} \quad (2)$$

여기서, $W_0 = 10^{-12} \, [W]$, W : 음향파워

3. 음압레벨(SPL)과 음향파워레벨(PWL)과의 관계

* 무지향성 자유공간에서 음향파워레벨 $PWL = SPL + 20\log_{10} r + 11$ .... (3)

* 문제의 조건 값에 의거 PWL은 식 (3으로부터

$$PWL = 76 + 20\log_{10} 20 + 11 = 113\,[dB]$$

* 식 (2)로부터 음원의 음향파워(W)는

$$W = W_0 \times 10^{\frac{PWL}{10}} = 10^{-12} \times 10^{\frac{113}{10}} = 10^{-12+11.3} = 10^{-0.7} = 0.2\,[W]$$

유해광선 및 건강선

01 선원으로부터 떨어진 임의 거리에서 900(mR/hr)의 강도를 반가층을 이용하여 30(mR/hr) 이하로 감쇠시키려 한다. 필요한 납의 두께를 구하시오. (단, 납의 반가층 두께는 0.49inch이다)

해설

○ 납의 두께 구하기

* 900mR/hr의 1HVL 통과 후=450mR/hr

        2HVL 통과 후=225mR/hr

        3HVL 통과 후=112.5mR/hr

        4HVL 통과 후=56.25mR/hr

        5HVL 통과 후=28.125mR/hr

    여기서, HVL은 Half Value Layer 반가층, mR/hr은 밀리 렌트겐

        반가층은 흡수체 투과후 강도가 투과전 강도의 반이 되는 흡수체 두께

* 900mR/hr를 30mR/hr 이하로 줄이려면 5HVL이 필요하다.

* 납의 반가층 두께는 0.49in이므로 0.49×5=2.45inch의 납의 두께가 필요하다.

02 방사선 선원의 방출이 1m에서 시간당 100렌트겐일 때, 2m와 4m에서 방사선량은 각각 얼마인가?

해설

1. 방사선량 산출 공식

* 방사선의 강도와 거리에 대한 공식은

$$I_1 D_1^2 = I_2 D_2^2$$

여기서, I_1, I_2 는 거리 D_1 과 D_2 일 때의 방사선의 강도이다.

2. 문제의 방사선량

(1) 방사선의 방출이 1m에서 시간당 100렌트겐일 때 2m에서의 방사선량

$$I_1 D_1^2 = I_2 D_2^2 \;\rightarrow\; 100 \times 1^2 = I_2 \times 2^2 \;\rightarrow\; I_2 = 25 \,[렌트겐]$$

(2) 방사선의 방출이 1m에서 시간당 100렌트겐일 때 4m에서의 방사선량

$$I_1 D_1^2 = I_2 D_2^2 \;\rightarrow\; 100 \times 1^2 = I_2 \times 4^2 \;\rightarrow\; I_2 = 6.25 \,[렌트겐]$$

작업공정 환경과 안전

01 전체환기와 비교하여 국소환기의 장점에 대해 기술하시오.

해설

1. 전체환기와 비교하여 국소환기의 의의

(1) 전체환기

* 전체환기(=희석환기)는 실내 공간 전체를 대상으로 환기를 한다는 의미이다. 유해물질의 농도를 희석하여 농도를 낮게 하는 방법으로 빌딩이나 작업장 내의 오염된 공기가 배출되면서 반드시 청결한 공기가 공급되어야 한다.
* 전체환기는 다시 자연환기와 강제환기로 나눌 수 있다. 출입문이나 창문을 이용하여 환기시키는 방법은 동력을 사용하지 않고 온도차에 의한 부력과 바람에 의한 풍력만을 이용한 자연환기를 이용한 예이다. 이와 달리 화장실 환풍기는 강제적인(기계적인) 힘을 이용하므로 강제환기라 한다.

(2) 국소환기

* 전체환기가 작업장 내의 유해물질을 외기로 희석시켜서 그 농도를 허용농도 이하로 하는 것이라면, 국소환기는 발생원에서 방출된 유해물질을 작업장 내로 확산되기 전에 기계적인 힘을 사용하여 포집 제거함으로써 작업환경을 개선하는 방법을 말한다.
* 일반적으로 국소환기는 전체환기보다 적은 유량으로 유해물질을 작업장 밖으로 배출시킬 수 있어 보다 효과이다.

2. 전체환기와 국소환기의 적용조건

(1) 전체환기의 적용조건

① 독성이 낮은 유해물질을 사용하는 곳

② 유해물질이 지농도로 넓게 퍼져 있는 곳

③ 작업자의 작업 위치가 유해물질 발생원으로부터 멀리 떨어진 곳

④ 고온의 작업장

(2) 국소환기의 적용조건

① 유해물질의 발생량이 많은 경우

② 유해물질의 독성이 강한 경우

③ 근로자의 작업위치가 유해물질의 발생원에 근접해 있는 경우

④ 발생주기가 균일하지 않은 경우

⑤ 발생원이 고정되어 있을 경우

⑥ 법적으로 국소배기시설을 꼭 설치해야 하는 경우

3. 전체환기와 비교하여 국소환기의 장점

* 국소환기는 전체환기에 비해 다음과 같은 장점이 있다.

① 전체환기는 희석됨으로써 완전한 제거가 불가능하지만, 국소환기는 유해물질을 발생원으로부터 포집 제거함으로써 완전히 제거할 수 있다.

② 국소환기는 전체환기보다 필요환기량이 적어 경제적이다.

③ 국소환기는 침강성이 큰 분진도 제거할 수 있으므로 작업장의 청소비용이 절약된다.

④ 유해물질에 의한 부식 등의 손상으로부터 작업장 내의 시설물을 보호할 수 있다.

⑤ 작업장 내의 방해기류나 부적절한 급기의 영향을 적게 받는다.

(02) 에어로졸(Aerosol)의 일종인 분진(Dust, 흄(Fume), 미스트(Mist)에 대하여 다음 사항을 설명하시오.

1) 용어의 정의 2) 생성과정 3) 형상 4) 입자의 크기

[해설]

① 분진(먼지, dust) : 고체덩어리가 분쇄, 연마, 마찰 등에 의하여 미립자 형태로 변환되어 공기 중에 부유되어 있거나 부유된 후 침강되어 있는 물질(입자의 크기 : 1~150(μm)

② 흄(fume) : 금속이 용접이나 고열에 의하여 기화되어 공기 중으로 비산된 후 급속히 응축되어 생성된 고체 상태의 미립자(입자의 크기 : 0.1~1μm)

③ 미스트(mist) : 액체가 외부의 충격이나 힘에 의하여 액체 입자형태로 공기 중으로 비산되어 있는 물질(입자의 크기 : 5~100μm)

(03) 유해물질 발생원으로부터 발생하는 오염물질을 대기로 배출하기 위한 국소배기(장치)의 설치 계통을 순서대로 쓰시오.

[해설]

1. 국소배기(장치)의 설치 계통

* 후드 → 덕트 → 공기정화장치(집진기 등) → 배풍기 → 배출구

2. 국소배기(장치)의 기기

(1) 후드

① 유해물질이 발생하는 곳마다 설치할 것

② 유해인자의 발생형태 및 비중, 작업방법 등을 고려하여 당해 분진 등의 발산원을 제어할 수 있는 구조로 설치할 것

③ 후드형식은 가능한 한 포위식 또는 부스식 후드를 설치할 것

④ 외부식 또는 레시버식 후드를 설치하는 때에는 당해 분진 등의 발산원에 가장 가까운 위치에 설치할 것

(2) 덕트

① 가능한 한 길이는 짧게 하고 굴곡부의 수는 적게 할 것

② 접속부의 내면은 돌출된 부분이 없도록 할 것

③) 청소구를 설치하는 등 청소하기 쉬운 구조로 할 것

④ 덕트 내 오염물질이 쌓이지 아니하도록 이송속도를 유지할 것

⑤ 연결부위 등은 외부공기가 들어오지 아니 하도록 할 것

(3) 공기정화장치

* 후드에서 흡인한 오염기류 속에 포함되어 있는 오염물질을 제거하여 공기를 정화하는 장치이다.

* 유해물질, 분진을 배출하는 장치 또는 설비에 대하여는 당해 물질로 인해 근로자의 건강장해가 발생하지 아니하도록 흡수, 연소, 집진, 그 밖의 적절한 공기정화장치를 설치하여야 한다.

(4) 배풍기

* 공기정화장치를 설치한 때에는 정화 후의 공기가 통하는 위치에 배풍기를 설치하여야 한다.

* 다만, 흡인된 물질에 의하여 폭발의 우려가 없고 배풍기의 날개가 부식될 우려가 없는 경우에는 정화 전의 공기가 통하는 위치에 배풍기를 설치할 수 있다.

(5) 배기구

* 유해물질, 분진을 배출하기 위하여 설치하는 국소배기장치의 배기구는 직접 외기로 향하도록 개방하여 실외에 설치하는 등 배출되는 분진 등이 작업장으로 재유입되지 아니하는 구조로 하여야 한다.

04 작업절차서(작업순서)를 작성할 때 유의사항에 대하여 설명하시오.

해설

○ 작업절차서가 갖추어야 될 조건들을 다음과 같다.

① 작업절차서는 실행 가능한 것일 것

② 작업절차서 내용은 구체적이고 객관적으로 규정될 것

③ 작업절차서는 이해관계자들의 합의에 의해서 결정될 것

④ 작업절차서는 준수되어야 할 것

⑤ 작업절차서는 법규나 다른 공적표준과 서로 모순이 없어야 할 것

⑥ 사내표준은 상급의 표준과 서로 모순이 안되도록 조화시킬 필요가 있음

⑦ 필요한 때에 작업절차서는 개정되어야 할 것

2.8 화재·폭발 재해예방

화재발생 요인

01 가연성 액체의 인화점에 대하여 설명하시오.

해설

1. 가연성액체 인화점의 정의

* 가연성 액체는 인화성 액체와는 약간 다른 용어이다.
* 가연성액체 인화점의 정의로는 가연성 증기를 발생시키는 액체가 공기중에서 점화원에 의해 표면에 불이 붙는데 충분한 농도의 증기를 발생시키는 최저온도이다. 이때 가연성 증기의 포화증기압이 공기와의 혼합기체의 폭발하한계와 같아지는 농도가 된다.

2. 인화점 측정방법

* 인화점 측정방법으로는 Abel 방식, Tag 방식, Pensky-Martens 방식, Cleveland 개방식, Setaflash 방식 등이 있다.
* 일반적으로 인화점이 80℃ 이하인 경우에는 Tag 밀폐식을, 80℃ 이상인 경우에는 Cleveland 개방식을 사용한다.

3. 발화점, 연소점과의 차이

① 발화점 : 점화원을 부여하지 않고 물질을 공기중 또는 산소중에서 가열한 경우에 연소(발화 또는 폭발)를 개시하는 최저온도. 착화점이라고도 한다.
② 연소점 : 연소가 계속되기 위한 온도

폭발발생 요인

01 가스폭발의 점화원이 될 수 있는 예를 5가지 이상 기술하시오.

해설

1. 개요

* 폭발이나 화재를 일으키는 원인이 되는 것을 점화원이라고 한다.
* 일반적으로 점화에너지는 1급 점화원과 2급 점화원으로 나뉘며 1급과 2급의 차이는 발생하는 확률에 따른 구분이다.

2. 점화원

(1) 1급 점화원

① 뜨거운 표면 ② 불꽃 ③ 기계적 충격 ④ 용접기에 의한 용접과 절단
⑤ 전기설비에 의한 아크와 스파크 ⑥ 정전기 ⑦ 화학반응열

(2) 2급 점화원

① 과도한 전류 ② 번개 ③ 전자파 ④ 초음파 ⑤ 단열압축

02 방폭구조의 종류 6가지에 대하여 그림을 그리고 설명하시오.

해설

○ 방폭구조의 종류

(1) 내압 방폭구조(d)

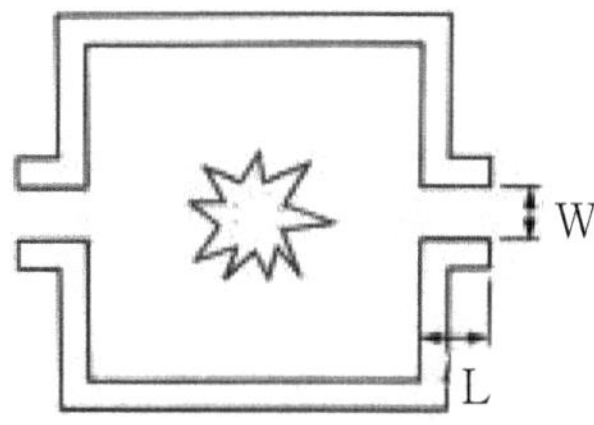

① 최대안전틈새 이내의 틈새만을 두어 격리시키는 구조로, 폭발이 일어나도 외부의 위험성 분위기에 영향이 없도록

② 밀폐 구조에서 내부 압력상승을 배출하기 위해 안전틈새를 두며
③ 주위의 가연성가스 등에 따라 최대안전틈새의 폭과 깊이를 규정한다.

(2) 압력 방폭구조(p)

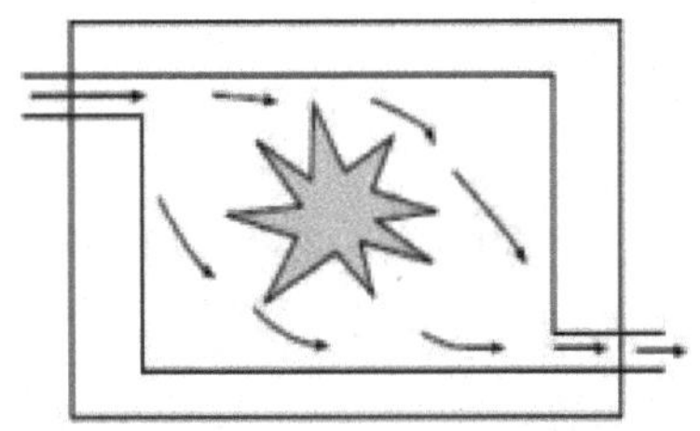

① 용기내부에 불활성 가스로 압입시켜 압력 차이로 외부의 폭발분위기로부터 점화원을 격리
② 압입가스 누설이나 공급 이상 발생 시 경보후 전기기기의 운전 정지해야 폭발 방지 가능

(3) 유입 방폭구조(o)

① 점화원이 될 우려가 있는 부분에 오일 주입으로 외부의 폭발분위기로부터 점화원을 격리
② 오일누설이나 온도상승에 주의 필요

(4) 안전증 방폭구조(e)

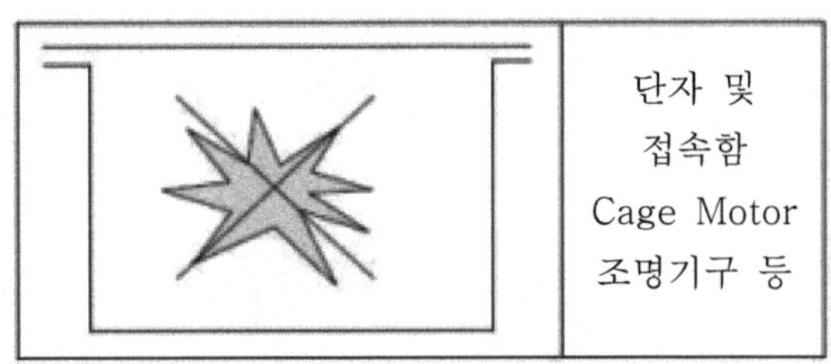

① 정상상태의 전기기기에 대해 고장이 발생하지 않도록 안전도를 높인 구조
② 만일 고장이나 파손 시 폭발이 발생될 수 있다.

(5) 본질안전 방폭구조(ia, ib)

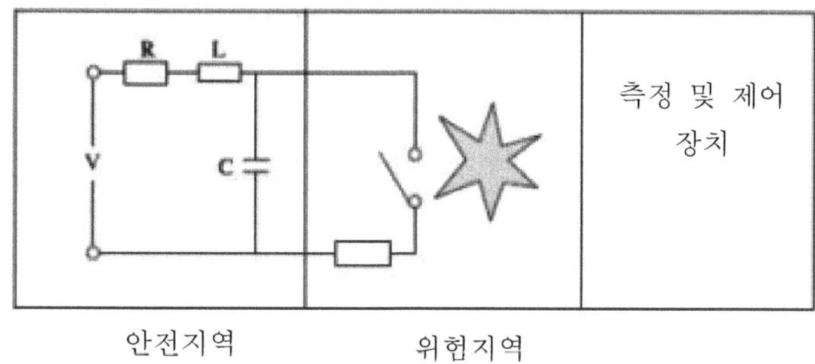

① 발생되는 점화원이 폭발을 발생시킬 수 없도록 하는 구조

② 안전 Barrier 사용으로 폭발분위기로 들어가는 점화원 크기 제한

   ㉠ 2중 안전보장(ia) : 0, 1, 2종 모두 가능

    단일 안전보장(ib) : 1, 2종 가능

   ㉡ 적용장소 : 신호기, 계측기, 미소 전력회로 등

(6) 몰드 방폭구조(m)

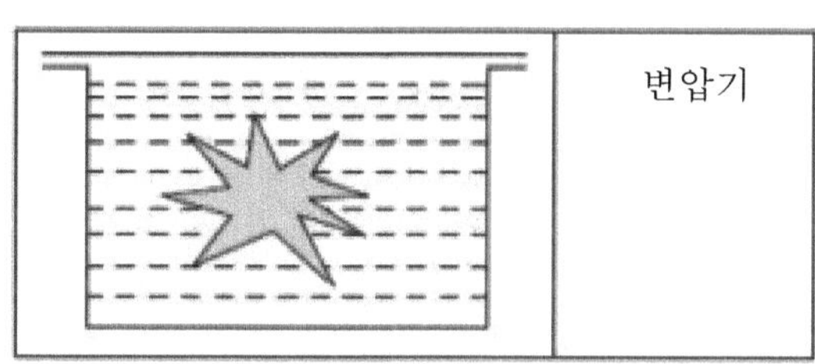

① 스파크나 열로 폭발이 일어나지 않도록 컴파운드로 충전해서 보호

② 컴파운드 : 열경화성수지, 열가소성수지, 에폭시수지 등 응고될 수 있는 물질

(7) 충전 방폭구조(q)

* 몰드와 비슷하지만 충전 물질(충전재)로 석영이나 유리입자로 채워서 보호

(8) 비점화 방폭구조(n)

○ 2종 전용 방폭구조로, 스파크가 발생되지 않는 전기기기, 통기제한 용기에 의해 보호

소화원리

01 화재 시 소화방법 4가지를 쓰시오.

해설

1. 소화원리

* 소화원리는 연소의 반대 개념으로 연소의 4요소를 적정하게 통제 또는 차단함으로써 이루어 진다. 실제 상황에서는 다음에 열거하는 소화원리가 하나 또는 둘 이상이 일어나서 소화작업이 이루어진다.

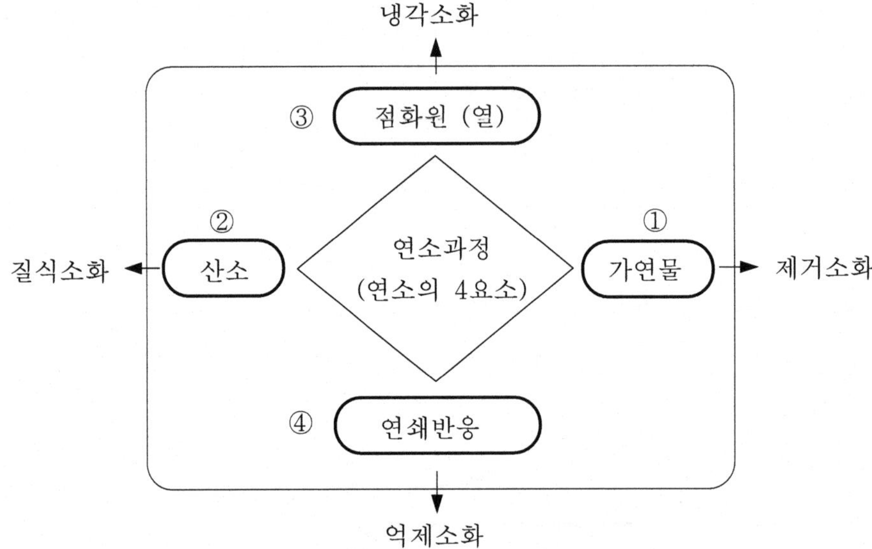

(1) 제거소화

* 연소의 3요소 중에서 불타고 있는 장소에서 가연물을 다른 안전한 장소로 이동시키는 방법이다.

(2) 질식소화

* 연소의 3요소 중에서 공기 중의 산소농도를 15% 이하로 낮추기 위하여 불타고 있는 가연물을 감싸거나 불연성기체를 화재공간에 불어넣어 산소비율을 작게 만든다.

(3) 냉각소화

* 연소의 3요소 중에서 점화원(열)이 계속적으로 발생하지 못하도록 차단하는 방법으로, 불이 붙지 않는 온도로 낮춤으로써 불의 삼각형을 파괴하는 것이다.
* 가장 대표적인 소화작업인 물을 뿌리는 방법은 물이 증발하면서 열을 빼앗아 가는 원리를 이용한 것이다.

(4) 억제효과(부촉매효과)

* 이 방법은 연소과정에서 고체가연물의 열분해가스, 액체가연물의 증발된 가스, 기체가연물을 소화약제와 반응시켜 더 이상 화학반응이 일어나지 못하도록 연쇄반응 체인을 끊어 화재를 억제시키는 방법이다.
* 이와 같은 원리를 이용한 소화설비에는 할로겐화합물 할론 또는 분말소화설비가 있다.

2.9 산업재해 조사분석

산업재해 예방

01 재해예방의 4원칙에 대해 논하시오.

해설

1. 서론

* 하인리히는 그의 저서인 "산업재해방지론"을 통해 산업안전의 원칙이라는 이론을 제시하였다. 이 원칙은 산업안전에 관한 최초의 원칙으로서 지금까지 안전분야에서 안내자역할을 하고 있다.
* 하인리히가 제시한 원칙은 10가지였는데. 이는 다음의 4가지로 요약할 수 있다. 이를 재해예방의 4원칙이라고도 부른다.

2. 재해예방의 4원칙

(1) 손실우연의 원칙

* 사고의 결과 생기는 상해(손실)의 종류와 정도는 우연히 발생한다.
* 사고발생 시 손실이 없는 Near Accident(아슬아슬한 사고)로 손실을 면해도, 사고가 재발할 경우 얼마나 큰 손실이 발생할 것인가는 우연에 의해 정해지므로 예측할 수 없다는 원칙이다.
* 재해예방은 근본적으로 손실유무에 관계없이 사고 발생을 미연에 방지하는 것이 중요하다.

(2) 원인연계의 원칙

* 재해는 직접원인과 간접원인이 연계되어 일어난다.
* 사고의 원인과 사고의 발생 사이에는 반드시 필연적인 인과관계가 있다.
* 사고와 손실의 관계는 우연적이지만, 사고와 원인과의 관계는 필연적이다.

(3) 예방가능의 원칙

* 재해는 원칙적으로 원인만 제거되면 예방이 가능하다.

* 천재를 제외한 모든 인재는 사전에 예방이 가능하다는 이론이다.

* 체계적인 예방대책 필요하다고 본다.

* 물적·인적 사고 징후를 사전에 발견하여 재해발생을 최소화시켜야 한다.

(4) 대책선정의 원칙

* 사고의 원인에 대한 적합한 대책이 선정되어야 한다.

* 정확한 원인분석에 따라 직접적인 원인을 유발시키는 배후요인에 대한 사전대책을 신속 확실하게 실시해야 한다.

* 안전대책의 중심적인 내용에 대해서는 예전부터 3E가 강조되어 왔다. 이 대책은 하아비(J·H Harvey)가 제창한 것이다.

　① Engineering(기술) : 기술적(공학적) 대책

　　* 기계적 또는 물리적으로 부적절한 환경을 해결하는 대책을 말하며, 공학적 대책이라고도 한다.

　② Education(교육) : 교육적 대책

　　* 지식이나 기능이 결여되지 않도록 안전교육 및 훈련을 실시하는 대책을 말한다.

　③ Enforcement(규제) : 규제적(관리적) 대책

　　* 단속이나 감독 또는 관리적 사항으로 엄격한 규칙에 의해 제도적으로 시행되어야 하므로, 다음의 조건이 충족되어야 한다.

　　　㉠ 적합한 기준 설정

　　　㉡ 각종 규정 및 수칙의 준수

　　　㉢ 전 종업원의 기준 이해

　　　㉣ 경영자 및 관리자의 솔선수범

　　　㉤ 부단한 동기부여와 사기향상

* 한편, 요즘의 산업재해예방 대책으로 위의 3E 원인 및 대책으로만 볼 수가 없다는 측면이 있다. 즉, 3E 이외에 Environment(환경)을 포함하여 4E가 되어야 한다고 주장하는 관점이다.

3. 결론

* 무재해를 달성하기 위해 산업재해 예방측면의 재해예방의 4원칙에 입각한 추진이 무재해 달성에 효과적이라고 볼 수 있다.

02 사고예방 원리의 5단계를 순서대로 쓰시오.

[해설]

1. 개요

* 하인리히는 산업안전원칙의 기초 위에서 재해예방원리라는 5단계적인 방법을 제시하였다. 이 5단계의 활동절차는 그 후 여러 가지 새로운 방법론이 제기되면서 수정되어 왔으나, 원칙적인 기본형태는 큰 변화없이 응용되고 있다.

2. 사고예방 원리의 5단계 구성

① 제1단계 : 안전관리조직(Organization)

② 제2단계 : 사실의 발견(Fact Finding)

③ 제3단계 : 평가분석(Analysis)

④ 제4단계 : 시정책의 선정(Selection of Remedy)

⑤ 제5단계 : 시정책의 적용(Application of Remedy)

3. 사고예방 원리의 5단계 활동 내용

단계	활동 내용
제1단계 : 안전관리조직	1. 경영자의 안전목표 설정 2. 안전관리자 선임 3. 안전의 라인 및 참모 조직 구성 4. 안전활동 방침 및 계획수립 5. 조직을 통한 안전활동 전개
제2단계 : 사실의 발견	1. 사고 및 활동기록의 검토 2. 작업분석 3. 점검 및 검사 4. 사고조사 5. 각종 안전회의 및 토의 6. 근로자의 제안 및 여론조사
제3단계 : 평가분석	1. 사고원인 및 경향성 분석 2. 사고기록 및 관련자료 분석 3. 인적, 물적, 환경적 조건 분석 4. 작업공정 분석 5. 교육훈련 및 적정배치 분석 6. 안전수칙 및 보호장비의 적부

단계	활동 내용
제4단계 : 시정책의 선정	1. 기술적 개선 2. 배치 조정 3. 교육훈련의 개선 4. 안전행정의 개선 5. 규정 및 수칙 등 제 조건의 개선 6. 안전운동의 개선
제5단계 : 시정책의 적용	1. 교육적 대책의 실시 2. 기술적 대책의 실시 3. 규제적 대책의 실시 4. 재평가 후 보완 및 시정

(03) 시스템 안전에서 안전성 평가의 기본원칙 6가지를 서술하시오.

해설

1. 정의

* 화학설비의 안전성 평가 등 위험에 대하여 설계 및 계획 단계 또는 가동 중에 정성적 또는 정량적 평가를 실시하고, 그 평가에 따른 대책을 강구하는 것을 안전성 평가라고 한다.
* 안전성 평가의 기본원칙은 6단계로 진행된다.

  ① 제1단계 : 관계자료의 정비·검토　② 제2단계 : 정성적 평가
  ③ 제3단계 : 정량적 평가　④ 제4단계 : 안전대책
  ⑤ 제5단계 : 재해정보에 의한 재평가　⑥ 제6단계 : FTA에 의한 재평가

* 안전성 평가의 실시단계에서 5단계와 6단계는 동시에 이루어지는 경우도 있으며, 이때의 6단계는 종합적 평가에 대한 점검이 실시된다.

[참고] 한편 이와 유사한 용어인 "위험성평가"가 있는데 별개의 활동임에 유의하도록 한다. 위험성평가의 절차는 다음의 절차에 따라 실시된다. 다만, 상시근로자수 5인 미만 사업장(총 공사금액 1억원 미만의 건설공사)의 경우에는 다음 각 호 중 제1호를 생략할 수 있다(사업장 위험성평가에 관한 지침(고용노동부고시 제8조). <개정 2024. 11. 28>

① 사전준비
② 유해·위험요인 파악

③ 위험성 추정 : <삭제 2023. 5. 22>

④ 위험성 결정

⑤ 위험성 감소대책 수립 및 실행

⑥ 위험성평가 실시내용 및 결과에 관한 기록 및 보존

2. 안전성 평가의 기본원칙(실시단계)

(1) 제1단계 : 관계자료의 정비·검토

* 안전성의 사전평가를 위해 필요한 자료의 정비 및 검토를 실시하는 단계로, 관계자료의 조사항목은 다음과 같다.

① 입지조건과 관련된 지질도나 풍배도 등의 입지에 관한 도표

② 화학설비배치도　　③ 건조물의 평면도, 입면도, 단면도

④ 기계실 및 전기실의 평면도, 입면도, 단면도

⑤ 원재료, 중간체, 제품 등의 물리적·화학적 성질 및 인체에 미치는 영향

⑥ 제조공정의 개요　　⑦ 제조공정상 일어나는 화학반응

⑧ 공정계통도　　⑨ 공정기기목록

⑩ 배관, 계장 계통도　⑪ 안전설비의 종류와 설치장소 등

(2) 제2단계 : 정성적 평가

1) 설계관계

* 입지조건, 공장내의 배치, 건조물, 소방용 설비 등

2) 운전관계

* 원재료, 중간제품 등의 위험성, 프로세스의 운전조건, 수송·저장 등에 대한 안전대책, 프로세스 기기의 선정요건

(3) 제3단계 : 정량적 평가

1) 항목 : ① 각 구성요소의 물질, ② 화학설비의 용량, ③ 온도, ④ 압력, ⑤ 조작

2) 평정 : A(10점), B(5점), C(2점), D(0점)

3) 등급 구분

* 위험등급 I등급(점수 16점 이상), II등급(점수 11~15점) III등급(점수 0~10점)

(4) 제4단계 : 안전대책

1) 설비에 대한 대책

* 필요 최소한의 것이 법규에서 규제되고 있으므로 이것을 종합적으로 취합해서 대책으로 할 수 있으나, 플랜트의 특성 등을 감안하여 필요한 대책이 더욱 강구되어야 한다.

2) 관리적인 대책

① 적정한 인원배치와 교육훈련이 중요한 과제가 됨
② 교육의 효과의 측면에서 볼 때 즉흥성이 있는 반면 연속성이 결여되므로 새로운 교육방법 채택, 반복교육 등이 필요함

(5) 제5단계 : 재해정보에 의한 재평가

* 제4단계에서 안전대책을 강구한 후에 그 설계내용을 동종설비 또는 동종장치의 재해정보와 비교·검토하여 이를 재평가하고, 그 결과에 대해 개선할 점이 있다면 개선하여야 한다.

(6) 제6단계 : FTA에 의한 재평가

① 위험의 등급이 Ⅰ등급에 해당하는 플랜트에 대해 FTA에 의한 재평가를 한다.
② 개선할 부분 발견 시 설계 내용에다 필요한 수정을 해야 한다.

산업재해 원인

01 산업재해의 기본원인인 4M에 대해서 구체적으로 설명하시오.

해설

1. 개요

* 산업재해의 기본원인인 4M은 오늘날 실시되고 있는 재해분석의 방법 중 가장 적절한 것으로 알려져 있다. 이 해석에서는 재해라고 하는 최종결과에 중대한 관계를 가지고 있는 모든 것을 계열적으로 나타내고 이들의 연쇄관계를 분명히 한다.

* 그 결과를 검토하는 열쇠가 되는 것으로 다음의 4M이 해당된다고 한다.

① Man(인적)) : 에러를 일으키는 인적 요인

② Machine(기계적) : 기계설비의 결함, 고장 등의 물적 요인

③ Media(물질·환경적) : 작업정보, 방법, 환경 등의 요인

④ Management(관리적) : 관리상의 요인

* 이 4M이야말로 인간이 기계설비와 안전을 공존시키면서 노동을 할 수 있는 시스템의 기본조건이다.

2. 산업재해의 기본원인인 4M

4M	유해·위험요인
Man (인적)	① 근로자 특성(장애자, 여성, 고령자, 외국인, 비정규직, 미숙련자 등)에 의한 불안전 행동 ② 작업정보의 부적절 ③ 작업자세, 작업동작의 결함 ④ 작업방법의 부적절 등
Machine (기계적)	① 기계·설비 설계상의 결함 ② 위험방호의 불량 ③ 본질안전화의 부족 ④ 사용 유틸리티(전기, 압축공기, 물)의 결함 ⑤ 설비를 이용한 운반수단의 결함 등
Media (물질·환경적)	① 작업공간(작업장 상태 및 구조)의 불량 ② 가스, 증기, 분진, 흄, 미스트 발생 ③ 산소결핍, 병원체, 방사선, 유해광선, 고온, 저온, 초음파, 소음, 진동, 이상기압 등에 의한 건강장해 ④ 취급 화학물질의 물질안전보건자료(MSDS) 미흡 등
Management (관리적)	① 관리조직의 결함 ② 규정, 매뉴얼의 미작성 ③ 안전관리계획의 미흡 ④ 교육·훈련의 부족 ⑤ 부하에 대한 감독·지도의 결여 ⑥ 안전수칙 및 각종 표지판 미게시 ⑦ 건강관리의 사후관리 미흡 등

02 재해원인 중 물적원인과 인적원인의 특징과 예를 각각 3가지씩 쓰시오.

[해설]

1. 재해의 직접원인

인적 원인(불안전한 행동)	물적 원인(불안전한 상태)
① 위험장소 접근	① 물 자체의 결함
② 안전장치의 기능 제거	② 안전 방호장치의 결함
③ 복장, 보호구의 잘못 사용	③ 복장, 보호구의 결함
④ 기계기구 잘못 사용	④ 물의 배치 및 작업장소 불량
⑤ 운전 중인 기계장치의 손질	⑤ 작업환경의 결함
⑥ 불안전한 속도 조작	⑥ 생산공정의 결함
⑦ 위험물 취급 부주의	⑦ 경계표시, 설비의 결함
⑧ 불안전한 상태 방치	
⑨ 불안전한 자세·동작	
⑩ 감독 및 연락 불충분	

2. 재해의 간접원인

① 기술적 원인, ② 교육적 원인, ③ 신체적 원인, ④ 정신적 원인, ④ 작업관리상 원인

03 기계설비 작업 시 사람에 대한 부주의 사고가 계속적으로 발생하고 있다. 다음 사항에 대하여 설명하시오.

1) 부주의 특성 중 의식의 우회, 의식의 단절, 근도 반응, 초조 반응을 예를 들어 설명하시오.

2) 부주의 재해발생 메커니즘(Mechanism)과 예방대책을 설명하시오.

[해설]

1. 착오와 부주의에 의한 재해발생

(1) 착오와 부주의 정의

① 착오 : 어떤 목적으로 행동하고자 했으나 그 행동과 일치하지 않는 것

② 부주의 : 어떤 목적으로 향해 있는 시신경이 집중되지 않는 것

③ 사고경향설 : 사고를 일으키는 사람에 의해서 항상 일어나고, 극소수의 사람이 반복해서 일으킨다.

(2) 사고 다발자의 성격

① 주의력 산만 및 부족　② 경솔성과 쾌락주의
③ 소심한 성격과 편향성　④ 흥분성과 허영심
⑤ 도덕성의 결여

(3) 부주의 원인

① 의식의 단절 : 공백상태가 나타나는 경우

② 의식의 우회 : 작업도중 걱정, 고뇌, 욕구불만 등

③ 의식수준의 저하 : 심신이 피로하거나 단조로움 등이 있을 경우

④ 의식의 혼란 : 외부의 자극이 애매모호하거나 자극이 강할 때 및 약할 때 등

⑤ 의식의 과잉 : 의식이 긴장하고 한 방향으로만 집중하여 판단력 정지, 긴급 방위반응 등

⑥ 근도반응 : 완곡한 방법을 취하지 않고 충동적으로 행동하는 반응. 청춘기나 조현병의 초기, 지적 장애 따위에서 발생

⑦ 초조반응 : 애가 타서 마음이 조마조마한 경우

2. 휴먼에러 메커니즘 및 예방대책

(1) 정보처리 단계에서의 휴먼에러 메커니즘

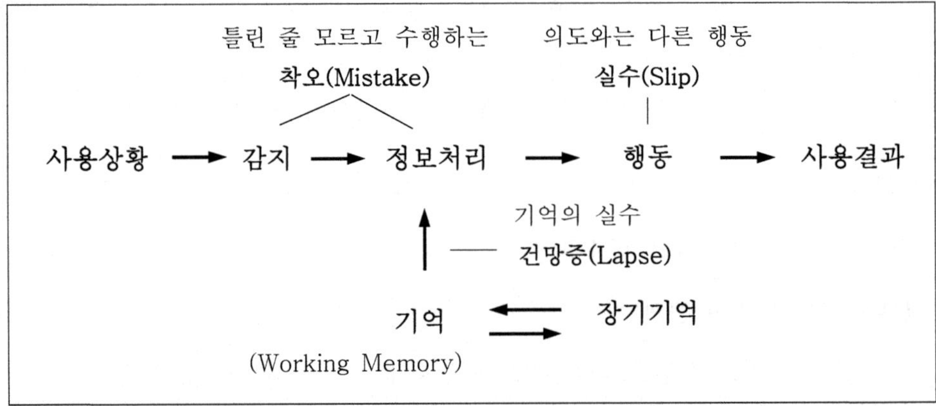

(2) 부주의 재해발생 예방대책

1) 외적 원인과 대책

① 작업환경 조건 불량 : 환경 정비

② 작업순서의 부적당 : 작업순서 정비

2) 내적 원인과 대책

① 소질적 문제 : 적성 배치

② 의식의 우회 : 카운슬링

③ 미경험자 : 안전교육·훈련

3) 정신적 측면에 대한 대책

① 주의력의 집중 훈련

② 스트레스의 해소

③ 안전의식의 고취

④ 작업의욕의 고취

4) 기능 및 작업적 측면에 대한 대책

① 적성배치

② 안전작업 방법 습득

③ 표준작업 동작의 습관화

5) 설비 및 환경적 측면에 대한 대책

① 설비 및 작업환경의 안전화

② 표준작업제도의 도입·실시

③ 긴급 시의 안전대책

산업재해 통계분석

01 재해통계의 목적과 역할에 대하여 설명하시오.

[해설]

○ **재해통계의 목적과 역할**

① 대상 조직의 안전관리 수준 평가

② 재해방지 기본정보 파악

③ 재해통계에 근거하여 대상 집단에 대한 효과적인 대책강구, 동종·유사 재해 방지

④ 산업재해의 재해요소 분포를 파악, 이를 근거로 대상 집단의 경향과 특성 등을 수량적, 총괄적으로 해명

02 도수율이 15이고, 강도율이 1.83일 때의 1) 환산도수율과 2) 환산강도율을 구하시오. (단, 연근로시간은 100,000시간)

[해설]

$$환산도수율 = 도수율 \times \frac{총근로시간수}{1,000,000} = 15 \times \frac{100,000}{1,000,000} = 1.5$$

$$환산강도율 = 강도율 \times 100 = 1.83 \times 100 = 183$$

[참고] 환산도수율 및 환산강도율의 의미

1. 환산도수율

* 근로자가 입사하여 퇴사할 때까지(40년=10만시간) 당할 수 있는 재해건수

$$환산도수율(재해건수) = 도수율 \times \frac{총근로시간수}{1,000,000}$$

여기서, 총근로시간수 10만시간이 적용되는 경우 : 환산도수율=도수율×0.1

총근로시간수 12만시간이 적용되는 경우 : 환산도수율=도수율×0.12

총근로시간수 9만시간이 적용되는 경우 : 환산도수율=도수율×0.09

2. 환산강도율

* 근로자가 입사하여 퇴사할 때까지 잃을 수 있는 근로손실일수

　　환산강도율＝강도율×100

(03) 종합재해지수(FSI : Frequency Severity Indicator) 공식을 쓰시오.

[해설]

$$종합재해지수 = \sqrt{도수율 \times 강도율}$$

$$여기서,\ 도수율 = \frac{재해건수}{연근로시간수} \times 1,000,000$$

$$강도율 = \frac{근로손실일수}{연근로시간수} \times 1,000$$

* 근로손실일수 : 문제에 이 값들이 주어지지 않는 경우가 많으므로 암기 필요.

구분	사망	신체 장해등급 1~14등급											
		1~3	4	5	6	7	8	9	10	11	12	13	14
근로손실일수	7,500	7,500	5,500	4,000	3,000	2,200	1,500	1,000	600	400	200	100	50

○ 사망 및 1,2,3,급의 근로손실일수 계산

　25년×300일=7,500일 (단, 근로손실연수 : 25년, 1년 근로손실일수 300일 기준임)

(04) 안전성 비교(STS : Safe T-score) 공식을 쓰시오.

[해설]

$$Safe - T - Score = \frac{현재빈도율 - 과거빈도율}{\sqrt{과거빈도율 \times \dfrac{1,000,000}{근로총시간수(현재)}}}$$

판단 : ＋2.00이상 : 과거보다 심각하다.

　　　　＋2.00~−2.00 : 과거와 차이가 없다.

　　　　−2.00이하 : 과거보다 좋아졌다.

$$여기서,\ 빈도율(=도수율) = \frac{재해건수}{연근로시간수} \times 1,000,000$$

05 어떤 사업장의 X부서와 Y부서의 재해율은 아래 표와 같다. 각 부서의 Safe-T-score를 계산하고, 안전관리 측면에서의 심각성 여부에 관하여 간단하게 서술하시오.

연도	구분	X부서	Y부서
'21	사고	10건	1,000건
	근로 총 시간 수	10,000인시	1,000,000인시
	빈도율	1,000	1,000
'22	사고	15건	1,100건
	근로 총 시간 수	10,000인시	1,000,000인시
	빈도율	1,500	1,100

해설

1. Safe-T-Score

(1) 의미

* Safe-T-Score는 과거-현재의 안전성적을 비교평가하는 것을 말한다.

$$\text{Safe} - \text{T} - \text{Score} = \frac{\text{도수율(현재)} - \text{도수율(과거)}}{\sqrt{\text{도수율(과거)} \times \dfrac{1,000,000}{\text{근로총시간수(현재)}}}}$$

여기서, 빈도율=도수율이고, 도수율이 산업안전보건법령상의 용어이다.

(2) 판정

+ 2.0 이상 : 과거보다 심각하게 나빠짐

+ 2.0~-2.0 : 과거에 비해 심각한 차이가 없다.

- 2.0 이하 : 과거보다 좋아졌다.

2. 사례의 심각성 여부 판단

(1) X부서

$$\text{Safe} - \text{T} - \text{Score} = \frac{1,500 - 1,000}{\sqrt{1,000 \times \dfrac{1,000,000}{10,000}}} = 1.58$$

* X부서는 과거에 비하여 심각한 차이가 없음

(2) Y부서

$$Safe - T - Score = \frac{1,100 - 1,000}{\sqrt{1,000 \times \dfrac{1,000,000}{1,000,000}}} = 3.16$$

* Y부서는 과거에 비하여 심각하게 나빠짐

(06) 연천인율, 도수율, 강도율, 종합재해지수, Safe-T-Score를 간단히 설명하고 식을 쓰시오.

[해설]

1. 연천인율

$$연천인율 = \frac{연간재해자 수}{연평균 근로자수} \times 1,000, \ \text{또는} \ 연천인율 = 도수율 \times 2.4$$

2. 도수율

$$도수율(빈도율) = \frac{재해건수}{연근로시간수} \times 1,000,000$$

3. 강도율

$$강도율 = \frac{총근로손실일수}{연근로시간수} \times 1,000$$

여기서, 근로손실일수 (아래 표 내용 : 이 표는 암기 필요)

구분	사망	신체 장해등급 1~14등급											
		1~3	4	5	6	7	8	9	10	11	12	13	14
근로손실일수	7,500	7,500	5,500	4,000	3,000	2,200	1,500	1,000	600	400	200	100	50

4. 종합재해지수(FSI : Frequency Severity Indicator)

$$종합재해지수 \ FSI = \sqrt{도수율 \times 강도율}$$

5. Safe-T-Score

$$\text{Safe} - \text{T} - \text{Score} = \frac{\text{현재빈도율} - \text{과거빈도율}}{\sqrt{\text{과거빈도율} \times \dfrac{1,000,000}{\text{근로총시간수(현재)}}}}$$

판단 : + 2.00이상 : 과거보다 심각하다.

+ 2.00~-2.00 : 과거와 차이가 없다.

-2.00이하 : 과거보다 좋아졌다.

07 산업재해의 ILO(국제노동기구) 구분과 근로손실일수 7,500일의 산출근거와 의미를 설명하시오.

[해설]

1. 산업재해의 ILO(국제노동기구) 구분

① 사망 : 사고로 입은 부상 결과로 생명을 잃는 경우(행방불명 시에는 발생한 날로부터 3개월이 경과하면 사망 인정)

② 영구전노동불능 상해 : 부상 결과로 신체 전체의 노동기능을 완전 상실하는 부상(신체장해등급 1~3급에 해당)

③ 영구일부노동불능 상해 : 부상 결과로 신체의 일부가 노동기능을 상실하는 부상(신체장해등급 4~14급에 해당)

④ 일시전노동불능 상해 : 의사의 진단으로 일정 기간 정규근로에 종사가 불가한 하는 경우에 해당하는 상해

⑤ 일시일부노동불능 상해 : 의사의 진단으로 일시적으로 정규근로에 종사할 수 없는 업무를 떠나 치료를 받는 정도의 상해

⑥ 구급조처 상해 : 응급조치 후 정상 작업에 임할 수 있는 정도의 상해에 해당

2. 근로손실일수 7,500일의 산출근거와 의미

* 근로손실일수 7,500일과 근로손실연수 25년의 근거는 다음과 같다.

① 재해로 인해 사망한 자의 평균연령을 30세, 노동 가능한 연령을 55세로 보며, 근로자가 평생 25년(55세-30세=25세) 일한다고 가정하며, 1년 동안의 노동일수를 300일로 본 것이다.

② 강도율=(근로손실일수/연근로시간수)×1,000 산출시 근로손실일수가 사용되며, 노동불능 발생시 장해등급별로 미리 정해진 근로손실일수가 적용되며, 휴업이 발생한 경우에는 휴업일수에 300/365를 곱하여 근로손실일수를 산출한 후에 이 두 개를 합하여 근로손실일수를 산출한다. 휴업일수에 300/365를 곱하는 이유는 1년에 300일을 근무일수로 가정하기 때문이다.

* 사망 시나 장해등급 1~3급일 경우에는 7,500일을 근로손실일수로 보며, 이는 근로자가 평생 25년 일한다고 가정하여 산출한 일수로서, 300일/년×25년=7,500일이 되기 때문이다.

산업재해 조사 및 대책

01 산업재해 발생 시 조치해야 할 순서의 Flow Chart 7단계를 설명하시오.

[해설]

* 재해가 발생하면 침착하게, 그리고 신속하게 다음 Flow와 같이 조치를 취하여야 한다. 그 순서 및 실시할 내용은 다소 다를 수 있으나 대체로 기본적인 사항은 같다.

① 산업재해 발생

② 긴급처리

    ㉠ 피해기계의 정지와 피해확산 방지

    ㉡ 피해자의 응급조치 ㉢ 관계자에게 통보 ㉣ 2차재해 예장 ㉤ 현장보존

③ 재해조사

    ㉠ 잠재재해 요인의 적출

    ㉡ 6하원칙 : 누가, 언제, 어떠한 장소에서, 어떠한 물체 또는 환경에, 어떠한 불안한 상태 또는 행동이 있었기에, 어떻게 하여 재해가 발생하였는가?

    ㉢ 육하원칙에 의한 사상자 보고

④ 원인강구(원인분석) : 직접원인(사람, 물체), 관리(간접원인)

⑤ 대책수립 : 동종재해 예방, 유사재해 예방

⑥ 대책실시계획 : 3E, 4M 대상 3W2H 방식(What 항목, Who 담당, When 일정, How 방법, How much or How many 실시대상 물량)으로 계획수립

⑦ 실시

⑧ 평가

02 재해 조사 중 제3단계의 인적 요인에 의한 재해원인과 대책을 각 5가지 이상 기술하시오.

[해설]

1. 재해발생 시 조치순서 7단계

* 재해가 발생하면 "긴급처리 → 재해조사 → 원인강구 → 대책수립 → 대책실시계획 → 실시 → 평가"의 단계를 거처 최선의 사후조치를 한다.

2. 재해발생의 원인

유형		재해발생 세부 요인	
직접적	불안전한 행동 (인적 요인)	1. 위험 장소 접근 3. 복장·보호구의 잘못 사용 5. 운전 중인 기계장치 손질 7. 위험물 취급 부주의 9. 불안전한 자세 및 동작	2. 안정장치의 기능 제거 4. 기계·기구 잘못 사용 6. 불안전한 속도 조작 8. 불안전한 상태 방치
	불안전한 상태 (물적 요인)	1. 물체 자체의 결함 3. 복장·보호구의 결함 5. 작업환경의 결함 7. 경계표시·설비의 결함	2. 안전방호장치 결함 4. 물체의 배치 및 작업 장소 결함 6. 생산공정의 결함
간접적	기술적 원인	1. 건물·기계장치 설계 불량 3. 생산공정 부적절한 설계	2. 구조·재료의 부적합 4. 점검·정비보전 불량
	교육적 원인	1. 안전의식의 부족 3. 경험·훈련의 미숙 5. 유해위험작업 교육 불충분	2. 안전수칙의 오해 4. 작업방법 교육 불충분
	직업관리상 원인	1. 안전관리조직체계 미흡 3. 불충분한 작업준비 5. 부적절한 작업지시	2. 안전수칙 미제정 4. 부적절한 인원배치

3. 인적요인에 대한 원인과 대책

인적 요인	세부 요인	대책
위험장소 접근	1. 추락 위험장소 접근 2. 전도 위험장소 접근 3. 협착 위험장소 접근 4. 압력·매몰 위험장소 접근 5. 비래 위험장소 접근 6. 파쇄물 내부 접근 7. 위험물 취급 장소 접근	위험 장소에 작업자가 접근할 수 없도록 안전난간, 추락방망, 개구부 덮개 등을 설치하고 경고표시를 실시한다.
안전장치의 기능 제거	1. 기능제거 2. 동작정지 등 잘못 사용	안전장치의 기능을 제거하지 못하도록 연동장치(인터록)을 실시하고 관리감독을 실시한다.
복장·보호구의 잘못 사용	1. 보호구 미착용 2. 보호구 착용 잘못 3. 지정복장 미착용, 미준수	개인보호구를 지급하고 사용여부를 관리감독한다.
기계·기구 잘못 사용	1. 기계·기구의 잘못 사용 2. 필요기구 미사용 3. 미비된 기구의 사용	기계·기구를 사용할 때 기계·기구에 숙련된 작업자를 배치하여 작업을 할 수 있도록 조치한다.
운전 중 기계장치의 정비	1. 운전 중인 기계장치의 주유, 수리, 용접점검, 청소 등 2. 통전 중인 전기장치의 주유, 수리, 용접점검, 청소 등 3. 가압, 가열, 위험물과 관련되는 용기 또는 기기의 수리, 용접점검, 청소 등	기계장치를 정비할 때는 전원을 차단한다. 부득이 통전중 정비를 할 때는 전원스위치에 LOTO를 실시하고 관리자를 배치한다.

(03) 재해조사 시 유의사항을 열거하시오.

[해설]

1. 재해조사의 기초사항

* 재해조사는 재해발생상황의 진실을 알고 그것을 활용하기 위한 자료로 하는 것이므로 재해가 발생했을 때에는 재해의 크기에 관계없이 항상 철저하게 그 상황을 규명하는 습관을 몸에 익히도록 하는 것이 필요하다.

* 재해조사 시 중요한 것은 목적에 맞지 않고 쓸데없는 요인을 나열하여 본질을 해치는 우를 범해서는 안 된다는 것이다.

2. 재해조사 시 유의사항

(1) 조기착수

* 재해현장은 변경하기 쉽고 관계자도 자세한 사항을 잊어버리기 쉬우므로 조사는 재해발생후 되도록 빨리 착수하는 것이 중요하다. 또 조사 시 종료할 때까지 현장은 있는 그대로 보존해 둔다.

(2) 사실의 수집

* 재해현장의 상황을 기록에 남기기 위해 사진이나 도면을 찍거나 기록한다. 재해와 관련되는 물건 중에서 재료시험이나 화학분석이 필요한 경우에는 신속히 실시하여 그 결과를 활용한다.
* 목격자나 현장책임자의 협력을 얻어 당시의 상황에 대한 설명을 듣고 가능한 한 피해자의 설명을 듣는 것이 매우 중요하다.

(3) 정확성의 확보

* 사고의 현장은 물적·인적으로 혼란스러운 경우가 적지 않기 때문에 조사를 담당하는 자는 냉정한 판단, 행동의 세심한 주의, 조사의 순서 및 방법을 효율적으로 진행시킨다.
* 재해의 대부분은 반복형이어서 직접원인을 비교적 판단하기 쉬운 것이 많기 때문에 목격자와 관계자의 설명에 주관적인 단정이 들어갈 가능성이 있다. 따라서 조사자는 이 점에 충분히 유의하여 공정한 조사를 하도록 하는 것이 필요하다.

(4) 육하원칙

* 재해조사는 사실에 대해 다음의 5W1H 원칙에 따라 파악한 후 보고하지 않으면 안 된다.

(5) 4M 입각 조사

* Man, Machine, Media, Management에 입각하여 조사하여 대책과 연계되도록 한다.

04 산업안전보건법에 따른 산업재해가 발생하였을 때 조치할 다음 사항에 대하여 설명하시오.

1) 재해자 발견 시 조치사항 및 재해발생 보고

2) 재해기록 보존기간 및 내용   3) 산재보험 요양신청 절차

[해설]

1. 재해자 발견 시 조치사항 및 재해발생 보고

① 재해자 발견시 조치사항

　㉠ 재해발생 기계의 정지 및 재해자를 구출한다.

　㉡ 긴급병원 후송 : 환자에 대한 응급처치와 동시에 119구급대, 병원 등에 연락하여 긴급 후송한다.

　㉢ 보고 및 현장보존 : 관리감독자 등 책임자에게 알리고, 사고원인 등 조사가 끝날 때까지 현장 보존한다.

② 산업재해 발생보고

　㉠ 사업주는 산업재해로 사망자가 발생하거나 3일 이상의 휴업이 필요한 부상을 입거나 질병에 걸린 사람이 발생한 경우에는 산업재해가 발생한 날부터 1개월 이내에 산업재해조사표를 작성하여 관할 지방고용노동관서의 장에게 제출(전자문서로 제출하는 것을 포함한다)해야 한다(산시규 제73조).

　㉡ 사업주는 중대재해가 발생한 사실을 알게 된 경우에는 지체 없이 다음 각 호의 사항을 사업장 소재지를 관할하는 지방고용노동관서의 장에게 전화 · 팩스 또는 그 밖의 적절한 방법으로 보고해야 한다(산시규 제67조).
　1. 발생 개요 및 피해 상황 2. 조치 및 전망 3. 그 밖의 중요한 사항

2. 재해기록 보존기간 및 내용

① 산업재해 기록보존 : 산업재해가 발생한 경우 다음의 사항을 기록하고 3년간 보존한다.
　㉠ 사업장의 개요 및 근로자의 인적사항, ㉡ 재해발생 일시 및 장소, ㉢ 재해발생 원인 및 과정, ㉣ 재해 재발방지 계획

② 산업재해 조사표 사본 또는 요양신청서 사본(재발방지계획 첨부)을 보존하여도 된다.

3. 산재보험 요양신청 절차

① 요양급여신청서 작성
  ㉠ 재해자의 인적사항, 소속 사업장, 재해발생 경위 등을 기재하고 신청인(재해자)
    날인하여 요양급여신청서 작성
    * 신청서 제출 위임란에 날인하면 의료기관이 토탈서비스를 통해 접수 가능
    * 소속 사업장관리번호는 공단 홈페이지 '사업장관리번호' 검색 가능
  ㉡ 병원에 제출하여 요양급여신청서 뒷면에 의사소견서 작성
  ㉢ 요양급여신청서를 근로복지공단에 제출
  ㉣ 업무상질병(일부상병 제외)은 업무상질병판정위원회에서 심의
    * 신청서를 제출받은 소속기관장은 업무상 질병에 대하여 7일 이내에 판정위
      원회에 심의를 의뢰하고, 판정위원회는 20일 이내(1차 10일 이내 연장 가
      능)에 심의하여 그 결과를 해당 소속기관장에게 통지
② 업무상 재해여부 확인 및 결과통지
  ㉠ 요양급여의 신청을 받은 공단은 그 사실을 보험가입자에게 알리고, 보험가입자
    는 요양급여 신청에 대한 의견 제출
  ㉡ 업무상 사유에 의한 재해여부가 명확한 경우 7일 이내에 요양승인여부 결정
    통지
  ㉢ 업무내용이나 사고 경위 등에 대한 구체적 사실관계 확인이 필요할 경우 처리
    기간이 연장될 수 있으며 업무상 질병의 경우 업무와의 인과관계 확인을 위하
    여 현장조사, 특별진찰, 역학조사 등을 거칠 수 있으며, 이 경우 처리기간이 추
    가적으로 더 연장될 수 있음
③ 불승인 통지에 관한 이의 신청
  ㉠ 요양 불승인 처분을 받았을 경우 그 처분에 이의가 있을 때 처분이 있음을 안
    날 부터 90일 이내에 처분지사를 경유하여 공단 산재심사실에 심사청구하거나
    관할 행정법원에 행정소송 제기
  ㉡ 단, 업무상질병판정위원회의 심의를 거쳐 불승인 결정된 경우에는 심사청구 절
    차 없이 처분지사를 경유하여 고용노동부 산업재해보상보험재심사위원회에 재
    심사 청구하거나 관할 행정법원에 행정소송 제기

제3장

기계설계

3.1 기계설계 기초

강재의 표시

01 기계설비의 설계도에 표시된 "M18×2"와 "SM20C"에 대하여 설명하시오.

[해설]

1. M18×2의 의미

* 미터계 나사는 나사산이 60도인 미터계 삼각나사이다. 표준적으로 가장 많이 사용된다. [mm]단위 나사의 지름과 피치의 크기를 호칭의 기준으로 정하였다.

* 미터 보통 나사는 [M 호칭지름]으로 표기하고, 미터 가는 나사는 [M 호칭지름×피치]로 표기한다. 즉, M18×2는 다음과 같은 의미이다.

  M : 미터계 삼각나사   18 : 호칭지름이 18mm   2 : 피치가 2mm

2. SM20C의 의미

* 기계구조강 탄소강재(Carbon Steel for Machine)를 의미하며, 20C는 0.20%의 탄소가 함유되어 있다는 뜻이다.

02 강의 표시 중 SS34, SM45C에서 34와 45는 무엇을 의미하는가?

[해설]

1. SS34의 의미

* 일반구조용 압연강재를 SS(Rolled Steel for General Structure)라고 하며, 이는 강재 중에서 가장 흔히 사용되고 있는 강종류로 전 분야의 제품에 널리 사용되고 있다.

(1) SS의 의미

* 앞에서 언급한 바와 같이 SS는 일반구조용 압연강재(Rolled Steel for General Structure)를 뜻하는 것이다.

(2) 34의 의미

* 34는 인장강도가 $34kgf/mm^2$ ($333N/mm^2$)라는 의미이다(1kgf=9.8N).

2. SM45C의 의미

* SM의 뜻은 기계구조용 탄소강재(Carbon Steel for Machine)를 의미하며, 45C는 0.45%의 탄소가 함유되어 있다는 뜻이다.

(03) 구조물의 재질이 KS 재료기호 SS400으로 표시되어 있는 경우, SS 및 400의 의미를 쓰고 안전계수가 5인 경우 허용 인장응력은 얼마인가?

[해설]

1. SS400 개요

* 일반구조용 압연강재(Rolled Steel for General Structure : SS)는 강재 중에서 가장 흔히 사용되고 있는 강 종류로서 널리 사용되고 있다. 특히 SS400의 사용량이 압도적으로 많으며, 주요 강도 부재를 제외하고는 거의 모든 기계 및 구조물의 보조 부재로서 강판, 평강, 봉강 및 형강 등에 사용된다.

2. SS의 의미

* SS는 일반구조용 압연강재(Rolled Steel for General Structure)를 뜻하는 것이다.

3. 400의 의미

* 400의 의미는 인장강도가 $400N/mm^2$ (SI 기준)이라는 뜻이며, 약 $41kgf/mm^2$ 이다 (1kgf=9.8N).

* 만약 안전계수가 8인 경우 허용인장응력을 구하면 "안전계수=인장강도/허용응력" 이므로 "허용응력=인장강도/안전계수"이다. 즉, 허용인장응력=$400/8=50N/mm^2$ 이다.

오차 관리

01 평면도 및 평행도를 기하공차(geometric tolerance)의 표시기호(KS B 0608 및 0425)로 표시하고 설명하시오.

[해설]

1. 형상 공차

공차 종류	기호	설명
진직도	—	「얼마나 곧은가」를 지정
평면도	▱	「가장 튀어나온 부분과 가장 함몰된 부분」을 지정
진원도	○	「얼마나 둥근가」를 지정
원통도	⌭	「얼마나 둥근가」와 「얼마나 곧은가」를 지정
선의 윤곽도	⌒	「곡선(단면)이 디자인대로 되어 있는가」를 지정
면의 윤곽도	⌓	「곡면(표면) 등이 디자인대로 되어 있는가」를 지정

2. 자세 공차

공차 종류	기호	설명
평행도	∥	데이텀에 대해 「2개의 직선 또는 평면이 얼마나 평행인가」를 지정
직각도	⊥	데이텀에 대해 「얼마나 정확히 직각인가」를 지정
경사도	∠	데이텀에 대해 「얼마나 정확히 기울어져 있는가」를 지정

[참고] 데이텀 : 기준이 되는 면, 선, 점

3. 위치 공차

공차 종류	기호	설명
위치도	⊕	데이텀에 대해 「얼마나 정확한 위치에 있는가」를 지정
동축도 동심도	◎	데이텀에 대해 「2개의 원통 축이 동축인 것(중심 축이 어긋나지 않음)」을 지정
대칭도	═	데이텀에 대해 「대칭인 것」을 지정

4. 흔들림 공차

공차 종류	기호	설명
원주 흔들림	↗	「회전시켰을 때 임의의 원주 중 일부의 흔들림」을 지정
온 흔들림	↗↗	「회전시켰을 때 표면 전체의 흔들림」을 지정

02 기계가공한 부품 또는 기계요소의 오차(Error)를 발생원인 기준으로 분류하고 간략히 설명하시오.

〔해설〕

1. 오차의 개념

* 통계적 관리에서 사용되는 모든 종류의 데이터에는 거의 모든 경우에 여러 가지 오차(error)가 따르게 된다.
* "오차=측정치−참값(기준값)"을 말하며, 다음 [그림 1]과 같이 나타낼 수 있다. 통계적 관리에서는 "오차를 작게 하기 위하여 조처를 취한다."고 하는 오차라는 용어를 자주 쓰고 있다.
* 통계적 관리에서 관심이 있는 오차는 측정오차와 샘플링오차이다.
* 측정오차는 측정계기의 부정확, 측정자의 측정기술 부족 등에서 오는 오차이고, 샘플링오차는 시료를 랜덤하게 샘플링하지 못함으로써 발생되는 오차이다.

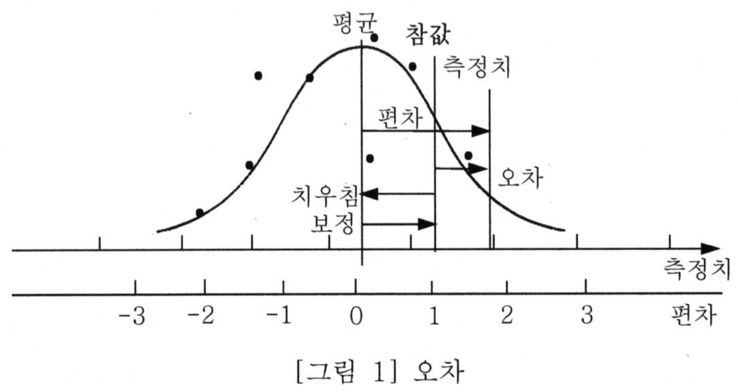

[그림 1] 오차

* 오차와 관련 용어로서 치우침(bias, 편기, 편의)은 "평균-참값"을, 편차는 "측정치-평균"을 가리키고 있으며, 치우침은 보정으로 수정시킨다.

2. 측정오차의 종류

(1) 우연오차와 계통오차

① 우연오차 : 측정기, 측정물 및 환경 등 원인을 파악할 수 없어 측정자가 보정할 수 없는 오차로서, 측정값에 산포로 나타난다.

  ㉠ 확률오차 : 기온의 미세한 변동, 계측기의 미세한 탄력적 진동, 계측기 접촉부의 전기저항의 변화 등으로 생기는 오차. 공산(公算)오차라고도 한다.

  ㉡ 과실오차(mistake error) : 측정절차의 잘못 적용, 측정값의 잘못 읽음, 측정결과의 기록 잘못, 계측기의 취급부주의 등으로 생기는 오차

② 계통(적인)오차(교정오차, calibration error) : 동일 측정조건 하에서 같은 크기와 부호를 갖는 오차. 측정기를 미리 검사·보정하여 측정값을 수정할 수 있다.

  ㉠ 계기오차 : 계측기의 구조상의 불완전, 마모 등의 차이에 의한 오차
    교정검사 결과에 의하여 보정한다.

  ㉡ 이론오차 : 복잡한 이론식 대신 간이식의 사용으로 인한 오차
    이론적으로 보정값을 구해서 수정한다.

  ㉢ 개인오차 : 측정자의 고유한 능력, 습관 등의 차이로 인한 오차
    두 사람 이상의 측정을 비교하여 어느 정도 보정할 수 있다.

(2) 절대오차와 상대오차

① 절대오차 : 오차의 절대값, 즉 | 측정값-참값 |

② 상대오차 : 오차와 참값의 비율의 절대값. 상대오차 = | (측정값-참값)/참값 |

3.2 체결부품

체결부품

01 나사의 자립조건과 나사의 풀림방지 방법에 대하여 설명하시오.

[해설]

1. 나사에서의 힘의 작용

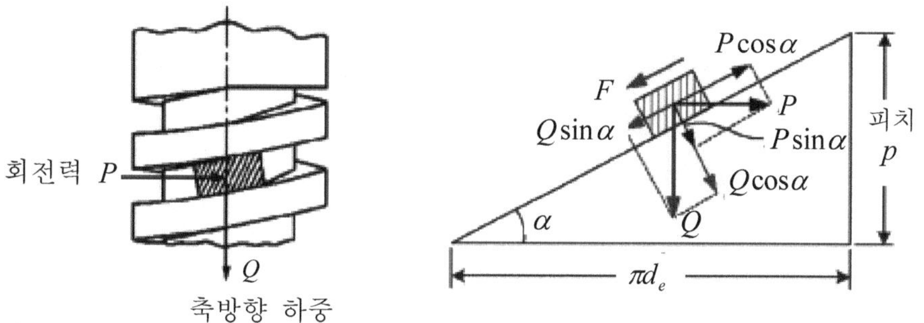

2. 나사의 자립조건

* 나사의 자립조건 : $\rho \geq \alpha$ (마찰각이 리드각보다 커야 함을 의미)

$$P = Q\tan(\rho - \alpha) \geq 0$$

여기서, $\rho > \alpha$: 나사를 풀 때 힘이 듦

$\rho = \alpha$: 정지상태. $\rho < \alpha$: 저절로 풀림

02 고장력볼트(High Tensile Bolt)를 사용하여 체결하여야 하는 예 5가지를 쓰시오.

[해설]

1. 개요

* 고장력볼트는 일반 볼트보다 훨씬 높은 인장강도를 가지고 있는 볼트이다.

* 주로 건설, 산업현장에서 철골 구조의 마찰접합에 이용된다.

* 리벳팅에 비해 소음이 적고, 장력을 높여 주면 풀림이 없기 때문에 강접합용으로

사용된다.

* 표기 기호로는, 예를 들어 F10T인 경우의 의미로서 F는 Friction Grip Joint, 10
  은 인장강도 1,000MPa(1,000에서 앞 두 자리 10 부분만 다르므로 구분 목적상
  10으로만 표기하는 방법을 사용함), T는 Tensile Strength를 각각 의미한다.

2. 고장력볼트를 사용하여 체결하여야 하는 장소

① 철골구조 부재의 마찰접합에 사용

② 철근콘크리트 교량공사 거푸집 동바리 연결부위에 사용

③ 타워크레인 마스트와 운전실 연결부위에 사용

④ 건설용 작업 리프트 마스트 연결 부위에 사용

⑤ 건설용 특수작업대 지지대 연결부위에 사용

와셔

01 와셔(washer)의 용도를 4가지 이상 설명하고, 나사의 풀림방지를 위한
방법 4가지를 설명하시오.

[해설]

1. 개요

* 결합용 나사의 리드각(α)은 나사면의 마찰각(ρ)보다 작게 취하여 자립의 상태를
  유지할 수 있도록 설계되어 있으므로, 나사의 축방향에 하중이 걸려도 체결된 나사
  가 회전하는 경우는 없다.

* 그러나 실제의 경우는 운전 중 진동과 충격 등이 수반되는 기계에서 흔히 너트의
  고정이 불완전하고 어느 순간에 이르러서 너트는 풀어지기 쉽게 된다.

2. 나사의 풀림방지법

* 나사의 풀림을 방지하기 위한 방법은 와셔를 사용하는 방법, 풀림방지 너트를 사용
  하는 방법, 기타의 풀림방지 방법 등으로 구분할 수 있다.

(1) 와셔를 사용하는 방법

1) 와셔의 용도

① 조여지는 물체의 면이 거칠고 마찰저항이 커서 적당한 쬠을 할 수 없는 장소

② 조여지는 재질이 약해서 볼트, 너트 좌면이 함몰될 가능성이 있는 장소

③ 볼트 구멍이 커서 볼트 너트의 좌면에 의한 누르기가 충분하지 않은 장소

④ 풀림방지를 하고자 하는 장소

2) 와셔를 사용하는 방법

가) 스프링와셔에 의한 방법

* 스프링와셔는 일반적으로 자주 쓰이는 것이며, 아래 그림에서 중간과 같은 형상을 하고 있다. 이 와셔는 반복 사용함으로써 쬠좌면을 손상시키거나 와셔의 절단부분이 마모되거나 또 탄력성이 저하되거나 하면 풀림방지 효과가 감소되므로 고속회전체나 고진동체에는 부적당하다. 보통 정지상태의 구조물의 조립 등에 많이 쓰인다

나) 이붙이와셔에 의한 방법

* 이붙이와셔라고 하는 것은 스프링와셔의 절단부를 증가했다고 볼 수 있으나 여러 가지 형상이 있다.

* 이 와셔도 반복사용에 의한 쬠좌면이나 절단부에 손상이 심해서 그때마다 풀림방지 효과가 감소되므로 잘 점검해서 정비할 필요가 있다.

다) 국화꽃와셔에 의한 방법

* 국화꽃와셔는 주로 베어링너트의 풀림방지에 사용된다.

* 이것도 반복사용일 경우에는 균열, 변형에 충분한 주의를 해서 확실히 시공하면 신뢰성은 대단히 높아질 수 있다.

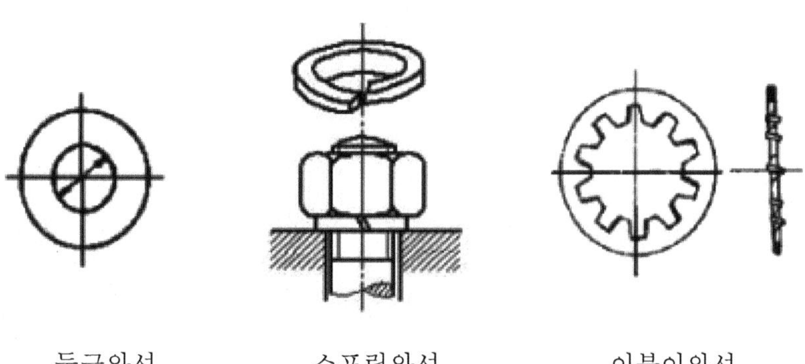

둥근와셔　　　　스프링와셔　　　　이붙이와셔

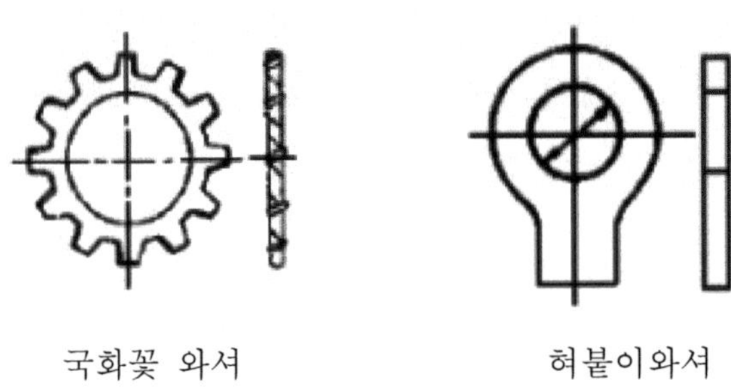

국화꽃 와셔   혀붙이와셔

[그림 1] 와셔 사용 방법

라) 혀붙이 와셔에 의한 방법

* 이 와셔는 혀의 부분을 자리를 따라 굽히고 다른 쪽을 볼트 또는 너트를 따라 굽히는 것이다.
* 체결 후 확실히 구부려 두면 신뢰성도 높고 만일 풀려 있을 경우에도 쉽게 발견할 수 있다. 굽히는 부분의 열화를 고려해서 반복 사용하지 말고 매번 신품과 바꾸어 쓰면 안심이 되지만 장착부품의 치수, 형상에 맞추어 많은 종류를 갖고 있지 않으면 부품관리가 힘들다.

(2) 풀림방지 너트를 사용하는 방법

1) 홈붙이 너트, 분할 핀 고정에 의한 방법

* 이것은 극히 일반적으로 쓰이는 확실한 방법이지만 홈과 분할핀 구멍을 맞출 때 너트를 되돌려 맞추지 말 것, 사이즈에 적합한 분할 핀을 쓸 것, 선단을 충분히 굽힐 것 등을 지켜 확실한 시공을 하면 완벽하다.

2) 절삭너트에 의한 방법

* 절삭너트는 너트의 일부를 절삭하여 미리 내측으로 약간 변형시켜 두고 볼트에 비틀어 넣었을 메 나사부가 꽉 압착되게 한다.
* 사용방법은 간단하지만 반복사용에 의해 마모되며, 압착력이 약해져 풀림방지 효과도 감소된다.

3) 로크 너트(Lock Nut)에 의한 방법

* 로크 너트는 더블너트라고도 하며 산업기계에서 많이 사용되는 것이다.

* 볼트와 너트의 나사산 사이에는 다소 틈새가 있으므로 너트 한 개로 조이면 자연적으로 풀릴 수도 있다. 이것을 방지하기 위하여 2개의 너트를 사용하여 충분히 죈 다음에 밑에 있는 너트(록 너트 : 높이가 조금 낮은)를 조금 반대 방향으로 돌려서 상하의 너트를 서로 반력으로 누르게 하여 나사면의 마찰력을 증가시킨다.

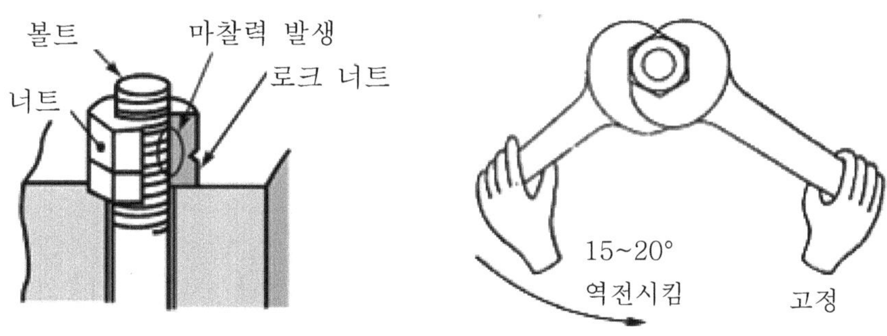

[그림 2] 로크너트 사용 개소

(3) 와이어고정에 의한 방법

* 이 방법은 주로 죔볼트에 쓰이는 것이며, 6각 두부에 구멍을 내고 아연도금 연철선으로 잡아매는 방법이다. 물론 지나치게 잡아매면 철선의 곡부에서 절단되거나 균열이 일어나 실패한다. 또 잡아매는 방향을 틀리지 않게 주의한다.

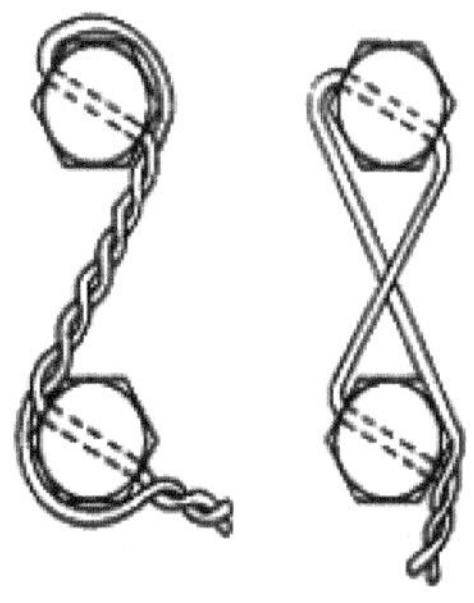

[그림 3] 와어어 고정

(4) 기타의 풀림방지

* 위에서 제시된 방법 외에 너트에 스프링와셔를 부착한 것이나, 내부에 코일 스프링을 넣은 것도 있다. 또 때에 따라서는 너트를 죈 다음 볼트와 전기용접하거나, 펀치로 나사를 찌그러뜨리거나, 비틀어 넣을 때 접착제를 쓰는 등 여러 가지 방법이 쓰이고 있다.

3.3 용접이음

용접이음

01 용접이음의 장단점을 각각에 대하여 2개 이상 쓰시오.

[해설]

1. 용접의 장점

① 재료가 절약되고 그 결과로 무게가 가벼워진다.

② 공정수가 감소되고 시간이 단축된다.

    ㉠ 리베팅의 공정수(8공정) : 재료 → 금긋기 → 절단 → 가공(기준면가공, 기타)

        → 마킹(펀칭) → 드릴링 → 조립 → 리벳체결 → 코킹 → 완성

    ㉡ 용접의 공정수(4공정) : 재료 → 금긋기 → 절단 → 조립 → 용접 → 완성

③ 두께의 제한이 없다.

④ 기밀성, 수밀성, 유밀성이 우수하다.

⑤ 제품의 성능과 수명이 향상된다(이음효율이 향상된다).

⑥ 이종재료를 조합할 수 있다.

⑦ 용접 준비 및 작업이 비교적 간단하고, 작업의 자동화가 쉽다.

⑧ 복잡한 구조물 제작이 쉽고, 주형·금형이 필요없다.

⑨ 소음이 적어 실내에서의 작업에도 지장이 없다.

⑩ 보수와 수리가 용이하다.

⑪ 제작비가 적게 든다.

2. 용접의 단점

① 품질검사가 곤란하다(기공, 균열, 융합불량 등)

② 변형과 수축이 생긴다.

③ 잔류응력이 존재한다.

④ 저온 취성(저온에서 쉽게 깨질 염려가 있는 성질)이 생길 우려가 많다.

맞대기 용접

01 강판의 허용인장응력 σ_a =8kgf/mm^2, 용접부의 허용응력 σ'_a =7kgf/mm^2, 강판두께 t =10mm, 용접길이 L=150mm, 용접이음효율 η =0.8일 때 그림과 같은 맞대기 용접에서 용접부 목단면의 길이는 얼마인가?

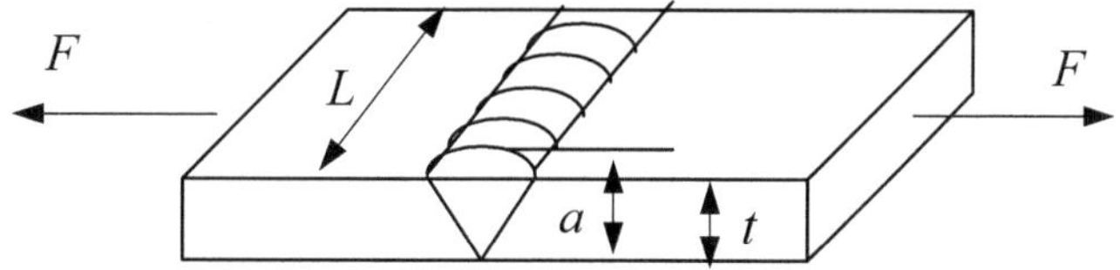

해설

○ **용접부 목단면의 길이 계산**

* 판재의 허용하중을 구하면

$$F = \sigma_a \times t \times L = 8 \times 150 \times 10 = 12,000[\,kgf\,]$$

* 용접부의 허용하중을 구하면

$$F' = \eta \times F = 0.8 \times 12,000 = 9,600\,[kgf]$$

* 목두께 a 는

$$\sigma'_a = \frac{F'}{aL} \rightarrow a = \frac{F'}{\sigma'_a \times L} = \frac{9,600}{7 \times 150} = 9.14\,[mm]$$

02 두께 10mm, 폭 120mm, 허용 인장응력 6kgf/mm^2 인 강판을 맞대기 용접 이음할 때의 허용하중과 용접목두께를 구하시오. (이때의 용접효율은 80%, 용접부의 허용응력은 5kgf/mm^2 으로 한다.)

해설

1. 허용하중 구하기

* 강판의 허용하중 P_1은 $P_1 = \sigma_{at} \times h \times l$

  여기서, σ_{at} : 판재의 허용인장응력, h : 판재의 두께, l : 강판의 폭

$$P_1 = 6 \times 10 \times 120 = 7{,}200\,[kgf]$$

* 용접부의 허용하중은 $P = P_1 \times \eta$ (여기서, η : 용접효율)이므로

$$P = P_1 \times \eta = 7{,}200 \times 0.8 = 5{,}760\,[kgf]$$

2. 용접목 두께 구하기

* 용접부의 허용응력 $\sigma_{at} = \dfrac{P}{t \times l}$ 가 되므로 용접목 두께 계산에 이 식을 이용한다.

  여기서, P : 허용하중, t : 용접목 두께

* 용접목 두께 : $t = \dfrac{P}{\sigma_{at} \times l} = \dfrac{5{,}760}{6 \times 120} = 8.0\,[mm]$

03 정사각형 단면(2cm×2cm)의 봉을 경사각 $\alpha°$로 부착하려 한다. 접착면의 경사각과 봉의 안전한 인장하중을 구하시오. 단, 인장에 대한 봉의 허용응력은 80kgf/cm²), 전단응력에 대한 봉의 허용응력은 50(kgf/cm²)이다.

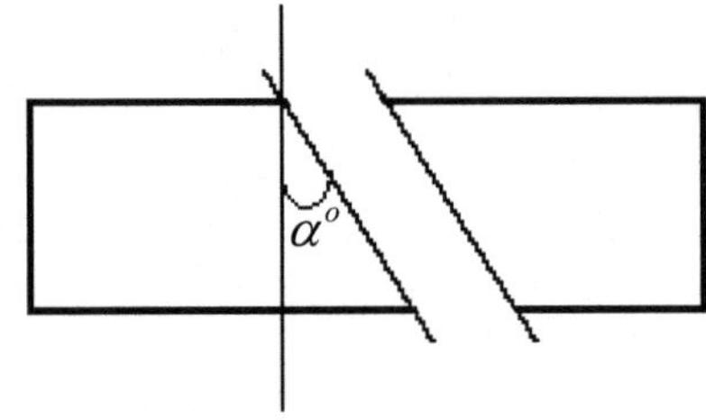

해설

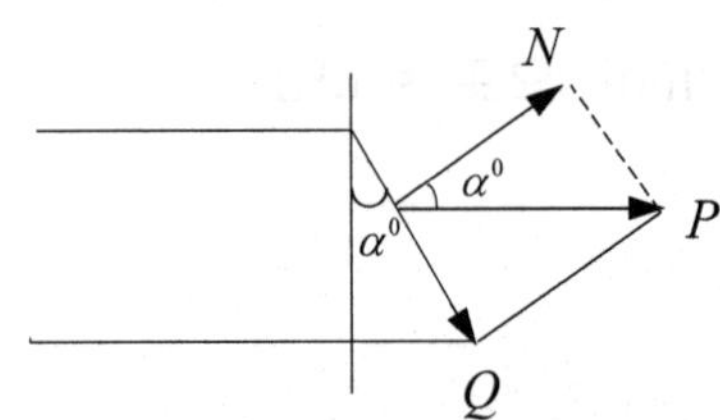

1. 경사각 구하기

* 축방향으로 작용하는 하중을 P라 하면 이 힘 P를 법선방향과 접선방향의 성분 N과 Q로 분해하면 $N = P\cos\alpha$, $Q = P\sin\alpha$ 이며, 경사단면의 면적을 A'라 하면 $A' = \dfrac{A}{\cos\alpha}$ 이므로, 이들 N, Q성분의 응력은 σ_n, τ로 될 수 있다.

$$\sigma_n = \frac{N}{A'} = \frac{P\cos\alpha}{\dfrac{A}{\cos\alpha}} = \frac{P}{A}\cos^2\alpha \quad \text{......................} \ (1)$$

$$\tau = \frac{Q}{A'} = \frac{P\sin\alpha}{\dfrac{A}{\cos\alpha}} = \frac{P}{A}\sin\alpha \times \cos\alpha \quad \text{..................} \ (2)$$

* 식 (1), (2)로부터

$$\frac{\tau}{\sigma_n} = \frac{50}{80} = \frac{\sin\alpha \times \cos\alpha}{\cos^2\alpha} = \frac{\sin\alpha}{\cos\alpha} = \tan\alpha$$

$$\tan\alpha = \frac{5}{8} \ \rightarrow \ \alpha = \tan^{-1}\left(\frac{5}{8}\right) = 32^0$$

2. 안전하중 구하기

* 식 (1)로부터 $P = \dfrac{\sigma_n \times A}{\cos^2\alpha} = \dfrac{80 \times 4}{(\cos 32^0)^2} = 460\,[kgf]$

T형 용접

01 T형 이음에서 강판의 두께가 h=8mm이고, 작용하중이 4,000kg일 때 용접길이 l은 몇 mm로 해야 하는가? (단, 허용인장응력은 10kgf/mm² 이다)

해설

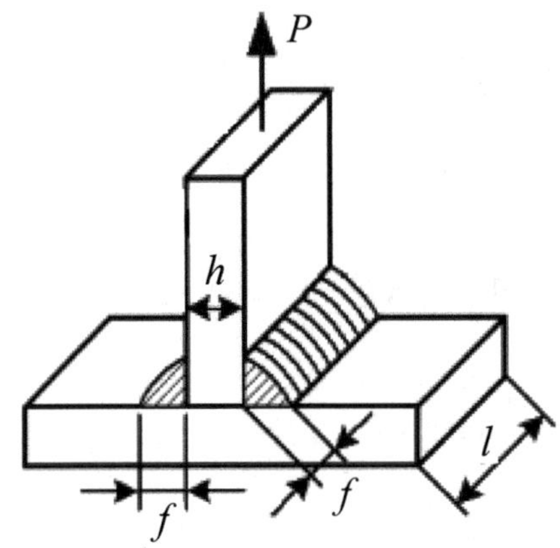

[그림 1] T형 용접이음에 작용하는 수직하중

* 필렛(fillet) 다리의 길이 f를 강판의 두께 h와 같게 하면($f = h$) 알려진 식으로

$$\sigma_t = \frac{1.208P/2}{hl}$$

* 용접길이 l에 대해 정리하면

$$l = \frac{1.208P/2}{8 \times 10} = \frac{1.208P}{8 \times 10 \times 2} = \frac{1.208 \times 4,000}{8 \times 10 \times 2} = 30.2\,[mm]$$

[참고]

* 맞대기 용접 : 인장응력 $\sigma_t = \dfrac{P_t}{hl}$

* 겹치기 용접(필렛용접) : 인장응력 $\sigma_t = \dfrac{P_t/2}{hl}$

용접부 시험

01 용접부의 파괴 시험법에서 기계적 시험법과 화학적 시험방법, 금속학적 시험방법 중 기계적 시험방법 5가지와 금속학적 시험방법 2가지에 대해서 설명하시오.

해설

1. 기계적 시험법

(1) 인장시험(Tensile Test)

1) 인장시험의 기초

* 봉재나 판재의 재료를 규정된 표준 시험편을 만들어 양쪽 끝을 고정하고 인장하중 P를 작용하여 λ만큼 늘어나는 시험 방법을 인장시험(tensile test)이라 하며, 그 재료에 기계적 성질을 파악하는 가장 대표적이고 중요한 시험이다.

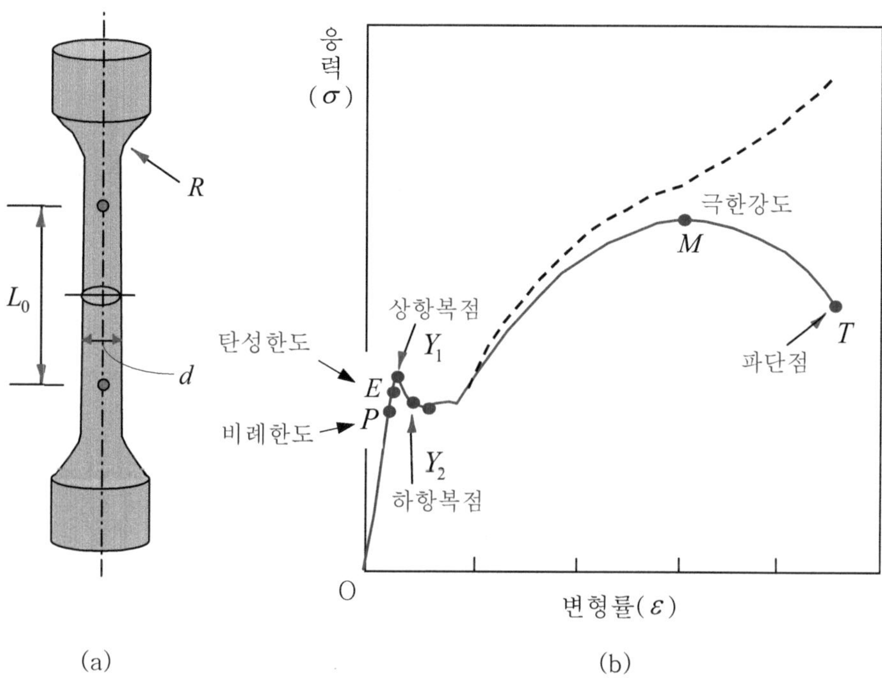

[그림 1] 인장시험편과 응력-변형률 선도

* [그림 1] (a)는 KS B 0801에 규정된 표준시험편의 하나로서, 평행부 사이의 표점거리가 하중에 의하여 변형된 관계를 하중-변위선도($P-\lambda$ 선도)라고 하며, 응력과 변형률 관계를 선도로 표시한 것을 [그림 1]의 응력-변형률선도($\sigma-\varepsilon$ 선도)라 한다.

2) 인장시험에 의한 기계적 성질

① 비례한도(proportional limit) : OP구간은 후크의 법칙이 성립하는 범위로 응력과 변형률이 정비례하고 있다. P점을 비례한도 점이라고 한다.

② 탄성한도(elastic limit) : E점은 재료가 탄성을 유지하는 한계점으로 탄성한도라고 한다.

③ 상항복점(upper yield point) : P와 E점을 지나 하중을 더욱 증가시키면 Y_1점에 도달하는 점을 항복응력(yield stress) 또는 항복점(yield point)이라 부르며, 연강에서는 상항복점이다.

④ 하항복점(lower yield point) : 상 항복점을 통과한 후 하중이 떨어지고 항복응력이 국부적으로 지속하여 Y_2점에 도달하는 동안 파형의 형태를 갖는다. 항복점 구간에서 시험편의 평행부는 뤼더스(Lüders band)이라고 하는 미소소성 변형의 전위를 일으키는 점으로, P와 E점에 비하여 시험과정이 명확하게 나타나므로 각종 강도 설계에 데이터로 많이 사용하기도 한다.

⑤ 인장강도(tensile strength) 또는 극한강도(ultimate strength) : 가공현상이 최대점 M에 도달하고 인장시험에서 최대 응력이 되는 점을 말하며, 재료의 강도를 나타내는 중요한 값이다.

⑥ 파단점(breaking point) : 인장강도 점을 지나면 평행부의 일부에는 국부 수축이 생기고 그 부분에는 변형이 집중하게 되며, 하중은 감소하면서 T점에서 파단된다. T점에서의 응력을 파단강도라고 한다.

⑦ 연신율(ultimate elongation) : 시험편이 파단 후 표점거리가 늘어난 양과 처음의 표점거리와의 비를 연신율이라고 하며, 재료의 연성과 전성의 특성을 나타내는데 중요한 값이다.

파단 후의 표점거리 L, 처음의 표점거리 L_0이라면, 연신율 ϕ는 다음과 같다.

$$\phi = \frac{L - L_0}{L_0} \times 100 \ (\%)$$

⑧ 단면수축률(contraction of area) : 시험편이 파단 후 단면적의 감소량과 처음의 단면적의 비를 단면수축률이라고 하며, 연신율과 같이 재료의 연성과 전성의 특성을 나타내는데 중요한 값이다. 단면 수축률을 φ로 표시하면 다음과 같다.

$$\varphi = \frac{A_0 - A'}{A_0} \times 100 \ (\%)$$

(2) 굽힘시험 (Bending Test)

* 용접부에 내재되어 있는 결함의 유무를 조사하기 위하여 굽힘시험을 한다.
* 굽힘시험은 시험편을 적당한 크기로 절취하여서 자유굽힘이나 형 굽힘에 의하여 용접부를 구부리는 것이다. 굽힘에 의하여 용접부 표면에 나타나는 균열의 유무 와 크기에 의하여 용접부의 건전성을 평가하는 것이며, 시험편 굽힘 방법에는 표 면굽힘, 뒷면(이면)굽힘 및 측면굽힘(두꺼운 판의 경우)의 3종류가 있다.

(3) 경도시험 (Hardness Test)

1) 브리넬 경도(Brinel Hardness)

* 현장에서 간이로 경도를 측정하기 위해 가장 널리 사용되는 경도 측정방법이다.
* 일정한 지름의 강철 볼(10mm, 5mm)을 일정한 하중(3,000. 1,000, 750, 500 kg)으로 시험표면에 압입한 후에 이때 생긴 오목자국의 표면적으로 하중을 나 눈 값을 브리넬 경도 H_B 라 한다.

$$H_B = \frac{P}{\pi D t}$$

2) 로크웰 경도(Rockwell Hardness)

* 시험편의 표면에 지름이 1.5875mm(1/16inch)인 강구압자나 꼭지각이 120°인 원뿔형의 다이아몬드 압자를 사용하여 경도를 측정한다.

3) 비커스 경도(Vickers Hardness)

* 꼭지각이 136°인 다이아몬드 4각 축의 압자를 1~120kg의 하중으로 시험 표면 에 압입한 후에 이때 생긴 오목 자국의 대각선을 측정하여 미리 계산된 환산표 에 의하여 경도를 표시한다.

4) 쇼어 경도(Shore Hardness)

* 작은 강구나 다이아몬드를 붙인 소형의 추(2.5kg)를 일정높이(25cm)에서 시험 표면에 낙하시켜서 그 튀어 오르는 높이에 의하여 경도를 측정하는 것이다.

(4) 충격시험(Impact Test)

* 재료가 충격에 견디는 저항을 인성(Toughness)이라고 한다. 인성을 알아보는 방법으로는 샤르피식(Charpy Type)과 아이조드식(Izod Type)이 있으며, 이들은 충격시험편을 이용하여 시험한다.

(5) 피로시험

* 재료가 인장강도나 항복점으로부터 계산한 안전하중상태에서도 작은 힘이 계속적으로 반복하여 작용하면 파괴를 일으키는 일이 있다. 이와 같은 파괴를 피로파괴라 한다.
* 그러나 하중이 어떤 값보다 작을 때에는 무수히 많은 반복하중이 가해져도 재료가 파단하지 않는다. 영구히 재료가 파단하지 않는 응력 중에서 가장 큰 것을 피로한도라 한다.

2. 화학적 시험

(1) 화학분석

* 화학분석은 글자 그대로 모재, 용착금속 또는 합금 중에 포함되는 각 성분을 알기 위한 금속 분석을 하는 것이다. 이것은 금속 성분은 물론, 함유 불순물, 가스 조성의 종류와 양, 슬래그의 성분까지도 알 수 있으나 분포상태는 알 수 없다.

(2) 부식시험

* 부식시험은 용접물이 청수나 해수, 유기산, 무기산, 알칼리 등에 접촉되어 받는 부식 상태에 대해서 시험하는 습부식 시험과 고온의 증기와 가스 등과 반응하여 부식하는 상태를 시험하는 건부식(고온부식시험), 그리고 어떤 응력하에서 부식 분위기에 쌓일 경우에 부식되는 상태를 시험하는 응력부식시험이 있다.

(3) 수소시험

* 용접부에 용해한 수소는 기공, 비드균열, 은점, 선상조직 등 결함의 큰 요인이 되므로 용접방법 또는 용접봉에 의해 용접 금속 중에 용해되는 수소량의 측정은 주요한 시험 법의 하나이다.

3. 금속학적(야금학적) 시험

(1) 육안검사(파면시험)

* 용접금속이나 모재를 깨뜨려 보아 파단된 면의 결정의 미세정도, 균열, 슬래그혼입, 기공, 선상조직, 은점 등을 육안관측으로 검사하는 방법이다.
* 이 방법은 결점이 큰 것이나 대략적인 판별정도로 충분한 것에 쓰이며, 파단면 중에 은백색으로 빛나는 파면은 취성 파면이고, 쥐색의 치밀한 파면은 연성 파면이다.

(2) 현미경 시험

* 재료의 조직이나 미소결함 등을 수십 또는 수백 배로 확대할 수 있는 현미경으로 정밀 관찰할 수 있는 것이 현미경 시험이며, 요즘은 전자현미경의 기술발달로 4,000배 이상 확대가 가능하며 부속된 장치에서 조직을 확대한 화면을 바로 볼 수 있는 장치와 사진 자동촬영 장치 등으로 더욱 정밀 관찰이 가능하다.

(3) 매크로 조직 시험

* 용접부의 단면을 연마하고 적당한 매크로 에칭(Macro Etching)을 해서 육안 또는 지배율 현미경으로 관찰하는 것을 말한다. 이것에 의해 용접 용입의 깊이, 모양, 열영향부의 범위, 결함의 유무 등을 알 수 있다.

(4) 설퍼프린트법

* 매크로 조직 시험과 비슷하나 철강 재료에서 황(sulphur)의 분포 상태를 알기 위한 시험법이며, 연마 단면에 2%의 회황산액에 적신 사진용 브로마이드 인화지를 붙여 적당한 시간이 지난 후 떼어 내면 황의 편석부가 갈색으로 변한 설퍼프린트가 얻어진 것을 이용해서 판별하는 것이다.

3.4 리벳이음

리벳이음

01 12톤의 인장력을 받는 리벳(Rivet) 양쪽덮개판 맞대기이음이 있다. 리벳의 지름을 16mm라 하면 몇 개의 리벳이 필요한가? (단, 리벳의 허용전단력은 6kgf/mm^2 이다)

해설

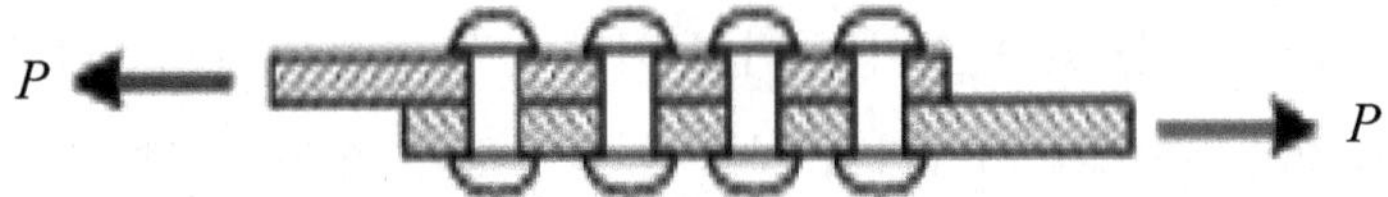

* 인장력 12톤이 작용하고 있으므로 리벳에 걸리는 전단력 $F = \dfrac{P}{2}$ 이고, 리벳의 개수를 Z 개라고 하면 리벳이음의 전단력은 $F = \dfrac{P/2}{Z} = \dfrac{P}{2Z}$ 이다.

* 리벳의 전단응력 $\tau = \dfrac{F}{\dfrac{\pi d^2}{4}} = \dfrac{\dfrac{P}{2Z}}{\dfrac{\pi d^2}{4}} = \dfrac{2P}{Z\pi d^2}$ 이다. 이 식에 의거 리벳의 개수 Z 를 구하면 $Z = \dfrac{2P}{\tau_a \pi d^2} = \dfrac{2 \times 12,000}{6 \times \pi \times 16^2} = 4.9 \fallingdotseq 5$개이다.

02 리벳작업 중 코킹(Caulking)과 풀러링(Fullering)에 대하여 설명하시오.

해설

1. 코킹(Caulking)

* 코킹은 기밀을 요하는 경우 리벳 작업후 리벳 머리의 둘레와 강판의 가장자리를 끌(chisel)과 같은 공구로 때리는 작업이며, 강판 가장자리를 75~85도 가량 경사지게 하는 것을 말한다.

2. 풀링(Fullering)

* 더욱 기밀을 좋게 하기 위해 풀러링 공구로 때려 붙이는 작업이다.
* 강판의 두께가 5mm 이하인 경우 코킹이나 풀러링 작업은 효과가 없으며, 얇은 강
  판의 경우는 기름층이나 기타 패킹 재료를 강판 사이에 집어 넣는다.

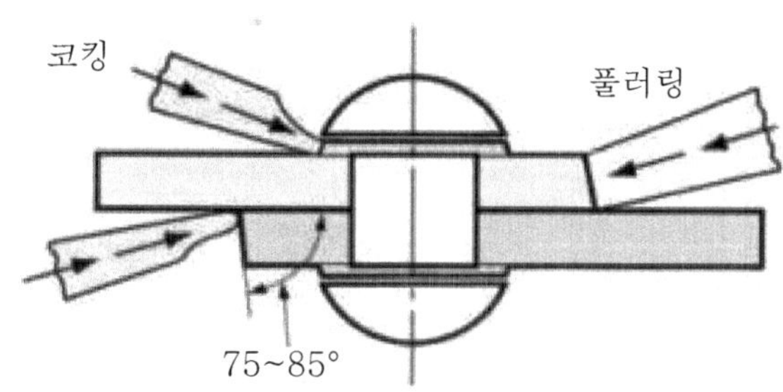

[참고] 풀러링(Fulling)은 플러링으로 표기하기도 한다(기계안전기술사 기출문제).

제
3
장

3.5 축 및 축이음, 베어링

축

01 축의 종류를 1) 작용 하중 및 모양에 따라 3가지로 분류하여 설명하고, 2) 축 설계시 고려할 사항 5가지를 설명하시오.

해설

1. 축의 분류

(1) 작용하중에 의한 분류

① 차축(axle) : 바퀴는 회전하지만 축은 고정되어 있어, 주로 휨 하중만을 받는 자동차의 앞바퀴 또는 뒷바퀴 지지 축, 철도 차량 및 자전거 허브 축 등에 사용되는 축 형태이다.

② 전동축(transmission shaft) : 주로 회전에 의해 동력을 전달하는 축으로서, 굽힘과 비틀림 모멘트를 동시에 받으며, 프로펠러 축이나 일반 공장용으로 많이 사용되는 축이다.

③ 스핀들(spindle) : 축의 길이가 지름에 비해 짧고 정밀하며, 주로 비틀림 하중을 받는 축이다. 주로 공작 기계의 주축으로 사용되는 축 형태이다.

(2) 형상에 의한 분류

① 직선축(straight shaft) : 일반적으로 많이 사용되는 곧은 축을 말한다.

② 크랭크축(crank shaft) : 직선·왕복 운동을 회전운동으로 변환시키는 축이다. 피스톤형 내연기관, 압축기 등에서 볼 수 있는 축이다.

③ 플렉시블 축(flexible shaft) : 전동축에 휨성을 부여해 축의 방향을 자유롭게 바꾸거나 충격을 완화시키기 위한 축으로 유연성 축이라고도 부른다. 비틀림 강도는 매우 크지만 굽힘 강도는 매우 작은 것이 특징이다.

2. 축 설계 시 고려사항

① 강도(strength) : 물체의 강한 정도로서, 재료가 파괴되기까지의 변형 저항을 말하며, 정하중, 반복하중, 충격하중 등에 충분히 견딜 수 있어야 한다.

② 강성(stiffness) : 외부에서 변형을 가할 때의 변형 저항을 말한다. 굽힘 변형량과 비틀림 변형량이 일정한 한도이내에서 이뤄지도록 제한해 설계한다.

③ 진동(vibration) : 설계 시 공진할 때의 위험 속도를 고려할 필요가 있다.

④ 부식(corrosion) : 재료선택 및 표면처리를 고려해 방부 대책을 강구해야 한다.

⑤ 열팽창(thermal expansion) : 고온에서 운전되는 제트 엔진, 가스 터빈, 증기 터빈 등은 축의 열응력과 열변형을 고려하여 설계해야 한다.

02 축(Shaft) 설계상의 고려사항을 5가지 이상 쓰고, 고려사항의 각각에 대하여 설명하시오.

[해설]

1. 개요

* 축을 설계하려면 강도(Strength), 강성도(Stiffness), 진동 등을 고려해야 한다.

* 이들 조건들은 서로 독립적이므로 각각에 대해서 축지름을 설계하고 이것들을 총합하여 가장 안전한 치수와 형상을 결정한다. 보통, 변형의 제한 조건을 만족하면 강도 조건도 충족하므로 먼저 강성도를 설계한 후에 강도를 검토하는 것이 바람직하다.

2. 축의 설계에서 고려할 사항

(1) 강도

* 정하중, 반복하중, 충격하중 등 하중의 종류에 따라 충분한 강도를 갖게 한다. 특히 키홈, 원주홈, 단달림축의 집중응력 등을 고려하여 설계해야 한다.

* 반복하중은 교번하중 등 다양한 조건이 있으므로 상황에 따라 설계되어야 한다.

* 충격하중은 정하중의 2배를 고려하여 설계한다.

(2) 강성 (변형저항성)

1) 처짐 변형

* 굽힘하중을 받는 축에서는 강도가 충분하더라도 처짐이 어느 한도 이상이 되면 베어링 압력의 불균형, 베어링 틈새의 불균일, 기어의 물림상태 불량, 공작기계 스핀들의 경우에는 가공물 완성의 부정확 등 여러 가지 원인에 의하여 기계적 불균형을 유발시킨다.

* 따라서 축의 종류에 따라 처짐의 양이 어느 일정한 한도 이내에 있도록 제한을 하여 설계해야 될 것이다.

2) 비틀림 변형

* 확실한 작동을 요하는 축은 비틀림 각에 어느 제한을 받게 된다.
* 한 예를 들면 긴 축의 양단이 동시에 회전하는 천장크레인의 회전축, 윤전기의 롤러 축 등에 있어서 축의 비틀림 각이 크면 기계적 불균형이 생기므로 확실한 진동방지를 요하는 축에 있어서 축의 비틀림 각에 제한을 하여 설계해야 한다.

(3) 진동

* 축은 굽힘 또는 비틀림 진동에 의하여 특히 공진(Resonance)현상에 의하여 파괴되고, 운전의 안정을 잃는 경우가 가끔 일어나므로 고속회전의 회전체에 대하여서는 진동 및 위험회전수에 주의하고 진동방지 대책을 강구해야 한다.

(4) 열응력

* 제트 엔진, 증기터빈의 회전축과 같이 고온상태에서 사용되는 축에 있어서는 열응력, 열팽창 등에 주의하여 설계하여야 한다.
* 축의 길이가 변화하려도 하더라도 그 변화가 구속되어 있으면 축에 열응력이 생기고 베어링 하중이 증가하며, 축의 길이가 변화하면 기어 등이 있는 경우에는 그 물림 상태가 나쁘게 된다.

(5) 부식

* 선박 프로펠러, 수차 축 및 펌프 축 등과 같이 항상 수중에 접촉하고 있는 축은 전기적, 화학적 또는 그 합병작용에 의하여 부식하고, 또 타격적인 접촉압력이 작용하는 측면은 부식하여 소모하게 되므로 축의 설계에 있어서 미리 주의해야 한다.

(6) 침식

* 타격적 접촉이 발생하는 부위에 주로 발생한다. 수중 캐비테이션(공동현상)에 의한 점침식이 일례이다.

03 바흐(Bach)의 축 공식을 유도하시오.

[해설]

○ **축지름 설계에서의 바흐 이론**

* 바흐이론은 비틀림각 $\phi = \dfrac{1}{4}$ (^{0}/m) 이내가 적당하고, $G = 0.83 \times 10^6\, kgf\,/\,cm^2$ 가 되는 횡탄성계수일 때, 강성도에 의한 축의 지름은 다음과 같다.

* 비틀림각 $\phi = \dfrac{T\,l}{GI_p}$ (rad)이므로

① 축지름 설계(H_{PS} 적용의 경우)

$$\phi = \frac{T\,l}{GI_p} \;\rightarrow\; \frac{1}{4} \times \frac{\pi}{180}\ (\text{rad}) = \frac{\left(71{,}620 \times \dfrac{H_{PS}}{N}\right) \times 100}{(8 \times 10^5) \times \dfrac{\pi d^4}{32}}$$

$\rightarrow$ 이로부터, 강성도에 의한 축의 지름 $d = 12 \sqrt[4]{\dfrac{H_{PS}}{N}}$ (cm) ...... (1)

② 축지름 설계(H_{kW} 적용의 경우)

$$\phi = \frac{T\,l}{GI_p} \;\rightarrow\; \frac{1}{4} \times \frac{\pi}{180}\ (\text{rad}) = \frac{\left(97{,}400 \times \dfrac{H_{kW}}{N}\right) \times 100}{(8 \times 10^5) \times \dfrac{\pi d^4}{32}}$$

$\rightarrow$ 이로부터, 강성도에 의한 축의 지름 $d = 13 \sqrt[4]{\dfrac{H_{kW}}{N}}$ (cm) ...... (2)

[참고] 강성도에 의하여 축의 지름을 계산하는 경우 G, N, H_{PS} (또는 H_{kW})가 주어지면 축의 지름 d 를 구할 수 있으며, 강성도를 고려하지 않은 경우에는 강도에 의해서만 계산하고, 강성도를 고려한 경우에는 강성도와 강도를 계산하여 큰 쪽의 값을 취하는 것이 좋다.

04 2,000kg의 하중을 받고 300rpm으로 회전하는 엔드저널의 지름과 길이는 각각 몇 mm인가? (단, $\dfrac{l}{d}=2$, $pv=0.2\,\text{kg/mm}^2 \cdot \text{m/s}$)

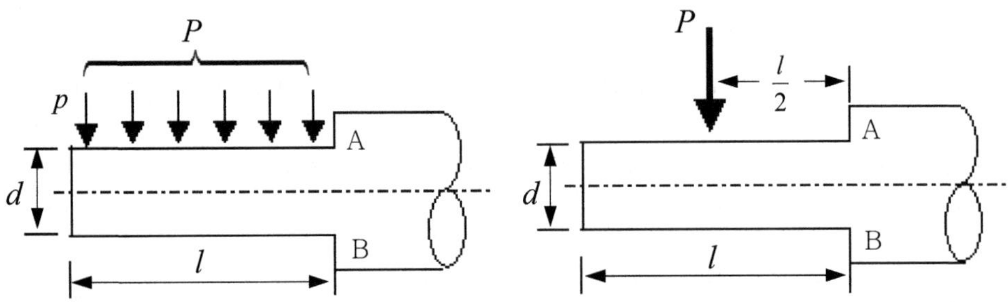

해설

1. 폭설계

* 베어링에 작용하는 평균압력(p)에 투영면적(dl)을 곱하면 베어링에 작용하는 하중(P)이 된다.

$$P = pdl = 2,000 \quad\text{..................... (1)}$$

* 회전속도 $N=300$rpm이므로 이것을 속도(m/s)로 바꾸면

$$v = \frac{\pi dN}{1,000} \ (\text{m/min}), \quad pv = 0.2 \ \text{이므로}$$

$$v = \frac{\pi dN}{60 \times 1,000} = \frac{0.2}{p} \ (\text{단위 : m/s}) \ \rightarrow \ pd = \frac{0.2 \times 60 \times 1,000}{3.14 \times 300} = 12.73$$

* 식 (1)에서

$$P = pdl = 2,000 \ \rightarrow \ pd = \frac{P}{l} = 12.73 \ \rightarrow \ l = \frac{2,000}{12.73} = 157.11\,(\text{mm})$$

2. 지름설계

* 위 문제에서 $\dfrac{l}{d}=2$ 이므로 $d = \dfrac{l}{2} = \dfrac{157.11}{2} = 78.55\,(\text{mm})$

05 아래 그림과 같이 가공된 프레스의 크랭크축에 응력집중 현상에 의한 피로파괴가 발생될 경우 균열발생점(P)과 발생된 균열의 성장방향(D)을 그림으로 표시하시오. (성장방향은 정면도에, 발생점은 단면도에 표시)

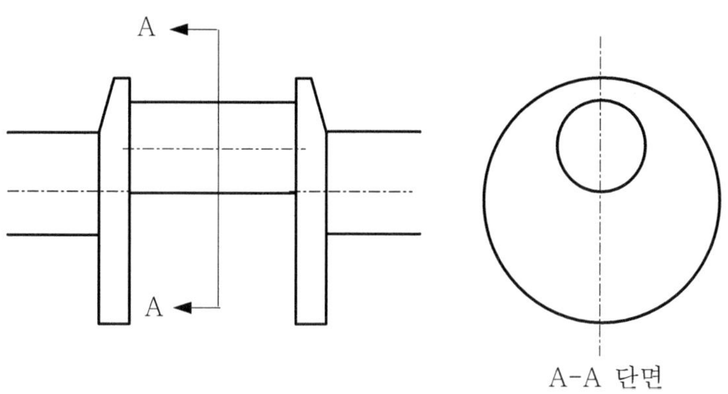

* 축 피로(Fatigue in Shafts)는 굽힘피로, 비틀림피로, 축방향피로 등으로 분류된다.
* 굽힘피로는 세 가지 굽힘하중에 의해 발생하는데 그것은 단일방향, 두방향(가역), 회전이다. 비틀림피로는 변동 또는 교번하는 비틀림 모멘트와 토크에 의해 발생하고, 축방향 피로는 인장과 압축의 반복교번부하 또는 인장-인장의 변동부하로 인해 발생한다.

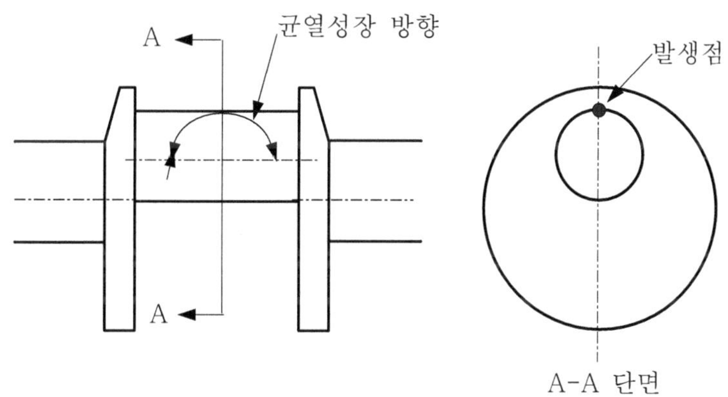

[참고] 이 문제는 "부하형식, 부하응력 크기 및 노치의 예리함에 따른 피로파단면의 거시적 양상에 관한 연구" 논문에 근거한 기계안전기술사 기출문제이다.

06 끼워맞춤의 종류 3가지를 들고 설명하시오.

1. 개요

* 기계부품의 끼워 맞춰지는 관계를 끼워맞춤(Fit)이라 하며, 우리나라에서는 KS B 0401로 제정되었다.

2. 틈새와 끼워맞춤의 개념

* 품질특성의 실제치수는 허용한계 내에서 변동이 있으며, 예로서 조합되는 한 쌍의 부품인 구멍과 축의 끼워맞춤(fit)에 있어서도 그 맞춤의 정도에 변동이 있을 것은 당연하다.

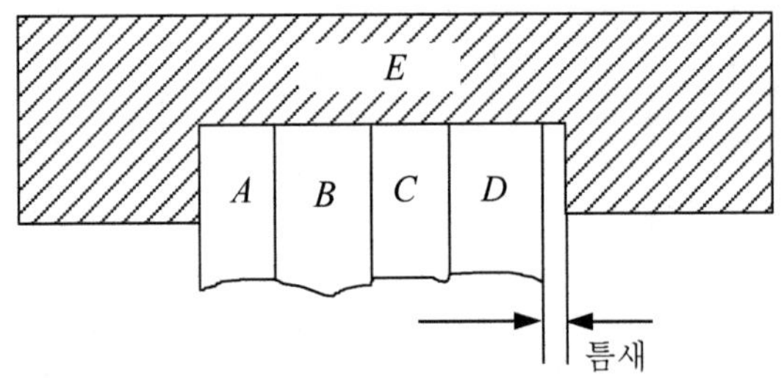

[그림 1] 끼워맞춤시의 틈새

* [그림 1]과 같이 부품 A, B, C, D를 차례로 E의 홈에 끼워맞출 때(이때 누적공차가 생김) D와 E사이에 틈새(clearance)가 생긴다. 이때 누적공차의 변동 때문에 D가 헐겁게 조립될 수도 있고, 억지로 끼워넣게 되는 수도 발생한다.

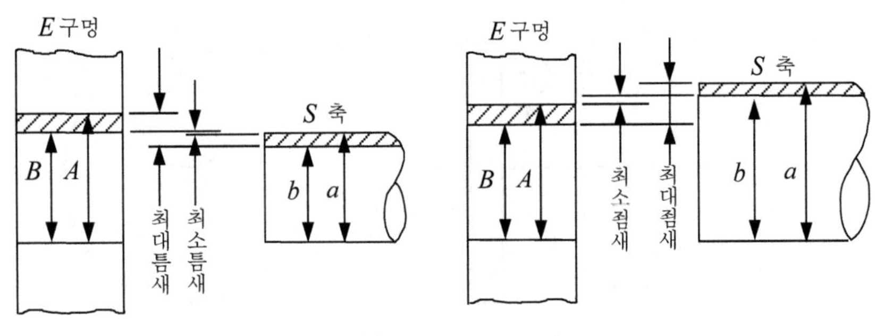

[그림 2] 헐거운 끼워맞춤   [그림 3] 억지 끼워맞춤

* 틈새의 간단한 사례는 [그림 2] 및 [그림 3]과 같은 한 쌍의 부품 사이를 들 수 있다. 여기서 틈새는 짝을 이루는 품질특성인 S(축)의 외경과 E(구멍)의 내경에 의해 형성된다.
* 최대틈새는 부품 E(구멍)의 최대한계에서 부품 S(축)의 직경의 최소한계를 뺀 값이며, 최소틈새는 E의 최소한계에서 S의 최대한계를 뺀 값에서 생긴다.
* 틈새는 실제 틈새의 조건여하에 따라 양(+)의 값이 되기도 하고, 음(-)의 값이 되기도 한다. 예를 들면, 구멍은 작고 축은 클 때의 끼워맞춤시 틈새는 음의 값을 가진다. 이때, 조립시는 구멍은 가열로 팽창시키고, 축은 냉각으로 수축시켜서 그 치수를 변화시켜 끼워맞춤을 한다.

3. 끼워맞춤의 형태

* 끼워맞춤은 다음 3가지 형태가 있다.
  ① 헐거운 끼워맞춤(clearance fit) : 항상 틈새가 생기는 끼워맞춤
    * 축의 치수보다 구멍의 치수가 클 때의 끼워맞춤임(그림 2 참조)
  ② 억지 끼워맞춤(interference fit) : 항상 죔새가 생기는 끼워맞춤
    * 축의 치수보다 구멍의 치수가 작을 때의 끼워맞춤임(그림 3 참조)
  ③ 중간 끼워맞춤(transition fit) : 각각의 허용치수안에 다듬질한 구멍과 축을 끼워 맞추었을 때 그 치수에 따라 틈새가 생기는 것도 있고, 죔새가 생기는 것도 있는 끼워맞춤
    * 축의 허용구역은 구멍의 허용구역에 겹침

축이음

01 고정식 축이음의 종류를 5가지만 쓰고, 설명하시오.

[해설]

1. 개요

* 축이음이란 축과 축을 연결하여 회전토크를 전달하는 기계요소를 말한다. 다른 축을 회전시키는 축을 원동축 또는 구동축이라 하고, 구동축에 연결되어 회전토크를 전달받는 축을 종동축 또는 피동축이라고 한다.
* 축이음은 커플링과 클러치로 분류된다. 운전 중 탈착이 불가능한 반영구적인 축이음을 커플링이라 하고, 운전 중 필요에 따라 축이음을 차단시킬 수 있는 것을 클러치라고 한다. 때로는 커플링을 축이음으로 대표하기도 한다.

<표 1> 축이음(커플링) 분류

커플링	원통형커플링	일체형	슬리브커플링
			반겹치기커플링
			셀러원추커플링
			마찰원통
		분할형	분할원통
	플랜지형커플링		고정형
			유연형

2. 고정식 축이음(Rigid Coupling) 종류

* 두 축이 일직선 상에 있어야 하고, 축심의 어긋남이 허용되지 않는다. 축방향 이동이 없는 경우에 사용한다. 온도변화 등으로 인하여 축의 팽창 및 수축으로 발생하는 축방향 하중을 흡수하는 능력이 작으며, 진동 등으로 인하여 발생하는 축심의 불일치를 흡수하는 능력이 작다.

① 플랜지커플링 : 양축의 끝에 플랜지를 축에 각각 억지끼워맞춤 후 키로 고정시키고 플랜지를 리머볼트로 연결한 것

② 슬리브커플링 : 축지름이 작고 하중이 작은 경우에 이용

③ 마찰원통커플링 : 큰 토오크 전달은 불가능함. 진동, 충격에 의해 쉽게 이완됨.

④ 분할원통커플링 : 두 개의 반원통을 볼트로 연결한 형태임. 전달 토오크가 클 때는 평행키 사용

⑤ 반겹치기커플링 : 축방향 인장력이 작용할 때 사용

⑥ 셀러원추커플링 : 안쪽은 원통형, 바깥 쪽은 테이퍼가 된 원추형 안통과 내경이 양쪽 방향으로 테이퍼가 진 바깥 통으로 구성된 형태임

⑦ 유연형커플링 : 플랙시블(유연형) 커플링이라고함. 기어형, 체인형, 그리드형, 고무형 등이 있음

베어링

01 베어링 메탈의 구비조건 5가지를 설명하시오.

해설

* 베어링의 재질로서 구비하여야 할 조건은 다음과 같다.

① 마모가 적고 내구성(피로강도)이 클 것

② 충격하중에 강할 것

③ 강도와 강성이 클 것

④ 내식성(부식에 견디는 성질)이 좋을 것

⑤ 가공이 쉬울 것

⑥ 열변형이 적고, 마찰열을 잘 소산할 수 있도록 열전도율이 좋을 것

02 구름베어링의 4가지 부품을 간단히 설명하시오.

해설

1. 개요

* 구름베어링(Rolling Bearing)은 상대하고 있는 2개의 궤도륜(Race Ring) 사이에
  전동체를 넣어서 굴림 운동을 일으킬 수 있는 구조로 되어 있고, 마찰이 대단히 적
  은 것이 특징이다.

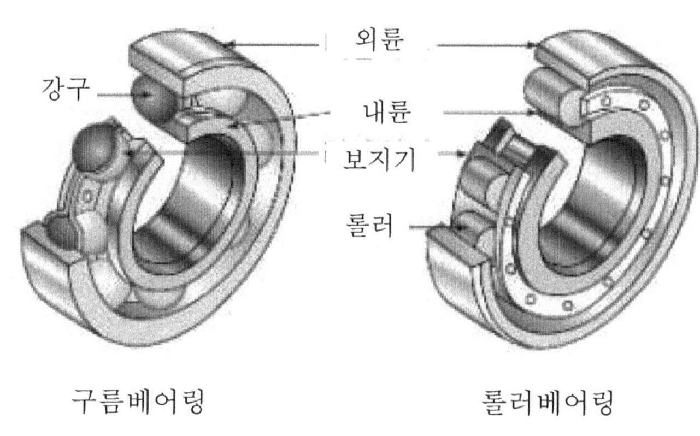

[그림] 구름베어링의 형상

2. 구성요소

* 구름베어링의 구성요소로는 내륜(Inner Race), 외륜(Outer Race), 강구(Steel Ball),
  보지기(Retainer)의 4가지 중요부분으로 구성되어 있다.

① 외륜(Outer Race) : 전동체를 둘러싸고 있는 외측의 궤도륜을 말한다. 외륜에는
   안쪽에 홈이 파져 있고, 바깥쪽은 평평한 형상을 하고 있다.

② 내륜(Inner Race) : 궤도륜의 바깥쪽에 홈이 파져 있고, 안쪽은 평평한 형상을
   하고 있다.

③ 전동체 : 전동체의 형상은 원구, 원통롤러, 원추롤러, 니들롤러, 구면롤러, 드럼
   형 롤러 등이 있다.

④ 보지기(Cage or Retainer) : 전동체를 전 원주에 고르게 배치하고, 상호 간의
   접촉을 피하고, 마모와 소음을 방지하는 구실을 하는 것을 말한다.

03 베어링의 기본 정격수명식을 유도하시오.

[해설]

○ 베어링의 기본 정격수명식 유도

(1) 기본 부하용량

① 동적 기본 부하용량(C) : 33.3rpm으로 500hr을 견딜 수 있는 베어링 하중

$$기본회전수 = 33.3\frac{rev}{min} \times 500hr \times (60min\,/\,hr) \fallingdotseq 10^6\,(rev)$$

② 정적 기본부하용량(C_0)

(2) 베어링 수명 계산식

① 수명회전수(회전수명, 계산수명$= L_n$)

$$L_n = \left(\frac{C}{P}\right)^r \times 10^6 = 33.3 \times 500 \times 60 \times \left(\frac{C}{P}\right)^r\,(rev)$$

여기서, 베어링하중 : $P = f_w \times P_{th}$ (단, f_w : 하중계수, P_{th} : 이론하중)

C : 동적 기본부하용량

r : 베어링지수(볼베어링 : $r = 3$, 롤러베어링 : $r = \dfrac{10}{3}$)

② 시간수명(L_h) : 수명회전(L_n)을 시간단위로 표시($60N$으로 나눔)

$$L_h = \left(\frac{C}{P}\right)^r \times \frac{10^6}{60N} = 500 \times \frac{33.3}{N} \times \left(\frac{C}{P}\right)^r\,(hr)$$

여기서, 기본회전수 $= 33.3\frac{rev}{min} \times 500hr \times (60min\,/\,hr) \fallingdotseq 10^6\,(rev)$

$$\rightarrow \frac{10^6}{60} = 33.3 \times 500$$

[참고] 수명계수(=시간계수) f_h 및 속도계수(=회전계수) f_n

$$L_h = 500 \times \frac{33.3}{N} \times \left(\frac{C}{P}\right)^r = 500 \times f_h^{\,r}$$

$$f_h = \frac{C}{P} \cdot {}^r\!\sqrt{\frac{33.3}{N}} = f_n \times \frac{C}{P}, \quad f_n = {}^r\!\sqrt{\frac{33.3}{N}}$$

04 베어링 선정 시 검토해야 할 사항에 대하여 논하시오.

해설

1. 선정한 베어링의 특성 확인

* 아래 <표 1>의 베어링 형식에 따른 성능 비교표를 사용하여 선택한 베어링 형식이
  타당한지 확인한다.
* 선정한 베어링의 특성을 이해하고, 적용하려는 제품군의 구조 및 구동 특성 등을
  고려하여 적절한 선정인지 여러 가지 관점에서 검토할 필요가 있다.
* 이때 자칫 잘못된 선정을 하게 되면, 제품의 설계부터 모든 것이 다시 바뀌어야 하
  는 시간과 비용이 소비될 수 있다.
* 그 무엇보다 제품의 요구 수명을 만족 못하는 경우가 발생할 수도 있으므로 신중
  한 선택과 선정을 해야 한다.

<표 1> 베어링 형식에 따른 성능 비교표

		깊은 홈 볼 베어링	앵귤러 볼 베어링		
			단열	조합	복열
하중	반경방향	○	○	○	○
	축방향	○	○	○	○
	합성방향	○	○	○	○
	진동·충격	△	△	△	△
	고속회전	○	○	○	○

2. 베어링 선택시 고려 항목

* 구체적으로는 아래의 항목을 확인하고, 선택한 베어링 형식이 타당한지 확인한다.
  ① 베어링 타입 : 부하되는 하중의 방향과 크기 중에서 선택하여 설치 공간과 주변
     부품과의 인터페이스를 고려한다.
  ② 베어링 배열 : 1개의 축에 2개(이상)의 베어링 사용

③ 베어링의 치수 · 수명 : 치수, 수명이 요구를 만족

④ 베어링의 허용 회전 속도, 회전 정밀도, 끼워 맞춤, 내부 틈새 존재

  ㉠ 기계에 필요한 회전 정밀도, 강성을 만족

  ㉡ 수명을 만족시키는 방법과 내부 빈틈 존재

⑤ 베어링의 예압과 강성 : 기계에 필요한 강성을 만족

⑥ 베어링 윤활 : 베어링이 장기간 안정적으로 회전

⑦ 베어링 주변 부품 : 베어링 주변 구조 부품들과의 인터페이스를 고려

⑧ 베어링의 장착과 분리 : 기계의 보수 · 점검을 간단하게 실시 가능

* 최소한 위의 8가지를 고려해서 베어링을 선정한다면, 치명적인 기계적인 결함은 막을 수 있을 것이다. 좀 더 구체적인 것은 베어링 메이커와 협업하여 최적화된 베어링을 선정하고, 각 제품군에 맞게 조립하고, 성능시험하며, 일련의 과정을 통하여 신뢰성있는 제품이 생산되도록 해야 한다.

05 Oilless Bearing의 종류 2가지와 특성을 3가지만 설명하시오.

해설

1. 오일리스 베어링의 의미

* 고온 · 저온 · 부식성 분위기, 이물질 유입, 충격하중 및 진동, 구조상 급유불능지점 등 급유가 어렵거나 바람직스럽지 못한 곳, 또는 급유를 하여도 효과가 없는 곳에 무급유화로 기계의 성능향상과 급유인력 및 비용의 절감, 생산성 향상 등을 도모할 수 있는 베어링이다. 재질은 나무, 각종 금속, 플라스틱, 세라믹 등 사용조건에 따라 적용재질과 형상이 다양하다.

2. 오일리스 베어링의 종류

(1) 건식 윤활(Dry Lubrication) : 고체윤활제 사용인 경우

  ① 테플론 및 납 혼합물계 윤활제

  ② 흑연 및 테플론계 윤활제

(2) 습식 윤활 : 함침 윤활제 사용인 경우

  ① 금속분말 소결체에 Oil 함침

  ② 주철의 다공질 내에 Oil 함침

  ③ 동합금 주조 시 형성시킨 다공질에 Oil 함침

(3) 유체 윤활 : 기름 또는 물 윤활인 경우

　＊ 수중 사용 시 수막형성에 의한 물 윤활

3. 오일리스 베어링의 특징

① 고온 및 저온에 사용 가능

② 내식성, 내화학성이 우수

③ 이물질 유입에 대해 강함

④ 고하중, 저회전, 왕복운동, 각도운동, 단속적 운동 등에 적합

⑤ 사용조건이 거친 부분에도 사용 가능

4. 오일리스 베어링의 장단점 비교

구분	건식 윤활 (고체 윤활제 사용)	유체 윤활 (기름 또는 물 윤활)
장점	＊ 저온 및 고온 사용이 가능 ＊ 부식성 분위기 사용이 가능 ＊ 오일 윤활이 효과없는 고하중의 저속운동, 왕복운동, 충격하중, 각도요동운동, 불연속적 정지다발 운동에 이상적 ＊ 100% 무급유 사용이 가능	＊ 경~중하중의 고속에 이상적
단점	＊ 무급유 사용 시 고속 사용 불가, 저속 사용을 원칙으로 한다. ＊ 고체 윤활제는 액체 윤활제보다 마찰계수가 높아 고속 사용 시 마찰열이 발생되므로 소착현상이 일어나거나 베어링의 수명을 단축시키게 된다	＊ 정기 재급유가 필요하다. ＊ 고온 및 저온 사용이 불가하다. ＊ 부식성 분위기 사용이 불가하다. ＊ 유막형성이 어려운 고하중의 저속운동, 왕복운동, 충격하중, 각도요동운동, 불연속적 정지다발운동에 부적합하다. ＊ 고하중의 고속 사용은 부적하다.

06 구름 베어링(Rolling Bearing)과 미끄럼 베어링(Sliding Bearing)에 대한 특성을 비교 설명하시오.

해설

○ 미끄럼 베어링과 구름 베어링의 비교

구분	미끄럼 베어링	구름 베어링
마찰	유체마찰	구름마찰
하중	추력하중은 받기 힘듦	추력하중 받기가 가능
음향	정숙	소음이 생기기 쉬움
호환성	규격화가 안됨	규격화가 됨
내충격성	크다	적다
내열성	고온에서 비교적 강하다	고온에 약함. 100°C 이상은 곤란
속도성능	고속에 유리	저속에 유리. 저속에 적당
수명	유체마찰을 이용하면 반영구적	박리가 되므로 제한됨
설치	제작시 계산 및 검토 필요	규격화로 설치가 간단
윤활	별도로 윤활장치가 필요	윤활이 용이
형상치수	바깥지름이 작고 너비가 넓음	바깥지름이 크고 너비가 좁음
용도	고급, 저급 베어링	중급(광범위하게 사용)
기동토오크	유막형성이 늦을 경우 큼	작음
강성	작음	크다
고온	윤활유점도 저하되므로 냉각 필요	고온시 냉각 필요

(07) 미끄럼베어링에서 베어링계수와 마찰계수의 관계에 대하여 그림을 그려 설명하시오.

해설

1. 페트로프(Petroff)의 베어링 식

$$\mu = \frac{\pi^2}{30} \cdot \frac{\eta N}{p} \cdot \frac{r}{\delta}$$

여기서, η : 절대점도, p : 베어링 압력, N : 축의 회전속도

$\dfrac{\eta N}{p}$: 베어링계수, $\dfrac{\delta}{r}$: 틈새비, μ : 마찰계수, δ : 유막두께

r : 축의 반지름

2. 베어링의 마찰특성곡선

* 마찰계수는 주로 베어링계수 $\dfrac{\eta N}{p}$ 값에 의해 결정되므로 양호한 마찰상태를 위해서

는 $\dfrac{\eta N}{p}$ 값이 어느 정도 이상 내려가지 않도록 해야 한다.

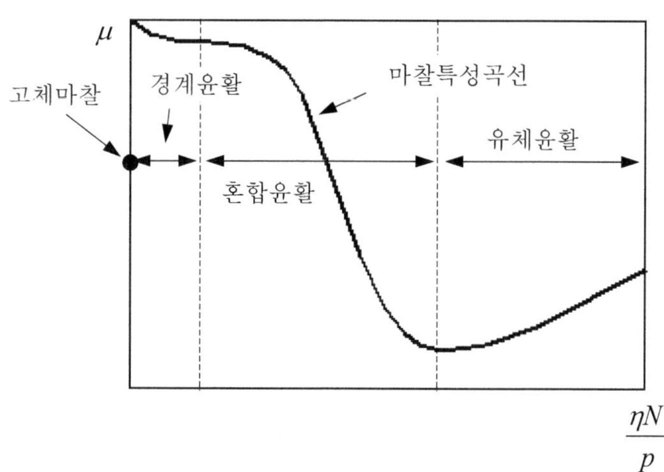

08 미끄럼베어링의 재료가 갖추어야 할 조건 5가지를 설명하시오.

해설

○ 미끄럼베어링의 재료가 갖추어야 할 조건

① 하중에 견딜 수 있는 충분한 강도와 강성을 가질 것

② 마찰계수가 작을 것

③ 내식성이 좋을 것

④ 피로강도가 좋을 것

⑤ 마찰열을 소산할 수 있도록 열전도율이 좋을 것

⑥ 마모가 적고, 내구성이 클 것

⑦ 녹아 붙지 않을 것

⑧ 공작하기가 쉽고, 제작·수리가 용이할 것

3.6 벨트, 체인, 기어

벨트

01 벨트전동에서 발생되는 크리핑(Creeping)현상과 플래핑(Rapping)현상을 설명하시오.

[해설]

1. 크리핑 현상

* 벨트의 탄성에 의한 미끄럼으로 벨트가 풀리의 표면을 기어가는 현상

2. 플래핑 현상

* 축간 거리가 멀고, 고속으로 전동할 때 파도치는 것처럼 요동하는 현상

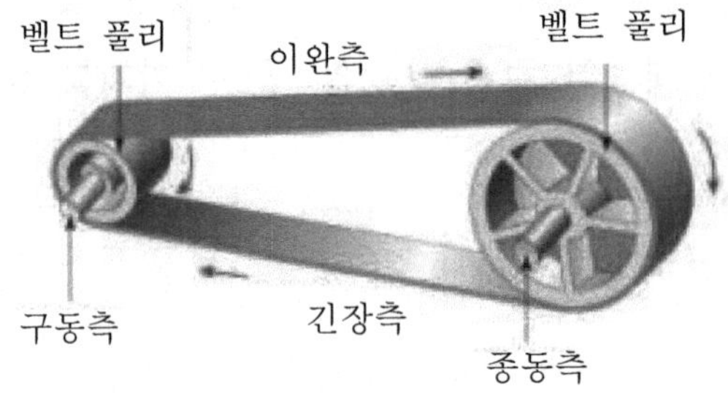

체인

01 50번 롤러체인에서 4PS(마력)을 전달할 때 안전율 15 이상을 유지하기 위해서 체인의 속도를 몇 m/sec로 해야 하는가? (단, 체인의 파괴하중은 2,250kg이다.)

[해설]

$$* \text{체인의 전달마력 } H_{PS} = \frac{Pv}{75} = \frac{150 \times v}{75} = 4 \ \rightarrow \ v = \frac{75 \times 4}{150} = 2 \, (\text{m/s})$$

여기서, P : 체인의 전달력(장력) (kgf)

v : 속도(m/s)

단, 체인의 전달력(P) $= \dfrac{P_u}{S} = \dfrac{2,250}{15} = 150\,(\text{kgf})$

[참고] 1PS=75kgf・m/s

(02) 잇수가 20개이고, 700[rpm]으로 회전하는 스프로킷 휠에 의하여 회전하는 40번 롤러 체인(피치 : 12.70mm)의 평균속도[m/s]를 구하시오.

(해설)

체인의 속도 $V = \dfrac{pZN}{60 \times 1,000}\,[m/s] = \dfrac{12.7 \times 20 \times 700}{60 \times 1,000} = 2.963\,[m/s]$

여기서, p : 피치 [mm], Z : 잇수, N : rpm

[근거 식] 체인의 속도 $V = \dfrac{\pi DN}{1,000}\,[m/\min]$ 으로부터

여기서, D : 직경(단위 : mm)

$V = \dfrac{\pi DN}{60 \times 1,000} = \dfrac{(pZ)N}{60 \times 1,000}\,[m/s]$

여기서, $\pi D = pZ$, D : 직경(단위 : mm)

기어

(01) 평치차(Spur Gear)의 다음 용어를 설명하시오.

1) 피치면(Pitch Surface) 2) 어덴덤(Addendum) 3) 모듈(Module)

(해설)

1. 피치면(Pitch Surface)

* 이붙이 기준을 삼기 위한 기준면이 되며, 톱니바퀴가 맞물려서 서로 구름 접촉을 하는 곡면을 피치면이라고 한다.

2. 어덴덤(Addendum)

* 피치원에서 이끝원까지의 길이를 말한다.

3. 모듈(Module)

* 모듈은 mm로 표시된 피치원의 지름을 잇수 Z 로 나눈 값이다.

$$모듈 \quad m = \frac{D}{Z} \quad \rightarrow \quad D = mZ \quad (여기서, \ D : 피치원지름)$$

[참고] 기어의 기초 용어

1. 기어 용어

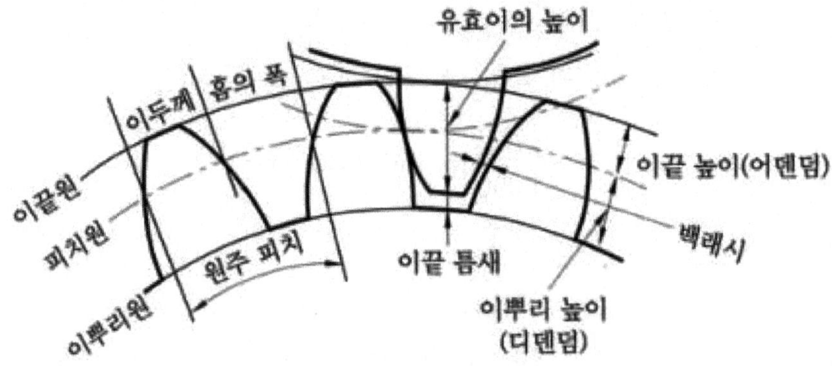

2. 이의 크기

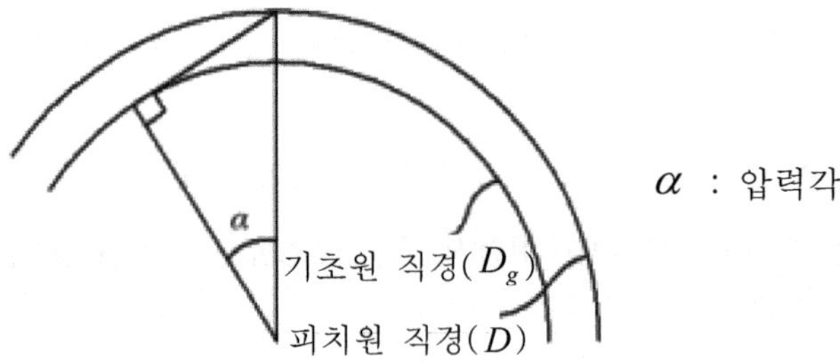

① 원주피치(p) : $\pi D = pZ \quad \rightarrow \quad p = \dfrac{\pi D}{Z} = \pi m$ (mm)

여기서, πD : 피치원주, Z : 잇수

② 모듈(m) : $m = \dfrac{D}{Z} \;\rightarrow\; D = mZ$ (여기서, D : 피치원지름)

③ 직경피치(=지름피치)(p_d) : 인치계에서 사용

$$p_d = \frac{Z}{D} = \frac{1}{m} \;\text{(inch)} \;\rightarrow\; p_d = \frac{25.4Z}{D} \,\text{(mm)} = \frac{25.4}{m} \,\text{(mm)}$$

02 평치차(Spur Gear)에 대하여 다음 용어에 답하시오.

1) 원주피치(Circular Pitch) 2) 이두께(Tooth thickness) 3) 뒤틈(Back Lash)
4) 이끝높이(Addendum) 5) 피치점(Pitch Point)

해설

○ **평기어(스퍼 기어)의 용어**

① 원주피치(Circular Pitch) : 피치원의 원둘레를 잇수로 나눈 것이다. 즉, D를 피치원의 지름, Z를 잇수, p를 피치, m을 모듈이라 하면

$$\pi D = pZ \;\rightarrow\; p = \frac{\pi D}{Z}, \;\; D = \frac{p}{\pi} Z = mZ, \;\; \text{모듈} \;\; m = \frac{p}{\pi}$$

② 이두께(Tooth Thickness) : 피치원에서 측정한 이의 두께를 말한다.
③ 백래시(Backlash) : 한 쌍의 이가 물렸을 때 이의 뒷면에 생기는 간격을 말한다.
④ 이끝높이(Addendum) : 피치원에서 이끝원까지의 길이를 말한다.
⑤ 피치점(Pitch Point) : 작용선과 두 기어의 중심을 잇는 선이 만나는 점을 말한다. 또한 두 기어의 피치원이 만나는 점이다.

03 전위기어(Profile Shifted Gear)에 대해 다음 사항을 설명하시오.

1) 개요 2) 사용목적 3가지

해설

1. 개요

* 전위기어란 표준 보통이 기어의 치형곡선을 비켜 놓아 이끝원과 이뿌리원을 크거나 작게 한 기어이다.

* 기어의 치형곡선을 밖으로 비키게 하여 이끝원과 이뿌리원을 크게 한 것을 +전위,
그 반대로 안쪽으로 비키게 하여 이끝원과 이뿌리원을 작게 한 것을 -전위라 한다.

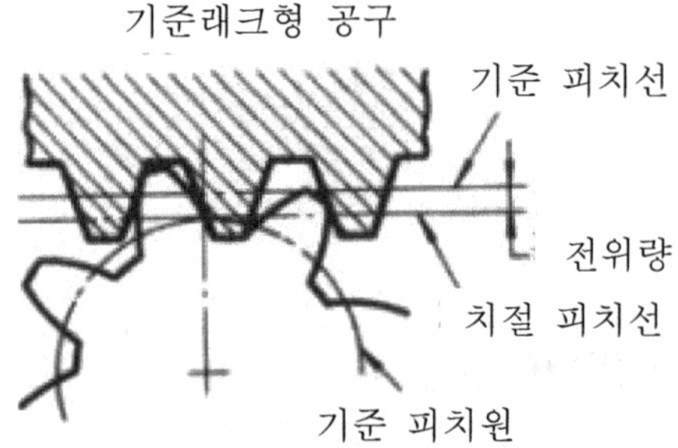

2. 사용목적 3가지

① 두 기어 사이의 중심거리를 변화시키고자 할 때

② 언더 컷을 방지하고자 할 때　③ 치의 강도를 증가시키고자 할 떼

④ 물림률을 증가시키고자 할 때　⑤ 최소잇수를 작게 하고자 할 때

⑥ 유효치면의 증대　　　　　　⑦ 맞물림의 미끄럼 감소

(04) 기어나 감속기를 유지·보수할 때 기어 손상의 종류와 손상방지책에 대
하여 설명하시오.

[해설]

○ 기어손상의 종류

(1) 마모

① 연마마모 : 이물질로 기어장치와 윤활시스템이 오염시 발생

　　[대책] 윤활유의 정화

② 스커핑 : 금속과 금속과의 접촉으로 긁혀 치의 표면이 마모되는 것

　　　[대책] 윤활의 점도를 증가시키고, 전달하중 감소, 오일 온도를 낮춤

③ 부식마모 : 물, 염분, 용제, 첨가제 등에 의해 오염시 치면이 산화되어 발생

　　　[대책] 적유선정, 방수, 방습

④ 플래팅 : 녹, 산화 등의 화학반응을 동반하여 진동으로 반복충격(타격)에 의한
　　　　　표면 손상 발생

　　　[대책] 진동을 적게 하고, 열처리로 표면이 강화된 기어 사용

⑤ 버닝 : 과도마모에 의한 윤활유 불량, 하중 및 속도 과대, 온도 상승이 주원인으
로서 고온 때문에 기어가 변색되고 경도가 저하되어 소착
[대책] 적유선정, 윤활방법 변경을 고려

(2) 소성변형

① 리플링 : 소성유동과 연관된 파손이며, 대부분 최종파손인 경우가 많음
물결무늬로 발생하고, 큰 미끄럼하중과 윤활유 열화가 원인임
[대책] 기어 재질의 강화, 접촉응력 감소, 오일점도를 높임
② 리징 : 치면에 미끄럼 발생으로 주름이 형성함. 대부분 중하중에 의해 발생
[대책] 치면 하중을 줄이고, 구동계에 충격완화장치를 설계함

(3) 치면피로

① 피팅 : 기어재질이 견딜 수 있는 치면 용량을 초과시 피로파괴 현상
반복적인 응력에 의한 작은 구멍이 생기는 것으로 치명적 결함임
[대책] 치차 재원의 변경, 열처리 강화
② 스폴링 : 패인 홈 지름이 크고 상당한 영역에 걸쳐 있는 피로파괴 현상
[대책] 피팅 대책과 유사
③ 절손 : 기어 치면 전체나 일부가 과부하, 충격, 굽힘응력으로 반복적인 작용에
의해 깨지는 파손
[대책] 과부하, 충격, 굽힘응력 발생이 안 되게 개선

05 기계요소 중 기어에서 1) 이의 간섭 원인과 예방법, 2) 전위 기어의 사용 목적에 대하여 설명하시오.

해설

1. 이의 간섭 원인과 예방법

(1) 이의 간섭 원인

* 잇수의 차이가 많이 나는 한 쌍의 기어가 맞물려 회전할 때, 기어의 이끝이 피니
언의 이뿌리에 부딪혀서 회전할 수 없게 되는 현상이 발생

(2) 이의 간섭 예방법

① 피니언과 기어의 잇수의 차이를 줄임

② 기어의 이높이를 줄인 낮은 이를 사용

→ 언더컷은 방지되지만, 물림길이가 짧아져 하중부담에 무리가 발생 우려됨

③ 전위 기어 사용

→ 치형을 수정하여 간섭 방지, 물림률 유지

④ 압력각을 크게 함

→ 물림길이가 길어져서 간섭이 안 생김

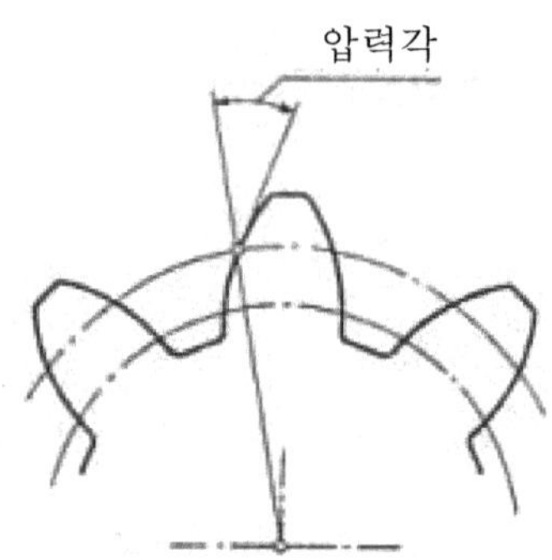

* 압력각 : 기어 중심에서 피치원이 만나는 점을 잇는 직선과 치형과 피치원이
만나는 점의 접선이 이루는 각

2. 전위 기어

* 기준랙 커터의 피치선이 가공하려는 기어의 기준 피치원에 접하지 않고, 바깥쪽으
로나 안쪽으로 전위량만큼 이동시켜 절삭한 기어

* 표준 보통이 기어의 치형곡선을 비켜놓아 이끝원과 이뿌리원을 크거나 작게 만든
기어. 기어의 치형곡선을 밖으로 비키게 하여 이끝원과 이뿌리원을 크게 한 것을
+전위라 하고, 그 반대로 안쪽으로 비키게 하면 −전위라고 함.

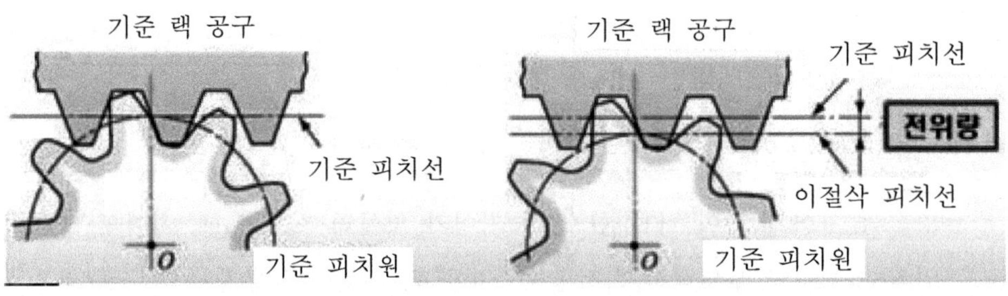

3.7 클러치 및 브레이크

클러치

01 접촉면의 안지름 D_1=80(mm), 바깥지름 D_2=120(mm)인 단판 클러치로 N=1,500(rpm)에서 H_{ps}=2(ps) 동력을 전달할 때, 원판(Disk)을 밀어붙이는 힘을 구하시오. (단, 마찰계수는 μ=0.2이다)

〔해설〕

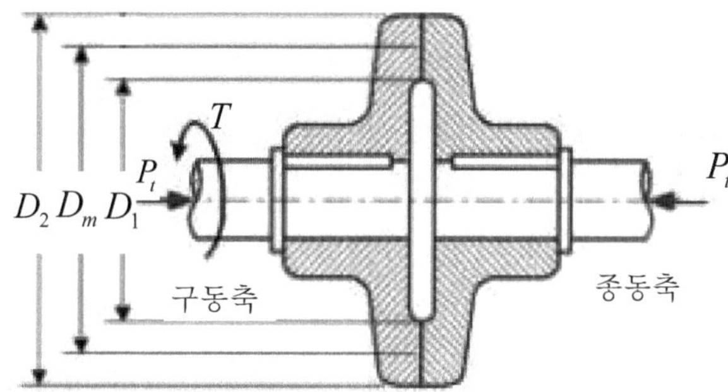

○ 원판클러치 축방향 하중 계산 : 전달토크 $T = \mu P_t \times \dfrac{D_m}{2}$ 에서 축방향 하중 P_t는

$$P_t = \frac{2T}{\mu D_m} = \frac{2 \times 174{,}288.27}{0.2 \times 100} = 17{,}428.83\,[kgf]$$

여기서, $T = 716{,}200 \times \dfrac{H_{ps}}{N} = 716{,}200 \times \dfrac{2}{1{,}500} = 174{,}288.27\,[kgf \cdot mm]$

$$D_m = \frac{D_1 + D_2}{2} = \frac{80 + 120}{2} = 100\,[mm]$$

[참고] 토오크 $T = 71{,}620\dfrac{H_{ps}}{N}\,[kgf \cdot cm]$ 또는 $T = 716{,}200\dfrac{H_{ps}}{N}\,[kgf \cdot mm]$

토오크 $T = 97{,}400\dfrac{H_{kw}}{N}\,[kgf \cdot cm]$ 또는 $T = 974{,}000\dfrac{H_{kw}}{N}\,[kgf \cdot mm]$

1HP=745.7W(영국), 1ps=735.5W, 1HP=1.014ps (ps는 소문자로 표기)

3.8 관 및 관이음, 밸브, 스프링

관(파이프)

01 화학설비의 부속설비 중 금속배관의 응력 해석 시 고려하여야 할 하중의 종류를 쓰고 간단히 설명하시오.

[해설]

○ 배관응력 해석 시 고려되어야 할 하중 (KOSHA Guide M-105)

① 배관자중 : 배관 자체의 무게, 밸브류 등 부속설비 및 보온재 무게를 포함한 하중

② 유체 내부압력 : 배관 내부에 흐르는 유체의 압력

③ 열팽창에 의한 하중 : 배관 내부에 흐르는 유체의 온도로 발생되는 배관의 팽창 또는 수축에 의한 하중

④ 바람(풍하중) : 배관계의 휨을 유발시키는 풍하중

⑤ 지진 : 지진에 의한 배관계의 흔들림 하중

⑥ 진동 : 펌프, 압축기 등의 회전기기 등에 의한 배관계의 진동 하중

⑦ 기타 : 수격현상 및 공동현상 등 유체의 일시적인 압력 상승

[참고] 배관 응력계산시 필요한 자료
　　　① 공정흐름도, ② 공정배관·계장도, ③ 배관자재사양서, ④ 설비배치도,
　　　⑤ 철구조물 도면, ⑥ 배관도, ⑦ 3차원배관도 등

02 겨울철 탄소강관(Carbon Steel) 재질의 물 배관 동파와 관련하여 동파원인 및 동파방지방법 5가지와 동결심도를 설명하시오.

[해설]

○ 동파원인 및 동파방지방법 5가지와 동결심도 설명

1. 배관 동파의 원인

　* 배관의 동파사고는 배관 내 물이 동결하면서 체적이 증가하는데 이때 발생하는 압력이 배관의 최대 내압력(耐壓力)보다 커서 배관이 파손되는 현상이다.

2. 동파방지방법

① 외기차단 : 동절기에 각종 설비(배관, 위생기구, 난방기구)가 외기에 노출되면 동파의 원인이 됨

② 급수배관 및 물탱크 내의 물을 완전히 제거

③ 난방가동

    ㉠ 외기 온도에 따라 난방순환펌프 가동   ㉡ 난방시설 가동

④ 보온조치 : 외기에 노출되어 있는 시설의 동파방지를 위해 보온 조치

⑤ 열선시공 : 내부에 물이 들어있는 배관이 외기에 바로 접하거나 단열재가 없는 천장 속에 설치되거나 겨울철 난방을 하지 않는 복도 등에 설치하는 급수, 난방, 소방배관 등은 동파의 염려가 있으므로 동파방지열선을 시공하여 동파방지

3. 동결심도(freezing depth)

* 지반에서 동상현상이 미치지 못하는 땅의 깊이를 말한다.

* 지표면 아래의 온도가 0°C 이하가 되어 동결하는 층과 동결하지 않는 층의 경계선을 지하 동결선이라고 하며, 이 깊이를 동결심도라고 한다.

---

(03) 보온재 하 부식(Corrosion Under Insulation, CUI)에 대하여 설명하시오.

[해설]

○ 보온재 하 부식(Corrosion Under Insulation, CUI)

1. 정의

① 보온재 하부 부식(CUI)은 배관, 탱크 또는 장치물에 시공된 보온재나 내화물 하부에서 발생하는 부식이다.

② 보온재 손상이나 불량한 보온시공이 수분을 유입시켜 부식을 일으키게 된다.

2. 보온재 부식에 취약한 재질

* 오스테나이트계 스테인레스강

3. 손상 촉진 인자

① 보온재의 수분, 시공 전 보관 불량이나 시공 후의 손상, 부식성 화학물질을 함유한 수분이 보온재에 스며들면 복합적인 부식양상을 띠게 된다.

② 배관 보온재의 부식은 온도가 -5°C에서 120°C 사이의 설비에서 주로 발생한다.

4. 부식 발생 부위

① 배관, 탱크 또는 장치물에 시공된 보온재나 내화물 하부에 결함 발생

② 보온재 내부의 수분이 단열재 하부에 갇히면서 배관 부식으로 이어지는 결과

5. 예방 및 대책

① 빗물 등 외부의 수분 침투를 원천적으로 차단

② 외부와 파이프 간의 온도차를 최소화하여 결로 발생을 억제

③ 보온재의 손상이 발생할 경우 즉시 보수를 진행

④ 페인트 형태의 보온재를 고려해 보는 것도 좋은 선택이 될 수 있음

관이음

01 인화성 액체를 취급하는 배관이음 설계기준 3가지를 설명하시오.

해설

○ 인화성 액체를 취급하는 배관이음 설계기준 (KOSHA Guide P-75)

① 공정지역 내에서는 위험도를 최소화할 수 있도록 설계 및 운전하여야 한다.

② 인입배관은 가능한 한 용기 가까이에 설치하여야 한다.

③ 액체의 중력을 이용한 이송은 최소화시켜야 한다.

밸브

01 안전밸브의 작동을 불가능하게 하는 요인 5가지와 안전밸브 검사에 대하여 설명하시오.

해설

1. 안전밸브의 작동을 불가능하게 하는 요인

① Disc에 녹이 낌 ② 스프링의 열화나 탄성 부족

③ 스템(Stem)의 불량이나 회전 불능 ④ 조정 시 세팅의 오류 발생

⑤ 이물에 의한 폐쇄·고착

2. 안전밸브의 검사

(1) 안전밸브의 육안검사

* 몸체, 본넷, 디스크, 노즐, 벨로우즈, 스템, 고정나사, 하부링 및 핀, 상부링 및 핀, 스프링, 가스켓 등

(2) 안전밸브 검사주기 (산기규 제261조)

① 화학공정 유체와 안전밸브의 디스크 또는 시트가 직접 접촉될 수 있도록 설치 된 경우 : 매년 1회 이상

② 안전밸브 전단에 파열판이 설치된 경우 : 2년마다 1회 이상

③ 공정안전보고서 제출 대상으로서 고용노동부장관이 실시하는 공정안전보고서 이행상태 평가결과가 우수한 사업장의 안전밸브의 경우 : 4년마다 1회 이상

제 3 장

스프링

01 공기 spring 장치의 특징과 장·단점을 각각 4가지 이상 설명하시오.

[해설]

1. 특징

* 원통 모양의 공기주머니(air bag) 속에 공기를 넣어서 압축된 공기의 변형특성을 이용한 것으로 완충작용이 우수하다.
* 공기스프링은 공기가 완충작용을 하고 고무를 외피로 하므로 고무외피 공기완충스 프링 특성을 가진다.
* 작용하는 형태에 따라 벨로우즈형과 다이어프램형이 있다. 벨로우즈형은 주름 모양 을 하고 있고, 스프링의 움직임에 따라 내부의 부피와 압력이 변화한다. 다이어프 램형은 스프링의 움직임에 따라 고무막이 율동한다.

공기스프링

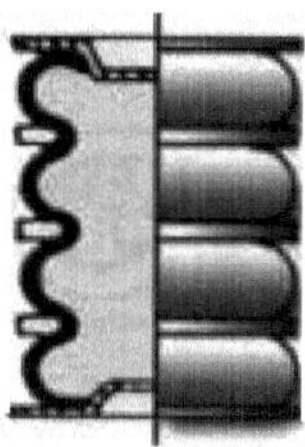

2. 장점

① 공기자체의 압축성으로 감쇠특성이 크므로 작은 진동이라도 흡수 가능하다.

② 하중의 변화에서도 고유진동수를 일정하게 유지할 수 있다.

③ 스프링 높이, 내하력 등을 독립적으로 설계 가능하다.

④ 공기량에 따라 스프링계수 크기를 조절 가능하다.

3. 단점

① 공기탱크, 압축기 등을 필요로 하므로 구조가 복잡하다.

② 공기누출 가능성이 있다.

③ 고무막의 열화 문제가 있다.

④ 별도의 댐퍼가 필요한 경우도 있다.

3.9 시일부품

패킹 및 가스켓

01 플랜지 이음부의 밀봉장치에 사용되는 개스킷(Gasket)의 선정기준을 쓰시오.

해설

1. 정의

* 유체의 누설 또는 외부로부터 이물질의 침입을 방지하기 위해 사용되는 기구는 종래 패킹(Packing)이라 하여, 고정부분 또는 운동부분의 구별없이 혼용하여 왔으나, 실(Seal)은 밀봉장치라 하여 그들을 총칭하고, 정지부분 밀봉에 사용되는 실은 개스킷(Gasket), 운동부분 밀봉에 사용되는 실을 패킹으로 구분하고 있다.

2. 개스킷의 사용목적

① 누설이 되지 않는 밀봉상태 유지

② 누설방지로 낭비방지 및 원가절감

③ 누설방지로 에너지손실 방지

④ 누설방지로 환경오염 방지

⑤ 화재·폭발 등 안전사고 방지

3. 개스킷의 선정기준

① 체결력에 따라 다소 변형하기 때문에 상대 부품의 측면보다 연질로 할 것

② 유체압력 및 체결력에 따라 손상되지 않는 강인성을 가질 것

③ 접합면에 균일한 압력이 분포되도록 탄성, 유연성을 가질 것

④ 유체가 침투나 누설이 되지 않도록 치밀도를 가질 것

⑤ 사용액에 대하여 부식하지 않을 것

⑥ 접합면에 접착하지 않고 분리가 용이할 것

제 3 장

02 유체기계 내의 유체가 외부로 누설되거나 외부 이물질의 유입을 방지하기 위해 사용되는 축봉장치의 종류 및 특징에 대하여 설명하시오,

[해설]

1. 개요

* 축봉장치(Saft Seal)는 유체기계 내의 유체가 외부로 누설되거나 외부 이물질이 유입되는 것을 방지하기 위해 사용하는 축의 밀봉장치이다.

2. 축봉장치의 종류 및 특징

(1) 그랜드 패킹(Gland Packing)

① 여과기 펌프 등의 축봉으로 액의 누수량을 줄이는 방법의 하나로서, 회전축이나 습동축에 가장 많이 사용되고 있다.

② 축의 원주를 패킹 박스로 둘러싸고 그 틈으로 패킹을 끼워 넣어 축 방향으로 압축하여 패킹과 축을 밀착시키는 장치이다.

(2) 래비린스 패킹(Labyrinth Packing)

① 증기 교축작용을 이용하여 기체의 누설을 방지한다.

② 날카로운 스트립(Strip)을 회전부와 고정부에 차례로 배열하여 증기 누설 통로에 확대부와 협소부를 만든다.

③ 증기가 협소부를 통과할 때 교축(throttling)되고, 확대부에서 압력이 감소하는 것이 반복되면서 누설증기압력이 대기압과 같아지면서 누설을 방지한다.

(3) 미캐니컬 시일(Mechanical Seal)

① 고압, 고온하에서 고속도 회전을 하는 축 부분으로 유체의 누출을 방지하기 위한 고급형 밀봉장치이다.

② 축과 함께 회전하는 고속 부분을 완전히 밀착시켜 미끄럼 운동을 하게 하며, 기밀과 액밀을 유지한다.

③ 특징

   ㉠ 누설이 없거나, 있어도 극히 적은 양이다.

   ㉡ 측면을 마모시키지 않는다.

   ㉢ 접촉면이 작고, 마모 손실이 작다.

㉣ 마모에 따라 자동으로 조정되고, 수명이 길며, 운전 중 조절이 필요없다.

㉤ 고온, 고압, 고속 등의 조건으로 쓰인다.

㉥ 유체의 혼합액, 부식성 액, 윤활성이 없는 액 등에 쓰인다.

(4) 탄소 패킹(Carbon Packing)

① 탄소 재질은 축과 접촉하여도 마찰과 열 발생이 적으며, 고열에도 견딜 수 있다.

② 탄소를 압축 성형한 탄소편을 원주상으로 축 둘레에 감고 용수철로 가볍게 접촉시켜 누설을 방지한다. 대용량 터빈에는 사용하지 않는다.

(5) 수밀봉 패킹(Water Seal Packing)

① 축에 설치된 날개를 수실(Water Chamber) 내에서 회전하면 수실에 채워 둔 물이 원심력에 의해 빈틈을 밀봉하여 기밀을 유지하는 것이다.

② 수실 내 날개가 회전할 때 많은 에너지가 소비되고 열로 변하여 물이 증발하는 문제점이 있다.

③ 수질이 나쁘면 불순물이 축을 손상시키므로 물 처리를 철저히 해야 한다.

미캐니컬 시일

01 미캐니컬 시일(Mechanical Seal)의 특징을 5가지 이상 쓰시오.

[해설]

1. 개요

* 고온·고압하에서 고속도 회전을 하는 축 부분으로부터 유체의 누출을 방지하기 위한 장치이다. 축과 함께 회전하는 고속부분을 완전히 밀착시켜서 미끄럼운동을 하게 하여 기밀과 액밀을 유지하는 장치이다.

2. 구조

* 미캐니컬 시일을 구성하고 있는 부품에서 고정부는 원래 고정이 되어 있는 미캐니컬 시일의 몸체(바디)와 한 몸이 되고, 회전부는 원래 회전하던 축(shaft)과 한 몸이 된다. 즉, 마찰부위만 바뀐 형태가 된다.

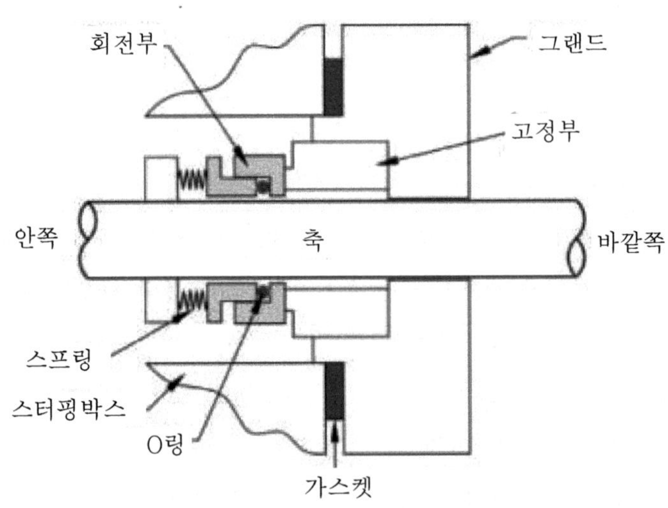

[그림 1] 미캐니컬 시일의 구조

3. 특징

① 거의 완벽한 실링(밀봉)이 가능하다.

② 접동면의 마찰이 작아 동력 손실이 적다(그랜드 패킹의 1/6 수준).

③ 축에 마찰이 없어 시일 부품 외에 마모로 인한 축의 손상이 없다.

④ 약 2년의 내구성을 보장한다.

⑤ 마모에 따라 자동 조절이 되고. 수명이 길며. 운전 중 조정할 필요가 없다.

⑥ 고온, 고압, 고속 등의 조건으로 쓰인다.

3.10 윤활 및 유공압

윤활장치

01 윤활유의 사용목적 5가지와 구비조건 8가지를 쓰고, 설명하시오.

[해설]

1. 윤활유의 사용목적

① 감마작용 : 움직이는 부분에는 항상 유효한 윤활제가 존재해 있어 움직일 때는 유체윤활상태를 유지시키고, 한계상태에서의 눌어붙음 현상(소부현상)의 방지 등 마찰저항을 적게 하는 작용을 말한다.

② 냉각작용 : 마찰에 의해 생긴 열 또는 외부로부터 전달되어 온 열 등을 흡수하여 다른 곳으로 방열시키는 작용을 말한다.

③ 세정작용 : 윤활부분에 불완전 연소에 의한 탄화물, 금속마모분 또는 먼지 등 불순물이 침입하면 마모가 현저히 증가하여 마찰면을 상하게 되므로, 이러한 불순물을 윤활부에서 세정 제거하는 작용을 말한다.

④ 응력분산작용 : 액체의 성질로서 국부압력을 액 전체에 균등하게 분산하는 작용을 한다.

⑤ 밀봉작용 : 기계의 윤활부분을 밀봉하는 것으로, 물이나 먼지 등의 침입을 막아주는 작용이다.

⑥ 방청작용 : 산소, 물 또는 부식성 가스의 침투에 의해서 윤활면이 녹스는 것을 보호해 주는 작용 및 침입한 후에도 이를 치환하여 제거하는 작용을 말한다.

2. 윤활유의 구비조건

① 점도가 적당할 것 : 사용하는 펌프나 압력에 따라서 적정한 점도로 한다.

② 점도지수(VI)가 높을 것 : 윤활유는 온도변화에 따라서 점도가 변화한다. 이 온도변화에 의한 점도 변화의 비율을 점도지수라고 하며, 온도변화에 의한 점도변화가 적을수록 점도지수는 높은 것이다.

③ 소포성이 좋을 것 : 유압회로 내에서도 기포의 발생은 피할 수 없으며, 이 기포를 소멸시키도록 하는 소포성이 좋아야 한다.

④ 윤활성이 좋을 것 : 유압기기에는 모두 접동부가 존재하며, 이 부분의 접동저항이 적으면 적을수록 윤활성이 좋은 것이다.

⑤ 물 분리성이 좋을 것 : 물과 작동유가 섞여서 백색으로 되기 쉬우며 "에멀션화"가 된다. 이 에멀션화한 것을 방치해 두면 물과 작동유는 점차 분리되는데 이 분리까지의 시간이 빠르면 빠를수록 그 작동유의 물 분리성은 좋은 것이 된다.

⑥ 산화안정성 이 좋을 것 : 산화가 촉진되면 산하 열화물을 생성한다. 또, 이것이 다시 불용성 물질에서 슬러지가 되는 경우도 있으며, 작동유의 색도 변색하게 된다. 이 슬러지는 유압기기의 큰 적이며, 여러 가지 트러블의 원인이 된다.

⑦ 열안정성이 좋을 것 : 작동유는 고온에서 산화하기 쉽고, 또 이 밖에 열분해되어 탄소분의 슬러지를 발생시킨다. 그것을 방지하기 위하여 내열성이 필요하다.

⑧ 전단 안정성이 좋을 것 : 펌프의 접동면이나 밸브의 아주 좁은 틈새를 작동유가 고속으로 흐를 때 작동유는 전단작용을 받는다. 이와 같은 고압고속 상태에서도 기름의 조성분자의 파단이 적은 것이 필요하다.

⑨ 저온 유동성이 좋을 것 : 한랭지나 겨울철의 기온 저하에서는 작동유의 유동성이 나빠진다. 응고점보다 $2.5°C$ 높은 온도를 유동점이라 하고, 일반적으로 "유동점 $±10°C$"를 그 작동유의 최저 사용가능온도로 하고 있다.

⑩ 방청성이 좋을 것 : 작동유에는 녹을 방지하는 방청제가 들어 있어 유압계통 내의 녹의 발생을 방지한다.

---

02 윤활유(Lubricant)에 대하여 다음에 답하시오.

1) 사용목적 (5가지 이상)   2) 윤활방식 (5가지 이상)

해설

1. 윤활의 의의

* 윤활이란 움직이는 두 물체의 접촉면에 적당한 윤활제 물질을 주입하여 마찰 저항을 줄여 그 움직임을 원활하게 하는 것이다. 이때 가장 많이 사용하는 물질이 액체 윤활유이다.

2. 윤활유의 사용목적

① 마찰의 감소(감마작용) : 마찰 저항이 큰 고체마찰을 마찰저항이 작은 유체마찰로 변환시키는 기능을 말한다.

② 하중(응력)의 분산작용 : 부분접촉을 하는 부위에는 국부적으로 높은 하중이 걸린다. 그러나 윤활유가 존재하면 부분접촉 없이 액면의 전체에 골고루 하중이 걸리므로 하중을 분산시키는 역할을 한다.

③ 냉각작용 : 마찰이 일어나는 부위에서는 반드시 마찰열이 발생한다. 이 열을 제거하지 않으면 마찰부위에 큰 손상을 가져온다. 따라서 윤활유가 순환하는 과정에서 이 열을 외부로 방출하는 역할을 한다.

④ 밀봉작용 : 내연기관이나 공기압축기와 같이 피스톤과 실린더 사이를 밀봉시켜 가스의 누출 또는 외부로부터 혼입되기 쉬운 불순물의 혼입을 방지하는 기능을 가지고 있다.

⑤ 방청작용 : 금속의 표면은 항상 외부에 노출된 상태에 있어 물이나 공기의 접촉으로 인하여 녹이 발생한다. 이때 윤활유가 있게 되면 금속표면에 유막을 만들어 물이나 공기의 접촉을 방지함으로써 녹의 발생을 방지해 주는 역할을 한다.

⑥ 세정작용 : 윤활유가 오랫동안 사용되는 동안에 윤활유 자신의 노화변질에서 오는 각종의 산화생성물이나 특히 내연기관에서 연료의 불완전 연소로 인해 발생되는 그을음 등이 혼입되었을 때 이를 금속표면으로부터 세척하여 보호해 주는 기능, 즉 비누역할을 하는 작용을 말한다.

⑦ 응착방지작용 : 고부하 및 저속마찰부와 같이 경계마찰이 발생되는 곳에서 극압첨가제를 함유한 윤활제는 피막을 형성해서 응착을 방지한다.

3. 윤활방식

(1) 비순환 급유방식

* 비순환 급유법은 한 번 사용한 오일은 회수하지 않고 버리는 형태의 급유법으로 전손식(全損式) 급유법이라고도 한다. 소량의 오일을 사용하는 관계로 대체로 윤활조건이 까다롭지 않은 윤활부위에 사용된다.

1) 손 급유법(Hand oiling)

* 윤활부위에 오일을 손으로 급유하는 간단한 방식으로서, 윤활이 그다지 문제가 되지 않는 저속, 중속의 소형기계 또는 간헐적으로 운전되는 경하중 기계에 이용된다.

* 사용 예로 방적기계, 인쇄기계, 공구, 체인, 와이어 로프 등이 있다.

2) 적하 급유법(Drop feed oiling)

* 급유되어야 하는 마찰면이 넓은 경우, 윤활유를 연속적으로 공급하기 위하여 사용되는 방법으로, 니들밸브 위치를 이용하여 윤활유의 급유량을 정확히 조절할 수 있는 급유방법이다.
* 회전식 압축기에 사용되는 적하 급유기로, 압축기의 가스압력을 이용하여 자동으로 니들밸브의 개폐정도를 조절함으로써 급유량을 조절한다.

3) 패드 급유법(Pad oiling)

* 오일 속에 털실, 무명실, 펠트 등으로 만든 패드를 오일 속에 침지시켜 패드의 모세관현상을 이용하여 각 윤활부위에 공급하는 형태의 급유방식으로 경하중용 베어링에 많이 사용된다.

4) 심지 급유법(Wick oiling)

* 털실이나 무명실로 꼰 끈을 오일 속에 침지시켜 모세관작용을 이용하여 급유하는 방법으로 급유량은 심지수로 조절하고, 급유를 중지시켜야 할 경우 심지를 마찰부위로부터 제거시키면 된다.

5) 기계식 강제 급유법(Mechanical force feed oiling)

* 기계본체의 회전축 캠 또는 모터에 의하여 구동되는 소형 플런저 펌프에 의한 급유방식으로, 비교적 소량, 고속의 윤활유를 간헐적으로 압송시킨다. 즉, 캠에 의해 플런저를 작동시켜 오일을 공급하는 강제급유를 시키는 것이다. 윤활부위로 공급되는 급유량은 플런저의 행정길이, 캠축의 회전수를 변화시켜 줌으로써 조절이 가능하다.
* 사용 예로 압축기, 내열기관의 실린더, 대형 정착식 엔진, 진공펌프, 프레스 베어링 등에 사용된다.

6) 분무식 급유법(Oil mist oiling)

* 압축공기를 이용하여 소량의 오일을 미스트화시켜 베어링, 기어, 슬라이드, 체인 드라이브 등에 윤활을 하고, 압축공기는 냉각제 역할을 하도록 고안된 윤활방식이다.

(2) 순환 급유방식

* 사용된 윤활유를 회수하여 마찰부위에 반복하여 공급하는 급유법으로, 순환식 급유법이라고도 한다. 같은 오일통 속에서 오일을 반복하여 사용하는 자기순환급유법과 펌프를 이용하여 강제적으로 오일을 순환시켜 급유하고, 도중에 오일을 여과하여 세정 및 냉각하는 장치를 보유하고 있는 강제순환 급유장치가 있다.

1) 자기순환 급유법

가) 오일 순환식 급유법(Oil circulating oiling)

* 링, 칼라, 체인 등의 일부를 오일 속에 잠기게 하고 수평축의 회전에 의하여 오일을 축상부로 공급시키는 장치이다. 저속에서는 링방식을, 중속이나 고하중에서는 칼라방식을 채택하며, 저속에서 많은 윤활유를 필요로 하는 경우 또는 오일탱크 유면이 회전축과 떨어져 있는 경우는 체인방식을 이용하고 있다. 링이나 체인방식은 링이나 체인이 회전축에 걸려 있으면서 축 주위를 자유롭게 전동할 수 있으나, 칼라방식은 회전축에 고정되어 있다.

* 일반적으로 유지비가 저렴하고, 오일 저장탱크의 유위가 적절하게 유지된다면 급유 신뢰도는 높다. 이들은 주로 전기 모터, 팬(Fan), 송풍기, 압축기 등의 베어링에 많이 사용되고 있다.

나) 비말 급유법(Splash oiling)

* 기계의 운동부를 오일탱크 내 유표면에 미접시켜 소량의 오일을 마찰면에 튀게 하여 오일을 공급하는 방법으로, 수 개의 다른 마찰면을 동시에 급유할 수 있고, 냉각효과도 어느 정도 기대할 수 있다.

다) 제트 급유법(Jet oiling)

* 노즐을 이용하여 윤활유를 마찰면에 강제 분사시켜 순환급유하는 방식으로, 냉각효과가 크다.

라) 유욕 윤활법(Oil bath oiling)

* 유욕윤활은 저속 및 중속용 베어링에서 많이 사용되고 있는 윤활방법으로, 마찰부위가 오일 속에 잠겨 윤활이 이루어지는 방식이다.

제3장

2) 강제순환 윤활시스템(Oil circulation system)

* 강제순환방식은 위에서 설명한 방식과는 달리 펌프를 이용하여 윤활이 필요한 기계가 한 대이든 여러 대이든 관계없이 모든 마찰지점에 윤활제를 동시에 공급하고, 윤활적용이 끝난 윤활제는 재사용하기 위하여 펌프로 별도의 저장조에 회수시켜 여과 및 냉각 과정을 거친 후 반복사용하는 방식이다.

03 축지름 50(mm)에 그리스로 윤활되는 단열 레이디얼 볼 베어링을 사용한다. 축 회전속도가 415rpm일 경우 그리스 윤활제 교체시간을 구하라. (단, 단열 레이디얼 볼 베어링의 dN=1.1×10¹⁰이다.)

$\boxed{\text{해설}}$

* 그리스의 재지급주기(교체시간)

$$T = k \times \left(\frac{14 \times 10^6}{n\sqrt{D}} - 4D \right) = 10 \times \left(\frac{14 \times 10^6}{415 \times \sqrt{50}} - 4 \times 50 \right) = 45,708.4\,[h]$$

여기에서, T : 그리스의 재지급주기(시간)

$\qquad\qquad k$: 보정계수(10 : 볼 베어링)

$\qquad\qquad n$: 베어링의 회전수(rpm), d : 축의 직경(mm)

[참고] 그리스의 재지급주기

* 사용중의 그리스는 기계적 작용, 높은 온도, 산화, 오염물질 등에 의해 열화된다. 하지만 그리스가 열화되었다고 해서 자동적으로 배출될 수 있는 것이 아니며, 따라서 정기적으로 재지급을 하여 그리스를 교체하거나 보충해 주어야 한다. 그리스의 지급주기는 베어링의 종류와 크기, 베어링의 설치형태(수직 또는 수평), 그리스가 사용되는 조건, 특히 온도와 속도에 의해 크게 좌우된다.
* 하지만 베어링에 사용되는 그리스는 그 양이 적고, 그리스의 수명에 영향을 미치는 요소가 매우 많다. 또 그 요소들이 복합적으로 작용하므로 그리스의 수명을 예측하기는 매우 어려우며, 대개 경험에 이해 지급주기를 결정하게 된다.
* 그리스 윤활제 교체시간에 대해 베어링 메이커인 SKF사에서 제시하고 있는 공식이 유명하다.

$$T = k \times \left(\frac{14 \times 10^{6}}{n\sqrt{D}} - 4D \right)$$

여기서, T : 그리스의 재지급주기(시간)

k : 보정계수

1: 스페리컬 롤러 베어링, 테이퍼 롤러 베어링, 쓰러스트 베어링

5: 원통 롤러 베어링, 니들 롤러 베어링   10 : 볼 베어링

n : 베어링의 회전수(rpm), d : 축의 직경(mm)

* 이 공식은 그리스의 사용수명 또는 재지급 주기에 대한 일반적인 가이드 라인이며, 그리스의 종류나 운전조건에 따라 달라질 수 있다. 또 이 공식은 사용온도가 70℃ 이하일 경우에만 적용되며, 70℃ 이상이 되는 온도에서는 매 15℃가 올라갈 때마다 재지급주기(T)는 1/2로 감소된다고 제시하고 있다.

유압장치

01 유압작동유의 구비조건에 대하여 10가지만 쓰시오.

[해설]

① 비압축성일 것   ② 점도변화가 적을 것   ③ 소포성이 좋을 것

④ 비인화성일 것   ⑤ 방열성이 우수할 것   ⑥ 비등점, 비열이 클 것

⑦ 장시간 안정성이 클 것   ⑧ 기포생성 억제될 것   ⑨ 세정능력이 좋을 것

⑩ 체적탄성계수가 작을 것(체적변화가 적을 것)

⑪ 방청성 우수(녹발생이 없을 것)   ⑫ 독성이 없을 것

02 유압제어밸브를 기능에 따라 분류하고 설명하시오.

[해설]

1. 개요

* 유압제어밸브란 유압계통에 사용하여 압력의 조정, 방향의 전환, 흐름의 정지, 유량의 제어 등의 기능을 하는 제어기기를 말한다.

* 밸브를 선택할 때는 형식, 구동장치, 크기 등을 고려하여야 한다.

* 유압제어밸브는 방향제어밸브, 압력제어밸브 및 유량제어밸브로 구성된다.

2. 유압제어밸브의 종류

(1) 방향제어밸브

1) 방향전환 밸브의 형식

* 전환밸브에 사용되는 밸브의 기본 구조는 포핏 밸브식(Poppet Valve), 로터리 밸브식(Rotary Valve Type), 스풀 밸브식(Spool Valve Type) 등이 있다.

① 포핏형 : 이 형식은 밸브의 추력을 평형시키는 방법이 곤란하고 조작의 자동화가 어려우므로 고압용 유압 방향전환밸브로서는 널리 사용되지 않으나, 내부누설이 적고 조작이 확실해 공압용 전환밸브로 많이 사용된다.

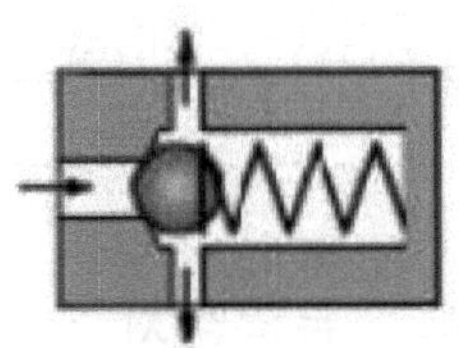

포핏형

② 로터리형 : 밸브 본체가 비교적 대형이고, 고압 대용량에는 불리하나, 구조가 간단하고 조작이 쉬우면서 확실하므로 유량이 적고 압력이 낮은 원격제어용 파일럿 밸브로 사용되는 경우가 많다.

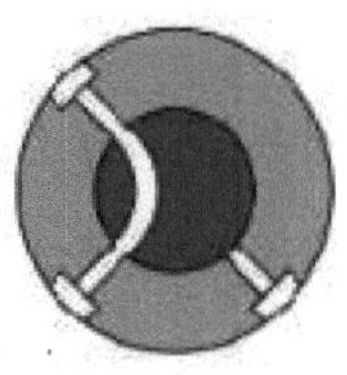

로터리형

③ 스풀형 : 가장 널리 사용되고 있는 것으로 스풀 축방향의 정적 추력 평형이 얻어지며, 스풀의 원주에 가느다란 홈을 파 놓아 방향제어를 하도록 한 것이다.

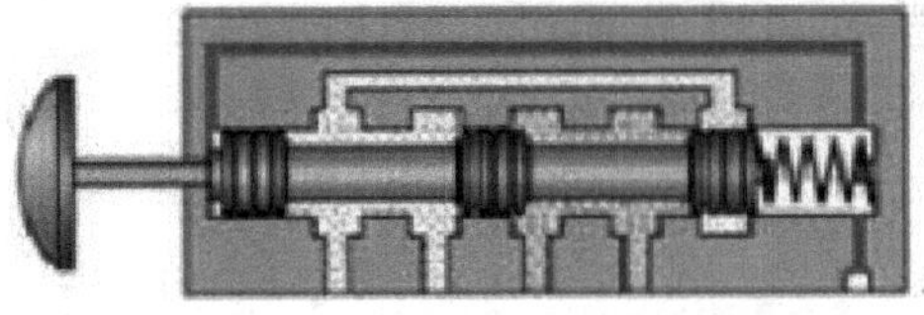

스풀형

2) 방향전환 밸브의 위치수, 포트수, 방향수

① 위치수(Number of Positions) : 방향조절 밸브 내에서 다양한 유로를 형성하

기 위하여 밸브 기구가 작동되어야 할 위치를 밸브 위치라 말한다.

② 포트수와 방향수(Number of Ports and Way) : 전환밸브에 있어서 밸브와 주관로(파일럿과 드레인 포트는 제외)와의 접속구 수를 포트수 혹은 접속수라 하고, 이 포트의 조합에 따라 조작상의 운동을 정, 역 혹은 정지 등의 방향 전환을 행할 수 있다.

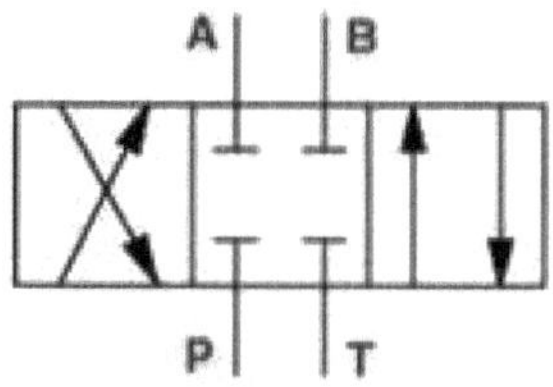

예 : 3위치, 4포트, 4방 밸브 (네모칸 3개, 포트수 4개, 방향 4개)

3) 전환조작 방법

* 조작방식은 수동조작(인력조작), 기계적 조작, 솔레노이드 조작, 파일럿 조작, 솔레노이드 제어 파일럿 조작 방식이 사용되고 있다.

4) 체크 밸브(Check Valve)

* 방향제어 밸브로, 가장 간단한 것은 1방향 밸브로 한 방향으로만 허용되고 반대방향으로는 흐르지 못한다.

5) 감속밸브(Deceleration Valve)

* 적당한 캠기구로 스풀을 이동시켜 유량의 증감 또는 개폐작용을 하는 밸브이다.

6) 셔틀밸브(Shuttle Valve)

* 셔틀밸브의 구조는 출구 측 포트는 2개의 입구 측 포트 관로 중 고압 측과 자동적으로 접속되고 동시에 저압 측 포트를 막아 항상 고압 측의 압유만을 통과시키는 전환밸브이다.
* 셔틀 밸브(Shuttle Valve)는 스프링 없는 체크 밸브의 변종이다. 셔틀 밸브는 일반적으로 두 개 이상의 단방향 체크 밸브의 조합과 유사하다. 1번 또는 3번 포트로 유입되는 작동유가 서로 간섭없이 2번 포트로 빠지게 하는 방향 제어 밸브이다.

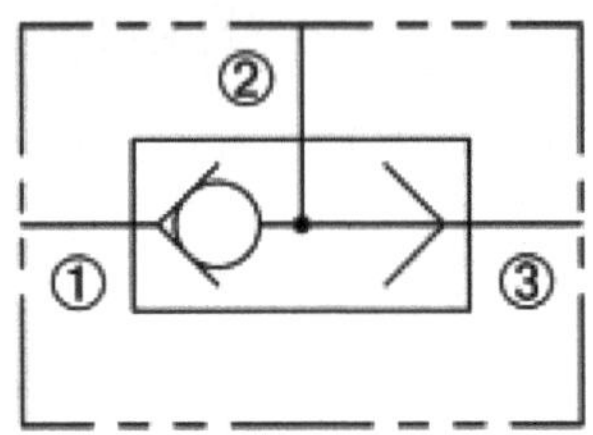

(2) 압력제어밸브

1) 릴리프 밸브

* 정상적인 압력에서는 닫혀 있으나 어느 제한압력에 도달하면 열려서 펌프에서 곧바로 탱크로 흘러서 회로 내의 압력상승을 제한한다.

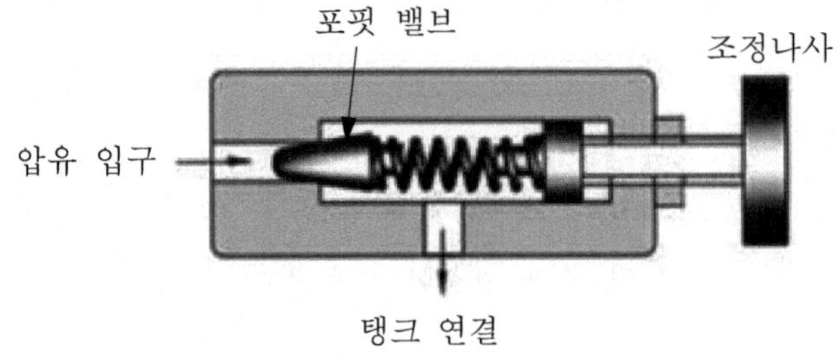

2) 감압 밸브(Pressure Reducing Valve)

* 유압회로에서 어떤 부분회로의 압력을 주회로의 압력보다 저압으로 해서 사용하고자 할 때 사용한다.

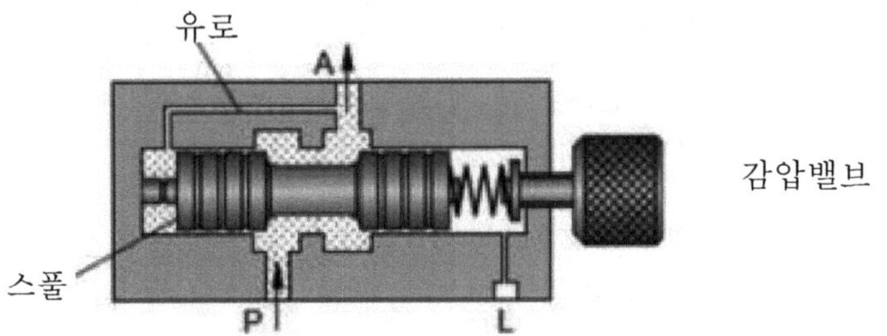

3) 시퀀스 밸브(Sequence Valve)

* 주회로의 압력을 일정하게 유지하면서 유압회로에 순서적(순차적)으로도 유체를 흐르게 하는 역할을 한다.

4) 카운터 밸런스 밸브(Counter Balance Valve)

* 회로의 일부에 배압을 발생시키고자 할 때 사용하는 밸브이다.

5) 무부하용 밸브(Unloading Valve)

* 펌프의 송출 압력을 지시된 압력으로 조정되도록 한다.

(3) 유량제어밸브

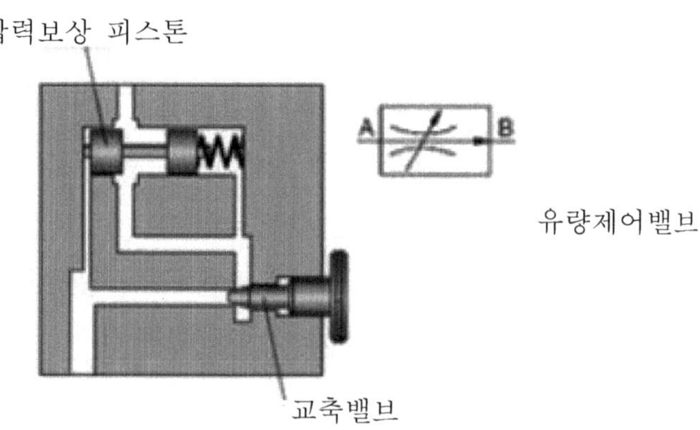

1) 교축밸브(니들밸브)

* 유량조정 밸브 중 구조가 가장 간단한 밸브로, 바늘모양의 니들 밸브에 의해 조절되며, 작은 파이프 내의 유량 조절에 적합하다.

2) 압력보상 유량제어밸브

* 압력보상 기구를 내장하고 있으므로 압력의 변동에 의하여 유량이 변동되지 않도록 회로에 흐르는 유량을 항상 일정하게 자동적으로 유지시켜 주면서 유압모터의 회전이나 유압실린더의 이동속도 등을 제어한다.

3) 바이패스식 유량제어밸브

* 펌프의 전 유량을 한 가지 기능에 사용하는 경우 다른 기능을 위해 보내야 하는 경우 등에 사용된다.

4) 압력온도보상 유량제어밸브

* 유량변화를 막기 위하여 열팽창률이 다른 금속봉을 이용하여 오리피스 개구 넓이를 작게 함으로써 유량 변화를 보정하는 밸브이다.

03 유압회로 중 미터인 회로(Meter In Circuit)와 미터아웃회로(Meter Out Circuit)에 대하여 설명하시오.

[해설]

1. 미터인 회로

* 미터인 회로는 "유압펌프 → 유량조정밸브 → 방향절환밸브 → 유압실린더 → 유압유 리턴 탱크"로 구성된다.

* 유량조정밸브를 실린더의 입구(헤드) 측에 장치하여 유량을 조정함으로써 유압실린더의 속도를 제어하고, 실린더 헤드에서 빠지는 유량은 제어하지 않는다.

* 유압펌프에서는 제어밸브를 통과해야 하므로 많은 양의 압유를 보내야 하고 남은 유량은 릴리프밸브를 통하여 드레인되므로 동력 손실이 크다.

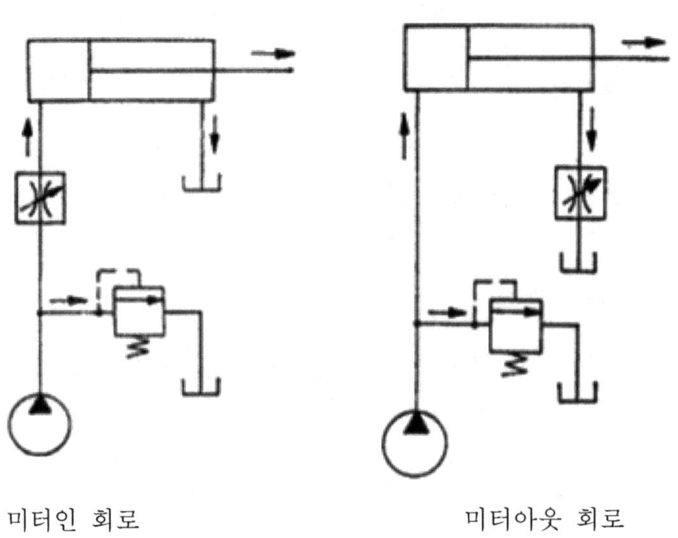

미터인 회로   미터아웃 회로

2. 미터아웃 회로

* 미터아웃 회로는 "유압펌프 → 방향절환밸브 → 유압실린더 → 유량조정밸브 → 유압유 리턴 탱크"로 구성된다.

* 유량조정밸브를 미터인 회로와 반대로 실린더의 출구 측에 장치하여 유량을 조정함으로써 실린더의 속도를 제어한다. 남은 유량은 릴리프밸브를 통하여 드레인되므로 동력 손실이 크다

[참고] 브리드오프 회로

* 실린더로 공급되는 유량이 실린더의 속도에 비해 너무 많을 때 그 남은 양을 바이
  패스 관로에 의해 탱크로 우회시키는 회로이다.

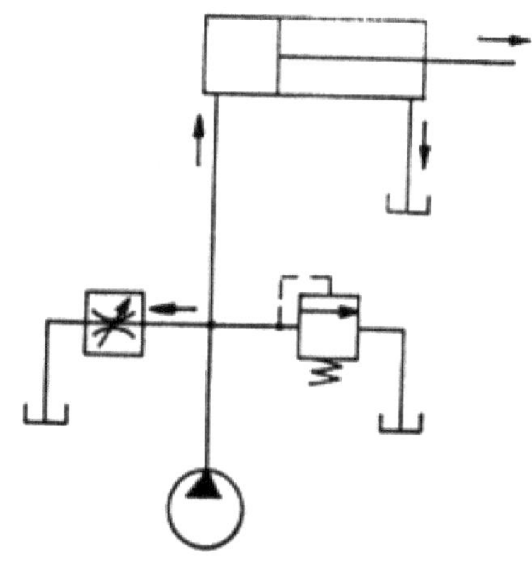

브리드오프 회로

공압장치

01 에어실린더(Air Cylinder)의 트러블 현상을 8가지만 쓰고, 각각에 대한 원
인을 설명하시오.

해설

1. 에어실린더(작동기) 구조

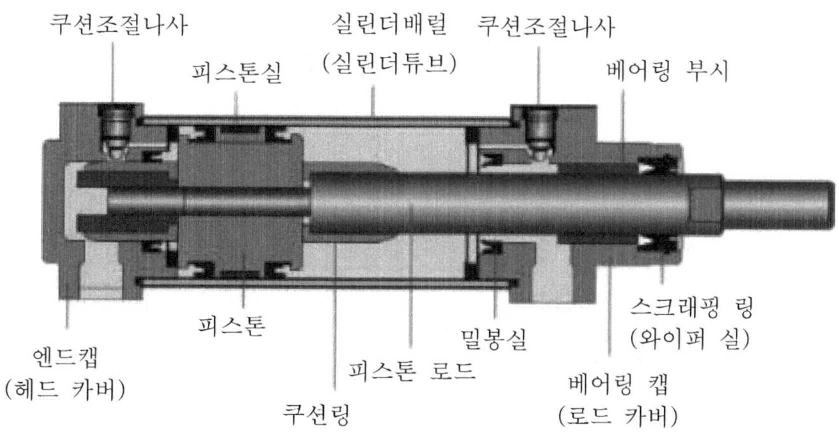

2. 공압계통 흐름상의 에어실린더 위치

 * 공기압축기 → 압축공기저장탱크 → 에어3점세트 → 에어실린더(작동기)

3. 에어실린더의 트러블 현상, 원인 및 대책

① 공기누설 : 로드 패킹부, 쿠션조정나사부, 실린더튜브와 튜브의 카버 사이, 피스톤 패킹부, 실린더와 피스톤 접촉부

② 출력부족 : 공기압력부족, 누설과다, 마찰과대, 주변기기 이상

③ 실린더 내의 이상마모 : 공기필터(흡입필터) 불량, 드레인 배출 미흡, 윤활불량, 마찰로 마모 및 노후화

④ 소음발생 : 로드 패킹부 이상마모로 누설

⑤ 작동불량 : 3점세트 불량, 내부이물 과다, 내부 이상마모, 공기압 부족, 콘트롤러 이상

⑥ 공압계통 불량 : "흡입 → 작동부 → 배출" 계통의 막힘이나 오염, 누설, 규정압력 부족

⑦ 에어3점세트(흡입필터, 압력조정기, 오일러) 작동불량 또는 고장으로 에어실린더 제어가 어렵게 됨

⑧ 쿠션부 이상 : 쿠션부 O링 이상마모, 쿠션 조정나사 불량

3.11 계장설비

압력계

01 부르동관 압력계(Bourdon Type Pressure Gauge)의 원리를 설명하시오.

[해설]

① 탄성체에 압력을 가하면 변형하므로 이 변위량으로 압력을 측정하는 방법이 여러 가지 있다. 공압에서 가장 많이 사용되고 있는 것이 부르동(Brourdon)관 압력계이다.

② 1852년 프랑스의 부르동이 발명한 단면적이 타원형인 튜브를 한쪽에 대해서는 고정단으로 개방시켜 압력을 가하고, 다른 쪽은 밀폐 자유단으로 하여 원형으로 구부려 내부에 압력을 가했을 때 튜브가 압력으로 인해 똑 바로 펴지려고 하는 특성을 이용한 압력계이다.

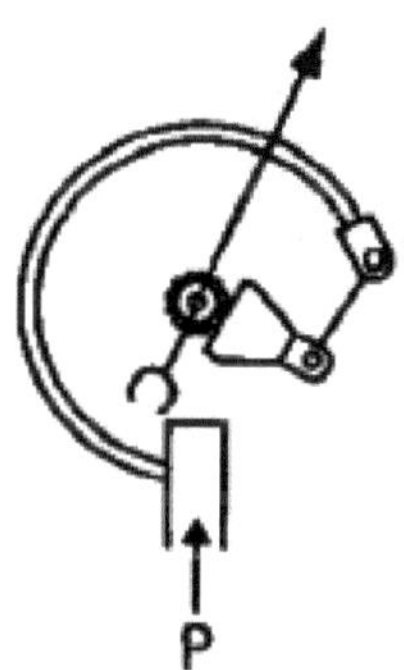

③ 탄성식 압력계에는 부르동 튜브형, 다이어프램형, 벨로우즈형이 있다.

3.12 관련 역학

유체역학

01 비압축성 유체에서 베르누이 방정식(Bernoulli's equation)을 적고 각 항에 대하여 설명하시오.

[해설]

1. 베르누이 방정식

* 유체 동역학에서 점성과 압축성이 없는 이상적인 유체가 규칙적으로 흐르는 경우에 대해 유체의 압력, 속도, 위치에너지 사이의 관계를 나타내는 공식이다.

$$p + \frac{\rho v^2}{2} + \rho g h = const.$$

여기서, p : 정압력, $q = \dfrac{\rho v^2}{2}$: 동압력, $p+q$: 전압력

2. 베르누이 방정식의 성립 전제조건

① 유체는 비압축성이라야 됨

② 유체는 경계층을 통과해서는 안 됨

③ 점성이 존재하지 않아야 됨

④ 시간에 대한 변화가 없어야 됨(즉, 정상상태라야 됨)

02 레이놀즈수(Reynolds Number)에 대해서 설명하고, 차원해석을 통하여 무차원수가 됨을 보이시오.

[해설]

1. 정의

* 유체역학에서 레이놀즈 수(Reynolds number)는 "관성에 의한 힘"과 "점성에 의한 힘(viscous force)"의 비로 정의되며, 주어진 유동 조건에서 이 두 종류의 힘의 상대적인 역학관계를 정량적으로 나타낸다.

$$\text{레이놀즈 수} \quad Re = \frac{\text{점성에 의한 힘}}{\text{관성에 의한 힘}} = \frac{\rho V^2 / D}{\mu V / D^2} = \frac{\rho VD}{\mu} = \frac{VD}{\nu}$$

여기서, ρ : 밀도, μ : 점도, ν : 동점도

2. 무차원해석

* 무차원해석을 위해 기본차원을 정하는 기본차원체계인 질량[M], 길이[L], 시간[t], 온도[T] 기호를 이용한다.

(1) 계산시

$$Re = \frac{\rho VD}{\mu} = \frac{[kg/m^3] \times [m/s] \times [m]}{[g/(cm \cdot s)]} = \frac{[kg/m^3] \times [m/s] \times [m]}{[10^{-3} kg/(10^{-2} m \cdot s)]} = 10 \,(\text{무차원 수})$$

여기서, μ(점도) 단위 : $g/(cm \cdot s) = p$(포아즈) : 불어, p(포이즈) : 영어

(2) 차원해석

* 기본차원 기호를 이용하여 무차원수가 됨을 검토

$$Re = \frac{\rho VD}{\mu} = \frac{[kg/m^3] \times [m/s] \times [m]}{[g/(cm \cdot s)]} \rightarrow \frac{[ML^{-3}][Lt^{-1}][L]}{[ML^{-1}t^{-1}]} = 1 \,(\text{무차원 수})$$

(03) 화학설비산업의 액체위험물 취급 시 발생할 수 있는 유동대전 현상에 대하여 설명하시오.

[해설]

○ 유동대전 현상

* 유동대전은 주로 액체류와 고체의 접촉에 의해서 발생되는데 액체류를 파이프 등으로 수송할 때, 액체류와 파이프 등의 고체류와 접촉하면서 이 두 물질 사이의 경계에서 전기 2중층이 형성되고, 이 2중층을 형성하는 전하의 일부가 액체류의 유동과 같이 이동하기 때문에 대전되는 정전기발생 현상을 말한다.
* 액체류의 유동속도가 클수록 대전량에 큰 증가 영향을 미치게 된다.

04 부양체(floating body)의 경심(傾心, metacenter)에 대하여 설명하시오.

[해설]

○ **부양체의 경심**

① 경심(metacenter, 傾心)은 복원력이 작용하는 물체의 회전중심을 말한다.

② 물체가 물 위에 떠 있을 때 한쪽으로 기울게 되면 부력에 의해 반대쪽으로 회전하여 안정된 위치로 되돌아가려 하는데, 이때 물체의 가상적인 회전중심을 경심이라 하며, 물에 떠 있는 물체가 기울어져 있을 경우의 부심(浮心)을 지나는 연직선과 부축(浮軸)과의 교점이다.

③ 경심이 무게중심보다 위에 있을 경우 물체는 복원력이 작용하여 균형을 갖기 때문에 안정하고, 경심이 무게중심보다 아래에 위치할 경우 물체는 불안정하다.

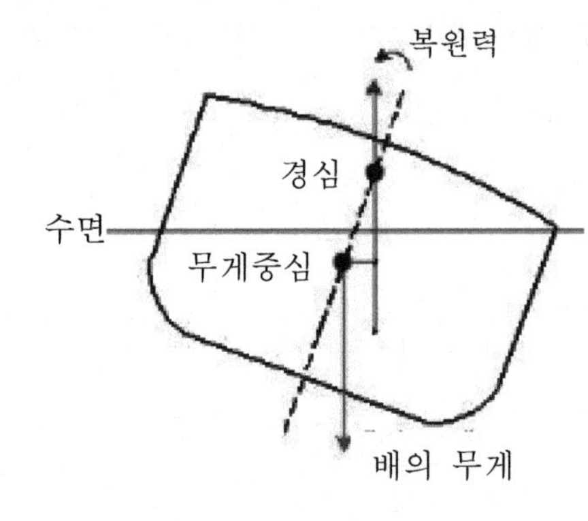

열역학

01 내부에너지가 50kcal인 작동유체를 가열하여 60kcal까지 증가하고 외부에 4,270kgf·m의 일을 하였다면, 이때 가해진 열량은 얼마인가?

[해설]

* 엔탈피의 변화 식은 $\Delta H = U_2 - U_1 + A\Delta L$ [kcal]이다.

  여기서, H : 외부로부터의 열량[kcal]

  U_2 : 작동유체의 마지막 내부에너지[kcal]

  U_1 : 작동유체의 처음 내부에너지[kcal]

  A : 일의 열당량[1/427kcal1/kgf·m]

  L : 일[kgf·m]

* 가해진 열량 $\Delta H = 60 - 50 + \dfrac{4,270}{427} = 20\,[kcal]$

02 보일러에서는 일반적으로 물을 펌프로 가압한 후 열을 가하여 증기나 온수를 만든다. 이와 같이 가압과 가열을 동시에 하는 이유를 엔탈피의 정의 식을 사용하여 설명하시오.

해설

* 엔탈피(Enthalpy)는 다음과 같이 정의한다.

$$H = U + APV$$

여기에서, U : 내부에너지, P : 압력, V : 부피

A : 일의 열당량 [kcal/kgf · m], $A = \dfrac{1}{427}$ [kcal/kgf · m]

03 절대일(absolute work)과 공업 일(technical work)의 차이점을 설명하시오.

해설

1. 절대일(absolute work)

* 정압과정의 일을 말한다. 팽창일에 해당한다.

$$W_a = \int_1^2 PdV = P(V_2 - V_1)$$

2. 공업 일(technical work)

* 정적 과정의 일을 말한다. 압축일이라고도 한다.

$$W_t = \int_1^2 VdP = (P_2 - P_1)V$$

[참고] 실린더 안의 동작유체가 유동을 하면 공업일, 유동하지 않고 팽창 또는 압축만 하면 절대일로 구분하는 경우도 있다.

파괴역학

01 기계(기기부재 및 부품)의 파손 발생과 이의 대책을 요약하여 설명하시오.

해설

1. 인장파손

(1) 연성 인장파손

* 연성 재질의 부품에서 인장력에 의해 파괴가 일어나는 부위에서의 네킹, 즉 단면적 감소에 기인하여 파괴되는 것이다.
* 원인은 재료에 항복강도 이상의 힘이 작용되었고, 재료가 항복강도를 넘어서서 계속 늘어나 최종적으로 인장 파괴가 일어난다.
* 대책으로는 과도한 인장력을 가하지 않도록 설계한다.

(2) 취성 인장파손

* 취성 재질에서 인장력에 의한 파손이다. 파단면에서 단면적 감소와 같은 징후는 보이지 않는다. 취성파괴는 피로현상이 없어도 일어난다.
* 원인은 재료의 재질의 큰 결정립은 취성을 띠는 재료의 한 특징이 되며, 큰 결정립은 작은 결정립애 비하여 항상 취성파괴의 경향이 크다.
* 대책은 큰 결정립을 가지지 않도록 열처리나 금속가공을 하여 이를 방지하도록 한다.

(3) 피로파손

* 피로는 반복 인장하중의 작용으로 발생한다. 특히 응력집중 인자가 있으면 국부적으로 최대인장강도를 초과하므로 균열을 발생시킨다. 이 균열은 부하가 걸릴 때마다 성장하고 이 시점부터 재료 표면은 최대인장강도 이상의 부하가 계속 걸리게 된다. 피로파괴는 파단면에 나타나는 해변무의(Beach Mark), 혹은 줄무늬(Striation)를 보인다.
* 대책은 응력집중이 되지 않도록 표면설계, 열처리 등을 한다.

(4) 굽힘파손

* 부품에 어느 한도 이상의 굽힘이 발생하게 되면 제품 굽힘파손이 발생한다.
* 대책은 규정한도를 초과하는 굽힘력이 발생하지 않도록 설계 및 취급을 한다.

2. 압축파손

* 압축에 의한 손상이 파괴로 이어지는 것인데, 압축파손의 경우는 드물다.
* 압축에 의해서 손상이 발생하는 경우는 대부분 변형으로 인한 직경의 증가 때문이다. 또한 부품의 표면에 국부적으로 높은 압력이 인가되면서 스웨이징(Swaging)현상이 발생하여 파손될 수 있다.
* 대책은 과도한 압축력이 생기지 않도록 설계 및 취급을 한다.

3. 전단 및 토크 파손

(1) 전단 파손

* 전단응력은 압축응력과 인장응력의 조합이다. 과도한 전단력이 가해지지 않도록 설계 및 취급을 한다.

(2) 토크 파손

* 토크(torque)는 일종의 전단으로서 비틀림이 합성된 형태이다.

  [참고] 토오크=반경×힘 → $T = r \times F$

* 대책은 과도한 비틀림력이 가해지지 않도록 설계 및 취급을 한다.

4. 부식 등에 의한 파열

* 부식은 금속표면에 대한 화학적인 공격으로 부식에 의해 파괴가 발생한다. 오염이나 열화가 부식을 촉진시킨다.
* 대책은 부식, 오염, 열화를 방지하는 대책을 취한다.

5. 마모에 의한 파손

(1) 연삭(Abrasion) 파손

* 마모 또는 마멸로 불리며, 재료가 다른 물질과의 마찰에 의해 그 표면이 마멸(소모)되는 현상이다.
* 대책은 윤활관리 등 마모방지 대책을 취한다.

(2) 침식(Erosion) 파손

* 재료가 국부적으로 물리적인 충격을 받아 손상되는 것을 말한다. 단단한 재료일
  수록 내침식성이 크다.
* 대책은 물리적인 충격이나 외력이 가해지지 않도록 한다.

(3) 걸링(Galling) 파손

* 접동면 사이의 윤활 부족으로 인하여 한쪽 금속 모재의 작은 일부분이 상대되는
  면에 옮겨 붙는 현상이다. 과도한 압력을 받는 움직이는 면 사이에서 생긴다. 윤
  활이 국부적으로 파괴되고 마찰열로 인하여 금속이 부분적으로 용해된 것도 해
  당한다.
* 대책은 윤활관리와 열방출 대책을 취한다.

6. 열에 의한 파손

* 재료가 대기 온도보다 훨씬 높은 온도까지 가열되거나 낮은 온도까지 냉각되어 기
  계적 특성 약화로 파손을 발생시킨다.
* 대책은 급가열과 급냉에 의한 가열·냉각효과를 피하도록 한다.

02 기계부품이 파손될 때 나타나는 파괴양식인 연성파괴, 취성파괴 및 피로
파괴를 설명하고 각각에 대하여 구체적인 예를 쓰시오.

[해설]

1. 개요

* 소재가 파괴하는 경우 파단면을 파면이라 하고, 파면을 관찰하여 파괴 방향이나 기
  점을 정하고 파괴의 종류나 원인을 조사하는 것을 파면해석(Fractography)이라고
  하며, 실용적으로는 사고해석의 유력한 수법으로서 공업적으로도 널리 연구되어
  그 성과가 이용되고 있다.

2. 파괴 형태

* 파괴의 형태로는 연성파괴, 취성파괴, 피로파괴 등으로 구분된다.

(1) 연성파괴(Ductile Fracture)

* 연강은 실온에서 정적하중을 가하면 커다란 소성변형을 일으킨 후에 파단된다. 이와 같이 소성변형을 동반한 파괴를 연성파괴(Ductile Fracture)라고 한다.
* 연성파괴에서는 외력을 증가하지 않는 한 균열은 성장하지 않는다. 이것은 균열의 성장에 커다란 소성변형의 에너지를 필요로 하기 때문이다. 따라서 연성파괴는 갑자기 일어나지는 않으므로 실용상 취성파괴보다는 안전하다고 할 수 있다.
* 대표적인 연성파괴의 예는 금속재료의 인장시험에서 관찰되는 인장시편의 Cup-cone Fracture이다. 인장시험에서 연성파괴는 다음의 단계를 거친다.
  ① 최대인장 하중에 도달한 후 소성변형이 시편의 국부적 영역에 집중하여 네킹(Necking)이 형성되는 단계
  ② 국부적 수축영역에서 불순물을 중심으로 미소 공동(Void)이 형성되는 단계
  ③ 이러한 공동이 성장 또는 합체하여 균열이 형성되는 단계
  ④ 균열이 표면까지 성장 또는 합체되는 단계
  ⑤ 균열이 인장축과 45°를 이루는 방향에서 표면까지 전파하여 최종파단하는 단계

[사진 1] Cup-cone형 파괴

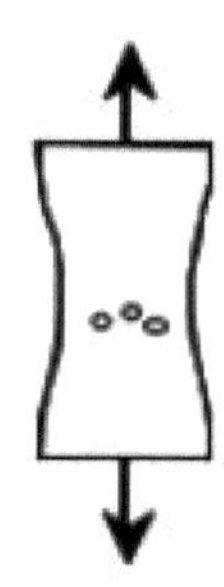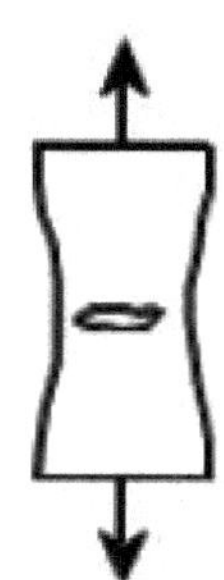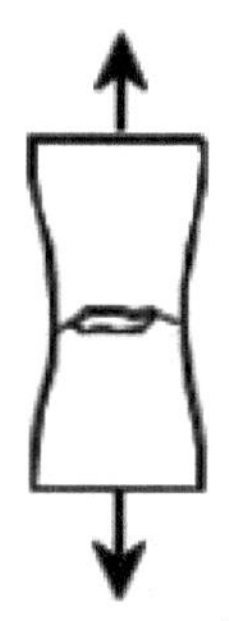

| 초기네킹 | 동공형성 | 동공결합 | 균열파괴 | 전단파괴 |

[그림 1] 연성파괴의 형성과정

(2) 취성파괴(Brittle Fracture)

* 취성파괴는 어느 기간 동안 꾸준히 발전해 나간 균열이 한 순간에 급격히 파단에 이르는 것이 손상 사례이므로, 재료가 일부 버텨 주는 연성 파괴에 비하여 예측없이 순식간에 발생되어 그 피해와 책임이 막대해지는 특징을 갖는다.

* 일반적으로 취성파괴를 일으키는 대표적인 재료는 소성변형이 거의 없는 유리와 세라믹 등과 같은 재료를 들 수 있다.

* 또한 표면의 결정립 크기를 조사해야 하는데, 큰 결정립은 취성을 띠는 재료의 한 특징이다. 재료의 결정립이 미세하다고 그 재료가 항상 연성을 띠는 것은 아니지만, 큰 결정립은 작은 결정립에 비하여 항상 취성 파괴의 경향이 크다.

* 취성파괴면의 특징은 일반적으로 벽개면(Cleavage Plane)이라고 하는 특정한 결정면을 따라 파괴가 일어나며, 소성변형이 거의 수반되지 않기 때문에 파면이 광택을 띠게 된다. 그리고 이러한 벽개면들이 벽개계단을 통하여 서로 연결되어 전체적인 파면을 관찰해 보면 물의 흐름모양(River Pattern)을 형성하게 되는데, 이것을 따라가면 균열성장 방향과 일치하게 되어 파괴의 진행과정을 분석하는데 유용하게 이용된다.

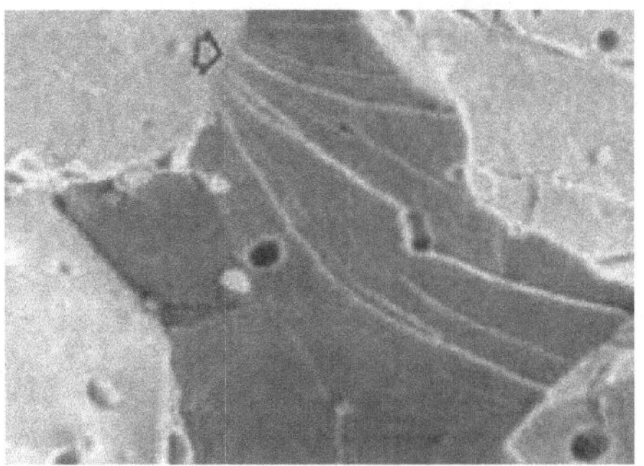

[사진 2] 저탄소강의 벽개파면

(3) 피로파괴(Fatigue Fracture)

* 어떤 반복 횟수에서 재료가 갑자기 파괴되는데 이것을 피로 파괴(fatigue fracture)라고 한다. 일상에서 피로파괴의 가장 흔한 예가 철사 끊기 사례이다.

* 피로는 반복인장하중의 작용으로 발생한다. 비록 부품이 설계된 항복강도 범위 내의 부하를 받는다 해도 응력집중 인자가 있으면 국부적으로 최대인장강도를 초과하므로 균열을 발생시킨다. 이 균열은 부하가 걸릴 때마다 성장하고, 이 시점부터 재료표면은 최대인장강도 이상의 부하가 계속 걸리게 된다.

* 피로파괴는 파단면에 나타나는 해변무늬(Beach Mark) 혹은 줄무늬(Striation)에 의해서 알 수 있다. 이러한 흔적들은 균열의 시작점을 알려 주며 표면결함 등에 대한 정보를 제공해 준다. 특히 피로파괴는 예측이 어렵고, 거시적으로 보아 커다란 소성변형을 갖지 않고, 또한 파면은 주된 인장축의 방향에 직각으로 되어 있는 등 외견상 취성적인 파괴형태를 나타낸다.
* 실제의 기계나 구조물에서 일어나는 파괴의 대부분은 피로(Fatigue)에 의한 것이며 자동차, 항공기, 펌프, 터빈 등의 사고원인도 피로파괴 사례가 많다.

03 강도설계에 사용되는 다음의 파손이론에 대하여 설명하시오.
1) 최대 주응력설   2) 최대 전단응력설

해설

1. 개요

* 파괴이론은 흔히 파괴기준이라고도 불리며, 파괴는 항복 또는 파단을 의미한다.
* 일반적으로 파괴기준에는 두 개의 그룹이 있다. 하나는 파단에 의해 파괴되는 취성재료와 다른 하나는 항복을 나타내는 연성재료에 대한 것이다.

2. 취성재료 파손이론

(1) 최대법선응력 이론(최대주응력 이론)

* W. Rankine이 제안한 최대법선응력 이론은 모든 파괴이론 중에서 가장 오래되고, 파괴이론 중에서 상대적으로 간단하다.
* 이 이론은 파괴가 재료의 최대주응력이 재료의 1축 시험의 최대응력 σ_{ult} 와 같을 때 발생한다고 가정한다.

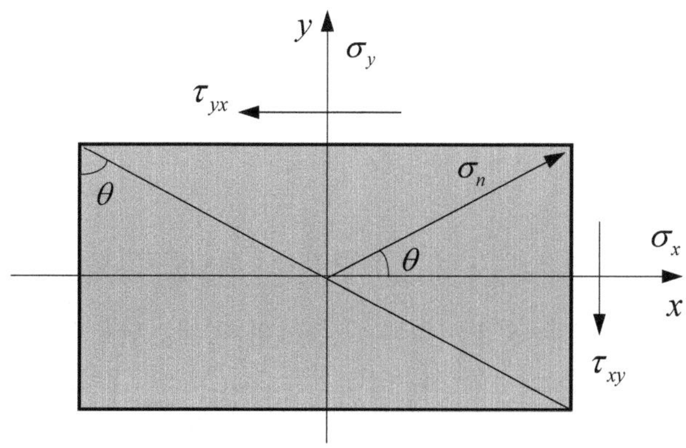

* 평면응력에서 θ가 0°에서 360°까지 변화할 때 σ_n과 τ도 변화한다. $(\sigma_n)_{max}$이 최대값인 주응력을 σ_1, 최소값인 주응력을 σ_2라고 한다.

$$\sigma_1, \sigma_2 = \frac{\sigma_x + \sigma_y}{2} \pm \frac{\sqrt{(\sigma_x - \sigma_y)^2 + 4\tau_{xy}^2}}{2}$$

(2) Mohr 파괴이론

* Mohr 파괴이론은 인장과 압축에 대해 서로 다른 특성을 갖는 재료에 적용된다.

* 이 이론을 적용하기 위해서는 재료의 최종 인장응력 $(\sigma_{ult})_t$와 최종 압축응력 $(\sigma_{ult})_c$를 알아야 하는데 이는 인장시험에서 구해진다. 두 응력상태에 대한 Mohr원은 아래의 그림과 같이 하나의 그림으로 그릴 수 있다. (여기서, 첨자 t : tension, c : compression)

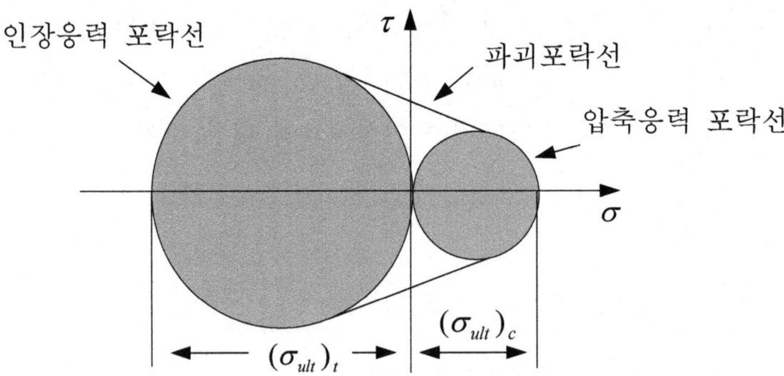

* Mohr 이론의 파괴 포락선 그림은 원에 접하는 두 직선을 그려 얻어진다. 주어진 응력 상태는 그것의 Mohr원이 완전하게 위 그림의 파괴 포락선 내에 있을 때 안전하다고 생각한다. 이는 Mohr원이 파괴포락선에 접하거나 그 외부에 있으면 파괴라고 추정하는 것이다.

3. 연성재료 파손이론

(1) 최대전단응력 이론

* Tresca의 항복 기준으로 알려진 최대전단응력이론은 평면응력에서의 절대 최대 전단응력 $|\tau_{max}|$이 1축 인장시험의 항복시의 최대전단응력과 같을 때 항복이 발생한다고 가정한다.

$$\tau_{\max} = \frac{\sqrt{(\sigma_x - \sigma_y)^2 + 4\tau_{xy}^2}}{2} \quad (= \frac{\sigma_1 - \sigma_2}{2})$$

$$\tau_{\min} = -\frac{\sqrt{(\sigma_x - \sigma_y)^2 + 4\tau_{xy}^2}}{2}$$

(2) 최대 뒤틀림 에너지 이론

* 최대 뒤틀림 에너지 이론은 연성 재료의 항복을 예측하는 데 가장 일반적인 이론이다.

* 탄성체를 변형하는 힘들에 의해서 한 일은 물체 내에 변형에너지로 저장된다.

$$\text{탄성변형에너지 } U = \frac{T^2 l}{2GI_p}$$

여기서, 극단면2차모멘트(극관성모멘트) $I_p = \frac{\pi d^4}{32}$

* 최대 뒤틀림 에너지 이론은 재료가 다음과 같이 같을 때 항복이 시작된다고 간주한다.

$$U = U_y$$

여기서, U_y는 1축 항복시험의 항복점에서 동일 재료의 뒤틀림변형에너지이다.

부식 및 방식

01 기계설비에 발생하는 부식(Corrosion)의 정의, 종류, 발생메커니즘, 영향
요인, 방지대책을 설명하시오(단, 배관설비를 중심으로).

[해설]

1. 부식의 정의

* 부식이란 금속이나 합금이 그 환경과의 화학적 작용 또는 전기·화학적 적용에 의
  해 표면으로부터 산화되어 소모, 파괴되어 가는 현상을 말한다. 이때 물의 존재 하
  에서 발생되는 부식을 습식(wet corrosion), 물이 접하지 않는 상태에서 발생되는
  부식을 건식(dry corrosion)이라 부른다.
* 습식은 수중, 땅 속 그리고 대기 중에서의 부식을 말하며, 비교적 저온에서 발생되
  는 부식현상이고, 건식은 고온의 공기나 가스 중에서의 부식이 이에 해당된다.
  대체로 부식이라 하면 습식을 가리키는 경우가 많다.

2. 부식의 종류

(1) 전식(Cathodic corrosion)

* 전식은 외부 전원에서 누설된 전류에 의해서 일어나는 부식을 말한다.

(2) 선택부식

* 선택부식은 재료의 합금성분 중 일부성분은 부식되고, 일부성분만 남아서 강도가
  약한 다공질 형태가 되는 부식으로, 황동의 탈아연부식 등이 있다.

(3) 간극(틈새)부식

* 간극(틈새)부식은 금속판과 금속판의 연결부분, 배관의 연결부분 등의 틈새에 전
  해질 수용액이 침투하여, 틈새에서 급격하게 부식이 일어나는 것을 말한다.

(4) 입계부식

* 입계부식은 합금이나 금속 중에 불순물이 포함되어 있을 때 입계부분(입자의 경
  계)에서 국부적으로 일어나는 부식을 말한다.

(5) 찰과부식

* 찰과부식은 금속과 금속, 금속과 비금속 간의 마찰에 의해서 부식이 생기는 것을 말한다.

(6) 갈바닉부식(Galvanic Corrosion, 이종금속접촉에 의한 부식)

* 갈바닉부식은 이온화 경향이 다른 두 금속이 접합되고, 전해질이 묻으며 이온화 경향이 큰 금속에서 이온화 경향이 작은 금속쪽으로 전류가 흘러 이온화 경향이 큰 금속에서는 부식이 진행되고, 이온화 경향이 작은 금속은 방식이 된다.

(7) 응력부식

* 응력부식은 지속적인 응력으로 인해서 부식이 진행되는 것을 말한다.

3. 부식발생 메커니즘

* 자연 환경에서 물이 금속표면에 접촉하는 것은 금속이 부식하는 조건이 된다. 이같은 습식부식의 발생기구는 물과 금속의 전기 화학적 반응으로 설명된다.
* 부식발생 메커니즘은 다음 순서로 진행된다.

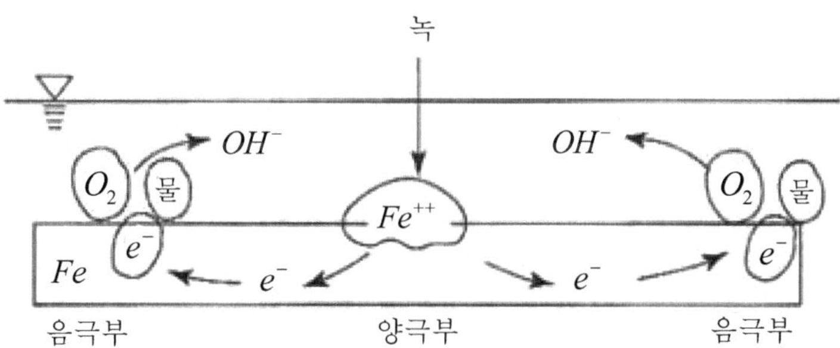

① 철은 양극부에서 Fe 이온과 전자로 나누어진다.

$$Fe \rightarrow Fe^{++} + 2e^-$$

② 철은 Fe 이온이 되어 물 속으로 녹아 들고, 전자는 금속체를 통해서 음극으로 이동한다.

③ 물 속이 중성 또는 알카리(Alkali)이면 음극부는 물속에 녹아 있는 산소에 의해 수산 이온을 만든다.

$$O_2 + 2H_2O + 4e \rightarrow 4OH^-$$

④ 산소가 환원되어 수산이온이 되고, 철이온이 수산이온을 끌어 당겨서 수산화제1철 $Fe(OH)_2$가 된다.

$$Fe^{++} + 2OH^- \rightarrow Fe(OH)_2$$

⑤ 물 속에 있는 산소에 의해서 수산화제1철은 산화되어, 수산화제2철 $Fe(OH)_3$가 된다.

$$4Fe(OH)_2 + O_2 + 2H_2O \rightarrow 4Fe(OH)_3$$

⑥ 이 화합물은 불안정해서 붉은 녹($Fe_2O_3 \cdot 3H_2O$)으로 변한다.

4. 부식의 원인 및 부식에 영향을 주는 인자

(1) 외적 요인

① 용존산소의 영향 : 가열로 인해 물속의 용존산소가 유리되면 그 부분에 있는 철 등의 금속 표면을 부식시킨다.

② 용해성분 영향 : 이온, 고형물, Na, Mg 등 가수분해하여 산성이 되는 물질은 부식성이 있다.

③ 유속의 영향 : 유속이 빠를수록 부식은 쉽게 발생하는데, 유속이 빠를수록 산화 작용으로 인하여 보호피막이 박리되어 금속표면이 침식된다.

④ 온도의 영향 : 온도가 높을수록 부식이 쉽게 발생하며, 약 80°C까지는 온도상 승에 따라 부식성이 증가하나 그 이상이 되면 용존산소가 제거되어 부식성은 현저히 저하한다.

⑤ pH : 수소이온농도가 낮을수록 부식이 쉽게 발생한다. 금속은 산과 강알칼리에 쉽게 부식된다.

(2) 내적 요인

① 금속조직의 영향 : 조직의 결정상태에 따라 부식정도가 다르다(금속표면 조직 의 균일정도, 금속표면의 형상).

② 금속의 가공정도의 영향 : 냉간압연은 잔류응력이 생기므로 부식이 용이하게 된 다.

③ 금속의 열처리의 영향 : 열처리는 잔류응력을 제거하여 내식성을 증가시킨다.

5. 부식방지대책

(1) 배관재의 선정(재질의 변화)

* 부식이 잘 되지 않는 고급 재질을 사용하고, 지하매설 배관은 강관 대신 합성수
지계통의 배관(CPVC)을 사용한다.

(2) 배관 또는 금속표면의 피복

* 금속표면과 부식 환경 간에 절연을 시켜 부식을 방지하는 방법으로 페인트에 의
한 도장, 아연도금, 니켈-크롬도금 등을 들 수 있다.

(3) 구조상 적절한 설계

* 이종금속의 조합을 피하고 동일재질을 사용한다. 불필요한 틈새, 요철을 피하고
응력이 가해지지 않도록 설계한다.

(4) 부식환경의 제거

① 온수(순환수)온도 제어 : 수온에 의해 심하게 활성화되기 직전의 온도를 사용하
여 부식을 방지한다.
② 유속제어 : 유속이 너무 빠르면 배관 내의 보호피막이 파괴될 수 있으므로, 유
속을 작게 해서 부식을 방지한다.
③ 용존산소의 신속한 제거 : 배관 내부를 가급적 가압상태로 유지하고, 최고 지점
에 자동공기배출 밸브를 설치하여 기체를 배출시켜 부식을 방지한다.

(5) 산소와 금속표면과의 접촉차단

* 밀폐사이클에서 에어벤트(air vent)를 설치하여 배관 내의 공기를 완전히 배출시
킴으로써 부식을 방지한다.

(6) 서로 다른 배관 재질 사용 시 절연

* 서로 다른 두 종류의 금속제 배관을 연결할 경우, 연결 부분에 절연 가스켓을 사
용하여 부식을 방지한다.

(7) 전기방식방법

* 음극과 양극간의 전위차를 없애는 방법인 전기방식법에는 금속체에 전류를 흘려서 방식하는 음극방식법과 양극방식법이 있다.
* 음극방식법에는 외부전원공급방식, 희생양극법(갈바닉 커플링)이 있다.

02 음극방식(Cathodic Protection)이란 무엇인가?

[해설]

1. 서론

* 귀금속을 제외하고 일반산업에 쓰이는 실용적인 금속은 산화물 형태로서 존재하는 것을 인간이 강제로 에너지를 가하여 용도에 맞도록 인위적인 순금속 또는 그 합금을 만든 것이다. 따라서 이 가공된 금속재료는 대기 중에 존재하는 한 본질적으로 불안정하여 산화반응을 진행시켜 결국 안정한 자연상태의 산화물로 되돌아가려고 한다. 즉, 부식은 필연적이다.
* 그러므로 가공된 금속이 부식환경 속에서 부식이 일어나지 않게 하든지 또는 부식속도를 매우 느리게 하여 산업현장에서 원하는 수명 기간 동안 안전하게 사용할 수 있도록 하는 것이 방식(Corrosion Prevention)이다.

2. 음극방식(Cathodic Protection)

* 전류가 전해질에서 금속으로 들어가면 금속의 부식이 방지되고, 반대로 금속에서 전해질로 들어가면 부식은 가속된다.
* 이와 같이 전류가 강제로 전해질에서 금속으로 들어가도록 하는 음극방식에는 인위적인 "외부전원 공급방식"과 "희생양극법(갈바닉 커플링 형성)"의 2가지 방법이 있다.

(1) 외부전원 공급방법

* 아래 그림과 같이 외부 DC전원공급이 지하탱크와 연결하되 (-)단자가 탱크에 연결되고, (+)단자가 인공의 불활성 양극에 연결시킨다.
* 이때 전선은 전류의 누설이 없도록 절연되어야 하며, 양극은 코크스분, 석고 등으로 구성된 물질로 되메움(Backfill)하여 양극과 토양사이의 전기적 접촉을 향상시키도록 하면 좋다.

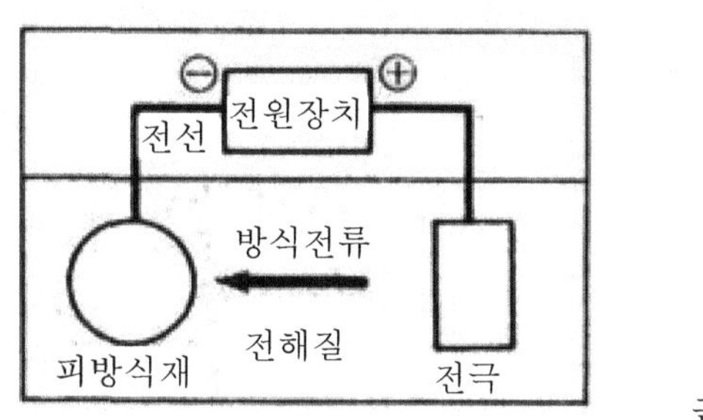
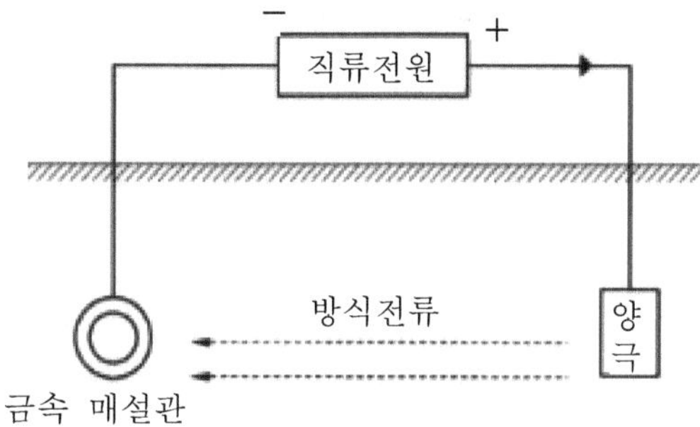

[그림 1] 외부전원공급 방법의 개략도

1) 장점

① 적용전압과 전류를 대폭 조절할 수 있으므로 어떤 환경에도 적용할 수 있다.

② 부식성이 강한 환경이나 큰 방식전류를 필요로 하는 시설에서 경제적이다.

③ 불용성 전극을 사용하는 경우에는 장치의 수명이 길다.

④ 전극설치면적이 적고, 협소한 장소에도 가능하다.

2) 단점

① 전력비가 필요하다. ② 장치의 감시, 보수 및 점검이 필요하다.

③ 나의 금속구소물에 대한 전류간섭에 주의를 요한다.

(2) 희생양극법(갈바닉 커플링)

* 희생양극을 이용하여 지중매설배관에 사용되는 음극방식의 예를 아래 그림에 나타내고 있다.

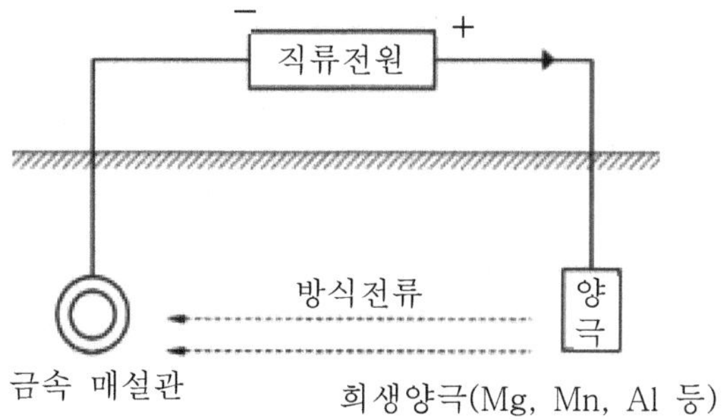

[그림 2] 희생양극법(유전 양극법)

1) 장점

① 전원을 이용할 수 없는 장소나 이동하는 대상물에 적용할 수 있다.

② 소규모로 분산된 대상, 도장된 경우에는 소전류시설의 방식에 경제적이다.

③ 시공이 간단하여 보수관리가 용이하다.

④ 유지전력비가 필요없다.

2) 단점

① 전류의 조절이 비교적 곤란하다.

② 소규모의 양극으로는 소모에 의한 보충이 필요하다

③ 유효전압이 작음으로써 비저항이 높은 환경에서는 다수의 양극을 필요로 하며 비교적 고가이다.

03 오스테나이트계 스테인리스강에서 발생되는 입계부식의 현상과 방지대책에 대하여 설명하시오.

해설

○ 입계부식(Intergranular Corrosion)

(1) 개념

* 입계는 내부에너지가 높아 입내에 비하여 반응성이 크므로 부식이 먼저 일어나기 쉽다.

* 보통 부식이 일어나는 것은 입계가 입내보다 약간 반응성이 큰 재료에서 먼저 일어나지만 부식의 형태로서 입계부식은 입계의 반응성이 굉장히 커서 입계를 따라서 발생하는 국부부식이다. 입계 부식이 일어나면 결정립들이 분리되어 강도가 급격히 저하된다.

(2) 부식기구

* 입계부식은 입계에서의 불순물, 함금원소 중 어느 하나가 과도히 많은 경우 또는 그 반대로 어느 함금원소가 현저히 감소한 경우 일어난다.

(3) 방지대책

① 고온에서 고용화 처리 후에 급랭

② 크롬탄화물 생성을 억제시키는 안정제 첨가

③ 저탄소화(탄소함유량을 0.03% 이내)로 조정

제 4 장

기계공작

4.1 주조

금속재료

01 탄소강의 성질 및 함유원소의 영향 중 온도에 따른 성질 3가지에 대해서 기술하시오.

해설

○ 탄소강의 온도에 따른 성질의 변화

① 청열취성 : 200~300°C에서 상온일 때 보다 인성이 저하되는 특성이며, 탄소강 중의 인이 철과 결합하여 인화철(Fe_3P)을 만들어 입자를 조대화시킨다. 이는 편석으로 되어 연신율을 감소시키고, 충격치가 낮아져 취성의 원인이 된다.

② 적열취성 : 황을 함유한 강이 950°C에서 인성이 저하되는 특성이며, 황은 결정립계에 석출되어 취약하고(충격치가 낮아지고) 고온가공성이 저하한다.

③ 상온취성 : 탄소강은 온도가 상온이하로 내려가면 강도와 경도가 증가하지만 충격 값은 감소한다. 인을 포함한 탄소강은 결정입계에 편석되어 충격강도가 저하되고 냉간가공 중 편석부위로 파괴된다.

[참고] 편석 : 금속이나 합금이 응고시 화학적 조성이 고르지 않게 되는 현상

02 일반적인 금속재료의 단순인장시험에 대한 다음 물음에 답하시오.

1) 재료의 인성(Toughness)을 정의하고 어떻게 나타낼 수 있는지 설명하시오.

2) 재료의 강도와 인성 및 연성의 일반적인 관계는 어떻게 되는지 설명하시오.

해설

1. 재료의 인성을 정의하고 어떻게 나타낼 수 있는지 설명

(1) 연성 : 늘어남

* 연성이란 재료를 늘릴 때 파괴되지 않고 계속 늘어나는 현상

* 재료를 늘릴 경우 탄성한도를 넘어서면 파괴가 된다. 하지만 연성이 크면 탄성한도를 넘어도 파괴되지 않으며, 형태가 변형되어 원래 상태로 돌아올 수 없는 소성변형이 발생한다.

(2) 전성 : 펴짐

* 재료에 압축을 가할 대 파괴되지 않고 계속 얇게 변형되는(즉, 펴지는) 성질이다.
  연성과 전성을 합하여 가소성이라고 한다.

(3) 인성 : 질김

* 재료의 변형 에너지를 흡수할 수 있는 능력(질긴 성질)이다. 인성이 우수할수록
  외력에 대한 변형이 잘 일어 난다. 재료의 $\sigma - \varepsilon$ 곡선에서 곡선과 가로축으로 형
  성되는 전체면적에 해당한다.

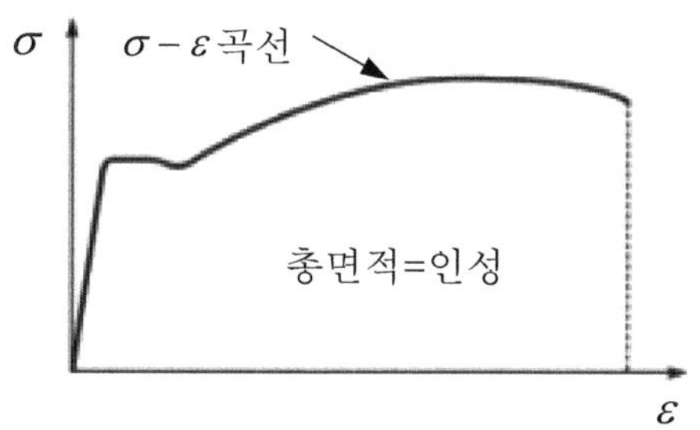

* 연성과 인성은 외력에 의해 변형을 일으키는 능력은 유사하지만, 연성은 재료뿐
  만 아니라 구조물에도 적용이 되지만, 인성은 재료의 성질에 국한된다. 연성은
  탄성한도를 지난 후에만 발휘되는 성질이지만, 인성은 외력이 작용한 이후 모든
  하중 이력에서 발휘되는 성질이다.
* 콘크리트는 대표적인 취성 재료이고, 강재는 대표적인 인성 및 연성 재료이다.

2. 재료의 강도와 인성 및 연성의 일반적인 관계

① 강도와 인성의 관계 : 강도와 인성의 관계는 반비례 관계이다. 즉, 강도가 크면 인
   성이 작고, 강도가 작으면 인성이 크다.

② 강도와 연성의 관계 : 강도와 연성의 관계 또한 인성과 마찬가지로 강도가 강할수
   록 연성은 작아진다.

③ 연성과 인성의 관계 : 연성과 인성의 관계는 비례관계이다. 즉, 연성이 큰 재료일
   수록 충격을 흡수하는 인성이 크고, 연성이 작은 재료는 인성도 작아진다.

03 금속재료의 대표적 성질 5가지만 열거하시오.

[해설]

1. 금속재료의 대표적 성질

(1) 기계적 성질

① 재료가 외력에 대응하여 나타내는 고유의 역학적 성질

② 강도, 강성, 취성, 인성 등

(2) 물리적 성질

① 물질의 본질을 변화시키지 않으면서 측정할 수 있는 성질

② 녹는 점, 어는 점, 끓는 점, 밀도, 용해도, 전기전도율, 선팽창계수 등

(3) 화학적 성질

① 빛, 열, 약품 등에 의해 물질의 본질이 변할 때 나타나는 성질

② 내식성, 내열성, 내부식성 등

2. 금속의 공통된 성질 5가지

① 상온에서 고체이며 결정체이다.

② 열과 전기의 양(兩) 도체이다.

③ 비중이 크고, 금속특유의 광택이 있다.

④ 소성변형이 있어 가공하기 쉽다.

⑤ 이온화하면 양이온이 된다.

04 주철에 포함된 주요 5원소를 쓰고, 그 영향을 설명하시오.

[해설]

1. 개요

* 주철의 성분은 용도에 따라 다르나 통상적으로는 C 3.0~3.4%, Si 0.5~3.0%, Mn 0.5~1.2%, P 0.3~1.0%, S 0.08~0.1%가 사용된다. 주철의 성질은 그 함유 성분 중 특히 탄소의 분포형태에 많은 영향을 받는다.

2. 주철의 성분과 원소 영향

(1) 탄소(C : Carbon)

① C가 많으면 인장강도, 항복점, 경도 등은 증가하고, 신율, 수축율, 연성 등은 감소한다.

② 주철에서 C는 시멘타이트와 흑연 상태로 존재한다.

③ 시멘타이트는 단단하고 강하게 하지만, 0.9% 이상이면 너무 단단하여 여려진다(부서진다).

(2) 규소(Si : Silicon)

① Si가 많으면 인장강도, 항복점 등은 증가하고, 취성증대, 용접성악화가 된다.

② 탄소의 흑연화 생성 촉진 원소이다.

③ 규소를 첨가한 주철은 응고수축이 적어져서 주조가 용이하다.

(3) 망간(Mn : Manganese)

① Mn이 많으면 강도, 항복강도 등은 증가하고, 절삭성은 나빠진다.

② 탄소의 흑연 생성을 방지한다.

③ Mn은 탈황 작용을 하므로 S의 해를 줄일 수 있다.

④ Mn은 강하고 단단하게 하는 성질로 절삭성이 나쁘게 되므로 1.5%를 넘지 않게 한다.

(4) 인(P : Phosphor)

① P가 많으면 강도, 경도, 절삭성 등은 증가하고, 내충격성 악화, 상온취성 및 청열취성이 심해진다.

② 주철을 단단하고 여리게(부서지게) 하므로 유해하다.

③ P의 함량이 많아지면 용융점이 낮아져 쇳물의 유동성이 좋아지고, 깨끗한 표면 가공에는 유리하다.

(5) 황(S : Sulphur)

① S가 많으면 절삭성은 향상되고, 적열취성 증가, 유동성 악화, 수축률 과대 현상이 나타난다.

② S는 주물에 해로운 불순물이므로 0.1% 이하로 제한시킨다.

③ 유동성을 나쁘게 하여 주조작업이 곤란하고, 정밀한 주조가 곤란하다.

④ 주조시 수축률을 크게 하므로 기공을 만들기 쉽고, 주조 응력을 크게 하여 균열을 일으키기 쉽다.

⑤ 흑연의 생성을 방해하며, 고온취성을 일으킨다.

05 스테인리스강(Stainless Steel)을 금속조직으로 분류하여 대표적인 3가지 종류와 특성을 각각 비교하여 설명하시오.

해설

1. 스테인리스강의 정의

* 스테인리스강은 철(Fe)에 상당량의 크롬(보통 12% 이상)을 넣어서 녹이 잘 슬지 않도록 한 강으로, 필요에 따라 탄소(C, 니켈(Ni), 규소(Si), 망간(Mn), 몰리브덴(Mo) 등을 소량씩 포함하고 있는 복잡한 성분의 합금강이라고 볼 수 있다.

* 스테인리스강의 분류는 다음과 같다.

		오스테나이트계
스테인리스강	Fe-Cr-Ni계	Duplex계
	Fe-Cr계	페라이트계
		마르텐사이트계

2. 금속조직상 분류

(1) 오스테나이트계

① 오스테나이틱 스테인리스강은 총 생산량의 70% 정도를 차지하고 있고, 가장 널리 쓰이는 스테인리스강이다. 조성은 대체로 Cr+ Ni $\geq$ 22%(Cr>16%, Ni>6%) 정도이고, Cr-Ni강으로서 표준성분은 18(Cr)-8(Ni)으로서 18-8형 스테인리스강이라고 한다.

② 내식성, 내열성, 저온강도 등이 우수

(2) 듀플렉스계

* 부식에 저항성 우수, 산업시설에 많이 사용

(3) 페라이트계

① 고 Cr계 스테인리스강으로서 성분은 C 0.1% 이하, Cr 13~25%, Ni 2% 합금으로서, 연하고 단조, 압연이 쉬워 성형재료로 사용되고 있다.

② 성형성, 내산화성, 내식성 등이 우수

(4) 마르텐사이트계

① 고온도에서 오스테나이트 조직이고, 그 상태에서 공랭 또는 수냉하였을 때 마르텐사이트 조직이 되는 종류

② 고강도에 가공성 우수, 내식성 우수, 내마모성 우수

주조법

01 금속을 용해하는 용해로의 종류와 그 특징에 대하여 설명하시오.

해설

1. 금속용해로의 종류

(1) 열원에 따른 용해로 분류

① 고체연료로 : 용선로(큐폴라), 도가니로

② 액체연료로 : 반사로, 도가니로

③ 기체연료로 : 천연가스사용로(미국, 러시아 등)

④ 유도전기로 : 전기로

(2) 용해금속 종류에 따른 분류

① 철주물품

　㉠ 주철주물용 : 용선로, 전기로

　㉡ 주강주물용 : 전기로, 평로, 반사로, 전로

② 비철주물용 : 도가니로, 전기로

2. 금속용해로의 특징

(1) Cupola(용선로)

* 주철 용해에 주로 사용되는 노이며, 경비가 적게 든다.

(2) 전로(Converter)

* 용금을 일시에 다량으로 사용하거나, 용금의 성분을 균일하게 사용하기 위해서 용선로에서 출탕된 용금(용해금속)을 저장하는 노이다.

(3) 도가니로

* 노내에 있는 도가니 속에 구리합금, 알루미늄합금과 같은 용융점이 낮은 비철금속 용해에 사용되는 노이다.
* 도기니란 형태가 장 담그는 도가니와 모양이 흡사하여 붙여진 이름이다.

(4) 반사로(Reverberatory Furnace)

* 연소실과 용해실이 별도로 구분되어 있고, 용해실에는 깊이 30~35cm의 용탕이 고이는 곳이 있고, 연소가스가 지금(地金)을 직접 가열함과 동시에 벽돌에서 반사되는 열로 금속을 용해한다.

(5) 평로(Open Hearth Furnace)

* 1회에 대량의 용강을 얻는 제강로이며, 대형은 50~500톤, 중형은 10~25톤, 소형은 3~5톤 용해능력이다.
* 공기예열 축열실과 용해하는 축열식 반사로로 구성되어 있다.

(6) 전기로(Electric Furnace)

* 전기를 열원으로 하는 노로서, 제강, 특수주강 용해에 사용되며, 조작이 용이하고, 온도조절을 정확히 하기에 용이하다.

(02) 인베스트먼트 주조(Investment Casting)에 의해 만들어진 기계부품을 열처리(특히, 뜨임처리, 즉 Tempering)할 때 얻어지는 이점을 안전의 관점에서 설명하시오.

[해설]

1. 개요

* 인베스트먼트 주조는 정밀 주조법의 일종으로서, 납 등의 융점이 낮은 재료로 모형(원형)을 만들고 이 주위를 인베스트먼트로 피복한 후 원형을 융해, 유출시킨 주형을 사용하는 주조법이다. 일명 lost wax법이라고도 한다.

2. 인베스트먼트 주조 공정

① 납, 왁스, 플라스틱 등으로 모형(원형)을 만든다.
② 내화 슬러리(인베스트먼트)를 모형주위에 성형하고 경화시킨다.
③ 모형을 녹여 제거후에 주형을 굽는다.
④ 용융금속을 주형에 주입하고 응고시킨 후 주형을 부순다.

3. 인베스트먼트 주조용 금속

* 알루미늄, 구리와 강, 스테인레스 강, 니켈, 마그네슘, 귀금속 등

4. 인베스트먼트 주조의 장단점

(1) 장점

* 우수한 표면, 높은 치수 정확도, 복잡한 형상 제조에 용이, 기계가공이 어려운 합금주조에 적당

(2) 단점

* 고가인 모형과 주형, 재료와 인건비가 비쌈, 치수의 제한

4.2 소성가공

소성가공법

01 소성가공(Plastic Working)에 대하여 간단히 설명하시오.

[해설]

1. 소성가공의 정의

* 소성가공(塑性加工, Plastic Working)이란 제품 형상의 틀에 가공 소재를 넣고 외력을 가해 원하는 형상과 물성을 갖는 부품 및 제품을 만드는 제조 기술이다.

* 소성 가공에는 상온에서 가공하는 "냉간 소성 가공"과 가열하여 가공하는 "열간 소성 가공"의 2종류가 있다. 금속은 가열하면 열팽창을 일으키며 변형되기 때문에 가능한 한 냉간 소성 가공으로 대응하고, 가공물의 재질의 경도가 높은 경우 등에는 열간 소성 가공을 이용한다.

2. 소성가공의 종류

(1) 단조 가공(forging)

* 잉고트(ingot)의 소재를 단조 기계나 해머로 두들겨서 성형하는 가공법으로 자유 단조와 형 단조로 구분한다.

(2) 압연 가공(rolling)

* 금속 재료를 회전하는 롤러 사이에 통과시켜 성형하는 방법으로 판의 제조에 이용되며, 봉(bar), 관(pipe), 형강재, 레일 등도 만들 수 있다.

(3) 인발 가공(drawing)

* 다이(die)의 구멍을 통하여 재료를 축방향으로 당기어 바깥 지름을 감소시키는 가공법으로 봉, 관, 선의 제조에 이용된다.

(4) 압출 가공(extrusion)

* 금속을 실린더 모양의 컨테이너에 넣고 한쪽에 램(ram)에 압력을 가하여 밀어 내어 가공하는 방법으로 봉, 관, 형재의 제조에 적용한다.

(5) 판금가공(Sheet Metal Working)

* 판상 금속재료를 형틀로써 프레스 절단, 압축, 인장 등의 방법으로 가공하여 목적하는 변형가공을 하는 것을 총칭하여 판금가공이라고 한다. 이것에 속하는 가공법은 다음과 같은 것이 있다.

　① 프레스 가공(Pressing)　② 전단가공(Shearing)　③ 굽힘가공(Bending)

　④ 디프드로잉(Deep Drawing)

* 그리고 판금은 수가공으로 제품을 만들 때도 있으며, 손작업 판금가공은 주로 수공구로 작업하고, 기계적 판금가공은 프레스 가공에 의한 것이 주로 취급된다.

(6) 전조(roll forming)

* 압연과 비슷하며, 전조 공구를 이용하여 나사나 기어(gear) 등을 성형하는 가공법이다.

02 전단(Shearing), 펀칭(Punching), 블랭킹(Blanking)을 구분 설명하시오.

[해설]

○ 프레스 가공에 대한 분류

(1) 전단(Shearing)

* 재료를 끝에서부터 순차적으로 절단시키는 작업이다.

(2) 블랭킹(Blanking)

* 소재로부터 정해진 형상을 절단하여 그것을 제품으로 사용하는 작업을 말하며, 그 제품을 Blank라고 하고, 남은 부분을 Scrap이라 한다.

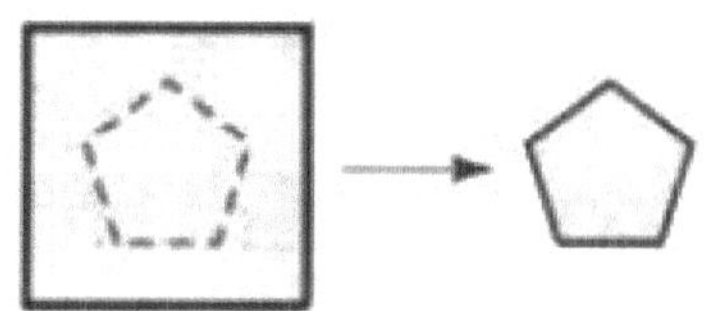

(3) 펀칭(Punching)과 피어싱(Piercing)

* 펀칭은 제품으로 사용하고자 하는 소재로부터 구멍을 뚫어 내는 작업을 말하며, 피어싱이라고도 한다.

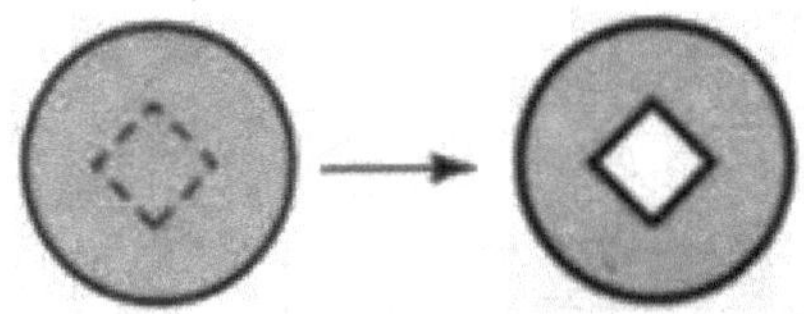

[참고] 프레스 가공에 대한 분류 추가

(1) 분단(Parting)

* 붙어 있는 것을 분리하는 가공이다.

(2) 노칭(Notching)

* 노칭(Notching)은 다양한 유형의 금속 스톡을 비스듬히 절단하는 가공으로서, 재료의 모서리를 V자 형상 비슷하게 따내는 것을 의미한다.

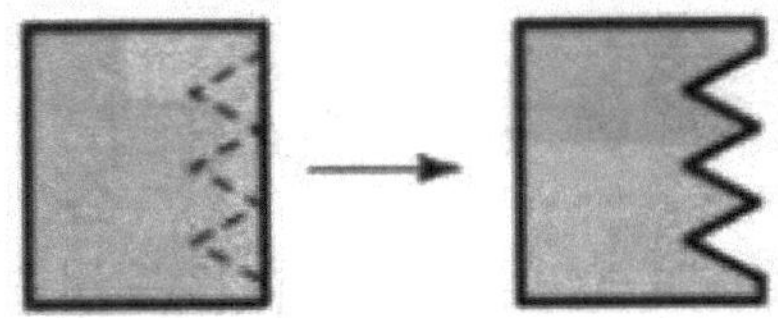

(3) 트리밍(Trimming)

* 트리밍은 쉽게 말하면 주 기능(Main Function)만을 남기고 모두 제거하는 것으로서, 다듬질의 가공이다.

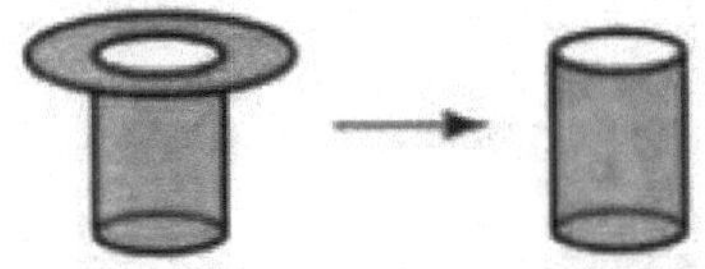

03 단조작업 시 위험요인과 작업안전 수칙에 대해서 각각 5가지 이상 설명하시오.

해설

1. 단조의 목적

* 단조의 목적은 단련과 성형이다. 즉 강괴의 내부에는 주조 시에 생기는 기공, 편석, 조대조직 등의 불균일성이 존재하므로 이것을 단조함으로써 기공 등이 압착되고 결정립이 미세화되어 조직이 개선됨으로써 단련된다.
* 또한 성형에 의해 소정의 형상을 주고 후공정인 기계가공의 공수를 감소시킴으로써 경제성을 부여할 수 있다.

2. 위험요인 및 대응조치

(1) 협착

① 압연부나 협착이 발생할 우려가 있는 부분에 접촉되지 않도록 주의
② 압연부나 협착이 발생할 우려가 있는 부분에 접촉되지 않도록 접근금지 조치

(2) 끼임

① 가동부분으로의 신체 및 손가락 등 접촉 방지조치
② 조립, 해체작업에 있어서 부자재 등의 고정기구 또는 현가장치의 사용

(3) 절단

① 날카로운 부분에 접촉이 되지 않도록 주의
② 날카로운 부분에 접촉이 되지 않도록 방호조치

(4) 회전말림

① 동력원 차단, 자물쇠 채우기 또는 기계적인 잠금장치 설치 등에 의한 회전기기, 이동기기 등의 오동작 방지조치
② 회전기기 등의 긴급정지스위치 설치

(5) 추락 및 전락

① 승강설비, 작업대, 난간 등의 추락 또는 굴러 떨어짐을 방지를 위한 설비 설치

② 불안정한 작업자세를 피하는 조치

③ 이동발판, 가대 등의 안정성을 확보하기 위한 조치

④ 위험장소 출입금지 조치

⑤ 밧줄 또는 추락 방지망 설비의 설치

⑥ 안전띠 착용 및 적절한 사용

(6) 낙하 및 비래

① 물체를 높은 곳에서 투하할 때 전용 투하설비 사용 또는 감시인 배치

② 물체의 낙하 위협이 있을 때 보호망 설치 및 출입허용구역 설정

③ 물체가 날아올 우려가 있을 때 철저한 비래 방지조치 및 보호구 사용

④ 안전모 착용

(7) 고열접촉

① 고열물 제거 또는 누설방지 조치

② 밸브, 플랜지 등을 개방할 때 고열물의 유출방지 조치

③ 고열물 또는 고온부분으로의 접촉방지 조치

④ 보호구 착용 및 적절한 사용

(8) 수증기 폭발

① 고열물과 접촉하는 내화물, 기구 등의 수분제거

② 고열물을 배출할 때는 부근에 물이 고여 있지 않은지, 고열물의 출탕구와 받는 용기와의 위치관계가 적절한지를 확인

③ 급배수용 배관 등에 누설우려 등이 없음을 확인

④ 고열의 가공물 처리 시 물과의 접촉방지 조치

(9) 산소결핍

① 작업개시 전의 산소농도 및 유해가스 농도 측정

② 유해가스 등의 제거, 누설방지 또는 환기 조치

③ 공기호흡기, 송기마스크 등의 호흡용 보호구 준비 및 적절한 사용

④ 감시인 배치

⑤ 산소결핍위험 장소 및 가스중독이 발생할 우려가 있는 장소에 대한 관계자 이외의 출입금지 조치

3. 작업안전수칙

① 작업준비단계에서 다음의 조치를 강구한다.

　㉠ 작업에 사당되는 공구, 용구, 가설기재 등의 점검·정비

　㉡ 필요한 게시물, 표시물 설치　㉢ 자격 또는 유자격자 배치 여부 확인

　㉣ 작업종류에 따라 호흡용 보호구, 보호장갑, 보호복, 보호안경 등의 보호구 준비

② 작업개시 전에 작업장소 및 그 주변의 위험 부분에 대하여 필요한 안전보건을 위한 조치가 확실하게 실시되고 있는지 확인한다.

③ 작업개시 전에 TBM(툴박스미팅) 등에서 작업절차서 및 작업계획서를 바탕으로 다음 사항을 철저히 주지시킨다.

　㉠ 작업절차서 등에 따른 작업내용　㉡ 지휘명령계통과 작업의 분담

　㉢ 연락 및 신호의 방법　　　　　　㉣ 주의사항 및 금지사항

④ 작업자는 작업 중에 사전에 예측하지 못했던 새로운 트러블 등으로 인하여 작업 절차의 대폭적인 변경이 발생한 경우에는 작업을 중지하고 작업지휘자 등에게 보고한다.

⑤ 설비를 정지하고 실시하는 작업의 경우 당해 설비 및 인접하는 설비의 동력원을 확실하게 정지함과 동시에 스위치, 밸브 등의 2중 차단, 자물쇠 채우기 등의 오조작 방지조치를 강구한다.

（04）전조가공(Form Rolling)에 대해서 설명하시오.

〔해설〕

1. 전조가공(Form Rolling)의 개요

* 소재나 공구(roll) 또는 양자를 회전시켜 소재에 공구의 표면형상을 각인(刻印)하는 일종의 특수압연이라 볼 수 있는 가공을 전조 또는 전조가공이라 한다.

* 전조는 냉간가공으로서 제조되는 것에는 원통 roll, ball, ring, 나사, gear, spline 축, 냉각 fin이 붙은 관 등을 들 수 있다.

* 전조의 특징을 열거하면 다음과 같다.

① 압연이나 압출 등에서 생긴 소재의 섬유가 절단되지 않기 때문에 제품의 강도가 크다.

② 소재와 공구가 국부적으로 접촉하기 때문에 비교적 작은 가공력으로 가공할 수 있다.

③ chip이 생성되지 않으므로 소재의 이용률이 높다.

④ 소성변형에 의하여 제품이 가공경화되고, 조직이 치밀하게 되어 기계적 강도가 크다.

2. 전조가공(Form Rolling)의 종류

(1) 나사전조(Thread Rolling)

* 제작하고자 하는 나사의 형상과 pitch가 같은 die에 나사의 유효지름과 거의 같은 소재를 넣고 die를 통하여 소재에 압력을 가하면서 소재를 회전시켜 나사를 만든다.

* 나사전조기에는 평(平) die 전조기, roll die 전조기, rotary planetary 전조기 등이 있다.

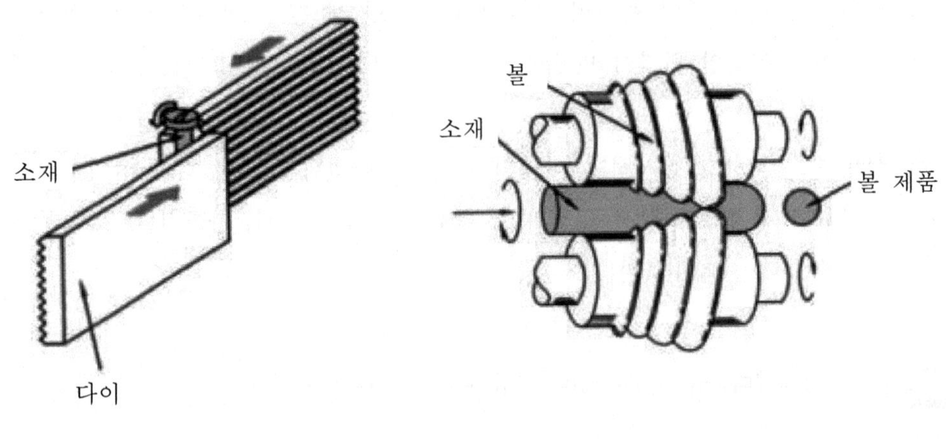

[그림 1] 나사 전조　　　　　　[그림 2] ball 전조

(2) Ball 및 원통 Roll 전조

* Ball 전조는 2개의 die roll이 동일 평면상에 있지 않고 서로 교차되어 있어 소재를 가압하면서 이송시킨다.

* die 홈은 ball을 형성하고 산은 소재를 들어가게 하여 최후에는 절단한다. 강구(鋼球)는 800~1,000℃에서 전조한다.

(3) Gear 전조

* Gear 전조는 치형과 치폭이 작은 것에 많이 이용되며, 전조방식에는 rack die, pinion die 및 hob형 die 등을 이용하는 것이 있다.

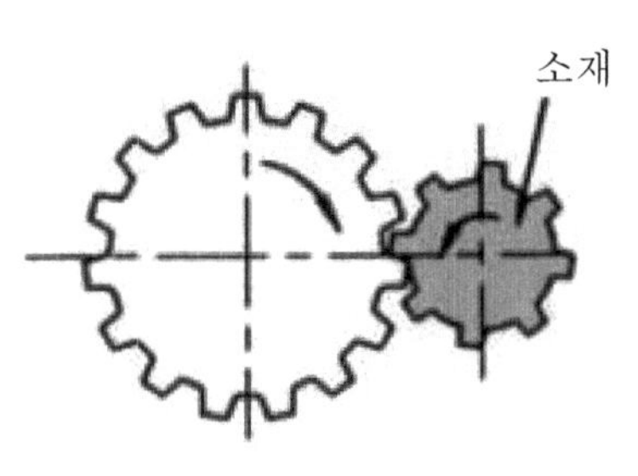

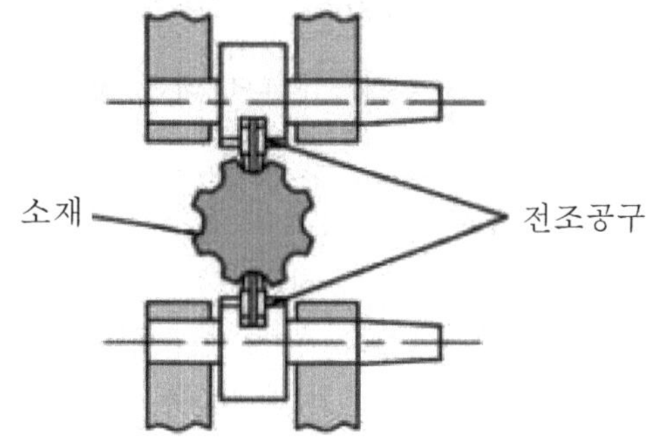

[그림 3] Gear 전조

[그림 4] 단붙이축 전조

(4) 단붙이축(軸) 전조

* 종래에는 자동차축의 단(段), 전동기축의 단을 기계가공에만 의존하였으나, 최근에는 그림과 같이 roll die로 소재를 회전시키고, 축방향으로 인발하여 축에 단을 만든다.

소성가공 특성

---

01 금속재료의 기계적 성질 중 강도, 연성, 인성들에 대하여 설명하고, 이들 성질과 파괴모드의 관계를 설명하라.

해설

1. 정의

(1) 강도(Strength)

* 강도는 어떤 재료가 파괴될 때까지 받을 수 있는 저항력을 의미한다.

* 강도의 단위는 단위면적당 받는 힘으로, 응력의 단위와 동일하며, MPa, kN/m^2 등이 이용된다.

(2) 연성(Ductility)

* 물질이 탄성한계를 넘는 힘을 받아도 파괴되지 않고 늘어나는 성질을 의미한다.
* 백금, 금, 은, 알루미늄 등은 연성이 크다.

(3) 인성(Toughness)

* 재료의 질긴 정도를 나타내는 성질을 의미한다.

2. 파괴모드와의 관계

(1) 강도와 파괴모드와의 관계

* 극한강도(인장강도)를 초과하여 힘을 가하면 강도가 저하하고, 파단강도에서 파
   단된다.

(2) 연성과 파괴모드와의 관계

* 연성이 크면 파괴가 잘 일어나지 않는다.

(3) 인성과 파괴모드와의 관계

* 인성값이 크면 파괴에 대한 에너지의 흡수력이 크므로 파괴가 일어나기 어렵고,
   인성값이 작으면 파괴가 일어나기 쉽다.

(02) 냉간가공과 열간가공을 간단히 설명하시오.

[해설]

1. 개요

* 소성가공에서는 가단성, 연성, 전성, 가소성 등을 이용한다. 일반적으로 물체를 가
   열하면 소성변형이 생기기 쉽게 된다. 소성변형이 잘 생기지 않는 재료는 열을 가
   하여 고온가공(hot working)을 한다. 그러나 소성이 큰 재료는 이것을 상온가공
   (cold working)을 한다.
* 재료를 가공하는 방법에는 냉간가공(상온가공) 및 열간가공(고온가공) 등이 있다.
   고온가공은 변형하기 쉬운 상태인 재결정 온도보다도 높은 고온에서 작업하며, 냉
   간가공은 성형완성을 정밀하게 하고 동시에 강도를 크게 할 목적으로 사용된다.
* 냉간가공과 열간가공의 구별은 재결정 온도에 따라 정한다. 재결정 온도는 대체
   로 금속의 용융점에 비례한다.

2. 냉간가공(cold working)

* 냉간가공(cold working)은 금속 재료를 재결정 온도 이하에서 가공하는 것을 말한다. 냉간가공을 하면 재료가 단단해지는 가공경화 현상이 나타난다. 최종 제품인 경우에는 가공 경화에 의하여 강도가 향상되는 효과가 있다.

* 철, 구리, 황동 등은 상온에서 소성변형을 받으면 가공경화를 일으킨다. 경화되는 정도는 가공도, 즉 변형률에 따라 증가된다. 냉간가공을 하면 금속의 기계적 성질이 변하여, 그 경향은 인장강도, 항복점, 탄성한계 및 경도 등은 점차 증가되고, 연신율, 단면수축률 등은 반대로 감소된다.

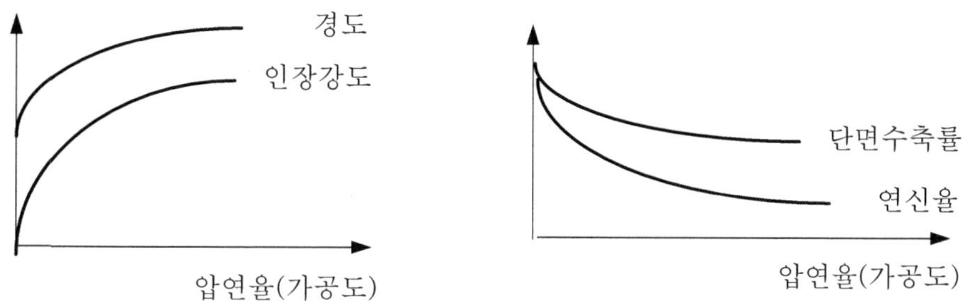

[그림 1] 가공도와 기계적 성질의 관계도

3. 열간가공(hot working)

* 열간가공(hot working)은 금속 재료를 재결정 온도 이상으로 가열한 뒤 가공하는 것을 말한다. 재결정 온도 이상의 고온에서는 재료의 변형이 쉽기 때문에 비교적 작은 동력으로도 크게 변형시킬 수 있다. 이때에 변형과 재결정이 동시에 생기게 되어 가공이 진행되어도 가공성을 상실하지 않는다.

* 재결정에 의한 연화 속도는 가공경화 속도보다 더욱 크다. 그러므로 열간가공은 냉간가공과는 달리 강력한 가공을 짧은 시간에 할 수 있는 장점이 있다. 고온가공된 재료는 연하고 소성이 좋으므로 성형하는 데 필요한 동력이 적게 든다. 고온가공을 하면 가공도를 크게 할 수 있어 같은 시간 내에 많은 양을 가공할 수 있다. 또한 조직을 미세화시키는 데 효과가 있다.

* 고온가공을 할 때에는 재료를 균일하게 가열하면 소성가공이 용이하고 안전한 온도범위에서 작업이 진행되어야 한다. 열간가공된 제품은 냉간가공으로 만든 같은 종류의 제품에 비하여 균일성은 적다. 이때에 가공된 제품은 재료의 표면이 산화되

어 변질하여 치수에 변화가 많아진다. 그리고 조직 및 기계적 성질도 균일한 것은 얻기 어렵다. 따라서 치수, 형상, 조직, 기계적 성질 등이 균일한 것을 얻으려면 열간가공한 후에 충분히 냉간가공하든가 또는 풀림을 하여야 한다.

4. 냉간가공과 열간가공의 비교

* 열간가공과 냉간가공의 장단점은 아래 표와 같다.

구분	냉간가공	열간가공
장점	1. 제품치수를 정확하게 할 수 있다. 2. 가공면이 아름답다. 3. 기계적 성질을 개선시킬 수 있다.	1. 적은 동력으로 큰 변형을 줄 수 있다. 2. 조직의 미세화가 가능하다.
단점	1. 동력소모가 크다. 2 변형이나 크랙이 발생할 수 있다.	1. 기계적 성질이 불균일해 진다. 2. 산화작용으로 표면이 깨끗하지 못하다.
용도	마무리 가공에 사용된다.	큰 변형이 요구되는 가공에 사용된다.

03 크리프(Creep) 현상에 대해 간단히 설명하시오.

[해설]

1. 개요

* 크리프(Creep)현상은 재료가 특정한 온도 및 하중에 일정시간 노출될 때 재료 조직구조의 변화가 원인이 되어 영구변형이 일어나는 현상이며, 주로 고온에서 작동하는 부품에서 발생하는 현상이다.

* 재료의 강도는 온도의 함수로서 온도가 증가하면 강도가 감소하게 된다. 그리고 고온강도의 중요한 특성은 시간과 변형속도의 함수라는 것이다.

* 일반적으로 상온에서 인장강도는 시간에 무관하게 일정하며, 변형속도에도 아주 미세하게 변화한다. 그러나 고온(일반적으로 금속의 크리프 발생 온도는 용융점온도의 0.3~0.4배 이상)에서는 재료의 강도가 변형속도와 시간에 매우 민감하게 반응하여 항복강도보다 훨씬 작은 하중에서도 시간에 따라 계속 변형이 일어나 장시간 하중을 받으면 결국 고온파괴에 이르게 된다.

2. 크리프곡선

* 어떤 재료가 고온에서의 사용 가능성을 알기 위해서는 응력과 온도를 일정하게 하
  면서 시간의 경과에 따른 변형률 또는 연신율을 실험에 의해 구할 필요가 있다. 시
  간을 횡축에 변형률 또는 연신율을 종축에 나타낸 결과를 크리프곡선(Creep
  Curve)이라고 한다.

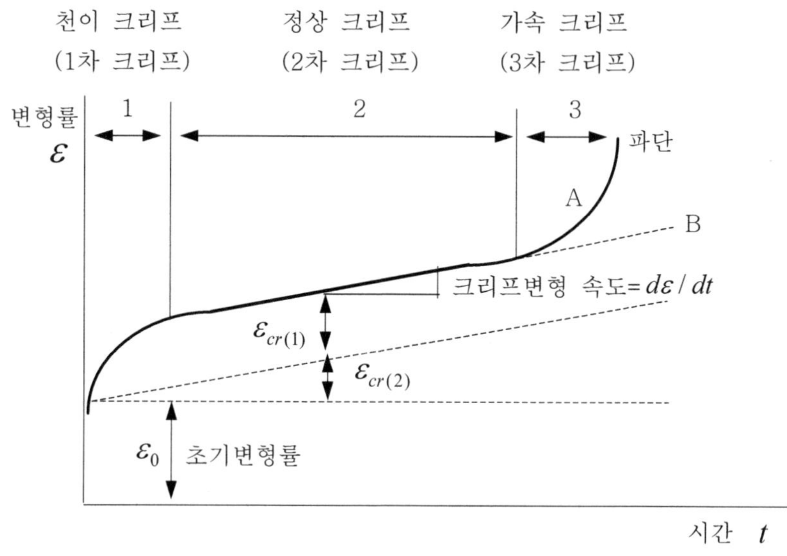

[그림 1] 크리프곡선의 예

* [그림 1]은 크리프곡선의 특성을 설명하기 위한 전형적인 한 예로서, 일정온도하에
  서 시험편에 일정하중을 가한 경우의 크리프곡선이다. 4단계 변형을 보여준다.

  ① 초기변형 : 부하 순간에 탄성변형과 시간에 의존하지 않는 소성변형의 합으로
     되는 순간변형이다.

  ② 천이크리프 또는 제1차 크리프 : 초기단계를 지나면 비교적 높은 속도로서 소성
     변형이 증가하지만 점점 변형속도가 낮아지고 마침내 일정한 속도로 변형이 증
     가하게 된다. 변형속도가 저하하기 시작할 때까지의 영역이다.

  ③ 정상크리프 또는 제2차 크리프 : 일정한 변형속도의 영역으로, 이 변형속도는
     작용하는 응력의 크기에 의해 변화하고, 응력이 2배로 되면 크리프속도는 수배
     에 달하는 것도 있다.

  ④ 가속크리프 또는 제3차 크리프 : 변형속도가 점차로 증가하여 파단에 도달할 때
     까지의 영역으로, 이 영역에서 네킹(Necking)이 생긴다.

* 그리고 재료의 종류, 온도 및 응력에 의해서 천이크리프에서 즉시 가속크리프로
  이동하는 경우 또는 천이크리프가 나타나지 않고 정상크리프와 가속크리프만이 나
  타나는 경우도 있다.

3. 크리프변형속도(Creep Strain Rate)

* 정상크리프는 가공에 의한 경화와 회복에 의한 연화가 평형으로 되어 크리프속도
  가 거의 일정하게 된 단계로서, 크리프변형속도를 정의할 수 있다.

* 지금 응력을 부하하여 순간적으로 생기는 변형률을 ε_0, 천이크리프 및 정상크리프
  에 의한 변형률을 $\varepsilon_{cr(1)}$, $\varepsilon_{cr(2)}$ 라고 하면, 정상크리프 영역에서 생기고 있는 총 변
  형률은 $\varepsilon = \varepsilon_0 + \varepsilon_{cr(1)} + \varepsilon_{cr(2)}$ 이다.

* 그리고 크리프변형속도(Creep Strain Rate)는 기울기에 해당하며, $\dfrac{d\varepsilon}{dt}$ 이 된다.

4. 크리프 한계 및 크리프 강도

* 크리프 한계(Creep Limit)란 어떤 온도에서 재료의 크리프변형속도 $d\varepsilon/dt = 0$ 이
  되는 응력 중에서 최대인 응력을 말한다. 그러나 이 값은 너무나 작기 때문에 실제
  로는 이것이 이용되지 않고, 소정의 시간 후에 크리프로 인한 전 변형률이 일정하
  게 될 때의 부하응력인 크리프 강도(Creep Strength)를 사용한다.

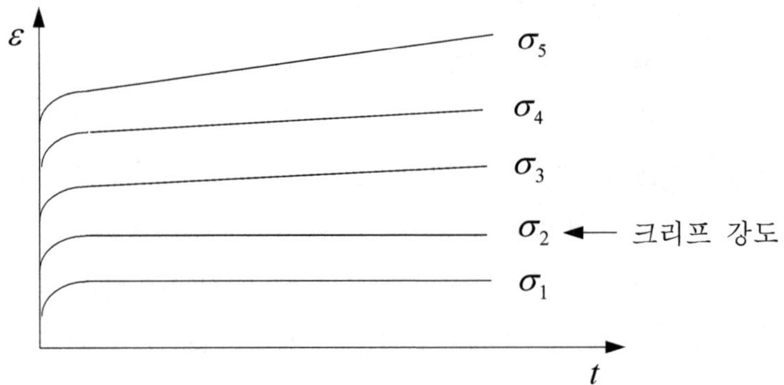

[그림 2] 응력·온도 변화에 따른 크리프곡선

* 크리프강도는 크리프현상에 의해 변형이 일시적으로 증가하는 것이지만, 일정한계
  의 응력이하에서는 응력 변형값이 증가하지 않는(즉, 일정한) 값의 최대값이 된다.

* 크리프곡선에서 특징적 현상으로서,

① 재료에 가해지는 응력 또는 하중이 클수록 크리프곡선의 위치는 상승한다.

② 재료에 가해지는 온도가 높을수록 크리프곡선의 위치는 상승한다.

(04) 소성변형(plastic deformation)을 설명하시오.

[해설]

1. 소성

* 소성 또는 가소성(plasticity)은 힘을 가하여 변형시킬 때, 영구 변형을 일으키는 물질의 특성을 가리킨다. 소성에는 연성과 전성이 있다.

2. 소성변형

* 하중의 원인을 제거한 후에도 남아 있는 변형이다. 소성변형은 재료의 탄성한계를 넘어섰을 때 영구적인 변형의 부분이다. 소성변형은 또한 plastic strain(소성변형률)과 plastic flow(소성유동)으로도 불린다.

* 소성변형은 응력-변형률 선도에서 탄성한계를 벗어나서 인장력이 가해질 때 일어난다.

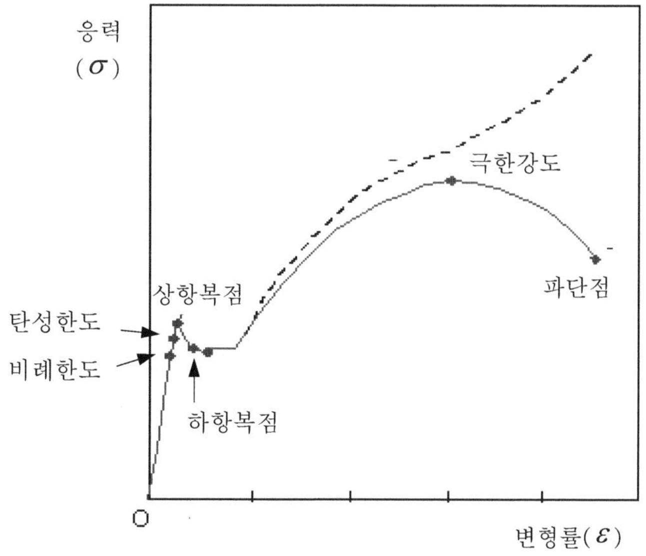

[그림 1] 응력-변형률 선도

3. 소성가공

* 소성가공은 금속이나 합금에 소성변형을 시키는 것으로, 가공 종류에는 단조, 압연, 선뽑기(drawing), 밀어내기(extruding) 등이 있으며, 금속이나 합금에 소성가공을 하는 목적은 다음과 같다.

① 금속이나 합금을 변형하여 소정의 형상을 얻는다.

② 금속이나 합금의 조직을 깨뜨려 미세하고 강한 성질로 만든다.

③ 가공에 의하여 생긴 내부 변형을 적당히 남겨 놓아 금속 특유의 좋은 기계적 성질을 갖게 한다. 소성가공은 변형을 일으키기 위하여 가열하는 온도에 따라 냉간가공과 열간가공으로 구분한다.

  ㉠ 냉간가공 : 재결정 온도 이하의 낮은 온도에서 가공

  ㉡ 열간가공 : 재결정 온도 이상의 높은 온도에서 가공

* 재결정 온도는 금속이나 합금의 종류에 따라 뚜렷하게 다르므로 냉간가공과 열간가공의 온도 범위는 금속이나 합금의 종류에 따라 다르다.

4.3 열처리

열처리 개념

01 강의 열처리는 공업적으로 널리 사용되는데 그 목적은 무엇인가? (5가지 이상)

해설

1. 열처리의 개요

* 금속재료가 각종 사용 목적에 따른 기능을 충분히 발휘하려면 각 용도에 적당한 성분을 가진 재료를 선택하여야 하고, 그 재료의 내부 결정 조직이 목적하는 강도에 가장 적합한 상태로 조절되는 것이 필요하다. 이 조절 방법으로 금속을 적당한 온도에 가열 및 냉각 등의 조작을 하여 목적한 성질을 얻는 것을 열처리(Heat Treatment)라고 한다.

2. 열처리의 목적

(1) 기계 재료로서 필요한 성질의 개선

① 강도, 경도, 인성. 연성 등 기계적 성질의 개선

② 내마멸성의 개선   ③ 내식성의 개량

④ 변형의 방지(시효변화, 잔류응력, 조직변화 등)

(2) 재료의 가공성 개선

① 피삭성의 개선 ② 소성가공성의 향상

(3) 제조공정으로서의 열처리

① 퀜칭(Quenching, 담금) : 급랭시켜 재질을 경화한다.

② 템퍼링(Tempering, 뜨임) : 담금질한 것에 인성을 부여하고, 조직을 균질화한다.

③ 어닐링(Annealing. 풀림) : 재질을 연하게 하고, 결정을 조절한다.

④ 노멀라이징 (Normalizing, 불림) : 소재를 균질로 하고, 표준화한다.

⑤ 항온열처리 : 오스템퍼링, 마퀜칭, 마템퍼링, 오스어닐링

02 금속의 취화현상 5가지를 들고 설명하시오.

해설

1. 개요

* 강철은 영하 등 낮은 온도에서는 충격을 받으면 깨지게 된다. 한편 불량한 재료를 사용하는 경우에는 영하가 아닌 상온에서도 깨지게 되는 현상이 나타난다.

2. 금속의 취화현상

(1) 청열취성(Blue Shortness)

* 200~300℃ 범위에서 저탄소강을 인장시험하면 인장강도는 증가하지만 연성이 저하되는 경우를 청열취성이라고 한다.
* 청열취성의 주요 요인은 질소이며, 산소는 이것을 조장하는 작용을 한다. 또 탄소도 청열 취성을 조장하는 원소로 다소 영향을 준다.
* Al, Ti 등 탈산의 효과와 질화물을 형성하는 원소를 첨가하면 청열취성은 나타나지 않는다.

(2) 적열취성(Hot shortness) 및 백열취성

* 불순물이 많은 강은 열간가공 중 900~1,200℃ 온도 범위에서 균열을 일으키는 취성을 나타낸다.
* 950℃ 부근의 적열 구역에서 발생하는 균열을 적열취성이라고 하고, 1,100℃ 부근의 백열 구간에서 발생하는 균열을 백열취성이라고 한다.
* Mn을 첨가하면 고용점의 MnS 및 MnC를 형성하여 이 취성을 방지하는 효과를 얻을 수 있다.

(3) 상온취성

* 탄소강은 상온 이하로 내려가면 강도, 경도가 증가하지만 충격값은 감소한다.
* 인(P)을 포함한 탄소강은 결정입자에 편석되어 충격강도가 저하되고, 냉간가공 중 편석 부위에서 파괴된다.

(4) 저온취성

* 실온 이하의 저온에서 취약한 성질을 나타내는 현상을 말한다.

* 저온취성을 예방하기 위한 방법으로는 저수소계 용접봉을 사용하여 수소의 발생원인을 최소화하고, 용접금속의 성분이나 용착방법 조정으로 개선할 수 있다.

(5) 뜨임취성(Temper Enbrittlement)

* 강을 900°C 전후에서 뜨임하는 과정에서 충격값이 저하되는 현상을 뜨임취성이라고 한다. 뜨임 취성은 Mn, Cr, Ni, V 등을 품고 있는 합금계의 용접 금속에서 많이 발생한다. 이 취성의 원인은 결정립의 성장과 결정립계에 석출한 합금 성분 때문이다.
* 산소, 질소가 많으면 결정립이 성장하기 쉽고, 탄소가 많으면 합금 성분의 석출이 현저하게 되기 때문에 뜨임취성을 방지하기 위해 이들 원소의 함량을 가능한 한 저하시키는 것이 좋다.

(6) 수소취화

* 금속이 고온의 수소원자를 포함한 수용액 또는 가스 분위기 등에 들어 있을 때 금속 내부에 수소가 확산 침입함으로써 인성이 저하되고 취약해지는 현상

(7) 알칼리취화(가성취화, 보일러취화)

* 저합금강(탄소강으로 만든 보일러 등)에서 고온, 고농도의 알칼리용액(NaOH, KOH 등)에 노출시의 입계응력부식 및 취화 현상

(8) 재열취성

* 용접이 완료된 구조물에 응력제거 혹은 수소 확산을 목적으로 하는 용접후열처리 과정에서 균열이 발생되는 경우이다.
* 재열 균열을 방지하기 위한 대책은 다음과 같다.
  ① 균열 촉진 원소는 배제한다.
  ② 용접후열처리(PWHT)시 최고가열온도를 모재의 뜨임온도 이하로 한다.

03 열처리에 있어서 경도불량이 나타나는 현상 3가지에 대하여 설명하시오.

[해설]

* 금속의 열처리는 재료의 특성을 원하는 대로 얻는 유용한 기술이지만, 열처리로 인한 부작용도 있다.

1. 조대결정 발생

* 조대결정은 크고 거친 결정으로서, 이는 제품의 수명과 강도를 저하시킨다.
* 조대결정은 긴 가열시간과 높은 가열온도가 원인이며, 해결대책은 A_{c_3} 이상으로 재가열 후 공랭하여 미세조직을 얻도록 한다.

[참고] 가열시의 A_3(912℃) 변태를 A_{c_3}, 냉각시의 A_3 변태를 A_{r_3} 라고 한다.

2. 경도 미달

* 냉각속도가 불충분하거나 온도가 부적합할 때 소요 경도를 얻지 못한다.
* 대책은 소요 경도를 얻을 수 있는 냉각제 중에서 가장 완만한 냉각제를 선택한다.

3. 표면경도 저하

* 표면의 탈탄과 오스테나이트가 남아 있는 경우 연마시 과열과 표면의 산화가 원인이다.

04 탄소강의 성질에 대해 Fe-C 평형상태도를 중심으로 변태점, 합금이 되는 금속의 반응, 탄소함유량에 따른 분류, 탄소강의 조직에 대해 각각 기술하시오.

[해설]

1. 탄소강

(1) 순철의 종류

① α 철 : A_3(912℃) 이하의 체심입방격자(예 : Fe, Mo, W, K, Na)

② β 철 : 768~912℃의 체심입방격자

③ γ 철 : 912~1,394℃의 면심입방격자(Al, Cu, Ag, Au)

④ δ 철 : A_4(1,394℃) 이상의 체심입방격자

(2) 순철의 변태점

① 동소변태 : 원자 배열의 변화가 생기는 변태(A_3 : 912°C, A_4 : 1,394°C 변태)

② 자기 변태(A_2 변태)

　㉠ 결정구조에 변화를 일으키지 않는 변태

　㉡ 순철이 768°C 부근에서 급격히 강자성체로 되는 변태

2. 철-탄소(Fe-C)계의 평형상태도

* 가로축을 Fe과 C의 2원합금 조성으로 탄소비율(%)로 하고, 세로축을 온도(°C)로 했을 때 각 조성의 비율에 따라 나타나는 합금의 변태점을 연결하여 만든 선도를 철-탄소계 평형상태도(Fe-C 평형상태도)라 한다.

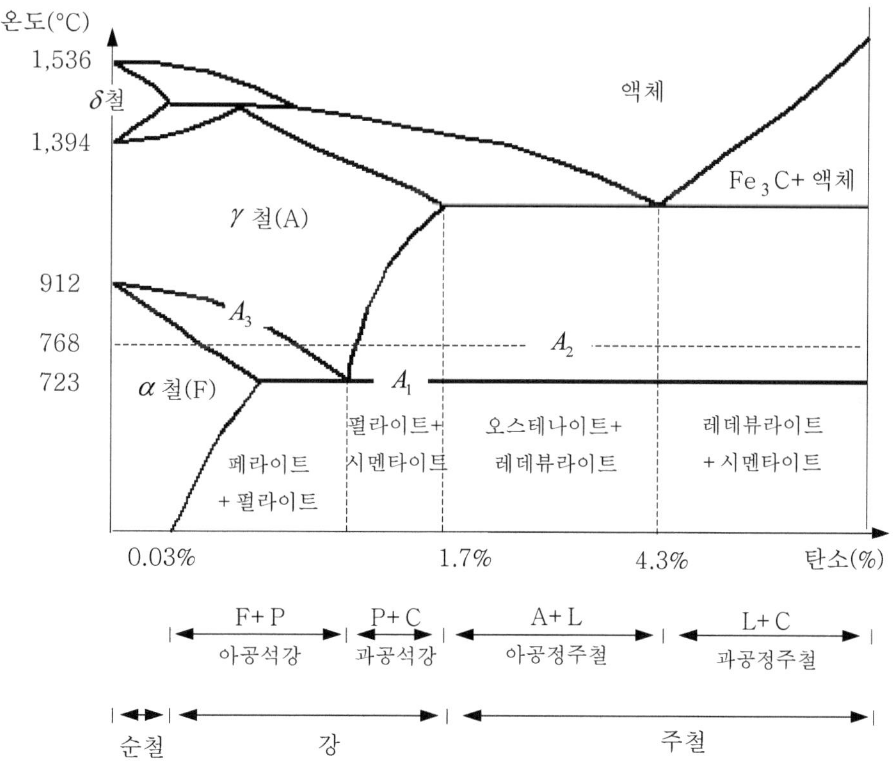

[그림] Fe-C 평형상태도

3. 변태점

① A_0 변태점 : 210°C, 시멘타이트의 자기변태점

② A_1 변태점 : 723°C, 강(steel)에만 존재하고, 순철(pure iron)에는 없다.

③ A_2 변태점 : 순철(768°C), 강(770°C), 자기변태점 또는 퀴리점

④ A_3 변태점 : 912°C

④ A_4 변태점 : 1,394°C

4. 합금이 되는 금속의 반응

① 공정반응 : 액체 $\leftrightarrow$ γ 철+Fe$_3$C (공정점 : 4.3%C, 1,130°C)

② 공석반응 : γ 철 $\leftrightarrow$ α 철+Fe$_3$C (공석점 : 0.77%C, 723°C)

③ 포정반응 : δ 철+액체 $\leftrightarrow$ γ 철 (포정점 : 0.17%C, 1,495°C)

5. 탄소함유량에 따른 분류

(1) 강의 분류

① 공석강 : 0.77%C, 펄라이트(P)

② 아공석강 : 0.02~0.77%C, 페라이트(F)+ 펄라이트(P)

③ 과공석강 : 0.77~2.11%C, 펄라이트(P)+ 시멘타이트(C)

(2) 주철의 분류

① 공정주철 : 4.3%C, 레데뷰라이트(L)

② 아공정주철 : 2.11~4.3%C, 오스테나이트(A)+ 레데뷰라이트(L)

③ 과공정주철 : 4.3~6.68%C, 레데뷰라이트(L)+ 시멘타이트(C)

6. 탄소강의 조직

(1) 오스테나이트(A)

* γ 고용체라고도 하는데, γ 철에 최대 2.11%C까지 고용된 고용체이다.

* A_1 점 이상에서 안정된 조직으로, 상자성체이며 인성이 크다.

* 결정구조는 면심입방격자(FCC)이다.

(2) 페라이트(F)

* α 고용체라고도 하는데, α 철에 최대 0.0218%C까지 고용된 고용체이다.
* 현미경조직으로는 흰 결정으로 나타나며, 대단히 연하고 전성과 연성이 크며, A_2 점 이하에서는 강자성을 나타낸다.

(3) 펄라이트(P)

* 0.77%C의 γ 고용체가 723°C에서 분열하여 생긴 페라이트와 시멘타이트의 공석 조직이다.
* 강도가 크며, 어느 정도의 연성이 있다.

(4) 레데뷰라이트(L)

* 2.11%C의 γ 고용체와 6.68%C의 시멘타이트와의 공정조직으로, 4.3%C인 주철 에서 나타난다.

(5) 시멘타이트(C)

* 6.68%C와 철(Fe)의 화합물(Fe_3C)로서, 매우 단단하고 부스러지기 쉽다.
* 또한, 1153°C로 가열하면 빠른 속도로 흑연을 분리시킨다.
* 연성은 거의 없고, 상온에서 강자성체이며, 담금질하여도 경화하지 않는다.

05 금속의 열처리에는 4가지 방법이 있다. 이들을 각기 기술하시오.

[해설]

1. 개요

* 열처리(Heat Treatment)란 가열, 냉각 등의 조작을 적당한 속도로 조절하여 그 재료의 특성을 개량하는 조작으로, 온도에 의해서 존재하는 상의 종류나 배합이 변 하는 재료에 이용되는 공정이다.

2. 열처리의 방법

* 강철은 열처리 효과가 가장 큰 재료로서, 다음과 같은 여러 가지 기본 열처리 방법 이 적용된다.

① 퀜칭(Quenching, 담금) : 급랭시켜 재질을 경화한다.

② 템퍼링(Tempering, 뜨임) : 담금질한 것에 인성을 부여하고, 조직을 균질화한다.

③ 어닐링(Annealing. 풀림) : 재질을 연하게 하고, 결정을 조절한다.

④ 노멀라이징(Normalizing, 불림) : 소재를 균질로 하고, 표준화한다.

* 이와 같은 열처리 과정은 가공하려는 재료 및 온도에 따라 다르다

3. 퀜칭(Quenching, 담금)

* 탄소강의 경도를 크게 하기 위하여 적당한 온도까지 가열 후 급랭시키는 방법이다. 일반적으로 A_3 변태점(912°C) 또는 A_1 선(723°C)보다 20~20°C 높은 온도에서 일정시간 유지한 다음 물 또는 기름에서 급랭시킨다.

* 물은 냉각효과가 뛰어나지만 강 표면의 기포막에 의해 냉각을 방해받아 불균일한 균열이 생길 수 있다. 기름은 냉각효과는 떨어지지만 합금강의 담금질에 적당하다.

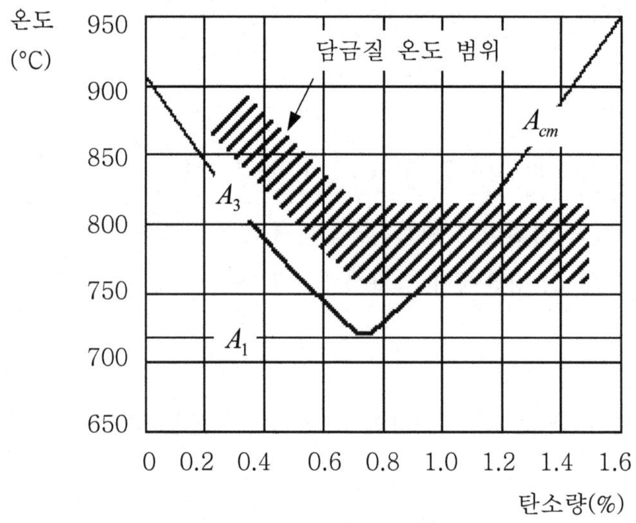

[그림 1] 퀜칭(Quenching, 담금)

4. 템퍼링(Tempering, 뜨임)

* 담금질한 강철은 강도가 크나 그 반면에 취성이 있다. 따라서 경도만 크면 어느 정도 취성이 있어도 지장이 없는 줄(File), 면도날 등은 그대로 사용된다. 그러나 다소 경도가 희생되더라도 인성이 필요한 기계 부품에는 담금질한 강철을 다시 가열하여 인성을 증가시킨다. 이와 같이 담금질한 강철을 적당한 온도로 A_1 변태점 이하에서 가열하여 인성을 증가시키는 조작을 뜨임(Tempering)이라고 한다.

* 뜨임을 하면 열처리할 때 생긴 내부응력이 감소 또는 제거되고, 불안정한 조직이 온도에 따라 비교적 균일하고 안정된 조직으로 변한다.

* 뜨임온도가 너무 높든가 또는 온도 지속시간이 너무 길면 담금질 효과가 떨어지므로 뜨임 지속시간은 탄소강에서는 약 30분 내외로 하고, 유냉 또는 공랭한다.

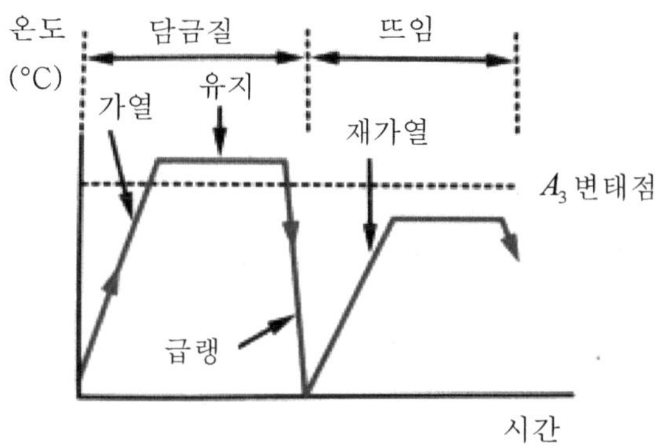

[그림 2] 템퍼링(Tempering, 뜨임)

5. 어닐링(Annealing, 풀림)

* 인장강도, 항복점, 연신율 등이 낮은 탄소강에 적당한 강도와 인성을 갖게 하기 위하여, 변태온도보다 30~50°C 높은 온도로 일정시간 가열하여 미세한 오스테나이트로 변화시킨 후, 열처리나 재속 또는 석회 속에서 서서히 냉각시켜 미세한 페라이트와 펄라이트 조직으로 만들어서, 강철에 소성을 주게 하고 기계가공을 쉽게 하는 것이다.

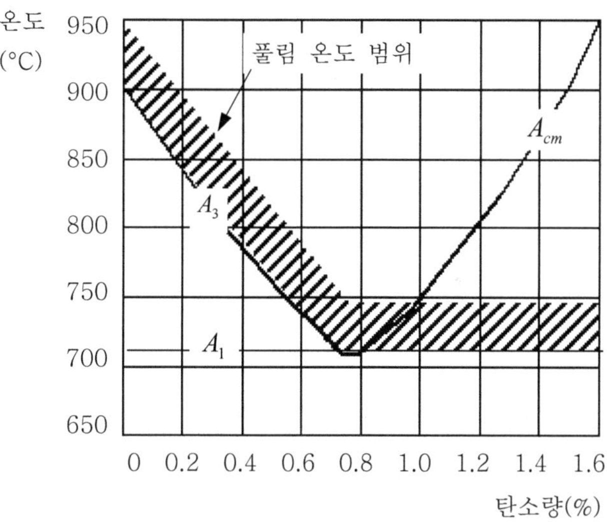

[그림 3] 어닐링(Annealing, 풀림)

(1) 완전풀림(Full Annealing)

① 아공석강(C 0.025~0.8%) : A_3 이상 50°C(912°C+50°C)로 가열하여 완전 Austenite화 처리 후, 매우 천천히 냉각

② 과공석강(C 0.8~2.0%) : A_1 이상 50°C(723°C+50°C)로 가열하여 Austenite 와 Cementite의 혼합조직이 되도록 충분히 유지한 다음, 매우 천천히 냉각

(2) 구상화 풀림(Spheroidizing Annealing)

* 등온냉각 변태곡선(TTT)으로부터 구한 이상적인 풀림공정 강을 750°C에서 풀림 처리하면, 100% 구상화가 이루어지고 동시에 경도가 최소로 된다.

(3) 재결정 풀림(Recrystallization Annealing)

* 강을 600°C 이상에서 풀림시키면 재결정이 일어난다(유지시간 0.5~1시간).

(4) 응력제거 풀림(Stress Relief Annealing)

* 탄소강을 550~650°C 온도로 가열한 후 500°C까지 노 내에서 서냉한 후 노에서 꺼내어 공랭한다. 공구 또는 기계부품은 300°C까지 노 내에서 아주 천천히 냉각 한 후 꺼내어 공랭시킨다.

(5) 균질화 풀림(Homogenizing Annealing)

* 1,100°C에서 장기간 동안 풀림처리로 후조직을 균질화한다.

6. 노멀라이징(Normalizing, 불림)

* 내부응력을 제거하거나, 결정조직을 표준화시킨다.
* 단조나 압연 등의 소성가공으로 제작된 강재는 결정구조가 거칠고, 내부응력이 불 규칙하여 기계적 성질이 좋지 않으므로 연신율과 단면수축률 등을 좋게 하기 위하 여 결정 조직을 조정하고, 표준조직으로 만들기 위해 A_3 변태나 A_{cm} 변태보다 약 40~60°C 높은 온도로 가열한 오스테나이트의 상태에서 공랭하는 것이다.

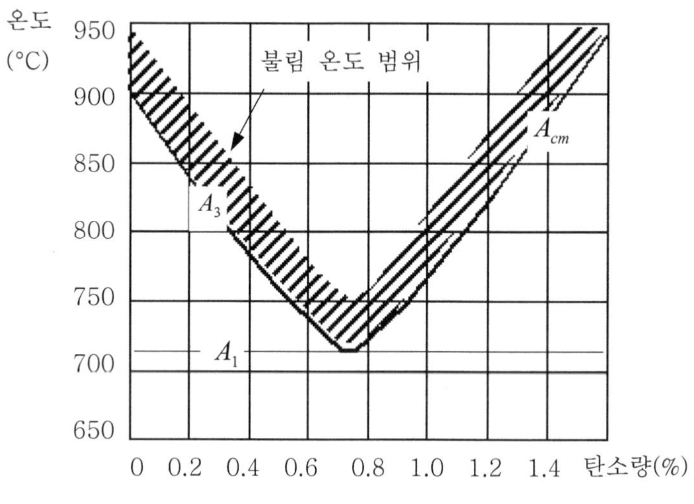

[그림 4]   노멀라이징(Normalizing, 불림)

06 탄소함유량 1%인 강을 담금질하고자 한다. 몇 도(°C)까지 가열한 후 급랭시켜야 하는가?

해설

1. 담금질(Quenching, 담금)의 의의

* 고탄소강(C=0.9%)을 A_1 또는 A_3 변태점 이상으로 가열하여 균일한 오스테나이트 조직으로 만든다. 오스테나이트 조직은 매우 천천히 냉각되면 펄라이트가 된다.

* 그러나 급랭하여 냉각속도가 빠르면 A 변태가 완전히 끝나지 못하고 [그림 1]과 같이 중간조직으로 된다. 이것들은 천천히 냉각하여 얻은 펄라이트보다도 경도가 크고 강하며, 또한 그 재질이 취약하다. 이와 같이 급랭으로 강철재료를 경화하는 작업을 담금질이라고 한다.

2. 담금질(Quenching, 담금)의 온도

* 담금질의 목적은 큰 경도를 얻는 데 있다. 이 경도는 온도와 냉각속도에 따라 달라지며, 담금질 온도가 너무 높거나 낮아도 효과가 좋지 않다.

* 보통 탄소강의 담금질 온도는 A_3(912°C), A_1(723°C) 변태점보다 20~30°C 높은 온도에서 냉각시키는 것이 좋다. 또 담금질 온도는 재료의 크기에 따라 다르며, 큰 물건은 냉각속도가 느리므로 적절한 높은 온도로 가열하여 냉각하는 것이 좋다.

* 담금질 효과는 냉각속도의 영향을 받게 되며 냉각제와 밀접한 관계가 있다.

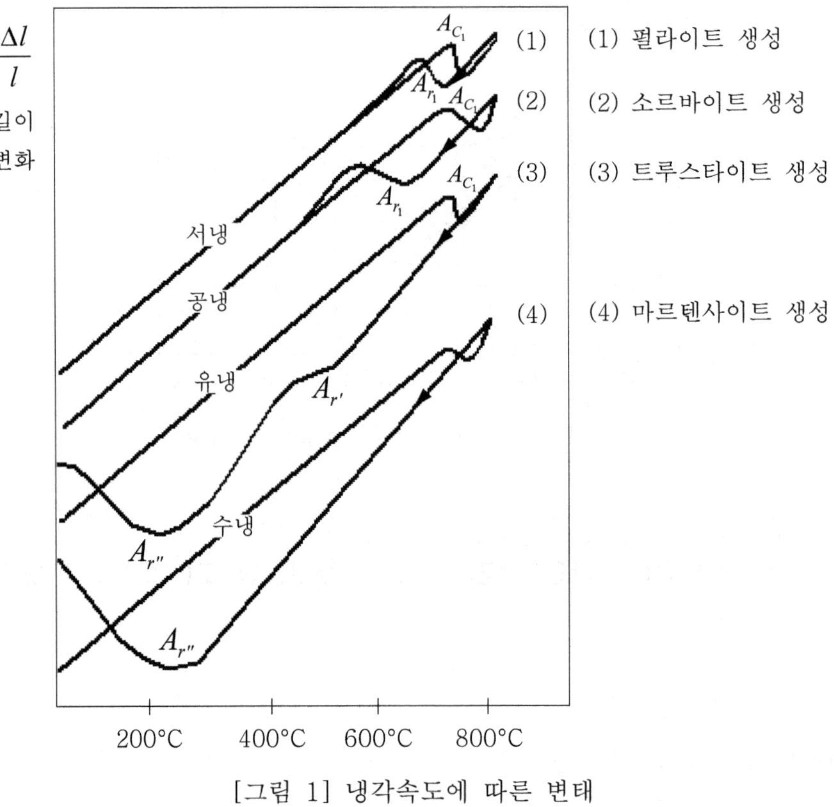

(1)	(1) 펄라이트 생성
(2)	(2) 소르바이트 생성
(3)	(3) 트루스타이트 생성
(4)	(4) 마르텐사이트 생성

[그림 1] 냉각속도에 따른 변태

07 담금질 균열의 발생원인 2가지와 방지대책 5가지에 대해서 설명하시오.

[해설]

1. 담금질 균열의 발생원인

① 강재를 고온에서 급랭하면 표면부와 중심부는 냉각속도의 차이에 의하여 현저한 온도차이가 생긴다.

② 표면부와 중심부 사이에서 온도강하에 의한 수축과 마르텐사이트 변태에 의한 팽창의 상반된 현상이 현저하여, 열응력 또는 변태응력에 의하여 담금질 작업 중 또는 담금질 후 얼마되지 않아 균열이 생기는 경우가 대단히 많다. 이 현상을 담금질 균열(Quenching Crack)이라고 한다.

2. 담금질 균열의 방지대책

① Ms(마르텐사이트 변태온도)이하에서 서냉한다.

② 급격한 냉각을 피하고, 일정한 냉각속도로 냉각한다.

③ 가능한 한 수냉 대신 유냉을 한다.

④ 재료면에서의 스케일을 환전 제거하여 담금질 액이 잘 접촉되게 한다.

⑤ 설계시 직각부분은 라운드 처리로 설계한다.

(08) 재료를 담금질할 때의 질량효과(Mass Effect)에 대하여 설명하시오.

〔해설〕

○ 질량효과(Mass Effect)

* 질량의 대소에 따라 담금질 효과가 다른 현상을 질량효과라 한다.

* 즉, 강을 급랭시키면 냉각액과 접촉되는 강의 표면조직은 마르텐사이트로 되고, 강의 내부는 냉각속도가 늦어져 펄라이트, 트루스타이트로 된다.

* 따라서 강재가 크거나 두꺼울 때 강의 내부로 들어갈수록 냉각속도가 늦어져 경도가 저하되며, 질량효과가 크게 된다.

(09) 강의 담금질 조직은 냉각속도에 따라 구분이 되는데 그 종류를 나열하고, 특성을 설명하시오.

〔해설〕

1. 담금질 조직의 냉각속도에 따른 구분

* (고온 측) 펄라이트 → 소르바이트 → 트루스타이트 → 마르텐사이트 (저온 측)

* 경도 크기 : A < T > S > P > F

  여기에서, A는 오스테나이트, T는 트루스타이트, S는 소르바이트, P는 펄라이트, F는 페라이트를 각각 의미한다.

2. 담금질 조직의 냉각속도에 따른 종류

(1) 펄라이트

* 노중 냉각시 형성

* 화산작용으로 생긴 진주암을 850~1,200°C로 가열, 팽창시켜 만든 인공토양

(2) 소르바이트

* 공기중 냉각시 형성
* 마르텐사이트를 약간 더 높은 열로 가열시 생기는 조직

(3) 트루스타이트

* 기름에 냉각시 형성
* 페라이트와 시멘타이트의 아주 작은 알갱이들의 혼합물로 처리된 조직

(4) 마르텐사이트

* 물에 냉각시 형성
* 탄소와 철 합금의 담금질에서 생기는 준안정 상태
* 냉각시 부피가 팽창함

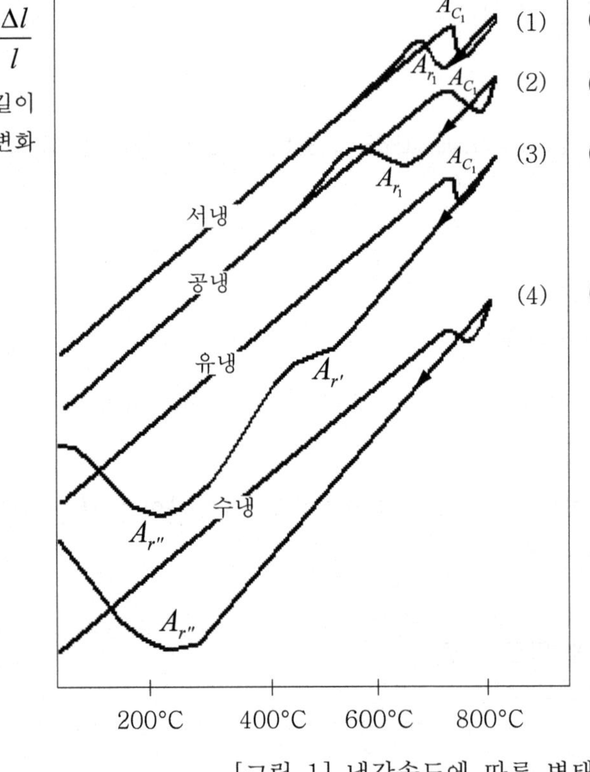

[그림 1] 냉각속도에 따른 변태

10 강의 동소체와 동소변태, 변태점에 대하여 설명하시오.

[해설]

1. 강의 동소체

* 한 종류의 원소로만 이루어 졌으나 그 성질이 여러 가지인 물질들을 말한다.
* 예를 들어 다이어몬드와 흑연은 탄소원자로만 이루어져 있는 동소체이다.

2. 강의 동소변태

* 동소변태는 고체 내에서 원자의 배열이 변하는 것을 말한다.
* 즉, 외적조건(온도, 압력)에 의해서 고체상태에서 결정구조가 변하게 되는 것을 말한다.

3. 강의 변태점

① A_1, A_3, A_4 변태점에서 결정구조가 변하는 동소변태가 이루어진다.

② 변태점은 상변태가 일어나는 온도경계이다.

　㉠ A_0 변태점 210°C : 시멘타이트의 자기변태(강자성체 → 상자성체), 결정구조는 변화가 없음

　㉡ A_1 변태점 723°C : 동소변태, 결정구조가 변화됨

　㉢ A_2 변태점 768°C : 자기변태(강자성체 → 상자성체), 결정구조는 변화가 없음

　㉣ A_3 변태점 912°C : 동소변태(α 철 → γ 철), 결정구조가 변화됨(α 체심입방격자 → γ 면심입방격자)

　㉤ A_4 변태점 1,394°C : 동소변태(γ 철 → δ 철), 결정구조가 변화됨, 탄소가 들어감으로써 A_4 변태점은 변하게 됨(C 0.16%에서 1,493°C)

[참고] A_4 변태점은 범위가 1,390~1,400°C로 알려져 있다.

표면경화법

01 기계재료의 피로강도(Fatigue Strength)를 높일 목적으로 표면에 압축 잔류응력을 발생시키고자 한다. 흔히 쓰이는 방법을 2가지 이상 기술하시오.

[해설]

1. 개요

(1) 잔류응력의 의미

* 잔류응력은 재료에 외력가 작용하지 않을 때, 재료 내부에 남아 있는 응력을 의미한다. 소재 또는 구조물에 기계적인 힘, 급격한 온도변화에 의한 열팽창과 같은 외력이 작용하여 소성변형이 발생하면 잔류응력이 생성된다.

(2) 잔류응력의 종류 및 특성

* 잔류응력은 압축잔류응력과 인장잔류응력으로 분류할 수 있다. 모든 소재는 외력에 저항하려는 반대 힘이 작용한다. 일반적으로 압축잔류응력은 소재에 가해지는 압축에 저항하려는 인장력에 의하여 발생하고, 반대로 인장잔류응력은 소재에 가해지는 인장에 저항하려는 압축력에 의하여 발생한다.
* 외력이 가해지는 상황에 따라 잔류응력은 재료에 긍정적으로 작용할 수도 있고 부정적으로도 작용할 수 있다. 압축잔류응력은 재료의 인장강도를 증가시킨다. 이것은 재료의 피로수명을 증가시키는 긍정적인 효과를 가져다 준다. 반대로 인장잔류응력은 재료의 인장강도를 감소시켜 재료의 내구성을 약화시킨다.
* 압축잔류응력을 발생하기 위한 방법에는 열처리, 표면처리, 예응력처리 등 몇 가지가 있다.

2. 압축잔류응력 발생방법

(1) 열처리(Heat Treatment)

* 열처리 방법은 크게 전경화(Through Hardening)와 표면경화(Case Hardening)로 구분된다. 전경화는 부품 전체를 담금(Quenching)한 후에 변화온도에서 가열되고, 표면경화는 비교적 얇은 표면층이 변화온도 이상에서 가열된 후 담금하거나 또는 부품의 표면에 경화제를 추가한 특별한 환경에서 낮은 온도로 가열된다.

* 전경화는 표면에서 인장잔류응력을 발생시키고, 인장강도를 감소시켜 재료의 내구성을 약화시킨다.

* 침탄, 질화, 화염 또는 고주파경화에 의한 표면경화는 표면에 압축잔류응력을 발생시킨다. 왜냐하면 재료의 상변화와 관련있는 체적증가가 표면 근처에 제한되고 변하지 않은 심부는 압축으로 몸통을 당기기 때문이다. 이러한 압축잔류응력은 피로수명에 확실하게 이로운 효과를 가진다고 할 수 있다.

(2) 표면처리(Surface Treatment)

* 표면 압축응력을 설명하기 위한 가장 일반적인 방법은 쇼트피닝과 냉간성형이다.

1) 쇼트피닝(Shot Peening)

* 비교적 하기가 쉽고, 거의 모든 형상의 부품에 대하여 적용할 수 있다. 강, 주철 또는 다른 재료로 만들어진 쇼트(사슴 사냥용 총알 같은)의 흐름으로 충격을 부품의 표면에 가한다. 더 단단한 쇼트는 강재 부품에 사용되며, 더 부드러운 쇼트는 비철금속에 사용된다. 쇼트는 회전하는 기구나 노즐을 통한 공기분사로부터 높은 속도를 가지고 부품에 발사된다. 표면을 움푹 들어가게 하는 쇼트의 충격은 재료를 항복시키며, 움푹 들어간 외양을 만든다.

* 압축응력의 실질적인 정도는 재료의 항복강도의 반 정도까지 얻을 수 있다. 압축응력의 관통깊이는 1mm 정도가 된다. 쇼트피닝된 부품에서 잔류응력의 수준을 정확히 결정하는 것은 측정 그 자체가 잔류응력을 파괴하기 때문에 어렵다.

* 쇼트피닝은 기계 톱날, 크랭크축, 커넥팅로드, 기어 그리고 스프링과 같은 부품에 폭넓게 사용된다. 경화된 구로 표면의 높은 응력부분에 충격을 가하기 위하여 휴대용 공기해머가 사용되는 것처럼 매우 큰 부품에는 가끔 해머 피닝이 행하여 진다.

* 고강도 강부품은 대부분이 피닝으로부터 이득을 얻는다. 이것은 탈탄에 의하여 거칠어지고 약해지는 단조와 열간압연에 특별히 유익하다. 크롬이나 니켈도금된 부품은 피닝에 의하여 도금되기 전의 피로강도 수준으로 회복시킬 수 있다. 적당히 피닝된 헬리컬 코일스프링은 피로에 의하여 파손되기 전에 항복에 의하여 파손될 수 있는 점까지 증가된 피로강도를 가질 수 있다. 그래서 쇼트피닝은 분명히 높은 응력을 받은 부분의 피로수명을 개선하기에 유익한 기술이며, 이것은 생산비용을 과도하게 추가시키지는 않는다.

2) 냉간성형(Cold Forming)

* 축과 같은 회전체의 표면, 압연기 사이를 지나간 평판표면, 그리고 구멍의 안쪽에 적용할 수 있다. 예로 경화된 압연기는 선반에서 회전하기 때문에 축에 대하여 영향을 받을 수 있다. 높은 힘은 사용 중 회전-굽힘 또는 역비틀림 하중의 인장효과로부터 그것을 막을 수 있는 표면에서 압축잔류응력을 일으키는 압연기 하에서 국부항복을 일으킨다.
* 냉간성형은 필렛, 홈, 또는 형강 부재등에 매우 효과적이다.

(3) 기계적 예응력(Mechanical Prestressing)

* 예응력은 사용하기 이전에 사용하중과 같은 방향으로 부품에 과하중을 부과하는 것을 의미한다. 예응력 도중에 발생하는 항복변형은 유익한 잔류응력을 발생시킨다.
* 자동차에서 지지 스프링과 같이 사용 중에 오직 한 방향으로 동적하중을 받는 부품에 대한 예응력은 잔류응력을 만드는 유용한 방법이다.

02 강의 표면경화법 5종 이상에 대한 특징을 구체적으로 설명하시오.

[해설]

1. 개요

* 표면경화법은 일반적 열처리 공정처럼 재료의 전체적 성질을 변화시키는 것이 아닌 표면의 성질만을 개선하는 방식이다.
* 목적으로는 ① 표면의 내피로성, 내마모성, 표면경도의 향상, ② 내부의 인성 유지 등이다.

2. 표면경화법

(1) 침탄법(Carburizing)

* 침탄법은 저탄소강의 표면에 탄소(C)를 침투시켜 표면만 고탄소강으로 만드는 것이다.
* 침탄후에 퀜칭을 하면 고탄소의 표면층만 경화되므로 내마모성이 큰 표면층과 인성이 큰 중심부를 갖는 침탄 부품이 얻어진다.

1) 고체침탄법

* 고온에서 주강의 표면에 금속이나 비금속을 확산침투시킴으로써 표면에 합금강을 생성시키는 방법
* 내화점토로 밀봉한 후 900~950℃ 정도에서 가열침탄 후 퀜칭하는 방법이다.

2) 가스침탄법

* 고체침탄법의 단점을 보완하기 위해 사용되는 방법
* 가스침탄법은 열효율이 높고 공정이 간단하여 널리 사용된다.
* 가스침탄제로는 CO, 메탄, 에탄, 프로판가스 등이 쓰인다.
* 가열온도는 950~1,050℃가 유지되고, 침탄깊이 0.8~1.0mm일 때 약 30~40분 소요된다.

(2) 질화법(Nitriding)

* 질화법(Nitriding)은 암모니아 가스 중에 질소(N)의 반응으로 질화층을 만든다. 질화용 강재의 표면층에 질소를 확산시켜, 표면층을 경화하는 방법이다. 게이지 또는 측정기에서 측정면의 경화 등에 이용된다. 500~600℃로 50~100시간 가열하여, 계속해서 가스를 공급하면서 서서히 냉각시킨다. 치수 변화가 적고, 담금질을 할 필요가 없다.
* 질화처리한 것은 다음과 같은 특징이 있다.
  ① 경화층은 얇고, 경도는 침탄한 것보다 더욱 크다.
  ② 마멸 및 부식에 대한 저항이 크다.
  ③ 침탄강은 침탄 후 담금질을 하나, 질화법은 담금질할 필요가 없고 변형이 적다.
* 질화법은 자동차의 크랭크측, 캠, 스핀들, 동력전달용 체인, 펌프축, 각종 기어, 검사기구, 밸브, 각종 공구 등 그 용도가 많다. 그러나 충격이 큰 부분에는 사용되지 않는다.

(3) 청화법(Cyaniding)

* 청화법이라고 하는 것은 강철을 청화물(NaCN, KCN)로 표면경화하는 방법을 말한다.
* 이 방법에는 살포법과 침지법 등이 있다.

* 보통 침탄법은 탄소만이 침투되지만, 청화법은 청화물 CN이 철과 작용하여 침탄
과 질화가 동시에 진행되므로 이것을 침탄질화법이라고 한다.

(4) 고주파 경화법(induction Hardening)

* 고주파 경화법은 유도 경화(Induction hardening)이며, 경화하려는 부분의 표면
에 주로 전자기 유도에 의한 고주파 전류를 발생시켜 단시간에 고열로 가열한
후 표면층만을 경화시키는 방식이다.

(5) 화염경화법(Flame Hardening)

* 화염 경화(Flame hardening)는 강력한 화염에 의해 철의 표면을 급속히 가열하
여 표면층이 오스테나이트화 되었을 때 급랭하여 표면만을 경화한다.

[참고] 기타 표면경화법

1. 살붙임용접

[기계기술사 기출] 탄소강 모재 위에 오스테나이트계 스테인레스강을 살붙임 용접하
는 경우에 요구되는 주의사항을 설명하시오.
　[해설]
　　* 스테인레스강이 내식성을 갖기 위해서는 최소 12%의 크롬이 존재하여야 한
　　다. 그러나 425~870℃ 온도 영역에서 장시간 노출되면 탄소와 크롬이 화합
　　하여 탄화물이 입계를 따라 석출하게 된다. 그 결과 탄화물 인접부위는 크롬
　　이 12% 이하로 떨어져서 내식성을 잃게 되고 부식 분위기 하에서는 집중적
　　으로 부식이 입계를 따라 진행되게 된다.
　　* 따라서 탄소강 위에 오스테나이트계 스테인레스강을 살붙임 용접할 경우 Ti,
　　Nb[니오븀 : 이전 Cb(콜럼븀)]를 첨가하여 크롬탄화물의 석출을 억제한다.

2. 용사법

[기계기술사 기출] 금속의 용사법에 대하여 설명하시오.
　[해설]
　　* 용사는 각종 금속, 합금, 탄화물, 세라믹, 폴리머의 코팅을 산소염료화염, 전
　　기 아크 및 플라즈마 아크에 의해 가열된 스트림으로 스프레이건에 의해 금
　　속 표면에 조사하는 일련의 처리공정이다.

3. 물리증착법

[기계기술사 기출] 물리증착법의 종류를 들고, 그 원리와 특징을 설명하시오.

[해설]

1. 개요

* 진공 용기 안에서 피복물질이 증기상으로 변환되고, 공작물 표면에 물리적으로 이행하여 박막의 형태로 모재 표면에 응축되는 공정

2. 종류

1) 진공기화법(진공증착법)

① 코팅 재료를 고진공 상태에서 증기압까지 가열하여 금속재료에 기상증착시킨다.

② 가열원보다 높은 증기압을 가진 코팅재료만이 오염없이 증착이 된다.

③ 생성된 기체입자는 직선운동만 하므로 기판을 놓는 위치가 중요하다.

④ 가열원이 유일한 에너지원이므로 불순물과 충돌하지 않도록 고진공이 필요하다.

2) 스퍼터링 증착

① 스퍼터링이란 이온화된 원자가 가속되어 물질에 충돌할 때 물질 표면의 결합에너지보다 충돌로 전달되는 에너지가 더 클 경우 표면으로부터 원자기 튀어나오는 현상을 말한다.

② 스퍼터링 증착은 이 원리를 이용하여 진공상태에서 이온화된 입자를 금속원에 충돌시켜 튀어나온 원자를 기판에 증착하는 방법이다.

3) 이온도금

① 고진공에서 생성된 증착원자를 이온화시키고, 전기장에서 가속하여 기판 표면에 바로 증착시키는 공정이다.

② 입자들이 고속으로 충돌하기 때문에 코팅의 접착력과 강도가 우수하다.

4. 전주가공

[기계기술사 기출] 전주가공의 원리를 설명하고 장점과 단점을 열거하시오.

[해설]

1. 원리

* 전주가공은 전기도금의 변형된 형태로, 도금 금속이 맨드릴 위에 전기증착되며, 맨드릴은 적절한 용매로 제거된다. 이에 코팅부분만 남게 되며 이것이 성형부품이 된다.

2. 장점

① 매우 얇은 벽 두께와 매우 복잡한 형상을 제조할 수 있다.

② 세밀한 재료를 만들 수 있다.

③ 재료는 매우 순도가 높다.

3. 단점

① 맨드릴 하나로 하나의 제품을 만들기 때문에 생산량이 매우 적다.

5. 인산염피막

[기계기술사 기출] 인산염 피막처리에 대하여 간단히 설명하시오.

[해설]

* 강의 컨버젼 코팅의 일종으로, 강을 묽은 인산과 화학적으로 반응시켜 표면을 난용성의 결정질 인산염으로 코팅하는 공정이다.

6. 전해경화법

[기계기술사 기출] 강의 전해경화법의 원리를 설명하고, 그 특징을 쓰시오.

[해설]

* 강을 전해액에 담가서 강에 음극을, 전해액에 양극을 접속시키고 발열된 강이 전해액에 냉각되면서 표면이 마르텐사이트 조직으로 변태되는 표면처리법

03 금속재료의 표면거칠기, 잔류응력이 각각 피로파괴에 미치는 영향을 설명하시오.

해설

1. 표면거칠기

* 표면마무리의 거칠기는 피로한도에 대하여 노치에 의한 응력집중과 마찬가지로 피로파괴에 상승작용을 하고, 따라서 표면이 거칠수록 피로한도는 내려가며, 거기에다 피로한도가 내려가는 정도는 인장강도가 높은 재료일수록 크다.

* 표면에 질화, 침탄, 고주파경화, 표면 롤, 쇼트 피닝, 샌드 브라스트 등의 처리를 하면 일반적으로 표면에 압축 잔류응력이 생겨 표면경도가 증가하기 때문에 피로한도 또한 상승한다.

2. 잔류응력

* 잔류응력이란 하중이 가해지지 않은 부품에 내포되어 있는 응력을 말한다. 대부분의 부품들은 제조공정에서 약간의 잔류응력이 존재한다. 항복점 위에서 국부적인 변형률이 발생하는 성형 또는 열처리와 같은 어떤 공정에서는 변형률이 제거된 후에도 응력이 존재한다.

* 제품을 설계할 때 설계자가 부품에 영향을 미칠 수 있는 하중형태에 있어서 평균 압축응력의 존재나 부재를 조금 혹은 전혀 제어할 수는 없지만, 사용하기 이전에 압축잔류응력을 발생하게 하는 기술들이 있다. 적당하게 이루어질 경우에는 이러한 압축잔류응력은 확실하게 피로수명을 개선할 수 있다.

* 압축잔류응력을 발생시키기 위한 방법에는 열처리, 표면처리, 기계적 예응력처리 등 몇 가지가 있다.

4.4 용접

용접 일반

01 용접봉 피복제의 작용(5가지)과 형식(3가지)에 대해서 설명하시오.

[해설]

1. 개요

* 아크 용접봉의 발달과 아크 용접의 발달사는 분리할 수 없고 밀접한 관계가 있는 것으로, 충분한 용접봉의 연구가 없이는 완전한 용접의 진보 발달을 바랄 수 없다.

* 용접봉의 구조는 간단한 선재(Wire)의 외주부에 약품을 입혀 놓은 봉이며, 선재를 심선이라고 하고, 주위에 입혀 놓은 약품은 피복제라고 한다. 용접봉이 심선만으로 주위에 아무런 약품도 입히지 않고 사용하는 것을 비피복 용접봉, 피복제를 입혀 사용하는 것을 피복 용접봉이라고 한다.

* 아크 부근의 온도는 대단히 높으므로 공기 중에 있는 질소 및 산소는 이온화하여 화학적으로 활성이 높고 철과 화합하여 질화철 또는 산화철이 되어 용착하는 강철 중에 많이 함유되면 용착금속의 기계적 성질을 저하시킨다. 용접봉에 피복제를 바르는 첫 번째 이유는 공기의 나쁜 영향으로부터 녹은 쇳물을 보호하는 데 있다.

2. 피복제의 작용(역할)

① 아크를 안정시킨다.

   * 교류는 1초에 120번의 전류·전압이 끊어지게 되어 아크가 연속적으로 발생될 수 없어 용접봉을 사용할 수 없게 되며, 교류에서 피복제가 열에 의해 연소가 된 가스의 이온화로 아크 전압을 낮추고, 전류가 끊어져도 계속 아크가 발생하도록 하여 아크를 안정시킨다.

② 중성 또는 환원성 분위기를 만들어 질화나 산화를 방지하고 용융금속을 보호한다.

   * 피복제가 타면서 발생하는 가스가 용접부를 둘러싸서 산소나 질소의 침입을 막게 되며, 피복제가 심선보다 늦게 녹아 피복통을 이루어 공기접근을 막는다.

③ 용적(녹은 쇳물의 방울)을 미세화하여 용착효율을 높인다.

   * 용적이 크면 비드 표면이 거칠어지고 강도가 일정치 못하며, 용착효율이 좋다는 것은 스패터가 비드 외부로 튀어 나가지 않고 비드를 채우게 된다는 것이다.

④ 용착금속의 탈산 및 정련 작용을 한다.

　* 용착금속에 함유된 산소나 질소, 심선이나 모재 속의 함유된 녹, 페인트 등 불순물을 제거하여 정련시키는 작용을 한다.

⑤ 용착금속에 필요 원소를 첨가한다.

　* 용착금속에 부족한 원소를 보충시키기 위한 합금제를 첨가시킨다.

⑥ 용착금속의 냉각속도를 느리게 한다.

　* 용융점이 낮고, 적당한 점성을 가진 슬래그가 생성되어 용접부를 덮어 급랭을 방지하여 준다. 슬래그의 점성이 높거나 낮으면 용접부를 잘 덮지 못하여 슬래그가 침입되거나 기공이 생길 우려가 있다.

⑦ 수직자세, 위보기자세 등 어려운 자세를 쉽게 한다.

　* 피복제의 연소 폭발로 용적이 튀어 나가게 해주는 역할을 한다. 이 바람에 용적이 불려 올라가서 붙게 된다.

⑧ 슬래그 제거를 쉽게 한다.

⑨ 전기절연 작용을 한다.

　* 피복제는 전기가 통하지 않으므로 용접할 때 옆에 닿아도 전기가 통하지 않아 아크 발생이 안 되며, 또 용접봉을 갈아 끼울 때 감전의 위험이 없다.

3. 피복제의 형식

* 피복제의 형식은 어떠한 방법으로 공기의 나쁜 영향으로부터 녹은 쇳물을 보호하는가에 따라 여러 가지 형식의 피복제를 채택한다.

(1) 슬래그 생성식 용접봉

* 슬래그 쉴드(Shield)는 용접봉 쇳물의 주위를 액상의 용제(Welding Flux) 또는 슬래그가 둘러싸서 외기와 직접 접촉을 못하도록 용접봉이 녹은 쇳물 또는 용융 풀(Molten Pool)의 표면을 보호하는 용접봉이다.

* 이 형식에 속하는 피복제는 무기물형 용접봉 혹은 광물질형 용접봉에 해당하는 피복제로서, 이 용접봉은 유럽대륙에서 발달한 형식의 것으로 대표적인 것은 벨기에의 아크스 회사제이다.

* 현재 사용되고 있는 용접봉의 대부분은 이 형식에 속하며, 용접 작업 중 슬래그가 많아서 숙련되지 않은 사람은 녹은 쇳물과 구분이 곤란하므로 운봉법이 적당하지 않으면 슬래그가 녹은 쇳물 속에 섞여서 슬래그 혼입을 가져오는 결점이 있으나, 오랜 기간 사용해 오던 용접 작업자들이 많아서 가스 발생식 용접봉보다 많이 쓰이고 있다.

(2) 가스발생식 용접봉

* 가스 발생식 용접봉은 좀 늦게 발달된 것으로 용제의 연소에 의하여 발생하는 환원가스나 불활성 가스 등에 의하여 녹은 쇳물을 감싸서 이들의 연막 속에서 용접하는 용접봉이다.
* 이 형식의 용접봉은 주로 미국에서 발달한 것으로, 용접봉의 피복제 중에는 종이, 솜, 톱밥, 밀가루와 같은 유기물을 함유하고 있어서 유기물형 용접봉이라고 한다.
* 이 용접봉을 슬래그 생성식 용접봉과 비교하면 아크 전압이 높아지는 경향이 있으며, 용접봉으로부터 아크가 강하게 불려 나오므로 종래의 용접 작업 상태와는 아주 다르다.
* 그 밖에 용접전류의 선정, 운봉법 등이 잘못되면 언더컷이 발생하기 쉬우며, 비드의 표면상태도 나빠지므로 주의를 요한다.

(3) 반가스 발생식 용접봉

* 반가스 발생식 용접봉이란 슬래그 생성식 용접봉과 가스 발생식 용접봉과의 각각의 특징을 채용 절충한 용접봉으로서, 슬래그 생성식 용접봉에 환원성 가스, 불활성 가스를 발생하는 유기물을 약간 첨가한 것이다.

02 용접부에서 나타나는 결함의 종류 5가지와 이의 원인 및 대책을 쓰시오.

해설

1. 용접결함 분류

① 치수상 결함 : 변형, 치수불량, 형상불량
② 구조상 결함 : 기공, 슬래그혼입, 융합불량, 용입 부족, 언더컷, 오버랩, 용접균열, 표면결함, 선상조직, 은점
③ 성질상 결함 : 기계적 성질 불량, 물리적 성질 불량, 화학적 성질 불량

2. 용접결함 형태

① 기공(Porosity) ② 슬래그혼입(Slag Inclusion) ③ 균열(Crack)
④ 융합불량(Lack of Fusion) ⑤ 용입부족(Incomplete Penetration)
⑥ 루트요면(Root Concavity) ⑦ 언더컷(Undercut) ⑧ 기타

3. 용접결함의 원인과 대책

(1) 기공(Porosity)

원인	대책
1) 용접분위기 중에 과잉된 수소 또는 CO_2 가스	1) 용접봉 교체
2) 용접부의 급격한 응고	2) 열량의 증가 또는 예열
3) 모재 중에 유황 함유량이 많을 때	3) 용접봉의 건조
4) 강재에 부착한 기름, 페인트 및 녹	4) 강재의 표면 청결
5) 아크길이, 전류 또는 조작의 부적당	5) 전압 및 아크길이 조절

(2) 슬래그혼입(Slag Inclusion)

원인	대책
1) 전 층의 슬래그 제거가 불완전할 때	1) 전 층의 슬래그는 충분히 제거함
2) 운봉조작의 불완전, 전류가 낮을 때	2) 약간 높은 전류, 적절한 운봉
3) 용접 개선의 부적당	3) 용접 조작이 쉽게 설계
4) 슬래그의 급랭	4) 용접부의 예열
5) 부적절한 봉 각도	5) 용접 방향에 대해 적절한 봉의 각도 유지

(3) 균열(Crack)

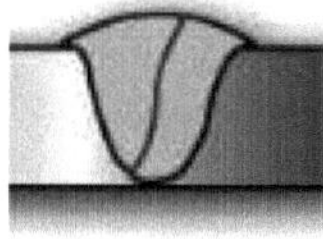

원인	대책
1) 이음의 강성이 큰 경우	1) 예열과 피이닝 실시, 비드단면적을 크게
2) 용착금속의 결함	2) 발생원이 될 수 있는 기공 및 슬래그 혼입이 없도록 할 것
3) 부적당한 용접봉의 사용	3) 적당한 용접봉 사용 및 습기를 제거
4) 모재의 C, Mn 등의 합금원소가 높을 때	4) 루트 갭을 감소시킴
5) 과대 전류에서 과대 속도로 용접했을 때	5) 예열·후열 준수, 저수소계 용접봉 사용

(4) 융합불량(Lack of Fusion)

원인	대책
1) 부적절한 용접전류 2) 이음부의 형상(단차 등) 3) 토치위치 및 토치각도 불량	1) 충분한 용입을 가질 수 있는 전류선택 2) 이음부의 선단반경을 충분히 가지도록 설계 3) back-chipping시 가공면을 가능한 크게 작업

(5) 용입부족(Incomplete Penetration)

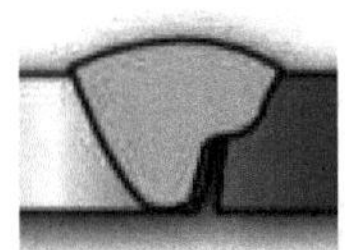

원인	대책
1) 이음매 설계의 결함 2) 용접속도가 빠를 때 3) 용접전류가 낮을 때 4) 용접봉 선택불량	1) 루트간격, 루트표면의 치수조절 2) 용접속도를 줄이고, 슬래그가 선행되지 않도록 한다. 3) 슬래그의 피포성을 해치지 않는 범위에서 전류를 높인다 4) 적당한 봉경 및 용입이 좋은 용접봉을 선택

(6) 루트요면(Root Concavity)

원인	대책
1) 이음매 설계의 결함 2) 용접속도가 빠를 때 3) 용접전류가 낮을 때	1) 루트간격, 루트표면의 치수조절 2) 슬래그의 피포성을 해치지 않는 범위에서 전류를 높인다. 3) 적당한 봉경 및 용입이 좋은 용접봉을 선택

(7) 언더컷(Undercut)

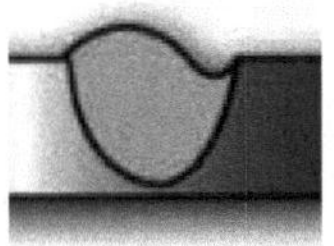

원인	대책
1) 용접전류가 높을 때 2) 아크길이가 길 때 3) 용접봉취급의 부적당 4) 용접속도가 빠를 때	1) 낮은 전류의 사용 2) 아크길이를 짧게 3) 용접봉의 유지각도를 바꿈 4) 용접속도(운봉)을 천천히

(8) 기타

1) 산화(Burn Through)

원인	대책
GTAW(TIG 사용) 용접시 산소에 의해 용접부표면이 산화됨	내부면 보호가스 퍼징(purging) 철저, 외부면 용접 토치부분 보호가스 분출유무 확인
* GTAW(TIG 사용) : Gas Tungsten Arc Welding(Tungsten Inert Gas 사용)	

2) 과도용입(Excess Penetration)

원인	대책
과도한 용입에 의해 Reinforcement 한계를 초과한 용접부	용접 시 용접봉사용량 조절, 모재의 녹는 속도에 따라 운봉(위빙)을 빠르게

3) 텅스텐혼입(Tungsten Inclusion)

원인	대책
GTAW 용접 시 전극봉으로 사용되는 텅스텐이 용접부에 용입됨	올바른 용접토치 사용방법 숙지, 용접 시 전극봉과 모재의 간격 1~2mm 띄우기

4) 표면결함(Surface Defect)

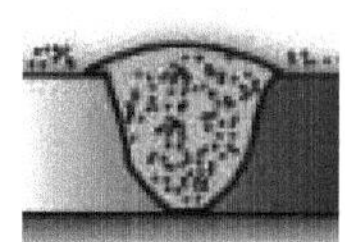

원인	대책
표면 노치(notch), 스크래치(scratch), 스패터(spatter) 등	비드표면 그라인더 사상시 스패터 확인 제거, 사상 후 한 번 더 아이템 확인 후 조치

제4장

5) 그 외의 불량들

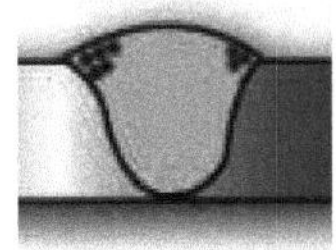

* 클램프결합자국, 지그결합자국, 용접진행멈춤, 추가용접자리, 개선면용접량부족, 비드폭(각장)축소

03 용접변형과 잔류응력에 대해 설명하고, 용접부 수축변형 방지방법을 열거하시오.

[해설]

1. 개요

* 모든 금속의 용접부에는 용접이 완료된 후에 잔류응력이 발생하게 된다.
* 이러한 잔류응력은 해당 구조물을 변형시키거나 주어진 응력에 견딜 수 없게 만들거나, 과도한 잔류응력이 용접부에 남아 쉽게 부식피로 현상을 겪게 되고, 부식 환경에 먼저 노출되어 용접부가 선택적으로 부식되는 위험성을 나타내게 된다.

2. 잔류응력

(1) 잔류응력의 발생

* 용접 후에 판 내부에 생긴 응력이 그대로 남아 있는 응력을 잔류응력(Residual Stress)이라고 한다.

(2) 잔류응력의 발생기구

* 양끝이 벽으로 고정된 균일 단면봉을 가열하면 팽창으로 인한 변형이 양끝으로부터 억제되므로 봉의 단면부에는 압축의 열응력이 생기게 된다. 이러한 열응력이 용접 중에 생겨 재료 내부에 남게 되는 것을 잔류응력이라 하며, 이음의 형상, 용접입열, 판두께, 모재의 크기, 용착순서, 용접순서, 외적구속 등의 인자에 의하여 크게 영향을 받게 된다.
* 특히 두꺼운 판에서는 모재의 변형이 거의 허용되지 않으므로 잔류응력이 커져 균열이 생길 염려가 있으며, 얇은 판에서는 변형이 일어나기 쉬우므로 잔류응력이 적게 된다.

(3) 잔류응력 영향

1) 구조물의 변형 발생

* 잔류응력에 의한 구조물의 변형을 유발시킨다.

2) 취성파괴의 발생

* 재료에 연성이 부족하여 소성변형이 거의 없이 파괴되는 경우에는 잔류응력의 영향이 크게 나타난다.
* 용접부 부근의 잔류응력은 항복점에 가까울 정도로 크기 때문에 용접부 표면에 작은 노치가 존재해도 여기서부터의 취성파괴가 잔류응력 때문에 쉽게 일어나는 것이다. 용접부 표면에 언더컷, 오버랩, 피트 등의 결함이 있으면 취성파괴의 염려가 있는 것도 이와 같은 이유 때문이다.

3) 피로강도 감소

* 용접균열이나 언더컷, 슬래그 섞임 등의 용접결함을 지닌 노치부가 있으면 항복점보다는 훨씬 낮은 응력에서도 파괴가 일어나므로 결국 잔류응력의 존재는 피로강도에 영향을 미친다고 할 수 있다.

4) 응력부식 유발

* 용접부에 존재하는 잔류응력에서는 항복점에 가까운 높은 인장응력이 존재하여 이것이 원인이 되어서 응력부식이 일어나는 것이다.

2. 용접부의 수축변형 방지법

(1) 용접부의 변형 형태

* 어떤 물체에 외력을 가하면 모양에 변화가 생기는데 이것을 변형(Deformation)이라고 한다.
* 변형의 형태로서 기본이 되는 것은 다음 그림과 같이 인장, 수축, 층밀리기, 휨, 비틀림 등의 5가지가 있으며, 대개의 경우는 이상의 것들이 복합적으로 엉켜서 생기는 경우가 많다.

제4장

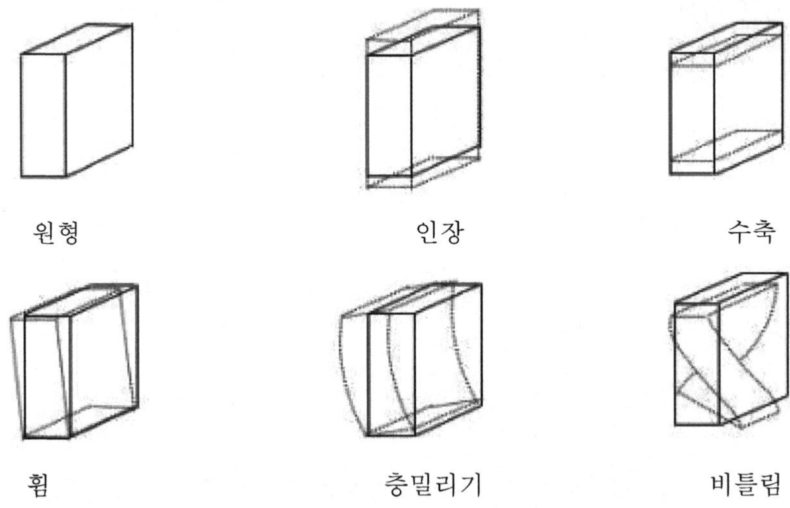

[그림 1] 변형의 형태

(2) 변형 방지법

1) 억제법(Restraint Method)

* 많이 쓰이는 방법으로, 클램프나 고정구를 사용하여 강제적으로 변형을 억제시
키는 방법이다.

2) 역 변형법(Inverse Strain Method)

* 이것은 맞대기 용접의 경우 쉽게 역변형을 줄 수 있어 많이 쓰이는 방법이다.

3) 비드 순서를 바꾸는 방법

가) 교호법(Alternation Method)

* 전체 용접선을 놓고 볼 때 처음과 끝, 그리고 중앙에 비드를 배치하여 2등분
한 후에 다시 등분된 곳의 중앙에 비드를 배치하는 방법이다.

나) 도약법(Skip Method)

* 한 칸씩 건너 뛰면서 용접하는 방법이다.

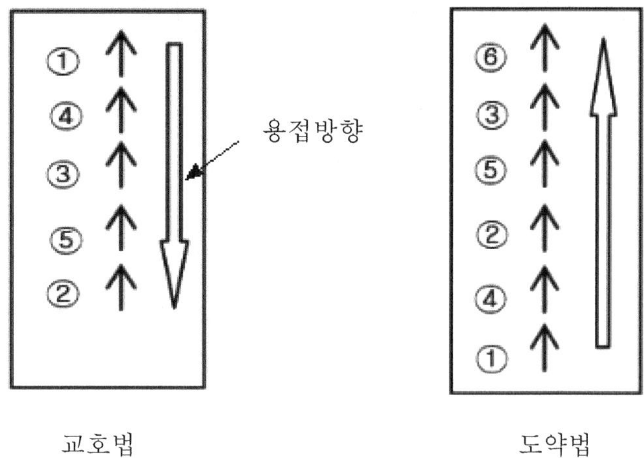

4) 냉각법

가) 수냉 동판 사용법

* 수냉 동판을 용접선의 뒷면이나 평면에 대어서 용접열을 구리판이라는 이질 금속으로 하여금 흡수케 하여 결과적으로 용접부위의 열을 식히는 방법이다.

나) 살수법

* 용접부 뒷면에서 물을 뿌려 주는 방법으로서, 이 방법은 얇은 판의 용접에서 주로 사용된다.

다) 석면포 사용법

* 물에 적신 석면포나 헝겊을 용접선의 뒷면이나 옆에 대어 용접 열을 흡수시 켜서 냉각시켜 주는 방법이다.

(3) 변형 교정법

① 박판에 대한 점 수축법

* 이 방법은 얇은 판에 변형이 생긴 경우의 변형 교정법으로 가열 온도 500~ 600°C, 가열시간 약 30초, 가열점 지름은 20~30mm, 피치 50~70mm 정도 로 점을 이루면서 가열한 후 수냉하는 것이다.

② 형강재에 대한 직선 수축법 ③ 가열 후 해머질하는 방법

④ 후판에 대해 가열 후 압력을 가하고 수냉하는 방법

⑤ 롤러에 거는 방법 ⑥ 절단하여 정형 후 재용접하는 방법

⑦ 피닝하는 방법

04 용접부에 생기는 잔류응력을 없애려면 어떻게 하면 되는가?

해설

1. 개요

* 재료나 구조물의 제조단계에 이미 존재하는 내부응력을 초기응력이라 하고, 물체에 가해진 외력이 제거된 후에도 물체 속에 여전히 남아 있는 내부응력을 잔류응력이라 하며, 용접이나 열처리 등의 과정에 의한 내부응력도 잔류응력이라고 한다.
* 모든 금속의 용접부에는 용접이 완료된 후에 잔류응력이 발생하게 된다.
* 이러한 잔류응력은 해당 구조물을 변형시키거나 주어진 응력에 견딜 수 없게 만들거나, 과도한 잔류응력이 용접부에 남아 쉽게 부식피로 현상을 겪게 되고, 부식 환경에 먼저 노출되어 용접부가 선택적으로 부식되는 위험성을 나타내게 된다.

2. 잔류응력의 경감 및 완화법

(1) 용접작업 중 잔류응력 경감법

* 잔류응력의 경감법으로 널리 쓰이는 것은 용접시공상에서 고려되는 것으로, 다음과 같은 것들이 있다.

① 용착금속량의 감소 : 용착금속량을 적게 하면 수축에 따른 변형량이 적어지고 따라서 잔류응력의 크기가 작아지는 것이다. 이와 같이 용착금속량을 줄이기 위해서는 열의 집중을 피하면서, 용접홈의 각도를 될 수 있는 대로 작게 만들고, 루트간격을 좁힘으로써 용착금속량을 줄이고, 특히 용접부 자신에서 발생되는 내부구속을 경감시켜야 한다.

② 용착법(비드 배치법)의 선정 : 용착법에 의한 잔류응력의 경감은 여러 가지 실험에 의하여 크게 도움이 되는 것으로 나타났다. 잔류응력을 줄이기 위한 방안으로 스킵법, 대칭법, 후퇴법, 직선법 등이 알려져 있으며, 좋은 방법으로는 스킵법이 가장 좋은 방법이고 연이은 순서로 된다.

③ 용접순서의 선정 : 용접순서는 용접부재의 작업순서를 말하는 것으로서, 같은 크기나 형상일지라도 이의 순서에 따라서 수축변형에 크게 영향을 주게 된다. 따라서 용접순서는 용접부의 잔류응력, 특히 구속응력에 미치는 영향이 크다. 용접순서는 다음과 같은 일반원칙을 들 수 있다.

   ㉠ 먼저 자유수축에 의한 자유변형이 일어나도록 한다.

   ㉡ 수축에 의한 변형량이 큰 곳부터 용접을 시작한다.

   ㉢ 좌우로 배치되는 구조물은 대칭법으로 비드를 배치한다.

④ 적당한 포지셔너(Positioner)의 이용 : 앞에서 설명한 용접순서와 용착금속의 배치법을 자유자재로 하기 위해서는 용접구조물을 임의대로 장치와 함께 회전시킬 수 있는 포지셔너를 사용하면 편리하다.

⑤ 적당한 예열 : 용접부에 가해지는 용접열원은 단시간에 고온을 사용하는 관계로 분포도상에서의 용접열원의 분포가 급경사를 이루게 된다. 이의 의미는 급랭에 의한 용접부위의 변화가 심해질 가능성을 뜻하는 것이다. 또한 이와 같은 이유로 인하여 용접부에 잔류응력이 많이 생기게 되는 것이다. 이것을 경감하기 위하여 용접이음부를 50~150℃ 정도 예열한 후 용접하면, 용접시의 온도분포도의 경사가 완만해지면서 용접후의 수축변형량이 줄어들어 구속응력이 경감될 수 있다.

(2) 잔류응력의 완화법

* 용접 작업 시에 주의하여도 잔류응력을 완전히 없게 하거나 적게 하는 것은 곤란하며, 잔류응력을 제거 또는 완화할 필요가 있을 때는 용접 후의 인위적인 응력제거법을 사용해야 한다.

① 노 내 풀림법 : 응력제거 열처리법 중에서 가장 널리 이용되며, 그 효과도 크다. 이것은 제품 전체를 노 속에 넣고 적당한 온도에서 일정시간 유지한 후 노 속에서 서냉시키는 방법이다. 잔류응력 제거는 어떤 한계 내에서 유지온도가 높을수록, 또 어느 한계 내에서 유지시간이 길수록 효과가 크다.

② 국부 풀림법 : 제품이 커서 노 내에 넣을 수 없을 경우나 현장 용접된 것으로서 노 내 풀림을 바라지 못할 경우에는 용접부 부근에 국부 풀림을 실시할 때가 있다. 이 방법은 용접선의 좌우 양측을 각각 약 250mm의 범위 혹은 판두께의 12배 이상의 범위를 온도 및 시간을 유지한 다음 서냉한다. 또 국부 풀림은 온도를 불균일하게 할 뿐만 아니라 이를 실시하면 잔류응력이 발생될 염려가 있으므로 주의해야 한다.

③ 저온 응력 완화법 : 미국의 린데사에서 개발하였기 때문에 린데법이라고도 불리는 것으로서 [그림 1]과 같이 용접선의 양측 150mm 폭을 특수한 가열 토치를 사용하여 정속도로 150~200℃ 정도의 저온으로 가열한 다음에 수중급랭시킴으로써 용접선 방향의 인장응력을 완화하는 방법이다.

④ 기계적 응력 완화법 : 기계적 응력 완화법은 잔류응력이 있는 제품에 하중을 주고 용접부에 약간의 소성변형을 일으킨 다음 하중을 제거하는 방법이다. 실제의 큰 구조물에서는 한정된 조건하에서만 사용할 수 있다.

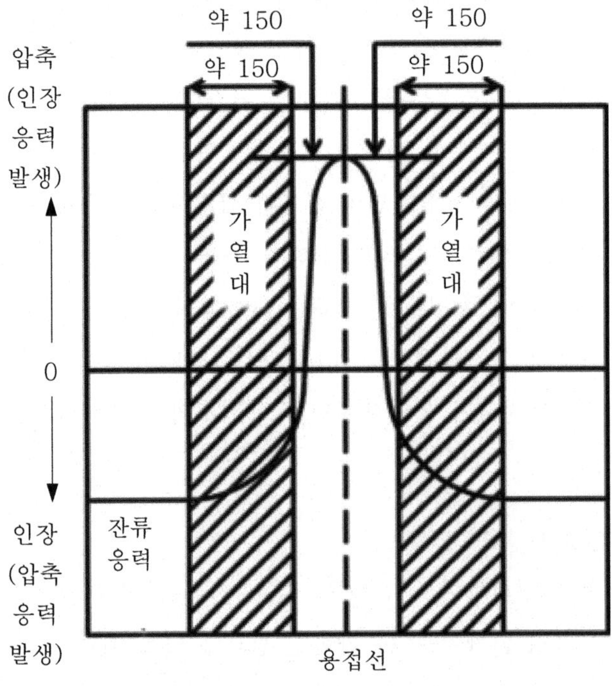

[그림 1] 저온응력 완화법 가열대

⑤ 피닝에 의한 방법 : 끝이 구면인 특수한 피닝 해머로써 용접부를 연속적으로 타격을 주어 용접부 표면에 소성변형을 주는 방법으로서, 용접부의 인장응력을 완화하는 데 효과가 있으며 용착 금속의 균열 방지에도 이용되고 있다.

피닝에 의한 잔류응력 완화법은 상온에서 행하는 것이 좋으며, 열간의 경우 700°C 부근이 적당하며, 용착금속은 물론 그 주위까지도 작업하는 것이 좋다. 그러나 용접부나 그 주위를 두들기게 됨으로써 가공경화 현상이 일어나 연성이 줄어드는 결점이 생기므로 주의해야 한다.

05 용접작업과 관련한 AWS에서 발간한 강구조물 용접시방서(AWS D 1.1)에서 규정한 위험요인 5가지와 각각의 재해에 대한 예방대책을 설명하시오.

해설

1. 강구조물 용접시방서

* 미국용접협회(AWS : American Welding Society)에서 발간한 강구조물 용접시방서(AWS D 1.1)에 관련된 문제이다.

* 용접작업 중 발생될 수 있는 위험(Hazard)과 인명부상 및 재산손실을 최소화시킬
  수 있는 실무 등을 소개한 것이다.

2. 용접작업 위험요인 및 예방대책

(1) 전기적인 위험(Electrical Hazards)

1) 위험요인

* 전기적인 충격(Electrical Shock)은 인간을 절명시킬 수 있다. 전기적인 장치들
  을 잘못 설치하거나 부적절한 접지. 부적절한 작동 및 유지관리 등은 모두 위
  험요인들이다.

2) 예방대책

① 모든 전기적인 장치 및 작업부재들은 접지시켜야 한다.
② 감전을 방지하기 위해 작업구역(Work Area), 장비 및 의복 등은 항상 건조상
   태를 유지하여야 한다.
③ 용접공은 건조한 나무판이나 또는 절연된 작업대(Insulated Platform)에서 작
   업을 수행하여야 한다.
④ 케이블 및 커넥터는 양호한 상태가 유지되도록 하여야 한다. 마모 손상 또는
   피복이 벗겨진 케이블이 사용되어서는 안 된다.
⑤ 전기적인 충격이 발생된 경우 동력은 즉시 차단되어야 한다.

(2) 연기 및 가스(Fumes and Gases)

1) 위험요인

* 연기 및 가스는 용접과정 중 발생된다. 연기나 가스 등에 과다 노출될 경우 발
  생될 수 있는 영향은 눈, 피부 및 호흡기 계통의 염증으로부터 더욱 심각한 합
  병증 등이다.
* 영향은 노출 즉시 또는 약간 시간이 경과한 후 나타날 수도 있다. 연기는 구역
  질, 투통, 현기증 및 발열 등의 증상을 야기시킨다.

2) 예방대책

* 충분한 환기, 아크의 배기 등을 철저히 하여 호흡구역 및 일반작업지역에 연기
  나 가스가 존재하지 않도록 하여야 한다.

(3) 소음(Noise)

1) 위험요인

* 과도한 소음에 노출되면 청력감소가 유발될 수 있다.
* 이와 같은 청력감소로 인해 난청 또는 반난청이 될 수 있다.

2) 예방대책

* 귀마개와 같은 보호장구를 사용하여야 한다.
* 일반적으로 이와 같은 보호장구는 1차적인 공학적 제어방법이 효과가 없을 때에 2차적으로 사용이 권장된다.

(4) 화상예방(Burn Protection)

1) 위험요인

* 용융금속, 스파크, 슬래그 및 고열의 작업부재 표면은 용접 절단 및 관련 용접 작업중에 발생되며, 이로 인해 화상이 유발될 수 있다.

2) 예방대책

① 작업자는 내화재료로 된 방화복을 착용하여야 한다.
② 목이 높은 신발 또는 가죽 라반 또는 내화장갑을 착용하여야 한다.
③ 의복은 그리스 및 오일이 묻어 있어서는 안 되며, 인화성 물질을 지니고 다녀서는 안 된다.
④ 적절한 시력보호장구인 보안경 또는 이와 동등한 보호구를 착용하여 안구를 보호하여야 한다.
⑤ 고열제품과 접촉할 때 또는 전기장비를 취급할 때는 항상 절연장갑을 착용하여야 한다.

(5) 화재 예방(Fire Protection)

1) 위험요인

* 용융금속, 스파크, 슬래그 및 고열의 작업부재표면은 용접, 절단 및 관련 용접 작업 중 발생된다. 만약 화재 예방조치가 취해지지 못한다면 이로 인해 화재 또는 폭발이 발생될 수 있다.

2) 예방대책

① 모든 인화성 물질은 작업구역으로부터 제거해야 한다.

② 가연성 가스, 증기 또는 먼지가 누적되지 않도록 작업구역에는 충분한 환기가 되도록 하여야 한다. 또한 용기는 열을 가하기 전 청소하여 깨끗하게 하여야 한다.

(6) 방사선(Radiation)

1) 위험요인

* 용접, 절단 및 용접관련 작업 중 건강에 유해한 유해광선(방사선 등)이 발생될 수 있다.

* 유해광선은 이온화 유해광선(X선 등) 또는 비이온화 유해광선(자외선, 가시광선 또는 적외선)일 수도 있다.

* 유해광선은 만약 노출이 과다한 경우 피부화상 및 시력손상과 같은 여러 가지 인체에 유해한 결과를 초래할 수 있다.

2) 예방대책

① 보안면을 사용하고 작업하여 유해광선을 차단시킨다.

② 노출되는 피부는 보호구 착용 규정대로 적설한 상삽 및 의복 등으로 보호뇌노록 하여야 한다.

③ 용접작업 중 주위 사람은 스크린, 커튼 또는 통로, 작업로 등으로부터 적당한 거리를 유지시켜 보호되도록 하여야 한다.

④ 자외선 측면 보호대를 갖는 안전안경은 용접아크에 의해 발생되는 자외선, 방사선으로부터 다소간 보호가 가능한 것으로 알려져 있다.

(06) 수소(H_2)가 강의 용접부에 미치는 영향을 5가지만 설명하시오.

[해설]

1. 수소의 영향

(1) 수소취화

* 강은 수소를 포함하면 취성화되며, 취성화의 정도는 수소량과 함께 증가하는 것이 보통이다.

* 보통 실온에서 취성을 나타내는 시험편을 매우 낮은 온도, 예컨대 액체질소(약 -183℃)의 온도로 냉각한 경우, 수소가 존재하고 있는 데에도 불구하고 이 시편은 취성을 나타내지 않는다. 그러나 이 시편을 실온으로 되돌리면 다시 취성을 나타내게 된다.

(2) 미세균열

* 수소를 많이 포함하는 용접금속 내에는 0.01~0.1mm 정도의 미세균열이 다수 발생하여 용접금속의 굽힘연성을 감소시킨다.
* 이 미세균열은 비금속성 개재물의 주변이나 결정입계의 열간 미소균열 등에 수소가 집적한 결과 생기는 것이며 합금성분이나 냉각조건 등에도 영향을 받지만 일반적으로는 수소가 많을수록 미세균열은 많이 발생한다.

(3) 선상조직

* 용접금속의 파면에 매우 미세한 가늘고 긴 선상 모양으로 서 있고, 그 사이에 광학현미경으로 보이는 정도의 비금속성 개재물이나 기공을 포함한 조직이 나타나는 일이 있다.
* 이것을 선상조직이라 하고 수소의 존재가 원인으로 되어 있다. 선상조직은 기계적 성질을 저해시킨다.

(4) 비드언더크랙

* 비드언더크랙은 용접 비드 바로 아래의 열영향부에 나타나는 균열이다.
* 이것은 용접금속에서 열영향부에 확산된 수소가 그 중요한 원인이며, 급랭 상태에서는 수소는 외부에 방출되지 못하고 용접 금속 중에 다량으로 잔류하고, 수소취성화가 생겨서 내부 응력과의 상호작용에 의해 균열이 발생하는 것이다.

(5) 은점

* 은점은 용접금속부를 파단하였을 때 그 파단면에 나타나는 물고기 눈(fish eye) 모양의 점이며, 수소가 존재하는 경우에만 생긴다.
* 수소가 용접 금속 내의 공동이나 비금속성 개재물의 주위에 집중하면 여기서 취성화가 생기고, 시험편을 파단하면 국부적인 취성화 파면으로서 관찰되는 것이다.

07 지그(Jig)사용의 이점 8가지에 대하여 설명하시오.

해설

1. 용접지그의 정의

* 용접 지그는 용접 구조물을 정확한 치수로 제작하기 위하여 사용하는 것으로, 제품의 제작 시 작업이 편리하여 생산성이 좋은 아래보기 자세로 용접, 가조립 및 본용접을 할 수 있도록 구조물을 고정하거나 구속하는 데 사용되는 장치이다.

2. 용접 지그 사용의 장점

* 용접구조물 제작시 용접지그를 적절하게 사용하면 다음과 같은 효과가 있다.
  ① 용접 작업을 용이하게 한다.
  ③ 제품의 정밀도를 향상시킨다.
  ③ 대량생산 시 용접 조립 작업을 단순화하여 능률이 향상된다.
  ④ 용접변형을 억제하거나, 적당한 역변형을 줄 수 있도록 하여 정밀도를 높인다.
  ⑤ 작업 준비·교체·조정 로스가 감소될 수 있다.
  ⑥ 설치작업의 정도(정도=정확도+정밀도)를 좋게 할 수 있다.
  ⑦ 생산효율화 저해 요소 중에서 인적 로스를 줄일 수 있다.
  ⑧ 작업시 안전작업이 되므로 안전사고 예방을 할 수 있다.

08 용접작업과 관련한 강구조물 용접시방서(Structural Welding Code : AWS D1.1)에서 규정한 위험요인의 예방책과 용접재료의 P-No. 및 F-No.에 대하여 설명하시오.

해설

* P-No.는 모재의 재료 특성 중 용접성에 따라 분류한 번호로 화학성분을 근거로 한 대분류이고, F-No.는 용접봉을 사용 특성(피복재, 보호가스 등)에 따라 분류한 번호이다.
* A-No.는 용접봉을 사용하여 용접한 용착금속의 화학적 성분에 따른 분류이다.
* 예로서, P-No.1은 탄소강, P-No.2는 정련강을 의미한다. 기호 P는 Plate, F는 Flux, A는 Alloy를 각각 의미한다.

09 용접작업 시 발생되는 유해인자를 물리적 인자와 화학적 인자로 나누고, 유해 인자별 신체에 나타나는 현상을 설명하시오.

해설

1. 용접작업시 발생하는 유해·위험 요인(물리적 인자) 및 인체영향

① 소음 : 강렬한 수준의 소음은 결과적으로 영구청력 손실을 초래하는 청신경 손상이 발생한다.

② 고열 : 피부화상이 발생되며, 유해광선 중 자외선에 의해 주로 눈에 영향을 준다.

③ 감전·화상 : 용접작업자에게 전기쇼크와 화상 위험의 영향을 미칠 수 있다.

④ 유해광선 : 강렬한 유해광선은 눈질병을 초래한다.

⑤ 화재·폭발 : 화재와 폭발의 위험성이 있으며, 화재·촉발은 여러 형태의 중대재해를 유발할 수 있다.

2. 용접작업시 발생하는 유해·위험 요인(화학적 인자) 및 인체영향

(1) 금속 흄 및 금속분진

① 카드뮴 : 보호피복재, 용접전극피복재 또는 합금으로 사용된다. 폐를 자극하여 폐수종을 유발할 수 있고, 만성 영향으로 폐기종과 신장손상을 초래한다.

② 크롬 : 비중격천공증을 유발시킨다.

③ 철 : 코, 목과 폐에 과민반응들 일으키며, 주된 만성 영향으로는 철폐증이 있다.

④ 망간 : 금속 열을 일으키고, 장기 노출시 중추신경계에 이상을 초래할 수 있다.

⑤ 납 : 빈혈증, 신경근육장해, 소화기장해, 복통과 생식능력 저하 및 신장, 신경손상을 초래할 수 있다.

⑥ 아연 : 아연흄에 노출 시 나타날 수 있는 주요 증상은 금속열이다.

(2) 유해가스

① 오존(O_3) : 두통과 눈의 점막이상을 초래할 수 있으며, 또한 만성노출 시 폐기능에 심각한 변화를 초래할 수 있다.

② 질소산화물(NO_X) : 눈, 코와 호흡기관에 자극을 유발한다. 고농도의 경우 폐수종과 기타 폐에 심각한 영향을 줄 수도 있다.

③ 일산화탄소(CO) : 두통, 현기증과 정신혼란 등을 유발한다.

④ 포스겐($COCl_2$) : 호흡부전과 폐수종 등이 나타나며, 호흡 및 심부전증으로 인한 사망을 초래한다.

⑤ 포스핀(PH_2) : 포스핀의 유해성은 포스겐과 거의 비슷하다.

(10) 다음의 각 번호에 대한 용접기호를 설명하시오.

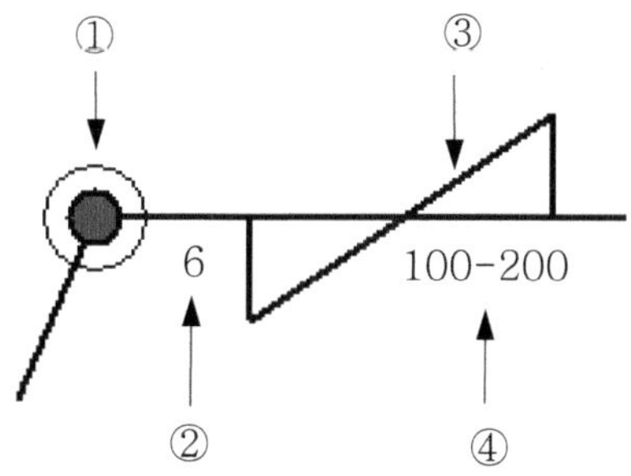

[해설]

① 온둘레 현장용접   ② 용접치수 : 숫자 6은 6mm를 의미

③ 필렛 지그재그 양측 용접

④ 용접길이와 피치 : 숫자 100은 용접길이, 200은 용접피치를 의미

[참고]

1. 용접기호 표시

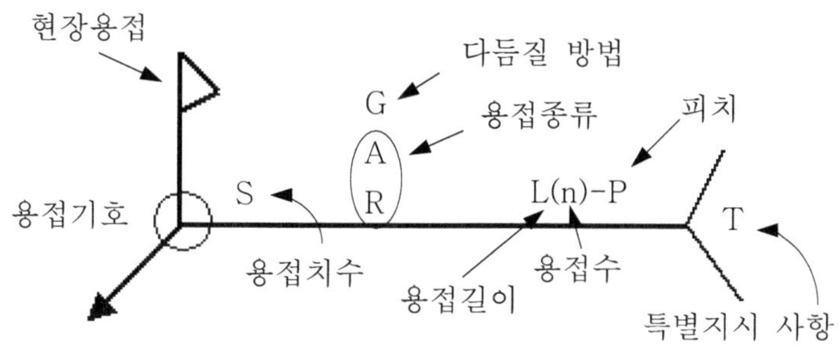

2. 용접기호 (KS B 0052)

용접 종류		기호	적용 예		비고
I형		‖		화살의 반대측에서 용접	1. 홈을 가공하는 부재에 용접기호의 기선을 위치하도록 한다. 2. 홈의 기호가 기선위에 있는 경우 부재의 반대쪽에 기선밑에 있는 경우 지시선쪽에 가공한다.
				화살 쪽에서 용접	
				양측에서 용접	
V형		∨		화살의 반대측에서 용접	
				화살 쪽에서 용접	
X형		✕		양측에서 용접	
U형		∪		화살의 반대측에서 용접	
				화살 쪽에서 용접	
H형		ⅹ		양측에서 용접	
L형		∨		화살의 반대측에서 용접	
				화살 쪽에서 용접	
K형		K		양측에서 용접	
J형		⊬		화살의 반대측에서 용접	
				화살 쪽에서 용접	
양면 J형		K		양측에서 용접	P : 피치 L : 용접길이
필렛	편면 용접	◿		화살의 반대측에서 용접	
				화살 쪽에서 용접	
	병렬 용접	◁▷		양측에서 용접	

용접 종류		기호	적용 예		비고
	지그 재그 용접			양측에서 용접	
				양측에서 용접	
플러그용접 슬롯용접				화살의 반대측에서 용접	
				화살 쪽에서 용접	

3. 용접보조기호 (KS B 0052)

명칭	기호	명칭	기호
평탄비드	——	현장용접	⚑
볼록비드	⌒	치핑(Chipping)	C
오목비드	⌣	연삭	G
온둘레용접	○	절삭	M

제 4 장

(11) 용접작업 후 발생하는 용접산류응력 측정방법에 대하여 설명하시오.

[해설]

1. 개요

* 용접에 의한 잔류응력은 용접중심부, 용접경계부 및 모재부에 이르기까지 응력의 변화가 매우 크므로 잔류응력 측정시에는 측정방법별 특성을 고려하여 적절한 방법의 선택에 유의해야 한다.

2. 용접잔류응력 측정방법

(1) 비파괴 방법

1) X선 회절법

* 현장에서 측정 가능하도록 소형의 휴대용 장치가 개발되어 있다.
* X선의 침입깊이가 20μm로 얕아서 표면층의 잔류응력을 측정 가능하다.
* 구조물 내부의 잔류응력은 표면을 차례대로 전해연마로 제거해 나가면서 측정한다.

2) 중성자회절법

* 탄소강에서 침입깊이가 약 50mm까지 가능한 중성자를 이용한 측정기술이다.

3) 스트레인게이지법

* 스트레인게이지를 이용한 잔류응력 측정방법이 알려져 있다.

(2) 파괴적 방법

* 용접시편을 만들어 응력게이지를 이용한 시험방법이다.
* 시험편으로는 반원형 시편, 평판표면 맞대기용접 시편 등의 방법이 사례 일종이다.

12 두 금속재를 용융된 금속 매개를 이용하여 서로 접합시키는 용접작업에서 용접시방절차서(WPS : Welding Procedure Specification)의 각 세부 기재사항을 설명하시오.

[해설]

○ **용접시방절차서(WPS)의 각 세부 기재사항**

* 용접시방절차서는 용접시공의 반복성을 보증하기 위해 실제 용접에 필요한 변수들을 상세히 제공하는 서류를 말한다. WPS는 용접절차시방서로도 불린다.
  ① 제작자 관련 사항
    * 제작자 신원 확인, WPS 확인
  ② 모재 관련 사항
    * 모재의 확인(가능하면 관련 규격을 참조로 표시함), 재료 치수
  ③ 모든 용접절차에 공통적인 사항
    * 용접법, 이음부 형상, 용접자세, 이음부 홈 가공, 이면 가우징 방법, 받침, 용가재 명칭, 용가재 치수, 용가재와 플럭스의 취급 방법, 전기적 변수, 기계적 용접, 예열 온도, 패스간 온도, 용접 후 열처리(PWHT)

  [참고] PQR(Procedure Qualification Record : 용접절차검증서) : 용접절차를 인증한 후 기록한 것

아세틸렌용접

01 아세틸렌가스의 위험성을 5가지만 설명하시오.

[해설]

1. 아세틸렌의 위험성

* 아세틸렌은 탄화수소 중에서 가장 불안전한 가스이므로, 특히 위험성을 내포하고 있어 매우 주의를 하여야 한다.

① 혼합가스의 위험성 : 아세틸렌이 공기 또는 산소와 혼합된 경우에는 불꽃 또는 불티 등으로 착화되어 폭발한다. 아세틸렌의 폭발사고는 거의가 이 혼합가스에 의한 것이므로 혼합가스가 되지 않도록 하거나, 사용할 경우에는 혼합가스를 배제한 후에 사용해야 한다. 특히 아세틸렌 10~15%와 산소 80~90%가 혼합되면 가장 위험성이 크다.

② 폭발위험 : 넓은 범위의 폭발범위를 가지며, 폭발한계 2.5~81%로 폭발한계 범위가 매우 넓다.

③ 온도의 영향 : 아세틸렌은 공기 중에서 가열하여 406~408°C 부근에 도달하면 자연발화를 하고, 505~515°C가 되면 폭발이 일어난다.

④ 압력의 영향 : 1기압 이하에서는 폭발의 위험은 없으나, 2기압 이상으로 압축하면 분해 폭발을 일으키는 수가 있다. 불순물을 포함하고 있는 경우에는 위험성이 더욱 증가하고, 1.5기압으로 압축하면 충격, 가열 등의 자극을 받아서 다음 식과 같이 분해폭발한다.

[참고] 1기압=760mmHg=1013.25hPa=대기압=1표준기압

따라서 아세틸렌 발생기에서는 1.3기압 이상의 가스를 발생시켜서는 안 된다.

⑤ 외력의 영향 : 아세틸렌은 충격, 마찰, 진동 등에 의하여 폭발하는 일이 있다. 특히 압력이 높을수록 위험성은 크다.

02 산소-아세틸렌용접 작업 중 발생하는 역류(Contra Flow), 역화(Back Fire), 인화(Flash Back)에 대하여 설명하시오.

[해설]

1. 산소-아세틸렌용접 작업 개략도

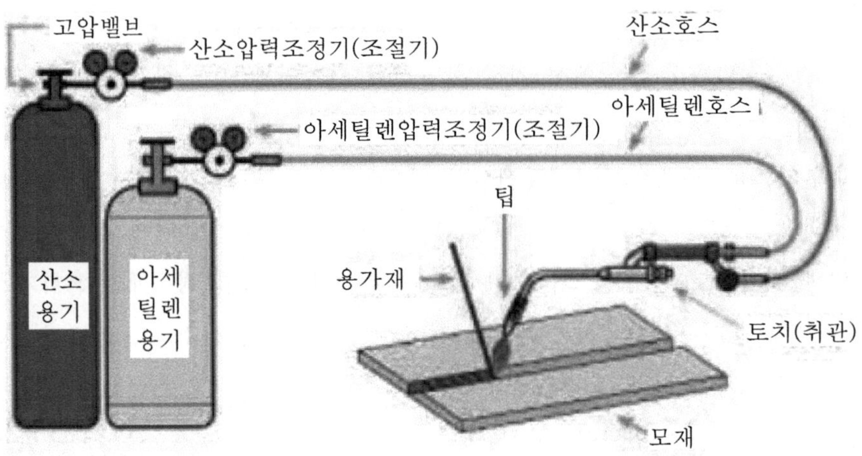

2. 역류(Contra Flow)

(1) 현상

* 용접토치는 토치 인젝터의 작용으로 산소기류의 압력에 의하여 흡입되는 구조로 되어 있으나, 혹시 팁의 끝이 막히게 되면 높은 압력의 산소가 아세틸렌 도관내에 흘러 들어가 수봉식 안전기로 들어간다. 이와 같은 현상을 역류라고 한다.

* 역류가 발생시 만일 안전기가 불안전하면 아세틸렌 발생기에 산소가 들어가 발생기가 폭발을 일으키게 된다. 그러나 용해 아세틸렌에서는 안전기를 사용하지 않아도 폭발사고는 일어나지 않는다.

(2) 방지법

① 팁을 깨끗이 청소한다.
② 산소를 차단시킨다.
③ 아세틸렌을 차단시킨다.
④ 안전기와 발생기를 차단시킨다.

3. 역화(Back Fire)

(1) 현상

* 역화는 토치의 취급이 잘못될 때 순간적으로 불꽃이 토치의 팁 끝에서 "탁탁"하는 소리를 내면서 불길이 들어갔다가 곧 정상이 되든가, 완전히 불길이 꺼지는 현상을 말한다.

* 역화가 일어나는 것은 작업물에 팁끝이 닿았거나, 팁끝이 과열되었거나, 또는 가스압력과 유량이 적당하지 않을 때, 팁의 죔이 완전하지 않았을 때에 생긴다.

(2) 방지법

① 용접팁을 물에 담그어 냉각시킨다.
② 아세틸렌을 차단한다(호스를 꺾어서 공급을 끊어도 된다).
③ 토치의 기능을 점검한다.

4. 인화(Flash Back)

(1) 현상

* 팁 끝이 순간적으로 막히게 되면 가스의 분출이 나빠지고 불꽃이 혼합실까지 밀려 들어가는 것을 인화라 한다. 이것이 다시 불안전한 안전기를 지나 발생기에까지 인화되어 폭발을 일으켜 부상자를 낼 정도의 큰 사고를 일으키는 경우도 있다.

* 인화의 원인으로는 팁의 과열, 팁끝의 막힘, 팁 죔의 불충분, 각 기구의 연결 불량, 먼지의 부착, 가스압력의 부적당, 호스의 비틀림 등이 있다. 인화나 역화가 일어나는 것은 산소, 아세틸렌이 내뿜는 속도가 불꽃의 연소속도보다 느릴 때 일어난다. 따라서 가스의 압력이 부족할 때에는 특히 인화나 역화가 일어나기 쉽다.

(2) 방지법

① 팁을 깨끗이 청소한다.
② 토치 및 각 기구를 점검한다.
③ 가스 유량을 적당하게 조정한다.
④ 호스의 비틀림이 없게 한다.

제4장

03 산소-아세틸렌 용접에서 발생할 수 있는 재해 유형과 예방대책에 대하여 설명하시오.

[해설]

1. 개요

* 가스용접은 연료가스와 공기 또는 산소의 연소에 의한 열을 이용하여 금속을 용융 접합하는 방법으로, 플레임(Flame)용접이라고도 한다. 이들의 가스는 토치 가운데에서 혼합되어 소요의 불꽃으로 되기 위한 조정을 받으며, 가스용접에 사용되는 가스는 아세틸렌과 산소가 많아 가스용접을 산소-아세틸렌 가스용접이라고도 한다.

2. 아세틸렌의 위험성

* 아세틸렌은 탄화수소 중에서 가장 불안전한 가스이므로, 특히 위험성을 내포하고 있어 특히 주의하여야 한다.

(1) 온도의 영향

* 아세틸렌은 공기 중에서 가열하여 406~408°C 부근에 도달하면 자연발화를 하고, 505~515°C가 되면 폭발이 일어난다.

(2) 압력의 영향

* 1기압 이하에서는 폭발의 위험은 없으나, 2기압 이상으로 압축하면 분해 폭발을 일으키는 수가 있다. 불순물을 포함하고 있는 경우에는 위험성이 더욱 증가하고, 1.5기압으로 압축하면 충격, 가열 등의 자극을 받아서 분해폭발을 한다. 따라서 아세틸렌 발생기에서 1.3기압(산업안전법령에서는 127kPa) 이상의 가스를 발생시켜서는 안 된다.

(3) 혼합가스의 영향

* 아세틸렌이 공기 또는 산소와 혼합된 경우에 불꽃 또는 불티 등으로 착화되어 폭발한다.
* 아세틸렌의 폭발사고는 거의가 이 혼합가스에 의한 것이므로 혼합가스가 되지 않도록 하거나, 사용할 경우에는 혼합가스를 배제한 후 사용해야 한다. 특히 아세틸렌 10~15%와 산소 80~90%가 혼합되면 가장 위험성이 크다.

(4) 외력의 영향

* 아세틸렌은 충격, 마찰, 진동 등에 의하여 폭발하는 일이 있다. 특히 압력이 높을수록 위험성이 크다.

(5) 아세틸렌 용기와 압력조정기

* 아세틸렌 용기는 아래 그림과 같고, 용기밸브는 용기 위에 붙어 있는 것으로 아세틸렌을 용기 밖으로 유출시키는 부분이다. 재료는 아세틸렌과 화합되어 아세틸렌 구리가 되는 것을 막기 위해서 강철재로 만들어졌으며, 용기밸브의 구조는 산소용과 대체로 동일하며 그림과 같다.

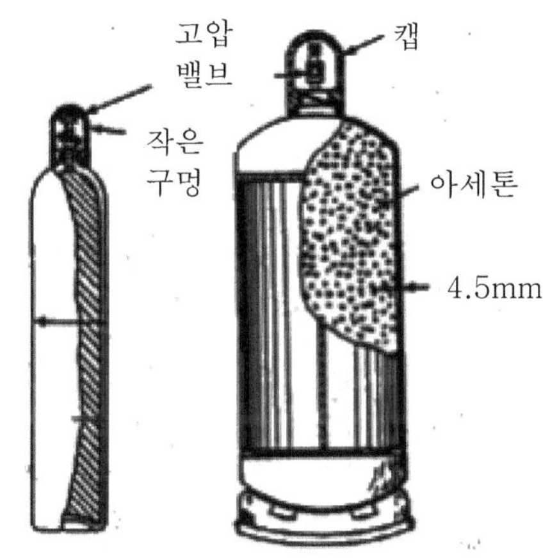

[그림 2] 아세틸렌 용기 구조

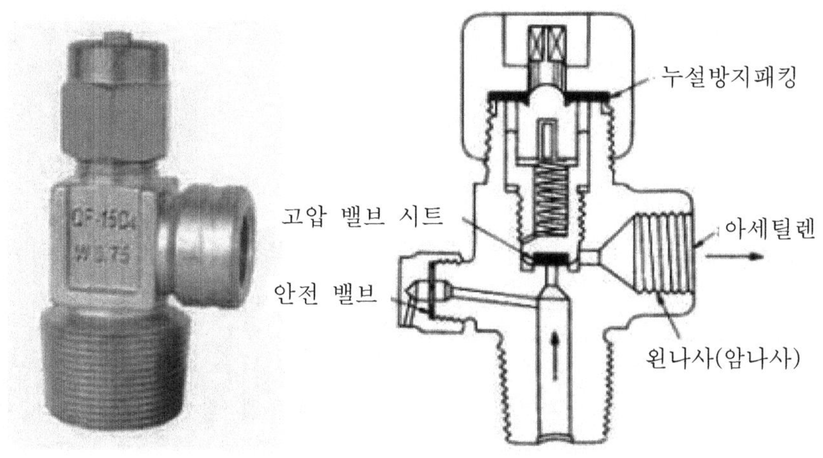

[그림 3] 압력조정기

3. 재해유형과 예방대책

구분	주요 발생원인	대책
화재	절단 불꽃 비산	1. 불꽃받이나 방염시트 사용 2. 불꽃비산 구역 내 가연물의 제거 및 청소 3. 소화기 비치
	열을 받은 용접부분의 뒷면에 둔 가연물	1. 용접부 뒷면 점검 2. 작업종료 후 점검 3. 피난대책 수립
	점화용 불붙이개 방치	1. 점화용 라이터 사용, 불붙이개 사용 금지
폭발	토치나 호스에서 가스 누설	1. 가스누설이 없는 토치나 호스 사용 2. 좁은 구역에서 작업할 때는 휴게시간에 토치를 공기의 유통이 좋은 장소에 내어 둠 3. 호스접속 시 실수 없도록 호스에 명찰 부착
	드럼통이나 탱크를 용접, 절단시 잔류 가연성 가스증기의 폭발	1. 내부에 가스나 증기가 없는 것을 확인
	역화	1. 정비된 토치와 호스 사용 2. 가스의 위험성 교육
화상	토치나 호스에서 산소 누설	1. 산소누설이 없는 호스 사용
	화재발생	1. 가스누설 방지 2. 주변 가연물 제거 3. 소화기 비치

4. 방호장치 역화방지기(안전기) 설치기준

(1) 역화

* 아세틸렌관로에서 아세틸렌의 정상흐름과는 반대방향으로 화염이 전파되는 것

(2) 역화방지기의 종류

① 건식역화방지기 : 화염이 아세틸렌 용기로 역류할 경우 체크밸브가 차단 작용

② 습식역화방지기 : 화염이 아세틸렌 용기로 역류할 경우 침수봉에 의하여 차단 및 밖으로 역류화염 배출

(3) 역화방지기의 성능

① 당해 가스에 침식 또는 화학적 반응을 일으키지 않는 재료일 것

② 소염소자는 당해 가스에 대하여 충분한 내식성을 가질 것

③ 역화방지기의 구조는 소염소자, 역화방지장치 및 방출장치를 구비할 것

④ 방출장치는 작동압력이 $3kgf/cm^2$ 이상, $4kgf/cm^2$ 이하에서 작동될 것

⑤ 소염소자는 금망, 소결금속, 스틸울, 다공성금속물 또는 이와 동등 이상의 소염 성능을 갖는 것일 것

⑥ 역화방지기는 역화를 방지한 후 복원이 되어 계속 사용할 수 있는 구조일 것

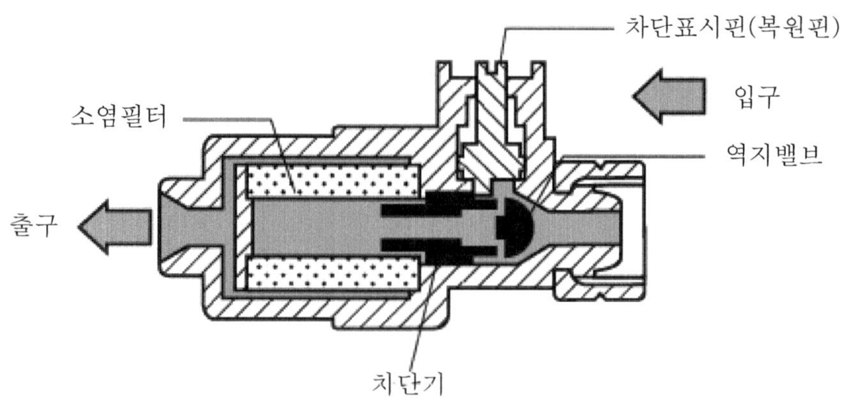

[그림 4] 역화방지기(안전기)

제 4 장

가스용접

01 용접용 가스로 사용할 때 갖추어야 할 연료가스의 조건을 4가지만 설명하시오.

[해설]

* 용접용 가스는 아세틸렌가스가 가장 많이 사용되고 수소, LPG(액화석유가스), LNG(액화천연가스), 메탄가스 등이 있으며, 이들이 가스용접이나 절단에 사용되려면 다음과 같은 성질이 있어야 한다.

① 불꽃의 온도가 높을 것　② 연소 속도가 빠를 것　③ 발열량이 클 것

④ 용융금속과 화학반응을 일으키지 않을 것

02 고주파용접에 대해 설명하시오.

[해설]

1. 정의

① 고주파유도용접(High frequency induction welding)은 용접부 주위에 감은 유도 코일에 고주파 전류를 흐르게 하고, 그것에 의해 발생하는 유도전류를 이용하여 접합하는 맞대기 용접 또는 시임(seam) 용접을 말한다. 고주파 저항용접과 마찬 가지로 사용되고 접촉자를 필요로 하지 않는 반면, 주위에 코일을 감지 않으면 안 되므로 용접하려는 물체의 형상이 제한된다.

② 고주파 전류는 도체의 표면에 집중적으로 흐르는 성질인 표피효과(skin effect)와 전류방향이 반대인 경우에는 서로 근접해서 생기는 성질인 근접효과(Proximity Effect)를 이용하여 용접부를 가열 용접하는 방법이다.

2. 종류

(1) 고주파유도용접

* 피용접물의 용접부위에 유도 코일을 감고서 여기에 고주파전류를 연결하면, 유도 코일에 흐르는 고주파 전류는 피용접물의 용접부에 자계가 형성되면서 2차적으 로 유기된 유도전류가 흐르게 된다. 이때 유도전류는 저항열을 발생하게 되고 이 저항열을 이용하여 용접부를 용융시킨 후에 적당한 압력을 가하여 맞대기용접 이나 시임용접을 하는 것이다.

(2) 고주파저항용접

* 고주파저항용접(High frequency resistance welding)은 용접 부위를 가압하면서 고주파 전류를 모재의 접합 가장자리에 직접 공급하여 그 저항 발열에 의해 용 접하는 것을 말한다.

* 유도코일을 사용하지 않고, 피용접물의 양쪽 모재에 직접 전류를 흐르게 하는 것 이 고주파 유도용접과 다르다. 피용접물체에 전극을 직접 연결하면 접합부 부근 에만 전류가 흐르고, 접합부에서 멀리 떨어진 곳으로는 전류가 흐르지 않게 되는 데, 이러한 이유는 고주파전류는 역방향에서 서로 간의 가장 가까운 부분으로 흐 르려는 성질, 즉 근접효과(Closing Effect)가 있기 때문이다.

03 가스집합용접장치의 취급작업에서 안전담당자의 유해·위험방지업무의 직무 수행에 대해 기술하시오.

[해설]

○ 가스집합용접장치의 취급작업시 관리감독자의 유해·위험 방지 업무
  (산기규 제35조 관련 별표 2)

① 작업방법을 결정하고 작업을 직접 지휘하는 일
② 가스집합장치 취급 근로지로 하여금 다음의 작업요령을 준수하도록 하는 일
  ㉠ 부착할 가스용기의 마개 및 배관 연결부의 유류·찌꺼기 등을 제거할 것
  ㉡ 가스용기를 교환할 때에는 그 용기의 마개 및 배관 연결부 부분의 가스누출을 점검하고 배관내의 가스가 공기와 혼합되지 않도록 할 것
  ㉢ 가스누출 점검은 비눗물을 사용하는 등 안전한 방법으로 할 것
  ㉣ 밸브 또는 콕은 서서히 열고 닫을 것
③ 가스용기의 교환작업을 감시하는 일
④ 작업을 시작할 때에는 호스·취관·호스밴드 등의 기구를 점검하고, 손상·마모 등으로 인하여 가스나 산소가 누출될 우려가 있다고 인정할 때에는 보수하거나 교환하는 일
⑤ 안전기는 작업 중 그 기능을 쉽게 확인할 수 있는 장소에 두고, 1일 1회 이상 점검하는 일
⑥ 작업에 종사하는 근로자의 보안경 및 안전장갑의 착용 상황을 감시하는 일

제4장

아크 용접

01 아크 용접봉의 피복제 역할 7가지와 종류 5가지를 설명하시오.

[해설]

1. 아크 용접 원리

* 아크 용접은 모재와 금속 전극 사이에 아크를 발생시켜 모재 일부와 용접봉을 녹여 용접하는 용극식 용접법이다. 용접홀더로 지지한 피복아크 용접봉과 모재 사이에 먼저 전압을 걸어주고, 용접봉 끝을 대었다가 떼면 아크가 발생하게 되는 원리이다.

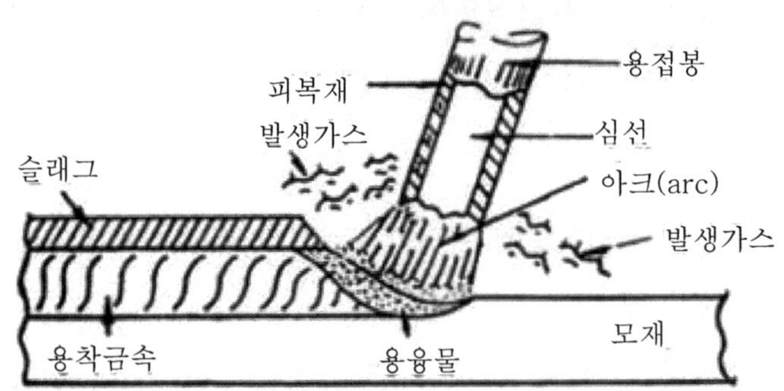

2. 아크 용접봉의 피복제 역할

① 이온화 하기 쉬운 물질을 만들어 재점화 전압을 낮추어 아크를 안정시킨다.

  * 교류는 1초에 120번의 전류전압이 끊어지게 되어 아크가 연속적으로 발생될 수 없어 비교적 용접봉을 사용할 수 없게 되며, 교류에서 피복제가 열에 의해 연소되어 가스의 이온화로 아크 전압을 낮추고, 전류가 끊어져도 계속 아크가 발생하도록 하여 아크를 안정시킨다.

② 중성 또는 환원성 분위기를 만들어 질화나 산화를 방지하고 용융금속을 보호한다.

  * 피복제가 타면서 발생하는 가스가 용접부를 둘러싸서 산소나 질소의 침입을 막게 되며, 피복제가 심선보다 늦게 녹으며 피복통을 이루어 공기 접근을 막는다.

③ 용적(녹은 쇳물의 방울)을 미세화하여 용착효율을 높인다.

  * 용적이 크면 비드 표면이 거칠어지고 강도가 일정치 못하므로, 용착효율이 좋게 되도록 용적을 미세화시켜 용착효율을 높이는 작용을 한다.

④ 용융금속 중의 산화물을 탈산 정련하는 작용을 한다.

  * 용착금속에 함유된 산소나 질소, 심선이나 모재 속의 녹, 페인트 등의 불순물 등을 제거하여 정련시키는 작용을 시킨다.

⑤ 용착금속에 필요 원소를 첨가한다.

  * 용착금속에 부족한 원소를 보충시키기 위한 합금제를 첨가시킨다.

⑥ 용착금속의 냉각속도를 느리게 한다.

  * 용융점이 낮고 적당한 점성을 가진 슬래그가 생성되어 용접부를 덮어 급랭을 방지해 준다. 슬래그의 점성이 높거나 낮으면 용접부를 잘 덮지 못하여 슬래그가 침입되거나 기공이 생길 우려가 있다.

⑦ 수직자세, 위보기자세 등 어려운 자세를 쉽게 한다.

⑧ 슬래그 제거를 쉽게 한다.

⑨ 전기절연 작용을 한다.

　＊ 피복제는 전기를 통하지 않으므로 좁은 곳을 용접할 때 옆에 닿아도 전기가 통하지 않아 아크 발생이 안 되며, 작업도 쉽게 되도록 하며, 또 용접봉을 갈아 끼울 때에 감전의 위험이 없다.

3. 아크 용접봉의 종류

(1) 일미나이트계

＊ 용입이 깊어, 비드가 깨끗하고, 일반용접에 가장 많이 사용된다.

＊ 장점 : 용입 양호, 강도 우수, 결함이 적음

(2) 라임타이타늄계

＊ 용입은 중간이며, 깨끗하고, 박판에 좋다

＊ 장점 : 용입 쉬움, 기계적 성질 우수

＊ 단점 : 용입이 적음

(3) 고셀룰로우스계

＊ 용입이 깊으며, 비드가 거칠고, 스패터가 많다

＊ 장점 : 배관용접용, 슬래그 적음, 전 자세 용접 가능

＊ 단점 : 표면 거침

(4) 고산화타이타늄계

＊ 용입이 얕으며, 슬래그가 적고, 인장강도가 크며, 박판에 좋다

＊ 장점 : 박판 용접용, 용접이 쉬움, 전자세 용접

＊ 단점 : 기계적 성질이 나쁨, 고온 균열

(5) 저수소계

＊ 스패터가 적으며, 유황이 많고, 고탄소강 및 균열이 심한 부분에 사용

＊ 특징 : 강도 우수, 균열에 강함

＊ 단점 : 용접이 어려움, 아크 불안정, 유동성 나쁨

(6) 철분 산화타이타늄계

＊ 스패터가 적으며, 비드가 깨끗하다.

＊ 장점 : 작업성 우수, 능률 우수

기타 용접

01 탄산가스 아크 용접을 설명하시오.

해설

1. 원리

* 송급 롤러에 의해 송급되는 용접와이어가 노즐내의 접촉팁(contact tip)을 통과할 때 전기가 공급되며, 보호가스인 CO_2 가스 분위기에서 와이어와 모재사이에 아크가 발생되어, 아크열로 와이어를 용해시켜 모재를 용융접합하는 방법이다.

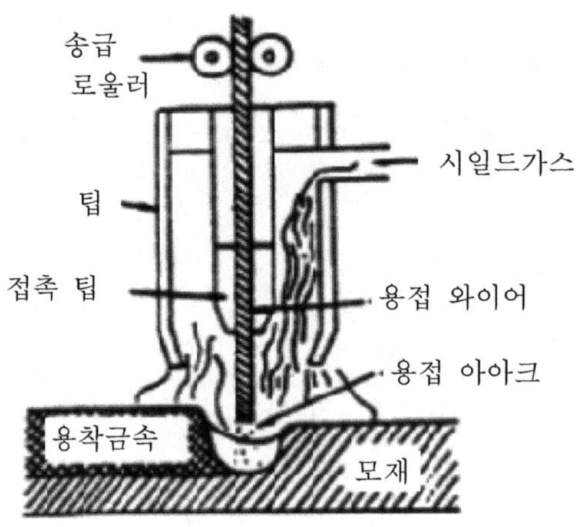

[그림 1] CO_2 용접장치 원리

2. 용접법의 특징

(1) 장점

① MIG 용접에 비하여 용착금속에 기공의 생김이 적다.

② 서브머지드 아크 용접에 비하여 모재 표면의 녹, 오물 등이 있어도 큰 지장이 없으므로 용접 때 완전한 청소를 하지 않아도 된다.

③ 모든 용접 자세로 용접이 되며, 조작이 간단하다.

④ 용접전류의 밀도가 크므로 용입이 깊고, 용접속도를 매우 빠르게 할 수 있다.

⑤ 아크 특성에 적합한 상승 특성을 가지는 전원기기를 사용하고 있으므로 스패터가 적고, 안정된 아크를 얻을 수 있다.

⑥ 가시 아크이므로 시공이 편리하다.

⑦ 산화 및 질화가 되지 않은 양호한 용착금속을 얻을 수 있다.

⑧ 용착금속의 기계적 성질 중 특히 강도와 연신성이 우수하다.

⑨ 플럭스가 사용되지 않으므로 슬래그 잠입현상이 적고, 슬래그 제거를 위한 노력이 없어도 된다.

⑩ 아크 및 용융지가 눈에 보이므로 정확한 용접이 가능하다.

⑪ 보호가스가 저렴한 탄산가스라서 용접경비가 적게 든다.

(2) 단점

① 탄산가스를 사용하므로 작업장 환기에 유의한다. 일반적으로 탄산가스함량이 3~4%가 되면 두통이나 뇌빈혈을 일으키고, 15% 이상이면 위험상태가 되며, 30% 이상이면 중독되어 생명을 잃게 된다.

② 비드 외관이 타 용접에 비해 거칠다.

③ 고온 상태의 아크 중에서는 산화성이 크고, 용착 금속의 산화가 심하여, 기공 및 그 밖의 결함이 생기기 쉽다.

3. 용접장치

(1) 용접토치

* 용접토치에는 수냉식과 공랭식이 있으며, 300~500A의 전류용에는 수냉식 토치가 사용되고 있다.

[그림 1] 용접 토치

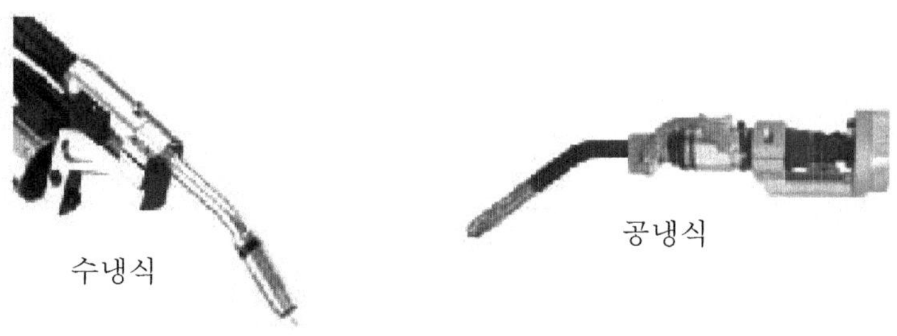

[그림 3] 용접토치 냉각방식

(2) 용접용 재료

1) 와이어 및 용제

* 이산화탄소 아크 용접용 와이어에는 탈산제의 공급방식에 따라 와이어뿐인 솔리드 와이어(Solid Wire)와 용제가 미리 심선 속에 들어 있는 복합와이어(Flux Cored Wire), 자성을 가진 이산화탄소 기류에 혼합하여 송급하는 자성용제(Magnetic Flux) 등이 있다.

2) 탄산가스

① 무색 투명하며, 무미, 무취하다.

② 공기보다 1.53배, 아르곤보다 1.38배 무겁다.

③ 탄산가스는 적당히 압축 냉각하면 액화하며, 고압 용기에 채워진다.

④ 공기 중 농도가 크면 눈, 코, 입 등에 자극이 느껴진다.

⑤ 탄산가스의 순도는 99.5% 이상, 수분 0.05% 이하의 것이 좋다.

3) 탄산가스 취급시 주의사항

① 온도 상승은 위험하므로 35℃ 이하에서 보관할 것

② 충격을 주지 말 것

③ 주위 환기를 잘 할 것

④ 직사광선을 피할 것

⑤ 밸브가 벌어 지면 가스가 급격히 분출하여 로케트탄과 같이 용기가 날아갈 위험이 있다.

⑥ 운반시는 반드시 밸브 보호용 캡을 씌울 것

02 테르밋 주조용접(Thermit cast welding)과 테르밋 가압용접(Thermit Pressure welding)을 설명하시오.

[해설]

○ 테르밋 용접법 (Thermit welding)

1. 원리

* 용접 열원을 외부로부터 가하는 것이 아니라, 테르밋 반응에 의해 생성되는 화학 반응열을 이용하여 금속을 용접하는 방법

① 테르밋제 : 산화철분말(3~4) : 알루미늄분말(1) ← 무게비임

② 점화제 : 과산화바륨과 알루미늄(또는 마그네슘)의 혼합 분말

③ 테르밋 반응 온도 : 약 2,800℃

2. 테르밋 용접 종류

① 용융 테르밋 용접법 : 용접 홈을 800~900℃로 예열한 후, 도가니 속에서 테르밋 반응에 의하여 녹은 금속을 접합부에 주입시켜 용착시키는 용접

② 가입 테르밋 용접법 : 일종의 압접으로, 모재의 단면을 맞대어 놓고, 그 주위에 테르밋 반응에서 생긴 슬래그 및 용융 금속을 주입하여 가열시킨 다음, 강한 압력을 주어 용접

3. 테르밋 용접의 특징 및 용도

(1) 특징

① 용접 작업이 단순하고, 용접 결과의 재현성이 높음

② 용접용 기구가 간단하고, 설비비가 저렴함. 또한, 작업 장소의 이동이 용이

③ 용접 작업 후의 변형이 적음

④ 전력이 불필요함

⑤ 용접 시간이 비교적 짧음

(2) 용도

* 차축, 레일, 배의 뒤 프레임 등의 큰 단면을 가진 모재의 맞대기 용접

4.5 절삭가공

절삭가공법

01 절삭가공기계의 공구재료로서 구비조건 4가지를 열거하시오.

[해설]

○ **절삭공구재료의 필요조건**

① 접촉부분에서 긁힘마멸에 저항하기 위한 고경도

② 절삭날의 소성변형에 저항하기 위한 높은 고온경도와 압축강도

③ 확산 용착에 저항하기 위한 높은 내용착 강도

④ 압착물의 뜯김(박리)에 기인하는 마멸에 저항하기 위한 내부결합력

⑤ 외력에 의한 절삭날 결손에 저항하기 위한 양호한 인성

⑥ 자원적으로 풍부한 획득 가능

⑦ 이들 외에 열전도율과 비열이 클 것

02 고온절삭 및 저온절삭에 대해서 설명하시오.

[해설]

1. 고온절삭(Hot Machining)

(1) 고온절삭의 특징

① 소재를 일정한 온도로 가열하여 깎는 가공방법이다.

② 가열온도는 200~800°C이며, 소재를 통째로 미리 가열하거나 기대에 설치하고 국부적으로 가열하여 깎는다.

③ 가열방법은 전체가열법, 국부가열법이 있다. 국부가열법에는 가스가열법, 고주파 가열법, 아크가열법, 통전가열법이 있다.

(2) 장점

① 피삭성 향상 ② 절삭저항 감소 ③ 소비동력 감소 ④ 공구수명 연장

(3) 단점

① 열팽창으로 치수정밀도가 나빠짐 ② 가열장치에 비용 소모

2. 저온절삭(Cold Machining)

(1) 특징

① 공구의 내부로 냉매를 흘리는 방법이 사용되며, 이는 탄산가스 등을 공급시킨 후 노즐로 분사시켜 인선에 저온분위기를 유지하여 절삭하는 방법을 말한다.

② 즉, 액체 탄산가스를 작은 구멍의 노즐에서 분사시켜 기화할 때의 기화열을 이용하여 인선을 냉각시킨다.

(2) 장점

① 다듬질면 향상 ② 구성인선이 방지되며, 표면이 매끄러움

(3) 단점

① 피삭성 나쁨 ② 절삭저항 증가 ③ 소비동력 증가 ④ 공구수명 단축

(3) 냉각방법

① 공구내부에 냉매를 흘리는 방법

② 저온의 절삭제 분사 : 냉각 알콜, 액체 탄산가스

③ 공작물을 저온 탱크에서 냉각후에 꺼내어 가공

03 Chip Breaker의 목적과 선삭 시 칩의 형태 3가지를 설명하시오.

해설

1. 개요

* 절삭속도의 증가에 따라 장시간 연속절삭을 하는 경우에 발생된 칩은 공구, 일감 및 공작기계와 엉켜지게 되어 작업자에게 위험할 뿐만 아니라, 적절히 처리되지 않으면 가공물에 흠집을 주고, 공구 날 끝에도 기계적 Chipping을 초래하게 되며, 절삭유제의 유동을 방해한다.

* 절삭시 발생되는 긴 칩을 위와 같은 문제 때문에 제어하고, 적당한 크기로 잘게 부서지게 하기 위하여 공구 경사면을 변형시키는 칩 브레이커가 필요한 것이다.

2. 칩 브레이커(Chip Breaker)

(1) 사용목적

① 공구, 가공물, 공작기계가 서로 엉키는 것을 방지한다.

② 절삭유제의 유동을 좋게 한다.   ③ 효율적인 칩의 제거 및 처리가 가능하다.

(2) 칩 브레이커의 형상(종류)

① 칩 브레이커 형상은 홈형과 방해물형(장애물형)의 두 가지 종류가 있다.

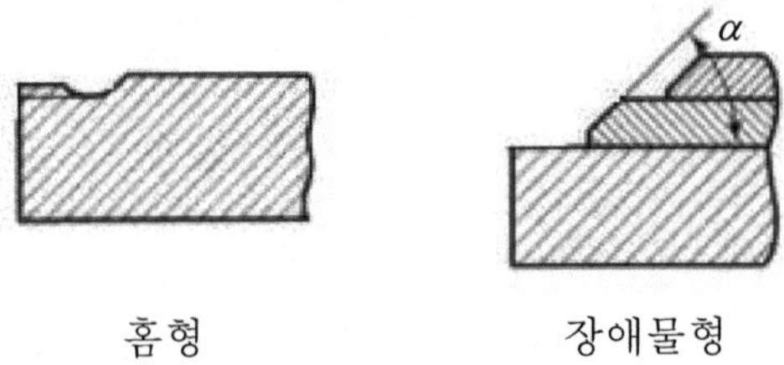

홈형   장애물형

② 칩브레이커의 종류로는 연삭형, 인서트형, 클램프형이 있다.

연삭형   인서트형   클램프형

3. 선삭 시의 칩 형태

(1) 유동형 칩

① 연하고 연성이 큰 재질을 윗면 경사각이 큰 공구로 절삭할 때

② 절삭깊이가 작을 때   ③ 절삭속도가 높을 때   ④ 절삭유를 사용할 때

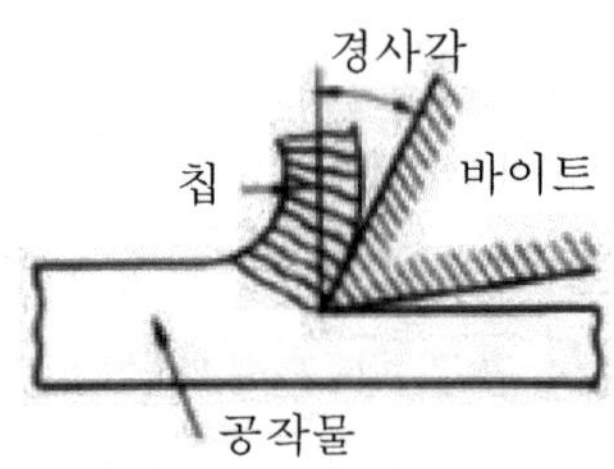

(2) 전단형 칩

* 연한 재료를 절삭깊이가 깊고, 작은 윗면 경사각으로, 저속절삭할 때

(3) 경작형(열 전단형) 칩

* 점성이 큰 재료를 작은 윗면 경사각으로, 절삭깊이가 깊을 때

(4) 균열형 칩

* 주철과 같은 취성재료를 저속으로 절삭할 때

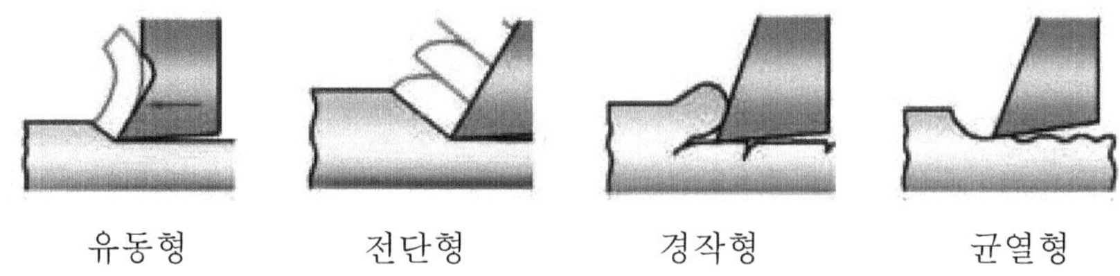

04 선반작업에서 사용하는 칩브레이커(Chip Breaker)에는 여러 가지 형식이 있다. 이 중 일반적으로 사용되는 칩브레이커의 종류를 설명하시오.

[해설]

1. 칩브레이커(Chip Breaker)의 개요

* 칩브레이커란 절삭시 발생하는 칩을 짧게 끊어 주는 안전장치이다. 즉, 유동형 칩과 연속적으로 발생하는 칩에 인위적으로 브레이크를 걸어서 짧게 잘라 주는 장치이다.
* 칩브레이커의 역할은 다음과 같다.
    ① 칩에 의해 발생할 수 있는 가공표면의 흠집을 방지하기 위함이다.
    ② 공구 날 끝에 걸리거나, 상하는 것을 방지하기 위함이다.
    ③ 칩이 작업자에게 튈 경우 발생할 수 있는 위험요소를 줄이기 위함이다.
    ④ 절삭유제의 유동성을 높이기 위함이다.

2. 칩브레이커의 방식

① 홈형(Groove Type) 칩 브레이커 : 공구의 경사면 자체에 홈을 만드는 방식

② 장애물형(Obstruction Type) 칩 브레이커 : 공구의 경사면에 별도의 부착물을 붙이거나, 돌기를 만드는 방식

3. 칩브레이커의 종류

① 연삭형 칩 브레이커 : 바이트 경사면에 칩 브레이커의 형상을 부여하는 방식이다.

② 인서트형 칩 브레이커 : 인서트 팁을 소결 성형할 때, 칩브레이커를 함께 성형하는 방식이다.

③ 클램프형 칩 브레이커 : 클램프 바이트를 사용할 때, 인성이 큰 초경합금 편을 바이트 팁과 함께 설치한다.

05 절삭가공 중 공작물의 모서리에 발생하는 버(Burr)의 제거 필요성을 설명하고 자동화 방안을 설명하시오.

[해설]

1. 개요

* 기계가공기술은 NC화, 고정밀회, 고속화, 복합화 등 여러 방면에서 눈부신 진보를 이루었지만 가공 현장에서는 여전히 해결되지 않은 영원한 과제라고 불리는 것이 몇 가지가 남아 있다.

* 그 중 대표적인 것이 가공면의 모서리에 발생하는 버(Burr)이다. 물론 버를 제거하는 디버링 기술도 여러 가지 방법이 개발되어 발전되고 있으며, 또 디버링을 따로 할 필요가 없도록 가공의 고정밀도화도 추진하고 있지만, 가공품의 고기능화, 고품질화의 요구가 높으면 높을수록 지금까지는 문제가 되지 않았던 미세한 버가 문제가 되고 있다.

2. 버(Burr) 제거의 필요성

* 제품 또는 공작물의 모서리(에지)에 버가 잔류함으로써 생기는 트러블을 구체적으로 들면 다음과 같은 예가 있다.

① 가공에서 부품의 설치나 기준면의 장해가 되고, 또한 계측에서 측정 오차의 원인이 된다.

② 조립공정에서 잘 맞춰지지 않는 상황이 발생하거나, 맞춰지는 면에 틈을 발생시켜 누설을 초래한다. 자동 조립공정에서 부품 피더에서의 부품의 정렬미스를 발생하여 조립 불능의 원인이 된다.

③ 부품의 가공공정상 또는 제품의 취급 중에 인체의 일부에 해를 준다.

④ 제품으로서 작동 중 접동부에 끼어 스커핑(Scuffing) 현상이 생기기 때문에 이상마모가 발생하거나 작동 불능을 일으키는 사고의 원인이 된다.

⑤ 변압기 철심, 모터의 로터나 고정권선 또는 개폐기 등의 전기기기에서 스파크의 발생에 의한 장해를 일으킨다.

⑥ 절삭공구의 커팅감과 공구수명의 저하를 초래한다.

⑦ 프레스에 의한 펀칭, 또는 슬리팅(Slitting)한 판 스프링 등의 부품에서 인장응력의 집중에 의한 피로강도의 저하를 초래한다.

⑧ 열처리 공정에서 열응력의 집중에 의한 에지 크랙을 발생시키기 때문에 고속회전 등에 수반하는 부품의 파손을 초래한다.

⑨ 근로자에게 상해를 입히거나, 전기적 쇼크 등 피해를 줄 수 있다.

⑩ 생산공정에서 부품들이 상대운동할 경우 점착과 스틱에 의한 마멸촉진, 소음진동을 유발한다.

3. 디버링 기법의 종류 및 자동화 방안

(1) 디버링 방안

* 프레스가공 및 연삭가공 등 대부분의 기계적인 제거가공에 의한 제품은 버를 지니게 된다. 버는 소성변형으로 인하여 모서리에 형성되는 불필요한 잔재량이다. 둔감한 공구에 의하여 주로 발생되고, 조립시 타제품에 대한 손상뿐만 아니라 작업안전성에 있어서도 문제점이 야기되며, 제품의 기능성에도 영향을 미칠 수 있다.

* 이러한 버를 제거하기 위한 디버링은 다음과 같은 다양한 방법들에 의하여 이뤄질 수 있다.

① 브러싱 : 수작업이나 모터동력에 의한 와이어 브러싱에 의한 제거

② 열적 디버링 : 제한된 가스폭발에 의한 용융 혹은 기화 현상에 의한 제거

③ 전해연마 : 국한된 부위의 버에 대한 전기작용, 화학연마에 의한 제거

④ 수작업 : 연질금속 혹은 미세한 연마제 등을 사용하여 제거

⑤ 블라스팅 : 블라스팅용 캐비닛 등에서 세라믹, 나무, 플라스틱 등의 연마제를 고압으로 분사하여 제거

⑥ 진동 : 비드나 원통형상의 재료를 제품과 함께 통에 넣어 진동을 부여하는 작업에 의한 제거

⑦ 마그네틱 플로팅 연마 : 자성을 지닌 연마제의 슬러리를 자성영역에 부여하여 회전하는 제품에 대하여 작용하여 제거

(2) 미소 디버링(Micro Deburring)

* 이 방식은 가공 후에 치수의 변화가 거의 없이 가공면의 표면품위를 향상시키는 데 있어 효과적으로 적용될 수 있어, 고청정도와 고정밀도가 요구되는 제품 가공이나 클린 환경에서의 조립공정이 필요한 생산 공정 등에 특히 주효하게 활용될 수 있는 기술이다

* 미소 디버링기법의 장점은 다음과 같다.

① 완벽한 미소 버 제거

② 치수변화의 억제

③ 제품코너나 모서리의 먼지나 이물질 제거

④ 가공면 품위의 향상

⑤ 제품가공면의 오염물질 제거

⑥ 알루미늄이나 스테인리스 강 및 기타 다양한 금속재에 대한 적용 가능

⑦ 우수한 자연환경 생태적 공정으로서의 효과

⑧ 초기 투자비나 운용 코스트의 저감화

(3) 열적 디버링(Thermal Deburring)

* 이 방식은 순간적으로 매우 높은 열 에너지원을 부가하여 작업을 하는 것으로서 밀봉된 원통형상의 용기에 제품을 넣고 연소성가스의 혼합체를 가압하여 제품의 표면을 거의 완벽하게 감싸게 한다. 가스혼합체가 폭발하면 매우 높은 고온의 연소분위기가 수 μs 동안만 지속되면 버가 연속적으로 산화됨으로써 제거된다.

* 고온의 양이 미소하며 이에 비하여 접촉 면적이 넓기 때문에 버만이 제거될 수 있고, 따라서 제품의 전체면적이 디버링작업에 노출됨으로써 버가 완벽하게 제거될 수 있게 된다.

06 공작기계의 절삭가공에서 발생하는 절삭저항과 3분력에 대하여 그림을 그리고 설명하시오.

[해설]

○ 절삭가공에서의 절삭저항과 3분력

* 절삭저항은 당연히 동력에 영향을 끼치며, 당연히 에너지 절약 관점에서 대단히 큰 영향을 끼친다. 또한 절삭저항은 공작기계나 지그 설계에서 반드시 고려해야 하는 인자이며, 아울러 공작기계, 공작물, 공구의 정적·동적 강성 영향에 기인하여 가공 정밀도에 영향을 준다. 그리고 열발생량에도 영향을 주며, 공구수명에 직결된다.

* 일반적으로 절삭저항을 F 라고 하면, F 는 주분력 F_c, 이송분력 F_t, 배분력 F_r 로 나눠지며 이들을 절삭저항 3분력이라 한다. 이들 각 분력의 관계는 그림과 같다.

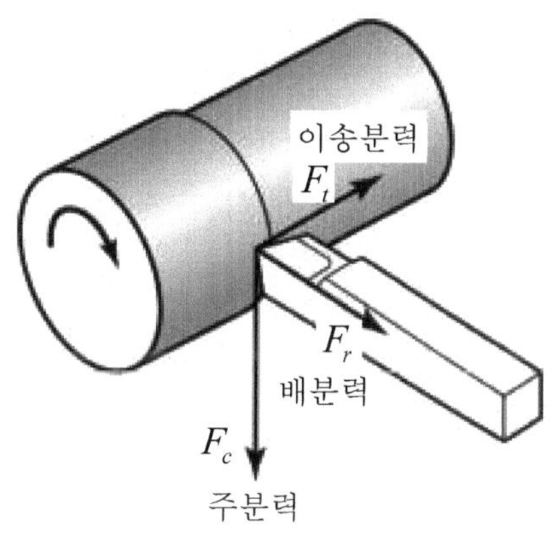

[첨자] t : transfer(or feed). r : radial, c : cutting

[그림] 절삭저항의 3분력

* 주분력은 절삭력이 가해지는 방향의 분력으로 제일 크며, 이송분력은 이송방향의 분력이며 동력소비는 상당히 작다. 배분력은 절입운동 방향의 분력으로 공작물 변위나 채터진동과 관련된 분력이며, 이론적으로는 사실 거의 없다고 볼 수 있다.

* 절삭저항과 관계가 있는 인자로는 절삭공구 형상, 공구재료, 가공물 재료, 절삭조건, 공구마멸, 절삭유제 등이 있다.

07 절삭가공 중 공작물의 모서리에 발생하는 버(Burr)의 문제점을 해결하기 위한 제거작업(모따기 또는 Deburring)시의 안전대책을 설명하시오.

[해설]

○ 디버링(Deburring) 작업 시 안전대책

① 디버링 작업 시 발생하는 유해분진(금속, 플라스틱 등) 제거를 위한 국소배기장치가 설치되어야 한다.

② 디버링 작업 시 발생하는 칩비산 등에 의한 재해예방을 위하여 개인보호구(보안경, 방진마스크 등)를 지급하고, 작업자는 이를 착용하고 작업에 임해야 한다.

③ 휴대용 연삭기를 사용하여 디버링 작업을 수행할 때는 연삭기 숫돌파괴에 의한 재해위험이 있으므로 숫돌방호덮개를 설치하고 작업을 수행해야 한다.

④ 산업용로봇을 이용한 디버링 작업 시 자동운전 중 로봇의 작업가동범위 내에 작업자가 불필요하게 출입할 수 없도록 방호울을 설치한다.

⑤ 공작기계를 이용한 디버링 작업 시 공작기계의 안전문이 열려 있는 동안에는 디버링 툴이 작동하지 못하도록 하여야 하며, 동작 중에 안전문을 열면 즉시 정지하도록 조치한다.

08 기계가공에서 절삭제를 사용하는 목적을 설명하시오.

[해설]

1. 절삭제의 사용목적과 기능

* 절삭제는 액체, 기체, 고체형태로 사용되어 질 수 있으나, 가장 대표적인 형태는 액체로서 절삭유제가 대표적이다.

* 절삭제는 윤활제와는 유사한 점도 있고, 다른 성질도 있다. 절삭제의 사용 목적은 냉각, 방청, 윤활, 칩의 배출이고, 윤활제의 사용 목적은 냉각, 방청, 윤활, 밀봉 작용이 주된 목적이다.

2. 절삭유제의 사용 목적

① 공구면의 윤활작용 : 공구가 칩 또는 공작물과 접촉하는 면에 절삭유를 공급하면 마찰계수를 감소시켜서 칩의 유출을 쉽게 하고, 공구마찰을 감소시켜 공구수명을 연장하는 윤활효과를 가져온다.

② 절삭유 냉각작용 : 고속가공에서는 열에 의해 갑작스러운 공구의 파괴가 발생하므로 공구를 냉각시키는 것이 필요하다.

③ 세척작용 : 금속을 절삭하면 구성인선이 미립자로 되어 탈락한다든지 공작물 자체 내에 함유되어 있는 산화물, 탄화물의 탈락, 가공경화된 칩의 경질 미립자 및 공구의 작용에 의한 미립자 등이 발생하게 된다. 따라서 이런 입자들이 발생하면 절삭유에 의해 세척하는 작용이 있어야 한다.

④ 응착방지작용 : 응착은 녹은 끈끈한 액체가 달라붙는 것을 말하며, 절삭유제는 응착을 방지시키는 역할을 한다. 응작방시는 주로 서속절삭에서 유효하다.

⑤ 구성인선의 억제작용 : 반응성이 높은 극압제를 다량 함유하는 절삭유를 사용하면 뜯김이 없어지고 깨끗한 다듬질면을 얻게 된다. 이것은 극압제 중의 황분이나 염소분이 가공면과 대응해서 황화철이나 염화철 등의 고체막을 생성하는 것에 기인한다. 즉, 이것이 윤활막으로서도 작용하나 그와 동시에 가공물과 공구 사이의 화학적인 친화성을 저하시키기 때문에 구성인선의 용착도 억제된다.

[참고] 구성인선(Built-up edge) : 연강, 스테인리스강, 알루미늄과 같이 연성이 큰 재료를 절삭할 경우 공구면에 전달되는 압력, 마찰저항, 절삭열로 인해 칩의 일부가 공구선단에 부착되는 현상

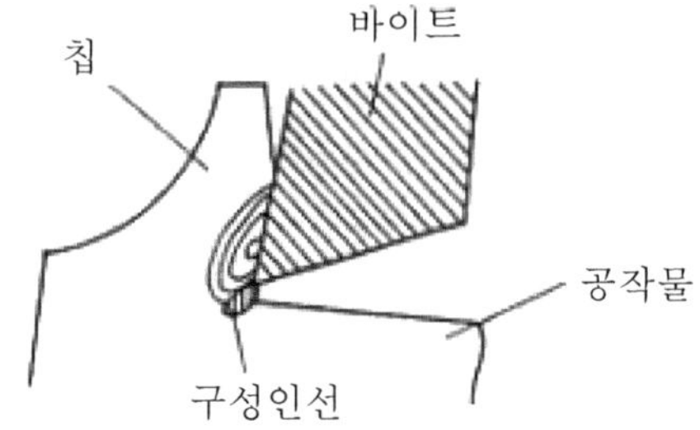

⑥ 산화 및 부식 방지작용 : 절삭가공된 제품은 표면이 활성화된 상태이므로 쉽게 주위에 의하여 산화한다든지 부식하기 쉽다. 절삭유에 의하여 제품 표면에 피막을 생성함으로써 유해작용을 방지하고 품위를 유지할 수 있어야 한다.

09 절삭유의 사용목적, 종류 및 구비조건과 작업할 때의 안전(보건)대책에 대하여 설명하시오.

해설

1. 절삭유의 사용목적

① 냉각작용 : 일감과 공구를 냉각하여 날끝의 경도·치수 정밀도의 저하를 방지

② 윤활작용 : 날끝과 다듬면 사이를 윤활하고 날끝의 마모를 방지하여 다듬면을 아름답게 한다.

③ 세척작용 : 칩을 제거하여 절삭작용을 쉽게 한다.

④ 가공물 표면의 방청작용

2. 절삭유의 종류

① 알칼리성 수용액

　㉠ 물에 녹을 방지하기 위하여 알칼리를 첨가한 것이다.

　㉡ 냉각과 칩을 제거하는 작용이 크며, 연삭작업에 사용한다.

② 솔루블 오일(Soluble Oil)

　㉠ 광유를 화학처리하여 물에 녹게 한 것이다.

　㉡ 비열이 크며, 냉각작용도 크고, 값이 싸다.

　㉢ 진한 것은 브로치 작업, 기어깎기에 사용되며, 묽은 것은 연삭·구멍뚫기에 사용된다.

③ 광유

　㉠ 감마작용 및 냉각작용이 크다

　㉡ 석유는 점도가 낮으므로 절삭속도가 큰 것에 사용한다

④ 동·식물유

　㉠ 냉각작용은 작으나, 점도가 커 감마작용이 크다.

　㉡ 탭으로 나사내기, 브로치 작업 등 저속도의 다듬절삭, 중절삭 등에 이용한다.

3. 절삭유의 구비조건

① 냉각, 방청, 방식성이 좋을 것

② 마찰성이 적고, 윤활성이 좋을 것

③ 유동성이 좋고, 잘 떨어질 것

④ 인체에 해롭지 않고, 악취가 없을 것

⑤ 인화점과 발화점이 높을 것

⑥ 가격이 쌀 것

4. 안전보건대책

(1) 일반사항

① 비산 보호구 사용

② 절삭유 투입량 및 비율 조정으로 미스트 발생을 최소화

③ 발생 미스트 제거 또는 제어용 환기설비 사용

④ 가공 부품·장치에 남은 가공절삭유체 제거를 위해 압축공기 사용 금지

(2) 피부보호

① 젖은 가공물 및 표면과 접촉 최소화, 절삭유통에 맨손 넣기 금지

② 적절한 장갑, 작업복, 에이프런(앞치마), 고글 또는 얼굴보호대 등 보호구 착용

③ 장갑을 끼거나 벗을 때 금속 잘삭유로 오염되지 않게 함

(3) 사업주 준수사항

① 작업자의 건강에 미치는 영향 등을 평가하여 어떤 예방조치가 필요한지 결정

② 작업자 건강보호를 위해 필요한 예방조치를 알림

③ 작업자들의 노출을 모니터링하고, 필요시 건강보호 대책

④ 통제조치 실행 및 개인보호구 착용과 관련하여 작업자 대상 교육

(4) 근로자 준수사항

① 안전조치 사항의 준수, 장비에 결함이 있을 경우 즉시 보고

② 작업장에서 행해지는 건강관리프로그램에 참여하여 사업주의 조치에 따름

가공경화

01 재료의 가공경화(Work Hardening)란 무엇인가?

[해설]

* 가공경화(加工硬化, work hardening, strain hardening) 현상은 소성변형으로 금속
  이나 고분자가 단단해지는 현상을 말한다.

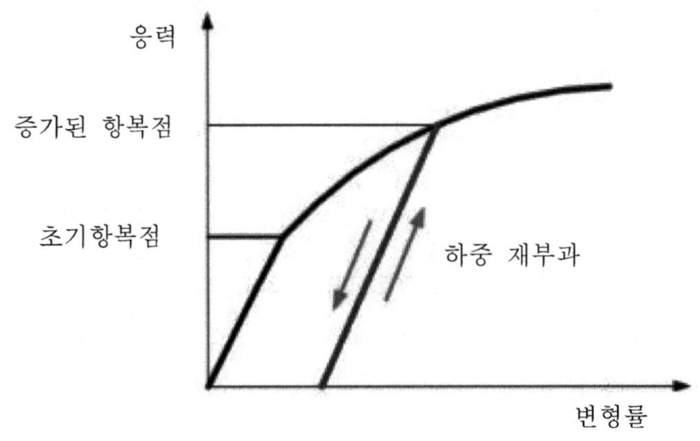

* 금속재료를 가공하기 위하여 외부로부터 하중을 부과하면 소성변형이라고 불리는
  영구적인 변형이 발생한다. 이것은 금속 내 결정체들의 전이라 불리는 미끄러짐에
  기인한다.
* 그런데 소성변형이 계속 진행되면 결정체의 전이는 지속적으로 증가하지 않고 둔
  화되는 특성을 나타낸다. 그 이유로는 이미 전이된 결정체의 추가적인 전이에 저항
  하려는 성질 때문이다.
* 그 결과 추가적인 소성변형을 발생시키려면 이전보다 더 큰 하중이 필요하게 된다.
  이러한 현상을 가공경화 또는 스트레인 경화(Strain Hardening)라고 부른다.
* 가공경화가 일어나 가공하기 어렵게 되면 도중에 열처리(풀림)를 하여 연화시키거
  나 고온에서 가공한다. 또한 일정한 강도가 필요할 때에는 가공경화된 재료를 그대
  로 사용하기도 한다.
* 또한 금속재료가 가공 전의 상태보다 재료의 강성이 감소하는 현상도 발생하는데,
  이것을 가공연화라고 부른다.

4.6 연삭가공

연삭가공법

01 연삭숫돌의 3요소와 자생작용을 설명하시오.

해설

1. 연삭숫돌의 3요소

① 숫돌입자 : 절삭하는 날　② 결합제 : 숫돌입자를 고정시키는 본드

③ 기공 : 절삭 칩이 쌓이는 장소

2. 자생작용(Self-sharpening)

* 마멸된 숫돌입자가 탈락하여 새 날이 생기는 현상으로, "숫돌입자의 마멸 → 파괴 → 탈락 → 생성"이 주기적으로 반복된다.

[참고] 드레싱, 트루잉과는 다른 용어이다(드레싱 : 새로 입힘, 트루잉 : 깎아 냄).

02 연삭기 숫돌의 파괴원인을 5가지 이상 열거하시오.

해설

○ 연삭 숫돌의 파괴원인

① 숫돌 반경방향의 온도변화가 심할 때

② 축과 숫돌의 여유가 전혀 없어 축의 팽창으로 균열 발생

③ 숫돌 회전속도가 너무 과속일 때

④ 플랜지 지름이 현저히 작을 때(플랜지 지름=숫돌 직경의 1/3 이상이 되어야 함)

⑤ 숫돌의 불균형이나 베어링 마모에 의한 진동

⑥ 고정 불량으로 국부만 가압하는 경우

⑦ 숫돌에 과한 충격시

⑧ 숫돌의 측면을 심하게 가압하여 사용시

⑨ 숫돌에 균열이 있는 경우

03 원통 연삭작업의 결함에는 ① 진원도 불량, ② 원통도 불량, ③ 숫돌의
위치불량, ④ 떨림, ⑤ 이송흔적, ⑥ 거칠은 가공면 등이 있다. 이들 각각에 대
한 원인과 대책을 쓰시오. (단, 5가지를 선택하여 쓰시오.)

[해설]

○ 연삭불량의 원인과 대책

(1) 진원도 불량

원인	대책
센터공과 센터와의 부적합, 상처, 먼지, 각도불량, 비진원, 센터공·단면직선도 불량	센터공과 센터와의 조정, 상처 및 먼지의 제거 센터공의 연삭, 랩핑, 센터의 조정
공작물의 센터공과 양 센터 끝이 동일 직선상에 있지 않음	센터공 수정, 중심맞추기 실시
공작물의 불평형	밸런스 웨이트 부착 검토
방진구의 효과 불량	공작물에 적합하게 수정

(2) 원통도 불량

원인	대책
테이블운동의 정밀도 불량 또는 테이블 각도조정 불량	수정 실시
연삭길이에 대해서 테이블 행정이 부적합	테이블이 행정 끝에서 되돌아 올 때 연삭 폭의 1/3 이상 벗어나지 않을 것
방진구의 부적합	방진구의 배치 재검토

(3) 떨림 불량

원인	대책
저석의 불평형	저석의 평형을 검토 및 수정
센터나 센터공의 각도불량	센터 끝의 수정, 센터공의 수정
방진구의 부적당한 사용	방진구의 개수 및 배치를 검토

(4) 이송흔적 불량

원인	대책
테이블의 직선이동 불량	윤활 적정화
공작물과 저석면 간의 불평형	되도록 연삭점 근처에서 드레싱 실시
주축과 심압대의 중심 불일치	수직면 내의 정확도 및 정밀도 수정

(5) 숫돌의 위치 불량

원인	대책
공구설치 불량	공구설치의 검토 및 수정
열변위	윤활 및 냉각후 실시
숫돌의 마모로 위치변경	마모된 숫돌의 교체

(6) 거칠은 가공면

원인	대책
연삭유에 이물질 혼입	청소 및 윤활유 교환
지석면에 거친 입자나 이물이 혼입	지석의 수정 및 이물제거
지석의 혼합제 손상으로 입자 탈락	절절한 결합제의 지석 사용

[참고] 원통 연삭작업의 형태

테이블 왕복형   숫돌대 왕복형   숫돌의 테이블 직각 이동형

[그림 1] 원통외면 연삭

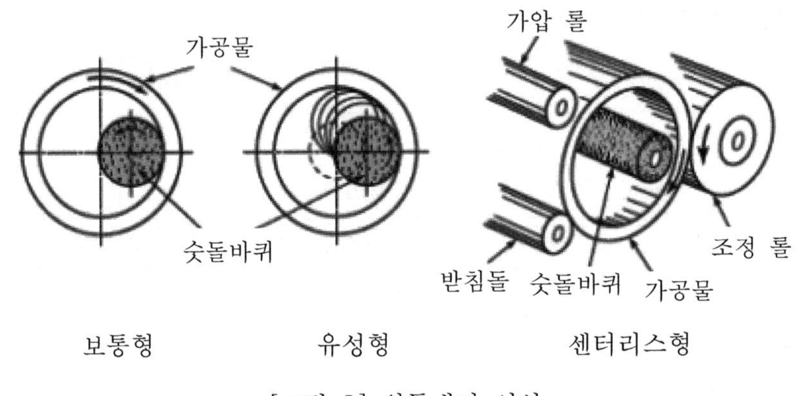

[그림 2] 원통내면 연삭

04 연삭숫돌의 드레싱 및 트루잉에 대해서 기술하시오.

해설

1. 연삭숫돌의 수정 필요성

① 입자탈락(Torn Off) : 숫돌입자의 끝이 충분히 파쇄되지 않고 마모하였을 때 결합제가 파쇄되어 숫돌입자가 입자 그대로 빠져 나가는 현상이다. 이러한 현상은 숫돌바퀴의 결합도가 작업에 대해 지나치게 낮을 경우 발생되며, 숫돌의 손모가 심하고 가공면도 나쁘게 된다.

③ 눈메움(Loading) : 결합도가 높은 숫돌에 구리와 같이 연한 금속을 연삭했을 때 숫돌표면의 기공에 칩이 메워지는 현상으로, 눈메움이 일어나면 절삭성능이 떨어지고 다듬질면에 떨림자리가 나타난다. 입자가 작고, 조직이 치밀하며, 연삭깊이가 깊을 때 발생한다.

② 눈무딤(Glazing) : 숫돌바퀴의 결합도가 지나치게 높으면 둔하게 된 숫돌입자가 떨어져 나가지 않으므로 숫돌표면이 매끈해져서 연삭성능이 떨어지고, 마찰에 의한 발열이 커지며, 과열로 인한 변색이 일감표면에 나타난다. 이러한 현상을 무딤이라 하며, 원주속도가 너무 클 때 발생된다.

2. 드레싱(dressing) : 새로 입힘

* 연삭가공중에 연삭숫돌의 입자가 무디어 지거나 눈메움이 일어나면 절삭성이 떨어져 연삭능력이 저하되므로, 연삭숫돌의 면에 새로운 날끝이 나타나도록 하는 작업을 드레싱(dressing)이라 한다.
* 드레싱은 연삭조건과 일치시켜야 하며, 조건에 따라 건식드레싱과 습식드레싱이 있다.
* 드레싱의 목적은 새로운 절삭날을 재현시키고, 기공(pore)부에 가득 찬 칩을 제거하고, 새로운 칩을 배제하는 공극(空隙)을 형성시키는 것이다.

3. 트루잉(truing) : 깎아 냄, 수정

* 연삭 숫돌 입자가 연삭 가공중에 떨어져 나가거나, 최소의 연삭 단면 형상과 다르게 변하는 경우에는 원래의 형상으로 성형시켜 주는 것을 트루잉이라 한다.
* 트루잉 작업은 다이아몬드 드레서, 프레스 롤러, 크러시 롤러(crush roller) 등으로 하고, 트루잉 작업과 동시에 드레싱도 함께 하게 된다.
* 트루잉의 목적은 숫돌 작업면의 형상을 소정의 형상으로 성형하고, 숫돌 축에 직각의 작업면상에서 존재하는 숫돌립 절삭날의 높이 분포를 수정하고, 진동의 원인을 제거하는 데 있다.

05 연삭숫돌의 지름이 25cm이다. 500rpm으로 회전하는 경우 원주속도를 m/min의 단위로 구하시오.

[해설]

* 원주속도$(m/min) = \dfrac{\pi DN}{1,000} = \dfrac{3.14 \times 250 \times 500}{1,000} = 392.7\,[m/min]$

4.7 드릴링가공

드릴링

01 드릴 고정방법 3가지와 일감의 고정방법 3가지에 대해서 기술하시오.

[해설]

1. 드릴 고정 방법

(1) 드릴을 직접 주축에 고정하는 방법

* 드릴 자루 부분의 테이퍼와 주축의 테이퍼 구멍이 맞을 때 직접 드릴의 자루를 주축에 끼워서 고정하는 방법이다. 접촉이 강력하여 작업에 편리하다.

(2) 소켓 또는 슬리브를 사용하는 방법

* 드릴 자루가 주축구멍에 맞지 않거나 또는 드릴의 길이가 짧아서 연장시킬 필요가 있을 때 드릴의 테이퍼 자루와 맞는 슬리브 또는 소켓을 주축에 박고 거기에다 드릴을 끼워서 고정하는 방법이다.
* 테이퍼에는 보통 모스 테이퍼(Morse Taper)가 이용된다. 지름이 작은 테이퍼 드릴은 드릴 소켓을 이용하여 작업한다.

(3) 드릴 척을 사용하는 방법

* 지름이 작은 직선자루 드릴은 주축에 맞는 드릴 척을 사용하여 작업한다. 이때 드릴 척의 데이퍼가 드릴링 머신의 스핀들 내부에 있는 테이퍼공에 압입하게 되어 있다.
* 미국에서 발명된 자코브 드릴 척(Jacob's Drill Chuck)이 유명하다.

2. 일감의 고정방법

(1) 고정구를 사용하는 방법

① 고정나사에 의한 고정 : 일감을 체결나사로 직접 고정하는 일은 적으며, 중간에 고정용 링크기구를 두어 간접적으로 고정하는 방법으로, 나사의 체결력을 이용한다.

② 링크, 캠에 의한 고정 : 죔쇠로 고정하는 경우에 죔쇠의 조작을 용이하게 하는 데 링크, 캠을 이용한다. 이 방법은 박판을 조합할 때 등에 이용된다.

③ 유압, 공기압에 의한 고정 : 가공물이 크거나 가공조건을 높여서 강력 절삭을 할 때에는 일감을 강하게 고정할 필요가 있으며, 이때에 유압이나 공기압을 이용해 체결한다. 유압·공기압을 이용하는 가압장치에는 링크, 캠, 죔쇠, 스프링 등이 함께 사용되는 경우가 많다.

(2) 머신 바이스(Machine Vise)를 사용하는 방법

* 머신형으로 된 머신 바이스로 가공물을 고정하고 작업하는 방법이 보통 널리 사용된다.

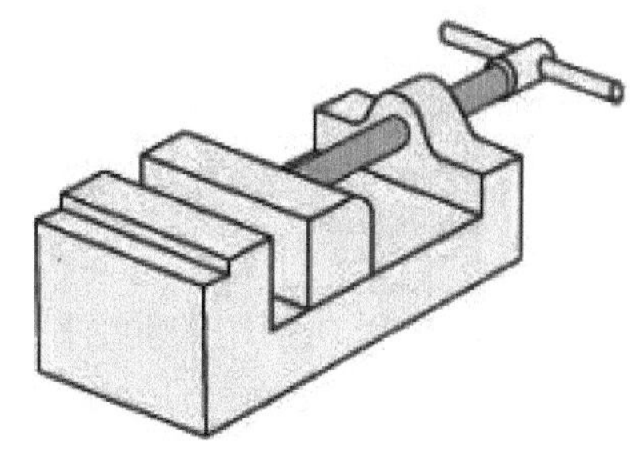

(3) 드릴 지그를 사용하는 방법

1) 플레이트 지그

* 플랜지와 같은 평면에 많은 구멍을 뚫을 때 가공물을 고정하기 위해 사용하는 판상지그를 플레이트 지그라고 한다.

2) 박스 지그(Box Jig)

* 복잡한 가공물에 구멍을 뚫을 메 이용하는 것이다. 가공물은 상자형으로 만든 몸체에 나사 또는 지지구로써 정확히 고정하도록 되어 있다.

4.8 굽힘가공

굽힘가공

01 굽힘 가공 시 재료와 형상상의 주의사항에 대해 설명하시오.

[해설]

1. 개요

* 굽힘가공은 그 부품의 형상에 따라 여러 가지가 있고, 굽힘과 드로잉, 굽힘과 압축 성형 등 다른 공정과 복합된 가공이 점차로 많아진다. 따라서 굽힘가공이 잘 되지 않는 경우가 있으며, 재료나 제품형상에 대하여 검토하는 것이 필요하다.

2. 굽힘가공의 의의

* 가공판재의 중립선을 기준으로 인장과 압축을 동시에 작용시키는 가공법으로, 재료에 힘을 가하여 굽힘응력을 발생시켜 여러 가지 모양의 제품을 만드는 가공법이다.
  ① 벤딩(bending) : 굽힘작업의 총칭으로 V형, L형, U형 등의 가공이 있음.
  ② 컬링(curling) : 판 또는 용기의 가장자리부에 원형단면의 테두리를 만드는 가공
  ③ 시밍(seaming) : 2장의 판재의 단부를 굽히면서 겹쳐 눌러 접합하는 가공
  ④ 버링(burring) : 평판에 구멍을 뚫고, 그 구멍보다 큰 직경을 가진 펀치를 밀어 넣어서 구멍에 플랜지를 만드는 가공
  ⑤ 플랜징(flanging) : 소재의 단부를 직각으로 굽히는 가공

3. 주의사항

(1) 재료상의 주의

① 재질 : 균일한 재료를 사용해야 하며, 화학성분, 조직, 기계적 성질이 불균일하면 변형 시 크랙이 발생하거나 스프링백(spring back)이 불균일하다.

② 판 두께 : 허용공차가 적은 두께의 균일한 판재를 사용한다. 판두께가 너무 두꺼우면 금형 및 기계에 무리한 힘을 가하게 되며, 너무 얇으면 성형이 불충분해진다.

③ 방향성 : 압연된 소재는 압연방향으로의 연성은 크고, 압연방향에 직각 방향으로는 적어지므로, 가능하면 압연방향으로는 굽힘선을 선정해서는 안 된다.

④) 표면 상태 : 표면에 결함이 없는 재료를 선정해야 하며, 재료의 국부적인 흠집이나 결함은 가공시 균열의 원인이 된다.

(2) 형상상의 주의

① 제품 형상의 변형 : 제품 형상에 따라 굽힘면에 응력이 집중하여 균열이 생기거나 잘 굽혀지지 않는 경우가 있으므로 굽힘선의 위치를 변경하거나 노치 등을 붙여서 가공한다.

③ 구멍있는 판의 굽힘 : 블랭크에 있는 구멍은 굽힘가공시 찌그러 들 수 있으며, 이것을 방지하기 위해 보조구멍을 별도로 만들거나 굽힘가공 후 구멍을 나중에 가공한다.

③ 보강 리브 : 얇은 판의 굽힘시 외력에 의해 변형되기 쉬우며 정밀도도 떨어지므로 리브(Rib)를 붙여 보강한다.

02 굽힘(벤딩)에서 스프링백 발생요인과 방지대책에 대하여 설명하시오.

해설

1. 스프링백(Spring Back)

* 소성 변형에 의해 재료는 굽혀지나 물체내부의 탄성 복원력에 의해 외력을 제거하면 원래의 상태로 되돌아가려는 성질을 스프링백이라고 한다.

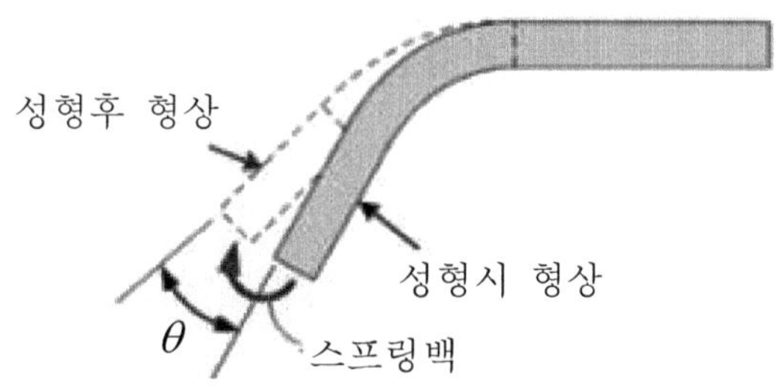

[그림 1] 스프링백 (Spring Back)

2. 스프링백의 영향도

(1) 재질의 영향

* 탄성한도, 인장강도가 높은 것일수록 스프링백은 크고, 연성이 큰 것일수록 가공성이 좋고 스프링백이 작다.

(2) 굽힘 반지름의 영향

* 보통 판 두께에 대한 굽힘 반지름의 비가 클수록 스프링백은 커진다. 즉 같은 판 두께에 대하여 굽힘 반지름이 클수록 스프링백 양이 크고, 굽힘 반지름이 작을수록 작다.
* 따라서 가능한 한 최소 굽힘 반지름에 가깝게 굽힘가공하는 것이 필요하다.

3. 스프링백의 원인

① 경도가 높을수록 커진다.
② 같은 두께의 판재에서는 구부림 반지름이 클수록 크다.
③ 같은 판재에서 구부림 반지름이 같을 때에는 두께가 얇을수록 커진다.
④ 같은 두께의 판재에서는 구부림 각도가 작을수록 크다.

4. 스프링백의 방지대책

(1) V형 금형

① 펀치 각도를 Die 각도보다 작게 하여 과굽힘(over bending)한다.
② die에 반지름을 붙여 굽힘판 중앙에 강한 압력을 가한다.
③ 펀치 끝에 돌기를 설치하여 bottoming시킨다.

(2) U형 금형

① 펀치 측면에 taper를 약 3~5° 준다.
② 펀치 밑면에 돌기를 설치하여 bottoming시킨다.
③ 다이 어깨부에 rounding을 붙이거나 taper를 붙인다.
④ 펀치 밑면을 오목하게 한다(굽힘 밑면의 탄성 회복에 의한 스프링 백 제거).
⑤ 펀치와 다이의 틈새를 작게 하여 제품 측면에 ironing(다림질)을 가한다.

제 5 장

재료역학

5.1 재료역학 기초

재료 시험

01 재료의 정적시험 방법을 6가지만 쓰고, 설명하시오.

해설

1. 개요

* 재료가 사용 목적이나 조건에 적합한가를 알아보기 위하여 기계적, 물리적, 화학적 성질 등을 시험하는 것을 재료시험이라 하며, 보통 좁은 의미로는 기계적 성질을 시험하는 것 만을 의미하는 경우가 많다.
* 재료시험은 파괴시험(기계적 시험)과 비파괴시험으로 크게 분류할 수 있으며, 파괴시험 중 정적시험에는 인장시험, 압축시험, 굽힘시험, 비틀림시험, 전단시험, 경도시험, 크리프시험 등이 있다

2. 재료시험의 분류

(1) 인장시험(Tensile Test)

* 인장시험은 철강(금속)을 여러 가지 모양의 일정한 단면을 가진 시험편을 사용해서 인장시험기나 만능재료시험기로서 잡아당겨(인장해서) 파단시켜 인장강도, 항복점, 단면수축률 등을 측정하는 방법이다.

(2) 압축시험(Compression Test)

* 압축시험은 주철, 목재, 시멘트, 콘크리트 같은 연한 재료의 강도를 조사하는 경우나 강구, 용수철, 타이어 등의 부재료의 시험에 사용된다.

(3) 굽힘시험(Bending Test)

* 굽힘시험은 시험편을 적당한 크기로 절취하여서 자유굽힘이나 형굽힘에 의하여 금속재료를 구부리는 것이다. 따라서 굽힘에 의하여 금속재료 표면에 나타나는 균열의 유무와 크기에 의하여 금속재료의 양부를 결정하는 것이다.

(4) 비틀림시험(Torsion Test)

* 시험편을 비틀림시험기로 비틀어서 비틀림각, 비틀림 모멘트, 전단강도 등을 측
  정하는 시험이다.

(5) 전단시험(Shearing Test)

* 시험기로 재료에 전단하중을 주어 전단력을 측정하는 시험이다.

(6) 경도시험(Hardness Test)

* 금속의 경도는 기계적 성질을 결정하는 중요한 것으로서 인장시험과 더불어 널
  리 사용되고 있다.
* 경도란 물체의 견고한 정도를 나타내는 수치로서 경도 측정방법에 따라 브리넬
  경도, 로크웰경도, 비커스경도, 쇼어경도 등이 있다.

(7) 크리프시험(Creep Test)

* 재료에 일정한 응력을 가할 때에 생기는 변형량의 시간적 변화 현상을 크리프라
  하며, 크리프 시험은 재료의 인장 크리프 스트레인의 크기를 측정하는 것으로서
  시료의 온도 및 시험시간을 규정하고 있다.
* 또한 크리프 파괴시험은 재료가 정온 및 정하중에서 파괴가 될 때까지의 인장
  크리프 변형률을 측정하고 파괴시간을 정하는 것을 목적으로 한다
* 여기서, 크리프란 소재에 일정한 하중이 가해진 상태에서 시간의 경과에 따라 소
  재의 변형이 계속되는 현상으로, 크리프 변형률$=\dfrac{\Delta\varepsilon}{\Delta t}$으로 판단한다.

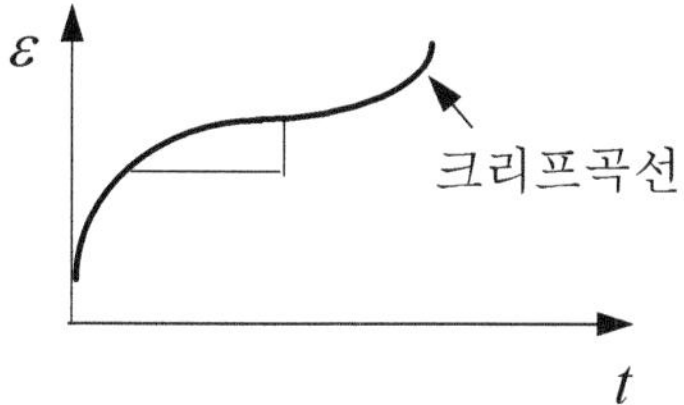

힘과 평형조건

01 다음 그림에서 A점이 정적평형(정지상태)을 유지하려면 힘 F는 몇 kgf 인가?

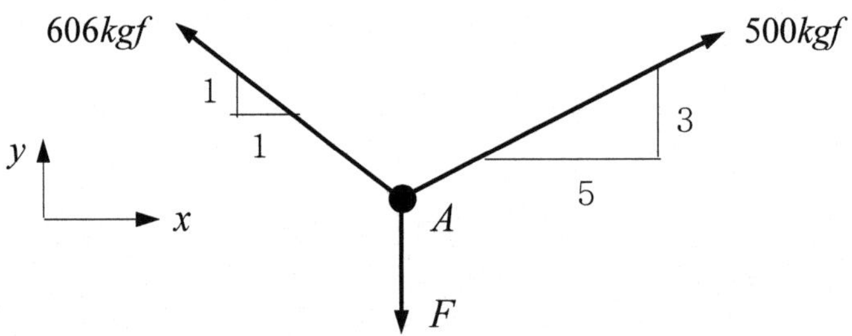

해설

* 힘의 평형은 제시된 그림에서 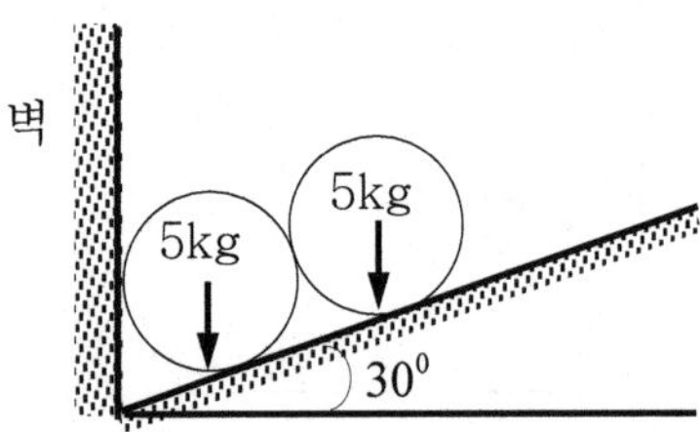 을 이용하여 구한다.

$$F = 606\sin\theta_1 + 500\sin\theta_2 = 606 \times \frac{1}{\sqrt{2}} + 500 \times \frac{3}{\sqrt{5^2 + 3^2}} = 685.8\,[kgf]$$

02 다음과 같은 구조로 물건을 쌓아 놓은 경우 벽에 힘(kg)은 얼마로 작용 하는가? (단, A, B의 무게는 각각 5kg이다.)

해설

* 먼저 오른 쪽에 있는 구조의 물건에 작용하는 하중을 사인법칙에 의거 구하면

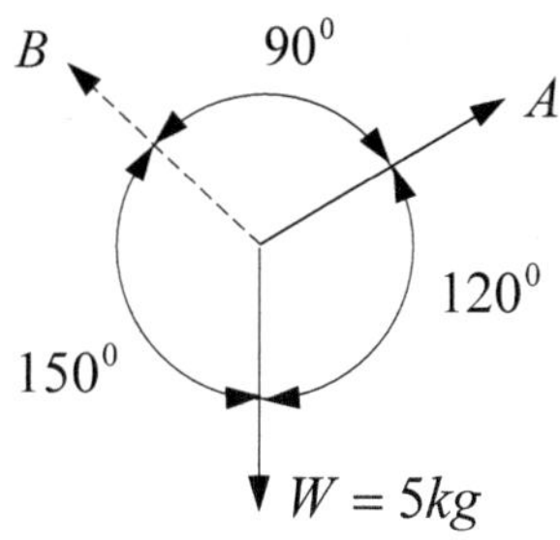

* Sine 법칙(라미의 법칙)에 의거 $\dfrac{5}{\sin 90^0} = \dfrac{B}{\sin 120^0} = \dfrac{A}{\sin 150^0}$ 로부터

$$A = \sin 150^0 \times \dfrac{5}{\sin 90^0} = 2.5kg \ \cdots\cdots\cdots (1)$$

* 벽에 작용하는 힘을 구하면

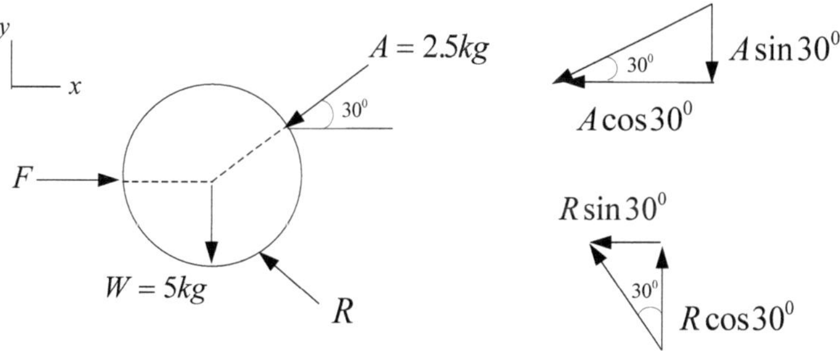

$$\sum F_x = F - 2.5 \times \cos 30^0 - R \times \sin 30^0 = 0 \ \cdots\cdots\cdots (2)$$

$$\sum F_y = -5 - 2.5 \times \sin 30^0 + R \times \cos 30^0 = 0 \ \cdots\cdots\cdots (3)$$

[참고] 횡방향은 우측으로 (+), 종방향으로 윗쪽으로 (+) 기호이다.

* 식 (3)으로부터 $R = \dfrac{2.5 \times \sin 30^0 + 5}{\cos 30^0} = 7.22kg \ \cdots\cdots\cdots (4)$

* 식 (4)를 식 (2)에 대입하면

$$F = R \times \sin 30^0 + 2.5 \times \cos 30^0 = 7.22 \times \sin 30^0 + 2.5 \times \cos 30^0 = 5.78kg$$

제 5 장

03 중량이 9.8kN인 고정된 크레인으로 23.5kN의 크레이트(Crate)를 들어 올린다. 크레인은 A점에서 힌지로, B점에서 로커(Rocker)로 고정되어 있다. 크레인의 중심이 G점일 경우 A, B점의 반력 성분을 구하시오

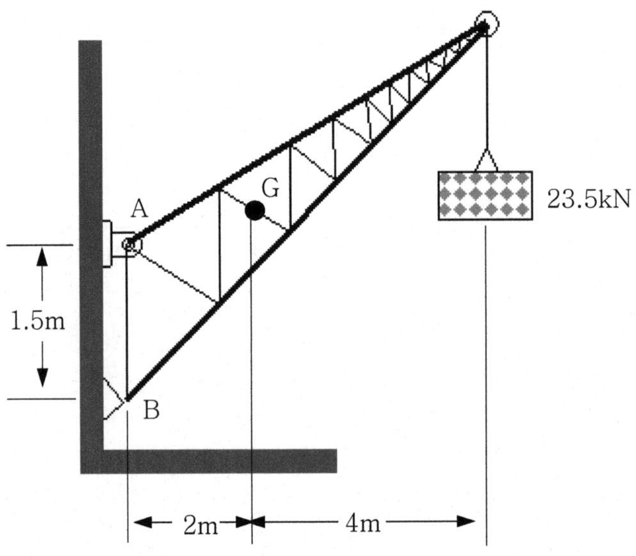

해설

○ 반력 구하기

* 먼저 FBD(Free Body Diagram)를 그리면 A점은 힌지연결로 수평방향과 수직방향의 반력이 작용하고, B점은 로커 연결이므로 지지평면에 수직인 방향의 반력만이 작용한다.

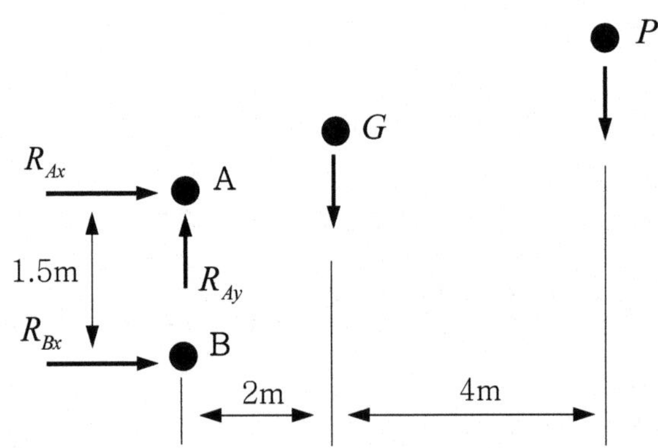

* B점에서의 힘의 평형을 고려하면

$$\sum F_x = R_{Ax} + R_{Bx} = 0 \quad \cdots\cdots\cdots\cdots (1)$$

$$\sum F_y = R_{Ay} - G - P = 0 \quad \ldots\ldots\ldots\ldots \text{(2)}$$

$$\sum M_B = -R_{Ax} \times 1.5 - G \times 2 - P \times 6 = 0 \quad \ldots\ldots\ldots\ldots \text{(3)}$$

* 식 (2)에서 $R_{Ay} = G + P = 9.8 + 23.5 = 33.3\,[kN]$

* 식 (3)에서 $R_{Ax} = \dfrac{-9.8 \times 2 - 6 \times 23.5}{1.5} = -107.1\,[kN]$

* 식 (1)에서 $R_{Bx} = -R_{Ax} = 107.1\,[kN]$

* 즉, A점에서는 x축 방향(←)으로 107.1kN, y축 방향(↑)으로 33.3kN이 작용하고,
B점에서는 x축 방향(→)으로 107.1kN이 작용한다.

[참고] 1. 모멘트 계산시 부호규약은 굽힘모멘트, 회전모멘트 각각 별도로 규정됨.
      2. 문제의 반력을 구하는 경우에는 굽힘모멘트 부호규약에 따라 계산함.
      3. 굽힘모멘트의 경우 위로 오목이면 (+), 위로 볼록이면 (-)로 하는 것이 부
         호규약이 되므로 이에 기반하여 (3) 식의 부호가 적용됨 것임.
      4. 회전모멘트의 경우 시계방향 회전이면 (+), 반시계방향 회전이면 (-)임.
      5. 세부적인 사항익 계산사례는 재료역하 자료를 참조하도록 함.

[참고] 반력, 전단력, 굽힘모멘트, 회전모멘트, 법선력의 부호규약

	반력	전단력	굽힘모멘트 ($M \to$ 굽힘모멘트 기준)	회전모멘트, 법선력 ($M \to$ 회전모멘트 기준)
(+)	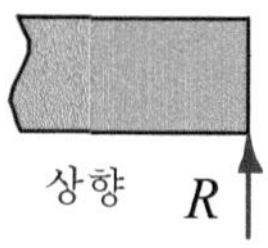 상향 R	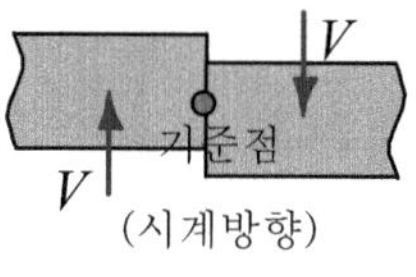 V 기준점 (시계방향)	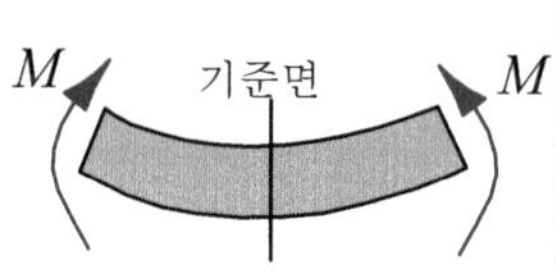 M 기준면 M	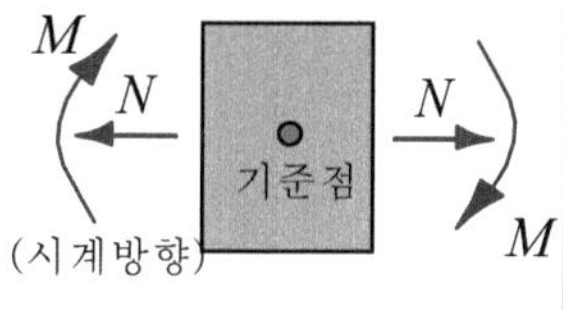 M N 기준점 N M (시계방향)
(−)	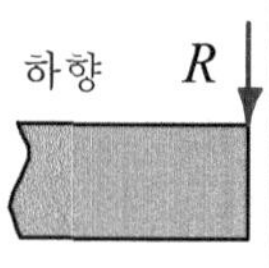 하향 R	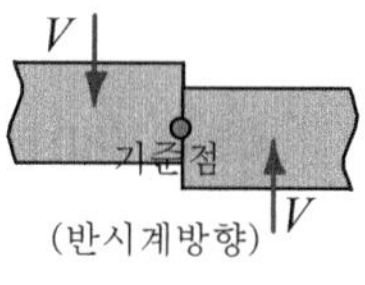 V 기준점 (반시계방향)	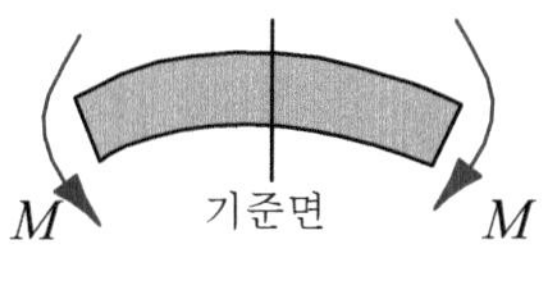 M 기준면 M	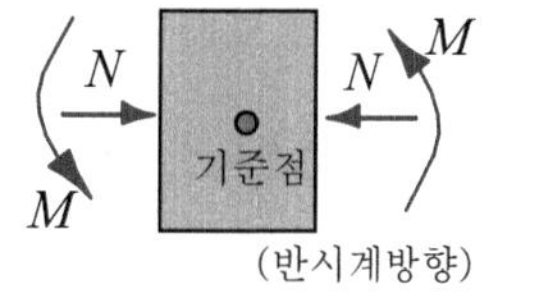 N 기준점 N M (반시계방향)

5.2 응력과 변형률

응력 작용

01 두께(t) 25mm인 중공원 기둥에 압축하중 100kN을 가하고 있다. 재료의 항복응력은 50MPa이며, 안전계수가 2일 때 원기둥의 최소외경(d)은? (단, 항복응력 σ_y =50Mpa)

[해설]

안전계수 $S = \dfrac{\sigma_y}{\sigma_a} = \dfrac{50}{\sigma_a} = 2 \;\rightarrow\; \sigma_a = 25 \; [\text{MPa}]$

허용응력 $\sigma_a = \dfrac{P}{\dfrac{\pi}{4}(d_o^2 - d_i^2)} = \dfrac{4P}{\pi(d_o^2 - d_i^2)} = 25$

$$d_o^2 - d_i^2 = \frac{4 \times 100 \times 10^3 \, [N]}{\pi \times 25 \times 10^6 \, [N/m^2]} = \frac{2}{125 \times \pi} = 0.005 \, [m^2]$$

$$d_o^2 - d_i^2 = d_o^2 - (d_o - 0.05)^2 = 0.005 \;\rightarrow\; d_o = 0.076 \, [m] = 76 \, [mm]$$

여기서, $t = \dfrac{d_o - d_i}{2} = 0.025 \, [m] \;\rightarrow\; d_i = d_o - 0.05 \, [m]$

변형률

01 Al 1100과 Vanadium은 다음과 같은 진응력-진변형률(Tme Stress-true Strain) 관계를 가진다. 어느 재료의 연성이 더 큰지 설명하시오

★ σ =2,600 $\varepsilon^{0.2}$ psi (Al 1100)   ★ σ =11,200 $\varepsilon^{0.35}$ psi (Vanadium)

[해설]

★ 항복응력을 넘으면 대부분의 재료는 변형에 대한 저항이 증가한다. 이러한 현상을 가공경화(Strain Hardening)라 하고, 응력과 변형은 다음의 관계식으로 나타낸다.

$$\sigma_T = K\varepsilon_T^n$$

여기서, n : 가공경화지수(Strain-hardening Exponent)

K : 강도계수(Strength Coefficient)

첨자 T 는 true의 두문자이다.

* 가공경화지수 n 의 값이 성형성과 깊은 상관이 있으므로 지수 n 을 중요한 가공경화특성치로서 성형성을 판단할 때 사용한다. 일반 성형과정을 생각하면 미변형부분이 변형하여 단단하며 변형하기가 어려워진다.

* 가공경화지수 n 의 값이 커지면 연성이 커지게 된다. 이는 연신율 $\varepsilon = \dfrac{\lambda}{l}$ 는 1보다

작은 값이므로 ε^n 에서 n 이 크게 되면 ε^n 값은 작아지게 된다. 따라서 σ_T 가 작아지고, 응력이 작아지므로 연성이 커지게 되는 것이다.

* 결과적으로, 가공경화지수 n 값이 클수록 성형성이 우수하다는 것을 알 수 있다. 즉, 연성이 우수하다는 것이다.

위의 알루미늄의 가공경화지수 n =0.2이고 Vanadium의 가공경화지수 n =0.36이므로 Vanadium이 알루미늄보다 연성이 더 크다고 말할 수 있다.

응력-변형률 선도

01 허용응력과 안전계수에 대해서 설명하시오.

[해설]

1. 연성재료의 응력-변형률 선도

* [그림 1]은 저탄소강의 전형적인 응력-변형률곡선을 나타낸다. 연성재료는 응력이 탄성한도에 도달할 때까지 후크의 법칙을 따른다.

* 항복점에서의 응력을 항복응력이라고 한다. 이 점을 지나면 응력은 감소하지만 변형률은 파괴가 될 때까지 여전히 증가한다. 여기에 상당한 응력을 파단응력(극한응력을 지난 후 파단점에서의 응력)이라고 한다.

* 사용응력 σ_w 는 허용응력 σ_a 이하이어야 한다.

$$\sigma_a \geq \sigma_w$$

* 탄성한도, 허용응력, 사용응력 등의 관계는 [그림 1]에서 보는 것처럼 된다.
결국 "극한강도>항복점>탄성한도>허용응력>사용응력"의 관계가 된다

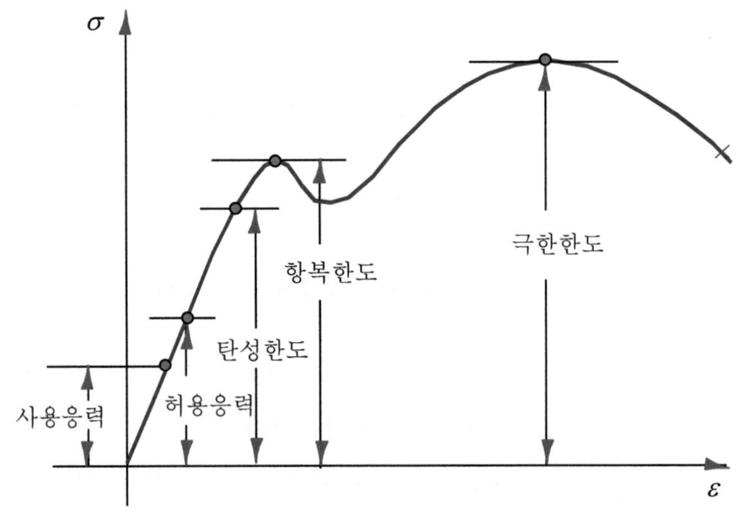

[그림 1] 연성재료의 응력-변형률 선도

2. 허용응력의 결정

* 허용응력의 값은 실제실험에 의하여 실제의 사용상태에 맞도록 결정하는 것이 이
상적이나, 실제실험은 곤란한 경우가 많으므로 재료시험의 결과에서 다음 사항들을
고려하여 결정 짓는 수가 많다.

① 하중 및 응력의 종류와 성질 : 정하중에서는 항복점 또는 극한강도가 허용응력
을 결정하는 기준이 되나, 반복하중 및 충격하중에서는 피로한도 및 충격치가
기준으로 된다.

② 재료의 신뢰도 : 연강은 주철보다 신뢰도가 높다.

③ 부재의 형태 및 사용상태, 온도, 마모, 부식 등의 영향

④ 공작방법 및 그 정도(精度)

3. 안전계수

$$\text{안전계수 } S_f = \frac{\sigma_u}{\sigma_a} = \frac{\sigma_y}{\sigma_a}$$

여기서, σ_a : 허용응력, σ_u : 극한응력, σ_y : 항복응력

02 응력-변형률 곡선을 그리고, 탄성한도 및 극한한도에 대하여 설명하시오.

[해설]

1. 응력-변형률 선도의 기초

* 봉재나 판재의 재료를 규정된 표준 시험편을 만들어 양쪽 끝을 고정하고 인장하중 P를 작용하여 λ 만큼 늘어나는 시험 방법을 인장시험(tensile test)이라 하고, 그 재료에 기계적 성질을 파악하는 가장 대표적이고 중요한 시험이다.

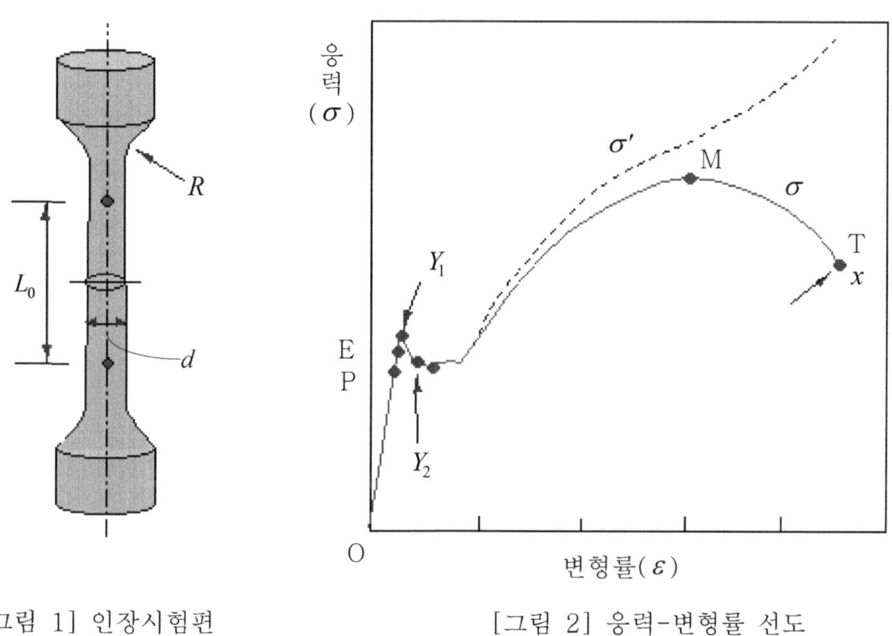

[그림 1] 인장시험편　　　　[그림 2] 응력-변형률 선도

* [그림 1]은 KS B 0801에 규정된 표준시험편의 하나로 평행부 사이의 표점거리가 하중에 의하여 변형된 관계를 하중-변위선도($P-\lambda$ 선도)라고 하며, 응력과 변형률 관계를 선도로 표시한 것을 응력-변형률선도($\sigma-\varepsilon$ 선도)라 한다.

2. 응력-변형률 선도의 특징

* [그림 2]는 표점거리 L_0, 단면적이 A_0인 재료의 인장시험편으로 인장시험을 하였을 때 응력-변형률 선도의 변화 모양이다. [그림 2]는 연강의 특성을 나타낸 선도이며, 재료의 기계적 성질의 특징들은 다음과 같다.

① 비례한도(proportional limit) : OP구간은 후크의 법칙이 성립하는 범위로, 응력과 변형률이 정비례하고 있다. P점을 비례한도 점이라고 한다.

② 탄성한도(elastic limit) : E점은 재료가 탄성을 유지하는 한계점으로 탄성한도라고 한다. 비례한도 부근에서 하중을 제거하면 원래의 상태로 되돌아 오며 변형률은 0이 되는 응력 상태이다. 하중을 제거하면 변형률이 0이 되어야 하지만 측정 장치의 감도에 따라 실제로는 잔류 변형률이 0.001%에서 0.01%만큼 생기는 점을 탄성한도 점이라고 한다.

③ 상항복점(upper yield point) : P와 E점을 지나 하중을 더욱 증가시키면 Y_1점에 도달하는 점을 항복응력(yield stress) 또는 항복점(yield point)이라 부르며 연강에서는 상항복점이다.

④ 하항복점(lower yield point) : 상항복점을 통과한 후 하중이 떨어지고 항복응력이 국부적으로 지속하여 Y_2점에 도달하는 동안 파형의 형태를 갖는다. 항복점 구간에서 시험편의 평행부는 뤼더스(Lüders band)이라고 하는 미소소성변형의 전위를 일으키는 점으로, P와 E점에 비하여 시험과정이 명확하게 나타나므로 각종 강도 설계에 데이터로 많이 사용하기도 한다.

⑤ 인장강도(tensile strength) 또는 극한강도(ultimate strength) : 가공현상이 최대점 M에 도달하고 인장시험에서 최대 응력이 되는 점을 말하며, 재료의 강도를 나타내는 중요한 값이다.

⑥ 파단점(breaking point) : 인장강도 점을 지나면 평행부의 일부에는 국부 수축이 생기고 그 부분에는 변형이 집중하게 되며, 하중은 감소하면서 T점에서 파단된다. T점에서의 응력을 파단강도라고 한다.

⑦ 공칭응력-변형률선도(nominal stress-strain diagram) : 시험편이 늘어남에 따라 단면적은 점차로 감소하며, 특히 연한 재료는 파단에 접근할수록 단면적은 현저하게 감소하게 된다. 인장하중 P의 변화에 대한 처음의 단면적 A_0로 나눈 인장시험 선도를 "공칭응력-변형률선도"라 하고, 이때 공칭응력이 σ_n이라면 다음과 같이 나타낸다.

$$\sigma_n = \frac{P}{A_0}$$

⑧ 진응력-변형률선도(actual stress-strain diagram) : 시험편에 작용하는 하중 P와 하중점에서 순간적으로 줄어든 최소단면적 A로 나눈 응력 선도를 진응력-변형률선도라고 하고, 이때 진응력을 σ_a이라면 아래와 같이 나타낸다.

$$\sigma_a = \frac{P}{A}$$

⑨ 연신율(ultimate elongation) : 시험편이 파단 후 표점거리가 늘어난 양과 처음의 표점거리와의 비를 연신율이라고 하며, 재료의 연성과 전성의 특성을 나타내는데 중요한 값이다. 파단 후의 표점거리 L, 처음의 표점거리 L_0 이라면, 연신율 ϕ 는 다음과 같다.

$$\phi = \frac{L - L_0}{L_0} \times 100 \ (\%)$$

⑩ 단면수축률(contraction of area) : 시험편이 파단 후 단면적의 감소량과 처음의 단면적의 비를 단면수축률이라고 하며, 연신율과 같이 재료의 연성과 전성의 특성을 나타내는데 중요한 값이다. 단면수축률을 φ 로 표시하면 다음과 같다.

$$\varphi = \frac{A_0 - A'}{A_0} \times 100 \ (\%)$$

(03) 단순 인장시험의 결과를 이용하여 재료의 연성(Ductility)을 표시하려 한다. 연성을 나타내는 양을 두 가지 들고 정의하시오.

[해설]

○ 연성의 지표

* 연성(Ductibity)은 재료의 시험편이 부하하중에 의해 파괴될 때 연신율(또는 신장률) 또는 단면감소율로써 아래의 각각의 식과 같이 정량적으로 나타낼 수 있다.

① 연신율(ultimate elongation) : 시험편이 파단 후 표점거리가 늘어난 양과 처음의 표점거리와의 비를 연신율이라고 하며, 재료의 연성과 전성의 특성을 나타내는데 중요한 값이다. 파단 후의 표점거리 L, 처음의 표점거리 L_0 이라면, 연신율 ϕ 는 다음과 같다.

$$\phi = \frac{L - L_0}{L_0} \times 100 \ (\%)$$

② 단면수축률(contraction of area) : 시험편이 파단 후 단면적의 감소량과 처음의 단면적의 비를 단면수축률이라고 하며, 연신율과 같이 재료의 연성과 전성의 특성을 나타내는데 중요한 값이다. 단면수축률을 φ 로 표시하면 다음과 같다.

$$\varphi = \frac{A_0 - A'}{A_0} \times 100 \ (\%)$$

04 항복응력과 극한응력을 연성(Ductile)재료와 취성(Brittle)재료에 대하여 응력-변형률도 상에 표시하고 설명하시오.

[해설]

1. 연성재료(Ductile Materials)

* [그림 1]은 저탄소강의 전형적인 응력-변형률곡선을 나타낸다. 그림에서 볼 수 있듯이 연성재료는 응력이 항복점에 도달할 때까지 후크의 법칙을 따른다. 항복점에서의 응력을 항복응력이라고 한다. 이 점을 지나면 응력은 감소하지만 변형률은 파괴가 될 때까지 여전히 증가하고, 파단시점에서의 응력을 파단응력이라고 한다.

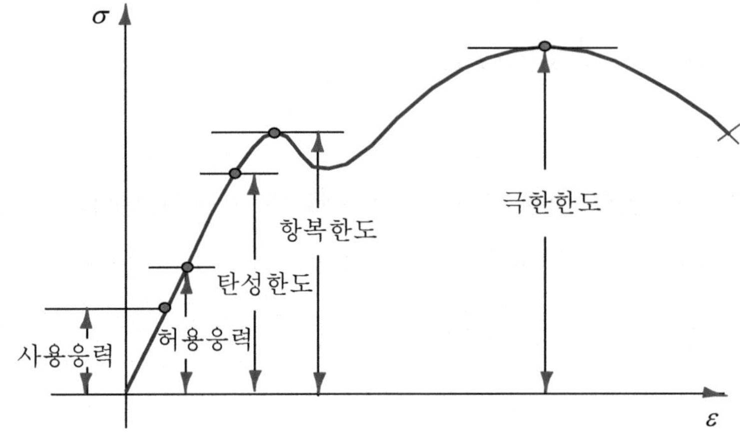

[그림 1] 연성재료의 응력-변형률 선도

2. 취성재료(Brittle Materials)

* 주철과 같은 취성재료의 응력변형률곡선은 후크의 법칙을 따르지 않는다. [그림 2]는 인장 또는 압축에 대한 특징적인 응력-변형률곡선을 나타낸다.

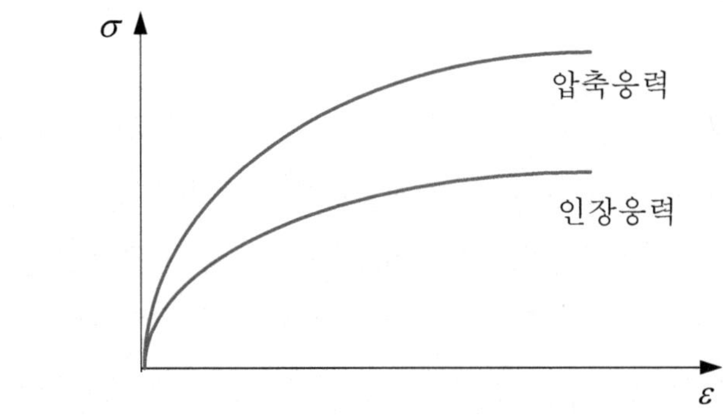

[그림 2] 취성재료의 응력-변형률 선도

열응력

01 열응력(Thermal Stress)에 대해서 설명하시오.

해설

1. 열응력의 발생

* 모든 물체는 온도가 상승하면 팽창하고 온도가 내려가면 수축한다. 1°C의 온도변화에 의한 길이의 변화를 변화 전 처음의 길이로 나눈 값을 선팽창계수(coefficient of linear)라 하고 α로 표시한다.

* 만일 구속하지 않은 등질, 등방성 재질은 모든 방향에 대해서 동일한 열변형률이 발생하고, 온도 변화에 의한 팽창과 수축이 자유로 변화하면 응력이 생기지 않지만 변화를 구속하게 되면 변형량에 상당하는 응력이 물체에 생기게 된다.

2. 열응력의 관계식

* 길이가 l인 봉이 처음 온도 t_1°C에서 t_2°C까지 상승하면 길이는 [그림 1] (a)과 같이 $\lambda - \alpha l(t_2 - t_1)$ 만큼 증가하고, 열변형률 ε은 다음의 식으로 된다.

$$\varepsilon = \frac{\lambda}{l} = \alpha(t_2 - t_1)$$

* 만약, 보의 양단을 단열벽 강체에 고정하면 팽창할 수가 없으므로 [그림 1] (b)과 같이 양쪽 벽에 압력 P가 작용하게 되고, 이 압력은 다음과 같이 구한다.

* 봉이 $\lambda = \alpha l(t_2 - t_1)$ 만큼 자유로이 팽창하면 점선과 같이 되지만, 여기에 압축하중 P를 가하면 $\lambda = \alpha l(t_2 - t_1)$ 만큼 수축하여 처음상태로 되돌아 간다고 하면, 이때 압축하중 P는 벽에 작용하는 압력이다.

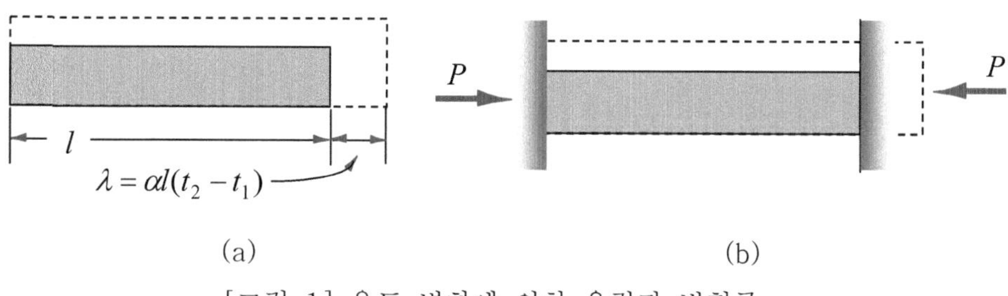

[그림 1] 온도 변화에 의한 응력과 변형률

* 여기서 봉을 λ 만큼 수축하는데 필요한 힘 P 는 후크의 법칙의 $\lambda = \dfrac{Pl}{AE}$ 에서 다음과 같다.

$$P = \frac{AE\lambda}{l} = \alpha AE(t_2 - t_1)$$

* 봉에 생기는 응력은 다음의 식으로 된다.

$$\sigma = \frac{P}{A} = \alpha E(t_2 - t_1)$$

이때, 벽에 고정된 상태이므로 변형률은 0이다.

* 이와 같이 온도변화에 의한 팽창이나 수축을 구속하기 위해 생기는 응력을 열응력(thermal stress)이라 하고, 이 응력에 의한 변형을 구속하려고 하는 데서 발생하기 때문에 열응력 문제는 대부분 부정정 문제가 된다.

포아송 비

01 연강이 갖고 있는 탄성계수 값에서 포아송 수(Poissons Number)를 계산하시오.

[해설]

* 연강의 탄성계수(종탄성계수) $E = 2.1 \times 10^6 (\text{kgf/cm}^2)$ 이며, 전단탄성계수(횡탄성계수) $G = 0.81 \times 10^6 (\text{kgf/cm}^2)$ 이다. 종탄성계수와 전단탄성계수 및 포아송 비 ν 와의 관계인 $E = 2(1 + \nu)G$ 로부터 $G = \dfrac{E}{2(1 + \nu)}$ 를 이용하여 포아송 수 m 을 구하면 된다. 즉 $\nu = \dfrac{E}{2G} - 1$ 이고, $\nu = \dfrac{2.1 \times 10^6}{2 \times 0.81 \times 10^6} - 1 = 0.29629$ 이다.

* 포아송 수는 포아송 비의 역수이므로, 포아송 수 $m = \dfrac{1}{\nu} = \dfrac{1}{0.29629} = 3.375$ 이다.

탄성계수

01 길이 30cm, 단면 4×5[cm]의 탄소강재가 2[ton]의 인장력에 의하여 0.12[cm]가 늘어났다. 이때의 응력, 변형률 및 종탄성계수(Young률)는 얼마인가? (단, 탄성한도 내에서 변형이 발생하였다고 가정한다)

[해설]

1. 응력 : $\sigma = \dfrac{P}{A} = \dfrac{2,000\,[kgf]}{4 \times 5\,[cm^2]} = 100\,[kgf\,/\,cm^2]$

2. 변형률 : $\varepsilon = \dfrac{\lambda}{l} = \dfrac{0.12}{30} = 0.004$

3. 종탄성계수

$$\sigma = E\varepsilon \;\rightarrow\; \text{종탄성계수}\; E = \frac{\sigma}{\varepsilon} = \frac{100}{0.004} = 25,000\,[kgf\,/\,cm^2]$$

허용응력과 안전율

01 안전율(Safety Factor)을 식으로 쓰고, 설명하시오.

[해설]

○ 안전율

* 극한강도, 최대강도 또는 기준강도를 택할 때 하중종류에 따라 항복점, 인장강도, 피로한도, 크리프한도, 좌굴응력 중에서 적당한 것을 재료의 강도로 선택한다.
* 예를 들면 연성재료가 상온에서 정 하중을 받을 때는 항복점, 취성재료가 정하중을 받을 때는 인장강도, 반복하중을 받을 때는 피로한도, 고온에서 정하중을 받을 때는 크리프한도, 장주나 얇은 판 등이 압축을 받을 때는 좌굴응력을 극한강도, 최대강도 또는 기준강도로 선택한다.

* 안전율(factor of safety) S는 재료의 극한강도 σ_u 또는 항복응력 σ_y를 허용응력 σ_a로 나눈 값이다. (여기서, 첨자 u→ultimate, y→yield, a→allowable을 의미)

$$S = \frac{\sigma_u}{\sigma_a} \ \text{또는} \ S = \frac{\sigma_y}{\sigma_a} \quad \cdots\cdots\cdots\cdots\cdots\cdots (1)$$

(02) 안전율(Safety Factor)에 관하여 간략하게 설명하시오. (단, 안전율의 결정인자와 수량적 안전율에 대해서는 반드시 쓰시오.)

[해설]

1. 안전율의 정의

* 안전율(factor of safety) S는 재료의 극한강도 σ_u 또는 항복응력 σ_y를 허용응력 σ_a로 나눈 값이다.

$$S = \frac{\sigma_u}{\sigma_a} \ \text{또는} \ S = \frac{\sigma_y}{\sigma_a}$$

2. 안전율 선정시 고려사항

(1) 재질 및 그 균질성에 대한 신뢰도

* 일반적으로 연성재료는 내부결함의 강도에 대한 영향이 취약재료에 비하여 작고, 탄성파손 개시 후에도 곧 파괴가 수반하지 않으므로 신뢰도가 높다.
* 따라서 연성재료에 대하여 안전율을 작게 한다. 또 재료는 인장, 굽힘에 대해서는 기계적 성질이 잘 조사되어 있으나 전단, 비틀림, 압축 등의 응력에 대해서는 아직 불명한 점이 많으므로 그와 같은 경우에는 안전율을 크게 잡는다.

(2) 하중견적의 정확도의 대소

* 관성력, 잔류응력 등은 가끔 잊게 되어 고려하지 않는 수가 많고, 생략하여 생각하지 않는 경우가 있다. 또 유도적 하중이 작용하는 경우, 그 복잡성 때문에 보통 생략하는 경우가 많다.
* 따라서 이와 같은 경우에는 안전율을 크게 잡고, 그 부정확을 보완하여야 한다.

(3) 응력계산의 정확도의 대소

* 형상이 간단한 것 및 응력의 작용상태가 단순한 것만에 대하여 응력을 정확하게 계산할 수 있을 뿐이고, 보통은 사용형태에서 가장 가까운 조건 아래서 여러 가지 가정을 설정하여 계산을 하며, 다시 계산 도중에 고차의 항을 생략하는 수도 있으므로 실질의 응력치를 계산할 수 없다.

* 따라서 이 가정 및 생략 항이 적을수록 정확한 응력치를 얻을 수 있고, 안전율도 작게 잡을 수 있다.

(4) 응력의 종류 및 성질의 상위

* 기계 및 구조물의 구성부분에 작용하는 응력에는 인장, 압축, 비틀림, 굽힘, 전단 등이 있고 하중에는 정하중, 동하중이 있다.

* 동하중의 경우 다시 변동하중으로 작용하는 경우도 있으며, 변동하중에도 균일한 변동과 주기적인 변동이 있으므로 하중의 종류에 따라 안전율도 바꿔어 지는데 정하중의 경우 가장 작게 취할 수 있다.

(5) 불연속부분의 존재

* 단달린 축의 경우와 같이 불연속 부분이 있으면 그 곳에서 응력집중이 생기므로 이 때는 안전율을 크게 잡아야 하고, 이 응력집중이 재료의 강도에 미치는 영향, 즉 노치효과는 동일 재료에 있어서도 정하중을 받을 경우와 동하중을 받을 경우는 아주 다르다.

* 또 재료가 다르게 되면 노치계수의 민감성이 다르므로 안전율도 다르게 되고 취성재료가 저온에서 동하중, 특히 반복하중을 받을 경우에는 노치효과에 주의하여야 하며, 이때는 안전율을 상당히 크게 잡아야 한다.

(6) 사용 중에 있어서 불측 변화의 가능성 크기

* 오랜 시간 동안 기계를 사용하면 특정부분에 마멸이 생기기도 하고 부식도 일어난다.

* 따라서 사용수명 중에 생기는 이와 같은 변화의 가능성의 크기에 따라 안전율도 다르게 결정되고, 또 불측의 온도변화에 따라 열응력이 추가되며, 이것이 파손, 파괴, 좌굴 또는 피로에까지 이르게 되므로 온도변화의 가능성이 있는 경우에는 안전율을 크게 잡는다.

(7) 공작정도의 양부

* 공작정도 및 다듬질면의 양부도 중요한 기계수명을 좌우하는 인자가 되고, 또 공작, 조립을 신중하게 하지 않으면 예기하지 못한 응력이 부가되므로 그 양부 여하에 따라 안전율을 다르게 잡아야 할 것이다.

3. 수량적 안전율 결정방법

(1) 언윈의 안전율(경험적 안전율)

* 언윈(Unwin) 교수는 재료의 기준강도를 이용할 경우 적당한 안전율을 재료별로 <표 1>과 같이 발표하였다.

<표 1> Unwin에 의한 안전율 결정

재료	정하중	동하중		진동 또는 충격하중
		반복하중	교번하중	
주철 및 경한 금속	4	6	10	15
연철 및 연강	3	5	8	12
주강	3	5	8	15
동 및 연한 금속	5	6	9	15
목재	7	10	15	20
벽돌 및 석재	20	30	–	–

(2) Cardullo의 안전율

* 재료의 극한강도를 기준강도로 정하여 다음 식으로 안전율 S_f 를 계산한다.

$$S_f = A \times B \times C$$

여기서. A : 탄성률로서, 허용응력을 재료의 파괴한도 이하로 제한하기 위한 것이며, 정하중의 경우에는 인장강도와 항복점 또는 내력과의 비를 말하고, 반복하중의 경우에는 인장강도와 피로한도와의 비를 말한다.

B : 충격률로서, 충격적으로 작용하는 경우에 생기는 응력과 같은 하중이 정적으로 작용하는 경우에 생기는 응력과의 비를 말한다. 정하중의 경우 B=1, 경충격하중(예 : 레일의 이음매의 경우는 B=1.25~1.5, 강충격하중 하중(예 : 단조기계의 받침대)의 경우 B=2~3이다.

C : 여유율로서, 재료적 결함, 응력의 견적 및 계산의 부정확도, 잔류
응력, 열응력, 관성력 등의 우연적 추가응력의 견적 정도를 보아
여유를 두는 값이다. 연성재료의 경우 C=1.5~2, 취성재료의 경
우 2~3, 목재의 경우 C=3~4이다.

* 이상을 고려하여 Cardullo는 각종 금속재료에 대한 정하중에 관한 Cardullo의
안전율을 다음과 같이 제시하였다.

<표 2> Cardullo에 의한 안전율 결정

구분	A	B	C	S_f
주철 및 그 밖의 주물	2	1	2	4
연철 및 연강	2	1	1.5	3
니켈강	1.5	1	1.5	2.5
담금질강	1.5	1	2	3
청동 및 황동	2	1	1.5	3

(3) 요소고려 안전율

* 안전율 S 를 다음 조건과 같은 요소를 곱해서 구하는 일반적인 방법으로 <표 3>
과 같으며, 안전율을 크게 하려면 허용응력을 자게 정하면 된다.

$$S = a \times b \times c \times d$$

여기서, a : 인장강도/탄성한도, b : 응력의 종류, c : 하중의 종류

d : ① 기타 조건, ② 특별 조건

<표 3> 일반적인 안전율 결정

조건	요소	안전율	조건		요소	안전율
a	보통	2	d	기타 조건	예기치 않은 응력	1.5~3
	담금질강	1.5			돌발적 과부하	1.5~3
	니켈강	1.5			재질의 불균일	1.5~3
b	정응력	1			공작·조립 오차	1.5~3
	반복응력	2		특별 조건	연강, 황동, 청동	1.5
	교번응력	3			주강, 주철, 담금질강	3
c	정하중	1				
	동하중	2				

03 장시간 사용하는 기계설비의 안전계수를 설계시와 유지보수의 관점에서 각각 정의하시오.

[해설]

1. 안전계수의 정의

$$안전계수 \ S_f = \frac{\sigma_u}{\sigma_a} = \frac{\sigma_y}{\sigma_a}$$

여기서, σ_a : 허용응력, σ_u : 극한응력, σ_y : 항복응력

2. 안전계수의 설정요소

① 하중의 불확실한 정도   ② 재료강도의 불확실한 정도

③ 작용하중과 응력의 해석상의 불확실성

④ 파손의 결과 재해손실과 경제성 관계

⑤ 과도한 안전계수를 선택함에 따른 비용

3. 안전계수를 정할 때의 기준강도

하중조건		파괴형태	기준강도	적용 예
재료변화	정하중 상온	항복	항복점	연성재료(연강)
		파단	극한강도	취성재료(주철)
온도변화	정하중 고온	크리프 변형	크리프 한도	터빈 스핀들
	정하중 저온	저온취성	저온취성강도	LNG저장탱크
시간변화	반복하중	피로파괴	피로강도	철도차량 바퀴
	충격하중	충격파괴	충격강도	-
하중방향	축방향하중	좌굴	좌굴강도	단면에 비해 길이가 긴 기둥

4. 허용응력 설계

* 안전계수 값을 이용하여 허용응력을 구한 후 이에 근거하여 설계하는 것

$$S_f = \frac{\sigma_u}{\sigma_a}$$

5. 사용중 열화됨

* 진동, 충격, 사용 등에 의해 추가적인 하중으로 열화가 됨
* 부식, 부패, 풍화, 열화 등 환경의 영향으로 열화가 됨

6. 유지보수 관점의 안전계수

① 설계기준 대비 사용중 열화로 안전계수가 저하될 수 있다는 것을 고려하여 안전 확보가 되도록 유지·보전을 하도록 함
② 안전계수를 확보하기 위한 운전(유지)시 CMS(상태감시시스템), 보전시 CBM(설비 상태보전)이 권장됨

피로강도

---

01 피로강도 감소의 주요인자 5가지를 설명하시오.

[해설]

1. 피로란

* 기계나 구조물 중에서 피스톤이나 커넥팅 로드와 같이 인장과 압축을 되풀이 해서 받는 부분이 있는데, 이러한 경우 그 응력이 인장(압축) 강도 보다 훨씬 작더라도, 이것을 오랜 시간에 걸쳐서 연속적으로 되풀이 하여 작용시키면 파괴되는데 이 같은 현상을 피로파괴라 한다.

2. 피로강도

* 피로파괴를 일으키지 않는 최대한계응력

3. 피로수명

* 피로시험에서 방향이 일정하고, 크기나 어느 범위 사이에 주기적으로 변화하는 응력을 되풀이하든지, 혹은 인장과 압축을 되풀이하여 파괴에 이르기까지의 횟수를 피로수명이라 한다.

4. 피로강도에 악영향 주요인자

① 건설기계의 각 구조물 및 기계 구조물에 대한 피로한도는 구조물의 치수, 표면 다듬질정도, 노치 등에 따라서 편차가 크며, 피로한도를 높게 하여 장비의 수명을 길게 하기 위해서는 이러한 인자를 고려하여야 한다.

② 피로강도·피로한도 감소화를 시키는 주요인자

    ㉠ 치수효과 : 부재의 치수가 커지면 피로한도가 낮아진다.

    ㉡ 부식효과 : 부재의 부식에 의하여 피로한도가 낮아진다.

    ㉢ 압입효과 : 강압끼어맞춤(억지끼워맞춤)에 의해 피로한도가 낮아진다.

    ㉣ 표면효과 : 부재의 표면 다듬질이 거칠면 피로한도가 낮아진다.

    ㉤ 노치효과 : 단면치수나 형상이 갑자기 변하는 곳에 응력이 집중되고 피로한도가 낮아진다.

5. 피로강도·피로한도를 상승시켜 주는 인자

    ① 고주파 열처리   ② 침탄·질화 열처리   ③ Roller 압연

    ④ 쇼트(Shot) 피닝, Sand 블라스팅

    ⑤ 표충부에 압축잔류응력이 생기는 각종 처리

02 피로한도에 영향을 주는 요인 5가지를 들고 설명하시오.

[해설]

1. 개요

* 일반적으로 기계나 구조물 또는 그의 부품이 받는 하중은 일정한 정하중의 경우보다도 주기적으로 변화하는 소위 반복하중이나 변동하중인 경우가 많다. 재료는 여기에 반복하여 하중을 가하면 정하중의 경우보다도 훨씬 작은 하중으로 파괴하므로 이 현상을 재료의 피로라고 하며, 반복하중을 받는 부재의 설계에 있어서 특히 주목이 되고 각 방면에서 깊이 연구가 되고 있는 현실이다.

* 피로한도에 영향을 주는 인자에는 피로한도를 저하시키는 인자와 피로한도를 향상시키는 인자로 구분된다. 즉 노치효과, 치수효과, 표면상황, 부식작용, 압입 등은 피로한도를 저하시키고, 반면 질화, 침탄, 고주파경화, 표면 롤, 쇼트 피닝, 샌드 브라스트 등은 피로한도를 향상시킨다. 기계 또는 구조물을 설계할 때에는 각종 인자가 피로한도에 미치는 영향에 대하여 고려하여 설계되어지도록 하여야 한다.

2. 피로한도에 영향을 주는 요인

(1) 인장강도와 피로한도

* 피로는 슬립에 의한 소성변형에 의하여 발생되기 때문에 일반적으로 피로한도는 인장강도와 밀접한 관계를 가진다. 즉, 인장강도와 피로한도는 많은 불균일한 점이 있지만 거의 비례적 관계를 가지며, 피로한도는 대략 인장강도의 1/2~1/3 정도의 범위가 된다.

(2) 노치효과

* 단면의 형상이 급변하는 부분에는 응력집중이 일어나고 피로한도가 내려간다. 이 피로한도의 저하를 표시하기 위해서는 노치계수 β를 사용한다.

$$\beta = \frac{\text{노치가 없을 때의 피로한도}}{\text{노치가 있을 때의 피로한도}} > 1$$

(3) 치수효과

* 재료의 피로한도는 실험실에서 작은 크기의 시험편을 이용하여 측정하는 것이 보통이지만, 실제 기계부품이나 구조물의 크기가 시험편보다 훨씬 큰 경우에는 시험편의 피로한도보다 작은 피로한도를 나타내는데 이러한 현상을 치수효과(일명 크기효과)라 한다.
* 이러한 치수효과는 다음과 같은 2가지 요인에 의한 것으로 생각해 볼 수 있다.
  ① 피로시험편의 크기를 증가시키면 표면적이 증가하게 되어 결함이 표면에 존재하게 될 확률이 커지게 된다. 통상 피로파괴는 표면에서 시작하므로 시편의 크기가 증가하면 표면결함에 기인하여 피로한도가 감소하게 되는 것이다.
  ② 반복 굽힘 또는 반복 비틀림 시험의 경우에 시편 크기가 커지게 되면 표면부에서의 응력이 높아져 쉽게 표면에서 피로균열이 발생하게 되어 피로한도가 감소하게 되는 것이다.

(4) 표면상황

* 표면마무리의 거칠기는 피로한도에 대하여 노치에 의한 응력집중과 마찬가지로 작용을 하고, 면이 거칠수록 피로한도는 내려간다. 거기에다 그 내려가는 방법은 인장강도가 높은 재료일수록 크다.

제 5 장

* 표면에 질화, 침탄, 고주파경화. 표면 롤, 쇼트 피닝, 샌드 브라스팅 등의 처리를 하면 일반적으로 표면에 압축 잔류응력이 생기고 표면경도가 증가하기 때문에 피로한도가 상승한다.

(5) 부식작용

* 재료에 대한 부식작용은 피로한도를 현저히 저하시키므로 특히 이것을 부식피로라고 한다.
* 이 현상은 산, 알카리 또는 소금물뿐만 아니라 순수한 물 중에서도 일어나고 또 공기 중에서도 다소 일어난다. 해수 중의 경우에는 더욱 저하가 심하다.

(6) 온도의 영향

* 재료의 가장 중요한 변수 중 하나인 온도가 실온 이하로 감소함에 따라 항복강도와 인장강도가 증가하는 것과 마찬가지로 피로한도도 역시 증가하게 된다. 반면에 온도가 실온 이상으로 증가함에 따라 피로한도는 감소하게 된다.
* 일반적으로 융점의 1/2보다 높은 온도에서 중요한 재료의 성질인 크리프강도가 높을수록 고온피로한도도 증가하게 된다.

(7) 압입

* 축에 베어링의 내륜 등을 압입하든가 열박음하면 축의 피로한도는 현저하게 저하한다.
* 이때의 피로파괴로 특히 주목이 되는 것은 끼워맞춤면에 녹이 보이는 것으로서 그것이 끼워맞춤부의 형상변화에 기인하는 노치효과 이상으로 악영향을 나타낸다고 하는 설도 있다.
* 그러나 축의 표면에 미리 롤러 등으로 압연가공을 하거나 고주파경화를 하면 이 저하는 어느 정도 방지가 된다.

(8) 하중반복 속도

* 피로한도는 하중의 반복속도가 표준시험보다 현저히 늦으면 내려가고, 현저하게 빠르면 올라간다.
* 그러나 매분 300~5,000회 정도의 반복속도의 범위 내에서는 그리 변하지 않는다고 생각하여도 좋다.

바우싱거 효과

01 바우싱거(Bauschinger) 효과에 대해 설명하시오.

[해설]

* 기존의 강재가 가지고 있는 항복강도 σ_y 보다 낮은 항복점 σ_y' 에서 소성변형이 일어나는 현상이다.
* 이론적으로 항복값은 인장이나 압축시에 동일한 값이어야 하나, 물체의 항복점을 초과하여 하중을 가한 다음 역으로 압축하는 교번하중을 받는 경우에 압축하중에 의한 항복점 σ_y' 는 이론적인 항복값보다 낮은 압축응력에서 발생하는 현상을 바우싱거(Bauschinger)효과라고 한다.

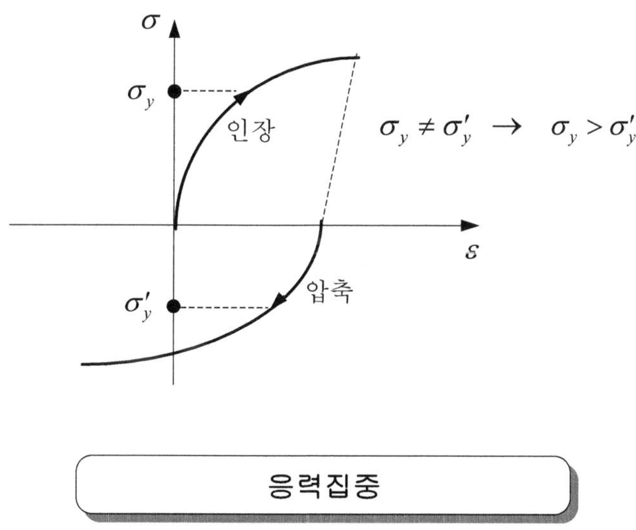

응력집중

01 응력집중(Stress Concentration) 계수에 대해 설명하시오.

[해설]

1. 응력집중의 기초

* [그림 1]과 같이 균일한 단면의 봉에 축방향의 하중이 작용할 때 응력은 단면에 균일하게 작용한다. 그러나 환봉의 임의 부분에 노치(notch), 홀(hole), 키웨이 등이 있을 때, 이 봉에 하중을 작용시키면 그 단면에 나타나는 응력분포 상태는 대단히 불규칙하게 되고, 노치 등 급변하는 부분에서 균열 또는 파괴가 일어나게 된다.

* 이와 같이 형상이 급격히 변화한 부분은 다른 부분에 비해 큰 응력이 일어나는 상태가 되는데 이러한 현상을 응력집중(stress concentration)이라 한다.

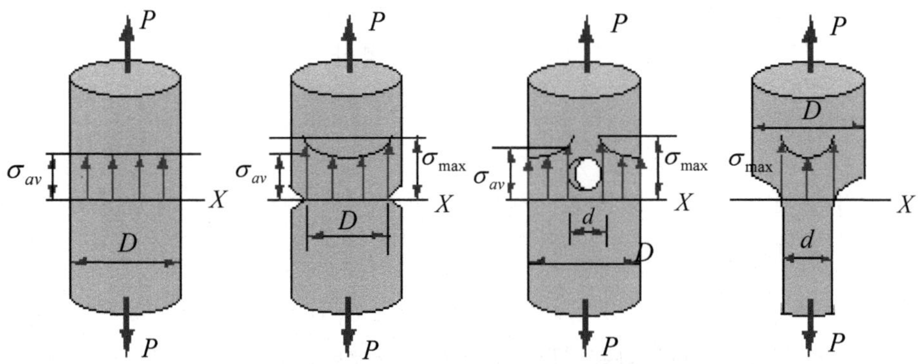

[그림 1] 응력집중 상태

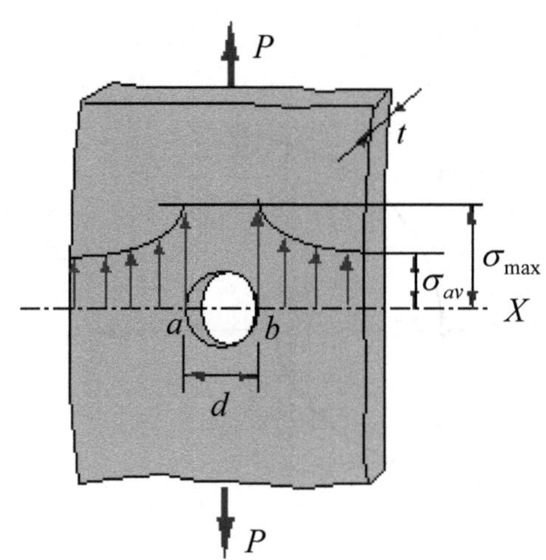

[그림 2] 판재의 응력집중

* 기계 운전시 일어나는 파단의 대부분은 노치(notch) 부분이 있는 부재가 외력을 받아 한 단면의 평균응력(σ_{av})보다 큰 응력이 발생하여 응력 분포가 불규칙해지기 때문인데, 여기에 교번하중 또는 반복하중까지 가해진다면 진행성의 균열이 생겨 결국 파괴된다.

2. 응력집중의 관계식

* [그림 2]에서 판의 폭이 b, 두께가 t 인 균일한 단면판에 인장하중 P 가 작용하면 구멍에서 멀리 떨어진 단면에 일어나는 응력분포는 균일단면에서와 같이 일정하여, 다음의 식이 된다.

$$\sigma = \frac{P}{A} = \frac{P}{bt}$$

* 구멍의 중심을 통하는 단면에 일어나는 세로 방향의 응력 분포는 원형 구멍의 가장자리에 있는 a, b 점에서 응력집중이 발생하여 큰 응력으로 나타나고 a, b 에서 멀어질수록 감소한다. a, b 점 부분에서 일어나는 큰 응력을 최대집중응력 σ_{max} 이라 한다.

* 원형 구멍 부분의 단면에서 구멍 부분을 제외한 전단면적에 작용하는 응력을 공칭응력(nomial stress, σ_n)이라 하며, 이것은 응력집중을 고려하지 않은 평균응력으로서, 그 크기는 다음의 식으로 된다.

$$\sigma_n = \frac{P}{(b-d)t} = \sigma_{av}$$

* 최대집중응력 σ_{max} 과 평균응력 σ_{av} 와의 비를 형상계수 또는 응력집중계수 α_k 라 하며, 다음의 식으로 구한다.

$$\alpha_k = \frac{\sigma_{max}}{\sigma_{av}}$$

* α_k 의 값은 탄성한도 내에 있으며, 노치(notch) 등의 형상과 하중의 종류에 따라 정해지고, 부재의 크기 또는 재질과는 무관하다. 형상이 간단한 경우에는 계산에 의하여 구하고, 복잡한 경우에는 스트레인 게이지(strain gauge)나 광탄성시험으로 측정한다. 또한 α_k 는 인장의 경우가 일반적으로 크며, 굽힘, 비틀림의 순으로 작게 된다.

02 강판의 폭 20(cm), 두께 20(mm)인 경우 판의 중앙에 직경 4(cm)의 구멍이 뚫려 있다. 축 방향에 2,000(kgf)의 인장하중이 작용한다면 응력집중계수는 얼마인가? (단, 탄성시험에 의해 발생되는 최대응력은 250(kgf/cm^2)이다.

해설

$$\alpha_K = \frac{\sigma_{max}}{\sigma_{av}} = \frac{\sigma_{max}}{\dfrac{P}{(b-d)t}} = \frac{250}{\dfrac{2,000}{(20-4)\times 2}} = 4$$

03 응력집중(Stress Concentration) 완화대책 4가지에 대해서 설명하시오.

[해설]

① 각, 홈 부분에 큰 곡률반경 적용

② 예리한 모서리 부분의 절단 가공처리

③ 응력집중 부분의 보강   ④ 표면처리로 경화

S-N 곡선

01 S-N 곡선에 관한 다음 물음에 답하시오.

1) 응력비 R 은 어떻게 정의되고 피로수명에 주는 영향은?

2) S-N 곡선이란? (간단히 그림으로 그리고 설명하시오.)

[해설]

○ 응력비(Stress Ratio) R

* [그림 1]에서 보는 바와 같이 평균응력(Mean Stress) σ_m, 응력진폭(Stress Amp -litude) σ_a, 응력폭(Stress Range) σ_r 이라고 하면 각각의 정의 식 표현은 다음과 같다.

$$\sigma_m = \frac{\sigma_{max} + \sigma_{min}}{2}, \quad \sigma_r = \sigma_{max} - \sigma_{min} = 2\sigma_a, \quad \sigma_a = \frac{\sigma_{max} - \sigma_{min}}{2}$$

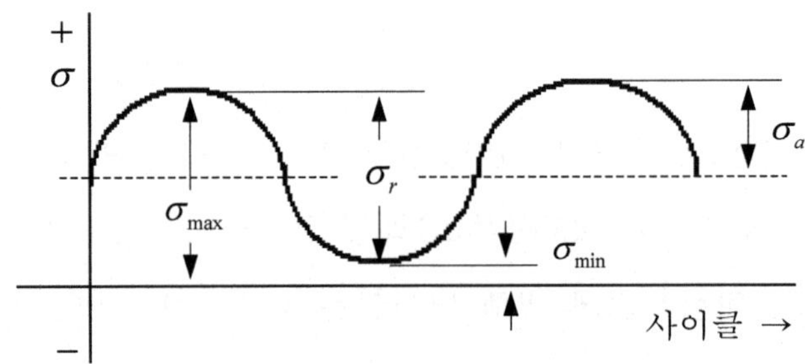

[그림 1] 응력 곡선

* 피로자료를 표시하는데 사용되는 응력비(Stress Ratio) R 의 값으로는 다음 식과 같이 나타낸다.

$$R = \frac{\sigma_{\min}}{\sigma_{\max}}$$

* 응력비 R의 값에 따른 S-N 곡선의 변화는 다음과 같다.

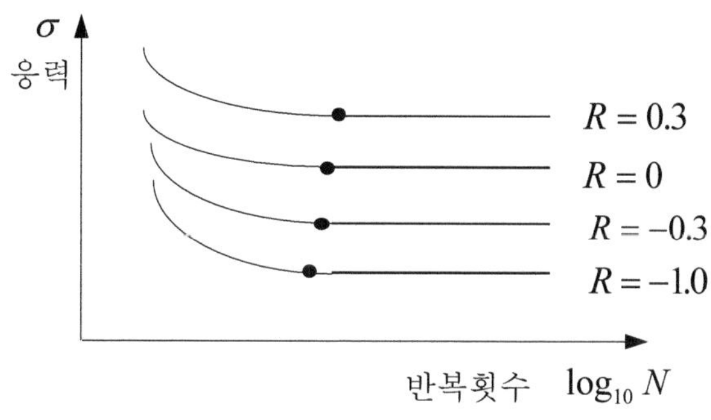

[그림 2] S-N 곡선

* 위의 [그림 2]에서 볼 수 있듯이 R의 값이 증가함에 따라 피로한도가 증가하는 것을 알 수 있다.

5.3 압축, 인장 및 전단

원환응력

01 회전하는 얇은 원통의 원둘레에 생기는 응력의 식을 쓰시오.

[해설]

○ 얇은 원환의 응력

* 두께가 얇은 원환(ring)이 [그림 1]과 같이 균일하게 분포된 반지름 방향의 하중을 받는 경우, 이 원환의 단면적 A 가 원주를 따라서 균일하고 두께 t 가 반지름 r 에 비하여 작은 경우 그와 같은 하중으로 인하여 그 원환 속에 발생하는 원주 방향의 응력과 변형률이 각 단면 위에 균일하게 분포된다고 볼 수 있으므로, 단순인장과 단순압축으로 취급할 수 있다.

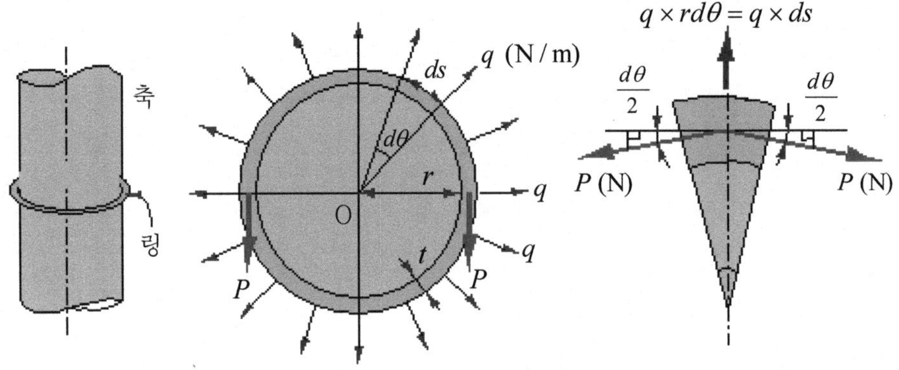

[그림 1] 얇은 원환(ring)

* 원환에 작용하는 분포하중은 내압 또는 외압이거나 회전하는 원환인 경우 원심력일 수도 있다. 모든 경우에 대하여 원환의 중심선, 즉 평균반지름 r 에 대한 원주의 단위길이당 작용하는 하중의 값 q (N/m)를 분포하중의 세기라 말할 수 있다.
* 내압과 외압에 의한 하중으로 인해 원환 속에 발생되는 내력(內力)을 보면 길이 $ds(=rd\theta)$ 인 미소요소에서 평형 조건은 다음과 같다.

$$q \times rd\theta - 2P \times \frac{d\theta}{2} = 0 \;\rightarrow\; P = qr$$

여기서, P : 원환 인장력(hoop tension)으로 원주방향의 인장력

$q \times rd\theta$: 반지름 방향의 외적 하중의 원심력

* 힘(원환 인장력)은 원환의 단면적 A 위에 균일하게 분포하므로 원환응력 σ 는

$$\sigma = \frac{P}{A} = \frac{qr}{A}$$

* 또한, 원환 둘레와 단면에 균일하게 분포되는 원주방향의 변형률 ε_1 은

$$\varepsilon_1 = \frac{\sigma}{E} = \frac{qr}{AE}$$

이고, 원환의 둘레와 지름의 비는 원주율 π 와 같으므로 그 원환의 지름의 변형률은 원주 방향의 변형률과 같게 된다. 이 지름의 변형률은 가열 끼워맞춤의 문제에서 중요한 역할을 한다.

* 실제 응용에서는 회전하는 원환 속의 인장응력을 계산해야 하며, 이때 q 는 원환의 단위길이에 작용하는 원심력이 되며, 원환의 각속도를 ω (rad/s), 반지름을 r, 원주 속도를 v, 원환의 단위길이당 중량을 w 로 표시할 때,

단위 길이당 작용하는 원심력 $q = \dfrac{w}{g} \times \dfrac{v^2}{r}$

원환 속에 작용하는 원주방향의 원심력 $P = qr = \dfrac{wv^2}{g} = \dfrac{w}{g} \times \omega^2 r^2$

[참고] $v = \omega r$ (또는 $v = r\omega$)

원환 속의 인장응력 $\sigma = \dfrac{P}{A} = \dfrac{wv^2}{Ag} = \dfrac{v^2}{Ag} \times A\gamma = \dfrac{\gamma v^2}{g} = \dfrac{\gamma}{g} \times \omega^2 r^2$

여기서, 단위길이당 중량= $w = A \times 1 \times \gamma = A\gamma$

* 고속으로 회전하는 큰 지름의 원환(ring) 속에는 매우 큰 응력이 발생하므로 회전 속도를 제한해야 한다.

제 5 장

원통응력

01 내압 P를 받는 얇은 원통형(Thin-Walled Cylinder) 보일러에서 발생하는 원주방향응력 (Hoop Stress, σ_h)과 축방향응력(Axial Stress, σ_a)의 크기를 안전의 관점에서 비교·설명하시오.

해설

[참고] 응력의 표기방법으로 원주방향응력(Hoop Stress) σ_h 는 σ_y 로, 축방향응력 (Axial Stress) σ_a 는 σ_x 가 일반적으로 이용된다.

1. 내압을 받는 얇은 원통

* 보일러, 물 또는 가스 저장탱크, 송수관, 압력용기 등과 같이 안지름에 비하여 두께가 얇은 원통($d > 10t$) 또는 관(tube)에 내압이 작용하는 경우 강판의 내부에는 압력에 저항하는 인장응력이 발생한다.

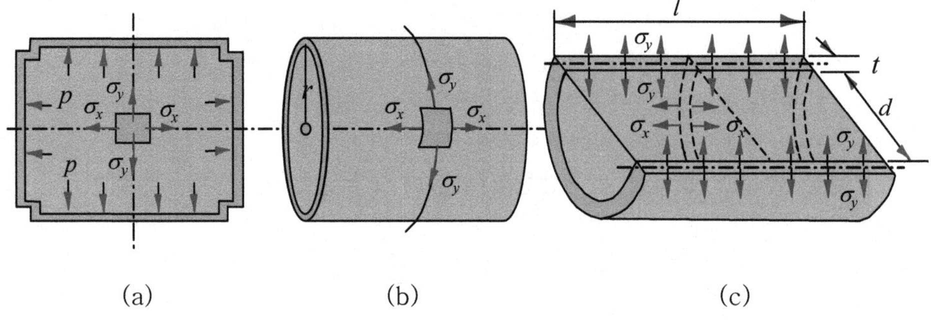

[그림 1] 내압을 받는 얇은 원통

* [그림 1]에서 보는 바와 같이 안지름이 d, 두께가 t인 내압 p (N/m²)를 받는 원통에서 [그림 1] (c)에서 처럼 가로 방향(상하방향, 원주방향)으로 파괴되는 경우와 세로 방향(좌우방향, 축방향)으로 파괴되는 경우가 있다.

* 가로 방향의 파괴에 대한 응력 σ_y 는 원통 벽면의 양면에서 발생하며, 세로 방향 파괴에 대한 응력 σ_x 는 원환 부분에 생긴다.

2. 가로 방향의 응력(원주응력, 후프응력)

* [그림 2]와 같이 원통의 하단 부분의 안지름을 d, 두께를 t, 내압을 p, 길이를 l이라 하면 원통의 단면부에 작용하는 전체 힘 $p(d \times l) = pdl$ 과 이에 대응하여 원통의 두께 부분에 발생하는 내력 P는 같으므로,

$$P = pdl$$

$$P = 2\sigma_y tl \; (= pdl)$$

$$\sigma_y = \frac{pdl}{2tl} = \frac{pd}{2t}, \quad t = \frac{pd}{2\sigma_y} \quad \cdots\cdots\cdots\cdots (1)$$

* 여기서, σ_y는 원통의 원주상에 균일하게 분포하는 응력이며, 이 응력을 원주응력 또는 후프응력(Hoop stress)라 한다. 이 후프응력은 원통벽의 안쪽이 크고 바깥쪽이 작으나, 지름에 비하여 두께가 작은 얇은 원통의 경우는 원통벽 내외측의 응력은 균일한 것으로 본다.

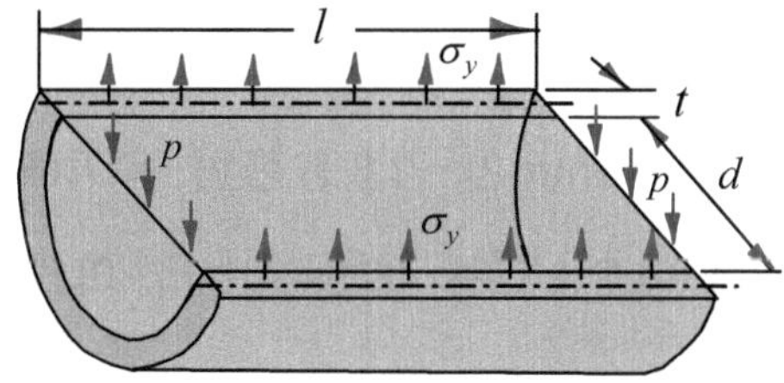

[그림 2] 가로 방향의 응력(원주응력, Hoop응력)

3. 세로 방향의 응력(축응력)

* [그림 3]과 같이 원통의 축 방향과 수직한 단면으로 절단한 단면에 작용하는 전체 힘은 $pA = p \times \dfrac{\pi d^2}{4}$ 이고, 이것에 저항하기 위해 원통의 세로 방향 단면에는 축 방향으로 인장응력 σ_x가 발생하며, 저항력은 $\sigma_x A = \sigma_x \pi dt$ 이므로, 힘의 평형으로부터 다음 식이 성립된다.

$$P = \left(pA = p \times \frac{\pi d^2}{4} \right) = \left(\sigma_x A = \sigma_x \times \pi d t \right)$$

$$\sigma_x = \frac{p \times (\pi d^2 / 4)}{\pi d t} = \frac{pd}{4t}, \quad t = \frac{pd}{4\sigma_x} \quad \cdots\cdots\cdots\cdots (2)$$

* 이 응력 σ_x를 세로 응력, 즉 축 방향의 응력으로서 축응력이라 한다.

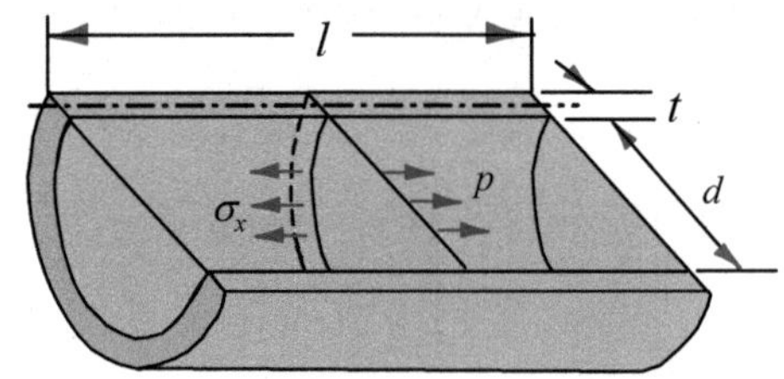

[그림 3] 세로 방향의 응력(축응력)

4. 가로, 세로 방향의 응력 비교

* 식 (1), 식 (2)로부터 가로 방향의 응력(원주응력) σ_y는 세로 방향의 응력(축 방향의 응력, 축응력) σ_x의 2배가 되므로 내압을 받는 얇은 원통의 파괴는 종단면(원주응력)을 따라 일어나며, 원통을 이음할 때는 세로 이음을 가로 이음의 2배의 강도가 되도록 이음하여야 한다.

02 안지름 300mm, 두께 6mm인 강제원통형 용기에 가할 수 있는 내압력 p는 얼마인가? (단, 강의 인장강도는 45.9kgf/mm^{2}이다.)

[해설]

1. 내압을 받는 원통에 작용하는 응력

* 내압을 받는 얇은 원통형 압력용기에 작용하는 응력에는 측방향응력과 원주방향응력이 있는데 원주방향응력이 축방향응력의 2배이므로 원통형 용기를 설계할 때는 원주방향응력을 중시하여 설계를 하여야 한다.

$$\text{원주방향의 응력 } \sigma_y = \frac{pD}{2t}$$

$$\text{축방향의 응력 } \sigma_x = \frac{pD}{4t}$$

2. 내압력 p 계산

$$\text{원주방향의 응력 } \sigma_y = \frac{pD}{2t} \rightarrow p = \frac{2t\sigma_y}{D} = \frac{2 \times 6 \times 45.9}{300} = 1.836 \, [\text{kgf/mm}^2]$$

03 2MPa의 내압이 작용되고 있는 원통형 및 구형 압력용기가 있다. 각 압력용기에 요구되는 최소두께를 각각 결정하라. 각 용기의 내경은 2m이고, 재료의 항복강도는 300MPa, 항복강도에 대한 안전계수는 3, 부식여유는 2mm이다.

해설

1. 내압을 받는 원통의 최소두께

$$\sigma_y = \frac{pD}{2t}\,[N/m^2] \quad \rightarrow \quad t = \frac{pD}{2\sigma_y}$$

용접효율 η 고려시 원주방향 응력 및 계산 두께

$$\sigma_y = \frac{pD}{2t\eta} \quad \rightarrow \quad t = \frac{pD}{2\sigma_y\eta}$$

$$t = \frac{2[Mpa]\times 2}{2\times 100[Mpa]\times 1} = 0.02[m] = 20[mm]$$

여기서, $\sigma_y = \dfrac{\sigma_u}{S} = \dfrac{300}{3} = 100\,[MPa]$

최소두께 $= t +$ 부식여유$=20+2=22[\mathrm{mm}]$

여기서, 최소두께 t 는 부식여유만큼 더 두꺼워 져야 함

2. 두께가 얇은 구의 최소두께

$$\sigma_t = \frac{pD}{4t} \quad \rightarrow \quad \text{용접효율 고려시 계산두께 } t = \frac{pD}{4\sigma_t\eta}$$

$$t = \frac{pD}{4\sigma_t\eta} = \frac{2\times 2}{4\times 100\times 1} = 0.01\,[m]$$

최소두께 $= t +$ 부식여유$=10+2=12[\mathrm{mm}]$

04 두께가 t, 내부 반지름이 r인 원통형 압력용기에 압력 p가 작용되고 있다. 다음 사항에 대하여 설명하시오.

1) 원통부에 발생되는 최대수직응력

2) 원통부에 발생되는 절대최대전단응력

[해설]

1. 내압을 받는 원통의 최대수직응력

* 내압을 받는 원통의 최대수직응력은 축방향에 대해 수직인 가로 방향의 응력(원주응력, 후프응력)인 σ_y를 의미한다.

* [그림 1]에서와 같이 원통의 하단 부분의 안지름을 d, 두께를 t, 내압을 p, 길이를 l이라 하면 원통의 단면부에 작용하는 전체 힘 $p(d \times l) = pdl$과 이에 대응하여 원통의 두께 부분에 발생하는 내력 P는 같으므로, $P = pdl$,

$P = 2\sigma_y tl \ (= pdl)$의 관계가 된다.

* 원통부에 발생되는 최대수직응력은 $\sigma_y = \dfrac{pdl}{2tl} = \dfrac{pd}{2t}$, 두께는 $t = \dfrac{pd}{2\sigma_y}$ 이다.

* 여기서, σ_y는 원통의 원주상에 균일하게 분포하는 응력이며, 이 응력을 원주응력 또는 후프응력(Hoop stress)라 한다. 이 후프응력은 원통벽의 안쪽이 크고 바깥쪽이 작으나, 지름에 비하여 두께가 작은 얇은 원통의 경우는 원통벽 내외측의 응력은 균일한 것으로 본다.

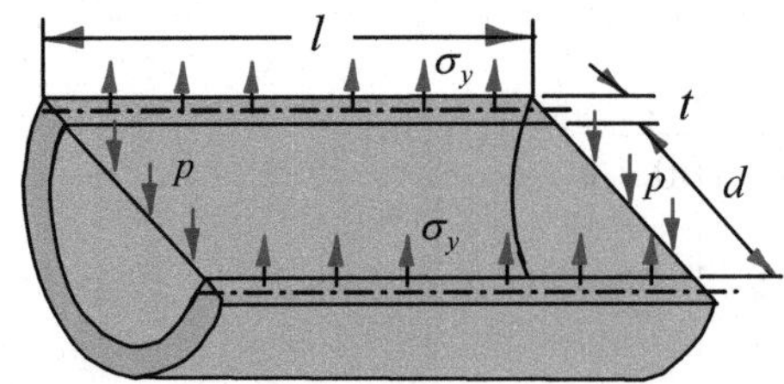

[그림 1] 가로 방향의 응력(원주응력, Hoop응력)

2. 원통부에 발생되는 절대최대전단응력

* 모어 응력원에서 주응력 σ_1과 σ_2를 $\sigma_x, \sigma_y, \tau_{xy}$로써 표시해 보면 다음과 같다.

① 최대주응력 $\sigma_1 = \sigma_{av} + R = \dfrac{\sigma_x + \sigma_y}{2} + \dfrac{\sqrt{(\sigma_x - \sigma_y)^2 + 4\tau_{xy}^2}}{2}$

$$= \overline{OC} + \overline{CA} = \overline{OA}$$

② 최소주응력 $\sigma_2 = \sigma_{av} - R = \dfrac{\sigma_x + \sigma_y}{2} - \dfrac{\sqrt{(\sigma_x - \sigma_y)^2 + 4\tau_{xy}^2}}{2}$

$$= \overline{OC} - \overline{CA} = \overline{OC} - \overline{BC} = \overline{OB}$$

③ 최대전단응력 $\tau_{max} = \dfrac{\sqrt{(\sigma_x - \sigma_y)^2 + 4\tau_{xy}^2}}{2} = R = \overline{CH} = \overline{BC} = \dfrac{\sigma_1 - \sigma_2}{2}$

④ 최소전단응력 $\tau_{min} = -\tau_{max} = -\overline{CH}$

⑤ 원통부에 발생되는 절대최대전단응력 $\left|\tau_{max}\right| = \tau_{max} = \dfrac{\sqrt{(\sigma_x - \sigma_y)^2 + 4\tau_{xy}^2}}{2}$

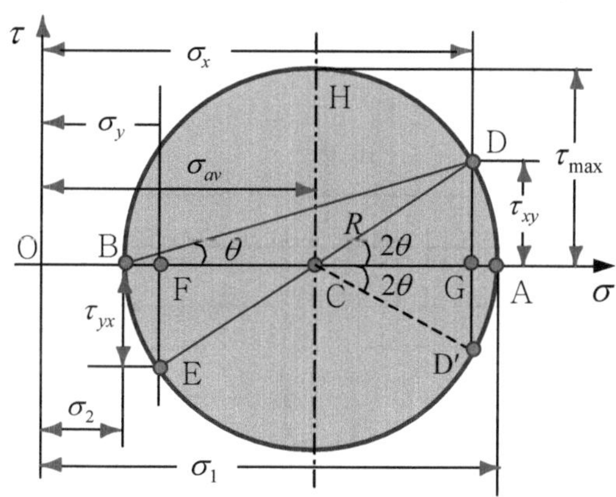

[그림 2] 평면응력 상태에서의 모어의 응력원

구형 압력용기 응력

01 두께가 10mm이고 내경이 2m인 구형 압력용기가 있다. 압력용기 재료의 인장강도는 400MPa이고, 허용응력은 인장강도를 기준으로 안전계수가 4가 되도록 결정될 때 이 용기에 가할 수 있는 최대 내압을 구하시오. (단, 부식여유는 고려하지 않고, 이음효율은 100%라고 한다)

해설

두께가 얇은 구(球)의 응력 $\sigma_t = \dfrac{PD}{4t\eta}\ [N/m^2]$

$$P = \frac{4t\eta\sigma_t}{D} = \frac{4 \times 0.01\,[m] \times 1 \times (400/4)\,[MPa]}{2\,[m]} = 2\,[MPa]$$

인장, 압축 및 전단

01 그림과 같은 중앙에 지름이 d =100(mm)의 구멍이 뚫린 폭 b =220(mm)의 판에 인장하중 W =33,600(kgf)이 작용할 때, 안전율을 13 이상으로 하려면 판의 두께는 얼마 이상으로 해야 하는가? (단, 재료의 인장강도는 39(kgf/mm^{2}이다.)

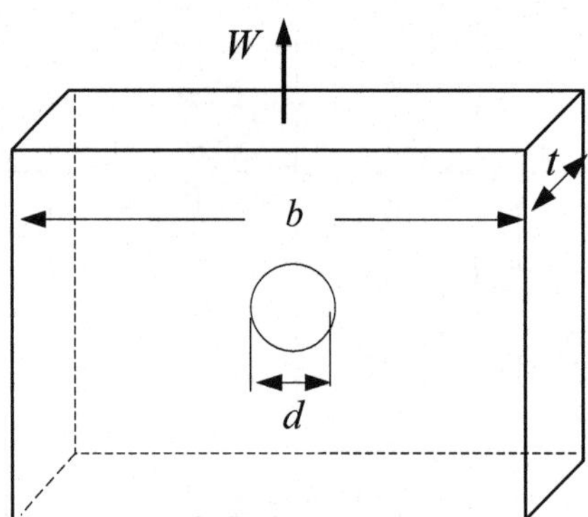

해설

* $\sigma_a = \dfrac{W}{A} = \dfrac{W}{(b-d)\times t}$ 의 식으로부터 두께 t 를 구한다.

$$t = \frac{W}{(b-d)\times \sigma_a} = \frac{3,600}{(220-100)\times 3} = 10\,[mm]$$

여기서, W 는 인장하중으로 제시되었으나, 여기서는 사용하중으로 보고 대입함

$$\sigma_a = \frac{\sigma_u}{S_f} = \frac{39}{13} = 3\,[kgf/mm^2]$$

(02) 지름 5(cm), 길이 1.5(m)인 연강의 한 끝을 고정하고, 다른 끝에 8,000 (kgf·cm)의 비틀림 모멘트가 작용할 때, 이 봉에 생기는 최대전단응력을 구하시오.

[해설]

$$\text{전단응력} \quad \tau = \frac{T}{Z_p} = \frac{T}{\dfrac{\pi d^3}{16}} = \frac{16T}{\pi d^3} = \frac{16 \times 8,000}{\pi \times 5^3} = 325.95\,[kgf\,/\,cm^2]$$

$$[\text{참고}] \ \text{굽힘응력} \ \sigma_b = \frac{M}{Z} \ \rightarrow \ M = \sigma_b Z \ (\text{여기서, 단면계수} \ Z = \frac{\pi d^3}{32})$$

$$\text{전단응력} \ \tau = \frac{T}{Z_p} \ \rightarrow \ T = \tau \cdot Z_p \ (\text{여기서, 극단면계수} \ Z_p = \frac{\pi d^3}{16})$$

(03) 두께가 25mm인 중공원형봉에 압축하중 100kN을 가하고 있다. 재료의 항복응력은 50MPa이며, 안전계수가 2일 때 원기둥의 최소외경 d_o를 구하시오.

[해설]

$$\text{안전계수} \ S_f = \frac{\sigma_y}{\sigma_a} \ \rightarrow \ \sigma_a = \frac{\sigma_y}{S_f} = \frac{50}{2} = 25 \ [\text{MPa}]$$

$$\text{압축응력} \ \sigma_c = \frac{P}{A} = \frac{P}{\pi(d_o^2 - d_i^2)/4} \ (\text{여기서,} \ \sigma_c = \sigma_a)$$

$$d_o^2 - d_i^2 = \frac{4P}{\pi \sigma_a} = \frac{4 \times 100 \times 10^3 \,[N]}{\pi \times 25 \times 10^6 \,[N\,/\,m^2]} = 0.005\,[m^2] \ \cdots\cdots (1)$$

여기서, 두께 $t = \dfrac{d_o - d_i}{2} = 0.025\,[m] \ \rightarrow \ d_i = d_o - 0.05$ 이므로 식 (1)에 대입함

$$d_0^2 - d_i^2 = 0.005 \ \rightarrow \ d_0^2 - (d_0 - 0.05)^2 = 0.005 \ \rightarrow \ d_o = 0.026\,[m]$$

제 5 장

04 3,600rpm으로 회전하는 35.5kW 모터에 필요한 원형단면축의 지름은 최소 몇 mm인가? (이때 축의 허용전단응력은 60MPa이다.)

해설

○ 원형단면축 지름 구하기

* 축의 허용전단응력 공식으로부터 원형단면축의 지름을 구한다.

$$* \ T = \tau_a \cdot Z_p = \tau_a \times \frac{\pi d^3}{16} \ \text{으로부터}$$

$$d = \sqrt[3]{\frac{16T}{\pi \tau_a}} = \sqrt[3]{\frac{16 \times 9,604.7}{3.14 \times 6.12}} = 19.99 \ [mm]$$

$$여기서, \ T = 974,000 \frac{H_{kW}}{N} \ \text{에서} \ T = 974,000 \times \frac{35.5}{3,600} = 9,604.7 \ [kgf \cdot mm]$$

인장·압축·전단 탄성에너지

01 재료가 탄성한도 내에서 하중(P)이 가해져서 Δx 만큼의 변형이 발생하였다. 이때 변형에너지(U)는 얼마인가?

해설

1. 변형에너지

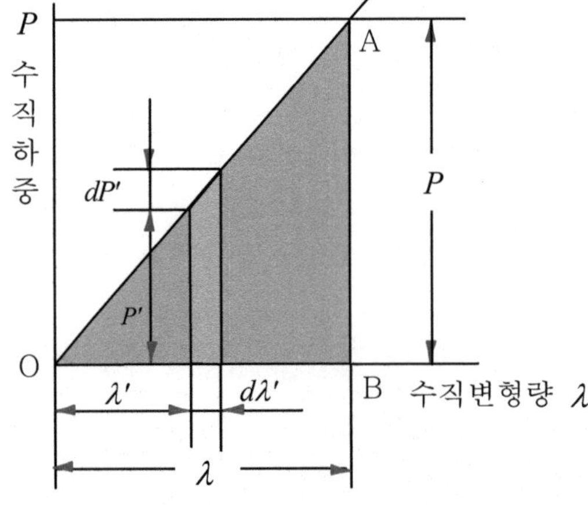

[그림 1] 인장·압축 탄성에너지

* 길이 l 이고, 단면적 A 가 일정한 봉에 인장하중을 가할 때 변형량 λ 와 하중 P 의 관계는 [그림 1]과 같이 직선관계가 된다. 즉, 하중 P' 일 때 변형량 λ' 이며, 하중 dP' 만큼 증가하면 변형량은 $d\lambda'$ 만큼 증가하게 된다

* 이때 외부에서 작용하는 힘이 하는 일은 $dP'd\lambda'$ 이다. 봉이 인장하중 P 를 받을 때 봉 내부에 저장되는 전(全)에너지는 [그림 1]에서 $P'd\lambda'$ 와 같은 중간 음영부분을 모두 합한 면적으로 표시하며, 이것은 봉의 내부에 변형에너지로 저장된다.

* 하중 P 가 작용한 상태에서 변형량 λ 까지 변형할 때 물체에 저장된 전 에너지는 면적 OAB가 되며, 이것을 탄성에너지 U 라고 하며, 다음의 식으로 된다.

$$U = \int_0^\lambda dU = \int_0^\lambda P' \, d\lambda' = \frac{P\lambda}{2}$$

* 이때 P, λ 사이에는 후크의 법칙이 성립되기 때문에 종탄성계수를 E 라고 할 때 $\lambda = \dfrac{Pl}{AE}$ 또는 $P = \dfrac{AE\lambda}{l}$ 을 대입하면 탄성에너지 U 는 다음의 식으로 된다.

$$U = \frac{P\lambda}{2} = \frac{P^2 l}{2AE} = \frac{\sigma^2}{2E}Al = \frac{AE\lambda^2}{2l} = \frac{E\varepsilon^2}{2}Al \ (\text{N} \cdot \text{m})$$

여기서, λ 는 변형량으로서 Δx 와 같은 의미이다.

2. 단위체적당 변형에너지

* 단위체적당 변형에너지 또는 최대탄성에너지를 u 라고 하면, 다음의 식이 된다.

$$u = \frac{U}{V} = \frac{U}{Al} = \frac{P^2}{2A^2 E} = \frac{\sigma^2}{2E} = \frac{\sigma\varepsilon}{2} = \frac{E\lambda^2}{2l^2} = \frac{E\varepsilon^2}{2}(\text{N} \cdot \text{m} / \text{m}^3)$$

5.4 축의 비틀림

극관성모멘트

01 원형 단면축의 극관성 모멘트를 구하는 식을 쓰시오.

해설

* 원형 단면에서 중심 O점에 대한 극관성모멘트는 다음과 같이 구할 수 있다.

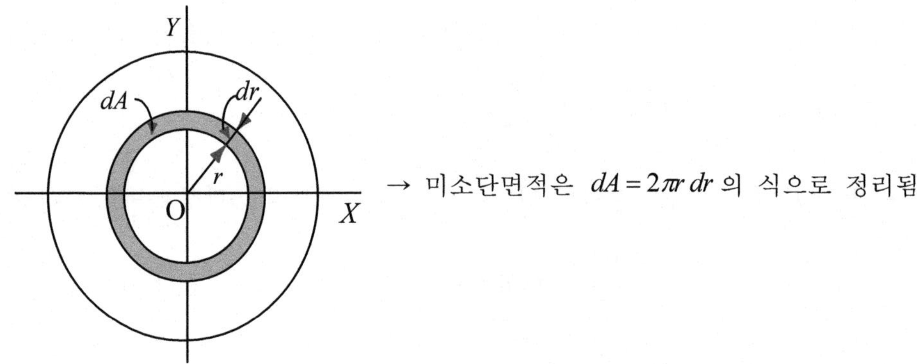

→ 미소단면적은 $dA = 2\pi r\,dr$ 의 식으로 정리됨

* 극관성모멘트(극단면2차모멘트) $I_p = \int r^2 dA = \int_0^{d/2} r^2 (2\pi r dr) = \dfrac{\pi d^4}{32}$

[참고] 극단면계수, 관성모멘트, 단면계수

1. 극단면계수 $Z_p = \dfrac{I_p}{e} = \dfrac{\pi d^4 / 32}{d / 2} = \dfrac{\pi d^3}{16}$

2. 관성모멘트(단면2차모멘트) $I_x = I_y = I = \dfrac{I_p}{2} = \dfrac{\pi d^4 / 32}{2} = \dfrac{\pi d^4}{64}$

3. 단면계수 $Z = \dfrac{I}{e} = \dfrac{\pi d^4 / 64}{d / 2} = \dfrac{\pi d^3}{32}$

> **전동축**

---

01 240rpm으로 8kW를 전달하는 외경 70mm, 내경 60mm, 길이 2m의 중공 원축이 있다. 다음 각 항의 물음에 답하시오. (G=0.81×10^4 kgf/mm^2)

1) Torque(토크) T를 구하시오. 2) 극단면2차모멘트를 구하시오.

3) 비틀림각을 구하시오. 4) 극단면계수를 구하시오. 5) 전단응력을 구하시오.

> **해설**

1. Torque(토크) T

$$T = 974,000 \times \frac{H_{kW}}{N} = 974,000 \times \frac{8}{240} = 3,246.67\,[kgf \cdot mm]$$

2. 극단면2차모멘트

극단면2차모멘트(극관성모멘트) $\quad I_p = \frac{\pi}{32}(d_o^4 - d_i^4)$

$$= \frac{\pi}{32}(70^4 - 60^4) = 1,084.21\,[mm^4]$$

[참고] 관성모멘트 $\quad I_x = I_y = \frac{\pi d^4}{64}$, 극관성모멘트 $\quad I_p = \frac{\pi d^4}{32}$

단면계수 $\quad Z = \frac{\pi d^3}{32}$, 극단면계수 $\quad Z_p = \frac{\pi d^3}{16}$

3. 비틀림각

비틀림각[rad] $\quad \phi = \frac{Tl}{GI_p} = \frac{3,246.67 \times 2,000}{0.81 \times 10^4 \times 1,084,831.213} = 0.000738\,[rad]$

여기서, $\quad I_p = \frac{\pi(d_o^4 - d_i^4)}{32} = \frac{\pi(70^4 - 60^4)}{32} = 1,084,831.213\,[mm^4]$

비틀림각[^{0}] $\quad \phi = 0.000738 \times \frac{180}{\pi} = 0.0423\,[^0]$

제 5 장

4. 극단면 계수

$$Z_p = \frac{I_p}{d_0 / 2} = \frac{\pi}{16d_0}(d_0^4 - d_i^4) = \frac{\pi}{16 \times 70}(70^4 - 60^4) = 30{,}979.46\,[mm^3]$$

5. 전단응력

$$T = \tau \cdot Z_p = \tau \times \frac{\pi}{16d_0}(d_o^4 - d_i^4) \text{ 으로부터}$$

$$\tau = \frac{16d_o \times T}{\pi(d_o^4 - d_i^4)} = \frac{16 \times 70 \times 3{,}246.67}{\pi(70^4 - 60^4)} = 0.105\,[kgf / mm^2]$$

5.5 보의 전단과 굽힘

보와 하중의 종류

01 하중의 종류를 1) 작용하는 방향, 2) 걸리는 속도, 3) 분포상태에 따라 분류하고 설명하시오.

[해설]

○ 하중의 종류

1. 하중이 작용하는 방향에 따른 분류

① 인장하중 : 재료를 축선방향으로 늘어나게 작용하는 하중

② 압축하중 : 재료를 축방향으로 수축(압축)되게 작용하는 하중

③ 전단하중 : 재료를 가위로 자르듯이 하중으로 단면에 평행하게 작용되는 하중

④ 비틀림하중 : 재료를 비트는 하중

⑤ 굽힘하중 : 재료를 구부려 휘어지게 하는 하중

2. 하중의 걸리는 속도에 의한 분류

① 정하중 : 시간에 따라서 크기가 변하지 않거나 변화를 무시할 수 있는 하중

② 동하중 : 하중의 크기, 방향, 작용점이 시간의 흐름에 따라 변하는 하중

③ 교번하중 : 하중의 크기와 방향이 교대로 바뀌는 하중, 피스톤 로드

④ 충격하중 : 순간적으로 짧은 순간에(갑작스럽게) 작용하는 하중

⑤ 이동하중 : 이동하면서 작용하는 하중

3. 하중의 분포상태에 따른 분류

① 집중하중(concentrated load) : 보의 어느 한 지점에 집중하여 작용하는 하중이며, 크기는 N, kgf로 표시한다.

② 균일분포하중(uniformly distributed load) : 보의 단위길이에 하중이 균일하게 분포하여 작용하는 하중으로, 등분포하중이라고도 하며, 크기는 N/m, kgf/m이다.

③ 불균일분포하중(varying load) : 보의 단위길이에 하중이 불균일하게 분포하여 작용하는 하중이다.

④ 이동하중(moving load) : 차량이 교량 위를 통과할 때처럼 하중이 이동하여 작용하는 하중이다.

⑤ 점변분포하중 : 점점 크기가 커지거나 줄어드는 분포를 하는 하중이다.

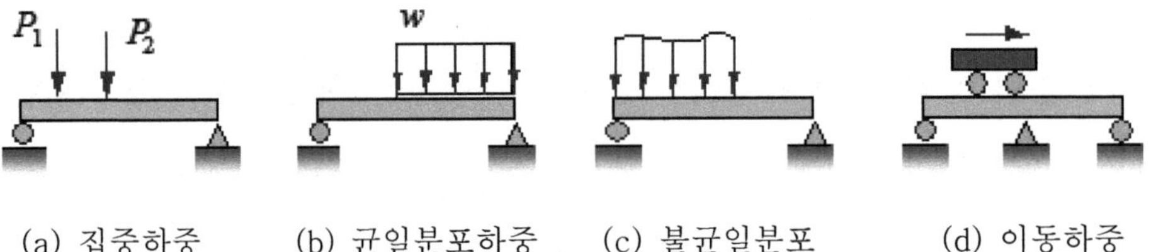

(a) 집중하중　　(b) 균일분포하중　　(c) 불균일분포　　(d) 이동하중

전단력 선도와 굽힘모멘트 선도

01 아래 그림과 같이 같은 w로 균일분포 하중을 받고 있는 길이 L인 단순보 AB가 있다. 전단력과 굽힘모멘트를 구한 후 이를 각기 선도(BMD)로 나타내시오.

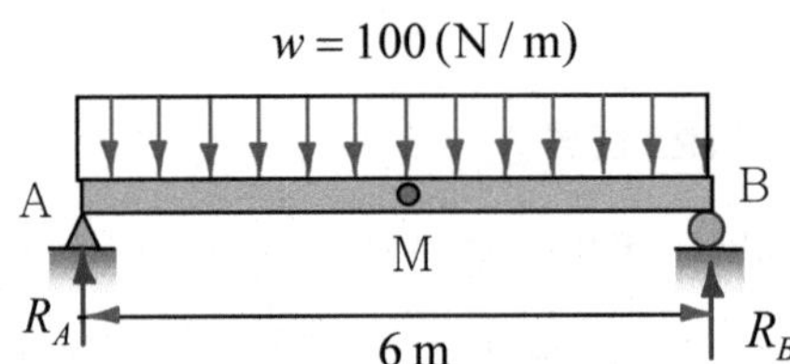

해설

1. 지점반력 계산

$$R_A + R_B - P = 0$$

$$\sum M_B = 0 \; ; \; R_A l - P \times \frac{l}{2} = 0 \; \rightarrow \; R_A = \frac{P}{2} = \frac{wl}{2} = \frac{100 \times 6}{2} = 300\,\text{N} = R_B$$

2. 전단력 (V) 산출

$$V_A = R_A = \frac{wl}{2} = 300\,\text{N}, \; V_M = 0$$

$$V_B = R_A - P = -R_B = -\frac{wl}{2} = -300 \text{ N}$$

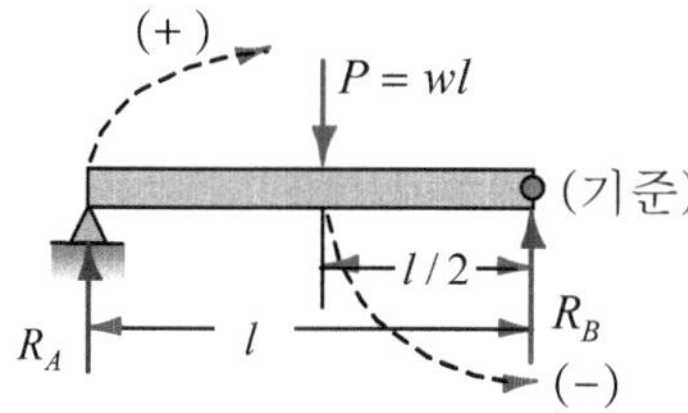

3. 굽힘 모멘트(M) 산출

$$M_A = R_A \times l - wl \times \frac{l}{2} = \frac{wl}{2} \times l - wl \times \frac{l}{2} = 0$$

$$M_M = M_{\max} = R_A \times \frac{l}{2} - \frac{wl}{2} \times \frac{l}{4} = 300 \times \frac{6}{2} - \frac{100 \times 6}{2} \times \frac{6}{4} = 450 \text{ N} \cdot \text{m}$$

$$M_B = R_A l - wl \times \frac{l}{2} = 300 \times 6 - 100 \times 6 \times \frac{6}{2} = 0$$

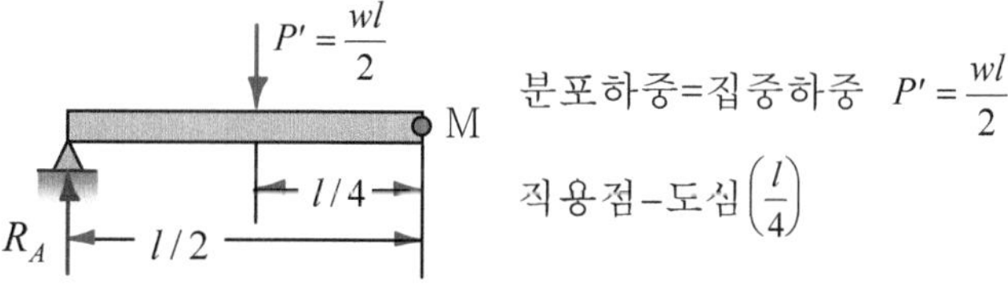

$$\text{분포하중=집중하중} \quad P' = \frac{wl}{2}, \quad \text{작용점=도심}\left(\frac{l}{4}\right)$$

4. SFD와 BMD 작도

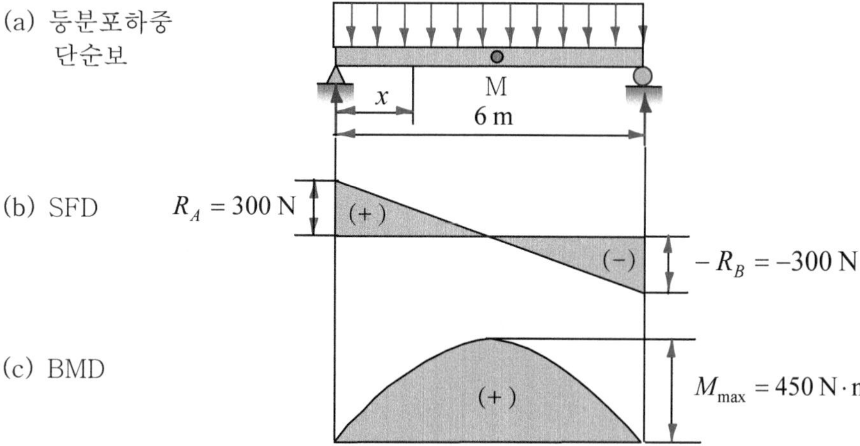

5.6 보의 처짐

보의 처짐

01 천장 크레인에서 볼 수 있듯이 그림과 같은 단순보에 집중하중 P와 균일분포하중 w가 동시에 작용할 때 최대처짐 max는 얼마인가? (단, $wl = P$ 이다.)

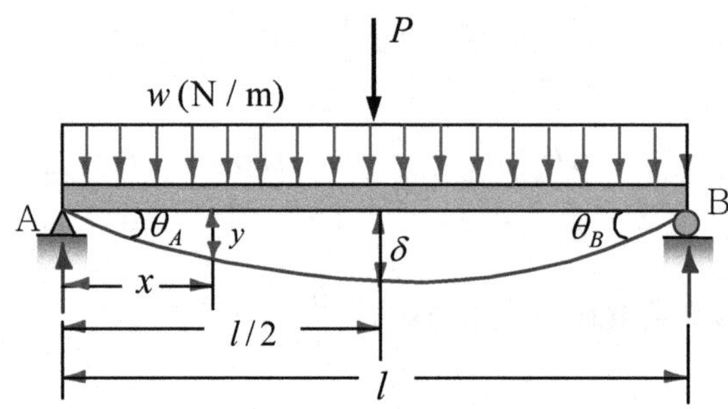

해설

1. 집중하중을 받는 경우의 처짐량

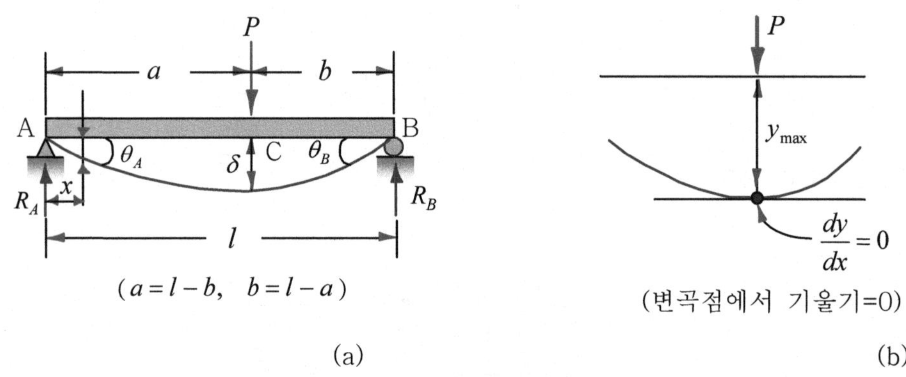

[그림 1] 집중하중을 받는 단순보의 처짐

* 최대처짐은 다음 식으로 구해진다(너무 길어서 유도과정은 생략. 결과만 제시).

$$y_{\max} = \delta = \frac{Pb}{9\sqrt{3}\,EIl}\sqrt{(l^2 - b^2)^3}$$

* 하중이 보의 중앙점($a = b = \dfrac{l}{2}$)에 작용할 때는 상기 식은 다음 식으로 된다.

$$y_{\max(x=l/2)} = \delta = \frac{Pl^3}{48EI}$$

* $a > b$인 보의 중앙점의 처짐은 다음 식으로 된다(유도과정은 생략. 결과만 제시).

$$y_{x=l/2} = \delta = \frac{Pb}{48EI}(3l^2 - 4b^2)$$

2. 균일분포하중을 받는 경우의 처짐량

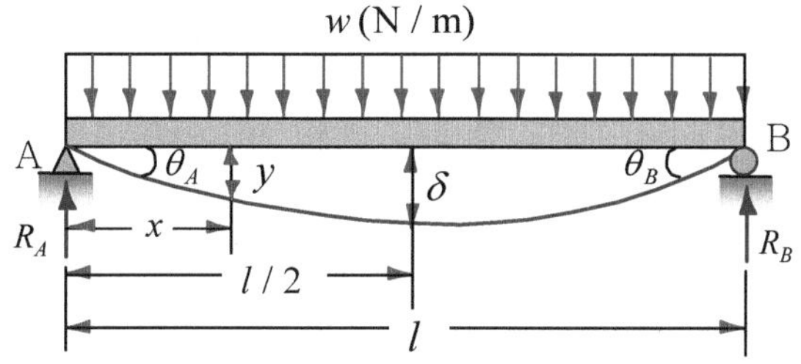

[그림 2] 등분포하중을 받고 있는 단순보의 처짐

* $x = \dfrac{l}{2}$(중앙)에서 최대처짐 $y_{\max}$ 이 일어나며 다음의 식이 된다(결과만 제시).

$$\text{최대처짐량 } y_{\max} = \delta = \frac{5wl^4}{384EI}$$

3. 집중하중과 균일분포 하중을 동시에 받는 경우

최대처짐량=(집중하중+ 균일분포하중)을 받는 경우의 최대처짐량

$$y_{\max(x=l/2)} = \delta_1 + \delta_2 = \frac{Pl^3}{48EI} + \frac{5wl^4}{384EI}$$

[참고] 이 문제는 기계안전기술사 기출문제로서 유도과정이 어렵지는 않으나 매우 길어서 시험시간 제약상 문제점(이 문제 풀이에만 100분도 모자람)이 있다. 이론적 배경인 유도과정은 생략했으며, 지도사나 기술사 풀이 문제로는 시간 제약 측면상 부적절하다고 본다. 하지만 너무나 유명한 기초라서 알려진 그림과 결과식만이라도 이용해 풀이가 가능하도록 준비해야 한다.

절대로 포기하지 말라!
절대로!
- 윈스턴 처칠 -

제6장

산업안전보건법령

6.1 산업안전보건법

산업안전보건법 총칙 및 체제

01 다음에 대하여 설명하시오.

1) 산업안전보건법의 목적   2) 산업재해   3) 중대재해

해설

1. 산업안전보건법의 목적 (산안법 제1조)

* 산업 안전 및 보건에 관한 기준을 확립하고, 그 책임의 소재를 명확하게 하여, 산업재해를 예방하고 쾌적한 작업환경을 조성함으로써 노무를 제공하는 사람의 안전 및 보건을 유지·증진함을 목적으로 한다.

2, 산업재해 (산안법 제2조)

* 노무를 제공하는 사람이 업무에 관계되는 건설물, 설비, 원재료, 가스, 증기, 분진 등에 의하거나 작업 또는 그 밖의 업무로 인하여 사망 또는 부상하거나 질병에 걸리는 것을 말한다.

3. 중대재해 (산시규 제3조)

* 다음 각 호의 어느 하나에 해당하는 재해를 말한다.
  ① 사망자가 1명 이상 발생한 재해
  ② 3개일 이상의 요양이 필요한 부상자가 동시에 2명 이상 발생한 재해
  ③ 부상자 또는 직업성 질병자가 동시에 10명 이상 발생한 재해

02 산업안전보건법에서 정하고 있는 사업장의 안전보건관리책임자의 직무에 대해 5가지만 설명하시오.

해설

○ **안전보건관리책임자의 직무** (산안법 제15조)

① 사업장의 산업재해 예방계획의 수립에 관한 사항

② 안전보건관리규정의 작성 및 변경에 관한 사항

③ 안전보건교육에 관한 사항

④ 작업환경측정 등 작업환경의 점검 및 개선에 관한 사항

⑤ 근로자의 건강진단 등 건강관리에 관한 사항

⑥ 산업재해의 원인 조사 및 재발 방지대책 수립에 관한 사항

⑦ 산업재해에 관한 통계의 기록 및 유지에 관한 사항

⑧ 안전장치 및 보호구 구입 시 적격품 여부 확인에 관한 사항

⑨ 그 밖에 근로자의 유해·위험 방지조치에 관한 사항으로서 고용노동부령으로 정하는 사항

03 산업안전보건법에 의거 설치된 산업안전보건위원회의 목적 5가지 이상을 열거하고 구성 및 운영방법을 간략히 설명하시오.

[해설]

1. 산업안전보건위원회의 목적

* 산업안전보건위원회의 목적은 심의·의결사항이 목적과 그 궤도를 같이 한다.

○ 산업안전보건위원회 심의·의결사항 (산안법 제24조)

① 사업장의 산업재해 예방계획의 수립에 관한 사항

② 안전보건관리규정의 작성 및 변경에 관한 사항

③ 안전보건교육에 관한 사항

④ 작업환경측정 등 작업환경의 점검 및 개선에 관한 사항

⑤ 근로자의 건강진단 등 건강관리에 관한 사항

⑥ 산업재해에 관한 통계의 기록 및 유지에 관한 사항

⑦ 중대재해에 관한 사항

⑧ 유해·위험한 기계·기구·설비를 도입한 경우 안전 및 보건 관련 조치에 관한 사항

⑨ 그 밖에 해당 사업장 근로자의 안전 및 보건을 유지·증진시키기 위하여 필요한 사항

2. 산업안전보건위원회의 구성 및 운영방법

(1) 산업안전보건위원회를 구성해야 할 사업의 종류 및 사업장의 상시근로자수

(산안령 제34조 별표 9)

사업의 종류	사업장의 상시근로자수
1. 토사석 광업 2. 목재 및 나무제품 제조업 : 가구제외 3. 화학물질 및 화학제품 제조업 : 의약품 제외(세제, 　화장품 및 광택제 제조업과 화학섬유 제조업은 제외) 4. 비금속 광물제품 제조업 5. 1차 금속 제조업 6. 금속가공제품 제조업 : 기계 및 가구 제외 7. 자동차 및 트레일러 제조업 8. 기타 기계 및 장비 제조업(사무용 기계 및 장비 　제조업은 제외한다) 9. 기타 운송장비 제조업(전투용 차량 제조업은 제외)	상시근로자 50명 이상
10. 농업 11. 어업 12. 소프트웨어 개발 및 공급업 13. 컴퓨터 프로그래밍, 시스템 통합 및 관리업 14. 정보서비스업 15. 금융 및 보험업 16. 임대업(부동산 임대업은 제외) 17. 전문, 과학 및 기술 서비스업(연구개발업은 제외) 18. 사업지원 서비스업 19. 사회복지 서비스업	상시근로자 300명 이상
20. 건설업	공사금액 120억원 이상 (토목공사업의 경우에는 150억원 이상)
21. 제1호부터 제20호까지의 사업을 제외한 사업	상시근로자 100명 이상

(2) 산업안전보건위원회의 구성 (산안령 제35조)

① 산업안전보건위원회의 근로자위원은 다음 각 호의 사람으로 구성한다.

　　1. 근로자대표

　　2. 명예산업안전감독관이 위촉되어 있는 사업장의 경우 근로자대표가 지명하는
　　　1명 이상의 명예산업안전감독관

    3. 근로자대표가 지명하는 9명(근로자인 제2호의 위원이 있는 경우에는 9명에서 그 위원의 수를 제외한 수를 말한다) 이내의 해당 사업장의 근로자

② 산업안전보건위원회의 사용자위원은 다음 각 호의 사람으로 구성한다. 다만, 상시근로자 50명 이상 100명 미만을 사용하는 사업장에서는 제5호에 해당하는 사람을 제외하고 구성할 수 있다.

    1. 해당 사업의 대표자(같은 사업으로서 다른 지역에 사업장이 있는 경우에는 그 사업장의 안전보건관리책임자를 말한다)

    2. 안전관리자(안전관리자를 두어야 하는 사업장으로 한정하되, 안전관리자의 업무를 안전관리전문기관에 위탁한 사업장의 경우에는 그 안전관리전문기관의 해당 사업장 담당자를 말한다) 1명

    3. 보건관리자(보건관리자를 두어야 하는 사업장으로 한정하되, 보건관리자의 업무를 보건관리전문기관에 위탁한 사업장의 경우에는 그 보건관리전문기관의 해당 사업장 담당자를 말한다) 1명

    4. 산업보건의(해당 사업장에 선임되어 있는 경우로 한정한다)

    5. 해당 사업의 대표자가 지명하는 9명 이내의 해당 사업장 부서의 장

③ 건설공사도급인이 안전 및 보건에 관한 협의체를 구성한 경우에는 산업안전보건위원회의 위원을 다음 각 호의 사람을 포함하여 구성할 수 있다.

    1. 근로자위원 : 도급 또는 하도급 사업을 포함한 전체 사업의 근로자대표, 명예산업안전감독관 및 근로자대표가 지명하는 해당 사업장의 근로자

    2. 사용자위원 : 도급인 대표자, 관계수급인의 각 대표자 및 안전관리자

(3) 산업안전보건위원회의 위원장 (산안령 제36조)

  * 산업안전보건위원회의 위원장은 위원 중에서 호선(互選)한다. 이 경우 근로자위원과 사용자위원 중 각 1명을 공동위원장으로 선출할 수 있다.

(4) 산업안전보건위원회의 회의 등 (산안령 제37조)

① 산업안전보건위원회의 회의는 정기회의와 임시회의로 구분하되, 정기회의는 분기마다 산업안전보건위원회의 위원장이 소집하며, 임시회의는 위원장이 필요하다고 인정할 때에 소집한다.

② 회의는 근로자위원 및 사용자위원 각 과반수의 출석으로 개의하고 출석위원 과반수의 찬성으로 의결한다.

③ 근로자대표, 명예산업안전감독관, 해당 사업의 대표자, 안전관리자 또는 보건관리자는 회의에 출석할 수 없는 경우에는 해당 사업에 종사하는 사람 중에서 1명을 지정하여 위원으로서의 직무를 대리하게 할 수 있다.

④ 산업안전보건위원회는 다음 각 호의 사항을 기록한 회의록을 작성하여 갖추어 두어야 한다.

1. 개최 일시 및 장소　　2. 출석위원　　3. 심의 내용 및 의결·결정 사항

4. 그 밖의 토의사항

(5) 의결되지 않은 사항 등의 처리 (산안령 제38조)

① 산업안전보건위원회는 다음 각 호의 어느 하나에 해당하는 경우에는 근로자위원과 사용자위원의 합의에 따라 산업안전보건위원회에 중재기구를 두어 해결하거나 제3자에 의한 중재를 받아야 한다.

1. 산업안전보건위원회에서 의결하지 못한 경우

2. 산업안전보건위원회에서 의결된 사항의 해석 또는 이행방법 등에 관하여 의견이 일치하지 않는 경우

② 제1항에 따른 중재 결정이 있는 경우에는 산업안전보건위원회의 의결을 거친 것으로 보며, 사업주와 근로자는 그 결정에 따라야 한다.

(6) 회의 결과 등의 공지 (산안령 제39조)

* 산업안전보건위원회의 위원장은 산업안전보건위원회에서 심의·의결된 내용 등 회의 결과와 중재 결정된 내용 등을 사내방송이나 사내보, 게시 또는 자체 정례 조회, 그 밖의 적절한 방법으로 근로자에게 신속히 알려야 한다.

유해·위험 방지 조치

01 산업안전보건법 제44조에서 정하고 있는 공정안전보고서의 제출목적과 현장에서의 공정안전관리를 위한 12대 실천과제의 주요내용을 설명하시오.

해설

1. 공정안전보고서의 제출목적

* 공정안전보고서의 작성·제출(산안법 제44조) : 사업장에 대통령령으로 정하는 유해하거나 위험한 설비가 있는 경우 그 설비로부터의 위험물질 누출, 화재 및 폭발 등으로 인하여 사업장 내의 근로자에게 즉시 피해를 주거나 사업장 인근 지역에 피해를 줄 수 있는 사고로서 대통령령으로 정하는 사고(이하 "중대산업사고"라 한다)를 예방하기 위함이다.

2. 공정안전관리를 위한 12대 실천과제의 주요내용

(1) 공정안전자료의 주기적인 보완 및 체계적 관리

① 사용하고 있는 유해위험물질 관련자료(MSDS) 작성·비치

② 각종 장치·설비(배관 포함)·계기 등의 관련자료(Data Sheet) 확보

③ P&ID, PFD, 전기도면, 계기도면, 배치도(Layout Drawing) 등 공장 안전가동에 필요한 각종 장치·설비에 대한 도면류(Drawing) 확보

④ PSM과 관련된 법 조항, 고시, 코드 등의 최신자료 비치 및 활용

(2) 공정위험성 평가체제 구축 및 사후관리

① 위험성 평가 전분가 확보

② 위험성 평가에 필요한 도면류·사고사례·프로그램 등 확보

(3) 안전운전절차 보완 및 준수

① 안전운전절차서(Manual 및 SOP) 구비

  * 연속공정 : 시운전, 정상·비정상 운전정지(S/D) 및 재가동(S/U) 절차

  * 회분공정 : 제품별, 회분(Batch)식 반응기별 절차서 작성

(4) 설비별 위험등급에 따른 효율적 관리

① 공정설비 유지관리기준(점검표 포함)의 확보

② 장치설비의 설계도면(Vender) 및 위험등급 분류기준 확보

③ 설비검사(Inspection) 전문가 확보(외부기관 교육수강)

(5) 작업허가절차 준수

① 책임과 권한이 명시된 작업허가서 구비

  * 화기·밀폐공간출입·굴착·방사선·정전작업 등 종류별 세분화

  * 발행일시, 작업내용, 점검 및 확인사항, 발행자, 산소농도 측정, 중점 지적확인 사항, 유효기간, 근무교대 시 허가서 서명 등 내용 포함

② 안전작업허가서 내용 준수 여부 점검절차

(6) 협력업체 선정 시 안전관리수준 반영

① 협력업체 안전관리수준 평가기준 및 관련 부서 통보절차 보유

② 상주업체와 비상주(외주)업체로 구분 관리

(7) 근로(임직원)에 대한 실질적인 PSM 교육

① 교육훈련절차서 및 근로자 PSM 교육에 적합한 교육교재 확보

② PSM 교육이 가능한 교육장, 사내·외 강사 확보

(8) 유해·위험설비의 가동(시운전) 전 안전점검

① 설비 가동 전 점검대상·범위·방법 등 가동 전 점검 시행기준 확보

  * 실시시기, 점검팀 구성, 점검방법, 점검표 작성, 점검결과처리 등에 관한 기준 명시

② 가동 전 점검표(Check-List) 확보

(9) 설비 등 변경 시 변경관리절차 준수

① 변경관리절차의 확립

② 변경관리 추진체제 구축

(10) 객관적인 자체감사 실시 및 사후관리

① 경영자의 실행의지 확보

② 자체감사 시행기준 수립(권한부여, 사후조치기준)

③ 외부기관 교육수강 등을 통한 사내 자체감사 전문가 확보

(11) 정확한 사고원인 규명 및 주기적인 훈련

① 사고조사기준 확보

② 사고에 대한 책임소재 규명(단, 처벌의 수단으로 활용하는 것은 지양)

(12) 비상대응 시나리오 작성 및 주기적인 훈련

① 구성원별 비상조치 임무가 부여된 비상조치 기준 확보

② 비상조치계획 수립·시행을 위한 조직, 인적, 장비의 확보

③ 사내외 및 관련기관의 유기적인 협조체제 구축

02 안전보건개선계획에 대하여 다음 각 물음에 답하시오.

1) 안전보건개선계획의 개요

2) 안전보건개선계획 대상사업장으로 선정되는 사유 4가지

3) 안전보건개선계획의 주요내용 3항목

해설

1. 안전보건개선계획의 개요

(1) 안전보건개선계획의 수립·시행 명령 (산안법 제49조)

① 고용노동부장관은 산업재해 예방을 위하여 종합적인 개선조치를 할 필요가 있다고 인정되는 사업장의 사업주에게 고용노동부령으로 정하는 바에 따라 그 사업장, 시설, 그 밖의 사항에 관한 안전 및 보건에 관한 개선계획(이하 "안전보건개선계획"이라 한다)을 수립하여 시행할 것을 명할 수 있다.

② 사업주는 안전보건개선계획을 수립할 때에는 산업안전보건위원회의 심의를 거쳐야 한다. 다만, 산업안전보건위원회가 설치되어 있지 아니한 사업장의 경우에는 근로자대표의 의견을 들어야 한다.

(2) 안전보건개선계획의 제출 등 (산시규 제61조)

* 안전보건개선계획서를 제출해야 하는 사업주는 안전보건개선계획서 수립·시행 명령을 받은 날부터 60일 이내에 관할 지방고용노동관서의 장에게 해당 계획서를 제출(전자문서로 제출하는 것을 포함한다)해야 한다.

(3) 안전보건개선계획서의 검토 등 (산시규 제62조)

① 지방고용노동관서의 장이 안전보건개선계획서를 접수한 경우에는 접수일부터 15일 이내에 심사하여 사업주에게 그 결과를 알려야 한다.

② 지방고용노동관서의 장은 안전보건개선계획서에 개선계획이 적정하게 포함되어 있는지 검토해야 한다. 이 경우 지방고용노동관서의 장은 안전보건개선계획서의 적정 여부 확인을 공단 또는 지도사에게 요청할 수 있다.

2. 안전보건개선계획 대상사업장으로 선정되는 사유 4가지

(1) 안전보건개선계획 대상사업장으로 선정되는 사유 (산안법 제49조)

① 산업재해율이 같은 업종의 규모별 평균 산업재해율보다 높은 사업장

② 사업주가 필요한 안전조치 또는 보건조치를 이행하지 아니하여 중대재해가 발생한 사업장

③ 대통령령으로 정하는 수 이상의 직업성 질병자가 발생한 사업장

④ 유해인자의 노출기준을 초과한 사업장

(2) 안전보건진단을 받아 안전보건개선계획을 수립할 대상 (산안령 제49조)

① 산업재해율이 같은 업종 평균 산업재해율의 2배 이상인 사업장

② 사업주가 필요한 안전조치 또는 보건조치를 이행하지 아니하여 중대재해가 발생한 사업장에 해당하는 사업장

③ 직업성 질병자가 연간 2명 이상(상시근로자 1천명 이상 사업장의 경우 3명 이상) 발생한 사업장

④ 그 밖에 작업환경 불량, 화재·폭발 또는 누출 사고 등으로 사업장 주변까지 피해가 확산된 사업장으로서 고용노동부령으로 정하는 사업장

3. 안전보건개선계획의 주요내용 3항목 (산시규 제61조)

* 안전보건개선계획서에는 시설, 안전보건관리체제, 안전보건교육, 산업재해 예방 및 작업환경의 개선을 위하여 필요한 사항이 포함되어야 한다.

03 산업안전보건법령에서 정하는 명령진단 대상사업장을 쓰시오.

해설

1. 안전보건개선계획의 수립·시행 명령 (산안법 제49조)

① 고용노동부장관은 다음 각 호의 어느 하나에 해당하는 사업장으로서 산업재해 예방을 위하여 종합적인 개선조치를 할 필요가 있다고 인정되는 사업장의 사업주에게 고용노동부령으로 정하는 바에 따라 그 사업장, 시설, 그 밖의 사항에 관한 안전 및 보건에 관한 개선계획(이하 "안전보건개선계획"이라 한다)을 수립하여 시행할 것을 명할 수 있다. 이 경우 대통령령으로 정하는 사업장의 사업주에게는 산업법 제47조에 따라 안전보건진단을 받아 안전보건개선계획을 수립하여 시행할 것을 명할 수 있다.

ㄱ 산업재해율이 같은 업종의 규모별 평균 산업재해율보다 높은 사업장

ㄴ 사업주가 필요한 안전조치 또는 보건조치를 이행하지 아니하여 중대재해가 발생한 사업장

ㄷ 대통령령으로 정하는 수 이상의 직업성 질병자가 발생한 사업장

ㄹ 유해인자의 노출기준을 초과한 사업장

② 사업주는 안전보건개선계획을 수립할 때에는 산업안전보건위원회의 심의를 거쳐야 한다. 다만, 산업안전보건위원회가 설치되어 있지 아니한 사업장의 경우에는 근로자대표의 의견을 들어야 한다.

2. 안전보건진단을 받아 안전보건개선계획을 수립할 대상 (산안령 제49조)

① 산업재해율이 같은 업종 평균 산업재해율의 2배 이상인 사업장

② 사업주가 필요한 안전조치 또는 보건조치를 이행하지 아니하여 중대재해가 발생한 사업장

ㄱ 산업재해율이 같은 업종의 규모별 평균 산업재해율보다 높은 사업장

ㄴ 사업주가 필요한 안전조치 또는 보건조치를 이행하지 아니하여 중대재해가 발생한 사업장

ㄷ 대통령령으로 정하는 수 이상의 직업성 질병자가 발생한 사업장

ㄹ 유해인자의 노출기준을 초과한 사업장

③ 직업성 질병자가 연간 2명 이상(상시근로자 1천명 이상 사업장의 경우 3명 이상) 발생한 사업장

④ 그 밖에 작업환경 불량, 화재·폭발 또는 누출 사고 등으로 사업장 주변까지 피해가 확산된 사업장으로서 고용노동부령으로 정하는 사업장

04 안전보건관리 강화를 위한 원청의 책임 확대 및 위험의 외주화 방지를 위한 유해·위험작업 도급제한 등 개정된 산업안전보건법과 관련하여 아래 사항을 설명하시오.
1) 도급금지 대상작업 2) 도급승인 대상작업 3) 도급승인 신청 시 제출 서류
4) 안전 및 보건에 관한 평가항목

[해설]

1. 도급금지 대상작업

* 유해한 작업의 도급금지(산안법 제58조) : 사업주는 근로자의 안전 및 보건에 유해하거나 위험한 작업으로서 다음 각 호의 어느 하나에 해당하는 작업을 도급하여 자신의 사업장에서 수급인의 근로자가 그 작업을 하도록 해서는 아니 된다.
  ① 도금작업
  ② 수은, 납 또는 카드뮴을 제련, 주입, 가공 및 가열하는 작업
  ③ 허가대상물질을 제조하거나 사용하는 작업

2. 도급의 승인 대상작업

(1) 도급의 승인 (산안법 제59조)

* 사업주는 자신의 사업장에서 안전 및 보건에 유해하거나 위험한 작업 중 급성 독성, 피부 부식성 등이 있는 물질의 취급 등 대통령령으로 정하는 작업을 도급하려는 경우에는 고용노동부장관의 승인을 받아야 한다. 이 경우 사업주는 고용노동부령으로 정하는 바에 따라 안전 및 보건에 관한 평가를 받아야 한다.

(2) 도급승인 대상 작업 (산안령 제51조)

* "급성 독성, 피부 부식성 등이 있는 물질의 취급 등 대통령령으로 정하는 작업"은 다음 각 호의 어느 하나에 해당하는 작업을 말한다.
  ① 중량비율 1% 이상의 황산, 불화수소, 질산 또는 염화수소를 취급하는 설비를 개조·분해·해체·철거하는 작업 또는 해당 설비의 내부에서 이루어지는 작

업. 다만, 도급인이 해당 화학물질을 모두 제거한 후 증명자료를 첨부하여 고용노동부장관에게 신고한 경우는 제외한다.

② 그 밖에 「산업재해보상보험법」에 따른 산업재해보상보험 및 예방심의위원회의 심의를 거쳐 고용노동부장관이 정하는 작업

3. 도급승인 신청 시 제출 서류

* 도급승인 등의 신청서류(산시규 제75조) : 승인, 연장승인 또는 변경승인을 받으려는 자는 도급승인 신청서, 연장신청서 및 변경신청서에 다음 각 호의 서류를 첨부하여 관할 지방고용노동관서의 장에게 제출해야 한다.

① 도급대상 작업의 공정 관련 서류 일체(기계·설비의 종류 및 운전조건, 유해·위험물질의 종류·사용량, 유해·위험요인의 발생 실태 및 종사 근로자 수 등에 관한 사항이 포함되어야 한다)

② 도급작업 안전보건관리계획서(안전작업절차, 도급 시 안전·보건관리 및 도급작업에 대한 안전·보건시설 등에 관한 사항이 포함되어야 한다)

③ 안전 및 보건에 관한 평가 결과(변경승인은 해당되지 않는다)

4. 안전 및 보건에 관한 평가항목

○ **안전 및 보건에 관한 평가의 내용** (산시규 제74조 및 제78조 관련 별표 12)

종류	평가항목
종합평가	1. 작업조건 및 작업방법에 대한 평가
	2. 유해·위험요인에 대한 측정 및 분석 　가. 기계·기구 또는 그 밖의 설비에 의한 위험성 　나. 폭발성·물반응성·자기반응성·자기발열성 물질, 자연발화성 액체·고체 및 인화성 액체 등에 의한 위험성 　다. 전기·열 또는 그 밖의 에너지에 의한 위험성 　라. 추락, 붕괴, 낙하, 비래 등으로 인한 위험성 　마. 그 밖에 기계·기구·설비·장치·구축물·시설물·원재료 및 공정 등에 의한 위험성 　바. 영 제88조에 따른 허가 대상 유해물질, 고용노동부령으로 정하는 관리 대상 유해물질 및 온도·습도·환기·소음·진동·분진, 유해광선 등의 유해성 또는 위험성

종류	평가항목
	3. 보호구, 안전·보건장비 및 작업환경 개선시설의 적정성
	4. 유해물질의 사용·보관·저장, 물질안전보건자료의 작성, 근로자 교육 및 경고표시 부착의 적정성 가. 화학물질 안전보건 정보의 제공 나. 수급인 안전보건교육 지원에 관한 사항 다. 화학물질 경고표시 부착에 관한 사항 등
	5. 수급인의 안전보건관리 능력의 적정성 가. 안전보건관리체제(안전·보건관리자, 안전보건관리담당자, 관리감독자 선임관계 등) 나. 건강검진 현황(신규자는 배치전건강진단 실시여부 확인 등) 다. 특별안전보건교육 실시 여부 등
	6. 그 밖에 작업환경 및 근로자 건강 유지·증진 등 보건관리의 개선을 위하여 필요한 사항
안전평가	종합평가 항목 중 제1호의 사항, 제2호 가목부터 마목까지의 사항, 제3호 중 안전 관련 사항, 제5호의 사항
보건평가	종합평가 항목 중 제1호의 사항, 제2호 바목의 사항, 제3호 중 보건 관련 사항, 제4호·제5호 및 제6호의 사항
비고 : 세부 평가항목별로 평가 내용을 작성하고, 최종 의견('적정', '조건부 적정', '부적정' 등)을 첨부해야 한다.	

05 산업안전보건법령상 도급에 따른 산업재해 예방조치에 대해 설명하시오.

[해설]

○ **도급에 따른 산업재해 예방조치** (산안법 제64조)

① 도급인은 관계수급인 근로자가 도급인의 사업장에서 작업을 하는 경우 다음 각 호의 사항을 이행하여야 한다.

　1. 도급인과 수급인을 구성원으로 하는 안전 및 보건에 관한 협의체의 구성 및 운영

　2. 작업장 순회점검

   3. 관계수급인이 근로자에게 하는 안전보건교육을 위한 장소 및 자료의 제공 등 지원

   4. 관계수급인이 근로자에게 하는 안전보건교육의 실시 확인

   5. 다음 각 목의 어느 하나의 경우에 대비한 경보체계 운영과 대피방법 등 훈련

      가. 작업 장소에서 발파작업을 하는 경우

      나. 작업 장소에서 화재·폭발, 토사·구축물 등의 붕괴 또는 지진 등이 발생한 경우

   6. 위생시설 등 고용노동부령으로 정하는 시설의 설치 등을 위하여 필요한 장소의 제공 또는 도급인이 설치한 위생시설 이용의 협조

   7. 같은 장소에서 이루어지는 도급인과 관계수급인 등의 작업에 있어서 관계수급인 등의 작업시기·내용, 안전조치 및 보건조치 등의 확인

   8. 제7호에 따른 확인 결과 관계수급인 등의 작업 혼재로 인하여 화재·폭발 등 대통령령으로 정하는 위험이 발생할 우려가 있는 경우 관계수급인 등의 작업시기·내용 등의 조정

② 제1항에 따른 도급인은 고용노동부령으로 정하는 바에 따라 자신의 근로자 및 관계수급인 근로자와 함께 정기적으로 또는 수시로 작업장의 안전 및 보건에 관한 점검을 하여야 한다

유해·위험 기계 등 조치

01 유해·위험 방지를 위한 방호조치를 하지 아니하고는 양도·대여·설치 사용하거나, 양도·대여를 목적으로 진열해서는 아니 되는 기계·기구를 설명하시오.

[해설]

1. 유해하거나 위험한 기계·기구에 대한 방호조치 (산안법 제80조)

① 누구든지 동력(動力)으로 작동하는 기계·기구로서 대통령령으로 정하는 것은 고용노동부령으로 정하는 유해·위험 방지를 위한 방호조치를 하지 아니하고는 양도, 대여, 설치 또는 사용에 제공하거나 양도·대여의 목적으로 진열해서는 아니 된다.

② 누구든지 동력으로 작동하는 기계·기구로서 다음 각 호의 어느 하나에 해당하는 것은 고용노동부령으로 정하는 방호조치를 하지 아니하고는 양도, 대여, 설치 또는 사용에 제공하거나 양도·대여의 목적으로 진열해서는 아니 된다.

　㉠ 작동 부분에 돌기 부분이 있는 것

　㉡ 동력전달 부분 또는 속도조절 부분이 있는 것

　㉢ 회전기계에 물체 등이 말려 들어갈 부분이 있는 것

2. 유해하거나 위험한 기계·기구에 대한 방호조치 (산시규 제98조)

① 기계·기구에 설치해야 할 방호장치는 다음 각 호와 같다.

　㉠ 예초기 : 날접촉 예방장치　　㉡ 원심기 : 회전체 접촉 예방장치

　㉢ 공기압축기 : 압력방출장치　　㉣ 금속절단기 : 날접촉 예방장치

　㉤ 지게차 : 헤드 가드, 백레스트(backrest), 전조등, 후미등, 안전벨트

　㉥ 포장기계 : 구동부 방호 연동장치

② 동력으로 작동하는 기계·기구의 방호조치란 다음 각 호의 방호조치를 말한다.

　㉠ 작동 부분의 돌기부분은 묻힘형으로 하거나 덮개를 부착할 것

　㉡ 동력전달부분 및 속도조절부분에는 덮개를 부착하거나 방호망을 설치할 것

　㉢ 회전기계의 물림점(롤러나 톱니바퀴 등 반대방향의 두 회전체에 물려 들어가는 위험점)에는 덮개 또는 울을 설치할 것

유해·위험물질 조치

01 MSDS(material Safety Data Sheet)에 대하여 간단히 설명하시오.

해설

1. 물질안전보건자료의 작성 및 제출 (산안법 제110조)

① 화학물질 또는 이를 포함한 혼합물로서 분류기준에 해당하는 것을 제조하거나 수입하려는 자는 다음 각 호의 사항을 적은 자료(이하 "물질안전보건자료"라 한다)를 고용노동부령으로 정하는 바에 따라 작성하여 고용노동부장관에게 제출하여야 한다.

　㉠ 제품명

   ⓛ 물질안전보건자료대상물질을 구성하는 화학물질 중 분류기준에 해당하는 화학물질의 명칭 및 함유량

   ⓒ 안전 및 보건상의 취급 주의 사항

   ⓔ 건강 및 환경에 대한 유해성, 물리적 위험성

   ⓜ 물리·화학적 특성 등 고용노동부령으로 정하는 사항

② 물질안전보건자료 대상물질을 제조하거나 수입하려는 자는 물질안전보건자료 대상물질을 구성하는 화학물질 중 분류기준에 해당하지 아니하는 화학물질의 명칭 및 함유량을 고용노동부상관에게 별도로 제출하여야 한다.

③ 물질안전보건자료 대상물질을 제조하거나 수입한 자는 제1항 각 호에 따른 사항 중 고용노동부령으로 정하는 사항이 변경된 경우 그 변경 사항을 반영한 물질안전보건자료를 고용노동부장관에게 제출하여야 한다.

2. 변경이 필요한 물질안전보건자료의 항목 및 제출시기 (산시규 제159조)

① "고용노동부장관이 정하는 사항"이란 다음 각 호의 사항을 말한다.

   ㉠ 제품명(구성성분의 명칭 및 함유량의 변경이 없는 경우로 한정한다)

   ⓛ 물질안전보건자료 대상물질을 구성하는 화학물질 중 분류기준에 해당하는 화학물질의 명칭 및 함유량(제품명의 변경 없이 구성성분의 명칭 및 함유량만 변경된 경우로 한정한다)

   ⓒ 건강 및 환경에 대한 유해성, 물리적 위험성

② 물질안전보건자료대상물질을 제조하거나 수입하는 자는 제1항의 변경사항을 반영한 물질안전보건자료를 지체 없이 공단에 제출해야 한다.

3. 물질안전보건자료 작성 시 포함되어야 할 항목

(화학물질의 분류·표시 및 물질안전보건자료에 관한 기준 제10조 : 산안법 제39조 및 제41조 관련 고용노동부고시)

① 화학제품과 회사에 관한 정보　② 유해성·위험성

③ 구성성분의 명칭 및 함유량　④ 응급조치요령　⑤ 폭발·화재시 대처방법

⑥ 누출사고시 대처방법　⑦ 취급 및 저장방법　⑧ 노출방지 및 개인보호구

⑨ 물리화학적 특성　⑩ 안정성 및 반응성　⑪ 독성에 관한 정보

⑫ 환경에 미치는 영향　⑬ 폐기 시 주의사항　⑭ 운송에 필요한 정보

⑮ 법적규제 현황　⑯ 그 밖의 참고사항

4. 물질안전보건자료의 작성·제출 제외 대상 화학물질 등 (산안령 제86조)

① 「건강기능식품에 관한 법률」에 따른 건강기능식품

② 「농약관리법」에 따른 농약

③ 「마약류 관리에 관한 법률」에 따른 마약 및 향정신성의약품

④ 「비료관리법」에 따른 비료

⑤ 「사료관리법」에 따른 사료

⑥ 「생활주변방사선 안전관리법」에 따른 원료물질

⑦ 「생활화학제품 및 살생물제의 안전관리에 관한 법률」에 따른 안전확인대상 생활화학제품 및 살생물제품 중 일반소비자의 생활용으로 제공되는 제품

⑧ 「식품위생법」에 따른 식품 및 식품첨가물

⑨ 「약사법」에 따른 의약품 및 의약외품

⑩ 「원자력안전법」에 따른 방사성물질

⑪ 「위생용품 관리법」에 따른 위생용품

⑫ 「의료기기법」에 따른 의료기기

⑬ 「첨단재생의료 및 첨단바이오의약품 안전 및 지원에 관한 법률」에 따른 첨단바이오의약품

⑭ 「총포·도검·화약류 등의 안전관리에 관한 법률」에 따른 화약류

⑮ 「폐기물관리법」에 따른 폐기물

⑯ 「화장품법」에 따른 화장품

⑰ 제1호부터 제16호까지의 규정 외의 화학물질 또는 혼합물로서 일반소비자의 생활용으로 제공되는 것(일반소비자의 생활용으로 제공되는 화학물질 또는 혼합물이 사업장 내에서 취급되는 경우를 포함한다)

⑱ 고용노동부장관이 정해 고시하는 연구·개발용 화학물질 또는 화학제품

⑲ 그 밖에 고용노동부장관이 독성·폭발성 등으로 인한 위해의 정도가 적다고 인정하여 고시하는 화학물질

산업안전지도사

01 산업안전지도사(기계안전분야)의 직무 및 업무범위를 설명하시오.

[해설]

1. 산업안전지도사(기계안전분야)의 직무

(1) 산업안전지도사 등의 직무 (산안법 제142조)

* 산업안전지도사는 다음 각 호의 직무를 수행한다.
  ① 공정상의 안전에 관한 평가·지도
  ② 유해·위험의 방지대책에 관한 평가·지도
  ③ 제1호 및 제2호의 사항과 관련된 계획서 및 보고서의 작성
  ④ 그 밖에 산업안전에 관한 사항으로서 대통령령으로 정하는 사항

(2) 산업안전지도사 등의 직무 (산안령 제101조)

* "대통령령으로 정하는 사항"이란 다음 각 호의 사항을 말한다.
  ① 위험성평가의 지도
  ② 안전보건개선계획서의 작성
  ③ 그 밖에 산업안전에 관한 사항의 자문에 대한 응답 및 조언

2. 산업안전지도사(기계안전분야)의 업무범위 (산안령 제102조 관련)

① 유해위험방지계획서, 안전보건개선계획서, 공정안전보고서, 기계·기구·설비의 작업계획서 작성 지도
② 기계·기구·설비에 대한 설계·시공·배치·보수·유지에 관한 안전성 평가 및 기술 지도
③ 크레인 등 기계·기구, 전기작업의 안전성 평가
④ 그 밖에 기계 등에 관한 교육 또는 기술 지도

제 6 장

6.2 산업안전보건법 시행령

시행령 총칙

01 산업안전보건법령상 관리감독자의 업무내용에 대해 설명하시오.

[해설]

○ **관리감독자의 업무 등** (산안령 제15조)

1. 사업장 내 관리감독자가 지휘·감독하는 작업과 관련된 기계·기구 또는 설비의 안전·보건 점검 및 이상 유무의 확인
2. 관리감독자에게 소속된 근로자의 작업복·보호구 및 방호장치의 점검과 그 착용·사용에 관한 교육·지도
3. 해당작업에서 발생한 산업재해에 관한 보고 및 이에 대한 응급조치
4. 해당작업의 작업장 정리·정돈 및 통로 확보에 대한 확인·감독
5. 사업장의 다음 각 목의 어느 하나에 해당하는 사람의 지도·조언에 대한 협조
   가. 안전관리자 또는 안전관리자의 업무를 안전관리전문기관에 위탁한 사업장의 경우에는 그 안전관리전문기관의 해당 사업장 담당자
   나. 보건관리자 또는 보건관리자의 업무를 보건관리전문기관에 위탁한 사업장의 경우에는 그 보건관리전문기관의 해당 사업장 담당자
   다. 안전보건관리담당자 또는 안전보건관리담당자의 업무를 안전관리전문기관 또는 보건관리전문기관에 위탁한 사업장의 경우에는 그 안전관리전문기관 또는 보건관리전문기관의 해당 사업장 담당자
   라. 산업보건의
6. 위험성평가에 관한 다음 각 목의 업무
   가. 유해·위험요인의 파악에 대한 참여   나. 개선조치의 시행에 대한 참여
7. 그 밖에 해당작업 안전 및 보건에 관한 사항으로서 고용노동부령으로 정하는 사항

02 산업안전보건법령상의 안전보건관리체계에서 안전보건관리담당자를 두어야 하는 사업의 종류와 사업장의 상시근로자 수, 안전보건관리담당자 업무에 대하여 설명하시오.

해설

1. 안전보건관리담당자 선임 대상 및 상시근로자 수

* 안전보건관리담당자의 선임 등(산안령 제24조) : 다음 각 호의 어느 하나에 해당하는 사업의 사업주는 상시근로자 20명 이상 50명 미만인 사업장에 안전보건관리담당자를 1명 이상 선임해야 한다.

　① 제조업　② 임업　③ 하수, 폐수 및 분뇨 처리업

　④ 폐기물 수집, 운반, 처리 및 원료 재생업　⑤ 환경 정화 및 복원업

2. 안전보건관리담당자 업무

* 안전보건관리담당자의 업무(산안령 제25조) : 안전보건관리담당자의 업무는 다음 각 호와 같다.

　① 안전보건교육 실시에 관한 보좌 및 지도·조언

　② 위험성평가에 관한 보좌 및 지도·조언

　③ 작업환경측정 및 개선에 관한 보좌 및 지도·조언

　④ 각종 건강진단에 관한 보좌 및 지도·조언

　⑤ 산업재해 발생의 원인 조사, 산업재해 통계의 기록 및 유지를 위한 보좌 및 지도·조언

　⑥ 산업 안전·보건과 관련된 안전장치 및 보호구 구입 시 적격품 선정에 관한 보좌 및 지도·조언

03 사업장의 재해예방활동에 대한 근로자(노동조합)의 참여를 활성화시키기 위하여 산업안전보건법에 의하여 위촉된 명예산업안전감독관의 업무를 설명하시오.

해설

1. 명예산업안전감독관 위촉 (산안령 제32조)

* 고용노동부장관은 다음 각 호의 어느 하나에 해당하는 사람 중에서 명예산업안전감독관을 위촉할 수 있다.

　① 산업안전보건위원회 구성 대상 사업의 근로자 또는 노사협의체 구성·운영 대상 건설공사의 근로자 중에서 근로자대표(해당 사업장에 단위 노동조합의 산하

노동단체가 그 사업장 근로자의 과반수로 조직되어 있는 경우에는 지부·분회 등 명칭이 무엇이든 관계없이 해당 노동단체의 대표자를 말한다. 이하 같다)가 사업주의 의견을 들어 추천하는 사람

② 「노동조합 및 노동관계조정법」에 따른 연합단체인 노동조합 또는 그 지역 대표기구에 소속된 임직원 중에서 해당 연합단체인 노동조합 또는 그 지역 대표기구가 추천하는 사람

③ 전국 규모의 사업주단체 또는 그 산하조직에 소속된 임직원 중에서 해당 단체 또는 그 산하조직이 추천하는 사람

④ 산업재해 예방 관련 업무를 하는 단체 또는 그 산하조직에 소속된 임직원 중에서 해당 단체 또는 그 산하조직이 추천하는 사람

2. 명예산업안전감독관 업무 (산안령 제32조)

* 명예산업안전감독관의 업무는 다음 각 호와 같다. 이 경우 근로자대표의 추천에 따라 위촉된 명예산업안전감독관의 업무 범위는 해당 사업장에서의 업무(제8호는 제외한다)로 한정하며, 유관단체 등의 추천에 따라 위촉된 명예산업안전감독관의 업무 범위는 제8호부터 제10호까지의 규정에 따른 업무로 한정한다.

① 사업장에서 하는 자체점검 참여 및 「근로기준법」에 따른 근로감독관이 하는 사업장 감독 참여

② 사업장 산업재해 예방계획 수립 참여 및 사업장에서 하는 기계·기구 자체검사 참석

③ 법령을 위반한 사실이 있는 경우 사업주에 대한 개선 요청 및 감독기관에의 신고

④ 산업재해 발생의 급박한 위험이 있는 경우 사업주에 대한 작업중지 요청

⑤ 작업환경측정, 근로자 건강진단 시의 참석 및 그 결과에 대한 설명회 참여

⑥ 직업성 질환의 증상이 있거나 질병에 걸린 근로자가 여러 명 발생한 경우 사업주에 대한 임시건강진단 실시 요청

⑦ 근로자에 대한 안전수칙 준수 지도

⑧ 법령 및 산업재해 예방정책 개선 건의

⑨ 안전·보건 의식을 북돋우기 위한 활동 등에 대한 참여와 지원

⑩ 그 밖에 산업재해 예방에 대한 홍보 등 산업재해 예방업무와 관련하여 고용노동부장관이 정하는 업무

3. 명예산업안전감독관 임기 (산안령 제32조)

* 명예산업안전감독관의 임기는 2년으로 하되, 연임할 수 있다.

유해 · 위험 방지 조치

01 제조업 유해 · 위험방지계획서 제출대상 업종 및 대상설비를 쓰고, 제출
대상 업종의 유해 · 위험방지계획서에 포함시켜야 할 제출서류 목록을 쓰시오.

해설

1. 제조업 유해위험방지계획서 제출 대상 업종 및 대상설비 (산안령 제42조)

① 대통령령으로 정하는 사업의 종류 및 규모에 해당하는 사업으로서 다음 각 호의
   어느 하나에 해당하는 사업으로서 전기 계약용량이 300kW 이상인 경우를 말한다.
   1. 금속가공제품 제조업 : 기계 및 가구 제외
   2. 비금속 광물제품 제조업
   3. 기타 기계 및 장비 제조업
   4. 자동차 및 드레일러 제조업
   5. 식료품 제조업
   6. 고무제품 및 플라스틱제품 제조업
   7. 목재 및 나무제품 제조업
   8. 기타 제품 제조업   9. 1차 금속 제조업
   10. 가구 제조업   11. 화학물질 및 화학제품 제조업
   12. 반도체 제조업   13. 전자부품 제조업

② 대통령령으로 정하는 기계 · 기구 및 설비로서 다음 각 호의 어느 하나에 해당하
   는 기계 · 기구 및 설비를 말한다. 이 경우 다음 각 호에 해당하는 기계 · 기구 및
   설비의 구체적인 범위는 고용노동부장관이 정하여 고시한다.
   1. 금속이나 그 밖의 광물의 용해로   2. 화학설비
   3. 건조설비   4. 가스집합 용접장치
   5. 근로자의 건강에 상당한 장해를 일으킬 우려가 있는 물질로서 고용노동부령으로
      정하는 물질의 밀폐 · 환기 · 배기를 위한 설비

제6장

2. 제출 대상 업종의 유해 ·위험방지계획서에 포함시켜야 할 제출서류 목록

○ **제출서류 등** (산시규 제42조)

① 법 제42조 제1항 제1호(대통령령으로 정하는 사업의 종류 및 규모에 해당하는 사업으로서 해당 제품의 생산 공정과 직접적으로 관련된 건설물·기계·기구 및 설비 등 전부를 설치·이전하거나 그 주요 구조부분을 변경하려는 경우)에 해당하는 사업주가 유해위험방지계획서를 제출할 때에는 사업장별로 유해위험 방지계획서에 다음 각 호의 서류를 첨부하여 해당 작업 시작 15일 전까지 공단에 2부를 제출해야 한다. 이 경우 유해위험방지계획서의 작성기준, 작성자, 심사기준, 그 밖에 심사에 필요한 사항은 고용노동부장관이 정하여 고시한다.

1. 건축물 각 층의 평면도   2. 기계·설비의 개요를 나타내는 서류
3. 기계·설비의 배치도면   4. 원재료 및 제품의 취급, 제조 등 작업방법 개요
5. 그 밖에 고용노동부장관이 정하는 도면 및 서류

② 법 제42조 제1항 제2호(유해하거나 위험한 작업 또는 장소에서 사용하거나 건강장해를 방지하기 위하여 사용하는 기계·기구 및 설비로서 대통령령으로 정하는 기계·기구 및 설비를 설치·이전하거나 그 주요 구조부분을 변경하려는 경우)에 해당하는 사업주가 유해위험방지계획서를 제출할 때에는 사업장별로 유해위험방지계획서에 다음 각 호의 서류를 첨부하여 해당 작업 시작 15일 전까지 공단에 2부를 제출해야 한다.

1. 설치장소의 개요를 나타내는 서류   2. 설비의 도면
3. 그 밖에 고용노동부장관이 정하는 도면 및 서류

[참고]

○ **유해위험방지계획서 제출대상 설비**

(제조업 등 유해·위험방지계획서 제출·심사·확인에 관한 고시 제3조)

* 산안령 제42조의 유해위험방지계획서 제출대상 기계·기구 및 설비의 구체적인 대상은 다음 각 호의 어느 하나에 해당하는 설비를 포함하는 단위공정을 말한다.

1. "금속이나 그 밖의 광물의 용해로"는 금속 또는 비금속광물을 해당물질의 녹는 점 이상으로 가열하여 용해하는 노(爐)로서 용량이 3톤 이상인 것
2. "화학설비"는 '특수화학설비"로 단위공정 중에 저장되는 양을 포함하여 하루동안 제조 또는 취급할 수 있는 양이 안전보건규칙 별표 9에 따른 위험물질의 기준량 이상인 것

3. "건조설비"는 건조기본체, 가열장치, 환기장치를 포함하며, 열원기준으로 연료의 최대소비량이 시간당 50kW 이상이거나 정격소비전력이 50kW 이상인 설비로서 다음 각 목의 어느 하나에 해당할 것

  가. 건조물에 포함된 유기화합물을 건조하는 경우

  나. 도료, 피막제의 도포코팅 등 표면을 건조하여 인화성 물질의 증기가 발생하는 경우

  다. 건조를 통한 가연성 분말로 인해 분진이 발생하는 설비

4. "가스집합 용접장치"는 용접·용단용으로 사용하기 위하여 1개 이상의 인화성 가스의 저장 용기 또는 저장탱크를 상호간에 도관으로 연결한 고정식의 가스집합장치로부터 용접 토치까지의 일관 설비로서 인화성가스 집합량이 1,000kg 이상인 것

5. "근로자의 건강에 상당한 건강장해를 일으킬 우려가 있는 물질로서 고용노동부령으로 정하는 물질의 밀폐·환기·배기를 위한 설비"는 국소배기장치(이동식은 제외한다), 밀폐설비 및 전체환기설비(강제 배기방식의 것과 급기·배기 환기장치에 한정한다)로서 다음 각 목과 같다.

  가. 유해물질로부터 나오는 가스·증기 또는 분진의 발산원을 밀폐·제거하기 위해 설치하는 국소배기장치, 밀폐설비 및 전체환기장치. 다만, 국소배기장치 및 전체환기장치는 배풍량이 분당 $60m^3$ 이상인 것에 한정한다.

  나. 나목에서 정한 유해물질 이외의 허가대상 또는 관리대상 물질로부터 나오는 가스·증기 또는 분진의 발산원을 밀폐·제거하기 위하여 설치하거나 분진작업을 하는 장소에 설치하는 국소배기장치, 밀폐설비 및 전체환기장치. 다만, 국소배기장치 및 전체환기장치는 배풍량이 분당 $150m^3$ 이상인 것에 한정한다.

02 산업안전보건법령상 제조업 유해위험방지계획서 제출대상 업종과 특정설비에 대하여 설명하시오.

해설

1. 유해위험방지계획서 제출 대상 업종 (산안령 제42조)

* 다음 각 호의 어느 하나에 해당하는 사업으로서 전기 계약용량이 300kW 이상인 경우를 말한다.

① 금속가공제품 제조업(기계 및 가구 제외)

② 비금속 광물제품 제조업 ③ 기타 기계 및 장비 제조업

④ 자동차 및 트레일러 제조업 ⑤ 식료품 제조업

⑥ 고무제품 및 플라스틱제품 제조업 ⑦ 목재 및 나무제품 제조업

⑧ 기타 제품 제조업 ⑨ 1차 금속 제조업

⑩ 가구 제조업 ⑪ 화학물질 및 화학제품 제조업

⑫ 반도체 제조업 ⑬ 전자부품 제조업

2. 유해위험방지계획서 제출 대상 기계·기구 및 설비 (산안령 제42조)

① 금속이나 그 밖의 광물의 용해로 ② 화학설비

③ 건조설비 ④ 가스집합 용접장치

⑤ 근로자의 건강에 상당한 장해를 일으킬 우려가 있는 물질로서 고용노동부령으로 정하는 물질의 밀폐·환기·배기를 위한 설비

3. 유해위험방지계획서 제출 대상 건설업 건설공사 (산안령 제42조)

① 다음의 어느 하나에 해당하는 건축물 또는 시설 등의 건설·개조 또는 해체 공사

　㉠ 지상높이가 31m 이상인 건축물 또는 인공구조물

　㉡ 연면적 3만m^2 이상인 건축물

　㉢ 연면적 5천m^2 이상인 시설로서 다음의 어느 하나에 해당하는 시설

　　㉮ 문화 및 집회시설(전시장 및 동물원·식물원은 제외한다)

　　㉯ 판매시설, 운수시설(고속철도의 역사 및 집배송시설은 제외한다)

　　㉰ 종교시설 ㉱ 의료시설 중 종합병원

　　㉲ 숙박시설 중 관광숙박시설 ㉳ 지하도상가 ㉴ 냉동·냉장 창고시설

② 연면적 5천m^2 이상인 냉동·냉장 창고시설의 설비공사 및 단열공사

③ 최대 지간(支間)길이(다리의 기둥과 기둥의 중심사이의 거리)가 50m 이상인 다리의 건설 등 공사

④ 터널의 건설 등 공사

⑤ 다목적댐, 발전용댐, 저수용량 2천만톤 이상의 용수 전용 댐 및 지방상수도 전용 댐의 건설 등 공사

⑥ 깊이 10m 이상인 굴착공사

03 산업안전보건법에서 규정하고 있는 공정안전보고서(PSM)의 제출대상 업종과 공정안전보고서에 포함시켜야 할 세부사항을 기술하시오.

해설

1. 공정안전보고서의 제출 대상 (산안령 제43조)

① 다음 각 호의 어느 하나에 해당하는 사업을 하는 사업장의 경우에는 그 보유설비를 말하고, 그 외의 사업을 하는 사업장의 경우에는 산안령 별표 13에 따른 유해·위험물질 중 하나 이상의 물질을 같은 표에 따른 규정량 이상 제조·취급·저장하는 설비 및 그 설비의 운영과 관련된 모든 공정설비를 말한다.

  ㉠ 원유 정제처리업

  ㉡ 기타 석유정제물 재처리업

  ㉢ 석유화학계 기초화학물질 제조업 또는 합성수지 및 기타 플라스틱물질 제조업

  ㉣ 질소 화합물, 질소·인산 및 칼리질 화학비료 제조업 중 질소질 비료 제조

  ㉤ 복합비료 및 기타 화학비료 제조업 중 복합비료 제조(단순혼합 또는 배합에 의한 경우는 제외한다)

  ㉥ 화학 살균·살충제 및 농업용 약제 제조업[농약 원제(原劑) 제조만 해당한다]

  ㉦ 화약 및 불꽃제품 제조업

② 제1항에도 불구하고 다음 각 호의 설비는 유해하거나 위험한 설비로 보지 않는다.

  ㉠ 원자력 설비 ㉡ 군사시설

  ㉢ 사업주가 해당 사업장 내에서 직접 사용하기 위한 난방용 연료의 저장설비 및 사용설비

  ㉣ 도매·소매시설 ㉤ 차량 등의 운송설비

  ㉥ 「액화석유가스의 안전관리 및 사업법」에 따른 액화석유가스의 충전·저장시설

  ㉦ 「도시가스사업법」에 따른 가스공급시설

  ㉧ 그 밖에 고용노동부장관이 누출·화재·폭발 등의 사고가 있더라도 그에 따른 피해의 정도가 크지 않다고 인정하여 고시하는 설비

③ 대통령령으로 정하는 사고로서 다음 각 호의 어느 하나에 해당하는 사고를 말한다.

  ㉠ 근로자가 사망하거나 부상을 입을 수 있는 제1항에 따른 설비에서의 누출·화재·폭발 사고

제6장

    ⓛ 인근 지역의 주민이 인적 피해를 입을 수 있는 제1항에 따른 설비에서의 누출
·화재·폭발 사고

2. 공정안전보고서에 포함시켜야 할 세부사항

(1) 공정안전보고서의 내용 (산안령 제44조)

① 공정안전자료　② 공정위험성 평가서　③ 안전운전계획　④ 비상조치계획
⑤ 그 밖에 공정상의 안전과 관련하여 고용노동부장관이 필요하다고 인정하여 고시하는 사항

(2) 공정안전보고서의 세부 내용 (산시규 제50조)

1) 공정안전자료

① 취급·저장하고 있거나 취급·저장하려는 유해·위험물질의 종류 및 수량
② 유해·위험물질에 대한 물질안전보건자료
③ 유해하거나 위험한 설비의 목록 및 사양
④ 유해하거나 위험한 설비의 운전방법을 알 수 있는 공정도면
⑤ 각종 건물·설비의 배치도　⑥ 폭발위험장소 구분도 및 전기단선도
⑦ 위험설비의 안전설계·제작 및 설치 관련 지침서

2) 공정위험성평가서 및 잠재위험에 대한 사고예방·피해 최소화 대책

* (공정위험성평가서는 공정의 특성 등을 고려하여 다음 각 목의 위험성평가 기법 중 한 가지 이상을 선정하여 위험성평가를 한 후 그 결과에 따라 작성해야 하며, 사고예방·피해최소화 대책은 위험성평가 결과 잠재위험이 있다고 인정되는 경우에만 작성한다.
① 체크리스트(Check List)
② 상대위험순위 결정(Dow and Mond Indices)
③ 작업자 실수 분석(HEA)　④ 사고 예상 질문 분석(What-if)
⑤ 위험과 운전 분석(HAZOP)　⑥ 이상위험도 분석(FMECA)
⑦ 결함 수 분석(FTA)　⑧ 사건 수 분석(ETA)　⑨ 원인결과 분석(CCA)
⑩ ①부터 ⑨까지의 규정과 같은 수준 이상의 기술적 평가기법

3) 안전운전계획

① 안전운전지침서　② 설비점검·검사 및 보수계획, 유지계획 및 지침서

③ 안전작업허가　④ 도급업체 안전관리계획　⑤ 근로자 등 교육계획

⑥ 가동 전 점검지침　⑦ 변경요소 관리계획　⑧ 자체감사 및 사고조사계획

⑨ 그 밖에 안전운전에 필요한 사항

4) 비상조치계획

① 비상조치를 위한 장비·인력 보유현황

② 사고발생 시 각 부서·관련 기관과의 비상연락체계

③ 사고발생 시 비상조치를 위한 조직의 임무 및 수행 절차

④ 비상조치계획에 따른 교육계획　⑤ 주민홍보계획

⑥ 그 밖에 비상조치 관련 사항

도급 시 산업재해 예방

01 안전보건관리총괄책임자 지정 대상 사업장을 구분하고, 해당 직무 및 도급에 따른 산업재해예방조치 사항에 대하여 설명하시오.

해설

1. 안전보건총괄책임자 지정 대상사업 (산안령 제52조)

* 안전보건총괄책임자를 지정해야 하는 사업의 종류 및 사업장의 상시근로자 수는 관계수급인에게 고용된 근로자를 포함한 상시근로자가 100명(선박 및 보트 건조업, 1차 금속 제조업 및 토사석 광업의 경우에는 50명) 이상인 사업이나 관계수급인의 공사금액을 포함한 해당 공사의 총공사금액이 20억원 이상인 건설업으로 한다.

2. 안전보건총괄책임자의 직무 등 (산안령 제53조)

① 위험성평가의 실시에 관한 사항

② 작업의 중지

③ 도급 시 산업재해 예방조치

제6장

④ 산업안전보건관리비의 관계수급인 간 사용에 관한 협의·조정 및 그 집행의 감독

⑤ 안전인증대상기계 등과 자율안전확인대상기계 등의 사용 여부 확인

3. 도급에 따른 산업재해예방조치 사항

(1) 도급에 따른 산업재해 예방조치 (산안법 제64조)

* 도급인은 관계수급인 근로자가 도급인의 사업장에서 작업을 하는 경우 다음 각 호의 사항을 이행하여야 한다.

1. 도급인과 수급인을 구성원으로 하는 안전 및 보건에 관한 협의체의 구성 및 운영
2. 작업장 순회점검
3. 관계수급인이 근로자에게 하는 안전보건교육을 위한 장소 및 자료의 제공 등 지원
4. 관계수급인이 근로자에게 하는 제29조 제3항에 따른 안전보건교육 실시 확인
5. 다음 각 목의 어느 하나의 경우에 대비한 경보체계 운영과 대피방법 등 훈련
   가. 작업 장소에서 발파작업을 하는 경우
   나. 작업 장소에서 화재·폭발, 토사·구축물 등의 붕괴 또는 지진 등이 발생한 경우
6. 위생시설 등 고용노동부령으로 정하는 시설의 설치 등을 위하여 필요한 장소의 제공 또는 도급인이 설치한 위생시설 이용의 협조
7. 같은 장소에서 이루어지는 도급인과 관계수급인 등의 작업에 있어서 관계수급인 등의 작업시기·내용, 안전조치 및 보건조치 등의 확인
8. 제7호에 따른 확인 결과 관계수급인 등의 작업 혼재로 인하여 화재·폭발 등 대통령령으로 정하는 위험이 발생할 우려가 있는 경우 관계수급인 등의 작업시기·내용 등의 조정

(2) 도급에 따른 산업재해 예방조치 (산안령 제53조의 2)

① 화재·폭발이 발생할 우려가 있는 경우

② 동력으로 작동하는 기계·설비 등에 끼일 우려가 있는 경우

③ 차량계 하역운반기계, 건설기계, 양중기 등 동력으로 작동하는 기계와 충돌할 우려가 있는 경우

④ 근로자가 추락할 우려가 있는 경우

⑤ 물체가 떨어지거나 날아올 우려가 있는 경우

⑥ 기계·기구 등이 넘어지거나 무너질 우려가 있는 경우

⑦ 토사·구축물·인공구조물 등이 붕괴될 우려가 있는 경우

⑧ 산소 결핍이나 유해가스로 질식이나 중독의 우려가 있는 경우

02 산업안전보건법의 보호 대상인 특수형태근로종사자의 직종에 대하여 설명하시오.

해설

○ **특수형태근로종사자의 직종** (산안령 제67조) <개정 2024. 12. 31>

1. 보험을 모집하는 사람으로서 다음 각 목의 어느 하나에 해당하는 사람

   가. 「보험업법」에 따른 보험설계사

   나. 「우체국예금·보험에 관한 법률」에 따른 우체국보험의 모집을 전업으로 하는 사람

2. 「건설기계관리법」에 따라 등록된 건설기계를 직접 운전하는 사람

3. 「통계법」에 따라 통계청장이 고시하는 직업에 관한 표준분류의 세세분류에 따른 학습지 방문강사, 교육 교구 방문강사, 그 밖에 회원의 가정 등을 직접 방문하여 아동이나 학생 등을 가르치는 사람

4. 「체육시설의 설치·이용에 관한 법률」에 따라 직장체육시설로 설치된 골프장 또는 체육시설업의 등록을 한 골프장에서 골프경기를 보조하는 골프장 캐디

5. 한국표준직업분류표의 세분류에 따른 택배원으로서 택배사업(소화물을 집화·수송 과정을 거쳐 배송하는 사업을 말한다)에서 집화 또는 배송 업무를 하는 사람

6. 한국표준직업분류표의 세분류에 따른 택배원으로서 고용노동부장관이 정하는 기준에 따라 주로 하나의 퀵서비스업자로부터 업무를 의뢰받아 배송 업무를 하는 사람

7. 「대부업 등의 등록 및 금융이용자 보호에 관한 법률」에 따른 대출모집인

8. 「여신전문금융업법」에 따른 신용카드회원 모집인

9. 고용노동부장관이 정하는 기준에 따라 주로 하나의 대리운전업자로부터 업무를 의뢰받아 대리운전 업무를 하는 사람

10. 「방문판매 등에 관한 법률」의 방문판매원이나 후원방문판매원으로서 고용노동부장관이 정하는 기준에 따라 상시적으로 방문판매업무를 하는 사람

제6장

11. 한국표준직업분류표의 세세분류에 따른 대여 제품 방문점검원

12. 한국표준직업분류표의 세분류에 따른 가전제품 설치 및 수리원으로서 가전제품을 배송, 설치 및 시운전하여 작동상태를 확인하는 사람

13. 「화물자동차 운수사업법」에 따른 화물차주로서 다음 각 목의 어느 하나에 해당하는 사람

　가. 「자동차관리법」의 특수자동차로 수출입 컨테이너를 운송하는 사람

　나. 「자동차관리법」의 특수자동차로 시멘트를 운송하는 사람

　다. 「자동차관리법」의 피견인자동차나 「자동차관리법」의 일반형 화물자동차로 철강재를 운송하는 사람

　라. 「자동차관리법」의 일반형 화물자동차나 특수용도형 화물자동차로 「물류정책기본법」의 위험물질을 운송하는 사람

14. 「소프트웨어 진흥법」에 따른 소프트웨어사업에서 노무를 제공하는 소프트웨어 기술자

유해·위험 기계 등 조치

01 안전검사의 목적과 안전검사 대상 기계 및 검사주기에 대하여 설명하시오.

해설

1. 안전검사 대상 기계 (산안령 제78조)

① 프레스　② 전단기　③ 크레인(정격 하중이 2톤 미만인 것은 제외한다)

④ 리프트　⑤ 압력용기　⑥ 곤돌라

⑦ 국소 배기장치(이동식은 제외한다)　⑧ 원심기(산업용만 해당한다)

⑨ 롤러기(밀폐형 구조는 제외한다)

⑩ 사출성형기(형 체결력 294kN 미만은 제외한다)

⑪ 고소작업대(「자동차관리법」에 따른 화물자동차 또는 특수자동차에 탑재한 고소작업대로 한정한다)

⑫ 컨베이어　⑬ 산업용 로봇

2. 안전검사의 주기 (산시규 제126조)

① 크레인(이동식 크레인은 제외한다), 리프트(이삿짐운반용 리프트는 제외한다) 및 곤돌라 : 사업장에 설치가 끝난 날부터 3년 이내에 최초 안전검사를 실시하되, 그 이후부터 2년마다(건설현장에서 사용하는 것은 최초로 설치한 날부터 6개월마다)

② 이동식 크레인, 이삿짐운반용 리프트 및 고소작업대 : 「자동차관리법」에 따른 신규등록 이후 3년 이내에 최초 안전검사를 실시하되, 그 이후부터 2년마다

③ 프레스, 전단기, 압력용기, 국소 배기장치, 원심기, 롤러기, 사출성형기, 컨베이어 및 산업용 로봇, 혼합기, 파쇄기 또는 분쇄기 : 사업장에 설치가 끝난 날부터 3년 이내에 최초 안전검사를 실시하되, 그 이후부터 2년마다(공정안전보고서를 제출하여 확인을 받은 압력용기는 4년마다) <개정 2024. 6. 28.>

02 산업현장에서 사용하는 기계·기구 및 설비에 대한 안전점검의 종류, 안전점검 요령, 안전점검 대상 기계·기구 및 설비를 쓰시오.

〔해설〕

1. 안전점검의 종류

(1) 점검주기에 의한 구분

1) 일상점검(수시점검)

* 작업시작 전, 사용 전 또는 작업 중 일상적으로 행하는 점검으로 기계·기구 및 설비의 취부상태, 오손상태, 접합부의 체결상태, 각종 계기의 작동상태 등 외관과 기능상의 점검을 행하고 이상유무를 확인한다.

* 일상점검은 작업담당자 또는 감독자가 행하고 그 결과를 담당책임자가 확인한다.

* 이상이 발견되었을 때에는 즉시 정비하고 안전을 확인한 후에 사용하도록 한다. 이 일상점검을 작업시작전 점검, 수시점검으로 분류하는 경우도 있다.

2) 정기점검

* 일정 기간마다 정기적으로 점검하는 것을 말한다. 일반적으로 1개월, 3개월, 6개월, 1년 단위로 일정기간을 정하여 실시하며, 외관, 구조, 기능을 점검하거나 각 부분을 분해해서 검사하여 이상을 발견하도록 노력하는 것이다

＊ 정기점검에는 사업장에서 자체적으로 작성한 예방점검계획에 의거 기계·기구 및 설비별로 정해진 점검주기에 따라 사전예방점검을 실시하는 경우가 일반적이고, 산업안전보건법에서 규정하고 있는 검사대상 기계·기구 및 설비에 대해 안전검사를 실시하는 경우도 있다.

3) 임시점검

＊ 정기점검실시 후 다음 점검일 이전에 임시로 실시하는 점검의 형태이다. 기계·기구 및 설비의 갑작스러운 이상 등이 발생되었을 때 실시한다.

4) 특별점검

＊ 기계·기구 및 설비를 신설하거나 변경 내지는 고장 수리 등을 할 경우에 행하는 부정기적 점검이며, 정기점검의 대상이 되는 기계·기구 및 설비에 대해 점검기간이 지나도록 사용하지 않던 것을 다시 사용하고자 하는 경우 재사용 점에 점검할 필요가 있다.

(2) 점검대상에 의한 구분

1) 외관점검

＊ 기기의 적정한 배치, 설치상태, 변형, 균열, 손상, 부식. 볼트의 이완 등의 유무를 외관에서 시각 및 청각, 촉각, 후각 등에 의해 조사하고 점검기준에 의해 양부를 확인한다.

2) 기능점검

＊ 간단한 조작을 행함으로써 대상 기기의 요소별 기능의 적정 여부를 확인하는 점검

3) 작동점검

＊ 작동점검은 방호장치나 누전차단장치 등을 정해진 순서에 의해 작동시켜 양부를 확인하는 점검이다.

4) 종합점검

   * 설비의 바람직한 성질인 신뢰성, 보전성, 안전성, 경제성, 조작성, 융통성, 내환경성, 작업성 등에 입각하여 설비의 상태를 종합적으로 적정성에 대해 검토하는 점검이다.

(3) 점검방법(수단)에 의한 구분

   * 5감진단, 간이진단기기 활용 진단, 정밀진단기기 활용 진단, CMS(콘디션 모니터링 시스템) 활용 진단 등이 있다.

2. 안전점검

(1) 안전점검 요령

① 점검표준체계 수립 : 점검표준, 정비표준 등

② 점검방법 수립 : 점검 대상별로 점검 5대 요소(항목, 기준, 주기, 방법, 기록)의 정립

③ 점검준비 : 점검체크시트, 점검장비, 점검기기

④ 점검실시 : 사전 안전확보 후 실시

⑤ 점검결과 정리 : 체크시트, 점검기록지의 활용

⑥ 점검결과 후속대책 실시 : 정비(7요소 순서별 : 분해전 안전 확보후 분해, 청소, 검사, 수리·교환, 조립, 설치정도검사, 시운전)

(2) 안전점검시 유의사항

① 점검을 위한 점검체계를 잘 갖추고, 체크시트, 공구, 측정기기 등도 사전에 준비한다.

② 안전점검은 안전수준의 향상을 위한 본래의 취지를 벗어나지 않도록 한다.

③ 직장의 관계자로부터 협력을 받을 수 있도록 취지를 잘 이해시켜야 한다.

④ 점검자의 능력을 감안하고 거기에 따른 점검을 실시한다.

⑤ 과거의 재해발생 개소는 그 원인이 완전히 제거되었나 확인한다.

⑥ 불량개소가 발견되었을 경우는 다른 동종 설비에 대해서도 점검하여 유사한 것이 없나 확인한다.

⑦ 사소한 사항이라도 중대사고로 이어질 수 있으므로 빠뜨리지 않도록 유의하고, 긴박한 위험이 있을 때에는 즉시 조치를 취하도록 한다.

제6장

⑧ 점검 후 검토회의를 거쳐 문제점을 찾고 근절시킬 수 있는 근본적인 대책을 강구한다.

⑨ 점검자는 복장, 동작에 있어 모범적이어야 한다.

⑩ 안전점검은 문제점을 발견하고 시정하는 지적에만 국한하지 말고 잘된 점도 부각시켜 사기를 앙양시키는 게 좋다.

(3) 점검작업시 안전

① 동력원의 차단을 확인해야 한다.

② 로봇작업과 같이 작업구역 내에 들어가면 위험한 경우가 있을 때에는 무의식적으로 접근하여도 경고음이 울리고 기계설비가 작동이 자동으로 멈추게 하는 안전시스템이 갖추어져 있어야 한다.

③ 점검 시는 점검대상의 작업책임자, 작업자 등에게 사전에 점검사실을 통보하고 그들이 적절한 사전 예방조치를 취한 것을 확인한 후에 점검을 실시하여야 한다.

④ 분해작업을 수반하는 경우는 중량물을 인양할 수 있는 장비를 갖추어야 하며, 점검 대상물의 관리책임자 또는 작업자가 입회하여 협조를 받는 가운데 작업수순에 따라 점검을 하면 대상물의 손상을 방지하고 효율적인 점검을 할 수 있다.

⑤ 점검작업을 표준화하여야 한다.

⑥ 숙련된 점검자를 육성하여야 한다.

⑦ 가장 중요한 것은 점검 시 재해를 입으면 안 된다는 것이다. 재해예방조치를 사전에 확실히 하고 시작하여야 한다.

3. 안전점검 대상 설비

(1) 안전인증 대상 설비

1) 다음 각 목의 어느 하나에 해당하는 기계 또는 설비 (산안령 제74조)

① 프레스 ② 전단기 및 절곡기 ③ 크레인 ④ 리프트 ⑤ 압력용기

⑥ 롤러기 ⑦ 사출성형기 ⑧ 고소작업대 ⑨ 곤돌라

2) 다음 각 목의 어느 하나에 해당하는 기계 또는 설비 (산시규 제107조)

가) 설치·이전하는 경우 안전인증을 받아야 하는 기계

① 크레인 ② 리프트 ③ 곤돌라

나) 주요 구조 부분을 변경하는 경우 안전인증을 받아야 하는 기계 및 설비

① 프레스 ② 전단기 및 절곡기 ③ 크레인 ④ 리프트 ⑤ 압력용기

⑥ 롤러기 ⑦ 사출성형기 ⑧ 고소작업대 ⑨ 곤돌라

(2) 안전검사 대상 설비 (산안령 제78조)

① 프레스 ② 전단기 ③ 크레인(정격 하중이 2톤 미만인 것은 제외한다)

④ 리프트 ⑤ 압력용기 ⑥ 곤돌라 ⑦ 국소 배기장치(이동식은 제외한다)

⑧ 원심기(산업용만 해당한다) ⑨ 롤러기(밀폐형 구조는 제외한다)

⑩ 사출성형기(형 체결력 294킬로뉴턴(kN) 미만은 제외한다)

⑪ 고소작업대(「자동차관리법」에 따른 화물자동차 또는 특수자동차에 탑재한 고
소작업대로 한정한다)

⑫ 컨베이어 ⑬ 산업용 로봇

(3) 자율안전확인 대상 설비 (산안령 제77조)

① 연삭기 또는 연마기(휴대형은 제외한다) ② 산업용 로봇 ③ 혼합기

④ 파쇄기 또는 분쇄기 ⑤ 식품가공용 기계(파쇄·절단·혼합·제면기만 해당)

⑥ 컨베이어 ⑦ 자동차정비용 리프트

⑧ 공작기계(선반, 드릴기, 평삭·형삭기, 밀링만 해당한다)

⑨ 고정형 목재가공용 기계(둥근톱, 대패, 루타기, 띠톱, 모떼기 기계만 해당한다)

⑩ 인쇄기

03 산업안전보건법에 의해 시행되고 있는 안전인증(Safety Certification)제도의 의의와 안전인증 대상 3가지를 쓰시오.

해설

1. 안전인증(Safety Certification)제도의 개요

(1) 안전인증 및 자율안전확인 제도

* 안전인증제도는 유해하거나 위험한 기계·기구·설비의 사용 전 안전성을 확인하고 방호장치·보호구의 불량품 생산 및 유통을 근절하여 제조·유통단계에서부터 근원적인 안전성을 확보하기 위한 제도로서 의무(강제)인증제도이다.

* 자율안전확인제도는 자율안전확인 대상 기계·기구 등을 제조 또는 수입하는 자가 해당 제품의 안전에 관한 성능이 자율안전기준에 맞는 것임을 확인하여 고용노동부 장관에게 신고하는 제도로서 임의인증제도이다.

(2) 안전인증제도(S마크)

* 안전인증제도(S마크)는 제품의 안전성과 신뢰성 및 제조자의 품질관리능력을 안전인증기관(한국산업안전보건공단)에서 종합심사하여, 안전인증기준에 적합한 경우 인증을 받은 자로 하여금 기계·기구의 포장·용기 등에 안전인증표시(S마크)를 표시하거나 인증받은 사실을 광고할 수 있도록 하는 임의인증제도이다.

[그림 1] 안전인증 및 자율안전확인 KCS마크   [그림 2] 안전인증 S마크

2. 인증대상 (의무인증제도의 경우)

(1) 안전인증대상기계 등 (산안령 제74조)

1) 다음 각 목의 어느 하나에 해당하는 기계 또는 설비

① 프레스 ② 전단기 및 절곡기 ③ 크레인 ④ 리프트 ⑤ 압력용기

⑥ 롤러기 ⑦ 사출성형기 ⑧ 고소(高所) 작업대 ⑨ 곤돌라

2) 다음 각 목의 어느 하나에 해당하는 방호장치

① 프레스 및 전단기 방호장치 ② 양중기용 과부하 방지장치

③ 보일러 압력방출용 안전밸브 ④ 압력용기 압력방출용 안전밸브

⑤ 압력용기 압력방출용 파열판 ⑥ 절연용 방호구 및 활선작업용 기구

⑦ 방폭구조 전기기계·기구 및 부품

⑧ 추락·낙하 및 붕괴 등의 위험 방지 및 보호에 필요한 가설기자재로서 고용노동부장관이 정하여 고시하는 것

⑨ 충돌·협착 등의 위험 방지에 필요한 산업용 로봇 방호장치로서 고용노동부장관이 정하여 고시하는 것

3) 다음 각 목의 어느 하나에 해당하는 보호구

① 추락 및 감전 위험방지용 안전모 ② 안전화 ③ 안전장갑 ④ 방진마스크

⑤ 방독마스크 ⑥ 송기마스크 ⑦ 전동식 호흡보호구 ⑧ 보호복 ⑨ 안전대

⑩ 차광(遮光) 및 비산물 위험방지용 보안경 ⑪ 용접용 보안면

⑫ 방음용 귀마개 또는 귀덮개

(2) 안전인증대상기계 등 (산시규 제107조)

1) 설치·이전하는 경우 안전인증을 받아야 하는 기계

① 크레인 ② 리프트 ③ 곤돌라

2) 주요 구조 부분을 변경하는 경우 안전인증을 받아야 하는 기계 및 설비

① 프레스 ② 전단기 및 절곡기 ③ 크레인 ④ 리프트 ⑤ 압력용기

⑥ 롤러기 ⑦ 사출성형기 ⑧ 고소작업대 ⑨ 곤돌라

3. 안전인증 면제 (산시규 제109조)

① 안전인증대상기계 등이 다음 각 호의 어느 하나에 해당하는 경우에는 안전인증을 전부 면제한다. <개정 2024. 6. 28>

1. 연구·개발을 목적으로 제조·수입하거나 수출을 목적으로 제조하는 경우
2. 「건설기계관리법」에 따른 검사를 받은 경우 또는 같은 법에 따른 형식승인을 받거나 같은 조에 따른 형식신고를 한 경우
3. 「고압가스 안전관리법」에 따른 검사를 받은 경우
4. 「광산안전법」에 따른 검사 중 광업시설의 설치공사 또는 변경공사가 완료되었을 때에 받는 검사를 받은 경우
5. 「방위사업법」에 따른 품질보증을 받은 경우
6. 「선박안전법」에 따른 검사를 받은 경우
7. 「에너지이용 합리화법」에 따른 검사를 받은 경우
8. 「원자력안전법」에 따른 검사를 받은 경우
9. 「위험물안전관리법」에 따른 검사를 받은 경우
10. 「전기사업법」 또는 「전기안전관리법」에 따른 검사를 받은 경우
11. 「항만법」에 따른 검사를 받은 경우

12. 「소방시설 설치 및 관리에 관한 법률」에 따른 형식승인을 받은 경우

② 안전인증대상기계 등이 다음 각 호의 어느 하나에 해당하는 인증 또는 시험을 받았거나 그 일부 항목이 안전인증기준과 같은 수준 이상인 것으로 인정되는 경우에는 해당 인증 또는 시험이나 그 일부 항목에 한정하여 안전인증을 면제한다.

1. 고용노동부장관이 정하여 고시하는 외국의 안전인증기관에서 인증을 받은 경우

2. 국제전기기술위원회(IEC)의 국제방폭전기기계·기구 상호인정제도(IECEx Scheme)에 따라 인증을 받은 경우

3. 「국가표준기본법」에 따른 시험·검사기관에서 실시하는 시험을 받은 경우

4. 「산업표준화법」에 따른 인증을 받은 경우

5. 「전기용품 및 생활용품 안전관리법」에 따른 안전인증을 받은 경우

04 보호구, 방호장치 또는 위험기계 등 작업자의 안전에 중요한 산업용 제품의 근원적 안전성 확보를 위한 제도를 제조단계와 사용단계로 나누어 설명하시오.

해설

1. 제조단계에서의 안전성 확보

(1) 위험기계·기구, 보호구 및 방호장치 안전인증 심사

1) 안전인증 심사의 대상

가) 안전인증대상기계 등 (산안령 제74조)

① 다음 각 목의 어느 하나에 해당하는 기계 또는 설비

ㄱ 프레스 ㄴ 전단기 및 절곡기 ㄷ 크레인 ㄹ 리프트 ㅁ 압력용기

ㅂ 롤러기 ㅅ 사출성형기 ◎ 고소 작업대 ㅈ 곤돌라

② 다음 각 목의 어느 하나에 해당하는 방호장치

ㄱ 프레스 및 전단기 방호장치 ㄴ 양중기용 과부하 방지장치

ㄷ 보일러 압력방출용 안전밸브 ㄹ 압력용기 압력방출용 안전밸브

ㅁ 압력용기 압력방출용 파열판 ㅂ 절연용 방호구 및 활선작업용(活線作業用) 기구

ㅅ 방폭구조 전기기계·기구 및 부품

◎ 추락·낙하 및 붕괴 등의 위험 방지 및 보호에 필요한 가설기자재로서 고용노동부장관이 정하여 고시하는 것

㉡ 충돌·협착 등의 위험 방지에 필요한 산업용 로봇 방호장치로서 고용노동부장관이 정하여 고시하는 것

③ 다음 각 목의 어느 하나에 해당하는 보호구

㉠ 추락 및 감전 위험방지용 안전모 ㉡ 안전화 ㉢ 안전장갑

㉣ 방진마스크 ㉤ 방독마스크 ㉥ 송기마스크 ㉦ 전동식 호흡보호구

㉧ 보호복 ㉨ 안전대 ㉩ 차광 및 비산물 위험방지용 보안경

㉪ 용접용 보안면 ㉫ 방음용 귀마개 또는 귀덮개

나) 안전인증대상기계 등 (산시규 제107조)

＊ 안전인증대상기계 등이란 다음 각 호의 기계 및 설비를 말한다.

① 설치·이전하는 경우 안전인증을 받아야 하는 기계

㉠ 크레인 ㉡ 리프트 ㉢ 곤돌라

② 주요 구조 부분을 변경하는 경우 안전인증을 받아야 하는 기계 및 설비

㉠ 프레스 ㉡ 전단기 및 절곡기 ㉢ 크레인 ㉣ 리프트 ㉤ 압력용기

㉥ 롤러기 ㉦ 사출성형기 ㉧ 고소작업대 ㉨ 곤돌라

2) 안전인증 심사의 종류 및 방법 (산시규 제110조)

① 유해·위험기계 등이 안전인증기준에 적합한지를 확인하기 위하여 안전인증기관이 하는 심사는 다음 각 호와 같다.

㉠ 예비심사 : 기계 및 방호장치·보호구가 유해·위험기계 등인지를 확인하는 심사(안전인증을 신청한 경우만 해당한다)

㉡ 서면심사 : 유해·위험기계 등의 종류별 또는 형식별로 설계도면 등 유해·위험기계 등의 제품기술과 관련된 문서가 안전인증기준에 적합한지에 대한 심사

㉢ 기술능력 및 생산체계 심사 : 유해·위험기계 등의 안전성능을 지속적으로 유지·보증하기 위하여 사업장에서 갖추어야 할 기술능력과 생산체계가 안전인증기준에 적합한지에 대한 심사. 다만, 다음 각 목의 어느 하나에 해당하는 경우에는 기술능력 및 생산체계 심사를 생략한다.

㋐ 방호장치 및 보호구를 고용노동부장관이 정하여 고시하는 수량 이하로 수입하는 경우

　　　㈐ 개별 제품심사를 하는 경우

　　　㈎ 안전인증(형식별 제품심사를 하여 안전인증을 받은 경우로 한정한다)을
　　　　받은 후 같은 공정에서 제조되는 같은 종류의 안전인증대상기계 등에
　　　　대하여 안전인증을 하는 경우

　㈃ 제품심사 : 유해·위험기계 등이 서면심사 내용과 일치하는지와 유해·위험
　　기계 등의 안전에 관한 성능이 안전인증기준에 적합한지에 대한 심사. 다만,
　　다음 각 목의 심사는 유해·위험기계 등별로 고용노동부장관이 정하여 고
　　시하는 기준에 따라 어느 하나만을 받는다.

　　　㈎ 개별 제품심사 : 서면심사 결과가 안전인증기준에 적합할 경우에 유해
　　　　·위험기계 등 모두에 대하여 하는 심사(안전인증을 받으려는 자가 서
　　　　면심사와 개별 제품심사를 동시에 할 것을 요청하는 경우 병행 가능)

　　　㈏ 형식별 제품심사 : 서면심사와 기술능력 및 생산체계 심사 결과가 안전
　　　　인증기준에 적합할 경우에 유해·위험기계 등의 형식별로 표본을 추출
　　　　하여 하는 심사(안전인증을 받으려는 자가 서면심사, 기술능력 및 생산
　　　　체계 심사와 형식별 제품심사를 동시에 할 것을 요청하는 경우 병행할
　　　　수 있다)

② 제1항에 따른 유해·위험기계 등의 종류별 또는 형식별 심사의 절차 및 방법
　은 고용노동부장관이 정하여 고시한다.

③ 안전인증기관은 안전인증 신청서를 제출받으면 다음 각 호의 구분에 따른 심
　사 종류별 기간 내에 심사해야 한다. 다만, 제품심사의 경우 처리기간 내에 심
　사를 끝낼 수 없는 부득이한 사유가 있을 때에는 15일의 범위에서 심사기간을
　연장할 수 있다.

　㈀ 예비심사 : 7일

　㈁ 서면심사 : 15일(외국에서 제조한 경우는 30일)

　㈂ 기술능력 및 생산체계 심사 : 30일(외국에서 제조한 경우는 45일)

　㈃ 제품심사

　　　㈎ 개별 제품심사 : 15일

　　　㈏ 형식별 제품심사 : 30일(방호장치와 보호구는 60일)

④ 안전인증기관은 심사가 끝나면 안전인증을 신청한 자에게 심사결과 통지서를
　발급해야 한다. 이 경우 해당 심사 결과가 모두 적합한 경우에는 안전인증서
　를 함께 발급해야 한다.

⑤ 안전인증기관은 안전인증대상기계 등이 특수한 구조 또는 재료로 제조되어 안전인증기준의 일부를 적용하기 곤란할 경우 해당 제품이 안전인증기준과 같은 수준 이상의 안전에 관한 성능을 보유한 것으로 인정(안전인증을 신청한 자의 요청이 있거나 필요하다고 판단되는 경우를 포함한다)되면 「산업표준화법」에 따른 한국산업표준 또는 관련 국제규격 등을 참고하여 안전인증기준의 일부를 생략하거나 추가하여 심사를 할 수 있다.

⑥ 안전인증기관은 안전인증대상기계 등이 안전인증기준과 같은 수준 이상의 안전에 관한 성능을 보유한 것으로 인정되는지와 해당 안전인증대상기계 등에 생략하거나 추가하여 적용할 안전인증기준을 심의·의결하기 위하여 안전인증심의위원회를 설치·운영해야 한다. 이 경우 안전인증심의위원회의 구성·개최에 걸리는 기간은 심사기간에 산입하지 않는다.

(2) 위험기계·기구, 보호구 및 방호장치 자율안전확인 신고

○ **자율안전확인 신고의 대상** (산안령 제77조)

① 다음 각 목의 어느 하나에 해당하는 기계 또는 설비

㉠ 연삭기 또는 연마기. 이 경우 휴대형은 제외한다.

㉡ 산업용 로봇 ㉢ 혼합기 ㉣ 파쇄기 또는 분쇄기

㉤ 식품가공용 기계(파쇄·절단·혼합·제면기만 해당한다)

㉥ 컨베이어 ㉦ 자동차정비용 리프트

㉧ 공작기계(선반, 드릴기, 평삭·형삭기, 밀링만 해당한다)

㉨ 고정형 목재가공용 기계(둥근톱, 대패, 루타기, 띠톱, 모떼기 기계만 해당)

㉩ 인쇄기

② 다음 각 목의 어느 하나에 해당하는 방호장치

㉠ 아세틸렌 용접장치용 또는 가스집합 용접장치용 안전기

㉡ 교류 아크용접기용 자동전격방지기

㉢ 롤러기 급정지장치 ㉣ 연삭기 덮개

㉤ 목재 가공용 둥근톱 반발 예방장치와 날 접촉 예방장치

㉥ 동력식 수동대패용 칼날 접촉 방지장치

㉦ 추락·낙하 및 붕괴 등의 위험 방지 및 보호에 필요한 가설기자재(제74조 제1항 제2호 아목의 가설기자재는 제외한다)로서 고용노동부장관이 정하여 고시하는 것

제
6
장

③ 다음 각 목의 어느 하나에 해당하는 보호구

㉠ 안전모(인증대상 안전모는 제외한다)

㉡ 보안경(인증대상 보안경은 제외한다)

㉢ 보안면(인증대상 보안면은 제외한다)

2. 사용단계에서의 안전성확보

(1) 안전인증대상 기계·기구의 확인의 방법 및 주기 등 (산시규 제111조)

① 안전인증기관은 법 제84조 제4항에 따라 안전인증을 받은 자에 대하여 다음 각 호의 사항을 확인해야 한다.

㉠ 안전인증서에 적힌 제조 사업장에서 해당 유해·위험기계 등을 생산하고 있는지 여부

㉡ 안전인증을 받은 유해·위험기계 등이 안전인증기준에 적합한지 여부

㉢ 제조자가 안전인증을 받을 당시의 기술능력·생산체계를 지속적으로 유지하고 있는지 여부

㉣ 유해·위험기계 등이 서면심사 내용과 같은 수준 이상의 재료 및 부품을 사용하고 있는지 여부

② 안전인증기관은 안전인증을 받은 자가 안전인증기준을 지키고 있는지를 2년에 1회 이상 확인해야 한다. 다만, 다음 각 호의 모두에 해당하는 경우에는 3년에 1회 이상 확인할 수 있다.

㉠ 최근 3년 동안 안전인증이 취소되거나 안전인증표시의 사용금지 또는 시정명령을 받은 사실이 없는 경우

㉡ 최근 2회의 확인 결과 기술능력 및 생산체계가 고용노동부장관이 정하는 기준 이상인 경우

③ 안전인증기관은 제1항 및 제2항에 따라 확인한 경우에는 안전인증확인 통지서를 제조자에게 발급해야 한다.

④ 안전인증기관은 제1항 및 제2항에 따라 확인한 결과 안전인증대상기계 등의 제조 등의 금지 등(산안법 제87조)의 어느 하나에 해당하는 사실을 확인한 경우에는 그 사실을 증명할 수 있는 서류를 첨부하여 유해·위험기계 등을 제조하는 사업장의 소재지(제품의 제조자가 외국에 있는 경우에는 그 대리인의 소재지로 하되, 대리인이 없는 경우에는 그 안전인증기관의 소재지로 한다)를 관할하는 지방고용노동관서의 장에게 지체 없이 알려야 한다.

⑤ 안전인증기관은 일부 항목에 한정하여 안전인증을 면제한 경우에는 외국의 해당 안전인증기관에서 실시한 안전인증 확인의 결과를 제출받아 고용노동부장관이 정하는 바에 따라 확인의 전부 또는 일부를 생략할 수 있다.

(2) 안전검사의 주기와 합격표시 및 표시방법 (산시규 제126조)

① 크레인(이동식 크레인은 제외한다), 리프트(이삿짐운반용 리프트는 제외한다) 및 곤돌라 : 사업장에 설치가 끝난 날부터 3년 이내에 최초 안전검사를 실시하되, 그 이후부터 2년마다(건설현장에서 사용하는 것은 최초로 설치한 날부터 6개월마다)

② 이동식 크레인, 이삿짐운반용 리프트 및 고소작업대 : 「자동차관리법」에 따른 신규등록 이후 3년 이내에 최초 안전검사를 실시하되, 그 이후부터 2년마다

③ 프레스, 전단기, 압력용기, 국소 배기장치, 원심기, 롤러기, 사출성형기, 컨베이어 및 산업용 로봇, 파쇄기 또는 분쇄기 : 사업장에 설치가 끝난 날부터 3년 이내에 최초 안전검사를 실시하되, 그 이후부터 2년마다(공정안전보고서를 제출하여 확인을 받은 압력용기는 4년마다) <개정 2024. 6. 28>

(3) 자율검사프로그램에 따른 안전검사 (산안법 제98조)

* 안전검사를 받아야 하는 사업주가 근로자대표와 협의하여 검사기준, 검사 주기 등을 충족하는 자율검사프로그램을 정하고 고용노동부장관의 인정을 받아 다음 각 호의 어느 하나에 해당하는 사람으로부터 자율검사프로그램에 따라 안전검사대상기계 등에 대하여 안전에 관한 성능검사(이하 "자율안전검사"라 한다)를 받으면 안전검사를 받은 것으로 본다.

① 고용노동부령으로 정하는 안전에 관한 성능검사와 관련된 자격 및 경험을 가진 사람

② 고용노동부령으로 정하는 바에 따라 안전에 관한 성능검사 교육을 이수하고 해당 분야의 실무 경험이 있는 사람

6.3 산업안전보건법 시행규칙

시행규칙 총칙 및 체제

01 산업안전보건법령상 중대재해와 중대산업사고에 대하여 설명하시오.

해설

1. 중대재해 (산시규 제3조)

(1) 중대재해의 범위 : 다음 각 호의 어느 하나 해당하는 경우

① 사망자가 1명 이상 발생한 재해

② 3개월 이상의 요양이 필요한 부상자가 동시에 2명 이상 발생한 재해

③ 부상자 또는 직업성 질병자가 동시에 10명 이상 발생한 재해

(2) 중대재해의 범위 (중대재해 처벌 등에 관한 법률 제2조)

① "중대재해"란 "중대산업재해"와 "중대시민재해"를 말한다.

② "중대산업재해"란 「산업안전보건법」에 따른 산업재해 중 다음 각 목의 어느 하나에 해당하는 결과를 야기한 재해를 말한다.

  ㉠ 사망자가 1명 이상 발생

  ㉡ 동일한 사고로 6개월 이상 치료가 필요한 부상자가 2명 이상 발생

  ㉢ 동일한 유해요인으로 급성중독 등 대통령령으로 정하는 직업성 질병자가 1년 이내에 3명 이상 발생

③ "중대시민재해"란 특정 원료 또는 제조물, 공중이용시설 또는 공중교통수단의 설계, 제조, 설치, 관리상의 결함을 원인으로 하여 발생한 재해로서 다음 각 목의 어느 하나에 해당하는 결과를 야기한 재해를 말한다. 다만, 중대산업재해에 해당하는 재해는 제외한다.

  ㉠ 사망자가 1명 이상 발생

  ㉡ 동일한 사고로 2개월 이상 치료가 필요한 부상자가 10명 이상 발생

  ㉢ 동일 원인으로 3개월 이상 치료가 필요한 질병자가 10명 이상 발생

2. 중대산업사고

(1) 중대산업사고 관련 근거법

1) 공정안전보고서의 작성 · 제출 (산안법 제44조)

* 사업주는 사업장에 대통령령으로 정하는 유해하거나 위험한 설비가 있는 경우 그 설비로부터의 위험물질 누출, 화재 및 폭발 등으로 인하여 사업장 내의 근로자에게 즉시 피해를 주거나 사업장 인근 지역에 피해를 줄 수 있는 사고로서 대통령령으로 정하는 사고(이하 "중대산업사고"라 한다)를 예방하기 위하여 대통령령으로 정하는 바에 따라 공정안전보고서를 작성하고 고용노동부장관에게 제출하여 심사를 받아야 한다.

2) 공정안전보고서의 제출 대상 (산안령 제43조)

① "대통령령으로 정하는 유해하거나 위험한 설비(산안법 제44조)"란 다음 각 호의 어느 하나에 해당하는 사업을 하는 사업장의 보유설비를 말한다.

㉠ 원유 정제처리업　㉡ 기타 석유정제물 재처리업

㉢ 석유화학계 기초화학물질 제조업 또는 합성수지 및 기타 플라스틱물질 제조업.

㉣ 질소 회합물, 질소 · 인산 및 칼리질 화학비료 제조업 중 질소질 비료 제조

㉤ 복합비료 및 기타 화학비료 제조업 중 복합비료 제조(단순혼합 또는 배합에 의한 경우는 제외한다)

㉥ 화학 살균 · 살충제 및 농업용 약제 제조업(농약 원제제조만 해당)

㉦ 화약 및 불꽃제품 제조업

② 제1항에도 불구하고 다음 설비들은 유해하거나 위험한 설비로 보지 않는다.

㉠ 원자력 설비　㉡ 군사시설

㉢ 사업주가 해당 사업장 내에서 직접 사용하기 위한 난방용 연료의 저장설비 및 사용설비

㉣ 도매 · 소매시설　㉤ 차량 등의 운송설비

㉥ 「액화석유가스의 안전관리 및 사업법」 에 따른 액화석유가스의 충전 · 저장시설

㉦ 「도시가스사업법」 에 따른 가스공급시설

㉧ 그 밖에 고용노동부장관이 누출 · 화재 · 폭발 등의 사고가 있더라도 그에 따른 피해의 정도가 크지 않다고 인정하여 고시하는 설비

안전보건교육

01 근로자 정기안전보건교육의 필요성과 교육 시 포함되어야 할 내용에 대하여 설명하시오.

[해설]

1. 근로자 정기안전보건교육의 필요성

① 근로자가 작업장의 안전보건에 관한 지식을 습득하고 대처능력을 배양함으로써 사업장 산업재해를 예방하고 근로자의 생명과 신체의 보호라는 인도적 입장뿐만 아니라 생산능률과 생산성의 향상

② 산업안전보건관리로 인해 산업재해의 원인 및 경과의 규명을 통해 인명과 재산을 재해로부터 보호

③ 질병의 원인에 대한 지식, 질병의 예방행동, 질병에 걸렸거나 걸릴 우려가 되는 행동의 수정과 질병 치료행동의 방법 및 기술 등을 제공함으로써 자기건강관리능력을 향상

2. 근로자 정기안전보건교육 내용 (산시규 제26조 관련 별표 5)

① 산업안전 및 사고 예방에 관한 사항

② 산업보건 및 직업병 예방에 관한 사항

③ 위험성 평가에 관한 사항 : 최근 개정(2023. 9. 27)으로 추가됨

④ 건강증진 및 질병 예방에 관한 사항

⑤ 유해·위험 작업환경 관리에 관한 사항

⑥ 산업안전보건법령 및 산업재해보상보험 제도에 관한 사항

⑦ 직무스트레스 예방 및 관리에 관한 사항

⑧ 직장 내 괴롭힘, 고객의 폭언 등으로 인한 건강장해 예방 및 관리에 관한 사항

02 산업안전보건법 시행규칙에서 규정하고 있는 사업장 안전보건 교육과정 5가지와 과정별 교육시간을 쓰시오.

[해설]

○ 안전보건교육 교육과정별 교육시간 (산시규 별표 4) <개정 2023. 9. 27>

1. 근로자 안전보건교육 (산시규 제26조 제1항, 제28조 제1항 관련)

교육과정	교육대상		교육시간
가. 정기교육	1) 사무직 종사 근로자		매반기 6시간 이상
	2) 그 밖의 근로자	가) 판매업무에 직접 종사하는 근로자	매반기 6시간 이상
		나) 판매업무에 직접 종사 근로자 외 근로자	매반기 12시간 이상
나. 채용 시 교육	1) 일용근로자 및 근로계약기간이 1주일 이하인 기간제근로자		1시간 이상
	2) 근로계약기간이 1주일 초과 1개월 이하인 기간제근로자		4시간 이상
	3) 그 밖의 근로자		8시간 이상
다. 작업내용 변경시 교육	1) 일용근로자 및 근로계약기간이 1주일 이하인 기간제근로자		1시간 이상
	2) 그 밖의 근로자		2시간 이상
라. 특별교육	1) 일용근로자 및 근로계약기간이 1주일 이하인 기간제근로자 : 별표 5 제1호 라목(제39호 타워크레인 신호업무 작업은 제외한다)에 해당 작업 종사 근로자에 한정한다.		2시간 이상
	2) 일용근로자 및 근로계약기간이 1주일 이하인 기간제근로자 : 별표 5 제1호 라목 제39호에 해당하는 작업에 종사하는 근로자에 한정한다.		8시간 이상
	3) 일용근로자 및 근로계약기간이 1주일 이하인 기간제근로자를 제외한 근로자 : 별표 5 제1호 라목에 해당하는 작업에 종사하는 근로사에 한정한다.		가) 16시간 이상(최초 작업 종사 전 4시간 이상 실시하고 12시간은 3개월 이내에서 분할하여 실시 가능) 나) 단기간 작업 또는 간헐적 작업인 경우 2시간 이상
마. 건설업 기초 안전·보건교육	건설 일용근로자		4시간 이상

2. 관리감독자 안전보건교육 (산시규 제26조 제1항 관련)

교육과정	교육시간
가. 정기교육	연간 16시간 이상
나. 채용 시 교육	8시간 이상
다. 작업내용 변경 시 교육	2시간 이상
라. 특별교육	16시간 이상(최초 작업에 종사하기 전 4시간 이상 실시하고, 12시간은 3개월 이내에서 분할하여 실시 가능)
	단기간 작업 또는 간헐적 작업인 경우에는 2시간 이상

03 산업안전보건법령상 교육대상자 중 안전보건관리책임자 등, 특수형태근로종사자, 검사원 성능검사 교육에 대한 안전보건교육과정별 교육시간에 대해 설명하시오.

[해설]

○ 안전보건교육 교육과정별 교육시간 (산시규 별표 4)

1. 안전보건관리책임자 등에 대한 교육 (제29조 제2항 관련)

교육대상	교육시간	
	신규교육	보수교육
가. 안전보건관리책임자	6시간 이상	6시간 이상
나. 안전관리자, 안전관리전문기관의 종사자	34시간 이상	24시간 이상
다. 보건관리자, 보건관리전문기관의 종사자	34시간 이상	24시간 이상
라. 건설재해예방전문지도기관의 종사자	34시간 이상	24시간 이상
마. 석면조사기관의 종사자	34시간 이상	24시간 이상
바. 안전보건관리담당자	-	8시간 이상
사. 안전검사기관, 자율안전검사기관의 종사자	34시간 이상	24시간 이상

2. 특수형태근로종사자에 대한 안전보건교육 (제95조 제1항 관련)

교육과정	교육시간
가. 최초 노무제공 시 교육	2시간 이상(단기간 작업 또는 간헐적 작업에 노무를 제공하는 경우에는 1시간 이상 실시하고, 특별교육을 실시한 경우는 면제)

교육과정	교육시간
나. 특별교육	16시간 이상(최초 작업에 종사하기 전 4시간 이상 실시하고 12시간은 3개월 이내에서 분할하여 실시가능)
	단기간 작업 또는 간헐적 작업인 경우에는 2시간 이상

3. 검사원 성능검사 교육 (제131조 제2항 관련)

교육과정	교육대상	교육시간
성능검사 교육	-	28시간 이상

유해·위험 방지 조치

01 산업안전보건법상에 규정하고 있는 안전보건 표지의 분류 4가지를 설명하시오.

해설

1. 안전보건표지의 종류와 형태 (산시규 제38조 관련 별표 6)

(1) 금지표지

출입금지	보행금지	차량통행금지	사용금지	탑승금지
금연	화기금지	물체이동금지		

(2) 경고표지

인화성물질 경고	산화성물질 경고	폭발성물질 경고	급성독성물질 경고
부식성물질 경고	방사성물질 경고	고압전기 경고	매달린 물체 경고
낙하물 경고	고온 경고	저온 경고	몸균형상실 경고
레이저광선 경고	발암성·변이원성·생식독성·전신독성·호흡기 과민성 물질 경고	위험장소 경고	

(3) 지시표지

보안경 착용	방독마스크 착용	방진마스크 착용	보안면 착용
안전모 착용	귀마개 착용	안전화 착용	안전장갑 착용
안전복 착용			

(4) 안내표지

녹십자표지	응급구호표지	들것	세안장치
비상용기구	비상구	좌측비상구	우측비상구

02 산업안전보건법령상 제조업 유해위험방지계획서 심사결과 구분 및 결과 조치에 대하여 설명하시오.

해설

1. 심사결과 구분 및 조치 (산시규 제45조)

① 공단은 유해위험방지계획서의 심사 결과를 다음 각 호와 같이 구분·판정한다.

1. 적정 : 근로자의 안전과 보건을 위하여 필요한 조치가 구체적으로 확보되었다고 인정되는 경우

2. 조건부 적정 : 근로자의 안전과 보건을 확보하기 위하여 일부 개선이 필요하다고 인정되는 경우

3. 부적정 : 건설물·기계·기구 및 설비 또는 건설공사가 심사기준에 위반되어 공사착공 시 중대한 위험이 발생할 우려가 있거나 해당 계획에 근본적 결함이 있다고 인정되는 경우

② 공단은 심사 결과 적정판정 또는 조건부 적정판정을 한 경우에는 별지 제20호 서식의 유해위험방지계획서 심사 결과 통지서에 보완사항을 포함(조건부 적정판정을 한 경우만 해당한다)하여 해당 사업주에게 발급하고 지방고용노동관서의 장에게 보고해야 한다.

③ 공단은 심사 결과 부적정판정을 한 경우에는 지체 없이 별지 제21호 서식의 유해위험방지계획서 심사 결과(부적정) 통지서에 그 이유를 기재하여 지방고용노동관서의 장에게 통보하고 사업장 소재지 특별자치시장·특별자치도지사·시장·군수·구청장(구청장은 자치구의 구청장을 말한다)에게 그 사실을 통보해야 한다.

제
6
장

④ 제3항에 따른 통보를 받은 지방고용노동관서의 장은 사실 여부를 확인한 후 공사 착공중지명령, 계획변경명령 등 필요한 조치를 해야 한다.

⑤ 사업주는 지방고용노동관서의 장으로부터 공사착공중지명령 또는 계획변경명령을 받은 경우에는 유해위험방지계획서를 보완하거나 변경하여 공단에 제출해야 한다.

2. 확인 결과 조치 (산시규 제48조)

① 공단은 산안법 제46조(공정안전보고서의 이행 등) 및 제47조(안전보건진단)에 따른 확인 결과 해당 사업장의 유해·위험의 방지상태가 적정하다고 판단되는 경우에는 5일 이내에 확인 결과 통지서(별지 제23호 서식)를 사업주에게 발급해야 하며, 확인결과 경미한 유해·위험요인이 발견된 경우에는 일정한 기간을 정하여 개선하도록 권고하되, 해당 기간 내에 개선되지 않은 경우에는 기간 만료일부터 10일 이내에 확인결과 조치 요청서(별지 제24호 서식)에 그 이유를 적은 서면을 첨부하여 지방고용노동관서의 장에게 보고해야 한다.

② 공단은 확인 결과 중대한 유해·위험요인이 있어 시설 등의 개선, 사용중지 또는 작업중지 등의 조치가 필요하다고 인정되는 경우에는 지체 없이 확인결과 조치 요청서에 그 이유를 적은 서면을 첨부하여 지방고용노동관서의 장에게 보고해야 한다.

③ 제1항 또는 제2항에 따른 보고를 받은 지방고용노동관서의 장은 사실 여부를 확인한 후 필요한 조치를 해야 한다.

유해·위험 기계 등 조치

01 회전기계의 위험발생요인과 예방조치를 쓰시오.

[해설]

1. 회전기계의 위험발생요인

* 회전기계, 즉 원동기, 회전축, 치차, 풀리, 플라이 휠 및 벨트 등에 형성되는 위험점은 다음과 같다.

① 협착점 : 왕복운동을 하는 동작부분과 움직임이 없는 고정부분

② 끼임점 : 고정부분과 회전하는 동작부분

③ 절단점 : 회전하는 운동부분 자체와 운동하는 기계 자체의 위험

④ 물림점 : 회전하는 두 개의 회전체(서로 반대방향의 회전체)

⑤ 접선물림점 : 회전하는 부분의 접선방향으로 물려 들어갈 위험

⑥ 회전말림점 : 회전하는 물체의 길이, 굵기, 속도 등의 불규칙 부위와 돌기 회전 부위에 말려들 위험

2. 유해위험방지 방호조치가 필요한 기계·기구 (산시규 제98조)

* 유해하거나 위험한 기계·기구에 설치해야 할 방호장치는 다음 각 호와 같다
① 예초기 : 날접촉 예방장치   ② 원심기 : 회전체 접촉 예방장치
③ 공기압축기 : 압력방출장치   ④ 금속절단기 : 날접촉 예방장치
⑤ 지게차 : 헤드 가드, 백레스트(backrest), 전조등, 후미등, 안전벨트
⑥ 포장기계 : 구동부 방호 연동장치

3. 동력으로 작동시 방호조치 (산시규 제98조)

* 동력으로 작동하는 기계·기구로서 다음 각 호의 어느 하나에 해당하는 것은 고용노동부령으로 정하는 방호조치를 하지 아니하고는 양도, 대여, 설치 또는 사용에 제공하거나 양도·대여의 목적으로 진열해서는 아니 된다.
① 작동 부분의 돌기부분은 묻힘형으로 하거나 덮개를 부착할 것
② 동력전달부분 및 속도조절부분에는 덮개를 부착하거나 방호망을 설치할 것
③ 회전기계의 물림점(롤러나 톱니바퀴 등 반대방향의 두 회전체에 물려 들어가는 위험점)에는 덮개 또는 울을 설치할 것

4. 방호조치 해제시 안전 및 보호조치 (산시규 제99조)

① 방호조치를 해체하려는 경우 : 사업주의 허가를 받아 해체할 것
② 방호조치 해체 사유가 소멸된 경우 : 방호조치를 지체 없이 원상으로 회복시킬 것
③ 방호조치의 기능이 상실된 것을 발견한 경우 : 지체 없이 사업주에게 신고할 것

5. 대여자 등이 안전조치 등을 해야 하는 기계·기구·설비 및 건축물 등
(산안령 제71조 관련 별표 2)

① 사무실 및 공장용 건축물   ② 이동식 크레인   ③ 타워크레인   ④ 불도저
⑤ 모터 그레이더   ⑥ 로더   ⑦ 스크레이퍼   ⑧ 스크레이퍼 도저   ⑨ 파워 셔블
⑩ 드래그라인   ⑪ 클램셸   ⑫ 버킷굴착기   ⑬ 트렌치   ⑭ 항타기   ⑮ 항발기

제6장

⑯ 어스드릴 ⑰ 천공기 ⑱ 어스오거 ⑲ 페이퍼드레인머신 ⑳ 리프트

㉑ 지게차 ㉒ 롤러기 ㉓ 콘크리트 펌프 ㉔ 고소작업대

㉕ 그 밖에 산업재해보상보험및예방심의위원회 심의를 거쳐 고용노동부장관이 정하여 고시하는 기계, 기구, 설비 및 건축물 등

02 위험기계 ·기구의 방호조치에 대하여 기술하시오. (단, 산업안전보건법에 근거)

해설

○ **유해·위험 기계 등에 대한 방호조치** (산시규 제98조)

① 유해하거나 위험한 기계 등에 대한 방호조치는 다음 각 호와 같다.
  ㉠ 예초기 : 날접촉 예방장치 ㉡ 원심기 : 회전체 접촉 예방장치
  ㉢ 공기압축기 : 압력방출장치 ㉣ 금속절단기 : 날접촉 예방장치
  ㉤ 지게차 : 헤드 가드, 백레스트(backrest), 전조등, 후미등, 안전벨트
  ㉥ 포장기계 : 구동부 방호 연동장치

② 동력으로 작동하는 기계·기구로서 다음 각 호의 어느 하나에 해당하는 것은 고용노동부령으로 정하는 방호조치를 하지 아니하고는 양도, 대여, 설치 또는 사용에 제공하거나 양도·대여의 목적으로 진열해서는 아니 된다(산안법 제80조).
  ㉠ 작동 부분의 돌기부분은 묻힘형으로 하거나 덮개를 부착할 것
  ㉡ 동력전달부분 및 속도조절부분에는 덮개를 부착하거나 방호망을 설치할 것
  ㉢ 회전기계의 물림점(롤러나 톱니바퀴 등 반대방향의 두 회전체에 물려 들어가는 위험점)에는 덮개 또는 울을 설치할 것

03 산업안전보건법 시행규칙에서 규정하고 있는 안전검사 면제조건 10가지만 쓰시오.

해설

○ **안전검사의 면제 대상** (산시규 제125조) <개정 2024. 6. 28>

  1. 「건설기계관리법」에 따른 검사를 받은 경우(안전검사 주기에 해당하는 시기의 검사로 한정한다)

2. 「고압가스 안전관리법」에 따른 검사를 받은 경우

3. 「광산안전법」에 따른 검사 중 광업시설의 설치·변경공사 완료 후 일정한 기간
   이 지날 때마다 받는 검사를 받은 경우

4. 「선박안전법」의 규정에 따른 검사를 받은 경우

5. 「에너지이용 합리화법」에 따른 검사를 받은 경우

6. 「원자력안전법」에 따른 검사를 받은 경우

7. 「위험물안전관리법」에 따른 정기점검 또는 정기검사를 받은 경우

8. 「전기사업법」에 따른 검사를 받은 경우

9. 「항만법」에 따른 검사를 받은 경우

10. 「소방시설 설치 및 관리에 관한 법률」에 따른 자체점검을 받은 경우

11. 「화학물질관리법」에 따른 정기검사를 받은 경우

(04) 안전검사 합격표시 및 표시방법에 있어서 안전검사합격증명서에 안전검사대상기계명을 제외한 나머지 기재할 항목 5가지를 설명하시오.

[해설]

○ **안전검사 합격표시 및 표시방법** (산시규 제126조 및 제127조 관련 별표 16)

  * 안전검사합격증명서에 기재할 항목 : ① 안전검사대상기계명, ② 신청인, ③ 형식번
    (기)호(설치장소), ④ 합격번호, ⑤ 검사유효기간, ⑥ 검사기관(실시기관)

6.4 안전보건기준규칙

작업장 및 통로

01 산업안전보건법에 따른 작업장의 관리기준을 설명하시오.

해설

○ **작업장 관리기준** (산기규 제2장 제3조~제20조)

(1) 전도의 방지 (산기규 제3조)

① 사업주는 근로자가 작업장에서 넘어지거나 미끄러지는 등의 위험이 없도록 작업장 바닥 등을 안전하고 청결한 상태로 유지하여야 한다.

② 사업주는 제품, 자재, 부재 등이 넘어지지 않도록 붙들어 지탱하게 하는 등 안전 조치를 하여야 한다.

(2) 작업장의 청결 (산기규 제4조)

* 사업주는 근로자가 작업하는 장소를 항상 청결하게 유지·관리하여야 하며, 폐기물은 정해진 장소에만 버려야 한다.

(3) 분진의 흩날림 방지 (산기규 제4조의 2)

* 사업주는 분진이 심하게 흩날리는 작업장에 대하여 물을 뿌리는 등 분진이 흩날리는 것을 방지하기 위하여 필요한 조치를 하여야 한다.

(4) 오염된 바닥의 세척 등 (산기규 제5조)

① 사업주는 인체에 해로운 물질, 부패하기 쉬운 물질 또는 악취가 나는 물질 등에 의하여 오염될 우려가 있는 작업장의 바닥이나 벽을 수시로 세척하고 소독하여야 한다.

② 사업주는 제1항에 따른 세척 및 소독을 하는 경우에 물이나 그 밖의 액체를 다량으로 사용함으로써 습기가 찰 우려가 있는 작업장의 바닥이나 벽은 불침투성 재료로 칠하고 배수에 편리한 구조로 하여야 한다.

(5) 오물의 처리 등 (산기규 제6조)

① 사업주는 해당 작업장에서 배출하거나 폐기하는 오물을 일정한 장소에서 노출되지 않도록 처리하고, 병원체로 인하여 오염될 우려가 있는 바닥·벽 및 용기 등을 수시로 소독하여야 한다.

② 사업주는 폐기물을 소각 등의 방법으로 처리하려는 경우 해당 근로자가 다이옥신 등 유해물질에 노출되지 않도록 작업공정 개선, 개인보호구 지급·착용 등 적절한 조치를 하여야 한다.

(6) 채광 및 조명 (산기규 제7조)

* 사업주는 근로자가 작업하는 장소에 채광 및 조명을 하는 경우 명암의 차이가 심하지 않고 눈이 부시지 않은 방법으로 하여야 한다.

(7) 조도 (산기규 제8조)

* 사업주는 근로자가 상시 작업하는 장소의 작업면 조도를 다음 각 호의 기준에 맞도록 하여야 한다. 다만, 갱내 작업장과 감광재료를 취급하는 작업장은 그러하지 아니하다.
  ① 초정밀작업 : 750럭스(lux) 이상 ② 정밀작업 : 300럭스 이상
  ③ 보통작업 : 150럭스 이상 ④ 그 밖의 작업 : 75럭스 이상

(8) 작업발판 등 (산기규 제9조)

* 사업주는 선반·롤러기 등 기계·설비의 작업 또는 조작 부분이 그 작업에 종사하는 근로자의 키 등 신체조건에 비하여 지나치게 높거나 낮은 경우 안전하고 적당한 높이의 작업발판을 설치하거나 그 기계·설비를 적정 작업높이로 조절하여야 한다.

(9) 작업장의 창문 (산기규 제10조)

① 작업장의 창문은 열었을 때 근로자가 작업하거나 통행하는 데에 방해가 되지 않도록 하여야 한다.

② 사업주는 근로자가 안전한 방법으로 창문을 여닫거나 청소할 수 있도록 보조도구를 사용하게 하는 등 필요한 조치를 하여야 한다.

제6장

(10) 작업장의 출입구 (산기규 제11조)

① 출입구의 위치, 수 및 크기가 작업장의 용도와 특성에 맞도록 할 것

② 출입구에 문을 설치하는 경우에는 근로자가 쉽게 열고 닫을 수 있도록 할 것

③ 주된 목적이 하역운반기계용인 출입구에는 인접하여 보행자용 출입구를 따로
설치할 것

④ 하역운반기계의 통로와 인접하여 있는 출입구에서 접촉에 의하여 근로자에게
위험을 미칠 우려가 있는 경우에는 비상등·비상벨 등 경보장치를 할 것

⑤ 계단이 출입구와 바로 연결된 경우에는 작업자의 안전한 통행을 위하여 그 사
이에 1.2m 이상 거리를 두거나 안내표지 또는 비상벨 등을 설치할 것. 다만, 출
입구에 문을 설치하지 아니한 경우에는 그러하지 아니하다.

(11) 동력으로 작동되는 문의 설치 조건 (산기규 제12조)

① 동력으로 작동되는 문에 근로자가 끼일 위험이 있는 2.5m 높이까지는 위급하거
나 위험한 사태가 발생한 경우에 문의 작동을 정지시킬 수 있도록 비상정지장
치 설치 등 필요한 조치를 할 것. 다만, 위험구역에 사람이 없어야만 문이 작동
되도록 안전장치가 설치되어 있거나 운전자가 특별히 지정되어 상시 조작하는
경우에는 그러하지 아니하다.

② 동력으로 작동되는 문의 비상정지장치는 근로자가 잘 알아볼 수 있고 쉽게 조
작할 수 있을 것

③ 동력으로 작동되는 문의 동력이 끊어진 경우에는 즉시 정지되도록 할 것. 다만,
방화문의 경우에는 그러하지 아니하다.

④ 수동으로 열고 닫을 수 있도록 할 것. 다만, 동력으로 작동되는 문에 수동으로
열고 닫을 수 있는 문을 별도로 설치하여 근로자가 통행할 수 있도록 한 경우
에는 그러하지 아니하다.

⑤ 동력으로 작동되는 문을 수동으로 조작하는 경우에는 제어장치에 의하여 즉시
정지시킬 수 있는 구조일 것

(12) 안전난간의 구조 및 설치요건 (산기규 제13조) <개정 2023. 11. 14>

① 상부 난간대, 중간 난간대, 발끝막이판 및 난간기둥으로 구성할 것. 다만, 중간
난간대, 발끝막이판 및 난간기둥은 이와 비슷한 구조와 성능을 가진 것으로 대
체할 수 있다.

② 상부 난간대는 바닥면·발판 또는 경사로의 표면(이하 "바닥면 등"이라 한다)으로부터 90cm 이상 지점에 설치하고, 상부 난간대를 120cm 이하에 설치하는 경우에는 중간 난간대는 상부 난간대와 바닥면 등의 중간에 설치해야 하며, 120cm 이상 지점에 설치하는 경우에는 중간 난간대를 2단 이상으로 균등하게 설치하고 난간의 상하 간격은 60센티미터 이하가 되도록 할 것. 다만, 난간기둥 간의 간격이 25cm 이하인 경우에는 중간 난간대를 설치하지 않을 수 있다.

③ 발끝막이판은 바닥면 등으로부터 10cm 이상의 높이를 유지할 것. 다만, 물체가 떨어지거나 날아올 위험이 없거나 그 위험을 방지할 수 있는 망을 설치하는 등 필요한 예방 조치를 한 장소는 제외한다.

④ 난간기둥은 상부 난간대와 중간 난간대를 견고하게 떠받칠 수 있도록 적정한 간격을 유지할 것

⑤ 상부 난간대와 중간 난간대는 난간 길이 전체에 걸쳐 바닥면 등과 평행을 유지할 것

⑥ 난간대는 지름 2.7cm 이상의 금속제 파이프나 그 이상의 강도가 있는 재료일 것

⑦ 안전난간은 구조적으로 가장 취약한 지점에서 가장 취약한 방향으로 작용하는 100킬로그램 이상의 하중에 견딜 수 있는 튼튼한 구조일 것

(13) 낙하물에 의한 위험의 방지 (산기규 제14조)

① 사업주는 작업장의 바닥, 도로 및 통로 등에서 낙하물이 근로자에게 위험을 미칠 우려가 있는 경우 보호망을 설치하는 등 필요한 조치를 하여야 한다.

② 사업주는 작업으로 인하여 물체가 떨어지거나 날아올 위험이 있는 경우 낙하물 방지망, 수직보호망 또는 방호선반의 설치, 출입금지구역의 설정, 보호구의 착용 등 위험을 방지하기 위하여 필요한 조치를 하여야 한다.

③ 제2항에 따라 낙하물 방지망 또는 방호선반을 설치하는 경우에는 다음 각 호의 사항을 준수하여야 한다.

　　㉠ 높이 10m 이내마다 설치하고, 내민 길이는 벽면으로부터 2m 이상으로 할 것

　　㉡ 수평면과의 각도는 20도 이상 30도 이하를 유지할 것

(14) 투하설비 등 (산기규 제15조)

* 사업주는 높이가 3m 이상인 장소로부터 물체를 투하하는 경우 적당한 투하설비를 설치하거나 감시인을 배치하는 등 위험을 방지하기 위하여 필요한 조치를 하여야 한다.

(15) 위험물 등의 보관 (산기규 제16조)

* 사업주는 별표 1(위험물질의 종류)에 규정된 위험물질을 작업장 외의 별도의 장소에 보관하여야 하며, 작업장 내부에는 작업에 필요한 양만 두어야 한다.

(16) 비상구의 설치 (산기규 제17조)

① 출입구와 같은 방향에 있지 아니하고, 출입구로부터 3m 이상 떨어져 있을 것
② 작업장의 각 부분으로부터 하나의 비상구 또는 출입구까지의 수평거리가 50m 이하가 되도록 할 것
③ 비상구의 너비는 0.75m 이상으로 하고, 높이는 1.5m 이상으로 할 것
④ 비상구의 문은 피난 방향으로 열리도록 하고, 실내에서 항상 열 수 있는 구조로 할 것

(17) 비상구 등의 유지 (산기규 제18조)

* 사업주는 비상구ㆍ비상통로 또는 비상용 기구를 쉽게 이용할 수 있도록 유지하여야 한다.

(18) 경보용 설비 등 (산기규 제19조)

* 사업주는 연면적이 400m^2 이상이거나 상시 50명 이상의 근로자가 작업하는 옥내작업장에는 비상시에 근로자에게 신속하게 알리기 위한 경보용 설비 또는 기구를 설치하여야 한다.

(19) 출입의 금지 등 (산기규 제20조) <개정 2024. 6. 28>

* 사업주는 다음 각 호의 작업 또는 장소에 울타리를 설치하는 등 관계 근로자가 아닌 사람의 출입을 금지해야 한다.
① 추락에 의하여 근로자에게 위험을 미칠 우려가 있는 장소 등 총 18개소 (이하생략)

02 산업안전보건기준에 관한 규칙에서 정하는 안전난간의 구조 및 설치요령을 설명하시오.

[해설]

○ **안전난간의 구조 및 설치요건** (산기규 제13조) <개정 2023. 11. 14>

* 사업주는 근로자의 추락 등의 위험을 방지하기 위하여 안전난간을 설치하는 경우 다음 각 호의 기준에 맞는 구조로 설치해야 한다.

① 상부 난간내, 중간 난간대, 발끝막이판 및 난산기둥으로 구성할 것. 다만, 중간 난간대, 발끝막이판 및 난간기둥은 이와 비슷한 구조와 성능을 가진 것으로 대체할 수 있다.

② 상부 난간대는 바닥면·발판 또는 경사로의 표면으로부터 90cm 이상 지점에 설치하고, 상부 난간대를 120cm 이하에 설치하는 경우에는 중간 난간대는 상부 난간대와 바닥면 등의 중간에 설치해야 하며, 120cm 이상 지점에 설치하는 경우에는 중간 난간대를 2단 이상으로 균등하게 설치하고 난간의 상하 간격은 60cm 이하가 되도록 할 것. 다만, 난간기둥 간의 간격이 25cm 이하인 경우에는 중간 난간대를 설치하지 않을 수 있다.

③ 발끝막이판은 바닥면 등으로부터 10cm 이상의 높이를 유지할 것. 다만, 물체가 떨어지거나 날아올 위험이 없거나 그 위험을 방지할 수 있는 망을 설치하는 등 필요한 예방 조치를 한 장소는 제외한다.

④ 난간기둥은 상부 난간대와 중간 난간대를 견고하게 떠받칠 수 있도록 적정한 간격을 유지할 것

⑤ 상부 난간대와 중간 난간대는 난간 길이 전체에 걸쳐 바닥면 등과 평행을 유지할 것

⑥ 난간대는 지름 2.7cm 이상의 금속제 파이프나 그 이상의 강도의 재료일 것

⑦ 안전난간은 구조적으로 가장 취약한 지점에서 가장 취약한 방향으로 작용하는 100kg 이상의 하중에 견딜 수 있는 튼튼한 구조일 것

03 위험물질을 제조·취급하는 작업장의 비상구 설치기준에 대하여 설명하시오.

[해설]

○ **비상구의 설치** (산기규 제17조)

* 사업주는 규정된 위험물질을 제조·취급하는 작업장과 그 작업장이 있는 건축물에 출입구 외에 안전한 장소로 대피할 수 있는 비상구 1개 이상을 다음 각 호의 기준을 모두 충족하는 구조로 설치해야 한다. 다만, 작업장 바닥면의 가로 및 세로가 각 3m 미만인 경우에는 그렇지 않다.

  1. 출입구와 같은 방향에 있지 아니하고, 출입구로부터 3m 이상 떨어져 있을 것
  2. 작업장의 각 부분으로부터 하나의 비상구 또는 출입구까지의 수평거리가 50m 이하가 되도록 할 것
  3. 비상구의 너비는 0.75m 이상으로 하고, 높이는 1.5m 이상으로 할 것
  4. 비상구의 문은 피난 방향으로 열리도록 하고, 실내에서 항상 열 수 있는 구조로 할 것

04 사업장에서 근로자가 출입을 하여서는 아니 되는 출입의 금지조건 10가지만 설명하시오.

[해설]

○ **출입의 금지 등** (산기규 제20조) <개정 2024. 6. 28>

* 사업주는 다음 각 호의 작업 또는 장소에 울타리를 설치하는 등 관계 근로자가 아닌 사람의 출입을 금지해야 한다. 다만, 제2호 및 제7호의 장소에서 수리 또는 점검 등을 위하여 그 암(arm) 등의 움직임에 의한 하중을 충분히 견딜 수 있는 안전지지대 또는 안전블록 등을 사용하도록 한 경우에는 그렇지 않다.

  ① 추락에 의하여 근로자에게 위험을 미칠 우려가 있는 장소
  ② 유압(流壓), 체인 또는 로프 등에 의하여 지탱되어 있는 기계·기구의 덤프, 램(ram), 리프트, 포크(fork) 및 암 등이 갑자기 작동함으로써 근로자에게 위험을 미칠 우려가 있는 장소
  ③ 케이블 크레인을 사용하여 작업을 하는 경우에는 권상용 와이어로프 또는 횡행용 와이어로프가 통하고 있는 도르래 또는 그 부착부의 파손에 의하여 위험을 발생시킬 우려가 있는 그 와이어로프의 내각측에 속하는 장소
  ④ 인양전자석 부착 크레인을 사용하여 작업을 하는 경우에는 달아 올려진 화물의 아래쪽 장소

⑤ 인양전자석 부착 이동식 크레인을 사용하여 작업을 하는 경우에는 달아 올려진 화물의 아래쪽 장소

⑥ 리프트를 사용하여 작업을 하는 다음 각 목의 장소

　　㉠ 리프트 운반구가 오르내리다가 근로자에게 위험을 미칠 우려가 있는 장소

　　㉡ 리프트의 권상용 와이어로프 내각측에 그 와이어로프가 통하고 있는 도르래 또는 그 부착부가 떨어져 나감으로써 근로자에게 위험을 미칠 우려가 있는 장소

⑦ 지게차·구내운반차·화물자동차 등의 차량계 하역운반기계 및 고소작업대의 포크·버킷(bucket)·암 또는 이들에 의하여 지탱되어 있는 화물의 밑에 있는 장소. 다만, 구조상 갑작스러운 하강을 방지하는 장치가 있는 것은 제외한다.

⑧ 운전 중인 항타기 또는 항발기의 권상용 와이어로프 등의 부착 부분의 파손에 의하여 와이어로프가 벗겨지거나 드럼(drum), 도르래 뭉치 등이 떨어져 근로자에게 위험을 미칠 우려가 있는 장소

⑨ 화재 또는 폭발의 위험이 있는 장소

⑩ 낙반 등의 위험이 있는 다음 각 목의 장소

　　㉠ 부석의 낙하에 의하여 근로자에게 위험을 미칠 우려가 있는 장소

　　㉡ 터널 지보공(支保工)의 보강작업 또는 보수작업을 하고 있는 장소로서 낙반 또는 낙석 등에 의하여 근로자에게 위험을 미칠 우려가 있는 장소

⑪ 토사·암석 등의 붕괴 또는 낙하로 인하여 근로자에게 위험을 미칠 우려가 있는 토사 등의 굴착작업 또는 채석작업을 하는 장소 및 그 아래 장소

⑫ 암석 채취를 위한 굴착작업, 채석에서 암석을 분할가공하거나 운반하는 작업, 그 밖에 이러한 작업에 수반한 작업(이하 "채석작업"이라 한다)을 하는 경우에는 운전 중인 굴착기계·분할기계·적재기계 또는 운반기계에 접촉함으로써 근로자에게 위험을 미칠 우려가 있는 장소

⑬ 해체작업을 하는 장소

⑭ 하역작업을 하는 경우에는 쌓아 놓은 화물이 무너지거나 화물이 떨어져 근로자에게 위험을 미칠 우려가 있는 장소

⑮ 다음 각 목의 항만하역작업 장소

　　㉠ 해치커버(해치보드 및 해치빔 포함)의 개폐·설치 또는 해체작업을 하고 있어 해치 보드 또는 해치빔 등이 떨어져 위험을 미칠 우려가 있는 장소

　　㉡ 양화장치 붐이 넘어짐으로써 근로자에게 위험을 미칠 우려가 있는 장소

ⓒ 양화장치, 데릭(derrick), 크레인, 이동식 크레인에 매달린 화물이 떨어져 근로자에게 위험을 미칠 우려가 있는 장소

⑯ 벌목, 목재의 집하 또는 운반 등의 작업을 하는 경우에는 벌목한 목재 등이 아래 방향으로 굴러 떨어지는 등의 위험이 발생할 우려가 있는 장소

⑰ 양화장치 등을 사용하여 화물의 적하[부두 위의 화물에 혹(hook)을 걸어 선내에 적재하기까지의 작업을 말한다] 또는 양하(선 내의 화물을 부두 위에 내려 놓고 혹을 풀기까지의 작업을 말한다)를 하는 경우에는 통행하는 근로자에게 화물이 떨어지거나 충돌할 우려가 있는 장소

⑱ 굴착기 붐·암·버킷 등의 선회에 의하여 위험을 미칠 우려가 있는 장소

05 기계 ·설비의 배치시 옥내통로 및 계단의 안전조건에 대하여 설명하시오.

해설

1. 옥내통로의 안전 조건

(1) 통로의 조명 (산기규 제21조)

* 사업주는 근로자가 안전하게 통행할 수 있도록 통로에 75럭스 이상의 채광 또는 조명시설을 하여야 한다. 다만, 갱도 또는 상시 통행을 하지 아니하는 지하실 등을 통행하는 근로자에게 휴대용 조명기구를 사용하도록 한 경우에는 그러하지 아니하다.

(2) 통로의 설치 (산기규 제22조)

① 사업주는 작업장으로 통하는 장소 또는 작업장 내에 근로자가 사용할 안전한 통로를 설치하고 항상 사용할 수 있는 상태로 유지하여야 한다.

② 사업주는 통로의 주요 부분에 통로표시를 하고, 근로자가 안전하게 통행할 수 있도록 하여야 한다.

③ 사업주는 통로면으로부터 높이 2m 이내에는 장애물이 없도록 하여야 한다. 다만, 부득이하게 통로면으로부터 높이 2m 이내에 장애물을 설치할 수 밖에 없거나 통로면으로부터 높이 2m 이내의 장애물을 제거하는 것이 곤란하다고 고용노동부장관이 인정하는 경우에는 근로자에게 발생할 수 있는 부상 등의 위험을 방지하기 위한 안전 조치를 하여야 한다.

(3) 가설통로의 구조 (산기규 제23조)

① 견고한 구조로 할 것

② 경사는 30도 이하로 할 것. 다만, 계단을 설치하거나 높이 2m 미만의 가설통로로서 튼튼한 손잡이를 설치한 경우에는 그러하지 아니하다.

③ 경사가 15도를 초과하는 경우에는 미끄러지지 아니하는 구조로 할 것

④ 추락할 위험이 있는 장소에는 안전난간을 설치할 것. 다만, 작업상 부득이한 경우에는 필요한 부분만 임시로 해체할 수 있다.

⑤ 수직갱에 가설된 통로의 길이가 15m 이상인 경우에는 10m 이내마다 계단참을 설치할 것

⑥ 건설공사에 사용하는 높이 8m 이상인 비계다리에는 7m 이내마다 계단참을 설치할 것

(4) 사다리식 통로 등의 구조 (산기규 제24조)

① 견고한 구조로 할 것   ② 심한 손상·부식 등이 없는 재료를 사용할 것

③ 발판의 간격은 일정하게 할 것

④ 발판과 벽과의 사이는 15cm 이상의 간격을 유지할 것

⑤ 폭은 30cm 이상으로 할 것

⑥ 사다리가 넘어지거나 미끄러지는 것을 방지하기 위한 조치를 할 것

⑦ 사다리의 상단은 걸쳐 놓은 지점으로부터 60cm 이상 올라가도록 할 것

⑧ 사다리식 통로의 길이가 10m 이상인 경우에는 5m 이내마다 계단참을 설치할 것

⑨ 사다리식 통로의 기울기는 75도 이하로 할 것. 다만, 고정식 사다리식 통로의 기울기는 90도 이하로 하고, 그 높이가 7m 이상인 경우에는 다음 각 목의 구분에 따른 조치를 할 것 <개정 2024. 6. 28>

　가. 등받이울이 있어도 근로자 이동에 지장이 없는 경우 : 바닥으로부터 높이가 2.5m 되는 지점부터 등받이울을 설치할 것

　나. 등받이울이 있으면 근로자가 이동이 곤란한 경우 : 한국산업표준에서 정하는 기준에 적합한 개인용 추락 방지 시스템을 설치하고 근로자로 하여금 한국산업표준에서 정하는 기준에 적합한 전신안전대를 사용하도록 할 것

⑩ 접이식 사다리 기둥은 사용 시 접혀지거나 펼쳐지지 않도록 철물 등을 사용하여 견고하게 조치할 것

(5) 갱내통로 등의 위험 방지 (산기규 제25조)

* 사업주는 갱내에 설치한 통로 또는 사다리식 통로에 권상장치가 설치된 경우 권상장치와 근로자의 접촉에 의한 위험이 있는 장소에 판자벽이나 그 밖에 위험방지를 위한 격벽을 설치하여야 한다.

2. 계단의 안전 조건

(1) 계단의 강도 (산기규 제26조)

① 사업주는 계단 및 계단참을 설치하는 경우 매m^2당 500kg 이상의 하중에 견딜 수 있는 강도를 가진 구조로 설치하여야 하며, 안전율은 4 이상으로 해야 한다.

② 사업주는 계단 및 승강구 바닥을 구멍이 있는 재료로 만드는 경우 렌치나 그 밖의 공구 등이 낙하할 위험이 없는 구조로 하여야 한다.

(2) 계단의 폭 (산기규 제27조)

① 사업주는 계단을 설치하는 경우 그 폭을 1m 이상으로 하여야 한다. 다만, 급유용·보수용·비상용 계단 및 나선형 계단이거나 높이 1m 미만의 이동식 계단인 경우에는 그러하지 아니하다.

② 사업주는 계단에 손잡이 외의 다른 물건 등을 설치하거나 쌓아 두어서는 아니 된다.

(3) 계단참의 설치 (산기규 제28조)

* 사업주는 높이가 3m를 초과하는 계단에 높이 3m 이내마다 진행방향으로 길이 1.2m 이상의 계단참을 설치해야 한다. <개정 2023. 11. 14>

(4) 천장의 높이 (산기규 제29조)

* 사업주는 계단을 설치하는 경우 바닥면으로부터 높이 2m 이내의 공간에 장애물이 없도록 하여야 한다. 다만, 급유용·보수용·비상용 계단 및 나선형 계단인 경우에는 그러하지 아니하다.

(5) 계단의 난간 (산기규 제30조)

* 사업주는 높이 1m 이상인 계단의 개방된 측면에 안전난간을 설치하여야 한다.

보호구

01 산업안전보건기준에 관한 규칙 제32조 "보호구의 지급 등"에서 정하고 있는 보호구를 지급하여야 하는 10가지 작업과 그 작업조건에 맞는 보호구를 설명하시오.

해설

○ **보호구의 지급 등** (산기규 제32조)

* 사업주는 다음 각 호의 어느 하나에 해당하는 작업을 하는 근로자에 대해서는 다음 각 호의 구분에 따라 그 작업조건에 맞는 보호구를 작업하는 근로자 수 이상으로 지급하고 착용하도록 하여야 한다. <개정 2024. 6. 28>

1. 물체가 떨어지거나 날아올 위험, 근로자가 추락할 위험이 있는 작업 : 안전모

2. 높이 또는 깊이 2m 이상의 추락할 위험이 있는 장소에서 하는 작업 : 안전대

3. 물체의 낙하·충격, 물체에의 끼임, 감전 또는 정전기의 대전에 의한 위험이 있는 작업 : 안전화

4. 물체가 흩날릴 위험이 있는 작업 : 보안경

5. 용접 시 불꽃이나 물체가 흩날릴 위험이 있는 작업 : 보안면

6. 감전의 위험이 있는 작업 : 절연용 보호구

7. 고열에 의한 화상 등의 위험이 있는 작업 : 방열복

8. 선창 등에서 분진이 심하게 발생하는 하역작업 : 방진마스크

9. -18℃ 이하인 급냉동어창에서 하는 하역작업 : 방한모·방한복·방한화·방한장갑

10. 물건을 운반하거나 수거·배달하기 위하여 「자동차관리법」에 따른 이륜자동차를 운행하는 작업 : 「도로교통법 시행규칙」에 적합한 승차용 안전모

11. 물건을 운반하거나 수거·배달하기 위해 「도로교통법」에 따른 자전거 등을 운행하는 작업 : 「도로교통법 시행규칙」의 기준에 적합한 안전모

제 6 장

02 산업용 로봇의 작업시작 전 점검사항을 기술하라.

[해설]

○ **산업용 로봇의 작업시작 전 점검사항** (산기규 제35조 관련 별표 3)

① 외부 전선의 피복 또는 외장의 손상 유무

② 매니퓰레이터(manipulator) 작동의 이상 유무

③ 제동장치 및 비상정지장치의 기능

○ **추가적 확인사항**

① 접촉장비를 위한 설비와 산업용 로봇과의 인터록의 기능

② 관련기기와 산업용 로봇과의 인터록 기능

③ 공급전압, 공급유압 및 공급공압의 이상 유무

④ 작동의 이상 유무 ⑤ 이상음 및 이상 진동의 유무

관리감독자의 직무 등

01 공기압축기 작업시작에 앞서 점검사항에 대해 기술하시오.

[해설]

1. 공기압축기의 정의

* 압축기 중 공기를 압축하는 것이 공기압축기이고, 산업안전보건법상의 정의는 공기의 사용을 위해 피스톤, 임펠러, 스크류 등에 의하여 공기를 필요한 압력으로 압축시켜 탱크에 저장하는 공기기계를 말하며, 산업안전보건법의 적용을 받는 공기압축기는 중기관리법의 적용을 받는 것을 제외하고 게이지압력 $2kgf/cm^2$ 이상인 것으로 공기(압력)탱크의 내경이 200mm 이상 또는 길이가 1,000mm 이상으로서 동력에 의하여 구동되는 공기압축기에 한한다.

* 한편, 압축기의 정의로 제시되어 있 KOSHA 기준도 있다. 압축기(Compressor)는 기체를 압축하고 압축 후의 압력이 압축전의 기체 압력의 2배 이상, 또는 압축 후의 토출압력이 약 $1×105Pa$ 이상되는 유체기계이다(KOSHA Guide G-52-2017).

2. 작업시작 전 점검사항 (산기규 제35조 관련 별표 3)

① 공기저장 압력용기의 외관 상태

② 드레인밸브(drain valve)의 조작 및 배수

③ 압력방출장치의 기능 ④ 언로드밸브(unloading valve)의 기능

⑤ 윤활유의 상태 ⑥ 회전부의 덮개 또는 울 ⑦ 그 밖의 연결 부위의 이상 유무

(02) 동력으로 작동되는 기계·기구로서 고용노동부령으로 정하는 기계·기구·설비 및 방호장치·보호구 등의 사용제한 4가지를 설명하시오.

[해설]

○ **사용의 제한** (산기규 제36조)

* 사업주는 ① 산안법 제80조(유해하거나 위험한 기계·기구에 대한 방호조치)에 따른 방호조치(1. 작동 부분에 돌기 부분이 있는 것, 2. 동력전달 부분 또는 속도조절 부분이 있는 것, 3. 회전기계에 물체 등이 말려 들어갈 부분이 있는 것), 법 제81조(기계·기구 등의 대여자 등의 조치)에 따른 방호조치(대통령령으로 정하는 기계·기구·설비 또는 건축물 등을 타인에게 대여하거나 대여받는 자는 필요한 안전조치 및 보건조치)를 하지 않거나, ② 산안법 제83조(안전인증기준)에 따른 안전인증기준, ③ 산안법 제89조(자율안전확인의 신고)에 따른 자율안전기준, ④ 산안법 제93조(안전검사)에 따른 안전검사기준에 적합하지 않은 기계·기구·설비 및 방호장치·보호구 등을 사용해서는 아니 된다.

(03) 산업안전보건기준에 관한 규칙에서 근로자의 위험을 방지하기 위한 다음의 내용을 설명하시오.

1) 사전조사 및 작업계획서를 작성하고 그 계획에 따라 작업을 하여야 하는 작업의 종류(13가지)

2) 중량물취급 작업계획서에 포함되어야 할 내용(5가지)

[해설]

1. 사전조사 및 작업계획서의 작성 대상 작업의 종류 (산기규 제38조)

① 타워크레인을 설치·조립·해체하는 작업

② 차량계 하역운반기계 등을 사용하는 작업(화물자동차를 사용하는 도로상의 주행작업은 제외한다)

③ 차량계 건설기계를 사용하는 작업

④ 화학설비와 그 부속설비를 사용하는 작업

⑤ 전기작업(해당 전압이 50V를 넘거나 전기에너지가 250VA를 넘는 경우로 한정한다)

⑥ 굴착면의 높이가 2m 이상이 되는 지반의 굴착작업(이하 "굴착작업"이라 한다)

⑦ 터널굴착작업

⑧ 교량(상부구조가 금속 또는 콘크리트로 구성되는 교량으로서 그 높이가 5m 이상이거나 교량의 최대 지간 길이가 30m 이상인 교량으로 한정한다)의 설치·해체 또는 변경 작업

⑨ 채석작업 ⑩ 건물 등의 해체작업 ⑪ 중량물의 취급작업

⑫ 궤도나 그 밖의 관련 설비의 보수·점검작업

⑬ 열차의 교환·연결 또는 분리 작업(이하 "입환작업"이라 한다)

2. 중량물취급 작업계획서에 포함되어야 할 내용(5가지)

① 추락위험을 예방할 수 있는 안전대책

② 낙하위험을 예방할 수 있는 안전대책

③ 전도위험을 예방할 수 있는 안전대책

④ 협착위험을 예방할 수 있는 안전대책

⑤ 붕괴위험을 예방할 수 있는 안전대책

비계

01 달기체인의 사용금지 기준을 산업안전보건기준에 관한 규칙에 근거하여 설명하시오.

[해설]

○ **달비계의 구조** (산기규 제63조)

* 다음 각 목의 어느 하나에 해당하는 달기 체인을 달비계에 사용해서는 아니 된다.

　① 달기 체인의 길이가 달기 체인이 제조된 때의 길이의 5%를 초과한 것

② 링의 단면지름이 달기 체인이 제조된 때의 해당 링의 지름의 10%를 초과하여 감소한 것

③ 균열이 있거나 심하게 변형된 것

기계·기구·설비 위험예방

01 산업안전보건기준에 관한 규칙에서 정하고 있는 양중기의 종류를 제시하고, 각 해당 기계를 설명하시오.

해설

1. 양중기의 정의 (산기규 제132조)

* 양중기란 다음 각 호의 기계를 말한다.
  ① 크레인 [호이스트(hoist)를 포함한다] ② 이동식 크레인
  ③ 리프트(이삿짐운반용 리프트의 경우는 적재하중이 0.1톤 이상인 것으로 한정)
  ④ 곤돌라 ⑤ 승강기

2. 양중기의 기계들의 의미

① "크레인"이란 동력을 사용하여 중량물을 매달아 상하 및 좌우(수평 또는 선회를 말한다)로 운반하는 것을 목적으로 하는 기계 또는 기계장치를 말하며, "호이스트"란 훅이나 그 밖의 달기구 등을 사용하여 화물을 권상 및 횡행 또는 권상동작만을 하여 양중하는 것을 말한다.

② "이동식 크레인"이란 원동기를 내장하고 있는 것으로서 불특정 장소에 스스로 이동할 수 있는 크레인으로 동력을 사용하여 중량물을 매달아 상하 및 좌우(수평 또는 선회를 말한다)로 운반하는 설비로서 「건설기계관리법」을 적용 받는 기중기 또는 「자동차관리법」에 따른 화물·특수자동차의 작업부에 탑재하여 화물운반 등에 사용하는 기계 또는 기계장치를 말한다.

③ "리프트"란 동력 사용으로 사람이나 화물을 운반하는 다음의 기계설비를 말한다.
  ㉠ 건설용 리프트 : 동력을 사용하여 가이드레일(운반구를 지지하여 상승 및 하강 동작을 안내하는 레일)을 따라 상하로 움직이는 운반구를 매달아 사람이나 화물을 운반할 수 있는 설비 또는 이와 유사한 구조 및 성능을 가진 것으로 건설현장에서 사용하는 것

ⓒ 산업용 리프트 : 동력을 사용하여 가이드레일을 따라 상하로 움직이는 운반구를 매달아 화물을 운반할 수 있는 설비 또는 이와 유사한 구조 및 성능을 가진 것으로 건설현장 외의 장소에서 사용하는 것

ⓒ 자동차정비용 리프트 : 동력을 사용하여 가이드레일을 따라 움직이는 지지대로 자동차 등을 일정한 높이로 올리거나 내리는 구조의 리프트로서 자동차 정비에 사용하는 것

ⓔ 이삿짐운반용 리프트 : 연장 및 축소가 가능하고 끝단을 건축물 등에 지지하는 구조의 사다리형 붐에 따라 동력을 사용하여 움직이는 운반구를 매달아 화물을 운반하는 설비로서 화물자동차 등 차량 위에 탑재하여 이삿짐 운반 등에 사용하는 것

④ "곤돌라"란 달기발판 또는 운반구, 승강장치, 그 밖의 장치 및 이들에 부속된 기계부품에 의하여 구성되고, 와이어로프 또는 달기강선에 의하여 달기발판 또는 운반구가 전용 승강장치에 의하여 오르내리는 설비를 말한다.

⑤ "승강기"란 건축물이나 고정된 시설물에 설치되어 일정한 경로에 따라 사람이나 화물을 승강장으로 옮기는 데에 사용되는 설비로서 다음 각 목의 것을 말한다.

ⓐ 승객용 엘리베이터 : 사람의 운송에 적합하게 제조·설치된 엘리베이터

ⓑ 승객화물용 엘리베이터 : 사람의 운송과 화물 운반을 겸용하는데 적합하게 제조·설치된 엘리베이터

ⓒ 화물용 엘리베이터 : 화물 운반에 적합하게 제조·설치된 엘리베이터로서 조작자 또는 화물취급자 1명은 탑승할 수 있는 것(적재용량이 300kg 미만인 것은 제외한다)

ⓓ 소형화물용 엘리베이터 : 음식물이나 서적 등 소형 화물의 운반에 적합하게 제조·설치된 엘리베이터로서 사람의 탑승이 금지된 것

ⓔ 에스컬레이터 : 일정한 경사로 또는 수평로를 따라 위·아래 또는 옆으로 움직이는 디딤판을 통해 사람이나 화물을 승강장으로 운송시키는 설비

02 벨트 컨베이어(Belt Conveyor)의 작업시작 전 점검항목 및 안전대책에 대해 설명하시오.

해설

1. 컨베이어 작업시작 전 점검사항 (산기규 제35조 관련 별표 3)

① 원동기 및 풀리(pulley) 기능의 이상 유무

② 이탈 등의 방지장치 기능의 이상 유무 ③ 비상정지장치 기능의 이상 유무

④ 원동기·회전축·기어 및 풀리 등의 덮개 또는 울 등의 이상 유무

2. 컨베이어의 산업안전보건 기준

(1) 이탈 등의 방지 (산기규 제191조)

* 사업주는 컨베이어, 이송용 롤러 등을 사용하는 경우에는 정전·전압강하 등에 따른 화물 또는 운반구의 이탈 및 역주행을 방지하는 장치를 갖추어야 한다. 다만, 무동력상태 또는 수평상태로만 사용하여 근로자가 위험해질 우려가 없는 경우에는 그러하지 아니하다.

(2) 비상정지장치 (산기규 제192조)

* 사업주는 컨베이어 등에 해당 근로자의 신체의 일부가 말려드는 등 근로자가 위험해질 우려가 있는 경우 및 비상시에는 즉시 컨베이어 등의 운전을 정지시킬 수 있는 장치를 설치하여야 한다. 다만, 무동력상태로만 사용하여 근로자가 위험해질 우려가 없는 경우에는 그러하지 아니하다.

(3) 낙하물에 의한 위험 방지 (산기규 제193조)

* 사업주는 컨베이어 등으로부터 화물이 떨어져 근로자가 위험해질 우려가 있는 경우에는 해당 컨베이어 등에 덮개 또는 울을 설치하는 등 낙하 방지를 위한 조치를 하여야 한다.

(4) 트롤리 컨베이어 (산기규 제194조)

* 사업주는 트롤리 컨베이어(trolley conveyor)를 사용하는 경우에는 트롤리와 체인·행거(hanger)가 쉽게 벗겨지지 않도록 서로 확실하게 연결하여 사용하도록 하여야 한다.

(5) 통행의 제한 등 (산기규 제195조)

① 사업주는 운전 중인 컨베이어 등의 위로 근로자를 넘어가도록 하는 경우에는 위험을 방지하기 위하여 건널다리를 설치하는 등 필요한 조치를 하여야 한다.

② 사업주는 동일선상에 구간별 설치된 컨베이어에 중량물을 운반하는 경우에는 중량물 충돌에 대비한 스토퍼를 설치하거나 작업자 출입을 금지하여야 한다.

03 타워크레인에 대한 작업계획서 작성 시 포함되어야 할 내용과 강풍 시 작업제한 등에 대하여 설명하시오.

[해설]

1. 타워크레인 작업계획서의 작성 (산기규 제38조 관련 별표 4)

① 타워크레인의 종류 및 형식

② 설치·조립 및 해체 순서

③ 작업도구·장비·가설설비 및 방호설비

④ 작업인원의 구성 및 작업근로자의 역할 범위

⑤ 타워크레인의 지지 방법

2. 강풍 시 타워크레인의 작업제한

(1) 악천후 및 강풍 시 작업 중지 (산기규 제37조)

① 사업주는 비·눈·바람 또는 그 밖의 기상상태의 불안정으로 인하여 근로자가 위험해질 우려가 있는 경우 작업을 중지하여야 한다. 다만, 태풍 등으로 위험이 예상되거나 발생되어 긴급 복구작업을 필요로 하는 경우에는 그러하지 않다.

② 사업주는 순간풍속이 초당 10m를 초과하는 경우 타워크레인의 설치·수리·점검 또는 해체 작업을 중지하여야 하며, 순간풍속이 초당 15m를 초과하는 경우에는 타워크레인의 운전작업을 중지하여야 한다

(2) 폭풍에 의한 이탈 방지 (산기규 제140조)

＊ 사업주는 순간풍속이 초당 30m를 초과하는 바람이 불어올 우려가 있는 경우 옥외에 설치되어 있는 주행 크레인에 대하여 이탈방지장치를 작동시키는 등 이탈방지를 위한 조치를 하여야 한다.

(3) 붕괴 등의 방지 (산기규 제154조)

① 사업주는 지반침하, 불량한 자재사용 또는 헐거운 결선 등으로 리프트가 붕괴되거나 넘어지지 않도록 필요한 조치를 하여야 한다.

② 사업주는 순간풍속이 초당 35m를 초과하는 바람이 불어올 우려가 있는 경우 건설용 리프트(지하에 설치되어 있는 것은 제외한다)에 대하여 받침의 수를 증가시키는 등 그 붕괴 등의 방지 조치를 하여야 한다. <개정 2022. 10. 18>

(04) 차량계 운반기계의 작업계획서에 포함되어야 할 항목을 쓰시오.

[해설]

1. 차량계 하역운반기계 작업의 작업계획서 포함 항목 (산기규 제38조 관련 별표 4)

① 해당 작업에 따른 추락·낙하·전도·협착 및 붕괴 등의 위험 예방대책

② 차량계 하역운반기계 등의 운행경로 및 작업방법

2. 사전조사 및 작업계획서의 작성 대상 작업 (산기규 제38조)

① 타워크레인을 설치·조립·해체하는 작업

② 차량계 하역운반기계 등을 사용하는 작업(화물자동차를 사용하는 도로상의 주행작업은 제외한다)

③ 차량계 건설기계를 사용하는 작업

④ 화학설비와 그 부속설비를 사용하는 작업

⑤ 전기작업(해당 전압이 50V를 넘거나 전기에너지가 250VA를 넘는 경우로 한정)

⑥ 굴착면의 높이가 2m 이상이 되는 지반의 굴착작업

⑦ 터널굴착작업

⑧ 교량(상부구조가 금속 또는 콘크리트로 구성되는 교량으로서 그 높이가 5m 이상이거나 교량의 최대 지간 길이가 30m 이상인 교량으로 한정한다)의 설치·해체 또는 변경 작업

⑨ 채석작업

⑩ 구축물, 건축물, 그 밖의 시설물 등의 해체작업

⑪ 중량물의 취급작업

⑫ 궤도나 그 밖의 관련 설비의 보수·점검작업

⑬ 열차의 교환·연결 또는 분리 작업(입환작업)

05 보일러에서 압력방출장치와 압력제한장치를 비교 ·설명하시오.

[해설]

1. 압력제한장치 (압력제한스위치)

① 최고사용압력과 상용압력 사이에서 보일러의 파열을 방지하기 위하여 버너의 연소를 차단하여 열원을 제거 (산기규 제117조)

② 보일러의 압력계가 설치된 배관상에 설치

③ 압력제한스위치는 압력방출장치(안전밸브)보다 낮은 압력에서 작동된다.

[사진 1] 압력제한스위치　　　　　[사진 2] 압력방출장치

2. 압력방출장치 (산기규 제264조)

① 보일러 내의 과다한 압력상승을 막아 보일러의 파열을 방지하기 위해 설치

② 최소 1개 또는 2개 이상 설치하고 2개 이상 설치할 경우에는 한 개는 최고사용압력 이하에서 작동하게 하고 다른 안전밸브는 최고사용압력의 1.05배 이하에서 작동되도록 한다.

③ 종류에는 압력중추식, 지렛대식, 스프링식이 있다.

06 산업안전보건기준에 관한 규칙에 의하여 사업주가 실시하는 원동기, 회전축 등의 위험방지 사항을 3가지 쓰시오.

[해설]

○ 원동기 · 회전축 등의 위험 방지 (산기규 제87조)

① 사업주는 기계의 원동기 · 회전축 · 기어 · 풀리 · 플라이휠 · 벨트 및 체인 등 근로자가 위험에 처할 우려가 있는 부위에 덮개 · 울 · 슬리브 및 건널다리 등을 설치하여야 한다.

② 사업주는 회전축·기어·풀리 및 플라이휠 등에 부속되는 키·핀 등의 기계요소는 묻힘형으로 하거나 해당 부위에 덮개를 설치하여야 한다.

③ 사업주는 벨트의 이음 부분에 돌출된 고정구를 사용해서는 아니 된다.

④ 사업주는 제1항의 건널다리에는 안전난간 및 미끄러지지 아니하는 구조의 발판을 설치하여야 한다.

⑤ 사업주는 연삭기 또는 평삭기의 테이블, 형삭기 램 등의 행정끝이 근로자에게 위험을 미칠 우려가 있는 경우에 해당 부위에 덮개 또는 울 등을 설치하여야 한다.

⑥ 사입주는 선반 등으로부터 돌출하여 회전하고 있는 가공물이 근로사에게 위험을 미칠 우려가 있는 경우에 덮개 또는 울 등을 설치하여야 한다.

⑦ 사업주는 원심기에는 덮개를 설치하여야 한다.

⑧ 사업주는 분쇄기·파쇄기·마쇄기·미분기·혼합기 및 혼화기 등을 가동하거나 원료가 흩날리거나 하여 근로자가 위험해질 우려가 있는 경우 해당 부위에 덮개를 설치하는 등 필요한 조치를 해야 하며, 분쇄기 등의 가동 중 덮개를 열어야 하는 경우에는 다음 각 호의 어느 하나 이상에 해당하는 조치를 해야 한다. <개정 2024. 6. 28>

1. 근로자가 덮개를 열기 전에 분쇄기 등의 가동을 정지하도록 할 것

2. 분쇄기 등과 덮개 간에 연동장치를 설치하여 덮개가 열리면 분쇄기 등이 자동으로 멈추도록 할 것

3. 분쇄기 등에 광전자식 방호장치 등 감응형(感應形) 방호장치를 설치하여 근로자의 신체가 위험한계에 들어가게 되면 분쇄기 등이 자동으로 멈추도록 할 것

⑨ 사업주는 근로자가 분쇄기 등의 개구부로부터 가동 부분에 접촉함으로써 위해(危害)를 입을 우려가 있는 경우 덮개 또는 울 등을 설치해야 하며, 분쇄기 등의 가동 중 덮개 또는 울 등을 열어야 하는 경우에는 다음 각 호의 어느 하나 이상에 해당하는 조치를 해야 한다. <개정 2024. 6. 28.>

1. 근로자가 덮개 또는 울 등을 열기 전에 분쇄기 등의 가동을 정지하도록 할 것

2. 분쇄기 등과 덮개 또는 울 등 간에 연동장치를 설치하여 덮개 또는 울 등이 열리면 분쇄기 등이 자동으로 멈추도록 할 것

3. 분쇄기 등에 광전자식 방호장치 등 감응형 방호장치를 설치하여 근로자의 신체가 위험한계에 들어가게 되면 분쇄기 등이 자동으로 멈추도록 할 것

⑩ 사업주는 종이·천·비닐 및 와이어 로프 등의 감김통 등에 의하여 근로자가 위험해질 우려가 있는 부위에 덮개 또는 울 등을 설치하여야 한다.

제
6
장

⑪ 사업주는 압력용기 및 공기압축기 등에 부속하는 원동기·축이음·벨트·풀리의 회전 부위 등 근로자가 위험에 처할 우려가 있는 부위에 덮개 또는 울 등을 설치하여야 한다.

07 양중기(건설기계)의 일종으로 동력을 사용하는 리프트(Lift)의 종류를 기술하고, 특히 건설현장에서 많이 사용하는 건설용 리프트의 안전대책을 설명하시오.

[해설]

1. 리프트의 종류

* "리프트"란 동력을 사용하여 사람이나 화물을 운반하는 것을 목적으로 하는 기계 설비로서 다음 각 목의 것을 말한다(산기규 제132조).

① 건설용 리프트 : 동력을 사용하여 가이드레일(운반구를 지지하여 상승 및 하강 동작을 안내하는 레일)을 따라 상하로 움직이는 운반구를 매달아 사람이나 화물을 운반할 수 있는 설비 또는 이와 유사한 구조 및 성능을 가진 것으로 건설현장에서 사용하는 것

② 산업용 리프트 : 동력을 사용하여 가이드레일을 따라 상하로 움직이는 운반구를 매달아 화물을 운반할 수 있는 설비 또는 이와 유사한 구조 및 성능을 가진 것으로 건설현장 외의 장소에서 사용하는 것

③ 자동차정비용 리프트 : 동력을 사용하여 가이드레일을 따라 움직이는 지지대로 자동차 등을 일정한 높이로 올리거나 내리는 구조의 리프트로서 자동차 정비에 사용하는 것

④ 이삿짐운반용 리프트 : 연장 및 축소가 가능하고 끝단을 건축물 등에 지지하는 구조의 사다리형 붐에 따라 동력을 사용하여 움직이는 운반구를 매달아 화물을 운반하는 설비로서 화물자동차 등 차량 위에 탑재하여 이삿짐 운반 등에 사용하는 것

2. 리프트의 안전기준

(1) 권과 방지 등 (산기규 제151조)

* 리프트(자동차정비용 리프트는 제외한다)의 운반구 이탈 등의 위험을 방지하기 위하여 권과방지장치, 과부하방지장치, 비상정지장치 등을 설치하는 등 필요한 조치를 하여야 한다.

(2) 무인작동의 제한 (산기규 제152조)

① 운반구의 내부에만 탑승조작장치가 설치되어 있는 리프트를 사람이 탑승하지 아니한 상태로 작동하게 해서는 아니 된다.

② 리프트 조작반에 잠금장치를 설치하는 등 관계 근로자가 아닌 사람이 리프트를 임의로 조작함으로써 발생하는 위험을 방지하기 위하여 필요한 조치를 하여야 한다.

(3) 피트 청소 시의 조치 (산기규 제153조)

* 리프트의 피트 등의 바닥을 청소하는 경우 운반구의 낙하에 의한 근로자의 위험을 방지하기 위하여 다음 각 호의 조치를 하여야 한다.

① 승강로에 각재 또는 원목 등을 걸칠 것

② 제1호에 따라 걸친 각재 또는 원목 위에 운반구를 놓고 역회전방지기가 붙은 브레이크를 사용하여 구동모터 또는 윈치(winch)를 확실하게 제동해 둘 것

(4) 붕괴 등의 방지 (산기규 제154조)

① 지반침하, 불량한 자재사용 또는 헐거운 결선(結線) 등으로 리프트가 붕괴되거나 넘어지지 않도록 필요한 조치를 하여야 한다.

② 순간풍속이 초당 35m를 초과하는 바람이 불어올 우려가 있는 경우 건설용 리프트(지하에 설치되어 있는 것은 제외한다)에 대하여 받침의 수를 증가시키는 등 그 붕괴 등을 방지하기 위한 조치를 하여야 한다. <개정 2022. 10. 18>

(5) 운반구의 정지위치 (산기규 제155조)

* 리프트 운반구를 주행로 위에 달아 올린 상태로 정지시켜 두어서는 아니 된다.

(6) 조립 등의 작업 (산기규 제156조)

① 리프트의 설치·조립·수리·점검 또는 해체 작업을 하는 경우 다음 각 호의 조치를 하여야 한다.

㉠ 작업을 지휘하는 사람을 선임하여 그 사람의 지휘하에 작업을 실시할 것

㉡ 작업을 할 구역에 관계 근로자가 아닌 사람의 출입을 금지하고 그 취지를 보기 쉬운 장소에 표시할 것

㉢ 비, 눈, 그 밖에 기상상태의 불안정으로 날씨가 몹시 나쁜 경우에는 그 작업을 중지시킬 것

② 제1항의 작업을 지휘하는 사람에게 다음 각 호의 사항을 이행하도록 하여야 한다.

㉠ 작업방법과 근로자의 배치를 결정하고 해당 작업을 지휘하는 일

㉡ 재료 결함 유무 또는 기구 및 공구의 기능을 점검하고 불량품 제거하는 일

㉢ 작업 중 안전대 등 보호구의 착용 상황을 감시하는 일

(7) 이삿짐운반용 리프트 운전방법의 주지 (산기규 제157조)

* 이삿짐운반용 리프트를 사용하는 근로자에게 운전방법 및 고장이 났을 경우의 조치방법을 주지시켜야 한다.

(8) 이삿짐 운반용 리프트 전도의 방지 (산기규 제158조)

* 이삿짐 운반용 리프트를 사용하는 작업을 하는 경우 이삿짐 운반용 리프트의 전도를 방지하기 위하여 다음 각 호를 준수하여야 한다.

① 아웃트리거가 정해진 작동위치 또는 최대전개위치에 있지 않는 경우(아웃트리거 발이 닿지 않는 경우를 포함한다)에는 사다리 붐 조립체를 펼친 상태에서 화물 운반작업을 하지 않을 것

② 사다리 붐 조립체를 펼친 상태로 이삿짐 운반용 리프트를 이동시키지 말 것

③ 지반의 부동침하 방지 조치를 할 것

(9) 화물의 낙하 방지 (산기규 제159조)

* 이삿짐 운반용 리프트 운반구로부터 화물이 빠지거나 떨어지지 않도록 다음 각 호의 낙하방지 조치를 하여야 한다.

① 화물을 적재시 하중이 한쪽으로 치우치지 않도록 할 것

② 적재화물이 떨어질 우려가 있는 경우에는 화물에 로프를 거는 등 낙하 방지 조치를 할 것

3. 리프트의 방호장치

(1) 방호장치의 적용 구준

방호장치명	와이어로프식		랙 및 피니언식
	화물용	승객화물용	승객화물용
과부하방지장치 : 운반구	○	○	○
권과방지장치			
1차 : 전기식	○	○	○
2차 : 기계식			○
비상정지장치 : 스위치	○	○	○
출입문연동장치		○	○
낙하방지장치		○	○
안전고리			○
3상전원차단장치		○	○
방호울출입문연동장치	○	○	○

(2) 방호장치의 작동원리 및 설치기준

1) 과부하방지장치

* 운반구에 적재하중보다 1.1배 초과하여 적재 시 경보음이 울림과 동시에 리프트 작동이 되지 않도록 하는 안전장치이며, 기계식 또는 로드셀 등을 사용한 전자식이 있다.

2) 권과방지장치

가) 1차(전기식)

① 운반구가 승강로의 최상부 또는 최하부에 도달할 때 승강로에 부착된 캠에 의해서 리미트 스위치가 작동하여 리프트가 정지하도록 하는 장치

② 리미트 스위치는 운반구 내부에 고정하고, 상부리미트 캠은 상부승강로에, 하부리미트 캠은 하부승강로에 부착하며, 리미트 스위치 캠 설치위치는 현장여건에 맞게 조절하여 사용

나) 2차(기계식)

① 상부 리미트 스위치가 작동되지 않을 경우 운반구의 과상승으로 인한 추락을 방지하기 위해 운반구의 상승을 강제적으로 막는 스토퍼 장치

② 테이퍼랙 기어식, 강구조물 설치식, 롤러상승 제어방식 등이 있음

3) 비상정지장치

① 비상정지장치는 리프트의 작동 중 비상상태가 발생한 경우 운전자가 리프트의 작동을 중시시키도록 하는 장치임

② 일반적으로 리프트용 비상정지장치는 작동스위치보다 2~3배 큰 크기의 적색, 돌출형 스위치 사용

4) 출입문 연동장치

① 리프트의 입구문과 출입구문이 열린 상태에서는 리미트 스위치가 작동되어 리프트가 상승 또는 하강하지 못하도록 하는 장치

② 일반적으로 리미트 스위치를 사용하여 운반구의 입구문과 출구문에 각 1개씩 설치

③ 리미트 스위치는 낙하물 또는 외부충격에 견딜 수 있도록 덮개를 부착할 것

5) 낙하방지장치

* 원심력의 원리를 이용한 브레이크 장치의 일종으로 운반구가 과속으로 하강시 정지시키는 안전장치로서 아래의 조건을 만족시켜야 한다.

① 정격속도 30% 초과시 자동적으로 전원차단

② 정격속도 40% 초과하기 전 기계장치의 작동으로 운반구를 정지

6) 안전고리

* 랙 및 피니언식 건설용리프트에서 랙 및 피니언이나 가이드 롤러의 이상으로 운반구가 마스트로부터 이탈되는 것을 방지하기 위한 안전장치이며 아래의 조건이 만족되어야 한다.

① 일반적으로 운반구의 배면 프레임에 4개 설치

② 마스트 파이프와 안전고리의 조립간격은 5~10mm 정도를 유지

7) 충격완충장치

* 기계적 또는 전기적 이상으로 운반구가 멈추지 않고 계속 하강 시 운반구의 충격을 완화시켜 주기 위한 최후의 안전장치이며 아래의 조건이 만족되어야 한다.

  ① 적재하중 적재 후 정격속도의 1.4배로 낙하 시 운반구와 기초 프레임에 접촉충격이 크지 않도록 설치

  ② 일반적으로 스프링식을 가장 많이 사용하며, 승강속도가 고속인 경우에는 유압식을 사용

8) 3상전원 차단장치

* 비상시 3상전원을 차단하기 위하여 운반구 내부에 설치하는 안전장치이며, 전기식 권과방지장치가 오동작 또는 고장으로 인하여 정상기능을 발휘하지 못하거나 리프트 수리 및 조정 시 사용한다.

9) 방호울 출입문 연동장치

* 승강로 내에 작업자의 출입을 통제하여 안전을 확보토록 하는 안전장치이다.
* 방호울 출입문이 열려 있을 경우 전원을 자동으로 차단하는 전기식 장치를 설치하고 운반구가 상승해 있을 경우 방호울의 출입문이 열리지 않도록 하는 기계적 잠금장치를 설치한다.

---

(08) 현장에 설치된 크레인의 점검 시 법적 사항(산업안전보건기준에 관한 규칙)으로 반드시 점검·확인해야 할 점검항목을 5개 이상 열거하고 각각을 간략히 설명하시오.

[해설]

1. 정격하중 등의 표시 (산기규 제133조)

* 사업주는 크레인을 사용하여 작업하는 운전자 또는 작업자가 보기 쉬운 곳에 해당 기계의 정격하중, 운전속도, 경고표시 등을 부착하여야 한다.

2. 방호장치의 조정 (산기규 제134조)

① 양중기에 과부하방지장치, 권과방지장치, 비상정지장치 및 제동장치가 정상적으로 작동될 수 있도록 미리 조정해 두어야 한다.

② 크레인에 대한 권과방지장치는 훅·버킷 등 달기구의 윗면(그 달기구에 권상용 도르래가 설치된 경우에는 권상용 도르래의 윗면)이 드럼, 상부 도르래, 트롤리프레임 등 권상장치의 아랫면과 접촉할 우려가 있는 경우에 그 간격이 0.25m 이상(직동식 권과방지장치는 0.05m 이상으로 한다)이 되도록 조정하여야 한다.

3. 과부하의 제한 등 (산기규 제135조)

* 크레인에 그 적재하중을 초과하는 하중을 걸어서 사용하도록 해서는 아니 된다.

4. 안전밸브의 조정 (산기규 제136조)

* 유압을 동력으로 사용하는 크레인의 과도한 압력상승을 방지하기 위한 안전밸브에 대하여 정격하중(지브 크레인은 최대의 정격하중으로 한다)을 건 때의 압력 이하로 작동되도록 조정하여야 한다. 다만, 하중시험 또는 안전도시험을 하는 경우 그러하지 아니하다.

5. 해지장치의 사용 (산기규 제137조)

* 훅걸이용 와이어로프 등이 훅으로부터 벗겨지는 것을 방지하기 위한 해지장치를 구비한 크레인을 사용하여야 하며, 그 크레인을 사용하여 짐을 운반하는 경우에는 해지장치를 사용하여야 한다.

6. 경사각의 제한 (산기규 제138조)

* 지브 크레인을 사용하여 작업을 하는 경우에 크레인 명세서에 적혀 있는 지브의 경사각(인양하중이 3톤 미만인 지브 크레인의 경우에는 제조한 자가 지정한 지브의 경사각)의 범위에서 사용하도록 하여야 한다.

7. 크레인의 수리 등의 작업 (산기규 제139조)

① 같은 주행로에 병렬로 설치되어 있는 주행 크레인의 수리·조정 및 점검 등의 작업을 하는 경우, 주행로상이나 그 밖에 주행 크레인이 근로자와 접촉할 우려가 있는 장소에서 작업을 하는 경우 등에 주행 크레인끼리 충돌하거나 주행 크레인이 근로자와 접촉할 위험을 방지하기 위하여 감시인을 두고 주행로상에 스토퍼(stopper)를 설치하는 등 위험 방지 조치를 하여야 한다.

② 갠트리 크레인 등과 같이 작업장 바닥에 고정된 레일을 따라 주행하는 크레인의 새들(saddle) 돌출부와 주변 구조물 사이의 안전공간이 40cm 이상 되도록 바닥에 표시를 하는 등 안전공간을 확보하여야 한다.

8. 폭풍에 의한 이탈 방지 (산기규 제140조)

* 순간풍속이 초당 30m를 초과하는 바람이 불어올 우려가 있는 경우 옥외에 설치되어 있는 주행 크레인에 대하여 이탈방지장치를 작동시키는 등 이탈 방지를 위한 조치를 하여야 한다.

9. 조립 등의 작업 시 조치사항 (산기규 제141조)

* 크레인의 설치·조립·수리·점검 또는 해체 작업을 하는 경우 다음 각 호의 조치를 하여야 한다.
  ① 작업순서를 정하고 그 순서에 따라 작업을 할 것
  ② 작업을 할 구역에 관계 근로자가 아닌 사람의 출입을 금지하고 그 취지를 보기 쉬운 곳에 표시할 것
  ③ 비, 눈, 그 밖에 기상상태의 불안정으로 날씨가 몹시 나쁜 경우에는 그 작업을 중지시킬 것
  ④ 작업장소는 안전한 작업이 이루어질 수 있도록 충분한 공간을 확보하고 장애물이 없도록 할 것
  ⑤ 들어올리거나 내리는 기자재는 균형을 유지하면서 작업을 하도록 할 것
  ⑥ 크레인의 성능, 사용조건 등에 따라 충분한 응력을 갖는 구조로 기초를 설치하고 침하 등이 일어나지 않도록 할 것
  ⑦ 규격품인 조립용 볼트를 사용하고 대칭되는 곳을 차례로 결합하고 분해할 것

10. 타워크레인의 지지 (산기규 제142조)

① 타워크레인을 자립고(自立高) 이상의 높이로 설치하는 경우 건축물 등의 벽체에 지지하도록 하여야 한다. 다만, 지지할 벽체가 없는 등 부득이한 경우에는 와이어로프에 의하여 지지할 수 있다.
② 타워크레인을 벽체에 지지하는 경우 다음 각 호의 사항을 준수하여야 한다.
  1. 「산업안전보건법 시행규칙」에 따른 서면심사 서류(건설기계관리법에 따른 형식승인서류 포함) 또는 제조사 설치작업설명서 등에 따라 설치할 것

2. 제1호의 서면심사 서류 등이 없거나 명확하지 아니한 경우에는 「국가기술자격법」에 따른 건축구조·건설기계·기계안전·건설안전기술사 또는 건설안전분야 산업안전지도사의 확인을 받아 설치하거나 기종별·모델별 공인된 표준방법으로 설치할 것

3. 콘크리트구조물에 고정시키는 경우에는 매립이나 관통 또는 이와 같은 수준 이상의 방법으로 충분히 지지되도록 할 것

4. 건축 중인 시설물에 지지하는 경우에는 그 시설물의 구조적 안정성에 영향이 없도록 할 것

③ 사업주는 타워크레인을 와이어로프로 지지하는 경우 다음 사항을 준수해야 한다.

1. 제2항 제1호 또는 제2호의 조치를 취할 것 <개정 2022. 10. 18>

2. 와이어로프를 고정하기 위한 전용 지지프레임을 사용할 것

3. 와이어로프 설치각도는 수평면에서 60도 이내로 하되, 지지점은 4개소 이상으로 하고, 같은 각도로 설치할 것

4. 와이어로프와 그 고정부위는 충분한 강도와 장력을 갖도록 설치하고, 와이어로프를 클립·샤클(shackle, 연결고리) 등의 고정기구를 사용하여 견고하게 고정시켜 풀리지 않도록 하며, 사용 중에는 충분한 강도와 장력을 유지하도록 할 것. 이 경우 클립·샤클 등의 고정기구는 한국산업표준 제품이거나 한국산업표준이 없는 제품의 경우에는 이에 준하는 규격을 갖춘 제품이어야 한다.

5. 와이어로프가 가공전선(架空電線)에 근접하지 않도록 할 것

11. 폭풍 등으로 인한 이상 유무 점검 (산기규 제143조)

* 순간풍속이 초당 30m를 초과하는 바람이 불거나 중진(中震) 이상 진도의 지진이 있은 후에 옥외에 설치되어 있는 양중기를 사용하여 작업을 하는 경우에는 미리 기계 각 부위에 이상이 있는지를 점검하여야 한다.

12. 건설물 등과의 사이 통로 (산기규 제144조)

① 주행 크레인 또는 선회 크레인과 건설물 또는 설비와의 사이에 통로를 설치하는 경우 그 폭을 0.6m 이상으로 하여야 한다. 다만, 그 통로 중 건설물의 기둥에 접촉하는 부분에 대해서는 0.4m 이상으로 할 수 있다.

② 제1항에 따른 통로 또는 주행궤도 상에서 정비·보수·점검 등의 작업을 하는 경우 그 작업에 종사하는 근로자가 주행하는 크레인에 접촉될 우려가 없도록 크레인의 운전을 정지시키는 등 필요한 안전 조치를 하여야 한다.

13. 건설물 등의 벽체와 통로의 간격 등 (산기규 제145조)

* 사업주는 다음 각 호의 간격을 0.3m 이하로 하여야 한다. 다만, 근로자가 추락할 위험이 없는 경우에는 그 간격을 0.3m 이하로 유지하지 아니할 수 있다.
① 크레인의 운전실 또는 운전대를 통하는 통로의 끝과 건설물 등의 벽체의 간격
② 크레인 거더(girder)의 통로 끝과 크레인 거더의 간격
③ 크레인 거더의 통로로 통하는 통로의 끝과 건설물 등의 벽체의 간격

14. 크레인 작업 시의 조치 (산기규 제146조)

① 크레인을 사용하여 작업을 하는 경우 다음 각 호의 조치를 준수하고, 그 작업에 종사하는 관계 근로자가 그 조치를 준수하도록 하여야 한다.
1. 인양할 하물(荷物)을 바닥에서 끌어당기거나 밀어내는 작업을 하지 아니할 것
2. 유류드럼이나 가스통 등 운반 도중에 떨어져 폭발하거나 누출될 가능성이 있는 위험물 용기는 보관함(또는 보관고)에 담아 안전하게 매달아 운반할 것
3. 고정된 물체를 직접 분리·제거하는 작업을 하지 아니할 것
4. 미리 근로자의 출입을 통제하여 인양 중인 하물이 작업자의 머리 위로 통과하지 않도록 할 것
5. 인양할 하물이 보이지 아니하는 경우에는 어떠한 동작도 하지 아니할 것(신호하는 사람에 의하여 작업을 하는 경우는 제외한다)

② 조종석이 설치되지 아니한 크레인에 대하여 다음 각 호의 조치를 하여야 한다.
1. 고용노동부장관이 고시하는 크레인의 제작기준과 안전기준에 맞는 무선원격제어기 또는 펜던트 스위치를 설치·사용할 것
2. 무선원격제어기 또는 펜던트 스위치를 취급하는 근로자에게는 작동요령 등 안전조작에 관한 사항을 충분히 주지시킬 것

③ 타워크레인을 사용하여 작업을 하는 경우 타워크레인마다 근로자와 조종 작업을 하는 사람 간에 신호업무를 담당하는 사람을 각각 두어야 한다.

제6장

15. 작업시작 전 점검 사항 (산기규 제35조 관련 별표 3)

① 권과방지장치·브레이크·클러치 및 운전장치의 기능

② 주행로의 상측 및 트롤리(trolley)가 횡행하는 레일의 상태

③ 와이어로프가 통하고 있는 곳의 상태

09 이삿짐 운반용 리프트를 사용하여 작업을 하는 경우, 이삿짐 운반용 리프트의 전도를 방지하기 위하여 사업주가 준수하여야 할 사항을 설명하시오.

[해설]

○ **이삿짐 운반용 리프트 전도의 방지** (산기규 제158조)

* 사업주는 이삿짐 운반용 리프트를 사용하는 작업을 하는 경우 이삿짐 운반용 리프트의 전도를 방지하기 위하여 다음 각 호를 준수하여야 한다.

① 아웃트리거가 정해진 작동위치 또는 최대전개위치에 있지 않는 경우(아웃트리거 발이 닿지 않는 경우를 포함한다)에는 사다리 붐 조립체를 펼친 상태에서 화물 운반작업을 하지 않을 것

② 사다리 붐 조립체를 펼친 상태에서 이삿짐 운반용 리프트를 이동시키지 말 것

③ 지반의 부동침하 방지 조치를 할 것

10 사업주가 크레인의 설치·조립·수리·점검 또는 해체 작업을 하는 경우 조치하여야 할 사항(7가지)을 설명하시오.

[해설]

○ **크레인의 조립 등의 작업 시 조치사항** (산기규 제141조)

* 사업주는 크레인의 설치·조립·수리·점검 또는 해체 작업을 하는 경우 다음 각 호의 조치를 하여야 한다.

① 작업순서를 정하고 그 순서에 따라 작업을 할 것

② 작업을 할 구역에 관계 근로자가 아닌 사람의 출입을 금지하고 그 취지를 보기 쉬운 곳에 표시할 것

③ 비, 눈, 그 밖에 기상상태의 불안정으로 날씨가 몹시 나쁜 경우에는 그 작업을 중지시킬 것

④ 작업장소는 안전한 작업이 이루어질 수 있도록 충분한 공간을 확보하고 장애물이 없도록 할 것

⑤ 들어 올리거나 내리는 기자재는 균형을 유지하면서 작업을 하도록 할 것

⑥ 크레인의 성능, 사용조건 등에 따라 충분한 응력(應力)을 갖는 구조로 기초를 설치하고 침하 등이 일어나지 않도록 할 것

⑦ 규격품인 조립용 볼트를 사용하고 대칭되는 곳을 차례로 결합하고 분해할 것

⑪ 화물의 낙하에 의하여 지게차 운전자에게 위험을 미칠 우려가 있는 경우 지게차 헤드가드(Head Guard)의 설치기준을 설명하시오.

[해설]

○ 헤드가드의 안전 기준 (산기규 제180조)

* 사업주는 다음 각 호에 따른 적합한 헤드가드(head guard)를 갖추지 아니한 지게차를 사용해서는 안 된다. 다만, 화물의 낙하에 의하여 지게차의 운전자에게 위험을 미칠 우려가 없는 경우에는 그렇지 않다.

   1. 강도는 지게차의 최대하중의 2배 값(4톤을 넘는 값에 대해서는 4톤으로 한다)의 등분포정하중에 견딜 수 있을 것

   2. 상부틀의 각 개구의 폭 또는 길이가 16cm 미만일 것

   3. 운전자가 앉아서 조작하거나 서서 조작하는 지게차의 헤드가드는 KS에서 정하는 높이 기준 이상일 것

⑫ 차량탑재형 고소작업대 작업 시 발생 가능한 주요 유해·위험요인 및 주요 재해발생 형태별 안전대책을 설명하시오.

[해설]

1. 고소작업대 유해·위험요인 및 주요 재해발생 형태별 안전대책

① 전도방지 : 아웃트리거 설치   ② 전복·협착 재해 : 풋 스위치(바닥에 설치)

③ 과상승 재해 : 과상승방지장치 설치

④ 정전, 비상밧데리 방전 : 비상안전장치(수동하강밸브)

⑤ 과부하 : 과부하방지장치

⑥ 추락·낙하·붕괴 재해 : 추락방호망, 낙하물방지망, 방호선반, 수직보호망

2. 법규상 안전대책

○ 고소작업대 설치 등의 조치 (산기규 제186조)

① 사업주는 고소작업대를 설치하는 경우에는 다음 각 호에 해당하는 것을 설치하여야 한다.

  ㉠ 작업대를 와이어로프 또는 체인으로 올리거나 내릴 경우에는 와이어로프 또는 체인이 끊어져 작업대가 떨어지지 아니하는 구조여야 하며, 와이어로프 또는 체인의 안전율은 5 이상일 것

  ㉡ 작업대를 유압에 의해 올리거나 내릴 경우에는 작업대를 일정한 위치에 유지할 수 있는 장치를 갖추고 압력의 이상저하를 방지할 수 있는 구조일 것

  ㉢ 권과방지장치를 갖추거나 압력의 이상상승을 방지할 수 있는 구조일 것

  ㉣ 붐의 최대 지면경사각을 초과 운전하여 전도되지 않도록 할 것

  ㉤ 작업대에 정격하중(안전율 5 이상)을 표시할 것

  ㉥ 작업대에 끼임·충돌 등 재해를 예방하기 위한 가드 또는 과상승방지장치를 설치할 것

  ㉦ 조작반의 스위치는 눈으로 확인할 수 있도록 명칭 및 방향표시를 유지할 것

② 사업주는 고소작업대를 설치하는 경우 다음 각 호의 사항을 준수하여야 한다.

  ㉠ 바닥과 고소작업대는 가능하면 수평을 유지하도록 할 것

  ㉡ 갑작스런 이동방지를 위해 아웃트리거 또는 브레이크 등을 확실히 사용할 것

③ 사업주는 고소작업대를 이동하는 경우에는 다음 각 호의 사항을 준수해야 한다.

  ㉠ 작업대를 가장 낮게 내릴 것

  ㉡ 작업자를 태우고 이동하지 말 것. 다만, 이동 중 전도 등의 위험예방을 위하여 유도하는 사람을 배치하고 짧은 구간을 이동하는 경우에는 제1호에 따라 작업대를 가장 낮게 내린 상태에서 작업자를 태우고 이동할 수 있다.

  ㉢ 이동통로의 요철상태 또는 장애물의 유무 등을 확인할 것

④ 사업주는 고소작업대를 사용하는 경우 다음 각 호의 사항을 준수하여야 한다.

  ㉠ 작업자가 안전모·안전대 등의 보호구를 착용하도록 할 것

  ㉡ 관계자가 아닌 사람이 작업구역에 들어오는 것을 방지하기 위하여 필요한 조치를 할 것

  ㉢ 안전한 작업을 위하여 적정수준의 조도를 유지할 것

  ㉣ 전로에 근접하여 작업을 하는 경우에는 작업감시자를 배치하는 등 감전사고를 방지하기 위하여 필요한 조치를 할 것

ⓜ 작업대를 정기적 점검하고 붐·작업대 등 각 부위의 이상 유무를 확인할 것

ⓗ 전환스위치는 다른 물체를 이용하여 고정하지 말 것

ⓢ 작업대는 정격하중을 초과하여 물건을 싣거나 탑승하지 말 것

ⓞ 작업대의 붐대를 상승시킨 상태에서 탑승자는 작업대를 벗어나지 말 것. 다만, 작업대에 안전대 부착설비를 설치하고 안전대를 연결하였을 때에는 그러하지 아니하다.

⑬ 산업안전보건기준에 관한 규칙에서 정하고 있는 고소작업대에 대해 다음 사항을 설명하시오.

1) 설치 시 준수사항   2) 이동 시 준수사항

[해설]

○ **고소작업대 설치 등의 조치** (산기규 제186조)

① 사업주는 고소작업대를 설치하는 경우에는 다음 각 호에 해당하는 것을 설치하여야 한다.

㉠ 작업대를 와이어로프 또는 체인으로 올리거나 내릴 경우에는 와이어로프 또는 체인이 끊어져 작업대가 떨어지지 아니하는 구조여야 하며, 와이어로프 또는 체인의 안전율은 5 이상일 것

㉡ 작업대를 유압에 의해 올리거나 내릴 경우에는 작업대를 일정한 위치에 유지할 수 있는 장치를 갖추고 압력의 이상저하를 방지할 수 있는 구조일 것

㉢ 권과방지장치를 갖추거나 압력의 이상상승을 방지할 수 있는 구조일 것

㉣ 붐의 최대 지면경사각을 초과 운전하여 전도되지 않도록 할 것

㉤ 작업대에 정격하중(안전율 5 이상)을 표시할 것

㉥ 작업대에 끼임·충돌 등 재해를 예방하기 위한 가드 또는 과상승방지장치를 설치할 것

㉦ 조작반의 스위치는 눈으로 확인할 수 있도록 명칭 및 방향표시를 유지할 것

② 사업주는 고소작업대를 설치하는 경우에는 다음 각 호의 사항을 준수하여야 한다.

㉠ 바닥과 고소작업대는 가능하면 수평을 유지하도록 할 것

㉡ 갑작스러운 이동을 방지하기 위하여 아웃트리거 또는 브레이크 등을 확실히 사용할 것

③ 사업주는 고소작업대를 이동하는 경우에는 다음 각 호의 사항을 준수해야 한다.

  ㉠ 작업대를 가장 낮게 내릴 것

  ㉡ 작업자를 태우고 이동하지 말 것. 다만, 이동 중 전도 등의 위험예방을 위하여 유도하는 사람을 배치하고 짧은 구간을 이동하는 경우에는 제1호에 따라 작업대를 가장 낮게 내린 상태에서 작업자를 태우고 이동할 수 있다.

  ㉢ 이동통로의 요철상태 또는 장애물의 유무 등을 확인할 것

④ 사업주는 고소작업대를 사용하는 경우에는 다음 각 호의 사항을 준수하여야 한다.

  ㉠ 작업자가 안전모·안전대 등의 보호구를 착용하도록 할 것

  ㉡ 관계자가 아닌 사람이 작업구역에 들어오는 것을 방지하는 조치를 할 것

  ㉢ 안전한 작업을 위하여 적정수준의 조도를 유지할 것

  ㉣ 전로에 근접하여 작업을 하는 경우에는 작업감시자를 배치하는 등 감전사고를 방지하기 위하여 필요한 조치를 할 것

  ㉤ 작업대를 정기적으로 점검하고 붐·작업대 등 각 부위 이상 유무를 확인할 것

  ㉥ 전환스위치는 다른 물체를 이용하여 고정하지 말 것

  ㉦ 작업대는 정격하중을 초과하여 물건을 싣거나 탑승하지 말 것

  ㉧ 작업대의 붐대를 상승시킨 상태에서 탑승자는 작업대를 벗어나지 말 것. 다만, 작업대에 안전대 부착설비를 설치하고 안전대를 연결하였을 때에는 그러하지 아니하다.

⑭ 산업안전보건기준에 관한 규칙에서 정하고 있는 고소작업대의 안전조치 사항, 작업시작 전 점검사항 및 방호장치의 종류에 대하여 설명하시오.

> 해설

1. 고소작업대 설치 등의 조치 (산기규 제186조)

① 사업주는 고소작업대를 설치하는 경우에는 다음 각 호에 해당하는 것을 설치하여야 한다.

  1. 작업대를 와이어로프 또는 체인으로 올리거나 내릴 경우에는 와이어로프 또는 체인이 끊어져 작업대가 떨어지지 아니하는 구조여야 하며, 와이어로프 또는 체인의 안전율은 5 이상일 것

  2. 작업대를 유압에 의해 올리거나 내릴 경우에는 작업대를 일정한 위치에 유지할 수 있는 장치를 갖추고 압력의 이상저하를 방지할 수 있는 구조일 것

   3. 권과방지장치를 갖추거나 압력의 이상상승을 방지할 수 있는 구조일 것

   4. 붐의 최대 지면경사각을 초과 운전하여 전도되지 않도록 할 것

   5. 작업대에 정격하중(안전율 5 이상)을 표시할 것

   6. 작업대에 끼임·충돌 등 재해를 예방하기 위한 가드 또는 과상승방지장치를 설치할 것

   7. 조작반의 스위치는 눈으로 확인할 수 있도록 명칭 및 방향표시를 유지할 것

② 사업주는 고소작업대를 설치하는 경우에는 다음 각 호의 사항을 준수하여야 한다.

   1. 바닥과 고소작업대는 가능하면 수평을 유지하도록 할 것

   2. 갑작스러운 이동을 방지하기 위하여 아웃트리거 또는 브레이크 등을 확실히 사용할 것

③ 사업주는 고소작업대를 이동하는 경우에는 다음 각 호의 사항을 준수해야 한다.

   1. 작업대를 가장 낮게 내릴 것

   2. 작업자를 태우고 이동하지 말 것. 다만, 이동 중 전도 등의 위험예방을 위하여 유도하는 사람을 배치하고 짧은 구간을 이동하는 경우에는 제1호에 따라 작업대를 가장 낮게 내린 상태에서 작업자를 태우고 이동할 수 있다.

   3. 이동통로의 요철상태 또는 장애물의 유무 등을 확인할 것

④ 사업주는 고소작업대를 사용하는 경우에는 다음 각 호의 사항을 준수하여야 한다.

   1. 작업자가 안전모·안전대 등의 보호구를 착용하도록 할 것

   2. 관계자가 아닌 사람이 작업구역에 들어오는 것을 방지하기 위하여 필요한 조치를 할 것

   3. 안전한 작업을 위하여 적정수준의 조도를 유지할 것

   4. 전로에 근접하여 작업을 하는 경우에는 작업감시자를 배치하는 등 감전사고를 방지하기 위하여 필요한 조치를 할 것

   5. 작업대를 정기적 점검하고 붐·작업대 등 각 부위의 이상 유무를 확인할 것

   6. 전환스위치는 다른 물체를 이용하여 고정하지 말 것

   7. 작업대는 정격하중을 초과하여 물건을 싣거나 탑승하지 말 것

   8. 작업대의 붐대를 상승시킨 상태에서 탑승자는 작업대를 벗어나지 말 것. 다만, 작업대에 안전대 부착설비를 설치하고 안전대를 연결하였을 때에는 그러하지 아니하다.

2. 고소작업대의 작업시작 전 점검사항 (산기규 제35조 관련 별표 3)

① 비상정지장치 및 비상하강 방지장치 기능의 이상 유무

② 과부하 방지장치의 작동 유무(와이어로프 또는 체인구동방식의 경우)

③ 아웃트리거 또는 바퀴의 이상 유무 ④ 작업면의 기울기 또는 요철 유무

⑤ 활선작업용 장치의 경우 홈·균열·파손 등 그 밖의 손상 유무

3. 고소작업대의 방호장치의 종류

① 과부하방지장치 ② 과상승방지장치 ③ 비상정지장치 ④ 전도방지장치

(15) 컨베이어의 종류, 위험성, 안전장치 종류 및 안전조치에 대해 설명하시오.

[해설]

1. 개요

* 컨베이어는 화물을 연속적으로 운반하는 기계를 총칭하며, 자동화·성력화 및 대용
량의 운반수단으로서 산업기계에 널리 사용한다.

2. 종류

① 벨트·체인 컨베이어 : 벨트나 체인을 이용하여 물체를 연속으로 운반하는 장치

② 나사(screw) 컨베이어 : 나사를 회전시켜 물체를 이동시키는 컨베이어

③ 버킷(bucket) 컨베이어 : 쇠사슬이나 벨트에 달린 버킷을 이용하여 물체를 낮은
곳에서 높은 곳으로 운반하는 컨베이어

④ 롤러(roller) 컨베이어 : 자유롭게 회전이 가능한 여러 개의 롤러를 이용하여 물체
를 운반하는 장치

⑤ 트롤리(trolley) 컨베이어 : 공장 내 천장에 설치된 레일 위를 이동하는 트롤리에
물건을 매달아서 운반하는 장치

⑥ 진동 컨베이어 : 진동에 의한 물체의 이송 장치

3. 위험점

① 끼임점 : 회전하는 벨트와 벽체, 회전하는 스크류와 컨베이어 몸체 사이 등

② 물림점 : 롤러 컨베이어의 롤 사이

③ 접선물림점 : 컨베이어 벨트와 롤러 사이, 체인과 스프로킷 휠의 사이

④ 말림점 : 회전하는 롤러, 기어, 스크류 등

4. 컨베이어의 주요 방호장치

① 이탈 등의 방지장치 : 정전, 전압강하에 의한 화물 또는 운반구의 이탈 및 역주행을 방지하는 장치를 갖추어야 한다.

② 비상정지장치 : 근로자의 신체 일부가 말려드는 등 근로자에게 위험을 미칠 우려가 있는 때 및 비상시 즉시 컨베이어의 운전 정지 가능한 장치를 설치해야 한다.

③ 덮개, 울의 설치(낙하물에 의한 위험 방지용) : 컨베이어로부터 화물이 떨어져 근로자가 위험해질 우려가 있는 경우에는 해당 컨베이어 등의 덮개 또는 울을 설치해야 한다.

④ 건널다리 : 운전 중인 컨베이어 등의 위로 근로자를 넘어가도록 하는 경우에는 위험을 방지하기 위하여 건널다리를 설치하는 등 필요한 조치를 하여야 한다.

⑤ 스토퍼 : 동일 선상에 구간별 설치된 컨베이어에 중량물을 운반하는 경우에는 중량물 충돌에 대비한 스토퍼를 설치하거나 작업자 출입을 금지하여야 한다.

5. 위험예방 안전기준

(1) 이탈 등의 방지 (산기규 제191조)

* 사업주는 컨베이어, 이송용 롤러 등을 사용하는 경우에는 정전·전압강하 등에 따른 화물 또는 운반구의 이탈 및 역주행을 방지하는 장치를 갖추어야 한다.

* 다만, 무동력상태 또는 수평상태로만 사용하여 근로자가 위험해질 우려가 없는 경우에는 그러하지 아니하다.

(2) 비상정지장치 (산기규 제192조)

* 사업주는 컨베이어 등에 해당 근로자의 신체의 일부가 말려드는 등 근로자가 위험해질 우려가 있는 경우 및 비상시에는 즉시 컨베이어 등의 운전을 정지시킬 수 있는 장치를 설치하여야 한다.

* 다만, 무동력상태로만 사용하여 근로자가 위험해질 우려가 없는 경우에는 그러하지 아니하다.

(3) 낙하물에 의한 위험 방지 (산기규 제193조)

* 사업주는 컨베이어 등으로부터 화물이 떨어져 근로자가 위험해질 우려가 있는 경우에는 해당 컨베이어 등에 덮개 또는 울을 설치하는 등 낙하 방지를 위한 조치를 하여야 한다.

(4) 트롤리 컨베이어 (산기규 제194조)

* 사업주는 트롤리 컨베이어(trolley conveyor)를 사용하는 경우에는 트롤리와 체인·행거(hanger)가 쉽게 벗겨지지 않도록 서로 확실하게 연결하여 사용하도록 하여야 한다.

(5) 통행의 제한 등 (산기규 제195조)

① 사업주는 운전 중인 컨베이어 등의 위로 근로자를 넘어가도록 하는 경우에는 위험을 방지하기 위하여 건널다리를 설치하는 등 필요한 조치를 하여야 한다.

② 사업주는 동일 선상에 구간별 설치된 컨베이어에 중량물을 운반하는 경우에는 중량물 충돌에 대비한 스토퍼를 설치하거나 작업자 출입을 금지하여야 한다.

---

16 스마트공장의 주요 구성설비인 산업용 로봇에서 발생하는 재해예방조치 중 해당 로봇에 대하여 교시 등의 작업을 하는 경우 해당 로봇의 예기치 못한 작동 또는 오조작에 의한 위험을 방지하기 위한 조치에 대하여 설명하시오.

[해설]

○ **교시 등** (산기규 제222조)

* 사업주는 산업용 로봇의 작동범위에서 해당 로봇에 대하여 교시(敎示) 등[매니퓰레이터(manipulator)의 작동순서, 위치·속도의 설정·변경 또는 그 결과를 확인하는 것을 말한다]의 작업을 하는 경우에는 해당 로봇의 예기치 못한 작동 또는 오조작에 의한 위험을 방지하기 위하여 다음 각 호의 조치를 하여야 한다. 다만, 로봇의 구동원을 차단하고 작업을 하는 경우에는 제2호와 제3호의 조치를 하지 아니할 수 있다.

1. 다음 각 목의 사항에 관한 지침을 정하고 그 지침에 따라 작업을 시킬 것

　　가. 로봇의 조작방법 및 순서　　나. 작업 중의 매니퓰레이터의 속도

다. 2명 이상의 근로자에게 작업을 시킬 경우의 신호방법

라. 이상을 발견한 경우의 조치

마. 이상을 발견하여 로봇의 운전을 정지시킨 후 이를 재가동시킬 경우의 조치

바. 그 밖에 로봇의 예기치 못한 작동 또는 오조작에 의한 위험을 방지하기 위하여 필요한 조치

2. 작업에 종사하고 있는 근로자 또는 그 근로자를 감시하는 사람은 이상을 발견하면 즉시 로봇의 운전을 정지시키기 위한 조치를 할 것

3. 작업을 하고 있는 동안 로봇의 기동스위치 등에 "작업 중"이라는 표시를 하는 등 작업에 종사하고 있는 근로자가 아닌 사람이 그 스위치 등을 조작할 수 없도록 필요한 조치를 할 것

⑰ 산업용 로봇에서 교시(Teaching)란 무엇인가?

[해설]

1. 산업용 로봇에서 교시(Teaching)의 의미

* 교시(robot-teaching)란 사람이 로봇에게 명령을 전달, 새로운 작업을 교육하거나 가능한 작업을 수행하도록 하는 기술이다.

2. 산업용 로봇 관련 법령 기준

(1) 교시 등 (산기규 제222조)

* 사업주는 산업용 로봇의 작동범위에서 해당 로봇에 대하여 교시(敎示) 등[매니퓰레이터(manipulator)의 작동순서, 위치·속도의 설정·변경 또는 그 결과를 확인하는 것을 말한다]의 작업을 하는 경우에는 해당 로봇의 예기치 못한 작동 또는 오(誤)조작에 의한 위험을 방지하기 위하여 다음 각 호의 조치를 하여야 한다.

① 다음 각 목의 사항에 관한 지침을 정하고 그 지침에 따라 작업을 시킬 것

㉠ 로봇의 조작방법 및 순서

㉡ 작업 중의 매니퓰레이터의 속도

㉢ 2명 이상의 근로자에게 작업을 시킬 경우의 신호방법

㉣ 이상을 발견한 경우의 조치

㉤ 이상을 발견하여 로봇 운전을 정지시킨 후 이를 재가동시킬 경우의 조치

제 6 장

ⓑ 그 밖에 로봇의 예기치 못한 작동 또는 오조작에 의한 위험을 방지하기 위하여 필요한 조치

② 작업에 종사하고 있는 근로자 또는 그 근로자를 감시하는 사람은 이상을 발견하면 즉시 로봇의 운전을 정지시키기 위한 조치를 할 것

③ 작업을 하고 있는 동안 로봇의 기동스위치 등에 작업 중이라는 표시를 하는 등 작업에 종사하고 있는 근로자가 아닌 사람이 그 스위치 등을 조작할 수 없도록 필요한 조치를 할 것

(2) 운전 중 위험 방지 (산기규 제223조)

* 사업주는 로봇의 운전(교시 등을 위한 로봇의 운전은 제외한다)으로 인하여 근로자에게 발생할 수 있는 부상 등의 위험을 방지하기 위하여 높이 1.8m 이상의 울타리를 설치해야 하며, 컨베이어 시스템의 설치 등으로 울타리를 설치할 수 없는 일부 구간에 대해서는 안전매트 또는 광전자식 방호장치 등 감응형 방호장치를 설치해야 한다.

* 다만, 고용노동부장관이 해당 로봇의 안전기준이 한국산업표준에서 정하고 있는 안전기준 또는 국제적으로 통용되는 안전기준에 부합한다고 인정하는 경우에는 본문에 따른 조치를 하지 않을 수 있다.

(3) 수리 등 작업 시의 조치 등 (산기규 제224조)

* 사업주는 로봇의 작동범위에서 해당 로봇의 수리·검사·조정(교시 등에 해당하는 것은 제외한다)·청소·급유 또는 결과에 대한 확인작업을 하는 경우에는 해당 로봇의 운전을 정지함과 동시에 그 작업을 하고 있는 동안 로봇의 기동스위치를 열쇠로 잠근 후 열쇠를 별도 관리하거나 해당 로봇의 기동스위치에 작업 중이란 내용의 표지판을 부착하는 등 해당 작업에 종사하고 있는 근로자가 아닌 사람이 해당 기동스위치를 조작할 수 없도록 필요한 조치를 하여야 한다.

(4) 산업용 로봇의 작업시작 전 점검사항 (산기규 제35조 관련 별표 3)

① 외부 전선의 피복 또는 외장의 손상 유무

② 매니퓰레이터(manipulator) 작동의 이상 유무

③ 제동장치 및 비상정지장치의 기능

3. 산업용 로봇 교시 방식의 분류

(1) 교시 방식의 분류 개요

* 산업용 로봇에서 교시는 크게 직접 교시와 간접교시로 나뉜다. 직접교시란 말 그대로 사람이 직접 로봇의 말단을 잡고 경유점을 지정해 주는 방식을 의미하고, 간접교시는 직접교시를 제외한 나머지 모든 방식을 총칭한다.

(2) 직접교시 방식

1) 다이렉트 조작

* 다이렉트 조작에는 구동파워를 Off하고 인력으로 조작하는 방식과 구동파워를 On하고 조이스틱 등으로 조작하는 방식이 있다.

2) 리모트 조작

* 리모트 조작은 로봇암의 각 축을 개별로 원격조작하는 방식이며, 로봇암이 자연스런 동작을 하도록 각 축을 협조시켜서 암 본체를 기준으로 한 직각좌표계로서의 조작, 기본 축을 중심으로 한 회전좌표로서의 조작가능인 것 등이 있다.
* 이러한 직접교시 방식은 로봇암에 어떤 위치를 지시하는 데는 대단히 실용적인 방법이지만, 위치결정 정도의 고도화, 3차원 공간에서의 직선 또는 원호 티칭이 필요할 경우에는 시간이 많이 걸린다.

(3) 간접교시 방식

* 간접교시에 의한 현장에서의 교시시간을 단축하고 로봇 도입 라인을 조기에 셋업(Set up)하기 위해 여러 가지 간접 방식이 취해지고 있다.

1) 오프라인 교시

* 로봇 도입과는 별도의 장소에서 실제로 도입하고 있는 로봇 또는 동등의 로봇을 사용하여 교시 데이터를 작성한 후 실제 라인에서 로봇 암과 작업 대상물과의 위치관계를 비교하여 상대위치 보정을 수행하는 방식이다.

2) 모델 교시

* 상대위치 보정 등은 상기와 동일하지만 오프라인 교시 시에 사용하는 암은 인

력으로 쉽게 조작 가능하며 각축 위치 검출만으로 구성되는 로봇모델을 대상으로 하는 방식이다. 이런 경우에는 상대위치 보정 이외에 로봇암의 기계적 치수 보정을 하는 경우가 있다.

폭발 · 화재 · 위험물누출 위험방지

01 화재의 위험을 감시하고 화재 발생 시 사업장 내 근로자의 대피를 유도하는 업무를 담당하는 화재감시자를 배치하여야 하는 작업장소와 가연성물질이 있는 장소에서 화재위험작업시 화재예방에 필요한 준수사항을 설명하시오.

[해설]

1. 화재감시자를 배치하여야 하는 작업장소

○ 화재감시자의 배치(산기규 제241조의 2) : 사업주는 근로자에게 다음 각 호의 어느 하나에 해당하는 장소에서 용접 · 용단 작업을 하도록 하는 경우에는 화재감시자를 지정하여 용접 · 용단 작업 장소에 배치해야 한다. 다만, 같은 장소에서 상시 · 반복적으로 용접 · 용단작업을 할 때 경보용 설비 · 기구, 소화설비 또는 소화기가 갖추어진 경우에는 화재감시자를 지정 · 배치하지 않을 수 있다.

① 작업반경 11m 이내에 건물구조 자체나 내부(개구부 등으로 개방된 부분을 포함한다)에 가연성물질이 있는 장소

② 작업반경 11m 이내의 바닥 하부에 가연성물질이 11m 이상 떨어져 있지만 불꽃에 의해 쉽게 발화될 우려가 있는 장소

③ 가연성물질이 금속으로 된 칸막이 · 벽 · 천장 또는 지붕의 반대쪽 면에 인접해 있어 열전도나 열복사에 의해 발화될 우려가 있는 장소

2. 화재위험작업을 하는 경우 화재예방에 필요한 준수사항

○ 화재위험작업 시의 준수사항 (산기규 제241조)

① 사업주는 통풍이나 환기가 충분하지 않은 장소에서 화재위험작업을 하는 경우에는 통풍 또는 환기를 위하여 산소를 사용해서는 아니 된다.

② 사업주는 가연성물질이 있는 장소에서 화재위험작업을 하는 경우에는 화재예방에 필요한 다음 각 호의 사항을 준수하여야 한다.

㉠ 작업 준비 및 작업 절차 수립

㉡ 작업장 내 위험물의 사용·보관 현황 파악

㉢ 화기작업에 따른 인근 가연성물질에 대한 방호조치 및 소화기구 비치

㉣ 용접불티 비산방지덮개, 용접방화포 등 불꽃, 불티 등 비산방지조치

㉤ 인화성 액체의 증기 및 인화성 가스가 남아 있지 않도록 환기 등의 조치

㉥ 작업근로자에 대한 화재예방 및 피난교육 등 비상조치

③ 사업주는 작업시작 전에 제2항 각 호의 사항을 확인하고 불꽃·불티 등의 비산을 방지하기 위한 조지 등 안전조치를 이행한 후 근로사에게 화재위험작업을 하도록 해야 한다.

④ 사업주는 화재위험작업이 시작되는 시점부터 종료 될 때까지 작업내용, 작업일시, 안전점검 및 조치에 관한 사항 등을 해당 작업장소에 서면으로 게시해야 한다. 다만, 같은 장소에서 상시·반복적으로 화재위험작업을 하는 경우에는 생략할 수 있다

（02） 압력용기에서 파열판을 설치하는 조건에 대하여 설명하시오.

[해설]

1. 안전밸브 또는 파열판 설치대상 설비 (산기규 제261조)

① 압력용기(안지름이 150mm 이하인 압력용기는 제외하며, 압력 용기 중 관형 열교환기의 경우에는 관의 파열로 인하여 상승한 압력이 압력용기의 최고사용압력을 초과할 우려가 있는 경우만 해당한다)

② 정변위 압축기

③ 정변위 펌프(토출축에 차단밸브가 설치된 것만 해당한다)

④ 배관(2개 이상의 밸브에 의하여 차단되어 대기온도에서 액체의 열팽창에 의하여 파열될 우려가 있는 것으로 한정한다)

⑤ 그 밖의 화학설비 및 그 부속설비로서 해당 설비의 최고사용압력을 초과할 우려가 있는 것

2. 파열판의 설치 조건 (산기규 제262조)

① 반응 폭주 등 급격한 압력 상승 우려가 있는 경우

② 급성 독성물질의 누출로 인하여 주위의 작업환경을 오염시킬 우려가 있는 경우

③ 운전 중 안전밸브에 이상 물질 누적으로 안전밸브의 불작동 우려가 있는 경우

⬤03 건조설비의 설치 시 준수사항에 대하여 설명하시오.

[해설]

○ 건조설비의 구조 등 (산기규 제281조)

* 사업주는 건조설비를 설치하는 경우에 다음 각 호와 같은 구조로 설치하여야 한다. 다만, 건조물의 종류, 가열건조의 정도, 열원의 종류 등에 따라 폭발이나 화재가 발생할 우려가 없는 경우에는 그러하지 아니하다.

① 건조설비의 바깥 면은 불연성 재료로 만들 것

② 건조설비(유기과산화물을 가열 건조하는 것은 제외한다)의 내면과 내부의 선반이나 틀은 불연성 재료로 만들 것

③ 위험물 건조설비의 측벽이나 바닥은 견고한 구조로 할 것

④ 위험물 건조설비는 그 상부를 가벼운 재료로 만들고 주위상황을 고려하여 폭발구를 설치할 것

⑤ 위험물 건조설비는 건조하는 경우에 발생하는 가스·증기 또는 분진을 안전한 장소로 배출시킬 수 있는 구조로 할 것

⑥ 액체연료 또는 인화성 가스를 열원의 연료로 사용하는 건조설비는 점화하는 경우에는 폭발이나 화재를 예방하기 위하여 연소실이나 그 밖에 점화하는 부분을 환기시킬 수 있는 구조로 할 것

⑦ 건조설비의 내부는 청소하기 쉬운 구조로 할 것

⑧ 건조설비의 감시창·출입구 및 배기구 등과 같은 개구부는 발화 시에 불이 다른 곳으로 번지지 아니하는 위치에 설치하고 필요한 경우에는 즉시 밀폐할 수 있는 구조로 할 것

⑨ 건조설비는 내부의 온도가 부분적으로 상승하지 아니하는 구조로 설치할 것

⑩ 위험물 건조설비의 열원으로서 직화를 사용하지 아니할 것

⑪ 위험물 건조설비가 아닌 건조설비의 열원으로서 직화를 사용하는 경우에는 불꽃 등에 의한 화재를 예방하기 위하여 덮개를 설치하거나 격벽을 설치할 것

(04) 가스용접에 사용되는 1) 아세틸렌 발생기실 설치장소, 2) 발생기실의 구조에 대하여 각각 설명하시오.

해설

1. 발생기실의 설치장소 등 (산기규 제286조)

① 사업주는 아세틸렌 용접장치의 아세틸렌 발생기를 설치하는 경우에는 전용의 발생기실에 설치하여야 한다.

② 발생기실은 건물의 최상층에 위치하여야 하며, 화기를 사용하는 설비로부터 3m를 초과하는 장소에 설치하여야 한다.

③ 발생기실을 옥외에 설치한 경우에는 그 개구부를 다른 건축물로부터 1.5m 이상 떨어지도록 하여야 한다.

2. 발생기실의 구조 등 (산기규 제287조)

① 벽은 불연성 재료로 하고 철근 콘크리트 또는 그 밖에 이와 같은 수준이거나 그 이상의 강도를 가진 구조로 할 것

② 지붕과 천장에는 얇은 철판이나 가벼운 불연성 재료를 사용할 것

③ 바닥면적의 16분의 1 이상의 단면적을 가진 배기통을 옥상으로 돌출시키고 그 개구부를 창이나 출입구로부터 1.5m 이상 떨어지도록 할 것

④ 출입구의 문은 불연성 재료로 하고 두께 1.5mm 이상의 철판이나 그 밖에 그 이상의 강도를 가진 구조로 할 것

⑤ 벽과 발생기 사이에는 발생기의 조정 또는 카바이드 공급 등의 작업을 방해하지 않도록 간격을 확보할 것

전기로 인한 위험방지

(01) 근로자가 작업이나 통행으로 인하여 전기기계 ·기구 또는 전로 등의 충전부분에 접촉하거나 접근함으로써, 감전 위험이 있는 충전부분에 대해 감전을 방지하기 위하여 방호하는 방법 4가지를 설명하시오.

해설

○ **전기 기계·기구 등의 충전부 방호** (산기규 제301조)

① 사업주는 근로자가 작업이나 통행 등으로 인하여 전기기계, 기구 또는 전로 등의 충전부분에 접촉하거나 접근함으로써 감전 위험이 있는 충전부분에 대하여 감전을 방지하기 위하여 다음 각 호의 방법 중 하나 이상의 방법으로 방호해야 한다.

1. 충전부가 노출되지 않도록 폐쇄형 외함이 있는 구조로 할 것

2. 충전부에 충분한 절연효과가 있는 방호망이나 절연덮개를 설치할 것

3. 충전부는 내구성이 있는 절연물로 완전히 덮어 감쌀 것

4. 발전소·변전소 및 개폐소 등 구획되어 있는 장소로서 관계 근로자가 아닌 사람의 출입이 금지되는 장소에 충전부를 설치하고, 위험표시 등의 방법으로 방호를 강화할 것

5. 전주 위 및 철탑 위 등 격리되어 있는 장소로서 관계 근로자가 아닌 사람이 접근할 우려가 없는 장소에 충전부를 설치할 것

② 사업주는 근로자가 노출 충전부가 있는 맨홀 또는 지하실 등의 밀폐공간에서 작업하는 경우에는 노출 충전부와의 접촉으로 인한 전기위험을 방지하기 위하여 덮개, 울타리 또는 절연 칸막이 등을 설치하여야 한다.

③ 사업주는 근로자의 감전위험을 방지하기 위하여 개폐되는 문, 경첩이 있는 패널 등(분전반 또는 제어반 문)을 견고하게 고정시켜야 한다.

02 전기기계·기구에 의한 감전 위험을 방지하기 위하여 누전차단기를 설치해야 하는 대상을 설명하시오.

[해설]

○ **누전차단기에 의한 감전방지** (산기규 제304조)

① 사업주는 다음 각 호의 전기 기계·기구에 대하여 누전에 의한 감전위험을 방지하기 위하여 해당 전로의 정격에 적합하고 감도(전류 등에 반응하는 정도)가 양호하며 확실하게 작동하는 감전방지용 누전차단기를 설치해야 한다.

1. 대지전압이 150V를 초과하는 이동형 또는 휴대형 전기기계·기구

2. 물 등 도전성이 높은 액체가 있는 습윤장소에서 사용하는 저압(1,500V 볼트 이하 직류전압이나 1,000V 이하의 교류전압을 말한다)용 전기기계·기구

3. 철판·철골 위 등 도전성이 높은 장소에서 사용하는 이동형 또는 휴대형 전기기계·기구

    4. 임시배선의 전로가 설치되는 장소에서 사용하는 이동형 또는 휴대형 전기기계
      ·기구

② 사업주는 제1항에 따라 감전방지용 누전차단기를 설치하기 어려운 경우에는 작업 시작 전에 접지선의 연결 및 접속부 상태 등이 적합한지 확실하게 점검해야 한다.

③ 다음 각 호의 어느 하나에 해당하는 경우에는 제1항과 제2항을 적용하지 않는다.

    1. 「전기용품 및 생활용품 안전관리법」이 적용되는 이중절연 또는 이와 같은 수준 이상으로 보호되는 구조로 된 전기기계·기구

    2. 절연대 위 등과 같이 감전위험이 없는 장소에서 사용하는 전기기계·기구

    3. 비접지방식의 전로

④ 사업주는 제1항에 따라 전기기계·기구를 사용하기 전에 해당 누전차단기의 작동상태를 점검하고 이상이 발견되면 즉시 보수하거나 교환하여야 한다.

⑤ 사업주는 제1항에 따라 설치한 누전차단기를 접속하는 경우에 다음 각 호의 사항을 준수하여야 한다.

    1. 전기기계·기구에 설치되어 있는 누전차단기는 정격감도전류가 30mA 이하이고 작동시간은 0.03초 이내일 것. 다만, 정격전부하전류가 50A 이상인 전기기계·기구에 접속되는 누전차단기는 오작동을 방지하기 위하여 정격감도전류는 200mA 이하로, 작동시간은 0.1초 이내로 할 수 있다.

    2. 분기회로 또는 전기기계·기구마다 누전차단기를 접속할 것. 다만, 평상시 누설전류가 매우 적은 소용량부하의 전로에는 분기회로에 일괄하여 접속할 수 있다.

    3. 누전차단기는 배전반 또는 분전반 내에 접속하거나 꽂음접속기형 누전차단기를 콘센트에 접속하는 등 파손이나 감전사고를 방지할 수 있는 장소에 접속할 것

    4. 지락보호전용 기능만 있는 누전차단기는 과전류를 차단하는 퓨즈나 차단기 등과 조합하여 접속할 것

(03) 정전기로 인한 화재 폭발 등의 방지대상 설비를 나열하시오.

[해설]

○ 정전기로 인한 화재 폭발 등 방지 대성 설비 (산기규 제325조)

① 위험물을 탱크로리·탱크차 및 드럼 등에 주입하는 설비

② 탱크로리·탱크차 및 드럼 등 위험물저장설비

③ 인화성 액체를 함유하는 도료 및 접착제 등을 제조·저장·취급·도포하는 설비

④ 위험물 건조설비 또는 그 부속설비

⑤ 인화성 고체를 저장하거나 취급하는 설비

⑥ 드라이클리닝설비, 염색가공설비 또는 모피류 등을 씻는 설비 등 인화성 유기용제를 사용하는 설비

⑦ 유압, 압축공기 또는 고전위정전기 등을 이용하여 인화성 액체나 인화성 고체를 분무하거나 이송하는 설비

⑧ 고압가스를 이송하거나 저장·취급하는 설비 ⑨ 화약류 제조설비

⑩ 발파공에 장전된 화약류를 점화시키는 경우에 사용하는 발파기(발파공을 막는 재료로 물을 사용하거나 갱도발파를 하는 경우는 제외한다)

분진·밀폐공간 건강장해 예방

01 밀폐공간 작업 시 유해공기 기준과 기본 작업절차를 쓰시오.

[해설]

1. 적정공기의 기준

* "적정공기"란 산소농도의 범위가 18% 이상 23.5% 미만, 이산화탄소의 농도가 1.5% 미만, 일산화탄소의 농도가 30ppm 미만, 황화수소의 농도가 10ppm 미만인 수준의 공기를 말한다(산기규 제618조).

2. 밀폐공간 내 작업 시의 조치 등

(1) 밀폐공간 작업 프로그램의 수립·시행 (산기규 제619조)

① 사업주는 밀폐공간에서 근로자에게 작업을 하도록 하는 경우 다음 각 호의 내용이 포함된 밀폐공간 작업 프로그램을 수립하여 시행하여야 한다.

1. 사업장 내 밀폐공간의 위치 파악 및 관리 방안

2. 밀폐공간 내 질식·중독 등을 일으킬 수 있는 유해·위험 요인의 파악 및 관리 방안

3. 밀폐공간 작업 시 사전 확인이 필요한 사항에 대한 확인 절차

4. 안전보건 교육 및 훈련

5. 그 밖에 밀폐공간 작업 근로자의 건강장해 예방에 관한 사항

② 사업주는 근로자가 밀폐공간에서 작업을 시작하기 전에 다음 각 호의 사항을 확인하여 근로자가 안전한 상태에서 작업하도록 하여야 한다.

1. 작업 일시, 기간, 장소 및 내용 등 작업 정보

2. 관리감독자, 근로자, 감시인 등 작업자 정보

3. 산소 및 유해가스 농도의 측정결과 및 후속조치 사항

4. 작업 중 불활성가스 또는 유해가스의 누출·유입·발생 가능성 검토 및 후속조치 사항

5. 작업 시 착용하여야 할 보호구의 종류   6. 비상연락체계

(2) 산소 및 유해가스 농도의 측정 (산기규 제619조의 2)

① 사업주는 밀폐공간에서 근로자에게 작업을 하도록 하는 경우 작업을 시작(작업을 일시 중단하였다가 다시 시작하는 경우를 포함한다)하기 전에 밀폐공간의 산소 및 유해가스 농도의 측정 및 평가에 관한 지식과 실무경험이 있는 자를 지정하여 그로 하여금 해당 밀폐공간의 산소 및 유해가스 농도를 측정(「전파법」에 따른 무선설비 또는 무선통신을 이용한 원격 측정을 포함한다)하여 적정공기가 유지되고 있는지를 평가하도록 해야 한다. <개정 2024. 6. 28.>

② 사업주는 제1항에 따라 밀폐공간의 산소 및 유해가스 농도를 측정 및 평가하는 자에 대하여 밀폐공간에서 작업을 시작하기 전에 다음 각 호의 사항의 숙지여부를 확인하고 필요한 교육을 실시해야 한다. <신설 2024. 6. 28.>

1. 밀폐공간의 위험성   2. 측정장비의 이상 유무 확인 및 조작 방법

3. 밀폐공간 내에서의 산소 및 유해가스 농도 측정방법

4. 적정공기의 기준과 평가 방법

③ 사업주는 제1항에 따라 산소 및 유해가스 농도를 측정한 결과 적정공기가 유지되고 있지 아니하다고 평가된 경우에는 작업장을 환기시키거나, 근로자에게 공기호흡기 또는 송기마스크를 지급하여 착용하도록 하는 등 근로자의 건강장해 예방을 위하여 필요한 조치를 하여야 한다. <개정 2024. 6. 28.>

(3) 환기 등 (산기규 제620조)

* 사업주는 근로자가 밀폐공간에서 작업을 하는 경우에 작업을 시작하기 전과 작업 중에 해당 작업장을 적정공기 상태가 유지되도록 환기하여야 한다.

(4) 인원의 점검 (산기규 제621조)

* 사업주는 근로자가 밀폐공간에서 작업을 하는 경우에 그 장소에 근로자를 입장시킬 때와 퇴장시킬 때마다 인원을 점검하여야 한다.

(5) 출입의 금지 (산기규 제622조)

* 사업주는 사업장 내 밀폐공간을 사전에 파악하여 밀폐공간에는 관계 근로자가 아닌 사람의 출입을 금지하고, 출입금지 표지를 밀폐공간 근처의 보기 쉬운 장소에 게시하여야 한다.

(6) 감시인의 배치 등 (산기규 제623조)

* 사업주는 근로자가 밀폐공간에서 작업을 하는 동안 작업상황을 감시할 수 있는 감시인을 지정하여 밀폐공간 외부에 배치하여야 한다.

(7) 안전대 등 (산기규 제624조)

① 사업주는 밀폐공간에서 작업하는 근로자가 산소결핍이나 유해가스로 인하여 추락할 우려가 있는 경우에는 해당 근로자에게 안전대나 구명밧줄, 공기호흡기 또는 송기마스크를 지급하여 착용하도록 하여야 한다.

② 사업주는 제1항에 따라 안전대나 구명밧줄을 착용하도록 하는 경우에 이를 안전하게 착용할 수 있는 설비 등을 설치하여야 한다.

(8) 대피용 기구의 비치 (산기규 제625조)

* 사업주는 근로자가 밀폐공간에서 작업을 하는 경우에 공기호흡기 또는 송기마스크, 사다리 및 섬유로프 등 비상시에 근로자를 피난시키거나 구출하기 위하여 필요한 기구를 갖추어 두어야 한다.

(9) 상시 가동되는 급·배기 환기장치를 설치한 경우의 특례 (산기규 제626조)

① 사업주는 상시환기장치의 작동 및 사용상태와 밀폐공간 내 적정공기 유지상태를 월 1회 이상 정기적으로 점검하고, 이상이 발견된 경우에는 즉시 필요한 조치를 해야 한다.

② 사업주는 제1항에 따른 점검결과(점검일자, 점검자, 환기장치 작동상태, 적정공기 유지상태 및 조치사항)를 해당 밀폐공간의 출입구에 상시 게시해야 한다.

02 밀폐장소에서의 용접 작업 시 안전상 필요한 조치에 대하여 설명하시오.

해설

1. 밀폐공간의 정의 (산기규 제618조 관련 별표 18) <개정 2023. 11. 14>

① 다음의 지층에 접하거나 통하는 우물·수직갱·터널·잠함·피트 또는 그 밖에 이와 유사한 것의 내부

　㉠ 상층에 물이 통과하지 않는 지층이 있는 역암층 중 함수 또는 용수가 없거나 적은 부분

　㉡ 제1철 염류 또는 제1망간 염류를 함유하는 지층

　㉢ 메탄·에탄 또는 부탄을 함유하는 지층

　㉣ 탄산수를 용출하고 있거나 용출할 우려가 있는 지층

② 장기간 사용하지 않은 우물 등의 내부

③ 케이블·가스관 또는 지하에 부설되어 있는 매설물을 수용하기 위하여 지하에 부설한 암거·맨홀 또는 피트의 내부

④ 빗물·하천의 유수 또는 용수가 있거나 있었던 통·암거·맨홀 또는 피트의 내부

⑤ 바닷물이 있거나 있었던 열교환기·관·암거·맨홀·둑 또는 피트의 내부

⑥ 장기간 밀폐된 강재의 보일러·탱크·반응탑이나 그 밖에 그 내벽이 산화하기 쉬운 시설(그 내벽이 스테인리스강으로 된 것 또는 그 내벽의 산화를 방지하기 위하여 필요한 조치가 되어 있는 것은 제외한다)의 내부

⑦ 석탄·아탄·황화광·강재·원목·건성유·어유 또는 그 밖의 공기 중의 산소를 흡수하는 물질이 들어 있는 탱크 또는 호퍼 등의 저장시설이나 선창의 내부

⑧ 천장·바닥 또는 벽이 건성유를 함유하는 페인트로 도장되어 그 페인트가 건조되기 전에 밀폐된 지하실·창고 또는 탱크 등 통풍이 불충분한 시설의 내부

⑨ 곡물 또는 사료의 저장용 창고 또는 피트의 내부, 과일의 숙성용 창고 또는 피트의 내부, 종자의 발아용 창고 또는 피트의 내부, 버섯류의 재배를 위하여 사용하고 있는 사일로(silo), 그 밖에 곡물 또는 사료종자를 적재한 선창의 내부

⑩ 간장·주류·효모 그 밖에 발효하는 물품이 들어 있거나 들어 있었던 탱크·창고 또는 양조주의 내부

⑪ 분뇨, 오염된 흙, 썩은 물, 폐수, 오수, 그 밖에 부패하거나 분해되기 쉬운 물질이 들어있는 정화조·침전조·집수조·탱크·암거·맨홀·관 또는 피트의 내부

⑫ 드라이아이스를 사용하는 냉장고·냉동고·냉동화물자동차 또는 냉동컨테이너의 내부

⑬ 헬륨·아르곤·질소·프레온·이산화탄소 또는 그 밖의 불활성기체가 들어 있거나 있었던 보일러·탱크 또는 반응탑 등 시설의 내부

⑭ 산소농도가 18% 미만 또는 23.5% 이상, 이산화탄소농도가 1.5% 이상, 일산화탄소농도가 30ppm 이상 또는 황화수소농도가 10ppm 이상인 장소의 내부

⑮ 갈탄·목탄·연탄난로를 사용하는 콘크리트 양생장소 및 가설숙소 내부

⑯ 화학물질이 들어있던 반응기 및 탱크의 내부

⑰ 유해가스가 들어있던 배관이나 집진기의 내부

⑱ 근로자가 상주(常住)하지 않는 공간으로서 출입이 제한되어 있는 장소의 내부

2. 밀폐공간에서 용접 시 작업환경관리

① 급기 및 배기용 팬을 가동하면서 작업한다.

② 작업 전 산소농도를 측정하여 18% 이상 시에만 작업한다. 작업 중에 산소농도가 떨어질 수 있으므로 수시로 점검한다.

③ 흄용 방진마스크 또는 송기마스크를 착용하고 작업한다.

④ 소음이 85dB(A) 이상 시에는 귀마개 등 보호구를 착용한다.

⑤ 탱크 맨홀 및 피트 등 통풍이 불충분한 곳에서 작업 시에는 긴급사태에 대비할 수 있는 조치(외부와의 연락장치, 비상용사다리, 로프 등을 준비)를 취한 후 작업한다.

3. 밀폐된 장소에서 전기용접 작업시 특별교육 내용 (산시규 제26조 관련 별표 5)

① 작업순서, 안전작업방법 및 수칙에 관한 사항

② 환기설비에 관한 사항   ③ 전격 방지 및 보호구 착용에 관한 사항

④ 질식 시 응급조치에 관한 사항   ⑤ 작업환경 점검에 관한 사항

⑥ 그 밖에 안전·보건관리에 필요한 사항

6.5 산업안전보건법령 고시

유해·위험 방지 조치

01 공장 내의 기계설비에서 발생하는 재해를 예방하기 위한 위험관리 5단계를 쓰고 단계별로 적용 예를 설명하시오.

해설

1. 위험성평가의 절차 (사업장 위험성평가에 관한 지침 제8조) <개정 2024. 12. 18>

* 사업주는 위험성평가를 다음의 절차에 따라 실시하여야 한다. 다만, 상시근로자 5인 미만 사업장(건설공사의 경우 1억원 미만)의 경우 제1호 절차를 생략할 수 있다.

1. 사전준비   2. 유해·위험요인 파악

3. 위험성 추정(삭제 2023. 12. 18>

4. 위험성 결정   5. 위험성 감소대책 수립 및 실행

6. 위험성평가 실시내용 및 결과에 관한 기록 및 보존

2. 위험성평가 절차(단계)의 단계별 내용

(1) 사전준비 (제9조) <개정 2024. 12. 18>

① 사업주는 위험성평가의 효과적 실시를 위하여 최초 위험성평가시 다음 각 호의 사항이 포함된 위험성평가 실시규정을 작성하고, 지속적으로 관리하여야 한다.

1. 평가의 목적 및 방법 2. 평가담당자 및 책임자의 역할

3. 평가시기 및 절차 4. 주지방법 및 유의사항 5. 결과의 기록·보존

② 위험성평가는 과거에 산업재해가 발생한 작업, 위험한 일이 발생한 작업 등 근로자의 근로에 관계되는 유해·위험요인에 의한 부상 또는 질병의 발생이 합리적으로 예견 가능한 것은 모두 위험성평가의 대상으로 한다. 다만, 매우 경미한 부상 또는 질병만을 초래할 것으로 명백히 예상되는 것에 대해서는 대상에서 제외할 수 있다.

③ 사업주는 다음 각 호의 사업장 안전보건정보를 사전에 조사하여 위험성평가에 활용하여야 한다.

1. 작업표준, 작업절차 등에 관한 정보

2. 기계·기구, 설비 등의 사양서, 물질안전보건자료(MSDS) 등의 유해·위험요인에 관한 정보

3. 기계·기구, 설비 등의 공정 흐름과 작업 주변의 환경에 관한 정보

4. 같은 장소에서 사업의 일부 또는 전부를 도급을 주어 행하는 작업이 있는 경우 혼재 작업의 위험성 및 작업 상황 등에 관한 정보

5. 재해사례, 재해통계 등에 관한 정보

6. 작업환경측정결과, 근로자 건강진단결과에 관한 정보

7. 그 밖에 위험성평가에 참고가 되는 자료 등

(2) 유해·위험요인 파악 (제10조) <개정 2024. 12. 18>

* 사업주는 사업장 내의 유해·위험요인을 파악하여야 한다. 이때 업종, 규모 등 사업장 실정에 따라 다음 각 호의 방법 중 어느 하나 이상의 방법을 사용하되, 특별한 사정이 없으면 제1호에 의한 방법을 포함하여야 한다.

1. 사업장 순회점검에 의한 방법

2. 근로자들의 상시적 제안에 의한 방법

3. 설문조사·인터뷰 등 청취조사에 의한 방법

4. 물질안전보건자료, 작업환경측정결과, 특수건강진단결과 등 안전보건 자료에 의한 방법

5. 안전보건 체크리스트에 의한 방법

6. 그 밖에 사업장의 특성에 적합한 방법

(3) 위험성 결정 (제11조) <개정 2024. 12. 18>

① 사업주는 파악된 유해·위험요인이 근로자에게 노출되었을 때의 위험성을 기준에 의해 판단하여야 한다.

② 사업주는 제1항에 따라 판단한 위험성의 수준이 허용 가능한 위험성의 수준인지 결정하여야 한다.

(4) 위험성 감소대책 수립 및 실행 (제12조) <개정 2024. 12. 18>

① 사업주는 허용 가능한 위험성이 아니라고 판단한 경우에는 위험성의 수준, 영향을 받는 근로자 수 및 다음 각 호의 순서를 고려하여 위험성 감소를 위한 대책을 수립하여 실행하여야 한다. 이 경우 법령에서 정하는 사항과 그 밖에 근로자

의 위험 또는 건강장해를 방지하기 위하여 필요한 조치를 반영하여야 한다.

1. 위험한 작업의 폐지·변경, 유해·위험물질 대체 등의 조치 또는 설계나 계획 단계에서 위험성을 제거 또는 저감하는 조치

2. 연동장치, 환기장치 설치 등의 공학적 대책

3. 사업장 작업절차서 정비 등의 관리적 대책   4. 개인용 보호구의 사용

② 사업주는 위험성 감소대책을 실행한 후 해당 공정 또는 작업의 위험성의 수준이 사전에 자체 설정한 허용 가능한 위험성의 수준인지를 확인하여야 한다.

③ 제2항에 따른 확인 결과, 위험성이 자체 설정한 허용 가능한 위험성 수준으로 내려오지 않는 경우에는 허용 가능한 위험성 수준이 될 때까지 추가의 감소대책을 수립·실행하여야 한다.

④ 사업주는 중대재해, 중대산업사고 또는 심각한 질병이 발생할 우려가 있는 위험성으로서 제1항에 따라 수립한 위험성 감소대책의 실행에 많은 시간이 필요한 경우에는 즉시 잠정적인 조치를 강구하여야 한다.

(5) 기록 및 보존 (제14조) <개정 2024. 12. 18>

① 산시규 제37조(위험성평가 실시내용 및 결과의 기록·보존)에 따른 "그 밖에 위험성평가의 실시내용을 확인하기 위하여 필요한 사항으로서 고용노동부장관이 정하여 고시하는 사항"이란 다음 각 호에 관한 사항을 말한다.

1. 위험성평가를 위해 사전조사 한 안전보건정보

2. 그 밖에 사업장에서 필요하다고 정한 사항

② 산시규 제37조 제2항의 기록의 최소 보존기한은 제15조에 따른 실시 시기별 위험성평가를 완료한 날부터 기산한다.

02 공정위험성 평가기법 5가지를 쓰고 각각에 대하여 설명하시오.

해설

1. 개요

* 공정위험성 평가기법은 고용노동부 고시 "사업장 위험성평가에 관한 지침"에서 위험성평가의 방법(제7조)으로 "사업주는 사업장의 규모와 특성 등을 고려하여 다음 각 호의 위험성평가 방법 중 한 가지 이상을 선정하여 위험성평가를 실시할 수 있다"라고 규정하고 있다.

2. 공정위험성 평가기법

(1) 사업장 위험성평가에 관한 지침상의 기법 (제7조)

* 사업주는 사업장의 규모와 특성 등을 고려하여 다음 각 호의 위험성평가 방법 중 한 가지 이상을 선정하여 위험성평가를 실시할 수 있다.

① 위험 가능성과 중대성을 조합한 빈도·강도법

② 체크리스트(Checklist)법   ③ 위험성 수준 3단계(저·중·고) 판단법

④ 핵심요인 기술(One Point Sheet)법

⑤ 그 외 산업안전보건법 시행규칙(제50조)에서의 방법

(2) 공정안전보고서 관련 위험성 평가기법 (산시규 제50조)

* 공정위험성평가서는 공정의 특성 등을 고려하여 다음 각 목의 위험성평가 기법 중 한 가지 이상을 선정하여 위험성평가를 한 후 그 결과에 따라 작성해야 하며, 사고예방·피해최소화 대책은 위험성평가 결과 잠재위험이 있다고 인정되는 경우에만 작성한다.

① 체크리스트(Check List)   ② 상대위험순위 결정(Dow and Mond Indices)

③ 작업자 실수 분석(HEA)   ④ 사고 예상 질문 분석(What-if)

⑤ 위험과 운전 분석(HAZOP)   ⑥ 이상위험도 분석(FMECA)

⑦ 결함 수 분석(FTA)   ⑧ 사건 수 분석(ETA)   ⑨ 원인결과 분석(CCA)

⑩ ①부터 ⑨까지의 규정과 같은 수준 이상의 기술적 평가기법

3. 공정위험성 평가기법의 내용

* 위험성평가의 기법은 크게 정량적 기법과 정성적 기법으로 나뉘어진다.

(1) 정량적 위험성평가

1) 종류

① FTA   ② ETA   ③ CCA   ④ FMECA

2) 내용

① 결함수 분석(fault tree analysis : FTA) : 사고를 일으키는 장치의 이상이나 운전자 실수의 조합을 연역적으로 분석하는 정량적 기법

② 사건수 분석(event tree analysis : ETA) : 초기사건으로 알려진 특정한 장치
의 이상이나 운전자의 실수로부터 발생되는 잠재적인 사고 결과를 평가하는
정량적 기법.
사상의 안전도를 사용하여 시스템의 안전도를 나타내는 모델.
귀납적이기는 하나 정량 분석기법이다. 재해의 확대요인의 분석에 적합하다.
③ 원인 결과분석(cause-consequence analysis : CCA)
④ 이상 위험도 분석(failure modes effect and criticality analysis : FMECA) :
공정 및 설비의 고장의 형태 및 영향, 고장 형태별 위험도 순위를 결정하는
것

(2) 정성적 위험성평가

1) 종류

① 체크리스트 ② 안전성검토(safety review)
③ HAZOP(Hazard and operability study) ④ What If
⑤ FMEA(Failure Mode & Effect Analysis)
⑥ 상대위험순위결정(Dow and Mond Hazard indices)
⑦ 예비위험분석(PHA, Preliminary Hazard Analysis)
⑧ 작업자실수분석

2) 내용

① 체크리스트 : 설비의 오류, 결함상태, 위험상황 등을 목록화한 형태로 작성하
여 경험적으로 비교함으로써 위험성을 정성적으로 파악하는 기법이다.
② 위험과 운전 분석(HAZOP) : Hazard and operability studies, 공정에 존재하
는 위험요소들과 공정의 효율을 떨어뜨릴 수 있는 운전상의 문제점을 찾아낼
수 있는 정성적인 위험평가 기법, 산업체(화학공장)에서 일반적으로 사용된다.
③ 사고예상 질문 분석(What If)
④ 작업자 실수 분석 : 설비의 운전원, 정비보수원, 기술자 등의 작업에 영향을
미칠만한 요소를 평가하여 그 실수의 원인을 파악하고 추적하여 정량적으로
실수의 상대적 순위를 결정하는 안전성평가기법이다.

03 산업안전보건법령상 위험성평가 인정 제도에 대해 기술하시오.

해설

1. 개요

* 산업안전보건법 제36조(위험성평가의 실시)에 따라 사업주가 스스로 사업장의 유해
· 위험요인에 대한 실태를 파악하고 이를 평가하여 관리 · 개선하는 등 필요한 조
치를 통해 산업재해를 예방할 수 있도록 지원하기 위하여 위험성평가 방법, 절차,
시기 등에 대한 기준을 제시하고, 위험성평가 활성화를 위한 시책의 운영 및 지원
사업 등 그 밖에 필요한 사항을 규정함을 목적으로 하는 고용노동부 고시 사업장
위험성평가에 관한 지침에 기반한다.
* 위험성평가 인정제도는 고용노동부 고시 "사업장 위험성평가에 관한 지침"에 절차
와 내용이 규정되어 운영되고 있다.

2. 인정 제도

(1) 인정의 신청 (제16조)

① 상시 근로자 수 100명 미만 사업장(건설공사를 제외한다).
② 총 공사금액 120억원(토목공사는 150억원) 미만의 건설공사

(2) 인정심사 (제17조)

① 사업주의 관심도 ② 위험성평가 실행수준 ③ 구성원의 참여 및 이해 수준
④ 재해발생 수준

(3) 인정심사위원회의 구성 · 운영 (제18조)

① 인정 여부의 결정 ② 인정취소 여부의 결정
③ 인정과 관련한 이의신청에 대한 심사 및 결정
④ 심사항목 및 심사기준의 개정 건의
⑤ 그 밖에 인정 업무와 관련하여 위원장이 회의에 부치는 사항

(4) 위험성평가의 인정 (제19조) <개정 2024. 12. 18>

① 위험성평가를 수행한 사업장
② 현장심사 결과 평가점수가 100점 만점에 70점을 미달하는 항목이 없고 종합점
수가 100점 만점에 90점 이상인 사업장

(5) 재인정 (20조)

* 사업주는 인정 유효기간이 만료되어 재인정을 받으려는 경우에는 인정신청서를 제출하여야 한다. 이 경우 인정신청서 제출은 유효기간 만료일 3개월 전부터 할 수 있다.

(5) 인정사업장 사후점검 (제21조) <개정 2024. 12. 18>

① 공단은 인정을 받은 사업장이 위험성평가를 효과적으로 유지하고 있는지 확인하기 위하여 인정기간 중 1회 이상 사후점검을 할 수 있다. 다만, 사후점검일 기준 잔여공사기간이 3개월 미만인 건설공사는 제외할 수 있다.

② 사후점검은 직전 현장심사를 받은 이후에 사업장에서 실시한 위험성평가에 대해 현장점검을 하는 것으로 하며, 해당 사업장이 제19조에 따른 인정 기준을 유지하는지 여부 및 수립한 위험성 감소대책을 충실히 이행하고 있는지 여부를 확인하여야 한다.

(6) 인정의 취소 (제22조) <개정 2024. 12. 18>

① 위험성평가 인정사업장에서 인정 유효기간 중에 다음 각 호의 어느 하나에 해당하는 사업장은 인정을 취소하여야 한다.

1. 거짓 또는 부정한 방법으로 인정을 받은 사업장

2. 인정기간 중 다음 각 목의 어느 하나에 해당하는 중대재해가 발생한 사업장. 다만, 법 제5조에 따른 사업주의 의무와 직접적으로 관련이 없는 재해로서 「고용보험 및 산업재해보상보험의 보험료징수 등에 관한 법률 시행령」 제에서 정하는 사유는 제외한다.

   가. 사망자가 1명 이상 발생한 재해

   나. 3개월 이상의 요양이 필요한 부상자가 동시에 2명 이상 발생한 재해

   다. 부상자 또는 직업성 질병자가 동시에 10명 이상 발생한 재해

3. 근로자의 부상(3일 이상의 휴업)을 동반한 중대산업사고 발생사업장

4. 산안법 제10조에 따른 산업재해 발생건수, 재해율 또는 그 순위 등이 공표된 사업장(산안령 제10조 제1항 제1호 및 제5호에 한정한다)

5. 제21조에 따른 사후점검을 거부하거나 점검 결과 다음 각 목의 어느 하나의 사유가 확인된 사업장

   가. 제19조에 따른 인정기준을 충족하지 못한 경우

    나. 현장심사 또는 사후점검에서 개선하도록 지적된 사항을 이행하지 않아 조치 기간을 부여하였음에도 이행하지 않은 것이 확인된 경우

6. 사업주가 자진하여 인정 취소를 요청한 사업장

7. 그 밖에 인정취소가 필요하다고 공단 광역본부장·지역본부장 또는 지사장이 인정한 사업장

② 공단은 제1항에 해당하는 사업장에 대해서는 인정심사위원회에 상정하여 인정취소 여부를 결정하여야 한다. 이 경우 해당 사업장에는 소명의 기회를 부여하여야 한다.

③ 제2항에 따라 인정심사위원회가 인정취소를 결정한 경우 인정취소일은 제1항에 따른 인정취소 사유가 발생한 날로 한다.

(7) 위험성평가 지원사업 (제23조) <개정 2024. 12. 18>

① 추진기법 및 모델, 기술자료 등의 개발·보급　② 우수 사업장 발굴 및 홍보
③ 사업장 관계자에 대한 교육　④ 사업장 컨설팅　⑤ 전문가 양성
⑥ 지원시스템 구축·운영　⑦ 인정사업의 운영
⑧ 그 밖에 위험성평가 추진에 관한 사항

(8) 위험성평가 교육지원 (제24조) <개정 2024. 12. 18>

① 공단은 사업장의 위험성평가를 지원하기 위하여 다음 각 호의 교육과정을 개설하여 운영할 수 있다.
　1. 사업주 교육　2. 평가담당자 교육　3. 실무 역량 지원 교육

② 공단은 제1항에 따른 교육과정을 광역본부·지역본부·지사 또는 산업안전보건교육원(이하 "교육원"이라 한다)에 개설하여 운영하여야 한다.

③ 교육을 수료한 근로자에 대해서는 해당 시기에 사업주가 실시해야 하는 관리감독자 교육을 수료한 시간만큼 실시한 것으로 본다.

(9) 위험성평가 컨설팅지원 (제25조)

① 공단은 근로자 수 50명 미만 소규모 사업장(건설업의 경우 전년도에 공시한 시공능력 평가액 순위가 200위 초과인 종합건설업체 본사 또는 총 공사금액 120억원(토목공사는 150억원)미만인 건설공사를 말한다)의 사업주로부터 컨설팅지원을 요청 받은 경우에 위험성평가 실시에 대한 컨설팅지원을 할 수 있다.

② 제1항에 따른 공단의 컨설팅지원을 받으려는 사업주는 사업장 관할의 공단 광역본부장·지역본부장·지사장에게 지원 신청을 하여야 한다.

③ 제2항에도 불구하고 공단 광역본부장·지역본부·지사장은 재해예방을 위하여 필요하다고 판단되는 사업장을 직접 선정하여 컨설팅을 지원할 수 있다.

04 산업안전보건법령에서의 위험성평가에 대해 다음 사항을 설명하시오.

1) 위험성 평가의 목적   2) 위험성이란?   3) 위험성 평가 시기

4) 위험성 평가 방법   5) 위험성 평가 절차

해설

1. 위험성 평가의 목적 (사업장 위험성평가에 관한 지침 제1조)

* 위험성평가의 목적은 사업주가 스스로 사업장의 유해·위험요인에 대한 실태를 파악하고 이를 평가하여 관리·개선하는 등 필요한 조치를 통해 산업재해를 예방할 수 있도록 하는 것으로서, 이를 지원하기 위하여 사업장 위험성평가에 관한 지침은 위험성평가 방법, 절차, 시기 등에 대한 기준을 제시하고, 위험성평가 활성화를 위한 시책의 운영 및 지원사업 등 그 밖에 필요한 사항을 규정함을 목적으로 한다.

2. 위험성 (제3조)

* "위험성"이란 유해·위험요인이 사망, 부상 또는 질병으로 이어질 수 있는 가능성과 중대성 등을 고려한 위험의 정도를 말한다.

3. 위험성평가의 실시 시기 (제15조) <개정 2024. 12. 18>

① 사업주는 사업이 성립된 날(사업 개시일을 말하며, 건설업의 경우 실착공일을 말한다)로부터 1개월이 되는 날까지 위험성평가의 대상이 되는 유해·위험요인에 대한 최초 위험성평가의 실시에 착수하여야 한다. 다만, 1개월 미만의 기간 동안 이루어지는 작업 또는 공사의 경우에는 특별한 사정이 없는 한 작업 또는 공사 개시 후 지체 없이 최초 위험성평가를 실시하여야 한다.

② 사업주는 다음 각 호의 어느 하나에 해당하여 추가적인 유해·위험요인이 생기는 경우에는 해당 유해·위험요인에 대한 수시 위험성평가를 실시하여야 한다. 다만, 제5호에 해당하는 경우에는 재해발생 작업을 대상으로 작업을 재개하기 전에 실시하여야 한다.

    1. 사업장 건설물의 설치·이전·변경 또는 해체

    2. 기계·기구, 설비, 원재료 등의 신규 도입 또는 변경

    3. 건설물, 기계·기구, 설비 등의 정비 또는 보수(주기적·반복적 작업으로서 이미 위험성평가를 실시한 경우에는 제외)

    4. 작업방법 또는 작업절차의 신규 도입 또는 변경

    5. 중대산업사고 또는 산업재해(휴업 이상의 요양을 요하는 경우에 한정) 발생

    6. 그 밖에 사업주가 필요하다고 판단한 경우

③ 사업주는 다음 각 호의 사항을 고려하여 제1항에 따라 실시한 위험성평가의 결과에 대한 적정성을 1년마다 정기적으로 재검토(이때, 해당 기간 내 제2항에 따라 실시한 위험성평가의 결과가 있는 경우 함께 적정성을 재검토하여야 한다)하여야 한다. 재검토 결과 허용 가능한 위험성 수준이 아니라고 검토된 유해·위험요인에 대해서는 제12조에 따라 위험성 감소대책을 수립하여 실행하여야 한다.

    1. 기계·기구, 설비 등의 기간 경과에 의한 성능 저하

    2. 근로자의 교체 등에 수반하는 안전·보건과 관련되는 지식 또는 경험의 변화

    3. 안전·보건과 관련되는 새로운 지식의 습득

    4. 현재 수립되어 있는 위험성 감소대책의 유효성 등

④ 사업주가 사업장의 상시적인 위험성평가를 위해 다음 각 호의 사항을 이행하는 경우 제2항과 제3항의 수시평가와 정기평가를 실시한 것으로 본다.

    1. 매월 1회 이상 근로자 제안제도 활용, 아차사고 확인, 작업과 관련된 근로자를 포함한 사업장 순회점검 등을 통해 사업장 내 유해·위험요인을 발굴하여 제11조의 위험성결정 및 제12조의 위험성 감소대책 수립·실행을 할 것

    2. 매주 안전보건관리책임자, 안전관리자, 보건관리자, 관리감독자 등(도급사업주의 경우 수급사업장의 안전·보건 관련 관리자 등을 포함한다)을 중심으로 제1호의 결과 등을 논의·공유하고 이행상황을 점검할 것

    3. 매 작업일마다 제1호와 제2호의 실시결과에 따라 근로자가 준수하여야 할 사항 및 주의해야 할 사항을 작업 전 안전점검회의 등을 통해 공유·주지할 것

4. 위험성 평가 방법 (제7조) <개정 2024. 12. 18>

① 사업주는 다음과 같은 방법으로 위험성평가를 실시하여야 한다.

    1. 안전보건관리책임자 등 해당 사업장에서 사업의 실시를 총괄 관리하는 사람에게 위험성평가의 실시를 총괄 관리하게 할 것

  2. 사업장의 안전관리자, 보건관리자 등이 위험성평가의 실시에 관하여 안전보건 관리책임자를 보좌하고 지도·조언하게 할 것

  3. 유해·위험요인을 파악하고 그 결과에 따른 개선조치를 시행할 것

  4. 기계·기구, 설비 등과 관련된 위험성평가에는 해당 기계·기구, 설비 등에 전문 지식을 갖춘 사람을 참여하게 할 것

  5. 안전·보건관리자의 선임의무가 없는 경우에는 제2호에 따른 업무를 수행할 사람을 지정하는 등 그 밖에 위험성평가를 위한 체제를 구축할 것

② 사업주는 제1항에서 정하고 있는 자에 대해 위험성평가를 실시하기 위해 필요한 교육을 실시하여야 한다. 이 경우 위험성평가에 대해 외부에서 교육을 받았거나, 관련학문을 전공하여 관련 지식이 풍부한 경우에는 필요한 부분만 교육을 실시하거나 교육을 생략할 수 있다.

③ 사업주가 위험성평가를 실시하는 경우에는 산업안전·보건 전문가 또는 전문기관의 컨설팅을 받을 수 있다.

④ 사업주가 다음 각 호의 어느 하나에 해당하는 제도를 이행한 경우에는 그 부분에 대하여 이 고시에 따른 위험성평가를 실시한 것으로 본다.

  1. 위험성평가 방법을 적용한 안전·보건진단(산안법 제47조)

  2. 공정안전보고서(산안법 제44조). 다만, 공정안전보고서의 내용 중 공정위험성 평가서가 최대 4년 범위 이내에서 정기적으로 작성된 경우에 한한다.

  3. 근골격계부담작업 유해요인조사(산기규 제657조부터 제662조까지)

  4. 그 밖에 법과 이 법에 따른 명령에서 정하는 위험성평가 관련 제도

⑤ 사업주는 사업장의 규모와 특성 등을 고려하여 다음 각 호의 위험성평가 방법 중 한 가지 이상을 선정하여 위험성평가를 실시할 수 있다.

  1. 위험 가능성과 중대성을 조합한 빈도·강도법

  2. 체크리스트(Checklist)법   3. 위험성 수준 3단계(저·중·고) 판단법

  4. 핵심요인 기술(One Point Sheet)법

  5. 그 외 규칙 제50조제1항제2호 각 목의 방법

5. 위험성 평가 절차 (제8조) <개정 2024. 12. 18>

* 사업주는 위험성평가를 다음의 절차에 따라 실시하여야 한다. 다만, 상시근로자 5인 미만 사업장(건설공사의 경우 1억원 미만)의 경우 제1호(사전준비)의 절차를 생략할 수 있다.

제 6 장

1. 사전준비　2. 유해·위험요인 파악

3. 위험성 추정 : 삭제됨. <개정 2024. 12. 18>

4. 위험성 결정　5. 위험성 감소대책 수립 및 실행

6. 위험성평가 실시내용 및 결과에 관한 기록 및 보존

05 사업장에서 고압가스 저장실에 가연성 가스집합장치를 설치하려고 한다. 가스누출경보기 설치조건에 대하여 설명하시오. (단, 기준, 대상, 설치장소, 설치위치, 경보설정 및 성능 순으로 설명하시오)

〔해설〕

1. 법적 배경

* 산업안전보건법 제13조(기술 또는 작업환경에 관한 표준)에 의거 고용노동부 고시 "가스누출감지경보기 설치에 관한 기술상의 지침"에서 가스누출경보기의 설치에 대한 기술상의 지침을 규정하고 있다.

2, 가스누출경보기 설치조건

(1) 선정 기준 (제3조)

① 가스누출감지경보기를 설치할 때에는 감지대상 가스의 특성을 충분히 고려하여 가장 적절한 것을 선정하여야 한다.

② 하나의 감지대상 가스가 가연성이면서 독성인 경우에는 독성가스를 기준하여 가스누출감지경보기를 선정하여야 한다.

(2) 대상

* 사업장에서 가연성 또는 독성물질의 가스나 증기의 누출 우려가 있는 사업장을 대상으로 한다.

(3) 설치장소 (제4조)

① 건축물 내·외에 설치되어 있는 가연성 및 독성물질을 취급하는 압축기, 밸브, 반응기, 배관 연결부위 등 가스의 누출이 우려되는 화학설비 및 부속설비 주변

② 가열로 등 발화원이 있는 제조설비 주위에 가스가 체류하기 쉬운 장소

③ 가연성 및 독성물질의 충진용 설비의 접속부의 주위

④ 방폭지역 안에 위치한 변전실, 배전반실, 제어실 등

⑤ 그 밖에 가스가 특별히 체류하기 쉬운 장소

(4) 설치위치 (제5조)

① 가스누출감지경보기는 가능한 한 가스의 누출이 우려되는 누출부위 가까이 설치하여야 한다. 다만, 직접적인 가스누출은 예상되지 않으나 주변에서 누출된 가스가 체류하기 쉬운 곳은 다음 각 호와 같은 지점에 설치하여야 한다.

　㉠ 건축물 밖에 설치되는 가스누출감지경보기는 풍향, 풍속 및 가스의 비중 등을 고려하여 가스가 체류하기 쉬운 지점에 설치한다.

　㉡ 건축물 안에 설치되는 가스누출감지경보기는 감지대상가스의 비중이 공기보다 무거운 경우에는 건축물내의 하부에, 공기보다 가벼운 경우에는 건축물의 환기구 부근 또는 해당 건축물내의 상부에 설치하여야 한다.

② 가스누출감지경보기의 경보기는 근로자가 상주하는 곳에 설치하여야 한다.

(5) 경보 설정차 (제6조)

① 가연성 가스누출감지경보기는 감지대상 가스의 폭발하한계 25% 이하, 독성가스 누출감지경보기는 해당 독성가스의 허용농도 이하에서 경보가 울리도록 설정하여야 한다.

② 가스누출감지경보의 정밀도는 경보설정치에 대하여 가연성 가스누출감지경보기는 ±25% 이하, 독성가스누출감지경보기는 ±30% 이하이어야 한다.

(6) 성능 (제7조)

① 가연성 가스누출감지경보기는 담배연기 등에, 독성가스 누출감지경보기는 담배연기, 기계세척유가스, 등유의 증발가스, 배기가스, 탄화수소계 가스와 그 밖의 가스에는 경보가 울리지 않아야 한다.

② 가스누출감지경보기의 가스 감지에서 경보발신까지 걸리는 시간은 경보농도의 1.6배인 경우 보통 30초 이내일 것. 다만, 암모니아, 일산화탄소 또는 이와 유사한 가스 등을 감지하는 가스누출감지경보기는 1분 이내로 한다.

③ 경보정밀도는 전원의 전압 등의 변동률이 ±10%까지 저하되지 않아야 한다.

④ 지시계 눈금의 범위는 가연성가스용은 0에서 폭발하한계값, 독성가스는 0에서 허용농도의 3배 값(암모니아를 실내에서 사용하는 경우에는 150)이어야 한다.

⑤ 경보를 발신한 후에는 가스농도가 변화하여도 계속 경보를 울려야 하며, 그 확인 또는 대책을 조치할 때에는 경보가 정지되어야 한다.

06 기계가공 업종에서 수리작업 시 안전작업허가제도(운영절차, 허가서 작성 및 발급 확인사항, 승인 시 확인사항, 기계업종의 예시 5가지)를 설명하시오.

[해설]

1. 안전작업 허가제도의 의의

* 안전작업 허가제도란 사업장 내에서 이루어지는 작업 중 특별하게 중대재해나 중대산업사고가 발생할 수 있는 유해·위험작업에 대해서 안전보건을 확보하기 위하여 신청자는 사전에 안전조치와 허가서 작성, 승인자는 현장확인 후 작업을 승인하는 제도이다(公共공사 추락사고 방지에 관한 지침).

2. 안전작업 허가서 작성 및 발급 확인사항

① 화기작업 ② 일반위험작업

③ 보충적인 작업 : 밀폐공간출입 작업, 정전 작업, 굴착 작업, 방사선사용 작업, 고소 작업, 중장비사용 작업

3. 안전작업 허가서 승인시 확인사항

① 작업이 출입제한 공간에서 이루어지는지 여부

② 작업 시 전기차단의 필요 여부

③ 작업이 굴착작업과 병행하여 수행되는지 여부

④ 점검 또는 정비·검사 시 방사능사용에 의한 작업이 수행되는지 여부

⑤ 위험지역에서 작업하는 대신 안전한 장소에서 작업대체 가능성 여부

⑥ 가연성 물질 또는 독성 물질의 발생 가능성 및 처리방법

⑦ 잠겨진 밸브나 막힌 배관 사이에서 액체의 열팽창 가능성

⑧ 설비 또는 기기의 내부구조상 유해위험물질이 잔류할 가능성 및 환기장치 설치 필요성 여부

⑨ 초기 소화장비의 배치계획

⑩ 출입제한구역 작업계획 및 작업 중 현장입회자를 두어야 할지의 여부

⑪ 안전보건 보호장비의 비치 여부

⑫ 작업수행 전 작업자에 대한 공정(작업) 및 안전교육 실시 여부

4. 기계업종 예시

① 화기취급 작업 : 용접, 용단 작업 등 인화성 및 가연성 물질에 점화 원인을 제공하는 불티가 발생하는 작업

② 밀폐공간 작업 : 맨홀, 탱크, 정화조, 지하공동구, 반응용기, 지하보일러실, 덕트, 하수도 배수관, 수직구 등 산소결핍의 가능성이 높은 공간예서 실시하는 작업

③ 중대재해의 발생이 우려되는 제반 작업

④ 과거 중대재해가 발생한 작업과 동일 유형의 작업으로서 특별관리가 필요하다고 인정되는 작업

⑤ 위험도 구분이 모호한 신종 또는 돌발 작업으로서 특별 관리가 필요하다고 인정되는 작업

⑥ 공정 위험성 평가결과 위험등급 A등급의 작업 또는 그에 준하는 작업

⑦ 정전작업　⑧ 방사선 작업　⑨ 중장비사용 작업

5. 위험작업 승인 및 운영절차

① 작성 (현장작업자)

　　㉠ 작업별 안전조치 실시　㉡ 안전작업허가서 작성, 신청

② 승인 (사업진행부서)

　　㉠ 현장안전 확인 후 허가서 승인　㉡ 공사업체의 작업완료에 대한 확인

　　㉢ 안전담당부서로 허가서 스캔 후 송부

②-1 협조 (안전담당부서)

　　㉠ 승인부서 신청이 있을 시 안전조치 관련 확인 및 협조

　　㉡ 작업에 필요한 안전장비 대여

③ 보존 (안전담당부서) : 안전작업허가서 보존(1년간)

유해·위험 기계 조치

01 고용노동부 안전검사 고시 중 크레인의 검사기준에서 정하고 있는 크레인의 전동기 절연저항 측정에 대하여 다음 사항을 설명하시오.

1) 전동기의 절연저항 기준값

2) 절연저항 측정위치(절연저항 측정기의 적색선 접속위치 및 흑색선 접속위치)

3) 절연저항 측정기가 아닌 멀티테스터의 저항모드로 측정한 저항값을 절연저항 값으로 판단하면 안 되는 이유

해설

1. 전동기의 절연저항 기준값 (안전검사 고시 별표 2 크레인의 검사기준)

$$\text{절연저항}[\text{M}\Omega] \geq \frac{\text{사용전압}\,[V]}{1,000 + \text{출력}\,[kW]} \text{일 것}$$

2. 절연저항 측정위치

* 전원선과 보호본딩회로 사이의 저항값을 측정하게 되며, 적색선은 메인차단기 2차측에 연결하고, 흑색선은 접지선에 연결하게 된다.

3. 절연저항 측정기가 아닌 멀티테스터의 저항모드로 측정한 저항값을 절연저항값으로 판단하면 안 되는 이유

* 절연저항 시험은 회로 내의 누설전류에 따른 절연저항값[$M\Omega$]을 측정하는 시험이다. 그러나 저압계통의 측정 목적인 멀티테스터로는 정확한 측정이 불가하다. 만약 전선과 케이스가 아주 미세하게 떨어져 있다고 가정해 볼 때 아주 가깝지만 미세하게 떨어져 있기 때문에 멀티테스터기로 측정하면 저항은 무한대로 나온다.

* 하지만 여기에 500V나 1,000V를 인가하면 미세한 틈으로 방전이 발생하면서 전류가 흐르게 된다. 따라서, 고압계통의 전압을 인가시키면서 측정이 가능한 전용의 절연저항계(Megger)를 사용하여 측정하여야 한다.

(02) 크레인을 사용하여 **철판** 등의 자재 운반 작업 시 사용하는 리프팅 마그넷(Lifting Magnet) 구조의 요구사항 4가지를 설명하시오.

[해설]

○ 리프팅 마그넷(Lifting Magnet) 구조의 요구사항 4가지

  (크레인 작업표준 안전작업 지침, 제36조)

  ① 리프팅 마그넷은 비상시 최소한 10분 이상의 흡착력을 유지할 것

  ② 리프팅 마그넷의 흡착력은 정격하중의 2배 이상으로 할 것

  ③ 부착된 이름판에는 정격하중이 명기되어 있을 것

  ④ 마그넷의 조작 스위치나 핸들에는 운전 형식 및 방법을 표시할 것

  ⑤ 조작회로의 대지전압은 교류 150V, 직류 300V를 초과하지 않을 것

  ⑥ 정전 시 배터리에서 전원이 공급될 경우 배터리에서 공급됨을 알리기 위한 경보가 울리고, 화물을 바닥에 안전하게 내릴 수 있는 구조일 것

(03) 양중기의 크레인에 대한 고용노동부 고시(제2020-41호)에 의한 크레인 제작 및 안전기준의 안정도에 대하여 각각 설명하시오.

[해설]

○ 크레인 제작 및 안전기준의 안정도 (위험기계·기구 안전인증 고시)

  ① 크레인은 다음의 경우, 해당 크레인의 전도지점에서의 안정도 모멘트 값은 전도 모멘트 값 이상이어야 한다.

    ㉠ 수직동하중의 0.3배에 해당하는 하중이 정격하중이 걸리는 방향과 반대방향으로 걸렸을 경우

    ㉡ 수직동하중의 1.6배(토목, 건축 등의 공사에 사용하는 크레인은 1.4배)에 해당하는 하중이 걸렸을 경우

    ㉢ 수직동하중의 1.35배(토목, 건축 등의 공사에 사용하는 크레인은 1.1배)에 해당하는 하중, 수평동하중 및 작동시에 있어서의 풍하중을 조합한 하중이 걸렸을 경우

  ② ①에 따른 안정도는 다음의 조건에서 계산하여야 한다.

    ㉠ 안정도에 영향을 주는 중량은 크레인의 안정에 관한 가장 불리한 상태

    ㉡ 바람은 크레인의 안정에 가장 불리한 방향에서 불어오는 것

제 6 장

③ 옥외에 설치하는 크레인의 안정도 계산에 있어서 하물을 싣지 않은 정지상태에서 풍하중이 걸렸을 때 당해 크레인의 전도지점의 안정모멘트 값은 그 전도지점에서 전도 모멘트 값 이상이어야 한다.

④ ③에 따른 안정도는 다음의 조건에서 계산하여야 한다.

   ㉠ 안정도에 영향을 주는 중량은 크레인의 안정에 관한 가장 불리한 상태

   ㉡ 바람은 크레인의 안정에 가장 불리한 방향에서 불어오는 것

⑤ 주행 크레인에 있어 크레인 정지 시 풍력 등 외력에 의한 이동을 방지할 수 있는 고정장치를 구비할 것(다만, 옥내에 설치되어 풍압을 직접 받지 않는 크레인은 예외)

근로자 보건관리

01 LC_{50}의 간단한 정의(LC : Lethal Concentration)를 설명하시오.

[해설]

○ **용어의 정의** (화학물질의 급성흡입독성시험 기술지침 KOSHA Guide Q-8)

* LC_{50} (Lethal Concentration 50% : 반수치사농도)는 흡입독성실험에서 실험대상 생물의 50%를 죽이는 농도를 말하며, 보통 mg/l 또는 ppm으로 표시한다.

* 이때 독성에 노출된 시간에 따라 50%가 죽는 농도도 달라지므로 LD_{50} 4hr 등으로 시간을 같이 표시한다.

6.6 방호장치 안전인증고시

방호장치 안전인증 고시

01 방호장치 안전인증 고시에서 전량식 안전밸브와 양정식 안전밸브의 구분 기준과 아래 [보기]의 안전밸브 형식표시의 ( ) 안에 적합한 내용을 설명하시오.

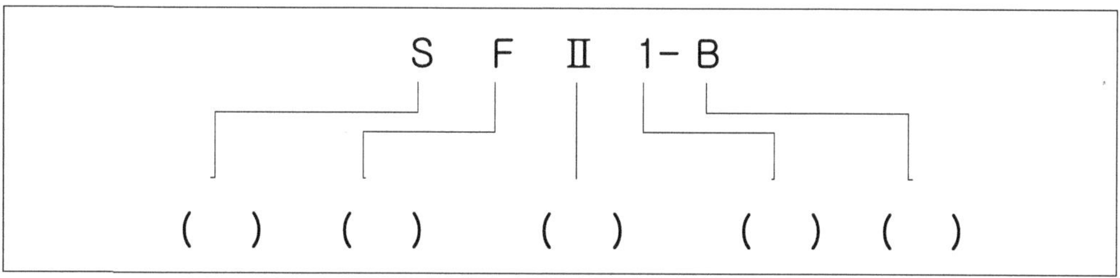

해설

○ **안전밸브 형식표시 의미**

① S : 안전밸브의 요구성능을 표시하는 부분으로 S는 증기, G는 가스의 분출압력을 요구함을 의미한다.

② F : 유량제한기구를 표시하는 부분으로 F는 전량식, L은 양정식을 의미한다.

③ Ⅱ : 안전밸브의 호칭지름(mm)을 표시하는 부분으로 Ⅰ(25 이하), Ⅱ(25 초과 50 이하), Ⅲ(50 초과 80이하), Ⅳ(80초과 100이하), Ⅴ(100 초과)를 의미한다.

④ 1 : 안전밸브의 호칭압력(MPa)을 표시하는 부분으로 1(1 이하), 3(1초과 3이하), 5(3초과 5이하), 10(5초과 10이하), 21(10초과 21이하), 22(21초과)를 각각 의미한다.

⑤ B : 평형형인 안전밸브(Balanced safety valve)를 의미한다.

제6장

02 산업용 로봇에서 사용되는 압력감지 안전매트의 압력감지 신호 계통도 5가지를 기술하시오.

해설

1. 정의

* 산업용 로봇 안전매트(압력감지 안전매트)란 유효감지영역 내의 임의의 위치에 일정한 정도 이상의 압력이 주어졌을 때 이를 감지하여 신호를 발생시키는 장치를 말하며 감지기, 제어부 및 출력부로 구성된다.

2. 압력감지 신호 계통도 (방호장치 안전인증 고시 제37조)

(1) 안전매트의 압력감지 신호 계통도

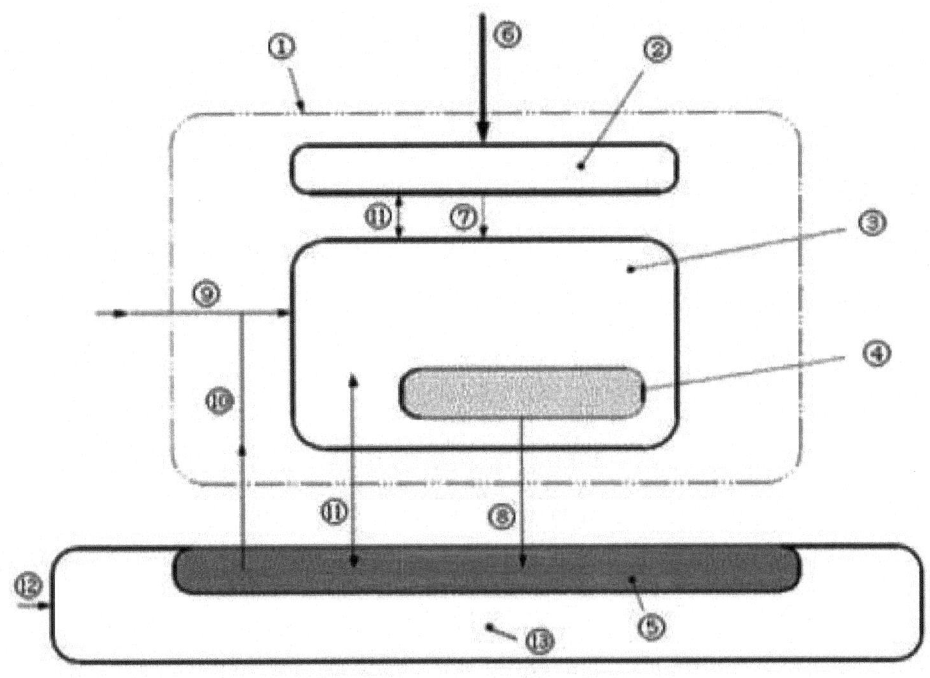

[그림 1] 안전매트의 압력감지 신호 계통도

① 안전매트, ② 감지기, ③ 제어부 출력신호, ④ 스위칭장치, ⑤ 안전매트의 출력신호 처리를 위한 로봇제어시스템의 부분, ⑥ 작동하중, ⑦ 감지기출력, ⑧ On 및 Off 상태, ⑨ 신호 수동복귀신호(⑫항 대용), ⑩ 수동복귀신호, ⑪ 모니터신호(선택사양), ⑫ 로봇제어시스템으로 가는 수동 복귀신호(⑨ 항 대용), ⑬ 로봇제어시스템

(2) 압력감지 신호 계통도의 요소

1) 작동하중(⑥)

* 유효감지영역에 작용시켰을 때 출력부에 꺼짐 상태를 발생시킬 수 있는 수직하
중을 말한다.

2) 감지기(②)

* 압력을 감지하는 부분을 말하며 안전매트의 일부로서 제어부와 출력부를 제외
한 유효감지영역과 사영역으로 구성되며, 감지기를 단독으로 사용하거나 여러
개의 감지기를 조합하여 사용할 수도 있다.

3) 제어부(⑤)

* 감지기의 신호에 따라 출력부의 상태를 제어하는 부분으로서 이는 안전기능의
이상 여부를 감시하는 장치를 포함할 수도 있다.

4) 출력신호 스위칭장치(④)

* 제어부를 통하여 들어온 신호를 받아서 로봇의 작동을 제어할 수 있는 신호를
출력하는 부분을 말하며, 로봇 제어시스템과 일체형으로 구성할 수 있다.

5) 복귀신호(⑨, ⑩, ⑫)

* 출력부가 꺼짐 상태에서 다시 켜짐 상태로 이전할 수 있게 하는 신호로서 제어
부에서 자동으로 발생시킬 수도 있고, 수동으로 발생시킬 수도 있다.

6) On 및 Off 상태 신호(⑧)

* "켜진 상태(On 상태)"란 출력회로가 연결되어 전류가 흐르도록 허용하는 상태
를 말하고, "꺼진 상태(Off 상태)"란 출력회로가 차단되어 전류가 흐르지 않는
상태(안전상태)를 말한다.

03 보일러 안전밸브와 관련된 다음 용어의 뜻을 설명하시오.

　1) 설정압력　2) 분출압력　3) 호칭압력　4) 분출정지압력

[해설]

　1. 설정압력(set pressure) : 설계상 정한 안전밸브의 분출압력을 말한다.

　2. 분출압력(popping pressure) : 밸브 입구의 압력이 증가하여 디스크가 열림 방향
　　으로 빠르게 움직여 유체를 분출시킬 때의 입구쪽 압력을 말한다.

　3. 호칭압력 : 압력의 크기를 호칭 수치로 나타내는 것을 말한다.

　4. 분출정지압력 : 밸브 입구 쪽 압력이 감소하여 디스크가 밸브시트에 재접촉하거나
　　양정이 0이 되었을 때의 압력을 말한다.

[출처] 방호장치 의무안전인증 고시 제7조(정의) (고용노동부고시 제2013-54호)

04 리프트 권상드럼의 제작 안전기준 4가지를 설명하시오.

[해설]

○ 권상드럼의 검사기준(제작 안전기준)

　① 드럼은 균열, 마모, 변형, 손상이 없어야 함.

　② 와이어로프 홈 부위의 마모 상태는 원래치수의 20%를 초과하지 않을 것

　③ 권상드럼에 와이어로프의 감김 상태는 꼬이지 않고 정상적으로 감겨 있을 것

　④ 권상드럼의 축, 키 플레이트의 접합 볼트는 풀림이 없을 것

[출처] [산업안전보건법행정규칙] 안전검사 고시 제8조 관련 [별표 3]

05 산업용 로봇 방호장치 중 광전자식 방호장치의 성능기준 중에서 다음 3
가지 내용을 설명하시오.

1) R-1, R-2　　2) 뮤팅　　3) 한계기능시험

[해설]

○ 광전자식 방호장치 성능기준 및 시험방법

　1. R-1, R-2

　　* 광전자식 방호장치의 종류는 연결사용 가능여부에 따라 다음과 같다.

① R-1 : 정상작동 중에 감지 소자가 작동될 경우 또는 장치의 전원이 차단되었을 경우에는 적어도 하나 이상의 출력신호 개폐장치의 출력회로가 꺼짐 상태로 있어야 한다.

② R-2 : 정상작동 중에 감지 기능이 작동될 경우 또는 장치의 전원이 제거되었을 경우에는 적어도 두 개 이상의 출력신호 개폐장치의 출력회로가 꺼짐 상태로 있어야 한다.

2. 뮤팅

① 뮤팅의 의미 : 뮤팅이란 광전자식 보호장치가 작동 중 일시적으로 안전하게 정지(음소거 또는 어두움)하는 것을 의미한다. 이를 통해 예를 들어 재료를 위험구역 안팎으로 운반할 수 있다(연속 뮤팅도 가능하며, 블랭킹이라고 한다).

② 뮤팅 시험방법

㉠ 광전자식 방호장치가 뮤팅 상태에 있는 경우 출력신호 개폐장치는 정상 상태로 유지하여야 한다.

㉡ 적어도 2개의 독립된 고정배선 뮤팅 신호 공급원이 있으며 유효하지 않은 신호조합이 발생할 때마다 뮤팅상태는 정지하여야 한다.

㉢ 두 개의 뮤팅 정지 신호 중 한 가지 신호의 상태만 변경되면 뮤팅 기능이 중지되어야 한다.

㉣ 뮤팅상태 신호 또는 표시등을 제공하여야 한다.

3. 한계기능시험

* 한계기능 A, B시험은 제24호(타 광원에 대한 간섭시험)와 제25호(광전자식 방호장치의 전기적 교란에 대한 시험)의 시험에 필요한 시험조건이며, 재기동방지기능이 있는 경우 시험 중에는 이 기능을 선택할 수 없어야 하며, 바이패스(by-pass) 되어서도 아니 된다.

① 한계기능시험 A (A시험)

㉠ 검출영역에 장애물이 없는 상태에서는 출력신호 개폐장치가 켜짐 상태로 5초 이상 유지될 것

㉡ 차광봉을 검출영역에 위치시킨다. 그러면, 출력신호 개폐장치는 켜짐 상태에서 꺼짐 상태로 바뀌어 5초 이상 유지될 것

　　　ⓒ 차광봉을 검출영역에서 제거한다. 그러면, 출력신호 개폐장치는 꺼짐 상태에서 켜짐 상태로 되어 5초 이상 유지되어야 한다. 반면에 차광봉이 검출영역에 있으면, 꺼짐 상태로 유지될 것

　② 한계기능시험 B (B시험)

　　* B시험은 A시험과 달리 차광봉이 검출영역에서 제거된 상태에서는 출력신호 개폐장치가 꺼짐 상태를 허용하며, 그 외에는 A시험과 동일하다. 다만, 이때 위험에 이르는 결함이 발생해서는 안 된다.

[출처] 방호장치 안전인증 고시 제38조 관련 별표 26

06 위험기계·기구 안전인증 고시에서 정하는 고소작업대를 주행 장치에 따라 분류하여 설명하시오.

해설

1. 무게중심에 의한 분류

① A그룹 : 적재화물 무게중심의 수직 투영이 항상 전복선(tipping line) 안에 있는 고소작업대

② B그룹 : 적재화물 무게중심의 수직 투영이 전복선(tipping line) 밖에 있을 수 있는 고소작업대

2. 주행 장치에 따른 분류

① 제1종 : 적재위치(stowed position)에서만 주행할 수 있는 고소작업대

② 제2종 : 차대의 제어위치에서 조작하여 작업대를 상승한 상태로 주행하는 고소작업대

③ 제3종 : 작업대의 제어위치에서 조작하여 작업대를 상승한 상태로 주행하는 고소작업대

07 크레인, 리프트, 프레스, 사출성형기 등 안전인증 대상 제품심사 시 적용하는 전기적 시험 4가지에 대하여 설명하시오.

[해설]

○ 안전인증 대상 제품의 전기적 시험의 종류

① 접지연속성 시험 : PE 단자와 보호본딩회로 일부의 적절한 지점 사이에서 실시하며, 10A(암페어) 이상의 전류를 인가하였을 때 최대 전압강하의 값이 다음 표에 제시한 값을 초과하지 않아야 한다. 이 시험은 보호접지 회로의 연속성 검정 시험이다.

시험대상 전선의 최소 유효단면적(mm)	최고 전압강하(V)
1.0	3.3
1.5	2.5
2.5	1.9
4.0	1.4
> 6.0	1.9

② 절연저항시험 : 전원선과 보호본딩회로 사이에 직류전압 500V를 인가하여 측정한 절연저항값은 1MΩ(메가오옴) 이상이어야 한다. 단, 부스바, 컬렉터 선, 컬렉터 봉 설비 또는 슬립링 조립품 등과 같은 전기장비 일부의 최소 절연저항값은 보다 낮을 수 있으나 그 값은 50kΩ(킬로오옴) 이상이어야 한다.

③ 내전압시험 : 안전 초저전압 또는 그 이하에서 작동되도록 설계된 선로를 제외한 모든 회로의 도체와 보호본딩회로 사이에 최소 1초 이상의 시험전압을 인가하였을 때 견딜 수 있어야 한다. 장비의 정격 공급전압의 1,000V값에 대한 내성 검정 시험이다.

④ 잔류전압시험 : 전원이 차단된 이후에도 60V 이상의 잔류전압이 있는 노출 충전부는 전원 차단 후 5초 이내에 장비 기능에 영향을 미치지 않는 범위에서 60V 이하가 되도록 방전되어야 한다.

[참고] 기계안전기술사 2017년 제111회 기출문제임

6.7 방호장치 자율안전기준 고시

방호장치 자율안전기준 고시

01 롤러기 급정지장치의 종류 및 설치위치를 기술하시오.

[해설]

○ 조작부 설치위치에 따른 급정지장치 종류

(방호장치 자율안전기준 고시 제7조 관련 별표 3)

종류	설치위치	비고
손조작식	밑면에서 1.8m 이내	위치는 급정지장치의 조작부의 중심점을 기준
복부조작식	밑면에서 0.8m 이상 1.1m 이내	
무릎조작식	밑면에서 0.6m 이내	

[참고]

○ 롤러기의 표면속도에 따른 급정지거리

(방호장치 자율안전기준 고시 제7조 관련 별표 3)

앞면 롤러의 표면속도(m/min)	급정지거리
30 이상	앞면 롤러 원주의 1/2.5 이내
30 미만	앞면 롤러 원주의 1/3 이내

이때 표면속도의 산식 : $V = \dfrac{\pi DN}{1,000} \ (m/\min)$

여기서, V : 표면속도, D : 롤러 원통의 직경(mm)

N : 1분간에 롤러기가 회전되는 수(rpm)

○ 롤러기 급정지장치의 일반요구사항

(방호장치 자율안전기준 고시 제7조 관련 별표 3)

1. 작동이 원활하여야 한다.   2. 견고하게 설치되어야 한다.

3. 조작부는 긴급 시에 근로자가 조작부를 쉽게 알아볼 수 있게 하기 위해 안전에 관한 색상으로 표시하여야 한다.

4. 조작부는 그 조작에 지장이나 변형이 생기지 않고 강성이 유지되도록 설치하여야 한다.

5. 조작부에 로프를 사용할 경우는 KS D 3514(와이어로프)에 정한 규격에 적합한 직경 4mm 이상의 와이어로프 또는 직경 6mm 이상이고 절단하중이 2.94kN 이상의 합성섬유의 로프를 사용하여야 한다.

6. 조작부의 설치위치 조건을 만족하며 수평안전거리가 반드시 확보되어야 한다.

7. 조작스위치 및 기동스위치는 분진 및 그 밖의 불순물이 침투하지 못하도록 밀폐형으로 제조되어야 한다.

8. 급정지장치의 조작스위치, 전자개폐기, 제어용 계전기 및 제동모터는 한국산업표준(KS) 시험에 합격하거나 또는 이와 동등하다고 인정되는 제품을 사용하여야 한다.

9. 제동모터 및 그 밖의 제동장치에 제동이 걸린 후에 다시 기동스위치를 재조작하지 않으면 기동될 수 없는 구조이어야 한다.

02 둥근톱 날접촉예방장치의 완제품 표면에 표시되어야 할 사항에 대해 기술하시오.

해설

1. 날접촉예방장치의 완제품 표면에 표시 사항

* 둥근톱 날접촉예방장치는 안전인증대상 기계·기구 등이 아닌 자율안전확인대상 기계·기구 등으로서 제조하거나 수입하는 자는 자율안전확인대상 기계·기구 등의 안전에 관한 성능이 고용노동부장관이 정하여 고시하는 안전기준에 맞는지 확인하여 고용노동부장관에게 신고하여야 한다. 자율안전확인의 표시 및 표시방법은 다음과 같다.

(1) 자율안전확인 표시

(2) 자율안전확인 표시방법

① 표시는 「국가표준기본법 시행령」에 따른 표시기준 및 방법에 따른다.

② 표시를 하는 경우 인체에 상해를 입힐 우려가 있는 재질이나 표면이 거친 재질을 사용해서는 안 된다.

③ 표시는 제품에 직접 붙여야 하며, 제품의 구조 등으로 인하여 붙이는 것이 불가능한 경우에는 제품을 담은 용기 또는 포장 등에 붙인다.

④ 자율안전확인 제품의 추가 표시사항

  ㉠ 형식 또는 모델명   ㉡ 규격 또는 등급 등   ㉢ 제조자명

  ㉣ 제조번호 및 제조연월   ㉤ 자율안전확인 번호

03 컨베이어(Conveyor) 기복장치의 적용 예를 들고 설명하시오.

[해설]

○ **기복장치 (Luffing Device)**

① 기복장치는 높낮이와 각도 등을 조절하는 장치이다.

② 위험기계기구 자율안전확인 고시에서의 요건 내용

  ㉠ 기복장치에는 붐이 일시에 낙하되는 것을 방지하기 위한 장치 및 크랭크의 반동을 방지하기 위한 장치가 설치되고 정상적으로 작동될 것

  ㉡ 붐의 위치를 조절하는 컨베이어에는 조절가능한 범위를 제한하는 장치가 설치되고 정상적으로 작동될 것

[출처] 위험기계기구 자율안전확인 고시 제15조 관련 별표 6

04 자동차정비용 리프트를 사용하는 경우 작업자나 관리자가 반드시 점검하여야 할 사항을 6가지로 구분하여 설명하시오.

[해설]

○ **자동차정비용 리프트 점검사항** (위험기계기구 자율안전확인 고시)

① 승인받지 않은 자의 임의조작 금지   ② 정비 등의 작업시 사용설명서 숙지

③ 하중인양장치 및 인양팔의 운동범위에 장애물 제거

④ 인양 후 차량 안착상태의 확인   ⑤ 인양작업 중 리프트장치의 작동상태 감시

⑥ 작동 중 접근금지 및 탑승금지

6.8 보호구 안전인증 고시

보호구 안전인증 고시

01 안전모의 성능시험 종류를 기술하시오.

[해설]

○ **안전모의 시험성능기준** (보호구 안전인증 고시 제4조 관련 별표 1)

항목	시험성능기준
내관통성	AE, ABE종 안전모는 관통거리가 9.5mm 이하이고, AB종 안전모는 관통거리가 11.1mm 이하이어야 한다.
충격흡수성	최고전달충격력이 4,450N을 초과해서는 안되며, 모체와 착장체의 기능이 상실되지 않아야 한다.
내전압성	AE, ABE종 안전모는 교류 20kV에서 1분간 절연파괴 없이 견뎌야 하고, 이때 누설되는 충전전류는 10mA 이하이어야 한다.
내수성	AE, ABE종 안전모는 질량증가율이 1% 미만이어야 한다.
난연성	모체가 불꽃을 내며 5초 이상 연소되지 않아야 한다.
턱끈풀림	150N 이상 250N 이하에서 턱끈이 풀려야 한다.

[참고]

○ **안전모의 일반구조** (보호구 안전인증 고시 제4조 관련 별표 1)

1. 안전모는 모체, 착장체 및 턱끈을 가질 것
2. 착장체의 머리고정대는 착용자의 머리부위에 적합하도록 조절할 수 있을 것
3. 착장체의 구조는 착용자의 머리에 균등한 힘이 분배되도록 할 것
4. 모체, 착장체 등 안전모의 부품은 착용자에게 상해를 줄 수 있는 날카로운 모서리 등이 없을 것
5. 턱끈은 사용 중 탈락되지 않도록 확실히 고정되는 구조일 것
6. 안전모의 착용높이는 85mm 이상이고, 외부수직거리는 80mm 미만일 것
7. 안전모의 내부수직거리는 25mm 이상 50mm 미만일 것

8. 안전모의 수평간격은 5mm 이상일 것

9. 머리받침끈이 섬유인 경우에는 각각의 폭이 15mm 이상이어야 하며, 교차지점 중심으로부터 방사되는 끈폭의 총합은 72mm 이상일 것

10. 턱끈의 폭은 10mm 이상일 것

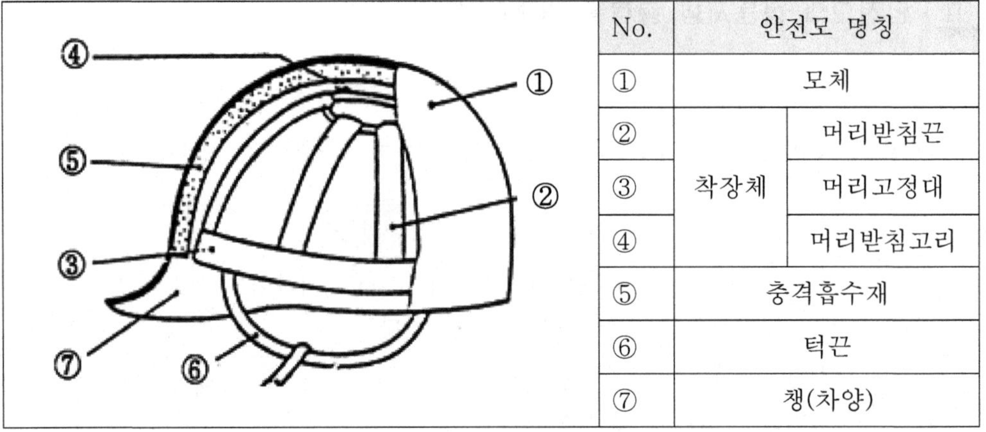

No.	안전모 명칭	
①	모체	
②	착장체	머리받침끈
③		머리고정대
④		머리받침고리
⑤	충격흡수재	
⑥	턱끈	
⑦	챙(차양)	

○ **안전모의 종류** (보호구 안전인증 고시 제4조 관련 별표 1)

종류(기호)	사용 구분	비고
AB	물체의 낙하 또는 비래 및 추락에 의한 위험을 방지 또는 경감시키기 위한 것	
AE	물체의 낙하 또는 비래에 의한 위험을 방지 또는 경감하고, 머리부위 감전에 의한 위험을 방지하기 위한 것	내전압성 (주1)
ABE	물체의 낙하 또는 비래 및 추락에 의한 위험을 방지 또는 경감하고, 머리부위 감전에 의한 위험을 방지하기 위한 것	내전압성
(주1) 내전압성이란 7,000V 이하의 전압에 견디는 것을 말한다.		

02 안전인증 대상 보호구 중 안전화에 대한 등급 및 사용장소를 설명하시오.

해설

1. 안전화의 종류 (보호구 안전인증 고시 별표 2)

종류	성능 구분
가죽제안전화	물체의 낙하, 충격 또는 날카로운 물체에 의한 찔림 위험으로부터 발을 보호하기 위한 것
고무제안전화	물체의 낙하, 충격 또는 날카로운 물체에 의한 찔림 위험으로부터 발을 보호하고, 내수성을 겸한 것
정전기안전화	물체의 낙하, 충격 또는 날카로운 물체에 의한 찔림 위험으로부터 발을 보호하고, 정전기의 인체대전을 방지하기 위한 것
발등안전화	물체의 낙하, 충격 또는 날카로운 물체에 의한 찔림 위험으로부터 발 및 발등을 보호하기 위한 것
절연화	물체의 낙하, 충격 또는 날카로운 물체에 의한 찔림 위험으로부터 발을 보호하고, 저압의 전기에 의한 감전을 방지하기 위한 것
절연장화	고압에 의한 감전을 방지 및 방수를 겸한 것
화학물질용 안전화	물체의 낙하, 충격 또는 날카로운 물체에 의한 찔림 위험으로부터 발을 보호하고, 화학물질로부터 유해위험을 방지하기 위한 것

2. 안전화의 등급별 사용장소 (보호구 안전인증 고시 별표 2)

등급	사용 장소
중작업용	광업, 건설업 및 철광업 등에서 원료취급, 가공, 강재 취급 및 강재 운반, 건설업 등에서 중량물 운반작업, 가공대상물의 중량이 큰 물체를 취급하는 작업장으로서 날카로운 물체에 의해 찔릴 우려가 있는 장소
보통 작업용	기계공업, 금속가공업, 운반, 건축업 등 공구 가공품을 손으로 취급하는 작업 및 차량 사업장, 기계 등을 운전조작하는 일반작업장으로서 날카로운 물체에 의해 찔릴 우려가 있는 장소
경작업용	금속 선별, 전기제품 조립, 화학제품 선별, 반응장치 운전, 식품 가공업 등 비교적 경량의 물체를 취급하는 작업장으로서 날카로운 물체에 의해 찔릴 우려가 있는 장소

6.9 기준규칙 관련 KOSHA 가이드

프레스 방호장치

01 프레스의 방호장치에서 양수조작식 방호장치와 양수기동식 방호장치의 차이점과 각각의 방호장치에 대한 안전거리 계산식을 설명하시오.

해설

1. 양수조작식 방호장치와 양수기동식 방호장치의 차이점

* 양수조작식 방호장치는 2개의 누름단추를 양손으로 조작함에 따라 슬라이드를 하강시키는 장치이다. 양수조작식과 양수기동식은 다음과 같이 구분될 수 있다.

(1) 양수조작식 방호장치

* 2개의 누름단추에서 손을 떼면 프레스의 급정지기구가 작동하여 손이 금형에 도달하기 전에 슬라이드를 정지하는 방식으로 안전 1행정 운전방식이 있는 마찰식 클러치에 부착한다.

(2) 양수기동식 방호장치

* 슬라이딩 핀 클러치 프레스용의 전자·스프링 당김형 양수기동식 방호장치는 프레스의 개조를 통해 기계적 1행정 1정지 기구를 구비하고 있는 확동식 클러치 프레스에 한해 부착한다.

(3) 양수조작식 방호장치의 일반구조 (방호장치 안전인증 고시 제4조 관련 별표 1)

* 양수조작식 방호장치의 일반구조는 다음 각 목과 같이 한다.
  ① 정상동작표시등은 녹색, 위험표시등은 붉은색으로 하며, 쉽게 근로자가 볼 수 있는 곳에 설치해야 한다.
  ② 슬라이드 하강 중 정전 또는 방호장치의 이상 시에 정지 가능 구조라야 한다.
  ③ 방호장치는 릴레이, 리미트스위치 등의 전기부품의 고장, 전원전압의 변동 및 정전에 의해 슬라이드가 불시에 동작하지 않아야 하며, 사용전원전압의 ± (100분의 20)의 변동에 대하여 정상으로 작동되어야 한다.

④ 1행정1정지 기구에 사용할 수 있어야 한다.

⑤ 누름버튼을 양손으로 동시에 조작하지 않으면 작동시킬 수 없는 구조이어야 하며, 양쪽버튼의 작동시간 차이는 최대 0.5초 이내일 때 프레스가 동작되도록 해야 한다.

⑥ 1행정마다 누름버튼에서 양손을 떼지 않으면 다음 작업의 동작을 할 수 없는 구조이어야 한다.

⑦ 램의 하행정중 버튼(레버)에서 손을 뗄 시 정지하는 구조이어야 한다.

⑧ 누름버튼의 상호간 내측거리는 300mm 이상이어야 한나.

⑨ 누름버튼(레버 포함)은 매립형의 구조로서 다음 각 세목에 적합해야 한다. 다만, 시험 콘으로 개구부에서 조작되지 않는 구조의 개방형 누름버튼(레버 포함)은 매립형으로 본다.

  1) 누름버튼(레버 포함)의 전 구간(360°)에서 매립된 구조

  2) 누름버튼(레버 포함)은 방호장치 상부표면 또는 버튼을 둘러싼 개방된 외함의 수평면으로부터 하단(2mm 이상)에 위치

⑩ 버튼 및 레버는 작업점에서 위험한계를 벗어나게 설치해야 한다.

⑪ 양수조작식 방호장치는 푸트스위치를 병행하여 사용할 수 없는 구조이어야 한다.

2. 양수조작식 방호장치의 안전거리

(프레스 방호장치의 선정·설치 및 사용 기술지침 : 산기규 제2편 제103조 관련 KOSHA Guide M-122)

* 양수조작식 방호장치 안전거리는 다음 식 (1), (2)로 구한다.

$$D \geq 1.6(T_l + T_s) \qquad \text{................} \quad (1)$$

$$D \geq 1.6 T_m \qquad \text{...........................} \quad (2)$$

* 식의 적용 구분 :

(1) 식은 급정지기구가 있는 안전 1행정 프레스에 사용되는 양수조작식 및 광전자식 방호장치의 적용 식이다.

(2) 식은 완전회전식 클러치 기구가 있는 프레스의 양수기동식 방호장치의 적용 식이다.

여기서, D : 안전거리(mm)

T_l : 지동시간(ms)

① 누름버튼에서 손을 떼는 순간부터 급정지기구가 작동 개시하기까지 시간(ms)

② 손이 광선을 차단한 순간부터 급정지 기구가 작동 개시하기까지 시간(ms)

T_s : 급정지 기구가 작동을 개시 할 때부터 슬라이드가 정지할 때까지의 시간

$T_l + T_s$: 최대정지시간

T_m : 누름버튼을 누른 때부터 사용하는 프레스의 슬라이드가 하사점에 도달할 때까지의 소요 최대시간(ms)이며, 다음 식에 의하여 산출된다.

$$T_m = \left(\frac{1}{2} + \frac{1}{N} \right) \times \frac{60,000}{spm}$$

단, N : 확동클러치의 봉합개소의 수, spm : 분당 행정수

롤러기 방호장치

01 국제노동기구(ILO)에서 정한 롤러기의 맞물림점에 설치하는 가드의 개구부 간격을 계산하는 식을 설명하시오.

해설

○ 롤러기의 개구부 간격 (KOSHA Guide M-135)

1. 위험점이 소형·중형기계의 전동체인 개구부 간격

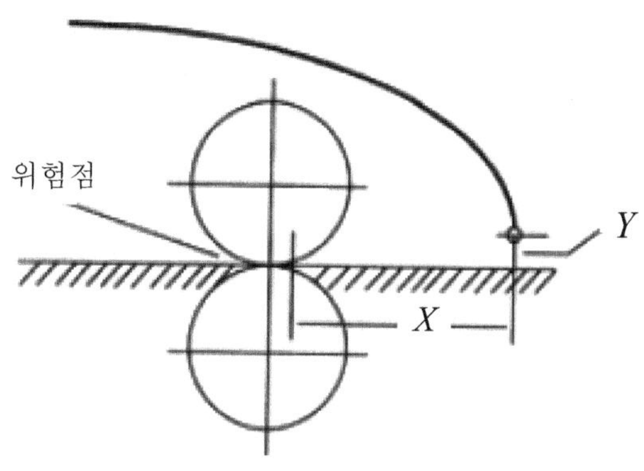

$$Y = 6 + 0.15X \ (X < 160\text{mm인 경우}) \ (\text{단}, \ X \geq 160\text{mm이면} \ Y = 30\text{mm})$$

여기서, X : 가드와 위험점 간의 거리(안전거리)(mm)

Y : 가드 개구부 간격(안전간극)(mm)

2. 위험점이 대형기계의 전동체인 개구부 간격(단, $X < 760$mm에서 유효)

$$Y = 6 + 0.1X$$

지게차 방호장치

01 fork lift의 용도별 종류(5가지 이상)와 제반 안전대책(전후안정도, 운행, 헤드가드, 팔레트 등)을 기술하시오.

해설

1. 지게차의 종류

(1) 프리 리프트 마스트형

* 리프트 마스트가 없는 지게차로서, 선내의 하역작업이나 천장이 낮은 장소 등의 위치에 물건을 쌓거나 내리는 데 사용된다.

(2) 하이마스트형

* 마스트가 2단으로 늘어나게 되어 있으며, 높은 위치에 물건을 쌓거나 내리는 데 사용된다.

(3) 3단 마스트형

* 마스트가 3단으로 늘어나게 되어 있어서, 천장이 높은 장소에서 짐을 높이 쌓는 작업에 적당하다.

(4) 로테이팅 클램프

* 롤, 원통형, 원추형 화물을 좌우로 조이거나 회전시켜 운반 또는 적재하는 데 적합하다.

(5) 사이드 클램프

* 받침판이 없이 경량, 대형 단위의 화물, 즉 솜, 양모, 펄프, 종이 등의 운반 및 적재에 적합하다.

(6) 힌지드 버킷

* 힌지드 포크에 버킷을 끼워서 흘러 내리기 쉬운 물건, 즉 석탄, 소금, 비료 등과 화학제품 공장 및 하치장에서 많이 사용한다.

2. 지게차의 제반 안전대책

(1) 지게차 작업시의 안정도

	주행시	하역작업시
전후안정도	18% 이내	4% 이내 (5톤 이상 3% 이내)
좌우안정도	(15+ 1.1V)% 이내 (V : 최고속도 km/h)	6% 이내
안정도	안정도=$(h/l)\times100$ (%)	

[출처] 지게차의 안전작업에 관한 기술지침 : 산기규 제2편 제1관 제179조 관련
KOSHA Guide M-185

(2) 지게차의 적재하중 안정도

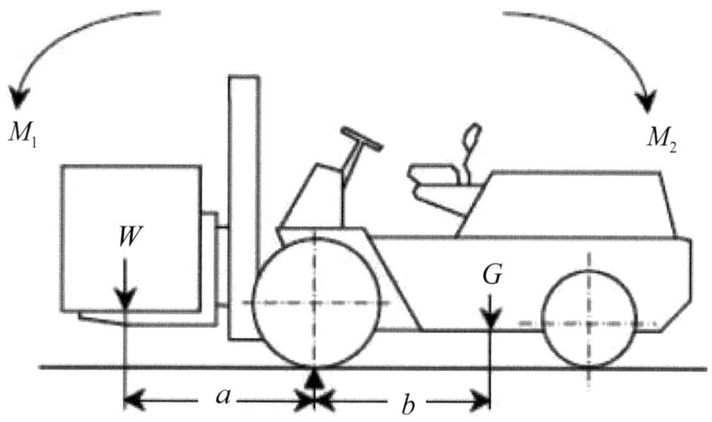

기호 설명, M_1 : 화물의 모멘트, M_2 : 지게차의 모멘트

$$M_1 < M_2$$

여기서, 화물의 모멘트 $M_1 = W \times a$, 지게차의 모멘트 $M_2 = G \times b$

단, W : 화물중심에서의 화물의 중량

G : 지게차 중심에서의 지게차 중량

a : 앞바퀴에서 화물 중심까지의 최단거리

b : 앞바퀴에서 지게차 중심까지의 최단거리

(3) 주행시의 안전

① 앉아서 조작하는 방식의 지게차를 운전하는 근로자는 반드시 좌석안전띠를 착용하여야 한다.

② 사업주는 미리 작업장소의 지형 및 지반상태 등에 적합한 제한속도를 정하고(최대 제한속도가 10km/hr 이하인 것을 제외한다), 지게차 운전자는 제한속도를 초과하여 운전하여서는 아니 된다.

③ 비포장도로, 좁은 통로, 언덕길 등에서는 급출발이나, 급브레이크 조작, 급선회 등을 하지 않는다.

④ 지게차는 전방 시야가 나쁘므로 전후좌우를 충분히 관찰하여야 하며, 적재화물에 운전자의 시야를 가리지 않도록 하고, 시야를 현저하게 방해할 때에는 다음과 같은 조치를 한다.

㉠ 유도자를 배치하여 안전작업이 되도록 한다.

㉡ 후진으로 진행하며, 후진 시에는 경고음과 경광등으로 위험을 경고한다.

⑤ 옥내 주행시는 전조등을 켜고 주행한다.

⑥ 화물적재 상태에서 30cm 이상으로 들어 올리거나 마스트를 수직이나 앞으로 기울인 상태에서 주행하지 말고, 마스트를 뒤로 젖힌 상태에서 가능한 한 낮추고 운행한다.

⑦ 포크나 포크 등에 의해 지지되고 있는 화물 아래에 사람이 출입하지 않도록 한다.

⑧ 선회하는 경우에는 후륜이 바깥쪽으로 크게 회전하므로 사람이나 건물에 접촉 또는 충돌하지 않도록 천천히 선회한다.

⑨ 도로상을 주행할 때에는 포크의 선단에 표식을 부착하는 등 보행자, 작업자가 식별할 수 있도록 한다.

⑩ 포크 또는 팔레트, 스키드, 균형추(Counter balance) 등에 사람을 태우고 주행하지 않는다.

⑪ 운전석 외부에서 운전해서는 안 된다.

⑫ 전기 배터리 충전 시에는 수소가스로 인한 폭발을 주의해야 한다.

(4) 팔레트

① 팔레트는 적재 화물의 중량에 견디도록 충분한 강도를 가지고, 심한 손상이나 변형이 없는 것으로 선정하여 사용한다.

② 팔레트에 적재되어 있는 화물은 안전하고 확실하게 적재되어 있는지를 확인하며, 불안정한 적재 또는 화물이 무너질 우려가 있는 경우에는 밧줄로 묶거나 그 밖에 안전조치를 한 후에 하역한다.

③ 포크의 간격은 그림과 같이 적재상태 팔레트 폭(b)의 1/2이상, 3/4이하 정도 간격을 유지한다.

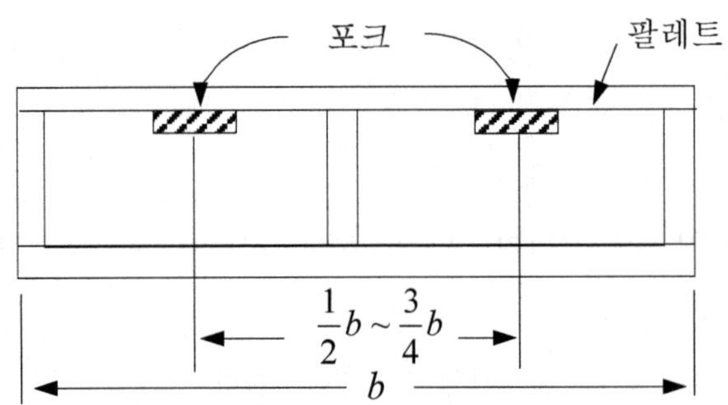

(5) 헤드가드

* 헤드가드(산기규 제180조) : 사업주는 다음 각 호에 따른 적합한 헤드가드(head guard)를 갖추지 아니한 지게차를 사용해서는 안 된다. 다만, 화물의 낙하에 의하여 지게차의 운전자에게 위험을 미칠 우려가 없는 경우에는 그렇지 않다.

① 강도는 지게차의 최대하중의 2배 값(4톤을 넘는 값에 대해서는 4톤으로 한다)의 등분포정하중에 견딜 수 있을 것

② 상부틀의 각 개구의 폭 또는 길이가 16cm 미만일 것

③ 운전자가 앉아서 조작하거나 서서 조작하는 지게차의 헤드가드는 한국산업표준에서 정하는 높이 기준 이상일 것

02 지게차(Fork Lift) 관련 재해예방을 위한 안전관리 요소를 5가지 이상 들고 설명하시오.

〔해설〕

○ 지게차(Fork Lift) 관련 재해예방을 위한 안전관리 요소

① 지게차 운전자격 및 면허 소지자가 운전 : 지게차운전기능사 자격증

② 방호장치 설비 준수 : 헤드가드, 백레스트, 전조등, 후미등, 방향지시등, 경광등, 안전벨트

③ 작업시작전 점검 (산기규 별표 3)

㉠ 제동장치 및 조종장치 기능의 이상 유무

㉡ 하역장치 및 유압장치 기능의 이상 유무

㉢ 바퀴의 이상 유무

㉣ 전조등·후미등·방향지시기 및 경보장치 기능의 이상 유무

④ 작업계획서 작성 및 주기

* 작성시기 : 최초작업 개시전, 운전자 교체, 작업장소 변경, 화물의 변경시

* 작업계획서 내용 : 작업장소의 넓이 및 지형, 화물의 종류 및 형상, 지게차의 종류 및 능력, 운행경로 및 작업방법

⑤ 지게차 헤드가드 (산기규 제180조)

㉠ 강도는 지게차의 최대하중의 2배 값(4톤을 넘는 값에 대해서는 4톤으로 한다)의 등분포정하중에 견딜 수 있을 것

㉡ 상부틀의 각 개구의 폭 또는 길이가 16cm 미만일 것

ⓒ 운전자가 앉아서 조작하거나 서서 조작하는 지게차의 헤드가드는 한국산업표준(KS)에서 정하는 높이 기준 이상일 것

⑥ 지게차 작업시의 안정도 (지게차의 안전작업에 관한 기술지침 : 산기규 제2편 제1관 제179조 관련 KOSHA Guide M-185)

	주행시	하역작업시
전후안정도	18% 이내	4% 이내 (5톤 이상 3% 이내)
좌우안정도	15+ 1.1V 이내 (V : 최고속도 km/h)	6% 이내
안정도	안정도=$(h/l)\times100$ (%)	

03 지게차의 재해예방활동과 관련하여 작업계획서 작성 시기에 대해 설명하시오.

해설

○ **지게차의 작업계획서 작성 시기** (KOSHA Code M-51)

① 일상작업은 최초 작업 개시 전

② 작업장 내 구조, 설비 및 작업방법이 변경되었을 메

③ 작업장소 또는 화물의 상태가 변경되었을 때

④ 지게차 운전자가 변경되었을 때

타워크레인 안전조치

01 타워크레인을 자립고(自立高) 이상의 높이로 설치하는 경우에 타워크레인의 지지에 대하여 설명하시오.

해설

1. 티워크레인의 지지

 * 타워크레인의 지지(산기규 제142조) : 사업주는 타워크레인을 자립고(自立高) 이상의 높이로 설치하는 경우 건축물 등의 벽체에 지지하도록 하여야 한다. 다만, 지지할 벽체가 없는 등 부득이한 경우에는 와이어로프에 의하여 지지할 수 있다.

2. 벽체 지지·고정(Wall Bracing) 방식

(1) 지지대 3개 방식

 * 건물과의 이격거리에 관계없이 주로 많이 사용

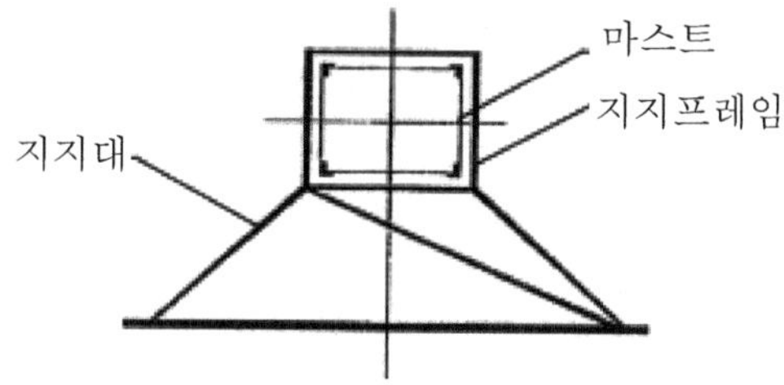

(2) A-프레임과 지지대 1개 방식

 * 건물과의 이격거리가 크지 않으며 연결지점 수를 줄이기 위해 사용

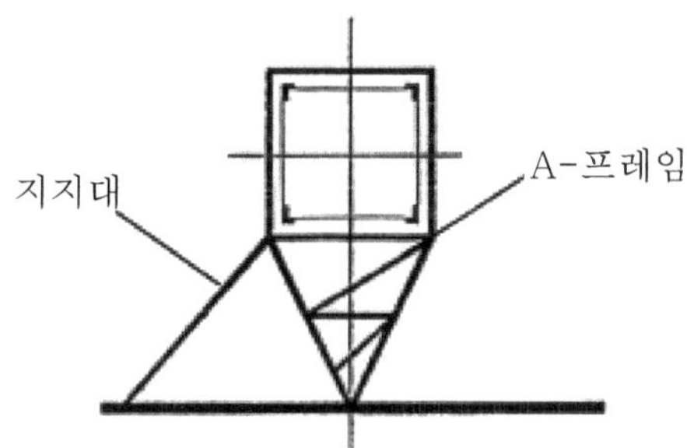

(3) A-프레임과 로프 2개 방식

 * 건물과의 이격거리가 크지 않을 때 사용

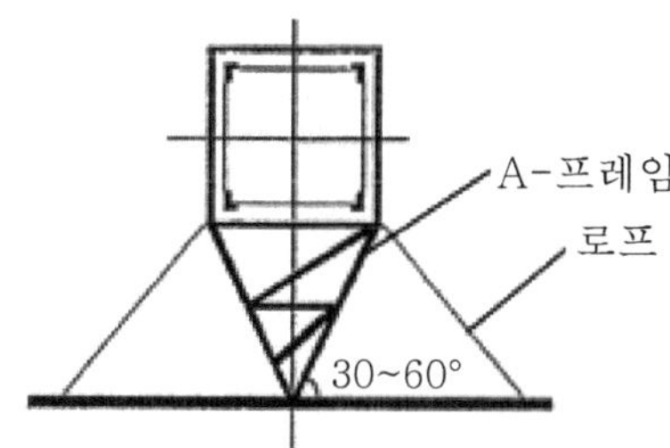

제6장

(4) 지지대 2개와 로프 2개 방식

　　* 각 연결점의 위치가 타워크레인 중심과 대칭이 되도록 사용

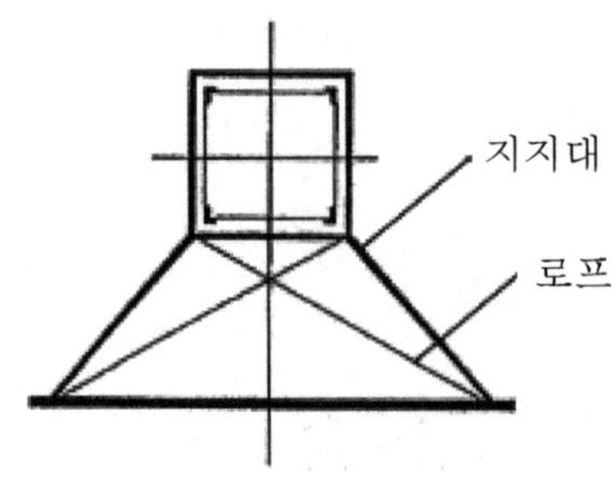

3. 와이어로프 지지·고정(Wire Rope Guying) 방식

(1) 4줄 정방향 지지·고정 방식

　　* 일반적으로 가장 많이 사용되는 방법으로서 타워크레인 회전에 의해 발생하는
　　선회토크를 전달시키지 못하므로 타워크레인 설치 높이가 엄격히 제한되는 방식

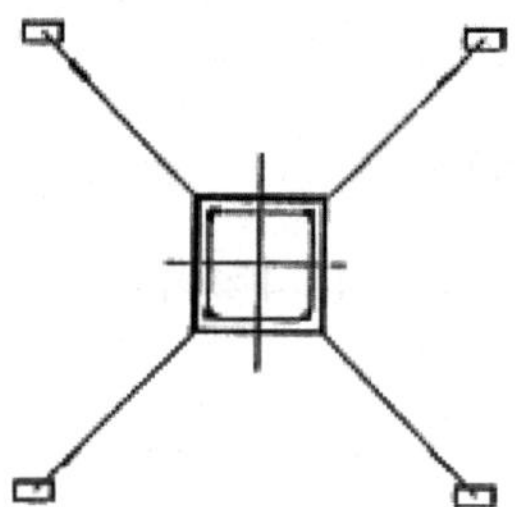

(2) 8줄 대각방향 지지·고정 방식

　　* 와이어로프의 인장력을 이용해 토크를 전달시키는 방법으로 각각의 로프는 독립
　　적으로 연결되어야 하며, 회전 및 비틀림 모멘트 등에 강하여 가장 구조적으로
　　장점을 가진 방식

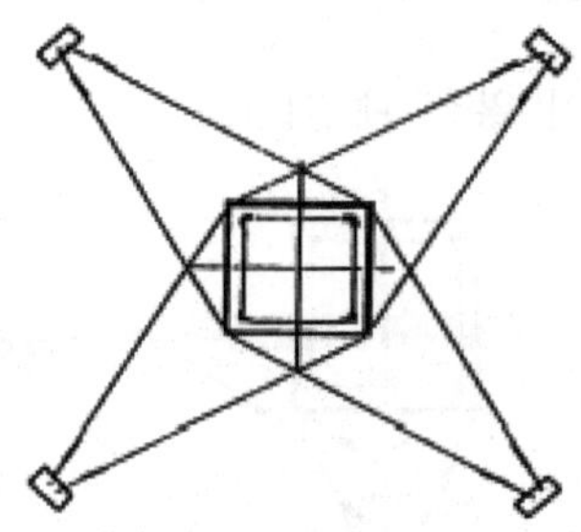

(3) 8줄 정방향 지지·고정 방식

* 앵커위치 배치만 다를 뿐 8줄 대각방향 지지·고정 방식과 동일한 방법으로 각
각의 로프를 독립적으로 연결하는 방식

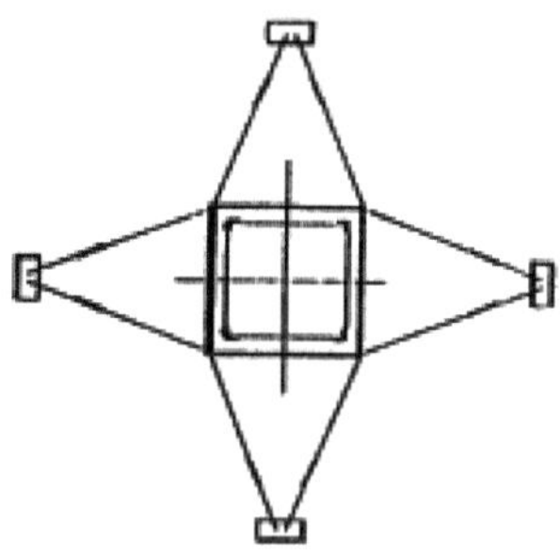

(4) 6줄 혼합방향 지지·고정 방식

* 앵커 위치를 4군데로 할 수 없는 특수한 경우에 사용되며, 시공에 특히 유의

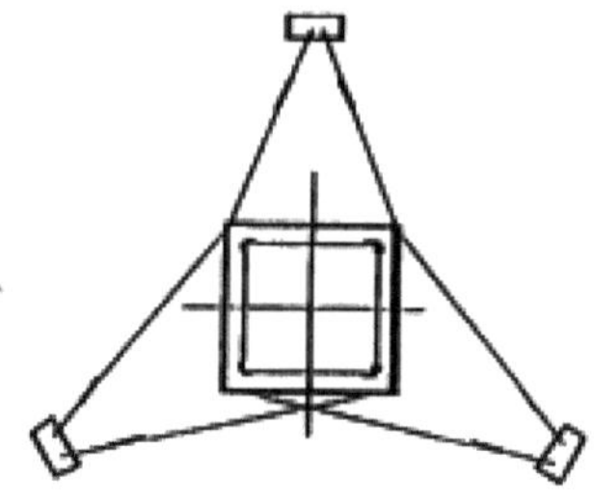

4. 타워크레인 지지·고정 방식 비교

구분	벽체 지지 방식	와이어로프 지지 방식
설치방법	건물 벽체에 지지프레임, A-프레임, 지지대, 로프 사용 고정	와이어로프로 콘크리트 구조물 등에 고정
장점	건물 벽체에 고정하며 작업용이	동시에 여러 장소에서 작업이 가능하여 장비사용 효율이 높음
단점	작업반경이 작아서 장비사용 효율 낮음	벽체 고정에 비하여 작업이 어려움
국내실정	도심지역의 대형 빌딩신축 등에 사용	대단위 아파트 건설현장에 많이 사용
기준	설계검사 도서 제출 유해위험방지계획서(안전작업계획서) 제출	설계검사 도서 제출 유해위험방지계획서(안전작업계획서) 제출

[출처] KOSHA Guide M-91 타워크레인의 지지·고정 및 운전에 관한 기술지침

사출성형기 방호장치

01 사출성형기 1) 가드의 종류 3가지, 2) 가동형 가드의 Ⅰ형식(Type Ⅰ), Ⅱ형식(Type Ⅱ), Ⅲ형식(Type Ⅲ)에 대하여 설명하시오.

[해설]

1. 가드의 종류 3가지

(1) 고정식 가드(Fixed Guard)

* 가드가 특정 위치에 용접 등으로 영구적으로 고정되거나 고정장치(스크류, 너트 등)로 부착된 구조로서, 공구를 사용하지 않고는 가드의 제거 또는 개방이 불가능한 구조의 가드를 말한다.

(2) 가동식 가드(Movable Guard)

* 미닫이 또는 여닫이 형태로 중력이나 수동조작 등으로 확실하게 잠길 수 있는 가드로서 사출성형 기에 견고하게 고정되어 공구를 사용하지 않고는 제거할 수 없는 가드를 말한다.

(3) 연동식 가드(interlocking Guard)

* 기계의 위험한 부분이 가드로 방호되어 가드가 닫혀야만 작동될 수 있고 가드가 열리면 정지 명령이 주어지는 연동장치와 조합된 가드를 말한다. 단, 가드를 닫는 것만으로 위험한 기계 기능이 스스로 가동되지는 않는다.

2. 가동형 가드의 Ⅰ형식, Ⅱ형식, Ⅲ형식

(1) 사출성형기에 사용되는 Ⅰ형식(Type Ⅰ) 방호장치

① 한 개의 위치검출장치(Position Detector)가 부착된 가동형 연동장치로써 전원회로의 주 차단장치를 작동시킬 것

② 가드가 닫힌 경우 위치검출장치(Position Detector)는 작동되지 않으며, 폐회로가 구성되어 사출성형기가 동작될 것 (← 중요)

③ 가드가 열리는 경우 위치검출장치 (Position Detector)가 직접 작동되고, 전원회로가 개방되어 사출성형기가 정지될 것

④ 위치검출장치(Position Detector) 제어회로상에서 단일 결함이 발생되는 경우 사출성형기의 작동이 정지될 것

(2) 사출성형기에 사용되는 Ⅱ형식(Type Ⅱ) 방호장치

① 두 개의 위치검출스위치(Position Switch)가 부착된 가동형 연동장치로써 전원 회로의 주 차단장치를 작동시킬 것

② 첫 번째 위치검출스위치(Position Switch)는 Ⅰ형식 방호장치와 동일하게 작동 되고, 가드가 닫힌 경우 두 번째 위치검출스위치(Position Switch)의 접점이 닫 히고 폐회로가 구성되어 사출성형기가 동작될 것 (← 중요)

③ 가드가 열린 경우 두 번째 위치검출스위치(Position Switch)의 접점이 열리게 되고, 사출 성형기 작동이 정지될 것

④ 두 개의 위치검출스위치(Position Switch) 작동상태가 가드의 운동주기마다 각 각 감시되어야 하며, 어떤 한 개의 스위치에서 결함이 감지된 경우에는 사출성 형기의 작동이 정지될 것

(3) 사출성형기에 사용되는 Ⅲ형식(Type Ⅲ) 방호장치

① 서로 독립된 2개의 위치검출장치가 연동장치로 부착된 형태로서, 연동장치 중 하나는 Ⅱ형식 방호장치와 동일하게 작동되고, 나머지 연동장치는 위치검출장치 (Position Detector)를 사용하여 직접 또는 간접적으로 전원회로를 개폐할 것

② 가드가 닫힌 경우 위치검출장치(Position Detector)는 작동이 중지되고 폐회로 가 구성되어, 전원회로를 차단시키지 않고 사출성형기가 작동될 것 (← 중요)

③ 가드가 열린 경우 위치검출장치(Position Detector)는 가드에 의해 직접 작동되 며, 2차 차단장치를 경유하여 전원회로를 차단시키고 사출성형기가 정지될 것

④ 두 개의 연동장치 작동상태를 가드의 운동주기마다 감시하여 한 개의 연동장치 에서 결함이 감지된 경우에는 사출성형기의 작동이 정지될 것

[출처] KOSHA Guide M-187 사출성형기 방호조치에 관한 기술지침

제 6 장

KOSHA 가이드 추가문제

01 화학설비공장에서 운전 중인 배관의 검사 시 안전조치사항과 열화에 쉽게 영향을 받는 배관 시스템을 검사하기 위해 특별히 주의할 사항에 대하여 안전보건기술지침(KOSHA Guide)에 따라 설명하시오.

[해설]

1. 운전 중인 배관의 검사 시 안전조치사항

① 배관 시스템의 내부 표면을 검사하기 위해 개방하는 경우 적절한 안전상의 대책을 수립하여야 한다.

② 적절한 안전대책으로 배관시스템이 개방되기 전에 배관시스템을 격리하고, 블라인드를 설치하여야 한다.

③ 개방하는 배관을 유해한 액체 가스 또는 증기와 같은 모든 발생원으로부터 격리하고, 독성 물질 또는 가연성 가스와 증기를 제거하기 위하여 퍼지시켜야 한다.

④ 검사원은 검사를 시작하기 전에 배관 시스템을 책임지고 있는 운전원으로부터 작업승인을 얻어야 한다.

⑤ 가스농도를 측정한다.

2. 열화에 쉽게 영향을 받는 배관시스템 검사 시 특별한 주의사항

① 주입점 ② 침·부식, 침식 ③ 끝이 막힌 배관(deadleg)

④ 단열재 밑에서의 부식 ⑤ 토양 등과의 계면부식

⑥ 운전특성에 따른 국부부식 ⑦ 배관 보온재 밑에서의 부식

⑧ 사용 환경요인에 의한 응력부식균열 ⑨ 빙점 이하 온도에서의 손상

⑩ 피로 균열 ⑪ 크리프 균열 ⑫ 외부 습기, 물에 접하여 부식

02 고소작업대와 관련하여 다음의 내용에 대하여 설명하시오.

1) 무게중심에 의한 분류 2) 주행장치에 따른 분류 3) 주요 구조부

[해설]

1. 무게중심에 의한 분류

① A그룹 : 적재화물 무게중심의 수직 투영이 항상 전복선(tipping line) 안에 있는 고소작업대

② B그룹 : 적재화물 무게중심의 수직 투영이 전복선(tipping line) 밖에 있을 수 있는 고소작업대

2. 주행장치에 따른 분류

① 제1종 : 적재위치(stowed Position)에서만 주행할 수 있는 고소작업대

② 제2종 : 차대의 제어위치에서 조작하여 작업대를 상승한 상태로 주행할 수 있는 고소작업대

③ 제3종 : 작업대의 제어위치에서 조작하여 작업대를 상승한 상태로 주행할 수 있는 고소작업대

3. 주요 구조부

① 차대 ② 작업대 ③ 제어반 ④ 연장구조물 등의 구조부분

⑤ 구동장치 및 유·공압계통 ⑥ 와이어로프 또는 체인 ⑦ 주요 방호장치

[출처] KOSHA Guide C-74 건설공사의 고소작업대 안전보건 지침

(03) 최근 사업장에서 질소가스 유입에 따른 산소결핍으로 발생한 사망사고의 원인이 밀폐공간작업 프로그램이 준수되지 않은 것으로 보도되고 있다. 밀폐공간에서 근로자가 작업을 하는 경우 사업자가 수립하는 밀폐공간작업 프로그램에 대하여 설명하시오.

[해설]

1. 용어의 정의 (KOSHA Guide H-80)

① "밀폐공간"이라 함은 환기가 불충분한 상태에서 산소결핍이나 질식, 유해가스로 인한 건강장해, 인화성 물질에 의한 화재·폭발 등의 위험이 있는 장소로서 안전보건기준에 관한 규칙(산기규) <별표 18>에서 정한 장소를 말한다. 이 경우 밀폐공간작업 도중에 해당 유해·위험이 발생할 우려가 있는 장소를 포함한다.

② "밀폐공간작업"이라 함은 밀폐공간 내에 들어가 근로자가 필요한 업무를 수행하는 경우를 말하며, 밀폐공간에 근접하여 작업할 때 근로자가 질식이나 건강장해를 입을 우려가 있는 경우 이를 포함한다.

2. 밀폐공간 작업 프로그램의 수립·시행 (산기규 제619조)

① 사업주는 밀폐공간에서 근로자에게 작업을 하도록 하는 경우 다음 각 호의 내용이 포함된 밀폐공간 작업 프로그램을 수립하여 시행하여야 한다.

1. 사업장 내 밀폐공간의 위치 파악 및 관리 방안
2. 밀폐공간 내 질식·중독 등을 일으킬 수 있는 유해·위험 요인의 파악 및 관리 방안
3. 제2항에 따라 밀폐공간 작업 시 사전 확인이 필요한 사항에 대한 확인 절차
4. 안전보건교육 및 훈련
5. 그 밖에 밀폐공간 작업 근로자의 건강장해 예방에 관한 사항

② 사업주는 근로자가 밀폐공간에서 작업을 시작하기 전에 다음 각 호의 사항을 확인하여 근로자가 안전한 상태에서 작업하도록 하여야 한다.

1. 작업 일시, 기간, 장소 및 내용 등 작업 정보
2. 관리감독자, 근로자, 감시인 등 작업자 정보
3. 산소 및 유해가스 농도의 측정결과 및 후속조치 사항
4. 작업 중 불활성가스 또는 유해가스의 누출·유입·발생 가능성 검토 및 후속조치 사항
5. 작업 시 착용하여야 할 보호구의 종류
6. 비상연락체계

3. 밀폐공간 작업 프로그램 추진 절차

① 밀폐공간작업 대상 선정

 * 밀폐공간에 출입하지 않고 외부에서 작업하는 방법이 불가능한 밀폐공간 작업 선정(잠재적 유해위험요인 발생가능성 있는 장소 포함)

② 질식재해예방 대책 수립

1. 산소 및 유해가스 농도 측정, 환기대책 수립
2. 보호구 선정 및 사용, 유지관리 내용　　3. 응급처치 및 비상연락체계 구축

③ 교육·훈련 (근로자, 프로그램 추진팀 대상)

   1. 산소 및 유해가스 농도 측정방법   2. 안전한 작업의 절차

   3. 위급시 대처요령, 보호구 사용방법 등

④ 밀폐공간작업 모니터링 – 밀폐공간 작업허가

   * 작업 지시 및 작업에 대한 관리감독 등

⑤ 프로그램 평가

   1. 재해발생 현황 분석   2. 교육 등 연간 업무수행 결과 및 개선내용

   3. 프로그램의 효율성 및 보완이 필요한 사항

4. 밀폐공간 작업의 절차 (KOSHA Guide H-80)

① 출입 사전조사

   1. 밀폐공간 여부 및 밀폐공간에 출입하지 않고 작업할 수 있는 가능성 확인

   2. 유해가스 존재 및 유입(발생)가능성 여부

② 장비 준비·점검

   1. 산소농도, 유해가스농도 측정기

   2. 환기팬, 공기호흡기 또는 송기마스크

   3. 대피용 기구(사다리, 섬유로프) 등 안전장구

   4. 화기작업이 있을 경우 방폭전등, 소방장비 등

③ 출입조건 설정

   1. 출입자, 출입시간, 출입방법 등 결정

   2. 관계자외 출입금지 표지판 설치

④ 출입 전 산소 및 유해가스 농도 측정

   1. 산소 및 유해가스(H_2S, CO_2, CO, CH_4 등) 농도 측정

   2. 측정지점 수, 측정방법을 준수하여 실시

⑤ 환기 실시

   * 작업장소에 따라 적합한 환기방법, 환기량(초기 밀폐공간체적 10배, 작업 중 시간당 교환횟수 20회 이상) 적용 환기 실시

⑥ 농도 측정

   1. 산소 및 유해가스 (H_2S, CO_2, CO, CH_4 등) 농도 측정

   2. 측정지점 수, 측정방법을 준수하여 실시

제 6 장

⑦ 밀폐공간 작업 허가서 작성 및 허가자 결재

　1. 작업허가서 ([별첨 3] 예시양식 활용)

　2. 화기작업 허가는 밀폐공간작업 허가내용에 포함

　3. 프로그램 추진팀(장)에 결재

⑧ 감시인 배치

　* 밀폐공간 외부에 감시인 상주 및 연락체계 구축

⑨ 통신수단 구비

　1. 무전기 등 근로자와 감시인의 연락용 장비 구비

　2. 비상 연락체제 구축

　3. 대피용 기구 등 구비 : 송기마스크 또는 공기호흡기, 사다리, 섬유로프 등

⑩ 밀폐공간 작업허가서 작업공간 게시

　1. 밀폐공간 출입구 등 눈에 잘 보이는 곳에 게시(작업 종료시 까지)

　2. 허가서의 훼손 방지 조치

⑪ 밀폐공간 출입

　1. 안전보호구 착용 후 사다리 등을 이용　　2. 출입인원 확인

⑫ 감시모니터링 실시

　1. 밀폐공간 내 작업상황 주기적(최대 1~2시간 간격) 확인

　2. 작업자와 연락체제 구축

⑬ 문제발생시 긴급조치 및 사후보고

　1. 재해자에 대한 응급처치 실시　　2. 관리감독자 등 추진팀에 연락

　3. 119 등 관계기관 통보 및 보고

[출처] KOSHA Guide H-80-밀폐공간 작업 프로그램 수립 및 시행에 관한 기술지침

04 사업장의 안전 및 보건을 유지하기 위하여 작성하는 「안전보건관리규정」에 대하여 다음 사항을 설명하시오.

1) 포함해야 하는 사항 중 5가지　　2) 작업장 안전관리에 대한 세부내용

3) 작업장 보건관리에 대한 세부내용

해설

1. 포함해야 하는 사항 중 5가지 (산안법 제25조)

① 안전 및 보건에 관한 관리조직과 그 직무에 관한 사항

② 안전보건교육에 관한 사항

③ 작업장의 안전 및 보건관리에 관한 사항

④ 사고 조사 및 대책 수립에 관한 사항

⑤ 그 밖에 안전 및 보건에 관한 사항

2. 작업장 안전관리

① 안전·보건관리에 관한 계획의 수립 및 시행에 관한 사항

② 기계·기구 및 설비의 방호조치에 관한 사항

③ 유해·위험기계 등에 대한 자율검사프로그램에 의한 검사 또는 안전검사에 관한 사항

④ 근로자의 안전수칙 준수에 관한 사항

⑤ 위험물질의 보관 및 출입 제한에 관한 사항

⑥ 중대재해 및 중대산업사고 발생, 급박한 산업재해 발생의 위험이 있는 경우 작업 중지에 관한 사항

⑦ 안전표지·안전수칙의 종류 및 게시에 관한 사항과 그 밖에 안전관리에 관한 사항

3. 작업장 보건관리

① 근로자 건강진단, 작업환경측정의 실시 및 조치절차 등에 관한 사항

② 유해물질의 취급에 관한 사항

③ 보호구의 지급 등에 관한 사항

④ 질병자의 근로 금지 및 취업 제한 등에 관한 사항

⑤ 보건표지·보건수칙의 종류 및 게시에 관한 사항과 그 밖에 보건관리에 관한 사항

[출처] KOSHA Guide Z-25 안전보건관리규정 작성 및 준수에 관한 지침

05 공정 내 독성물질을 저장하는 탱크에서 반응기로 이송하는 배관이 아래와 같은 조건에서 설계, 시공, 운전되어 8년간 사용 중에 있으며 두께측정 결과 5.35mm를 나타내고 있다. ANSI/ASME B31.3 Code를 적용하여 동 배관에 대해 1) 최소요구두께(mm), 2) 부식률(mm/yr), 3) 예측 잔여수명(yr)을 구하시오. (단, 계산값은 소수점 2번째 자리에서 반올림)

<Piping Specification>

(1) Pipe Size=150A, Sch.40S(7.10mm)　　(2) Outside Diameter=165.2mm

(3) Pipe Material=A312 TP304L, SMLS　　(4) Design Pressure=0.5kgf/mm^2

(5) Design Temp.=100℃　　(6) Allowable Stress(S)=11.74kgf/mm^2

(7) Corrosion Allowance=0.00mm　　(8) 용접효율(E)=1.00

(9) 배관재질의 온도에 따른 보정계수(Y)는 아래 테이블 참조

재질＼온도	482℃이하	510℃	538℃	566℃	593℃	621℃	649℃	677℃이상
페라이트강	0.4	0.5	0.7	0.7	0.7	0.7	0.7	0.7
오스테나이트강	0.4	0.4	0.4	0.4	0.5	0.7	0.7	0.7
니켈합금 및 다른 재질	0.4	0.4	0.4	0.4	0.4	0.4	0.5	0.7

해설

1. 직관부 최소요구두께 계산

$$t_m = t + c = 3.5 + 0 = 3.5\text{mm}$$

기호, t_m : 배관의 최소요구두께(mm), t : 내압 및 외압에 의한 두께(mm)

c : 추가두께(mm)

여기서, 내압을 받는 직관부의 최소허용두께 계산

$$t = \frac{P \cdot D_0}{2(S \cdot E + P \cdot Y)}$$

$$= \frac{0.5 \times 165.2}{2(11.74 \times 1.0 + 0.5 \times 0.4)} = \frac{82.6}{2(11.74 + 0.2)} = \frac{82.6}{23.88} = 3.5\text{mm}$$

기호, P : 내부설계압력(kPa){kgf/mm^2}, D_0 : 배관의 바깥지름(mm)

S : 온도에 따른 배관재질의 허용응력(kPa){kgf/mm^2}

Y : 보정계수(표 참조), E : 용접이음계수(용접이음효율)

[참고] KOSHA 기준에 따른 길이(mm) 산출을 위해 내부설계압력 단위인 (kPa) 대신에 {kgf/mm^2}을 사용하여 구하였음.

2. 부식률 및 잔여수명 결정

① 부식률(mm/년) $= \dfrac{\text{사용두께–측정두께}}{\text{사용연수}} = \dfrac{7.1 - 5.35}{8} = 0.22 \,(\text{mm/년})$

[참고} 부식률(mm/년) $= \dfrac{\text{금번 측정두께–전번 측정두께}}{\text{검사기간}}$ 로도 계산 가능.

② 예측 잔여연수(년) $= \dfrac{\text{측정두께–최소 요구두께}}{\text{부식률}} = \dfrac{5.35 - 3.5}{0.22} = 8.4 \,(\text{년})$

[출처] KOSHA Guide M-115 배관두께 계산 및 검사 기술지침

(06) 아래 사항에 관한 인간공학적 고려사항에 대하여 각각 설명하시오.

1) 작업장 설계 2) 작업허가시스템 운영 3) 유지관리, 검사와 시험

[해설]

○ 인적오류 예방에 관한 인간공학적 고려사항 (KOSHA Guide G-96)

1. 작업장 설계 인간공학적 고려사항

① 작업장 설계 및 작업장비의 배치와 작업절차는 주요 인간 공학적 표준에 따라 설계되어야 한다.

② 작업장 설계 시 생산, 유지, 보수 및 시스템 지원 담당자 등 다양한 유형의 근로자의 의견을 적극 반영하여야 한다.

③ 디자인은 근로자의 신체 크기, 강점, 지적 능력을 포함하는 근로자의 특성을 고려하여야 한다.

④ 작업절차는 안전성과 운용성 및 유지관리에 적합하도록 설계되어야 한다.

⑤ 비정상 또는 긴급을 요구하는 모든 예측 가능한 운영조건을 고려하여 설계하여야 한다.

⑥ 근로자와 시스템간의 상호작용을 고려하여 설계하여야 한다.

2. 작업허가시스템 운영에 관한 인간공학적 고려사항

① 작업허가는 작업장의 경영자 및 감독자와 근로자 사이의 안전을 확보하기 위한 효율적인 의사소통 방법임을 인식하여야 한다.

② 작업허가는 작업의 공백이나 중복이 없이 누가 무엇을 수행하는지에 대한 역할과 책임을 명확히 하고 위험요인에 대한 단계별 통제가 이루어지는 방향으로 운영되어야 한다.

③ 작업허가 시스템과 작업허가 관련 절차에 관한 문서를 작성할 때에는 근로자의 안전에 관한 의견을 반영해야 한다.

④ 동시 또는 상호 의존적으로 실시하는 업무에서는 관련 작업허가가 서로 연관성을 갖도록 하여 위험관리상의 사각지대가 발생하지 않도록 하여야 한다.

⑤ 작업허가 시스템의 모든 근로자에게 안전에 관한 안전보건교육을 실시하고 작업허가 시스템과 관련되어 있는 다른 사람들에게도 관련 정보를 제공해야 한다

3. 유지관리, 검사와 시험에 관한 인간공학적 고려사항

① 유지관리 등 업무의 제반 활동을 위하여 각 담당자별로 역할과 책임을 부여하여야 한다.

② 관련 시설과 장비를 확인하기 위한 시스템을 확보하고, 유지관리 등 시스템에 그 관련 시설과 장비를 포함시켜야 한다.

③ 유지관리 등 업무 담당 근로자의 능력을 보증할 수 있고, 유지관리 등 활동에 착수하고 있는 근로자의 능력을 확인하고 감독하는 시스템을 구축해야 한다.

④ 유지관리 등 업무의 적절한 지시와 적절한 지원을 위한 절차를 마련하여야 한다.

⑤ 유지관리 등 업무 시의 문제점에 대한 초기 징후를 찾아 관리하여야 한다(예, 큰 잔무 일, 초과하는 수리시간, 직원으로부터 부정적인 피드백)

⑥ 일정한 점검표에 따라 유지관리가 정해진 절차에 따라 실시되어야 하고, 인적오류로부터 발생하는 실수와 사고를 조사하고 시스템을 개선해야 한다.

⑦ 유지관리 등 업무 수행 시 모든 직원 사이에 효과적인 의사소통을 보장하여야 한다.

⑧ 시험, 검사 및 증명 테스트를 위한 명확한 통과·실패 기준을 위한 절차를 갖추어야 한다.

⑨ 유지관리 등 업무에 종사하는 근로자를 작업설계, 작업분석, 작업절차 제정 등에
참여시켜야 한다

(07) 기계설비 위험성평가의 효율적인 실행을 위하여 준비하여야 할 사항 6가
지를 설명하시오.

[해설]

○ **위험성평가를 위한 자료** (KOSHA Guide M-123 기계류의 위험성평가 지침)

* 위험성평가를 하기 위하여 다음의 자료들을 수집하고 준비한다.
① 기계의 범위 내 자료 ② 기계의 수명을 평가할 수 있는 자료
③ 기계설계 도면 또는 사양서 ④ 동력 자료
⑤ 사고 및 고장사례 ⑥ 재해발생 사례

(08) 작업의자형 달비계를 설치하는 경우에 사업주가 준수해야 하는 사항에
대하여 설명하시오.

[해설]

1. 의의

* "작업의자형 달비계(Rope Descent System)"라 함은 매달린 외줄 달기 섬유로프
에 부착되어 지지되는 작업대를 이용하여 근로자가 작업할 수 있도록 제작된 것을
말한다.

2. 작업의자형 달비계의 구성요소에 대한 안전조치사항

① 작업용 로프 및 구명줄의 종류와 특성 검토
② 로프의 고정점 안전조치 사항
③ 고정점이 없는 옥상, 지붕에서의 안전조치 사항
④ 작업의자형 달비계 작업대 안전조치사항
⑤ 매듭작업 시 주의사항

[출처] KOSHA Guide C-33 작업의자형 달비계 안전작업 지침

09 기계사용에 대한 본질안전설계 대책 중 오조작에 의한 위험을 방지하기 위한 다음의 조치사항을 쓰시오.
1) 조작부분   2) 기동장치   3) 운전제어모드

해설

○ 기계의 제작사용시 안전기준에 관한 기술지침 중 오조작에 의한 위험 방지

1. 조작부분 등은 다음에서 정하는 것으로 할 것

① 기동, 정지, 운전제어 모드의 선택 등을 용이하게 할 수 있을 것

② 식별을 명확하게 하고, 오조작의 우려가 있는 경우에는 적절한 표시를 할 것

③ 조작의 방향과 그것에 의한 기계 운동부분의 동작 방향이 상호 일치할 것

④ 조작의 양 및 조작의 저항력이 조작에 의해 실행되는 동작의 양에 적합할 것

⑤ 유해위험성이 있는 기계 운동부분에 대해서는 의도적인 조작을 하지 않는 한 조작할 수 없을 것

⑥ 조작하고 있을 때만 기계의 운동부분이 동작하는 기능을 갖는 조작장치에 대해서는 조작부분으로부터 손을 놓아 조작을 중단했을 때는 기계의 운동부분이 정지됨과 동시에 해당 조작부분이 즉시 중립위치로 돌아갈 것

⑦ 키보드로 행하는 조작과 같이 조작부분과 동작과의 사이에 1:1 대응이 아닌 조작에 대해서는 실행되는 동작이 디스플레이 등에 명확하게 표시되고, 필요에 따라 동작이 실행되기 전에 조작을 해제할 수 있을 것

⑧ 보호장갑 또는 안전화 등의 개인용 보호구의 사용이 필요한 경우 이를 사용함으로 인하여 발생할 수 있는 조작상의 제약이 고려되어 있을 것

⑨ 비상정지장치 등의 조작부분은 조작 시 예상되는 부하에 충분한 강도를 가질 것

⑩ 조작을 적정하게 하기 위해서 필요한 표시장치가 조작위치로부터 명확히 인식할 수 있는 위치에 있을 것

⑪ 신속하고 확실하게 조작할 수 있는 위치에 조작장치가 설치되어 있을 것

⑫ 안전방호를 해야 할 영역(이하 "안전방호영역"이라 한다) 안에는 필요한 비상정지장치 등의 조작장치만 설치할 것

2. 기동장치는 다음에서 정하는 것으로 할 것

① 기동장치를 의도적으로 조작했을 때에 한하여 기계의 기동이 가능할 것

② 복수의 기동장치를 갖는 기계로 복수의 근로자가 작업에 종사할 경우 기동장치

의 조작에 의해 다른 근로자에게 위험이 생길 우려가 있는 것에 대해서는 하나의 기동장치의 조작에 의해 기동하는 부분을 제한하는 등 해당 위험을 방지하기 위한 조치를 할 것

③ 안전방호영역에 근로자의 접근여부를 알 수 있는 위치에 설치하고, 설치장소가 부적당한 경우에는 사각지대를 없애도록 기계의 형상을 변경하거나 또는 반사경 설치 등 간접적인 방법을 조치할 것

3. 기계의 운전제어 모드는 다음에서 정하는 것으로 할 것

① 방호대책 또는 작업순서가 서로 다른 복수의 운전제어 모드로 사용되는 기계에 대해서는 각각의 운전제어 모드의 위치로 고정할 수 있고, 키 스위치, 패스워드 등에 의해 의도하지 않는 변환을 방지할 수 있는 모드 변환장치를 갖출 것

② 설정, 공정의 변환, 청소, 보수점검 등으로 인해 가드를 떼거나 방호장치를 해제해서 기계를 운전할 때에 사용하는 모드에는 다음의 모든 기능을 갖출 것

　㉠ 선택한 모드 이외의 운전모드로 작동하지 않을 것

　㉡ 유해위험성이 있는 운동부분은 촌동장치 또는 양수조작 제어장치의 조작에 의해서만 동작할 수 있을 것

　㉢ 동작을 연속해서 할 필요가 있는 경우 유해위험성이 있는 운동부분의 동작은 저속도 동작, 저구동력 동작, 촌동 동작 또는 단계적 조작에 의한 동작으로 구분되어 있을 것

[출처] KOSHA Guide M-137 기계의 제작 사용시 안전기준에 관한 기술지침

⑩ 고령화설비의 수명예측과 관련하여 다음을 설명하시오.

1) 용어의 뜻을 설명하시오 : ① 경년손상 ② 열시효취화 ③ 크리프

2) 수명의 지배인자에 대하여 설명하시오.

[해설]

○ **고령화 설비의 손상평가와 수명예측 (KOSHA Guide M-146)**

1. 용어의 뜻

① "고령화 설비"란 누계운전시간이 10만 시간 이상 경과하였거나, 기동 · 정지횟수가 2,500회 이상인 설비를 말한다.

② "경년손상"이란 해가 거듭되면서 발생하는 손상으로, 재료가 고온에서 장시간 가열 및 담금질 등에 의하여 재료 전체의 특성이 변화하고, 특히 파괴인성 및 충격에너지의 변화로 인하여 취성이 현저하게 나타나는 현상을 말한다.

③ "열시효취화"란 운전온도 300°C의 비크리이프 영역에서 장시간 가열에 의한 취화를 말한다.

④ "크리이프(Creep)"란 일정온도에서 일정한 하중이 작용하는 경우에 시간의 경과에 따라 재료의 변형이 증가하는 현상을 말한다.

2. 수명의 지배인자

① 설비의 수명예측은 최초 설계시뿐만 아니라, 사용기간 중에도 지속적으로 실시하여 최신의 발전된 기술을 도입하여 예측의 정확도를 기하여야 한다.

② 재료의 결함과 경년손상이 수명의 지배인자이다. 현재 설치된 기기에는 결함이 없는 것이 원칙이나, 공업재료는 대개 비금속 개재물, 편석 등의 재료결함을 내포하고 있으며, 기기의 사용기간 중에도 부식피트, 마멸, 피로균열, 응력부식균열 등의 결함이 발생하고, 또한 그 결함은 재료결함 및 제조시의 결함을 시작점으로 하여 진전된다는 사실을 주지하여야 한다.

③ 모든 결함을 파악하여 수명예측을 하는 것은 거의 불가능하므로, 일반적으로 설계시에는 결함을 고려하지 않는 것을 원칙으로 한다. 설계시의 수명예측은 재료 및 구조가 건전하다는 것을 전제로 한다.

④ 피로 및 응력부식균열은 국소파괴현상이며, 재료 전체가 손상을 받지 않고 일부 구역에서 균열이 발생, 진전되어 파괴에 이른다.

⑤ 온도 이력에 직접 관련되지 않는 경년손상으로는 수소취화 등이 있으며, 그 특징은 다음과 같다.

　　㉠ 해가 거듭되면서 재료 전체의 취화가 진행된다.

　　㉡ 반드시 균열을 수반하지는 않는다.

　　㉢ 부하응력과 취화를 가속하는 경우가 있다.

　　㉣ 다른 요인으로 균열이 발생되는 경우에는 취화가 한계결함치수의 현저한 감소를 가져온다.

⑥ 실제로 경년손상이 문제가 되는 것은 피로 및 응력부식균열 등의 복합 효과이다. 크리이프의 경우에는 기공이 발생, 성장하여 재료 전체의 손상에 부가하여 국부적으로 균열이 발생하여 진전된다.

⑦ 경년손상은 좁은 의미에서 재료 전체의 취화이며, 넓은 의미에서 균열을 수반하는 현상을 포함하는 것으로 전자는 경년열화, 후자는 경년손상으로 구분한다.

⑪ 기계안전 관련 제어시스템의 부품류 설계시 반영되는 성능요구수준(PLr)의 결정방법을 위험성그래프를 도시하여 설명하시오.

[해설]

○ 기계안전을 위한 제어시스템의 안전관련부품류 설계 (KOSHA Guide M-192)

1. 성능요구수준(PL_r) 결정방법

① 성능요구수준은 제어시스템(예를 들면, 기계적 보호장치) 또는 추가적인 안전기능들과 무관한 다른 기술적 방법에 의하여 위험성감소가 기대되는 안전기능에 의하여 결정한다.

② 상해의 심각도 S_1, S_2

㉠ 안전기능의 고장으로부터 발생하는 위험성의 추정에서는 오직 경미한 부상들(보통 원상회복이 가능한)과 심각한 부상들(보통 원상회복이 불가능한) 그리고 사망만을 고려한다.

㉡ 합병증이 없는 타박상 또는 열상은 S_1으로 분류하고 절단 또는 사망은 S_2로 설정한다.

③ 위험요인에 대한 빈도, 노출시간 F_1, F_2

㉠ 파라미터 F_1 또는 F_2에 대해 선택되는 일반적인 유효시간주기는 명시하기 어려우나 사람이 자주 또는 지속적으로 위험요인에 노출된다면 F_2로 선택한다.

㉡ 빈도 파라미터는 위험요인에 대한 접근 빈도와 기간에 따라서 선택한다.

㉢ 위험요인에 대한 노출기간은 장비가 사용되는 총 기간에 대하여 측정한 평균을 기준으로 결정하고 결과를 평가하는 것이 바람직하다. 예를 들면 작업물을 공급하고 이동시키기 위한 주기적 작업의 사이사이에 기계와 기구들 사이에 정기적으로 접근하는 것이 필요하다면 F_2가 선택되는 것이 좋고, 간헐적인 접근만이 요구된다면 F_1이 바람직하다.

2. 안전기능에 요구되는 PLr 결정을 위한 위험성 그래프

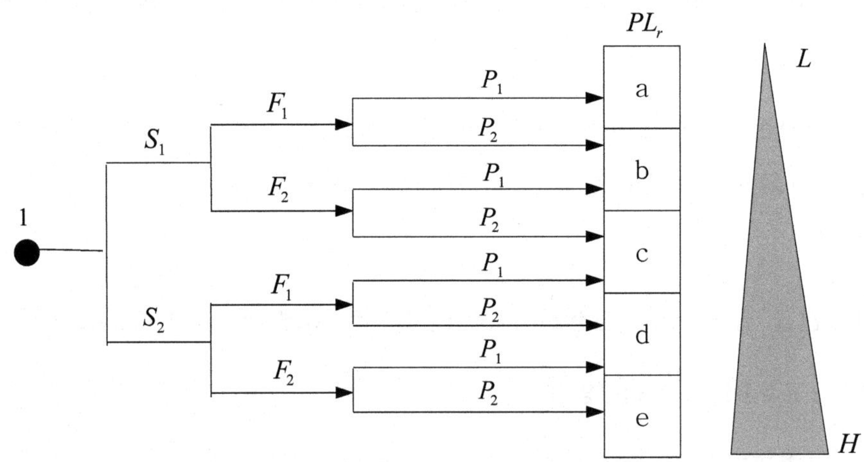

[부호 설명]

식별부호 ; 1 : 안전기능 결정/결과평가의 시작 점

L : 위험성감소에 대한 낮은 기여도

H : 위험성감소에 대한 높은 기여도

PL_r : 성능요구수준

위험성 파라미터 ;

S : 부상의 심각도

S_1 : 경미(보통 원상회복이 가능한 부상)

S_2 : 심각(보통 원상회복이 불가능한 부상 또는 사망)

F : 빈도 및/또는 위험요인에 대한 노출

F_1 : 가끔-빈번하지는 않은 및/또는 짧은 노출시간

F_2 : 자주 지속적 및/또는 긴 노출시간

P : 위험요인 회피 또는 상해 제한의 가능성

P_1 : 특정 조건에서 가능

P_2 : 거의 불가능

⑫ 고체입자 이송용 벨트 컨베이어(Belt Conveyor)에 관한 설비의 설계 순서를 설명하시오.

[해설]

○ **설비의 설계 순서** (KOSHA Guide M-101 컨베이어의 안전에 관한 기술지침)

① 벨트콘베이어 운반능력(용량) 계산 ② 동력 계산 ③ 벨트의 장력 계산

④ 벨트의 곡률 반경 계산 ⑤ 벨트의 선정 ⑥ 긴장장치의 계산

⑦ 역전 방지장치 및 제동장치의 계산 ⑧ 롤러의 배치 ⑨ 벨트 풀리의 선정

⑩ 풀리 축 계산 ⑪ 운반물의 방출 곡선 ⑫ Tripper 동력, 속도 계산

⑬ 볼트·너트의 선정 및 체결에 관한 기술 지침에 따른 재료 선정 시 고려하여야 할 특성, 표면결함의 종류에 대하여 설명하시오.

[해설]

○ **볼트·너트의 선정 및 체결에 관한 기술지침** (KOSHA Guide O-2)

1. 재료에 따른 선정

① 강도 이외의 특성을 필요로 하는 경우에는 특성에 알맞은 재료를 지정하여 선정한다.

② 이종금속접촉 부식(Galvanic corrosion)을 방지하기 위해 기계와 전위차가 크지 않은 볼트·너트를 선정하거나, 금속이 맞붙는 부분에 절연체 삽입 등의 조치가 필요하다.

③ 그 외 고려하여야 할 특성 종류

  ㉠ 내식성 ㉡ 용접성 ㉢ 내열성 ㉣ 내한성 ㉤ 도전성 ㉥ 자성

  ㉦ 경량성 ㉧ 형상·치수의 제한

2. 볼트·너트의 표면결함의 종류

① 균열 : 퀜칭균열, 단조균열, 단조터짐, 전단터짐

② 소재의 줄흠 및 겹침 ③ 오목부 ④ 주름 ⑤ 공구자국 ⑥ 손상

⑭ 유해·위험설비의 점검·정비·유지관리에 관한 기술지침에 따른 점검, 정비, 유지관리에 대한 용어의 정의를 각각 설명하시오.

[해설]

○ **용어의 정의** (KOSHA Code P-21 유해·위험설비의 점검·정비·유지관리지침)

① "점검"이라 함은 유해·위험설비에 대하여 설계명세 및 적용코드에 따라 사용조건에서 적합한 성능을 유지하고 있는지 여부를 확인하기 위하여 사업주가 일정주기마다 자율적으로 실시하는 자체검사 및 시험을 말한다.

② "정비"라 함은 기기의 성능점검결과 이상의 징후가 있거나 또는 허용범위를 벗어난 결함 및 고장이 있을 경우 기기의 성능을 지속적으로 유지하기 위하여 이상이나 결함을 제거하는 정비 또는 교체작업을 말하며 다음과 같이 분류한다.

　㉠ "예방정비"라 함은 기기별로 제작자가 추천한 정비주기 또는 정비이력에 따라서 사전에 정해진 정비주기에 따라 행하는 정기정비로서 윤활유 주입과 같이 운전중에 행하는 운전정비(Operating maintenance)와 연차보수와 같이 기기운전을 정지하고 행하는 가동정지정비(Shut-down maintenance)가 있다.

　㉡ "예측정비"라 함은 주요압축기 등과 같이 특정기기에 대하여 실시간으로 기기의 성능상태를 모니터링하여 정비일자를 예측하여 행하는 정비를 말한다.

　㉢ "고장정비"라 함은 기기가 갑작스럽게 제기능을 발휘하지 못하거나 고장이 났을 때 행하는 정비를 말한다.

③ "유지관리"라 함은 각 기기에 대하여 실시한 점검 및 정비에 대한 이력을 기록·유지하고 이 이력기록을 다시 점검 및 정비에 반영하여 공정기기의 안전성을 지속적으로 유지시키기 위한 모든 조직적 행위를 말한다.

⑮ 원심펌프의 최소유량배관(Minimum flow line)의 설치 목적에 대하여 설명하시오.

[해설]

1. 최소유량(Minimum flow)의 의미

　* 펌프를 안정적으로 운전하기 위한 최소한의 유량을 말하며, 펌프 종류별 및 운전조건별로 다르며, 일반적으로 펌프제작업체에서 제시되며, 최소연속유량(Minimum continuous flow)이라고도 불린다.

2. 최소유량배관(Minimum flow line)의 목적

① 과열(Overheating)에 의한 손상 방지

② 과도한 내부순환에 따른 공동현상(Cavitation) 및 진동 방지

③ 과도한 반경방향 작용력(Radial reaction)에 의한 손상 방지

④ 펌프 성능곡선이 산고곡선(Humped) 형태를 갖는 경우, 두 지점 사이의 사이클링 운전에 의한 손상방지

⑤ 펌프 유량이 적을수록 동력이 증가하는 형태의 펌프(축류형, 혼합형 등)의 경우 과부하 방지

[출처] KOSHA Guide D-64 원심펌프의 최소유량 선정 및 펌프 설치 등에 관한 기술지침

(16) 지난해 말 모 회사 공장의 혼합기에서 사망 사고가 발생하여 사회적으로 이슈가 되었다. 다음을 설명하시오.

1) 혼합기에서 발생할 수 있는 일반적인 사고 발생원인
2) 위험기계·기구 자율안전확인 고시 상의 혼합기의 주요구조부
3) 혼합기의 제작 및 안전기준상의 덮개, 덮개연동시스템, 잠금장치 및 비상정 지장치에 대한 기준

[해설]

1. 혼합기에서 발생할 수 있는 일반적인 사고 발생원인

① 혼합기 내부 잔량 확인 중 협착

② 혼합기 잔여물 제거작업 중 회전날에 협착

③ 혼합기 청소작업 중 협착

④ 혼합기의 회전날에 협착

⑤ 혼합기 내부 보수 작업 중 혼합기가 가동되어 협착

2. 위험기계·기구 자율안전확인 고시 상의 혼합기의 주요구조부

① 혼합용기   ② 혼합용기 회전장치   ③ 회전날

3. 혼합기에 대한 안전기준

(1) 덮개의 설치

① 혼합기의 개구부로 작업자가 추락하여 재해를 입을 우려가 있는 때에는 해당부위에 덮개 또는 울 등을 설치하여야 한다. 다만, 덮개 또는 울 등을 설치하는 것이 작업의 특성상 곤란한 경우 안전대를 사용하도록 하는 등의 별도의 위험방지 조치를 하여야 한다.

② 혼합기의 가동부분에 접촉함으로써 위해를 입을 우려가 있거나 또는 원료의 비산 등으로 작업자에게 위험을 미칠 우려가 있는 때에는 해당 부위에 덮개를 설치하는 등 필요한 조치를 하여야 한다.

(2) 덮개의 연동시스템 설치

① 혼합기로부터 내용물을 꺼내거나 청소, 정비, 보수 등의 작업을 위해 덮개를 개방한 때에는 회전날이 정지되도록 연동시스템을 설치하여야 한다. 다만, 내용물을 자동으로 꺼내는 구조이거나 기계의 운전 중에 정비·청소·검사 및 수리, 그 밖에 이와 유사한 작업을 하는 경우에 안전한 보조기구를 사용하거나 또는 위험한 부위에 필요한 방호조치를 한 경우에는 제외한다.

② 위치검출센서를 장치하여 덮개가 열렸을 때 이를 감지하고 제어회로를 작동시켜 회전날의 회전운동을 정지시키도록 하여야 한다.

③ 위치검출센서는 두 개를 설치하며 하나는 상시 개로식(Normal open)으로, 다른 하나는 상시 폐로식(Normal close)으로 하여 덮개의 개폐를 적어도 한 개 이상의 센서가 감지할 수 있도록 하고, 두 개의 센서 중 한 개가 고장났을 경우 자동적으로 인식 및 경고하고 그 이후에 발생하는 위험동작을 방지할 수 있도록 하여야 한다.

④ 덮개가 닫히더라도 기동스위치를 조작하여야만 회전날의 회전운동이 시작되도록 하여야 한다.

(3) 잠금장치의 설치

① 덮개잠금장치의 신뢰성을 높이기 위하여 2개 이상을 설치하여야 한다.

② 회전 날이 회전 중에는 덮개를 임의로 열 수 없도록 덮개 잠금 상태를 유지하여야 한다.

③ 운전을 정지시키기 위하여 제어전원 차단 시에 관성에 의한 회전 날의 운동이 완전히 정지된 후에야 잠금장치가 풀릴 수 있도록 시간지연장치를 설치하며, 설정 지연 시간은 임의로 조정할 수 없도록 하여야 한다.

(4) 비상정지장치의 설치

① 설비에 비상정지회로를 구성하여 비상정지장치의 작동 시에 안전하게 정지상태로 전환되도록 하여야 한다.

② 회로의 구성은 페일 세이프 회로이어야 하며, 주전원을 차단할 수 있어야 한다.

③ 회로는 수동으로 복구되어야 하며, 스위치를 복귀하더라도 전원은 차단된 상태를 유지하고, 운전조작을 처음의 시동상태에서 시작하도록 하여야 한다.

④ 버튼은 버섯모양의 형태로 적색으로 하며, 크기는 지름이 3cm 이상으로 하여야 한다.

⑤ 비상정지장치는 접근이 용이하도록 여러 개 설치하는 것이 효과적이며, 작업자가 서거나 앉아서 작업하는 경우 등 작업조건에 따라 위치를 선정하여야 한다.

[출처] KOSHA Guide M-125 혼합기의 안전작업에 관한 기술지침

(17) 정부에서 발표된 "중대재해 감축 로드맵"('22.11.30)에 따르면 선진국은 경미한 고장이나 장애 요인도 허투루 넘어가지 않고 작업절차서가 있어야만 작업을 시작하나, 우리는 절차서가 없더라도 직관이나 경험에 의존해서 작업을 한다고 한다. 이에, 작업위험성평가에 관한 기술지침에 따른 작업위험성평가(Job Risk Assessment), 작업위험성분석(Job Risk Analysis, JRA), 작업안전분석(Job Safety Analysis, JSA) 및 작업위험성평가 기본원칙에 대해 설명하시오.

[해설]

1. 작업위험성평가(Job Risk Assessment)의 의미

* "작업위험성평가(Job risk assessment)"라 함은 모든 작업에 대하여 유해위험 요인을 파악하고 안전한 작업절차를 마련하기 위한 과정으로서 작업위험성분석(JRA), 작업안전분석(JSA), 또는 절차서실행분석(Procedure implementation analysis, PIA), 사전작업위험분석(Pre-task hazard analysis, PTA) 등 작업의 유해위험요인을 분석하는 모든 방법을 총칭하여 말한다.

2. 작업위험성평가 기본원칙

① 작업절차서의 제·개정은 위험성평가를 통하여 수행하며, 작업위험성평가는 원칙적으로 드물거나 거의 수행되지 않는 작업을 포함한 모든 작업을 대상으로 하되 작업의 위험성을 고려하여 사업장 현실에 맞게 선정할 수 있다.

② 동일한 작업을 수행할 때 작업절차서가 마련되어 있는 경우에는 작업위험성평가를 생략할 수 있다. 다만, 작업 전에 작업절차서가 마련되어 있었으나 작업시점에 작업조건 등이 상이한 경우에는 변경사항에 대하여 작업위험성평가를 다시 수행하여 작업절차서를 개정하여야 한다.

③ 작업절차서가 제·개정된 후 오랜 기간의 경과로 "작업절차서 관리지침"의 유효기간이 초과된 경우에는 절차서 제·개정시점과 작업시점의 작업조건 변화 등을 파악하고 해당 사항으로 유해위험요인이 발생하는지 작업위험성평가를 실시하여 작업절차서를 개정하여야 한다. 다만, 특별한 사유가 없는 한 "작업절차서 관리지침"의 개정 유효기간이 공정위험성평가의 정기평가 주기를 초과해서는 안 된다.

④ 현재의 작업절차서에 따라 작업을 수행하던 중 작업조건, 작업방법 등이 변경된 경우에는 즉시 작업을 중지하고, 작업위험성평가를 다시 실시하여 작업절차서를 개정한 후 작업을 재개하여야 한다.

⑤ 작업위험성평가의 적용은 다음과 같은 시기에 실시한다.
　　㉠ 작업을 수행하기 전에 작업절차서가 필요하여 최초로 제정할 경우
　　㉡ 사고발생 시 원인규명을 위하여 필요한 경우
　　㉢ 새로운 물질 사용 및 설비 등을 도입한 경우
　　㉣ 공정 또는 작업방법을 변경한 경우
　　㉤ 이해당사자에게 사용하는 설비의 안전성을 쉽게 설명하고자 할 경우

⑥ 작업위험성평가는 작업위험성분석(JRA) 수행 시 해당 작업에 대한 위험성(Risk)을 평가하고 있으며, 작업 단계별로 결정된 위험성(Risk)을 고려하여 적절한 안전절차를 마련하게 되는 평가이므로 세부적인 작업안전분석(JSA) 및 기타 작업위험분석(PIA, PTA 등) 수행 시 중복하여 위험성(Risk) 평가를 할 필요는 없다.

⑦ 변경관리(MOC)와 연계
　　㉠ 작업위험성평가는 기본적으로 시설, 설비 등의 유해위험요인을 분석하는 것이 아닌 작업수행과정에서 작업자의 절차적인 유해위험요인을 분석하고 안전한 작업절차를 마련하는데 목적이 있다.
　　㉡ 작업수행 절차를 규정하는 과정에서 연계된 설비 등의 개선이 수반되어야 하는 경우에는 변경관리(MOC)지침에 의거하여 별도의 위험성평가를 실시하고 그 결과에 따라 조치하여야 한다.

ⓒ MOC 결과를 반영하여 해당 설비의 개선을 완료한 경우에는 관련 작업에 대하여 작업위험성평가를 다시 수행하고 작업절차서를 개정하여야 한다.

⑧ 임시·특별(Ad Hoc) 위험분석

㉠ 다음의 경우에는 관련 상황이 작업절차서에 충분히 반영되지 못할 수 있으므로 별도의 임시·특별(Ad Hoc) 위험분석을 수행하는 것이 필요하다.

㉮ 작업 현장의 기후조건(비, 눈, 바람, 기온 등)이 변경되어 작업 상황이 변화되는 경우

㉯ 사용 장비의 사양이 변경되는 경우

㉰ 작업 장소 인근에 다른 작업 진행 등 돌발적인 상황이 발생되는 경우

㉱ 점심, 휴식 등 작업 중단 후 작업 재개 시의 상황에 대한 사항

㉡ 임시·특별 위험분석은 현장수준의 분석으로 현장 작업자가 사전작업위험분석(PTA)과 같이 체크형 카드 또는 체크리스트를 활용하거나 또는 별도의 문서 없이 수행하는 구두나열 및 리허설 등과 같은 방식으로 수행하는 방법이다.

㉢ 임시·특별 위험분석을 적용할 경우에는 관련 상황에 대한 절차서 개정은 아니나 일시적인 안전작업방법을 확인·조치 후 작업을 수행하도록 한다.
다만, 작업허가대상 작업으로 작업 전 작업여건을 확인하거나 점심 등으로 작업 중단 후 재개 시에도 입회자를 두어 확인을 하는 경우는 동 분석을 생략할 수 있다.

3. 작업위험성분석(JRA) 수행

* 작업위험성분석(JRA)은 작업목록표의 작업별로 위험성을 평가하여 해당 내용을 설계된 표에 작성하고 위험성이 7이상인 경우 중요작업(Critical job)으로 선정한다. 다만, 위험성 산정 및 중요작업 결정 기준은 동 지침의 "예시"를 참조하여 사업장 여건에 부합되도록 자체적으로 규정, 실행할 수 있다

4. 작업안전분석(JSA) 수행

(1) 평가대상

* 작업안전분석(JSA)은 작업위험성분석(JRA) 결과 중요작업으로 선정된 작업에 대하여 실시한다.

(2) 작업단계 구분

① 작업의 진행순서대로 단계를 구분한다.

② 너무 자세하게 단계를 구분하거나, 너무 포괄적으로 단계를 구분하지 않는다.

③ 각 작업단계는 작업의 변화가 있고 관찰 가능하도록 구분한다.

④ 각 작업단계별로 특별한 위험이 없는 경우에는 해당 단계를 합쳐서 구분할 수 있다.

⑤ 작업단계의 개수는 작업의 복잡성에 따라 다르지만, 일반적으로 작업단계는 10단계 내외가 적당하며, 그 이상으로 단계가 구분되면 작업자에게 혼란을 야기할 수 있다.

⑥ 만약 작업단계가 10개를 초과하는 경우에는 중분류의 작업단계를 설정하여 중분류별로 작업단계를 구분할 필요가 있다. 예를 들면 열교환기를 분리하여 청소 및 조립하는 작업과 같이 연속적으로 진행되는 작업은 분리작업, 운반작업, 청소작업 및 조립작업 등과 같은 중분류 작업을 구분한 후에 중분류에 따라 세부적인 작업단계를 구분할 수 있다.

⑦ 작업단계에 대한 명칭은 해당 작업을 설명할 수 있는 행동중심의 단어가 마지막에 위치하도록 작성하는 것이 좋다(예, 제거, 덮개 운반, 볼트 조립, 내부 물질의 개방 등).

[출처] KOSHA Guide P-140 작업위험성평가에 관한 기술지침

(18) 원통형 압력용기 동체 제작조건

★ 안지름(Di) : 1,500mm ★ 운전압력(OP) : 0.52MPa, 설계압력(DP) : 0.7MPa

★ 운전온도(OT) : 370°C, 설계온도(DT) : 400°C

★ 재질 : SB235, 용접효율(η) : 0.85, 부식여유(a) : 3mm

★ **철강재료의 허용 인장 응력값 : 아래 표 참조**

기호	재료표준 인장강도 (N/mm^2)	각 온도(℃)에서의 허용 인장 응력(N/mm^2)									
		~40℃	75℃	100℃	300℃	350℃	400℃	450℃	500℃	525℃	550℃
SB235	410	103	103	103	103	102	89	62	32	22	17

1) 원통형 압력용기의 최소두께(mm)를 계산하시오.

   (단, 계산식 결과는 소수점 첫째 자리에서 반올림하시오)

2) 상기의 최소두께로 제작된 용기를 5년간 사용 후 두께 측정 결과 가장 얇은 부분의 철판두께가 8mm인 경우 동 용기의 잔여수명을 계산하시오.

해설

1. 원통형 압력용기의 최소두께(mm) 계산

$$계산두께 \ \ t = \frac{PD_i}{200\sigma_a\eta - 1.2P} = \frac{7.14 \times 1500}{200 \times 9.08 \times 0.85 - 1.2 \times 7.14} = 7(\text{mm})$$

$$여기서, \ \ P = 0.7\text{MP}_a = 0.7 \times 10^6 \text{N} / \text{m}^2 = \frac{0.7 \times 10^6}{9.8 \times 100^2}\text{kgf} / \text{cm}^2$$

$$= 7.14\text{kgf} / \text{cm}^2$$

$$단, \ \ 1\text{kgf} = 9.8\text{N}$$

$$\sigma_a = 89\text{N} / \text{mm}^2 = \frac{89}{9.8}\text{kgf} / \text{mm}^2 = 9.08\text{kgf} / \text{mm}^2$$

최소두께=계산두께+ 부식여유=7+ 3=10 mm

2. 용기의 잔여수명 계산

$$잔여수명 = \frac{t_{실제두께} - t_{요구두께}}{부식률\,[mm/년]} = \frac{8-7}{(10-8)/5} = \frac{1}{0.4} = 2.5 \,[년]$$

[참고] 내압을 받는 원통형 동체 또는 구형 동체의 강도

* 내면에 압력을 받는 원통형 동체 또는 구형 동체에 대한 판의 계산 두께 또는 최고 허용압력은 다음 계산식에 따른다.

* $t / D_i = 0.25$ 또는 $P = 100\sigma_a\,\eta / 2.6$의 경우

대상 ＼ 기준	안지름 기준	바깥지름 기준
판의 계산두께 (mm)	$t = \dfrac{PD_i}{200\sigma_a\eta - 1.2P}$	$t = \dfrac{PD_0}{200\sigma_a\eta + 0.8P}$
최고 허용압력 $(\text{kgf} / \text{cm}^2)\{\text{MP}_a\}$	$P_a = \dfrac{200\sigma_a\eta(t_a - a)}{D_i + 1.2(t_a - a)}$	$P_a = \dfrac{200\sigma_a\eta(t_a - a)}{D_0 - 0.8(t_a - a)}$

다만, 관인 경우 허용인장응력 값에는 이미 용접효율이 삽입되어 있으므로 η을 100%로 한다.

(기호) t : 판의 계산 두께(mm)

t_a : 판의 실제 두께(mm)

P : 설계압력(kgf/cm^2){MPa} ← 단위에 유의

P_a : 최고허용압력(kgf/cm^2){MPa} ← 단위에 유의

D_i : 원통형 동체의 부식후의 안지름(mm)

D_0 : 원통형 동체의 부식후의 바깥지름(mm)

σ_a : 재료의 허용인장응력(kgf/mm^2){N/mm^2}

η : 길이 이음의 용접이음효율

a : 부식여유(mm)

[출처] 압력용기제작기준·안전기준 및 검사기준(고시 제2001-59호)

[참고] 용기의 잔여수명 계산

$$\text{잔여수명(년)} = \frac{t_{실제두께} - t_{요구두께}}{부식률\,[mm/년]}$$

여기서, $t_{실제두께}$: 가장 최근 검사에 측정한 CMLs의 실제 두께, mm

$t_{요구두께}$: 측정된 $t_{실제두께}$와 동일 CMLs 또는 구성품에서 요구두께(부식

여유 및 제조자의 허용공차를 포함하지 않고 설계 식(예, 압력

및 구조)에 따라 계산한 두께), mm

단, CMLs : 컨디션 모니터링 위치(Condition monitoring locations)

[출처] KOSHA Guide M-69-2012 압력용기의 잔여수명 평가에 관한 기술지침

6.10 안전보건 관련 법령

안전보건 관련 법령

01 인화성 또는 가연성 가스나 증기에 의한 방폭지역의 구분, 해당 장소, 방폭기기 선정원칙을 설명하시오.

해설

1. 방폭구조 기호 (가스 KS C IEC 60079-10, 분진 KS C IEC 61241-10)

1. 내압 방폭구조 : d	2. 압력 방폭구조 : p
3. 유입 방폭구조 : o	4. 안전증 방폭구조 : e
5. 특수 방폭구조 : s	6. 본질안전 방폭구조 : ia, ib
7. 충전방폭구조 : q	8. 몰드방폭구조 : m
9. 비점화 방폭구조 : n	
10. 분진본질 방폭구조 : iaD, ibD	11. 분진내압 방폭구조 : tD
12. 분진압력 방폭구조 : pD	13. 분진몰드 방폭구조 : maD, mbD

2. 방폭전기기기의 선정원칙

폭발위험장소		방폭구조 전기기계·기구의 선정기준
가스 폭발 위험 장소	0종 장소	본질안전방폭구조 그 밖에 관련 공인인증기관이 0종장소에서 사용이 가능한 방폭구조로 인증한 방폭구조
	1종 장소	내압 방폭구조(d), 압력 방폭구조(p), 충전 방폭구조(q), 유입 방폭구조(o), 안전증 방폭구조(e), 몰드방폭구조(m), 본질안전 방폭구조(ia, ib) 그 밖에 관련 공인인증기관이 1종장소에서 사용이 가능한 방폭구조로 인증한 방폭구조
	2종 장소	0종장소 및 1종장소에 사용가능한 방폭구조 비점화 방폭구조(n) 그 밖에 2종장소에서 사용이 가능하도록 특별히 고안된 비방폭형 방폭구조

제6장

3. 가스폭발 위험장소

종별	정의	예
0종 장소	인화성 액체의 증가 또는 가연성 가스에 의한 폭발 위험이 지속적으로 또는 장기간 존재하는 장소	용기·장치·배관 등의 내부 등
1종 장소	정상작동상태에서 인화성 액체의 증기 또는 가연성 가스에 의한 폭발위험분위기가 존재하기 쉬운 장소	맨홀·벤트·피트 등의 주위
2종 장소	정상작동상태에서 인화성 액체의 증기 또는 가연성 가스에 의한 폭발위험분위기가 존재할 우려가 없으나, 존재할 경우 그 빈도가 아주 적고 단기간만 존재할 수 있는 장소	개스킷·패킹 등의 주위

[참고] 분진폭발 위험장소

종별	정의	예
20종 장소	분진운 형태의 가연성 분진이 폭발농도를 형성할 정도로 충분한 양이 정상작동 중에 연속적으로 또는 자주 존재하거나, 제어할 수 없을 정도의 양 및 두께의 분진층이 형성될 수 있는 장소	호퍼, 분진저장소, 집진장치, 필터 등의 내부
21종 장소	20종 장소외의 장소로서, 분진운 형태의 가연성 분진이 폭발농도를 형성할 정도의 충분한 양이 정상작동 중에 존재할 수 있는 장소	집진장치, 백필터, 배기구 등의 주위, 이송벨트의 샘플링지역 등
22종 장소	21종 장소 외의 장소로서, 가연성 분진운 형태가 드물게 발생 또는 단기간 존재할 우려가 있거나, 이상작동 상태하에서 가연성 분진층이 형성될 수 있는 장소	21종에서 예방조치가 취해진 지역, 환기설비 등과 같은 안전장치 배출구 주위 등

02 지게차(Fork Lift)의 마스트(Mast)에 대한 사항이다. 전경각과 후경각의 최대허용각도는 얼마인가? 또한 최대 올림 높이는 일반적으로 몇 m로 하는가? 그리고 지게차가 화물을 적재하고 이동 시 포크(Fork)는 지면에서 얼마 정도 떨어져야 안전한가?

해설

1. 전경각과 후경각 (건설기계 안전기준에 관한 규칙 제20조)

(1) 전경각, 후경각의 정의

* 기준무부하 상태에서 마스트를 앞, 뒤로 기울인 경우 수직면에 대하여 이루는 경사각을 마스트의 경사각이라 한다.

　① 전경각 : 마스트의 수직위치에서 앞으로 기울인 경우 최대경사각(θ_1)으로 한다.

　② 후경각 : 마스트의 수직위치에서 뒤로 기울인 경우 최대경사각(θ_2)으로 한다.

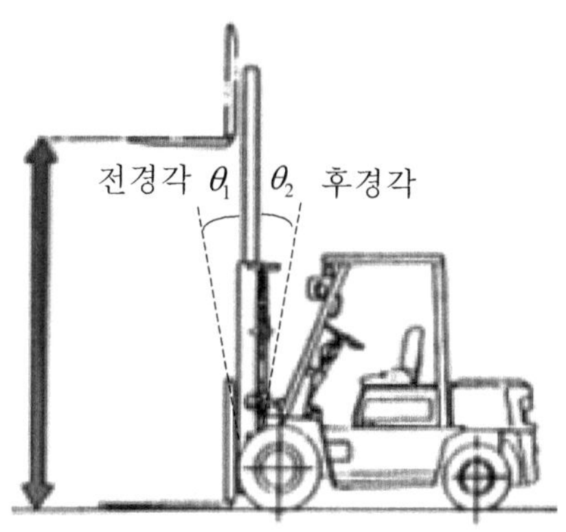

(2) 정격하중이 10톤 이하인 경우

종류	전경각(도)	후경각(도)
카운터밸런스형	5~6	10~12
리치형	3	5
사이드포크형	3~5	5

[참고] 카운터밸런스형 : 좌석 구비
　　　 리치형 : 포크를 전방으로 뻗을 수 있는 구조
　　　 사이드포크형 : 마스트와 포크를 차체 측면에 설치

(3) 정격하중이 10톤을 초과하는 경우

전경각(도)	후경각(도)
3~6	10~12
* 최대올림높이가 3,500mm 이내의 경우에 한한다.	

제6장

2. 최대올림높이 (건설기계 안전기준에 관한 규칙 제19조)

* 최대올림높이는 원칙적으로 3,000mm로 하되, 필요한 경우에는 안정도의 범위 안에서 최대올림높이를 조정할 수 있다.

3. 지면과의 높이

* 포크에 화물을 적재하고 이동시에는 포크를 지면에서 100mm 정도 떨어지도록 내린 후 이동한다.

(03) 최근 사회적 이슈가 되고 있는 업무상 질병을 분류하고 예를 들어 간략히 기술하시오.

[해설]

1. 업무상 질병 (산업재해보상보험법 제37조)

① 업무수행 과정에서 물리적 인자(因子), 화학물질, 분진, 병원체, 신체에 부담을 주는 업무 등 근로자의 건강에 장해를 일으킬 수 있는 요인을 취급하거나 그에 노출되어 발생한 질병

② 업무상 부상이 원인이 되어 발생한 질병

③「근로기준법」에 따른 직장 내 괴롭힘, 고객의 폭언 등으로 인한 업무상 정신적 스트레스가 원인이 되어 발생한 질병

④ 그 밖에 업무와 관련하여 발생한 질병

2. 업무상 질병으로 판단되는 구체적 인정기준

* 산업재해보상보험법 시행령 별표 3은 업무상 질병으로 판단되는 구체적 인정기준을 제시하고 있는데, 뇌혈관질환 또는 심장질환, 근골격계질환, 피부질환, 간질환 그리고 물리적인 요인, 이상기압, 소음, 진동, 화학물질, 병원체 등에 의한 질환 등 13개 항목으로 분류하고 있다.

① 뇌혈관 질병 또는 심장 질병　② 근골격계 질병　③ 호흡기계 질병

④ 신경정신계 질병　⑤ 림프조혈기계 질병　⑥ 피부 질병

⑦ 눈 또는 귀 질병　⑧ 간 질병　⑨ 감염성 질병　⑩ 직업성 암

⑪ 급성 중독 등 화학적 요인에 의한 질병　⑫ 물리적 요인에 의한 질병

⑬ 근로자의 질병과 업무와의 상당인과관계가 인정되는 질병

04 제조물책임법 중 결함의 3가지를 쓰고 응용사례를 들어 설명하시오.

해설

1. 제조물책임법상의 결함

* "결함"이란 해당 제조물에 다음 각 목의 어느 하나에 해당하는 제조상·설계상 또는 표시상의 결함이 있거나 그 밖에 통상적으로 기대할 수 있는 안전성이 결여되어 있는 것을 말한다.

① "제조상의 결함"이란 제조업자가 제조물에 대하여 제조상·가공상의 주의의무를 이행하였는지에 관계없이 제조물이 원래 의도한 설계와 다르게 제조·가공됨으로써 안전하지 못하게 된 경우를 말한다.

② "설계상의 결함"이란 제조업자가 합리적인 대체설계(代替設計)를 채용하였더라면 피해나 위험을 줄이거나 피할 수 있었음에도 대체설계를 채용하지 아니하여 해당 제조물이 안전하지 못하게 된 경우를 말한다.

③ "표시상의 결함"이란 제조업자가 합리적인 설명·지시·경고 또는 그 밖의 표시를 하였더라면 해당 제조물에 의하여 발생할 수 있는 피해나 위험을 줄이거나 피할 수 있었음에도 이를 하지 아니한 경우를 말한다.

2. 제조물책임법상의 결함의 응용사례

제품 결함	설계상의 결함	안전설계불량
		안전장치미비
		주요부품 제작기준 불량
		기술수준미달
	제조상의 결함	품질관리불량
		안전장치고장
		가공 및 조립상의 불량
		원재료 및 부품불량
표시·경고상 결함	취급 설명서(Manual) 및 경고 결함	
	경고사항 미비	
	명시적 보증 위반	
	물품 팜플렛, 광고 선전, 판매원의 설명 미흡	
	표시 불량(과대, 사기(詐欺))	

05 엘리베이터에서 카(케이지)가 종점스위치 작동불량으로 종점스위치를 현저하게 지나치는 것을 방지하는 파이널 리미트스위치(Final Limit Switch)의 구비조건과 기능을 설명하시오.

[해설]

1. 정의

* 엘리베이터 카가 통상의 운전시에 맨 끝층(최상층이나 최하층)을 지나서 더 이상 주행하지 않도록 하기 위한 전기적 안전장치이다. 이 스위치는 카를 감속 제어시켜 정지하도록 한다.
* 또한 만일의 경우 이 장치가 작동하지 않았을 때를 대비하여 맨 끝층을 현저하게 지나가지 않는 동안에 운전 제지를 위한 파이널 리미트스위치를 부착하여야 한다.

2. 구비조건 및 기능 (승강기 정밀안전 검사기준 9.6.4)

① 파이널 리미트스위치는 가능한 한 최종층을 현저하게 지나지 않도록 제어되게 설계되어야 한다.

② 파이널 리미트스위치는 카가 완충기와 접촉되기 전에 작동해야 하며, 완충기가 압축되어 있는 동안 계속 유지되어야 한다.

③ 파이널 리미트스위치는 정상적인 종단층 정지장치와는 다른 분리된 작동장치로 사용되어야 한다.

④ 파이널 리미트스위치의 작동은 다음의 방법으로 작동이 유효해야 한다.

　　㉠ 승강로의 꼭대기 및 바닥에서 카에 의해 직접적으로 작동이 유효할 것

　　㉡ 카에 연결된 장치, 즉 로프, 벨트에 의해 간접적으로 작동이 유효할 것

⑤ 파이널 리미트스위치 작동 후 운행을 위한 복귀는 자동적으로 이루어지지 않아야 한다.

06 방사선투과시험검사원이 발전소건설현장에서 검사업무를 할 때 주요 위험요인과 작업 전 및 작업 중의 안전수칙(대책)을 쓰시오.

[해설]

1. 방사선투과검사 업무에서의 위험요인

* 피폭, 감전, 추락, 낙하, 충격, 폭발, 비래, 눈손상 등이다.

2. 방사선투과검사의 작업수칙

(원자력안전위원회규칙 : 방사선 안전관리 등의 기술기준에 관한 규칙 제58조)

* 방사선투과검사 작업의 작업수칙 : 방사성동위원소 등을 이동사용하는 경우의 기술기준은 다음 각호와 같다.

① 사용시설 또는 방사선관리구역안에서 사용할 것

② 정상적인 사용상태에서는 밀봉선원이 개봉 또는 파괴될 우려가 없도록 할 것

③ 다음 각 목에 해당하는 조치를 함으로써 방사선작업종사자 또는 수시출입자의 피폭방사선량이 선량한도를 초과하지 아니하도록 할 것

 ㉠ 전용작업장을 설치하거나, 차폐벽 또는 차폐물로 방사선을 차폐할 것

 ㉡ 원격조작장치·집게 등을 사용하여 방사성동위원소 등과 인체 사이에 적당한 거리가 확보되도록 할 것

 ㉢ 면밀한 작업계획, 숙달·훈련 등을 통하여 인체에 방사선이 피폭되는 시간을 단축할 것

④ 사용시설 또는 방사선관리구역의 눈에 띄기 쉬운 장소에 방사선장해방지에 필요한 주의사항을 게시할 것

⑤ 사용시설에는 사람의 출입을 제한하고, 방사선작업종사자외의 사람이 출입하는 경우에는 방사선자업종사자의 지시에 따르도록 할 것

⑥ 사용시설에는 별표 1(각종 표지 및 방사능 표지)에 의한 표지를 부착할 것

⑦ 방사선투과검사 장비를 사용한 직후에는 그 방사성동위원소 등의 분실 및 누설 등 이상유무를 점검하고, 이상이 판명되는 경우에는 탐사 등 방사선장해방지를 위하여 필요한 조치를 취할 것

⑧ 감마선조사장치를 천장 차폐체가 제27조 제1항 제2호의 기준을 충족하지 않은 사용시설 또는 사용시설 외에서 사용의 경우에는 콜리메이터(collimator)를 장착하고 사용할 것

⑨ 방사선투과검사 장비 1대당 측정범위가 작업현장에 적합한 방사선측정기 1대 이상을 휴대하고 이상유무를 점검하여 활용할 것

⑩ 방사선작업은 반드시 2인 이상을 1조로 편성하여 작업을 수행하고 각 개인에 대한 직무를 분담하되, 조장은 다음 각목의 ㉠에 해당하는 자일 것

 ㉠ 방사성동위원소취급자일반면허 또는 방사선취급감독자면허 취득자

 ㉡ 방사선투과검사 경력 3년 이상 또는 「국가기술자격법」에 의한 방사선비파괴검사 산업기사 이상의 자격을 취득한 자

⑪ 방사선투과검사 장비의 정상작동상태를 확보하고 안전한 작업을 수행하기 위한 점검절차서를 정하고 그 절차서에 따라 점검을 실시한 후 작업을 수행할 것

⑫ 야간 방사선작업을 수행하는 경우에는 작업수행에 필요한 다음 각목의 기구 등을 확보할 것

　㉠ 방사선관리구역의 경계를 쉽게 식별할 수 있는 기구

　㉡ 작업수행에 필요한 조명기구

　㉢ 기타 작업수행에 필요한 기구

⑬ 방사선작업 전·후에는 방사선투과검사 장비 등의 안전성 여부를 확인하기 위하여 다음 각목의 조치를 할 것

　㉠ 방사선투과검사 장비의 정상상태를 확인하고, 안전관련 품목 등을 임의조작하거나 훼손하여 사용하지 않도록 할 것

　㉡ 개인피폭선량계, 직독식선량계 및 방사선경보기 등의 정상상태를 확인할 것

　㉢ 기타 안전장구 등에 대하여 안전상태를 점검할 것

⑭ 일시적 사용장소에 사용을 종료한 방사선투과검사 장비를 보관하지 아니할 것

⑮ 고정 설치된 방사선차폐시설이 없는 곳에서 방사선작업을 하는 경우 외부방사선량률이 시간당 10μSv(마이크로시버트)를 초과하는 구역에 대하여 작업장 출입을 관리하고, 시간당 1μSv를 초과하는 구역에 대하여 일반인의 접근 여부를 감시할 것

07 Clean Room 청정도, Class 100, 설계 시 고려사항 4가지 이상 설명하시오.

해설

1. 클린룸(Clean Room)이란?

① 공기 중의 부유 미립자가 규정된 청정도 이하로 관리되고

② 그 공간에 공급되는 재료에 대해서도 요구되는 청정도가 유지되며

③ 온·습도 등 환경에 대해서도 관리할 수 있도록 만들어진 구역이나 공간을 의미한다.

2. 클린룸(Clean Room)의 분류

(1) ICR(Industrial Clean Room)

* 산업환경 중에서 생산제품의 수율을 높이기 위하여 공기 중의 부유입자를 제어 대상으로 한다(반도체, 전자, 정밀광학계측 등).

(2) BCR(Biological Clean Room)

* 해당 공간의 청정도를 높이기 위하여 공기 중의 생체입자와 비생체입자를 제어 할 수 있는 동시에 실내의 온·습도 및 압력을 제어 대상으로 한다(제약, 식품, 병원, 동물사육실 등).

3. 청정도의 기준

* 일정 공간 내에 일정 크기 이상의 입자가 일정 개수 이내로 포함되어 있는 정도

(1) 미연방 규격기준 (U.S.Fed.Std)

* $0.5\mu m$ 이상 크기의 입자가 $1ft^3$ 중에 몇 개 포함되어 있는가에 따라 CLASS로 표시하며 가장 많이 사용하는 규격이다(예 : CLASS 100, 1,000).

(2) ISO 규격기준

* $0.1\mu m$ 이상 크기의 입자가 $1m^3$ 중에 몇 개 포함되어 있는가에 따라 CLASS로 표시한다(예 : ISO CLASS 5일 경우 $1m^3$ 내에 $0.1\mu m$ 이상의 입자가 100,000 개 이내로 포함되어 있는 정도의 청정도를 나타냄).

(3) BCR(Bio Clean Room)에서 규격기준

* $1m^3$ 공기 중의 미생물 수(CFU/m^3)를 CLASS로 표시한다.
* 여기서, CFU는 Colony Forming Unit(집락형성 단위)의 약어이다.

4. 클린룸 설계 시 고려사항

① 기류방식(Patterns of Air Flow) : 충류식, 난류식, 혼류식, 터널식 중 사용목적별 로 결정

② 청정도(Cleanliness Level) : 제품의 요구되는 정도에 의해 결정

③ 레이아웃 계획(Layout) : 작업성과 청정도를 만족하도록 Layout 결정

④ 구조와 재료(Structure and Materials) : 기류 파괴, 먼지 적체가 되지 않는 구조로 하고 먼지발생, 입자 부착, 청소를 고려한 재료를 선택한다.

⑤ 부속장치(Equipments) : Air Shower, Pass Box, Relief Damper, Clean stocker, Clean Locker

⑥ 사람과 물건의 관리(Control of Working Persons and Materials) : 반입물품관리, 작업자 교육

⑦ 유틸리티(Utility) : Layout의 가변성, 기류방식을 고려해 결정

⑧ 안전대책과 비상계획(Safety and Emergency Plan) : 밀폐구조에서의 화재, 가스 누설, 정전 등에 대비

08 승강기시설안전관리법 시행규칙에서 규정하고 있는 승강기의 중대한 사고와 중대한 고장을 설명하시오. (단, 중대한 고장의 경우 엘리베이터와 에스컬레이터로 구분 할 것)

[해설]

1. 중대한 사고

* 다음 중 어느 하나에 해당하는 사람이 생긴 사고(정전 또는 천재지변으로 인한 경우, 이용자의 고의 또는 과실로 인한 경우 및 엘리베이터·휠체어리프트의 정지로 인한 경우는 제외한다)

① 사망자

② 사고 발생일부터 7일 이내에 실시된 의사의 최초 진단결과 1주 이상의 입원치료 또는 3주 이상의 치료가 필요한 상해를 입은 사람

2. 중대한 고장

* 다음의 구분에 따른 고장(정전 또는 천재지변으로 인한 고장의 경우는 제외한다)

① 엘리베이터 및 휠체어리프트 : 다음 중 어느 하나의 경우에 해당하는 고장

㉠ 정상적으로 문이 열려야 하는 구간에서 멈추지 않거나, 해당 구간에서 멈추었으나 문이 열리지 않은 경우

㉡ 문이 열린 상태에서 운행된 경우

　　　㉢ 호출층 또는 지시층으로 운행되지 않은 경우

　　　㉣ 최상층 또는 최하층을 지나 계속 운행된 경우

　　　㉤ 승강장문의 조립체가 이탈된 경우

　② 에스컬레이터 : 다음 중 어느 하나의 경우에 해당하는 고장

　　　㉠ 헨드레일의 속도와 디딤판의 속도가 현저히 다른 경우

　　　㉡ 운행 과정에서 운행 반대방향으로 디딤판이 움직인 경우

　　　㉢ 주 브레이크 또는 보조 브레이크가 정상적으로 작동하지 않은 경우

　　　㉣ 운행 과정에서 디딤판이 이탈 또는 파손된 경우

09 승강기안전관리법에서 규정하는 승강기 검사의 종류 4가지에 대하여 설명하시오.

해설

1. 승강기검사의 종류

(1) 설치검사

* 승강기의 제조·수입업자가 설치를 끝낸 승강기에 대하여 행정안전부령으로 정하는 바에 따라 실시하는 검사

(2) 정기검사

* 설치검사 후 정기적으로 하는 검사(1년 주기, 단 화물엘리베이터는 6개월 주기)

(3) 수시검사

* 사용 중인 승강기의 종류·제어방식·정격속도·정격용량 또는 왕복운행거리를 사양변경한 경우, 승강기의 제어반 또는 구동기를 교체한 경우, 승강기에 사고가 발생하여 수리한 경우, 관리주체가 요청하는 경우 등에서 실시하는 검사

(4) 정밀안전검사

* 설치검사를 받은 날부터 15년이 지난 경우, 결함 원인이 불명확한 경우, 중대한 사고 또는 중대한 고장이 발생한 경우, 그 밖에 행정안전부장관이 필요하다고 인정한 경우에 실시하는 검사(설치후 15년 경과시의 정밀안전검사를 받은 경우에는 이후부터는 3년마다 정기적으로 실시)

(10) 산업안전보건법 개정·시행(2021.1.16.) 관련 건설기계관리법에서 적용 제외되었던 지게차 운전자 교육이 추가되었는데 이에 대한 자격·면허·기능 또는 경험 조건을 설명하시오.

［해설］

① 대상 : 건설기계관리법에 적용이 되지 않는 지게차
② 자격 : 3톤 이상 지게차에는 조종면허 보유될 것
　　　　　지게차 조종 교육과정 이수(12시간, 지자체)

(11) 제조물 책임법에 따라 제조물의 결함과 손해배상책임을 지는 자의 면책 사유에 대하여 각각 3가지 설명하시오.

［해설］

○ **면책사유** (제조물책임법 제4조)

* 손해배상책임을 지는 자가 다음 각 호의 어느 하나에 해당하는 사실을 입증한 경우에는 이 법에 따른 손해배상책임을 면(免)한다.
　① 제조업자가 해당 제조물을 공급하지 아니하였다는 사실
　② 제조업자가 해당 제조물을 공급한 당시의 과학·기술 수준으로는 결함의 존재를 발견할 수 없었다는 사실
　③ 제조물의 결함이 제조업자가 해당 제조물을 공급한 당시의 법령에서 정하는 기준을 준수함으로써 발생하였다는 사실
　④ 원재료나 부품의 경우에는 그 원재료나 부품을 사용한 제조물 제조업자의 설계 또는 제작에 관한 지시로 인하여 결함이 발생하였다는 사실

(12) 중대재해 처벌 등에 관한 법률에서 정하는 '안전보건관리체계의 구축 및 그 이행'에 관한 조치 사항에 대하여 설명하시오.

［해설］

○ 안전보건관리체계의 구축 및 이행 조치의 구체적 사항

　1. 사업 또는 사업장의 안전·보건에 관한 목표와 경영방침을 설정할 것

2. 「산업안전보건법」에 따라 두어야 하는 인력이 총 3명 이상이고, 다음 각 목의 어느 하나에 해당하는 사업 또는 사업장인 경우에는 안전·보건에 관한 업무를 총괄·관리하는 전담 조직을 둘 것. 이 경우 나목에 해당하지 않던 건설사업자가 나목에 해당하게 된 경우에는 공시한 연도의 다음 연도 1월 1일까지 해당 조직을 두어야 한다.

　　가. 상시근로자 수가 500명 이상인 사업 또는 사업장

　　나. 「건설산업기본법」에 따른 토목건축공사업에 대해 평가하여 공시된 시공능력의 순위가 상위 200위 이내인 건설사업자

3. 사업 또는 사업장의 특성에 따른 유해·위험요인을 확인하여 개선하는 업무절차를 마련하고, 해당 업무절차에 따라 유해·위험요인의 확인 및 개선이 이루어지는지를 반기 1회 이상 점검한 후 필요한 조치를 할 것. 다만, 「산업안전보건법」에 따른 위험성평가를 하는 절차를 마련하고, 그 절차에 따라 위험성 평가를 직접 실시하거나 실시하도록 하여 실시 결과를 보고받은 경우에는 해당 업무절차에 따라 유해·위험요인의 확인 및 개선에 대한 점검을 한 것으로 본다.

4. 다음 각 목의 사항을 이행하는 데 필요한 예산을 편성하고 그 편성된 용도에 맞게 집행하도록 할 것

　　가. 재해 예방을 위해 필요한 안전·보건에 관한 인력, 시설 및 장비의 구비

　　나. 제3호에서 정한 유해·위험요인의 개선

　　다. 그 밖에 안전보건관리체계 구축 등을 위해 필요한 사항으로서 고용노동부장관이 정하여 고시하는 사항

5. 「산업안전보건법」에 따른 안전보건관리책임자, 관리감독자 및 안전보건총괄책임자(이하 이 조에서 "안전보건관리책임자 등"이라 한다)가 같은 조에서 규정한 각각의 업무를 각 사업장에서 충실히 수행할 수 있도록 다음 각 목의 조치를 할 것

　　가. 안전보건관리책임자 등에게 해당 업무 수행에 필요한 권한과 예산을 줄 것

　　나. 안전보건관리책임자 등이 해당 업무를 충실하게 수행하는지를 평가하는 기준을 마련하고, 그 기준에 따라 반기 1회 이상 평가·관리할 것

6. 「산업안전보건법」에 따라 정해진 수 이상의 안전관리자, 보건관리자, 안전보건관리담당자 및 산업보건의를 배치할 것. 다만, 다른 법령에서 해당 인력의 배치에 대해 달리 정하고 있는 경우에는 그에 따르고, 배치해야 할 인력이 다른 업무를 겸직하는 경우에는 고용노동부장관이 정하여 고시하는 기준에 따라 안전·보건에 관한 업무 수행시간을 보장해야 한다.

7. 사업 또는 사업장의 안전·보건에 관한 사항에 대해 종사자의 의견을 듣는 절차를 마련하고, 그 절차에 따라 의견을 들어 재해 예방에 필요하다고 인정하는 경우에는 그에 대한 개선방안을 마련하여 이행하는지를 반기 1회 이상 점검한 후 필요한 조치를 할 것. 다만, 「산업안전보건법」에 따른 산업안전보건위원회 및 안전 및 보건에 관한 협의체에서 사업 또는 사업장의 안전·보건에 관하여 논의하거나 심의·의결한 경우에는 해당 종사자의 의견을 들은 것으로 본다.

8. 사업 또는 사업장에 중대산업재해가 발생하거나 발생할 급박한 위험이 있을 경우를 대비하여 다음 각 목의 조치에 관한 매뉴얼을 마련하고, 해당 매뉴얼에 따라 조치하는지를 반기 1회 이상 점검할 것

   가. 작업 중지, 근로자 대피, 위험요인 제거 등 대응조치

   나. 중대산업재해를 입은 사람에 대한 구호조치

   다. 추가 피해방지를 위한 조치

9. 제3자에게 업무의 도급, 용역, 위탁 등을 하는 경우에는 종사자의 안전·보건을 확보하기 위해 다음 각 목의 기준과 절차를 마련하고, 그 기준과 절차에 따라 도급, 용역, 위탁 등이 이루어지는지를 반기 1회 이상 점검할 것

   가. 도급, 용역, 위탁 등을 받는 자의 산업재해 예방을 위한 조치 능력과 기술에 관한 평가기준·절차

   나. 도급, 용역, 위탁 등을 받는 자의 안전·보건을 위한 관리비용에 관한 기준

   다. 건설업 및 조선업의 경우 도급, 용역, 위탁 등을 받는 자의 안전·보건을 위한 공사기간 또는 건조기간에 관한 기준

[출처] 중대재해 처벌 등에 관한 법률 시행령 제4조

산업안전지도사	2013년도 2차시험 (기계안전공학)	시험시간 : 100분

※ 다음 단답형 5문제를 쓰시오. (각 5점)

01 기계의 운동형태에 따른 위험점 6가지를 예를 들어 간단히 쓰시오.

풀이

1. 개요

* 산업현장에서 사용되는 설비들은 주로 직선운동, 왕복운동, 회전운동 등을 통해 작업점에 동력을 전달하므로 구동부 및 작업점 일대는 언제나 많은 위험점이 형성되고 있다.
* 따라서 이를 명확히 인식해야 각종 위험점을 제거 및 최소화가 가능하다.

2. 위험점 6가지 및 예

(1) 협착점

* 왕복 운동하는 운동부와 고정부 사이에 형성(작업점이라 부르기도 함)
  ① 프레스 금형 조립 부위
  ② 전단기의 누름판 및 칼날 부위
  ③ 선반 및 평삭기의 베드 끝 부위

(2) 끼임점

* 고정부분과 회전 또는 직선운동 부분에 의해 형성
  ① 연삭 숫돌과 작업대 사이
  ② 반복작동되는 링크기구
  ③ 교반기의 교반날개와 몸체 사이

(3) 절단점

* 회전운동부분 자체와 운동하는 기계 자체에 의해 형성
  ① 밀링커터 ② 둥근톱 날 ③ 목공용 띠톱 날 부분

(4) 물림점

* 회전하는 두 개의 회전축에 의해 형성(회전체가 서로 반대방향 회전하는 경우)
   ① 기어와 피니언   ② 로울러의 회전 등

(5) 접선 물림점

* 회전하는 부분이 접선 방향으로 물려 들어가면서 형성
   ① V벨트와 풀리   ② 기어와 랙   ③ 로울러와 평벨트

(6) 회전 말림점

* 회전체의 불규칙 부위와 돌기 회전 부위에 의해 형성
   ① 회전축   ② 드릴축

---

02 산안법 80조에 따라 방호조치를 해야 할 위험기계·기구 명시 및 각각의 방호조치를 쓰시오.

[풀이]

○ **유해하거나 위험한 기계·기구에 대한 방호조치** (산사규 제98조)

① 산안법 제80조(유해하거나 위험한 기계·기구에 대한 방호조치)에 따른 유해하거나 위험한 "대통령령으로 정하는 기계·기구"에 설치해야 할 방호장치는 다음 각 호와 같다.
   1. 예초기 : 날접촉 예방장치
   2. 원심기 : 회전체 접촉 예방장치
   3. 공기압축기 : 압력방출장치
   4. 금속절단기 : 날접촉 예방장치
   5. 지게차 : 헤드 가드, 백레스트(backrest), 전조등, 후미등, 안전벨트
   6. 포장기계 : 구동부 방호 연동장치

② "고용노동부령으로 정하는 방호조치"란 다음 각 호의 방호조치를 말한다.
   1. 작동 부분의 돌기부분은 묻힘형으로 하거나 덮개를 부착할 것
   2. 동력전달부분 및 속도조절부분에는 덮개를 부착하거나 방호망을 설치할 것
   3. 회전기계의 물림점(롤러나 톱니바퀴 등 반대방향의 두 회전체에 물려 들어가는 위험점)에는 덮개 또는 울을 설치할 것

03 프레스 작업을 시작하기 전에 관리감독자가 점검해야 할 사항(점검 내용)을 5가지 쓰시오.

[풀이]

○ **프레스의 작업시작 전 점검사항** (산기규 제35조 관련 별표 3)

① 클러치 및 브레이크의 기능

② 크랭크축·플라이휠·슬라이드·연결봉 및 연결 나사의 풀림 여부

③ 1행정 1정지기구·급정지장치 및 비상정지장치의 기능

④ 슬라이드 또는 칼날에 의한 위험방지 기구의 기능

⑤ 프레스의 금형 및 고정볼트 상태

⑥ 방호장치의 기능

⑦ 전단기의 칼날 및 테이블의 상태

04 기어(Gear) 손상의 종류 5가지와 각각에 대한 손상방지 대책을 간단히 쓰시오.

[풀이]

1. 개요

  * 기어의 안전한 사용을 위해서는 다양한 손상의 원인을 이해하고 적절한 방지대책을 강구해야 하는데, 기어 손상의 대표적인 종류 및 방지대책은 다음과 같다.

2. 기어 손상의 종류와 손상방지대책

 (1) 마멸

  * 마찰면이 닳아 없어지는 현상으로 연마마멸, 긁기마멸, 과부하마멸, 부식마멸 등
  * 대책 : 감속기 등 구동장치 내부를 세정하고 필터 및 윤활유 등을 교체한다.

 (2) 소성항복

  * 과하중으로 생기는 치면의 영구변형으로 압연항복, 피닝항복, 파상항복 등
  * 대책 : 기어에 걸리는 부하나 충격을 줄인다.

(3) 스코오링

* 높은 압력, 과도한 미끄럼, 온도상승 등에 의한 유막 파괴로 금속면끼리 접촉되어 기어 표면에 긁힌 자국이 나타나는 현상
* 대책 : 용착 방지를 위해 높은 면압에도 견딜 수 있는 윤활유 사용

(4) 표면피로

* 치면에 높은 압축응력이 가해져 움푹 패이는 현상으로 피팅 등이 있다.
* 대책 : 치면에 높은 압축응력이 발생되지 않도록 과부하를 피하고 적정 윤활 등의 조치를 한다.

(5) 버어닝

* 과하중, 과속, 윤활 불량 등에 의한 마찰열 발생으로 기어 표면이 변색되고 경도가 저하되는 현상
* 윤활유의 적정 점도 유지와 원활한 윤활 실시

(6) 간섭

* 부적정한 설계 및 제작, 이끝 여유 불충분 등으로 인해 국부적으로 매우 높은 하중이 기어에 가해지는 현상이다.
* 대책 : 설계·제작·조립 시 기어의 적정 중심거리 유지 및 이 끝과 이의 뿌리 사이의 적정 간격을 유지한다.

(7) 절손

* 기어 이가 부러지는 현상으로, 과부하에 의한 절손과 피로에 의한 절손 등이 있다.
* 대책 : 기어 이 사이에 이물질이 끼지 않도록 하고, 과부하를 방지한다.

(8) 균열

* 이가 조각이 나거나 얇게 벗겨지는 현상이다.
* 대책 : 균열을 방지하기 위해서는 열처리 사양에 맞추어 기어의 이 부분을 열처리하고, 열처리 후 잔류 응력을 완전히 제거해야 한다.

05 와이어로프와 달기체인의 사용금지 기준을 쓰시오.

[풀이]

1. 개요

* 와이어로프와 달기체인은 제조업 등의 공장 및 각종 건설현장 등에서 크레인, 리프트, 고소작업대 등의 달기구로 사용되며, 손상 발생시 막대한 인명피해를 초래할 우려가 있으므로 사용금지 기준을 명확히 알아야 하며 그 기준은 다음과 같다.

2. 와이어로프 사용금지 기준 (산기규 제63조)

① 다음 각 목의 어느 하나에 해당하는 와이어로프를 달비계 등 달기구에 사용해서는 아니 된다.

  ㉠ 이음매가 있는 것

  ㉡ 와이어로프의 한 꼬임[(스트랜드(strand)를 말한다)]에서 끊어진 소선[필러(pillar)선은 제외한다)]의 수가 10% 이상(비자전로프의 경우에는 끊어진 소선의 수가 와이어로프 호칭지름의 6배 길이 이내에서 4개 이상이거나 호칭지름 30배 길이 이내에서 8개 이상)인 것

  ㉢ 지름의 감소가 공칭지름의 7%를 초과하는 것

  ㉣ 꼬인 것

  ㉤ 심하게 변형되거나 부식된 것

  ㉥ 열과 전기충격에 의해 손상된 것

② 다음 각 목의 어느 하나에 해당하는 달기 체인을 달비계 등 달기구에 사용해서는 아니 된다.

  ㉠ 달기 체인의 길이가 달기 체인이 제조된 때의 길이의 5%를 초과한 것

  ㉡ 링의 단면지름이 달기 체인이 제조된 때의 해당 링의 지름의 10%를 초과하여 감소한 것

  ㉢ 균열이 있거나 심하게 변형된 것

[참고] 와이어로프의 사용금지 기준(산기규 제63조)은 달비계에 대한 규정된 것이지만 달비계 이외의 각종 달기구에 사용이 되어서는 안 되는 것이다.

※ 다음 논술형 2문제를 모두 설명하시오. (각 25점)

06 연삭작업에서 숫돌의 파괴원인과 재해예방을 위한 구조면에서의 방호대책을 설명하시오.

[풀이]

1. 개요

* 연삭작업은 연삭숫돌의 절삭작용으로 공작물에 미소칩이 발생하는 가공이며, 이에 사용되는 기계를 연삭기라고 한다. 연삭기의 종류는 원통연삭기, 만능연삭기, 휴대용 연삭기, 스윙 연삭기, 평면연삭기, 절단연삭기 등 다양하며, 숫돌은 고속으로 회전하기 때문에 연삭작업 중 숫돌이 파괴될 경우 작업자에게 큰 재해를 초래할 수 있다.

* 따라서 숫돌의 파괴원인을 정확히 알고 각 원인에 따른 방호대책을 정확히 아는 것은 안전한 연삭작업을 위해 반드시 필요한 사항이다.

2. 숫돌의 파괴원인

① 숫돌의 회전속도가 너무 빠를 때

② 숫돌 자체에 균열

③ 플랜지의 과소 지름의 불균일이 발생 (플랜지 지름=숫돌 직경의 1/3 이상이 되게 함)

④ 부적당한 연삭숫돌 사용

⑤ 작업방법이 불량

⑥ 숫돌의 측면을 사용하여 작업할 때

⑦ 숫돌에 과대한 충격을 가할 때

⑧ 숫돌 불균형으로 베어링 마모에 의한 진동

3. 대책

(1) 구조면에서의 방호대책

① 구조 규격(재료, 치수, 두께)에 알맞은 덮개를 설치한다.

* 덮개는 인장강도가 28kgf/mm^2 이상, 연신율이 14% 이상인 압연강편을 사용하고, 연삭기 종류별로 덮개의 노출 각도가 각각 상이한데 중요 연삭기 종류별 덮개의 노출각도는 다음과 같다.

○ 연삭기 덮개의 각도 (방호장치 자율안전기준 고시 제9조 관련 별표 4)

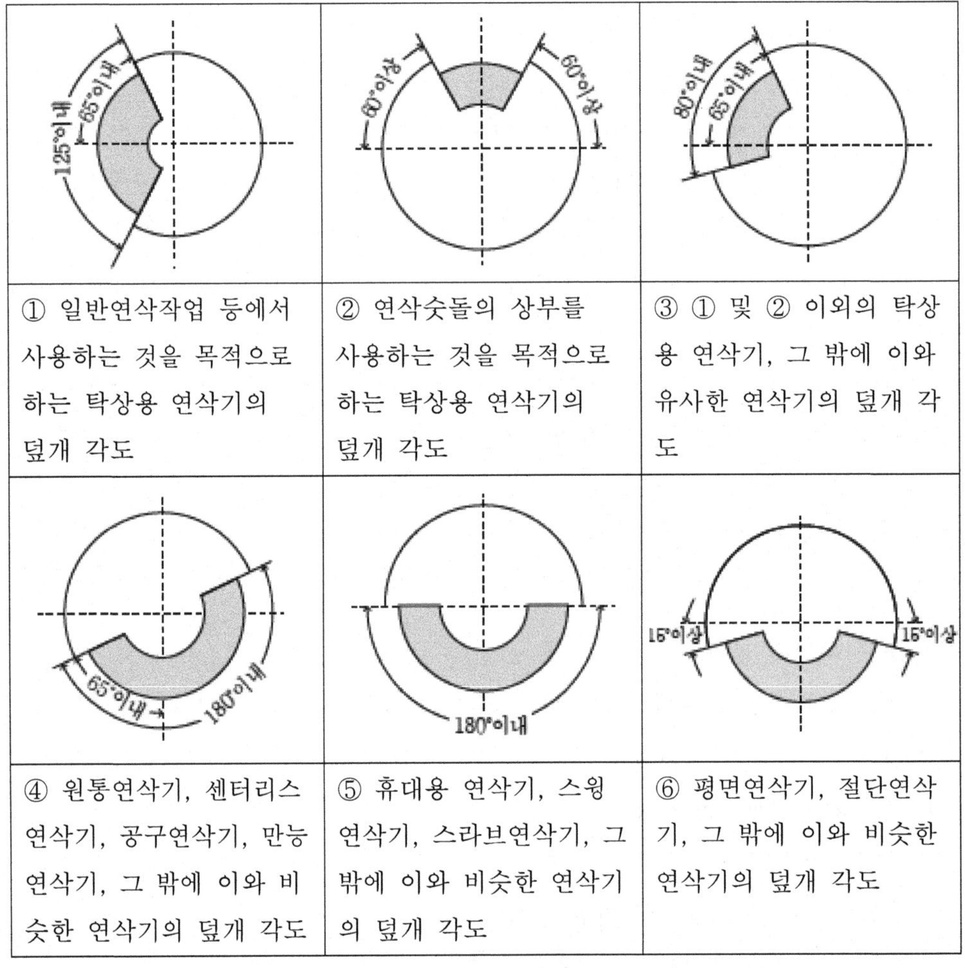

① 일반연삭작업 등에서 사용하는 것을 목적으로 하는 탁상용 연삭기의 덮개 각도	② 연삭숫돌의 상부를 사용하는 것을 목적으로 하는 탁상용 연삭기의 덮개 각도	③ ① 및 ② 이외의 탁상용 연삭기, 그 밖에 이와 유사한 연삭기의 덮개 각도
④ 원통연삭기, 센터리스 연삭기, 공구연삭기, 만능 연삭기, 그 밖에 이와 비슷한 연삭기의 덮개 각도	⑤ 휴대용 연삭기, 스윙 연삭기, 스라브연삭기, 그 밖에 이와 비슷한 연삭기의 덮개 각도	⑥ 평면연삭기, 절단연삭기, 그 밖에 이와 비슷한 연삭기의 덮개 각도

② 플랜지는 수평을 잡아 바르게 설치한다. 이때, 플랜지 안쪽에 종이나 고무판을 부착할 경우 두께는 0.5~1mm 정도가 적합하며, 숫돌의 종이라벨은 제거하지 않는다.

③ 숫돌 결합시 축과 0.05~0.15mm 정도의 틈새를 둔다

④ 칩 비산방지 투명판과 국소배기장치를 설치한다.

⑤ 탁상용 연삭기는 작업 받침대와 조정편을 설치한다. 이때 숫돌과 작업 받침대 간격은 3mm 이내로 하며, 숫돌과 조정편 간격은 3~10mm 이내로 한다.

(2) 연삭기의 작업면에서의 방호대책

① 작업간 연삭숫돌에 충격을 가하지 않는다.

② 작업 시작전 1분 이상 시운전, 숫돌 교체시에는 3분 이상 시운전을 실시하고, 연삭숫돌 제조 후 시운전시에는 규정 속도의 1.5배 속도로 시운전을 한다.

③ 시운전에 사용하는 연삭숫돌은 작업 시작전에 육안에 의한 외관검사 및 타음검사 등을 통해 결함의 유무를 사전 확인 후 시운전을 한다.

④ 연삭숫돌의 최고사용 원주속도를 초과하여 사용하지 않는다.

⑤ 측면을 사용하는 것을 목적으로 하는 연삭숫돌 이외에는 측면을 사용하여 작업하지 않는다.

⑥ 공기연삭기의 공기압력기(조속기)는 압력관리를 적정하게 하여 사용한다.

⑦ 작업시는 필요시 적정한 드레싱을 하고, 연삭작업이 끝나면 연삭액을 완전히 다 쓸 때 까지 축을 회전시킨 이후에 정지한다.

⑧ 폭발성 가스가 있는 곳에서는 연삭작업을 하지 않는다.

⑨ 칩 비산 방지장치가 없을 때는 보안경을 착용한다.

⑩ 연삭작업은 숫돌의 측면에 서서 한다.

⑪ 연삭작업시 생기는 분진의 흡입을 막기 위해 방진마스크를 착용한다.

⑫ 연삭기의 덮개를 벗긴 채 사용하지 않는다.

4. 법규상 준수사항

○ **연삭숫돌의 덮개 등** (산기규 제122조)

① 사업주는 회전 중인 연삭숫돌(지름이 5cm 이상인 것으로 한정한다)이 근로자에게 위험을 미칠 우려가 있는 경우에 그 부위에 덮개를 설치하여야 한다.

② 사업주는 연삭숫돌을 사용하는 작업의 경우 작업을 시작하기 전에는 1분 이상, 연삭숫돌을 교체한 후에는 3분 이상 시험운전을 하고 해당 기계에 이상이 있는지를 확인하여야 한다.

③ 제2항에 따른 시험운전에 사용하는 연삭숫돌은 작업시작 전에 결함이 있는지를 확인한 후 사용하여야 한다.

④ 사업주는 연삭숫돌의 최고 사용회전속도를 초과하여 사용하도록 해서는 아니 된다.

⑤ 사업주는 측면을 사용하는 것을 목적으로 하지 않는 연삭숫돌을 사용하는 경우 측면을 사용하도록 해서는 아니 된다.

07 보일러의 사고원인과 주요 방호장치 3가지를 설명하시오.

풀이

1. 개요

* 보일러는 연료를 연소시켜 그 연소열로 강철제 밀폐용기 내의 물을 특정 온도 및 압력을 가진 증기로 변환하고 이를 다른 곳에 공급하기 위한 장치로 원통보일러, 수관보일러, 특수보일러 등으로 대별된다.
* 보일러에 사용하는 원수 중에는 현탁고형물, 가스성분 등 많은 불순물이 포함되어 있어 보일러에 다양한 장애를 발생시키며, 이런 장애는 보일러 효율을 저하시키고 고장을 유발하여 대형 사고로 이어질 수 있으므로 보일러의 사고원인과 주요 방호장치를 숙지하여 대형사고를 예방해야 한다.

2. 보일러의 사고원인

(1) 보일러의 계통별 기기 고장으로 사고유발

① 보일러 본체 이상
   ㉠ 안전장치 정상작동 불량 : 압력방출장치, 압력제한스위치, 고저수위조절장치, 화염방지기 등
   ㉡ 압력계 고장　㉢ 수면계 고장　㉣ 밸브 고장

② 연소계통 불안정 : 버너, 송풍기, 연도

③ 급수계통 : 급수탱크, 급수펌프, 압력계

④ 연료공급계통 고장 : 펌프, 스트레이너, 압력계

⑤ 통풍계통 고장 : 팬, 구동모터 등

⑥ 점화계통 불량　⑦ 제어계통 불안정·고장　⑧ 작업시 안전수칙 미준수

(2) 보일러 사고형태 및 사고원인

사고형태	사고의 원인
보일러의 과열	① 보일러수의 이상감소 ② 스케일 퇴적 및 청소불량 ③ 수면계의 기능불량

사고형태		사고의 원인
보일러의 압력상승		① 안전장치 기능의 결함 및 부정확 ② 압력계의 고장 및 기능불량 ③ 압력계 판독미스 및 감시소홀 ④ 안전장치 미설치
보일러의 파열	규정압력 이상상승	① 안전장치 미설치 ② 안전장치 작동불량
	최고사용 압력 이하에서 파열	① 구조상의 결함 ② 구성재료의 결함 ③ 장치 및 부품의 부식
보일러의 부식		① 불순물로 인한 수관부식 ② 급수에 불순물 흡입 ③ 급수처리 하지 않은 물 사용 (pH 10~11 정도의 약알칼리성이 적당)

3. 보일러의 방호장치 및 안전기준

(1) 압력방출장치 (산기규 제116조)

① 사입주는 보일러의 안전한 가동을 위하여 보일러 규격에 맞는 압력방출장지를 1개 또는 2개 이상 설치하고, 최고사용압력(설계압력 또는 최고허용압력을 말한다.) 이하에서 작동되도록 하여야 한다. 다만, 압력방출장치가 2개 이상 설치된 경우에는 최고사용압력 이하에서 1개가 작동되고, 다른 압력방출장치는 최고사용압력 1.05배 이하에서 작동되도록 부착하여야 한다.

② 제1항의 압력방출장치는 매년 1회 이상 「국가표준기본법」에 따라 산업통상자원부장관의 지정을 받은 국가교정업무 전담기관에서 교정을 받은 압력계를 이용하여 설정압력에서 압력방출장치가 적정하게 작동하는지를 검사한 후 납으로 봉인하여 사용하여야 한다. 다만, 공정안전보고서 제출 대상으로서 고용노동부장관이 실시하는 공정안전보고서 이행상태 평가결과가 우수한 사업장은 압력방출장치에 대하여 4년마다 1회 이상 설정압력에서 압력방출장치가 적정하게 작동하는지를 검사할 수 있다.

(2) 압력제한스위치 (산기규 제117조)

* 사업주는 보일러의 과열을 방지하기 위하여 최고사용압력과 상용압력 사이에서 보일러의 버너 연소를 차단할 수 있도록 압력제한스위치를 부착하여 사용하여야 한다.

(3) 고저수위 조절장치 (산기규 제118조)

* 사업주는 고저수위 조절장치의 동작 상태를 작업자가 쉽게 감시하도록 하기 위하여 고저수위지점을 알리는 경보등·경보음장치 등을 설치하여야 하며, 자동으로 급수되거나 단수되도록 설치하여야 한다.

(4) 폭발위험의 방지 (산기규 제119조)

* 사업주는 보일러의 폭발 사고를 예방하기 위하여 압력방출장치, 압력제한스위치, 고저수위 조절장치, 화염검출기 등의 기능이 정상적으로 작동될 수 있도록 유지·관리하여야 한다.

(5) 최고사용압력의 표시 등 (산기규 제120조)

* 사업주는 압력용기 등을 식별할 수 있도록 하기 위하여 그 압력용기 등의 최고사용압력, 제조연월일, 제조회사명 등이 지워지지 않도록 각인 표시된 것을 사용하여야 한다.

※ 다음 논술형 2문제 중 1문제를 선택하여 설명하시오. (각 25점)

08 산업용 로봇의 교시 등의 작업을 하는 경우에 있어서 안전조치에 대하여 설명하시오.

〔풀이〕

1. 개요

* 로봇에 어떤 작업을 지시할 때는 먼저 그 작업을 어떤 동작과 어떤 순서로 할 것 인가를 작업자가 로봇에게 입력시켜야 한다. 이를 로봇의 작업교시 또는 티칭 (teaching)이라고 하며, 산업안전보건기준에 관한 규칙에서는 교시를 '매니퓰레이터 의 작동순서, 위치·속도의 설정 및 변경, 또는 그 결과를 확인하는 것'이라 정의한 다.

* 그러나 이와 같은 교시 중에는 로봇의 예기치 못한 작동 또는 오조작에 의한 위험 이 발생될 수 있어, 교시 등의 작업시 안전조치는 산업안전보건기준에도 명확히 반 영되어 있으며 그 내용은 다음과 같다.

2. 산업용 로봇의 교시 등의 작업을 하는 경우 안전조치

○ **교시 등 작업시의 안전 조치** (산기규 제222조)

* 사업주는 산업용 로봇의 작동범위에서 해당 로봇에 대하여 교시 등의 작업을 하 는 경우에는 해당 로봇의 예기치 못한 작동 또는 오(誤)조작에 의한 위험을 방지 하기 위하여 다음 각 호의 조치를 하여야 한다. 다만, 로봇의 구동원을 차단하고 작업을 하는 경우에는 제2호와 제3호의 조치를 하지 아니할 수 있다.

  1. 다음 각 목의 사항에 관한 지침을 정하고 그 지침에 따라 작업을 시킬 것
     - 가. 로봇의 조작방법 및 순서
     - 나. 작업 중의 매니퓰레이터의 속도
     - 다. 2명 이상의 근로자에게 작업을 시킬 경우의 신호방법
     - 라. 이상을 발견한 경우의 조치
     - 마. 이상을 발견하여 로봇 운전을 정지시킨 후 이를 재가동시킬 경우의 조치
     - 바. 그 밖에 로봇의 예기치 못한 작동 또는 오조작에 의한 위험을 방지하기 위하여 필요한 조치

  2. 작업에 종사하고 있는 근로자 또는 그 근로자를 감시하는 사람은 이상을 발견 하면 즉시 로봇의 운전을 정지시키기 위한 조치를 할 것

    3. 작업을 하고 있는 동안 로봇의 기동스위치 등에 작업 중이라는 표시를 하는 등 작업에 종사하고 있는 근로자가 아닌 사람이 그 스위치 등을 조작할 수 없도록 필요한 조치를 할 것

(09) 체결된 볼트·너트의 풀림에 대한 발생원인과 풀림방지방법에 대하여 설명하시오.

[풀이]

1. 개요

* 결합용 나사의 리드각은 나사면 마찰각 보다 작게 하여 자립의 상태를 유지할 수 있도록 설계되어 있으므로 나사의 축방향에 하중이 걸려도 이론적으로 체결된 나사가 회전하여 볼트와 너트가 풀리지 않는다.
* 그러나 실제의 경우 운전 중 진동과 충격 등이 발생하여 기계에서 흔히 너트의 고정이 불완전하고 어느 순간에 이르러서 너트는 풀어지게 된다.
* 그러므로 체결된 볼트와 너트의 풀림 원인과 풀림 방지방법을 알고 이를 현장에 적용하는 것은 안전관리에 필수적이며 그 내용은 다음과 같다.`

2. 나사의 자립조건과 나사의 풀림방지 대책

(1) 나사에서의 힘의 작용

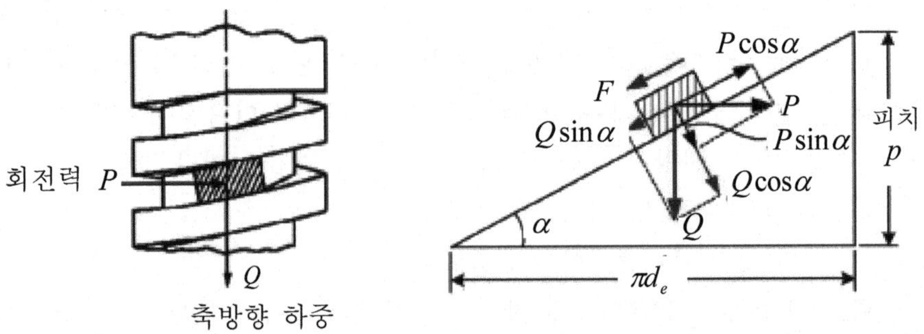

(2) 나사의 자립조건

* 나사에서의 힘의 작용 관련 식 : $P = Q \tan(\rho - \alpha) \geq 0$
* 나사의 자립조건 : $\rho \geq \alpha$ (마찰각이 리드각보다 커야 함을 의미)

여기서, $\rho > \alpha$: 나사를 풀 때 힘이 듦

$\rho = \alpha$: 정지상태. $\rho < \alpha$: 저절로 풀림

3. 볼트·너트의 풀림 발생원인과 방지방법

(1) 볼트·너트의 풀림 원인

① 너트의 길이가 짧아 접촉압력이 작을 경우

② 주변의 진동, 충격을 받아 순간적으로 접촉압력이 감소되는 경우

③ 나사 접합부에서 미끄럼이 반복되어 미동 마멸이 생긴 경우

④ 주변 온도의 변화로 나사가 수축, 팽창되어 나사의 이음이 약해지는 경우

(2) 풀림 방지방법

1) 나사 설계 및 제작시

* 볼트·너트를 체결한 후 힘을 제거해도 풀리지 않는 자립조건을 유지할 수 있도록 나사의 마찰각(ρ)을 리드각(α) 보다 크게 한 자립상태를 감안하여 제작

2) 풀림 방지장치 적용

① 와셔를 사용하는 방법 : 볼트와 너트를 체결할 때 스프링 와셔, 고무 와셔, 혀붙이 와셔, 톱니붙이 와셔 등의 특수 와셔를 사용하여 너트가 풀어지지 않게 한다

② 로크너트를 사용하는 방법 : 2개의 너트를 사용하여 서로 졸라매어 너트 사이를 서로 미는 상태로 하면 외부 진동에도 항상 하중이 작용되며, 나사로서의 하중은 바깥쪽 너트가 받으므로 바깥쪽 너트를 더 두껍게 한다. 너트 사이를 상호 미는 역할을 하는 안쪽 너트를 로크너트라 한다.

③ 자동 죔 너트 : 자동 죔 너트는 갈라진 부분이 안쪽으로 휘어져서 볼트를 압축하여 너트가 풀어지지 않게 한다.

④ 세트 스크류를 사용하는 방법 : 볼트와 너트를 체결 후 세트 스크류(작은 나사)를 사용하여 너트가 풀어지지 않게 한다.

⑤ 핀을 사용하는 방법 : 볼트와 너트를 체결할 때 분할 핀, 평행 핀, 테이퍼 핀 등을 사용하여 너트가 풀어지지 않게 한다.

제 7 장

⑥ 나일론 너트를 사용하는 방법 : 너트 내부에 나일론을 넣어 수나사가 나일론을 파고 들어가 변형시킴으로서 풀림을 방지한다.

⑦ 너트에 풀림방지를 위한 수지, 본드 등을 도포하는 방법

⑧ 너트에 용접을 하는 방법

⑨ 너트에 코킹을 하는 방법

⑩ 강선으로 주위 너트를 서로 묶어서 고정하는 방법

3) 풀림방지 조치 및 장치관리

① 볼트·너트를 체결할 때에는 토크렌치 등을 사용하여 규정된 힘을 가하여 풀림을 방지한다.

② 기계설비에 볼트·너트를 체결할 때는 적합한 풀림방지장치를 선택하여 풀림을 방지한다.

③ 나사 주변에서 발생하는 진동, 충격 등을 감소시켜 나사의 체결력을 유지시킨다.

④ 체결된 나사부위의 온도변화를 감소시켜 수축, 팽창을 작게 하여 체결력을 강화한다.

산업안전지도사	2014년도 2차시험 (기계안전공학)	시험시간 : 100분

※ 다음 단답형 5문제를 모두 쓰시오. (각 5점)

01 방호장치를 선정할 때 고려해야 할 사항 5가지를 쓰시오.

풀이

1. 개요

* 기계·설비에 있어서 작업자를 보호하기 위해 일시적 또는 영구적으로 설치하는 기계적 안전장치를 방호장차라 하는데, 방호장치는 당해 기계의 특성에 적합하지 않으면 기능을 발휘할 수 없으므로 다음과 같은 사항이 고려되어야 한다.

2. 방호장치 선정시 고려사항

① 방호의 정도 : 위험을 확실하게 차단할 것

  * 기계에 형성되는 위험요소에 대하여 확실한 방호기능을 가져야 한다.

② 작업성 : 작업에 방해가 되지 않을 것

  * 가장 중요한 항목으로 쉽게 사용할 수 있고, 작업능률을 저하시키면 안 된다. 예컨대, 프레스 방호장치의 기능을 제거하고 사용하는 경우가 있는데 이것은 사용이 불편하기 때문이다.

③ 보수성 : 점검, 분해, 조립하기 쉬운 구조일 것

  * 부품교환 등 수리가 용이하고, 수명이 길어야 한다.

④ 경비 : 안전성이 확보되는 범위에서 비용이 적을 것

⑤ 적용범위 : 기계 성능에 따라 적합한 것을 선정

  * 기계의 특성에 맞고, 기계와 조화를 이뤄야 하며, 유지·보수에 방해가 되면 안 된다.

⑥ 신뢰성 : 구조가 간단하며, 방호능력의 신뢰도가 높을 것

  * 쉽게 고장나지 않고, 마모, 진동, 충격 등에 견딜 수 있는 강도를 가져야 한다.

(02) 작용방향에 따른 하중의 종류 3가지와 그 내용을 쓰시오.

[풀이]

1. 개요

* 물체가 외부에서 힘을 받았을 때 그 힘을 외력이라 하고, 재료에 가해진 외력을 하중이라 하는데, 하중은 그 하중이 작용하는 방향에 의한 분류와 하중이 걸리는 속도에 의한 분류 등으로 구분되며, 이 중 하중이 작용하는 방향에 의한 분류는 다음과 같다

2. 하중의 작용 방향(방법)에 따른 분류

① 인장하중(Tensile Load) : 작용방향으로 재료를 늘어나게 하는 하중

② 압축하중(Compressive Load) : 작용방향으로 재료를 누르는 하중

③ 전단하중(Shearing Load) : 근접한 평행면에 크기가 같고 방향이 반대인 하중

④ 굽힘하중(Bending Load) : 재료를 굽히려고 작용하는 하중

⑤ 비틀림하중(Torsional Load) : 재료가 비틀어지도록 작용하는 하중

[참고]

1. 작용속도(시간)에 따른 분류

① 정하중(Static Load) : 시간에 따라 크기와 방향이 변하지 않는 하중

② 동하중(Dynamic Load) : 시간에 따라 크기와 방향이 변하는 하중

③ 반복하중(Repeated Load) : 방향은 변하지 않고 연속 반복적으로 작용하는 하중

④ 교번하중(Alternate Load) : 크기와 방향이 변하면서 인장하중과 압축하중이 연속적으로 작용하는 하중

⑤ 충격하중(Impact Load) : 짧은 시간에 작용하는 하중

⑥ 이동하중(Moving Load) : 이동하면서 작용하는 하중

2. 분포상태에 따른 분류

① 집중하중(Concentrated Load) : 재료의 한 점에 집중하여 작용하는 하중

② 분포하중(Distributed Load) : 일정한 범위 내에 작용하는 하중

03 공장설비의 배치 계획시 고려해야 할 사항 5가지를 쓰시오.

（풀이）

1. 개요

* 공장설비의 적절한 배치는 작업능률 뿐만 아니라 안전을 위해서도 매우 중요하다. 따라서 안전을 확보하기 위해서는 공장을 계획하는 단계에서부터 안전제일주의에 입각한 계획을 수립해야 하는데 공장설비의 배치계획시 고려사항은 다음과 같다.

2. 고려해야 할 사항

① 불필요한 운반작업을 하지 않도록 작업의 흐름에 따라서 기계를 배치한다.

② 자재취급은 적게 하고, 자재를 가급적 가장 가깝게 이동하도록 배치한다.

③ 기계설비의 주위에는 충분한 공간을 둔다.

④ 공장 내외에는 안전통로를 설정하고 이를 준수하도록 한다.

⑤ 원료나 제품의 보관장소는 충분하도록 설정한다.

⑥ 기계설비의 설치는 사용 중 보수점검을 용이하게 할 수 있도록 배치한다.

⑦ 압력용기, 고전압설비, 폭발재료 등의 취급장치를 설치할 경우 해당 설비의 이상 시 그 피해를 최소화 할 수 있는 위치를 선정한다.

⑧ 장래의 확장을 고려하여 설계한다.

04 설비보전활동 중 예방보전의 종류 3가지와 그 내용을 쓰시오.

（풀이）

1. 개요

* 보전은 설비의 최적상태 유지 및 개선을 위한 활동이고 종류는 크게 예방보전과 사후보전으로 나눌 수 있다. 이 중 예방보전의 종류와 그 내용은 다음과 같다.

2. 예방보전의 종류와 내용

① 시간기준 보전(TBM : Time-Based Mainenance) : 설비의 정해진 보전주기에 따라 실시하는 보전이다. 설비의 열화에 비례하는 파라미터(생산성, 작동회수 등)로써 보전주기를 정해지고, 보전주기까지 사용하면 무조건 수리하는 보전이다.

＊ 장점 : 점검 등의 보전공수가 적고 고장도 적다.

＊ 단점 : 오버 메인티넌스가 되어 수리비가 많이 든다.

② 상태기준 보전(CBM : Condition-Based Maintenance) : 설비의 상태에 따라 실시하는 보전이다. 예지보전(PM : Predictive Maintenance)라고도 한다. 중급이상의 CBM에서는 설비의 열화상태를 각 측정데이터와 그 해석에 따라서 온라인상태로 파악하며, 열화를 나타내는 값이 미리 정한 열화기준에 달하면 수리하는 보전이다.

＊ 장점 : TBM의 단점인 과잉 유지관리를 방지한다.

＊ 단점 : 감시체계 설치에 비용이 들고, TBM에 비해 보전인력이 더 필요하다.

③ 적응보전(AM : Adaptive Maintenance) : 생산 상황이나 설비 노후 정도 등 주변환경 등도 고려하여 실시하는 보전이다.

05 사업주가 안전밸브 등으로부터 배출되는 위험물을 안전한 장소로 유도하여 외부로 직접 배출할 수 있는 경우 3가지를 쓰시오.

풀이

1. 개요

＊ 안전밸브 등에서 배출된 위험물은 흡수・연소・세정・포집・회수 등의 방법으로 처리해야 하나, 다음과 같은 경우에는 안전한 장소로 유도하여 외부로 직접 배출할 수 있다.

2. 위험물을 안전한 장소로 유도, 외부로 직접 배출할 수 있는 경우

○ 배출물질의 처리(산기규 제267조) : 사업주는 안전밸브 등으로부터 배출되는 위험물은 연소・흡수・세정・포집 또는 회수 등의 방법으로 처리하여야 한다. 다만, 다음 각 호의 어느 하나에 해당하는 경우에는 배출되는 위험물을 안전한 장소로 유도하여 외부로 직접 배출할 수 있다.

1. 배출물질을 연소・흡수・세정・포집 또는 회수 등의 방법으로 처리할 때에 파열판의 기능을 저해할 우려가 있는 경우

2. 배출물질을 연소처리할 때에 유해성가스를 발생시킬 우려가 있는 경우

3. 고압상태의 위험물이 대량으로 배출되어 연소・흡수・세정・포집 또는 회수 등의 방법으로 완전히 처리할 수 없는 경우

4. 공정설비가 있는 지역과 떨어진 인화성 가스 또는 인화성 액체 저장탱크에 안전밸브 등이 설치될 때에 저장탱크에 냉각설비 또는 자동소화설비 등 안전상의 조치를 하였을 경우

5. 그 밖에 배출량이 적거나 배출 시 급격히 분산되어 재해의 우려가 없으며, 냉각설비 또는 자동소화설비를 설치하는 등 안전상의 조치를 하였을 경우

※ 다음 논술형 2문제를 모두 설명하시오. (각 25점)

06 산업용 로봇의 설계 및 계획 단계에서 안전방호를 위해 고려되어야 할 사항과 로봇을 사용하는 단계에서 안전방호를 위한 조치사항을 쓰시오.

[풀이]

1. 개요

* 과학발전과 공장자동화 추세를 고려시 산업용 로봇의 소요는 갈수록 증가하고 있으며, 그에 따른 안전사고도 증가하고 있다.
* 이런 안전사고를 감소시키기 위해서는 로봇의 계획, 설계단계에서부터 로봇의 특성을 고려한 본질적 안전화가 반영되어야 하며, 산업현장에서는 로봇의 교시, 사용, 수리 및 점검시 안전방호가 확실히 수행되어야 하는데 그 핵심내용은 다음과 같다.

2. 설계, 계획단계에서 고려사항

① 로봇의 잘못된 동작에 의한 위험성을 방지하기 위해 이상을 검출해서 로봇을 정지시키는 등 원칙적으로 페일 세이프의 기능을 갖게 할 것

② 전압, 유압, 공기압 등의 변동, 정전 및 기타 이상시에는 위험을 방지하기 위해 로봇을 정지시키는 등 페일 세이프 기능을 갖게 할 것

③ 작업자가 부주의로 위험영역에 침입할 경우 이를 검출해서 로봇을 정지시키는 등 원칙적으로 페일 세이프의 기능을 갖게 할 것

④ 관련 기기의 이상시 로봇에 의한 위험성을 방지하기 위해 로봇을 정지시키는 등 원칙적으로 페일 세이프의 기능을 갖게 할 것

⑤ 로봇 및 관련 기기의 이상으로 로봇이 정지하였을 경우 이를 외부에 알리는 기능을 갖게 할 것

⑥ 로봇에는 동력 차단장치 및 비상정지 기능을 갖게 할 것

⑦ 보전, 점검, 조정, 청소 등의 작업시 안전이 확보되도록 할 것

⑧ 위험영역에서 실시되는 교시작업 등의 안전을 확보하기 위해 로봇을 안전한 동작 속도로 설정할 수 있는 기능을 가지게 할 것

⑨ 사용상 필요한 부분을 이외에는 로봇에 협착, 끼임, 절단 등의 위험점이 없도록 할 것

⑩ 특수한 환경에서 사용되는 로봇에는 그 환경에 적합한 재료, 구조, 기능을 갖출 것

3. 사용단계에서의 안전방호 조치사항

(1) 교시 등의 작업시

* 교시 등(산기규 제222조) : 사업주는 산업용 로봇의 작동범위에서 해당 로봇에 대하여 교시 등의 작업을 하는 경우에는 해당 로봇의 예기치 못한 작동 또는 오조작에 의한 위험을 방지하기 위하여 다음 각 호의 조치를 하여야 한다. 다만, 로봇의 구동원을 차단하고 작업을 하는 경우에는 제2호와 제3호의 조치를 하지 아니할 수 있다.

   1. 다음 각 목의 사항에 관한 지침을 정하고 그 지침에 따라 작업을 시킬 것
      가. 로봇의 조작방법 및 순서
      나. 작업 중의 매니퓰레이터의 속도
      다. 2명 이상의 근로자에게 작업을 시킬 경우의 신호방법
      라. 이상을 발견한 경우의 조치
      마. 이상을 발견하여 로봇 운전을 정지시킨 후 이를 재가동시킬 경우의 조치
      바. 그 밖에 로봇의 예기치 못한 작동 또는 오조작에 의한 위험을 방지하기 위하여 필요한 조치

   2. 작업에 종사하고 있는 근로자 또는 그 근로자를 감시하는 사람은 이상을 발견하면 즉시 로봇의 운전을 정지시키기 위한 조치를 할 것

   3. 작업을 하고 있는 동안 로봇의 기동스위치 등에 "작업 중"이라는 표시를 하는 등 작업에 종사하고 있는 근로자가 아닌 사람이 그 스위치 등을 조작할 수 없도록 필요한 조치를 할 것

(2) 운전 중 위험 방지

* 운전 중 위험 방지(산기규 제223조) : 사업주는 로봇의 운전(교시 등을 위한 로봇의 운전은 제외한다)으로 인하여 근로자에게 발생할 수 있는 부상 등의 위험을 방지하기 위하여 높이 1.8m 이상의 울타리(로봇의 가동범위 등을 고려하여 높이로 인한 위험성이 없는 경우에는 높이를 그 이하로 조절할 수 있다)를 설치해야 하며, 컨베이어 시스템의 설치 등으로 울타리를 설치할 수 없는 일부 구간에 대해서는 안전매트 또는 광전자식 방호장치 등 감응형 방호장치를 설치해야 한다. 다만, 고용노동부장관이 해당 로봇의 안전기준이 한국산업표준에서 정하고 있는 안전기준 또는 국제적으로 통용되는 안전기준에 부합한다고 인정하는 경우에는 본문에 따른 조치를 하지 않을 수 있다.

(3) 수리 등 작업 시의 조치

* 수리 등 작업 시의 조치 등(산기규 제224조) : 사업주는 로봇의 작동범위에서 해당 로봇의 수리·검사·조정(교시 등에 해당하는 것은 제외한다)·청소·급유 또는 결과에 대한 확인작업을 하는 경우에는 해당 로봇의 운전을 정지함과 동시에 그 작업을 하고 있는 동안 로봇의 기동스위치를 열쇠로 잠근 후 열쇠를 별도 관리하거나 해당 로봇의 기동스위치에 "작업 중"이란 내용의 표지판을 부착하는 등 해당 작업에 종사하고 있는 근로자가 아닌 사람이 해당 기동스위치를 조작할 수 없도록 필요한 조치를 하여야 한다. 다만, 로봇의 운전 중에 작업을 하지 아니하면 안 되는 경우로서 해당 로봇의 예기치 못한 작동 또는 오조작에 의한 위험을 방지하기 위하여 교시 등의 작업시 조치를 한 경우에는 그러하지 아니하다.

07 작업용 리프트에 설치된 와이어 로프를 검사한 결과 피치내 소선의 파단수가 15%, 지름감소가 공칭지름의 5%, 단면 감소가 10%이었으며 꼬임, 부식, 변형 및 이음매는 없었다. 와이어 로프의 교체기준을 제시하고 위 검사의 판정 결과 및 사유를 쓰시오.

풀이

1. 와이어 로프의 교체기준

① 이음매가 있는 것

② 와이어 로프의 한 꼬임(스트랜드)에서 끊어진 소선(pillar선은 제외) 수가 10% 이상 (비자전로프 경우는 끊어진 소선의 수가 와이어로프 호칭지름의 6배 길이 이내에서 4개 이상이거나 호칭지름 30배 길이 이내에서 8개 이상)인 것

③ 지름의 감소가 공칭지름의 7퍼센트를 초과하는 것

④ 꼬인 것

⑤ 심하게 변형되거나 부식된 것

⑥ 열과 전기충격에 의해 손상된 것

2. 판정결과 및 사유

(1) 상황

* 피치내 소선 파단수 15%, 지름감소 5%, 단면감소 10%

  단, 꼬임, 부식, 변형, 이음매 없음

(2) 판정결과 : 교체해야 함

(3) 사유

① 와이어 로프의 경우 단면 감소시에 대한 교체기준은 제시된 것이 없음.

② 지름 감소는 공칭지름의 5%로서 교체기준인 7% 이하이므로 교체기준에 해당되지 않음

③ 끊어진 소선 수가 15%로 교체기준인 10%를 초과하여 교체기준에 해당

※ 다음 논술형 2문제 중 1문제를 선택하여 설명하시오. (25점)

08 크레인 작업 시 발생될 수 있는 재해유형별 원인과 방지대책을 쓰시오

풀이

1. 개요

* 크레인은 기중기라고도 하며, 대표적으로 고정식 크레인(타워 크레인), 이동식 크레인, 크롤러 크레인, 갠트리 크레인, LLC(수평 하중 크레인, 지브 크레인), 천장 크레인(호이스트), 해상 크레인(플로팅 크레인, 크레인선) 등이 있다.

* 크레인은 보통 작업장 내에서 주로 중량물을 이동시키므로 그만큼 사망이나 중상자가 많이 발행하는 기계이다. 따라서, 현장에서는 크레인의 재해 유형과 원인, 방지대책을 숙지하여 산업재해를 예방해야 하며 그 내용은 다음과 같다.

2. 크레인 작업시 재해유형과 원인 및 방지대책

사고 유형	사고 발생원인	안전대책
본체 붕괴	기초앙카 부실 시공	기초앙카 구조검토 실시
	텔레스코핑 작업 시 케이지 핀 미체결	텔레스코핑 작업 시 케이지 핀 체결 확인
	텔레스코핑 작업 시 마스트 볼트 先 해지	텔레스코핑 작업 시 마스트 볼트 체결 확인
	과부하 작업에 의한 충격하중 발생	과부하 작업 금지, 안전장치 해제 금지
	턴테이블 볼트, 마스트 볼트 불량 파단	볼트류 비파괴검사 정례화
	텔레스코픽 케이지 낙하로 인한 붕괴	텔레스코픽 케이지 부재 안착상태 확인
지브 낙하, 파단	과부하 작업에 의한 지브 파단	과부하 작업 금지, 안전장치 해제 금지
	지브 각도 불량에 의한 강풍 시 파단	매뉴얼에 의한 지브 각도 준수
	타 장비와 충돌(펌프카, 이동식크레인, 인접 T/C)	충돌방지장치, 반경 내 타 장비작업 지양
작업자 추락	고소에서 이동(상, 하, 좌, 우) 중 실족	이동 중 생명줄 설치
	고소에서 작업 중 안전벨트 미착용	고소작업 시 안전벨트 필히 착용
	케이지 작업발판 탈락으로 추락	케이지 작업발판 상태 점검
T/C(타워크레인) 부재 낙하 및 전도	Guide레일 위 마스트 낙하로 협착, 추락	Guide레일 위 마스트 Lock 체결 확인
	T/C 설치, 해체 중 줄걸이 로프 파단으로 부재 낙하	줄걸이 로프 상태 확인, 과부하 금지
	지면불량으로 세워놓은 부재 전도	지면상태 확인 후 부재 하역

사고 유형	사고 발생원인	안전대책
인양작업 중 인양물 낙하	줄걸이 방법 불량으로 자재 낙하	줄걸이 체결방법 준수, 양중박스 활용
	와이어로프 줄걸이로프 파단으로 인양물 낙하	와이어로프 점검, 과부하 금지

[참고] 텔레스코핑(telescoping : 타워크레인의 새로운 마스트의 추가 상승 작업

3. 재해방지 측면의 법규상 조치사항

(1) 안전밸브의 조정 (산기규 제136조)

* 사업주는 유압을 동력으로 사용하는 크레인의 과도한 압력상승을 방지하기 위한 안전밸브에 대하여 정격하중(지브 크레인은 최대의 정격하중으로 한다)을 건 때의 압력 이하로 작동되도록 조정하여야 한다. 다만, 하중시험 또는 안전도시험을 하는 경우 그러하지 아니하다.

(2) 해지장치의 사용 (산기규 제137조)

* 사업주는 혹걸이용 와이어로프 등이 혹으로부터 벗겨지는 것을 방지하기 위한 해지장치를 구비한 크레인을 사용하여야 하며, 그 크레인을 사용하여 짐을 운반하는 경우에는 해지장치를 사용하여야 한다.

(3) 경사각의 제한 (산기규 제138조)

* 사업주는 지브 크레인을 사용하여 작업을 하는 경우에 크레인 명세서에 적혀 있는 지브의 경사각(인양하중이 3톤 미만인 지브 크레인의 경우에는 제조한 자가 지정한 지브의 경사각)의 범위에서 사용하도록 하여야 한다.

(4) 크레인의 수리 등의 작업 (산기규 제139조)

① 사업주는 같은 주행로에 병렬로 설치되어 있는 주행 크레인의 수리·조정 및 점검 등의 작업을 하는 경우, 주행로상이나 그 밖에 주행 크레인이 근로자와 접촉할 우려가 있는 장소에서 작업을 하는 경우 등에 주행 크레인끼리 충돌하거나 주행 크레인이 근로자와 접촉할 위험을 방지하기 위하여 감시인을 두고 주행로상에 스토퍼(stopper)를 설치하는 등 위험 방지 조치를 하여야 한다.

② 사업주는 갠트리 크레인 등과 같이 작업장 바닥에 고정된 레일을 따라 주행하는 크레인의 새들(saddle) 돌출부와 주변 구조물 사이의 안전공간이 40cm 이상 되도록 바닥에 표시를 하는 등 안전공간을 확보하여야 한다.

(5) 폭풍에 의한 이탈 방지 (산기규 제140조)

* 사업주는 순간풍속이 초당 30m를 초과하는 바람이 불어올 우려가 있는 경우 옥외에 설치되어 있는 주행 크레인에 대하여 이탈방지장치를 작동시키는 등 이탈방지를 위한 조치를 하여야 한다.

(6) 조립 등의 작업 시 조치사항 (산기규 제141조)

* 사업주는 크레인의 설치·조립·수리·점검 또는 해체 작업을 하는 경우 다음 각 호의 조치를 하여야 한다.

1. 작업순서를 정하고 그 순서에 따라 작업을 할 것
2. 작업을 할 구역에 관계 근로자가 아닌 사람의 출입을 금지하고 그 취지를 보기 쉬운 곳에 표시할 것
3. 비, 눈, 그 밖에 기상상태의 불안정으로 날씨가 몹시 나쁜 경우에는 그 작업을 중지시킬 것
4. 작업장소는 안전한 작업이 이루어질 수 있도록 충분한 공간을 확보하고 장애물이 없도록 할 것
5. 들어 올리거나 내리는 기자재는 균형을 유지하면서 작업을 하도록 할 것
6. 크레인의 성능, 사용조건 등에 따라 충분한 응력(應力)을 갖는 구조로 기초를 설치하고 침하 등이 일어나지 않도록 할 것
7. 규격품인 조립용 볼트를 사용하고 대칭되는 곳을 차례로 결합하고 분해할 것

(7) 타워크레인의 지지 (산기규 제142조)

① 사업주는 타워크레인을 자립고(自立高) 이상의 높이로 설치하는 경우 건축물 등의 벽체에 지지하도록 하여야 한다. 다만, 지지할 벽체가 없는 등 부득이한 경우에는 와이어로프에 의하여 지지할 수 있다.

② 사업주는 타워크레인을 벽체에 지지하는 경우 다음 각 호의 사항을 준수하여야 한다.

1. 「산업안전보건법 시행규칙」에 따른 서면심사에 관한 서류(「건설기계관리법」에 따른 형식승인서류를 포함한다) 또는 제조사의 설치작업설명서 등에 따라 설치할 것

2. 제1호의 서면심사 서류 등이 없거나 명확하지 아니한 경우에는 「국가기술자격법」에 따른 건축구조·건설기계·기계안전·건설안전기술사 또는 건설안전분야 산업안전지도사의 확인을 받아 설치하거나 기종별·모델별 공인된 표준방법으로 설치할 것

3. 콘크리트구조물에 고정시키는 경우에는 매립이나 관통 또는 이와 같은 수준 이상의 방법으로 충분히 지지되도록 할 것

4. 건축 중인 시설물에 지지하는 경우에는 그 시설물의 구조적 안정성에 영향이 없도록 할 것

③ 사업주는 타워크레인을 와이어로프로 지지하는 경우 다음 각 호의 사항을 준수해야 한다.

1. 제2항 제1호(서면심사) 또는 제2호(유자격자의 확인)의 조치를 취할 것

2. 와이어로프를 고정하기 위한 전용 지지프레임을 사용할 것

3. 와이어로프 설치각도는 수평면에서 60도 이내로 하되, 지지점은 4개소 이상으로 하고, 같은 각도로 설치할 것

4. 와이어로프와 그 고정부위는 충분한 강도와 장력을 갖도록 설치하고, 와이어로프를 클립·샤클(shackle, 연결고리) 등의 고정기구를 사용하여 견고하게 고정시켜 풀리지 않도록 하며, 사용 중에는 충분한 강도와 장력을 유지하도록 할 것. 이 경우 클립·샤클 등의 고정기구는 한국산업표준 제품이거나 한국산업표준이 없는 제품의 경우에는 이에 준하는 규격을 갖춘 제품이어야 한다.

5. 와이어로프가 가공전선에 근접하지 않도록 할 것

(8) 폭풍 등으로 인한 이상 유무 점검 (산기규 제143조)

* 사업주는 순간풍속이 초당 30미터를 초과하는 바람이 불거나 중진(中震) 이상 진도의 지진이 있은 후에 옥외에 설치되어 있는 양중기를 사용하여 작업을 하는 경우에는 미리 기계 각 부위에 이상이 있는지를 점검하여야 한다.

(9) 건설물 등과의 사이 통로 (산기규 제144조)

① 사업주는 주행 크레인 또는 선회 크레인과 건설물 또는 설비와의 사이에 통로를 설치하는 경우 그 폭을 0.6m 이상으로 하여야 한다. 다만, 그 통로 중 건설물의 기둥에 접촉하는 부분에 대해서는 0.4m 이상으로 할 수 있다.

② 사업주는 제1항에 따른 통로 또는 주행궤도 상에서 정비·보수·점검 등의 작업을 하는 경우 그 작업에 종사하는 근로자가 주행하는 크레인에 접촉될 우려가 없도록 크레인의 운전을 정지시키는 등 필요한 안전 조치를 하여야 한다.

(10) 건설물 등의 벽체와 통로의 간격 등 (산기규 제145조)

* 사업주는 다음 각 호의 간격을 0.3m 이하로 하여야 한다. 다만, 근로자가 추락할 위험이 없는 경우에는 그 간격을 0.3m 이하로 유지하지 아니할 수 있다.

1. 크레인의 운전실 또는 운전대를 통하는 통로의 끝과 건설물 등의 벽체의 간격
2. 크레인 거더(girder)의 통로 끝과 크레인 거더의 간격
3. 크레인 거더의 통로로 통하는 통로의 끝과 건설물 등의 벽체의 간격

(11) 크레인 작업 시의 조치 (산기규 제146조)

① 사업주는 크레인을 사용하여 작업을 하는 경우 다음 각 호의 조치를 준수하고, 그 작업에 종사하는 관계 근로자가 그 조치를 준수하도록 하여야 한다.

1. 인양할 하물을 바닥에서 끌어당기거나 밀어내는 작업을 하지 아니할 것
2. 유류드럼이나 가스통 등 운반 도중에 떨어져 폭발하거나 누출될 가능성이 있는 위험물 용기는 보관함(또는 보관고)에 담아 안전하게 매달아 운반할 것
3. 고정된 물체를 직접 분리·제거하는 작업을 하지 아니할 것
4. 미리 근로자의 출입을 통제하여 인양 중인 하물이 작업자의 머리 위로 통과하지 않도록 할 것
5. 인양할 하물이 보이지 아니하는 경우에는 어떠한 동작도 하지 아니할 것(신호하는 사람에 의하여 작업을 하는 경우는 제외한다)

② 사업주는 조종석이 설치되지 아니한 크레인에 대하여 다음 각 호의 조치를 하여야 한다.

1. 고용노동부장관이 고시하는 크레인의 제작기준과 안전기준에 맞는 무선원격제어기 또는 펜던트 스위치를 설치·사용할 것

    2. 무선원격제어기 또는 펜던트 스위치를 취급하는 근로자에게는 작동요령 등 안전조작에 관한 사항을 충분히 주지시킬 것

③ 사업주는 타워크레인을 사용하여 작업을 하는 경우 타워크레인마다 근로자와 조종 작업을 하는 사람 간에 신호업무를 담당하는 사람을 각각 두어야 한다.

---

09 공장자동화설비가 안전측면에서 미치는 문제점과 방호대책을 쓰시오.

[풀이]

1. 개요

* 공장자동화란 일반적으로 좁은 의미로는 생산 공정의 자동화, 넓은 의미로는 기계와 전자의 복합기술, 정보처리기술, 제어통신 등을 이용해 생산의 효율성과 유연성을 동시에 달성토록 하는 활동이라 할 수 있다. 또한 자동화에 필요한 설비는 자동보관창고, 자동반송설비, 자동가공설비, 자동조립 및 검사설비 등이 있다.
* 한편, 이런 자동화 설비들은 생산성 향상, 품질의 안정, 숙련의 불필요 등의 장점이 있으나, 안전측면에서는 또 다른 문제점을 발생시킨다. 그 세부 내용과 방호대책은 다음과 같다.

2. 자동화 설비의 안전대책

(1) 설계시 안전대책

① 제어장치는 fail safe, fail soft, tamper proof로 할 것

② 위험구역에 신체의 일부가 들어가지 않게 할 것

③ 위험구역에 신체의 일부가 들어가면 기계가 정지하도록 설계할 것

④ 불의의 충격에는 설비가 가동되지 않게 설계

⑤ 관성이 커서 급정지가 곤란한 것은 시간지연 장치로 설계

⑥ 인터록 가드 도입 설계

    ㉠ 직접수동스위치 인터록　㉡ 기계적 인터록　㉢ 시퀀스 인터록,

    ㉣ 캠구동 인터록 → passive 모드(abnormal시 접점 close(On)

    ㉤ 캡티브 인터록 → 기계적 잠금＋전기적 잠금

⑦ 키교환 시스템 → 마스터 키가 On이 되려면 개별 키들이 닫혀 있어야 됨

(2) 제조시의 안전대책

① 신뢰도가 높은 부품 사용

② 동력전달점, 작업점의 방호

③ 표면이 날카롭지 않게 제작

④ 급정지 장치는 조작이 쉬운 곳에 설치

⑤ 고장·오동작으로 튀어나올 물체가 있는 곳은 덮개, 울, 울타리를 설치

(3) 운용시 안전대책

① 조작시 급격한 시동금지

② 정전후 통전시 자동가동 금지

③ 비상시의 경보는 효과적인 방식으로 작동

④ 원칙적으로 자동운전 구역에 출입을 금함

⑤ 입출입을 막을 수 있는 출입문, 방책 설치 및 준수

⑥ 안전매트, 울타리, 펜스 설치 및 준수

(4) 정비시 안전대책

① 빈번한 주유가 필요하지 않도록 자동급유 방식으로 함

② 대형기계에는 작업용 안전정거장, 승강로 설치 및 사용

③ 정비시에는 LOTO(Lock-out, Tag-out) 실시하여 작업자의 안전확보

(5) 작업방법에 대한 안전대책

① 안전을 고려한 작업 순서 및 방법 결정

② 사고시 대응가능한 체크리스트 및 매뉴얼 준비

③ 사고 발생시 신속·정확하게 보고 실시

④ 작업지휘자의 지휘아래 작업

⑤ 사고발생시 대응대책 및 조치대책 명확화

⑥ 이상발생시 기계의 정지권한 부여

⑦ 로봇의 교시작업 등에 안전작업매뉴얼 작성

⑧ 작업자의 오판단, 착각 방지용 작업순서 게시

산업안전지도사	2015년도 2차시험 (기계안전공학)	시험시간 : 100분

※ 다음 단답형 5문제를 모두 쓰시오. (각 5점)

01 로봇 교시 등의 작업시 위험방지를 위한 지침에 포함되어야 할 사항 5가지 기재하시오.

[풀이]

○ 로봇의 교시 등의 작업 시 다음 각 목의 사항에 관한 지침을 정하고, 그 지침에 따라 작업을 시킬 것(산기규 제222조).

① 로봇의 조작방법 및 순서

② 작업 중의 매니퓰레이터의 속도

③ 2명 이상의 근로자에게 작업을 시킬 경우의 신호방법

④ 이상을 발견한 경우의 조치

⑤ 이상을 발견하여 로봇의 운전을 정지시킨 후 이를 재가동시킬 경우의 조치

⑥ 그 밖에 로봇의 예기치 못한 작동 또는 오조작에 의한 위험을 방지하기 위하여 필요한 조치

02 연삭숫돌에 표시된 WA46HmV의 의미를 기재하시오.

[풀이]

1. 개요

* 연삭숫돌은 재래식 연삭숫돌과 초연마연삭재 연삭숫돌로 구분이 된다. 또한 재래식 연삭 숫돌의 표기 방법은 국제적으로 통일되어 있으며 그 내용은 다음과 같다

2. WA46HmV의 의미

① WA : 입자 종류(세부 내용은 산화알루미나 99.5%의 흰색 연삭숫돌을 의미)

② 46 : 입도(체의 메시 크기인 입도(크기)이며, 세부 내용은 입자크기가 보통을 의미)

③ H : 결합도(숫돌의 경도, 즉 입자와 결합제의 경도로서, H는 연함을 의미)

④ m : 조직(치밀, 중간, 거침의 3종류로서, m은 중간을 의미)

⑤ V : 결합제(결합제 종류로서, 이 중에서 비트리파이드를 의미)

[참고] 연삭숫돌의 표기 기호 의미

입자	* WA : 백색알루미나 * A : 갈색알루미나 * GC : 녹색탄화규소 * C : 흑색탄화규소
입도	* 조립 : 10~24(거친) * 중립 : 30~60 * 세립 : 70~220정밀가공) * 극세립 : 240~800
결합도	* E, F, G : 매우 연함 * H, I, J, K : 연함 * L, M, N, O : 중간 * P, Q, R, S : 단단함 * T, U, V, W, X, Y, Z : 매우 단단함
조직	* c : 치밀 * m : 중간 * v : 거침
결합제	* V : 비프리파이트(일반) * S : 실리케이트(대형) * E : 셸락 * R : 고무 * B : 레지노이드 * PVA : 폴리비닐알콜

03 산안법 80조 1항에 의해 방호조치를 해야 하는 기계·기구 6종 및 해당 방호장치를 쓰시오.

풀이

1. 개요

* 산안법 80조 1항은 누구든지 동력으로 작동하는 기계·기구로서 대통령령으로 정하는 것은 고용노동부령으로 정하는 유해·위험 방지를 위한 방호조치를 하지 아니하고는 양도, 대여, 설치 또는 사용에 제공하거나 양도·대여의 목적으로 진열해서는 아니 된다고 규정하고 있는데, 그 기계·기구와 해당 방호장치는 다음과 같다.

2. 방호조치 해야 하는 기계·기구 6종 및 해당 방호장치 (산시규 98조)

① 예초기 : 날접촉 예방장치

② 원심기 : 회전체 접촉 예방장치

③ 공기압축기 : 압력 방출장치

④ 금속절단기 : 날접촉 예방장치

⑤ 지게차 : 헤드가드, 백레스트, 전조등, 후미등, 안전벨트

⑥ 포장기계 : 구동부 방호 연동장치

04 디젤발전기 엔진의 발화요인 4가지를 쓰시오.

[풀이]

1. 개요

* 디젤기관은 경유 또는 중유를 사용하는 내연기관으로 폭발 압력이 높고, 연소실 내부에서의 연소(폭발)에 의한 고온의 배기가스가 배출되는데 이 과정에서 고온의 배기가스 주변에 가연물이 접촉되거나 고온의 열이 주위의 가연물에 전달되는 경우에는 화재로 이어질 수 있다. 그 세부 원인은 다양하겠으나 이를 요약하면 다음과 같다.

2. 발화요인

① 엔진계통 : 엔진 및 배기장치 과열로 인한 발화

② 전기계통 : 배선의 단락, 전기기기 등에 기인한 과열, 발화

③ 연료계통 : 연료, 오일 등의 누유에 의한 발화

④ 배기계통 : 배기관의 과열이나 가연물과의 접촉에 의한 발화

05 비파괴시험의 종류 6가지를 쓰시오.

[풀이]

1. 개요

* 비파괴시험은 물리적 현상의 원리를 이용하여 검사할 대상물을 손상시키지 않고 그 대상물에 존재하는 불완전성을 조사하고 판단하는 기술적 행위로 그 종류는 다양하다.

* 비파괴검사 방법에는 방사선투과검사, 초음파탐상검사, 자분탐상검사, 침투탐상검사, 와전류탐상검사, 누설검사, 육안검사, 음향방출검사, 적외선탐상검사 등 여러 가지가 있으며, 과학기술의 발전과 더불어 비파괴검사 기술도 급격히 발전하고 있다. 특히 고도의 신뢰성과 안전성이 요구되는 우주, 방산, 원자력산업의 발달과 더불어 그 중요도도 급격히 증대하고 있다.

2. 비파괴검사방법의 특징

(1) 방사선투과검사(RT)

① 기본원리 : 투과성 방사선을 시험체에 조사하였을 때 투과 방사선의 강도의 변화, 즉 건전부와 결함부의 투과선량의 차에 의한 필름상의 농도차로부터 결함을 검출

② 검출대상 및 적용 : 용접부, 주조품 등의 대부분 재료의 내외부 결함 검출

③ 특징 : ㉠ 영구적인 기록 수단　㉡ 모든 종류의 재료에 적용가능
　　　　　㉢ 표면결함 및 내부결함 검출가능　㉣ 방사선안전관리 요구

(2) 초음파탐상검사(UT)

① 기본원리 : 초음파가 음향임피던스가 다른 경계면에서 반사, 굴절하는 현상을 이용하여 대상의 내부에 존재하는 불연속을 탐지하는 기법

② 검출대상 및 적용 : 용접부, 주조품, 압연품, 단조품 등의 내부 결함 검출 및 두께 측정

③ 특징 : ㉠ 결함의 위치 및 크기 추정 가능　㉡ 표면 및 내부결함 탐상 가능
　　　　　㉢ 자동화 가능

(3) 자분탐상검사(MT)

① 기본원리 : 검사대상을 자화시키면 불연속부에 누설자속이 형성되며, 이 부위에 자분을 도포하면 자분이 집속됨

② 검출대상 및 적용 : 강자성체 재료의 표면 및 표면직하 결함 검출

③ 특징 : ㉠ 강자성체에만 적용 가능　㉡ 장치 및 방법이 단순
　　　　　㉢ 결함의 육안 식별 가능　㉣ 비자성체에는 적용불가
　　　　　㉤ 신속하고 저렴

(4) 침투탐상검사(PT)

① 기본원리 : 표면으로 열린 결함을 탐지하는 기법으로, 침투액이 모세관현상에 의하여 침투하게 한 후 현상액을 적용하여 육안으로 식별

② 검출대상 및 적용 : 용접부, 단조품 등의 비기공성 재료에 대한 표면개구결함 검출

③ 특징 : ㉠ 거의 모든 재료에 적용 가능

㉡ 현장 적용이 용이, 제품의 크기 형상 등에 크게 제한 받지 않음

㉢ 장비 및 방법이 단순

(5) 와전류탐상검사(ET)

① 기본원리: 전자유도에 의해 와전류를 발생하며, 시험체 표충부의 결함에 의해 발생한 와전류의 변화를 측정하여 결함을 탐지

② 검출대상 및 적용 : 파이프, 봉, 강판 등 전도체 재료의 표면 또는 표면근처의 결함검출, 물성측정

③ 특징 : ㉠ 비접촉탐상, 고속탐상, 자동탐상 ㉡ 각종 도체의 표면결함 탐상

㉢ 열교환기 튜브의 결함탐지

(6) 누설검사(LT)

① 기본원리 : 암모니아, 할로겐, 헬륨 등의 기체 또는 물을 이용하여 누설을 확인하여 대상의 기밀성을 평가하는 검사

② 검출대상 및 적용 : 압력용기, 저장탱크, 파이프라인 등의 누설 탐지

③ 특징 : ㉠ 관통된 불연속만 탐지가능 ㉡ 최종 건전성시험으로 주로 사용

(7) 음향방출검사(AE)

① 기본원리 : 하중을 받고 있는 재료의 결함부에서 방출되는 응력파를 수신하여 분석함으로써 결함의 위치 판정, 손상의 진전 등 동적 거동을 판단하는 검사

② 검출대상 및 적용 : 모든 재료에 적용하며, 소성변형, 균열의 생성 및 진전 감시 등 동적 거동 파악, 결함부의 상태 판정 및 재료의 특성평가에 이용

③ 특징 : ㉠ 미세균열의 성장 유무 ㉡ 회전체 이상진단 등의 감시기법

㉢ 카이져효과 ㉣ 소성변형 및 전위를 위한 에너지 필요

㉤ 불연속의 정적거동은 탐지불가

(8) 육안검사(VT)

① 기본원리 : 인간의 육안을 이용하여 대상의 표면에 존재하는 결함이나 이상유무를 판단하는 가장 기본적인 비파괴시험법이며, 경우에 따라서 광학기기를 이용하여 관찰하기도 한다.

② 검출대상 및 적용 : 모든 비파괴시험 대상체의 이상(결함의 유무, 형상의 변화, 광택의 이상이나 변질, 표면거칠기 등) 유무를 식별하며, 또 취약부의 선정에도 활용된다.

③ 특징

 ㉠ 가장 기본적인 비파괴시험법 ㉡ 검사의 신뢰성 확보가 어려움

 ㉢ Bore-scope나 Fiber-scope 및 소형TV촬영기 등에 의한 파이프 내면 정밀 탐상

 ㉣ 광섬유를 이용한 고정도의 내시경 검사 가능

(9) 적외선검사(IRT : Infrared Testing)

① 기본원리 : 시험체 표층부에 존재하는 결함이나 접합이 불완전한 부분에서 방사된 적외선을 감지하고, 적외선 에너지의 강도 변화량을 전기신호로 변환하여 결함부와 건전부의 온도정보의 분포패턴을 열화상으로 표시하여 결함을 탐지

② 검출대상 및 적용 : 각종 재료표면 결함의 고감도 검출, 철근콘크리트의 열화진단, 강도측정, CFRP(탄소섬유 강화 플라스틱) 등 복합재료의 내부결함 검출, 열탄성 효과에 의한 응력측정

③ 특징 : 표면상태에 따라 방사율의 편차가 크기 때문에 결함검출시 편차가 생기지 않도록 배경잡음, 전파경로에서 흡수산란의 영향을 제거할 필요가 있음.

(10) 중성자투과검사(NRT)

① 기본원리 : 중성자가 직접적으로 필름을 감광시키지 않지만 변환자에 조사되어 방출되는 2차 반사선에 의하여 방사선투과사진을 얻는 기법

② 검출대상 및 적용 : 높은 원자번호를 갖는 두꺼운 재료의 검사에 이용하며, 또 핵연료봉과 같이 높은 방사성 물질의 결함검사에 적용

③ 특징 : 방사선투과검사가 곤란한 검사대상물에 적용(납과 같은 비중이 높은 재료에 적용)

※ 다음 논술형 2문제를 모두 설명하시오. (각 25점)

06 기계설계시 고려하는 위험요소 7가지와 각 원인 및 결과에 관하여 쓰시오.

[풀이]

1. 개요

* 기계설계시에는 작업자가 비록 기계의 조작이나 취급을 잘못하더라도 사고나 재해로 연결되지 않도록 본질적 안전화를 추구해야 한다.
* 이러한 본질적 안전화를 저해하는 요소, 즉 고려되어야 할 위험요소를 정리하면 다음과 같다.

2. 위험요소와 각 원인 및 결과

(1) 기계의 운동형태에 따른 위험점

1) 협착점

○ 원인 : 왕복 운동하는 운동부와 고정부 사이에 형성(작업점이라 부르기도 함)
  ① 프레스 금형 조립 부위 ② 전단기의 누름판 및 칼날 부위
  ③ 선반 및 평삭기의 베드 끝 부위
○ 결과 : 절단, 조직파괴, 골절

2) 끼임점

○ 원인 : 고정부분과 회전 또는 직선운동 부분에 의해 형성
  ① 연삭 숫돌과 작업대 사이 ② 반복작동되는 링크기구
  ③ 교반기의 교반날개와 몸체사이
○ 결과 : 조직파괴, 골절

3) 절단점

○ 원인 : 회전운동부분 자체와 운동하는 기계 자체에 의해 형성
  ① 밀링커터 ② 둥근톱 날 ③ 목공용 띠톱 날 부분
○ 결과 : 절단

4) 물림점

○ 원인 : 회전하는 두 개의 회전축에 의해 형성(서로 반대 방향으로 회전하는
경우에 형성)

① 기어와 피니언 ② 로울러의 회전 등

○ 결과 : 조직파괴, 골절

5) 접선 물림점

○ 원인 : 회전하는 부분이 접선 방향으로 물려 들어가면서 형성

① V벨트와 풀리 ② 기어와 랙 ③ 로울러와 평벨트

○ 결과 : 조직파괴, 골절

6) 회전 말림점

○ 원인 : 회전체의 불규칙 부위와 돌기 회전 부위에 의해 형성

① 회전축 ② 드릴축

○ 결과 : 조직파괴, 골절

7) 눌림점

○ 원인 : 부품과 부품의 사이에 끼이기 부위에서 형성

○ 결과 : 압착, 조직파괴, 골절

(2) 위험성평가 측면 위험 (KOSHA Code M-32)

1) 기계적 위험

○ 원인 : 부재의 강도 부족, 협착점·끼임점·절단점·물림점·접선물림점·회
전말림점 존재

○ 결과 : 파손·파단, 협착·끼임·절단·물림·접선물림·회전말림 등에 의한
상해

2) 전기적 위험

○ 원인 : 작업자가 활선 또는 고장이나 파손으로 인하여 통전되게 된 부분에
접촉으로 감전

○ 결과 : 감전사고 발생

3) 열에 의한 위험

○ 원인 : 작업자가 화재·폭발 또는 열원에 의하여 극고온이나 극저온 부위에
접촉

○ 결과 : 고온이나 저온의 작업환경에 의한 화상, 동상 등 발생

4) 소음에 의한 위험

○ 원인 : 다양한 소음에 노출

○ 결과 : 청각장애, 기타 소음으로 인한 다양한 장애·질병 발생

5) 진동에 의한 위험

○ 원인 : 기계·공구 등에서 발생되는 진동에 지속적으로 접촉

○ 결과 : 레이노증후군, 말초순환장해, 말초신경장해, 운동기능장해 등 발생

6) 방사선에 의한 위험

○ 원인 : 알파선, 베타선, 감마선, X선 등에 노출(피폭)

○ 결과 : 백혈병, 간암, 뇌암 등

7) 물질에 의한 위험(기계에서 사용 또는 발생되는 물질)

○ 원인 : 유해가스, 분진, 흄, 먼지의 흡입이나 접촉

○ 결과 : 중독, 화재·폭발, 바이러스, 박테리아 등에 감염

07 정비(maintenace)의 종류와 산업안전보건기준에 관한 규칙 제92조에서 정한 정비작업시 조치해야 할 안전수칙 4가지를 쓰시오.

〔풀이〕

1. 보전 방식의 종류와 특징

구분		특징
예방보전 (PM, Preventive Maintenance)	정기보전 (PM, Periodical Maintenance)	* 정해진 보전주기에 따라서 수리·교환 등을 하는 보전 ① 주기를 설정하기 쉽고, 산포가 적은 것 ② 점검하지 않고, 정기 교환하는 편이 장점이 큰 것에 적용 * 정기보전은 TBM(Time Based Maintenance, 시간기준 보전), IR(Inspection & Repair, 분해점검형 보전)으로 구성됨
	예지보전 (PM, Predictive Maintenance)	* 설비열화상태 조사를 위한 점검이나 점검에 따른 보전. ① 열화상태에 따라 보전시기를 결정하는 편이 장점인 것 ② 열화경향이 불일정하고, 주기가 정해지지 않은 것 ③ 실적이 적고, 주기가 결정되지 않은 것
	적응보전 (AM, Adaptive Maintenance)	생산 상황이나 설비 노후 정도 등 주변 환경 등도 고려하여 실시하는 보전
사후보전(BM, Breakdown Maintenance)		* 고장난 다음에 수리·복구를 하는 보전 ① 계획사후보전(Planned BM)과 돌발사후보전 (Emergency BM) 2가지 형태가 있음 ② 열화경향의 산포가 크고, 점검·검사할 수 없는 것
개량보전(CM, Corrective Maintenance)		* 수명연장이나 수리시간 단축 등의 대책이나 비용을 절감하기 위한 대책을 취하는 보전으로서, 다음 사항들에 적용 ① 수명이 짧고, 고장빈도가 높으며, 고장의 수리비가 큰 것 ② 수리시간이 길고, 다른 데 미치는 영향이 크며, 유지관리 비용이 큰 것 ③ 열화경향의 산포가 크거나 점검·검사가 어려운 것

2. 정비작업시 조치해야 할 안전수칙

○ 정비 등의 작업 시의 운전정지 등 (산기규 제92조)

① 사업주는 공작기계·수송기계·건설기계 등의 정비·청소·급유·검사·수리·

교체 또는 조정 작업 또는 그 밖에 이와 유사한 작업을 할 때에 근로자가 위험해질 우려가 있으면 해당 기계의 운전을 정지하여야 한다. 다만, 덮개가 설치되어 있는 등 기계의 구조상 근로자가 위험해질 우려가 없는 경우에는 그러하지 아니하다.

② 사업주는 제1항에 따라 기계의 운전을 정지한 경우에 다른 사람이 그 기계를 운전하는 것을 방지하기 위하여 기계의 기동장치에 잠금장치를 하고, 그 열쇠를 별도 관리하거나 표지판을 설치하는 등 필요한 방호 조치를 하여야 한다.

③ 사업주는 작업하는 과정에서 적절하지 아니한 작업방법으로 인하여 기계가 갑자기 가동될 우려가 있는 경우 작업지휘자를 배치하는 등 필요한 조치를 하여야 한다.

④ 사업주는 기계·기구 및 설비 등의 내부에 압축된 기체 또는 액체 등이 방출되어 근로자가 위험해질 우려가 있는 경우에 제1항부터 제3항까지의 규정 따른 조치 외에도 압축된 기체 또는 액체 등을 미리 방출시키는 등 위험 방지를 위하여 필요한 조치를 하여야 한다.

※ 다음 논술형 2문제 중 1문제를 선택하여 설명하시오. (25점)

08 이동식 크레인에서의 발생 가능한 재해유형을 서술하고 재해 방지대책 4가지를 쓰시오.

[풀이]

1. 개요

* "이동식 크레인"이란 원동기를 내장하고 있는 것으로서, 불특정 장소에 스스로 이동할 수 있는 크레인으로, 동력을 사용하여 중량물을 매달아 상하 및 좌우(수평 또는 선회를 말한다)로 운반하는 설비로서 「건설기계관리법」을 적용 받는 기중기 또는 「자동차관리법」에 따른 화물·특수자동차의 작업부에 탑재하여 화물운반 등에 사용하는 기계 또는 기계장치를 말한다.

* 높은 기동성과 비정상적인 작업이 많아 재해가 많은데, 그 유형과 재해 방지대책은 다음과 같다.

2. 이동식 크레인의 재해유형

① 불법 탑승설비 부착(목적 외 사용), 붐 등 주요 구조부 임의변경 등에 의한 작업자 추락

② 혹에 매달린 물건의 낙하 또는 장비점검 불량에 따른 혹 부품의 파손 및 낙하

③ 정격하중 및 지브 등의 작업범위 초과에 따른 전도 및 연약지반 및 경사지 등 부적당한 지형에서의 작업으로 인한 전도

④ 붐 선회시 고압선로와의 접촉에 의한 작업자 감전

3. 재해 방지대책 (법규상 기준)

(1) 설계기준 준수 (산기규 제147조)

* 사업주는 이동식 크레인을 사용하는 경우에 그 이동식 크레인의 구조 부분을 구성하는 강재 등이 변형되거나 부러지는 일 등을 방지하기 위하여 해당 이동식 크레인의 설계기준(제조자가 제공하는 사용설명서)을 준수하여야 한다.

(2) 안전밸브의 조정 (산기규 제148조)

* 사업주는 유압을 동력으로 사용하는 이동식 크레인의 과도한 압력상승을 방지하기 위한 안전밸브에 대하여 최대의 정격하중을 건 때의 압력 이하로 작동되도록 조정하여야 한다. 다만, 하중시험 또는 안전도시험을 실시할 때에 시험하중에 맞는 압력으로 작동될 수 있도록 조정한 경우에는 그러하지 아니하다.

(3) 해지장치의 사용 (산기규 제149조)

* 사업주는 이동식 크레인을 사용하여 하물을 운반하는 경우에는 해지장치를 사용하여야 한다.

(4) 경사각의 제한 (산기규 제150조)

* 사업주는 이동식 크레인을 사용하여 작업을 하는 경우 이동식 크레인 명세서에 적혀 있는 지브의 경사각(인양하중이 3톤 미만인 이동식 크레인의 경우에는 제조한 자가 지정한 지브의 경사각)의 범위에서 사용하도록 하여야 한다.

[참고] 재해 방지대책(법령상 기준) 추가 사항

○ **탑승의 제한** (산기규 제86조)

　　* 사업주는 크레인을 사용하여 근로자를 운반하거나 근로자를 달아 올린 상태에서 작업에 종사시켜서는 아니 된다. 다만, 크레인에 전용 탑승설비를 설치하고 추락위험을 방지하기 위하여 조치(3개가 규정됨)를 한 경우에는 그러하지 아니하다.

○ **변형되어 있는 훅·샤클 등의 사용금지 등** (산기규 제168조)

　　* 사업주는 훅·샤클·클램프 및 링 등의 철구로서 변형되어 있는 것 또는 균열이 있는 것을 크레인 또는 이동식 크레인의 고리걸이용구로 사용해서는 아니 된다.

○ **링 등의 구비** (산기규 제170조)

　　* 사업주는 엔드리스(endless)가 아닌 와이어로프 또는 달기 체인에 대하여 그 양단에 훅·샤클·링 또는 고리를 구비한 것이 아니면 크레인 또는 이동식 크레인의 고리걸이용구로 사용해서는 아니 된다.

○ **출입의 금지 등** (산기규 제20조)

　　* 크레인에 매달린 화물이 떨어지거나 붐이 넘어져 근로자에게 위험을 미칠 우려가 있는 장소는 출입통제 조치

○ **충전전로 인근에서의 차량·기계장치 작업** (산기규 제322조)

　　* 충전전로의 전압에 적합한 절연용 방호구 등을 설치 및 감시인 배치 등의 조치

(09) 공작기계의 유공압장치가 공통으로 구비해야 할 안전사항 8가지를 쓰시오.

[풀이]

1. 개요

　　* 대다수의 공작기계는 유공압장치를 사용하여 공작에 필요한 각종 운동과 힘을 얻는다. 그러나 유공압장치는 큰 에너지를 보유하고 있어 작업자의 오조작, 고장, 정전 등의 이상상황 발생시에 불의의 재해를 야기할 수 있으므로 안전과 관련된 사항은 매우 중요하다.

* 공작기계를 안전하게 사용하는 데 있어서 이런 유공압장치가 공통으로 구비해야 할 안전사항은 다음과 같다.

2. 유공압장치 공통사항

(고용노동부고시, 공작기계 안전기준 일반에 관한 기술상의 지침 제18조)

① 정전 또는 전기적 고장이 발생하였을 경우에도 근로자에게 위험을 미칠 우려가 없는 구조로 하여야 한다.

② 자동운전 상태에서 비상시에 긴급정지를 할 수 있고, 또한 비상정지 후에는 가능한 한 수동운전을 할 수 있어야 한다.

③ 압력스위치를 설치하는 등 압력변동에 의한 위험을 방지하기 위한 조치가 강구되어 있어야 한다.

④ 안전하게 점검할 수 있는 구조로 하여야 한다.

⑤ 각 부품은 가능한 한 압력 등이 안전한 작업범위를 벗어나게 조정할 수 없도록 하여야 한다.

⑥ 어큐뮬레이터를 사용하는 회로는 전원이 차단되었을 경우에도 작동회로에 관계없이 어큐뮬레이터가 필요로 하는 압력을 유지하도록 연동되어 있어야 한다.

⑦ 플렉시블 호스는 파손 시 근로자에게 위험하지 않도록 조치를 강구히는 것이 바람직하다.

⑧ 배관의 잘못 접속을 방지하기 위하여 관 및 접속구를 색깔별로 구별하는 등의 조치가 강구되어야 한다.

⑨ 방향제어 밸브는 명판을 부착하는 등 작동방향을 표시하기 위한 조치가 강구되어 있어야 한다.

⑩ 압력계는 회로명 및 사용압력이 표시되어 있어야 한다.

⑪ 압력제어밸브 및 유량제어밸브는 작업자가 보기 쉬운 곳에 사용목적 및 조절방향이 표시되어 있어야 한다.

⑫ 압력제어밸브 및 유량제어밸브는 이 제어밸브를 구비한 회로가 안전하게 작동할 수 있는 범위 이상의 압력 또는 유량을 쉽게 조정할 수 있는 구조로 하여야 한다.

⑬ 1m 떨어진 위치에서 측정한 연속음의 소음수준(레벨)이 가능한 한 85dB(A)이하가 되어야 한다.

| 산업안전지도사 | 2016년도 2차시험 (기계안전공학) | 시험시간 : 100분 |

※ 다음 단답형 5문제를 모두 쓰시오. (각 5점)

01 산업안전보건기준에 관한 규칙에서 정하고 있는 구내운반차를 사용하여 작업할 때 작업 시작전 점검사항 5가지를 쓰시오.

[풀이]

1. 개요

* 구내운반차는 사업장 내에서 운용하는 차량계 하역운반기계로 비교적 저속으로 운행되나 다수의 작업자들, 소음, 좁은 이동통로 등의 사업장 조건을 고려시 안전사고의 위험이 높은 설비이며, 작업 시작전 점검사항은 다음과 같다.

2. 구내운반차 사용 작업시 작업시작 전 점검사항 (산기규 제35조 관련 별표 3)

① 제동장치 및 조종장치 기능의 이상 유무
② 하역장치 및 유압장치 기능의 이상 유무
③ 바퀴의 이상 유무
④ 전조등·후미등·방향지시기 및 경음기 기능의 이상 유무
⑤ 충전장치를 포함한 홀더 등의 결합상태의 이상 유무

02 산업안전보건기준에 관한 규칙에서 정하고 있는 크레인 작업시 사업주가 근로자에게 준수토록 해야 할 조치사항 5가지를 쓰시오.

[풀이]

1. 개요

* 크레인은 동력을 사용하여 중량물을 매달아 상하 및 좌우(수평 또는 선회)로 운반하는 것을 목적으로 하는 기계 또는 기계장치로 작업 특성상 중량물을 취급하므로 안전사고의 위험이 대단히 높은 기계이다.
* 이런 크레인 작업시 사업주가 근로자에게 준수토록 해야 할 조치사항은 산업안전보건기준에 관한 규칙에 명시되어 있는데 그 내용은 다음과 같다.

2. 사업주가 근로자에게 준수토록 해야 할 조치사항

* 크레인 작업 시의 조치(산기규 제146조) : 사업주는 크레인을 사용하여 작업을 하는 경우 다음 각 호의 조치를 준수하고, 그 작업에 종사하는 관계 근로자가 그 조치를 준수하도록 하여야 한다.

① 인양할 하물을 바닥에서 끌어당기거나 밀어내는 작업을 하지 아니할 것

② 유류드럼이나 가스통 등 운반 도중에 떨어져 폭발하거나 누출될 가능성이 있는 위험물 용기는 보관함(또는 보관고)에 담아 안전하게 매달아 운반할 것

③ 고정된 물체를 직접 분리·제거하는 작업을 하지 아니할 것

④ 미리 근로자의 출입을 통제하여 인양 중인 하물이 작업자의 머리 위로 통과하지 않도록 할 것

⑤ 인양할 하물이 보이지 아니하는 경우에는 어떠한 동작도 하지 아니할 것(신호하는 사람에 의하여 작업을 하는 경우는 제외한다)

03 입력정보 교시에 의한 산업용 로봇 종류 5가지를 쓰시오.

풀이

1. 개요

* 산업용 로봇 분류기준에는 로봇의 용도에 따른 분류, 동작특성에 따른 분류 등 여러 가지 기준에 따라 분류할 수 있다.

* 또한 산업안전보건기준에서는 교시를 매니퓰레이터의 작동 순서, 위치·속도의 설정·변경 또는 그 결과를 확인하는 것이라 정의하고 있는데, 이와 같이 입력정보 교시에 의한 산업용 로봇의 종류는 다음과 같다.

2. 입력정보 교시에 의한 산업용 로봇의 종류

종류	내용
매뉴얼 매니퓰레이터 (조정로봇)	로봇이 수행하는 작업의 일부 또는 전부를 사람이 직접 조작함으로써 작업이 이뤄지는 로봇
고정 시퀀스 로봇	미리 설정된 정보(순서, 조건, 위치, 기타 등)에 따라 각 동작의 단계를 차례로 수행하는 로봇으로 정보의 변경이 힘듦

제 7 장

종류	내용
가변 시퀀스 로봇	변경가능한 미리 설정된 정보(순서, 조건, 위치, 기타 등)에 따라 각 동작의 단계를 차례로 수행하는 로봇으로 정보의 변경이 용이
플레이백 로봇	인간이 매니퓰레이터를 움직여 미리 작업을 교시하여 그 작업의 순서, 위치, 기타 정보를 기억시키고 이를 재생함으로써 그 작업을 되풀이 할 수 있는 로봇
수치제어 로봇	로봇을 움직이지 않고 순서, 조건, 위치 등의 정보를 수치, 언어 등에 의해 교시하고, 그 정보에 따라 작업을 수행하는 로봇
지능로봇	인공지능에 의해 행동을 결정할 수 있는 로봇 * 인공지능은 인식능력, 학습능력, 추상적 사고능력 등을 포함
감각제어 로봇	감각정보를 가지고 동작의 제어를 수행하는 로봇
적응제어 로봇	적응제어 기능을 가진 로봇 * 적응제어 기능이란 환경변화 등에 따라 필요한 조건을 충족시키도록 하는 제어기능
학습제어 로봇	학습제어 기능을 갖는 로봇 * 학습제어 기능이란 작업경험 등을 반영시켜 적절한 작업을 행하는 기능

04 산업안전보건법령상 동력으로 작동하는 유해·위험 기계기구 중 추가 방호조치 해야 할 3가지 부분과 그 방호조치를 쓰시오.

[풀이]

1. 개요

* 산업안전보건법 제80조(유해하거나 위험한 기계·기구에 대한 방호조치)에서는 동력으로 작동하는 기계·기구 중 특정 부분은 고용노동부령으로 정하는 방호조치를 하도록 규정하고 있으며, 시행규칙 98조에서는 해당 부분별 세부 방호조치 내용을 규정하고 있는데 그 내용은 다음과 같다.

2. 추가 방호조치 해야 할 3가지 부분 및 그 내용 (산시규 제98조)

① 작동 부분의 돌기부분은 묻힘형으로 하거나 덮개를 부착할 것

② 동력전달부분 및 속도조절부분에는 덮개를 부착하거나 방호망을 설치할 것

③ 회전기계의 물림점(롤러나 톱니바퀴 등 반대방향의 두 회전체에 물려 들어가는 위험점)에는 덮개 또는 울을 설치할 것

05 산업안전보건법령상 안전검사 대상 기계 10가지를 쓰시오.

[풀이]

1. 개요

* 산업안전보건법 제93조(안전검사)에서는 유해하거나 위험한 기계·기구·설비로서 대통령령으로 정하는 것을 사용하는 사업주는 안전검사대상 기계 등의 안전에 관한 성능이 고용노동부장관이 고시하는 검사기준에 맞는지에 대하여 고용노동부장관이 실시하는 안전검사를 받아야 한다고 규정하고 있으며, 시행령 제78조(안전검사 대상 기계 등)에서는 안전검사 대상 기계 등을 규정하고 있는데 그 내용은 다음과 같다.

2. 안전검사 대상 기계 (산안령 제78조)

① 프레스 ② 전단기 ③ 크레인(정격 하중이 2톤 미만인 것은 제외한다)

④ 리프트 ⑤ 압력용기 ⑥ 곤돌라 ⑦ 국소 배기장치(이동식은 제외한다)

⑧ 원심기(산업용만 해당한다) ⑨ 롤러기(밀폐형 구조는 제외한다)

⑩ 사출성형기[형 체결력 294킬로뉴턴(kN) 미만은 제외한다]

⑪ 고소작업대(「자동차관리법」에 따른 화물자동차 또는 특수자동차에 탑재한 고소작업대로 한정한다)

⑫ 컨베이어 ⑬ 산업용 로봇

제7장

※ 다음 논술형 2문제를 모두 설명하시오. (각 25점)

06 산업현장에서 사용되는 컨베이어(conveyer)의 안전장치 및 보수상의 주의사항을 쓰시오.

[풀이]

1. 서론

* 컨베이어는 수평 및 수직 등의 연속운반을 주 목적으로 하는 운반기계로 공정의 자동화 추세로 그 사용이 급증하고 있으며, 그에 따른 산업재해도 역시 증가추세에 있다.

* 한편, 컨베이어의 안전한 사용 및 보수간 주의사항 등에 관해서는 산업안전보건기준규칙에서 정하고 있는데 그 내용은 다음과 같다.

2. 컨베이어 종류별 안전 조치사항

(1) 벨트 컨베이어 안전 조치사항

① 경사부 역주행 방지방치(화물전체 500kg 이하, 단위당 30kg 이하는 제외)

② 벨트, 풀리에 점착되기 쉬운 화물인 경우 벨트 클리너, 풀리 클리너 설치

③ 중력식 장력유지 장치에 울 및 추락·낙하방지장치 설치

(2) 트롤리 컨베이어 안전 조치사항

① 견인식 트롤리의 경우 구동장치에 과부하방지장치 설치

② 체인, 행거, 트롤리의 벗겨짐 방지

③ 경사부 역주행 방지장치

④ 분기장치, 합류장치 등 레일 단락부에 낙하방지장치(스토퍼 등) 설치

(3) 롤러 컨베이어 안전 조치사항

① 분기 또는 상승 직전에 화물이송의 정지여부 확인

(4) 스크류 컨베이어 안전 조치사항

① 화물공급구 및 배출구는 스크류가 접촉될 우려가 없는 구조 여부 및 방호울 확인

(5) 버킷 컨베이어 안전 조치사항

① 버킷 이동용 케이스 확인   ② 유해화물 운반시 밀폐구조 케이싱 확인

③ 역주행 방지장치 설치 및 작동 확인

3. 컨베이어(conveyer)의 보수상의 주의사항

(1) 보호구의 지급 등 (산기규 제32조)

* 사업주는 전기작업 등 감전의 위험이 있는 보수작업을 하는 작업자에 대해서는 절연용 보호구를 지급하고 착용하도록 하여야 한다.

(2) 고장난 기계의 정비 등 (산기규 제91조)

* 정비가 완료될 때까지는 해당 컨베이어 및 방호장치 등의 사용을 금지해야 한다.

(3) 정비 등의 작업 시의 운전정지 등 (산기규 제92조) <개정 2024. 6. 28>

① 사업주는 컨베이어 보수시에 근로자가 위험해질 우려가 있으면 해당 기계의 운전을 정지하여야 한다.

② 사업주는 컨베이어의 운전을 정지한 경우 다른 사람이 그 기계를 운전하는 것을 방지하기 위해 기계의 기동장치에 잠금장치를 하고, 그 열쇠를 별도 관리하거나, 표지판을 설치하는 등 필요한 방호 조치를 하여야 한다.

③ 사업주는 보수 과정에서 부적절한 작업방법으로 기계가 갑자기 가동될 우려가 있는 경우 작업지휘자를 배치하는 등 필요한 조치를 하여야 한다.

④ 사업주는 기계·기구 및 설비 등의 내부에 압축된 기체 또는 액체 등이 방출되어 근로자가 위험해질 우려가 있는 경우에 제1항부터 제3항까지의 규정 따른 조치 외에도 압축된 기체 또는 액체 등을 미리 방출시키는 등 위험 방지를 위하여 필요한 조치를 하여야 한다.

(4) 전기작업자의 제한 (산기규 제318조)

* 사업주는 근로자가 감전위험이 있는 전기작업을 하는 경우에는 「유해위험작업의 취업제한에 관한 규칙」에 따른 유자격자가 작업을 수행하도록 해야 한다.

4. 결론

* 따라서, 컨베이어 보수작업시에는 전원차단, 기동키 별도관리, 2인 1조 작업 등 기본적인 사항과 법규 등이 지켜질 수 있도록 노력하고 확인해야 한다.

(07) 산업안전보건기준에 관한 규칙에서 정하고 있는 고소작업대 설치 시 사업주가 조치해야 할 설치사항 6가지를 쓰시오.

[풀이]

1. 개요

* 고소작업대란 작업대, 연장구조물, 차대로 구성되며, 사람을 작업 위치로 이동시켜주는 설비를 말하며, 일반적으로 차량탑재형, 자체추진형, 보행자 제어형 등이 있다.
* 고소작업대는 특히 무게중심이 높아 지면의 불균형 및 외부 충격 등 이상상황 발생시 장비의 전도위험과 작업자 추락 위험이 높아 안전작업에 관심이 요망된다.
  또한 이런 위험성 등으로 인해 안전보건기준 규칙에는 고소작업대 설치시 사업주의 조치사항이 규정되어 있는데 그 내용은 다음과 같다.

2. 고소작업대 설치시 사업주 조치사항 (산기규 제186조)

① 사업주는 고소작업대를 설치하는 경우에는 다음 각 호에 해당하는 것을 설치하여야 한다.

   ㉠ 작업대를 와이어로프 또는 체인으로 올리거나 내릴 경우에는 와이어로프 또는 체인이 끊어져 작업대가 떨어지지 아니하는 구조여야 하며, 와이어로프 또는 체인의 안전율은 5 이상일 것

   ㉡ 작업대를 유압에 의해 올리거나 내릴 경우에는 작업대를 일정한 위치에 유지할 수 있는 장치를 갖추고, 압력의 이상저하를 방지할 수 있는 구조일 것

   ㉢ 권과방지장치를 갖추거나, 압력의 이상상승을 방지할 수 있는 구조일 것

   ㉣ 붐의 최대 지면경사각을 초과 운전하여 전도되지 않도록 할 것

   ㉤ 작업대에 정격하중(안전율 5 이상)을 표시할 것

   ㉥ 작업대에 끼임·충돌 등 재해를 예방하기 위한 가드 또는 과상승방지장치를 설치할 것

   ㉦ 조작반의 스위치는 눈으로 확인할 수 있도록 명칭 및 방향표시를 유지할 것

② 사업주는 고소작업대를 설치하는 경우에는 다음 각 호의 사항을 준수하여야 한다.

　㉠ 바닥과 고소작업대는 가능하면 수평을 유지하도록 할 것

　㉡ 갑작스러운 이동을 방지하기 위하여 아웃트리거 또는 브레이크 등을 확실히 사용할 것

3. 결론

* 고소작업대는 아파트 신축공사장 등 건설현장 뿐만이 아니라 높은 곳에서의 작업 소요가 있는 물류·조경·시설관리 등 다양한 곳에서 사용하는 보편적인 장비인 만큼 안전사고의 위험도 크다.

* 따라서 고소작업대 설치시의 조치사항을 준수하고 관계 작업자들에 대한 주기적인 교육 및 장비점검을 통해 산업재해를 예방해야 한다.

※ 다음 논술형 2문제 중 1문제를 선택하여 설명하시오. (25점)

08 기계·기구에 적용되는 페일 세이프(fail safe)의 정의와 기능적 측면에서 3단계로 분류하여 각각 쓰시오.

[풀이]

1. 개요

* 생산성 향상을 위해 생산시설은 급격히 진보하고 있으나 완벽한 기계는 있을 수 없다. 또한 그 시설을 통제 및 관리하는 인간도 여전히 불안전 요소를 내포하고 있다. 그래서 우리는 기계·설비의 고장 등과 인간의 휴먼에러가 발생하더라도 사고 또는 재해로 연결되지 않도록 하는 본질적 안전화를 추구하고 있다.

* 이런 본질적 안전화의 수단 중 하나가 페일 세이프이며, 그 정의와 기능적 측면의 분류는 다음과 같다.

2. 페일 세이프의 정의

① 기계나 설비에서 고장이나 기능불량이 발생해도 사고 및 재해로 연결되지 않고 안전을 확보하는 기능이다.

② 풀 프루프가 인간의 휴먼에러를 인정하고 이에 대비한 안전화를 추구하는 개념이
라면, 페일 세이프는 기계·설비의 고장 및 기능이상에 대비하여 안전화를 추구하
는 개념이다.

3. 페일 세이프의 기능적 측면의 3단계

① fail passive : 일반적인 형태이며, 부품이 고장나면 기계·설비가 정지상태가 된
다.

② fail active : 부품이 고장나면 기계·설비는 경보를 울리되, 단시간 운용이 가능
하다.

③ fail operational : 부품이 고장나면 기계·설비는 차후 정기점검까지는 운전이 가
능하다. 이를 위해서는 병렬계통 또는 대기여분을 갖춰야 한다.

4. 결론

* 생산현장에서는 휴먼에러 뿐만 아니라 기계·설비의 고장 및 기능이상으로 인한
재해도 빈번하므로 기계·기구의 설계 및 제작시부터 조작상 위험이 없도록 설계
하는데 관심을 기울여야 한다.

* 또한 현장에서는 보다 적극적인 보전활동으로 기계·기구의 고장이나 기능 이상을
사전에 예방토록 노력해야 한다.

09 선반의 방호장치 3가지와 작업시 안전대책 10가지를 쓰시오.

[풀이]

1. 개요

* 선반은 대표적인 절삭공구로 일감을 회전시키고 바이트 등의 공구를 좌우로 이송
함으로써 절단작업, 외경절삭, 내면절삭, 정면절삭, 테이퍼절삭, 나사절삭 등 다양한
작업에서 활용되고 있다.

* 한편, 사용이 많은 만큼 선반작업으로 인한 재해도 꾸준하여 선반의 방호장치와 안
전대책 준수는 지속 강조되고 있으며, 그 세부 내용은 다음과 같다.

2. 선반의 방호장치

① 칩 브레이커 : 발생하는 칩을 잘게 끊어 주는 장치
* 가공재 표면의 흠집 발생을 방지
* 공구 날 끝의 치핑(chipping)을 방지
* 칩의 비산으로 인한 작업자 위험 방지
* 절삭유제 등의 유동성 향상
② 방진구 : 길이가 긴 가공물의 회전시 진동을 방지하기 위한 방호장치
③ 브레이크 : 가공작업 중 선반 급정지
④ 쉴드(덮개) : 칩이나 절삭유의 비산을 방지하기 위해 선반의 전후좌우 및 위쪽에 설치하는 플라스틱 덮개
⑤ 척 커버 : 척에 물린 가공물의 돌출부 등에 작업복이 말려 들어가는 것을 방지
⑥ 덮개 또는 울, 고정 브리지 : 돌출하여 회전하고 있는 가공물이 근로자에게 위험을 미칠 우려가 있는 경우 설치

3. 안전대책

① 가동전에 기계의 각 부위를 점검한다.
② 가공물이나 럭에 말리지 않도록 옷소매를 단정히 한다.
③ 공구나 일감은 확실하게 고정한다.
* 선반의 바이트는 끝을 짧게 장착한다.
* 일감의 길이가 직경의 12배 이상일 때는 방진구를 사용한다.
④ 절삭중인 일감에는 손을 대지 않는다(말릴 위험이 있어 면장갑 착용 금지).
⑤ 작업 중 절삭칩이 눈에 들어가지 않도록 반드시 보안경을 착용한다.
⑥ 작업 중 일감의 치수측정 시에는 기계의 운전을 정지한 후 측정한다.
⑦ 절삭칩의 제거는 반드시 전용의 브러시를 사용한다.
⑧ 리이드 스크류에는 몸의 하부가 걸리기 쉬우므로 조심해야 한다.
⑨ 선반의 베드 위에는 공구를 놓아서는 안 된다.
⑩ 기계운전 중 백 기어의 사용을 금한다.
⑪ 센터작업을 할 때에는 심압 센터에 자주 절삭유를 주유하여 열발생을 막는다.
⑫ 기계에 주유 및 청소를 할 때에는 반드시 기계를 정지시키고 한다.

산업안전지도사	2017년도 2차시험 (기계안전공학)	시험시간 : 100분

※ 다음 단답형 5문제를 모두 답하시오. (각 5점)

01 윤활유 점도지수에 관하여 쓰시오.

[풀이]

1. 개요

* 윤활유는 보통 기계의 마찰면에 생기는 마찰력을 줄이거나 마찰면에서 발생하는 마찰열을 분산시킬 목적으로 사용하는 석탄계 광물유를 말한다.
* 윤활유의 주요 기능은 마모방지, 냉각 및 밀봉작용, 방청작용, 세정작용 및 응력분산작용 등인데, 이때 윤활유가 정상적인 윤활기능을 발휘하기 위해서는 점도지수가 중요하며, 그 세부 내용은 다음과 같다.

2. 윤활유의 점도지수

① 점도지수는 온도에 따른 점도의 변화를 나타내는 수치이며, 일반적으로 온도가 올라가면 점도는 떨어진다.

② 윤활유의 사용 온도는 반드시 일정하지는 않고, 사용 조건에 의하여 대폭적으로 변동될 수 있으므로 온도변화에 따른 점도변화가 되도록 적은 것이 좋다.

③ 중합체 첨가제는 점도·온도 관계를 조정하므로, 첨가제가 운전 중 변화되면 윤활유의 성능에 이상이 발생한다.

④ 점도지수는 윤활유의 점도와 온도 관계를 지수로 나타내는 실험치로서 40°C와 100°C에서의 동점도를 비교한 값이다. 점도지수가 높다는 것은 온도에 대한 점도의 변화가 적다는 것을 나타낸다.

[출처] KOSHA Guide M-114 윤활유 분석에 의한 고장진단 기술지침

02 산압안전보건기준에 관한 규칙상 고소작업대 사용시 작업시작 전 점검사항 5가지를 쓰시오.

[풀이]

1. 개요

* 고소작업대는 높은 곳에서 작업이 필요할 경우 작업자를 안전하게 높은 곳으로 이동시켜 주는 장비로, 형식은 차량 탑재형, 자체 추진형, 보행자 제어형 등이 있다.

* 고소작업대는 특히 무게중심이 높아 지면의 불균형 및 외부 충격 등 이상상황 발생시 장비의 전도 위험과 작업자 추락 위험이 높아 안전작업에 관심이 요망된다. 또한 이런 위험성 등으로 인해 안전보건기준 규칙에는 고소작업대 사용시 작업시 작전 점검사항이 규정되어 있는데, 그 내용은 다음과 같다.

2. 고소작업대 사용시 작업시작 전 점검사항

① 비상정지장치 및 비상하강 방지장치 기능의 이상 유무

② 과부하 방지장치의 작동 유무(와이어로프 또는 체인구동방식의 경우)

③ 아웃트리거 또는 바퀴의 이상 유무 ④ 작업면의 기울기 또는 요철 유무

⑤ 활선작업용 장치의 경우 홈·균열·파손 등 그 밖의 손상 유무

[출처] 작업시작 전 점검사항(산기규 제35조 관련 별표 3)

---

03 고속회전체 회전시험시 파괴위험 방지를 위한 안전기준과 비파괴검사를 실시하여야 할 대상을 쓰시오.

[풀이]

1. 개요

* 산업안전보건기준에 관한 규칙에서는 고속회전체의 회전시험 대상을 규정하고 있는데, 그 이유는 회전시험의 경우 회전체가 파괴되고 파편이 비산되어 시험자들에게 위험을 초래할 우려가 있기 때문이다.

* 또한 회전시험시 파괴위험 방지를 위한 안전기준과 비파괴검사 대상도 규정하고 있는데, 그 내용은 다음과 같다.

2. 파괴위험 방지를 위한 안전기준 (산기규 제114조)

① 사업주는 고속회전체(터빈로터·원심분리기의 버킷 등의 회전체로서 원주속도가 초당 25m를 초과하는 것으로 한정)의 회전시험을 하는 경우 고속회전체의 파괴로 인한 위험을 방지하기 위하여 전용의 견고한 시설물의 내부 또는 견고한 장벽 등으로 격리된 장소에서 하여야 한다.

② 다만, 고속회전체(아래 3항의 비파괴검사 대상 고속회전체는 제외)의 회전시험으로서 시험설비에 견고한 덮개를 설치하는 등 그 고속회전체의 파괴에 의한 위험을 방지하기 위하여 필요한 조치를 한 경우에는 그러하지 않다.

3. 비파괴검사 대상 (산기규 제115조)

* 사업주는 고속회전체(회전축의 중량이 1톤을 초과하고 원주속도가 초당 120m 이상인 것으로 한정)의 회전시험을 할 경우 미리 회전축의 재질 및 형상 등에 상응하는 종류의 비파괴검사를 해서 결함 유무(有無)를 확인하여야 한다.

04 로봇 및 자동화설비에 사용되는 물체 감지용 센서 종류 3가지를 쓰시오.

풀이

1. 개요

* 로봇 및 자동화기계설비는 통상 작업을 수행하는 구동부와 구동부를 제어하는 제어부, 제어에 필요한 정보를 전달하는 검출부와 전체 설비에 에너지를 공급하는 동력원 등의 4가지로 구성된다.
* 특히 검출부는 자체 가동부를 감시하는 내계 계측기능, 작업대상을 감시하는 외계 계측·인식기능, 주변기기 등 다른 기계장치를 감시하는 제어정보 교환 기능, 자체의 정상 가동상태를 파악하는 진단기능 등의 4가지 기능을 갖고 있으며, 이 중에서 외계 계측·인식기능에 사용되는 부품이 물체 감지용 센서인데 그 종류는 다양한데 대표적인 센서는 다음과 같다.

2. 물체 감지용 센서의 종류

① 근접센서 : 비접촉으로 대상물의 근접을 검출하는 센서로 크게 자기의 영향으로 내부 전류의 변화를 검출하는 방식, 램프나 발광다이오드와 광센서를 결합시키는 방식, 정전 용량의 변화를 검출하는 방식 등이 있다.

② 광전센서 : 빛을 검출매체로 응용한 센서로 물체의 존재여부, 통과여부, 정위치 등의 검출을 할 수 있고, 정밀 광전센서는 물체의 대소 및 형상, 색상차이까지 검출 할 수 있어서 로봇을 포함한 자동화기계설비에 많이 응용된다. 종류로는 투광기와 수광기가 분리된 투과형과 일체인 반사형 광전센서가 있다.

③ 접촉센서 : 마이크로 스위치를 내장한 리미트 스위치를 사용하여 기계적 보호가 필요한 자동화설비에 사용된다. 물체가 리미트 스위치의 접촉부에 접촉함으로써 내장 스위치를 작동시키는 구조로, 위치·액면·온도·압력 등의 검출에 사용되나 특히 위치 검출에 많이 이용된다.

(05) 산업안전보건기준에 관한 규칙상 중량물 취급작업시 작성하는 작업계획서 내용 5가지를 쓰시오.

[풀이]

1. 개요

* 일반적으로 중량물이란 부피에 비해 무게가 많이 나가는 물건을 말하며, 중량물 취급작업은 산업현장에서 위치를 이동하거나 들어 올리기 위해 양중기 또는 하역운반기계 등이 필요한 작업을 말하며, 넓은 의미에서는 물건을 인력으로 운반하거나 드는 작업도 포함된다.

* 산업안전보건 기준에 관한 규칙에서는 중량물 취급작업시 해당 작업, 작업장의 지형·지반 및 지층 상태 등에 대한 사전조사를 실시하고 그 결과를 고려하여 작업계획서를 작성하도록 규정되어 있는데 작업계획서에 포함내용은 다음과 같다.

2. 중량물의 취급 작업시 작업계획서 포함내용

① 추락위험을 예방할 수 있는 안전대책
② 낙하위험을 예방할 수 있는 안전대책
③ 전도위험을 예방할 수 있는 안전대책
④ 협착위험을 예방할 수 있는 안전대책
⑤ 붕괴위험을 예방할 수 있는 안전대책

[출처] 사전조사 및 작업계획서 내용 (산기규 제38조 관련 별표4)

※ 다음 논술형 2문제를 모두 답하시오. (각 25점)

06 평와셔(Plain Washer)의 용도를 쓰고, 너트(Nut)의 풀림방지법 5가지를 쓰고 설명하시오.

[풀이]

1. 개요

* 결합용 나사의 리드각은 나사면 마찰각 보다 작게 하여 자립의 상태를 유지할 수 있도록 설계되어 있으므로, 나사의 축방향에 하중이 걸려도 이론적으로는 체결된 나사가 회전하여 볼트와 너트가 풀리지 않는다.

* 그러나 실제의 경우 운전 중 진동과 충격 등이 발생하여 기계에서 흔히 너트의 고정이 불완전하고 어느 순간에 이르러서 너트는 풀어지게 된다. 그러므로 체결된 볼트와 너트의 풀림 원인과 와셔 등을 이용한 풀림 방지방법을 알고 이를 현장에 적용하는 것은 안전관리에 필수적이며, 그 내용은 다음과 같다.

2. 평와셔의 용도

① 조여지는 물체의 면이 거칠고 마찰저항이 커서 적당한 죔을 할 수 없는 장소
② 조여지는 재질이 약해서 볼트, 너트 좌면이 함몰될 가능성이 있는 장소
③ 볼트 구멍이 커서 볼트, 너트의 좌면에 의한 누르기가 충분하지 않은 장소
④ 풀림방지를 하고자 하는 장소

3. 너트 풀림방지 방법

(1) 와셔를 사용하는 방법

1) 스프링와셔에 의한 방법

* 스프링와셔는 일반적으로 자주 쓰이는 것이며, [그림 1]에서와 같은 형상을 하고 있다. 이 와셔는 반복 사용함으로써 죔좌면을 손상시키거나, 와셔의 절단부분이 마모되거나, 또 탄력성이 저하되거나 하면 풀림방지 효과가 감소되므로 고속회전체나 고진동체에는 부적당하다. 보통 정지상태의 구조물의 조립 등에 많이 쓰인다.

2) 이붙이와셔에 의한 방법

* 이붙이와셔는 [그림 1]에서와 같은 형상이고, 너트의 풀림방지에 사용된다. 이 와셔도 반복사용에 의한 찜좌면이나 절단부에 손상이 심해서 그때마다 풀림방지 효과가 감소되므로 잘 점검해서 정비할 필요가 있다.

3) 국화꽃와셔에 의한 방법

* 국화꽃와셔는 주로 베어링 너트의 풀림방지에 사용된다. 이것도 반복사용일 경우에는 균열, 변형에 충분한 주의를 해서 확실히 시공하면 신뢰성은 대단히 높아질 수 있다.

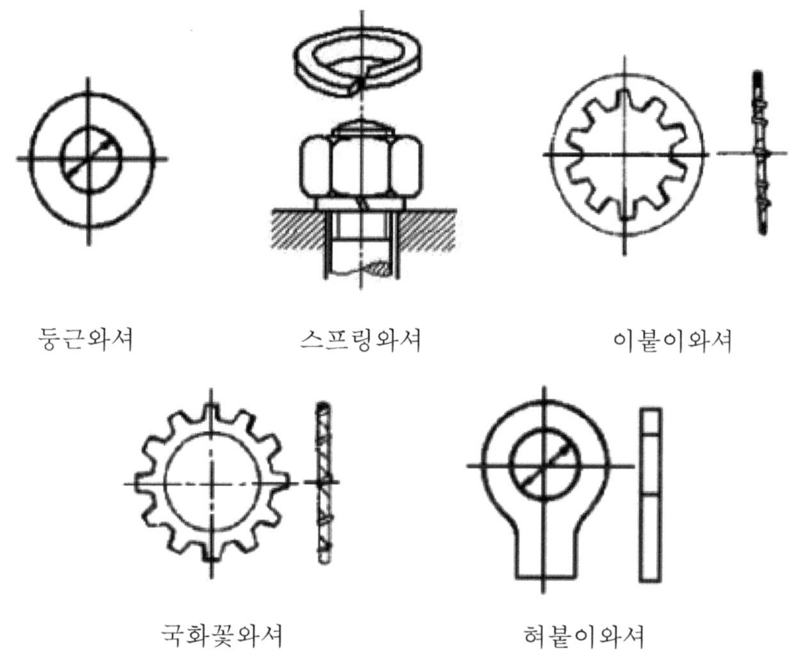

[그림 1] 와셔 사용 방법

4) 혀붙이와셔에 의한 방법

* 이 와셔는 혀의 부분을 자리를 따라 굽히고 다른 쪽을 볼트 또는 너트를 따라 굽히는 것이다.
* 체결 후 확실히 구부려 두면 신뢰성도 높고, 만일 풀려 있을 경우에도 쉽게 발견할 수 있다.

(2) 풀림방지 너트를 사용하는 방법

1) 홈붙이 너트, 분할 핀 고정에 의한 방법

* 이것은 홈이 있는 너트이다. 사용시 주의점은 홈과 분할핀 구멍을 맞출 때 너트를 되돌려 맞추지 말 것, 사이즈에 적합한 분할 핀을 쓸 것, 선단을 충분히 굽힐 것 등을 지켜 확실한 시공을 하면 완벽하다.

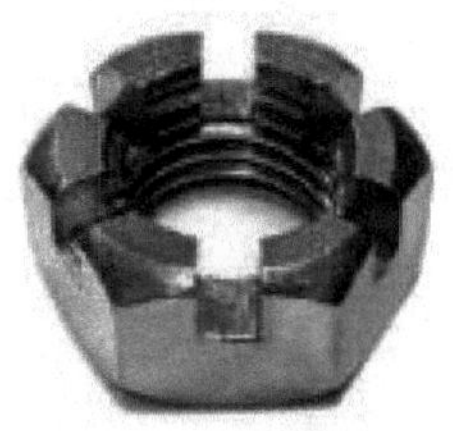

2) 절삭너트에 의한 방법

* 절삭너트는 너트의 일부를 절삭하여 미리 내측으로 약간 변형시켜 두고 볼트에 비틀어 넣었을 때 나사부가 꽉 압착되게 한다. 사용방법은 간단하지만 반복사용에 의해 마모되며, 압착력이 약해져 풀림방지 효과도 감소된다.

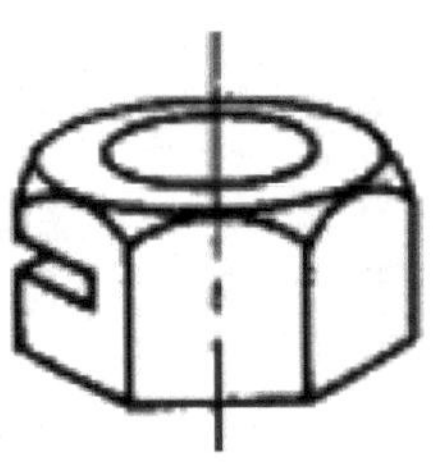

3) 로크 너트(Lock Nut)에 의한 방법

* 로크 너트는 더블너트라고도 하며, 산업기계에서 많이 사용되는 것이다.
* 볼트와 너트의 나사산 사이에는 다소 틈새가 있으므로 너트 한 개로 조이면 자연적으로 풀릴 수도 있다. 이것을 방지하기 위하여 2개의 너트를 사용하여 충분히 죈 다음에 밑에 있는 너트(로크 너트 : 높이가 조금 낮은)를 조금 반대 방향으로 돌려서 상하의 너트를 서로 반력으로 누르게 하여 나사면의 마찰력을 증가시킨다.

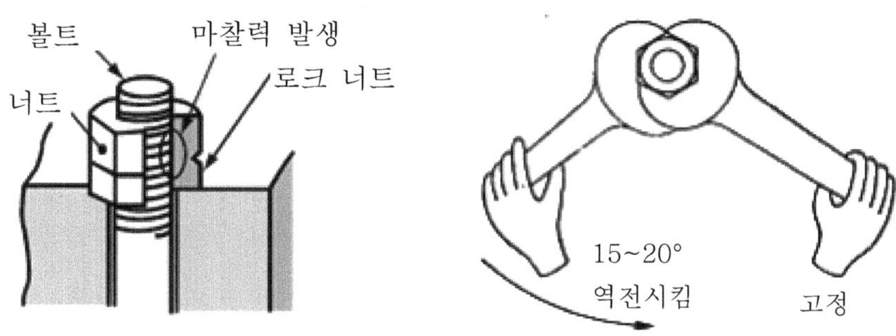

[그림 2] 로크너트 사용 개소

(3) 와이어고정에 의한 방법

* 이 방법은 주로 죔볼트에 쓰이는 것이며 6각 두부에 구멍을 내고 아연도금 연철
선으로 잡아매는 방법이다. 물론 지나치게 잡아매면 철선의 곡부에서 절단되거나
균열이 일어나 실패한다. 또 잡아매는 방향을 틀리지 않게 주의한다.

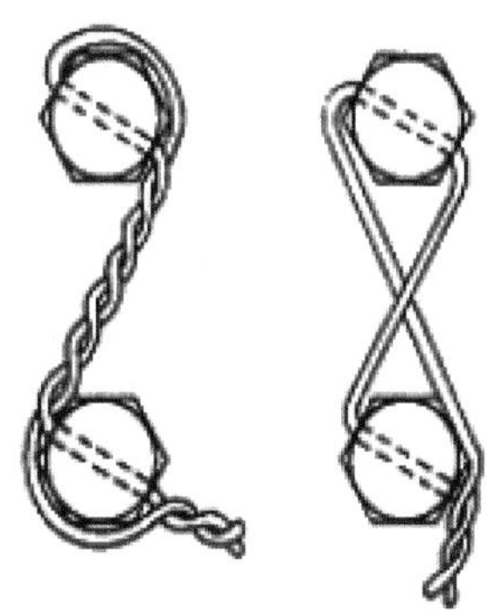

[그림 3] 와어어 고정

(4) 기타의 풀림방지

* 위에서 제시된 방법 외에 너트에 스프링와셔를 부착한 것이나, 내부에 코일 스프
링을 넣은 것도 있다. 또 때에 따라서는 너트를 죈 다음 볼트와 전기용접하거나
펀치로 나사를 찌그러뜨리거나, 비틀어 넣을 때 접착제를 쓰는 등 여러 가지 방
법이 쓰이고 있다.

07 산업용 로봇의 위험성과 방호장치의 종류, 사용 단계에서의 안전대책을 쓰시오.

[풀이]

1. 개요

* 과학발전과 공장자동화 추세를 고려시 산업용 로봇의 수요는 갈수록 증가하고 있으며, 그에 따른 안전사고도 증가하고 있다.
* 이런 안전사고를 감소시키기 위해서는 로봇의 위험성과 방호장치의 종류를 알아야 하며, 산업현장에서는 로봇의 교시, 사용, 수리 및 점검시 등 사용단계에서 안전대책이 강구되어야 하는데, 그 핵심내용은 다음과 같다.

2. 산업용 로봇의 위험성

① 일반적인 기계·설비들과는 달리 산업용 로봇의 구조 및 제어는 복잡하고 고도화되어 로봇의 취급에는 상당한 전문지식이 필요한데, 취급자에게 이런 전문성이 부족할 경우 로봇 오조작 등 불안전 행동으로 사고가 발생될 우려가 높다.

② 산업용 로봇은 본체 외부의 공간에서 작업하는 매니퓰레이터가 있고, 그 동작이 강하고 빨라 매니퓰레이터의 작동범위와 방향을 판단하기 어려워 사고가 발생될 우려가 있다.

③ 산업용 로봇에 사용되는 부품의 신뢰성, 설치조건, 작업환경에 따라 노이즈 등에 의한 로봇의 이상작동이 발생하고 이로 인한 사고가 발생될 우려가 있다.

3. 방호장치의 종류

(1) 안전매트

* 위험지역 입구바닥에 설치하여 임의로 접근하여 이를 밟을 경우 압력을 감지하여 비상정지장치를 작동시키도록 되어 있는 매트이다.

① 이상 시 즉시 운전을 정지하는 것이 가능할 것

② 운전을 정지한 경우 재가동 조작을 하지 않으면 운전이 재개시되지 않을 것

(2) 안전방호 울타리(방책)

① 안전방호 울타리 등은 작업 중에 발생하는 진동, 충격, 그 밖의 환경조건에 충분히 견딜 수 있는 강도를 가질 것

② 안전방호 울타리 등은 예리한 가장자리, 돌출부분 등의 위험부분이 없을 것

③ 매니퓰레이터와 울타리 사이에서 협착되는 위험이 없도록 최소 40cm 이상 격리시킬 것

④ 안전울타리의 출입구에는 안전플러그 등의 연동장치를 설치하여 문을 열면 로봇이 정지하도록 할 것

(3) 광선식 안전장치

① 확산반사형 : 발광기로부터 발하는 빛을 사람에게 반사시켜 그 반사광을 수광하여 감지

② 투과형 : 마주하고 있는 발광기, 수광기 사이에 빛이 통하고 있어 그 광선을 사람이 차단하면 수광기 출력이 Off로 됨

(4) 비상정지기능

① 비상정지 누름 버튼은 조작하였을 경우 로봇을 빠르고 확실하게 정지시키는 기능을 가질 것

② 비상정지 누름버튼은 작업자가 쉽게 확인 조작 가능토록 빨간색으로 할 것

③ 작업자가 작업위치를 떠나지 않고 쉽게 조작찰 수 있는 위치에 설치할 것

④ 비상정지기능을 작동한 후 자동적으로 복귀하지 않고, 또 작업자가 부주의로 복귀시킬 수 없을 것

(5) 페일 세이프(Fail-Safe) 기능

① 오작동에 의한 위험을 방지하기 위해 제어장치의 이상을 검출해 로봇을 자동적으로 정지시킬 것

② 유압, 공압 또는 전압의 변동에 의한 오조작이나 정전 등에 의해 구동원이 차단될 때 로봇을 자동적으로 정지시킬 것

③ 로봇 및 관련 기기에 고장 발생시 로봇을 자동적으로 정지시키고 이를 외부에 알릴 수 있을 것

④ 작업자가 가동범위 내로 침입할 경우 감지해서 자동으로 정지시킬 것

(6) 동력차단장치

① 동력차단장치(스위치, 클러치, 유공압 제어밸브 등)는 다른 기기와 독립되어 있을 것

② 접촉이나 진동 때문에 갑자기 작동 또는 복귀하지 않을 것

③ 동력차단장치는 자동적으로 복귀하지 않고, 또 작업장의 부주의로 복귀시킬 수 없을 것

4. 사용단계에서의 안전방호 조치사항

(1) 교시 등 작업시 조치사항 (산기규 제222조)

* 사업주는 산업용 로봇의 작동범위에서 해당 로봇에 대하여 교시 등의 작업을 하는 경우에는 해당 로봇의 예기치 못한 작동 또는 오조작에 의한 위험을 방지하기 위하여 다음 각 호의 조치를 하여야 한다. 다만, 로봇의 구동원을 차단하고 작업을 하는 경우에는 제2호와 제3호의 조치를 하지 아니할 수 있다.

 1. 다음 각 목의 사항에 관한 지침을 정하고 그 지침에 따라 작업을 시킬 것

     가. 로봇의 조작방법 및 순서

     나. 작업 중의 매니퓰레이터의 속도

     다. 2명 이상의 근로자에게 작업을 시킬 경우의 신호방법

     라. 이상을 발견한 경우의 조치

     마. 이상을 발견하여 로봇 운전을 정지시킨 후 이를 재가동시킬 경우의 조치

     바. 그 밖에 로봇의 예기치 못한 작동 또는 오조작에 의한 위험을 방지하기 위하여 필요한 조치

 2. 작업에 종사하고 있는 근로자 또는 그 근로자를 감시하는 사람은 이상을 발견하면 즉시 로봇의 운전을 정지시키기 위한 조치를 할 것

 3. 작업을 하고 있는 동안 로봇의 기동스위치 등에 작업 중이라는 표시를 하는 등 작업에 종사하고 있는 근로자가 아닌 사람이 그 스위치 등을 조작할 수 없도록 필요한 조치를 할 것

(2) 운전 중 위험 방지 (산기규 제223조)

* 사업주는 로봇의 운전(교시 등을 위한 로봇의 운전은 제외한다)으로 인하여 근로자에게 발생할 수 있는 부상 등의 위험을 방지하기 위하여 높이 1.8m 이상의 울타리(로봇의 가동범위 등을 고려하여 높이로 인한 위험성이 없는 경우에는 높이를 그 이하로 조절할 수 있다)를 설치해야 하며, 컨베이어 시스템의 설치 등으로 울타리를 설치할 수 없는 일부 구간에 대해서는 안전매트 또는 광전자식 방호장치 등 감응형 방호장치를 설치해야 한다. 다만, 고용노동부장관이 해당 로봇의

안전기준이 한국산업표준에서 정하고 있는 안전기준 또는 국제적으로 통용되는 안전기준에 부합한다고 인정하는 경우에는 본문에 따른 조치를 하지 않을 수 있다.

(3) 수리 등 작업 시의 조치 등 (산기규 제224조)

* 사업주는 로봇의 작동범위에서 해당 로봇의 수리·검사·조정(교시 등에 해당하는 것은 제외한다)·청소·급유 또는 결과에 대한 확인작업을 하는 경우에는 해당 로봇의 운전을 정지함과 동시에, 그 작업을 하고 있는 동안 로봇의 기동스위치를 열쇠로 잠근 후 열쇠를 별도 관리하거나, 해당 로봇의 기동스위치에 작업 중이란 내용의 표지판을 부착하는 등 해당 작업에 종사하고 있는 근로자가 아닌 사람이 해당 기동스위치를 조작할 수 없도록 필요한 조치를 하여야 한다.

3. 결론

* 위에서 기술한 바와 같이 산업용 로봇은 일반 기계·설비들과는 다른 특성을 가지므로 그 위험성을 잘 이해해야 한다.
* 그리고 방호장치가 다양하지만 그 방호장치를 운영·통제하는 것은 결국 사람이므로 로봇을 사용하는 현장에서는 작업간 이런 방호장치를 임의로 해체하는 일이 없어야 하며, 사용간 안전대책도 철저히 준수되도록 생활화가 요망된다.

※ 다음 논술형 2문제 중 1문제를 선택하여 답하시오. (각 25점)

(08) 산업안전보건기준에 관한 규칙에서 정하는 안전난간의 구조 및 설치요건 5가지를 쓰시오.

풀이

1. 개요

* 산업안전보건기준에 관한 규칙에는 근로자의 추락 등의 위험을 방지하기 위하여 추락의 위험이 있는 곳에는 안전난간을 설치하도록 규정하고 있다.
* 실제 각종 언론을 통해 가장 많이 접하는 재해사례 중 하나가 추락사고이며, 추락사고는 제조업, 건설업, 서비스업 등 분야를 가리지 않고 많이 발생하는 데 이를

방지하는 최소한의 대책이 안전난간이라 할 수 있다. 안전난간의 구조 및 설치요건
은 다음과 같다.

2. 안전난간의 구조 및 설치요건 (산기규 제13조)

* 사업주는 근로자의 추락 등의 위험을 방지하기 위하여 안전난간을 설치하는 경우
  다음 각 호의 기준에 맞는 구조로 설치해야 한다.
  ① 상부 난간대, 중간 난간대, 발끝막이판 및 난간기둥으로 구성할 것. 다만, 중간
     난간대, 발끝막이판 및 난간기둥은 이와 비슷한 구조와 성능을 가진 것으로 대
     체할 수 있다.
  ② 상부 난간대는 바닥면·발판 또는 경사로의 표면으로부터 90cm 이상 지점에
     설치하고, 상부 난간대를 120cm 이하에 설치하는 경우에는 중간 난간대는 상
     부 난간대와 바닥면등의 중간에 설치해야 하며, 120cm 이상 지점에 설치하는
     경우에는 중간 난간대를 2단 이상으로 균등하게 설치하고 난간의 상하 간격은
     60cm 이하가 되도록 할 것. 다만, 난간기둥 간의 간격이 25cm 이하인 경우에
     는 중간 난간대를 설치하지 않을 수 있다.
  ③ 발끝막이판은 바닥면 등으로부터 10cm 이상의 높이를 유지할 것. 다만, 물체가
     떨어지거나 날아올 위험이 없거나, 그 위험을 방지할 수 있는 망을 설치하는 등
     필요한 예방 조치를 한 장소는 제외한다.
  ④ 난간기둥은 상부 난간대와 중간 난간대를 견고하게 떠받칠 수 있도록 적정한
     간격을 유지할 것
  ⑤ 상부 난간대와 중간 난간대는 난간 길이 전체에 걸쳐 바닥면 등과 평행을 유지
     할 것
  ⑥ 난간대는 지름 2.7cm 이상의 금속제 파이프나 그 이상의 강도가 있는 재료일
     것
  ⑦ 안전난간은 구조적으로 가장 취약한 지점에서 가장 취약한 방향으로 작용하는
     100kg 이상의 하중에 견딜 수 있는 튼튼한 구조일 것

3. 결론

* 전술한 바와 같이 안전난간을 규정대로 설치하고 점검·유지하여 각종 공사 등에
  서의 추락재해가 근절되도록 해야 한다.

09 공장자동화 기계설비의 PLC(Programmable Logic controller) 기능에 관하여 5가지를 쓰시오.

(풀이)

1. 개요

* PLC는 Programmable Logic Controller의 약자로 프로그래밍 가능한 논리 제어기라는 의미로 볼 수 있다. 이는 설비가 수행할 동작과 순서, 이상시 조치 등을 제어장치에 입력해 두고 제어장치의 신호에 따라 가동을 진행하는 제어장치를 말한다.
* 기존의 릴레이와 접촉기, 타이머 등을 사용했던 시퀀스회로와 비교하여 볼 때 시퀀스 로직 변경의 용이성, 소형화, 처리속도 향상 등 다수의 장점이 있는데, PLC의 기능을 정리하면 다음과 같다.

2. PLC 기능

① 순차제어(시퀀싱) : 데이터의 순차적 제어
② 로직연산 : AND, OR, NOT, XOR 등
③ 산술연산 : PID연산 등
④ 타이머 : 펄스 신호 등의 지연 동작
⑤ 카운터 : 입력 펄스의 수 카운팅 등
⑥ 아날로그 입출력 : 전류, 전압 등의 입출력 기능
⑦ 펄스 입출력 : Servo 모터 제어 등 펄스 제어
⑧ 통신 : 통신을 이용한 데이터의 이동 및 제어 등

3. 결론

* 자동화설비들을 효율적으로 제어하기 위해 기존 릴레이 등을 사용한 시퀀스제어 체계에서 PLC제어 체계로 변화하였다. PLC제어 체계는 기존 릴레이 등을 사용한 시퀀스체계보다 로직변경의 용이성, 무접점 고속제어, 소형화 등을 특징으로 한다.
* 그러나 산업현장의 작업자들 기술수준은 이와 같은 설비의 발전속도를 따라가지 못하는 것이 현실이다. 따라서 작업자들의 설비에 대한 애착심과 근로의욕 고취, 이상 발생시 긴급조치 등을 위해서는 이런 첨단 설비에 대한 직무교육이 강화되고, 사용시에 안전확보도 요망된다.

[참고] PLC 관련 특기사항

1. PLC 하드웨어 구성요소

① 중앙처리장치 ② 입력부와 출력부 ③ 전원부 ④ 주변장치

2. PLC 특징(장점)

① 실시간 처리 능력이 있음 ② 취급이 용이 ③ 경제성이 우수

④ 진동과 노이즈에 대한 내환경성

3. PLC 운용 특성

① 제어 대상으로부터 정보를 수신하고 처리하며, 제어신호를 보냄

② 전용언어를 가지고, 프로그램을 통해 제어, 변경·수정도 가능

③ 전용통신 프로토콜이 사용되어 외부 노이즈 영향을 적게 받음

④ 작업현장에 설치되어도 온습도에 영향을 덜 받도록 설계됨

⑤ 복잡한 연산의 수행에는 부적합 : 대안으로 DCS(분산제어시스템) 이용

산업안전지도사	2018년도 2차시험 (기계안전공학)	시험시간 : 100분

※ 다음 단답형 5문제를 모두 답하시오. (각 5점)

01 산업안전보건기준에 관한 규칙에 따라 로봇의 운전 중(교시 및 수리 등을 위한 운전 제외) 위험을 방지하기 위해 필요한 조치사항을 쓰시오.

[풀이]

1. 개요

* 과학발전과 공장자동화 추세를 고려시 산업용 로봇의 소요는 갈수록 증가하고 있으며, 그에 따른 안전사고도 증가하고 있다.
* 이런 안전사고를 감소시키기 위해서는 로봇의 설계, 계획단계에서부터 로봇의 특성을 고려한 본질적 안전화가 반영되어야 하며, 산업현장에서는 로봇 사용시에 위험방지 대책이 확실히 수행되어야 하는데 그 핵심내용은 다음과 같다

2. 로봇 운전시 위험방지 조치사항 (산기규 제223조)

* 사업주는 로봇의 운전(교시 등을 위한 로봇의 운전은 제외한다)으로 인하여 근로자에게 발생할 수 있는 부상 등의 위험을 방지하기 위하여 높이 1.8m 이상의 울타리(로봇의 가동범위 등을 고려하여 높이로 인한 위험성이 없는 경우에는 높이를 그 이하로 조절할 수 있다)를 설치해야 하며, 컨베이어 시스템의 설치 등으로 울타리를 설치할 수 없는 일부 구간에 대해서는 안전매트 또는 광전자식 방호장치 등 감응형 방호장치를 설치해야 한다.
* 다만, 고용노동부장관이 해당 로봇의 안전기준이 한국산업표준에서 정하고 있는 안전기준 또는 국제적으로 통용되는 안전기준에 부합한다고 인정하는 경우에는 본문에 따른 조치를 하지 않을 수 있다.

02 산업안전보건기준에 관한 규칙상 과부하방지장치, 권과방지장치, 비상정지장치, 제동장치, 그 밖의 방호장치가 정상적으로 작동될 수 있도록 미리 조정해 두어야 하는 양중기의 종류 5가지를 쓰시오. (단, 승강기는 제외한다)

[풀이]

1. 개요

* 산업안전보건기준에 관한 규칙에서는 양중기에 대한 정의를 하고 있으며, 이에 해당하는 양중기는 산업재해 방지를 위해 각종 방호장치들이 정상적으로 작동될 수 있도록 미리 조정해 둘 것을 규정하고 있는데, 이에 해당하는 양중기는 다음과 같다.

2. 양중기 종류

* 방호장치의 조정(산기규 제134조) : 사업주는 다음 각 호의 양중기에 과부하방지장치, 권과방지장치, 비상정지장치 및 제동장치, 그 밖의 방호장치(승강기의 파이널 리미트 스위치, 속도조절기, 출입문 인터록 등을 말한다)가 정상적으로 작동될 수 있도록 미리 조정해 두어야 한다.
① 크레인(호이스트를 포함한다)
② 이동식 크레인 : 건설기계관리법을 적용받는 기중기 또는 자동차관리법에 따른 화물·특수자동차의 작업부에 탑재하여 화물 운반 등에 사용하는 기계 또는 기계장치
③ 리프트(이삿짐운반용 리프트의 경우에는 적재하중이 0.1톤 이상인 것으로 한정)
④ 곤돌라
⑤ 승강기 : 승객용 엘리베이터, 승객화물용 엘리베이터, 화물용 엘리베이터(적재용량 300kg 미만은 제외), 소형화물용 엘리베이터, 에스컬레이터

03 프레스 및 전단기의 방호장치 5가지를 쓰시오.

[풀이]

1. 개요

* 프레스 및 전단기는 금속가공 현장에서 가장 많이 볼 수 있는 설비로 과학기술 발전으로 점차 대형화, 고속화 되고 있다.
* 그러나 이들 설비에는 슬라이드와 칼날이라는 위험점이 존재하므로 방심할 경우는 항상 바로 산업재해로 연결될 우려가 큰 설비이므로 방호장치 선정이 그 무엇보다도 중요한데, 그 내용은 다음과 같다.

2. 방호장치

* 프레스 또는 전단기 방호장치의 종류 및 분류는 다음과 같다. 특징을 고려하여 적절한 방호장치가 설치 운용되도록 한다.

종류	분류	기능
광전자식	A-1	프레스 또는 전단기에서 일반적으로 많이 활용하고 있는 형태로서 투광부, 수광부, 컨트롤 부분으로 구성된 것이며, 신체의 일부가 광선을 차단하면 기계를 급정지시키는 방호장치
	A-2	급정지기능이 없는 프레스의 클러치 개조를 통해 광선 차단 시 급정지시킬 수 있도록 한 방호장치
양수 조작식	B-1 (유·공압 밸브식)	1행정 1정지식 프레스에 사용되는 것으로서 양손으로 동시에 조작하지 않으면 기계가 동작하지 않으며, 한 손이라도 떼어 내면 기계를 정지시키는 방호장치
	B-2 (전기버튼식)	
가드식	C	가드가 열려 있는 상태에서는 기계의 위험부분이 동작되지 않고, 기계가 위험한 상태일 때에는 가드를 열 수 없도록 한 방호장치
손쳐 내기식	D	슬라이드의 작동에 연동시켜 위험상태로 되기 전에 손을 위험 영역에서 밀어내거나 쳐내는 방호장치로서 프레스용으로 확동식 클러치형 프레스에 한해서 사용됨(다만, 광전자식 또는 양수조작식과 이중으로 설치 시에는 급정지 가능프레스에 사용 가능)
수인식	E	슬라이드와 작업자 손을 끈으로 연결하여 슬라이드 하강 시 작업자 손을 당겨 위험영역에서 빼낼 수 있도록 한 방호장치로서 프레스용으로 확동식 클러치형 프레스에 한해서 사용됨(다만, 광전자식 또는 양수조작식과 이중으로 설치 시에는 급정지가능 프레스에 사용 가능)

[출처] 방호장치 안전인증 고시 제4조 관련 별표 1(프레스 또는 전단기 방호장치의 성능기준)

(04) 기계·기구에 주로 사용되는 풀프루프(fool proof)의 종류 5가지를 쓰시오.

[풀이]

1. 개요

* 생산성 향상을 위해 생산시설은 급격히 진보하고 있으나 완벽한 기계는 있을 수 없다. 또한 그 시설을 통제 및 관리하는 인간도 여전히 불안전 요소를 내포하고 있다. 그래서 기계·기구·설비의 고장 등과 인간의 휴먼에러가 발생하더라도 사고 또는 재해로 연결되지 않도록 하는 본질적 안전화를 추구하고 있다.

* 이런 본질적 안전화의 수단 중 하나가 풀 프루프이며, 이는 기계·기구·설비 등의 사용시에 인간의 휴먼에러를 인정하고 이에 대비한 안전화를 추구하는 개념이며, 기계·기구·설비에 주로 사용되는 풀 프루프의 종류는 다음과 같다.

2. 주로 사용되는 풀 프루프의 종류

(1) 가드

① 고정 가드 : 개구부로부터 가공물과 공구 등을 넣어도 손은 위험 영역에 머무르지 않는다.

② 연동 가드 : 기계가 작동 중에 개폐되는 경우 기계가 정지한다. 수동스위치 인터록, 기계적 인터록, 캠구동제한스위치 인터록, 열쇠교환 인터록, 켑티브 키 인터록, 시간지연장치 인터록 등을 활용한 연동 가드가 있다.

③ 자동 가드 : 자동적으로 작동되도록 한다. 기계식, 연동식이 있다.

④ 조정 가드 : 가공물과 공구에 맞도록 형상과 크기를 조절한다. 수동조정 가드, 자동조정 가드가 있다.

(2) 조작기구

① 양수조작식 : 양손으로 동시에 조작하지 않으면 기계가 작동하지 않고 손을 떼면 정지 또는 역전 복귀한다.

② 인터록 가드 : 조작기구를 겸한 가드로서 가드를 닫으면 기계가 작동하고, 열면 정지한다.

(3) 로크(lock) 기구

① 인터로크 : 기계식, 전기식, 유공압식 또는 이들의 조합으로 2개 이상의 부분이 상호 구속된다.

② 키식 인터로크 : 열쇠를 사용하여 한 쪽을 잠그지 않으면 다른 쪽이 열리지 않는다.

③ 키 로크 : 1개 또는 상호 다른 여러 개의 열쇠를 사용한다. 전체의 열쇠가 열리지 않으면 기계가 조작되지 않는다.

(4) 트립기구

① 접촉식 : 접촉판, 접촉봉 등에 신체의 일부가 접촉하면 기계가 정지 또는 역전복귀한다.

② 비접촉식 : 광전자식, 정전용량식 등으로 신체의 일부가 위험영역에 접근하면 기계가 정지 또는 역전복귀한다. 신체의 일부가 위험 영역에 들어가면 기계는 작동하지 않는다.

(5) 오버런 기구

① 검출식 : 스위치를 끈 후 관성 운동과 잔류 전하를 감지하여 위험이 있는 동안은 가드가 열리지 않는다.

② 타이밍식 : 기계식 또는 타이머 등을 이용하여 스위치를 끈 후 일정 시간이 지나지 않으면 가드가 열리지 않는다.

(6) 밀어내기 기구

① 자동 가드 : 가드의 가동부분이 열렸을 때 자동적으로 위험 영역으로부터 신체를 밀어낸다.

② 손을 밀어냄, 손을 당김 : 위험한 상태가 되기 전에 손을 위험 지역으로 밀어내거나 끌어당겨 제자리로 오게 한다.

(7) 기동방지 기구

① 안전블록 : 기계의 기동을 기계적으로 방해하는 스토퍼 등으로서, 통상 안전블록과 같이 쓴다.

② 안전플러그 : 제어 회로 등으로 설계된 접점을 차단하는 것으로, 불의의 작동을 방지한다.

③ 레버 로크 : 조작 레버를 중립 위치에 놓으면 자동적으르 잠긴다.

(05) 산업안전보건기준에 관한 규칙에 따라 분진 등을 배출하기 위한 국소배기장치(이동식 제외)의 덕트(duct) 설치기준 5가지를 쓰시오.

[풀이]

1. 개요

* 국소배기장치는 유해한 분진, 가스, 흄, 미스트 등의 유해 오염물질 발생원이 있을 때, 이것이 실내에서 확산되지 않도록 그 발생원을 후드(hood) 등으로 둘러싸고, 발생원의 국부에서 포집하여, 팬과 덕트를 통해 옥외로 배출하는 장치를 말한다.
* 이런 국소배기장치를 설치할 경우 덕트의 설치기준은 다음과 같다.

2. 덕트 설치기준 (산기규 제73조)

* 사업주는 분진 등을 배출하기 위하여 설치하는 국소배기장치(이동식은 제외한다)의 덕트(duct)가 다음 각 호의 기준에 맞도록 하여야 한다.
  ① 가능하면 길이는 짧게 하고, 굴곡부의 수는 적게 할 것
  ② 접속부의 안쪽은 돌출된 부분이 없도록 할 것
  ③ 청소구를 설치하는 등 청소하기 쉬운 구조로 할 것
  ④ 덕트 내부에 오염물질이 쌓이지 않도록 이송속도를 유지할 것
  ⑤ 연결 부위 등은 외부 공기가 들어오지 않도록 할 것

※ 다음 논술형 2문제를 모두 답하시오. (각 25점)

(06) 기계·기구의 고장률과 사용시간의 관계를 나타내는 욕조곡선의 고장종류 3가지와 그 정의, 이와 연관된 고장유형을 쓰시오.

[풀이]

1. 개요

* 욕조곡선은 설비를 설치하기 시작하여 폐기까지의 고장 발생상태를 그림으로 나타낸 것으로, 사용시간과 고장률과의 관계를 도시한 곡선이다. 고장에는 3가지의 고장유형이 있는데, 이와 관련된 세부 내용은 다음과 같다.

2. 욕조곡선의 고장종류와 3가지와 정의

(1) 욕조곡선의 정의 및 형태

* 여러 가지 부품으로 구성된 제품이나 시스템의 가장 전형적인 고장률 패턴은 [그림 1]과 같은 욕조곡선(bath-tub curve)을 따른다.

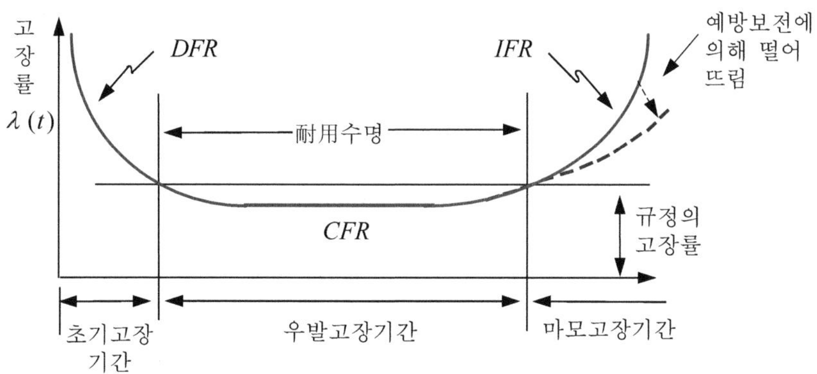

[그림 1] 제품의 전형적 고장률 패턴 (욕조곡선)

* 이 욕조곡선은 고장률의 3가지 기본형인 DFR, CFR, IFR이 혼합되어 그려진다.
  ① 초기고장(DFR기간의 고장) : 초기고장기간(debugging기간, burn-in기간)은 제품에서 최초의 고장률이 시간적으로 감소하는 DFR(Decreasing Failure Rate)의 부분이다.
  ② 우발고장(CFR기간의 고장) : 우발고장기간에는 고장률은 시간적으로 거의 일정하며 안정되는 CFR(Constant Failure Rate)의 부분이다. 우발고장기간의 신뢰도 $R(t)$ 는 지수분포에 따른다. 즉, $R(t) = e^{-\lambda t}$ 이 된다. 여기서 λ 는 평균고장률인 상수이다.
  ③ 마모고장(IFR기간의 고장) : 우측에서 고장률이 증가되는 IFR(Increasing Failure Rate)의 부분을 마모고장기간(또는 노화고장기간)이라 한다.

(2) 욕조곡선상의 연관된 고장 유형 및 대책

구분	고장 원인(유형)	고장 대책
초기고장 (DFR)	설계 오류, DR(설계검토) 오류, 설치 오류, 초기유동관리 오류, 시운전 오류, 초기운전 미숙, 약점개선 미흡	디버깅, 번인, DR, MP(보전예방)설계, 초기유동관리, 시운전

구분	고장 원인(유형)	고장 대책
우발고장 (CFR)	설계한계 초과, 진동, 충격, 운전미숙, 보전 미숙	설비한계 변경, 정상운전, 계획 사후보전, 예지보전, 개량보전
마모고장 (IFR)	마모, 피로열화, 절연열화	예방보전

07 산업안전보건기준에 관한 규칙에 따라 화학설비와 그 부속 설비를 사용하여 작업 시 사업주가 근로자의 위험을 방지하기 위해서 작성하여야 하는 작업계획서의 내용 10가지를 쓰시오.

[풀이]

1. 개요

* 산업안전보건기준에서는 화학설비와 그 부속설비를 사용하는 작업은 근로자의 위험을 방지하기 위해 작업시작 전에 미리 작업계획서를 작성하고, 그 계획에 따라 작업을 하도록 규정하고 있다.
* 이때 그 작업계획서에 포함되어야 할 사항은 다음과 같다.

2. 작업계획서 포함사항

① 밸브·콕 등의 조작(해당 화학설비에 원재료를 공급하거나 해당 화학설비에서 제품 등을 꺼내는 경우만 해당한다)

② 냉각장치·가열장치·교반장치 및 압축장치의 조작

③ 계측장치 및 제어장치의 감시 및 조정

④ 안전밸브, 긴급차단장치, 그 밖의 방호장치 및 자동경보장치의 조정

⑤ 덮개판·플랜지·밸브·콕 등의 접합부에서 위험물 등의 누출여부에 대한 점검

⑥ 시료의 채취

⑦ 화학설비에서는 그 운전이 일시적 또는 부분적으로 중단된 경우의 작업방법 또는 운전 재개 시의 작업방법

⑧ 이상 상태가 발생한 경우의 응급조치

⑨ 위험물 누출 시의 조치

⑩ 그 밖에 폭발·화재를 방지하기 위하여 필요한 조치

3. 결론

* 화학설비와 부속설비는 유해한 물질을 취급하므로 화재·폭발·누출 등 이상상황 발생시 작업자 뿐만 아니라 주변 작업자들과 인근 지역에까지 피해를 줄 수 있으므로 작업계획서를 작성하고 그 계획에 따라 작업을 해야 한다. 따라서 작업현장에서는 상기 작업계획서를 내실있게 작성하고 이를 준수하여 안전사고를 방지해야 한다,

[출처] 작업계획서 작성 내용(산기규 별표 4), 화학설비 종류(산기규 별표 7)

※ 다음 논술형 2문제 중 1문제를 선택하여 답하시오. (각 25점)

(08) 자동제어장치의 주요 구성요소 3가지에 대해 설명하시오.

풀이

1. 개요

* 일반적으로 제어란 어떤 목적에 적합하도록 제어대상에 적당한 조작 또는 동작을 주는 것이며, 이 제어를 사람이 개입하여 하면 수동제어라 하고, 사람의 개입없이 제어장치에 의해 자동적으로 수행되는 것을 자동제어라 한다.
* 자동제어에 사용되는 기계장치를 자동제어장치라고 하는데, 자동제어장치의 주요 구성요소는 다음과 같다.

2. 자동제어장치의 주요 구성요소

* 일반적으로 자동제어장치의 구성요소는 감지장치(센서), 처리장치(프로세서), 작동장치(액튜에이터) 등이 있는데 그 내용은 다음과 같다
  ① 감지장치(센서) : 제어에 필요한 제어량을 계측하고, 작동장치의 작업완료 여부 및 작업상태를 감지하여 처리장치에 보고하는 부분
  ③ 처리장치(프로세서) : 감지장치로부터 입력된 제어정보와 실제값을 비교, 분석, 처리하여 필요한 제어출력을 작동장치에 보내는 부분
  ③ 작동장치(액튜에이터) : 외부의 에너지를 공급받아 출력받은 작업을 수행하는 부분

3. 결론

* 실제 전 세계적으로 자동제어장치는 산업현장 뿐만 아니라 사회시스템, 우주항공분야, 자원탐사나 환경보전과 관련된 시스템에 이르기까지 도입분야가 확대되었다.
* 따라서 자동제어와 관련된 기술은 단순히 산업현장에서 생산성향상을 위한 수단이 아니라 미래 국가의 경쟁력향상을 위한 과학기술로 인식하고 관련 전문가의 기술수준 향상을 위해 노력해야 한다.

(09) 산업안전보건법령상 로봇작업 시 특별안전보건교육 내용 4가지를 쓰시오. (단, 채용 시와 작업내용 변경 시 해당되는 교육 내용은 제외한다)

[풀이]

1. 개요

* 과학발전과 공장자동화 추세를 고려시 산업용 로봇의 소요는 갈수록 증가하고 있으며, 그에 따른 안전사고도 증가하고 있다.
* 이러한 안전사고를 감소시키기 위해서는 먼저 로봇의 설계, 계획단계에서부터 로봇의 위험성을 고려한 본질적 안전화가 반영되어야 하겠지만, 산업현장에서 로봇의 교시, 사용, 수리 및 점검과 관련된 안전보건교육도 내실있게 진행되어야 한다. 로봇 작업과 관련된 특별안전보건교육 내용은 다음과 같다.

2. 로봇작업 시 특별안전보건교육 내용 (산기규 별표 5)

① 로봇의 기본원리·구조 및 작업방법에 관한 사항
② 이상 발생 시 응급조치에 관한 사항
③ 안전시설 및 안전기준에 관한 사항
④ 조작방법 및 작업순서에 관한 사항

3. 결론

* 산업용 로봇으로 인한 재해는 크게 가동중인 로봇의 가동범위 내에 작업자가 임의로 침입하는 경우와 교시작업, 로봇의 수리, 검사 등 유지보수 작업시 등 3가지의 경우에 많이 발생한다. 따라서 산업현장에서는 로봇과 관련된 업무를 하는 근로자들을 대상으로 인간의 망각주기를 고려하여 주기적인 특별 안전교육을 실시토록 해야 한다

산업안전지도사	2019년도 2차시험 (기계안전공학)	시험시간 : 100분

※ 다음 단답형 5문제를 모두 답하시오. (각 5점)

01 위험기계기구 안전인증고시상 고소작업대 무게중심 및 주행장치에 따른 분류를 하고 설명하시오.

[풀이]

1. 개요

* 고소작업대란 작업대, 연장구조물, 차대로 구성되며, 사람을 작업위치로 이동시켜 주는 설비를 말하며, 일반적으로 차량 탑재형, 자체 추진형, 보행자 제어형 등이 있다.

* 고소작업대는 특히 무게중심이 높아 지면의 불균형 및 외부 충격 등 이상상황 발생시 장비의 전도위험과 작업자 추락 위험이 높아 안전작업에 관심이 요망된다. 또한 이런 위험성 등으로 인해 고소작업대는 무게중심 및 주행장치에 따라 분류하고 있는데, 그 내용은 다음과 같다.

2. 무게중심에 의한 분류

① A그룹 : 작업대 무게중심의 수직 투영이 항상 전복선(tipping line) 안에 있는 고소작업대

② B그룹 : 작업대 무게중심의 수직 투영이 전복선(tipping line) 밖에 있을 수 있는 고소작업대

3. 주행 장치에 따른 분류

① 제1종 : 적재위치(stowed position)에서만 주행할 수 있는 고소작업대

② 제2종 : 차대의 제어위치에서 조작하여, 작업대를 상승한 상태로 주행할 수 있는 고소작업대

③ 제3종 : 작업대의 제어위치에서 조작하여, 작업대를 상승한 상태로 주행할 수 있는 고소작업대

[출처] 위험기계・기구 안전 인증 고시 제16조(정의)

02 기계·기구·설비의 설계 제작에 관련된 응력집중계수(Stress Concent-ration Factor)에 관하여 쓰시오.

[풀이]

1. 개요

* 물체가 외부에서 힘을 받았을 때 그 힘을 외력이라 하고, 재료에 가해진 외력을 하중이라 하며, 어떤 물체에 하중이 작용하면 그 물체 내부에는 저항하는 힘이 생겨 균형을 이루려고 한다.

* 이 저항력을 응력이라 하며 응력은 재료의 강도 저하, 파손 등을 야기시키므로 응력을 잘 이해하는 것은 안전을 위해 중요하며, 응력과 관련된 여러 개념 중 응력집중계수는 다음과 같다.

2. 응력집중계수

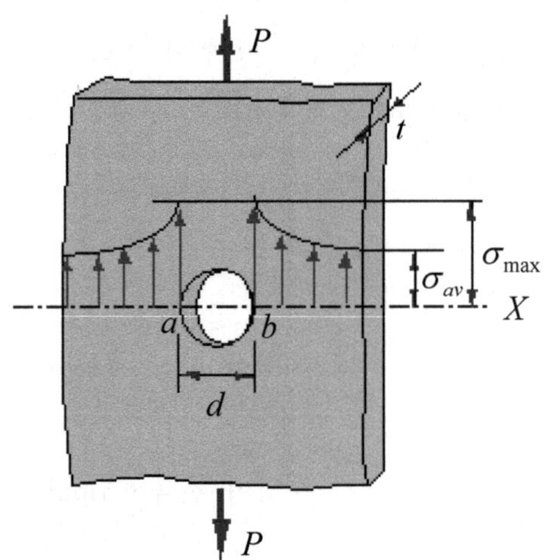

[그림 1] 판재의 응력집중

* [그림 1]에서 판의 폭이 b, 두께가 t 인 균일한 단면판에 인장하중 P 가 작용하면 구멍에서 멀리 떨어진 단면에 일어나는 응력분포는 균일단면에서와 같이 일정하여, 다음의 식이 된다.

$$\sigma = \frac{P}{A} = \frac{P}{bt}$$

* 구멍의 중심을 통하는 단면에 일어나는 세로 방향의 응력 분포는 원형 구멍의 가장자리에 있는 a, b 점에서 응력집중이 발생하여 큰 응력으로 나타나고, a, b 에서 멀어질수록 감소한다. a, b 점 부분에서 일어나는 큰 응력을 최대집중응력 σ_{max} 이라 한다.

* 원형 구멍 부분의 단면에서 구멍 부분을 제외한 전단면적에 작용하는 응력을 공칭응력(nomial stress, σ_n)이라 하며, 이것은 응력집중을 고려하지 않은 평균응력으로서, 그 크기는 다음의 식으로 된다.

$$\sigma_n = \frac{P}{(b-d)t} = \sigma_{av}$$

* 최대집중응력 σ_{max} 과 평균응력 σ_{av} 와의 비를 형상계수 또는 응력집중계수 α_k 라 하며, 다음의 식으로 구한다.

$$\alpha_k = \frac{\sigma_{max}}{\sigma_{av}}$$

* α_k 의 값은 탄성한도 내에 있으며, 노치(notch) 등의 형상과 하중의 종류에 따라 정해지고, 부재의 크기 또는 재질과는 무관하다. 형상이 간단한 경우에는 계산에 의하여 구하고, 복잡한 경우에는 스트레인 게이지(strain gauge)나 광탄성시험으로 측정한다. 또한 α_k 는 인장의 경우가 일반적으로 크며, 굽힘, 비틀림의 순으로 작게 된다.

(03) 산업안전보건기준에 관한 규칙에 따라 다음 사례의 재해를 예방하기 위해 지게차에 있어야 하는 장치 명칭과 장치의 3가지 설치기준을 쓰시오.

> 산업현장에서 좌승식 전동지게차에 의한 중대재해가 발생하여, 현장을 확인해 보니 지게차에는 화물이 적재되어 있지 않은 상태였으며, 현장 목격자 진술에 의하면 현장에 적재된 화물이 지게차 운전자에 낙하되어 재해가 발생하였다고 진술하였다.

[풀이]

1. 개요

* 상기 재해는 지게차에 적재된 화물이 지게차 운전자에게 낙하되어 일어난 사고로 판단되며, 이런 재해를 예방하기 위해 지게차에 있어야 할 장치와 설치기준은 다음과 같다.

2. 장치 명칭 : 헤드가드

3. 설치기준

① 강도는 지게차의 최대하중의 2배 값(4톤을 넘는 값에 대해서는 4톤으로 한다)의 등분포정하중에 견딜 수 있을 것

② 상부틀의 각 개구의 폭 또는 길이가 16cm 미만일 것

③ 운전자가 앉아서 조작하거나 서서 조작하는 지게차의 헤드가드는 「산업표준화법」에 따른 한국산업표준(KS)에서 정하는 높이 기준 이상일 것

04 산업안전보건기준에 관한 규칙상 용접·용단, 가열에 사용되는 가스 등의 용기를 취급하는 경우 사용·설치·저장 또는 방치하지 않아야 할 3가지 장소에 관하여 쓰시오.

[풀이]

1. 개요

* 용접·용단, 가열에 사용되는 가스 등의 용기는 취급부주의로 내용물이 누출되거나 충격을 받아 넘어질 경우 화재·폭발 등 대형 재해의 위험이 있으므로 관리에 관심이 요망되며, 특히 사용·설치·저장 또는 방치하지 않아야 할 장소는 다음과 같다.

2. 가스 등의 용기를 설치·저장 또는 방치하지 않도록 할 장소 (산기규 제234조)

① 통풍이나 환기가 불충분한 장소

② 화기를 사용하는 장소 및 그 부근

③ 위험물 또는 인화성 액체를 취급하는 장소 및 그 부근

05 다음과 같은 펌프에서 발생 가능한 문제를 방지하기 위한 5가지 대책을 쓰시오.

> 저장조에 저장된 물질을 운반하기 위한 원심펌프가 설치된 제조업 현장을 점검한 결과 펌프의 설치위치가 흡수면으로부터 약 6m 정도 높게 설치되었고, 흡입배관의 설치형태가 복잡하게 설치되어 있는 것을 확인하였다.

풀이

1. 캐비테이션(cavitation) 현상 가능성 및 대책

(1) 캐비테이션(공동현상)의 정의

* 공동현상(空洞)이라고도 하며, 유체의 속도변화에 의해 유체 내에서 공동(증기기포)이 생기고, 유속이 변할 때 공동이 파괴되는 현상이다.

* 공동현상은 빠른 속도로 유체가 운동할 때 액체의 압력이 증기압 이하로 낮아져서 증기기포가 발생한 후 파괴되는 현상이다.

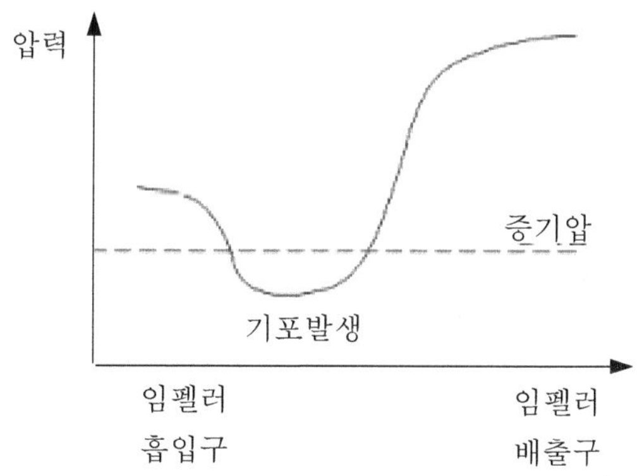

(2) 캐비테이션의 영향

* 침식, 충격, 진동, 소음, 추진성능(효율) 저하

(3) 캐비테이션 방지법

① 펌프의 설치위치를 낮추어 흡입수두를 줄인다.

② 유속을 낮게 한다. ③ 펌프의 회전수를 줄인다.

④ 흡입관경을 크게 한다. ⑤ 수중펌프를 이용한다.

2. 서징(Surging) 현상 가능성 및 대책

(1) 서징(Surging)의 정의

* 서징(Surging) 현상은 맥동현상이라고도 한다.
* 펌프의 운전 중에 압력계기의 눈금이 어떤 주기를 가지고 큰 진폭으로 흔들림과 동시에 토출량은 어떤 범위에서 주기적으로 변동이 발생하고, 흡입 및 토출배관의 주기적인 진동과 소음을 수반한다.

(2) 원인

① 다음의 조건이 동시에 갖추어 졌을 때 발생한다.

   ㉠ 펌프의 H-Q 곡선이 오른쪽 상향 구배 특성을 가지고 있다.

   ㉡ 펌프의 토출관로가 길고, 배관 중간에 수조 또는 기체상태인 부분(공기가 괴어 있는 부분)이 존재한다.

   ㉢ 수조 또는 기체상태가 있는 부분의 하류측 밸브에서 토출량을 조절한다.

   ㉣ 운전점이 오른쪽 하향 구배 특성 범위 이하에서 운전한다.

② 즉, 상기 조건 중 어느 하나만 만족되지 않아도 서징은 발생하지 않는다.

(3) 발생현상

① 흡입 및 토출 배관의 주기적인 진동과 소음을 수반

② 한 번 발생하면 그 변동 주기는 비교적 일정하고, 송출밸브로 송출량을 조작하여 인위적으로 운전상태를 바꾸지 않는 한 이 상태가 지속된다.

(4) 방지책

① 펌프의 H-Q 곡선이 오른쪽 하향 구배 특성을 가진 펌프를 채용한다.

② 회전차나 안내깃의 형상 치수를 바꾸어 그 특성을 변화시킨다.

③ 바이패스관을 사용하여 운전점이 펌프 H-Q 곡선이 오른쪽 하향 구배 특성 범위에 있도록 한다.

④ 배관 중간에 수조 또는 기체상태인 부분이 존재하지 않도록 배관한다.

⑤ 유량조절밸브를 펌프 토출측 직후에 위치시킨다.

⑥ 불필요한 공기탱크나 잔류공기를 제어하고, 관로의 단면적, 유속, 저항 등을 바꾼다.

※ 다음 논술형 2문제를 모두 답하시오. (각 25점)

06 산업안전보건기준에 관한 규칙상 공기압축기를 가동할 때 작업을 시작하기 전에 관리감독자가 확인할 점검사항에 관하여 쓰시오.

[풀이]

1. 개요

* 공기압축기는 공기를 일정 압력 이상으로 압축하여 고압 탱크에 저장시키는 장치로서, 압축하는 공기를 생산하는 방식에 따라 피스톤식과 베인식으로 구분한다.
* 공기압축기의 위험성은 일반적으로 과압에 의한 공기 저장탱크의 폭발, 가연성물질 사용에 따른 화재, 동력전달부에 접촉시 끼임의 위험이다. 따라서 산업안전보건기준에 관한 규칙에서는 관리감독자가 공기압축기 작업전 점검해야 할 사항을 규정하고 있는데 그 내용은 다음과 같다.

2. 작업전 관리감독자가 확인할 점검사항 (산기규 제35조 관련 별표 3)

① 공기저장 압력용기의 외관 상태　② 드레인밸브의 조작 및 배수
③ 압력방출장치의 기능　④ 언로드밸브의 기능　⑤ 윤활유의 상태
⑥ 회전부의 덮개 또는 울　⑧ 그 밖의 연결 부위의 이상 유무

07 아래 그림과 같이 크레인을 이용한 작업시 다음 물음에 답하시오

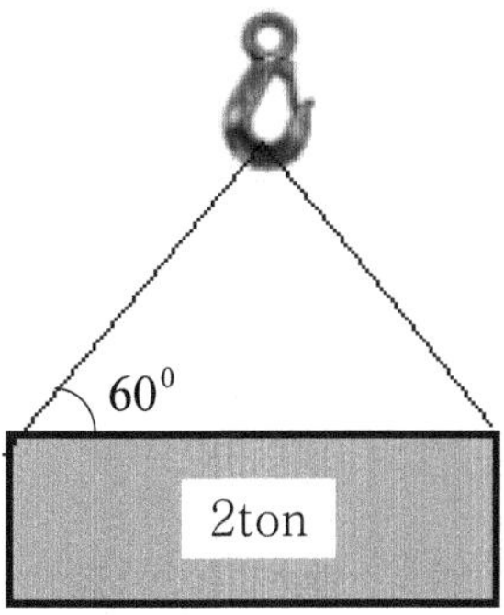

1) 줄걸이용 와이어로프의 안전계수를 구하고, 기준규칙상 줄걸이용으로 사용 가능 여부를 판단하라. (단, 로프 절단하중은 8t, 단말고정 이음효율 70%, 소수점 셋째 자리에서 반올림하여 둘째 자리까지 구한다)

2) 산업안전보건기준에 관한 규칙상 줄걸이용 와이어로프 고리부분을 꼬아넣기 (아이스플라이스)로 제작하는 방법에 관하여 쓰시오.

[풀이]

1. 줄걸이용 와이어 로프의 안전계수 산출 및 사용가능 여부

$$안전계수 = \frac{파단하중 \times 단말고정이음효율}{최대사용하중} = \frac{8 \times 0.7}{1.15} = 4.87$$

여기서, $T \times \cos 30^0 \times 2 = 2$

$$\rightarrow 최대사용하중 \ T = \frac{2}{\cos 30^0 \times 2} = \frac{2}{(\sqrt{3}\,/\,2) \times 2} = 1.15$$

[참고] 이음효율이 고려될 경우, 100% 이하인 경우에는 안전계수(안전율)가 낮은 값으로 얻어진다(계산된다).

* 화물의 하중을 직접 지지하는 달기와이어로프 또는 달기체인의 경우 안전율은 5이상이라야 한다. 따라서 사용불가이다.

2. 와이어로프 고리부분을 꼬아넣기(아이스플라이스)로 제작 방법

* 와이어로프의 모든 꼬임을 3회 이상 끼워 짠 후 각각의 꼬임의 소선 절반을 잘라내고 남은 소선을 다시 2회 이상(모든 꼬임을 4회 이상 끼워 짠 경우에는 1회 이상) 끼워 짜야 한다.

[참고] 와이어로프 등 달기구의 안전계수 (산기규 제163조)

* 사업주는 양중기의 와이어로프 등 달기구의 안전계수(달기구 절단하중의 값을 그 달기구에 걸리는 하중의 최대값으로 나눈 값을 말한다)가 다음 각 호의 구분에 따른 기준에 맞지 아니한 경우에는 이를 사용해서는 아니 된다.

1. 근로자가 탑승하는 운반구를 지지하는 달기와이어로프 또는 달기체인의 경우 : 10 이상

2. 화물의 하중을 직접 지지하는 달기와이어로프 또는 달기체인의 경우 : 5 이상

3. 혹, 샤클, 클램프, 리프팅 빔의 경우 : 3 이상

4. 그 밖의 경우 : 4 이상

※ 다음 논술형 2문제 중 1문제를 선택하여 답하시오. (각 25점)

(08) 공장 자동화에 필요한 산업용 로봇의 4가지 구성요소에 관하여 쓰시오.

풀이

1. 개요

* 공장자동화란 생산공정에서 사람의 손을 거치지 않고 기계로 가공물을 운반하고 이송하며, 자동제어에 의해 자동적으로 생산하는 개념이다.
* 이런 공장자동화 기기로는 수치제어(NC : Numerical Control) 공작기계, 컴퓨터 수치제어(CNC : Computer NC) 공작기계, 직접수치 제어(DNC : Direct NC) 공작기계, 머시닝 센터(MC : Machining Center), 산업용 로봇 등이 대표적이다.

2. 산업용 로봇의 구성요소 (시스템 측면)

* 산업용 로봇은 용도에 따른 분류, 동작특성에 따른 분류 등 여러 가지 기준에 따라 분류할 수 있다. 그러나 이런 다양한 분류 기준에도 불구하고 일반적으로 로봇은 생산을 위한 로봇의 고유기능을 수행할 수 있도록 공통적인 구성요소를 가지고 있는데 ㄱ 대표적인 구성요소는 다음과 같다.

  ① 구동부(가동부) : 손과 팔, 그리고 발 부분으로 주로 동작을 담당하고 있는 부분이다. 즉, 제어부에서 신호를 받아 동작을 행하는 장치로 링크 및 관절로 구성된 몸체, 사람의 팔과 손에 해당하는 매니퓰레이터, 그리퍼 등의 말단장치, 그리고 전기모터, 유압모터, 공압 및 유압 실린더 등과 같은 구동장치가 해당된다.

  ② 제어부 : 구동부의 동작을 제어하기 위한 요소로 검출부가 송출하는 물리정보나 그 처리신호를 받아 로봇의 실제 움직임과 원하는 움직임이 일치하도록 출력 구동신호를 주는 부분이다. 제어기, 처리기, 제어 응용 소프트웨어 등이 해당된다. 일반적으로 서보(servo) 제어를 폐루프 시스템, 비서보(non servo) 제어를 개루프 시스템이라고 한다.

  ③ 검출부 : 제어부의 기능 달성을 위한 요소로 다양한 센서로 구성되며, 검출부의 기능은 ㉠ 자체 가동부를 감시하는 내계 계측기능, ㉡ 작업대상을 감시하는 외계 계측 인식기능, ㉢ 다른 기계장치 및 주변기기를 감시하는 제어정보 교환기능, ㉣ 자체 정상가동상태를 진단하는 진단기능 등의 4가지로 요약된다. 한편, 검출부가 필요없는 로봇도 있는데 이런 로봇은 단순 오픈 루프에 해당된다.

④ 동력원 : 구동부, 제어부, 검출부 등 다른 구성요소를 작동시키는데 필요한 에너지를 공급하고 조절하는 장치다. 로봇의 용도와 에너지원에 따라 전기식, 유압식, 공압식이 있으며, 이 중에서 몇 가지를 같이 사용하기도 한다.

3. 결론

* 과학기술의 발전과 더불어 로봇은 다양한 형태와 능력을 가지게 되었으며, 실제 산업현장에서는 인간이 극복할 수 없는 위험상황에서도 정확하고 정밀한 업무를 추진할 수 있다.
* 그러나, 로봇의 설계, 배치, 점검, 보전 등은 여전히 인간의 관리를 받아야 하는데 로봇의 발전속도에 비해 실제 현장에서 이를 관리하는 작업자들의 로봇 관련 지식 및 운용기술은 낮은 편이다.
* 이런 현상이 지속된다면 로봇의 사용 및 점검시에 근로자들에게 신체적 위협 뿐만 아니라 근로의욕 저하마저 유발할 수 있으므로, 로봇과 관련된 전문화교육을 강화해야 하겠다.

[참고] 로봇의 구성기기 분류 (역할 측면)

1. 매뉴퓰레이터 : 링크와 관절로 구성된 로봇의 몸체
2. 센서 : 관절의 위치를 처리기로 보냄
3. 처리기(프로세서) : 로봇 관절의 동작과 속도를 계산(두뇌부에 해당)
4. 제어기 : 처리된 정보를 이용하여 구동기(액튜에이터)의 동작을 제어함(소뇌에 해당)
5. 액튜에이터 : 기구의 작동부에 해당(서보모터, 소형모터, 공압·유압 실린더 등)
6. 말단효과장치 : 마지막 관절에 연결된 로봇의 손(gripper)
7. 소프트웨어 : 실시간으로 로봇의 관절 제어 및 기구부의 위치·속도 제어

(09) 중량물 운반을 위해 작업장내 설치된 천장주행크레인의 거더 단면 형상이 아래와 같을 때, 단면 2차 모멘트(I_x, I_y)와 단면계수(Z_x, Z_y)의 값을 구하라. (단, 단위는 I_x, I_y는 mm^4, Z_x, Z_y는 mm^{3}이며, 값은 소수점 셋째 자리에서 반올림하여 둘째 자리까지 구한다)

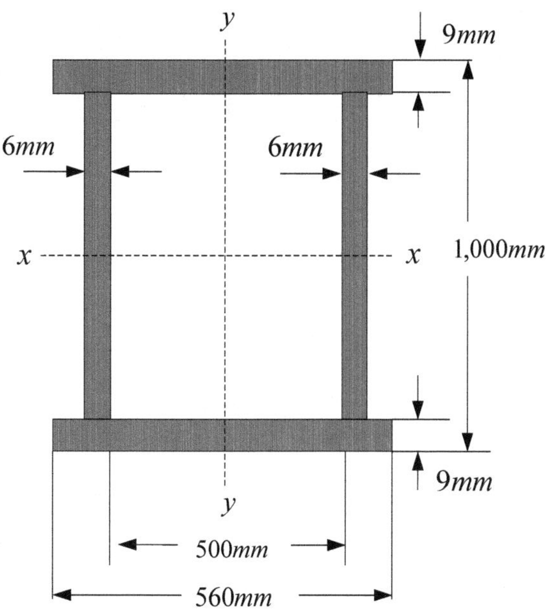

풀이

1. 부재 4개로 도형 분할

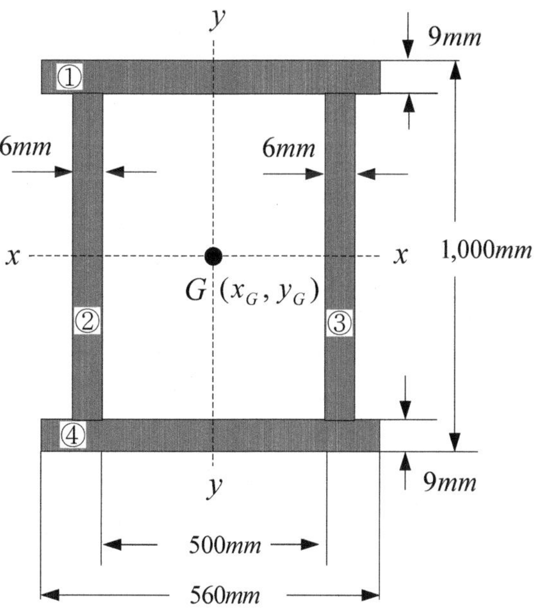

2. 도형전체의 도심 산출

$$x_G = \frac{G_x}{A_1 + A_2 + A_3 + A_4} = \frac{2,981,352}{21,864} = 136.36$$

여기서, 단면1차모멘트 $G_x = A_1 x_{G1} + A_2 x_{G2} + A_3 x_{G3} + A_4 x_{G4}$

$$= 5,040 \times 0 + 5,892 \times (250 + 3) + 5,892 \times (250 + 3) + 5,040 \times 0$$

$$= 2,981,352$$

$$y_G = \frac{G_y}{A_1 + A_2 + A_3 + A_4} = \frac{4,994,640}{21,864} = 228.44$$

단면1차모멘트 $G_y = A_1 y_{G1} + A_2 y_{G2} + A_3 y_{G3} + A_4 y_{G4}$

$$= 5,040 \times (500 - 4.5) + 5,892 \times 0 + 5,892 \times 0 + 5,040 \times (500 - 4.5)$$

$$= 4,994,640$$

3. 단면2차모멘트 I_x, 단면계수 Z_x 산출

No.	크기 ($b \times h$)	면적 (A)	거리(d)		$A \times d^2$	I_x ($\frac{bh^3}{12}$)	I_{xG} ($I_x + Ad^2$)
1	560×9	5,040	$y_{G1} - y_G$	(500-4.5) -228.44 =267.06	$5,040 \times 267.06^2$ =359,458,059.7	34,020	359,492,079.7
2	6×982	5,892	$y_{G2} - y_G$	0-0=0	0	473,483,084	473,483,084
3	6×982	5,892	$y_{G3} - y_G$	0-0=0	0	473,483,084	473,483,084
4	560×9	5,040	$y_{G4} - y_G$	(500-4.5) -228.44 =267.06	359,458,059.7	34,020	359,492,079.7
계		21,864					1,665,950,327

* 도형전체의 도심(G)에서 x축에 대한

단면2차모멘트 $I_x = I_{xGtotal} = 1,665,950,327\,[mm^4]$

단면계수 $Z_x = \dfrac{I_{xGtotal}}{y_G} = \dfrac{1,665,950,327}{228.44} = 7,292,726\,[mm^3]$

4. 단면2차모멘트 I_y , 단면계수 Z_y 산출

No.	크기 ($b \times h$)	면적 (A)	거리(d)		$A \times d^2$	$I_y\,(\dfrac{hb^3}{12})$	I_{yG} ($I_y + Ad^2$)
1	560×9	5,040	x_{G1} $- x_G$	0-0=0	0	131,712,000	131,712,000
2	6×982	5,892	x_{G2} $- x_G$	(250+3) −136.36 =116.64	$5,892 \times 116.64^{\,2}$ =80,160,0009.5	17,676	80,177,685.5
3	6×982	5,892	x_{G3} $- x_G$	(250+3) −136.36 =116.64	80,160,0009.5	17,676	80,177,685.5
4	560×9	5,040	x_{G4} $- x_G$	0-0=0	0	131,712,000	131,712,000
계		21,864					423,779,371

* 도형전체의 도심(G)에서 y축에 대한

단면2차모멘트 $I_y = I_{yGtotal} = 423,779,371\,[mm^4]$

단면계수 $Z_y = \dfrac{I_{yGtotal}}{x_G} = \dfrac{423,779,371}{136.36} = 3,107,798\,[mm^3]$

[참고] 이 문제는 재료역학 평면도형의 성질을 기반으로 한 문제임

| 산업안전지도사 | 2020년도 2차시험 (기계안전공학) | 시험시간 : 100분 |

※ 다음 단답형 5문제를 모두 답하시오. (각 5점)

01 산업안전보건기준에 관한 규칙상 로봇의 작동 범위에서 그 로봇에 관하여 교시 등(로봇의 동력원을 차단하고 하는 것은 제외)의 작업을 할 때, 작업시작 전 점검사항 3가지를 쓰시오.

풀이

1. 개요

* 로봇에 어떤 작업을 지시할 때는 먼저 그 작업을 어떤 동작과 어떤 순서로 할 것인가를 작업자가 로봇에게 입력시켜야 한다. 이를 로봇의 작업교시 또는 티칭(teaching)이라고 하며, 산업안전보건기준에 관한 규칙에서는 교시를 '매니퓰레이터의 작동순서, 위치·속도의 설정 및 변경, 또는 그 결과를 확인하는 것'이라 정의했다.
* 그러나 이와 같은 교시 중에는 로봇의 예기치 못한 작동 또는 오조작에 의한 위험이 발생될 수 있어 교시 등의 작업시 작업 시작전 점검사항은 안전보건기준에도 명확히 반영되어 있으며 그 내용은 다음과 같다.

2. 작업시작전 점검사항 (산기규 제35조 관련 별표 3)

① 외부 전선의 피복 또는 외장의 손상 유무
② 매니퓰레이터(manipulator) 작동의 이상 유무
③ 제동장치 및 비상정지장치의 기능

02 생산공정 자동화에 이용되는 수치제어(NC : numerical control) 공작기계의 작동원리에 대하여 설명하시오.

풀이

1. NC기반의 CNC 공작기계의 개요

* CNC는 Computer Numerical Control, 즉 컴퓨터 수치 제어의 약어이며, 이는 컴

퓨터가 스핀들 속도, 이송 속도, 위치를 비롯한 기계가 수행하는 작업을 제어하는 것을 의미한다.

* CNC 공작기계는 기존 공작기계보다 복잡하지만 이론적으로 CNC 공작기계의 작동 원리는 다음 네 가지 섹션으로 나눌 수 있다.

2. CNC 공작기계의 작동 원리

(1) 프로그래밍 입력

* CNC 공작기계가 더 효율적으로 작동하는 이유는 주로 완전한 처리 프로그램 세트가 작성되어 컴퓨터 움직임에 입력되기 때문이다.

* CNC 공작기계 프로그래밍에는 G 코드 및 M 코드가 필요하다. G 코드는 주로 CNC 공작기계의 축 이동 효율과 절삭속도를 조정하는 데 사용되는 공작기계 제어 프로그램을 컴파일이다. M 코드는 절삭유 추가 및 프롭 교체 자동 프로세스와 같이 일부 보조적이지만 필요한 지능형 조정 프로세스를 조작하여 공작기계 처리의 보조 프로그램을 제어하는 역할을 한다.

(2) 제어 시스템 처리

* CNC 공작기계의 제어 시스템은 일반적으로 컴퓨터, 컨트롤러, 모터 및 인코더와 같은 모듈로 구성된다.

* 가공 프로그램에 의해 전달된 명령을 받은 후 제어 시스템은 인간의 언어를 이진 컴퓨터 코드로 신속하게 변환하여 모터 속도와 거리를 정확하게 변경하여 공작기계의 다양한 정밀 변위 및 절단 프로세스를 완료할 수 있다.

(3) 모션 시스템 제어

* 이 명령은 변화를 달성하기 위해 서보 모터의 속도와 위치를 조정함으로써 달성된다.

* 가공 공정에서 CNC 공작기계의 여러 베어링은 설정된 궤적에 따라 움직여야 하며 내장된 제어 시스템은 각 베어링의 이동 지점과 속도를 계산한다. 그런 다음 이러한 데이터는 제어신호로 변환되어 궁극적으로 공작 기계가 독립적이고 정확하게 작업을 처리하도록 한다.

(4) 공구 교체 제어

* 가공 흐름에서 공작기계는 공구 마모를 느낀 후 자동으로 정지하고 제어 시스템
  은 자동으로 공구 전환 및 조정 프로그램을 시작하며 완료 후 가공을 계속할 수
  있게 한다.

03 유압시스템의 고장증상 중 유압의 저하(실린더 추력의 감소) 원인 5가지
를 쓰시오.

[풀이]

1. 개요

* 유압시스템은 오일과 같은 비압축성 유체를 통하여 동력 또는 힘을 전달하는 유체
  동력 장치로 큰 출력을 제공하고 고압에서 높은 성능을 발휘한다. 그러나 유압시스
  템의 단점 중 하나는 밸브 및 배관 시스템을 통해 비탄성 오일을 운반하는 과정에
  서 문제가 발생할 수 있다는 점이다. 그 중에서 실린더에서 유압의 저하가 발생되
  는 원인을 살펴보면 다음과 같다.

2. 유압시스템 계통 구성

* 작동유 탱크 → 흡입필터 → 펌프유니트 → 압력제어밸브 → 라인필터 → 방향제
  어밸브 → 유량제어밸브 → 배관 및 이음부 → 액튜에이터(작동기)

3. 유압의 저하 원인

① 액튜에이터 실린더의 밀봉작용을 하는 시일(seal)이 손상 또는 누설로 유압 저하

② 이물 과다 축적으로 필터의 막힘 발생

③ 회로내의 밸브 등을 통한 유압유의 누설로 인한 유압 저하

④ 비압축성 유체 대신 압축성 유체를 사용하여 유체의 압축으로 인한 유압 저하

⑤ 유압장치의 운전온도 범위를 벗어난 경우로 유압유의 점도 변화가 있을 경우

⑥ 유압유 점도 저하로 인한 누유

⑦ 유체 내부에 기포가 발생하여 추력 감소

⑧ 유체 내부에 설비의 부식, 녹 발생, 열화 등으로 인한 수분 등의 불순물 발생

⑨ 관로저항이 높아져 윤활성 및 유동성 등의 저하

⑩ 유량조절 밸브의 기능 불량

04 기계의 고장률 추이를 나타내는 욕조곡선(bath-tub curve)의 3가지 구간 쓰고, 전동기 베어링이 미스얼라이먼트(misalignment)로 파손되었다면 이것은 곡선의 어느 구간에 속하는지 쓰시오.

풀이

1. 개요

* 욕조곡선은 제품의 설치 이후 시간의 경과에 따른 설비의 고장률 및 수명을 나타내는 곡선으로 크게 3가지 구간으로 구분된다.
* 미스얼라이먼트(misalignment는 축정렬 불량 현상을 말한다. 예로서 펌프 축과 모터 축을 커플링으로 연결시 축의 중심이 일치하지 않는 현상으로, 베어링 이상마모 및 축의 손상을 초래시킨다.

2. 욕조곡선의 3가지 구간

* 욕조곡선은 고장률의 3가지 기본형인 DFR, CFR, IFR이 혼합되어 그려진다.
  ① 초기고장기간 : 제품의 최의 고장률이 시간적으로 감소하는 DFR의 부분이다.
  ② 우발고장기간 : 고장률은 시간적으로 거의 일정하며 안정되는 CFR의 부분이다.
  * 우발고장기간의 신뢰도 $R(t)$ 는 지수분포에 따른다. 즉, $R(t) = e^{-\lambda t}$ 이 된다.
  여기서 λ 는 평균고장률로서 상수이다.
  ③ 마모고장기간 : 욕조곡선의 우측에서 고장률이 증가되는 IFR의 부분을 마모고장기간(또는 노화고장기간)이라 한다.

3. 전동기 베어링이 미스얼라이먼트로 파손

* 주로 우발고장기에 해당한다. 한편 설치단계인 초기고장기간에 발생되기도 한다.

05 다음 각각의 현상에 대한 용어를 쓰시오.
1) 하중이 1회 작용하여서는 부품이 파단되지 않았지만 그 하중이 반복하여 작용함에 따라 균열이 발생하고, 성장하여 부품이 파단되는 현상
2) 하중을 더 증가시키지 않고 유지만 하여도 부품의 변형이 계속 증가하는 현상으로 주로 고온에서 발생

풀이

1. 피로파괴　　2. 크리프

※ 다음 논술형 2문제를 모두 답하시오. (각 25점)

06 프레스의 광전자식 방호장치를 레이저식으로 설치하는 경우 설치기준 2가지와 시험 만족기준 3가지를 쓰시오.

〔풀이〕

1. 설치기준 (총 3가지)

① 레이저빔을 방사하는 투광부, 레이저빔을 수광하는 수광부 및 방사된 레이저빔을 반사하는 반사판이 동시에 설치되어 있는 투수광부반사판과 반사판만 설치되어 있는 반사판은 지면과 수직상태로 설치되어야 한다.

② 레이저 투광부에서 방사되는 레이저빔이 반사판에 반사되어 투광부면에 부착된 반사판에 다시 도달된다. 이때의 투광부에서 방사되는 레이저빔과 투수광부반사판에 도달되는 레이저빔의 지점과의 거리를 나타내는 최대로 벌어진 부분의 레이저빔의 사이 간격을 b로 정한다. 이때 b는 기존의 광전자식 방호장치의 검정기준인 연속차광폭 30mm 이내로 설치되어야 한다.

③ 방호장치 설치 시 방호장치의 투광부에서 조사 및 반사판에 반사되어 최종으로 수광부에 도달된 레이저빔은 수광부 조준면의 중앙부분에 조사되도록 한다.

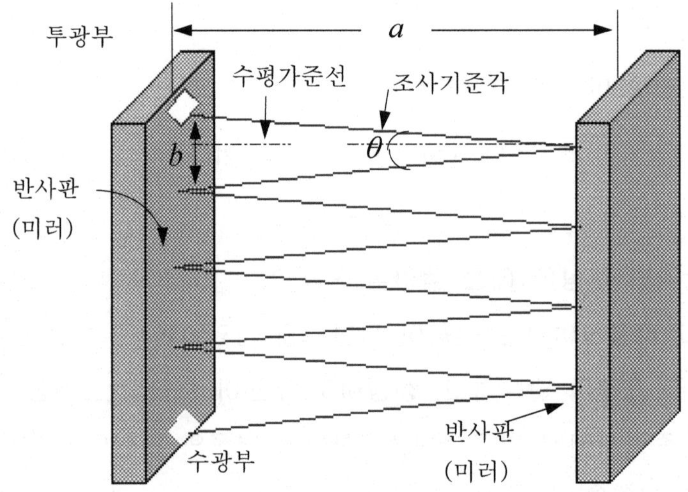

a : 방호장치 반사판 사이 간격　　b : 최대폭부분 광선 사이 간격

3. 시험 만족기준 3가지 (총 18가지가 있음)

① 연속차광폭시험 : 30mm 이하(다만, 12광축 이상으로 광축과 작업점과의 수평거리가 500mm를 초과하는 프레스에 사용하는 경우는 40mm 이하)

② 방호높이변화량시험 : 100분의 15 이내이어야 한다.

③ 광봉의 이동속도에 대한 시험 : 정해진 속도에서 출력신호 개폐장치를 꺼진 상태로 하여야 한다.

[출처] KOSHA Guide M-140 프레스의 레이저방식 방호장치 설치에 관한 기술지침
[출처] 기타 시험의 종류(방호장치 안전인증고시 별표 1 참고) : 총 18가지가 있음
[참고] 소송에 휘말린 문제였습니다. 초고난도 문제이며, 선택형 문제였으면 좋았음.

(07) 설비의 신뢰성을 나타내는 척도로 신뢰도, 평균고장간격시간, 평균고장수리시간, 고장률이 있다. 다음 물음에 답하시오.

1) 신뢰도, 평균고장간격시간, 평균고장수리시간, 고장률 각각의 정의를 쓰시오.
2) 평균고장간격시간과 고장률은 어떤 관계인지를 쓰시오.

[풀이]

1. 신뢰도, 평균고장간격시간, 평균고장수리시간, 고장률의 정의

① 신뢰도 : 체계 또는 부품이 주어진 운용조건하에서 의도하는 사용기간 중에 의도한 목적에 만족스럽게 작동할 확률

② 평균고장간격시간 : 고장이 발생되어도 수리해서 쓸 수 있는 설비에서 고장발생시점부터 다음 고장 발생시까지의 평균시간이다.

평균고장간격시간(MTBF)=가동시간 합/정지횟수

③ 평균고장수리시간 : 설비의 고장발생 순간부터 수리가 완료되어 정상적으로 작동을 시작하기까지의 평균 고장시간이며, 평균수리복구시간으로 주로 불리며, 짧을수록 유리하다. 평균수리복구시간(MTTR)=정지시간합/정지횟수

④ 고장률 : 현재 고장이 발생하지 않은 제품 중 앞으로의 단위시간 동안 고장이 발생할 체계 또는 부품의 비율. 고장률 $\lambda = \dfrac{1}{MTBF} = \dfrac{1}{T/r} = \dfrac{r}{T} = \dfrac{\text{고장횟수}}{\text{가동시간 합}}$

2. 평균고장간격시간과 고장률은 어떤 관계

$$\text{지수분포에 따르는 경우} \quad MTBF = \frac{1}{\lambda} \text{ 또는 } \lambda = \frac{1}{MTBF}$$

※ 다음 논술형 2문제 중 1문제를 선택하여 답하시오. (각 25점)

08 산업안전보건기준에 관한 규칙상 지게차 헤드가드(head guard) 안전기준 2가지와 양중기에 사용하는 와이어로프 등 달기구의 안전계수 기준 3가지를 쓰시오(단, 지게차 헤드가드 안전기준 중 운전자가 앉아서 조작하거나 서서 조작하는 지게차의 헤드가드는 「산업표준화법」 제12조에 따른 한국산업표준에서 정하는 높이 기준 이상일 것과 양중기에 사용하는 와이어로프 등 달기구의 안전계수 기준 중 그 밖의 경우는 작성하지 말 것).

[풀이]

1. 개요

* 산업현장에서 사용하는 지게차와 양중기는 산업재해가 가장 많은 기계에 해당하는데, 이 기계들은 작업 특성상 중량물을 취급하므로 특히 중대재해 발생비율이 높다. 그러므로 지게차 헤드가드 안전기준과 양중기용 와이어로프 등 달기구의 안전계수는 꼭 알아야 할 사항이며, 그 내용은 다음과 같다.

2. 지게차 헤드가드 안전기준

① 강도는 지게차의 최대하중의 2배 값(4톤을 넘는 값에 대해서는 4톤으로 한다)의 등분포정하중에 견딜 수 있을 것

② 상부틀의 각 개구의 폭 또는 길이가 16cm 미만일 것

3. 와이어로프 등 달기구 안전계수 기준

② 근로자가 탑승하는 운반구를 지지하는 달기와이어로프 또는 달기체인의 경우 : 10 이상

② 화물의 하중을 직접 지지하는 달기와이어로프 또는 달기체인의 경우 : 5 이상

③ 혹, 샤클, 클램프, 리프팅 빔의 경우 : 3 이상

[출처] 산기규 제180조(헤드가드), 제163조(와이어로프 등 달기구의 안전계수)

09 기계설비의 안전화 방안으로 풀 프루프와 페일 세이프가 있다. 다음 물음에 답하시오.

1) 풀 프루프와 페일 세이프 각각의 정의 기재

2) 풀 프루프와 페일 세이프에 해당하는 사례를 각각 3가지씩 기재

[풀이]

1. 정의

* 풀 프루프(fool proof)는 인간의 실수가 있어도 안전장치가 설치되어 사고나 재해로 연결되지 않는 구조를 말한다. 바보가 작동을 시켜도 안전하다는 뜻으로 볼 수 있다.

* 페일 세이프(fail safe)는 고장이 생겨도 어느 기간 동안은 정상기능이 유지되는 구조를 말한다. 병렬 계통이나 대기 여분을 갖춰 항상 안전하게 유지되는 기능이다.

2. 공작기계의 페일 세이프

(1) Fail safe의 기능면에서의 분류 (3단계)

① Fail-passive : 부품이 고장났을 경우 통상 기계는 정지하는 방향으로 이동(일반직인 산업기계)

② Fail-active : 부품이 고장났을 경우 기계는 경보를 울리는 가운데 짧은 시간 동안 운전 가능

③ Fail-operational : 부품의 고장이 있더라도 기계는 추후 보수가 이루어질 때까지 안전한 기능 유지(병렬구조 등으로 되어 있으며, 운전상 가장 선호하는 방법이다)

(2) 페일 세이프화의 구체적인 방법(사례)

① 증기보일러의 안전변을 복수로 설치하는 것

② 프레스의 경우 복식 전자밸브 중 한쪽의 밸브가 고장이 나면 클러치 및 브레이크의 압축공기를 배출시켜 프레스를 급정지시키도록 한 것

③ 화학설비에 안전변, 파열판 또는 긴급차단장치를 설치하여 이상시에 이들이 작동하여 설비를 보호하는 것

④ 석유난로가 일정 각도 이상으로 기울어지면 자동적으로 불이 꺼지도록 하여 화재발생 방지 소화기능을 내장시킨 것

⑤ 승강기 정전 시 마그네틱 브레이크가 작동하여 운전을 정지시키는 경우

⑥ 승강기의 정격속도 이상의 주행시 조속기가 작동하여 긴급정지

⑦ 항공기 비행중 엔진 고장시 다른 엔진으로 운행가능하도록 설계

⑧ 철도신호 고장시 청색신호가 반드시 적색으로 변경되어야 함.

3. 공작기계의 풀 프루프

(1) 풀 프루프의 원리

① 배제 ② 대체 ③ 용이화

(2) 풀 프루프화의 구체적인 방법(사례)

① 세탁기의 덮개(뚜껑, Cover)를 벗기면 운전이 정지된다.

② 프레스의 경우 손이 금형 사이로 들어가면 안전장치(광전자식)로 인해 하강하던 슬라이드가 자동적으로 정지된다. 다른 형식의 안전장치는 사람의 손을 접근하지 못하도록 제지를 하거나 조작을 하여야만 운전이 가능토록 한 것도 있다.

③ 승강기의 경우 과부하가 걸리면 경보가 울리고 승강기가 정지된다.

④ 크레인의 경우 와이어로프가 무한정 감기지 않도록 권과방지장치를 설치하여 일정 길이가 되면 크레인이 정지된다.

⑤ 로봇이 설치된 작업장의 방책문을 닫지 않으면 로봇이 작동되지 않는다.

⑥ 배전반의 문에 설치된 자물쇠를 열면 전기회로가 자동적으로 차단이 되고 자물쇠를 채우면 활선회로가 된다.

⑦ 동력전달장치의 덮개를 벗기면 운전이 자동적으로 정지

⑧ 약병의 안전마개를 열기 위해 힘을 아래 방향으로 가해 돌리는 것

| 산업안전지도사 | 2021년도 2차시험 (기계안전공학) | 시험시간 : 100분 |

※ 다음 단답형 5문제를 모두 답하시오. (각 5점)

01 절삭가공에서 절삭제의 사용목적 3가지를 쓰시오.

[풀이]

1. 절삭제의 사용목적과 기능

* 절삭제는 액체, 기체, 고체형태로 사용되어질 수 있으나 가장 대표적인 형태는 액체 절삭유제가 대표적이다. 절삭제는 윤활제와 유사하지만, 다른 성질도 있다.

* 절삭제의 사용 목적은 냉각, 방청, 윤활, 칩의 배출이고, 윤활제의 사용 목적은 냉각, 방청, 윤활, 밀봉 등이 주된 작용이다.

2. 절삭유제의 사용 목적

① 공구면의 윤활작용 : 공구가 칩 또는 공작물과 접촉하는 면에 절삭유를 공급하면 마찰계수를 감소시켜서 칩의 유출을 쉽게 하고, 공구마찰을 감소시켜 공구수명을 연장하는 윤활효과를 가져온다.

② 절삭유 냉각작용 : 고속가공에서는 열에 의해 갑작스러운 공구의 파괴가 발생하므로 공구를 냉각시키는 것이 필요하다.

③ 세척작용 : 금속을 절삭하면 구성인선이 미립자로 되어 탈락한다든지 공작물 자체 내에 함유되어 있는 산화물, 탄화물의 탈락, 가공경화된 칩의 경질 미립자 및 공구의 작용에 의한 미립자 등이 발생하게 된다. 따라서 이런 입자들이 발생하면 절삭유에 의해 세척하는 작용이 있어야 한다.

④ 응착방지작용 : 응착은 녹은 끈끈한 액체가 달라붙는 것을 말하며, 응착방지 작용을 하도록 한다. 이 응착방지 작용은 주로 저속절삭에서 유효하다.

⑤ 구성인선의 억제작용 : 반응성이 높은 극압제를 다량 함유하는 절삭유를 사용하면 뜯김이 없어지고 깨끗한 다듬질면을 얻게 된다. 이것은 극압제 중의 황분이나 염소분이 가공면과 대응해서 황화철이나 염화철 등의 고체막을 생성하는 것에 기인한다. 즉, 이것이 윤활막으로서도 작용하나 그와 동시에 가공물과 공구 사이의 화학적인 친화성을 저하시키기 때문에 구성인선의 용착도 억제된다.

제 7 장

[참고] 구성인선(Built-up edge) : 연강, 스테인리스강, 알루미늄과 같이 연성이 큰 재료를 절삭할 경우 공구면에 전달되는 압력, 마찰저항, 절삭열로 인해 칩의 일부가 공구선단에 부착되는 현상

⑥ 산화 및 부식 방지작용 : 절삭가공된 제품은 표면이 활성화된 상태이므로 쉽게 주위에 의하여 산화한다든지 부식하기 쉽다. 절삭유에 의하여 제품 표면에 피막을 생성함으로써 유해작용을 방지하고 품위를 유지할 수 있어야 한다.

02 기계·기구·설비의 설계 제작에 관련된 사용응력 및 허용응력에 관하여 각각 쓰시오.

[풀이]

① 사용응력은 설치된 구조물이나 운전중인 기계와 같이 실제로 안전한 범위 내에서 작용하고 있는 응력이며, 허용응력이란 이런 구조물이나 기계의 일부로 어떤 재료를 사용할 때 허용할 수 있는 최대 응력을 말한다.

② 사용응력은 허용응력 및 탄성한도 내에 있어야 하며, 그래야 하중을 가하고 난 후 이런 하중을 제거했을 때 영구변형이 생기지 않는다. 이를 요약하면 「사용응력≤허용응력≤탄성한도」의 관계라 할 수 있다.

03 산업안전보건기준에 관한 규칙상 진동작업에 해당하는 작업 3가지를 쓰시오.

[풀이]

○ "진동작업"이란 다음 각 목의 어느 하나에 해당하는 기계·기구를 사용하는 작업을 말한다(산기규 제512조).

① 착암기 ② 동력을 이용한 해머 ③ 체인톱 ④ 엔진 커터(engine cutter)

⑤ 동력을 이용한 연삭기 ⑥ 임팩트 렌치(impact wrench)

⑦ 그 밖에 진동으로 인하여 건강장해를 유발할 수 있는 기계·기구

04 산업용 로봇을 동작형태별로 분류할 때 그 종류 4가지를 쓰시오.

풀이

구분	축	장점	단점
직교 좌표 로봇	- XYZ의 직선운동 3축으로만 구성 - 방향전환을 위해 로봇 선단에 회전축 부착하는 경우 있음(4축)	- 튼튼하고 안정적 - 위치정밀도 우수 - 인간에게 익숙한 직교 좌표계 사용으로 사용자가 쉽게 사용 가능	동작영역에 비해 설치면적이 큼
원통 좌표 로봇	- 원통 길이와 반지름 방향으로 움직이는 2개 직선축과 원주방향으로 움직이는 하나의 회전축으로 구성	- 작업영역 넓고 설치면적 작음 - 위치 정밀도 우수	로봇 엔드이펙터에 과도한 하중의 작업 및 일감의 중량이 크면 정밀도 떨어짐
극좌표 로봇	- 1개의 직선축과 2개의 회전축을 조합	- 수직면에 대해 상하운동 특성 우수 - 작업영역이 넓고 경사진 위치에서 작업 가능하여 용접, 도장작업에 적합	
수직 다관절 로봇	- 관절 구동이 모두 회전축에 의해 수행되는 구조로 일반적으로 6개의 회전관절을 보유	- 임의의 작업지점에 임의의 방향으로 접근이 가능 - 속도가 빠르고 공간활용 능력 우수 - 설치면적과 체적이 작음	회전관절만으로 구성되어 제어와 사용이 어려움
수평 다관절 로봇	- 스카라 로봇이라고 함 - 3개의 회전축과 하나의 직선축으로 구성된 다관절 로봇 - 1, 2축은 수평회전운동, 3축은 수직 상하운동, 4축은 다시 회전운동	- 수평면상의 운동특성을 가져 조립작업, 팔레타이징 작업에 적합	

05 산업안전보건기준에 관한 규칙상 항타기 또는 항발기를 조립할 때 점검사항 3가지를 쓰시오.

[풀이]

* 사업주는 항타기 또는 항발기를 조립하거나 해체하는 경우 다음 각 호의 사항을 점검해야 한다(산기규 제207조).
  ① 본체 연결부의 풀림 또는 손상의 유무
  ② 권상용 와이어로프·드럼 및 도르래의 부착상태의 이상 유무
  ③ 권상장치의 브레이크 및 쐐기장치 기능의 이상 유무
  ④ 권상기의 설치상태의 이상 유무
  ⑤ 리더(leader)의 버팀 방법 및 고정상태의 이상 유무
  ⑥ 본체·부속장치 및 부속품의 강도가 적합한지 여부
  ⑦ 본체·부속장치 및 부속품에 심한 손상·마모·변형 또는 부식이 있는지 여부

※ 다음 논술형 2문제를 모두 답하시오. (각 25점)

06 산업안전보건기준에 관한 규칙상 용접·용단작업 등의 화재위험작업을 할 때 작업을 시작하기 전에 관리감독자가 확인할 점검사항 5가지를 쓰시오.

[풀이]

○ 용접·용단 작업 등의 화재위험작업을 할 때 작업시작 전 점검사항
  ① 작업 준비 및 작업 절차 수립 여부
  ② 화기작업에 따른 인근 가연성물질에 대한 방호조치 및 소화기구 비치 여부
  ③ 용접불티 비산방지덮개 또는 용접방화포 등 불꽃·불티 등의 비산을 방지하기 위한 조치 여부
  ④ 인화성 액체의 증기 또는 인화성 가스가 남아 있지 않도록 하는 환기 조치 여부
  ⑤ 작업근로자에 대한 화재예방 및 피난교육 등 비상조치 여부

  [출처] 산기규 제35조 관련 별표 3

[참고] 화재위험작업 시의 준수사항 (산기규 제241조)

① 사업주는 통풍이나 환기가 충분하지 않은 장소에서 화재위험작업을 하는 경우에는 통풍 또는 환기를 위하여 산소를 사용해서는 아니 된다.

② 사업주는 가연성물질이 있는 장소에서 화재위험작업을 하는 경우에는 화재예방에 필요한 다음 각 호의 사항을 준수하여야 한다.

　㉠ 작업 준비 및 작업 절차 수립

　㉡ 작업장 내 위험물의 사용·보관 현황 파악

　㉢ 화기작업에 따른 인근 가연성물질에 대한 방호조치 및 소화기구 비치

　㉣ 용접불티 비산방지덮개, 용접방화포 등 불꽃, 불티 등 비산방지조치

　㉤ 인화성 액체의 증기 및 인화성 가스가 남아 있지 않도록 환기 등의 조치

　㉥ 작업근로자에 대한 화재예방 및 피난교육 등 비상조치

③ 사업주는 작업시작 전에 제2항 각 호의 사항을 확인하고 불꽃·불티 등의 비산을 방지하기 위한 조치 등 안전조치를 이행한 후 근로자에게 화재위험작업을 하도록 해야 한다.

④ 사업주는 화재위험작업이 시작되는 시점부터 종료될 때까지 작업내용, 작업일시, 안전점검 및 조치에 관한 사항 등을 해당 작업장소에 서면으로 게시해야 한다. 다만, 같은 장소에서 상시·반복적으로 화재위험작업을 하는 경우에는 생략할 수 있다.

(07) 지게차 재해방지대책 중 방호장치 5가지를 쓰고, 각 장치에 관해 설명하시오.

[풀이]

1. 전조등 등의 설치 (산기규 제179조)

① 사업주는 전조등과 후미등을 갖추지 아니한 지게차를 사용해서는 아니 된다. 다만, 작업을 안전하게 수행하기 위하여 필요한 조명이 확보되어 있는 장소에서 사용하는 경우에는 그러하지 아니하다.

② 사업주는 지게차 작업 중 근로자와 충돌할 위험이 있는 경우에는 지게차에 후진경보기와 경광등을 설치하거나 후방감지기를 설치하는 등 후방을 확인할 수 있는 조치를 해야 한다.

2. 헤드가드 (산기규 제180조)

* 사업주는 다음 각 호에 따른 적합한 헤드가드(head guard)를 갖추지 아니한 지게차를 사용해서는 안 된다. 다만, 화물의 낙하에 의하여 지게차의 운전자에게 위험을 미칠 우려가 없는 경우에는 그렇지 않다.
  ① 강도는 지게차의 최대하중의 2배 값(4톤을 넘는 값에 대해서는 4톤으로 한다)의 등분포정하중에 견딜 수 있을 것
  ② 상부틀의 각 개구의 폭 또는 길이가 16cm 미만일 것
  ③ 운전자가 앉아서 조작하거나 서서 조작하는 지게차의 헤드가드는 한국산업표준에서 정하는 높이 기준 이상일 것

3. 백레스트 (산기규 제181조)

* 사업주는 백레스트(backrest)를 갖추지 아니한 지게차를 사용해서는 아니 된다. 다만, 마스트의 후방에서 화물이 낙하함으로써 근로자가 위험해질 우려가 없는 경우에는 그러하지 아니하다.

4. 팔레트 등 (산기규 제182조)

* 사업주는 지게차에 의한 하역운반작업에 사용하는 팔레트(pallet) 또는 스키드(skid)는 다음 각 호에 해당하는 것을 사용하여야 한다.
  ① 적재하는 화물의 중량에 따른 충분한 강도를 가질 것
  ② 심한 손상·변형 또는 부식이 없을 것

5. 좌석 안전띠의 착용 등 (산기규 제183조)

  ① 사업주는 앉아서 조작하는 방식의 지게차를 운전하는 근로자에게 좌석 안전띠를 착용하도록 하여야 한다.
  ② 제1항에 따른 지게차를 운전하는 근로자는 좌석 안전띠를 착용하여야 한다

※ 다음 논술형 2문제 중 1문제를 선택하여 답하시오. (각 25점)

08 산업안전보건기준에 관한 규칙상 건축물이나 고정된 시설물에 설치되어 일정한 경로에 따라 사람이나 화물을 승강장으로 옮기는데 사용되는 설비 5가지 쓰고, 각 설비에 대해 설명하시오.

[풀이]

○ **승강기의 정의** (산기규 제132조)

* "승강기"란 건축물이나 고정된 시설물에 설치되어 일정한 경로에 따라 사람이나 화물을 승강장으로 옮기는 데에 사용되는 설비로서 다음 각 목의 것을 말한다.
  ① 승객용 엘리베이터 : 사람의 운송에 적합하게 제조·설치된 엘리베이터
  ② 승객화물용 엘리베이터 : 사람의 운송과 화물 운반을 겸용하는데 적합하게 제조·설치된 엘리베이터
  ③ 화물용 엘리베이터 : 화물 운반에 적합하게 제조·설치된 엘리베이터로서 조작자 또는 화물취급자 1명은 탑승할 수 있는 것(적재용량이 300kg 미만인 것은 제외한다)
  ④ 소형화물용 엘리베이터 : 음식물이나 서적 등 소형 화물의 운반에 적합하게 제조·설치된 엘리베이터로서 사람의 탑승이 금지된 것
  ⑤ 에스컬레이터 : 일정한 경사로 또는 수평로를 따라 위·아래 또는 옆으로 움직이는 디딤판을 통해 사람이나 화물을 승강장으로 운송시키는 설비

09 기계의 운동형태에 따라 기계설비의 위험점을 분류할 때 6가지 위험점에 관하여 설명하시오.

[풀이]

○ 산업안전지도사 2013년도 출제 문제 1번과 동일하므로 풀이 참고.

산업안전지도사	2022년도 2차시험 (기계안전공학)	시험시간 : 100분

※ 다음 단답형 5문제를 모두 답하시오. (각 5점)

01 위험기계·기구 자율안전확인 고시에 따라 산업용 로봇의 보기 쉬운 곳에 쉽게 지워지지 않는 방법으로 표시해야 하는 사항 중 5가지를 쓰시오.

[풀이]

○ 산업용 로봇의 표시

* 각 로봇에는 다음 각 목의 사항을 보기 쉬운 곳에 쉽게 지워지지 않는 방법으로 표시해야 한다.

① 제조자의 이름과 주소, 모델 번호 및 제조일련번호, 제조연월

② 중량

③ 전기 또는 유·공압시스템에 대한 공급사양

④ 이동 및 설치를 위한 인양 지점

⑤ 부하 능력

[출처] 위험기계·기구 자율안전확인 고시 산업용 로봇의 제작 및 안전기준(제7조 관련 별표 2 #18) : 총 36가지가 있음

02 압연가공시 위험요인 4가지를 쓰시오.

[풀이]

1. 압연가공의 개요.

* 금속 가공에서 압연은 두께를 줄이고, 두께를 균일하게 만들거나 원하는 기계적 특성을 부여하기 위해 소재를 한 쌍 이상의 롤에 통과시키는 금속 소성가공이다. 개념은 반죽을 굴리는 것과 비슷하다. 압연은 압연된 금속의 온도에 따라 분류된다.

2. 압연가공시 위험요인

① 롤러와 소재 진행방향에서 배출되는 소재에 협착

② 열간작업시 고온 스케일 및 윤활제의 비산에 의한 화상

③ 롤러 교환시 롤러와 충돌

④ 회전하는 롤러 사이에 말림

⑤ 압연물을 천장크레인으로 이동시 낙하사고

⑥ 고온 접촉으로 화상위험

⑦ 고열부에 물 접촉시 수증기 폭발사고

※ 이 외에도 답이 될 만한 요소는 많음

03 산업안전보건기준에 관한 규칙상 기계설비 설치를 위하여 사업주가 사다리식 통로 등을 설치하는 경우 준수해야 하는 사항에 관하여 다음 (ㄱ) ~ (ㅁ)에 들어갈 숫자를 쓰시오.

○ 발판과 벽과의 사이는 (㉠)센티미터 이상의 간격을 유지할 것

○ 폭은 (㉡)센티미터 이상으로 할 것

○ 사다리의 상단은 걸쳐 놓은 지점으로부터 (㉢)센티미터 이상 올라가도록 할 것

○ 사다리식 통로의 길이가 10미터 이상인 경우에는 (㉣)미터 이내마다 계단참을 설치할 것

○ 사다리식 통로의 기울기는 (㉤)도 이하로 할 것. 다만, 고정식 사다리식 통로의 기울기는 90도 이하로 하고, 그 높이가 7미터 이상인 경우에는 바닥으로부터 높이가 2.5미터 되는 지점부터 등받이울을 설치할 것

풀이

㉠ 15   ㉡ 30   ㉢ 60   ㉣ 5   ㉤ 75

04 공장자동화 추진 시 안전을 위한 방호대책 중 5가지를 쓰시오.

풀이

1. 자동화 설비의 설계시 안전대책

① 제어장치는 fail safe, fail soft, tamper proof로 할 것

② 위험구역에 신체의 일부가 들어가지 않게 할 것

③ 위험구역에 신체의 일부가 들어가면 기계가 정지하도록 설계할 것

④ 불의의 충격에는 설비가 가동되지 않게 설계

⑤ 관성이 커서 급정지가 곤란한 것은 시간지연 장치로 설계

⑥ 인터록 가드 도입 설계

㉠ 직접수동스위치 인터록   ㉡ 기계적 인터록   ㉢ 시퀀스 인터록,

㉣ 캠구동 제한 스위치 인터록(전기식 인터록) → Positive 모드(도어 개방시 용수철이 압축되면서 모터가 정지하는 방식)

㉤ 캡티브 키 인터록 → 기계적 잠금+전기적 잠금

⑦ 키교환 시스템 → 마스터 키가 On이 되려면 개별 키들이 닫혀 있어야 됨

05 기계·기구·설비를 설계할 때 사용하는 S-N 곡선과 관련하여 다음 물음에 답하시오.

1) S-N 곡선의 가로축의 의미를 쓰시오.

2) S-N 곡선이 세로축의 의미를 쓰시오.

3) S-N 곡선의 수평부분에 해당하는 세로축 값을 무엇이라 부르는지 쓰시오.

[풀이]

1. S-N 곡선의 가로축의 의미

* S-N 곡선은 어떤 응력이 반복되었을 때 파괴되기까지의 반복횟수를 연계시킨 곡선을 말한다. 재료가 여러 번 반복해서 작용하는 응력을 받으면 더 빨리 파괴되는데, 가로축은 이렇게 파괴되기까지의 반복횟수를 의미한다.

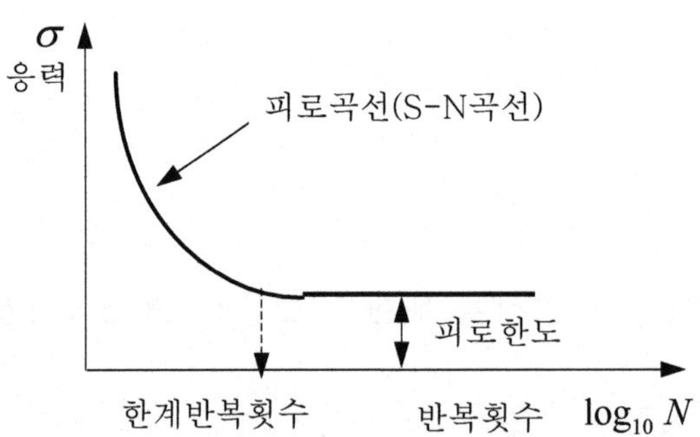

2. S-N 곡선이 세로축의 의미

* 세로축은 재료에 가해지는 응력진폭을 의미한다.

3. S-N 곡선의 수평부분에 해당하는 세로축 값

* 응력진폭이 어느 값 이하가 되면 무한히 반복하더라도 파괴되지 않는다. 이와 같이
  파괴되지 않는 부분은 수평으로 나타나는데 S-N곡선에 있어 곡선이 수평이 되는
  한계의 응력을 재료의 피로한도 또는 내구한도라고 한다.

[참고] 응력비에 따른 S-N 곡선 변화

1. 응력비(Stress Ratio) R

* [그림 1]에서 보는 바와 같이 평균응력(Mean Stress) σ_m. 응력진폭(Stress Amp
  -litude) σ_a, 응력폭(Stress Range) σ_r 이라고 하면 각각의 정의 식 표현은 다음
  과 같다.

$$\sigma_m = \frac{\sigma_{\max} + \sigma_{\min}}{2}, \quad \sigma_r = \sigma_{\max} - \sigma_{\min} = 2\sigma_a, \quad \sigma_a = \frac{\sigma_{\max} - \sigma_{\min}}{2}$$

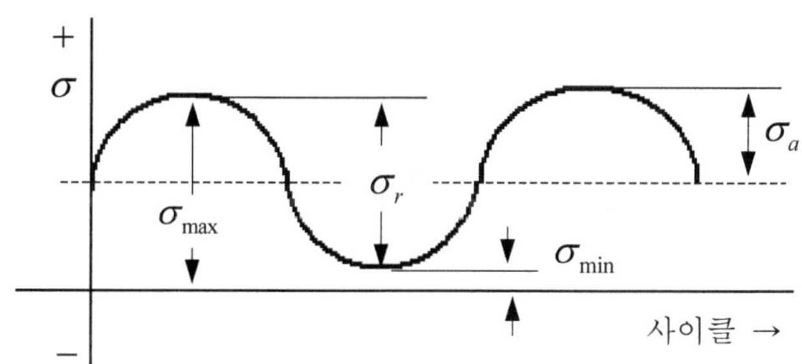

[그림 1] 응력 곡선

* 피로자료를 표시하는데 사용되는 응력비(Stress Ratio) R 의 값으로는 다음 식과
  같이 나타낸다.

$$R = \frac{\sigma_{\min}}{\sigma_{\max}}$$

* 응력비 R 의 값에 따른 S-N 곡선의 변화는 다음과 같다.

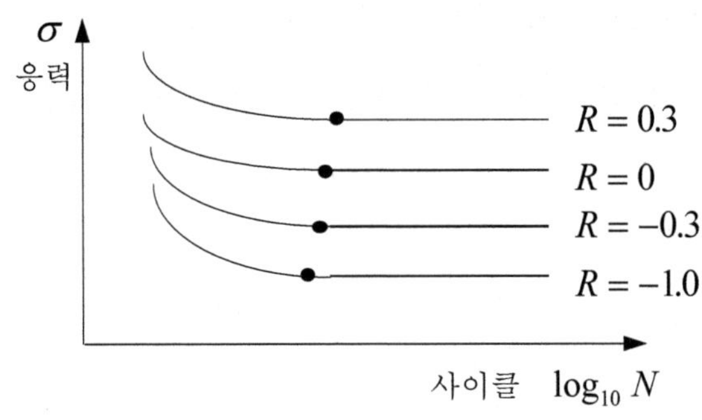

[그림 2] S-N 곡선

* 위의 [그림 2]에서 볼 수 있듯이 R의 값이 증가함에 따라 피로한도가 증가하는 것을 알 수 있다.

※ 다음 논술형 2문제를 모두 답하시오. (각 25점)

06 보일러 가동시 발생증기 이상 요인으로서 프라이밍(Priming), 포밍(Foam -ing), 캐리오버(Carry over) 현상에 대해 각각 설명하고, 캐리오버(Carry over) 방지대책 중 5가지를 쓰시오.

[풀이]

1. 보일러 가동시 발생증기 이상현상

① 프라이밍 : 물방울이 비산하고 증기부가 물방울로 충만하여 수위가 불안정하게 되는 현상이다.

② 포밍 : 보일러수에 불순물이 많이 포함되어 비등과 함께 거품층 형성하여 수위 불안정하게 되는 현상이다.

② 캐리오버 : 증기에 대량의 물방울이 포함되는 경우로 플라이밍과 포밍 현상이 생기면 필연적으로 발생된다. 과열기 또는 터빈날개 쪽으로 불순물을 퇴적시켜 부식 또는 과열의 원인이 된다.

2. 캐리오버 방지대책

① 보일러 수위가 너무 높을 때 : 수위조절이 잘 되도록 함

② 보일러 증기 부하가 과대한 경우 : 과도한 증기 소요 부하가 안 걸리게 함

③ 보일러의 구조상 공기실이 적고 증기수면이 좁을 때 : 공기실 및 증기수면 고려 설계

④ 주 증기를 멈추는 밸브를 급히 열었을 경우 : 밸브를 급히 열지 않도록 함

⑤ 보일러수가 농축된 경우 : 보일러수 처리(청관제 투입 등) 및 시험, 주기적 농축수의 블로다운 실시

⑥ 기수분리장치가 불완전할 경우 : 기수분리장치의 기능이 확실하도록 함

07 산업안전보건기준에 관한 규칙에 따른 기어 및 감속기 유지보수에 관한 기술지침상 "기어 및 감속기의 보수시 유의사항" 중 5가지를 쓰시오.

풀이

○ 기어 및 감속기의 보수시 유의사항

① 과부하 등의 문제가 발생되면 부하에 견딜 수 있는 기어로 교체하거나 부하를 줄여 주어야 한다.

② 감속기의 용량과 각 부품에 미칠 수 있는 영향을 고려하지 않고 기어 재료를 변경하게 되면 기어에 전달되는 부하의 분배가 변경될 수 있으므로, 임의로 기어 재료를 변경하거나 추가하지 아니한다.

③ 용접이나 그라인딩 등 열이 가해지는 보수작업은 기어재료에 영향을 주어 성능이 저하될 수 있으므로 주의하여야 한다.

④ 윤활유의 성분을 조정하거나 첨가제를 넣어 피팅, 용착, 부식현상 등을 개선할 수 있으나, 베어링과 분사 노즐 등에서의 원활한 흐름을 저해할 수도 있으므로 종합적으로 검토한 후 조치하여야 한다.

⑤ 국부적인 과부하를 해소하기 위한 치면 연마는 피이닝, 용착, 피팅, 균열 등의 문제를 해결할 수는 있으나, 치면 형상의 변경으로 인하여 예기치 않은 부위에 과부하를 유발시킬 수도 있으므로 충분한 검토가 필요하다.

⑥ 잔류응력 제거나 재료의 성질 개선을 위한 열처리 시에는 뒤틀림이 발생되지 않도록 주의하여야 한다.

⑦ 기어의 기하학적 형상과 작은 틈새로 인하여 기어에 손상이 발생되면 손상이 빠른 속도로 확산될 수 있으므로 엄격한 검사와 유지보수가 필요하다.

⑧ 대형 기어의 경우 조달하는 데 많은 시간이 소요되므로 일정한 주기마다 철저한 점검을 필요로 한다.

제7장

⑨ 한 쌍의 기어 중에서 한 쪽이 손상되었을 경우 치합 등을 고려하여 양 기어를 동시에 교체하는 것이 바람직하다.

[출처] KOSHA Guide M-148 기어 및 감속기의 유지보수에 관한 기술지침, 8. 보수시 유의사항

[참고] 민원이 제기된 후 출제 오류가 인정되어 전원 만점 처리된 문제입니다.

※ 안전보건기준에 관한 규칙에 따른 기어 및 감속기 유지보수에 관한 기술지침은 없음
* 상기 기술지침은 KOSHA 가이드의 내용이며, 안전보건기준에 관한 규칙의 내용 중에 이런 지침이 있다는 오해를 불러 일으킬 수 있는 문제로서, 많은 응시자들이 국민신문고, 안전보건공단, 인력공단 등에 민원을 제기하여 결국 만점 처리됨. 상식적으로 보면 그냥 풀 수도 있는 문제이나 국가고시인 만큼 출제도 엄격해야 함을 보여 주는 사례로 향후 이런 오류를 없애기 위해 답이 명확한 문제를 출제할 가능성 높음. 이런 오류와 처리들은 다시는 볼 수 없어야 함

※ 다음 논술형 2문제 중 1문제를 선택하여 답하시오. (각 25점)

08 컨베이어에 관하여 다음 물음에 답하시오.

1) 컨베이어의 종류 중 5가지를 쓰시오.

2) 컨베이어 작업 시작 전 점검사항 4가지를 쓰시오.

3) 컨베이어 작업 시 안전작업수칙 중 5가지를 쓰시오.

[풀이]

1. 컨베이어의 종류 5가지

① 벨트 또는 체인컨베이어 ② 롤러 컨베이어 ③ 트롤리 컨베이어
④ 버킷 컨베이어 ⑤ 나사 컨베이어 : 스크류 컨베이어라고도 함

2. 컨베이어 작업 시작 전 점검사항 4가지

1. 컨베이어 작업시작 전 점검사항 (산기규 제35조 관련 별표 3)
① 원동기 및 풀리(pulley) 기능의 이상 유무

② 이탈 등의 방지장치 기능의 이상 유무

③ 비상정지장치 기능의 이상 유무

④ 원동기·회전축·기어 및 풀리 등의 덮개 또는 울 등의 이상 유무

3. 컨베이어 작업 시 안전작업수칙 중 5가지

① 컨베이어의 이송 속도를 임의로 변경 조작하지 않는다.

② 운반물이 한쪽으로 편중되지 않도록 적재한다.

③ 컨베이어는 운반물의 이동 이외의 목적으로 사용해서는 안 된다.

④ 작업장과 통로는 수시로 정리 정돈 및 청소한다.

⑤ 벨트, 체인 등 회전부, 동력 전달부에는 방호덮개 등의 방호장치를 설치하고 해체하지 않는다.

⑥ 컨베이어를 담당자 이외에 운전해서는 안 된다.

⑦ 수리, 정비 작업 시 전원을 차단하고, 스위치에 시건장치 또는 '점검중' 표지판을 부착하여 다른 작업자의 오조작을 방지한다.

⑧ 적재물 낙하 방지를 위해 덮개나 울이 파손된 것은 즉시 수리한다.

⑨ 작업복을 단정히 하여 컨베이어에 말리거나 끼이지 않도록 한다.

09 산업안전보건기준에 관한 규칙상 동력을 사용하는 항타기 또는 항발기에 대하여 무너짐을 방지하기 위하여 사업주가 준수하여야 하는 사항 중 5가지를 쓰시오.

풀이

○ **무너짐의 방지** (산기규 제209조)

* 사업주는 동력을 사용하는 항타기 또는 항발기에 대하여 무너짐을 방지하기 위하여 다음 각 호의 사항을 준수해야 한다.

① 연약한 지반에 설치하는 경우에는 아웃트리거·받침 등 지지구조물의 침하를 방지하기 위하여 깔판·받침목 등을 사용할 것

② 시설 또는 가설물 등에 설치하는 경우에는 그 내력을 확인하고, 내력이 부족하면 그 내력을 보강할 것

③ 아웃트리거·받침 등 지지구조물이 미끄러질 우려가 있는 경우에는 말뚝 또는 쐐기 등을 사용하여 해당 지지구조물을 고정시킬 것

④ 궤도 또는 차로 이동하는 항타기 또는 항발기에 대해서는 불시에 이동하는 것을 방지하기 위하여 레일 클램프(rail clamp) 및 쐐기 등으로 고정시킬 것

⑤ 상단 부분은 버팀대·버팀줄로 고정하여 안정시키고, 그 하단 부분은 견고한 버팀·말뚝 또는 철골 등으로 고정시킬 것

산업안전지도사	2023년도 2차시험 (기계안전공학)	시험시간 : 100분

※ 다음 단답형 5문제를 모두 답하시오. (각 5점)

01 크레인의 방호장치 중 권과방지장치(Over-hoisting limiter)와 과부하방지장치(Overload limiter)에 대하여 각각 설명하시오.

[풀이]

○ 크레인의 방호장치

1. 권과방지장치(Over winding limiter)

(1) 정의

* 크레인으로 권상작업 시 훅이 과도하게 올라가 트롤리 프레임 또는 호이스트 드럼에 부딪쳐 와이어로프 파단으로 인한 하물의 추락 방지, 크레인의 파손으로 인한 낙하재해 예방 등을 위한 안전장치

(2) 권과방지장치 성능

* 권과방지를 위하여 자동적으로 동력을 차단하고 작동을 제동할 것
* 훅·버킷 등 달기구의 윗면이 드럼, 상부 도르래, 트롤리프레임 등 권상장치의 아랫면과 접촉할 우려가 있는 것 : 하부와의 간격 0.25m 이상
* 직동식 권과방지장치 : 0.05m 이상일 것
* 용이하게 점검할 수 있는 구조일 것

(3) 종류

1) 나사형 권과방지장치

* 와이어로프 드럼과 연동하여 나사봉이 회전하면 엑튜에이터(Actuator)가 권상 또는 권하 거리에 비례하여 이동
* 엑튜에이터(Actuator)가 좌우 극한점에 도달하면 스위치 레버에 의해 회로를 개방하여 전원 차단

제 7 장

2) 캠형 권과방지장치

* 와이어로프 드럼과 연동하여 원판 모양의 캠이 회전하면 볼록 및 오목한 캠에 의해 스위치 레버 작동
* 전 양정에 대하여 1회전 이내의 회전각에 따라 스위치 작동

3) 중추형 권과방지장치

2. 과부하방지장치(Overload limiter)

(1) 정의

* 크레인으로 하물을 권상 시 최대허용하중(정격하중의 1.05배) 이상이 되면 과적재를 알리면서 자동으로 운반작업을 중단시켜 과적에 의한 사고예방 장치 (출처 : KOSHA : 1.1배가 아닌 1.05배로 규정하고 있음)

(2) 과부하방지장치 설치 장소

* 크레인 또는 호이스트(Hoist) 제어반 내부에 설치 금지
* 잘 보이고 쉽게 점검할 수 있는 위치, 즉 통로 또는 제어반 외부에 설치하며 운전실이 있는 경우 운전실 내에 설치하거나 경보설비를 추가로 운전실 내에 설치

(3) 종류

1) 기계식 과부하방지장치

* 3상 또는 유도 전동기를 사용하는 크레인을 보호
* 스프링의 탄성력을 이용한 정지형 안전장치
* 부하의 하중을 스프링에 작용하는 하중으로 환산
* 스프링의 정격 탄성력 이상으로 작동 시 내부의 마이크로 스위치 동작

2) 전기식 과부하방지장치

* 권상 모터의 과전류를 감지하여 제어하는 방식
* 권상 모터가 동작할 때만 전류변환기(CT)가 감지하여 동작
* 정지상태에서는 과부하 감지 불가능(리프트, 곤돌라, 승강기에는 사용불가)

3) 전자식 과부하방지장치

* 스트레인 게이지(로드 셀)부 및 컨트롤부로 구성
* 로드 셀에 부착된 스트레인 게이지의 전기식 저항값의 변화에 따라 동작 감지
* 로드 셀의 제조 능력에 따라 감지 능력의 성능 결정

(4) 과부하방지장치의 특성

종류	원리	적용기계	비고
전자식 (J-1)	스트레인 게이지를 이용한 전자감응 방식	크레인, 곤돌라, 리프트, 승강기	모멘트 리미터(Moment Limiter) 포함
전기식 (J-2)	권상모터 부하변동에 의한 전류변화 감지	크레인	정지상태는 감지가 안되므로 곤돌라, 리프트, 승강기에는 사용 불가
기계식 (J-3)	과적재 시 하중의 압력에 의해 기계·기구학적으로 스프링을 눌러 마이크로 스위치 작동	크레인, 곤돌라, 리프트, 승강기	전기장치가 없어 방폭구조 및 구조물 자체감지가 가능

02 기계 위험요소 사고체인(accident chain)의 5요소를 쓰고, 각 요소에 대하여 설명하시오.

풀이

○ 사고체인(Accident Chain)의 5요소

* 사고를 분석하는 데 중요한 점은 사고에 관련된 많은 구성요소들의 규명과 평가이다.
* 사고방지를 위해서 사고를 분석하고 사고의 결과, 직접원인 그리고 간접원인들을 깊이 연구해야 한다. 이러한 5가지 구성요소들은 다음과 같다.
  ① 1요소(함정) : 기계의 운동에 의해서 트랩점이 발생할 가능성이 있는가?
  ② 2요소(충격) : 운동하는 어떤 기계요소들과 사람이 부딪쳐 그 요소의 운동에너지에 의해 사고가 일어날 가능성이 있는가?

③ 3요소(접촉) : 날카롭거나, 차갑거나 또는 전류가 흐름으로써 접촉 시 상해가 일어날 요소들이 있는가?

④ 4요소(얽힘, 말림) : 작업자가 기계설비에 말려 들어갈 염려가 있는가?

⑤ 5요소(튀어나옴) : 기계부품이나 피가공재가 기계로부터 튀어나올 염려가 있는가?

03 줄걸이용 와이어로프 단말처리 방법 5가지를 쓰고, 각각 설명하시오.

[풀이]

○ 와이어로프 단말처리 방법(연결고정 방법)

① 소켓 : 와이어로프의 스트랜드를 풀고, 그 스트랜드의 소선을 모두 푼 다음, 소켓에 넣어 용융금속을 주입시켜 가공하는 방법으로, 이음효율이 가장 좋다.

② 팀블 : 와이어의 형상 붕괴는 물론 킹크, 마모 등을 막아주는 줄걸이 작업의 한 요소로서, 와이어로프의 아이스플라이스에 필수품이다.

③ 아이스플라이스 : 로프의 단말을 링 형태로 가공하는 방법으로, 주로 슬링 로프에 이용한다.

④ 웨지 : 쐐기의 일종으로, 쐐기에 로프를 감아 케이스에 밀어 넣어 결속하는 방법이다.

⑤ 클립 : 가장 많이 사용되는 방법이다. 클립 결속이 정확하지 않으면 극단적으로 효율이 저하된다. 클립 간격은 로프 직경의 6배 이상, 클립 수량은 최소 4개 이상 이어야 한다.

04 공장자동화에서 FMS(Flexible Manufacturing System)로서 구비하여야 할 기본기능에 대하여 5가지만 쓰시오.

[풀이]

○ FMS(유연생산시스템, Flexible Manufacturing System)

(1) FMS 특징

① 서로 상이한 공정순서와 처리시간을 가진 공작물을 임의로 가공할 수 있고, 제품의 품종과 생산량의 변화에도 유연성 있게 대처할 수 있는 유연생산시스템으로 "고도로 자동화된 GT셀로 중품종중량 생산에 적합"한 생산시스템

② 수치제어에 의해 다양한 작업물의 가공이 가능한 NC 기계집단과 이를 연결하는 자동 작업물 운송시스템, 그리고 이들을 하나의 시스템으로 통합, 제어하는 중앙컴퓨터로 구성된 시스템에 의해 통합된 생산기계집단으로 구성

③ 여러 대의 공작기계와 산업용 로봇, 가공물의 자동착탈장치, 자동공구교환장치, 무인운반차(AGV), 자동창고시스템(AS/RS) 등의 자동생산기술과 이를 종합적으로 관리하고 제어하는 시스템을 종합한 자동생산시스템

(2) FMS로서 구비해야 할 구체적인 기본기능 5가지

① 보관시스템과 연결되어 있는 작업장

② 작업운송시스템 및 보관시스템

③ 수치제어에 의해 다양한 작업물의 가공이 가능한 CNC기계 집단

④ 임의의 순서로 공작물이 투입되고 공정처리할 수 있는 분산컴퓨터제어 시스템인 중앙컴퓨터

⑤ 시스템을 관리하고 동작시키거나 준비, 운전, 보수, 프로그래밍 등의 전문 인력

05 위험기계·기구 안전인증 고시에 따라 사출성형기에 사용되는 Ⅲ형식 (type Ⅲ) 방호장치의 작동 설계조건 4가지를 쓰시오.

[풀이]

○ 사출성형기 Ⅰ, Ⅱ, Ⅲ형식 방호장치 구비 가동형 가드(Ⅲ형식은 Ⅰ, Ⅱ형식과 연관됨)

(1) 사출성형기에 사용되는 Ⅰ형식(Type Ⅰ) 방호장치

① 한 개의 위치검출장치(Position Detector)가 부착된 가동형 연동장치로써 전원 회로의 주 차단장치를 작동시킬 것

② 가드가 닫힌 경우 위치검출장치(Position Detector)는 작동되지 않으며, 폐회로 가 구성되어 사출성형기가 동작될 것 (← 중요)

③ 가드가 열리는 경우 위치검출장치(Position Detector)가 직접 작동되고, 전원회 로가 개방되어 사출성형기가 정지될 것

④ 위치검출장치(Position Detector) 제어회로상에서 단일 결함이 발생되는 경우 사출성형기의 작동이 정지될 것

(2) 사출성형기에 사용되는 Ⅱ형식(Type Ⅱ) 방호장치

① 두 개의 위치검출스위치(Position Switch)가 부착된 가동형 연동장치로써 전원 회로의 주 차단장치를 작동시킬 것

② 첫 번째 위치검출스위치(Position Switch)는 Ⅰ형식 방호장치와 동일하게 작동 되고, 가드가 닫힌 경우 두 번째 위치검출스위치(Position Switch의 접점이 닫 히고 폐회로가 구성되어 사출성형기가 동작될 것 (← 중요)

③ 가드가 열린 경우 두 번째 위치검출스위치(Position Switch)의 접점이 열리게 되고, 사출 성형기 작동이 정지될 것

④ 두 개의 위치검출스위치(Position Switch) 작동상태가 가드의 운동주기마다 각 각 감시되어야 하며, 어떤 한 개의 스위치에서 결함이 감지된 경우에는 사출성 형기의 작동이 정지될 것

(3) 사출성형기에 사용되는 Ⅲ형식(Type Ⅲ) 방호장치

① 서로 독립된 2개의 위치검출장치가 연동장치로 부착된 형태로서, 연동장치 중 하나는 Ⅱ형식 방호장치와 동일하게 작동되고, 나머지 연동장치는 위치검출장치 (Position Detector)를 사용하여 직접 또는 간접적으로 전원회로를 개폐할 것

② 가드가 닫힌 경우 위치검출장치(Position Detector)는 작동이 중지되고 폐회로가 구성되어, 전원회로를 차단시키지 않고 사출성형기가 작동될 것 (← 중요)

③ 가드가 열린 경우 위치검출장치(Position Detector)는 가드에 의해 직접 작동되며, 2차 차단장치를 경유하여 전원회로를 차단시키고 사출성형기가 정지될 것

④ 두 개의 연동장치 작동상태를 가드의 운동주기마다 감시하여 한 개의 연동장치에서 결함이 감지된 경우에는 사출성형기의 작동이 정지될 것

[출처] KOSHA Guide M-187 사출성형기 방호조치에 관한 기술지침

※ 다음 논술형 2문제를 모두 답하시오. (각 25점)

06 산업안전보건기준에 관한 규칙상 이동식 크레인을 사용하여 근로자를 운반하거나 근로자를 달아 올린 상태에서 작업에 종사시켜서는 안 된다. 다만, 작업 장소의 구조, 지형 등으로 고소작업대를 사용하기가 곤란하여 이동식 크레인 중 기중기를 한국산업표준에서 정하는 안전기준에 따라 사용하는 경우는 제외한다. 이때 한국산업표준에 따라 기중기에 체결하여 근로자를 운반하기 위한 탑승설비(플랫폼)의 설계와 설치 규칙에 대하여 설명하시오.

풀이

1. 탑승의 제한 (산기규 제86조)

① 사업주는 크레인을 사용하여 근로자를 운반하거나 근로자를 달아 올린 상태에서 작업에 종사시켜서는 아니 된다. 다만, 크레인에 전용 탑승설비를 설치하고 추락 위험을 방지하기 위하여 다음 각 호의 조치를 한 경우에는 그러하지 아니하다.

   ㉠ 탑승설비가 뒤집히거나 떨어지지 않도록 필요한 조치를 할 것

   ㉡ 안전대나 구명줄을 설치하고, 안전난간을 설치할 수 있는 구조인 경우에는 안전난간을 설치할 것

   ㉢ 탑승설비를 하강시킬 때에는 동력하강방법으로 할 것

② 사업주는 이동식 크레인을 사용하여 근로자를 운반하거나 근로자를 달아 올린 상태에서 작업에 종사시켜서는 안 된다. 다만, 작업 장소의 구조, 지형 등으로 고소작업대를 사용하기가 곤란하여 이동식 크레인 중 기중기를 한국산업표준에서 정하는 안전기준에 따라 사용하는 경우는 제외한다.

2. 한국산업표준에서 정하는 안전기준이란?

(1) 출처

* KS B ISO 12480-1(크레인 - 안전한 사용 - 제1부)의 부속서(C.4)

(2) 탑승설비 설계와 설치 규칙 (부속서 C.4)

* 적합하고 경험 많은 설계자가 탑승설비 설계를 담당할 것

* 탑승 인원은 3명으로 제한할 것

* 탑승설비와 연결장치는 최소 안전율을 5로 하여 설계할 것

* 빈차 질량, 최대 탑승인원, 정격 용량을 새긴 명판을 설치할 것

* 탑승설비는 적합한 울타리(높이 1m 이상 철망이나 이와 유사 형태)를 가질 것

* 그래브 레일은 손의 노출을 최소화하기 위해 탑승설비 안쪽에 위치시킬 것

* 탑승설비 측면은 바닥에서 중간레일까지 막혀 있을 것

* 출입문은 탑승설비 안쪽으로 열리게 하고, 갑작스럽게 열리는 것을 막는 장치
  가 설치되어 있을 것

* 탑승설비 머리 위쪽에 위험요소가 있을 시 작업자나 조종사의 시야를 방해하지
  않는 한도 내에서 보호시설을 설치할 것

* 탑승설비는 높은 선명도를 가진 색깔이나 표시로 쉽게 식별이 가능할 것

* 탑승설비는 연결고리, 혹(빗장이나 끈이 있는), 쐐기형과 소켓형 연결장치(부하
  선의 자유단에 집게가 있는) 등이 설치되어 있는 것을 사용할 것

* 서스펜션 장치는 작업자 이동으로 인한 탑승설비 기울기를 최소화 가능할 것

* 모든 거친 모서리는 곡면 처리할 것

* 모든 용접은 전문 용접공에 의해 작업이 이루어질 것

* 모든 용접부위는 전문가에 의해 조사될 것

[출처] 산기규 제86조(탑승의 제한), KS B ISO 12480-1(크레인-안전한 사용-제1
  부)의 부속서(C.4)

07 보일러 관리와 관련하여 다음 물음에 답하시오.

1) 불순물이 포함된 보일러수를 사용할 경우의 문제점을 설명하시오.

2) 보일러에서 발생되는 이상연소현상 4가지를 쓰고, 각각에 대해 설명하시오.

3) 보일러의 방호장치 중 고저수위 조절장치에 대하여 설명하시오.

풀이

1. 불순물이 포함된 보일러수를 사용할 경우의 문제점

(1) 보일러 수처리 중 전처리

* 스팀 보일러 설비의 안전한 운전, 열전달효율 향상, 유지관리 비용의 최소화, 장기 수명을 보장하기 위해서는 보일러에 사용되는 보일러수의 상태를 관리하는 수처리가 무엇보다 중요하다.

* 보일러로 물이 유입되기 전 단계에서 물속의 불순물을 제거와 청관제 및 pH관리 등을 하는 것을 보일러수 전처리라 한다.

(2) 보일러수 전처리 불량시 문제점

① 스케일의 생성으로 문제점 유발

* 만일 보일러 전처리 단계에서 스케일이 제거되지 않고 급수에 경도가 존재하는 경우에는 열전달 표면에 스케일이 생기게 되어 열전달 및 효율이 감소하게 된다.

* 이로써 보일러의 잦은 세관이 필요하게 되고, 극단적인 경우에는 국부적인 과열 지점이 발생하여 기계적 손상을 야기하거나 전열관의 파열을 야기시킨다.

② 부식 및 화학적 현상의 발생

* 물이 용존가스를 함유하고 있고, 그것이 특히 산소인 경우에는 보일러의 내면, 배관 및 기타 설비에 부식이 발생할 수 있다.

③ 프라이밍(Priming), 포밍(Foaming), 캐리오버(Carryover) 발생 유발

* 프라이밍(Priming) : 보일러 관수의 급격한 비등현상을 말하며, 올바른 수위 판단이 어렵게 되는 현상

* 포밍(Foaming) : 보일러 드럼 수면과 스팀 출구 사이의 공간에서 거품이 형성되는 현상

* 캐리오버(Carryover) : 송출증기 속에 비등수, 거품 등이 딸려 들어가는 현상

2. 보일러에서 발생되는 이상연소현상 4가지

	역화 (Back fire)	선화 (先火, Lifting)	블로우오프 (Blow off)	황염(黃炎) (Yellow tip)
현상	버너(연소기) 내부에서 연소	버너노즐에서 떨어져 연소	선화상태에서 화염 꺼짐(실화)	불꽃 색이 황색
원인	* 연료분출속도 < 연소속도 * 가스량이 작을 때 * 분출구멍이 클 때	* 연료분출속도 > 연소속도 * 가스량이 많을 때 * 분출구멍이 작을 때	* 분출속도 빠를 때 * 주위 공기 유동이 심할 경우	* 1차 공기 부족 * 연소속도 늦을 때

3. 보일러의 방호장치 중 고저수위 조절장치

* 운전중인 보일러는 연속적으로 급수와 증기송출이 이루어짐으로 이들의 균형은 절대적으로 필요하며, 통상 드럼수위의 신호에 따라 급수펌프에 의해 수량이 조절되어 일정한 수위를 유지한다.
* 그러나 이상현상으로 인하여 수위가 고저위험수위로 변하면 작업자가 쉽게 감지할 수 있도록 경보등, 경보음을 발하고, 자동적으로 급수 또는 단수됨으로써 수위가 조절되고, 특히 위험수위보다 낮아져 전열면이 화염 또는 고온가스에 노출되어 파열에 의해 일어나는 사고를 방지하기 위한 저수위용 방호장치가 있다.

※ 다음 논술형 2문제 중 1문제를 선택하여 답하시오. (각 25점)

08 금속재료의 소성가공과 관련하여 다음 물음에 답하시오.

1) 압연(rolling), 인발(drawing), 압출(extrusion), 전조(form rolling), 판금가공 (sheet metal working)에 대하여 각각 설명하시오.
2) 압출가공 시 발생되는 위험요인에 대하여 설명하시오.

[풀이]

1. 소성가공

(1) 소성가공의 정의

* 소성가공(Plastic Working, 塑性加工)이란 제품 형상의 틀에 가공 소재를 넣고 외력을 가해 원하는 형상과 물성을 갖는 부품 및 제품을 만드는 제조기술이다.

* 소성가공에는 상온에서 가공하는 "냉간 소성가공"과 가열하여 가공하는 "열간 소성가공"의 2종류가 있다. 금속은 가열하면 열팽창을 일으키며 변형되기 때문에 가능한 한 냉간 소성가공으로 대응하고, 가공물의 재질의 경도가 높은 경우 등에는 열간 소성가공을 이용한다.

(2) 소성가공의 종류

1) 압연가공(Rolling)

* 금속 재료를 회전하는 롤러 사이에 통과시켜 성형하는 방법으로 판의 제조에 이용되며, 봉(bar), 관(pipe), 형강재, 레일 등도 만들 수 있다.

2) 인발 가공(Drawing)

* 다이(die)의 구멍을 통하여 재료를 축방향으로 당기어 바깥 지름을 감소시키는 가공법으로 봉, 관, 선의 제조에 이용된다.

3) 압출 가공(Extrusion)

* 금속을 실린더 모양의 컨테이너에 넣고 한쪽에 램(ram)에 압력을 가하여 밀어내어 가공하는 방법으로 봉, 관, 형재의 제조에 적용한다.

4) 전조(Roll Forming)

* 압연과 비슷하며, 전조 공구를 이용하여 나사나 기어(gear) 등을 성형하는 가공법이다.

5) 판금가공(Sheet Metal Working)

* 판상 금속재료를 형틀로써 프레스 절단·압축·인장 등의 방법으로 가공하여 목적하는 변형가공을 하는 것을 총칭하여 판금가공이라고 한다. 이것에 속하는 가공법은 다음과 같은 것이 있다.
  ① 프레스가공(Pressing) ② 전단가공(Shearing) ③ 굽힘가공(Bending)
  ④ 디프드로잉(Deep Drawing)
* 그리고 판금은 수가공으로 제품을 만들 때도 있으며, 손작업 판금가공은 주로 수공구로 작업하고. 기계적 판금가공은 프레스 가공에 의한 것이 주로 취급된다.

6) 단조 가공(Forging)

* 잉고트(ingot)의 소재를 단조 기계나 해머로 두들겨서 성형하는 가공법으로 자유 단조와 형 단조로 구분한다.

2. 압출가공 시 발생되는 위험요인

* 제품을 성형하는 압출, 사출, 발포 등 소성가공 공정에서는 해당 설비에 끼임, 말림, 화상, 감전 등의 다양한 위험요인과 유해물질과 소음에 노출될 수 있다.

---

09 산업안전보건기준에 관한 규칙에 따라 다음 물음에 답하시오.

1) 작업장 출입구 설치 시 준수해야 할 사항 5가지를 쓰시오.

2) 동력으로 작동되는 문의 설치 조건 5가지를 쓰시오.

3) 가설통로를 설치하는 경우 준수해야 할 사항 5가지만 쓰시오.

[풀이]

1. 작업장의 출입구 (산기규 제11조)

* 사업주는 작업장에 출입구(비상구는 제외한다)를 설치하는 경우 다음 각 호의 사항을 준수하여야 한다.

① 출입구의 위치, 수 및 크기가 작업장의 용도와 특성에 맞도록 할 것

② 출입구에 문을 설치하는 경우에는 근로자가 쉽게 열고 닫을 수 있도록 할 것

③ 주된 목적이 하역운반기계용인 출입구에는 인접하여 보행자용 출입구를 따로 설치할 것

④ 하역운반기계의 통로와 인접하여 있는 출입구에서 접촉에 의하여 근로자에게 위험을 미칠 우려가 있는 경우에는 비상등·비상벨 등 경보장치를 할 것

⑤ 계단이 출입구와 바로 연결된 경우에는 작업자의 안전한 통행을 위하여 그 사이에 1.2m 이상 거리를 두거나 안내표지 또는 비상벨 등을 설치할 것. 다만, 출입구에 문을 설치하지 아니한 경우에는 그러하지 아니하다.

2. 동력으로 작동되는 문의 설치 조건 (산기규 제12조)

* 사업주는 동력으로 작동되는 문을 설치하는 경우 다음 각 호의 기준에 맞는 구조로 설치하여야 한다.

① 동력으로 작동되는 문에 근로자가 끼일 위험이 있는 2.5m 높이까지는 위급하거나 위험한 사태가 발생한 경우에 문의 작동을 정지시킬 수 있도록 비상정지장치 설치 등 필요한 조치를 할 것. 다만, 위험구역에 사람이 없어야만 문이 작동되도록 안전장치가 설치되어 있거나 운전자가 특별히 지정되어 상시 조작하는 경우에는 그러하지 아니하다.

② 동력으로 작동되는 문의 비상정지장치는 근로자가 잘 알아볼 수 있고 쉽게 조작할 수 있을 것

③ 동력으로 작동되는 문의 동력이 끊어진 경우에는 즉시 정지되도록 할 것. 다만, 방화문의 경우에는 그러하지 아니하다.

④ 수동으로 열고 닫을 수 있도록 할 것. 다만, 동력으로 작동되는 문에 수동으로 열고 닫을 수 있는 문을 별도로 설치하여 근로자가 통행할 수 있도록 한 경우에는 그러하지 아니하다.

⑤ 동력으로 작동되는 문을 수동으로 조작하는 경우에는 제어장치에 의하여 즉시 정지시킬 수 있는 구조일 것

3. 가설통로의 구조 (산기규 제23조)

* 사업주는 가설통로를 설치하는 경우 다음 각 호의 사항을 준수하여야 한다.

① 견고한 구조로 할 것

② 경사는 30도 이하로 할 것. 다만, 계단을 설치하거나 높이 2m 미만의 가설통로로서 튼튼한 손잡이를 설치한 경우에는 그러하지 아니하다.

③ 경사가 15도를 초과하는 경우에는 미끄러지지 아니하는 구조로 할 것

④ 추락할 위험이 있는 장소에는 안전난간을 설치할 것. 다만, 작업상 부득이한 경우에는 필요한 부분만 임시로 해체할 수 있다.

⑤ 수직갱에 가설된 통로의 길이가 15m 이상인 경우에는 10m 이내마다 계단참을 설치할 것

⑥ 건설공사에 사용하는 높이 8m 이상인 비계다리에는 7m 이내마다 계단참을 설치할 것

제 7 장

산업안전지도사	2024년도 2차시험 (기계안전공학)	시험시간 : 100분

※ 다음 단답형 5문제를 모두 답하시오. (각 5점)

01 위험·기계·기구 방호조치 기준상 원심기의 회전체 접촉예방장치 설치방법 3가지를 쓰시오.

[풀이]

○ **위험기계·기구 방호조치 기준** (고용노동부고시)

 * 설치방법(제3장 원심기 제10조) : 회전체 접촉예방장치는 다음 각 호의 요건에 적합하게 설치하여야 한다.

  1. 회전체 접촉예방장치가 작동 중 열리지 않도록 잠금장치를 설치할 것
  2. 작동 중 기계의 진동에 의한 이탈, 이완의 위험이 없도록 체결볼트에는 와셔 등을 이용하여 풀림방지조치를 할 것
  3. 급정지로 인하여 기계에 파손위험이 있는 경우에는 순차정지회로를 구성하는 등의 조치를 할 것

02 산업안전보건법령상 안전인증대상기계 등이 아닌 유해·위험기계 등의 안전인증의 표시 및 표시방법 5가지를 서술하시오.

[풀이]

○ 안전인증대상기계 등이 아닌 유해·위험기계 등의 안전인증의 표시 및 표시방법 (제114조 제2항 관련) (산업안전보건법 시행규칙, 별표 15)

 1. 표시

 2. 표시방법

  가. 표시의 크기는 유해·위험기계 등의 크기에 따라 조정할 수 있다.

나. 표시의 표상을 명백히 하기 위하여 필요한 경우에는 표시 주위에 한글·영문 등의 글자로 필요한 사항을 덧붙여 적을 수 있다.

다. 표시는 유해·위험기계 등이나 이를 담은 용기 또는 포장지의 적당한 곳에 붙이거나 인쇄하거나 새기는 등의 방법으로 해야 한다.

라. 표시는 테두리와 문자를 파란색, 그 밖의 부분을 흰색으로 표현하는 것을 원칙으로 하되, 안전인증표시의 바탕색 등을 고려하여 테두리와 문자를 흰색, 그 밖의 부분을 파란색으로 표현할 수 있다. 이 경우 파란색의 색도는 2.5PB 4/10으로, 흰색의 색도는 N9.5로 한다[색도기준은 한국산업표준(KS)에 따른 색의 3속성에 의한 표시방법(KS A 0062)에 따른다].

마. 표시를 하는 경우에 인체에 상해를 입힐 우려가 있는 재질이나 표면이 거친 재질을 사용해서는 안 된다.

03 산업안전보건법령상 유해·위험 방지를 위한 방호조치가 필요한 기계·기구를 5가지만 쓰시오.

[풀이]

○ 유해·위험 방지를 위하여 방호조치가 필요한 기계·기구 등 (제27조 제1항 관련) (산업안전보건법 시행령, 별표 7)

1. 예초기   2. 원심기   3. 공기압축기   4. 금속절단기   5. 지게차
6. 포장기계(진공포장기, 랩핑기로 한정한다)

04 프레스 금형작업의 안전에 관한 기술지침(KOSHA Guide M-138-2012)에 따라 금형 해체 시 위험방지를 위한 안전규칙 3가지를 쓰시오.

[풀이]

○ 프레스 금형작업의 안전에 관한 기술지침 (KOSHA Guide M-138-2012)

＊ 금형 해체시의 안전규칙 : 금형 설치시의 안전규칙에 추가해서 금형 해체시 다음 안전규칙을 준수한다.

① 모든 다이 쿠션 공기가 배출되었으며, 내림(Down) 위치에 있는지를 확인한다.

② 금형이 분리된 이후 프레스가 스트로크의 상부로 조금씩 접근함에 따라 상부 금형 끼움쇠가 램(슬라이드)에 매달려 있지 않도록 주의한다.

③ 프레스에 QDC(신속 다이 교체)장치가 설치되어 있다면, 금형을 제거하기 전에 전원을 끄고 주 차단 스위치를 잠근다.

05 산업안전보건기준에 관한 규칙상 사업주가 양중기에 사용해서는 안 되는 와이어로프의 사용 금지 기준을 5가지만 쓰시오.

[풀이]

○ **이음매가 있는 와이어로프 등의 사용 금지** (산기규 제166조)

　＊ 와이어 로프의 사용에 관하여는 제63조 제1항 제1호를 준용한다. 이 경우 "달비계"는 "양중기"로 본다.

○ **달비계의 구조**(산기규 제63조) : 다음 각 목의 어느 하나에 해당하는 와이어로프를 달비계에 사용해서는 아니 된다.

　가. 이음매가 있는 것

　나. 와이어로프의 한 꼬임[(스트랜드(strand)를 말한다)]에서 끊어진 소선(素線)[필러(pillar)선은 제외한다)]의 수가 10퍼센트 이상(비자전로프의 경우에는 끊어진 소선의 수가 와이어로프 호칭지름의 6배 길이 이내에서 4개 이상이거나 호칭지름 30배 길이 이내에서 8개 이상)인 것

　다. 지름의 감소가 공칭지름의 7퍼센트를 초과하는 것

　라. 꼬인 것

　마. 심하게 변형되거나 부식된 것

　바. 열과 전기충격에 의해 손상된 것

※ 다음 논술형 2문제를 모두 답하시오. (각 25점)

06 공장자동화설비를 위한 산업용 로봇에 관련하여 다음 물음에 답하시오.

[물음 1] 산업용 로봇을 사용용도별로 분류할 때 5가지 사용용도와 해당 로봇을 쓰시오.

[물음 2] 산업용 로봇 방호장치 중 안전방책 설치방법 5가지를 쓰시오.

[물음 3] 산업용 로봇 방호장치 중 안전매트 설치방법 3가지를 쓰시오.

[풀이]

[물음 1] 산업용 로봇을 사용용도별로 분류할 때 5가지 사용용도와 해당 로봇

○ 사용용도별 해당 로봇의 종류

용도	내용	해당 로봇
이적재용	재료, 부품, 도구 등의 이동과 이를 쌓고 내릴 수 있는 기능을 수행	이적재용 로봇
공작물 탈착용	생산과정내 부품 등의 가공을 위해 공작물을 장착하거나 탈착 작업을 수행	공작물 탈착용 로봇
용접용	아크 용접, 스폿 용접 등의 용접을 수행	용접용 로봇
조립 및 분해용	재료, 부품, 도구 등의 조립 및 분해 작업을 수행	조립 및 분해용 로봇
시험·검사용	재료, 부품, 도구 등의 시험·검사를 수행	시험·검사용 로봇
가공 및 표면처리용	재료, 부품, 도구 등의 가공 및 표면처리를 수행	가공 및 표면처리용 로봇
유해광선 지역 작업용	자외선, 적외선 등 유해광선 발생지역에서의 작업을 수행	유해광선지역 작업용 로봇
방사선 구역 작업용	X-Ray, γ-Ray 등 방사선 구역 작업용	방사선 구역 작업용 로봇
도장용	도장(Painting) 작용을 수행	도장용 로봇
화학가스 구역 작업용	화학가스 구역 작업용	화학가스구역 작업용 로봇
기타 작업용	열처리, 도금, 분진, 이상기온(초저온, 고온), 이상기압(고·저기압), 소음지역 작업용	기타 작업용 로봇

[물음 2] 산업용 로봇 방호장치 중 안전방책 설치방법 5가지

○ 운전 중 위험 방지 (산기규 제223조)

 * 사업주는 로봇의 운전(제222조에 따른 교시 등을 위한 로봇의 운전 등은 제외한다)으로 인하여 근로자에게 발생할 수 있는 부상 등의 위험을 방지하기 위하여 높이 1.8m 이상의 울타리(로봇의 가동범위 등을 고려하여 높이로 인한 위험성이 없는 경우에는 높이를 그 이하로 조절할 수 있다)를 설치해야 하며, 컨베이어 시스템의 설치 등으로 울타리를 설치할 수 없는 일부 구간에 대해서는 안전매트 또는 광전자식 방호장치 등 감응형 방호장치를 설치해야 한다.

1. 안전방책 설치

　　① 1.8m 이상으로 작업 중에 발생하는 진동, 충격 등의 환경조건에 충분히 견디는 강도유지

　　② 로봇 반경 내의 출입을 위한 출입문을 설치하는 경우 출입문에 인터록 장치(안전플러그) 설치

　　③ 안전플러그는 1개의 출입문에 2개를 설치(직렬로 연결)하여 1개는 작업자가 로봇 작업반경 내로 들어가는 경우 휴대

　　※ 안전플러그 제거 시 반드시 로봇이 정지되고, 재기동을 하지 않는 경우에는 로봇이 기동되지 않도록 회로 구성

2. 감응(센서) 장치

　　① 방책 또는 안전매트의 설치가 곤란하여 작업자가 로봇 작업반경 내로 들어갈 수 있는 개구부 등에 설치

　　② 작업자가 어떠한 방법으로도 작업반경 내로 들어갈 수 없도록 다양한 각도와 다량 설치

　　③ 센서 작동시 로봇이 정지되도록 하는 인터록 회로 구성

[물음 3] 산업용 로봇 방호장치 중 안전매트 설치방법 3가지

[풀이]

○ 안전매트

　① 로봇 작업반경 외부에 설치

　② 작업자가 안전매트를 넘어서 로봇 작업반경 내로 들어갈 수 없도록 충분하게 설치

　③ 성능검정품 사용

07 산업안전보건기준에 관한 규칙상 차량계 하역운반기계인 고소작업대를 사용하는 경우 사업주가 준수하여야 할 사항 8가지를 서술하시오.

[풀이]

○ **고소작업대 설치 등의 조치** (산기규 제186조)

＊ 사업주는 고소작업대를 사용하는 경우에는 다음 각 호의 사항을 준수하여야 한다.

1. 작업자가 안전모·안전대 등의 보호구를 착용하도록 할 것

2. 관계자가 아닌 사람이 작업구역에 들어오는 것을 방지하기 위하여 필요한 조치를 할 것

3. 안전한 작업을 위하여 적정수준의 조도를 유지할 것

4. 전로(電路)에 근접하여 작업을 하는 경우에는 작업감시자를 배치하는 등 감전사고를 방지하기 위하여 필요한 조치를 할 것

5. 작업대를 정기적으로 점검하고 붐·작업대 등 각 부위의 이상 유무를 확인할 것

6. 전환스위치는 다른 물체를 이용하여 고정하지 말 것

7. 작업대는 정격하중을 초과하여 물건을 싣거나 탑승하지 말 것

8. 작업대의 붐대를 상승시킨 상태에서 탑승자는 작업대를 벗어나지 말 것. 다만, 작업대에 안전대 부착설비를 설치하고 안전대를 연결하였을 때에는 그러하지 아니하다.

※ 다음 논술형 2문제 중 1문제를 선택하여 답하시오. (각 25점)

(08) 위험기계·기구 방호조치 기준상 동력으로 구동되고 토출압력이 0.2MPa 이상으로 토출량이 분당 1세제곱미터 이상인 공기압축기에 설치하는 안전밸브의 적합요건 2가지와 설치방법 3가지를 각각 서술하시오.

〔풀이〕

○ **공기압축기** (고용노동부고시, 위험기계·기구 방호조치 기준 제4장)

1) 방호장치(제12조) : 공기압축기에는 다음 각 호에 해당하는 압력방출장치를 설치하여야 한다.

    1. 공기 토출구의 차단밸브를 닫아도 용기의 압력이 설정압력 이하에서 작동하는 구조의 언로드밸브

    2. 다음 각 목의 요건에 적합한 안전밸브

        가. 안전인증(KCs)을 받은 것일 것

        나. 내후성이 좋고, 장기간 정지하여도 밸브시트에 접착되지 않을 것

2) 설치방법 (제13조)

    ① 언로드밸브는 작동상태를 확인하기 쉽고, 응축수 등에 의한 부식의 위험이 없는 위치에 설치하여야 한다.

    ② 안전밸브는 다음 각 호의 요건에 적합해야 한다.

1. 안전밸브의 조정너트는 임의로 조정할 수 없도록 봉인되어 있을 것
2. 설정압력은 설계압력을 초과하지 아니하고, 작동압력은 설정압력치의 ±5% 이내일 것
3. 설정압력 등이 포함된 표지를 식별이 쉬운 곳에 견고하게 부착할 것

(09) 산업용 로봇의 사용 등에 관한 안전 기술지침(KOSHA Guide M-61-2017)에 따라 사업주가 산업용 로봇에 대한 정기 검사시 점검사항을 8가지 만 서술하시오.

[풀이]

○ **정기 검사** (KOSHA Guide M-61-2017, 7.2항)

* 사업주는 다음 사항에 대해서 산업용 로봇의 설치 장소, 사용 빈도, 부품의 내구성 등을 감안하여 검사 항목, 검사 방법, 판정 기준, 실시 시기 등의 검사 기준을 정하고 이것에 따라 검사를 실시한다.
① 주요 부품의 볼트 풀림 여부
② 가동 부분의 윤활 상태, 기타 가동 부분에 관한 이상 유무
③ 동력 전달 부분의 이상 유무
④ 유압 및 공압 계통의 이상 유무
⑤ 전기 계통의 이상 유무
⑥ 작동 이상을 검출하는 기능의 이상 유무
⑦ 인코더의 이상 유무
⑧ 서보 계통의 이상 유무
⑨ 스토퍼의 이상 유무

산업안전지도사	2025년도 2차시험 (기계안전공학)	시험시간 : 100분

※ 다음 단답형 5문제를 모두 답하시오. (각 5점)

01 기계의 위험원인 중 운동형태(회전운동, 왕복운동, 미끄럼운동, 회전운동, 미끄럼운동, 진동운동)에 따른 위험점(hazard point) 6가지를 쓰시오.

[풀이]

○ 산업안전지도사 2013년도 출제 문제 1번과 동일하므로 풀이 참고.

○ 위험점 6가지 : 협착점, 끼임점, 절단점, 물림점, 접선 물림점, 회전 말림점

　[출처] 기계안전공학 교재 P.804, P.911 참조

02 전단기 작업의 안전수칙을 5가지만 쓰시오.

[풀이]

(1) 개요

　* 전단기 작업 시 주요 안전 수칙과 관련된 법령은 산업안전보건법 및 같은 법 시행 규칙, 그리고 고용노동부 고시 등에서 규정하고 있다.
　* 특히 전단기는 위험 기계·기구에 해당하므로, 작업 전 안전 점검, 방호 장치 작동 확인, 안전 작업 절차 준수, 보호구 착용 등이 필수적입니다.
　* 또한, 관리·감독자의 역할과 근로자 안전교육도 중요하다.

(2) 주요 안전수칙

　① 작업 전 점검 : 전단기의 방호 장치 작동 상태를 작업 전에 반드시 점검하고, 기능이 제거된 상태에서는 작업하지 않도록 한다.
　② 보호구 착용 : 안전화, 귀마개, 지정 작업복 등 안전보호구를 착용하고 작업해야 한다.
　③ 안전 작업 절차 준수 : 작업 시작 전 안전 작업 절차를 숙지하고, 작업 중에는 안전 수칙을 철저히 준수해야 한다.
　④ 통로 확보 : 작업장 내 통로는 안전하게 확보하고, 통로 표시를 통해 근로자가 안전하게 통행할 수 있도록 해야 한다.

⑤ 정리정돈 : 작업장 주변을 항상 깨끗하게 정리정돈하고, 위험 요소를 제거하여 안전한 작업 환경을 유지해야 한다.

⑤ 기계·기구 점검 : 전단기의 안전 점검을 정기적으로 실시하고, 이상이 발견될 경우 즉시 수리하거나 사용을 중단해야 한다.

⑥ 위험 구역 설정 및 관리 : 위험 구역에는 접근 금지 표지판을 설치하고, 접근을 통제하여 사고를 예방해야 한다.

⑦ 비상 조치 : 작업 중 사고 발생 시 즉시 비상 정지 버튼을 누르고, 응급 조치를 취해야 한다.

(3) 관계 법령

① 산업안전보건법 : 안전조치(제38조), 안전검사(제4절), 안전보건교육(제3장) 등이 전단기 작업과 관련된 안전 조치, 안전 검사, 안전 교육에 대한 내용을 규정하고 있다.

② 산업안전보건기준에 관한 규칙 : 통로의 설치(제22조), 안전난간의 구조 및 설치 요건(제13조), 프레스 등의 위험 방지(제103조) 등에서 전단기 작업 시 필요한 구체적인 안전 기준을 제시하고 있다.

③ 프레스 및 전단기 제작기준, 안전기준 및 검사기준 : 고용노동부 고시에서 프레스 및 전단기의 제작, 안전 기준, 검사 등에 대한 상세한 내용을 규정하고 있다.

(4) 참고 사항

① 위험 작업 시에는 2인 1조 작업을 권고하고 있다.

② 관리·감독자는 작업 현황을 지속적으로 감시하고, 위험 상황 발생 시 즉시 조치해야 한다.

③ 안전 교육은 정기적으로 실시하여 근로자의 안전 의식을 높여야 한다.

03 표면결함뿐만 아니라 내부결함의 검출이 가능한 비파괴시험방법을 2가지만 쓰시오.

[풀이]

(1) 개요

* 시험대상 부위, 예를 들면 시험체의 내부나 표면 또는 표층부에 관한 정보를 얻는가 하는 점에 따라 표면시험과 체적시험으로 분류하는 것이 가능하다.

① 표면시험(표면 또는 표층부에 관한 정보를 얻기 위한 비파괴시험) : 외관시험, 침투탐상시험, 자분탐상시험 및 와류탐상시험, 누설시험 등

② 체적시험(내부에 관한 정보를 얻기 위한 비파괴시험) : 방사선투과시험, 초음파탐상시험 등

(2) 방사선투과검사 (RT)

① 기본원리 : 투과성 방사선을 시험체에 조사하였을 때 투과 방사선의 강도 변화, 즉 건전부와 결함부의 투과선량의 차에 의한 필름상의 농도차로부터 결함 검출

② 검출대상 및 적용 : 용접부, 주조품 등의 대부분 재료의 내외부 결함 검출

③ 특징 : ㉠ 영구적인 기록 수단 ㉡ 모든 종류의 재료에 적용가능

㉢ 표면결함 및 내부결함 검출가능 ㉣ 방사선안전관리 요구

(3) 초음파탐상검사 (UT)

① 기본원리 : 초음파가 음향임피던스가 다른 경계면에서 반사, 굴절하는 현상을 이용하여 대상의 내부에 존재하는 불연속을 탐지하는 기법

② 검출대상 및 적용 : 용접부, 주조품, 압연품, 단조품 등의 내부 결함 검출 및 두께 측정

③ 특징 : ㉠ 결함의 위치 및 크기 추정 가능 ㉡ 표면 및 내부결함 탐상 가능

㉢ 자동화 가능

(4) 추가 분류방법 참조

* 비파괴시험은 물리적 현상의 원리를 이용하고 있으므로 비파괴시험을 이러한 관점으로 분류하는 것도 가능하다. 즉,

① 광학, 색채학의 원리를 이용한 시험방법 : 육안시험(VT), 침투탐상시험(PT)

② 방사선의 원리를 이용한 시험방법 : 방사선투과시험법(RT), 컴퓨터단층촬영(CT)시험

③ 전자기의 원리를 이용한 시험방법 : 자분탐상시험(MT), 와류탐상시험(ET)

④ 음향의 원리를 이용한 시험방법 : 초음파탐상시험(UT), 음향방출시험(AE)

⑤ 열의 원리를 이용한 시험방법 : 열화상해석법

⑥ 누설의 원리를 이용한 시험방법 : 누설시험

[출처] 기계안전공학 교재 p.187, P.837 참조

04 축과 구멍의 끼워맞춤 종류 3가지를 쓰시오.

[풀이]

○ 끼워맞춤의 형태 : 끼워맞춤은 다음 3가지 형태가 있다.

① 헐거운 끼워맞춤(clearance fit) : 항상 틈새가 생기는 끼워맞춤

　* 축의 치수보다 구멍의 치수가 클 때의 끼워맞춤

② 억지 끼워맞춤(interference fit) : 항상 죔새가 생기는 끼워맞춤

　* 축의 치수보다 구멍의 치수가 작을 때의 끼워맞춤

③ 중간 끼워맞춤(transition fit) : 각각의 허용치수안에 다듬질한 구멍과 축을 끼워

맞추었을 때 그 치수에 따라 틈새 또는 죔새가 생기는 끼워맞춤

　* 축의 허용구역은 구멍의 허용구역에 겹침

[출처] 기계안전공학 교재 P.387 참조

05 위험기계·기구 방호조치 기준상 지게차에 관한 다음 물음에 답하시오.

[물음 1] 전조등 설치 기준을 2가지만 쓰시오.

[물음 2] 후미등 설치 기준을 3가지만 쓰시오.

[풀이]

[물음 1] 전조등 설치 기준 (총 3가지 중 선택 2개만 씀)

① 좌우에 1개씩 설치할 것　② 등광색은 백색으로 할 것

③ 점등 시 차체의 다른 부분에 의하여 가려지지 아니할 것

[물음 2] 후미등 설치 기준 (총 4가지 중 선택 3개만 씀)

① 지게차 뒷면 양쪽에 설치할 것　② 등광색은 적색으로 할 것

③ 지게차 중심선에 대하여 좌우대칭이 되게 설치할 것

④ 등화의 중심점을 기준으로 외측의 수평각 45도에서 볼 때 투영면적이 12.5cm^2

이상일 것

[출처] 위험기계·기구 방호조치 기준 제19조(설치방법)

※ 다음 논술형 2문제를 모두 답하시오. (각 25점)

06 공장자동화 및 로봇작업에서 불의의 동작 및 오조작 방호조치에 대하여 서술하시오.

풀이

(1) 머리말

* 공장자동화 및 로봇 작업 시 발생할 수 있는 불의의 동작이나 오조작으로부터 근로자를 보호하기 위한 방호조치는 산업안전보건법 및 관련 규칙, 고시 등에 규정되어 있다.
* 주요 법령으로는 산업안전보건법, 산업안전보건기준에 관한 규칙, 위험기계·기구 자율안전 확인 고시 등이 있다.

(2) 법령 및 기준

1) 산업안전보건법

① 안전조치 (제23조) : 사업주는 유해하거나 위험한 작업으로부터 근로자를 보호하기 위하여 필요한 안전조치를 해야 한다.

② 보건조치 (제24조) : 사업주는 유해하거나 위험한 작업으로부터 근로자의 건강을 보호하기 위하여 필요한 보건조치를 해야 한다.

2) 산입안전보건기준에 관한 규칙

① 로봇의 방호조치 (제222조) : 사업주는 로봇 작업 시 근로자에게 위험을 미칠 우려가 있는 경우, 방호장치 설치, 감시인 배치 등 필요한 조치를 해야 한다.

② 로봇 운전 시 안전조치 (제223조) : 사업주는 로봇 운전 시 근로자가 위험구역에 들어가지 않도록 필요한 안전조치를 해야 한다.

3) 위험기계·기구 자율안전 확인 고시

* 산업용 로봇의 안전기준을 규정하고 있으며, 방호장치, 안전거리, 인터록 장치 등에 대한 기준을 제시한다.

4) 산업용 로봇에 설치해야 하는 법적 안전장치

* 안전방책, 안전매트, 비상정지장치, 동력차단장치, 감응형 또는 광전자식 안전장치 등 산업용 로봇에 설치해야 하는 법적 안전장치에 대해 설명한다.

(3) 주요 방호조치

① 안전방책(울타리) : 로봇의 작동 영역에 근로자가 접근하는 것을 막기 위해 설치하며, 높이, 출입문 등에 대한 기준이 있다.

제 7 장

② 안전매트 : 로봇의 작업 영역 내에 압력 등을 감지할 수 있는 매트를 설치하여 근로자가 접근 시 로봇 동작을 멈추게 한다.

③ 비상정지장치 : 긴급 상황 발생 시 로봇 작동을 즉시 멈추게 하는 장치이다.

④ 인터록 장치 : 로봇 작동 중 근로자가 접근 시 로봇 동작을 정지시키는 장치이다.

⑤ 광전자식 안전장치 : 적외선 등을 이용하여 로봇 작업 영역 내 사람이나 물체를 감지하여 로봇 작동을 멈추게 한다.

⑥ 감시인 : 로봇 위험구역 내 작업 시 로봇의 가동 부분을 작업자가 직접 확인할 수 없는 경우, 감시인을 배치하여 안전을 확보해야 한다.

(4) 기타 준수사항

① 로봇 작업 전 방호장치 작동 여부 확인, 작업 중 로봇의 비정상적인 동작에 대한 감시 및 대응 체계 구축, 위험 구역 내 작업 시 작업 중지 및 개인 보호구 착용 등 안전수칙 준수가 중요하다.

② 사업주는 안전 교육, 작업 방법 및 안전 수칙 등을 정하고 근로자에게 교육 및 지도해야 한다.

(5) 참고사항

① 위 법령 및 기준은 일반적인 사항을 안내하며, 구체적인 사항은 해당 로봇 및 작업 환경에 따라 다를 수 있다.

② 사업장은 산업안전보건법 및 관련 기준에 따라 자체적인 안전보건관리 규정을 수립하고 이행해야 한다.

07 산업안전보건기준에 관한 규칙상 높이 7미터 이상인 고정식 사다리식 통로의 등받이울이 있어 근로자 이동이 곤란한 경우에는, 한국산업표준에서 정하는 기준에 적합한 개인용 추락 방지 시스템 설치와 전신안전대를 사용하여 근로자 추락방지조치를 하고 있다. 한국산업표준상 개인용 추락방지 시스템에 관한 다음 물음에 답하시오.

[물음 1] 영구 수직 구명줄의 설계 기준 5가지를 쓰시오.

[물음 2] 임시 수직 구명줄의 설계 기준 5가지를 쓰시오.

[물음 3] 미끄럼 타입 추락 방지 시스템의 설계 기준 5가지를 쓰시오.

[풀이]

[물음 1] 영구 수직 구명줄의 설계 기준 5가지

① 인장 강도 : 영구 수직 구명줄은 사용자의 최대 추락 충격력을 견딜 수 있는 충분한 인장 강도를 가져야 한다.

② 내구성 : 부식, 마모, 자외선 등 환경적 요인에 대한 내구성이 우수해야 한다.

③ 연장성 : 추락 시 충격을 완화할 수 있도록 적절한 연장성을 가져야 한다.

④ 설치 및 유지보수 용이성 : 안전하고 효율적인 설치와 유지보수가 가능해야 한다.

⑤ 식별 및 표시 : 명확하게 식별 가능하도록 품명, 제조자, 제조년월일, 사용 하중 등을 표시해야 한다.

[물음 2] 임시 수직 구명줄의 설계 기준 5가지

① 안전성 : 영구 구명줄과 동일한 수준의 안전성을 확보해야 한다.

② 간편한 설치 및 해체 : 필요에 따라 신속하고 간편하게 설치 및 해체가 가능해야 한다.

③ 작업 공간 확보 : 작업 공간을 최소화하며, 작업에 방해가 되지 않도록 설치해야 한다.

④ 이동성 : 필요에 따라 이동이 용이해야 한다.

⑤ 충격 흡수 : 추락 시 충격을 효과적으로 흡수할 수 있는 구조여야 한다.

[물음 3] 미끄럼 타입 추락 방지 시스템의 설계 기준 5가지

① 미끄럼 방지 기능 : 수직 구명줄을 따라 부드럽게 미끄러지면서 추락을 방지해야 한다.

② 자동 잠금 기능 : 추락 시 즉시 잠김으로써 추가 추락을 방지해야 한다.

③ 작동 신뢰성 : 추락 상황에서 오작동 없이 즉시 작동해야 한다.

④ 내구성 : 부식, 마모, 충격 등에 강해야 한다.

⑤ 호환성 : 다양한 형태의 수직 구명줄과 호환 가능해야 한다.

[출처] KS G ISO 10333-1 개인용 추락 방지 시스템 - 제1부

　　　이 표준은 전신 안전대의 요구사항, 시험방법, 일반 사용 지시서, 표시, 포장 및 유지관리에 대하여 규정한다.

※ 다음 논술형 2문제 중 1문제를 선택하여 답하시오. (각 25점)

(08) 원통형 내압용기에 관한 다음 물음에 답하시오.

조건 1) 내압 : p(MPa), 판의 인장강도 : S(MPa), 안지름 : d(mm), 판두께 : t(mm), 부식여유 : c(mm), 판 이음효율 : e, 안전계수 : F

조건 2) 원통형 내압용기의 판 두께는 지름에 비하여 작다.

[물음 1] 위의 조건을 고려하여 안전한 판의 최소두께를 식으로 구하시오.

[물음 2] 내압 0.5MPa, 안지름 900mm, 판의 인장강도 200MPa, 판 이음효율 0.9, 안전계수 2, 부식여유 1mm일 때, 위 [물음 1]식에 근거하여 판의 최소두께(mm)를 구하시오. (단, 소숫점 둘째 자리에서 반올림하여 구하시오)

[풀이]

[물음 1] 내압을 받는 원통의 최소두께

$$\sigma_y = \frac{pD}{2t}[N/m^2] \quad \rightarrow \quad t = \frac{pD}{2\sigma_y}$$

단, 용접효율 η 고려시 원주방향 응력 및 계산 두께

$$\sigma_y = \frac{pD}{2t\eta} \quad \rightarrow \quad t = \frac{pD}{2\sigma_y\eta}$$

[물음 2] 내압을 받는 원통의 판의 최소두께

$$t = \frac{pD}{2\sigma_y\eta} = \frac{0.5[Mpa] \times 0.9}{2 \times 100[Mpa] \times 0.9} = 0.0025[m] = 2.5[mm]$$

여기서, $\sigma_y = \dfrac{\sigma_u}{S} = \dfrac{200}{2} = 100[MPa]$

최소두께 $= t + $ 부식여유 $= 2.5 + 1 = 3.5[mm]$

여기서, 최소두께 t 는 부식여유만큼 더 두꺼워 져야 함

[출처] 기계안전공학 교재 P.591 [문제 03] 유사

09 안전검사 고시상 산업용 로봇에 관한 다음 물음에 답하시오.

[물음 1] 저속제어 정의

[물음 1] 협동운전 요구사항 4가지를 쓰시오.

[물음 1] 로봇 시스템 배치설계 7가지를 쓰시오.

해설

[물음 1] 저속제어 정의

* 안전검사 고시에서 정의하는 "감속제어" 또는 "저속제어"는 로봇의 동작 속도를 초당 250밀리미터 이하로 제한하는 로봇 동작 제어 모드를 의미한다. 이는 작업자와 로봇 간의 충돌 위험을 줄이기 위한 안전 조치입니다(안전검사 고시 제25조).

[물음 2] 협동운전 요구사항 (#10)

① 협동운전을 위해 설계된 로봇에는 협동운전 상태임을 표시할 수 있는 시각 표시가 설치되어 있을 것

② 작업자가 로봇과 직접적으로 접촉할 수 있는 협동운전 영역은 바닥표시 등으로 명확하게 표시되어 있을 것

③ 협동운전 로봇시스템의 로봇 팔, 부가 장치, 작업물 등으로부터 주변 건축물, 구조물, 방책 등까지는 최소 0.5m이상의 여유공간이 있거나, 여유공간이 없을 경우 근로자가 갇힘 또는 끼임 위험을 방지하기 위하여 로봇 동작을 중지시키는 부가 보호장치가 설치되어 있을 것

④ 협동운전 동안 작업자는 언제든지 단순 동작으로 로봇작동을 정지시킬 수 있거나 협동운전 영역에서 빠져 나오는데 방해 받지 않는 수단이 있을 것

[물음 3] 로봇 시스템 배치설계 (#15)

* 작업영역, 접근 및 여유 공간을 위한 로봇 시스템 배치는 다음 각 목에 적합할 것

① 로봇의 최대 영역을 확인하여 제한 영역 및 작업 영역을 설정하고, 로봇과 건물 기둥 등의 장애물 사이에 여유 공간이 있을 것

② 보행자 통로 등 안전한 통행을 위한 통로가 확보되어 있을 것

③ 제어시스템 접근 및 경로가 안전할 것

④ 점검, 청소, 수리, 유지보수 등을 위한 접근 시의 안전통로가 확보되어 있을 것

⑤ 배선 또는 기타 위험원으로 인한 미끄러짐, 헛디딤, 넘어짐 위험이 없을 것

⑥ 전선 선반(cable tray)등으로 인한 위험이 없을 것

제
7
장

⑦ 자동운전 동안 접근이 필요한 운전 제어기와 보조장비(용접 제어기, 공압 밸브
등)는 보호영역 외부에 위치할 것

[출처] 안전검사 고시 [별표 12] 산업용 로봇 검사기준(제26조 관련) #10, #15

산업안전지도사 2차대비
최신 기계안전공학

2025년 10월 15일 개정2판 2쇄 발행

저 자 권 오 운
펴낸이 이 병 덕
펴낸곳 도서출판 정일
등록날짜 1989년 8월 25일
등록번호 제 3-261호
주소 경기도 파주시 한빛로 11
전화 031) 946-9152(대)
팩스 031) 946-9153
도서 내용 문의 jungilb@naver.com, kwonohw@naver.com
www.atpm.co.kr